plurall

CB142254

Parabéns!
Agora você faz parte do **Plurall**, a plataforma digital do seu livro didático! No **Plurall**, você tem acesso gratuito aos recursos digitais deste livro por meio do seu computador, celular ou *tablet*. Além disso, você pode contar com a nossa tutoria *on-line* sempre que surgir alguma dúvida sobre as atividades e os conteúdos deste livro.

Incrível, não é mesmo?
Venha para o **Plurall** e descubra uma nova forma de estudar!
Baixe o aplicativo do **Plurall** para Android e IOS ou acesse **www.plurall.net** e cadastre-se utilizando o seu código de acesso exclusivo:

AAAMFHTKT

Este é o seu código de acesso Plurall. Cadastre-se e ative-o para ter acesso aos conteúdos relacionados a esta obra.

@plurallnet

@plurallnetoficial

SOMOS EDUCAÇÃO

LIV MULTIPLO FISICA - VOL. 2 AL 501460 Aluno 7775633 23

PROJETO MÚLTIPLO

Física

Ensino Médio

Wilson Carron

Mestre em Energia Nuclear aplicada à agricultura pela Escola Superior de Agricultura Luiz de Queiroz (Esalq) da Universidade de São Paulo (USP), Piracicaba.
Especializado em Eletricidade pelo Instituto Tecnológico da Aeronáutica (ITA), São Paulo.
Licenciado em Física pela FFCL da Universidade de São Paulo (USP).
Professor e gestor aposentado da rede pública de ensino.

Osvaldo Guimarães

Doutor em Engenharia Elétrica pela Escola Politécnica da USP.
Mestre em História da Ciência pela Pontifícia Universidade Católica de São Paulo (PUC-SP).
Pós-graduado pela Escola Politécnica da USP, em Ciência Cognitiva.
Pós-graduado em Teoria de Campos e Mecânica Quântica pelo Instituto de Física Teórica (IFT-SP).
Bacharel em Física pela PUC-SP.
Diretor educacional do Catavento Cultural e Educacional.

José Roberto Piqueira

Livre-docente em Controle e Automação pela Escola Politécnica da USP.
Doutor em Engenharia Elétrica pela Escola Politécnica da USP.
Mestre em Engenharia Elétrica pela Escola de Engenharia de São Carlos da USP.
Engenheiro eletricista pela Escola de Engenharia de São Carlos da USP.
Professor titular e diretor da Escola Politécnica da USP.

editora ática

editora ática

Diretoria editorial: Lidiane Vivaldini Olo
Editoria de Ciências Exatas: Cármen Matricardi
Editores: Alterson Cação e Danilo Claro Zanardi
Supervisor de arte e produção: Sérgio Yutaka
Supervisor de arte e criação: Didier Moraes
Editora de arte e criação: Andréa Dellamagna
Editor de arte: Edson Haruo Toyota
Diagramação: Formato, Celma Ronquini e Ester Harue Inakake
Design gráfico: Ulhôa Cintra Comunicação Visual e Arquitetura (miolo e capa)
Gerente de revisão: Hélia de Jesus Gonsaga
Equipe de revisão: Rosângela Muricy (coord.), Ana Carolina Nitto, Ana Curci e Ana Paula Chabaribery; Flávia Venézio dos Santos e Gabriela Macedo de Andrade (estags.)
Supervisor de iconografia: Sílvio Kligin
Pesquisadora iconográfica: Claudia Bertolazzi
Tratamento de imagem: Cesar Wolf e Fernanda Crevin
Fotos da capa: Furtseff/Shutterstock/Glow Images
Grafismos: Shutterstock/Glow Images (utilizados na capa e aberturas de capítulos e seções)
Cartografia: Portal de Mapas
Ilustrações: Adilson Secco, Antonio Robson, Formato, João Xavier de Campos, Moisés Gonçalves, Osni de Oliveira, Paula Belluomini e Paulo Manzi

Av. das Nações Unidas, 7221, 3º andar, setor C –
Pinheiros – São Paulo – SP – CEP 05425-902
Tel.: 4003-3061
www.atica.com.br/editora@atica.com.br

Dados Internacionais de Catalogação na Publicação (CIP)
(Câmara Brasileira do Livro, SP, Brasil)

Guimarães, Osvaldo
Projeto Múltiplo: Física / Osvaldo Guimarães, José Roberto Piqueira, Wilson Carron. – 1. ed. – São Paulo : Ática, 2014.

Obra em 3 v.
Bibliografia.

1. Física (Ensino Médio) I. Piqueira, José Roberto. II. Carron, Wilson. III. Título.

14-00569 CDD-530.07

Índice para catálogo sistemático:
1. Projeto Múltiplo: Física : Ensino Médio 530.07

2021
ISBN 978 85 08 16676-3 (AL)
ISBN 978 85 08 16677-0 (PR)
Código da obra CL 737767
CAE 501460 (AL)
CAE 501461 (PR)
1ª edição
8ª impressão

Impressão e acabamento: Vox Gráfica

Uma publicação Abril EDUCAÇÃO

Apresentação

Em um dos seus livros, o físico Richard Feynman (1918-1988) ironiza uma explicação do século V a.C. sobre os raios:

> *Veja como os deuses, com seus raios, sempre golpeiam os maiores animais e não se importam com os menores. Como também seus raios sempre caem sobre as casas e as árvores mais altas. Desse modo, eles adoram esmagar tudo o que se mete a besta.*

Para entender a importância das ciências para a civilização, basta olhar para trás. Um pequeno ferimento infeccionado poderia ser fatal, e uma viagem intercontinental demorava semanas ou meses. Em menos de três séculos, passamos por uma evolução rápida, a partir da qual algumas respostas para os fenômenos do mundo foram criadas, sem precisar recorrer aos deuses, e as tecnologias e os aparelhos artificiais desenvolvidos pelo homem foram incorporados ao mundo natural. Apesar disso, ainda temos um longo caminho pela frente.

A Física é parte dessa evolução das ciências. Ela busca compreender, prever e até mesmo controlar o comportamento da matéria no espaço e no tempo.

Por essa razão, nossa missão é levar a Física até você. Como fazer isso? A resposta não é muito fácil. Podemos, apoiados em nossas experiências, trabalhar os fenômenos naturais envolvidos, descritos e explicados, agregando a linguagem, a escrita, a razão, a lógica e a Matemática a esse estudo, para desvendar um pouco mais os caminhos da evolução.

Parece complicado, mas com o passar do tempo você vai notar que o conhecimento que vem sendo construído há mais de dois milênios pode e deve ser conhecido e valorizado por você.

Quanto ao futuro, Feynman nos alerta: "se você achou engraçada a explicação de 2 500 anos atrás sobre os raios, espere para ver o que dirão daqui a mil anos sobre as explicações que temos hoje".

Guimarães, Piqueira e Carron

Aleks Melnik/Shutterstock/Glow Images

Neste livro você vai encontrar

Física explica

Explora aplicações tecnológicas desenvolvidas para auxílio do ser humano.

Capítulo

A teoria é apresentada com textos dinâmicos e imagens de impacto.

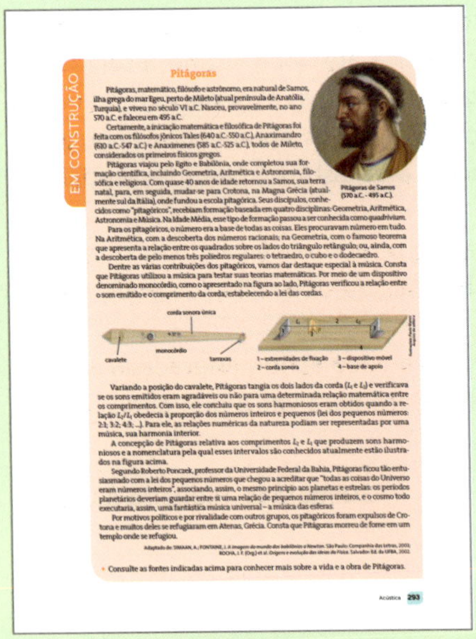

Em construção

Traz biografias de pessoas envolvidas com a Física.

Experimento

Sugestões de experimentos interessantes e fáceis de fazer.

Este ícone indica os Objetos Educacionais Digitais relacionados aos conteúdos do livro. Disponíveis em: <www.projetomultiplo.com.br>.

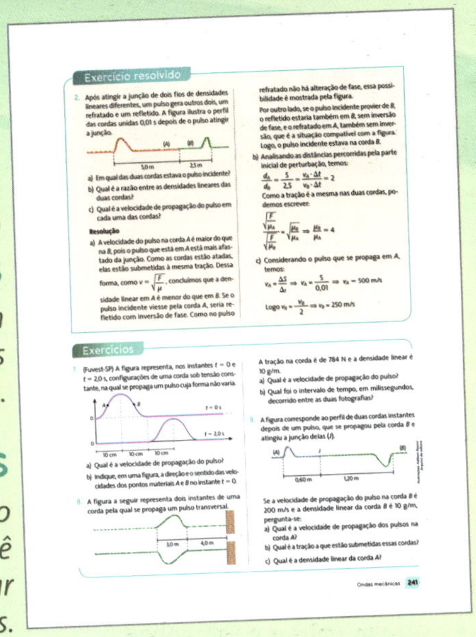

Exercícios resolvidos

Exemplos que ajudam a resolver os exercícios propostos.

Exercícios

Um grande número de exercícios para você treinar e consolidar seus conhecimentos.

Física tem História

Apresenta elementos tecnológicos, políticos, sociais, econômicos, religiosos e culturais para compreender o desenvolvimento da Física.

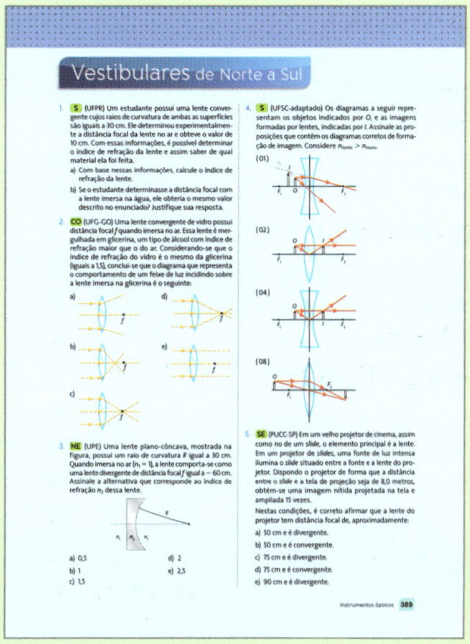

Vestibulares de Norte a Sul

Exercícios de vestibulares de todas as regiões do Brasil com diferentes abordagens dos assuntos.

Enem

Preparamos duas seções especiais que vão aprimorar suas habilidades e competências: ***Pensando no Enem*** *e* ***Caiu no Enem****. Com elas você vai ficar mais do que pronto para encarar esse e outros desafios!*

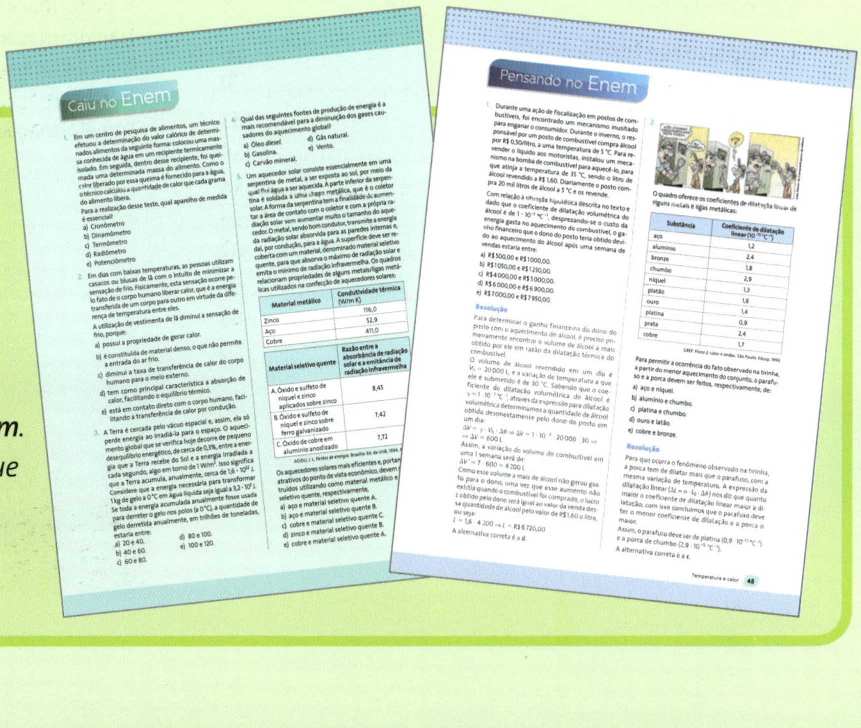

Sumário geral

Parte 1

Shaun Lowe/Getty Images

Parte 2

Parte 1

Shaun Lowe/Getty Images

CAPÍTULO

1 Temperatura e calor

Jag_cz/Shutterstock/Glow Images

Desde a Antiguidade, a humanidade aprendeu a utilizar o fogo em várias situações.

1 Noções de temperatura e calor

As sensações térmicas provocadas por uma xícara de café bem quente ou por um refrigerante bem gelado nos proporcionam as noções mais simples de temperatura: quente e frio. No dia a dia, é comum utilizarmos o tato para avaliar a temperatura dos corpos. Mas esse procedimento às vezes nos engana. Sabemos que, ao tocar com a mão uma porta de madeira e sua maçaneta de metal, ambas em **equilíbrio térmico** (mesma temperatura), temos sensações térmicas diferentes. Mas como são criadas tais sensações?

Qualquer corpo, seja sólido, líquido ou gasoso, é composto de partículas em constante agitação (figura 1.1). O estado térmico desse corpo é definido pela intensidade de agitação dessas partículas (átomos, moléculas, íons, elétrons livres). Dependendo da intensidade, é possível dizer que um corpo está quente, frio, morno, etc.

Quando dois corpos, com diferença de temperatura, são colocados em contato, a energia é transferida em razão das colisões microscópicas das partículas que os constituem. A energia é transferida do corpo que possui maior grau de agitação média das partículas para o corpo com menor grau. Essa troca de energia – em nível microscópico – termina quando as partículas de um corpo tiverem o mesmo grau de agitação média que as do outro corpo. Nessa situação final, dizemos que os corpos estão em **equilíbrio térmico**.

O **calor** é a energia transferida nesse procedimento. Portanto, quando falamos em calor, trata-se de um processo, e quando falamos de temperatura, trata-se do estado de um corpo.

Por exemplo, é comum nos dias muito frios as pessoas esfregarem as mãos para aquecê-las. Nesse processo, a energia mecânica dissipada pelo atrito entre as mãos transforma-se em agitação térmica, isto é, as mãos recebem calor.

Voltando ao exemplo da porta de madeira com maçaneta de metal: por que os dois corpos, que estão em contato há muito tempo e, portanto, em equilíbrio térmico, nos causam sensações térmicas diferentes?

A menos que seja um dia extremamente abafado, seu corpo estará mais quente que os dois objetos (lembre-se de que nossa temperatura é 36,5 °C) e cederá calor para eles. O metal, contudo, por ser melhor condutor de calor que a madeira, retira energia com mais rapidez de nossas mãos, o que explica as sensações térmicas diferentes.

Figura 1.1 Representação da agitação das partículas que formam os sólidos, os líquidos e os gases.

Adilson Secco/Arquivo da editora

Termômetros

Para medir e comparar temperaturas, utilizamos o **termômetro** (figura 1.2). A interpretação de suas medidas baseia-se no que se convencionou chamar de lei zero da Termodinâmica:

> Se dois corpos estão em equilíbrio térmico com um terceiro corpo, então esses corpos estão em equilíbrio térmico entre si.

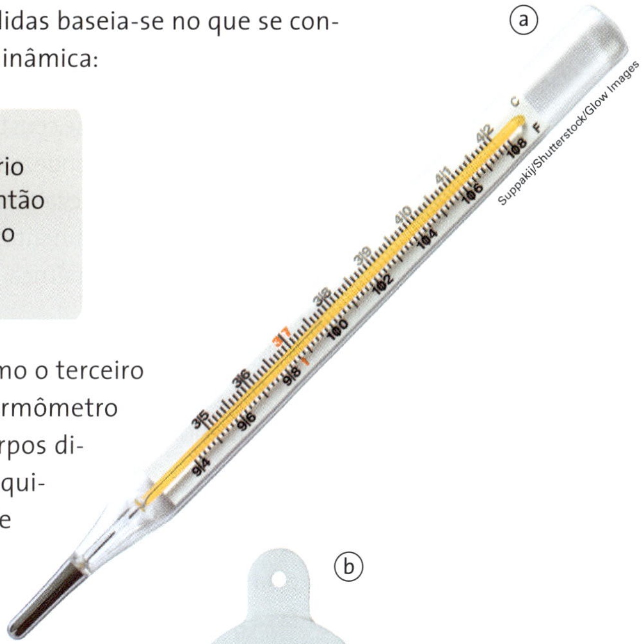

Podemos pensar no termômetro como o terceiro corpo mencionado pela lei zero. Se o termômetro apresenta a mesma leitura para dois corpos diferentes, então esses corpos estão em equilíbrio térmico. Em um terceiro modo de enunciar essa lei, podemos dizer: **dois corpos estão em equilíbrio térmico quando têm a mesma temperatura**.

Cada termômetro apresenta determinada escala de leitura. Na construção de um termômetro, primeiramente é escolhida uma grandeza termométrica, ou seja, uma grandeza que varie com a temperatura. São exemplos de grandezas termométricas: o comprimento de uma coluna de mercúrio, o tamanho de uma barra de ferro, a pressão exercida por um gás em um recipiente de volume constante, etc.

Em seguida, o dispositivo é colocado em contato com dois estados térmicos diferentes. Aguardando-se o equilíbrio térmico são atribuídos números representando cada um desses estados. Geralmente, os dois estados térmicos utilizados, denominados **pontos fixos** (figura 1.3), são a fusão do gelo e a ebulição da água, ambos sob pressão de 1 atm.

A relação entre a grandeza termométrica e a temperatura deve ser tal que a cada valor da grandeza corresponda uma única temperatura. A medida da temperatura de um corpo é feita, indiretamente, pelo efeito provocado na grandeza termométrica quando em equilíbrio térmico com o corpo.

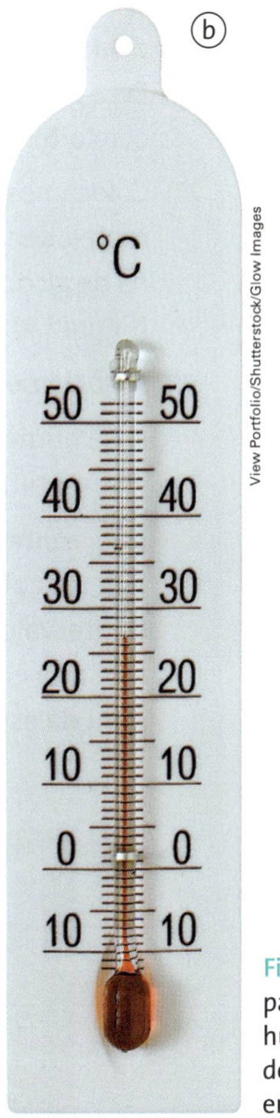

Figura 1.2 Termômetro clínico, usado para medir a temperatura do corpo humano (**a**), e termômetro com escala de −10 °C a 50 °C (**b**), muito utilizado em refrigeração.

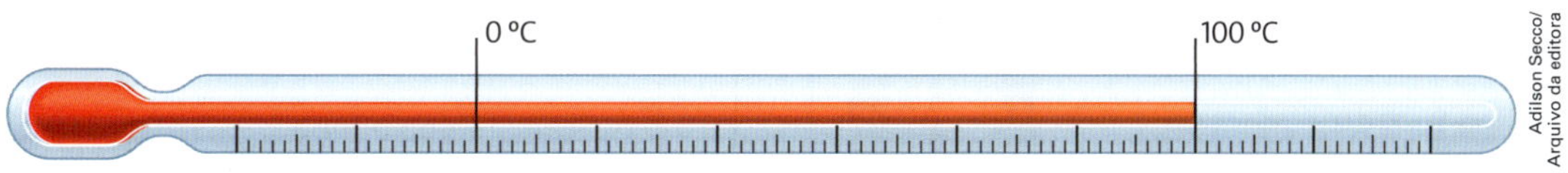

Figura 1.3 Pontos fixos da água: os estados térmicos para calibragem da escala termométrica.

Construção de escalas termométricas

Para construir uma escala, devemos primeiro escolher uma **grandeza termométrica**, ou seja, uma grandeza física que varie com a temperatura. São exemplos de grandeza termométrica: o comprimento de uma coluna de mercúrio, o tamanho de uma barra de ferro, a pressão exercida por um gás num recipiente de volume constante, a resistência elétrica de um fio, etc.

A relação entre a grandeza termométrica e a temperatura deve ser tal que cada valor de grandeza corresponda a uma única temperatura. A medição será feita indiretamente, pelo efeito provocado pela temperatura sobre a grandeza termométrica, quando o termômetro estiver em equilíbrio térmico com o corpo.

Vejamos a seguir os procedimentos para construir uma escala termométrica:

1º) Escolhemos a substância e a grandeza termométrica que varie linearmente com a temperatura. Por exemplo, podemos utilizar álcool colorizado (**substância termométrica**), colocado em um reservatório (bulbo) ligado a um tubo capilar de vidro; o comprimento atingido pela coluna de álcool no tubo capilar (h) é a **grandeza termométrica**. Essa grandeza – comprimento da coluna de álcool – varia linearmente com a temperatura.

2º) Colocamos esse dispositivo em contato com dois estados térmicos diferentes, denominados pontos fixos, e marcamos o comprimento da coluna de álcool em cada estado. Os mais utilizados são a ebulição da água (figura 1.4) e a fusão do gelo (figura 1.5), ambos sob pressão de 1 atm.

3º) Associamos os pontos fixos a uma escala e obtemos (veja a figura 1.6):

- T_G: número atribuído ao ponto de fusão do gelo, que corresponde ao comprimento h_G da coluna de álcool;
- T_V: número atribuído ao ponto de ebulição da água, que corresponde ao comprimento h_V da coluna de álcool.

O intervalo entre os dois pontos fixos ($h_V - h_G$) é dividido por ($T_V - T_G$) e resulta em partes iguais e unitárias. Cada unidade recebe o nome de **grau da escala**.

Figura 1.4 Água e vapor de água em equilíbrio térmico.

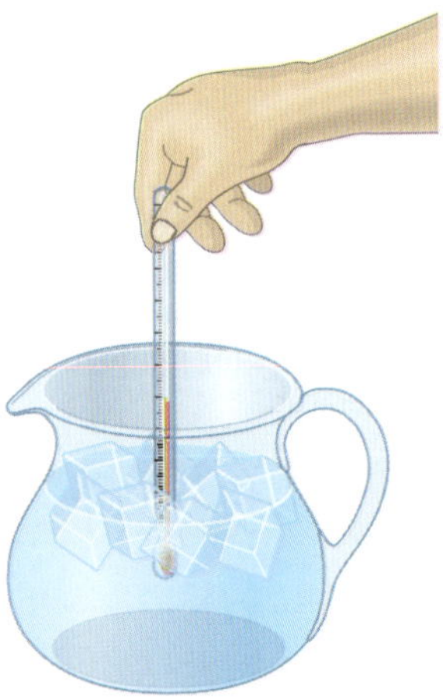

Figura 1.5 Água e gelo em equilíbrio térmico.

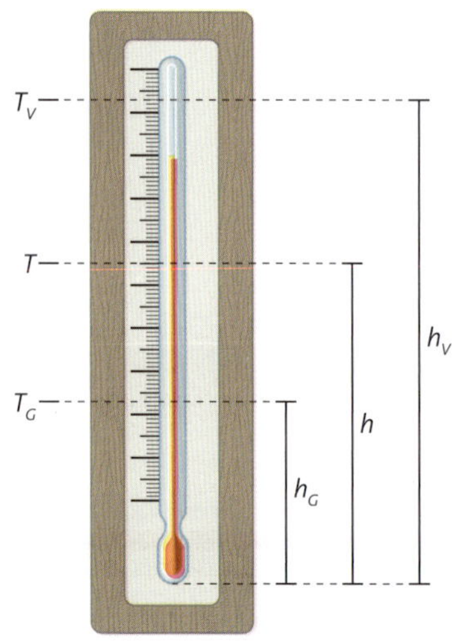

Figura 1.6 Conforme a temperatura aumenta, a coluna de álcool também aumenta.

4º) Finalmente, relacionamos os valores da grandeza termométrica (comprimento h da coluna de álcool) com os valores da temperatura (T) por meio de uma **função termométrica**. Como a grandeza termométrica varia linearmente com a temperatura, a relação entre ela e a temperatura é uma função de primeiro grau. A semelhança dos triângulos ABC e ADE, mostrados na figura 1.7, nos permite escrever:

$$\frac{h - h_G}{h_V - h_G} = \frac{T - T_G}{T_V - T_G}$$

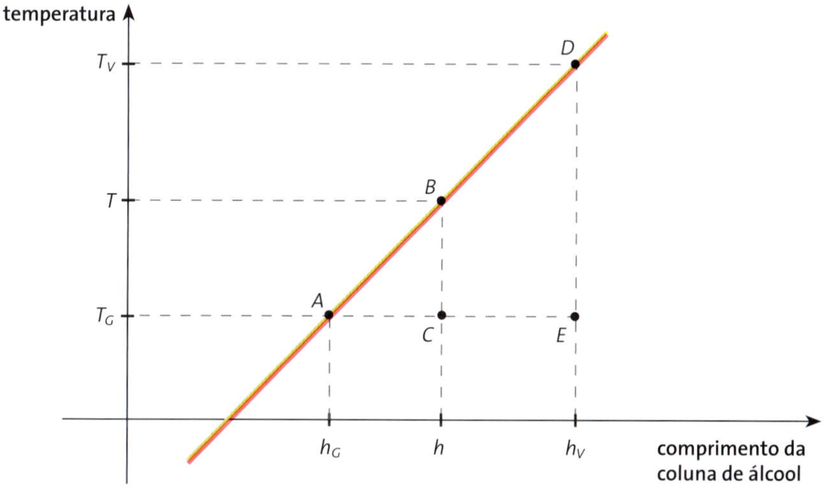

Figura 1.7 Gráfico da temperatura pelo comprimento da coluna de álcool.

Exercício resolvido

1. Marcelo resolveu criar uma escala termométrica (escala Marcelo, arbitrária, ou graus Marcelo, °M), usando um velho termômetro de mercúrio cuja escala já estava totalmente apagada. Sob pressão atmosférica normal, ele colocou o termômetro em equilíbrio térmico com gelo fundente e anotou a altura atingida pela coluna de mercúrio: 15,0 cm. Em seguida, pondo o termômetro em equilíbrio térmico com água em ebulição, anotou a nova altura da coluna de mercúrio: 35 cm.
Para essas alturas ele atribuiu –10 °M e 110 °M, respectivamente.
a) Qual é a função termométrica dessa escala arbitrária °M?
b) Qual será o valor da temperatura na escala M se a altura da coluna de mercúrio atingir 25 cm?

Resolução

a) A equação que relaciona a temperatura (T_M) com a altura da coluna de mercúrio (h) é dada por:

$$\frac{T_M + 10}{110 + 10} = \frac{h - 15{,}0}{35 - 15{,}0}$$

$$T_M = \frac{120}{20} \cdot (h - 15{,}0) - 10 \Rightarrow T_M = 6{,}0 \cdot h - 100$$

b) Para $h = 25$ cm, temos:

$$T_M = 6{,}0 \cdot 25 - 100 \Rightarrow T_M = 50\ °M$$

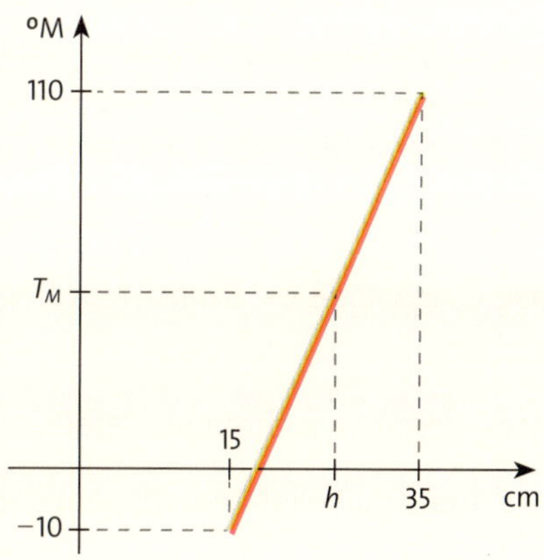

Física explica

União Europeia dá adeus ao termômetro de mercúrio

Antes da constatação dos perigosos efeitos tóxicos do mercúrio, esse elemento era considerado um dos mais apropriados para a construção dos termômetros por vários motivos, como:

- quanto mais condutora de energia térmica for a substância termométrica, mais rápido ela absorverá ou cederá calor, agilizando o equilíbrio térmico e, consequentemente, o tempo de leitura;
- para fluir pelo tubo capilar, a substância termométrica deve ser líquida, mas em geral os líquidos são maus condutores de calor. O mercúrio, por ser um metal líquido nas temperaturas de situações comuns do cotidiano (ordinárias), é bom condutor de calor.

Essas vantagens técnicas fizeram do mercúrio a substância termométrica mais escolhida para se trabalhar nas temperaturas ordinárias durante séculos.

Entretanto, as constatações dos danos ambientais e dos perigos para os seres vivos colocaram o mercúrio em uma lista de alerta das substâncias mais nocivas ao meio ambiente.

> *A inocente brincadeira de caçar bolinhas de mercúrio que haviam saído do tubo de termômetro quebrado está proibida de repetir-se na Europa. A União Europeia* [UE] *deu sua palavra final nesta semana proibindo a fabricação de termômetros que utilizem esse metal, nocivo à saúde e ao meio ambiente. O Parlamento Europeu tolera, no entanto, os termômetros de mais de 50 anos por considerá-los bens culturais, e os países da UE dispõem de 18 meses para retirá-los do mercado.*
>
> *A proibição faz parte de uma estratégia da União Europeia para acabar com o uso industrial desse metal pesado. Antes mesmo de serem verificados seus efeitos tóxicos, os cientistas já tinham comprovado as evidências de que o envenenamento por mercúrio produz danos neurológicos permanentes.*
>
> *A demanda mundial de mercúrio gira em torno de 3 600 toneladas por ano, sendo 300 destinadas à União Europeia. Dados da Eurocâmara mostram que 90%* [dessa demanda] *é voltada para termômetros médicos e domésticos, e 33 toneladas se destinam à fabricação de materiais médicos.*
>
> *No dia 16 de junho de 2007, o Parlamento Europeu havia aprovado outra diretriz que proíbe a exportação para países de terceiro mundo, e seu objetivo é instalar um armazém de resíduos na cidade de Almadén, na Espanha, onde existe a maior mina de mercúrio do mundo. Recentemente o Programa das Nações Unidas para o Meio Ambiente (PNUMA) assegurou que o uso do mercúrio não está sendo reduzido. Mesmo reconhecendo que houve uma diminuição do uso do metal nos países industrializados, ele teve um aumento nos países em desenvolvimento.*
>
> *As organizações que lutam pela preservação do meio ambiente não acreditam que as fabricantes europeias de cloro para a produção de plásticos vão cumprir a determinação de substituir, antes de outubro* [2007], *a tecnologia de células de mercúrio por outros sistemas mais modernos e mais caros.*
>
> *Há anos o Japão está implantando tecnologias mais limpas, desde o acidente na baía de Minamata, na década de 1950, um dos maiores desastres ambientais da história, quando o derramamento de toneladas de mercúrio causou a morte de mais de mil pessoas.*

REZENDE, Sidney. *UE dá adeus ao termômetro de mercúrio.* 13 jul. 2007. Disponível em: <www.sidneyrezende.com/noticia/@-4047>. Acesso em: set. 2012.

1. Pesquise e relacione os danos neurológicos que podem ser causados pela inalação de vapores de mercúrio.
2. Pesquise e descreva o chamado "efeito cumulativo" da absorção de mercúrio pelo corpo humano.
3. Pesquise quais materiais substituem o mercúrio.

Exercícios

1. Um estudante dispõe de dois recipientes, *A* e *B*, contendo café e leite, respectivamente. O primeiro está preenchido com um terço do volume total, enquanto o segundo está preenchido até a metade. Usando um termômetro, esse estudante verifica que os dois líquidos estão à mesma temperatura. Em seguida, ele mistura os dois conteúdos em um terceiro recipiente termicamente isolado.
Julgue os itens a seguir em C (correto) e E (errado), anotando no caderno.
   I. O estudante deve ter se enganado nas medidas, pois, como os volumes são diferentes, os líquidos não podem estar na mesma temperatura.
   II. Antes que o estudante efetuasse a mistura, o café e o leite já estavam em equilíbrio térmico.
   III. A mistura deve apresentar uma temperatura menor do que a dos componentes em recipientes individuais, pois tem volume maior.
   IV. A mistura deve apresentar uma temperatura maior do que a dos componentes, pois corresponde a uma maior quantidade de energia.
   V. A mistura deve resultar em café com leite numa temperatura igual à que tinham os seus componentes, pois eles já estavam em equilíbrio térmico.

2. Construiu-se um alarme de temperatura baseado em uma coluna de mercúrio e em um sensor de passagem, conforme figura.

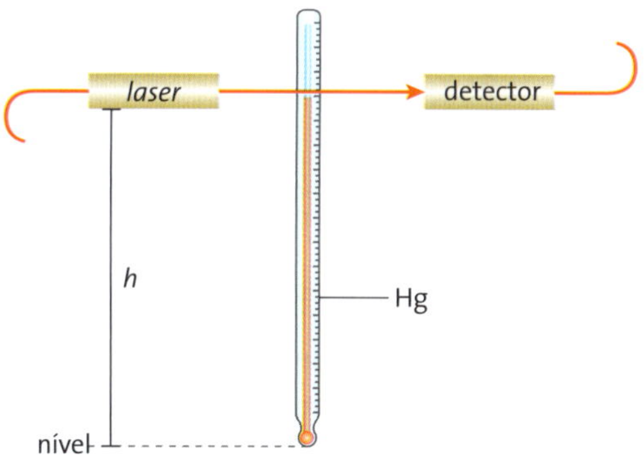

Formato/Arquivo da editora

A altura *h* do sensor óptico (par *laser*-detector) pode ser regulada de modo que, à temperatura desejada, o mercúrio, subindo pela coluna, impeça a chegada de luz ao detector, disparando o alarme. Calibrou-se o termômetro usando os pontos fixos da água e um termômetro auxiliar, de modo que, a 0 °C, a altura da coluna de mercúrio é igual a 8 cm, e a 100 °C a altura é de 28 cm. A temperatura do ambiente monitorado não deve exceder 60 °C. Sabendo-se que a relação entre a altura da coluna *h* com a temperatura em grau Celsius é uma função linear, determine a partir de qual altura o alarme vai disparar.

3. Em uma escala arbitrária P, os estados térmicos referentes ao ponto de fusão do gelo e ao ponto de ebulição da água são, respectivamente, –20 °P e 120 °P. Nesses estados os correspondentes comprimentos de uma coluna de mercúrio são 20 cm e 40 cm. Qual temperatura na escala P corresponde a uma coluna de mercúrio de comprimento 30 cm?

4. Podemos mostrar a relação entre duas escalas termométricas por diagramas. O diagrama a seguir fornece a relação entre as temperaturas T_A e T_B de duas escalas termométricas, *A* e *B*.

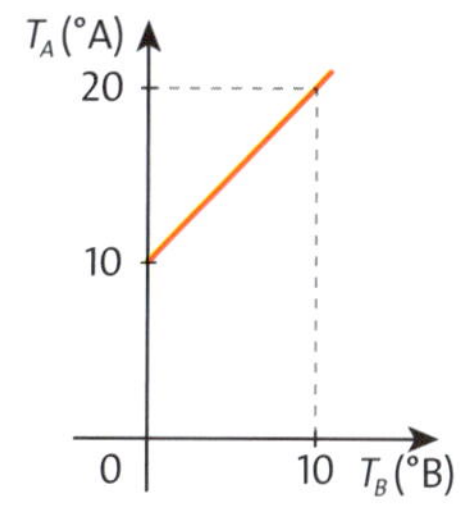

   a) Qual é a função que relaciona as duas escalas?
   b) Qual é a temperatura T_A quando T_B é 30 °B?

5. (Unifesp) Quando se mede a temperatura do corpo humano com um termômetro clínico de mercúrio em vidro, procura-se colocar o bulbo do termômetro em contato direto com regiões mais próximas do interior do corpo e manter o termômetro assim durante algum tempo, antes de fazer a leitura. Esses dois procedimentos são necessários porque:
   a) o equilíbrio térmico só é possível quando há contato direto entre dois corpos e porque demanda sempre algum tempo para que a troca de calor entre o corpo humano e o termômetro se efetive.
   b) é preciso reduzir a interferência da pele, órgão que regula a temperatura interna do corpo, e porque demanda sempre algum tempo para que a troca de calor entre o corpo humano e o termômetro se efetive.
   c) o equilíbrio térmico só é possível quando há contato direto entre dois corpos e porque é preciso evitar a interferência do calor específico médio do corpo humano.
   d) é preciso reduzir a interferência da pele, órgão que regula a temperatura interna do corpo, e porque o calor específico médio do corpo humano é muito menor que o do mercúrio e do vidro.
   e) o equilíbrio térmico só é possível quando há contato direto entre dois corpos e porque é preciso reduzir a interferência da pele, órgão que regula a temperatura interna do corpo.

2 Escalas Celsius e Fahrenheit

A escala de temperatura adotada pela maioria dos países é a escala Celsius, elaborada em 1742 por Anders Celsius (1701-1744). Essa escala considera para o ponto de fusão do gelo o valor 0 e, para o ponto de ebulição da água sob pressão normal, o valor 100. O intervalo obtido entre os dois pontos fixos é dividido em cem partes iguais e cada parte corresponde à unidade da escala, denominada grau Celsius (°C).

A escala Fahrenheit foi construída em 1727 por Daniel G. Fahrenheit (1686-1736). Diferentemente de Celsius, ele utilizou como primeiro ponto fixo uma mistura frigorífica de água, gelo e um tipo de sal e atribuiu a ela o valor 0, e ao segundo ponto fixo, a temperatura do corpo humano, ele atribuiu o valor 96.

Ao projetarmos, na escala Fahrenheit, os pontos fixos escolhidos por Celsius, obtemos os seguintes valores: 32 para o ponto de fusão do gelo e 212 para o ponto de ebulição da água. Assim, na escala Fahrenheit, o intervalo entre esses dois pontos fixos é dividido em 180 partes (212 − 32). Cada parte corresponde à unidade da escala, denominada grau Fahrenheit (°F).

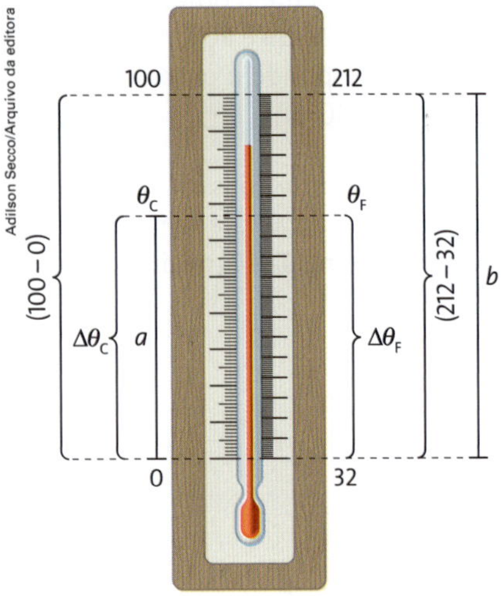

Figura 1.8 Esquema comparativo das escalas Celsius e Fahrenheit.

A conversão de temperaturas entre as escalas é feita por meio da comparação dos segmentos *a* e *b* da coluna termométrica que correspondem aos mesmos estados térmicos, independentemente das escalas utilizadas (figura 1.8).

$$\frac{a}{b} = \frac{\Delta\theta_C}{100 - 0} = \frac{\Delta\theta_F}{212 - 32} \Rightarrow \frac{\Delta\theta_C}{100} = \frac{\Delta\theta_F}{180} \Rightarrow \frac{\Delta\theta_C}{5} = \frac{\Delta\theta_F}{9}$$

Como $\Delta\theta_C = \theta_C - 0$ e $\Delta\theta_F = \theta_F - 32$, obtemos:

$$\frac{\theta_C}{5} = \frac{\theta_F - 32}{9}$$

A expressão $\frac{\Delta\theta_C}{5} = \frac{\Delta\theta_F}{9}$ é utilizada quando queremos comparar somente as variações de temperatura. Já a expressão $\frac{\theta_C}{5} = \frac{\theta_F - 32}{9}$ nos fornece diretamente a comparação entre as temperaturas propriamente ditas.

Na figura 1.9 temos um termômetro graduado nas escalas Celsius e Fahrenheit. Observando a diferença de intervalos, vemos que a escala Fahrenheit tem quase o dobro de intervalos da escala Celsius, resultado apenas da escolha dos pontos fixos para cada pensador.

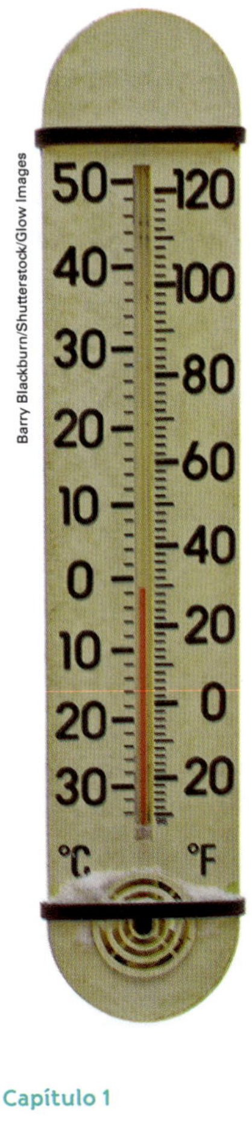

Figura 1.9 Termômetro graduado nas escalas Celsius, à esquerda, e Fahrenheit, à direita.

Exercício resolvido

2. Em determinado dia de verão na cidade de Nova York, a temperatura mínima foi de 68 °F e a máxima, de 95 °F.

a) Para ter uma noção se a mínima foi muito baixa ou a máxima foi muita alta, obtenha os valores dessas temperaturas na escala Celsius.

b) Qual foi a variação entre a temperatura mínima e a máxima, na escala Celsius?

Resolução

a) Para a temperatura de 68 °F, temos:

$$\frac{\theta_C}{5} = \frac{\theta_F - 32}{9} \Rightarrow \frac{\theta_C}{5} = \frac{68 - 32}{9} \Rightarrow \theta_C = 20\ °C$$

Para 95 °F, temos:

$$\frac{\theta_C}{5} = \frac{95 - 32}{9} \Rightarrow \theta_C = 35\ °C$$

b) A variação pode ser obtida de dois modos: ou aproveitamos os resultados obtidos no item **a** – o que pressupõe que esses cálculos já estejam efetuados –, ou aplicamos à proporção que deduzimos para quando se quer apenas a variação, e não a temperatura em si.

$$\frac{\Delta\theta_C}{5} = \frac{\Delta\theta_F}{9} \Rightarrow \frac{\Delta\theta_C}{5} = \frac{95 - 68}{9} \Rightarrow \Delta\theta_C = 15\ °C$$

Exercícios

6. Paulo não está satisfeito com seu chuveiro e acha que ele está com defeito. Isso porque, para uma mesma vazão de água, no verão, a água é muito quente e, no inverno, é fria.

a) Supondo que, no verão, a água entra no chuveiro a 25 °C e sai a 45 °C, qual é a variação de temperatura provocada pelo chuveiro?

b) Nas mesmas condições, se no inverno a água entra a 10 °C no chuveiro, qual será a temperatura da água na saída?

c) Como você explicaria para Paulo que o chuveiro está funcionando normalmente e não apresenta defeito?

7. Trinta minutos antes de aterrissar o avião, o comandante informou aos passageiros que a temperatura na cidade do desembarque era 41 °F. Um passageiro julgou se tratar de 41 °C e desembarcou de bermuda e camiseta. Calcule a temperatura da cidade na escala Celsius e explique se o passageiro estava com roupas adequadas para o clima da cidade.

8. Em Orlando, nos Estados Unidos, os guias orientam os turistas brasileiros que, para converter a temperatura de Fahrenheit para Celsius, basta subtrair 30 e dividir por 2. Se um termômetro indica 68 °F, qual o valor obtido pelo processo indicado pelo guia e qual o valor correto, em °C?

9. Na embalagem de um chuveiro elétrico, o fabricante informa que o modelo é capaz de produzir uma variação de temperatura de até 20 °C, para determinado fluxo de água. Esse modelo passará a ser exportado para um país em que é usada a escala Fahrenheit. Que informação o fabricante deverá imprimir na embalagem?

10. Uma pessoa mediu a temperatura de seu corpo, utilizando-se de um termômetro graduado na escala Fahrenheit, e encontrou o valor 97,7 °F. Essa pessoa encontra-se em estado febril ou não?

11. Ao medir a temperatura de um mesmo ambiente com dois termômetros, um calibrado na escala Celsius e o outro, na escala Fahrenheit, uma pessoa observa que eles apresentam a mesma leitura. Qual é essa temperatura?

3 Kelvin, a escala absoluta

A evolução tecnológica alcançada a partir da Revolução Industrial do começo do século XIX trouxe consigo algumas questões relacionadas aos processos de fundição que exigiam altas temperaturas. Uma delas foi: até que ponto seria possível aquecer um corpo?

A experiência vem mostrando, cada vez mais, que não há limite para isso. Temperaturas de algumas centenas de graus Celsius, consideradas altas há cem anos, tornam-se insignificantes diante do conhecimento de outras, como as de algumas dezenas de milhões de graus Celsius no interior das estrelas.

E até que ponto seria possível resfriar um corpo? Para responder a essa pergunta, veremos mais sobre o conceito de pressão e sua relação com a temperatura.

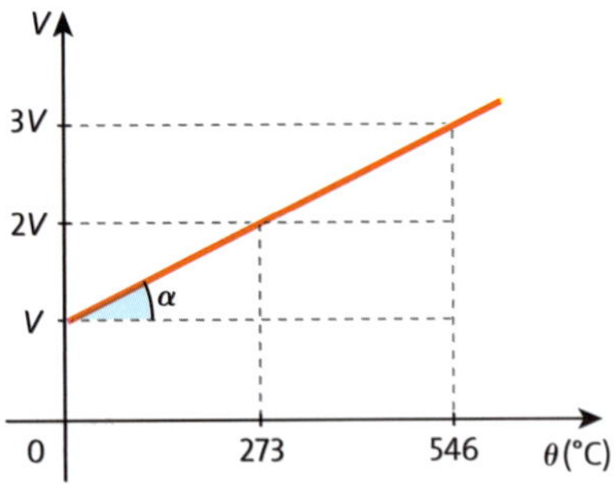

Figura 1.10 **Comportamento do volume de um gás em função da temperatura sob pressão constante.**

O físico e matemático irlandês William Thomson, homenageado com o título de lorde Kelvin, estudou o comportamento dos gases. Ele verificou que todos os gases – na faixa em que podemos considerá-los gases ideais – se dilatam numa mesma proporção, em relação ao volume inicial, quando se mantêm sob pressão constante.

As escalas em que Kelvin fez sua análise eram as disponíveis na época, como a Celsius, por exemplo. O gráfico da figura 1.10 ilustra uma parte da sua análise. À medida que aumenta a temperatura do gás, seu volume também aumenta. Reciprocamente, à medida que diminui a temperatura do gás, seu volume também diminui.

Até que ponto é possível diminuir o volume de um gás? Até que ele fique nulo. Essa discussão nos leva a uma concepção da estrutura da matéria – em particular, dos gases – junto com o conceito de temperatura. Qualquer porção de matéria, seja ela sólida, líquida, seja gasosa, é composta de moléculas, átomos, íons, elétrons livres, que chamaremos simplesmente de partículas, em constante agitação. A partícula representa a menor parte que conserva as mesmas propriedades químicas da matéria. Considerando certa substância sob determinada pressão, a agitação dessas partículas (figura 1.11) é mais intensa nos gases do que nos líquidos, e nos líquidos é mais intensa do que nos sólidos.

Para um mesmo estado físico, a agitação molecular está intimamente relacionada à temperatura. Como vimos, uma temperatura mais alta indica maior agitação molecular e, portanto, maior energia cinética média. Assim, a menor temperatura possível é aquela em que a energia cinética média é nula. As partículas estariam em repouso, e então, nessa temperatura, o volume livre entre as partículas também seria nulo.

Figura 1.11 **Representação esquemática de partículas em agitação térmica.**

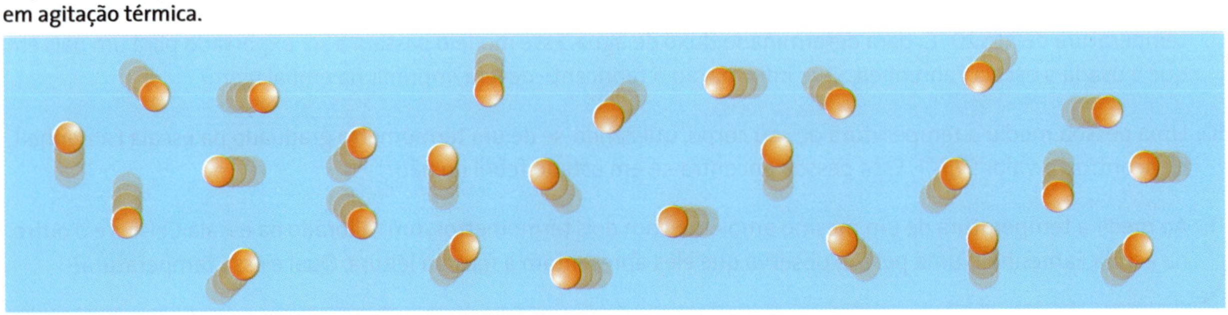

Retomemos o gráfico visto na figura 1.10 e vamos analisar a região em que a temperatura, na escala Celsius, é negativa (figura 1.12).

Observe que a inclinação da reta (coeficiente angular) é:

$$m = \frac{\Delta V}{\Delta \theta} \Rightarrow m = \frac{2V - V}{546 - 273} \Rightarrow m = \frac{V}{273}$$

O ponto em que a reta intercepta o eixo das abscissas é o ponto que corresponde a um volume nulo. A temperatura referente a esse ponto é obtida por:

$$m = \frac{V}{273} = \frac{V - 0}{0 - \theta_C} \Rightarrow \theta_C = -273\ °C$$

A esse ponto, −273 °C, conhecido como zero absoluto, que corresponde ao limite inferior de temperatura, Kelvin atribuiu o valor zero de sua escala (0 K = −273 °C). Estava assim determinada, teoricamente, a menor temperatura possível. Para construção de uma verdadeira escala de temperaturas – uma escala absoluta –, faltava escolher o tamanho do grau. No caso da escala Kelvin escolheu-se o tamanho de divisão que possui a escala Celsius.

Pela própria definição, uma variação de *x* unidades na escala Kelvin corresponde a uma variação de *x* unidades na escala Celsius. Assim, qualquer variação de temperatura é representada pelo mesmo valor nas duas escalas, Celsius e Kelvin. A figura 1.13 representa a comparação entre as escalas Celsius e Kelvin, com relação às temperaturas e às variações de temperatura.

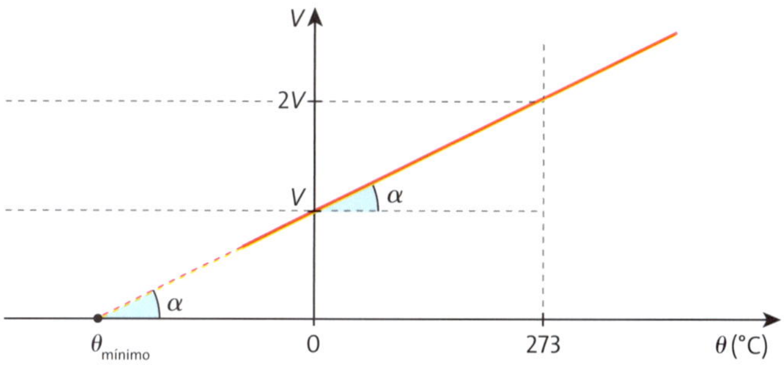

Figura 1.12 Variação do volume de um gás em relação à temperatura sob pressão constante.

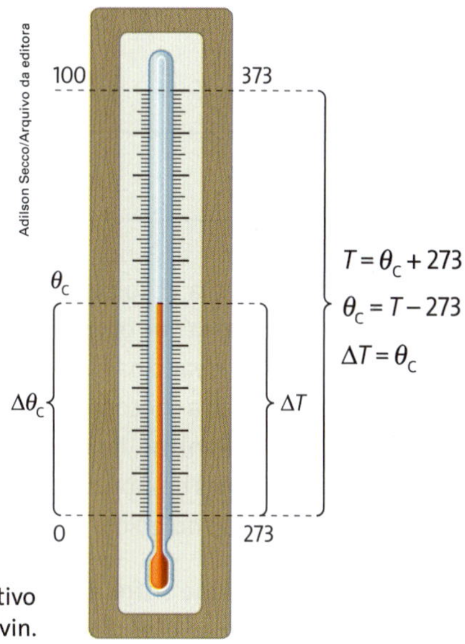

Figura 1.13 Esquema comparativo das escalas Celsius e Kelvin.

Podemos, finalmente, relacionar as três escalas mais utilizadas, Celsius, Fahrenheit e Kelvin (figura 1.14):

$$\frac{\theta_C}{5} = \frac{\theta_C - 32}{9} = \frac{T - 273}{5}$$

Considerando apenas as variações de temperatura, temos:

$$\frac{\Delta\theta_C}{5} = \frac{\Delta\theta_F}{9} = \frac{\Delta T}{5}$$

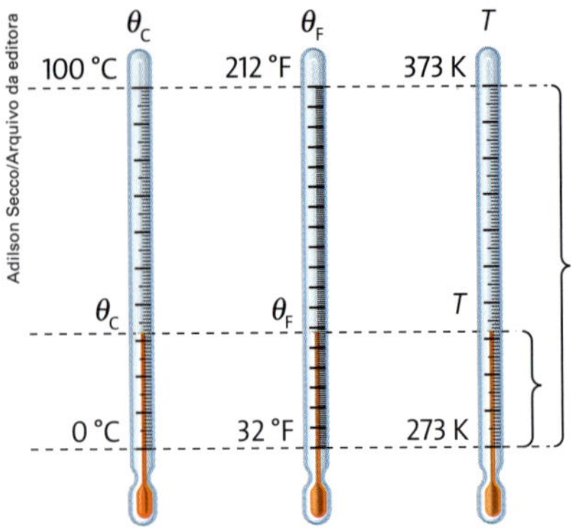

Figura 1.14 Pontos de fusão e ebulição da água, sob pressão atmosférica normal, para as escalas Celsius (**C**), Fahrenheit (**F**) e Kelvin (**K**).

Observações

- O zero absoluto é inacessível na prática. Pode-se chegar bastante perto, mas quanto mais próximo dessa temperatura, mais difícil fica para o corpo ceder energia térmica, pois essa transferência se faria para outro corpo cujo grau médio de agitação das partículas fosse menor.
- Frio não existe como grandeza física. Um corpo esfria quando cede calor. Se um corpo pudesse receber frio, não existiria um limite inferior para a temperatura.

Termômetros

Exercício resolvido

3. Uma das exigências feitas ao Reino Unido por ocasião da formação da União Europeia foi a adoção do Sistema Internacional de Unidades (SI). Temporariamente, convivem no Reino Unido o sistema antigo e o SI. Há séculos acostumados com seu sistema de unidades, os ingleses irão aos poucos absorvendo o SI e em breve, provavelmente, a escala Fahrenheit deixará de existir. Talvez um dia fiquemos somente com a escala Kelvin, a "verdadeira" escala de temperaturas. Imagine sua mãe dizendo: "Leve um agasalho, pois a temperatura vai baixar. A TV anunciou 280 K". Verifique se o conselho procede, utilizando como referência a escala Celsius.

Resolução

Para transformar da escala Kelvin para a Celsius, temos:

$$\theta_C = T - 273 \Rightarrow \theta_C = 280 - 273 \Rightarrow \theta_C = 7\ °C$$

O conselho procede, pois a temperatura estará em 7 °C, um valor que exige um agasalho.

Exercícios

12. Com o advento da escala absoluta de temperaturas, houve uma proposta para que o tamanho das divisões da nova escala fosse baseado na escala Fahrenheit. De fato, essa escala chegou a ser construída e denominada escala absoluta de Rankine, hoje em desuso. Nessa escala *R*, quantas divisões há, aproximadamente, entre a temperatura de fusão do gelo e o zero absoluto?

13. Mercúrio é o planeta que sofre a maior variação de temperatura no Sistema Solar. A temperatura na parte iluminada pelo Sol chega a 400 °C, enquanto no lado escuro a temperatura cai a −200 °C.
   a) Expresse esses valores na escala Kelvin.
   b) De quanto é essa variação de temperatura na escala Kelvin?

14. A temperatura na "superfície externa" do Sol é de aproximadamente 6 000 K. Exprima essa temperatura nas escalas Celsius e Fahrenheit.

15. Uma panela contém água à temperatura de 20 °C.
   a) Qual o valor dessa temperatura nas escalas Fahrenheit e Kelvin?
   b) Se o conjunto (panela + água) for aquecido a 80 °C, qual será a variação de temperatura do sistema nas escalas Celsius, Fahrenheit e Kelvin?

16. (Fatec-SP) Um cientista coloca um termômetro em um béquer contendo água no estado líquido. Supondo que o béquer esteja num local ao nível do mar, a única leitura que pode ter sido feita pelo cientista é:
   a) −30 K.
   b) 36 K.
   c) 130 °C.
   d) 250 K.
   e) 350 K.

17. A temperatura de uma solução variou de −10 °C a 30 °C. Qual foi a variação de temperatura sofrida pela solução expressa:
   a) na escala Kelvin;
   b) na escala Fahrenheit.

Física explica

Temperatura: de quanto a quanto?

A temperatura – um dos sete padrões básicos do SI – é uma das grandes variáveis da Física. Quase todas as propriedades físicas e os resultados têm relação com a temperatura, pois podem variar de acordo com ela.

A escala termométrica usada para medir a temperatura no SI é o Kelvin, cujo zero absoluto indica o menor limite de temperatura a que um corpo poderia chegar.

Para entendermos melhor a variação termométrica, vamos comparar a temperatura ambiente da Terra, que é de cerca de 290 kelvins, ou 290 K, acima desse zero absoluto, com a temperatura média do Universo, que, há cerca de 10 bilhões a 20 bilhões de anos, quando o Universo começou, era de aproximadamente 10^{39} K. À medida que o Universo se expandiu, ocorreu o processo de resfriamento, e a temperatura média chegou a 3 K (hoje, por causa do Sol, o Universo está um pouco mais quente do que isso).

Em razão dessa grande variação de temperatura entre os astros que compõem o Universo, é que a vida na Terra é possível, pois as taxas das reações químicas – incluindo as do nosso corpo – diminuem à medida que a temperatura diminui. Se a temperatura ambiente da Terra fosse mais alta, os átomos do nosso corpo moveriam-se de uma maneira tão agitada que se romperiam, tornando a vida no nosso planeta impossível.

Observe a figura abaixo, que representa algumas temperaturas interessantes.

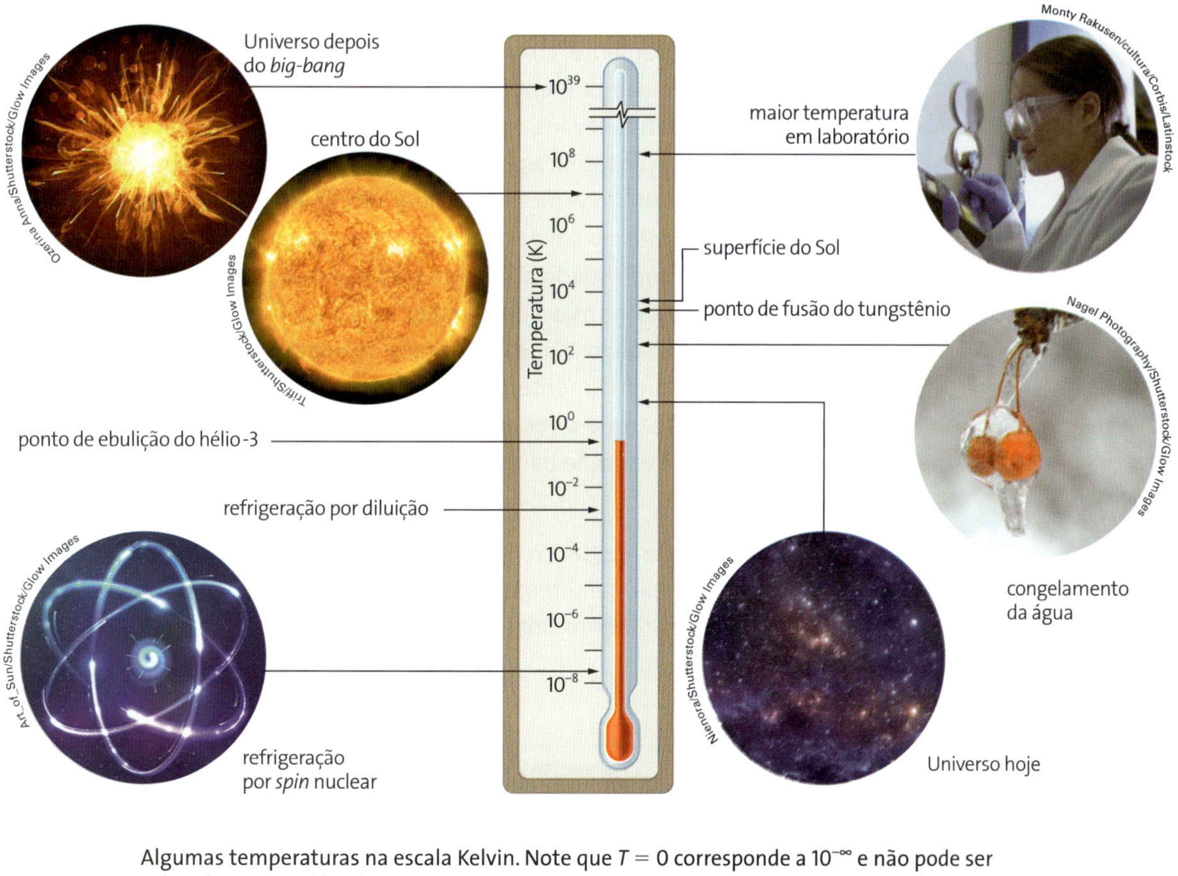

Algumas temperaturas na escala Kelvin. Note que $T = 0$ corresponde a $10^{-\infty}$ e não pode ser colocada neste gráfico logarítmico.

Adaptado de: HALLIDAY & RESNICK. *Fundamentos de Física*. 3. ed. Rio de Janeiro: LTC Editora, 1994. p. 163-164. v. 2.

4 Dilatação térmica de sólidos

Quando você passar por uma ponte ou um viaduto, poderá observar pequenos vãos preenchidos com piche. Esses vãos existem para permitir a dilatação térmica das estruturas.

Para refletir

Como você explica o espaçamento entre os ladrilhos da calçada, conforme mostra a figura abaixo?

Rubens Chaves/Pulsar Imagens

De modo geral, quando a temperatura de um corpo (sólido ou líquido) é aumentada, a agitação das partículas que formam esse corpo também aumenta. Isso causa um afastamento entre as partículas, resultando em um aumento nas dimensões do corpo: é a chamada **dilatação térmica**.

A dilatação térmica estuda as variações no comprimento de uma barra, na área de uma placa, no volume de um líquido, ou em outra grandeza qualquer, provocadas por variações de temperatura (figura 1.15).

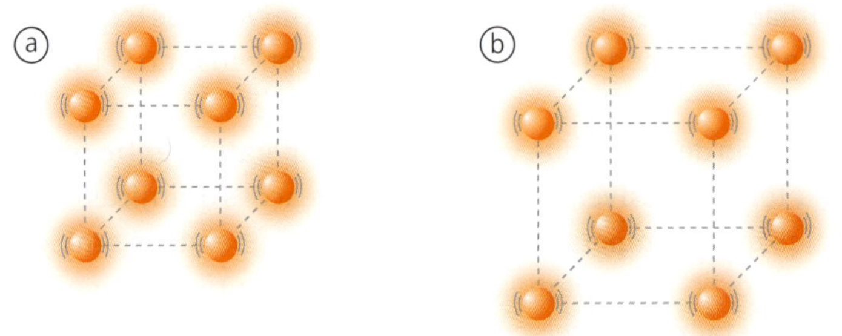

Ilustrações: Formato/Arquivo da editora

Figura 1.15 Elemento da rede cristalina à temperatura θ_0 (**a**); o mesmo elemento à temperatura $\theta > \theta_0$ (**b**). O espaçamento entre as partículas aumentou.

Genericamente, chamamos o fenômeno de **dilatação térmica**, mas a variação de comprimento também pode ser negativa, isto é, as reduções de temperatura levam, em geral, a uma **contração térmica**.

A dilatação térmica pode ser verificada experimentalmente. Por exemplo, na figura 1.16 vemos um sólido, inicialmente a uma temperatura θ_0, e a seguir o mesmo sólido, um pouco mais quente, numa temperatura θ. É certo que todo sólido sofre variação nas três dimensões (comprimento, largura e altura), mas aqui a maior diferença foi a da variação do comprimento L do sólido, a que chamamos de **dilatação térmica linear**.

Experimentalmente, verifica-se que a dilatação térmica linear ΔL sofrida pela barra é diretamente proporcional ao comprimento inicial da barra L_0 e à variação da temperatura $\Delta\theta$:

$$\Delta L = \alpha \cdot L_0 \cdot \Delta\theta$$

Nessa expressão, α é uma constante, denominada **coeficiente de dilatação linear**, característica do material constituinte do sólido.

O comprimento final do sólido é dado por:

$$L = L_0 + \Delta L \text{ ou } L = L_0 \cdot (1 + \alpha \cdot \Delta\theta)$$

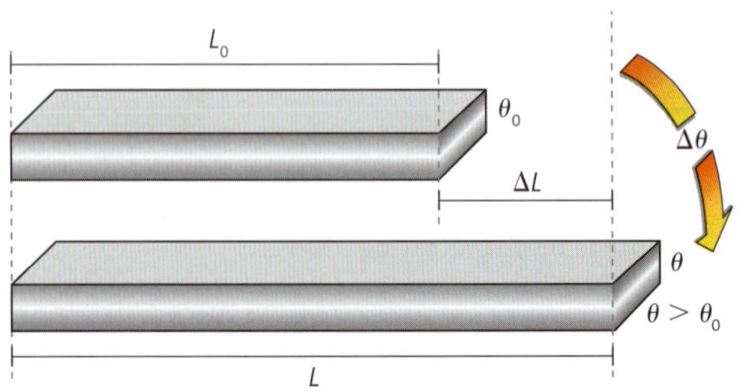

Figura 1.16 Representação exagerada da dilatação térmica do comprimento de uma barra.

A tabela 1.1 apresenta os valores médios dos coeficientes de dilatação linear de alguns materiais sólidos, para temperaturas em torno de 20 °C.

Tabela 1.1 – Valores médios dos coeficientes de dilatação linear de alguns materiais sólidos	
Material	α(°C^{-1})
porcelana	$3 \cdot 10^{-6}$
cobre	$17 \cdot 10^{6}$
vidro pirex	$3 \cdot 10^{-6}$
latão	$19 \cdot 10^{-6}$
vidro comum	$8 \cdot 10^{-6}$
alumínio	$22 \cdot 10^{-6}$
platina	$9 \cdot 10^{-6}$
zinco	$26 \cdot 10^{-6}$
ferro	$12 \cdot 10^{-6}$
concreto	$12 \cdot 10^{-6}$
chumbo	$27 \cdot 10^{-6}$
amálgama	$12 \cdot 10^{-6}$
dente	$12 \cdot 10^{-6}$

Embora a dilatação térmica seja relativamente pequena em relação ao comprimento inicial da barra, os esforços estruturais provocados por uma dilatação não prevista são muito intensos. Vejamos alguns exemplos do uso dessas "folgas", chamadas juntas de dilatação:

- Nas construções, para evitar acidentes por causa da dilatação térmica dos materiais, são utilizadas "folgas", chamadas juntas de dilatação. Geralmente, essas folgas são preenchidas com material deformável (madeira, piche, etc.).
- Nos trilhos de uma ferrovia, que podem ficar retorcidos caso não se previna a dilatação. A compressão entre os elementos que compõem a via fica tão intensa que acaba por deslocar ou retorcer os trilhos de aço. Para prevenir isso, também são utilizadas "folgas" entre os trilhos (figura 1.17).

Figura 1.17 Folga entre os trilhos permite a dilatação térmica sem tensões.

Eugene Sergeev/Shutterstock/Glow Images

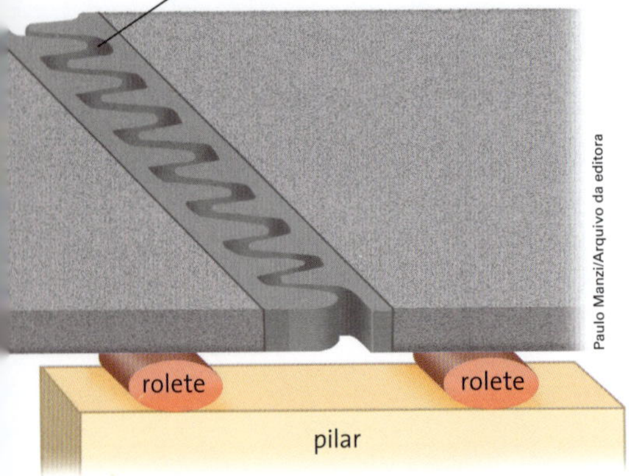

Figura 1.18 Representação das juntas de dilatação usadas na construção de pontes, viadutos ou vigas concretadas de grande extensão.

- Nas pontes, viadutos ou vigas concretadas de grande extensão, em que os extremos da estrutura são apoiados sobre roletes que dão liberdade ao movimento por causa da dilatação térmica (figura 1.18).

Quando um corpo não é aquecido igualmente, algumas partes dilatam-se mais que outras, provocando tensões e, eventualmente, a ruína da estrutura sólida, como no caso de um copo que se quebra ao receber café muito quente. Aumentar a espessura da parede do copo não resolve, uma vez que isso só faz aumentar as diferenças de temperatura entre as várias partes do vidro. Para diminuir o problema, convém reduzir a espessura das paredes do copo, o que propicia um aquecimento mais uniforme, com menor possibilidade de ruptura térmica, embora sacrifique a resistência mecânica.

O rompimento de grandes rochas, antes da invenção e do uso da dinamite, era feito por meio do aquecimento irregular em uma dilatação térmica. Fazia-se uma fogueira sobre a rocha, numa pequena região, para provocar o aquecimento localizado. Se isso não fosse suficiente, jogava-se água fria na rocha para aumentar os desníveis de temperatura e os esforços por eles provocados.

Quando queremos apertar ou soltar uma rosca entre materiais diferentes, aquecemos ou resfriamos o conjunto, conforme a relação entre os coeficientes de dilatação, com a intenção de gerar uma folga entre os elementos. Abrimos, assim, com mais facilidade, tampas metálicas de recipientes de vidro, por exemplo.

No aquecimento dos motores de combustão interna, os pistões de alumínio ficam mais justos dentro da camisa de aço, pois o alumínio possui maior coeficiente de dilatação que o aço.

Em estruturas sujeitas a muitas variações térmicas, o ideal é usar materiais que tenham o mesmo coeficiente de dilatação. É o caso, por exemplo, do ferro e do concreto, que se dilatam em conjunto e se contraem também em conjunto, sem que a dilatação ou contração provoque esforços estruturais. A mesma propriedade é observada entre o amálgama, material que era usado nas obturações dentárias, e o dente (figura 1.19).

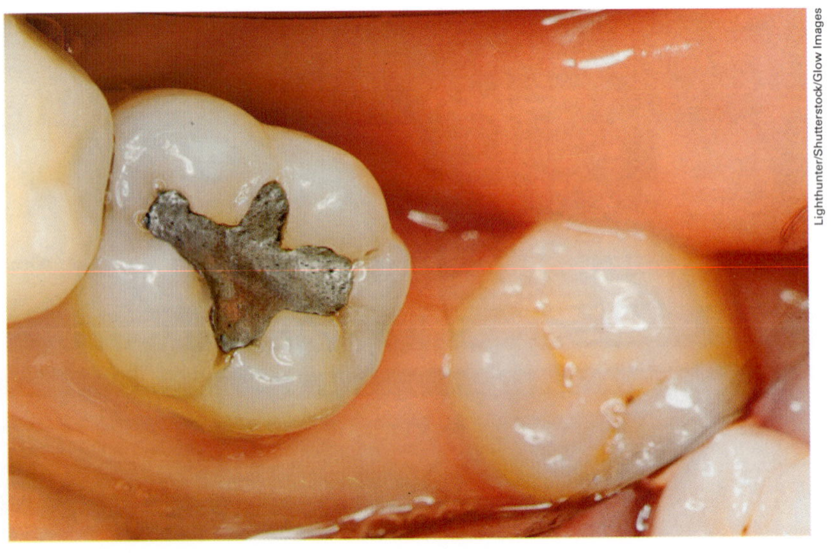

Figura 1.19 Dente restaurado com amálgama.

Já o uso de materiais de coeficientes de dilatação diferentes possibilita a construção de contatos elétricos automáticos – que se desligam quando muito quentes e ligam novamente ao esfriar – como se observa nas lâminas bimetálicas.

Observe um arranjo que se constitui de duas lâminas de materiais diferentes, sobrepostas e solidárias (figura 1.20). Quando aquecidas, as lâminas se dilatam. Como cada material tem um coeficiente de dilatação e as lâminas estão interligadas, os esforços que surgem com o aquecimento encurvam o conjunto para o lado da lâmina de menor coeficiente de dilatação linear. O aquecimento das lâminas ocorre pela passagem de corrente elétrica, que fica interrompida quando as lâminas se curvam. Com a interrupção da corrente elétrica, as lâminas esfriam e refaz-se o contato. Esse é o princípio de funcionamento do pisca-pisca, por exemplo.

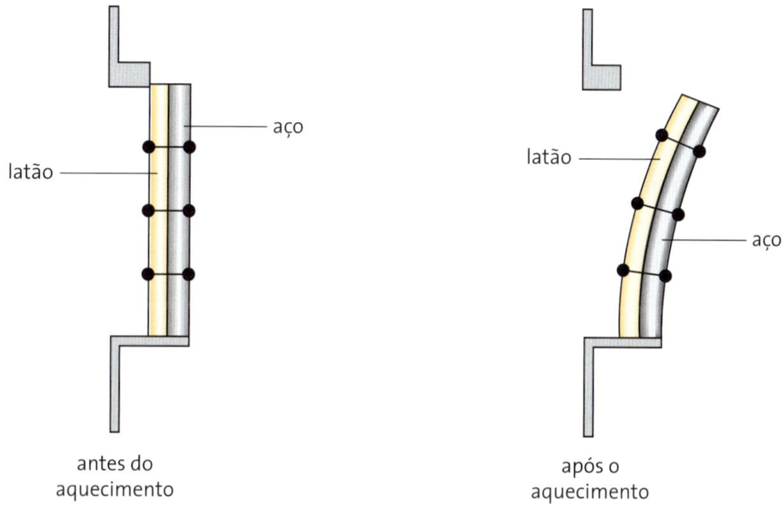

Figura 1.20 Arranjo de lâminas bimetálicas (de materiais diferentes), que interrompem um contato elétrico ao se aquecerem.

Podemos observar também esse efeito nos ferros elétricos automáticos. A passagem da corrente elétrica aquece as lâminas, que se encurvam. Ao ser atingida uma temperatura previamente estabelecida, o parafuso (figura 1.21) passa a impedir o processo de uma das lâminas, enquanto a outra continua se encurvando até que a corrente elétrica seja interrompida. A partir daí, as lâminas esfriam e voltam à posição original.

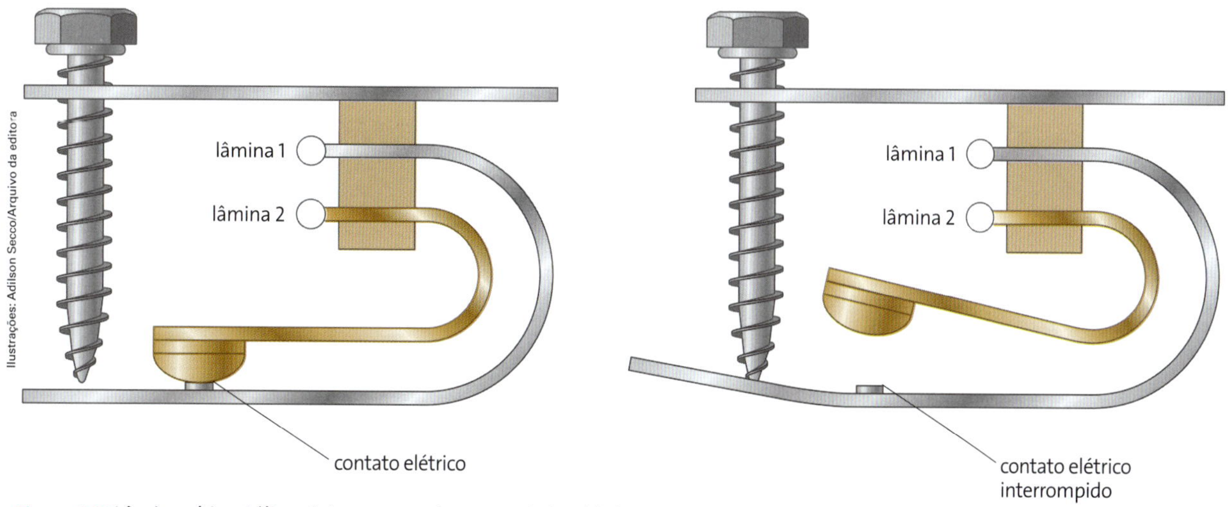

Figura 1.21 Lâminas bimetálicas interrompendo um contato elétrico ao se aquecerem.

Dilatação relativa

Imagine que uma barra de determinado material tenha se dilatado 1 mm, enquanto outra barra, de material diferente, dilatou-se 2 mm para a mesma variação de temperatura. Qual delas tem o maior coeficiente de dilatação?

Para responder a essa pergunta, precisamos saber qual era o comprimento inicial de cada uma das barras, ou saber qual foi a dilatação relativa. A dilatação térmica pode ser expressa em termos relativos, apenas observando-se que a fração $\frac{\Delta L}{L_0}$ representa quanto o sólido se dilatou em relação ao comprimento inicial. Essa fração é habitualmente expressa na forma de uma porcentagem. Para calculá-la, basta observar que, como $\frac{\Delta L}{L_0} = \alpha \cdot \Delta\theta$, então:

$$\frac{\Delta L}{L_0} \cdot 100\% = \alpha \cdot \Delta\theta \cdot 100\%$$

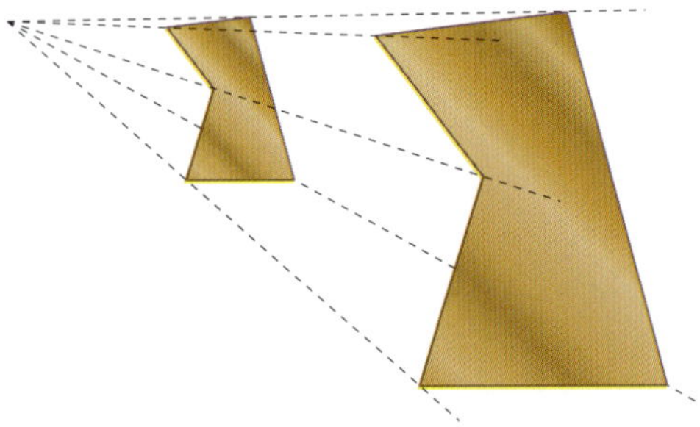

Figura 1.22 Chapas homotéticas (que possuem infindáveis pontos de concordância ou de semelhança).

Quando dizemos que a dilatação linear foi de, por exemplo, 1%, significa que houve uma variação de 1% na grandeza linear avaliada, qualquer que fosse o seu tamanho inicial. Portanto, se estamos analisando a dilatação térmica de um paralelepípedo de arestas a_0, b_0 e c_0, na temperatura inicial, concluímos que as três arestas têm, percentualmente, a mesma dilatação. O sólido obtido após a dilatação é, então, **geometricamente semelhante** ao corpo inicial (figura 1.22).

Gráficos da dilatação linear

Os gráficos da figura 1.23 representam o comportamento da dilatação linear e do comprimento final de uma barra em função da temperatura, considerando que o coeficiente de dilatação linear do material não varie com a temperatura.

A inclinação da reta, em qualquer um desses gráficos, depende do comprimento inicial da barra, pois, em termos absolutos, as barras maiores dilatam-se mais. Tomemos, por exemplo, o gráfico da figura 1.23.a. Observando-se o triângulo colorido (figura 1.24), temos, para o coeficiente angular:

$$L_0 \cdot \alpha = \tan\varphi = \frac{\Delta L}{\Delta\theta}$$

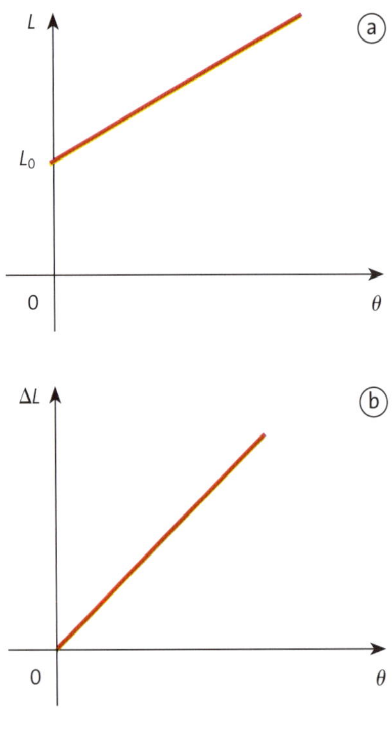

Figura 1.23 Comprimento de uma barra (L) em função da temperatura (θ) (**a**); variação no comprimento da barra (ΔL) em função da temperatura (θ) (**b**).

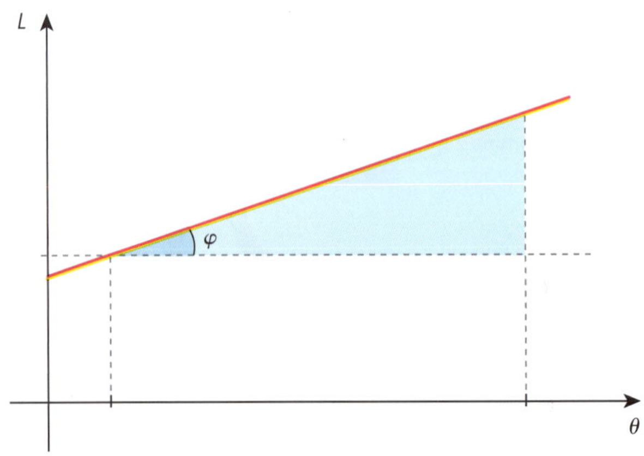

Figura 1.24 Inclinação do gráfico $L \times \theta$.

Dilatação superficial

A **figura 1.25** mostra uma chapa retangular, a uma temperatura θ_0. Depois de aquecida, a chapa atinge a temperatura θ. Houve variação nas dimensões da placa.

Adilson Secco/Arquivo da editora

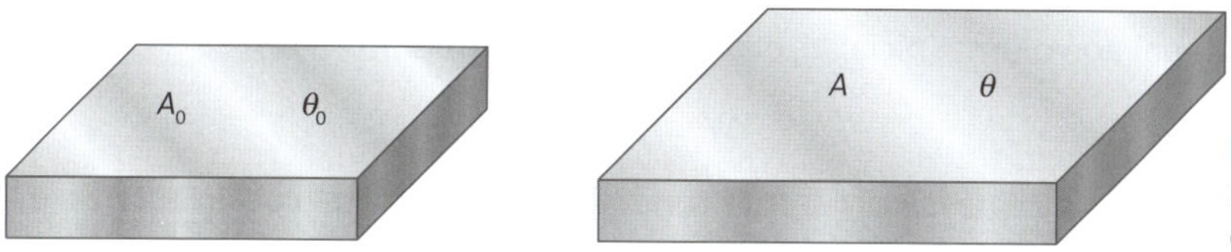

Figura 1.25 Aquecimento de uma chapa retangular. Propositadamente, as dilatações estão mostradas com exagero.

Na temperatura θ_0, a área da chapa é A_0 e, na temperatura θ, a área é A. Experimentalmente, verifica-se que a dilatação térmica superficial ΔA sofrida pela chapa é diretamente proporcional à área inicial da chapa A_0 e à variação da temperatura $\Delta\theta$:

$$\Delta A = \beta \cdot A_0 \cdot \Delta\theta$$

Nessa expressão, β é uma constante, denominada **coeficiente de dilatação superficial**, característica do material constituinte do sólido, e obedece à relação:

$$\beta = 2\alpha$$

A área final da placa é dada por:

$$A = A_0 + \Delta A \text{ ou } A = A_0 \cdot (1 + \beta \cdot \Delta\theta)$$

Dilatação de furos

Quando aquecemos um sólido, os furos que ele por acaso tiver se dilatarão como se fossem do mesmo material. Vamos imaginar uma chapa sobre a qual foi desenhado um quebra-cabeça, com destaque para uma das peças da região central (**figura 1.26**). A peça destacada e as restantes podem ser aquecidas isolada ou conjuntamente, desde que ao final todas tenham a mesma temperatura.

Antonio Robson/Arquivo da editora

Figura 1.26 Depois de aquecido o conjunto, a peça destacada continua encaixando perfeitamente. O furo se dilatou tal como se fosse a peça faltante.

Dilatação volumétrica

A dilatação volumétrica ΔV corresponde à variação do volume de um sólido quando submetido a uma variação de temperatura $\Delta\theta$. Assim, um sólido que apresente volume V_0, à temperatura θ_0, e volume V, à temperatura $\theta > \theta_0$, apresenta uma variação de volume ΔV diretamente proporcional ao volume inicial V_0 e à variação de temperatura $\Delta\theta$:

$$\Delta V = \gamma \cdot V_0 \cdot \Delta\theta$$

Nessa expressão, γ é uma constante, denominada **coeficiente de dilatação volumétrica**, característica do material constituinte do sólido, e que obedece à relação:

$$\gamma = 3\alpha$$

O volume final do sólido é dado por:

Dilatação térmica

$$V = V_0 + \Delta V \text{ ou } V = V_0 \cdot (1 + \gamma \cdot \Delta\theta)$$

Exercícios

18. Os trilhos de uma ferrovia foram assentados em um dia frio de inverno sob temperatura de 0 °C. Precavido, o engenheiro instruiu os operários para deixarem uma folga de 9,0 mm entre trilhos consecutivos. O comprimento de cada trilho é 10,00 m, e o coeficiente de dilatação linear do aço é $1{,}2 \cdot 10^{-5}$ °C^{-1}.
Analise as afirmações a seguir e classifique-as, em seu caderno, como falsas ou verdadeiras.

I. Quando a temperatura ambiente atingir 25 °C, a folga entre os trilhos vai diminuir para 6,0 mm.

II. A folga entre os trilhos permanece constante, qualquer que seja a temperatura.

III. Os trilhos vão se tocar se, em razão da exposição ao sol ou ao atrito com as rodas do trem, a temperatura deles atingir 75 °C.

19. A diferença entre os comprimentos de duas barras metálicas de materiais diferentes se mantém constante, qualquer que seja a temperatura, em determinado intervalo, conforme ilustra a figura seguinte.

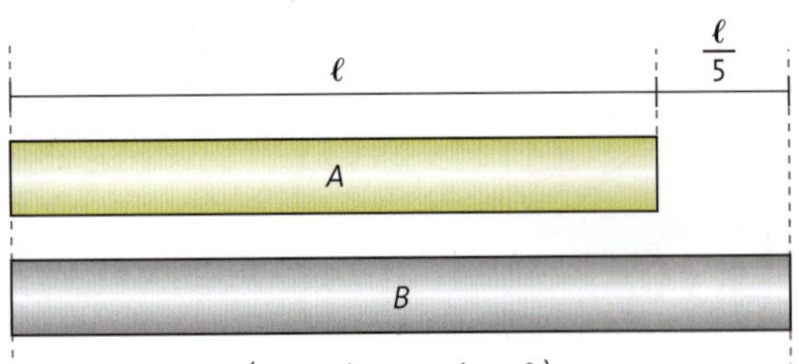

(para a temperatura θ_0)

Qual das barras tem maior coeficiente de dilatação linear?

20. Um corpo de volume inicial V_0 sofre uma dilatação de 1%, quando sua temperatura aumenta a 40 °C. Qual é o coeficiente de dilatação linear do corpo?

21. Estudando a variação do comprimento de duas barras, *A* e *B*, em função da temperatura, um estudante constrói o gráfico ilustrado a seguir. Ele observa, então, que as duas retas obtidas são paralelas.

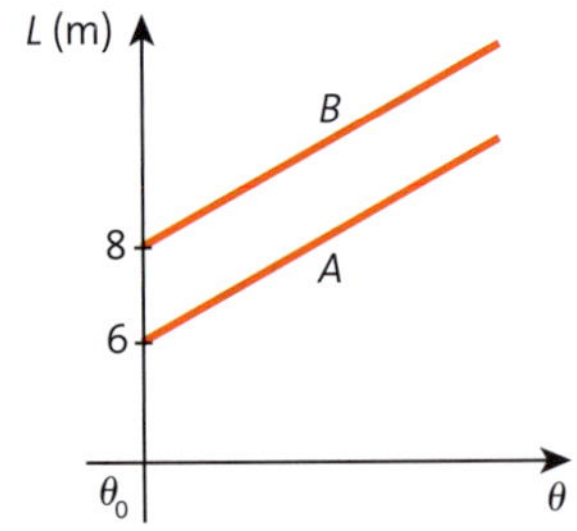

Com base no gráfico, faça o que se pede:

a) A diferença entre os comprimentos das duas barras aumenta, diminui ou permanece constante com o aumento da temperatura? Justifique.

b) Determine a razão entre os coeficientes de dilatação linear dos materiais que constituem as barras *A* e *B*.

22. A cobertura de uma garagem foi feita com chapas retangulares de zinco que apresentam, a 20 °C, comprimento de 40,0 cm e largura de 25,0 cm. Em que temperatura as placas terão 2% de acréscimo em suas áreas? Utilize a tabela 1.1 para o coeficiente de dilatação linear do zinco.

23. Uma barra de estanho ($\alpha = 2 \cdot 10^{-5}$ °C^{-1}) no formato de um prisma reto possui base de 4,0 cm^2 e comprimento de 50 cm, à temperatura de 25 °C. Determine o volume dessa barra a 125 °C.

5 Dilatação térmica de líquidos

Dilatação térmica

Enquanto os sólidos possuem forma própria e volume definido, os líquidos têm somente volume definido. Por isso, o estudo da dilatação térmica dos líquidos é feito somente em relação à dilatação volumétrica.

Para se verificar experimentalmente a dilatação de um líquido é preciso colocá-lo dentro de um recipiente. Assim, quando aquecemos o sistema, tanto o líquido como o recipiente se dilatam. Portanto, na dilatação de um líquido, devemos considerar a **dilatação real** do líquido, a **dilatação aparente** do líquido e a **dilatação do recipiente**.

Dilatação real

Assim como nos sólidos, a dilatação volumétrica ΔV de um líquido é diretamente proporcional ao volume inicial do líquido V_0 e à variação de temperatura $\Delta\theta$:

$$\Delta V = V_0 \cdot \gamma \cdot \Delta\theta$$

Nessa expressão, γ é o coeficiente de dilatação real do líquido (tabela 1.2). Os valores se referem a temperaturas próximas de 20 °C.

Tabela 1.2 – Coeficiente de dilatação real de alguns líquidos

Líquidos	γ (°C^{-1})
água	$1{,}3 \cdot 10^{-4}$
mercúrio	$1{,}8 \cdot 10^{-4}$
glicerina	$4{,}9 \cdot 10^{-4}$
benzeno	$10{,}6 \cdot 10^{-4}$
álcool etílico	$11{,}2 \cdot 10^{-4}$
acetona	$14{,}9 \cdot 10^{-4}$

Dilatação aparente

Quando aquecemos o líquido, estamos também aquecendo o recipiente, que também se dilata. Assim, a dilatação que medimos na prática é denominada **dilatação aparente**. Para calcular a dilatação real, devemos acrescentar à dilatação aparente a dilatação sofrida pelo frasco. Observe a figura 1.27, em que ilustramos um frasco com sua extremidade superior fixa.

Podemos, então, escrever:

$$\Delta V_{real} = \Delta V_{aparente} + \Delta V_{recipiente}$$

De acordo com a lei da dilatação volumétrica:

$$V_0 \cdot \gamma \cdot \Delta\theta = V_0 \cdot \gamma_{ap.} \cdot \Delta\theta + V_0 \cdot \gamma_{rec.} \cdot \Delta\theta$$

Após as simplificações, obtemos:

$$\gamma = \gamma_{ap.} + \gamma_{rec.}$$

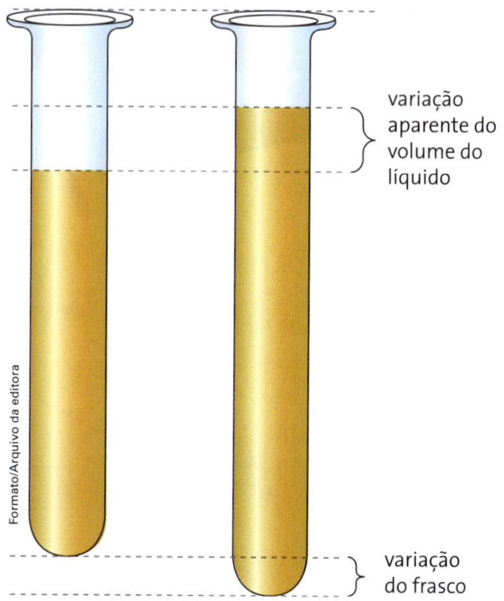

Figura 1.27 Dilatação de um líquido no interior de um recipiente que também se dilata.

Observações

- Conforme se pode verificar na tabela 1.2, em geral os líquidos têm coeficiente de dilatação volumétrica maior que os sólidos; portanto, para um mesmo volume e mesma temperatura iniciais, os líquidos dilatam-se mais que os recipientes que os contêm.
- Quando o líquido transborda, para pequenas variações de temperatura, admite-se que todo o líquido que transbordou esteja na mesma temperatura final do líquido que ficou no frasco.

Dilatação irregular da água

Para refletir

Por que uma garrafa cheia com água, ou qualquer outro líquido com grande quantidade de água em sua composição (refrigerantes, sucos, etc.), colocada no congelador pode quebrar? Veja a figura 1.28.

Rede cristalina – Arranjo estrutural dos íons que constituem o corpo.

Algumas substâncias, com destaque para a água, apresentam um comportamento irregular em relação às variações térmicas em determinadas faixas de temperatura. No intervalo de temperaturas entre 0 °C e 4 °C, o aumento de temperatura provoca uma contração no volume da água.

Esse fato se deve essencialmente ao tipo de ligação que as partículas apresentam entre si. A água em sua fase sólida possui uma **rede cristalina** com grandes vazios entre as partículas. Esses vazios são tão grandes que podem chegar a conter moléculas de outras substâncias. Como consequência, a fusão do gelo resulta numa redução de volume de cerca de 10%. Inversamente, a solidificação da água acarreta um aumento no volume.

O gelo é, portanto, menos denso que a água e, por essa razão, ele flutua sobre ela. Entretanto, esse comportamento **atípico** não termina com a fusão do gelo, ou seja, 0 °C, sob pressão normal. Mesmo na fase líquida, a água ainda tem resquícios da formação cristalina com espaços vazios, e até a temperatura de 4 °C, a água continua a sua contração, atingindo nessa temperatura seu volume mínimo (a rigor, o volume mínimo da água ocorre à temperatura de 3,982 °C). Alguns físicos denominam essa fase mista de quase-cristal.

A partir de 4 °C começa a prevalecer a dilatação térmica, e a água passa então a se comportar como a maioria das substâncias.

Essa "teimosia" que as moléculas de água têm em sua formação espacial deve-se às forças originadas nas pontes de hidrogênio, aliadas à geometria angular que a molécula de água possui. Os gráficos da figura 1.29 ilustram essa discussão, apresentando, em vez da densidade, o volume ocupado por grama de água, chamado de volume específico, em função da temperatura.

Figura 1.28 Garrafa rompida pelo aumento de volume da água que se congelou dentro dela.

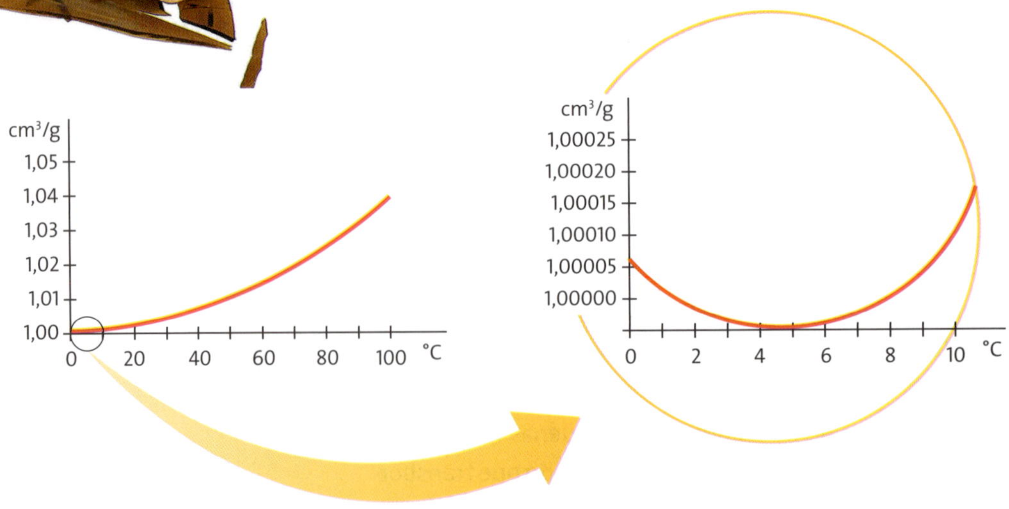

Figura 1.29 Volume de 1 g de água sob pressão atmosférica.

A água na fase líquida e próxima de 0 °C é menos densa do que as porções de água que estão próximas de 4 °C, por isso tende a migrar para a superfície. O resultado é que o lago começa a congelar pela parte de cima. Como o gelo é um mau condutor de calor, a água que está abaixo dele passa a ceder menos calor para o ambiente, garantindo a manutenção da vida aquática até a chegada da primavera (figura 1.30).

A água, com esse comportamento atípico, além de manter o clima, também mantém a vida nas regiões frias. Não fosse essa particularidade, a vida em nosso planeta teria se extinguido por completo durante o período de glaciação.

Nosso planeta tem cerca de 75% de sua superfície coberta pela água. Mas mesmo com essa abundância hídrica, existe a possibilidade de falta de água potável na Terra, o que já é um grande problema a ser combatido no século XXI.

Para refletir

Nas regiões mais frias de nosso planeta, a chegada do inverno provoca o congelamento da superfície dos lagos, mas por que não de suas profundezas?

Photomim/Shutterstock/Glow Images

Figura 1.30 A existência de vida debaixo do gelo é causada pela dilatação irregular da água.

Exercício resolvido

4. No laboratório, para determinar o coeficiente de dilatação real de um líquido, um estudante utiliza um frasco graduado de vidro e nele coloca 500 cm³ desse líquido. Inicialmente, tanto o frasco quanto o líquido estão à temperatura ambiente de 20 °C. Quando o conjunto é aquecido até 120 °C, o estudante observa que a graduação do frasco acusa um volume de 510 cm³ de líquido.
   a) Qual foi, aparentemente, a variação no volume do líquido?
   b) Qual é o coeficiente de dilatação aparente do líquido?
   c) Qual é o coeficiente de dilatação real do líquido, supondo que o coeficiente de dilatação linear do vidro vale $9 \cdot 10^{-6}\ °C^{-1}$?

Resolução

a) A variação aparente no volume do líquido é:

$$\Delta V_{ap.} = (510 - 500)\ cm^3 = 10\ cm^3$$

b) Como $\Delta V_{ap.} = V_0 \cdot \gamma_{ap.} \cdot \Delta_\theta$, temos:

$$10 = 500 \cdot \gamma_{ap.} \cdot 100 \Rightarrow \gamma_{ap.} = 2{,}0 \cdot 10^{-4}\ °C^{-1}$$

c) O coeficiente de dilatação real do líquido é dado por: $\gamma = \gamma_{ap.} + \gamma_{rec.}$. Logo:

$$\gamma = 2{,}0 \cdot 10^{-4} + 3 \cdot 9 \cdot 10^{-6} \Rightarrow \gamma = 2{,}27 \cdot 10^{-4}\ °C^{-1}$$

Exercícios

24. Um caminhão-pipa encheu seu tanque de 10 000 litros em Salvador, à temperatura de 35 °C, com um líquido cujo coeficiente de dilatação volumétrica era $0{,}80 \cdot 10^{-3}\ °C^{-1}$. Esse líquido foi transportado para Caxias do Sul, onde a temperatura era de 10 °C. Quantos litros foram descarregados em Caxias do Sul?

25. Ao analisar determinado líquido no laboratório, um estudante verifica que esse líquido está quase transbordando de um béquer de vidro de 450 cm^3 a 20 °C. O conjunto é então a quecido até 100 °C e verifica-se que transbordam 9 cm^3 do líquido.
   a) Qual é o coeficiente de dilatação volumétrica aparente do líquido?
   b) O coeficiente de dilatação volumétrica real do líquido é menor ou maior do que o encontrado no item anterior?

26. Um frasco de vidro de 500 cm^3 de volume a 20 °C está completamente cheio com um líquido. Ao ser aquecido a 120 °C, observa-se que esse líquido transborda 10 cm^3. Nessas condições, determine:
   a) o coeficiente de dilatação aparente do líquido;
   b) o coeficiente de dilatação real do líquido, supondo que o coeficiente de dilatação linear do vidro vale $9 \cdot 10^{-6}\ °C^{-1}$.

27. Um recipiente de vidro, cujo coeficiente de dilatação é $9 \cdot 10^{-6}$ °C, está completamente cheio com 200 cm^3 de mercúrio a 18 °C. Veja na tabela 1.2 o coeficiente de dilatação do mercúrio e determine o volume que transborda do recipiente quando a temperatura se eleva para 68 °C.

28. (UEPG-PR) Considere uma garrafa de vidro totalmente cheia com água, hermeticamente fechada, submetida a alterações de temperatura.
   Nesse contexto, assinale o que for correto.
   (01) Diminuindo a temperatura do sistema, desde que a água permaneça líquida, o volume da água diminui em relação ao volume da garrafa, criando um espaço vazio no seu interior.
   (02) Se a variação de temperatura for de 15 °C para −5 °C a garrafa não se romperá.
   (04) Sendo o coeficiente de dilatação da água menor que o coeficiente de dilatação do vidro, a dilatação observada na água não é real.
   (08) Aquecido o sistema, o volume interno da garrafa aumenta, enquanto que o volume de água permanece o mesmo.

29. (Vunesp-SP) Nos últimos anos temos sido alertados sobre o aquecimento global. Estima-se que, mantendo-se as atuais taxas de aquecimento do planeta, haverá uma elevação do nível do mar causada, inclusive, pela expansão térmica, causando inundação em algumas regiões costeiras. Supondo, hipoteticamente, os oceanos como sistemas fechados e considerando que o coeficiente de dilatação volumétrica da água é aproximadamente $2 \cdot 10^{-4}\ °C^{-1}$ e que a profundidade média dos oceanos é de 4 km, um aquecimento global de 1 °C elevaria o nível do mar, devido à expansão térmica, em, aproximadamente:
   a) 0,3 m.
   b) 0,5 m.
   c) 0,8 m.
   d) 1,1 m.
   e) 1,7 m.

30. (PUC-RS) As variações de volume de certa quantidade de água e do volume interno de um recipiente em função da temperatura foram medidas separadamente e estão representadas no gráfico abaixo, respectivamente, pela linha vermelha (água) e pela linha verde (recipiente).

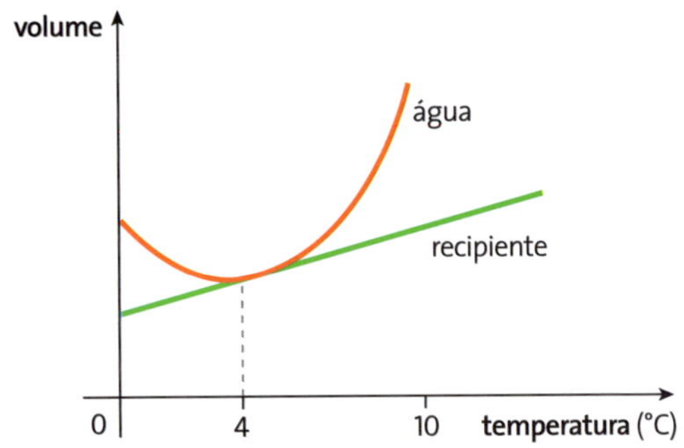

Estudantes, analisando os dados apresentados no gráfico, e supondo que a água seja colocada dentro do recipiente, fizeram as seguintes previsões:
   I. O recipiente estará completamente cheio de água, sem haver derramamento, apenas quando a temperatura for 4 °C.
   II. A água transbordará apenas se sua temperatura e a do recipiente assumirem simultaneamente valores acima de 4 °C.
   III. A água transbordará se sua temperatura e a do recipiente assumirem simultaneamente valores acima de 4 °C ou se assumirem simultaneamente valores abaixo de 4 °C.

A(s) afirmativa(s) correta(s) é (são):
   a) I, apenas.
   b) I e II, apenas.
   c) I e III, apenas.
   d) II e III, apenas.
   e) I, II e III.

6 Transmissão da energia térmica

Quando colocamos uma blusa (ou duas) nos dias muito frios, estamos reduzindo a taxa de perda de calor do nosso corpo para o ambiente. Inversamente, nos dias quentes, procuramos utilizar roupas leves, que facilitem a perda de calor para o meio externo.

Nos motores a combustão, aumentar a perda de calor é essencial para que as temperaturas não fiquem tão altas a ponto de derreter seus componentes, enquanto nos refrigeradores procura-se evitar que a energia térmica do ambiente penetre em seu interior.

O **calor** corresponde à **energia térmica que é transferida de um corpo para outro**. Espontaneamente, o calor flui do corpo mais quente para o corpo mais frio. A transferência dessa energia térmica é possível graças a alguns processos. O conhecimento desses mecanismos pode, de acordo com nosso interesse, facilitar ou dificultar as transmissões do calor.

Física tem História

Evolução do conceito de calor

Prisma Archivo/Alamy/Other Images

Antoine-Laurent Lavoisier.

Desde tempos remotos, os humanos procuram entender as sensações de quente e frio. Para os gregos antigos, o calor e o frio seriam as causas da evolução do mundo. A Idade Média pouco contribuiu para a evolução dos conhecimentos a respeito do calor. Mas, a partir da construção do primeiro termômetro por Galileu Galilei (1564-1642), em 1593, foi possível compreender várias propriedades térmicas dos materiais.

No final do século XVII, a ideia de que o fogo era um dos elementos básicos da natureza, assim como a terra, a água e o ar, ainda encontrava adeptos. No início do século XVIII, o médico alemão Georg Ernst Stahl (1660-1734) lançou a ideia do **flogístico**, uma substância que os corpos ganhariam ao serem aquecidos e perderiam ao serem resfriados. Essa teoria foi derrubada pelos trabalhos de Antoine-Laurent Lavoisier (1743-1794), que estabeleceu as bases para a teoria do **calórico**.

Para Lavoisier, o calórico seria uma substância fluida, invisível, presente em grande quantidade nos corpos quentes e em pequena quantidade nos corpos frios. Ao colocar dois corpos em contato, um quente e outro frio, o quente cederia calor para o mais frio até que suas temperaturas se igualassem.

Em 1798, Benjamin Thompson (1753-1814), conhecido como conde de Rumford, observando o aquecimento das brocas utilizadas na fabricação de canhões, propôs uma explicação sobre o calor com base no trabalho mecânico realizado pelas forças de atrito.

No início do século XIX, com os trabalhos de Lavoisier e Rumford, a ideia de calor como forma de energia começou a tomar figura. Em 1842, Julius Robert von Mayer (1814-1878) calculou a equivalência do trabalho mecânico em calor, a partir de uma expansão gasosa. Mas coube a James Prescott Joule (1818-1889) estabelecer de maneira clara que o calor é uma forma de energia e determinar o equivalente mecânico de calor.

- Qual a diferença básica entre os conceitos de calor estabelecidos por Stahl, Lavoisier e Joule?

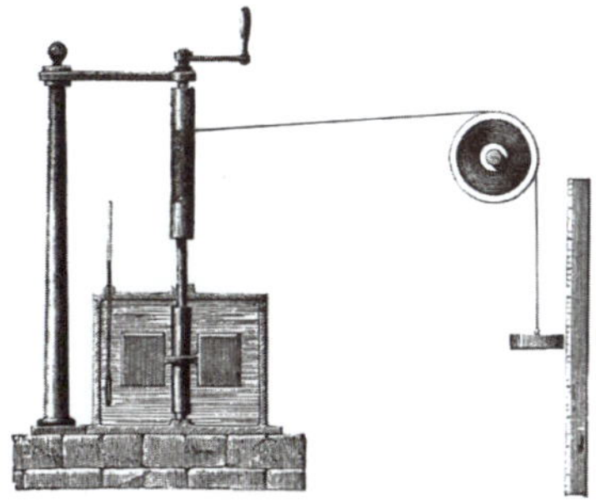
Universal History Archive/Getty Images

Experimento de Joule.

Condução de calor

Quando as partículas de um sólido vibram, elas transmitem energia para as partículas vizinhas que a elas estão ligadas pela rede cristalina. Cada uma das partículas se mantém em sua posição média, e a energia se propaga sem transportar matéria. Por exemplo, quando aquecemos uma extremidade de uma barra metálica, o calor se propaga até a outra extremidade, conforme ilustra a figura 1.31.

Figura 1.31 O fósforo é aceso através do calor transmitido pela barra.

Nos líquidos, embora haja coesão entre as suas partículas, não há a rigidez intrínseca da rede cristalina. Com isso, os líquidos são maus condutores de calor. Nos gases, praticamente não há ligação entre as partículas que os compõem, e o processo de condução de calor é desprezível.

A estrutura molecular dos metais caracteriza-se pelas ligações metálicas, constituídas de elétrons livres. Esses elétrons livres fazem dos metais não só bons condutores de calor como também de eletricidade. Em vista disso, dentre os sólidos, os metais são os que apresentam melhor condutividade térmica (figura 1.32).

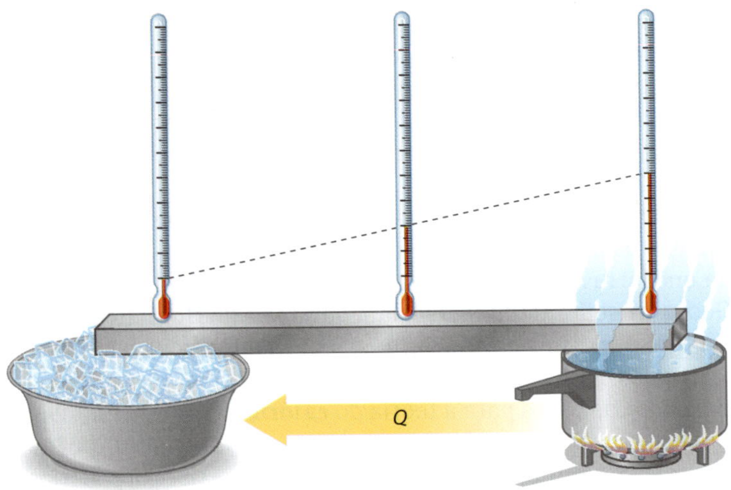

Figura 1.32 Fluxo de calor em uma barra metálica.

Ilustrações: Adilson Secco/Arquivo da editora

Como grandeza física, a **condutividade térmica** de um corpo é avaliada pelo fluxo de calor que o corpo proporciona. O fluxo de calor ϕ, por sua vez, é a quantidade de calor Q transmitida por unidade de tempo Δt. Algebricamente, escrevemos:

$$\phi = \frac{Q}{\Delta t} \text{ (cal/s)}$$

O fluxo de calor, através de uma barra, é diretamente proporcional à área A da secção transversal da barra, diretamente proporcional à diferença de temperatura entre os extremos da barra $\Delta\theta$ e inversamente proporcional ao comprimento L da barra. Nessas condições, escrevemos:

$$\phi = \frac{k \cdot A \cdot \Delta\theta}{L}$$

As proporções resultam em uma equação na qual introduzimos o fator k, que é uma característica da substância de que é feita a barra, e são válidas quando as temperaturas dos dois extremos da barra permanecem constantes ao longo do tempo.

A unidade da constante k, chamada de **condutividade térmica** do material, é normalmente expressa em cal/(s · cm · °C). A tabela 1.3 nos mostra alguns valores assumidos por essa constante, de acordo com a substância.

Tabela 1.3 – Valores para a condutividade térmica para algumas substâncias

Substância	k (cal/s · cm · °C)
prata	0,974
cobre	0,92
alumínio	0,547
mercúrio sólido	0,086
mercúrio líquido	0,021
água na fase líquida	0,00143
gelo	0,0030
ar seco	0,00006
vidro	0,002
madeira	0,0003

Victor Tyakht/Shutterstock/Glow Images

Figura 1.33 O ser humano aprendeu com os animais que, mantendo ar entre ele e o ambiente, ocorre menor transferência de calor.

Algumas observações podem ser feitas em nosso dia a dia relacionadas com a condutividade, por exemplo:

- As panelas são metálicas para facilitar a condução do calor.
- Os cabos dos utensílios expostos ao calor são feitos de madeira ou outro material que seja mau condutor de calor.
- O vidro, por ser um mau condutor de calor, não se aquece uniformemente. A dilatação diferenciada pode quebrar um copo com um pouco de café muito quente. Enchendo-se o copo inteiro o risco é menor.
- Os pisos cerâmicos “roubam” calor mais rapidamente de nossos pés descalços que os pisos de madeira.
- O ar retido pelas fibras de lã, ou entre as penas ou os pelos dos animais, diminui a perda de calor nos dias frios (figura 1.33). Alguns compostos artificiais, como o isopor ou a fibra de vidro, têm o mesmo princípio.

OED Condução térmica

Convecção térmica

Os fluidos – líquidos e gases – são maus condutores de calor. É comum, em uma piscina, por exemplo, percebermos regiões mais quentes e regiões mais frias por causa da baixa condutividade da água (veja tabela 1.3). Isso acontece porque quando aquecemos um fluido, salvo poucas exceções, a sua densidade diminui, e esse fluido tende a subir contra o campo gravitacional, visto que o fluido mais denso tende a ocupar as posições mais baixas. Continuamente, o ar que nos rodeia é renovado por esse processo. São as correntes de **convecção**.

A convecção não é exatamente um processo de transferência de energia térmica, mas um processo de transferência de massa. Não é especificamente o calor que vai de um corpo a outro, mas sim o corpo mais frio que se aproxima da região mais quente por ação gravitacional (figura 1.34).

Adilson Secco/Arquivo da editora

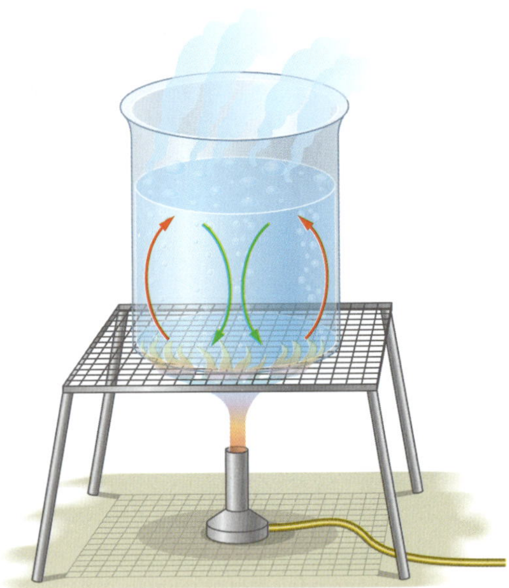

Figura 1.34 A água quente sobe, enquanto a água fria desce. As setas representam as correntes de convecção ascendentes (em vermelho) e descendentes (em verde).

É por meio da convecção, por exemplo, que a combustão do oxigênio em um fogão é mantida, pois a queima desse gás faz com que mais ar frio e rico em oxigênio ocupe o lugar daquele que já sofreu combustão. Na figura 1.35, vemos uma panela na qual o líquido é aquecido por inteiro graças às correntes de convecção. Elas não existiriam se o aquecimento fosse feito pela região superior.

Por causa da condutividade, as paredes da panela são as regiões mais quentes, o que justifica o fato de a água mais quente subir.

Nos refrigeradores, o aparelho responsável pela troca de calor (serpentina do congelador) deve ficar na parte de cima. O ar mais frio gerado por ele tende espontaneamente a descer, mantendo a circulação na geladeira.

Os fluidos, desprovidos que são da condução, desfrutam dessa mobilidade das partículas mais frias e mais quentes, o que não acontece nos sólidos. Por isso, tendo em vista a convecção, se a intenção for aquecer um fluido, devemos fazê-lo por baixo; se a intenção for resfriá-lo, devemos fazê-lo por cima.

Roman Sigaev/Shutterstock/Glow Images

Figura 1.35 Panela em que o líquido é aquecido por inteiro graças às correntes de convecção.

As brisas litorâneas

Nossa atmosfera é predominantemente aquecida pela superfície do planeta em razão da relativa transparência que ela tem para a radiação solar. Durante um dia ensolarado a areia da praia está mais quente que a água do mar. O ar mais quente, em contato com o solo, tende a subir, e o ar oceânico sopra do mar para a terra (figura 1.36). Durante a noite ocorre o processo inverso (figura 1.37).

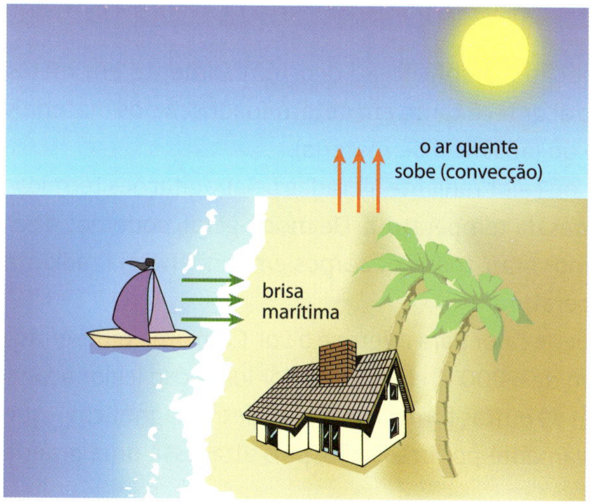

Figura 1.36 Representação da brisa marítima (diurna).

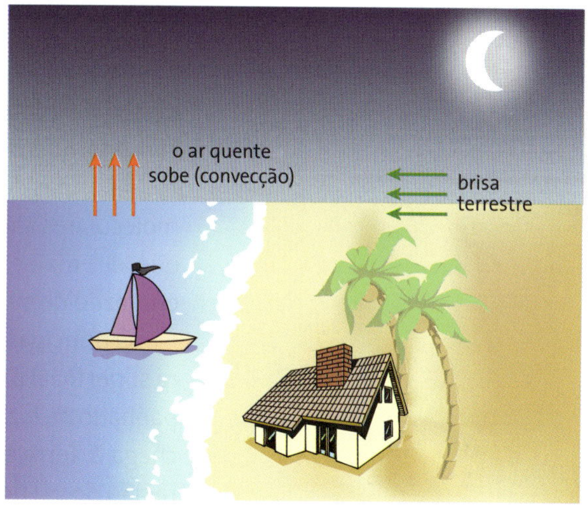

Figura 1.37 Representação da brisa terrestre (noturna).

Inversão térmica

As correntes de convecção são importantes para a dispersão dos poluentes na atmosfera. Nas grandes cidades, em razão do elevado número de veículos automotores em circulação e de indústrias, o ar atmosférico recebe enorme quantidade de poluentes. Os principais são o monóxido de carbono (CO), o dióxido de carbono ou gás carbônico (CO_2) e o dióxido de enxofre (SO_2). Esses poluentes, que causam problemas de saúde nos seres vivos, como irritações visuais e respiratórias, são liberados a uma temperatura maior do que o ar atmosférico das camadas superiores e, portanto, eles sobem e se dispersam na atmosfera.

No inverno, durante a noite, quando a superfície da Terra esfria muito, as camadas de ar próximas a ela ficam mais frias do que as camadas superiores e, mesmo durante o dia, o sol fraco de inverno não consegue reverter o processo. Isso provoca a interrupção das correntes de convecção, e os poluentes permanecem junto ao solo e não se dispersam na atmosfera. Esse fenômeno é conhecido como **inversão térmica** (figura 1.38).

Figura 1.38 Inversão térmica na cidade de São Paulo.

Irradiação térmica

Quando nos aproximamos de uma fogueira, somos "atingidos" por uma quantidade de energia transmitida por ela por meio de ondas eletromagnéticas. O mesmo acontece quando tomamos um banho de sol: recebemos do Sol uma quantidade de energia que chega até nós por meio de ondas eletromagnéticas.

O processo de transferência de calor através de ondas eletromagnéticas, denominadas ondas de calor ou calor radiante, recebe o nome de **irradiação térmica**.

Enquanto a condução e a convecção ocorrem somente em meios materiais, a irradiação acontece tanto em determinados meios materiais como também no vácuo (ausência de matéria).

As ondas de calor, ou calor radiante, geradas pelas agitações térmicas moleculares são funções da temperatura. De modo geral, podemos dizer que, em maior ou menor grau, todos os corpos emitem energia radiante em razão de sua temperatura.

O principal emissor de calor para a Terra é o Sol. Com uma temperatura superficial da ordem de 6 000 K, ele emite calor luminoso (calor acompanhado de luz) – além de outras formas de ondas eletromagnéticas – que chega à Terra exclusivamente por irradiação, pois atravessa uma grande região de vácuo.

As lâmpadas incandescentes também emitem calor luminoso, enquanto os fornos e os ferros de passar roupas emitem calor obscuro (calor não acompanhado de luz). A maioria dos corpos emite calor obscuro.

Vejamos, agora, algumas aplicações da irradiação térmica:

- Os corpos mais quentes emitem mais radiação térmica que os mais frios. Um filme fotográfico, sensível a essa radiação, nos revela um verdadeiro mapa das temperaturas de cada corpo, por exemplo, um animal cuja temperatura corpórea seja de 36 °C ficaria claramente destacado caso fosse fotografado no meio de uma floresta a 25 °C. E podem também permitir a visualização de objetos numa noite totalmente escura, como no exemplo da figura 1.39.

Figura 1.39 Foto de uma casa capturada em infravermelho.

Alfred Pasieka/Getty Images

- Em tetos de estufas de plantas. Feitos de vidros transparentes, permitem que a energia radiante que chega do Sol permaneça na estufa e impedem a saída de ondas de calor emitidas pela Terra. Assim, o interior da estufa é mantido a uma temperatura maior do que o exterior (figura 1.40).

Ronfromyork/Shutterstock/Glow Images

Figura 1.40 Estufa de plantas.

- Para manter uma temperatura média ideal no planeta. Na atmosfera da Terra também ocorre o efeito estufa. O gás carbônico (CO_2) e os vapores de água, presentes no ar, funcionam como o teto de vidro: são transparentes à energia radiante que vem do Sol (6 000 K), mas opacos às ondas de calor emitidas pela Terra (300 K) (figura 1.41). A não ser quando se libera uma quantidade excessiva de CO_2 na atmosfera, o efeito estufa mantém a superfície terrestre a uma temperatura média ideal para o desenvolvimento da vida. Em virtude do aumento considerável de veículos que usam motor de combustão (automóveis, caminhões, ônibus), indústrias e fontes poluidoras em geral, os níveis de gás carbônico e outros gases têm aumentado consideravelmente. Isso pode estar provocando, além de outros problemas, um aumento na temperatura média da Terra, com consequências prejudiciais ao meio ambiente.

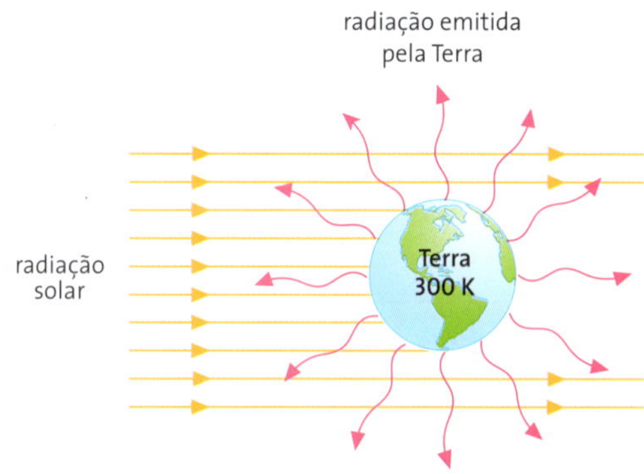

Ilustrações: Formato/Arquivo da editora

Figura 1.41 A Terra absorve calor do Sol à mesma taxa com que irradia energia para o espaço. Assim, a temperatura global se mantém em torno de uma mesma média.

- Na terapia de lesões musculares, em que geralmente é utilizada uma lâmpada que emite radiações na faixa do infravermelho sobre o local da lesão, acelerando a cicatrização por meio da elevação da temperatura (figura 1.42).

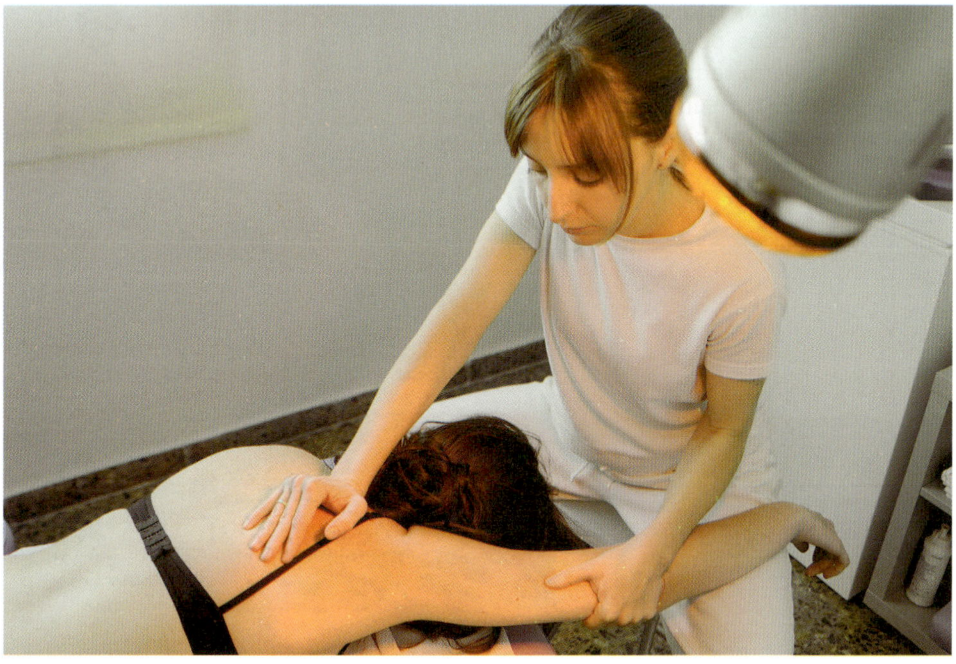
Miguel Angel Muñoz Pellicer/Alamy/Other Images

Figura 1.42 As radiações infravermelhas são muito utilizadas na fisioterapia.

Exercícios

31. Daniel e Joana estão organizando um churrasco. Eles compraram algumas barras de gelo para colocar os refrigerantes, mas como o dia está muito quente e faltam algumas horas para o churrasco começar, Daniel propõe que se embrulhem as barras de gelo com algumas blusas de lã velhas, para conservá-las.

a) A proposta de Daniel é válida?

b) Em que tipo(s) de transmissão de calor (condução, irradiação ou convecção) as blusas de lã vão interferir? Explique.

32. Uma barra de alumínio tem 2,0 m de comprimento e 10 cm² de área de seção transversal. Uma de suas extremidades está em contato com água em ebulição a 100 °C, e a outra extremidade está em contato com gelo fundente a 0 °C.

A barra é isolada para evitar perdas radiais de calor, como se vê na figura.

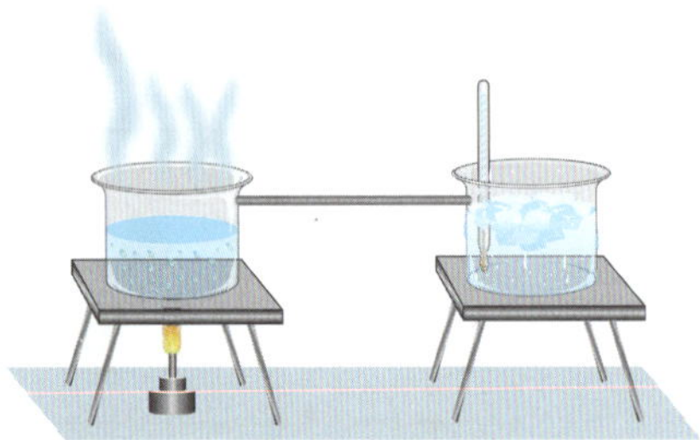

Formato/Arquivo da editora

Determine:

a) o fluxo de calor através da barra;

b) a temperatura num ponto a 40 cm da extremidade quente.

33. Uma barra homogênea de secção transversal uniforme, envolta por uma manta térmica, está em contato com dois termômetros idênticos, posicionados conforme indica a figura. A barra também está em contato com dois recipientes a temperaturas diferentes, e as perdas de calor para o ambiente são desprezíveis.

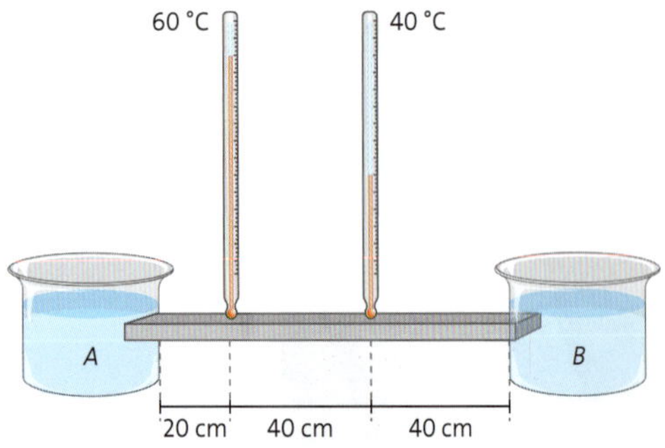

Formato/Arquivo da editora

É possível determinar a temperatura de cada um dos recipientes? Em caso positivo, determine; em caso negativo, justifique.

34. (FCC-BA) Um carro fechado estacionado na rua, exposto ao sol, absorve a energia radiante e fica aquecido. A energia que atinge o teto do carro penetra nele através do fenômeno de:

a) convecção térmica.

b) irradiação térmica.

c) inversão térmica.

d) condução térmica.

e) variação térmica.

35. As imagens a seguir ilustram processos de transmissão de calor. Identifique e anote em seu caderno para cada uma delas o sentido do fluxo da energia térmica e o principal processo de transmissão do calor correspondente entre os dois corpos.

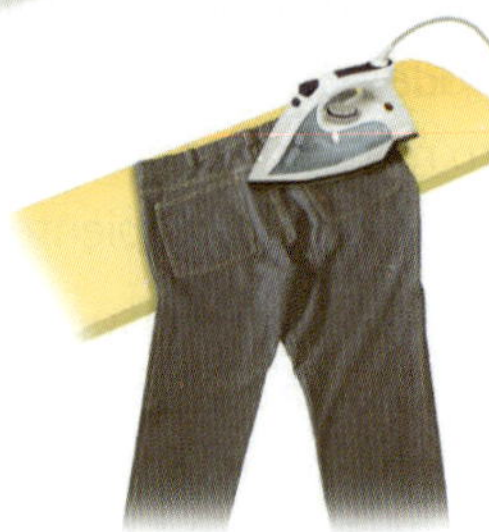

Ilustrações: Paulo Manzi/Arquivo da editora

Antonio Robson/Arquivo da editora

EM CONSTRUÇÃO

William Thomson (lorde Kelvin)

William Thomson, mais conhecido como lorde Kelvin.

"Matemático e físico irlandês, nascido em Belfast (County Antrim, hoje na Irlanda do Norte), William Thomson (1824-1907) é uma das figuras mais notáveis da geração de cientistas britânicos que deram imensa contribuição para o avanço da Física no século XIX. Formado na Universidade de Cambridge, foi nomeado professor de Filosofia Natural da Universidade de Glasgow, em 1846. Nessa universidade passou a se dedicar à ciência experimental e aí permaneceu por 53 anos, até o fim da carreira.

Seus principais trabalhos científicos trataram dos fenômenos de transformação da energia. A partir dos descobrimentos sobre a natureza do calor, realizados separadamente por Jean-Baptiste-Joseph Fourier e James Joule, construiu uma teoria unitária dos fenômenos associados às trocas energéticas entre diversos componentes dos sistemas físicos, elaborando, assim, a segunda lei da Termodinâmica, de acordo com a entropia – grandeza que determina o grau de desordem molecular – tende a aumentar em qualquer sistema isolado.

Durante sua vida, publicou mais de 650 importantes artigos científicos sobre os mais variados assuntos, como escoamentos laminares, vórtices, ondas em canais abertos, capilaridade, flutuação de navios, termodinâmica, etc.

No campo da Termodinâmica, termo introduzido por ele, o nome de Thomson está diretamente ligado à escala absoluta de temperatura, também dita escala termodinâmica ou escala Kelvin, que tem como ponto de partida o zero absoluto. Thomson formulou as leis da conservação e da dissipação da energia, inventou o galvanômetro e descobriu o resfriamento provocado pela expansão de gases.

Ainda hoje, Thomson é muito lembrado por sua contribuição para o aperfeiçoamento dos cabos telegráficos e a construção de um cabo submarino transatlântico de telecomunicação, em 1866. Ele também aperfeiçoou o tubo de raios catódicos e, por toda a sua contribuição à ciência, foi recompensado pela rainha Vitória com o título de lorde Kelvin de Largs, Escócia, em 1892. Patenteou cerca de 70 invenções e é considerado o maior cientista e inventor britânico. Morreu em Netherhall, nas proximidades de Largs, Ayrshire, Escócia, em 1907."

Universidade Federal de Campina Grande, Paraíba.
Disponível em: <www.dec.ufcg.edu.br/biografias/WilliTho.html>. Acesso em: out. 2012.

Trabalho em equipe

Pesquisem a escala Kelvin e respondam às questões:

1. Qual é a importância da escala Kelvin para a comunidade científica? E para a sociedade em geral?
2. Citem dois experimentos conduzidos em temperaturas próximas do zero absoluto.
3. Qual é a relação entre temperaturas próximas do zero absoluto e o fenômeno da supercondutividade?

EXPERIMENTO

Estimativa do zero absoluto

Esta atividade permite a você fazer uma estimativa, com razoável precisão, da menor temperatura possível, considerando a escala Celsius. Serão necessários apenas uma seringa de injeção comum (sem agulha), uma panela, gelo, água, uma presilha para segurar a seringa e uma chama de fogão.

Como vamos trabalhar com água em ebulição, **é importante o acompanhamento do professor ou de um adulto para que todos os cuidados sejam tomados**.

Com o êmbolo aproximadamente na metade de seu curso, feche hermeticamente o bico injetor da seringa. Geralmente, as seringas já vêm com uma tampinha para fazer isso; caso contrário, utilize algum adesivo disponível.

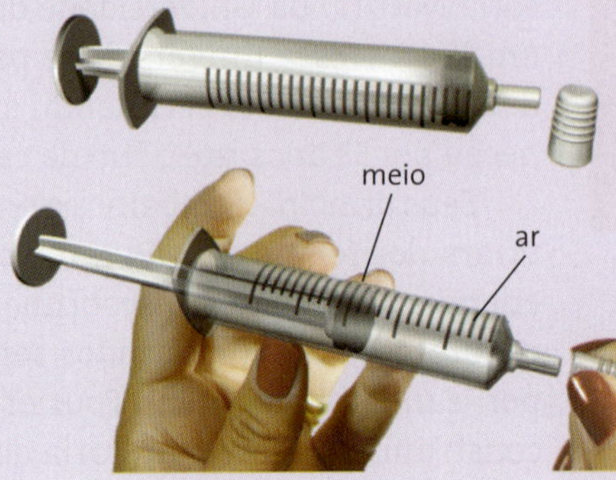

Ilustrações: Antonio Robson/Arquivo da editora

Agora, faça uma mistura de gelo e água e espere alguns minutos pelo equilíbrio térmico. Em seguida, com a presilha, mergulhe a seringa nessa mistura e a deixe lá por cerca de um minuto, pelo menos. Retire a seringa e, imediatamente, faça a leitura do volume relativo à posição do êmbolo. Anote.

Em seguida, ponha uma panela com água para ferver no fogão. Quando a água entrar em ebulição, com a presilha, mergulhe a seringa nessa água e espere cerca de um minuto. Retire-a e imediatamente faça a leitura do volume. Pronto. Com esses dois valores você poderá fazer uma estimativa do zero absoluto.

Na primeira situação em que a seringa foi mergulhada, a temperatura era 0 °C. Já na segunda, água em ebulição, a temperatura era cerca de 100 °C.

1. Faça um diagrama do comportamento do volume em função da temperatura, considerando linear essa relação e os dois pontos obtidos experimentalmente.

2. Determine a inclinação da reta construída no item anterior. Ela deve estar em torno de $3{,}66 \cdot 10^{-3}\ °C^{-1}$.

3. Determine em que abscissa essa reta vai interceptar o eixo das abscissas.

4. Qual é a sua estimativa para a menor temperatura possível?

Pensando no Enem

1. Durante uma ação de fiscalização em postos de combustíveis, foi encontrado um mecanismo inusitado para enganar o consumidor. Durante o inverno, o responsável por um posto de combustível compra álcool por R$ 0,50/litro, a uma temperatura de 5 °C. Para revender o líquido aos motoristas, instalou um mecanismo na bomba de combustível para aquecê-lo, para que atinja a temperatura de 35 °C, sendo o litro de álcool revendido a R$ 1,60. Diariamente o posto compra 20 mil litros de álcool a 5 °C e os revende.

Com relação à situação hipotética descrita no texto e dado que o coeficiente de dilatação volumétrica do álcool é de $1 \cdot 10^{-3}$ °C^{-1}, desprezando-se o custo da energia gasta no aquecimento do combustível, o ganho financeiro que o dono do posto teria obtido devido ao aquecimento do álcool após uma semana de vendas estaria entre:

a) R$500,00 e R$1000,00.
b) R$1050,00 e R$1250,00.
c) R$4000,00 e R$5000,00.
d) R$6000,00 e R$6900,00.
e) R$7000,00 e R$7950,00.

Resolução

Para determinar o ganho financeiro do dono do posto com o aquecimento do álcool, é preciso primeiramente encontrar o volume de álcool a mais obtido por ele em razão da dilatação térmica do combustível.
O volume de álcool revendido em um dia é $V_0 = 20\,000$ L, e a variação de temperatura a que ele é submetido é de 30 °C. Sabendo que o coeficiente de dilatação volumétrica do álcool é $\gamma = 1 \cdot 10^{-3}$ °C^{-1}, através da expressão para dilatação volumétrica determinamos a quantidade de álcool obtida desonestamente pelo dono do posto em um dia:
$\Delta V = \gamma \cdot V_0 \cdot \Delta\theta \Rightarrow \Delta V = 1 \cdot 10^{-3} \cdot 20\,000 \cdot 30 \Rightarrow$
$\Rightarrow \Delta V = 600$ L
Assim, a variação do volume do combustível em uma 1 semana será de:
$\Delta V' = 7 \cdot 600 = 4\,200$ L
Como esse volume a mais de álcool não gerou gasto para o dono, uma vez que esse aumento não existia quando o combustível foi comprado, o lucro L obtido pelo dono será igual ao valor da venda dessa quantidade de álcool pelo valor de R$1,60 o litro, ou seja:
$L = 1{,}6 \cdot 4\,200 \Rightarrow L =$ R$6720,00

A alternativa correta é a **d**.

2. 

João Xavier de Campos/Arquivo da editora

O quadro oferece os coeficientes de dilatação linear de alguns metais e ligas metálicas:

Substância	Coeficiente de dilatação linear (10^{-15} °C^{-1})
aço	1,2
alumínio	2,4
bronze	1,8
chumbo	2,9
níquel	1,3
platão	1,8
ouro	1,4
platina	0,9
prata	2,4
cobre	1,7

GREF. *Física 2*: calor e ondas. São Paulo: Edusp, 1993.

Para permitir a ocorrência do fato observado na tirinha, a partir do menor aquecimento do conjunto, o parafuso e a porca devem ser feitos, respectivamente, de:

a) aço e níquel.
b) alumínio e chumbo.
c) platina e chumbo.
d) ouro e latão.
e) cobre e bronze.

Resolução

Para que ocorra o fenômeno observado na tirinha, a porca tem de dilatar mais que o parafuso, com a mesma variação de temperatura. A expressão da dilatação linear ($\Delta L = \alpha \cdot L_0 \cdot \Delta\theta$) nos diz que quanto maior o coeficiente de dilatação linear maior a dilatação; com isso concluímos que o parafuso deve ter o menor coeficiente de dilatação e a porca o maior.
Assim, o parafuso deve ser de platina ($0{,}9 \cdot 10^{-15}$ °C^{-1}) e a porca de chumbo ($2{,}9 \cdot 10^{-15}$ °C^{-1}).

A alternativa correta é a **c**.

Vestibulares de Norte a Sul

1. **NE** (Unifor-CE) Duas escalas termométricas, *x* e *y*, relacionam-se conforme o gráfico.

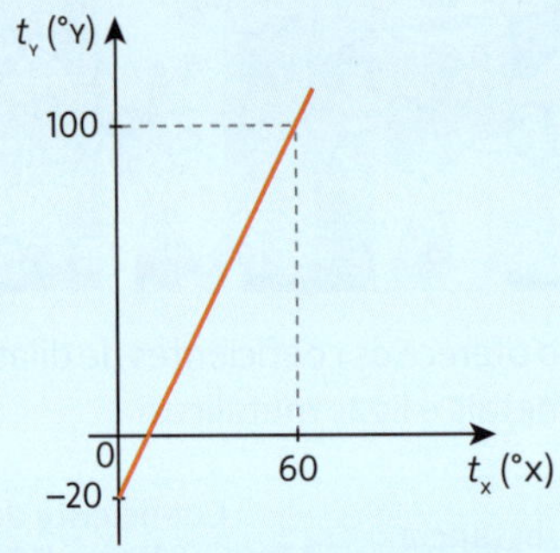

Quando um termômetro graduado na escala *x* marcar 40°, a marcação de outro termômetro graduado na escala *y*, será igual a:

a) 20°.
b) 40°.
c) 60°.
d) 80°.
e) 90°.

2. **SE** (UPM-SP) A coluna de mercúrio de um termômetro está sobre duas escalas termométricas que se relacionam entre si. A figura ao lado mostra algumas medidas correspondentes a determinadas temperaturas. Quando se encontra em equilíbrio térmico com gelo fundente, sobre pressão normal, o termômetro indica 20° nas duas escalas. Em equilíbrio térmico com água em ebulição, também sobre pressão normal, a medida na escala *A* é 82 °A e na *B*:

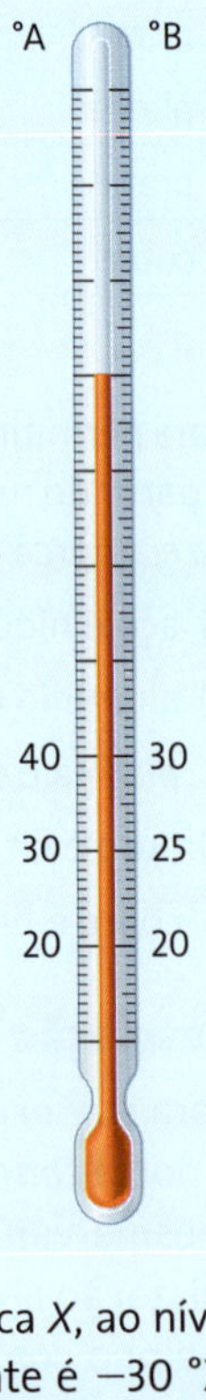

Adilson Secco/Arquivo da editora

a) 49 °B.
b) 51 °B.
c) 59 °B.
d) 61 °B.
e) 69 °B.

3. **SE** (UPM-SP) Na escala termométrica *X*, ao nível do mar, a temperatura do gelo fundente é –30 °X e a temperatura de ebulição da água é 120 °X. A temperatura na escala Celsius que corresponde a 0 °X é:

a) 15 °C.
b) 20 °C.
c) 25 °C.
d) 28 °C.
e) 30 °C.

4. **S** (Cefet-PR) Quatro amigos preparam-se para ir a quatro diferentes regiões do planeta (*A*, *B*, *C* e *D*), e pesquisando na internet descobrem que no mês em que vão viajar a temperatura média nestas regiões é em graus Fahrenheit de respectivamente 10 °F, 20 °F, 30 °F e 46 °F. Para fazerem suas respectivas malas, podemos dizer que a melhor opção para eles é que, preferencialmente:

a) todos levem roupas para frio.
b) os três primeiros levem roupas para frio e o quarto leve roupas para calor.
c) os dois primeiros levem roupas para frio e os dois últimos levem roupas para calor.
d) o primeiro leve roupas para frio e os três últimos levem roupas para calor.
e) todos levem roupas para calor.

5. **NE** (UFBA) As indicações para os pontos de fusão do gelo e de ebulição da água sob pressão normal de dois termômetros, um na escala Celsius e outro na escala Fahrenheit, distam 20 cm, conforme a figura.

A 5 cm do ponto de fusão do gelo os termômetros registram temperaturas iguais a:

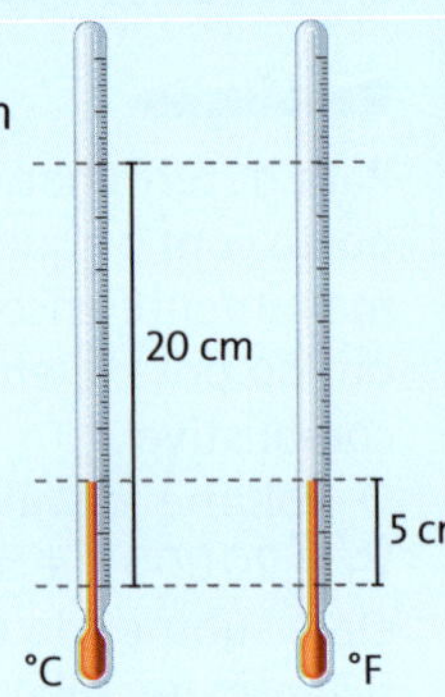

Adilson Secco/Arquivo da editora

a) 25 °C e 77 °F.
b) 20 °C e 40 °F.
c) 20 °C e 45 °F.
d) 25 °C e 45 °F.
e) 25 °C e 53 °F.

6. **N** (Ufac) A temperatura em Rio Branco, em certo dia, sofreu uma variação de 15 °C. Na escala Fahrenheit, essa variação corresponde a:

a) 108 °F.
b) 71 °F.
c) 44 °F.
d) 27 °F.
e) 1 °F.

7. **CO** (Unemat-MT) Uma pessoa no seu estado normal apresenta temperatura média de aproximadamente 36 °C. Esta mesma pessoa estando com temperatura de 39,6 °C terá suas temperaturas nas escalas Kelvin e Fahrenheit correspondentes a:

a) 312,6 e 103,28.
b) 306,78 e 108,98.
c) 77,68 e 306,78.
d) 312,6 e 130,28.

8. **CO** (UFMS) Lord Kelvin (1824-1907) estabeleceu uma relação entre a energia de agitação das moléculas de um sistema e sua temperatura. Considere um recipiente com gás, fechado e cuja variação de volume seja desprezível. Pode-se, então, afirmar corretamente que (dê como resposta a soma dos números correspondentes às afirmações corretas):

(01) o estado de agitação das moléculas do gás é o mesmo para as temperaturas de 100 °C e 100 K.
(02) quando a temperatura das moléculas for o zero absoluto, a agitação térmica das moléculas deverá cessar.
(04) quando a temperatura das moléculas for de 32 °F, não haverá agitação térmica das moléculas do gás.
(08) a energia cinética das moléculas do gás não depende de sua temperatura.
(16) a uma temperatura de 0 °C, a energia cinética das moléculas do gás é nula.

9. **NE** (UPE) Nas linhas de metrô, observa-se uma separação nas emendas dos trilhos, que serve para a dilatação destes em decorrência das variações de temperatura. Uma barra de metal de comprimento L_0 a 0 °C sofre aumento de comprimento de $\frac{1}{1000}$ de L_0, quando aquecida a 200 °C. Qual o coeficiente de dilatação do metal?

a) $2 \cdot 10^{-4}\ °C^{-1}$
b) $2 \cdot 10^{-6}\ °C^{-1}$
c) $5 \cdot 10^{-6}\ °C^{-1}$
d) $2 \cdot 10^{4}\ °C^{-1}$
e) $5 \cdot 10^{-4}\ °C^{-1}$

10. **SE** (UFMG) João, chefe de uma oficina mecânica, precisa encaixar um eixo de aço em um anel de latão, como mostrado nesta figura:

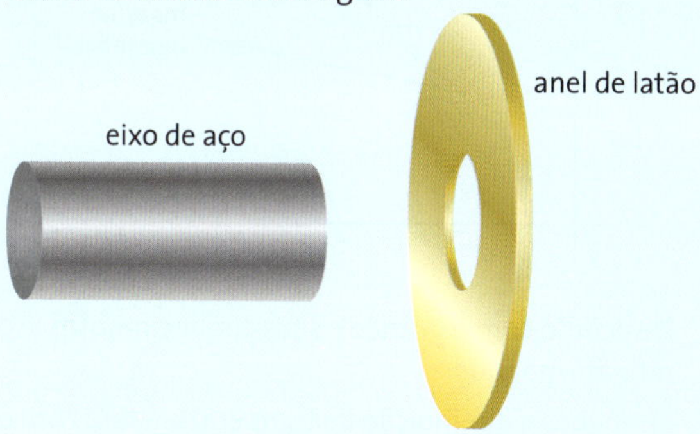

À temperatura ambiente, o diâmetro do eixo é maior que o do orifício do anel. Sabe-se que o coeficiente de dilatação térmica do latão é maior que o do aço. Diante disso, são sugeridos a João alguns procedimentos, descritos nas alternativas abaixo, para encaixar o eixo no anel.

Assinale a alternativa que apresenta um procedimento que não permite esse encaixe.

a) Resfriar apenas o eixo.
b) Aquecer apenas o anel.
c) Resfriar o eixo e o anel.
d) Aquecer o eixo e o anel.

11. **NE** (Ucsal-BA) Ao aquecer uma esfera metálica maciça de 30 °C a 70 °C, seu volume sofre um aumento de 0,60%. Qual o valor do coeficiente de dilatação linear médio do metal?

12. **SE** (Vunesp-SP) Duas lâminas metálicas, a primeira de latão e a segunda de aço, de mesmo comprimento à temperatura ambiente, são soldadas rigidamente uma à outra, formando uma lâmina bimetálica, conforme a figura.

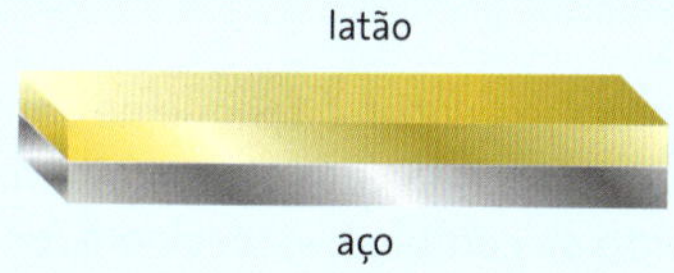

O coeficiente de dilatação térmica linear do latão é maior que o do aço. A lâmina bimetálica é aquecida a uma temperatura acima da ambiente e depois resfriada até uma temperatura abaixo da ambiente. A figura que melhor representa as formas assumidas pela lâmina bimetálica, quando aquecida (forma à esquerda) e quando resfriada (forma à direita), é:

a) 

b) 

c) 

d) 

e) 

13. **SE** (Uerj) Observe na tabela os valores das temperaturas dos pontos críticos de fusão e de ebulição, respectivamente, do gelo e da água, à pressão de 1 atm, nas escalas Celsius e Kelvin.

Pontos críticos	Temperatura	
	°C	K
Fusão	0	273
Ebulição	100	373

Considere que, no intervalo de temperatura entre os pontos críticos do gelo e da água, o mercúrio em um termômetro apresenta uma dilatação linear.

Nesse termômetro, o valor na escala Celsius correspondente à temperatura de 313 K é igual a:

a) 20.
b) 30.
c) 40.
d) 60.

14. **CO** (UEG-GO) A dilatação dos líquidos obedece – quando o intervalo da temperatura não é muito grande – às mesmas leis de dilatação dos sólidos. Qualquer líquido assume a forma do recipiente que o contém e ambos dilatam conforme as mesmas leis. Sendo assim, a dilatação do líquido é medida indiretamente. Em um automóvel, o coeficiente de dilatação volumétrica do tanque é $63 \cdot 10^{-6}\ °C^{-1}$ e o coeficiente de dilatação real da gasolina é $9{,}6 \cdot 10^{-4}\ °C^{-1}$.

Com base nessas informações, assinale a alternativa correta.

a) Se uma pessoa enche o tanque de combustível do seu carro em um dia quente, à noite haverá derramamento de combustível devido à redução no volume do tanque.

b) Enchendo o tanque em um dia extremamente quente, essa pessoa terá um lucro considerável porque o combustível estará dilatado.

c) O coeficiente de dilatação aparente da gasolina é $7{,}26 \cdot 10^{-5}\ °C^{-1}$.

d) Para uma variação de 10 °C na temperatura de 100 litros de gasolina, há um aumento de volume igual a 0,063 litros.

e) O volume extravasado de um tanque de gasolina totalmente cheio com 200 litros é aproximadamente 4,48 litros, quando há um aumento de temperatura de 25 °C.

15. **NE** (UFPI) A diferença entre os comprimentos de duas barras metálicas se mantém constante, em 80,0 cm, num intervalo de temperatura em que vale a aproximação linear para a dilatação. Os coeficientes de dilatação linear associados às barras são $3{,}0 \cdot 10^{-5}\ °C^{-1}$ e $2{,}0 \cdot 10^{-5}\ °C^{-1}$. Assim, podemos dizer que, à temperatura inicial, as barras mediam:

a) 2,4 m e 1,6 m.
b) 2,5 m e 1,7 m.
c) 3,2 m e 2,4 m.
d) 4,0 m e 3,2 m.
e) 4,4 m e 3,6 m.

16. **CO** (UFG-GO) Num dia quente em Goiânia, 32 °C, uma dona de casa coloca álcool em um recipiente de vidro graduado e lacra-o bem para evitar evaporação. De madrugada, com o termômetro acusando 12 °C, ela nota surpresa que, apesar de o vidro estar bem fechado, o volume de álcool reduziu. Sabe-se que o seu espanto não se justifica, pois trata-se do fenômeno da dilatação térmica.

A diminuição do volume foi de:

a) 1,1%. b) 2,2%. c) 3,3%. d) 4,4%. e) 6,6%.

Considere o coeficiente de dilatação térmica volumétrica do álcool:

$$\gamma_{álcool} = 1{,}1 \cdot 10^{-3}\ °C^{-1} >> \gamma_{vidro}$$

17. **NE** (UEPB) Uma pessoa encheu completamente o tanque de gasolina de seu carro e deixou-o estacionado ao sol. Depois de um certo tempo, verificou que, em virtude da elevação de temperatura, uma certa quantidade de gasolina havia entornado. Com base no conhecimento desse fato, analise as proposições a seguir:

I. A dilatação real da gasolina foi maior do que a dilatação do tanque.
II. A quantidade que entornou representa a dilatação real que a gasolina sofreu.
III. O tanque de gasolina se dilatou.
IV. O coeficiente de dilatação da gasolina é maior do que o coeficiente de dilatação volumétrica do material de que é feito o tanque.

Com base na análise feita, assinale a alternativa correta.

a) Apenas as proposições II e III são verdadeiras.
b) Apenas as proposições I e III são falsas.
c) Apenas as proposições I e II são falsas.
d) Apenas a proposição II é falsa.
e) Apenas a proposição IV é verdadeira.

18. **S** (Ufpel-RS) A água, substância fundamental para a vida no planeta, apresenta uma grande quantidade de comportamentos anômalos. Suponha que um recipiente, feito com um determinado material hipotético, se encontre completamente cheio de água a 4 °C.

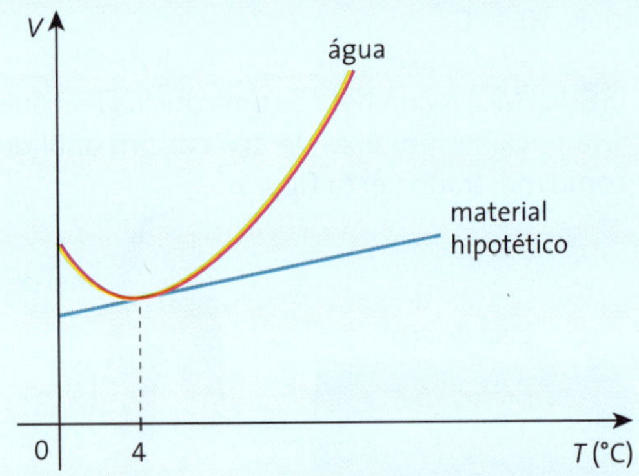

De acordo com o gráfico e seus conhecimentos, é correto afirmar que:

a) apenas a diminuição de temperatura fará com que a água transborde.

b) tanto o aumento da temperatura quanto sua diminuição não provocarão o transbordamento da água.

c) qualquer variação de temperatura fará com que a água transborde.

d) a água transbordará apenas para temperaturas negativas.

e) a água não transbordará com um aumento de temperatura, somente se o calor específico da substância for menor que o da água.

CAPÍTULO

2 Calorimetria

Alet/Shutterstock/Glow Images

Qual a energia necessária para derreter 100 g de gelo?

1 Capacidade térmica

Quando colocamos dois corpos quaisquer, com temperaturas diferentes, em contato, a energia térmica flui naturalmente do corpo mais quente para o corpo mais frio. Essa quantidade de energia transferida de um corpo para outro chamamos de **calor**. Calor é, portanto, a quantidade de energia que foi transferida de um corpo a outro. Os corpos, em geral, têm energia térmica – agitação em suas partículas microscópicas – mas não possuem calor.

Figura 2.1 Os corpos são expostos a chamas idênticas durante o mesmo intervalo de tempo.

Ilustrações: Antonio Robson/ Arquivo da editora

Vejamos um exemplo. Suponha que dois corpos de mesma massa, um bloco de ferro de 1 kg e um recipiente com 1 kg de água, sejam expostos a chamas idênticas durante o mesmo intervalo de tempo (figura 2.1).

Se esses corpos ficarem expostos à chama do fogão durante dois minutos, por exemplo, o bloco de ferro atingirá uma temperatura elevada e será quase impossível apanhá-lo diretamente com a mão. Por outro lado, no recipiente, teremos água morna. Como isso é possível se ambos receberam a mesma quantidade de calor?

Esse fenômeno só é possível porque, embora eles tenham a mesma massa, possuem comportamentos térmicos diferentes em razão de suas estruturas atômicas: o bloco de ferro é sólido e, consequentemente, as partículas que o compõem agitam-se mais intensamente do que em uma substância líquida, como a água. Por isso, a variação de temperatura prevista para os corpos é diferente.

A grandeza física que relaciona a quantidade de calor Q com a variação de temperatura $\Delta\theta$ é denominada **capacidade térmica C**, dada por:

$$C = \frac{Q}{\Delta\theta}$$

No sistema usual da calorimetria, a unidade utilizada para quantidade de calor é a **caloria** (cal), e a variação de temperatura é medida em °C. Portanto, a unidade de capacidade térmica, nesse sistema, é cal/°C. No Sistema Internacional (SI), temos **J/K (joule por kelvin)**.

Podemos dizer, então, que o bloco de ferro e o recipiente com água, de massas iguais, têm capacidades térmicas diferentes. Por outro lado, é possível dois corpos, de massas diferentes e constituídos de substâncias diferentes, apresentarem a mesma capacidade térmica. Nessas condições, dizemos que eles são **termicamente equivalentes**.

Caloria – Uma caloria é a quantidade de calor necessária para variar de um grau Celsius a temperatura de um grama de água (entre 14,5 °C e 15,5 °C).

Calor específico (c)

Como a capacidade térmica é uma característica de um corpo, para caracterizar termicamente uma substância e poder compará-la com outras, devemos determinar a sua **capacidade térmica específica**, ou seja, a capacidade térmica quando se considera uma unidade de massa da substância. Na época em que ainda se pensava que um corpo continha calor, essa grandeza foi denominada **calor específico** da substância, nome que permanece até hoje por razões históricas.

O calor específico c de uma substância é dado pela razão entre a capacidade térmica C de um corpo constituído por essa substância e a massa m do corpo. Assim, temos:

$$c = \frac{C}{m} \Rightarrow C = m \cdot c$$

No sistema usual da calorimetria, o calor específico é dado em cal/(g · °C). No SI, temos: J/(kg · K).

A água foi escolhida como substância padrão na calorimetria, portanto seu calor específico é igual a 1,0 cal/(g · °C).

Por meio da expressão $C = m \cdot c$, nota-se que quanto maior for a massa de um corpo, maior será a sua capacidade térmica. Essa propriedade faz com que os oceanos sejam os grandes reservatórios térmicos do planeta, não só pela massa como também pelo alto valor do calor específico da água.

A tabela 2.1 indica o calor específico de algumas substâncias a 20 °C. Os valores referentes à fase gasosa restringem-se a um volume constante.

O calor específico depende da estrutura da matéria. Desse modo, ele varia nas fases sólida, líquida e gasosa das substâncias.

Compare, na tabela 2.1, o calor específico da água na fase líquida com o das demais substâncias listadas. Podemos dizer que, em relação às outras substâncias (com exceção do hidrogênio e do hélio), cada grama de água necessita de muito mais calor – cedido ou recebido – para variar de um grau a sua temperatura.

Esse fato tem um aspecto importante na questão climática: regiões muito úmidas têm menores variações de temperatura quando comparamos o dia e a noite. A umidade aquecida cede calor durante a noite, mas, por causa do alto calor específico da água, a variação de temperatura é pequena. Por outro lado, os desertos têm temperaturas muito elevadas durante o dia e muito baixas à noite. O calor específico da areia é cerca de $\frac{1}{5}$ do calor específico da água. Isso pode ser observado numa praia em um dia ensolarado: a temperatura da areia apresenta-se muito maior que a da água do mar. Já numa noite fria, nessa praia, observamos o contrário.

Tabela 2.1 – Calor específico

Substância	Fase	Calor específico	
		cal/g · °C	J/kg · K
água	líquida	1,00	4190
álcool etílico	líquida	0,60	2428
mercúrio	sólida	0,03	138
água	sólida	0,55	2100
ferro	sólida	0,11	450
cobre	sólida	0,09	390
platina	sólida	0,03	130
hidrogênio	gasosa	2,41	14180
hélio	gasosa	1,25	5232
oxigênio	gasosa	0,22	1046
ar (valor médio)	gasosa	0,17	1004
água	gasosa	0,48	2009

Exercício resolvido

1. O gráfico representa a variação da temperatura em função do tempo de um corpo sólido, com massa de 500 g, ao ser aquecido por uma fonte que libera 200 cal/min.

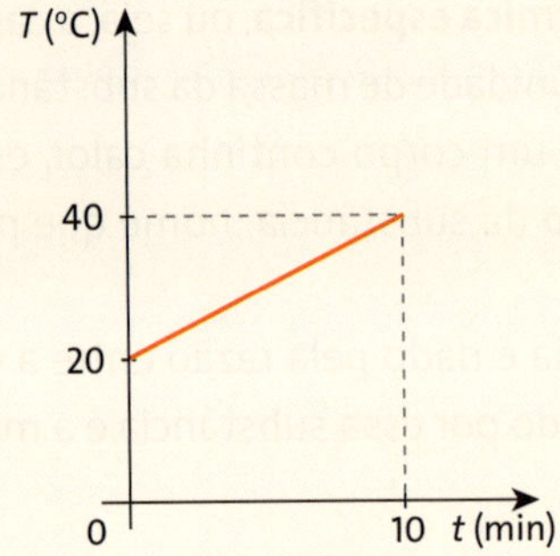

Determine:

a) a capacidade térmica do corpo;

b) o calor específico da substância que constitui o corpo.

Resolução

a) Pelo gráfico, temos que, em 10 min, a temperatura do corpo variou de 20 °C para 40 °C ($\Delta\theta = 20$ °C).
Como a fonte fornece 200 cal/min, então, em 10 min, temos $Q = 2\,000$ cal.
Assim, a capacidade térmica (C) do corpo vale:

$$C = \frac{Q}{\Delta\theta} \Rightarrow C = \frac{2\,000}{40 - 20} \Rightarrow 100 \text{ cal/ °C}$$

b) O calor específico da substância é dado por:

$$C = m \cdot c \Rightarrow 100 = 500 \cdot c \Rightarrow c = 0{,}2 \text{ cal/g} \cdot \text{°C}$$

Exercícios

1. Quinhentos gramas de um líquido recebem 2 000 cal de calor de uma fonte quente. Sabendo-se que a temperatura do líquido sofre um aumento de 50 °C, determine:
   a) a capacidade térmica do líquido;
   b) o calor específico do líquido.

2. Considere dois sistemas: o primeiro é constituído por 550 g de água na fase líquida e o segundo, por 1 000 g de água na fase sólida. Utilize a tabela 2.1 e responda:
   a) Qual deles possui maior capacidade térmica?
   b) Em qual deles o calor específico da substância é maior?

3. José deixou duas barras, uma de ferro e outra de cobre, de massas iguais, em cima de uma mesa sob o sol durante três horas. Utilize a tabela 2.1, responda e justifique as questões a seguir:
   a) Qual delas recebeu maior quantidade de calor?
   b) Qual das barras possui maior capacidade térmica?
   c) Após as três horas, qual delas apresenta a maior temperatura?

4. Sabendo-se que 1,0 cal é a quantidade de calor necessária para elevar a temperatura de 1,0 g de água de 14,5 °C para 15,5 °C, ou seja, em 1,0 °C, qual é a quantidade de calor, em cal, necessária para elevar a temperatura de 100 g de água em 10 °C?

5. Imagine que você dispõe dos seguintes materiais: água ($c = 1{,}0$ cal/g · °C), óleo de soja, recipiente, termômetro com escala de −10 °C até 110 °C, relógio e uma fonte térmica de potência constante (fogão a gás). Descreva uma sequência de procedimentos que permita determinar o calor específico do óleo de soja.

6. (UFRN) Um forno de micro-ondas fornece uma potência de 100 cal/s. Calcule quanto tempo ele deve funcionar para aquecer 200 cm³ de água, que está inicialmente a 285 K, até a temperatura de 315 K. Considere que toda a energia fornecida pelo forno é usada para o aquecimento da água.
   Dados: Calor específico da água = 1,0 cal/g · K; densidade da água = 1,0 g/cm³.

2 Calor sensível

Vamos considerar que um corpo troque calor com outro sem que haja mudança de fase. Nessas condições, o corpo esquenta quando recebe calor e esfria quando cede calor.

Por meio de termômetros, identificamos perda ou ganho de calor (energia) medindo a variação de temperatura. A quantidade de calor trocada pelos corpos é denominada **calor sensível**. Tais conclusões aplicam-se a sólidos, líquidos e gases sob volume constante.

> Calor sensível é a quantidade de calor cedido ou absorvido por um corpo e acarreta, exclusivamente, uma variação de temperatura do corpo.

Assim, quando um corpo **recebe** calor, a variação de temperatura (diferença entre a temperatura final e a inicial) é positiva; nesse caso, o calor sensível é **positivo**. Quando o corpo **cede** calor, a variação de temperatura é negativa; o calor sensível é **negativo**.

De acordo com a equação da capacidade térmica, o calor sensível Q é dado por:

$$Q = C \cdot \Delta\theta \Rightarrow Q = m \cdot c \cdot \Delta\theta$$

No sistema usual da calorimetria, o calor sensível é dado em calorias (cal), a massa em gramas (g), a variação de temperatura em grau Celsius (°C) e o calor específico em cal/(g · °C). Algumas unidades de calor utilizadas são:

- 1 cal = 4,186 J ⇒ 1 J = 0,239 cal;
- 1 Btu = 1055 J = 252 cal (Btu = "unidade térmica britânica");
- 1 Cal = 1 kcal = 1000 cal = 4190 J = 3,97 Btu.

Figura 2.2 Refeição com, aproximadamente, 600 kcal, ou, como diriam os nutricionistas, 600 cal.

A "caloria" (cal) utilizada por médicos, nutricionistas e que aparece nas embalagens de alguns alimentos e bebidas é, na realidade, a quilocaloria (kcal), também chamada de grande caloria (veja o exemplo da figura 2.2). A unidade Btu continua sendo usada na engenharia, principalmente no ramo de refrigeração, por exemplo, nos aparelhos de ar condicionado (figura 2.3).

Figura 2.3 Ar-condicionado com capacidade entre 12 000 Btu/h e 16 500 Btu/h.

Calor de combustão

Todos os organismos vivos necessitam de energia para a sua sobrevivência, como os animais, cuja principal fonte de energia é a alimentação. O ser humano, por meio da alimentação (**figura 2.4**), ingere carboidratos, proteínas, gorduras e vitaminas que, juntos, fornecem uma quantidade de energia necessária para a realização de todas as atividades diárias.

Máquinas e motores também necessitam de energia para realizar trabalho. Nesses casos, a principal fonte de energia é o combustível. Assim como os alimentos, os combustíveis contêm energia, que pode ser liberada e utilizada por outros mecanismos.

A energia contida nos alimentos e nos combustíveis pode ser medida por meio da queima (combustão). A **combustão** é uma reação exotérmica (liberação de calor) de uma substância com o oxigênio. Assim, a queima de 1 g de determinada substância libera uma quantidade de calor, denominada **calor de combustão**.

A tabela 2.2 apresenta o calor de combustão de alguns alimentos e combustíveis.

B & T Media Group Inc./Shutterstock/Glow Images

Valery121283/Shutterstock/Glow Images

Figura 2.4 A principal diferença entre as duas situações das fotos é a quantidade de energia. Os alimentos cozidos, fritos e assados têm mais calor de combustão (energia) do que os que não passaram por esses processos.

Tabela 2.2 – Calor de combustão de alguns alimentos e combustíveis

Alimento	Calor de combustão (cal/g)	Combustível	Calor de combustão (cal/g)
batata frita	2740	gás natural	11900
pão	2690	gás hidrogênio	29000
arroz cozido	1670	gasolina	11100
carne magra	1460	óleo *diesel*	10900
feijão cozido	670	álcool etílico	6400
leite cru	630	lenha	2800 a 4400

ESTUDO Nacional da Despesa Familiar (Endef), Secretaria de Planejamento da Presidência da República, Fundação Instituto Brasileiro de Geografia e Estatística, Rio de Janeiro, 1997.

Física explica

Alimentos e energia

"A manutenção da vida, por incluir inúmeras atividades, consome muita energia, fornecida pelos alimentos.

A quantidade de energia necessária varia de uma espécie animal para outra e conforme a atividade exercida. Diferentes atividades envolvem diferentes consumos de energia.

Um adulto de vida sedentária consome cerca de 2 200 kcal/dia, enquanto um trabalhador, em atividade física intensa, pode necessitar de 6 000 kcal/dia a 8 000 kcal/dia. Do total calórico da dieta humana, cerca de 50% provém dos carboidratos, 30% a 35% das gorduras e 15% a 20% das proteínas.

Caso a oferta calórica seja inferior à necessidade, o organismo utiliza as reservas de glicogênio e de gordura; se essas reservas chegarem próximo do final, as proteínas passam a ser usadas como fonte de energia, levando ao consumo da massa muscular e dos constituintes celulares. A desnutrição calórico-proteica em que predomina a deficiência calórica é conhecida como marasmo e pode levar à morte por inanição, isto é, por falência energética do organismo.

'Se a miséria de nossos pobres não é causada por leis da natureza, mas por nossas instituições, grande é a nossa culpa.' (Charles Darwin)."

AVANCINI; FAVARETTO. *Biologia, uma abordagem evolutiva e ecológica*. São Paulo: Moderna, 1997. p. 218-219. v. 2.

Trabalho em equipe

Façam um levantamento sobre as condições de alimentação da população da cidade onde vocês moram ou de um bairro dela, caso a cidade seja muito grande. Avaliem se o número de calorias ingeridas e a dieta estão dentro dos padrões mencionados na seção **Física explica**. Procurem se informar sobre o que o seu município tem feito para combater a desnutrição. Apresentem seu trabalho em sala de aula e discutam os resultados.

Exercício resolvido

2. Utilizando a tabela 2.2, determine quantos gramas de gás natural serão necessários para elevar a temperatura de 2,0 kg de água, que estão inicialmente a 20 °C, até a temperatura de ebulição.

Resolução

A quantidade de calor necessária para o aquecimento da água é dada por:

$$Q = m \cdot c \cdot \Delta\theta \Rightarrow Q = 2000 \cdot 1{,}0 \cdot (100 - 20) \Rightarrow Q = 1{,}6 \cdot 10^5 \text{ cal}$$

De acordo com a tabela 2.2, o calor de combustão do gás natural é 11 900 cal/g. Assim, a massa de gás natural para produzir $1{,}6 \cdot 10^5$ cal é:

$$m = \frac{1{,}6 \cdot 10^5}{11\,900} \Rightarrow m = 13{,}4 \text{ g}$$

Exercícios

7. A fonte de calor utilizada por um pesquisador libera 100 cal/s. Ele usa essa fonte para aquecer 200 g de um líquido, inicialmente a 10 °C. Anotando as temperaturas atingidas pelo líquido ao longo do tempo, ele constrói o gráfico a seguir. Considere que todo calor liberado pela fonte é absorvido pelo líquido.

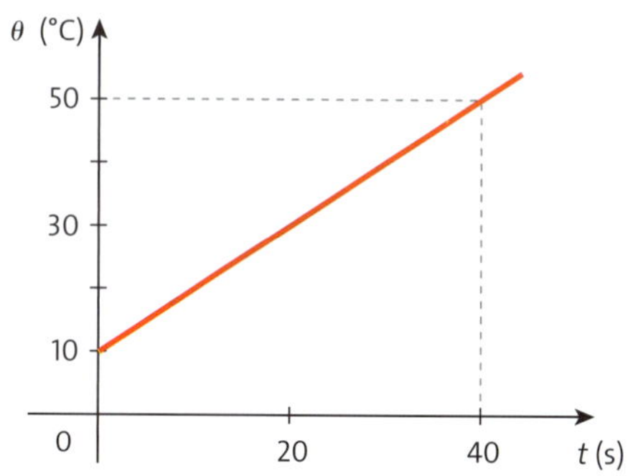

a) Qual é a capacidade térmica do líquido?

b) Se a massa de líquido é 200 g, qual é o seu calor específico?

8. Suponha que em um restaurante o prato do dia seja arroz, feijão, carne e batata frita. Faça uma estimativa de quantos gramas de cada um desses alimentos o prato tem e, com base na tabela 2.2, calcule a quantidade de calorias correspondente a esse almoço.

9. O gráfico representa a quantidade de calor absorvida por dois corpos, *A* e *B*, de massas iguais, em função da temperatura.

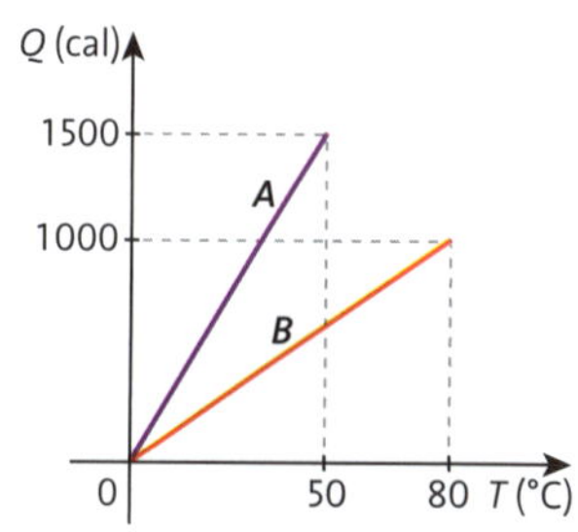

Qual dos dois corpos, *A* ou *B*, possui maior calor específico? Justifique.

10. (UFRJ) Um estudante de Física fornece calor a um certo corpo, inicialmente à temperatura de 10 °C. Ele constrói o gráfico indicado abaixo, onde, no eixo vertical, registra as quantidades de calor cedidas ao corpo, enquanto, no eixo horizontal, vai registrando a temperatura do corpo.

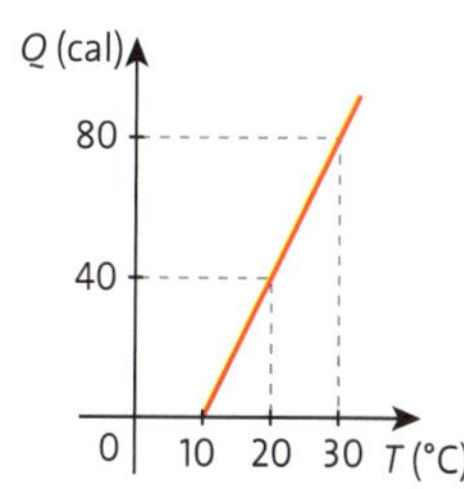

Consideremos agora um outro corpo, com o dobro da massa do primeiro, feito da mesma substância e também inicialmente a 10 °C. Com base no gráfico, podemos dizer que, fornecendo uma quantidade de calor igual a 120 calorias a esse outro corpo, sua temperatura final será:

a) 18 °C.
b) 20 °C.
c) 40 °C.
d) 30 °C.
e) 25 °C.

3 Calor latente

Será que é possível uma substância receber calor e mesmo assim manter sua temperatura constante?

A resposta é sim. Como já vimos, a agitação térmica das partículas está relacionada diretamente com a temperatura na escala absoluta. Essa agitação, ou movimento vibratório, é avaliada pela energia cinética média das moléculas. Mas a energia cinética não é o único tipo de energia associado às partículas: há também o que chamamos de **energia potencial**, que é a energia responsável por manter a temperatura de um corpo constante mesmo sob ação de uma fonte de calor durante a mudança de fase.

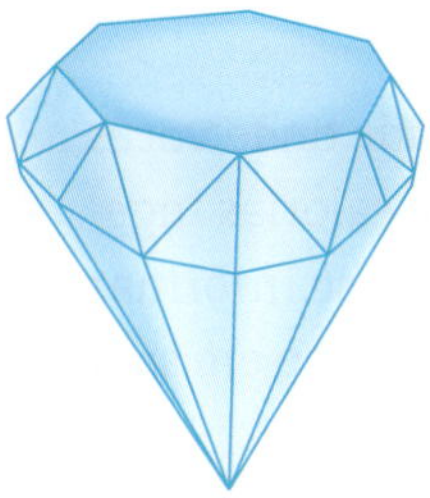

Figura 2.5 Fase sólida.

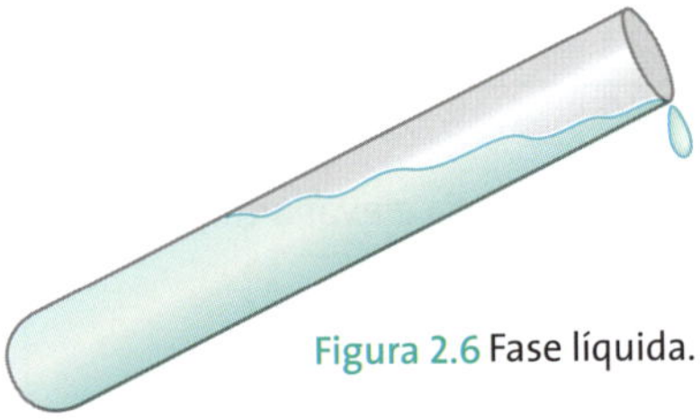

Figura 2.6 Fase líquida.

Figura 2.7 Fase gasosa.

Ilustrações: Formato/Arquivo da editora

Analogamente, pode ocorrer de fornecermos calor a um corpo, mas essa energia ser utilizada para separar as partículas. É o que acontece quando uma substância está mudando de fase.

São três os estados básicos de agregação da matéria: sólido (figura 2.5), líquido (figura 2.6) e gasoso (figura 2.7). Esses estados de agregação são denominados **fases** da substância.

Essas três fases, se considerarmos apenas as substâncias puras, têm as seguintes características:

- **Fase sólida** – Os sólidos têm volume e forma definidos. A principal característica das substâncias puras nessa fase é que suas partículas se dispõem em um arranjo espacial regular, chamado de rede cristalina (ou retículo cristalino), que se repete ao longo de toda a estrutura da substância. Uma mesma substância pode apresentar diferentes arranjos cristalinos nessa fase, que são as chamadas **variedades alotrópicas**. Por exemplo, o carbono possui duas variedades alotrópicas da fase sólida: a grafite e o diamante. Veja as figuras 2.8.a e 2.8.b.

Fabio Colombini/Acervo do fotógrafo

Remedios/Shutterstock/Glow Images

Figura 2.8 O diamante é uma das formas do carbono (**a**). Outra forma é a grafite (**b**).

- **Fase líquida** – Os líquidos têm apenas o volume definido. Nessa fase existe coesão entre as partículas das substâncias, mas não há a presença da rede cristalina. É uma fase **amorfa**, ou seja, sem forma definida. Na presença de um campo gravitacional, as substâncias nessa fase se moldam na forma do recipiente que as contém, apresentando uma superfície livre. Na ausência de um campo gravitacional, os líquidos assumem a forma esférica, que corresponde à menor superfície livre para um volume predefinido (figura 2.9).

Figura 2.9 O volume de água é o mesmo nos dois recipientes, mas as formas são determinadas pelos recipientes.

- **Fase gasosa** – Os gases não têm volume nem forma definidos. Aprisionados, ocupam todo o volume do recipiente que os contém, assumindo a forma desse recipiente (figura 2.10). Na fase gasosa, que compreende os vapores e os gases, a coesão entre as partículas é desprezível.

Charles D. Winters/Photoresearchers/Latinstock

Figura 2.10 Recipiente com iodo gasoso.

Física tem História

A Química abrindo as portas para a Física

"Utilizar a Mecânica de Isaac Newton (1643-1727) para explicar fenômenos térmicos parece ter sido um objetivo muito almejado pelos cientistas do século XIX. Uma teoria mecânica dos fenômenos térmicos precisaria considerar forças atuando em partículas. Mas quais partículas?

O conceito de matéria como um conjunto de pequenas partículas indivisíveis e invisíveis chamadas átomos foi primeiramente proposto no século V a.C. sem evidências experimentais, pelo filósofo grego Demócrito de Abdera (460 a.C.-370 a.C.). Mas sua aceitação não foi abrangente antes do fim do século XIX. Mesmo em 1900, cientistas importantes duvidavam da existência dessas partículas invisíveis: 'Quem já viu um?' era repetido pelo físico austríaco Ernst Mach (1838-1916).

John Dalton não teve de ver um átomo para deduzir sua existência. Em vez disso, ele fez algumas perguntas simples, como 'Por que a água contém sempre a mesma proporção de hidrogênio e oxigênio?'; 'Por que, quando o dióxido de carbono é formado, as proporções de oxigênio e carbono são sempre as mesmas?'. As respostas a essas questões vieram em 1808, quando publicou o primeiro volume da obra *Um novo sistema de filosofia química*.

Os átomos (os elementos – carbono, hidrogênio, oxigênio e assim por diante) foram propostos como pequenos (invisíveis) corpos esféricos de massas fixas; cada diferente elemento químico tem seu próprio e distinto tipo de átomo, e os átomos combinam-se em proporções definidas para formar moléculas (que Dalton chamava de átomos compostos). Essa foi a revolução conceitual que estabeleceu o modelo químico usado a partir de então.

Georgios Kollidas/Shutterstock/Glow Images

John Dalton (1766-1844).

O mundo de Dalton estava centrado na cidade industrial de Manchester, onde ele ensinou Matemática e Filosofia Natural na escola que veio a se tornar a Universidade de Manchester. Ele era um homem interiorano [...], mas suas ideias sobre a natureza atômica da matéria atravessaram as fronteiras nacionais e estabeleceram um novo estágio para as grandes descobertas do século XX."

TALLACK, Peter (Ed.). *The Science Book*. London: Weidenfel & Nicolson, 2001. p. 124. Texto traduzido.

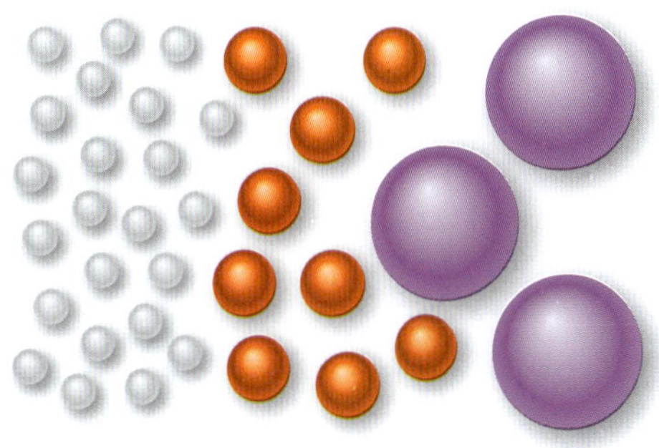

Modelo para os átomos de John Dalton.

1. Converse com seu professor de Química sobre a importância do trabalho de Dalton para a ciência.
2. Converse com seu professor de Filosofia sobre a evolução do conceito de átomo.

Adilson Secco/Arquivo da editora

Figura 2.11 Fases da matéria e seus processos de mudança.

As mudanças de fase

O processo de mudança de fase envolve trocas de calor. Porém, durante o processo, a temperatura permanece constante. Nas passagens dos estados de sólido para líquido, de líquido para vapor e de sólido para vapor, a substância recebe calor. As mudanças de fase de vapor para líquido, de líquido para sólido e de vapor para sólido são processos em que a substância cede calor (figura 2.11).

O gráfico da figura 2.12 ilustra o comportamento da temperatura, medida em graus Celsius, de certa quantidade de água, inicialmente na fase sólida, que é aquecida sob pressão constante de 1 atm. Para as substâncias puras, a temperatura durante a mudança de fase permanece constante.

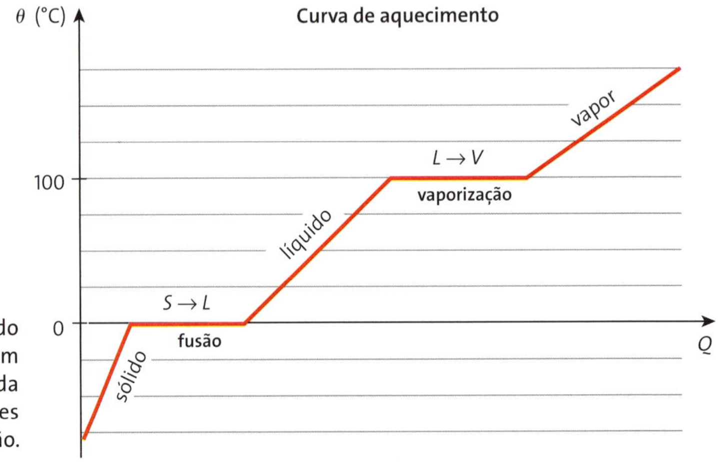

Figura 2.12 Gráfico (fora de escala) do aquecimento de um bloco de gelo com temperatura bem abaixo de 0 °C. O patamar da vaporização é, na verdade, cerca de sete vezes mais largo que o da fusão.

As linhas horizontais do gráfico são chamadas de patamares. Nesses setores, observamos que a substância recebe calor, mas a sua temperatura permanece constante. Cada patamar corresponde, portanto, a uma mudança de fase onde coexistem duas fases da substância: no primeiro, sólido e líquido e, no segundo, líquido e vapor.

Podemos também analisar o processo inverso, ou seja, a substância cedendo calor, pois os processos de fusão e de vaporização são reversíveis. Os patamares ocorrem às mesmas temperaturas, e as quantidades de calor envolvidas no processo são as mesmas, exceto por seu valor algébrico, conforme ilustra o gráfico da figura 2.13. A questão algébrica se esclarece ao lembrarmos que calor recebido é positivo e calor cedido é negativo.

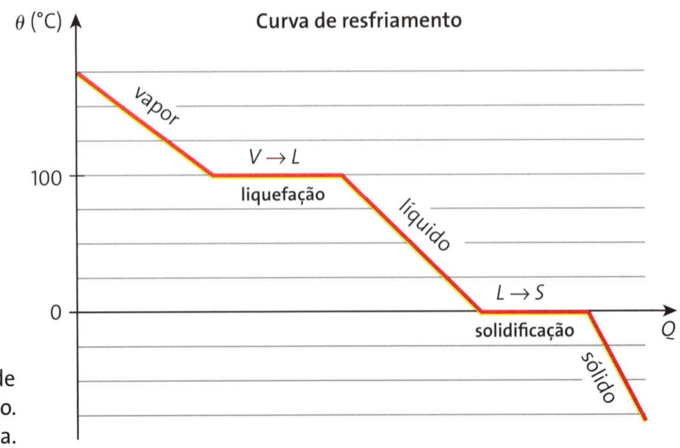

Figura 2.13 Gráfico do processo de resfriamento de vapor superaquecido. Os patamares estão fora de escala.

Mesmo atendo-nos somente às substâncias puras, nem sempre observamos esses patamares nos aquecimentos ou resfriamentos dos corpos. Por exemplo, quando a substância não possui redes cristalinas extensas, ela é chamada amorfa e não observamos claramente uma temperatura em que ocorra a transição da fase sólida para a líquida. Um exemplo bem simples é a manteiga. À medida que a aquecemos, ela se torna mais fluida, menos viscosa, mas sem uma temperatura definida de transição.

O mesmo acontece com o piche (asfalto), o vidro e muitas outras substâncias que não possuem uma rede cristalina, mas sim uma aparente fase sólida. Formalmente, é comum se dizer que são fluidos extremamente viscosos.

Cada substância, em cada mudança de fase, requer certa quantidade de calor, cedido ou recebido, para que ocorra o processo. A quantidade de calor Q, por unidade de massa m, necessária para a mudança de fase é uma característica da substância e do tipo de mudança de fase. Essa característica é chamada de **calor latente L**, dada por:

$$L = \frac{Q}{m} \Rightarrow Q = m \cdot L$$

O calor latente, dado em cal/g ou em J/kg, é considerado positivo nos processos em que o corpo recebe calor e negativo em situações que o corpo cede calor. Na tabela 2.3, temos o calor latente da água na fusão (solidificação) e na vaporização (liquefação).

Estados da matéria

Tabela 2.3 – Calores latentes para a água

	L (cal/g)
$L_{fusão} = -L_{solidificação}$	80
$L_{vaporização} = -L_{liquefação}$	540

Exercício resolvido

3. Resfriam-se 20 g de vapor de água a 120 °C, sob pressão normal (1 atm), até que esse vapor se transforme em 20 g de gelo a −10 °C. Usando os dados das tabelas 2.1 e 2.3, determine a quantidade de calor total liberada e trace o gráfico correspondente à curva de resfriamento, com valores numéricos.

Resolução

Sob pressão normal, o vapor de água se condensa a 100 °C, e a água se solidifica a 0 °C. Portanto, a transformação de vapor, a 120 °C, em gelo, a −10 °C, é constituída de cinco etapas distintas, a saber:

1ª) de 120 °C a 100 °C:

$Q_1 = mc_V \cdot \Delta\theta = 20 \cdot 0{,}48 \cdot (-20) \Rightarrow Q_1 = -192$ cal

2ª) 100 °C (condensação):

$Q_2 = mL_C = 20 \cdot (-540) \Rightarrow Q_2 = -10\,800$ cal

3ª) de 100 °C a 0 °C:

$Q_3 = mc_A \cdot \Delta\theta = 20 \cdot 1{,}0 \cdot (-100) \Rightarrow Q_3 = -2\,000$ cal

4ª) 0 °C (solidificação):

$Q_4 = mL_S = 20 \cdot (-80) \Rightarrow Q_4 = -1\,600$ cal

5ª) de 0 °C a −10 °C:

$Q_5 = mc_G \cdot \Delta\theta = 20 \cdot 0{,}55 \cdot (-10) \Rightarrow Q_5 = -110$ cal

A quantidade de calor total ($Q_{inicial}$) liberada é obtido pela soma das quantidades de calor das cinco etapas:

$Q_{total} = Q_1 + Q_2 + Q_3 + Q_4 + Q_5 \Rightarrow$

$\Rightarrow Q_{total} = -(192 + 10\,800 + 2\,000 + 1\,600 + 110) \Rightarrow$

$\Rightarrow Q_{total} = -14\,702$ cal

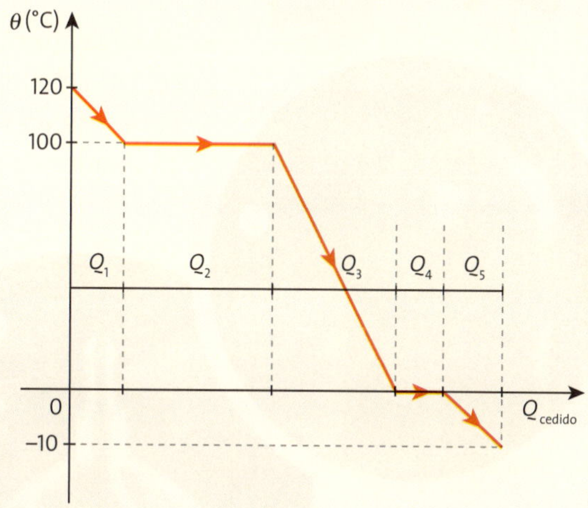

O gráfico representa a curva de resfriamento correspondente.

Física explica

Ebulição e evaporação

© Discpicture/View Portfolio

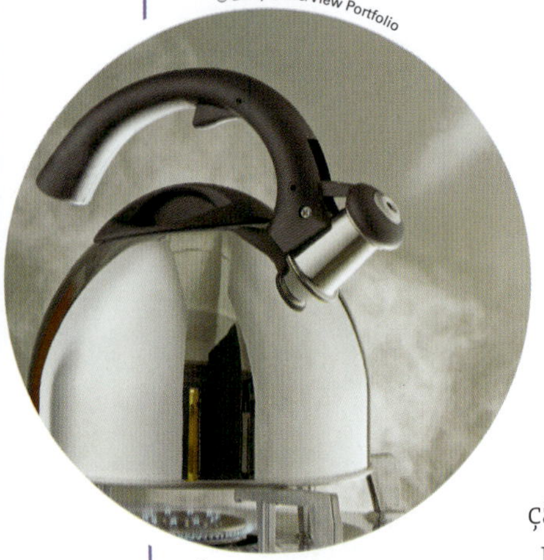

Água em ebulição.

A passagem do estado líquido para o estado de vapor (vaporização) pode ocorrer de duas maneiras: por **ebulição** e por **evaporação**.

Um líquido entra em **ebulição** quando a pressão exercida por suas partículas, em razão do grau médio de agitação, supera a pressão ambiente. Temos dois mecanismos para provocar a ebulição: aumentar a temperatura ou reduzir a pressão externa.

Se estivermos ao nível do mar (pressão atmosférica de 1,0 atm), a ebulição da água, por exemplo, ocorrerá a 100 °C. Contudo, se a pressão externa for menor que 1 atm, a temperatura de ebulição da água será inferior a 100 °C. É o que ocorre nos locais com grande altitude: a temperatura de ebulição nesses locais está abaixo dos 100 °C.

Reciprocamente, quando aumentamos a pressão externa, a temperatura de ebulição é maior. As panelas de pressão (tecnicamente chamadas de **autoclaves**) funcionam com pressão superior à atmosférica normal e, consequentemente, a água ferve a uma temperatura acima dos 100 °C, diminuindo o tempo para cozinhar os alimentos.

Na **evaporação**, mesmo sob pressão normal e em temperaturas bem inferiores a 100 °C, muitas partículas de uma porção de água têm energia suficiente para escapar pela superfície livre do líquido.

Vejamos a seguir algumas situações práticas:

- Roupas estendidas em um varal secam por evaporação. Os dias secos e com bastante vento favorecem a evaporação, e a roupa seca mais rapidamente do que nos dias úmidos e de pouco vento.
- Dentro de uma moringa de barro, a água fica mais fria do que no ambiente externo, pois o barro, por ser poroso, permite que as moléculas de água mais energéticas escapem através de seus poros. As moléculas que permanecem dentro da moringa possuem energia cinética menor e, portanto, menor temperatura.
- Quando abrimos um vidro contendo perfume, éter ou acetona, podemos sentir o cheiro do líquido através de seu vapor, que escapa facilmente para fora do recipiente. Esses líquidos que evaporam facilmente são chamados de **voláteis**.

Aleksandar Mijatovic/Shutterstock/Glow Images

Warren Price Photography/Shutterstock/Glow Images

Mike Laptev/Shutterstock/Glow Images

Quanto mais vento e quente, mais rápido a água das roupas evapora (**a**). Moringa de água (**b**). Perfumes são compostos de líquidos voláteis (**c**).

Assim como algumas partículas têm energia abaixo da média necessária para a ebulição, outras têm energia acima desse limite e escapam através da superfície livre do líquido (veja a figura a seguir). Quando essas partículas de maior energia cinética escapam, a energia média das que restaram fica menor, diminuindo a temperatura. A porção restante retira calor dos corpos ao redor, o que faz a temperatura retornar à média anterior; assim, algumas partículas obtêm energia acima da média, novamente escapam e o processo continua até que o líquido se evapore totalmente.

Os fatores que influenciam na taxa de evaporação de uma substância são:

- **A concentração da substância no ar.** Se o ar contiver uma alta concentração da substância que evapora, então a taxa de evaporação será menor.
- **A concentração de outras substâncias no ar.** Se o ar já estiver saturado com outras substâncias, a taxa de evaporação será menor.
- **Temperatura.** Quanto mais quente estiver a substância, mais energia cinética suas moléculas possuem, pois a agitação molecular é maior, o que aumenta a taxa de evaporação.
- **Vazão de ar.** Se existe uma corrente de ar passando pela superfície da substância durante um tempo considerável, então a concentração da substância no ar não aumenta de forma apreciável, o que fornece uma taxa de evaporação maior. Além disso, as moléculas da superfície da substância recebem mais energia cinética, ocasionando maior evaporação, e quanto mais forte o fluxo de ar, maior é o potencial para evaporação.
- **Forças intermoleculares.** As forças intermoleculares, que ligam as moléculas da substância, influenciam na evaporação, e mais energia é necessária para que as moléculas evaporem.

1. Explique qual é e como se dá o processo responsável por secar as roupas que lavamos e estendemos no varal.
2. Muitas pessoas ainda utilizam moringas de barro para deixar a água numa temperatura menor que a do ambiente. Como você explica esse processo?

Em dias secos, as pequenas poças de água no chão sofrem o processo de evaporação completa em poucos minutos, mesmo que a temperatura não seja elevada.

Sobrefusão ou superfusão

A temperatura de solidificação da água, ou da fusão do gelo, sob pressão de 1 atm, é de 0 °C. Mas é possível obter água no estado líquido em temperaturas abaixo de 0 °C, sem alterar a pressão. Esse fenômeno é denominado **sobrefusão** ou **superfusão** e ocorre quando a temperatura de um líquido atinge valores abaixo da sua temperatura de solidificação, sem que ele passe para a fase sólida.

Para conseguir água na fase líquida em temperaturas abaixo da temperatura de solidificação, ela deve ser mantida em repouso em um recipiente e resfriada lentamente. É comum esse fenômeno ocorrer com a água (ou com cerveja e refrigerante) em uma garrafa de vidro colocada no *freezer* das geladeiras que utilizamos em nossa casa. Um detalhe importante é que se o líquido em sobrefusão for agitado (perturbação mecânica), ocorre rapidamente a solidificação parcial ou total do líquido.

Experimentos de sobrefusão podem ser realizados com tiossulfato de sódio ($Na_2S_2O_3$), substância utilizada em laboratórios fotográficos, com ponto de fusão próximo de 48 °C. O gráfico que representa esse fenômeno com o tiossulfato de sódio é apresentado na **figura 2.14**, e na **figura 2.15** podemos ver a solidificação quase instantânea quando o líquido é perturbado mecanicamente.

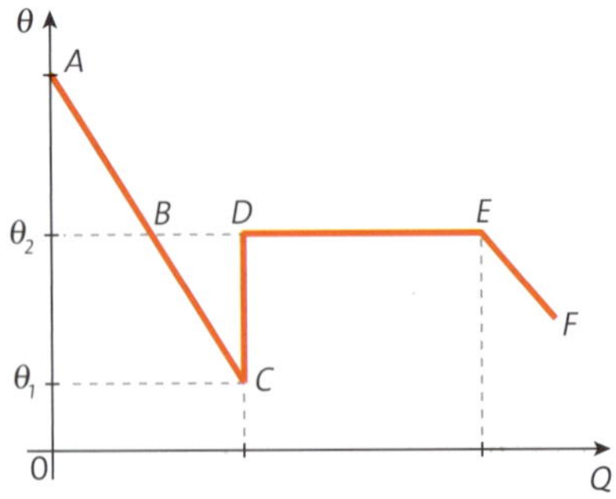

Figura 2.14 Gráfico da superfusão.

Figura 2.15 Tiossulfato de sódio sofrendo superfusão.

Charles D. Winters/Photoresearchers/Latinstock

Exercícios

11. Uma dona de casa, cozinhando batatas, baixa o fogo quando percebe que a água entrou em ebulição. O marido, faminto, alega que assim o cozimento vai demorar mais, mas a esposa assegura que isso não vai alterar o tempo de cozimento.

   a) Qual deles está com a razão? Justifique.

   b) Que alteração o aumento da chama provocaria?

12. Para evitar excesso de bagagem, um grupo de soldados, em missão na selva, cozinha seus alimentos em panelas descartáveis de papel, feitas na hora, usando-se dobraduras apoiadas em uma telinha metálica apropriada. Como o papel é biodegradável, o procedimento desses soldados, além de prático, é também ecológico.

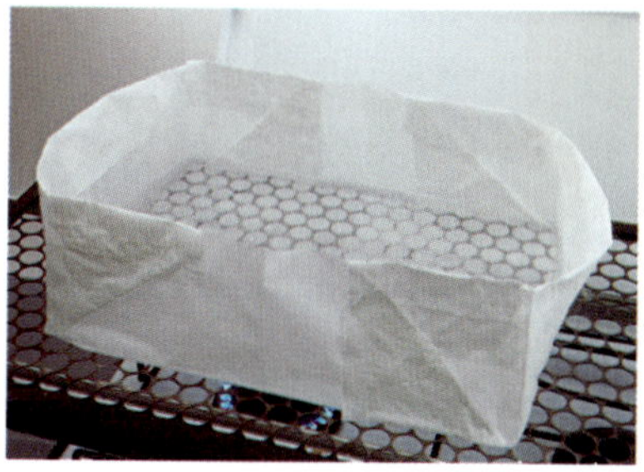

Sérgio Dotta Jr./Arquivo da editora

Sabendo-se que o **ponto de fulgor** de uma substância é a temperatura na qual ela entra em combustão e que, para o papel, esse valor é 451 °F, responda:

   a) Com esses dados, é possível cozinhar arroz na panela de papel sem que o papel queime? Justifique.

   b) É possível colocar a panela vazia na chama para depois completá-la com os ingredientes?

   c) O comandante do grupo alerta para que eles não usem papel muito espesso, como cartolina, por exemplo. Qual é a razão?

13. Queimaduras de vapor de água são terríveis. Deve-se ter muito cuidado ao manipular panelas ou outros recipientes dos quais esteja escapando vapor de água. Mesmo com a água já a 100 °C, necessita-se de 540 cal para vaporizar cada grama de água. Portanto, se o vapor acidentalmente atingir nossa pele, para cada grama de vapor que condensa há a liberação de 540 cal. Como essa liberação é praticamente instantânea, elas podem provocar danos maiores do que se a pele tivesse encostado em um ferro em brasa.

   a) Se 3 g de vapor se condensam em 0,1 s, qual é o fluxo de calor, em J/s (watts)? (Considere 1 cal = 4,2 J.)

   b) O ferro, aquecido ao rubro, irradia cerca de $6 \cdot 10^4$ W/m². Uma chapa de ferro foi aquecida até esse ponto. A potência calculada no item anterior corresponde à potência irradiada por qual área dessa chapa?

14. O gráfico refere-se à transformação de 20 g de uma substância pura que se encontra inicialmente no estado sólido.

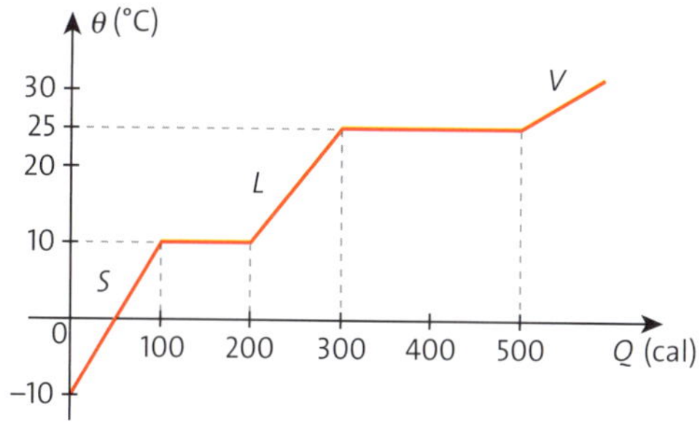

Com base no gráfico, determine:

   a) as temperaturas de fusão e vaporização dessa substância;

   b) o estado físico em que se encontra a substância a 0 °C, a 20 °C e a 40 °C;

   c) o calor latente de fusão e o de vaporização;

   d) o calor específico no estado sólido e no estado líquido.

15. (Unicamp-SP, adaptado) Em um dia quente, um atleta corre dissipando 750 W durante 30 min. Suponha que ele só transfira essa energia para o meio externo através da evaporação do suor e que todo seu suor seja aproveitado para sua refrigeração. Adote $L = 2\,500$ J/g para o calor latente de evaporação da água na temperatura ambiente.

   a) Qual é a taxa de perda de água do atleta em kg/min?

   b) Quantos litros de água ele perde nos 30 min de corrida?

16. Numa festa, com a intenção de refrigerar rapidamente as bebidas, um rapaz as coloca imersas em 3 kg de gelo. A temperatura inicial do gelo é –10 °C. Após algum tempo esse rapaz é advertido para colocar mais gelo, pois as bebidas estão agora imersas numa mistura de 20% de gelo e 80% de água (em massa). Considere o calor específico do gelo 0,5 cal/g · °C e o calor latente de fusão 80 cal/g.

   a) Qual foi a quantidade de calor recebida pelo gelo até atingir 0 °C, mas sem começar a fusão?

   b) Qual foi a massa de gelo que se fundiu?

   c) Qual foi a quantidade de calor absorvida pelo gelo nesse último processo?

   d) Considerando que as trocas de calor ocorram somente entre o gelo e as bebidas, qual foi a quantidade de calor que delas foi retirada?

4 Trocas de calor

Um conjunto de corpos escolhidos arbitrariamente para estudo se constitui no que chamamos de **sistema**. Um sistema é dito termicamente isolado quando os corpos que fazem parte dele trocam calor entre si e não há trocas de calor com corpos alheios ao sistema. Se tivermos apenas dois corpos, *A* e *B*, totalizando nosso sistema, o calor cedido por um deles é forçosamente o calor recebido pelo outro (figura 2.16).

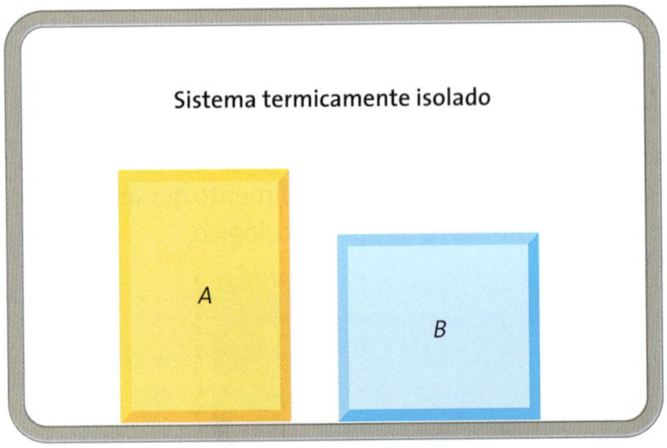

Figura 2.16 Dois corpos, *A* e *B*, em um sistema termicamente isolado.

Lembrando que calor trocado é uma grandeza algébrica, podemos inferir que não são iguais, e sim opostos. Algebricamente, temos:

$$Q_A = -Q_B \Rightarrow Q_A + Q_B = 0$$

No caso de termos vários corpos, escrevemos, genericamente:

$$\Sigma Q = 0$$

Se o sistema não for termicamente isolado, então há troca de calor com o ambiente, e podemos escrever:

$$Q_A + Q_B + Q_{\text{ambiente}} = 0$$

Portanto, concluímos que, quando dois ou mais corpos trocam calor, há transferência de energia térmica do corpo mais quente para o corpo mais frio. O **equilíbrio térmico** vai ocorrer quando já não houver diferença de temperatura entre os corpos. Assim, além das condições impostas anteriormente, consideramos o fato de que a temperatura final será a mesma para todos os corpos (figura 2.17).

O equilíbrio térmico é então dado pela seguinte condição:

$$\theta_A = \theta_B = \theta_{\text{equilíbrio}}$$

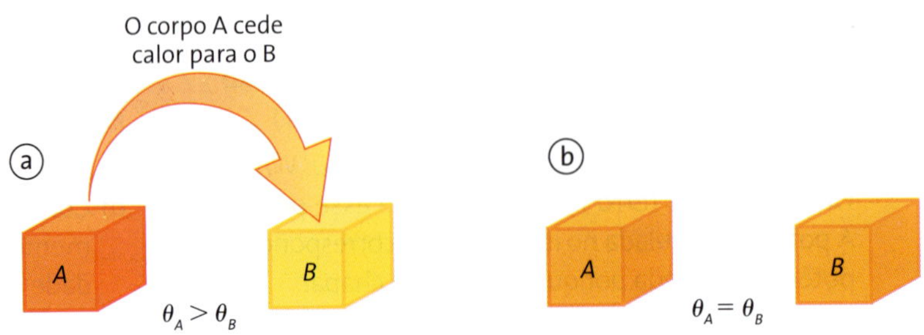

Figura 2.17 Como θ_A é maior que θ_B, o corpo *A* cede calor para o corpo *B* (**a**). Quando θ_A é igual a θ_B, ou seja, quando ambos atingirem a temperatura de equilíbrio, $\theta_{\text{equilíbrio}}$, podemos dizer que a taxa de transferência de calor do corpo *A* para o corpo *B* é igual à taxa de transferência de calor do corpo *B* para o corpo *A* (**b**).

Calorímetro

Nas trocas de calor, para garantir que o sistema em estudo não seja afetado por trocas de calor com o ambiente, utilizam-se, nos experimentos de calorimetria, recipientes denominado **calorímetros**, como o mostrado na figura 2.18.

As paredes dos calorímetros são feitas de material isolante térmico, o que restringe a troca de calor à sua parte interna. Assim, quando utilizamos um calorímetro para efetuar a troca de calor entre dois corpos *A* e *B*, o calorímetro também participa das trocas de calor, pois ele apresenta uma capacidade térmica diferente de zero. Nessas condições, os calorímetros são denominados **reais**.

Em determinadas situações específicas, a capacidade térmica do calorímetro pode ser considerada desprezível em relação às capacidades térmicas dos corpos que trocam calor. Nesses casos, o calorímetro não participa das trocas de calor; dizemos que se trata de um **calorímetro ideal**.

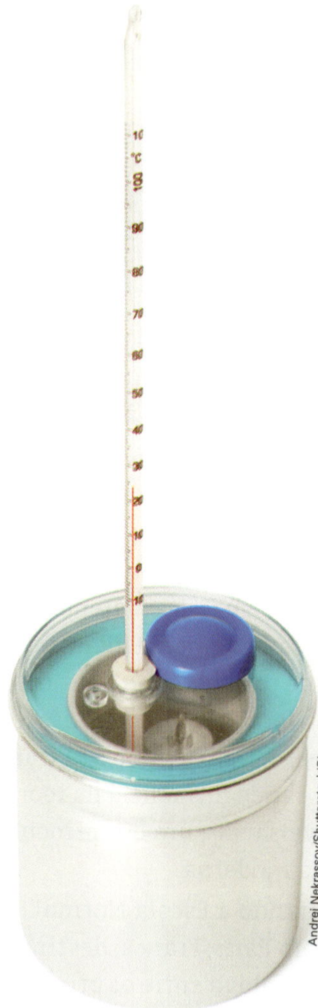

Andrei Nekrassov/Shutterstock/Glow Images

Figura 2.18 Calorímetro.

Exercícios

17. Para preparar uma receita, um cozinheiro precisa de 4 litros de água a 40 °C, aproximadamente. Como ele não dispõe de um termômetro, resolve improvisar. Ele mistura água do filtro, que avalia estar a 20 °C, com água em ebulição a 100 °C. Para obter o desejado, quantos litros de cada ele deve misturar? Considere que 1 litro de água corresponde a 1000 g.

18. Em um dia muito quente, uma pessoa pretende tomar um copo de água bem gelada. Para isso, coloca num recipiente termicamente isolado (calorímetro), de capacidade térmica desprezível, 1000 g de água a 15 °C e 20 g de gelo a −5 °C. Qual é a temperatura de equilíbrio térmico desse sistema?

19. Colocam-se 80 g de gelo a 0 °C em 100 g de água a 20 °C.

    Admitindo o sistema isolado termicamente, determine:

    a) a temperatura final da mistura;

    b) a massa de água líquida após o equilíbrio térmico.

    (Dados: $L_{F(\text{gelo})} = 80$ cal/g e $c_{\text{água}} = 1{,}0$ cal/g · °C.)

20. Um calorímetro de capacidade térmica desprezível contém 400 g de água ($c = 1{,}0$ cal/g · °C) a 10 °C. Coloca-se no calorímetro uma peça de ferro ($c = 0{,}10$ cal/g · °C), de 1000 g, a 200 °C. Determine a temperatura de equilíbrio do conjunto (água + ferro).

21. Uma pessoa coloca num recipiente termicamente isolado, e de capacidade térmica desprezível, 1000 g de água a 15 °C e 200 g de gelo a −6 °C. O diagrama abaixo ilustra o comportamento da temperatura do gelo (I) e da água (II) em função do módulo da quantidade de calor trocada. A água sofre um resfriamento, e o gelo, um aquecimento até 0 °C. Dados: $c_{\text{água}} = 1{,}0$ cal/g · °C; $c_{\text{gelo}} = 0{,}50$ cal/g · °C; $L_F = 80$ cal/g. Determine as massas de gelo de água a 0 °C.

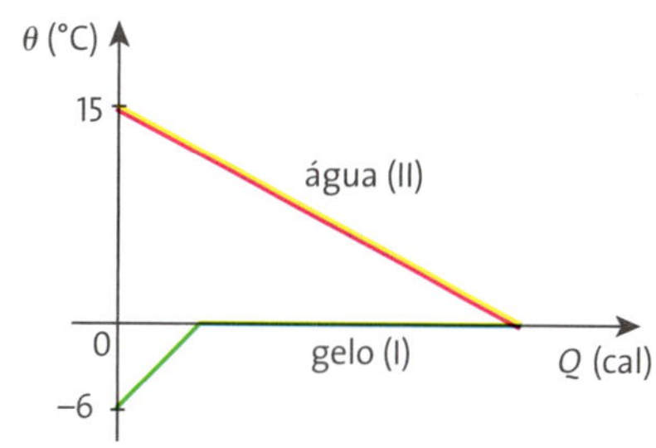

Jean-Baptiste Joseph Fourier

Matemático francês, famoso também como egiptólogo, Joseph Fourier exerceu forte influência na Física matemática com sua obra *Teoria analítica do calor*, publicada em 1822.

Jean-Baptiste Joseph Fourier (1768-1830).

Fourier mostrou que a condução do calor nos sólidos pode ser analisada em termos de séries trigonométricas convergentes infinitas, atualmente conhecidas por "séries de Fourier". Além de transcender o particular fenômeno da condução do calor, seu trabalho estimulou uma ferramenta valiosa para várias pesquisas em Física matemática, a qual tem sido frequentemente identificada com a solução de problemas de contorno, abrangendo vários fenômenos naturais, como manchas solares, marés e clima. Seu trabalho teve também grande influência na teoria das funções de variáveis reais, um dos principais ramos da Matemática moderna.

Quando a Escola Normal Superior foi fundada, em 1794, em Paris, França, destinada a ensinar professores, Fourier estava entre os primeiros estudantes e, em 1795, dela se tornou professor. No mesmo ano, depois que a Escola Politécnica foi aberta, juntou-se a ela, tendo como colegas Gaspard Monge (1746-1818) e outros matemáticos famosos da época.

Em 1798, com Monge e outros cientistas, Fourier acompanhou Napoleão Bonaparte (1769-1821) em sua expedição ao Egito. Até 1801, esteve engajado em extensivas pesquisas sobre antiguidades egípcias, dando conselhos sobre Engenharia e disputas diplomáticas, servindo por três anos de secretário do Instituto do Egito, que Napoleão estabeleceu no Cairo, em 1798.

Depois de seu retorno à França, Fourier ficou encarregado da publicação de uma enorme massa de material egípcio, *Descrição do Egito*, obra para a qual também escreveu um longo prefácio sobre a antiga civilização egípcia.

Fourier foi também escolhido para prefeito de uma das províncias egípcias, posição que manteve de 1802 a 1814. Demonstrou grande habilidade administrativa, promovendo a drenagem de pântanos, enquanto continuava desenvolvendo seus trabalhos de matemático e egiptólogo. Em 1809, Napoleão concedeu-lhe o título de barão. Seguindo-se à queda de Napoleão em 1815, Fourier deslocou-se para a direção do Birô de Estatística, do distrito do Sena, Paris, permitindo-lhe um calmo período acadêmico. Em 1817, foi eleito para a Academia de Ciências, na qual, em 1822, tornou-se secretário vitalício. Pelo seu trabalho em egiptologia, foi eleito em 1826 para a Academia Francesa e a Academia de Medicina.

Adaptado de: FOURIER, Jean-Baptiste Joseph. In: ENCYCLOPAEDIA Britannica. London: Britannica Editors, 2002. Texto traduzido.

- Converse com seu professor de História a respeito da viagem de Napoleão ao Egito e a participação de Fourier nesse evento.

EXPERIMENTO

Calor específico dos metais

Neste experimento, pretendemos determinar o calor específico de um metal, entre as seguintes opções: cobre, latão, ferro e alumínio.

Inicialmente, devemos observar que um metal aquece mais rápido do que a água, nas mesmas condições, pois os calores específicos dos metais são muito menores do que da água. Por exemplo, os valores dos calores específicos da água e do chumbo são:

$c_{\text{água}} = 1{,}0\ \text{cal/g} \cdot {}^\circ\text{C}$ (medido entre as temperaturas de 14,5 °C a 15,5 °C)

$c_{\text{chumbo}} = 0{,}031\ \text{cal/g} \cdot {}^\circ\text{C}$

Logo, 1,0 g de água necessita de 1,0 cal para variar a sua temperatura de 1,0 °C; já o chumbo necessita apenas de 0,031 cal.

Mediremos o calor específico de um metal utilizando o método das misturas, ou seja, aquece-se o metal a uma temperatura maior que a do ambiente e em seguida ele é imerso na água contida no calorímetro que está à temperatura ambiente. O metal vai ceder calor para a água e para o calorímetro, até atingir a temperatura de equilíbrio térmico. Equacionando essa troca de calor, temos:

$Q_{\text{recebido}} = Q_{\text{cedido}}$

Sendo:

$Q_{\text{recebido}} = Q_{\text{água}} + Q_{\text{calorímetro}}$ e $Q_{\text{cedido}} = Q_{\text{metal}}$

Material

- calorímetro
- béquer (150 mL)
- proveta (100 mL)
- água (destilada, se possível)
- peça de metal com a massa aferida (cada grupo escolhe um tipo de metal)
- termômetro (–10 °C a 110 °C)
- lamparina ou bico de Bunsen com suporte e tela de amianto
- álcool
- dosador
- linha cordonê

Procedimento

- Coloque 100 mL de água (medidos com a proveta) que corresponde a 100 g de água ($d_{\text{água}} = 1{,}0\ \text{g/cm}^3$) no calorímetro e meça a temperatura inicial da água (θ_i água). Anote esses valores montando uma tabela.
- Caso não tenha o valor da massa do metal, determine a massa em uma balança com precisão de 0,1 g.
- Coloque a peça de metal, presa por um fio, no béquer com água (aproximadamente 80 mL) e aqueça o conjunto até atingir a temperatura de ebulição (**figura a**). Meça essa temperatura, que será a temperatura inicial da peça de metal (θ_i metal), e anote o valor.
- Rapidamente retire a peça da água em ebulição, coloque-a no calorímetro e tampe o calorímetro (**figura b**).
- Resfrie o termômetro em água corrente antes de introduzi-lo no calorímetro.
- Agite a água do calorímetro até a temperatura ficar constante, ou seja, atingir o equilíbrio térmico. Meça essa temperatura (θ_f) e anote o valor na tabela.
- Repita esse procedimento no mínimo três vezes para cada metal.

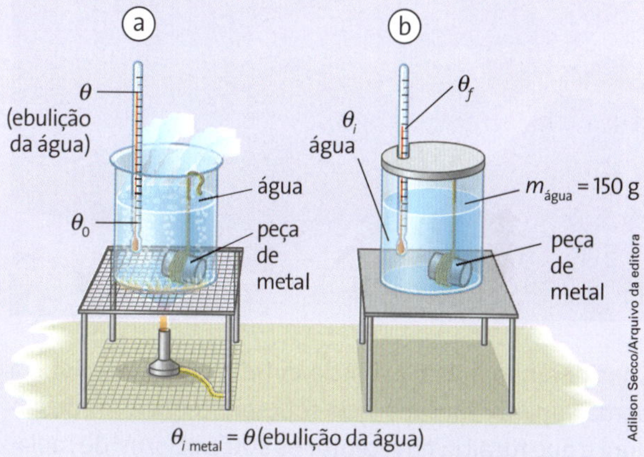

Medida de calor específico de um metal.

Determine:

- o calor específico do metal, utilizando a equação de trocas de calor e desprezando o calor trocado com o calorímetro, $Q_{\text{recebido}} = Q_{\text{cedido}}$, e coloque os valores encontrados na tabela;
- o calor específico médio do metal utilizado e compare seu valor com os fornecidos em tabelas disponíveis em manuais de materiais;
- há discrepâncias entre sua medida e os valores tabelados e formule hipóteses sobre suas eventuais causas, comente.

Pensando no Enem

O Sol representa uma fonte limpa e inesgotável de energia para o nosso planeta. Essa energia pode ser captada por aquecedores solares, armazenada e convertida posteriormente em trabalho útil. Considere determinada região cuja insolação – potência solar incidente na superfície da Terra – seja de 800 watts/m^2.

Uma usina termossolar utiliza concentradores solares parabólicos que chegam a dezenas de quilômetros de extensão. Nesses coletores solares parabólicos, a luz refletida pela superfície parabólica espelhada é focalizada em um receptor em forma de cano e aquece o óleo contido em seu interior a 400 °C. O calor desse óleo é transferido para a água, vaporizando-a em uma caldeira. O vapor em alta pressão movimenta uma turbina acoplada a um gerador de energia elétrica.

Enem/2009

Considerando que a distância entre a borda inferior e a borda superior da superfície refletora tenha 6 m de largura e que focaliza no receptor os 800 watts/m^2 de radiação provenientes do Sol, e que o calor específico da água é 1 cal $g^{-1} \cdot °C^{-1}$ = 4 200 J $kg^{-1} \cdot °C^{-1}$, então o comprimento linear do refletor parabólico necessário para elevar a temperatura de 1 m^3 (equivalente a 1 t) de água de 20 °C para 100 °C, em uma hora, estará entre:

a) 15 m e 21 m.
b) 22 m e 30 m.
c) 105 m e 125 m.
d) 680 m e 710 m.
e) 6 700 m e 7 150 m.

Resolução

Primeiramente devemos encontrar a quantidade de calor necessária para elevar a temperatura da massa de água em questão. Sabemos que a massa de água é de 1 tonelada, ou seja, $m = 1000$ kg e que ela deverá sair de uma temperatura inicial $\theta_0 = 20$ °C e ser aquecida até $\theta = 100$ °C em uma hora. Assim, substituindo esses valores na expressão $Q = m \cdot c \cdot \Delta\theta$, sabendo que o calor específico da água é $c = 4200 \text{ J} \cdot \text{kg}^{-1} \cdot °\text{C}^{-1}$, temos:

$$Q = m \cdot c \cdot \Delta\theta \Rightarrow Q = m \cdot c \cdot (\theta - \theta_0) \Rightarrow$$
$$\Rightarrow Q = 4200 \cdot 1000 \cdot (100 - 20) \Rightarrow Q = 3{,}36 \cdot 10^8 \text{ J}$$

Esse aquecimento, de acordo com o enunciado, deve ocorrer durante um intervalo de tempo $\Delta t = 1 \text{ h} = 3600$ s. Assim, a potência do aquecimento em watts pode ser encontrada pela razão da quantidade de calor transferida para a água em Joules e o intervalo de tempo, em segundos, em que isso ocorre, ou seja:

$$P = \frac{Q}{\Delta t} \Rightarrow P = \frac{3{,}36 \cdot 10^8}{3600} \Rightarrow P = 9{,}33 \cdot 10^4 \text{ W}$$

Como essa potência necessária para aquecer a água será toda coletada a partir da taxa de irradiação do Sol, que é $I = 800 \text{ W/m}^2$, podemos encontrar a área necessária para a coleta.

Como 1 m^2 de área do espelho coleta uma potência de 800 W, então para coletar uma potência igual a $P = 9{,}33 \cdot 10^4$ W, será preciso uma área (A) espelhada de:

$$P = I \cdot A \Rightarrow 9{,}33 \cdot 10^4 = 800 \cdot A \Rightarrow A = 1{,}17 \cdot 10^2 \text{ m}^2$$

A área na qual a radiação solar é coletada é dada pela expressão para o cálculo de área de um retângulo $A = L \cdot d$, onde L, neste caso, será a distância entre as bordas superior e inferior da superfície refletora e d o comprimento da calha, uma vez que se fizermos um corte transversal na altura das bordas da calha obtemos uma superfície retangular com essas dimensões.

Assim, podemos encontrar o comprimento da calha, fazendo:

$$d = \frac{A}{L} \Rightarrow d = \frac{1{,}17 \cdot 10^2}{6} \Rightarrow d = 19{,}5 \text{ m}$$

A alternativa correta é a **a**.

Vestibulares de Norte a Sul

1. **NE** (Uece) Este gráfico representa a quantidade de calor absorvida por dois corpos *M* e *N*, de massas iguais, em função da temperatura.

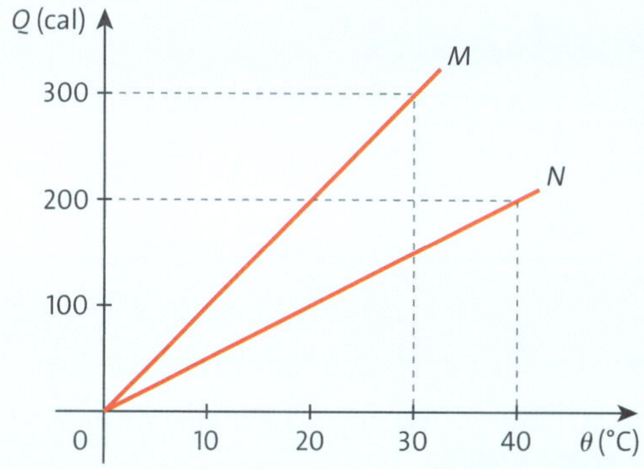

A razão entre os calores específicos de *M* e *N* é:

a) 0,5.
b) 1,0.
c) 2,5.
d) 2,0.
e) 4,0.

2. **S** (PUC-RS) Algumas grandezas físicas são propriedades dos corpos, e outras são propriedades das substâncias que os constituem. A grandeza física que é propriedade de um corpo é:

a) o índice de refração.
b) o calor específico.
c) a massa específica.
d) a capacidade térmica.
e) a resistividade elétrica.

3. **S** (Furg-RS) Em nutrição utiliza-se o termo caloria para quantificar o valor energético dos alimentos; no entanto, esse termo corresponde a 1000 vezes o valor da unidade caloria utilizada em Física, em unidades do Sistema Internacional. Uma dieta ideal recomendada corresponde ao consumo de alimentos que totalize 2 500 calorias por dia. Com essa quantidade de energia consumida, podemos elevar por 1 grau Celsius uma massa de água de:

a) 2 500 g.
b) 2 500 kg.
c) 2 500 toneladas.
d) 4 180 g.
e) 4 180 kg.

4. **N** (UFPA) A presença de vapor-d'água num ambiente tem um papel preponderante na definição do clima local. Uma vez que uma quantidade de água vira vapor, absorvendo uma grande quantidade de energia, quando esta água se condensa libera esta energia para o meio ambiente. Para se ter uma ideia desta quantidade de energia, considere que o calor liberado por 100 g de água no processo de condensação seja usado para aquecer uma certa massa *m* de água líquida de 0 °C até 100 °C.
Dados:

Calor latente de fusão do gelo $L_F = 80$ cal/g

Calor latente de vaporização $L_V = 540$ cal/g

Calor específico da água, $c = 1$ cal/g · °C

Com base nas informações apresentadas, calcula-se que a massa *m*, de água aquecida, é:

a) 540 g.
b) 300 g.
c) 100 g.
d) 80 g.
e) 6,7 g.

5. **SE** (UFU-MG) É dada a tabela a seguir de cinco substâncias que inicialmente estão à mesma temperatura. Se fornecermos a mesma quantidade de calor às cinco substâncias, qual atingirá maior temperatura?

Substância	***c*** (cal/g °C)	***m*** (gramas)
A	0,2	200
B	0,4	400
C	0,05	600
D	0,6	800
E	0,01	1000

6. **SE** (Unirio-RJ) Os aparelhos de ar condicionado utilizam como unidade de energia o Btu (*British thermal unit*). Essa unidade não pertence ao Sistema Internacional de unidades (SI), baseado no Sistema Métrico Decimal, e pode ser definida como a quantidade de calor necessária para elevar a temperatura de 1,0 libra de água de 63 °F para 64 °F. Portanto, podemos afirmar que, em Joules, 1,0 Btu corresponde a:

(Dados: uma libra de água corresponde a 454 g; 1 cal $\simeq$ 4 J).

a) $1{,}0 \cdot 10^3$ J.
b) $1{,}8 \cdot 10^3$ J.
c) $4{,}54 \cdot 10^3$ J.
d) $3{,}2 \cdot 10^3$ J.
e) $7{,}0 \cdot 10^3$ J.

7. **CO** (UFG-GO) Uma "bala perdida", disparada com velocidade de 200,0 m/s, penetrou na parede, ficando nela incrustada. Considere que 50% da energia cinética da bala foi transformada em calor, ficando nela retida. A variação de temperatura da bala, em °C, imediatamente ao parar, é:

a) 10.
b) 20.
c) 40.
d) 80.
e) 160.

Considere:
Calor específico da bala: 250 J/kg · °C

8. **NE** (UFPE) O gráfico mostra a variação de temperatura, em função do tempo, de uma certa massa de água que está sendo aquecida por uma fonte de calor cuja potência é 35 cal/s. Supondo que todo o calor gerado pela fonte seja absorvido pela água, calcule a massa da água, em gramas, que foi aquecida.

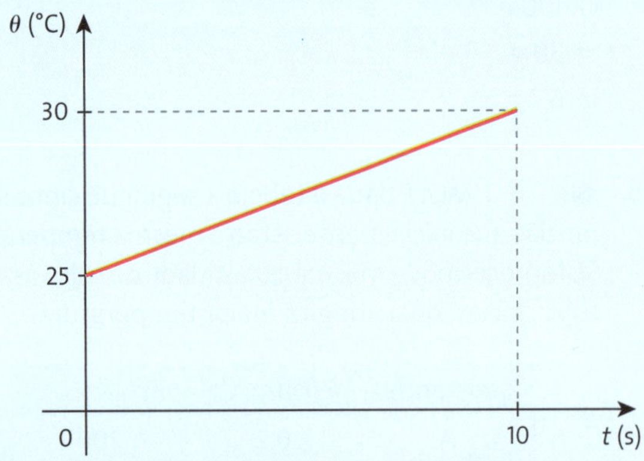

9. **S** (UFSM-RS) O gráfico representa o calor absorvido por 5,0 g de substância pura, inicialmente no estado líquido, em função da temperatura.

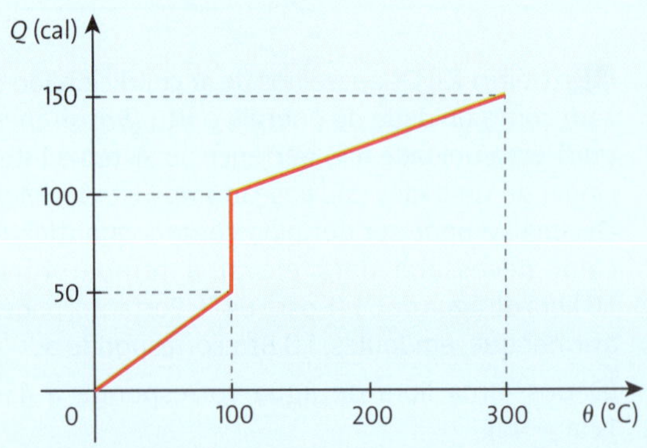

a) Qual é o calor latente de vaporização da substância?
b) Qual é o calor específico da substância no estado líquido?

10. **SE** (Efoa-MG) O gráfico abaixo representa o resultado do monitoramento da temperatura de um metal como função do tempo durante um processo termodinâmico.

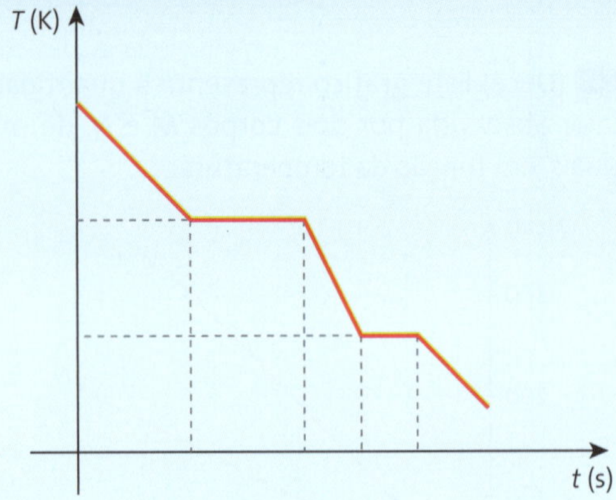

Analisando o gráfico, é correto afirmar que:

a) o metal sofreu apenas a mudança da fase líquida para a sólida.
b) o metal sofreu apenas a mudança da fase vapor para a líquida.
c) ao final do processo o metal encontra-se na fase sólida.
d) ao final do processo o metal encontra-se na fase líquida.
e) ao final do processo o metal encontra-se na fase vapor.

11. **NE** (UFPI) O gráfico abaixo mostra como a energia absorvida por um grama de água, mantido à pressão atmosférica, varia com a temperatura, desde $\theta_i = -50$ °C até $\theta_f = +100$ °C.

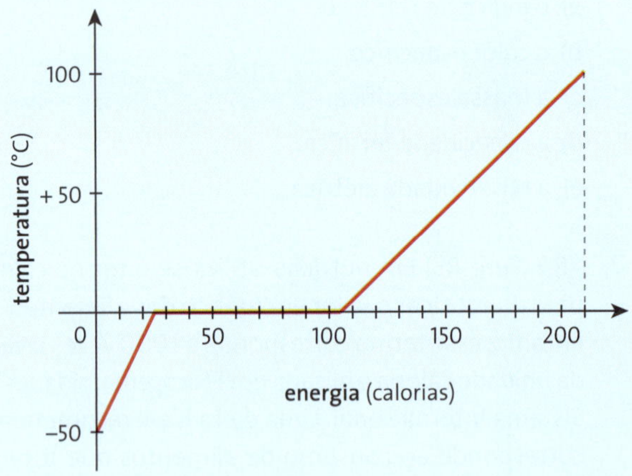

Analisando o gráfico, você conclui corretamente que o calor específico do gelo, em cal/(g · °C), é aproximadamente:

a) 0,25.
b) 0,50.
c) 1,0.
d) 1,3.
e) 1,5.

12. **SE** (UFTM-MG) A figura mostra o gráfico da temperatura de uma amostra de 1 kg de água pura em função do tempo, numa experiência em que a água é aquecida uniformemente.

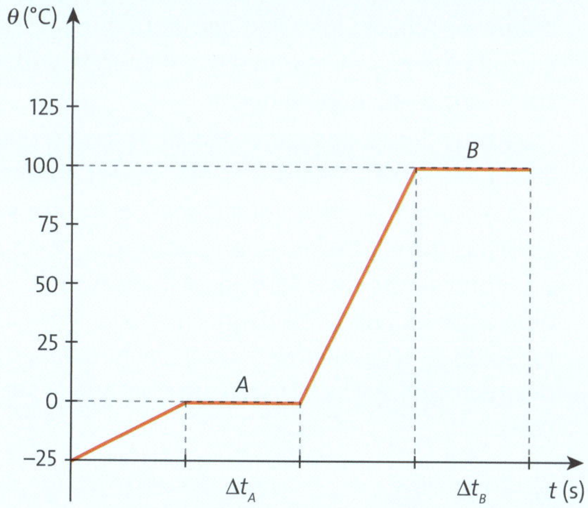

Considerando o calor específico latente de fusão do gelo = 333 kJ/kg e o calor específico latente de vaporização da água = 2 256 kJ/kg, se a fonte utilizada tem um débito constante de 3 kW, os intervalos de tempo correspondentes aos patamares *A* e *B* são, respectivamente, iguais a:

a) $\Delta t_A = 1$ min 11 s e $\Delta t_B = 11$ min 23 s.

b) $\Delta t_A = 1$ min 11 s e $\Delta t_B = 11$ min 32 s.

c) $\Delta t_A = 1$ min 51 s e $\Delta t_B = 11$ min 23 s.

d) $\Delta t_A = 1$ min 51 s e $\Delta t_B = 12$ min 32 s.

e) $\Delta t_A = 1$ min 57 s e $\Delta t_B = 12$ min 43 s.

13. **SE** (ITA-SP) Um bloco de massa m_1 e calor específico c_1, à temperatura θ_1, é posto em contato com um bloco de outro material, com massa, calor específico e temperatura, respectivamente, m_2, c_2 e θ_2. Depois de estabelecido o equilíbrio térmico entre os dois blocos, senso c_1 e c_2 constantes e supondo que as trocas de calor com o resto do universo sejam desprezíveis, a temperatura final θ deverá ser igual a:

a) $\dfrac{m_1\theta_1 + m_2\theta_2}{m_1 + m_2}$.

b) $\dfrac{m_1c_1 + m_2c_2}{m_1c_1 + m_2c_2}(\theta_2 - \theta_1)$.

c) $\dfrac{c_1\theta_1 + c_2\theta_2}{c_1 + c_2}$.

d) $\dfrac{m_1c_1\theta_1 + m_2c_2\theta_2}{m_1c_1 + m_2c_2}$.

e) $\dfrac{m_1c_1 + m_2c_2}{m_1c_1 + m_2c_2}(\theta_1 - \theta_2)$.

14. **CO** (UFG-GO) Um recipiente de material termicamente isolante contém 300 g de chumbo derretido à sua temperatura de fusão de 327 °C. Quantos gramas de água fervente devem ser despejados sobre o chumbo para que, ao final do processo, toda a água tenha se evaporado e o metal solidificado se encontre a 100 °C? Suponha que a troca de calor dê-se exclusivamente entre a água e o chumbo.
Dados: Calor latente de vaporização da água = 540 cal/g; Calor latente de fusão do chumbo = 5,5 cal/g; Calor específico do chumbo = 0,03 cal/g · °C.

a) 3,0 g.

b) 3,4 g.

c) 5,5 g.

d) 6,2 g.

e) 6,8 g.

15. **NE** (Unifor-CE) Uma massa de 400 g de uma certa substância, inicialmente a 80 °C, foi resfriada até a temperatura de 5 °C. Durante o processo de resfriamento a substância esteve em contato com gelo a 0 °C, e a quantidade de calor transferida no processo fundiu 150 g desse gelo. O calor específico da substância, em cal/g °C, é igual a:
(Dado: Calor latente de fusão do gelo 80 cal/g.)

a) 0,60.

b) 0,55.

c) 0,50.

d) 0,45.

e) 0,40.

16. **SE** (Unifesp) Em dias muito quentes e secos, como os do último verão europeu, quando as temperaturas atingiram a marca de 40 °C, nosso corpo utiliza-se da transpiração para transferir para o meio ambiente a energia excedente em nosso corpo. Através desse mecanismo, a temperatura de nosso corpo é regulada e mantida em torno de 37 °C. No processo de transpiração, a água das gotas de suor sofre uma mudança de fase a temperatura constante, na qual passa lentamente da fase líquida para a gasosa, consumindo energia, que é cedida pelo nosso corpo. Se, nesse processo, uma pessoa perde energia a uma razão de 113 J/s, e se o calor latente de vaporização da água é de $2{,}26 \cdot 10^3$ J/g, a quantidade de água perdida na transpiração pelo corpo dessa pessoa, em 1 hora, é de:

a) 159 g.

b) 165 g.

c) 180 g.

d) 200 g.

e) 225 g.

17. **S** (UFRGS-RS) Selecione a alternativa que preenche corretamente as lacunas do texto a seguir, na ordem em que elas aparecem.

Quando um corpo mais quente entra em contato com um corpo mais frio, depois de certo tempo ambos atingem a mesma temperatura. O que será que "passa" de um corpo para o outro quando eles estão a diferentes temperaturas? Será que é transferida a própria temperatura?

Em 1770, o cientista britânico Joseph Black obteve resposta para essas questões. Ele mostrou que, quando misturamos partes iguais de um líquido (leite, por exemplo) as temperaturas iniciais diferentes, as temperaturas de ambas as partes __________ significativamente; no entanto, se derramarmos um copo de leite morno num balde cheio de água a 0 °C e com vários cubos de gelo fundente, e isolarmos esse sistema como um todo, a temperatura do leite sofrerá uma mudança significativa, mas a temperatura da mistura de água e gelo, não. Com esse simples experimento, fica confirmado que "aquilo" que é transferido neste processo __________ a temperatura.

A fim de medir a temperatura da mistura de gelo e água, um termômetro, inicialmente à temperatura ambiente, é introduzido no sistema e entra em equilíbrio térmico com ele. Nesse caso, o termômetro __________ uma variação em sua própria temperatura.

a) mudam – não é – sofre
b) não mudam – é – sofre
c) mudam – não é – não sofre
d) mudam – é – não sofre
e) não mudam – é – não sofre

18. **SE** (Vunesp-SP) Duas peças metálicas de massas iguais, uma de ferro e a outra de chumbo, inicialmente a 100 °C, são colocadas em contato térmico com um grande bloco de gelo a 0 °C.

Após o equilíbrio térmico das peças com o gelo, o calor fornecido pela peça de ferro deixa m_F gramas de gelo fundido, enquanto o calor fornecido pela peça de chumbo deixa m_C gramas de gelo fundido. O calor específico do ferro vale aproximadamente 0,45 J/g · °C e o do chumbo, 0,15 J/g · °C.

a) Qual o valor da razão m_F/m_C?
b) Sabendo que $m_F = 90$ g e que o calor latente de fusão do gelo vale 320 J/g, qual o valor da massa M de cada peça metálica?

19. **S** (UEL-PR) Até o início do século XX, matéria e energia eram consideradas entidades distintas. A primeira caracterizaria uma das propriedades intrínsecas dos corpos e a segunda, o estado dinâmico dos corpos em relação a um determinado meio. A partir dos trabalhos de Albert Einstein, ficou claro que tal separação não deveria existir; matéria e energia poderiam transformar-se uma na outra.

Essa nova visão dos conceitos de massa e energia celebrizou-se pela relação $E = mc^2$, onde E é a energia, m é a massa e c é a velocidade da luz no vácuo (300 000 km/s). Assim, ao gerar energia, observa-se um equivalente desaparecimento de massa. Considere a queima de 1 litro de gasolina, que gera a liberação de $5 \cdot 10^7$ Joules de energia, e indique a massa desaparecida (transformada em energia) nesse processo.

a) $\frac{5}{9} \cdot 10^{-9}$ kg
b) $\frac{5}{3} \cdot 10^{-9}$ kg
c) $\frac{5}{9} \cdot 10^{9}$ kg
d) $\frac{5}{3} \cdot 10^{-1}$ kg
e) $\frac{5}{9} \cdot 10^{-3}$ kg

20. **N** (UEA-AM) O aquecimento solar de água para banho é uma solução energética ecológica e econômica. Sistemas como esses, em dias de baixa insolação, devem compensar a falta de insolação solar com o acionamento de resistores elétricos dentro dos *boilers*, recipientes dentro dos quais a água é mantida aquecida. Um desses *boilers*, de capacidade 100 L, reteve a água a 24 °C e, por isso, um termostato teve que acionar o resistor elétrico para que a temperatura fosse elevada para 32 °C. Sendo o calor específico da água 1 cal/(g · °C), 1 cal igual 4,2 J e a densidade da água igual a 10^3 g/L, a energia elétrica, em J, que teve de ser empregada para promover esse aquecimento foi, aproximadamente,

a) 420 000.
b) 860 000.
c) 3 400 000.
d) 3 800 000.
e) 5 300 000.

CAPÍTULO

3 Diagrama de fases – Gases

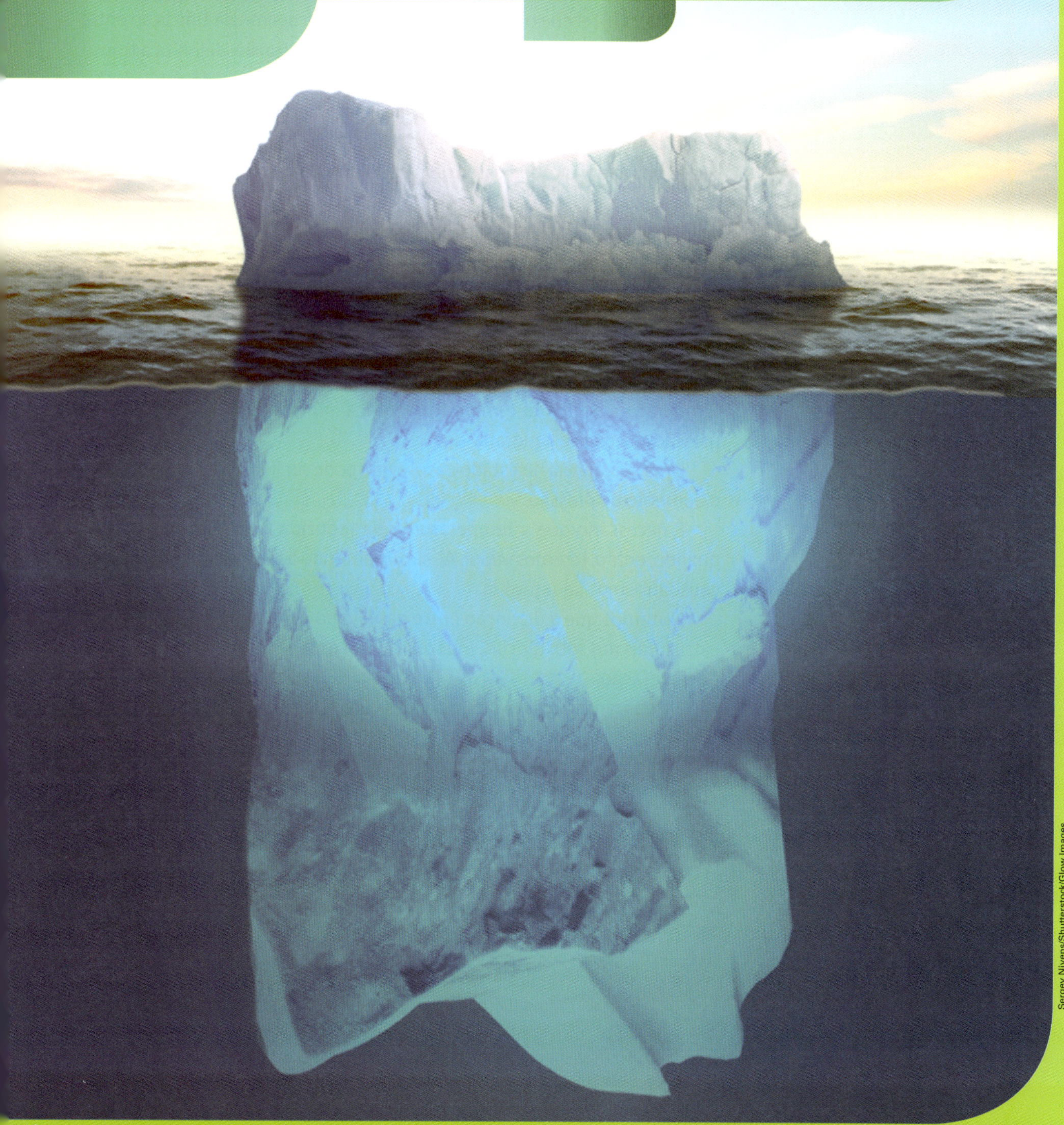

Sergey Nivens/Shutterstock/Glow Images

O *iceberg* é uma grande massa de gelo que flutua na água do mar sob o ar atmosférico.

1 Diagrama de fases

O diagrama de fases de uma substância pura é uma representação gráfica dos valores de pressão e temperatura que determinam o estado de agregação da matéria. Ele é constituído por três curvas, que delimitam três regiões distintas. As regiões referem-se à fase sólida, à fase líquida e à fase gasosa.

Como exemplo, vamos considerar o diagrama de fases da água. Essa substância é muito familiar e pode ser encontrada na natureza com relativa abundância nas três fases (figura 3.1).

A curva (1) recebe o nome de **curva de fusão** e delimita a transição entre as fases sólida e líquida; a curva (2), **curva de vaporização**, delimita a transição entre as fases líquida e de vapor; e a curva (3), **curva de sublimação**, delimita a transição entre as fases sólida e de vapor.

O ponto de encontro das três curvas descreve o **ponto triplo** (P_T), ou seja, o ponto em que coexistem, em equilíbrio térmico, as três fases: sólida, líquida e vapor.

Para a água, o ponto triplo apresenta uma pressão de 4,58 mmHg e uma temperatura de 0,01 °C.

Na curva de vaporização, o ponto representado por P_C é chamado de ponto crítico, correspondente a pressão e temperatura críticas. Acima da temperatura crítica, a substância é gás; abaixo, é vapor.

No diagrama, observamos ainda que se a substância estiver em uma temperatura acima da temperatura crítica, por mais que aumentemos a pressão, ela não se liquefará.

Uma substância no estado gasoso não pode ser liquefeita somente com o aumento de pressão.

É necessário que a temperatura seja reduzida para abaixo da crítica, quando, então, teremos vapor. Aí, sim, mantendo a temperatura constante, conseguiremos liquefazê-la.

Notamos que a distinção entre gás e vapor não se refere a diferenças estruturais nas substâncias, mas relaciona-se, na realidade, à possibilidade de liquefação.

Na verdade, trata-se de uma distinção de caráter didático.

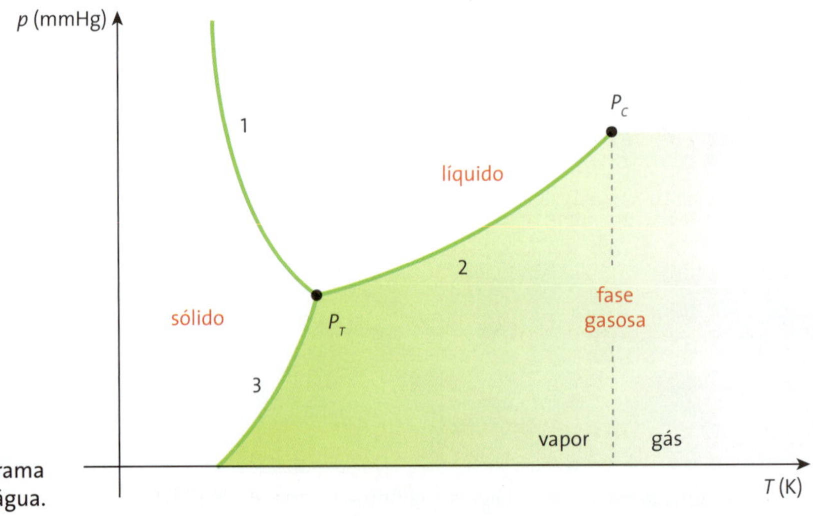

Figura 3.1 Diagrama de fases da água.

Curva de fusão

Para a análise da curva de fusão, devemos considerar dois grupos:

- substâncias que se dilatam com a fusão (maioria das substâncias);
- substâncias que se contraem com a fusão (água, bismuto, ferro e antimônio).

As figuras 3.2 e 3.3 representam a curva de fusão para os dois tipos de substâncias.

Para a maioria das substâncias, o aumento da pressão ocasiona o aumento da temperatura de fusão, como vemos pelo diagrama da figura 3.2. Para as substâncias do segundo grupo, o aumento da pressão externa reduz a temperatura de fusão (figura 3.3). É o acontece com o gelo. Sob pressão normal de 1,0 atm, o gelo se funde a 0 °C, mas sob pressões mais elevadas, ele se funde a temperaturas abaixo de 0 °C.

Um exemplo prático ocorre nas pistas de patinação no gelo. Em virtude das finas lâminas dos patins, o patinador exerce uma grande pressão sobre o gelo em contato com as lâminas, provocando a sua fusão (figura 3.4). Mas logo após a passagem do patinador, a trilha de água líquida (gelo fundido) congela-se novamente, porque volta a ficar apenas sob a ação da pressão atmosférica (ambiente). Esse fenômeno é conhecido como "**regelo**".

John Tyndall (1820-1893), físico irlandês, fez uma experiência que permitiu a descoberta da fusão sob pressão, seguida de solidificação ou, como conhecemos, regelo. Ele comprovou que o gelo, após a penetração de um fio metálico (arame, por exemplo), liquefaz-se com a pressão do fio exercida e depois se solidifica novamente, pois fica sujeito à pressão normal. Em outras palavras, o arame vai passando e a água vai regelando. Assim, o arame termina por transpassar ("atravessar") a barra de gelo sem que ela se parta, destacando o fenômeno do regelo.

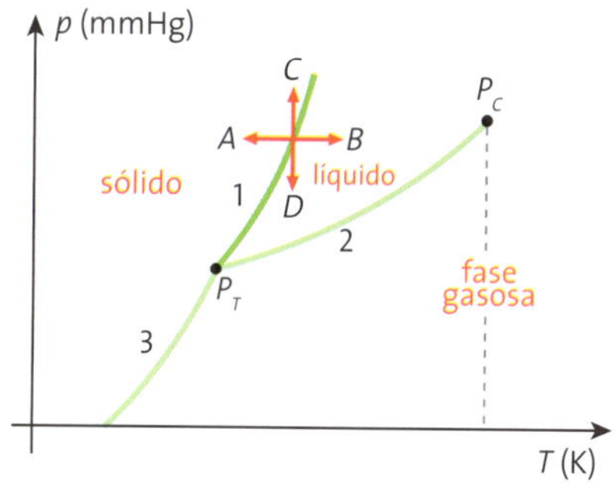

$A \rightarrow B$	fusão por aquecimento sob pressão constante
$B \rightarrow A$	solidificação por resfriamento sob pressão constante
$C \rightarrow D$	fusão por redução da pressão sob temperatura constante
$D \rightarrow C$	solidificação por aumento de pressão sob temperatura constante

Figura 3.2 Diagrama sólido/líquido para as substâncias que se dilatam com a fusão.

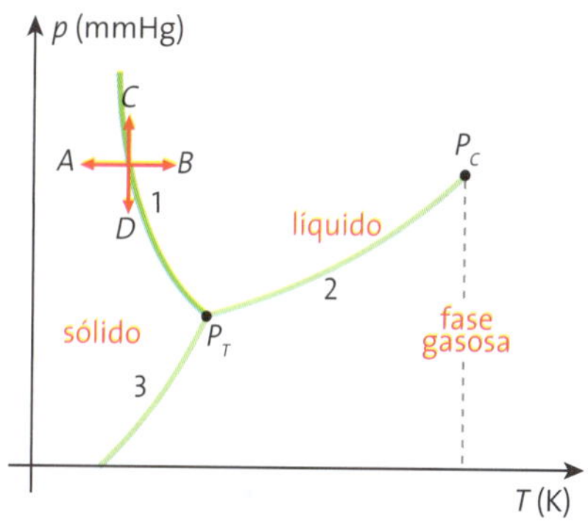

$A \rightarrow B$	fusão por aquecimento sob pressão constante
$B \rightarrow A$	solidificação por resfriamento sob pressão constante
$C \rightarrow D$	fusão por redução da pressão sob temperatura constante
$D \rightarrow C$	solidificação por aumento de pressão sob temperatura constante

Figura 3.3 Diagrama sólido/líquido para as substâncias que se contraem com a fusão.

Vit Kovalcik/Shutterstock/Glow Images

Figura 3.4 Fenômeno do regelo, como na experiência feita por John Tyndall.

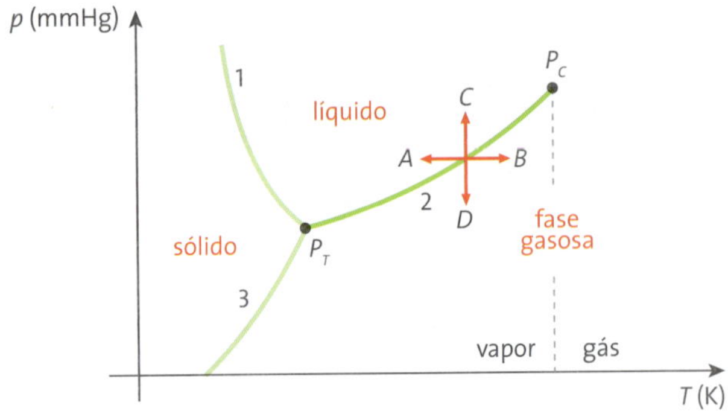

$A \rightarrow B$	vaporização por aquecimento sob pressão constante
$B \rightarrow A$	liquefação por resfriamento sob pressão constante
$C \rightarrow D$	vaporização por redução da pressão sob temperatura constante
$D \rightarrow C$	liquefação por aumento de pressão sob temperatura constante

Figura 3.5 Curva de vaporização/condensação.

Eugene Sergeev/Shutterstock/Glow Images

Figura 3.6 Pressão de vaporização maior que a pressão externa.

Curva de vaporização

A curva de vaporização mostrada na figura 3.5 refere-se à **ebulição** e tem o mesmo aspecto para as substâncias puras em geral.

O aumento de pressão externa acarreta também um aumento na temperatura de ebulição. O líquido entra em ebulição quando a pressão de vaporização supera a pressão externa. Na figura 3.6, vemos pequenas bolhas de vapor que se formaram no líquido.

A bolha é pressionada pelo vapor (internamente) e pela pressão externa, acrescida da pequena coluna de líquido sobre ela (que, veremos, é desprezível em relação à pressão atmosférica). Quando a pressão do vapor superar a pressão externa, a bolha aumentará de tamanho, ficando menos densa e migrando para a superfície do líquido. Esse é o processo de ebulição.

Para que a pressão de vaporização seja maior que a pressão externa, podemos proceder de duas formas:

- aquecer o líquido, aumentando a sua temperatura até que a pressão de vaporização supere a pressão externa;
- diminuir a pressão externa, até que ela fique menor que a pressão de vaporização. O segundo processo é incomum em nosso dia a dia, embora com muitas aplicações industriais.

Com suficiente redução de pressão, podemos fazer a água ferver até em temperatura ambiente. Na verdade, o diagrama de fases da água mostra que a água pode ferver a 0,01 °C, que é a temperatura do **ponto tríplice**. Essa também é a temperatura de fusão do gelo, sob essa pressão. O ponto tríplice corresponde, portanto, a uma situação em que o ponto de ebulição torna-se tão baixo que coincide com o ponto de fusão.

Para melhor exemplificar a relação entre a temperatura de ebulição e a pressão ambiente, voltemos à água. As tabelas 3.1 e 3.2 representam a temperatura de ebulição da água em função da pressão em dois casos:

- diminuição da pressão com a altitude do local;
- aumento da pressão em recipientes apropriados (panela de pressão).

Tabela 3.1 – Temperatura de ebulição da água em função da diminuição da pressão com a altitude do local

Altitude	**Pressão** (mmHg)	**Pressão** (atm)	**Temperatura de ebulição** (°C)
0	760	1,0	100
500	716	0,94	98,3
1000	674	0,89	96,5
2000	598	0,79	93,2
8800	258	0,34	72,0

Tabela 3.2 – Temperatura de ebulição da água em função do aumento da pressão em recipientes apropriados (panela de pressão)

Pressão (atm)	**Temperatura de ebulição** (°C)
2,0	120
5,0	152
10	180
40	251

Curva de sublimação

Sublimação é a passagem direta do estado sólido para o estado de vapor ou vice-versa. Para que uma substância pura sofra sublimação, é necessário que ela se encontre a uma pressão inferior à do ponto triplo. Nessas condições, aquecendo-se o sólido sob pressão constante, ele passa diretamente para vapor; resfriando-se o vapor, ele passa diretamente a sólido (figura 3.7).

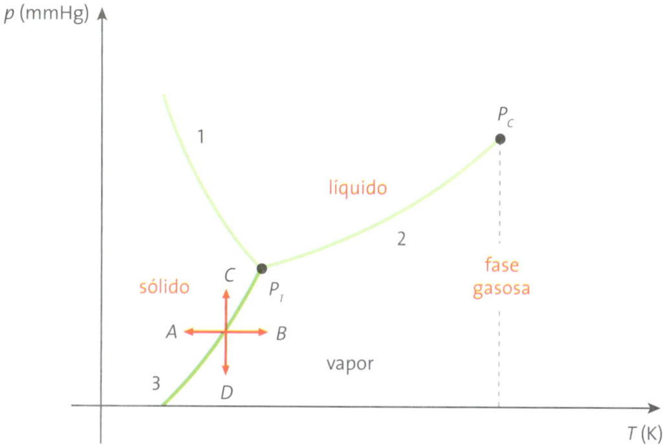

$A \rightarrow B$	sublimação por aquecimento sob pressão constante
$B \rightarrow A$	ressublimação por resfriamento sob pressão constante
$C \rightarrow D$	sublimação por redução da pressão sob temperatura constante
$D \rightarrow C$	ressublimação por aumento de pressão sob temperatura constante

Figura 3.7 Curva de sublimação (sólido/vapor).

Observamos que um aumento de pressão acarreta um aumento na temperatura de sublimação.

Em nosso cotidiano, são poucas as substâncias que sublimam. Como exemplos, podemos citar a naftalina e o gelo-seco (CO_2), muito utilizado na conservação de sorvetes, pois mantém baixa a temperatura (figura 3.8).

No espaço sideral, onde a pressão é praticamente nula, há grandes blocos de gelo (CO_2, água, metano) misturados com **silicatos**: são os cometas. O aumento de temperatura provocado pela aproximação do Sol dá origem à sublimação. O vapor de água, resultado dessa sublimação, difunde a luz solar em todas as direções, formando a chamada cauda do cometa.

Silicato – Numeroso grupo de substâncias minerais constituídas pela combinação da sílica com um ou mais óxidos metálicos e água, e que constitui fração importante das rochas da crosta terrestre.

Figura 3.8 Gelo-seco sofrendo sublimação.

Phloen/Alamy/Other Images

Exercícios

1. A figura a seguir representa o diagrama de fase para uma substância pura.

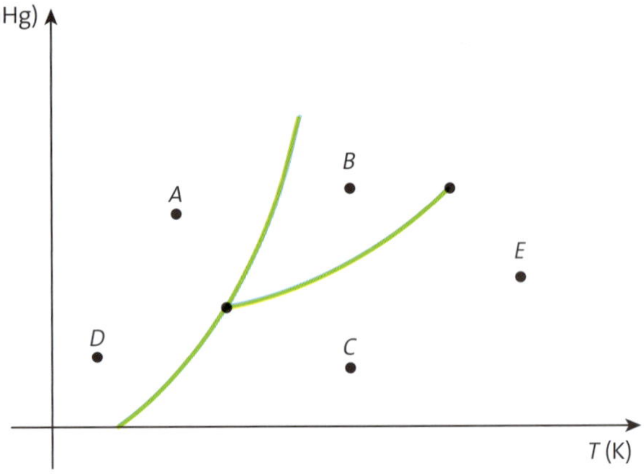

Responda às seguintes questões.

a) Em que fase se encontra a substância nas condições de temperatura e pressão descritas pelos pontos *A*, *B*, *C*, *D* e *E*?

b) Qual é o nome da transformação de *A* para *B*? E de *D* para *C*?

c) Mantendo-se a temperatura constante, é possível, a partir de *E*, liquefazer a substância? Por quê?

d) Descreva dois métodos para transformar a substância em vapor, a partir do ponto *A*.

2. O bismuto, assim como a água, ao se solidificar apresenta um aumento de volume. O que acontece com a temperatura de fusão do bismuto se a pressão for aumentada?

3. A altitude de determinada praça de uma cidade é de 700 m. Nessa praça, há um carrinho de cachorro-quente com uma panela com água em ebulição. Qual é a temperatura dessa água?

4. Um cilindro dotado de um êmbolo móvel contém um líquido e o seu próprio vapor em equilíbrio, conforme a figura ao lado.

O que acontece com a pressão no sistema se, sem alterar a temperatura:

a) comprimirmos o êmbolo, reduzindo o volume *V*, porém sem encostar no líquido?

b) puxarmos o êmbolo para cima, aumentando o volume (*V*)?

Formato/Arquivo da editora

5. Um recipiente hermeticamente fechado contém água e ar. A temperatura de todo o sistema é de 20 °C, constante, e a pressão externa é a pressão atmosférica normal. Se uma bomba *V* for ligada com o fim de obter o vácuo no recipiente, qual o menor valor que poderá ser observado no manômetro *M* enquanto houver água?

Dados: pressão de saturação da água a 20 °C = 18 mmHg; pressão atmosférica = 760 mmHg.

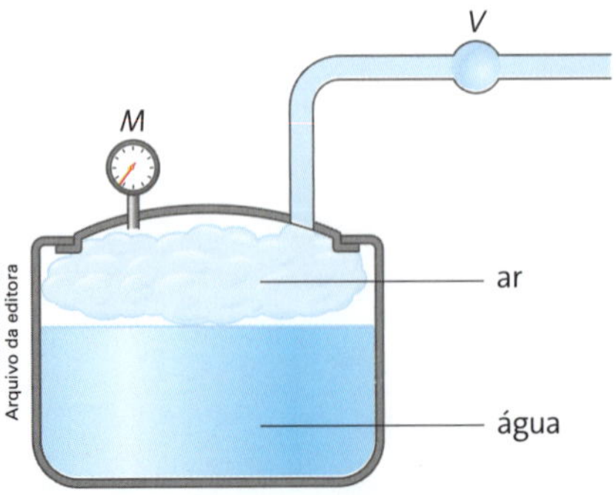

Adilson Secco/Arquivo da editora

2 Umidade do ar

O ar atmosférico é uma mistura de gases, vapores e até de gotículas de líquido que ele contém em suspensão. Com relação aos gases e vapores, essa mistura consiste de aproximadamente 80% de nitrogênio, 18% de oxigênio, pequenas quantidades de **anidrido** carbônico, vapor de água e outras frações insignificantes de gases e vapores.

Anidrido – Composto binário de oxigênio e outro elemento que, ao reagir com a água, produz ácidos.

O ar úmido não é composto, como talvez fosse razoável presumir, de gotículas de água em suspensão no gás. Essa situação existe e um bom exemplo disso é a neblina, assim como a "fumaça" que se forma em uma sauna a vapor. Quando essa observação é possível, estamos diante de minúsculas gotas de água líquida (vapor condensado) misturadas no ar, que é também o que se observa nas nuvens. Nessas situações, o que vemos não é vapor de água, pois o vapor é invisível.

Como a atmosfera é constituída por uma mistura de gases e vapores, esse conjunto exerce uma **pressão total**, resultante da soma das pressões parciais dos gases e vapores que compõem a mistura. A pressão parcial, exercida pelo vapor de água, é, evidentemente, menor ou igual à pressão de saturação na temperatura ambiente.

Assim, temos a **umidade relativa *h***, que é a razão entre a pressão parcial de vapor de água p_V e a pressão de saturação do vapor de água nessa temperatura p_S. Tratando-se de uma grandeza adimensional e menor ou igual que a unidade, normalmente a expressamos em porcentagem. Algebricamente, temos:

$$h = \frac{p_V}{p_S}$$

Vemos que a grandeza h nos indica, percentualmente, a fração em que se encontra o vapor do ponto de saturação.

A umidade do ar é medida por meio de um aparelho chamado higrômetro (figura 3.9).

Um dos higrômetros mais antigos e conhecidos tem como elemento fundamental um fio de cabelo. O fio de cabelo, sob presença de vapor de água, fica mais dúctil (observe como nossos cabelos ficam mais macios em dias úmidos), como se fosse uma mola cuja constante elástica houvesse diminuído. Deixando-se o fio sob ação de uma força constante, exercida, por exemplo, por um pequeno corpo de peso P que o traciona, quanto maior for a umidade, maior será o seu comprimento, e podemos assim construir uma escala de umidade.

Figura 3.9 Higrômetro, aparelho utilizado para medir a umidade do ar.

Algumas considerações sobre a umidade do ar:

- Nos dias em que a umidade relativa do ar é elevada, mesmo que a temperatura seja relativamente baixa (20 °C, por exemplo), temos a sensação de desconforto térmico. A alta umidade do ar dificulta a evaporação da água do nosso corpo pelo suor.
- Em locais de baixa umidade relativa, a evaporação fica mais fácil. As roupas secam mais rápido no varal, por exemplo.

- Em locais muito habitados, a umidade relativa fica muito alta, uma vez que o ser humano inspira o ar atmosférico para obter oxigênio e expira gás carbônico e vapor de água. Nos dias muitos frios, até vemos o vapor condensar quando as pessoas expiram. Em alguns minutos, o ar vai se saturando de vapor, podendo atingir o **ponto de orvalho**, que se define pela formação de pequenas gotículas de água líquida – isso ocorre comumente quando as pessoas ficam em automóveis com vidros fechados –, o que dificulta a transpiração. Nessas situações, costuma-se dizer que o ambiente está "abafado".
- Podemos, por alguns instantes, obter vapor condensado, ou seja, água líquida, sobre superfícies lisas sobre as quais expiramos. Localmente, o vapor atingiu o ponto de orvalho e condensou. Se o ar ambiente não estiver saturado, rapidamente esse líquido vaporiza. Uma superfície porosa – um tecido, por exemplo – absorve rapidamente as gotículas do líquido, dificultando essa observação.
- A umidade do ar é um fator climático importante, particularmente para os seres humanos. Existe um equilíbrio dinâmico entre as mucosas de nossas vias aéreas e a umidade do ar que respiramos. Uma atmosfera com umidade do ar muito baixa resseca nossas vias aéreas, podendo causar danos à saúde. É recomendável, em ambientes muito secos, manter um recipiente com água ou uma toalha molhada.
- Aparelhos de ar condicionado reduzem a temperatura do ar a valores próximos de 0 °C. Em consequência, o ar, ao passar por eles, atinge o ponto de orvalho, e o vapor de água do ambiente vai se condensando nos aparelhos, que gotejam esse líquido para o lado de fora. O ambiente vai ficando cada vez mais seco, o que facilita a transpiração. Assim, as temperaturas produzidas pelos aparelhos no ambiente parecem-nos por demais frias, em comparação com a mesma temperatura a céu aberto.

Exercícios

6. Em uma sala a 20 °C, a pressão parcial do vapor de água é 12,25 mmHg. Nessa temperatura, a pressão de saturação é 17,5 mmHg.
   a) Qual é a umidade relativa nesse local?
   b) Se a temperatura da sala for baixada para 10 °C, e a pressão de saturação passar a ser 8,94 mmHg, qual será a nova umidade relativa?

7. (Unicamp-SP) O ar é capaz de reter certa concentração de vapor de água até atingir uma densidade de saturação. Quando a concentração de vapor de água atinge essa densidade de saturação ocorre uma condensação, ou seja, a água muda do estado gasoso (vapor) para o estado líquido. Essa densidade de saturação depende da temperatura, como mostra a tabela abaixo. A umidade relativa (em %) é definida como a razão entre a densidade de vapor de água existente no ambiente e a densidade de saturação.

Temperatura (°C)	10	12	14	16	18	20	22	24	26	28	30	32	34	36
Densidade de saturação (g/m^3)	11	12	14	16	18	20	22	24	26	28	31	34	36	41

Em um certo dia frio (12 °C) a umidade relativa é de 75%. Qual será a umidade relativa dentro de um quarto aquecido a 24 °C?

3 Estudo dos gases

Transformar o calor em energia organizada foi uma busca que perdurou por toda a alta Idade Média. Isso foi conseguido no começo do século XIV, com a introdução da pólvora na Europa ocidental, principalmente com fins bélicos. A rápida queima da pólvora produzia gases que impulsionavam projéteis de canhão, provendo-os de energia cinética. Em suma, uma máquina térmica. Entre os manuscritos históricos, o mais antigo que menciona esse feito é datado de 1326.

A concepção do que é a fase gasosa da matéria foi sendo construída por muitas descobertas da Física, não sendo resultado da conceituação feita por apenas um pesquisador brilhante sobre essa questão como a entendemos hoje. Dessa forma, ela é resultado de vários aperfeiçoamentos ocorridos com o passar do tempo (figura 3.10).

Atualmente, dispomos de um modelo de gás que descreve, com excelente aproximação e simplicidade, o comportamento dos gases em geral, desde o oxigênio que respiramos até a grande quantidade de amônia da atmosfera de Júpiter.

Os gases não são uma extensão contínua de matéria, mas, sim, um conjunto de partículas muito distantes entre si, em relação às suas dimensões, que podemos considerar pontos materiais. O conjunto que chamamos de gás são as partículas e os grandes espaços vazios entre elas. As interações entre as partículas ocorrem somente durante os choques. A atração ou repulsão entre as partículas é desprezível em seu efeito global. Consequentemente, elas só trocam forças durante as colisões, que são extremamente rápidas. Em condições ambientes (pressão de 1 atm e temperatura de 25 °C), essas características se aplicam à maioria dos gases. Essa hipótese está intimamente relacionada com o princípio da conservação da energia.

Richard Susanto/Shutterstock/Glow Images

Figura 3.10 O desenvolvimento dos voos com balões e aviões está ligado ao estudo dos gases.

OED Balões de ar quente

Cerca de 10% dos elementos da tabela periódica, em condições ambientes, são gases (figura 3.11). O ar que respiramos é uma mistura de gases composta basicamente de nitrogênio e oxigênio.

	1	2	3	4	5	6	7	8	9	10	11	12	13	14	15	16	17	18
1	1 H Hidrogênio																	2 He Hélio
2	3 Li Lítio	4 Be Berílio											5 B Boro	6 C Carbono	7 N Nitrogênio	8 O Oxigênio	9 F Flúor	10 Ne Neônio
3	11 Na Sódio	12 Mg Magnésio											13 Aℓ Alumínio	14 Si Silício	15 P Fósforo	16 S Enxofre	17 Cℓ Cloro	18 Ar Argônio
4	19 K Potássio	20 Ca Cálcio	21 Sc Escândio	22 Ti Titânio	23 V Vanádio	24 Cr Crômio	25 Mn Manganês	26 Fe Ferro	27 Co Cobalto	28 Ni Níquel	29 Cu Cobre	30 Zn Zinco	31 Ga Gálio	32 Ge Germânio	33 As Arsênio	34 Se Selênio	35 Br Bromo	36 Kr Criptônio
5	37 Rb Rubídio	38 Sr Estrôncio	39 Y Ítrio	40 Zr Zircônio	41 Nb Nióbio	42 Mo Molibdênio	43 Tc Tecnécio	44 Ru Rutênio	45 Rh Ródio	46 Pd Paládio	47 Ag Prata	48 Cd Cádmio	49 In Índio	50 Sn Estanho	51 Sb Antimônio	52 Te Telúrio	53 I Iodo	54 Xe Xenônio
6	55 Cs Césio	56 Ba Bário	57-71 *	72 Hf Háfnio	73 Ta Tântalo	74 W Tungstênio	75 Re Rênio	76 Os Ósmio	77 Ir Irídio	78 Pt Platina	79 Au Ouro	80 Hg Mercúrio	81 Tℓ Tálio	82 Pb Chumbo	83 Bi Bismuto	84 Po Polônio	85 At Astato	86 Rn Radônio
7	87 Fr Frâncio	88 Ra Rádio	89-103 **	104 Rf Rutherfórdio	105 Db Dúbnio	106 Sg Seabórgio	107 Bh Bóhrio	108 Hs Hássio	109 Mt Meitnério	110 Ds Darmstádtio	111 Rg Roentgênio	112 Cn Copernício	113 Uut Ununtrio	114 Fℓ Fleróvio	115 Uup Ununpentio	116 Lv Livermório	117 Uus Ununséptio	118 Uuo Ununóctio

série dos lantanídios *	57 La Lantânio	58 Ce Cério	59 Pr Praseodímio	60 Nd Neodímio	61 Pm Promécio	62 Sm Samário	63 Eu Európio	64 Gd Gadolínio	65 Tb Térbio	66 Dy Disprósio	67 Ho Hólmio	68 Er Érbio	69 Tm Túlio	70 Yb Itérbio	71 Lu Lutécio
série dos actinídios **	89 Ac Actínio	90 Th Tório	91 Pa Protactínio	92 U Urânio	93 Np Neptúnio	94 Pu Plutônio	95 Am Amerício	96 Cm Cúrio	97 Bk Berquélio	98 Cf Califórnio	99 Es Einstênio	100 Fm Férmio	101 Md Mendelévio	102 No Nobélio	103 Lr Laurêncio

Figura 3.11 Tabela periódica dos elementos.

Embora os gases sejam constituídos de partículas, vamos nos preocupar apenas com as três grandezas macroscópicas que caracterizam um sistema gasoso: pressão, volume e temperatura. Em função dessas grandezas, estudaremos o comportamento de um gás que consideraremos como **ideal** ou **perfeito**.

Na natureza, o gás ideal ou perfeito não existe. Experimentalmente, porém, verificamos que os gases submetidos a baixas pressões e altas temperaturas (ou seja, com densidades bem baixas) têm comportamentos muito próximos dos previstos para o gás ideal.

A pressão, o volume e a temperatura são as grandezas macroscópicas que definem a situação em que um gás se encontra, ou seja, o seu **estado termodinâmico**. Por isso recebem o nome de **variáveis de estado**. Podemos associá-las a um gás da seguinte forma:

- pressão p: colisões que as partículas constituintes do gás efetuam contra as paredes do recipiente que o contém;
- volume V: volume do recipiente;
- temperatura T: grau de agitação térmica molecular.

Quando uma dessas grandezas sofre alteração, ocorre mudança em pelo menos uma das outras duas grandezas. Nesse caso, dizemos que o gás sofre uma transformação (figura 3.12).

Adilson Secco/Arquivo da editora

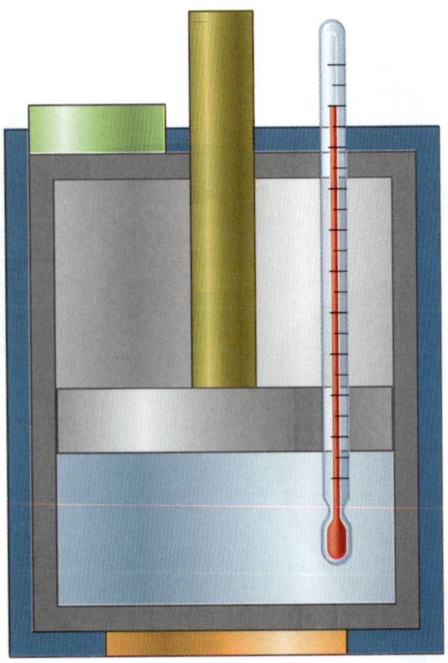

Figura 3.12 Para ocorrer uma transformação gasosa, ao menos duas variáveis de estado (pressão, volume ou temperatura) devem ser alteradas.

Física explica

O gás liquefeito de petróleo

No Brasil, o principal uso do gás liquefeito de petróleo (GLP) é na cozinha, mas no mundo ele desempenha papéis diferentes, como o aquecimento dos lares em certos lugares na Índia e algumas áreas rurais dos Estados Unidos, além de servir como combustível na Europa, Estados Unidos, Austrália e Ásia. Seu uso em veículos é proibido no Brasil por determinação da Agência Nacional do Petróleo (ANP).

O GLP é formado por diversos hidrocarbonetos, os principais constituintes são o propano e o butano, dois gases de petróleo armazenados na forma líquida sob pressurização moderada. Outro elemento utilizado é o isobutano, que possui a mesma fórmula química do butano, mas com estrutura molecular diferente. O tipo de uso é que determina as proporções em que o butano e o isobutano serão misturados com o propano.

Como o ponto de ebulição do propano é −42 °C, ele se torna um combustível portátil útil, pois mesmo a temperaturas baixas ocorre a vaporização no momento em que é liberado do recipiente pressurizado. Por isso, é um combustível que utiliza apenas um bico para vaporizá-lo e misturá-lo com o ar. Outra vantagem é a maior velocidade de vaporização com o aumento da temperatura externa. O ponto de ebulição do butano é por volta de −0,6 °C, por isso ele possui usos mais limitados e é misturado com propano, em vez de ser usado na sua forma pura.

A tabela abaixo compara a energia liberada na queima de diversos combustíveis, de onde se conclui que a energia liberada pelo GLP é maior que as principais fontes do dia a dia.

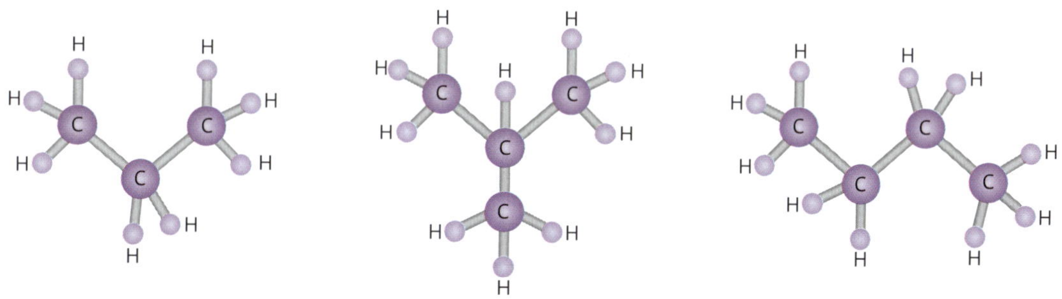

propano C_3H_8 | isobutano C_4H_{10} | butano C_3H_8

Estruturas moleculares dos principais constituintes do GLP.
Como, por simples compressão, a fase gasosa dos alcanos descritos pode ser liquefeita, rigorosamente, eles são vapores, e não gases.

Comparação entre diversos combustíveis em termos de energia

Combustível	Energia liberada (kcal por kg)
propano	10,85
butano	10,70
gasolina	8,80
carvão	5,00
madeira	3,50

Adaptado de: GRABIANOWSKI, Ed. *Como funciona o gás liquefeito de petróleo.* Disponível em: <http://carros.hsw.uol.com.br/gas-liquefeito-de-petroleo.htm>. Acesso em: fev. 2013.

Figura 3.13 Robert Boyle (1627-1691).

Transformações gasosas

Geralmente, durante uma transformação gasosa, a pressão, o volume e a temperatura variam. Entretanto, sob determinadas condições, uma das variáveis de estado pode ser mantida constante; nesse caso, temos as transformações gasosas particulares: **isobárica** (pressão constante), **isométrica** (volume constante) e **isotérmica** (temperatura constante).

Transformação isotérmica

Variando a pressão e o volume, de forma a manter a temperatura do gás constante, Robert Boyle (figura 3.13), físico e químico irlandês, um dos responsáveis pelo estabelecimento da Química como ciência, determinou a seguinte relação:

> **Sob temperatura constante, a pressão de um gás ideal é inversamente proporcional ao seu volume.**

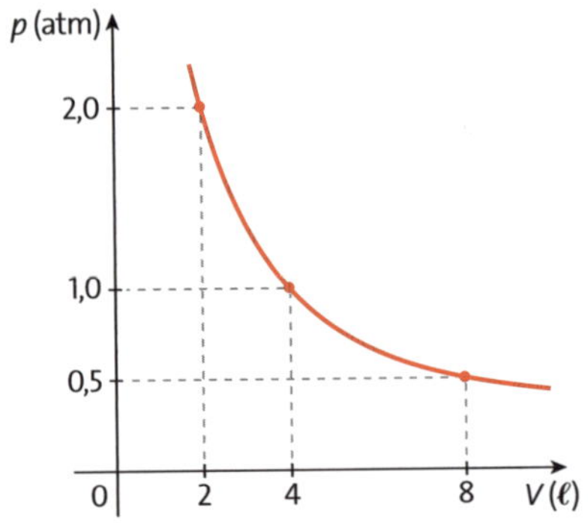

Figura 3.14 Gráfico *p* por *V*.

O gráfico da figura 3.14 nos mostra, por exemplo, que, quando dobramos o volume do gás, sua pressão se reduz à metade; se reduzirmos seu volume a um quarto do valor inicial, sua pressão quadruplicará; e assim por diante.

Além disso, observamos que, quanto maior a temperatura a ser mantida constante, maior será o valor do produto $p \cdot V$ e mais afastada ficará a curva (hipérbole equilátera) em relação à origem dos eixos. Cada curva corresponde a uma determinada temperatura constante e é chamada de **isoterma** (figura 3.15).

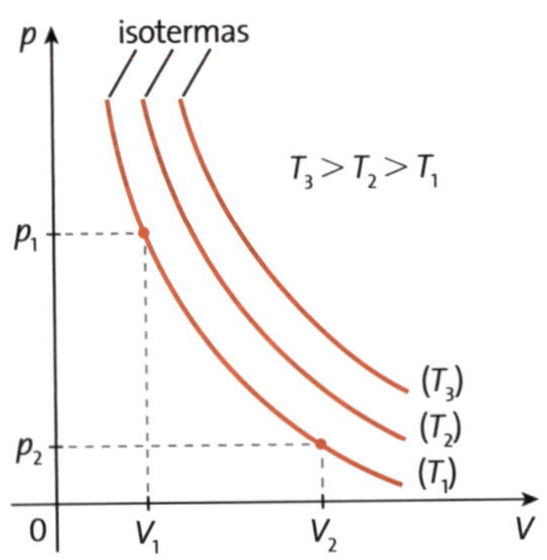

Figura 3.15 Gráfico das isotermas de um gás.

Para a transformação isotérmica, escrevemos:

$$p_1 \cdot V_1 = p_2 \cdot V_2$$

Observe na figura 3.16 que, quando o parafuso é girado, o êmbolo se movimenta reduzindo ou aumentando o volume do gás. Para cada volume de gás, a pressão é medida por um manômetro. Com valores de pressão e de volume do gás, podemos construir gráficos semelhantes ao da figura 3.15.

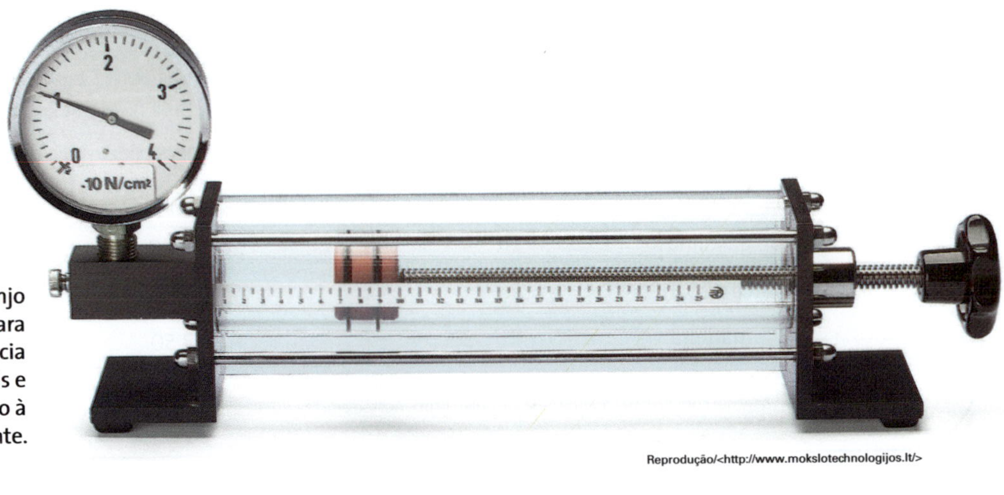

Figura 3.16 Arranjo experimental para determinar a dependência entre o volume de um gás e a sua pressão à temperatura constante.

Transformação isobárica

Dois físicos franceses, Jacques Alexandre Cesar Charles (figura 3.17) e Louis Joseph Gay-Lussac (figura 3.18), realizaram experimentos em que se variam a temperatura e o volume de forma a manter a pressão do gás constante e estabeleceram, experimentalmente, a seguinte relação:

Mantendo-se um gás ideal sob pressão constante, seu volume aumenta com o aumento da temperatura.

Figura 3.17 Jacques Alexandre Cesar Charles (1746-1823).

Figura 3.18 Louis Joseph Gay-Lussac (1778-1850).

O gráfico da figura 3.19 mostra a variação do volume com a temperatura, em graus Celsius, para um gás ideal, mantendo-se constante sua pressão. A equação a seguir expressa a relação quantitativa entre o volume e a temperatura:

$$V = V_0 \cdot (1 + \gamma \cdot \theta_C)$$

Nota-se que é a mesma equação utilizada no tratamento da dilatação volumétrica. Nessa equação: V_0 representa o volume do gás a 0 °C; V é o volume do gás à temperatura θ_C (em graus Celsius); e γ é o coeficiente de dilatação dos gases, cujo valor, obtido para todos os gases que possam, por aproximação, ser considerados ideais, é $\frac{1}{273}$ °C^{-1}.

Com o estabelecimento da escala kelvin (escala absoluta de temperatura) em 1848, a transformação isobárica pôde ser expressa numa forma mais simples, ou seja:

$$V = V_0 \cdot (1 + \gamma \cdot \theta_C) \Rightarrow V = V_0 \cdot \left(1 + \frac{\theta_C}{273}\right)$$

Como $\theta_C = T - 273$, temos:

$$V = V_0 \cdot \left(1 + \frac{T - 273}{273}\right) \Rightarrow V = V_0 \cdot \left(\frac{T}{273}\right) \Rightarrow V = V_0 \cdot \frac{T}{T_0}$$

Nessa última expressão, T_0 corresponde à temperatura de 273 K, ou seja, 0 °C.

Assim, podemos estabelecer que, na transformação isobárica, o volume de um gás ideal é diretamente proporcional à temperatura absoluta (figura 3.20):

$$\frac{V_1}{T_1} = \frac{V_2}{T_2}$$

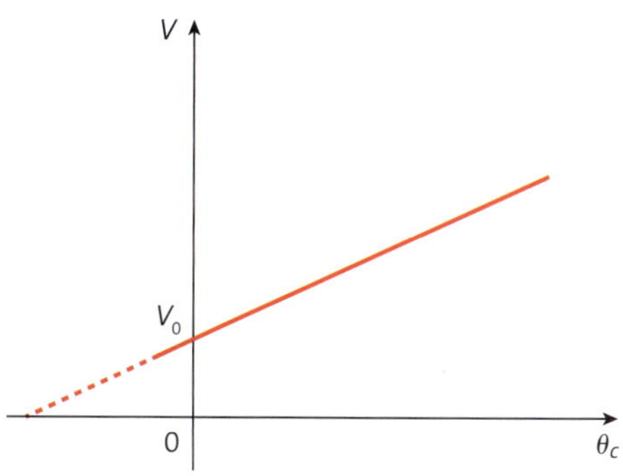

Figura 3.19 A variação do volume segue uma dependência linear com a temperatura.

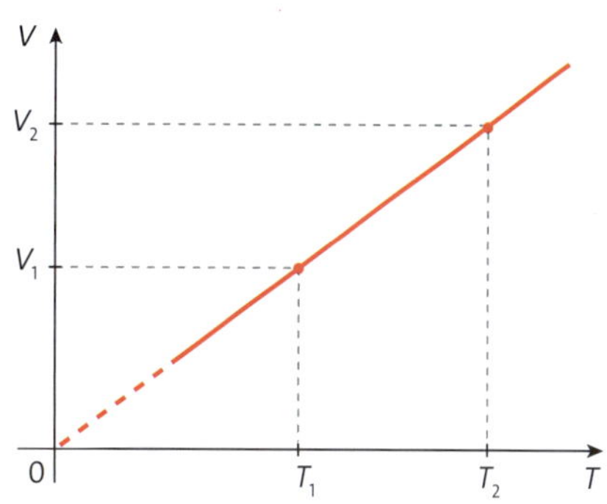

Figura 3.20 Gráfico de uma transformação isobárica.

Transformação isométrica ou isocórica

Os cientistas Charles e Gay-Lussac estabeleceram, variando a pressão e a temperatura do gás (**figura 3.21**), de maneira a manter seu volume constante, a seguinte relação:

> **Mantendo-se constante o volume de um gás, sua pressão aumenta com o aumento da temperatura.**

Essa relação pode ser descrita pela seguinte equação:

$$p = p_0 \cdot (1 + \gamma \cdot \theta_C)$$

Em que p_0 é a pressão do gás a 0 °C; p é a pressão à temperatura θ_C; e γ é o coeficiente de dilatação dos gases $\left(\gamma = \frac{1}{273}\ °C^{-1}\right)$.

Como na transformação isobárica, podemos expressar a transformação isométrica de modo mais simples, utilizando a escala Kelvin, que é a escala absoluta de temperatura (**figura 3.22**):

$$\frac{p_1}{T_1} = \frac{p_2}{T_2}$$

Podemos então dizer que, na transformação isométrica, a pressão é diretamente proporcional à temperatura absoluta.

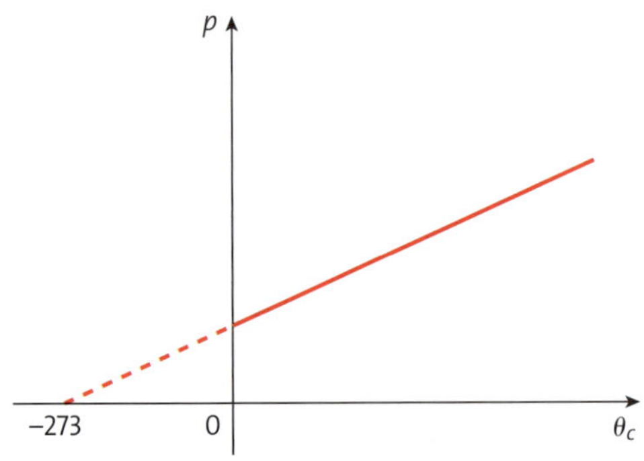

Figura 3.21 A variação da pressão segue uma dependência linear com a temperatura.

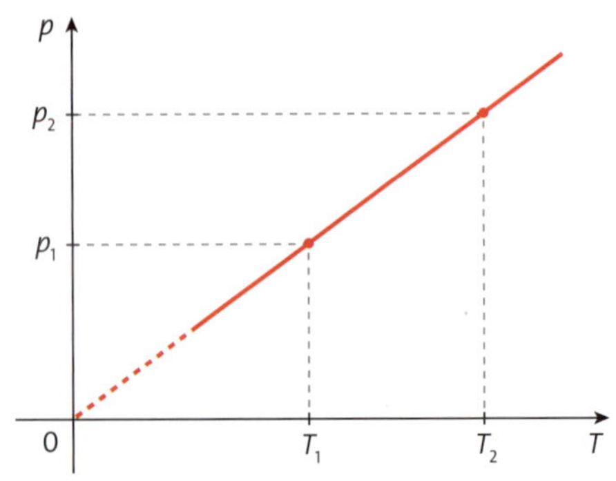

Figura 3.22 Gráfico de uma transformação isométrica.

Transformação genérica

Em uma transformação genérica, a pressão, o volume e a temperatura variam. Para estabelecer a relação entre as variáveis p, V e T, vamos utilizar os resultados obtidos nos três casos particulares de transformação (**figura 3.23**).

Por exemplo, podemos considerar uma transformação genérica constituída de duas etapas, uma isotérmica e, em seguida, uma isobárica:

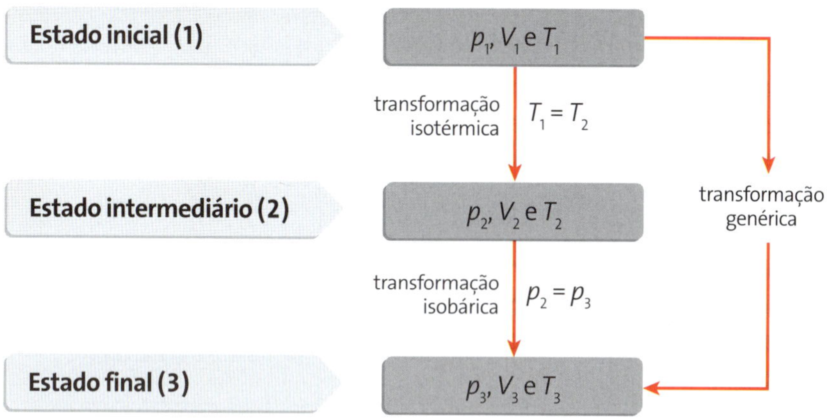

Temos então que:

- na primeira transformação, isotérmica, $T_1 = T_2$ e $p_1 \cdot V_1 = p_2 \cdot V_2$ **(I)**
- na segunda transformação, isobárica, $p_2 = p_3$ e $\frac{V_2}{T_2} = \frac{V_3}{T_3}$ **(II)**

Da expressão **(II)**, tiramos: $V_2 = \frac{V_3 \cdot T_2}{T_3}$ **(III)**

Substituindo **(III)** em **(I)**, temos: $p_1 \cdot V_1 = \frac{p_2 \cdot V_3 \cdot T_2}{T_3}$.

Lembrando que $T_1 = T_2$ e $p_2 = p_3$, escrevemos:

$$p_1 \cdot V_1 = \frac{p_2 \cdot V_3 \cdot T_1}{T_3} \Rightarrow \frac{p_1 \cdot V_1}{T_1} = \frac{p_3 \cdot V_3}{T_3}$$

Numa transformação genérica, portanto, a relação $\frac{p \cdot V}{T}$ é uma constante. Ao utilizar a lei geral dos gases, devemos lembrar que a temperatura será, obrigatoriamente, em kelvin.

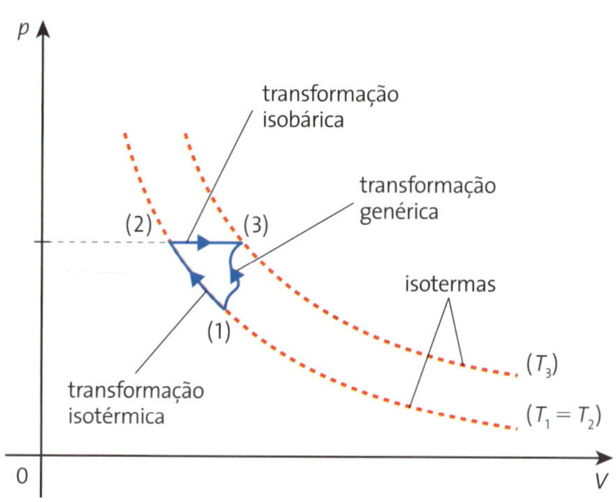

Figura 3.23 Transformação genérica.

A tabela 3.3 apresenta o comportamento das variáveis de estado para cada uma das transformações particulares e para a transformação **geral** (pressão, volume e temperatura variam). É importante ressaltar que, nas transformações gasosas apresentadas na tabela, a quantidade de gás não se altera.

Tabela 3.3 – Transformações gasosas

Transformação	Característica	Relação	Equação
isobárica	pressão constante	O volume é diretamente proporcional à temperatura absoluta.	$\frac{V}{T} = \text{constante}$ $\frac{V_1}{T_1} = \frac{V_2}{T_2}$
isométrica	volume constante	A pressão é diretamente proporcional à temperatura absoluta.	$\frac{p}{T} = \text{constante}$ $\frac{p_1}{T_1} = \frac{p_2}{T_2}$
isotérmica	temperatura constante	A pressão é inversamente proporcional ao volume.	$p \cdot V = \text{constante}$ $p_1 \cdot V_1 = p_2 \cdot V_2$
geral	pressão, volume e temperatura variam	$\frac{p \cdot V}{T} = \text{constante}$	$\frac{p_1 \cdot V_1}{T_1} = \frac{p_2 \cdot V_2}{T_2}$

Trabalho em equipe

Façam uma pesquisa, em equipe, sobre os físicos franceses J. Charles (1746-1823) e L. J. Gay-Lussac (1778-1850) e sobre o físico e químico irlandês Robert Boyle (1627-1691), que desenvolveram as teorias sobre as transformações gasosas. Solicitem orientação do professor de Química e conversem com o professor de Matemática sobre as relações entre duas grandezas diretamente proporcionais e duas inversamente proporcionais. Apresentem seus resultados em um painel com os respectivos gráficos das transformações.

Exercício resolvido

Determinada massa de um gás ideal sofre uma sequência de três transformações, retornando ao estado inicial (ver gráfico a seguir). Uma das transformações é isotérmica. A temperatura do gás no estado *A* é 600 K.

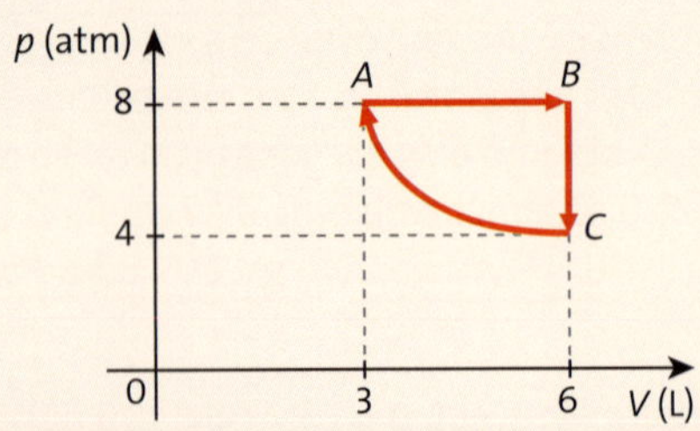

a) Qual das transformações ($A \rightarrow B$, $B \rightarrow C$ ou $C \rightarrow A$) é a isotérmica?

b) Classifique as duas transformações que não são isotérmicas.

c) Determine as pressões e temperaturas nos estados *B* e *C*.

Resolução

a) O diagrama de uma isotérmica é uma hipérbole, portanto, é a transformação $C \rightarrow A$.

b) A transformação $A \rightarrow B$ é isobárica e a $B \rightarrow C$ é isométrica.

c) Na isobárica:

De acordo com o gráfico, no ponto *B* temos:

$$p_B = p_A = 8 \text{ atm}$$

E a temperatura do ponto *B* é dada por:

$$\frac{V_A}{T_A} = \frac{V_B}{T_B} \Rightarrow \frac{3}{600} = \frac{6}{T_B} \Rightarrow T_B = 1200 \text{ K}$$

De acordo com o gráfico, no ponto *C* temos: $p_C = 4$ atm

Como a transformação *AC* é isotérmica:

$$T_C = T_A = 600 \text{ K}$$

Equação de estado de um gás: Clapeyron

Alguns números, por sua importância, recebem um nome. É o caso, por exemplo, do número obtido pela relação entre o perímetro e o diâmetro de um círculo, o qual chamamos **pi** ($\pi = 3{,}14159...$). Um corpo pode ter massa de π quilogramas, uma viagem pode durar π horas, e assim por diante.

A **dúzia**, muito utilizada no cotidiano, também é um exemplo disso. Fala-se em uma dúzia de ovos, meia dúzia de mangas, etc.

Um caso semelhante é o mol. Considera-se que 1 mol é a quantidade 602 000 000 000 000 000 000 000 ($6{,}02 \cdot 10^{23}$) de um mesmo tipo de elementos (átomos, moléculas, íons, elétrons).

Um mol de qualquer substância contém sempre o mesmo número de partículas elementares, ou seja, $6{,}02 \cdot 10^{23}$, embora a massa que corresponde a 1 mol dependa do tipo de substância considerada. Por exemplo, 1 mol de carbono corresponde a 12 g, ou seja, $6{,}02 \cdot 10^{23}$ átomos de carbono têm massa de 12 g. Ao afirmarmos que 1 mol de **gás carbônico** (CO_2) corresponde à massa de 44 g, estamos dizendo que $6{,}02 \cdot 10^{23}$ moléculas de CO_2 têm massa de 44 g.

Gás carbônico – Dióxido de carbono; é um gás inodoro, solúvel em água, encontrado na atmosfera e essencial na realização do processo de fotossíntese das plantas. É liberado no processo de respiração dos seres vivos e também na queima de combustíveis fósseis.

Esse número (**mol**) é também conhecido como **número de Avogadro** (N_A), em homenagem ao físico italiano Amedeo Avogadro (1776-1856):

$$1 \text{ mol} = N_A = 6{,}02 \cdot 10^{23} \text{ partículas, átomos, íons, moléculas, etc.}$$

A massa, em grama, correspondente a 1 mol de partículas elementares de qualquer substância recebe o nome de massa molecular M. Se determinada quantidade de uma substância apresentar uma massa m diferente de sua **molécula-grama** M, então a quantidade de mols n de partículas elementares correspondentes a essa porção de substância é dada por:

Molécula-grama – É a soma das massas atômicas dos átomos da molécula, expressa em grama. Em uma molécula-grama há $6{,}02 \cdot 10^{23}$ moléculas.

$$n = \frac{m}{M}$$

O físico francês Paul Émile Clapeyron (1799-1864), analisando as relações entre as variáveis de estado com a quantidade e o tipo de gás, observou que a razão $\frac{p \cdot V}{T}$ é diretamente proporcional à quantidade de mols n de partículas do gás, que podemos escrever algebricamente como:

$$\frac{p \cdot V}{T} = n \cdot R$$

em que R é a constante de proporcionalidade, idêntica para todos os gases perfeitos, embora seu valor dependa do sistema de unidades adotado. A expressão acima pode ser escrita como:

$$p \cdot V = n \cdot R \cdot T$$

No Sistema Internacional de Unidades (SI), utilizamos a pressão em N/m^2; o volume em m^3 e a temperatura em kelvin. Nessas condições, o valor de R é:

$$R = 8{,}31 \frac{J}{mol \cdot K}$$

Quando a pressão é dada em atmosfera (atm), o volume em litro (L) e a temperatura em kelvin (K), a transformação de unidades resulta, para a constante R, o valor de:

$$R = 0{,}082 \frac{atm \cdot L}{mol \cdot K}$$

Um estado do gás de particular interesse, chamado de Condições Normais de Temperatura e Pressão (CNTP), é observado à pressão atmosférica normal ($p = 1$ atm) e quando a temperatura é 0 °C (273 K). Assim 1 mol do gás em CNTP é 22,4 litros.

Mistura de gases

São comuns processos em que participam duas ou mais espécies de gás. Seja um recipiente ocupado por dois tipos de gases, A e B, que se misturam. Pelo fato de as partículas estarem misturadas, elas têm o mesmo grau de agitação médio e, portanto, a mesma temperatura.

Sendo n_A o número de mols do gás A e n_B o número de mols do gás B, escrevemos:

$$n = n_A + n_B$$

Da equação de Clapeyron, temos que:

$$n = \frac{p \cdot V}{R \cdot T}$$

Substituindo na expressão anterior, temos:

$$\frac{p \cdot V}{R \cdot T} = \frac{p_A \cdot V_A}{R \cdot T_A} + \frac{p_B \cdot V_B}{R \cdot T_B}$$

$$\frac{p \cdot V}{T} = \frac{p_A \cdot V_A}{T_A} + \frac{p_B \cdot V_B}{T_B}$$

Pressão parcial – lei de Dalton

Se no recipiente tivéssemos, primeiramente, apenas as partículas referentes ao gás A, a pressão do gás seria p_A.

Da mesma forma, se tivéssemos apenas partículas do gás B, a pressão seria p_B. Como a pressão é fruto das colisões das partículas contra as paredes, o conjunto constituído pelos dois gases vai exercer uma pressão p, que é simplesmente a soma das pressões que cada gás exerceria isoladamente nessa temperatura, ou seja:

$$p = p_A + p_B$$

Essa relação é conhecida como **lei das pressões parciais**, ou **lei de Dalton**, elaborada pelo físico John Dalton, e é válida para misturas com mais de dois tipos de gases, desde que não haja reação química entre eles que altere a quantidade total de partículas. Podemos então escrever, para uma mistura de n gases:

$$p = p_1 + p_2 + ... + p_n$$

Em que p_1, p_2, ..., p_n são as pressões que cada um dos gases exerceria isoladamente no volume total na temperatura da mistura.

Com base no que já foi dito, se tivermos uma mistura de x gases, em que n_1, n_2, n_3, ..., n_x são os números de mols de cada gás, então a pressão parcial exercida por cada um deles é dada por:

$$p_1 = \left(\frac{n_1}{n}\right) \cdot p$$

$$p_2 = \left(\frac{n_2}{n}\right) \cdot p$$

$$\vdots$$

$$p_x = \left(\frac{n_x}{n}\right) \cdot p$$

Em que n é o número total de mols na mistura e p é a pressão total exercida pelos gases.

Exercícios

8. Um gás está contido em um cilindro de volume V com pressão de 1 atm e temperatura de 27 °C. Esse cilindro tem uma válvula de segurança que libera o gás se a pressão exceder 3 atm. Qual é a temperatura máxima que esse gás pode atingir para que a válvula de segurança não entre em ação?

9. Uma lâmpada elétrica de filamento contém certa quantidade de um gás inerte. Quando a lâmpada está funcionando, o gás apresenta uma temperatura aproximada de 127 °C e a sua pressão é igual à atmosférica. Supondo-se que o volume da lâmpada não varie de forma apreciável, qual será a pressão do gás à temperatura ambiente, de 27 °C, quando a lâmpada estiver desligada?

10. Um recipiente de volume constante contém certa massa de um gás ideal, à pressão p_1 e temperatura T_1. Retira-se do gás determinada quantidade de calor, e a temperatura cai à metade do valor inicial.

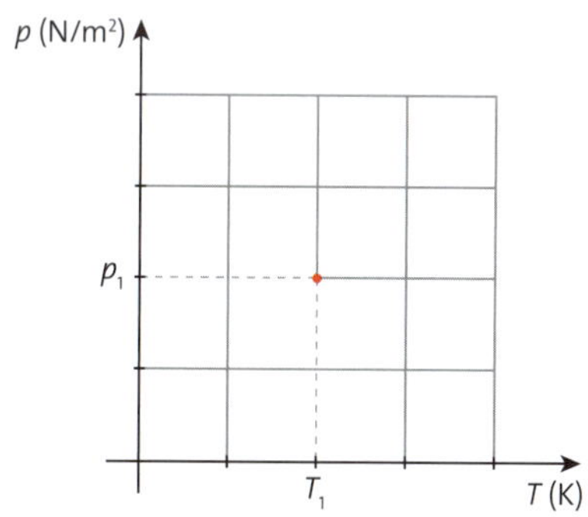

a) Qual é o novo valor da pressão do gás?

b) Copie o gráfico da figura no caderno e localize os novos valores da temperatura e da pressão.

11. Explique por que é difícil abrir a porta de uma geladeira imediatamente após ela ter sido fechada.

12. (Unicamp-SP) Um cilindro de 2,0 litros é dividido em duas partes por uma parede móvel fina, conforme o esquema abaixo. O lado esquerdo do cilindro contém 1,0 mol de um gás ideal. O outro lado contém 2,0 mols do mesmo gás. O conjunto está à temperatura de 300 K. Adote $R = 0{,}080$ atm · L/mol · K.

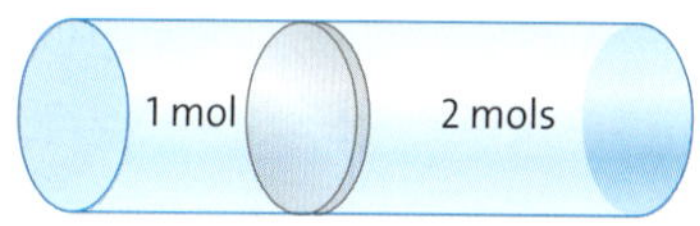

a) Qual será o volume do lado esquerdo quando a parede móvel estiver equilibrada?

b) Qual é a pressão nos dois lados, na situação de equilíbrio?

13. (Fuvest-SP) Um extintor de incêndio cilíndrico, contendo CO_2, possui um medidor de pressão interna que, inicialmente, indica 200 atm. Com o tempo, parte do gás escapa, o extintor perde pressão e precisa ser recarregado. Considere que a temperatura permanece constante e que o CO_2, nessas condições, comporta-se como um gás perfeito. Quando a pressão interna for igual a 160 atm, a porcentagem da massa inicial do gás que terá escapado corresponde a:

a) 10%. b) 20%. c) 40%. d) 60%. e) 75%.

14. (Unifor-CE) Dois recipientes rígidos, de mesmo volume, contêm gases perfeitos às pressões de 5,0 atm e 18,0 atm, na mesma temperatura. Os dois recipientes estão ligados por um tubo provido de torneira que, inicialmente, está fechada. Abrindo-se a torneira, os gases se misturam sem reagir, e a temperatura diminui. Aguardando-se algum tempo para que a temperatura volte ao valor inicial, a pressão comum nos dois botijões, em atm, é:

a) 10,0. b) 11,5. c) 13,0. d) 23,0. e) 26,0.

EM CONSTRUÇÃO

Joseph Priestley

Joseph Priestley, filósofo, teólogo e químico inglês, nasceu em 1733. Seu pai, um trabalhador da indústria têxtil, faleceu ainda quando ele era pequeno. Em razão das condições precárias da sua família, foi enviado para a casa de parentes que cuidaram de sua educação.

Joseph Priestley (1733-1804).

Priestley estudou Latim, Física e Filosofia, tendo se tornado pastor da Igreja anglicana. O interesse por experimentos que envolviam gases, denominados por ele de "ares", manifestou-se desde os primeiros contatos com as ciências. Dedicou-se com afinco ao estudo dos gases, tendo isolado vários deles, entre os quais o oxigênio e o gás carbônico. Com base no estudo deste último gás, Priestley desenvolveu o processo de respiração dos vegetais.

Segundo J. M. F. Bassalo, historiador e professor titular da Universidade Federal do Pará, em 1770, Priestley utilizou a goma da Índia (látex) para "esfregar" (*to rub*, em inglês) marcas de lápis de chumbo; em vista disso, deu-lhe o nome de borracha (*rubber*, em inglês).

Em 1774, ele realizou uma experiência na qual descobriu um novo tipo de gás ao aquecer, com um vidro ustório (lente) que acabara de construir, um óxido de cor vermelho-tijolo, resultante do aquecimento do mercúrio, óxido esse que denominou de *mercurius calcinatus per se* e hoje é conhecido como óxido de mercúrio. Ainda nessa experiência, Priestley notou que a chama de uma vela colocada em um recipiente contendo esse gás tornava-se extraordinariamente viva. Nessa ocasião, chamou esse gás de ar perfeito ou ar deflogisticado, que havia sido descoberto pelo químico sueco Karl W. Scheele (1742-1786) em 1772, uma vez que apresentava propriedades opostas às do ar flogisticado, este obtido pelo químico escocês Daniel Rutherford (1749-1819).

Como pastor, Priestley defendia a tolerância religiosa e apoiava a Revolução Francesa, o que o obrigou a fugir da Inglaterra para os Estados Unidos, onde faleceu, em 1804.

EXPERIMENTO

Regelo

Esta atividade envolverá a observação de um fenômeno que comprova que a água na fase sólida é menos densa que na fase líquida.

Primeiramente, será necessário fazer um bloco de gelo. Para isso, em um recipiente plástico comum, coloque água até uma altura de cerca de 3 cm. Depois, ponha o recipiente no congelador e deixe por algumas horas, até que a água se solidifique.

Retire o bloco de gelo do recipiente e, com um fio de cobre bem fino (quanto mais fino, melhor), de mais ou menos 2 metros de comprimento, faça a montagem indicada na figura a seguir:

Paulo Manzi/Arquivo da editora

Agora observe como se dá o processo de regelo. Como a área em que está pendurado o objeto pesado é muito pequena (por isso a lateral do bloco não pode ser muito larga), nessa região a pressão é elevada e provoca a fusão do gelo. Após a passagem do fio, a pressão volta a ser igual à do ambiente, e o produto da fusão volta à fase sólida. O fio vai transpassar o bloco inteiro, até o objeto pendurado cair, mas, ao final, o bloco continuará inteiro.

1. Com luvas, pegue duas "pedrinhas" de gelo do congelador de uma geladeira comum e pressione fortemente uma contra a outra. O que acontece? Por quê?

2. Repita o procedimento anterior, mas agora com "pedrinhas" de gelo de um *freezer*. A temperatura desse gelo deve estar em torno de −18 °C. O resultado foi o mesmo? Por quê?

Vestibulares de Norte a Sul

1. CO (UFMS) Uma cozinheira resolve ferver água em uma panela de pressão, para atingir maior temperatura que em panelas abertas. Para isso, coloca água no seu interior, onde todo o sistema, panela e água, está em equilíbrio térmico com o ambiente na temperatura T_A e pressão atmosférica P_A.

Em seguida, fecha a panela e coloca-a sobre a chama de um fogão. A água, no interior da panela, vai aumentando a pressão e a temperatura e, após um certo tempo, entra em ebulição liberando vapor para o ambiente pela válvula.

As figuras abaixo representam diagramas da pressão P temperatura T da água, onde as linhas mais finas definem as regiões, de temperatura e pressão, em que a água pode se apresentar em cada um dos possíveis estados: sólido (S), líquido (L) e vapor (V). Já as linhas mais grossas (negrito) representam processos termodinâmicos.

Assinale qual dos diagramas representa corretamente o processo termodinâmico que a água, no interior da panela, sofreu desde o instante em que começou a ser aquecida, quando estava à temperatura T_A e pressão P_A, até o momento em que entra em ebulição à temperatura T_B e pressão P_B.

a)
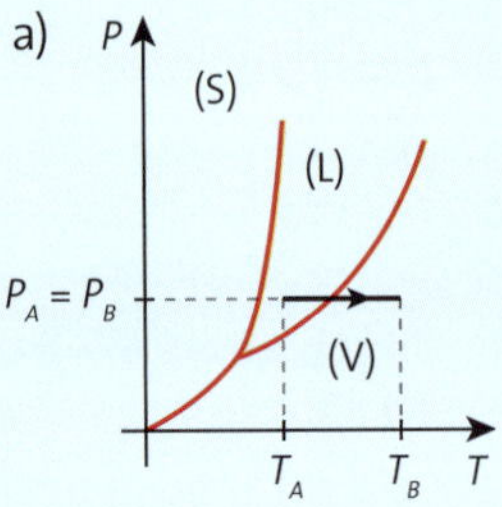

d)
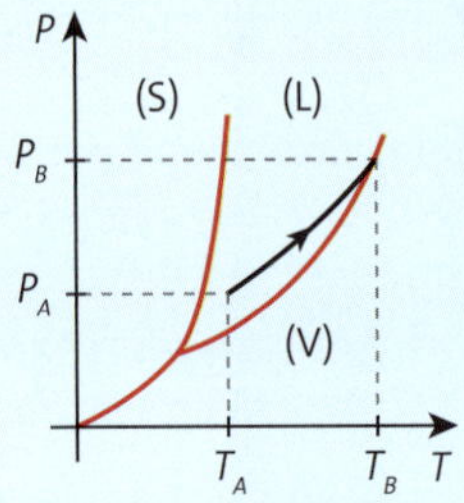

b)
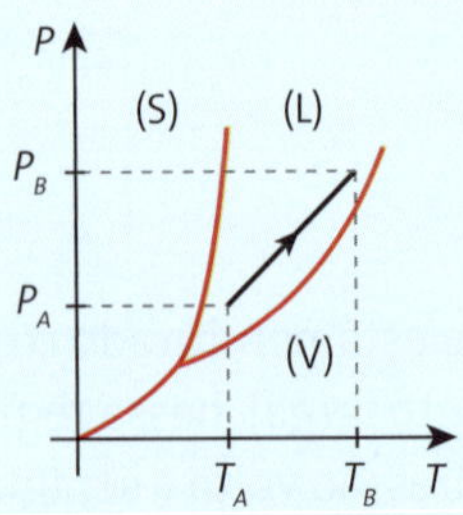

e)
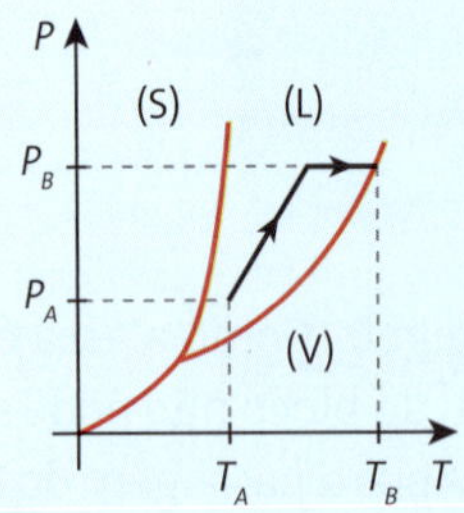

c)
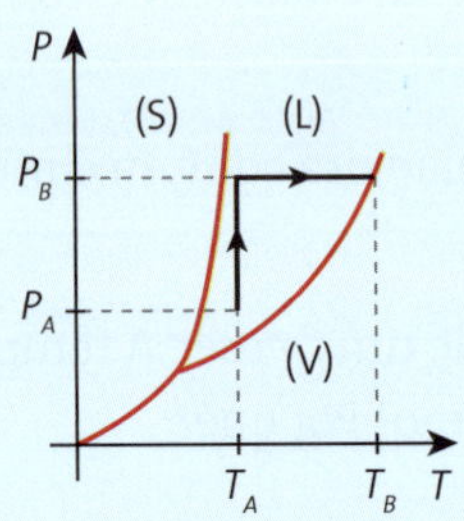

2. CO (UFMT) Observe a sequência de transformações, mostradas no gráfico abaixo, sofrida por uma massa fixa de um gás ideal.

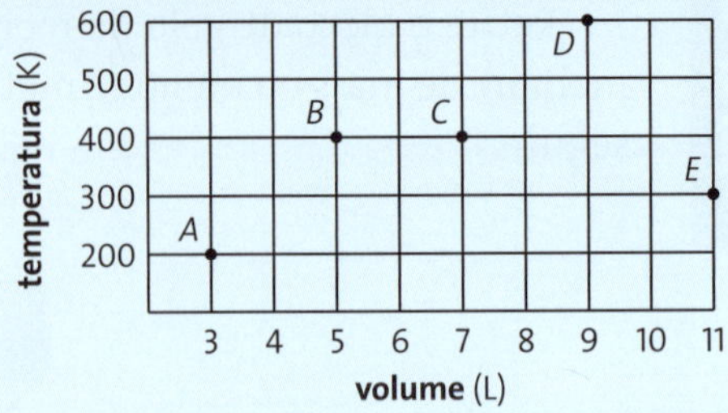

Considere essa massa de gás experimentando as seguintes transformações:

I. Estado inicial: *A*; Estado final: *B*.
II. Estado inicial: *A*; Estado final: *C*.
III. Estado inicial: *A*; Estado final: *D*.
IV. Estado inicial: *B*; Estado final: *D*.
V. Estado inicial: *E*; Estado final: *A*.

Assinale a transformação isobárica.

a) II
b) I
c) IV
d) V
e) III

3. CO (UFG-GO) Transformações termodinâmicas, realizadas sobre um gás de número de mols constante que obedece à lei geral dos gases ideais, são mostradas na figura abaixo.

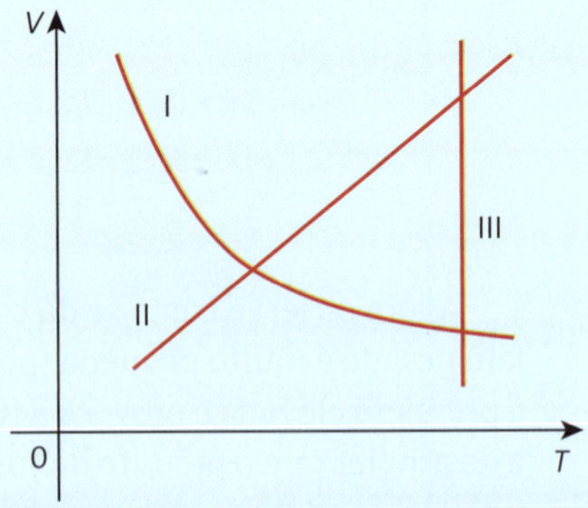

As transformações I, II e III são, respectivamente:

a) adiabática, isobárica e isotérmica.
b) isobárica, adiabática e isotérmica.
c) isotérmica, isobárica e adiabática.
d) adiabática, isotérmica e isobárica.
e) isotérmica, adiabática e isobárica.

4. **NE** (Unifor-CE) Considere o diagrama de estado de uma substância e as afirmações que seguem.

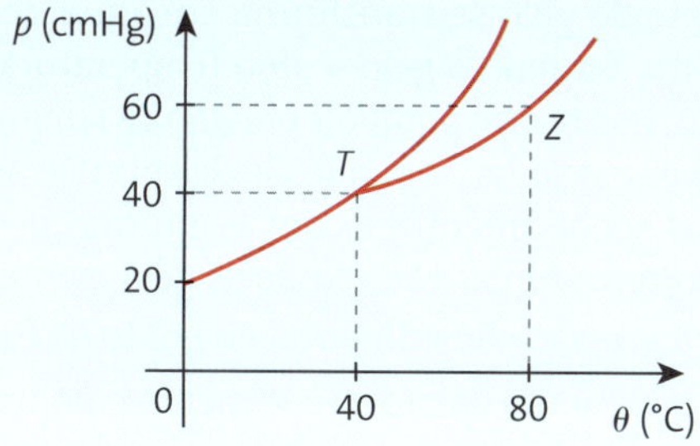

I. No ponto T, representado no diagrama, a substância pode simultaneamente apresentar-se nas fases sólida, líquida e gasosa.

II. Se a substância for aquecida, sob pressão constante de 60 cmHg, desde a temperatura de 40 °C até chegar a 90 °C, ela sofrerá duas mudanças de fase.

III. Somente pode ocorrer a sublimação dessa substância se $\theta < 40$ °C e $p < 40$ cmHg.

Está correto o que se afirma em:

a) II, somente.

b) I e II, somente.

c) I e III, somente.

d) II e III, somente.

e) I, II e III.

5. **NE** (UFPE) Uma caixa cúbica metálica e hermeticamente fechada, de 4,0 cm de aresta, contém gás ideal à temperatura de 300 K e à pressão de 1 atm. Qual a variação da força que atua em uma das paredes da caixa, em N, após o sistema ser aquecido para 330 K e estar em equilíbrio térmico? Despreze a dilatação térmica do metal.

6. **NE** (Ucsal-BA) Uma amostra de gás perfeito ocupa volume V, exercendo pressão P, quando na temperatura T. Se numa transformação a pressão for duplicada e a temperatura reduzida à metade, o novo volume ocupado pelo gás será igual a:

a) $\frac{V}{4}$.

b) $\frac{V}{3}$.

c) V.

d) $2V$.

e) $4V$.

7. **N** (UFRR) Um balão de volume "V" que se encontra sob uma atmosfera de pressão e a uma temperatura negativa de −33 °C é inflado com gás hélio que se encontra num cilindro de 1 m^3 de volume a uma temperatura de 27 °C sob uma pressão de 20 atm. O volume final do balão é:

a) 8 m^3.

b) 10 m^3.

c) 160 mL.

d) 1,6 m^3.

e) 15 m^3.

8. **N** (UFPA) Dois estudantes do Ensino Médio decidem calcular a temperatura do fundo de um lago. Para tanto, descem lentamente um cilindro oco, de eixo vertical, fechado apenas na extremidade superior, até o fundo do lago, com auxílio de um fio (figura abaixo). Ao puxarem o cilindro de volta, observam que ele está molhado internamente até 70% da sua altura interna. Medindo o comprimento do fio recolhido, eles encontram que a profundidade do lago é igual a 21 m. Na superfície do lago, a pressão é 1,0 atm ($1{,}0 \cdot 10^5$ N/m^2) e a temperatura é 27 °C. Admitindo-se que o ar seja um gás ideal, que aceleração da gravidade vale 10 m/s^2 e que a densidade da água é constante e igual a 10^3 kg/m^3, o valor da temperatura encontrada pelos estudantes é:

a) 2,79 °C.

b) 276 K.

c) 289 K.

d) 12 °C.

e) 6 °C.

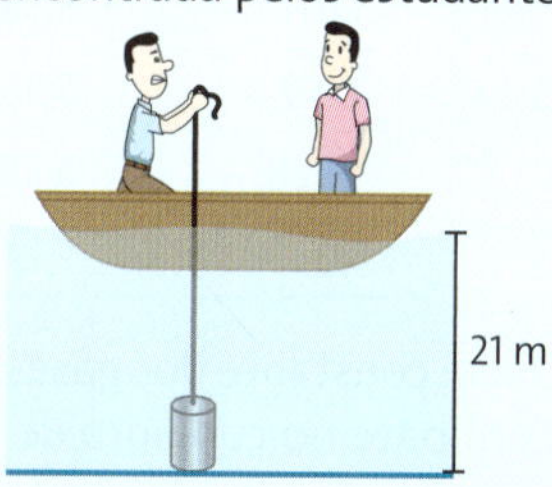

Formato/Arquivo da editora

9. **N** (Ufam) Uma certa massa de gás ideal sofre uma transformação na qual a sua pressão aumenta em 50% e seu volume se reduz à metade. A razão $\frac{T_2}{T_1}$, entre as temperaturas absolutas final e inicial, é:

a) $\frac{2}{3}$.

b) 1.

c) $\frac{4}{3}$.

d) $\frac{3}{4}$.

e) $\frac{1}{3}$.

10. **SE** (UFMG) Uma panela de pressão cozinha os alimentos mais rapidamente porque:

a) a pressão comprime os alimentos, facilitando o cozimento.

b) as paredes das panelas são espessas, conservando, por muito tempo, o calor em seu interior.

c) a temperatura de ebulição dos líquidos no seu interior é reduzida.

d) o aumento da temperatura reduz a pressão no interior da panela, facilitando a expansão dos alimentos.

e) o ponto de ebulição da água que envolve os alimentos passa a ser superior a 100 °C.

11. **SE** (Fuvest-SP) Para que a água ferva à temperatura de 50 °C, deve-se:

a) utilizar uma pequena quantidade de água.

b) utilizar uma panela com ótima condutibilidade elétrica.

c) utilizar uma chama muito intensa.

d) utilizar uma panela de pressão.

e) diminuir a pressão sobre a água.

12. **SE** (UFU-MG) Um grupo de estudantes realizou um experimento em uma aula de Física. Eles coletaram um conjunto de cinco valores de pressão (p) e volume (V) de um gás confinado em um recipiente. O número de mols do gás dentro do recipiente foi mantido constante, igual a $5{,}4 \cdot 10^{-4}$ mols, durante as medições. O grupo obteve o conjunto de dados mostrado na tabela a seguir, em que, na última coluna, é apresentado o produto da pressão pelo volume (pV) das duas primeiras colunas.

p (10^5 Pa)	V (10^{-6} m^3)	pV (10^{-1} J)
0,992	5,490	5,446
1,011	5,388	5,447
1,017	5,354	5,445
1,028	5,302	5,449
1,039	5,240	5,444

Dado: constante dos gases: $R = 8{,}31$ J/mol $\cdot$ K

Com base no conjunto de dados obtidos segundo a aproximação de gás ideal, é correto afirmar que:

a) a variação da pressão do gás com seu volume foi linear, mantendo-se à temperatura constante, igual a 200 K, o que está de acordo com a lei de Boyle.

b) o gás sofreu uma compressão isobárica (pressão constante), uma vez que o produto pV foi aproximadamente constante durante as medições.

c) a temperatura do gás manteve-se constante durante o experimento, com um valor aproximadamente igual a 300 K.

d) a temperatura do gás manteve-se constante durante o experimento, com um valor aproximadamente igual a 121 K.

13. **S** (Cefet-PR) A geada é um fenômeno que ocorre durante a estação fria no Sul do Brasil. Esse fenômeno pode ser ilustrado no diagrama de estado da água, na transformação de:

a) I para II.

b) V para IV.

c) II para IV.

d) I para V.

e) II para III.

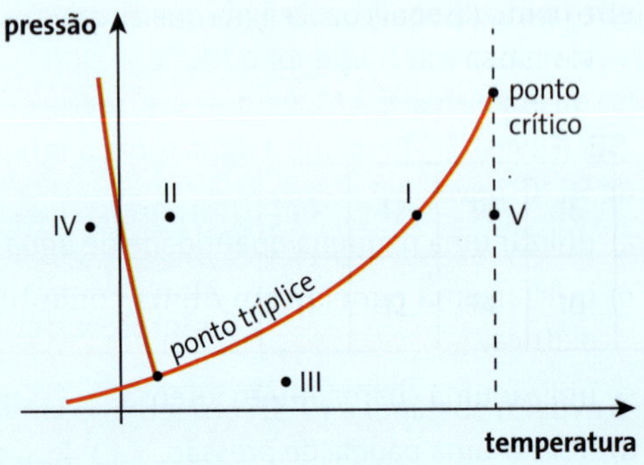

14. **S** (Ufpel-RS) Na patinação sobre o gelo, o deslizamento é facilitado porque, quando o patinador passa, parte do gelo se transforma em água, reduzindo o atrito. Estando o gelo a uma temperatura inferior a 0 °C, isso ocorre porque a pressão da lâmina do patim sobre o gelo faz com que ele derreta. De acordo com seus conhecimentos e com as informações do texto, é correto afirmar que a fusão do gelo acontece porque:

a) a pressão não influencia no ponto de fusão.

b) o aumento da pressão aumenta o ponto de fusão.

c) a diminuição da pressão diminui o ponto de fusão.

d) a pressão e o ponto de fusão não se alteram.

e) o aumento da pressão diminui o ponto de fusão.

15. **SE** (UFF-RJ) A temperatura do ar, em um quarto fechado de uma residência, é medida na escala Kelvin. Com o auxílio de um aquecedor, a temperatura do ar no interior do quarto sofre um acréscimo de 5%. Devido à existência de frestas nas portas e janelas, o processo de aquecimento do ar pode ser considerado isobárico, isto é, à pressão constante. Calcule a razão m'/m entre a massa m' de ar no quarto aquecido e a massa m de ar presente no quarto antes do aquecimento. Considere o ar como um gás ideal.

16. **S** (UFSC) Dos gráficos seguintes, podem representar transformações isotérmicas, em sistemas fechados:

a) I, II e III.

b) I, II e V.

c) II, IV e VI.

d) I, II e IV.

e) II, III e V.

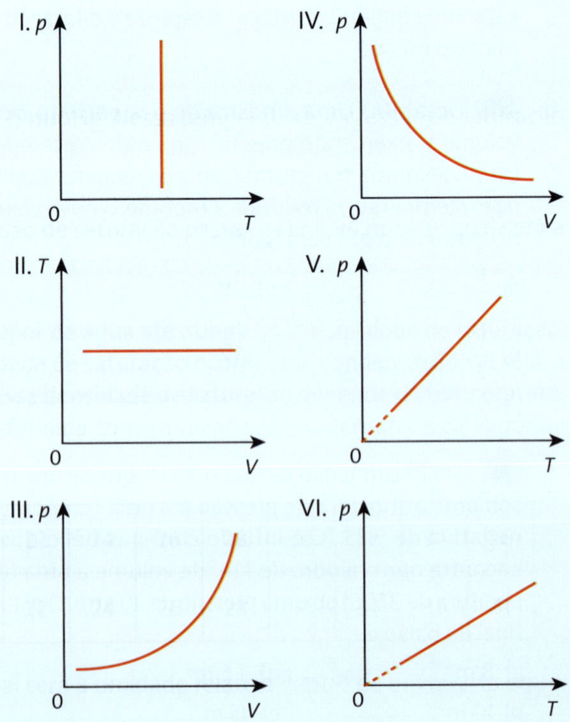

CAPÍTULO

4 Primeira lei da Termodinâmica

Latinstock/Arquivo da editora

As calorias, se não utilizadas para realizar trabalho, ficam armazenadas em nosso organismo.

1 Trabalho em Termodinâmica

Os gases podem experimentar variações de volume muito maiores que os sólidos e os líquidos. Durante a variação de volume de um gás, submetido a uma transformação na qual seu volume varia, o gás aplica forças nas paredes móveis do recipiente em que está contido durante esse processo, e essas forças realizam trabalho mecânico. É isso que ocorre, por exemplo, no motor de um automóvel. A expansão gasosa realiza trabalho e a energia térmica é transformada em mecânica.

Consideremos o aquecimento de um gás contido em um recipiente fechado e provido de um êmbolo de massa *m* que pode se movimentar sem atrito.

O gás, recebendo calor da fonte térmica, consegue empurrar o êmbolo (pistão), realizando trabalho mecânico por meio das forças que aplica. Se o deslocamento $\Delta\vec{r}$ se efetuar com velocidade constante, a força aplicada pelo gás está equilibrando o peso do êmbolo e a pressão atmosférica. Assim sendo, a força aplicada pelo gás $\vec{F}$ permanece constante ao longo desse deslocamento.

O trabalho realizado por uma força constante em um deslocamento retilíneo é uma grandeza escalar que pode ser calculada por:

$$\tau = F \cdot \Delta r \cdot \cos\theta$$

Nessa expressão, θ é o ângulo entre a força e o deslocamento. Nas condições descritas e ilustradas pela figura 4.1, temos:

- $p = \dfrac{F}{A} \Rightarrow F = p \cdot A$
- $\theta = 0° \Rightarrow \cos\theta = 1$
- $\Delta V = V_{\text{final}} - V_{\text{inicial}} = A \cdot \Delta r$

Substituindo esses resultados no cálculo do trabalho, obtemos:

$$\tau = F \cdot \Delta r \cdot \cos\theta = p \cdot A \cdot \Delta r \cdot 1 \Rightarrow \tau = p \cdot \Delta V$$

De acordo com o SI, a pressão é expressa em **pascal (N/m^2)**, a variação de volume em **metro cúbico (m^3)** e o trabalho em **joule (J)**.

São também muito utilizadas as unidades **atmosfera (atm)**, para pressão, e **litro (L)**, para volume. Nesse caso, efetuamos os cálculos observando que:

$$1\ \text{atm} \cdot \text{L} = \left(10^5\ \frac{\text{N}}{\text{m}^2}\right) \cdot (10^{-3}\ \text{m}^3) = 10^2\ \text{N} \cdot \text{m} = 100\ \text{J}$$

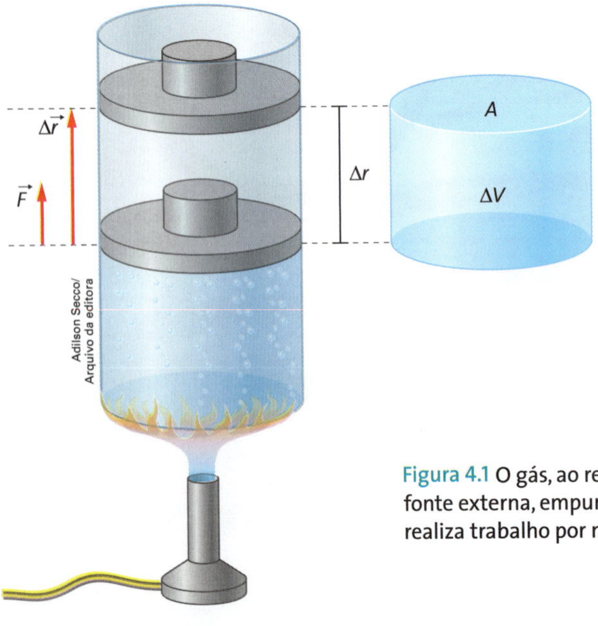

Figura 4.1 O gás, ao receber calor de uma fonte externa, empurra o pistão móvel e realiza trabalho por meio de uma força.

A expressão $\tau = p \cdot \Delta V$ é válida tanto para a expansão (aumento de volume) como para a compressão (redução de volume) de um gás. Em uma expansão, $\Delta V > 0$ (**figura 4.2**), como a pressão absoluta exercida por um gás é sempre positiva, o trabalho é positivo (motor). Já na compressão, $\Delta V < 0$ (**figura 4.3**), o trabalho é negativo (resistente).

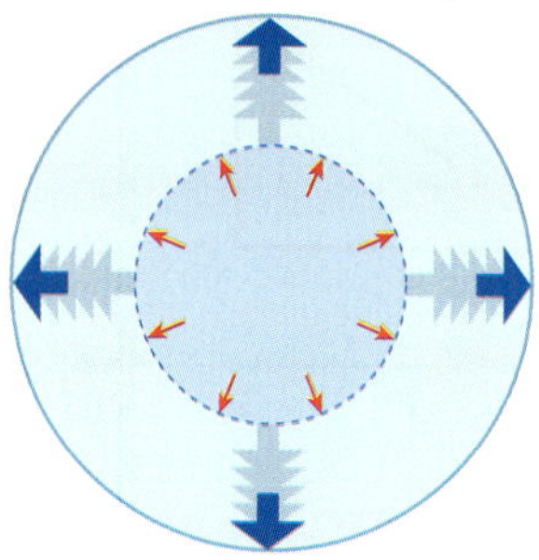

Figura 4.2 Expansão gasosa: $V_{final} > V_{inicial} \Rightarrow \Delta V > 0$. As forças aplicadas pelo gás favorecem a expansão. O trabalho do gás é motor (positivo).

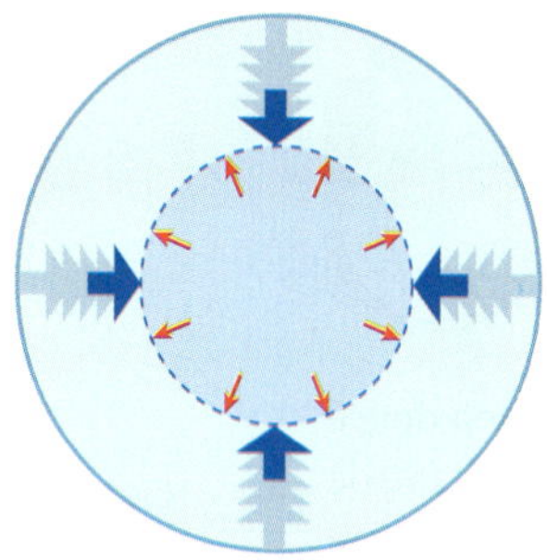

Figura 4.3 Compressão gasosa: $V_{final} < V_{inicial} \Rightarrow \Delta V < 0$. As forças aplicadas pelo gás se opõem à compressão. O trabalho do gás é resistente (negativo).

A expansão corresponde a um processo em que o gás transfere energia ao meio externo, pois o trabalho realizado por ele é motor; no entanto, na compressão, o gás recebe energia do meio externo.

A transformação isobárica pode ser representada graficamente em um diagrama *pV*, conforme **figura 4.4**.

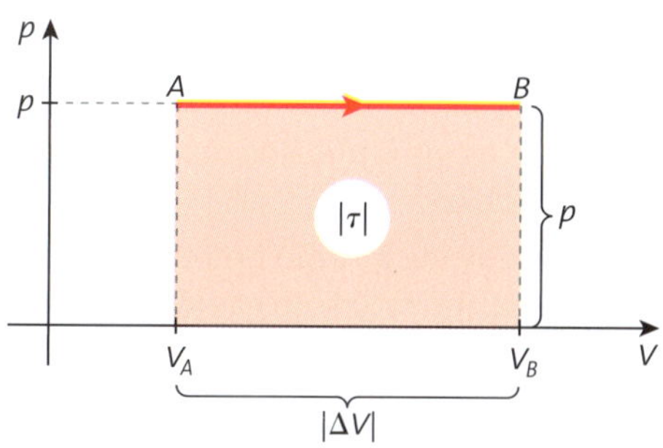

Figura 4.4 Diagrama $p \cdot V$ em uma transformação isobárica.

Com base na figura, temos:

$$\left.\begin{array}{l} \text{Área} \overset{n}{=} p \cdot |\Delta V| \\ |\tau| = p \cdot |\Delta V| \end{array}\right\} \Rightarrow |\tau| \overset{n}{=} p \cdot |\Delta V|$$

O módulo do trabalho é dado, numericamente, pela área da figura no diagrama $p \cdot V$. O valor algébrico é obtido considerando-se:

Expansão: $A \rightarrow B$	$\tau > 0$: motor
Compressão: $B \rightarrow A$	$\tau < 0$: resistente

Se a pressão for variável durante a transformação sofrida por determinada massa de gás, não podemos usar a expressão algébrica obtida para o caso da transformação isobárica. Entretanto, a área compreendida pelo diagrama $p \cdot V$ nos fornece, em módulo, o trabalho realizado pelo gás (**figura 4.5**).

$$|\tau| \overset{n}{=} \text{Área}$$

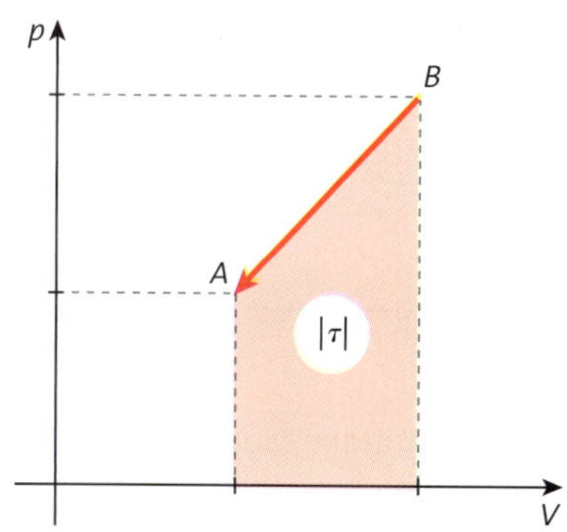

Figura 4.5 Diagrama $p \cdot V$ para uma transformação na qual a pressão varia.

Exercícios

1. Para facilitar a compreensão, é comum considerar a força que o gás aplica nos pistões de um motor como compensada por um peso que se opõe à expansão do gás. Um cilindro, contendo um gás ideal, é vedado por um êmbolo de massa *M*, que pode deslizar livremente, como mostra a figura.

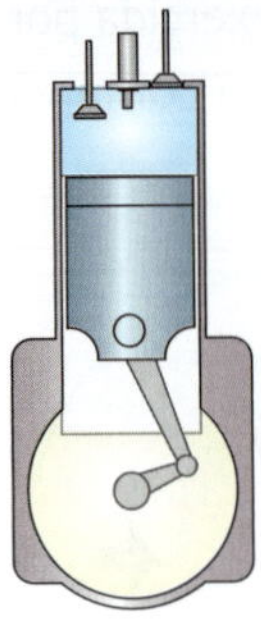

Formato/Arquivo da editora

O gás ocupa um volume de $1{,}0 \cdot 10^{-3}\ m^3$, e a pressão exercida sobre ele pelo êmbolo e pela coluna de ar atmosférico acima dele é igual a $1{,}4 \cdot 10^5\ N/m^2$. Recebendo certa quantidade de calor, o gás expande-se e passa a ocupar um volume de $1{,}5 \cdot 10^{-3}\ m^3$.

a) Que tipo de transformação o gás sofreu?

b) Qual foi o trabalho realizado nessa transformação?

2. Dois mols de um gás ideal sofrem a transformação representada pelo diagrama $p \cdot V$ seguinte.

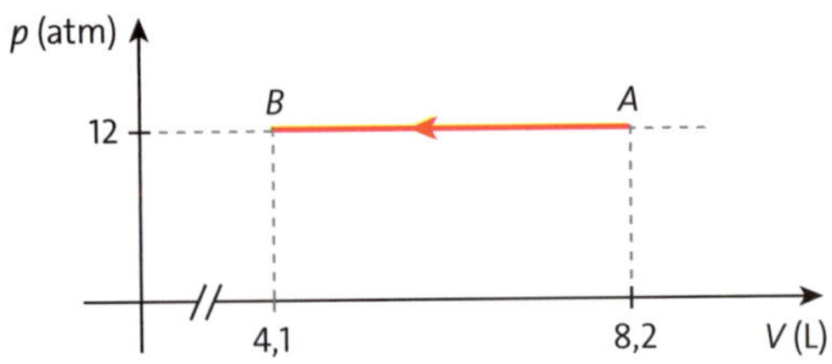

a) Em qual dos dois pontos, *A* ou *B*, o gás tem maior temperatura? Justifique.

b) Qual é o módulo do trabalho realizado pelo gás na transformação *AB*?

3. No gráfico seguinte estão representadas transformações sofridas por um gás ideal. O gás passa do estado *A* para os estados representados por *B* e *C*.

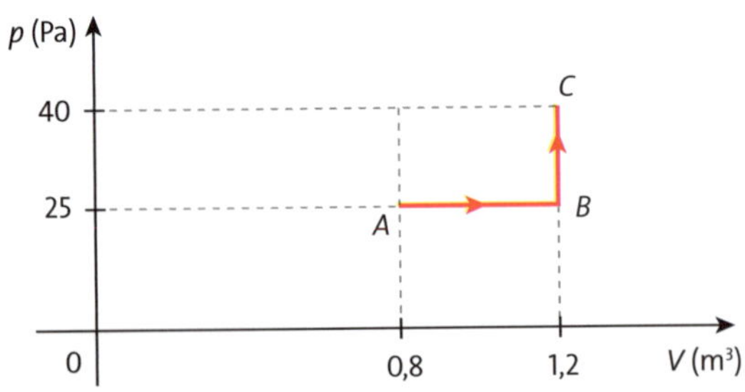

a) Identifique cada uma das transformações: *AB* e *BC*.

b) Explique se a força do gás realiza trabalho nas duas transformações.

4. A sequência de transformações *ABCA*, sofridas por um gás ideal, está representada no diagrama $p \cdot V$ seguinte.

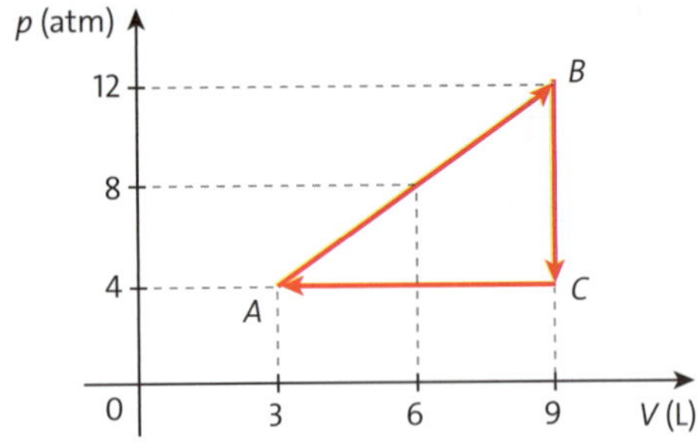

Determine:

a) o trabalho realizado em cada uma das transformações (*AB*, *BC* e *CA*);

b) o trabalho total na transformação *ABCA*.

5. (UFRJ) A figura representa, num gráfico pressão × volume, um ciclo de um gás ideal.

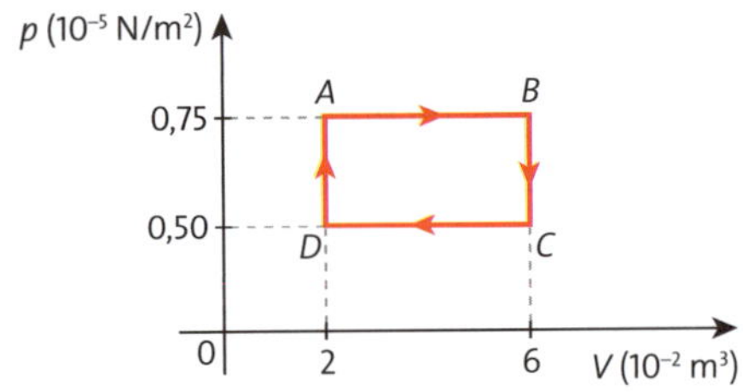

a) Calcule o trabalho realizado pelo gás durante este ciclo.

b) Calcule a razão entre a mais alta e a mais baixa temperatura do gás (em Kelvin) durante este ciclo.

6. (PUC-MG) Uma amostra de gás ideal sofre as transformações mostradas no diagrama pressão × volume, ilustrado a seguir.

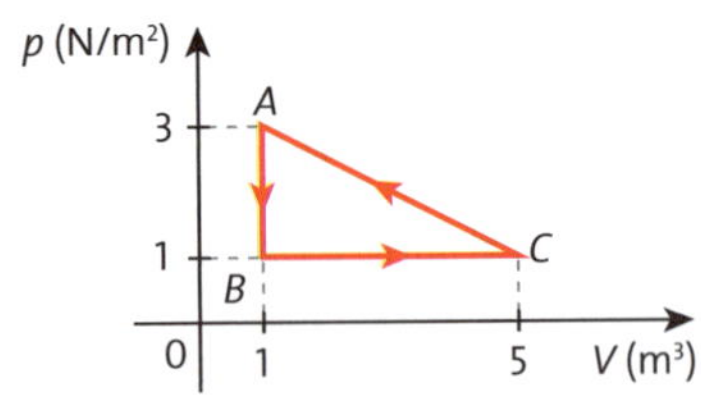

Observe bem e analise as afirmativas abaixo, apontando a opção correta.

a) A transformação *AB* é isobárica e a transformação *BC*, isométrica.

b) O trabalho feito pelo gás no ciclo *ABCA* é positivo.

c) O trabalho realizado sobre o gás na etapa *CA* foi de 8 J.

d) A transformação *CA* é isotérmica.

2 Teoria cinética dos gases

Figura 4.6 Ludwig Boltzmann (1844-1906).

O físico austríaco Ludwig Boltzmann (figura 4.6) teve participação importante no desenvolvimento da teoria cinética dos gases. Nesse campo, seu trabalho pode ser considerado o marco inicial do ramo da Física denominado Mecânica estatística.

Com base no modelo do gás ideal, a teoria cinética relaciona a energia interna com as variáveis de estado: pressão, temperatura e volume. No desenvolvimento da teoria cinética dos gases ideais são feitas as seguintes suposições:

- as partículas (moléculas) que compõem o gás ideal são puntiformes, ou seja, o volume de cada partícula é desprezível em relação ao volume do recipiente;
- as partículas se movimentam aleatoriamente e obedecem às leis de Newton;
- as partículas realizam colisões elásticas com as paredes do recipiente;
- todas as partículas são idênticas; isso significa dizer que o gás ideal é uma substância pura.

Pressão exercida por um feixe de partículas

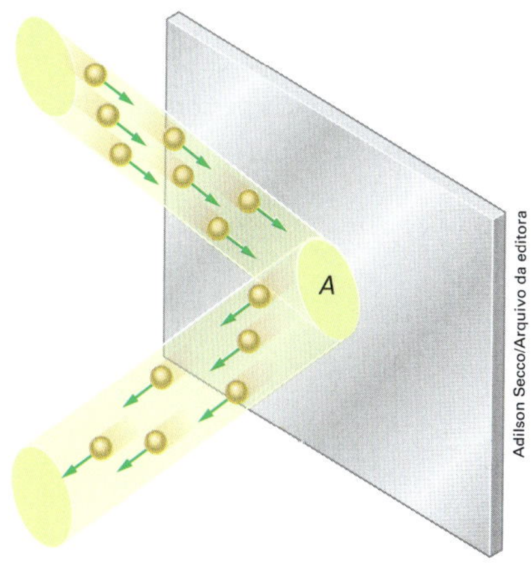

Figura 4.7 Feixe de partículas atingindo uma superfície.

Um passo preliminar para que possamos relacionar a energia interna com as variáveis de estado do gás ideal consiste em equacionar a pressão que um feixe de partículas exerce quando se choca contra uma superfície.

Vamos imaginar um feixe de partículas, todas com a mesma velocidade vetorial, atingindo uma superfície conforme indica a figura 4.7.

Primeiramente, consideremos uma única partícula colidindo contra essa superfície. Como o choque é perfeitamente elástico, o módulo do vetor velocidade se mantém, mas a componente normal à parede ($\vec{v}_x$) muda de sentido. A figura 4.8 ilustra a situação antes e depois da colisão.

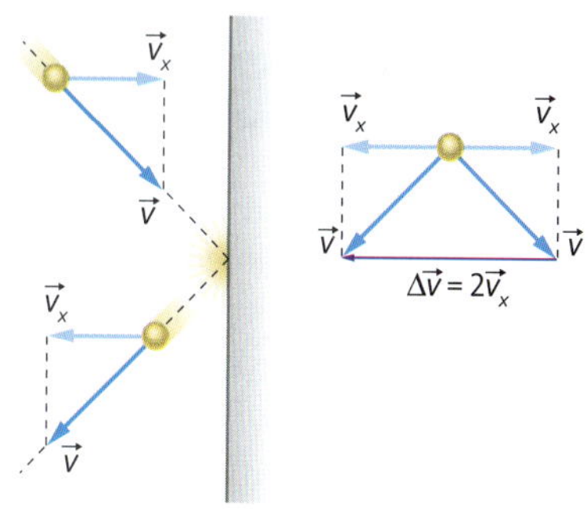

Figura 4.8 Antes e após a colisão.

O módulo da variação de velocidade ocorrida em razão da colisão é $\Delta v = v_x - (-v_x) = 2v_x$. Essa variação tem direção normal à superfície e sentido de afastamento em relação ao ponto de impacto.

Pelo teorema do impulso podemos escrever:

$$\vec{F} \cdot \Delta t = m \cdot \Delta\vec{v}$$

Vamos identificar cada um dos termos dessa equação, observe a figura 4.9.

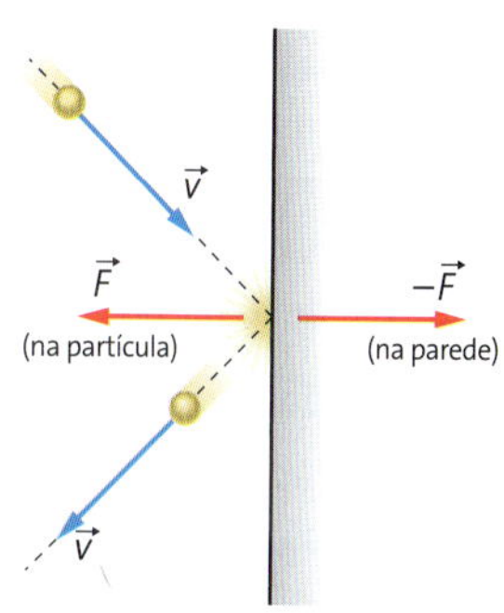

Figura 4.9 Forças que atuam na colisão.

- $\vec{F}$ é a força média que a superfície exerceu na partícula ou, reciprocamente, oposta à força que a partícula exerceu na superfície. Essa força tem mesma direção e sentido que o vetor $\Delta\vec{v}$. É normal à superfície e tem sentido se afastando do ponto de impacto.
- Δt é o intervalo de tempo relativo à colisão.
- m é a massa da partícula.
- $\Delta\vec{v}$ é a variação do vetor velocidade, conforme já vimos.

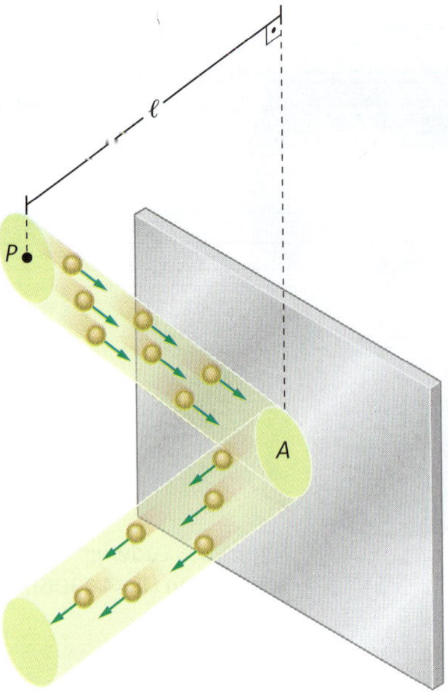

Ilustrações: Adilson Secco/Arquivo da editora

Figura 4.10 Distância percorrida pelas partículas.

A equação do teorema do impulso pode então ser escrita:

$$F \cdot \Delta t = m \cdot 2 \cdot v_x$$

Vamos considerar que a partícula está inicialmente no ponto P e percorre o espaço ℓ até atingir a superfície (**figura 4.10**), o que acontece com todas as partículas. O intervalo de tempo em que isso ocorre pode ser obtido por:

$$v_x = \frac{\ell}{\Delta t} \Rightarrow \Delta t = \frac{\ell}{v_x}$$

Considerando um total de N partículas, a massa do conjunto é $m_t = N \cdot m$, e a força total é $\vec{F}_t$. O teorema do impulso nos fornece então:

$$F_t \cdot \frac{\ell}{v_x} = N \cdot m \cdot (2 \cdot v_x) \Rightarrow F_t \cdot \ell = 2 \cdot N \cdot m \cdot v_x^2$$

A força total aplicada pode ser escrita em função da pressão (p) e da área da superfície em que ocorrem as colisões (A), pois as interações são distribuídas por uma superfície. Como $p = \frac{F_t}{A}$, então $F_t = p \cdot A$. Efetuando-se a substituição, temos:

$$p \cdot \underbrace{A \cdot \ell}_{V} = 2 \cdot N \cdot m \cdot v_x^2 \Rightarrow p \cdot V = 2 \cdot N \cdot m \cdot v_x^2$$

Essa última expressão pode também ser escrita em função da densidade de matéria $\left(\mu = \frac{m_t}{V}\right)$ no volume V, pois $m_t = N \cdot m$, que resulta:

$$p = 2 \cdot \mu \cdot v_x^2$$

O resultado a que chegamos explica o acréscimo de pressão, além da atmosférica, que sofre uma superfície sob a ação do vento, resultando em uma força, como é o caso dos barcos a vela e das pipas. De maneira equivalente podemos usar o mesmo resultado quando é a superfície que se move em relação a um conjunto de partículas, como no caso do paraquedas em relação ao ar atmosférico (resistência do ar).

Exercício resolvido

1. Um paraquedista desce verticalmente em movimento uniforme, sob ação da gravidade e influência do ar. Considerando o peso do conjunto (paraquedista e paraquedas) como 1000 N, a densidade do ar como 1,3 kg/m³, a velocidade de queda 5 m/s e que após as partículas do ar atingirem o paraquedas elas saiam horizontalmente, em relação ao paraquedas, determine o diâmetro que ele deve ter para que tal fato aconteça.

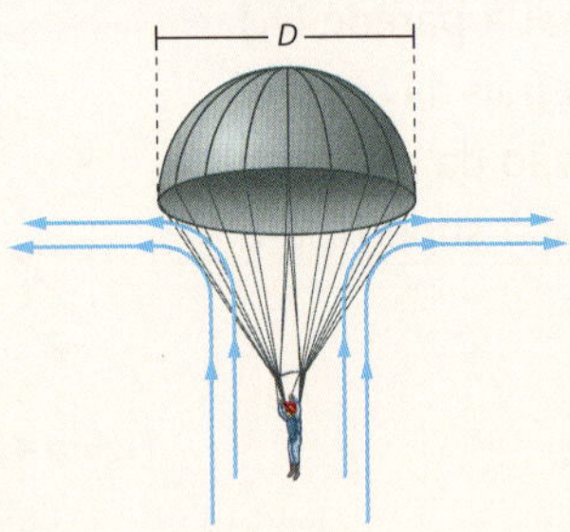

Resolução

Na direção vertical, em relação ao paraquedas, as partículas têm, após a interação, velocidade nula. A variação sofrida pelo vetor velocidade, na direção vertical, é v_y. O acréscimo de pressão produzido pelo movimento do paraquedas em relação ao ar é então: $\Delta p = \frac{F}{A} = \mu \cdot v_x^2$. Para que o paraquedista desça em movimento uniforme, a força F aplicada pelo ar deve equilibrar o peso do conjunto.

Com os valores fornecidos no enunciado, temos:

$$\frac{1000}{A} = 1{,}3 \cdot 5^5 \Rightarrow A = \frac{1000}{32{,}5} \Rightarrow A = 30{,}8 \text{ m}^2$$

Como o $d = 2 \cdot r$ e a área do círculo é:

$$A = \pi \cdot r^2$$

Temos:

$$A = \pi \cdot \frac{d^2}{2^2} \Rightarrow d^2 = \frac{4 \cdot 30{,}8}{3{,}14} \Rightarrow d = 6{,}3 \text{ m}$$

A expressão $\Delta p = \mu \cdot v_x^2$ foi utilizada porque não há componente vertical do vetor velocidade e, portanto, o valor de Δp reduz-se à metade do valor deduzido na teoria.

Pressão exercida por um gás ideal

Vamos aproveitar os resultados que obtivemos para a pressão exercida por um feixe de partículas e aplicá-los no modelo do gás ideal.

A variável v_x^2, neste caso, é interpretada como o valor médio do quadrado das intensidades das componentes da velocidade na direção Ox e da mesma forma interpretamos v_y^2 e v_z^2 (**figura 4.11**).

$$v^2 = v_x^2 + v_y^2 + v_z^2$$

Temos que fazer uma distinção entre valor médio do quadrado das componentes e valor médio das componentes ao quadrado.

Se tivermos uma caixa fechada em repouso, com partículas de gás no seu interior, o valor médio das componentes das velocidades em todas as direções, é nulo. O conjunto de partículas como um todo está em repouso. Estatisticamente, para cada partícula que tem uma componente v_x para a direita, temos em correspondência outra com essa mesma componente dirigida para a esquerda, e o valor médio global é nulo. Entretanto, se consideramos o valor médio dos quadrados das intensidades dessas componentes, o resultado somente será nulo se todas as partículas estiverem em repouso.

Como a quantidade de partículas é muito grande, e não existe uma direção privilegiada, temos: $v_x^2 = v_y^2 = v_z^2$, e como $v^2 = v_x^2 + v_y^2 + v_z^2$ obtemos:

$$v^2 = 3 \cdot v_x^2 \Rightarrow v_x^2 = \frac{v^2}{3}$$

Sendo N a quantidade de partículas teremos, em média, metade delas $\left(\frac{N}{2}\right)$ com componente $\vec{v}_x$ apontando para a direita e outra metade para a esquerda. Usando-se a equação vista que relaciona a pressão com o número de partículas temos, para a pressão em uma das faces laterais da caixa: $p \cdot V = 2 \cdot \left(\frac{N}{2}\right) \cdot m \cdot v_x^2$, ou ainda:

$$p \cdot V = N \cdot m \cdot \frac{v^2}{3}$$

A variável v que aparece nessa expressão é denominada **velocidade quadrática média** (cuidado: não é velocidade média ao quadrado).

Lembrando que a expressão da energia cinética de uma partícula de massa m é $E_C = \frac{mv^2}{2}$, podemos escrever:

$$p \cdot V = \frac{2}{3} \cdot N \cdot \frac{m \cdot v^2}{2} \Rightarrow p \cdot V = \frac{2}{3} \cdot N \cdot E_C$$

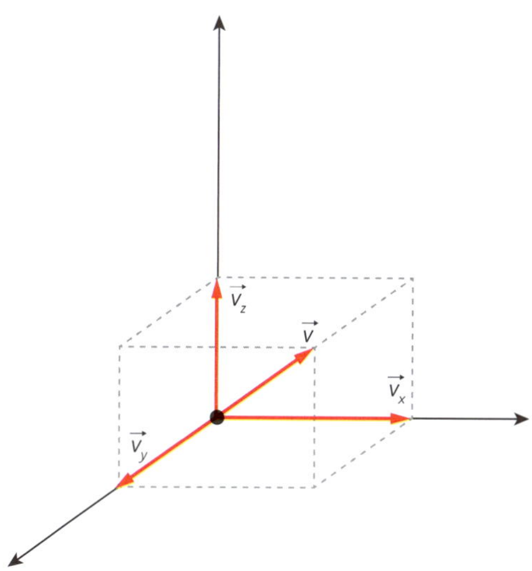

Figura 4.11 Exemplo de movimento nas três direções.

A energia interna e as variáveis de estado

Podemos agora relacionar a energia interna com as variáveis de estado. Como a energia interna de um sistema (U) é o número de partículas multiplicado pela energia cinética média das partículas ($U = N \cdot E_c$) e $p \cdot V = \frac{2}{3} \cdot N \cdot E_C$, temos que:

$$p \cdot V = \frac{2}{3} \cdot U \Rightarrow U = \frac{3}{2} p \cdot V$$

Pela equação de Clapeyron, temos que: $p \cdot V = n \cdot R \cdot T$, logo:

$$U = \frac{3}{2}\ n \cdot R \cdot T$$

Sob o ponto de vista da energia cinética média temos:

$$U = N \cdot E_c = \frac{3}{2} n \cdot R \cdot T$$

A quantidade total de partículas pode ser expressa pela quantidade de mols (1 mol $= N_A = 6{,}02 \cdot 10^{23}$), observando-se que $N = n \cdot N_0$. Efetuando-se essa substituição, escrevemos:

$$n \cdot N_A \cdot E_c = \frac{3}{2} n \cdot R \cdot T \Rightarrow E_c = \overbrace{\frac{3R}{2N_A}}^{\text{constante}} \cdot T$$

A relação $\frac{R}{N_A}$ é denominada constante de Boltzmann (k), que na unidade do SI vale:

$$k = 1{,}38 \cdot 10^{-23}\ \frac{\text{J}}{\text{K}}$$

Assim a relação acima pode também ser expressa da seguinte forma:

$$E_c = \frac{3}{2} \cdot k \cdot T$$

Essas últimas equações nos permitem algumas observações cruciais para o entendimento do conceito de temperatura absoluta e energia interna, no gás ideal:

- a energia interna é proporcional à temperatura absoluta do gás;
- a temperatura absoluta de um gás ideal é proporcional à energia cinética média de suas partículas;
- se não houver variação de temperatura, mesmo havendo variação de pressão e volume, a energia interna permanece constante. Isso significa dizer que **a variação de energia interna de um gás ideal não depende da sequência de transformações (caminho) que leva um gás de um estado termodinâmico para outro**.

Como exemplo de que a variação de energia não depende da sequência de transformações considere a figura 4.12, que representa a transformação de um gás ideal do estado termodinâmico 1 para o estado termodinâmico 3, por meio de dois caminhos distintos:

- uma transformação isotérmica (1–2) seguida de uma transformação isobárica (2–3);
- uma transformação genérica (1–3).

O trabalho realizado (τ) e a quantidade de calor (Q) nos dois caminhos são diferentes, mas a variação de energia interna (ΔU) é a mesma, pois, para os dois caminhos, as temperaturas inicial e final são as mesmas.

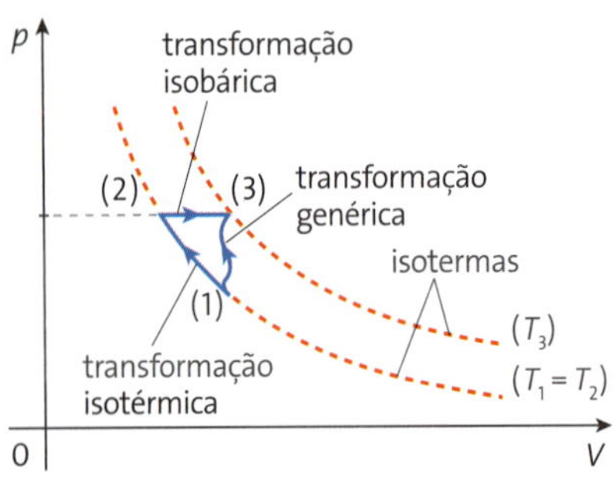

Figura 4.12 A variação da energia interna independe do "caminho".

Exercícios

7. 1,0 mol de um gás ideal monoatômico sofre a transformação mostrada no gráfico.

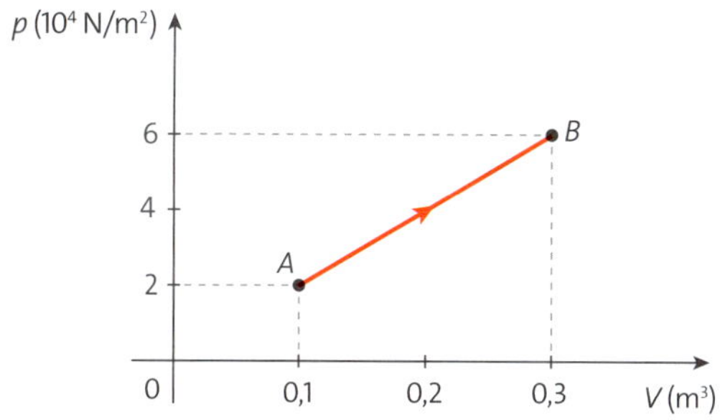

Determine:

a) a temperatura do gás nos estados A e B;

b) a variação de energia interna na transformação AB. Considere $R = 8{,}3$ J/mol · K.

8. 2,0 mols de um gás ideal e monoatômico sofrem uma transformação, passando do estado A, em que a energia interna é $U_A = 2400$ J, para o estado B, em que a energia interna é $U_B = 600$ J.

a) A temperatura do gás é maior em A ou em B? Justifique.

b) Qual é a variação de temperatura entre A e B? Dado: $R = 8{,}3$ J/mol · K.

9. Sabe-se que 3,0 mols de um gás ideal monoatômico ocupam um volume de 0,20 m³ sob pressão de $2{,}0 \cdot 10^5$ N/m².
Sendo $R = 8{,}3$ J/mol · K, determine:

a) a energia cinética total das moléculas do gás;

b) a variação da energia cinética total das moléculas quando o gás sofre uma variação de temperatura de 200 °C.

10. (UFSM-RS) A respeito dos gases que se encontram em condições nas quais seu comportamento pode ser considerado ideal, afirma-se que:

I. a grandeza que é chamada de temperatura é proporcional à energia cinética média das moléculas.

II. a grandeza que é chamada de pressão é a energia que as moléculas do gás transferem às paredes do recipiente que contém esse gás.

III. a energia interna do gás é igual à soma das energias cinéticas das moléculas desse gás.

Está(ão) correta(s):

a) apenas I.

b) apenas II.

c) apenas III.

d) apenas I e III.

e) I, II e III.

11. (Vunesp-SP) Considere o gráfico da pressão em função do volume de certa massa de gás perfeito que sofre uma transformação do estado A para o estado B. Admitindo que não haja variação da massa do gás durante a transformação, determine a razão entre as energias internas do gás nos estados A e B.

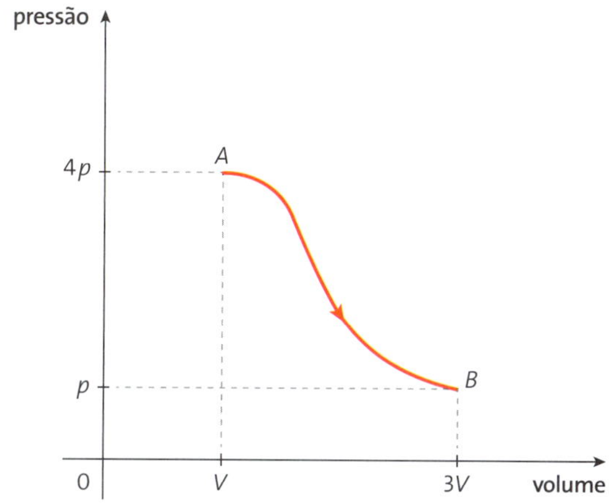

12. (Uece) Pode-se afirmar corretamente que a energia interna de um sistema constituído por um gás ideal:

a) diminui em uma expansão isotérmica.

b) aumenta em uma expansão adiabática.

c) diminui em uma expansão livre.

d) aumenta em uma expansão isobárica.

13. (Vunesp-SP) Um pistão com êmbolo móvel contém 2 mols de O_2 e recebe 581 J de calor. O gás sofre uma expansão isobárica na qual seu volume aumentou de 1,66 L, a uma pressão constante de 10^5 N/m². Considerando que nessas condições o gás se comporta como gás ideal, utilize $R = 8{,}3$ J/mol · K e calcule:

a) a variação de energia interna do gás.

b) a variação de temperatura do gás.

14. (PUC-RS) A temperatura de um gás é diretamente proporcional à energia cinética das suas partículas. Portanto, dois gases A e B, na mesma temperatura, cujas partículas tenham massas na proporção de $m_A/m_B = 4/1$, terão as energias cinéticas médias das suas partículas na proporção E_{cA}/E_{cB} igual a:

a) 1/4.

b) 1/2.

c) 1.

d) 2.

e) 4.

Máquina a vapor

3 Primeira lei da Termodinâmica

A primeira lei da Termodinâmica é uma aplicação do princípio da conservação da energia. Especificamente em relação a um sistema termodinâmico, devemos levar em consideração:

- a quantidade de energia Q, na forma de calor, trocada pelo sistema com o meio externo;
- o trabalho mecânico τ trocado pelo sistema com o meio externo;
- a variação de energia interna ΔU do sistema termodinâmico.

Como a quantidade de calor e o trabalho já foram analisados, vamos resumir a **energia interna *U***.

O gás ideal é constituído de partículas. Cada uma delas tem determinada velocidade, ou seja, cada uma das partículas que compõem o gás tem energia cinética E_C.

Não há energia potencial associada às interações entre as partículas do gás ideal, pois essas interações ocorrem somente durante os choques que, por hipótese, têm duração desprezível.

Nos processos termodinâmicos que envolvem realização de trabalho com o emprego de gases, é importante conhecer a **variação de energia interna ΔU** do sistema.

Para o caso específico de um gás ideal e monoatômico, em que não ocorrem reações químicas, a **variação de energia interna ΔU** corresponde somente à variação de energia cinética, que é diretamente proporcional à variação da temperatura absoluta. Assim:

- se a temperatura aumenta, a energia interna aumenta e $\Delta U > 0$;
- se a temperatura diminui, a energia interna diminui e $\Delta U < 0$;
- se a temperatura permanece constante, a energia interna é constante e $\Delta U = 0$.

Um gás pode receber energia do meio externo ou ceder energia a ele na forma de trabalho e de calor (figura 4.13).

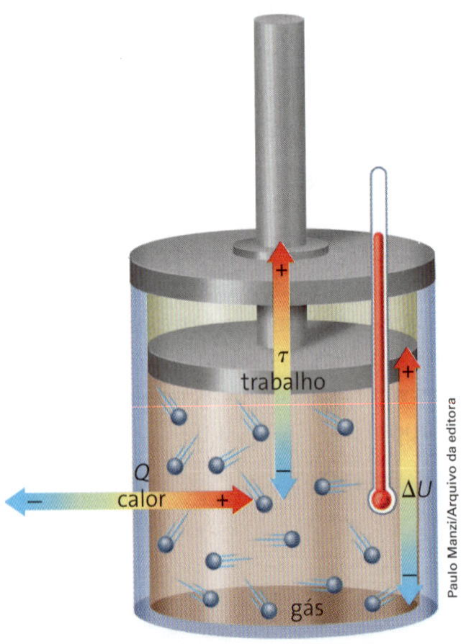

Figura 4.13 Esquema de funcionamento de um sistema termodinâmico que troca calor e trabalho com o meio externo.

Podemos, então, enunciar a **primeira lei da Termodinâmica**:

Se um sistema gasoso recebe calor do meio externo, essa energia pode ser armazenada no sistema e/ou pode ser utilizada na realização de trabalho.

$$Q = \Delta U + \tau \Rightarrow \Delta U = Q - \tau$$

Observe que a variação sofrida pela energia interna do gás ΔU é exatamente o saldo de energia entre o que ele recebeu ou cedeu de energia na forma de calor e o que o gás recebeu ou cedeu na forma de trabalho.

O calor, o trabalho e a energia interna podem ser medidos em calorias ou joules. É usual medir o calor em calorias (cal) e o trabalho, bem como a energia interna, em joules (J). No entanto, ao aplicar a primeira lei da Termodinâmica, devemos ter um cuidado especial em relação às unidades: os três elementos que figuram na equação devem estar nas mesmas unidades.

Física tem História

A origem da Termodinâmica remonta a 1824, quando Nicolas Sadi Carnot, engenheiro francês, publicou o influente livro *Reflexões sobre a energia motora do fogo*. Nesse trabalho inovador, ele explicou o funcionamento das máquinas a vapor, de acordo com o seu ponto de vista, e como o calor movimenta objetos.

Carnot usou a expressão "energia motora" para descrever a capacidade de realizar trabalho ou provocar o movimento de objetos. As máquinas a vapor, por exemplo, utilizam a energia que provém do calor para elevar pesos consideráveis ou puxar trens.

Com a compreensão de que o calor está relacionado ao movimento de átomos e moléculas, os cientistas começaram a entendê-lo como uma forma de energia. Quando um objeto perde velocidade em razão do atrito, por exemplo, sua energia de movimento não é perdida – ela apenas se transfere, na forma de calor, para átomos e moléculas do objeto e suas vizinhanças. Em outras palavras, a energia do movimento – cinética – transforma-se em térmica (calor).

Durante a década de 1840, os cientistas confirmaram a ideia pesquisada por James Prescott Joule e expressa matematicamente pelo físico alemão Hermann von Helmholtz de que a energia não pode ser criada nem destruída. Por volta de 1850, Rudolf Clausius, outro físico alemão, sugeriu que essa hipótese, chamada de conservação de energia, poderia ser a primeira lei da Termodinâmica.

$$\Delta U = Q - \tau$$

Observe que a energia total de um sistema se conserva, quando consideramos as diversas transformações que ocorrem.

Adaptado de: HART-DAVIS, Adam. 160 *séculos de ciência*: Revolução Industrial. São Paulo: Duetto Editorial, 2010. v. 3. p. 196.

J-L Charmet/SPL/Latinstock

Nicolas Sadi Carnot (1796-1832).

Hulton-Deutsch Collection/Corbis/Latinstock

James Prescott Joule (1818-1889).

Mathew Brady/Bettmann/Corbis/Latinstock

Hermann von Helmholtz (1821-1894).

Theo Schafgans/Jornal de Físico-Química, Berlim, Alemanha.

Rudolf Clausius (1822-1888).

- Faça uma pesquisa sobre as contribuições de Rudolf Clausius para a Termodinâmica.

Exercício resolvido

2. Um gás ideal monoatômico ($n = 0{,}50$ mol) sofre uma transformação termodinâmica *AB*, conforme a figura.

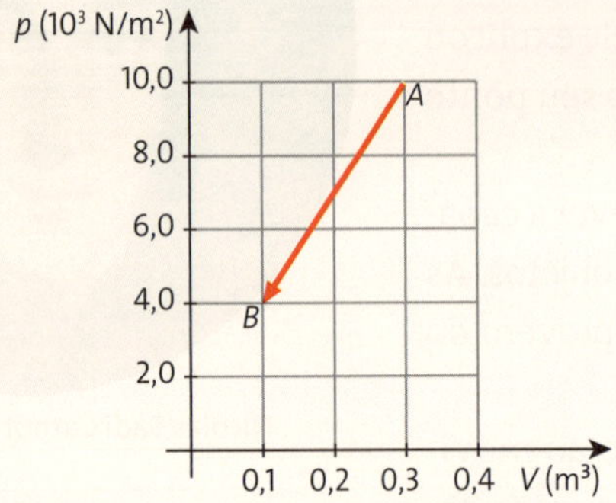

Sabendo-se que na transformação *AB* o gás cedeu 5 300 J de calor para o meio externo, determine:

a) o trabalho realizado nessa transformação;

b) a variação de energia interna do gás.

Resolução

a) O trabalho realizado pelo gás na transformação *AB* é dado pela área do trapézio:

$$\tau = \frac{10 \cdot 10^3 + 4 \cdot 10^3}{2} \cdot (0{,}1 - 0{,}3) \Rightarrow$$

$$\Rightarrow \tau = -1{,}4 \cdot 10^3 \text{ J} = -1400 \text{ J}$$

b) A variação da energia interna do gás é obtida por meio da primeira lei da Termodinâmica:

$$\Delta U = Q - \tau \Rightarrow \Delta U = -5\,300 - (-1400) \Rightarrow$$

$$\Rightarrow \Delta U = -3\,900 \text{ J}$$

Portanto, na transformação *AB* (compressão gasosa), o gás recebeu energia na forma de trabalho do meio externo, pois $\tau < 0$; cedeu energia na forma de calor para o meio externo, $Q < 0$; e sofreu uma diminuição em sua energia interna (redução de temperatura).

Exercícios

15. Um gás ideal absorve 50 cal de energia na forma de calor e expande-se, realizando um trabalho de 300 J. Considerando 1 cal = 4 J, determine a variação de energia interna desse gás.

16. Um sistema gasoso recebe uma quantidade de calor Q do meio externo e realiza um trabalho τ. Explique o que acontece com a energia interna do gás (aumenta, diminui ou permanece constante) nas seguintes condições:

a) a quantidade de calor recebida é, em módulo, menor do que o trabalho realizado;

b) a quantidade de calor recebida é, em módulo, maior do que o trabalho realizado.

17. Um recipiente rígido e fechado contém um gás ideal monoatômico à temperatura de 300 K. O gás é aquecido a volume constante e a temperatura final passa a 600 K.

a) O que acontece com a energia cinética do gás?

b) O que acontece com a energia interna do gás?

c) Ao se abrir uma válvula, mantendo a temperatura constante em 600 K, parte de um gás escapa e sua pressão assume novamente o valor que possuía a 300 K. Nessas condições, a energia interna do gás remanescente aumenta, diminui ou permanece constante? Justifique.

18. A primeira lei da Termodinâmica explica o funcionamento de uma locomotiva a vapor: a água é aquecida e ferve, e o vapor em expansão realiza o trabalho que impulsiona a locomotiva para a frente.

Pesquise e responda: é possível o vapor impulsionar a locomotiva realizando trabalho ao condensar?

19. No século XIX, a idade da Terra foi um tema muito discutido por físicos, biólogos e geólogos. Lorde Kelvin (William Thomson – 1824-1907), um eminente físico da época, partindo do fato de que a Terra foi formada de uma nuvem de poeira estelar e de que, no início, a temperatura era extremamente alta, calculou o tempo que ela levou para atingir a temperatura atual. Esses cálculos indicaram algo muito abaixo de 100 milhões de anos. Com isso, Kelvin, alegando que a primeira lei da Termodinâmica não podia ser violada, rejeitou as conclusões dos geólogos que afirmavam, com base no estudo das rochas, que a Terra teria centenas de milhões de anos de idade. Kelvin também contestou as afirmações dos biólogos de que, para explicar a evolução das espécies, a Terra deveria ter algo em torno de milhões de anos.

Faça uma pesquisa e verifique por que os biólogos e geólogos estavam com a razão. O que Kelvin deixou de considerar em seus cálculos, por não ser do conhecimento da época?

4 Transformações termodinâmicas

A seguir, vamos aplicar a primeira lei da Termodinâmica às principais transformações termodinâmicas (isotérmica, isométrica, isobárica e adiabática) e a uma transformação cíclica.

Transformação isotérmica

A energia interna de um gás ideal varia somente quando há mudança na temperatura. Logo, em um processo **isotérmico**, como a temperatura permanece constante, não há variação da energia interna. Temos, então:

$$\Delta U = 0$$

Aplicando-se a primeira da lei da Termodinâmica para essa transformação, obtemos:

$$\Delta U = Q - \tau \Rightarrow 0 = Q - \tau \Rightarrow Q = \tau$$

Caso o gás esteja recebendo calor, para que a energia interna permaneça constante durante todo o processo, ele deverá, simultaneamente, ceder ao meio externo a mesma quantidade de energia na forma de trabalho. Por outro lado, se o gás estiver cedendo certa quantidade de calor, simultaneamente, deverá receber essa mesma quantidade de energia na forma de trabalho.

Diferentemente do que ocorre com o trabalho, as trocas de calor são, em geral, processos muito lentos. Portanto, para que a igualdade entre a quantidade de calor e o trabalho realizado se mantenha ao longo de todo o processo, a transformação deve ser lenta.

Conforme a propriedade do diagrama $p \cdot V$, em que o trabalho, em módulo, é numericamente igual à área compreendida pelo diagrama, a área destacada na figura 4.14 indica o trabalho na transformação isotérmica.

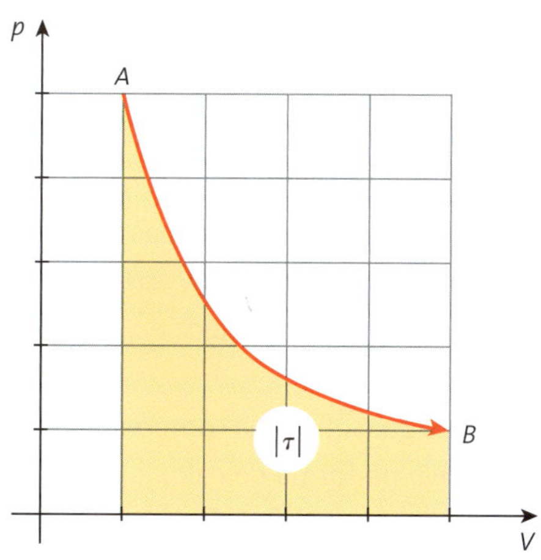

Figura 4.14 A área abaixo da curva entre os pontos A e B indica o módulo do trabalho realizado na transformação.

Transformação isométrica

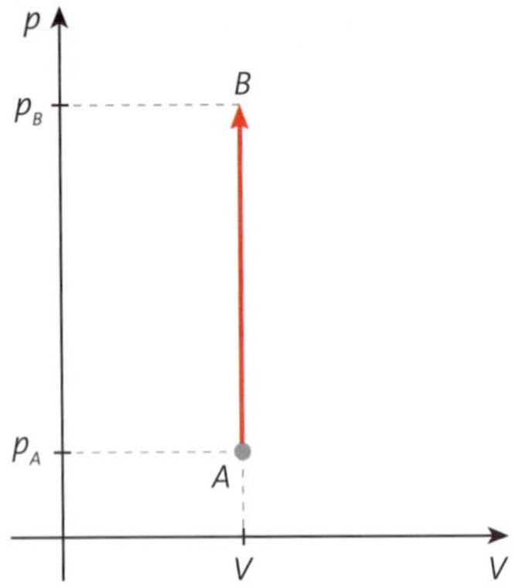

Figura 4.15 Na transformação isométrica não há realização de trabalho.

Na transformação **isométrica** não há variação de volume (figura 4.15). Essa situação ocorre nos recipientes indeformáveis. Nessas circunstâncias, embora o gás esteja aplicando força nas paredes do recipiente, essas forças não realizam trabalho, pois não deslocam o ponto de aplicação.

De acordo com a primeira lei da Termodinâmica, temos:

$$\Delta U = Q - \tau \Rightarrow \Delta U = Q - 0 \Rightarrow \Delta U = Q$$

A variação da energia interna corresponde à quantidade de calor cedida ou recebida durante o processo.

A quantidade de calor (Q) trocada pelo gás com o meio externo é dada por:

$$Q = m \cdot c \cdot \Delta T$$

Nessa expressão, c representa o calor específico do gás, sob volume constante. A massa m pode ser colocada em função do número de mols (n) e da massa molar (M) do gás:

$$m = n \cdot M$$

Assim, a expressão da quantidade de calor pode ser escrita como:

$$Q = n \cdot M \cdot c \cdot \Delta T$$

O produto $M \cdot c$ é calor específico molar (C_V) do gás submetido a um volume constante. Logo:

$$Q = n \cdot C_V \cdot \Delta T$$

No caso de um gás ideal monoatômico, temos:

$$\Delta U = Q \Rightarrow \frac{3}{2} \cdot n \cdot R \cdot \Delta T = n \cdot C_V \cdot \Delta T \Rightarrow C_V = \frac{3}{2} \cdot R$$

Transformação isobárica

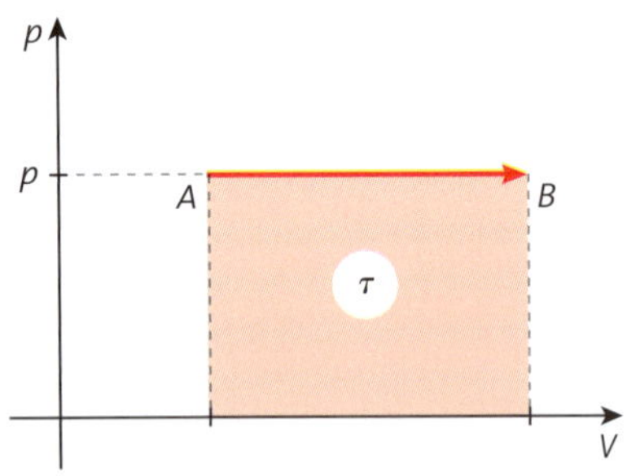

Figura 4.16 Indicação do trabalho realizado numa transformação isobárica.

O esquema da **figura 4.16** representa uma expansão **isobárica**. O gás realiza trabalho e, simultaneamente, recebe calor.

O trabalho nessa transformação é obtido por:

$$\tau = p \cdot \Delta V$$

Na expansão isobárica ($\tau > 0$), como a temperatura do gás aumenta, a sua energia interna ($\Delta U > 0$) também aumenta. Aplicando-se a primeira lei da Termodinâmica, o calor fornecido ao gás é maior que o trabalho realizado por ele. A diferença entre ambos ($Q - \tau$) é o saldo remanescente de energia da transformação, que permanece no gás na forma de acréscimo da energia interna.

Reciprocamente, se o gás sofre uma **compressão isobárica**, a quantidade de energia cedida por ele na forma de calor é maior que a quantidade de energia recebida na forma de trabalho. Em decorrência, a variação da energia interna é negativa, portanto o gás esfria.

Na transformação isobárica, a variação da energia interna é dada por:

$$\Delta U = \frac{3}{2} \cdot n \cdot R \cdot \Delta T \text{ (I)}$$

Utilizando a equação de Clapeyron na expressão do trabalho nesta transformação ($\tau = p \cdot \Delta V$), temos:

$$\tau = n \cdot R \cdot \Delta T \text{ (II)}$$

A partir do primeiro princípio da Termodinâmica, podemos obter a expressão para o calor trocado com o meio na transformação isobárica.

$$\Delta U = Q - \tau \Rightarrow Q = \Delta U + \tau$$

Substituindo por I e II:

$$Q = \frac{3}{2} \cdot n \cdot R \cdot \Delta T + n \cdot R \cdot \Delta T \Rightarrow Q = \frac{5}{2} \cdot n \cdot R \cdot \Delta T \text{ (III)}$$

A quantidade de calor trocado pelo gás com o meio também pode ser escrita como:

$$Q = n \cdot C_p \cdot \Delta T \text{ (IV)}$$

Nessa expressão, C_p é o calor molar à pressão constante. Igualando-se as expressões III e IV, temos:

$$\frac{5}{2} \cdot n \cdot R \cdot \Delta T = n \cdot C_p \cdot \Delta T \Rightarrow C_p = \frac{5}{2} \cdot R$$

Relação de Mayer

Os resultados obtidos mostram que, quando fornecemos calor para um gás que se mantém sob volume constante, ocorre uma variação de temperatura (variação de energia interna) diferente de quando fornecemos a mesma quantidade de calor para um gás que se mantém sob pressão constante. Nos gases, a quantidade de calor deve ser calculada criteriosamente, caso a caso, pois há outra modalidade de troca de energia envolvida no processo, que é o trabalho realizado pelo gás.

Mas, se levarmos um gás de uma isoterma *A* para uma isoterma *B*, por dois processos diferentes, um isométrico e o outro isobárico, em qual deles a quantidade de calor envolvida será maior?

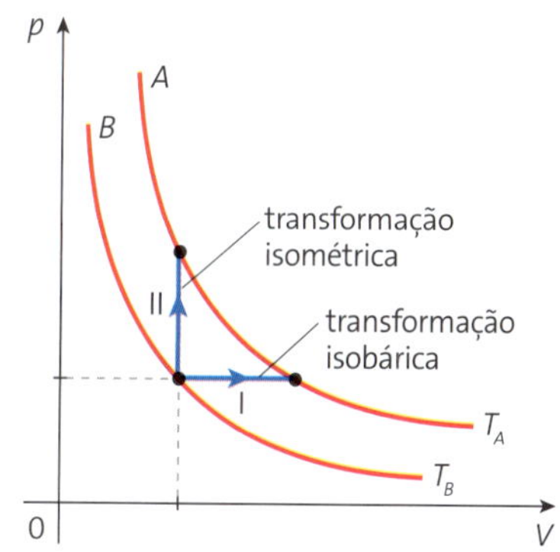

Figura 4.17 Isotermas de um gás ideal.

Na figura 4.17, temos as duas isotermas, *A* e *B*, tal que $T_A > T_B$, e as duas transformações: I, isobárica (pressão constante), e II, isométrica (volume constante).

Observe que, nas duas transformações, a variação de energia interna é a mesma. Assim, temos:

$$\Delta U_I = \Delta U_{II} \Rightarrow Q_p - \tau = Q_V$$
$$n \cdot C_p \cdot \Delta T - p \cdot \Delta V = n \cdot C_V \cdot \Delta T$$

Como $p \cdot \Delta V = n \cdot R \cdot \Delta T$, temos:

$$n \cdot C_p \cdot \Delta T - n \cdot R \cdot \Delta T = n \cdot C_V \cdot \Delta T \Rightarrow C_p - C_V = R$$

Essa última expressão é conhecida como relação de Mayer, estabelecida pelo médico e físico Julius Robert von Mayer (figura 4.18), e válida para todos os gases ideais. Ela nos permite concluir que o calor específico molar de um gás sob pressão constante é maior do que sob volume constante ($C_p > C_V$) e que a diferença entre ambos é a **constante universal dos gases perfeitos** (R).

Figura 4.18 Julius Robert von Mayer (1814-1878).

Transformação adiabática

A transformação **adiabática** ocorre quando o gás não troca calor com o meio externo. Portanto, $Q = 0$. Aplicando a primeira lei da Termodinâmica, temos:

$$\Delta U = Q - \tau \Rightarrow \Delta U = 0 - \tau \Rightarrow \Delta U = -\tau$$

A variação da energia interna em uma transformação adiabática é oposta ao valor algébrico do trabalho realizado pelo gás. Assim, podemos montar a tabela 4.1.

Tabela 4.1 – Transformação adiabática			
expansão	$\tau > 0$	$\Delta U < 0$	o gás esfria
compressão	$\tau < 0$	$\Delta U > 0$	o gás esquenta

Para refletir

Na transformação adiabática, alguma das três variáveis de estado (pressão, volume e temperatura) permanece constante?

Observações:

- Na expansão adiabática, o gás realiza trabalho sobre o meio externo; como ele não recebe calor, essa energia é transmitida ao meio externo à custa de uma redução em sua energia interna.
- Na compressão adiabática, o gás recebe energia na forma de trabalho do meio externo; como não há troca de calor, essa energia recebida eleva o valor da energia interna do gás.

Para esboçar o diagrama da transformação adiabática (figura 4.19), usamos como guias as isotermas. Na expansão adiabática, a energia interna do gás diminui; portanto, o estado final corresponde a uma temperatura menor que a inicial. Na compressão, ocorre o oposto.

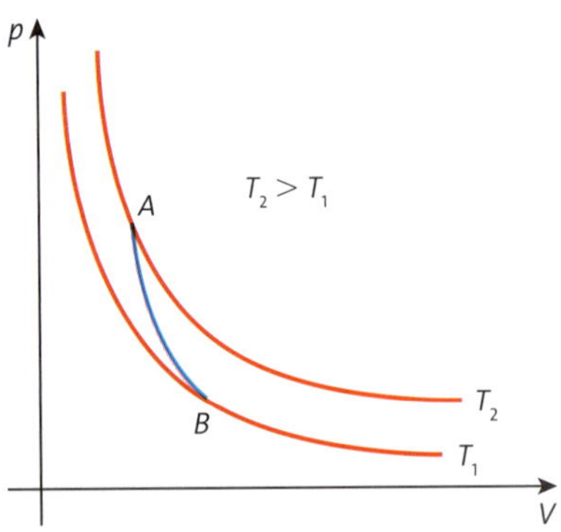

Figura 4.19 A transformação adiabática (em vermelho) comparada a duas isotermas.

Simeón Denis Poisson (figura 4.20), estudando a transformação adiabática, variando o volume, a pressão e a temperatura, estabeleceu a relação:

$$(p \cdot V)^{\gamma} = \text{constante} \Rightarrow \gamma = \frac{C_p}{C_V}$$

Bettmann/Corbis/Latinstock

Figura 4.20 Siméon Denis Poisson (1781-1840).

Transformação cíclica

É comum o gás, após uma série de transformações, retornar ao estado inicial. Isso ocorre, principalmente, nas máquinas térmicas, como estudaremos no próximo capítulo.

O cálculo do trabalho é feito dividindo-se o ciclo (figura 4.21.a) em duas fases: a expansão (figura 4.21.b) e a compressão (figura 4.21.c).

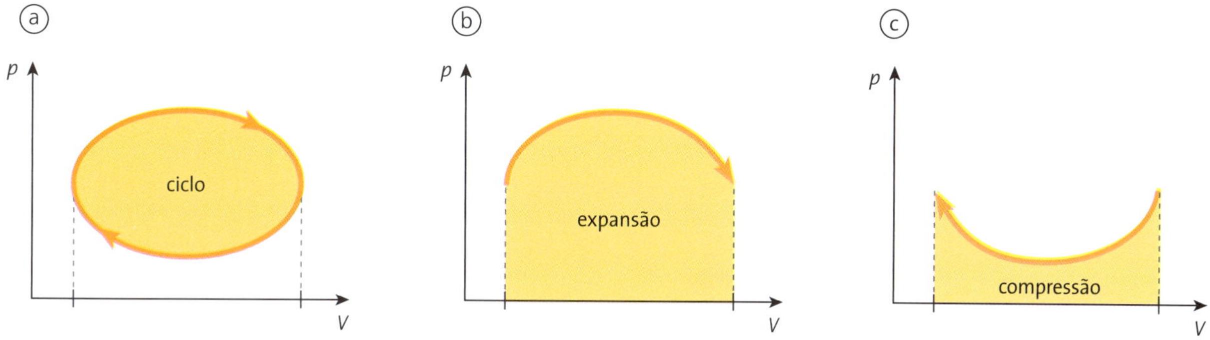

Figura 4.21 Transformação cíclica (**a**); expansão (**b**); compressão (**c**).

Na transformação cíclica, temos as seguintes condições:

- a variação de energia interna é nula ($\Delta U = 0$), porque a temperatura final é igual à inicial;
- a quantidade de calor trocada com o meio externo é igual ao trabalho realizado na transformação: $Q_{ciclo} = \tau_{ciclo}$.

Se o ciclo tem sentido horário, a área relativa à expansão é maior que a relativa à compressão. A diferença entre essas duas áreas, a parte compreendida pelo ciclo, representa o saldo de trabalho, que, nesse caso, é positivo (figura 4.22).

No caso de o ciclo ser anti-horário, o saldo de trabalho é negativo (figura 4.23).

O trabalho do gás no ciclo, em módulo, é numericamente igual à área compreendida pelo ciclo.

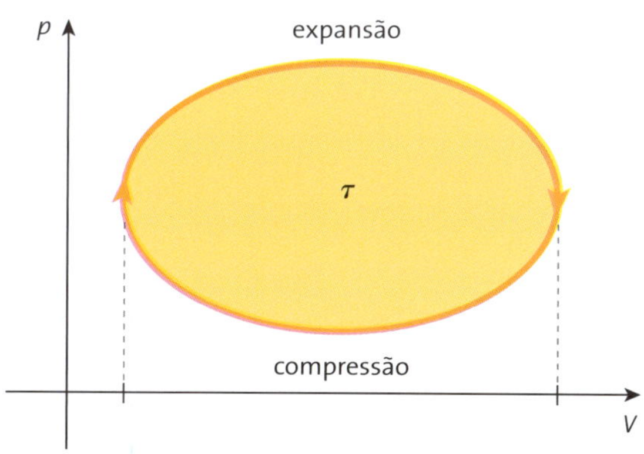

Figura 4.22 A área compreendida pela expansão é maior que a determinada pela compressão; o trabalho no ciclo é positivo.

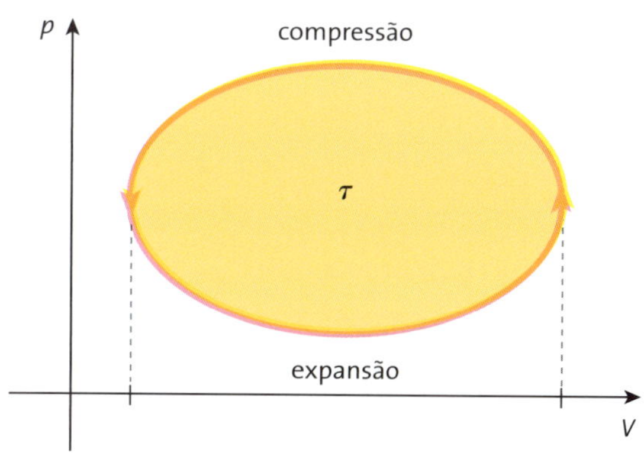

Figura 4.23 A área compreendida pela compressão é maior que a determinada pela expansão; o trabalho no ciclo é negativo.

Física explica

O ciclo diário de sua vida

Todos os dias, seu corpo (um sistema termodinâmico) sofre um processo termodinâmico cíclico, como o mostrado na figura abaixo. O calor Q é fornecido pela metabolização dos alimentos, e seu corpo realiza trabalho τ quando você respira, caminha ou faz outras atividades.

Caso você retorne ao seu estado inicial no final do dia, $Q = \tau$, e a variação total da sua energia interna é igual a zero.

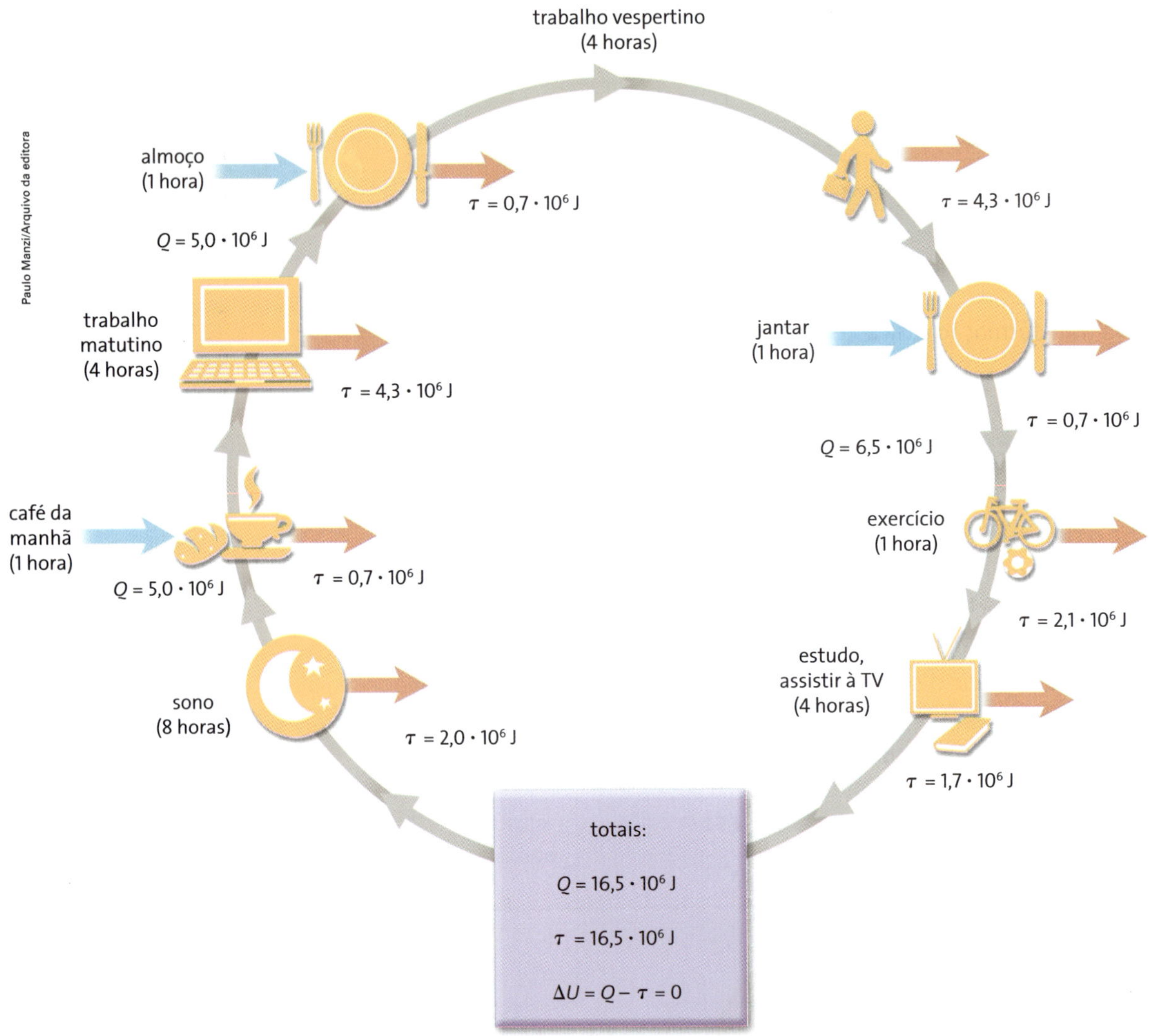

Adaptado de: YOUNG, Hugh D. *Física II*: Termodinâmica e ondas. 12. ed. São Paulo: Addison Wesley, 2008. p. 258.

1. Costuma-se dizer que uma pessoa dormindo "consome" energia equivalente a uma lâmpada de 60 W. Com base na figura acima, responda: essa afirmação está correta? Justifique.
2. É possível uma pessoa, ao final do dia, não retornar ao estado inicial? Nessas condições, a primeira lei da Termodinâmica continua válida? Explique.

Exercícios

20. Numa expansão isotérmica, um gás cede para o meio externo 200 J de energia na forma de trabalho mecânico. Qual é a quantidade de calor trocada pelo gás com o meio externo?

21. Três mols de um gás monoatômico ideal, inicialmente sob temperatura de 400 K, sofrem uma transformação isométrica recebendo 747 J na forma de calor.
    a) Determine o trabalho realizado pelo gás e sua variação de energia interna.
    b) O que acontece com a temperatura do gás?

22. Um gás ideal monoatômico sofre a transformação isobárica representada no diagrama.

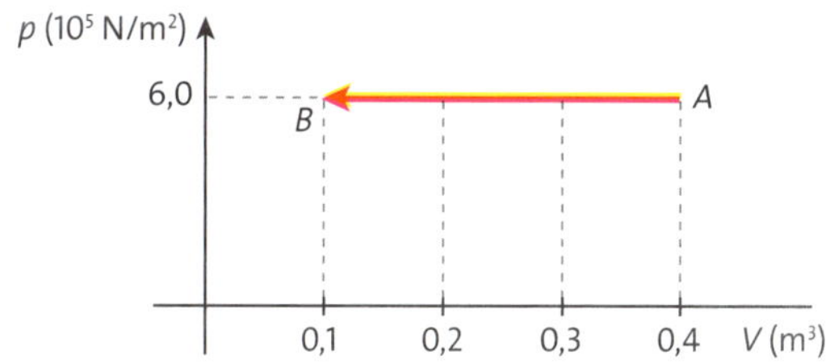

a) O gás sofreu expansão ou compressão?
b) Qual foi o trabalho realizado pelo gás nessa transformação?
c) A variação de energia interna é positiva ou negativa? Justifique.

23. Nos perfumes ou desodorantes aerossóis, o gás (na verdade, um vapor) sai do recipiente e expande-se muito rapidamente. Como as trocas de calor são processos lentos, podemos considerar desprezível o calor trocado por esse gás, o que ilustra um exemplo de expansão adiabática. O desodorante chega ao nosso corpo em uma temperatura maior ou menor que a do ambiente?

24. Um gás perfeito sofre as transformações *AB*, *BC*, *CD* e *DA*, descrevendo o ciclo indicado no gráfico a seguir.

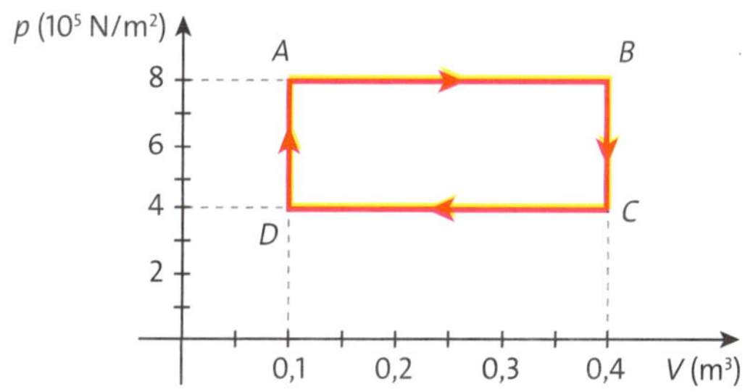

Determine para o ciclo:
a) o trabalho realizado pelo gás;
b) a variação da energia interna;
c) a quantidade de calor trocada com o meio.

25. Um gás perfeito sofre as transformações *AB*, *BC*, *CA*, descrevendo o ciclo indicado no gráfico a seguir. A quantidade de gás é 0,02 mol.

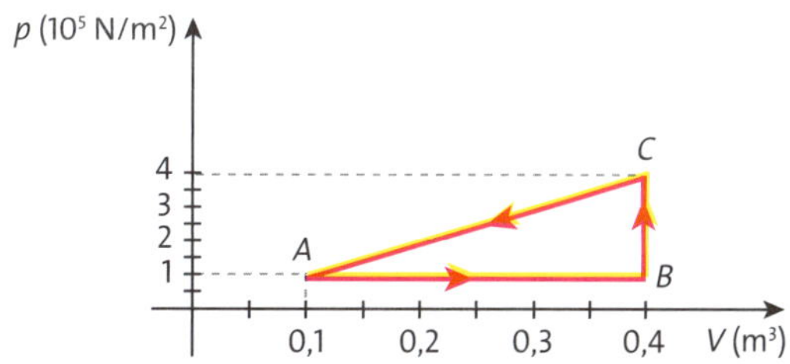

Determine para o ciclo:
a) a quantidade de calor trocada com o meio;
b) em qual ponto, *A*, *B* ou *C*, a temperatura do gás é maior;
c) a transformação na qual o gás realiza trabalho motor.

Robert Boyle

Bettmann/Corbis/Latinstock

Robert Boyle (1627-1691).

"Robert Boyle nasceu em uma família protestante inglesa radicada na Irlanda. Foi o décimo quarto filho, entre quinze, de Richard Boyle, conde de Cork.

Boyle, um dos responsáveis pelo estabelecimento da Química como ciência, redirecionou a metodologia da Física e da Química modernas em razão da valorização das medidas e da racionalidade das deduções experimentais. É considerado o fundador da análise química em virtude dos seus estudos sobre a composição dos corpos.

Por vinte anos, Boyle viajou pela Europa, inicialmente dedicando-se à difusão da fé cristã e ao estudo das línguas continentais, depois aprofundando-se na pesquisa científica. Aprendeu italiano para visitar Veneza e, no começo de 1642, estava em Florença quando Galileu Galilei (1564-1642) morreu em uma vila próxima. Influenciado pela abordagem de Galileu para os fenômenos naturais utilizando a Matemática e a Mecânica, passou a ser um forte defensor dessas ideias.

Foi um dos primeiros pesquisadores que tentaram dar forma científica ao atomismo dos antigos, opondo-se à teoria dos quatro elementos de Aristóteles de Estagira (384 a.C.-322 a.C.) e às teorias de Paracelsus (1493-1541), embora seu ceticismo não tenha impedido uma dedicação apaixonada à alquimia. De volta à Inglaterra, escreveu diversos ensaios filosóficos e começou seus estudos de Física e Química. Embora seu principal interesse fosse a Química, era também fascinado pelas propriedades físicas do ar. Foi um dos fundadores da Royal Society de Londres, a partir de um movimento iniciado entre os cientistas da época (1644). Transferiu-se para Oxford (1654), onde realizou sua maior produção científica.

Robert Boyle estendeu a sua pesquisa à Hidrostática, ao som, aos fenômenos da respiração e, com base nos trabalhos de Otto von Guericke (1602-1686), incentivou Robert Hooke (1635-1703) a aperfeiçoar a bomba de vácuo. Ambos construíram uma máquina pneumática para o desenvolvimento de pesquisas com gases (1659), especialmente com o ar. Boyle publicou *Novas experiências físico-mecânicas*, sobre máquinas propulsoras de ar e geradoras de vácuo, criadas com Hooke. Eles também construíram uma bomba pneumática que permitiu demonstrar a impossibilidade da propagação do som no vácuo.

Boyle notabilizou-se pelos estudos sobre a dilatação dos gases, publicados em *The Sceptical Chymist* (1661), um dos primeiros textos científicos em que a Química se diferenciou da alquimia e da Medicina. Essa obra abriu uma nova era na história da Química, uma vez que predefiniu, ainda que vagamente, os modernos conceitos de átomo e de molécula. Boyle também formulou a importante lei de Boyle para os gases, posteriormente conhecida como lei de Boyle-Mariotte.

Os seus múltiplos interesses intelectuais levaram Boyle a montar uma gráfica em que imprimiu diversas traduções da Bíblia. Durante alguns anos, dirigiu a Companhia das Índias Orientais e, sem abandonar a pesquisa, dedicou os últimos anos de vida à pregação religiosa, até sua morte, em Londres."

O'CONNOR, J. J.; ROBERTSON, E. F. Robert Boyle.
Disponível em: <www-history.mcs.st-andrews.ac.uk/Biographies/Boyle.html>. Acesso em: out. 2012. Tradução do autor.

EXPERIMENTO

Lei de Boyle

Nesta atividade experimental, você poderá verificar a lei de Boyle para os gases. Você vai precisar de uma seringa descartável (sem agulha).

As seringas descartáveis, geralmente, vêm com uma tampinha para vedação do bico (caso a seringa que for usar não tiver essa vedação, você pode usar o dedo como tampa). Destampe a seringa, insira o êmbolo até a posição em que começa a escala dos volumes (volume máximo) e tampe novamente.

Nessas condições, podemos afirmar que a pressão no interior da seringa é a pressão atmosférica?

O que acontece com o volume de ar dentro da seringa quando você empurra o êmbolo para dentro? O que acontece com a temperatura e a pressão dentro da seringa?

Agora, destampe a seringa e empurre o êmbolo até o final da escala (volume mínimo). Em seguida, tampe novamente e puxe o êmbolo para cima. O que acontece com o volume, a pressão e a temperatura dentro da seringa?

Por que no primeiro caso a seringa deve ser tampada somente após o êmbolo ser colocado no começo da escala? Por que, no segundo caso, ela deve ser tampada somente quando o êmbolo estiver no final da escala?

Coloque uma pequena bexiga com ar dentro da seringa e repita os procedimentos.

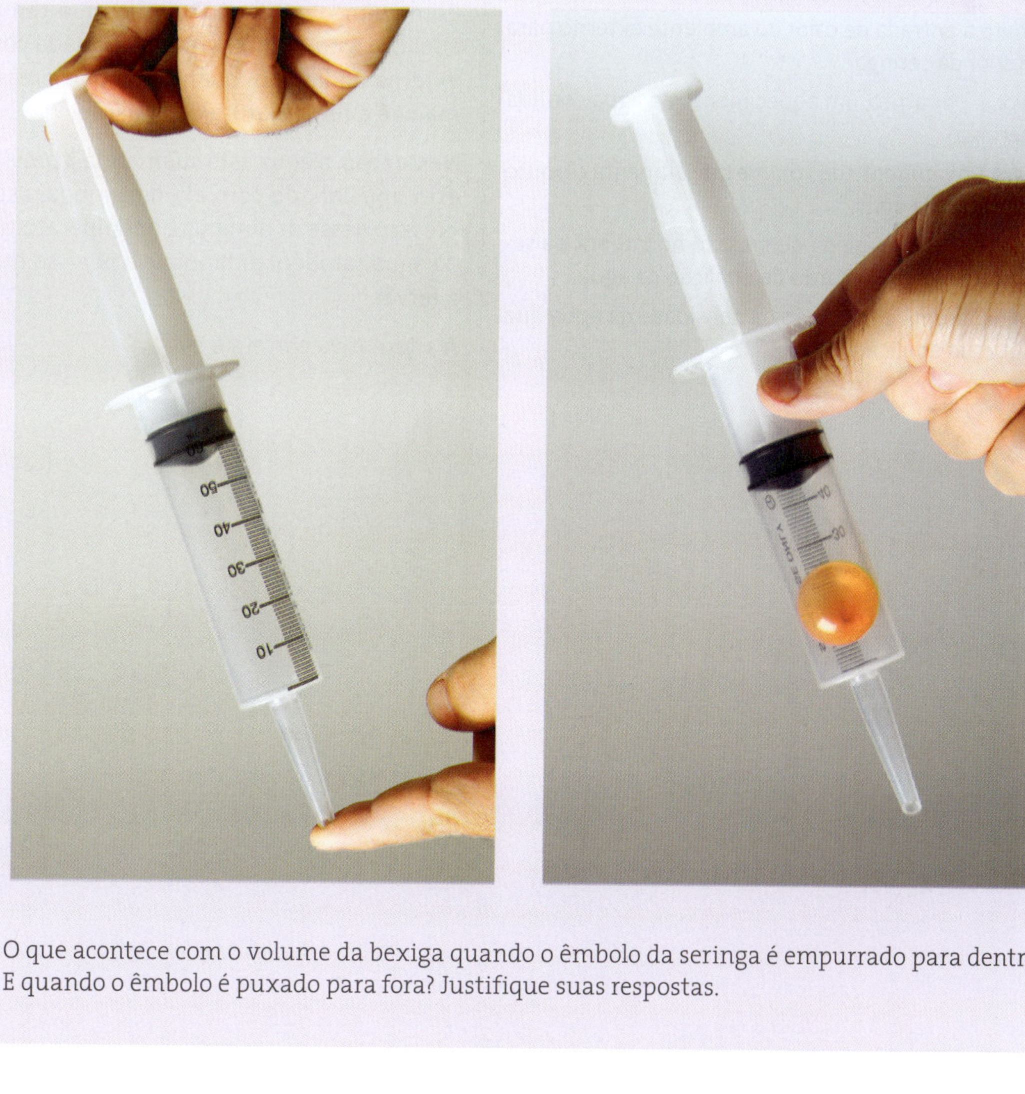

Fotos: Sérgio Dotta Jr./Arquivo da editora

- O que acontece com o volume da bexiga quando o êmbolo da seringa é empurrado para dentro? E quando o êmbolo é puxado para fora? Justifique suas respostas.

Pensando no Enem

Sob pressão normal (ao nível do mar), a água entra em ebulição à temperatura de 100 °C. Tendo por base essa informação, um garoto residente em uma cidade litorânea fez a seguinte experiência:

Colocou uma caneca metálica contendo água no fogareiro do fogão de sua casa.

Quando a água começou a ferver, encostou cuidadosamente a extremidade mais estreita de uma seringa de injeção, desprovida de agulha, na superfície do líquido e, erguendo o êmbolo da seringa, aspirou certa quantidade de água para seu interior, tampando-a em seguida.

Verificando após alguns instantes que a água da seringa havia parado de ferver, ele ergueu o êmbolo da seringa, constatando, intrigado, que a água voltou a ferver após um pequeno deslocamento do êmbolo.

Considerando o procedimento anterior, a água volta a ferver porque esse deslocamento

a) permite a entrada de calor do ambiente externo para o interior da seringa.
b) provoca, por atrito, um aquecimento da água contida na seringa.
c) produz um aumento de volume que aumenta o ponto de ebulição da água.
d) proporciona uma queda de pressão no interior da seringa que diminui o ponto de ebulição da água.
e) possibilita uma diminuição da densidade da água que facilita sua ebulição.

Resolução

A água em ebulição, ao ser aspirada pela seringa, chega em seu interior à temperatura de ebulição para a pressão atmosférica externa do local onde o experimento está sendo realizado.

Como não houve mais fornecimento de calor para a água dentro da seringa, naturalmente a água para de ferver, pois perde calor para o ambiente e sua temperatura cai.

Quando o êmbolo da seringa é levantado, em razão da rapidez do processo, pode-se supor que o gás aprisionado na seringa não troca calor com o meio, passando, portanto, por uma expansão adiabática, que ocorre com diminuição da pressão do gás aprisionado na seringa, conforme evidencia o esboço do gráfico $p \times V$.

Como vimos no capítulo anterior, a temperatura de ebulição está diretamente relacionada com a pressão externa ao líquido: quanto maior a pressão externa, maior é a temperatura de ebulição.

Nesse caso, a água está submetida à pressão do ar que está aprisionado com ela na seringa; assim, como a pressão desse ar diminuiu, a temperatura de ebulição da água também diminuiu e é por isso que ela voltou a ferver.

A alternativa correta é a **d**.

Vestibulares de Norte a Sul

1. CO (UFMS) Uma certa massa de gás monoatômico ideal sofre uma transformação cíclica *ABCA*, representada no gráfico abaixo, da pressão (p) em função do volume (V).

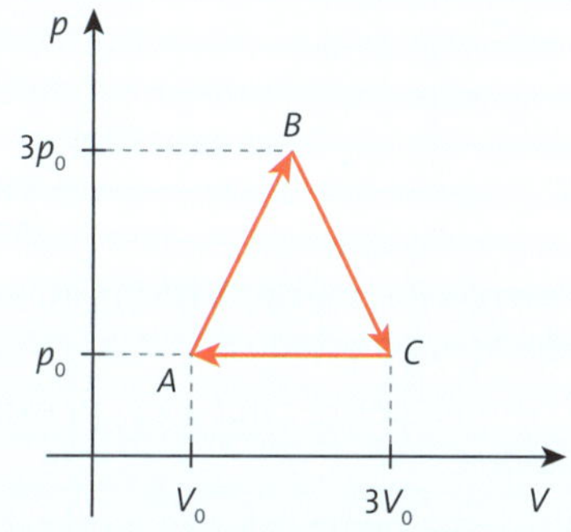

Sendo sua temperatura em *A* igual a T_0 e seu volume em *B* igual a $2V_0$, é correto afirmar que:

(01) a maior temperatura do gás é $3T_0$.

(02) na transformação *AB*, o gás libera calor.

(04) na transformação cíclica *ABCA*, o gás absorve calor igual a $2p_0V_0$.

(08) na transformação cíclica *ABCA*, o trabalho realizado pelo gás é igual a $2p_0V_0$.

(16) na transformação cíclica *ABCA*, a variação da energia interna do gás é negativa.

Some os números dos itens corretos.

2. CO (UFG-GO) Supondo que um sistema passe de um estado a outro, trocando energia com sua vizinhança, calcule a variação de energia interna do sistema nos seguintes casos:

a) o sistema absorve 1000 cal de calor e realiza um trabalho de 2000 J;

b) o sistema absorve 1000 cal de calor e um trabalho de 2000 J é realizado sobre ele;

c) o sistema libera 1000 cal para a vizinhança e um trabalho de 2000 J é realizado sobre ele.

Dado: 1 cal = 4,18 J

3. NE (UFRN) Um sistema termodinâmico realiza um trabalho de 40 kcal quando recebe 30 kcal de calor. Nesse processo, a variação de energia interna desse sistema é:

a) −10 kcal.

b) zero.

c) 10 kcal.

d) 20 kcal.

e) 35 kcal.

4. CO (UnB-DF) N mols de um gás ideal estão contidos no reservatório mostrado na figura, inicialmente à temperatura T_i. Um êmbolo móvel constitui a parede superior do reservatório. A massa do êmbolo pode ser considerada desprezível. O gás é aquecido à pressão constante, até que seu volume torna-se igual a duas vezes o valor inicial, V_i. Sendo p a pressão exercida pelo meio externo sobre o êmbolo, pode-se afirmar que:

I. o trabalho executado pelo gás ao se expandir é $2pV_i$.

II. a pressão no interior do reservatório também é p.

III. a temperatura do gás quando seu volume for igual a $2V_i$ será $2T_i$.

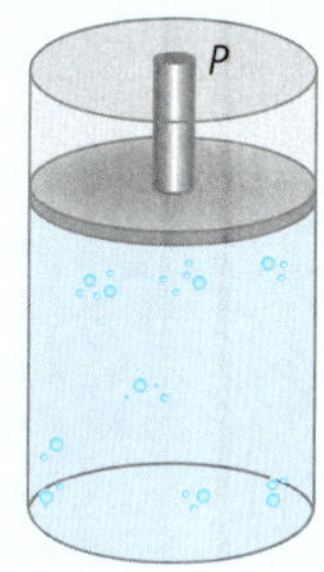

Formato/Arquivo da editora

Assinale:

a) se todas as proposições forem corretas.

b) se somente as proposições II e III forem corretas.

c) se somente as proposições I e III forem corretas.

d) se somente as proposições I e II forem corretas.

e) se todas as proposições forem incorretas.

5. NE (UFBA) Em uma transformação isotérmica, mantida a 127 °C, o volume de certa quantidade de gás, inicialmente sob pressão de 2,0 atm, passa de 10 para 20 litros. Considere a constante dos gases, R, igual a 0,082 atm · L/mol · K. Tendo em vista a transformação gasosa acima descrita, assinale o que for correto.

(01) O produto nR variou entre 0,10 atm · R/K e 0,050 atm · R/K.

(02) A pressão final do gás foi de 1,0 atm.

(04) A densidade do gás permaneceu constante.

(08) O produto nR tem um valor constante de 0,050 atm · R/K.

(16) O produto nR tem um valor constante de 50 atm · cm³/K.

(32) A densidade final do gás foi de 50% do valor inicial.

Some os números dos itens corretos.

6. **NE** (UFMA) Um determinado gás perfeito, contido em um recipiente, ocupa inicialmente um volume V_0. O gás sofre então uma expansão isotérmica, atingindo o estado 2, a partir do qual passa por um processo de aquecimento isovolumétrico, atingindo o estado 3. Do estado 3, o gás retorna ao estado 1 (inicial) através de uma compressão isobárica. Indique qual dos diagramas abaixo representa a sequência dos processos acima.

a)
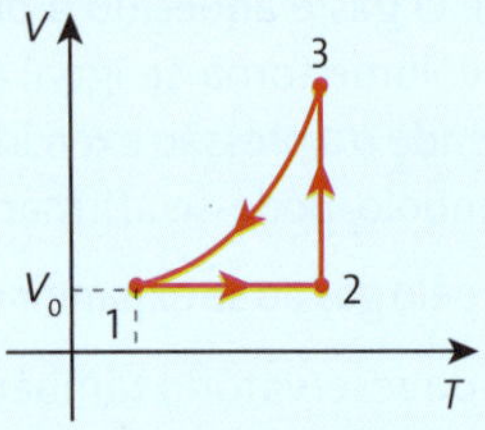

b)
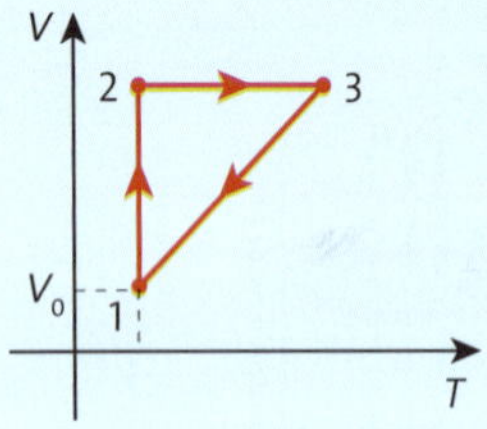

c)
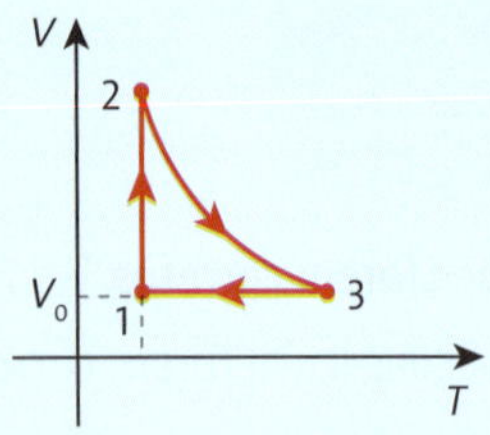

d)
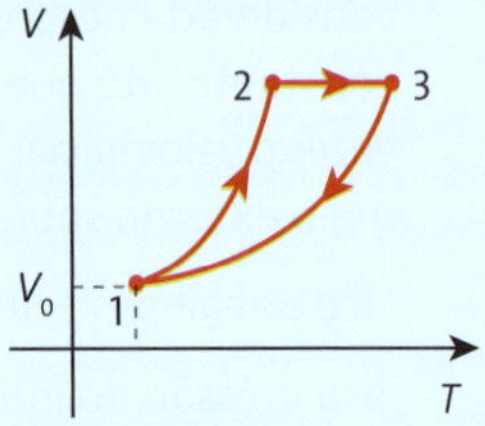

e)
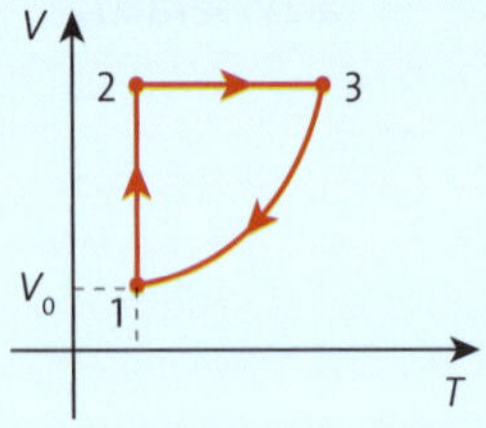

7. **N** (UEA-AM) Um gás (suposto perfeito) é submetido a sucessivas transformações, de modo a fechar um ciclo no tempo total de 20 segundos.

Todo o processo termodinâmico é descrito no gráfico a seguir:

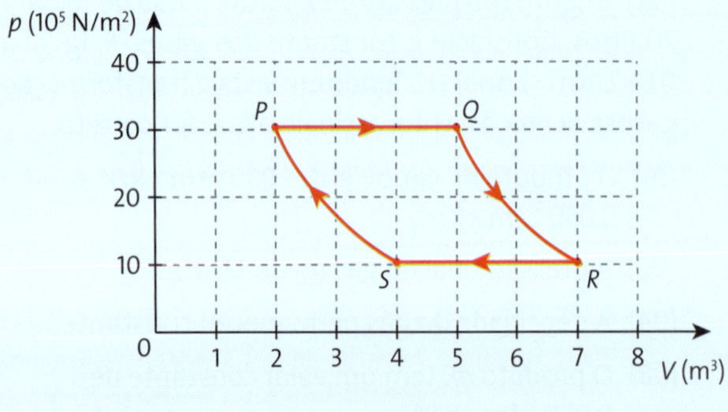

Assim, a potência gerada no processo cíclico $P \to Q \to R \to S \to P$ vale, aproximadamente:

a) 3×10^5 W.
b) 8×10^5 W.
c) 3×10^6 W.
d) 8×10^6 W.
e) 9×10^6 W.

8. **N** (Unifap) Um sistema formado por um gás ideal experimenta um processo reversível ou cíclico, seguindo a trajetória mostrada no diagrama pressão (p) *versus* volume (V).

Obtenha o(s) valor(es) numérico(s) associado(s) à(s) proposição(ões) VERDADEIRA(S), a partir deste diagrama.

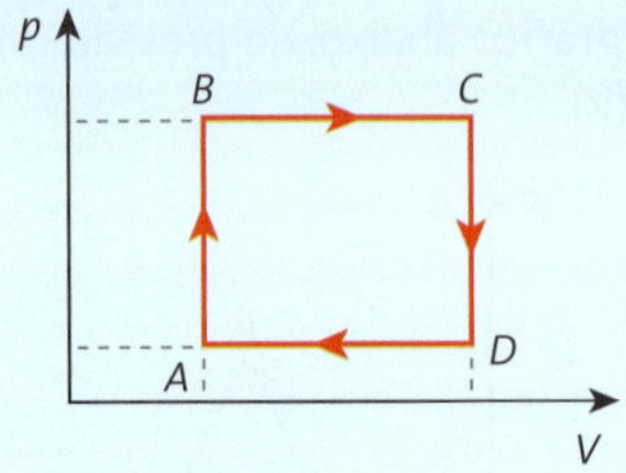

(01) O energia interna do sistema diminui ao ir do estado A para o estado B.

(02) O sistema perde calor ao ir do estado B para o estado C.

(04) O sistema perde calor ao ir do estado C para o estado D.

(08) O sistema ganha calor no processo de transformação $C \to D \to A$.

9. **N** (UFPA) Ao encher o pneu de uma bicicleta o borracheiro comprime rapidamente o ar para o interior do pneu, ocorrendo assim um processo adiabático. O gráfico abaixo representa esse fenômeno, em um diagrama de pressão-volume.

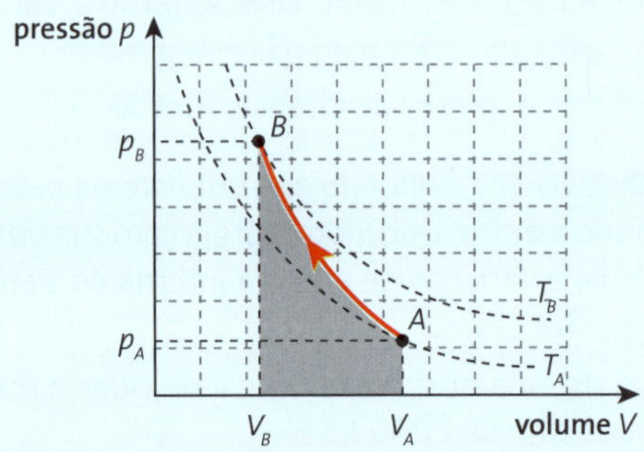

Considerando o fenômeno referido e o gráfico acima, julgue as afirmações:

I. A área destacada sob a curva mede numericamente o trabalho realizado na transformação adiabática.

II. A pressão p e o volume V, em um processo adiabático, relacionam-se pela Lei de Boyle.

III. Sendo um processo de compressão adiabática, então, o volume e a temperatura diminuem.

IV. Se T_A e T_B são, respectivamente, as isotermas das temperaturas inicial e final do processo, então $T_B > T_A$.

Estão corretas apenas:

a) I e II.
b) II e III.
c) III e IV.
d) I e III.
e) I e IV.

10. **SE** (Vunesp-SP) Um gás ideal é submetido às transformações $A \rightarrow B$, $B \rightarrow C$, $C \rightarrow D$ e $D \rightarrow A$, indicadas no diagrama pV apresentado na figura.

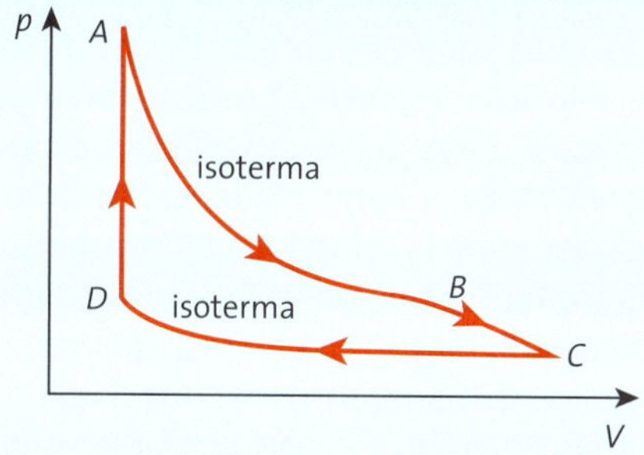

Com base nesse gráfico, analise as afirmações.

I. Durante a transformação $A \rightarrow B$, a energia interna se mantém inalterada.

II. A temperatura na transformação $C \rightarrow D$ é menor do que a temperatura na transformação $A \rightarrow B$.

III. Na transformação $D \rightarrow A$, a variação de energia interna é igual ao calor absorvido pelo gás.

Dessas três afirmações, estão corretas:

a) I e II, apenas.

b) III, apenas.

c) I e III, apenas.

d) II e III, apenas.

e) I, II e III.

11. **SE** (UFV-MG) O gráfico abaixo representa um ciclo termodinâmico reversível ($A \rightarrow B \rightarrow C \rightarrow A$), experimentado por um mol de gás ideal. Dado: Constante universal dos gases $R = 8{,}3$ J/mol · K.

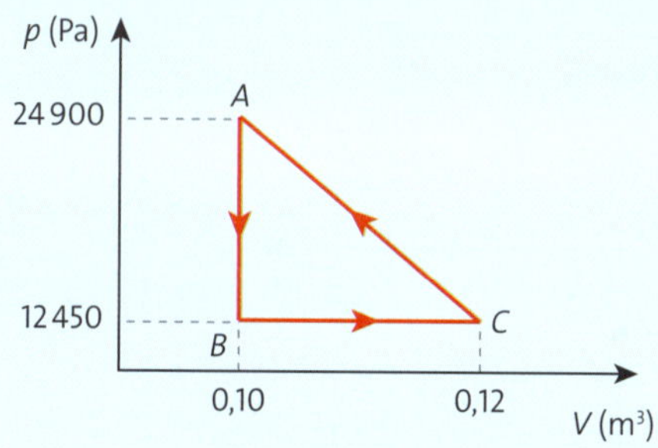

De acordo com o gráfico, analise as afirmativas abaixo e responda de acordo com o código.

I. A variação da energia interna no ciclo completo ($A \rightarrow B \rightarrow C \rightarrow A$) é nula.

II. Em um ciclo completo entraram 124,5 J de calor no sistema.

III. A temperatura do sistema no ponto A é 300 K.

a) I e III são corretas.

b) I e II são corretas.

c) II e III são corretas.

d) Apenas I é correta.

12. **SE** (UFRJ) Considere uma certa massa de um gás ideal em equilíbrio termodinâmico. Numa primeira experiência, faz-se o gás sofrer uma expansão isotérmica durante a qual realiza um trabalho τ e recebe 150 J de calor do meio externo. Numa segunda experiência, faz-se o gás sofrer uma expansão adiabática, a partir das mesmas condições iniciais, durante a qual ele realiza o mesmo trabalho τ.

Calcule a variação de energia interna ΔU do gás nessa expansão adiabática.

13. **S** (UFPR) Um gás ideal está contido no interior de um recipiente cilíndrico provido de um pistão, conforme a figura abaixo. Considere que, inicialmente, o gás esteja a uma pressão p, a uma temperatura T e num volume V.

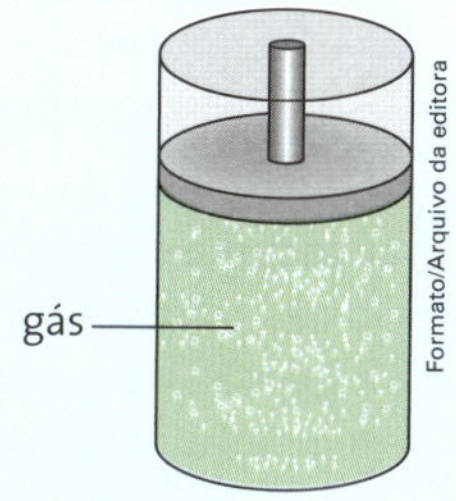

Com base nesses dados e nas leis da Termodinâmica, é correto afirmar:

(01) Em uma transformação adiabática, o gás absorve calor do meio externo.

(02) A energia interna do gás permanece constante em uma transformação isotérmica.

(04) Em uma expansão isobárica, a energia interna do gás diminui.

(08) Em uma transformação isovolumétrica, a variação da energia interna do gás é igual à quantidade de calor que o gás troca com o meio externo.

(16) Pode-se diminuir a pressão do gás mediante a realização de uma expansão isotérmica.

Some os números dos itens corretos.

14. **S** (UCS-RS) Certa máquina térmica executa o ciclo da figura, efetuando 20 revoluções por segundo.

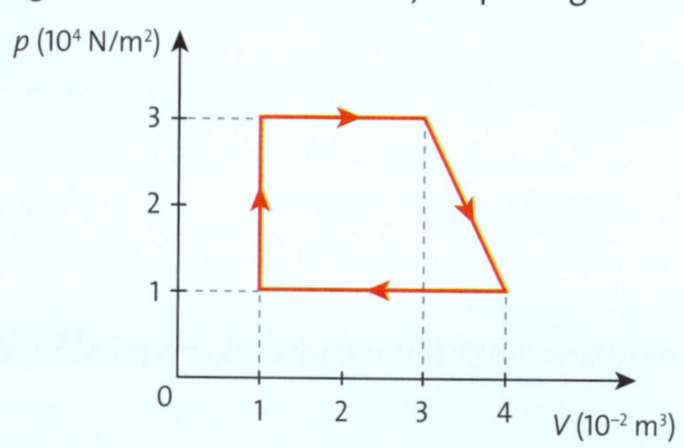

A potência da máquina, em quilowatts, é igual a:

a) 100.

b) 10.

c) 1,0.

d) 0,5.

e) 0,20.

15. **S** (UFRGS-RS) Uma certa massa de gás ideal é submetida ao processo $A \rightarrow B \rightarrow C$ indicado no diagrama pV.

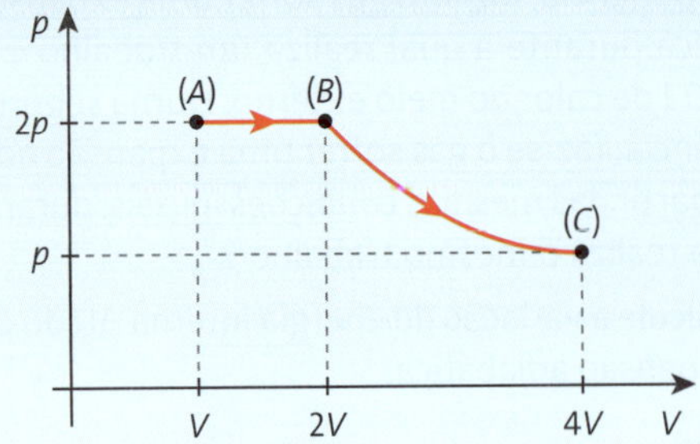

Sendo T a temperatura absoluta do gás no estado A, a temperatura absoluta no estado C é:

a) T.
b) 2T.
c) $4T$.
d) $\frac{T}{2}$.
e) $\frac{T}{4}$.

16. **N** (UFPA) O gráfico representado a seguir é um modelo ideal do ciclo das transformações que ocorrem em um motor a explosão de quatro tempos (de um automóvel, por exemplo), uma das máquinas térmicas mais populares que existem. As transformações são realizadas no interior de um cilindro, usando uma mistura de vapor de gasolina e ar (considerada um gás ideal), para produzir movimento em um pistão. As evoluções de A para B e de C para D são processos adiabáticos enquanto de B para C e de D para A são processos isométricos.

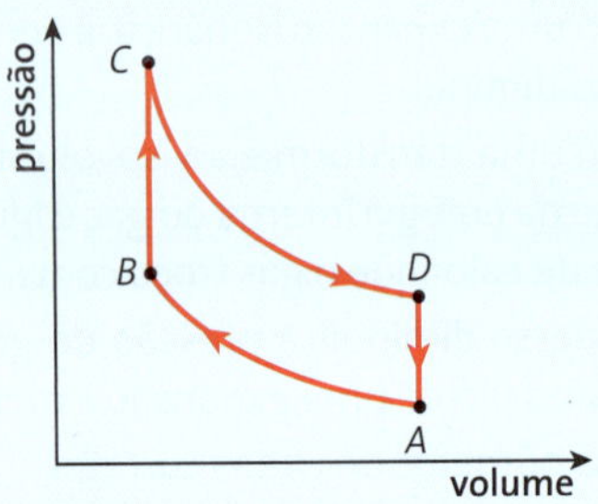

Considerando o texto e o gráfico representados acima, analise as seguintes afirmações:

I. Na transformação de A para B, o trabalho realizado é positivo.
II. Na transformação de B para C, a variação da energia interna do gás é negativa.
III. Na transformação de C para D, a temperatura do gás diminui.
IV. A variação da entropia, na transformação reversível de C para D, é nula.

Estão corretas somente:

a) I e II.
b) I e III.
c) II e III.
d) III e IV.
e) II e IV.

17. **N** (UFPA) Na madrugada de 12 de julho de 1884, no largo da Sé em Belém, o paraense Julio Cezar Ribeiro de Souza começou a encher seu dirigível "Santa Maria de Belém", para validar, na prática, o sistema de navegação aérea por ele inventado. Devido a problemas na produção do hidrogênio, o processo foi suspenso às 11h da manhã, antes de se completar o enchimento do dirigível. Nesse horário, a intensa radiação solar provoca o aquecimento do gás contido no balão. Assumindo que o hidrogênio no balão é um gás ideal e que a partir das 11h tanto a sua pressão quanto seu número de moles permanecem constantes, identifique qual dos gráficos abaixo descreve acertadamente a variação do volume V do balão, com relação à variação da temperatura T, após as 11h.

a)
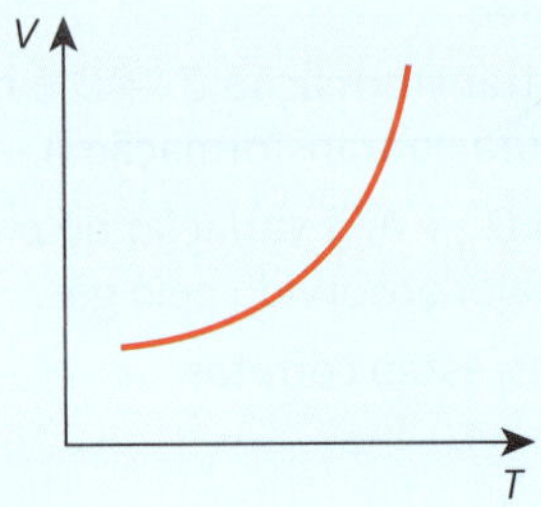

b)
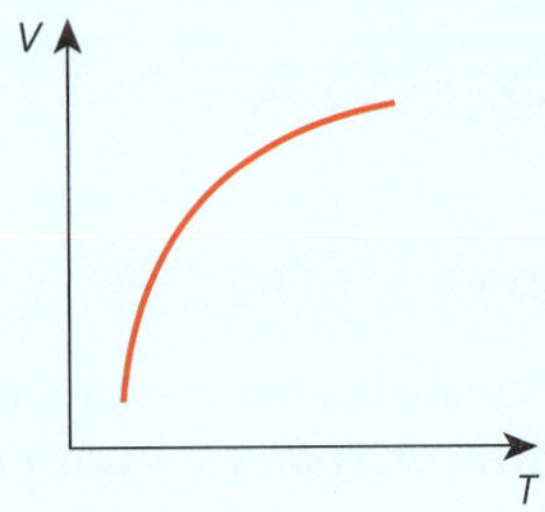

c)
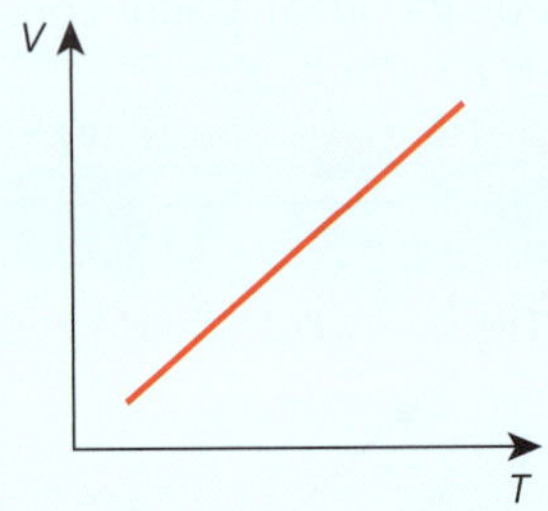

d)

e)
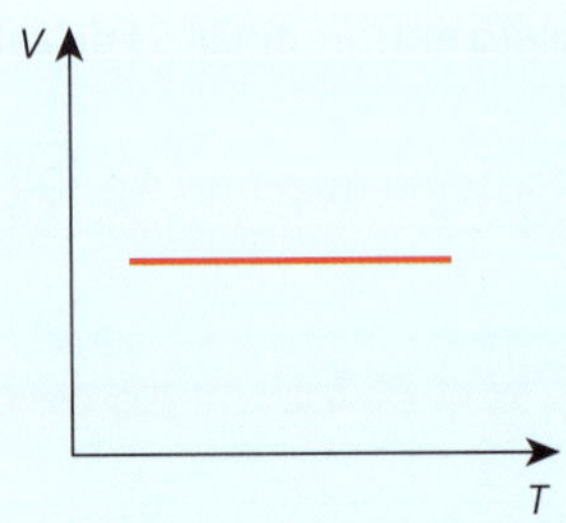

CAPÍTULO

5 Segunda lei da Termodinâmica

É possível transformar as cinzas em brasas e depois em carvão para ser estocado para o próximo churrasco?

Figura 5.1 Mistura de leite frio com café quente. É possível o leite frio separar-se espontaneamente do café quente?

1 Segunda lei da Termodinâmica

A pergunta da abertura do capítulo sobre o carvão nos remete à seguinte questão: por que alguns fenômenos podem ocorrer em determinada sequência e não em outra? Por exemplo, o fluxo de calor de um corpo frio para um corpo quente não viola a primeira lei da Termodinâmica (princípio da conservação da energia), pois a energia seria conservada; no entanto, esse fluxo não ocorre espontaneamente (figura 5.1).

A transformação total de energia mecânica em calor ocorre frequentemente em nosso cotidiano. Um exemplo é o ato de frear uma bicicleta até ela parar. Existem também vários dispositivos que convertem **parcialmente** o calor em energia mecânica. É o caso do motor do automóvel. Contudo, nem mesmo o mais especializado técnico em motores seria capaz de produzir uma máquina cíclica que convertesse integralmente o calor em trabalho mecânico.

Um dos primeiros enunciados da segunda lei da Termodinâmica, e talvez o mais simples e direto, estabelece:

> A energia térmica flui naturalmente do corpo mais quente para o mais frio.

Para refletir

Por que não é possível a conversão integral de calor em trabalho mecânico?

O destaque para o termo **naturalmente** é dado porque, no âmbito global de um processo, é possível transferir energia térmica de um corpo mais frio para um mais quente, mas essa transferência não é um processo espontâneo.

Máquinas térmicas

Chamamos genericamente de **máquina** qualquer dispositivo que tenha por finalidade transferir ou transformar energia.

As **máquinas térmicas** são dispositivos em que há troca de energia na forma de calor e nos quais também há troca de energia com o meio externo, na forma de trabalho mecânico, em um processo cíclico (figura 5.2).

Esses dispositivos têm a finalidade de obter energia mecânica (organizada) por trocas de calor, ou obter trocas de calor pelo fornecimento de energia organizada (mecânica).

Os motores dos automóveis, as geladeiras e os aparelhos de ar condicionado são exemplos de máquinas térmicas.

Se considerarmos, por exemplo, uma expansão adiabática, observamos que nesse processo é obtida energia na forma de trabalho sem o respectivo fornecimento de calor. Contudo, terminada a transformação, o gás não fica disponível para um novo processo, se considerarmos as mesmas temperaturas. Assim, para que o mesmo gás, ou pelo menos a mesma máquina, possa ser utilizado seguidamente, devemos retornar à condição inicial. Vemos assim que o processo deve ser cíclico. Discutiremos aqui, portanto, somente as máquinas térmicas que funcionam em processos cíclicos.

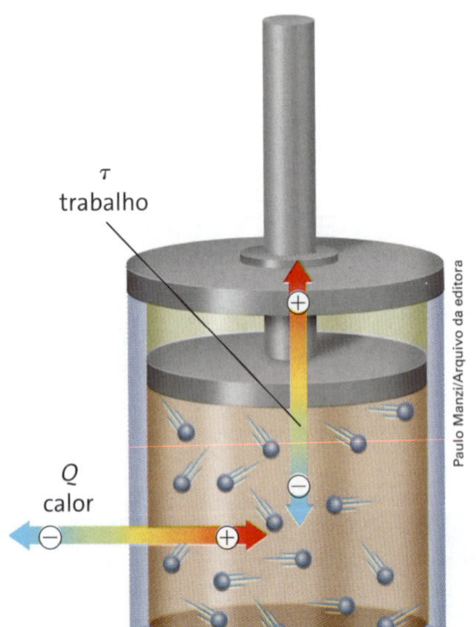

Figura 5.2 Esquema de funcionamento de uma máquina térmica, que troca calor e trabalho com o meio externo.

Exercícios

1. *Os processos termodinâmicos que ocorrem na natureza são todos **processos irreversíveis**, pois ocorrem em um determinado sentido, porém não ocorrem no sentido contrário. O fluxo de calor de um corpo quente para um corpo frio ocorre irreversivelmente. Quando um livro desliza sobre uma mesa, sua energia mecânica é convertida em calor pelo atrito; esse processo é irreversível, pois ninguém jamais observou o processo inverso, no qual um livro em repouso sobre uma mesa começasse a se mover espontaneamente e a temperatura do livro e da mesa começasse a diminuir.*

YOUNG, Hugh D. *Física II:* Termodinâmica e ondas. 12. ed. São Paulo: Addison Wesley, 2008. p. 278.

Explique por que os processos apresentados a seguir são irreversíveis.

I. Esfregar as mãos uma na outra para aquecê-las.

II. Misturar tinta com água.

III. Dois corpos, em temperaturas diferentes, colocados em contato entram em equilíbrio térmico (mesma temperatura).

2. A água vaporizada pelo calor solar se eleva até grandes altitudes, condensa, forma nuvens e se precipita, renovando os reservatórios das usinas hidrelétricas. Nesse aspecto, a atmosfera é uma grande máquina térmica. Conforme a classificação apresentada neste tópico, que tipo de máquina é a água vaporizada: motor térmico, refrigerador ou bomba de calor? Justifique.

3. De acordo com sua finalidade específica, as máquinas térmicas podem ser classificadas nos seguintes grupos:

máquinas térmicas
- motor térmico
- trocadores de calor
  - refrigerador
  - bomba de calor

Os motores térmicos são máquinas que têm por finalidade transformar calor em energia mecânica, enquanto os trocadores de calor têm por finalidade forçar a troca de calor utilizando-se da energia mecânica.

Podemos classificar o motor de um carro, um aquecedor, um ar-condicionado e uma locomotiva a vapor, como:

a) bomba de calor, refrigerador, motor térmico e bomba de calor.

b) refrigerador, bomba de calor, motor térmico e refrigerador.

c) motor térmico, bomba de calor, refrigerador e motor térmico.

d) todos como trocadores de calor.

4. A figura seguinte é um esquema simplificado de um aparelho de ar condicionado do tipo *split* (trocadores de calor separados).

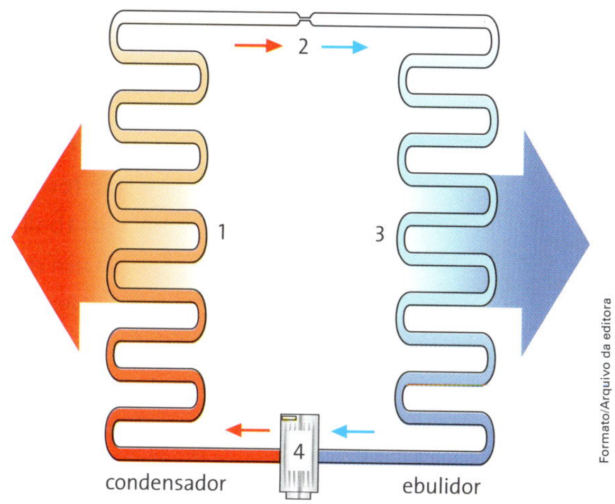

Na parte externa do cômodo a ser resfriado deve ficar o **condensador**, onde o vapor é comprimido e liquefeito, cedendo calor ao ambiente externo. Na parte interna fica o vaporizador, ou **ebulidor**, onde a expansão pela vaporização do líquido retira calor do cômodo.

a) O que aconteceria se, por engano, o instalador pusesse o condensador no cômodo a ser resfriado e o ebulidor na parte externa?

b) Nesse caso, o aparelho estaria funcionando como que tipo de máquina térmica: motor térmico, refrigerador ou bomba de calor?

5. Faça uma pesquisa sobre os principais fatos do período da história da civilização no qual a utilização de máquinas a vapor na indústria se tornou um marco.

Sugerimos a leitura do livro *Poluição do ar*, de S. M. Branco e E. Murgel (Moderna, 1995), que discute as fontes de poluição, os efeitos, os padrões de qualidade do ar, os poluentes, o efeito estufa, as indústrias e os veículos, o controle da poluição, o papel da natureza e o papel de cada um de nós.

6. Um inventor afirma ter construído um motor que não gasta combustível. Segundo ele, basta comprimir bastante ar em um botijão do carro. A seguir, o ar comprimido é liberado lentamente, expandindo-se e movimentando os pistões, fazendo o carro percorrer cerca de 100 km. O inventor está correto quando afirma que o motor não gasta combustível? Justifique.

2 Motor térmico

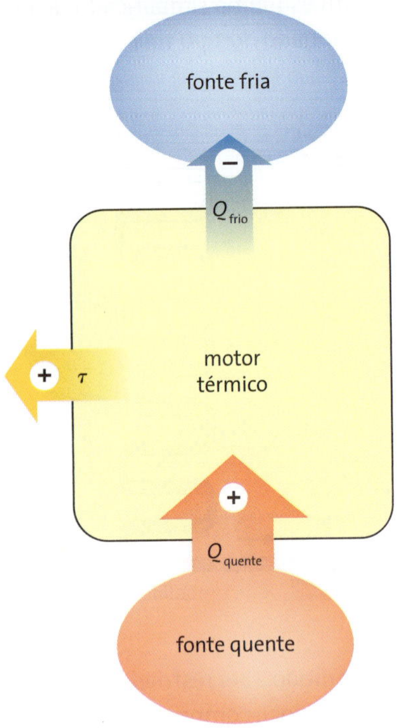

Figura 5.3 Esquema de funcionamento de um motor térmico, que realiza trocas de energia em um ciclo genérico.

No diagrama $p \times v$ (pressão × volume), os ciclos dos motores térmicos têm sentido horário, isto é, em módulo, o trabalho realizado na fase de expansão é maior que o despendido na fase de compressão para atender à finalidade da máquina: transformar a energia recebida na forma de calor em energia mecânica.

A figura 5.3 ilustra as trocas de energia em um ciclo genérico de um motor térmico.

Ele recebe energia na forma de calor de uma **fonte quente**, disponibiliza trabalho mecânico e, para que possa voltar ao estado inicial e começar um novo ciclo, cede energia na forma de calor para uma **fonte fria**.

Por essa descrição, fica evidente a necessidade das duas fontes. Uma para fornecer energia ao motor, na forma de calor, e a outra para retirar a parcela do calor fornecido que não foi convertida em trabalho mecânico e fazer o motor retornar à condição inicial.

No caso de um motor comum de automóvel, a queima do combustível, que gera o calor, é a fonte quente; a atmosfera, para a qual o motor cede calor, é a fonte fria.

No motor térmico, temos:

- $Q_q > 0$ – o motor recebe calor da fonte quente;
- $Q_f < 0$ – o motor cede calor para a fonte fria;
- $\tau > 0$ – o motor fornece energia na forma de trabalho.

A primeira lei da Termodinâmica é a lei da conservação da energia, que incorpora o conceito de energia interna.

Completado um ciclo, o gás volta a ter a mesma energia interna inicial. Portanto:

$$Q_q = \tau + |Q_f|$$

Observe nessa expressão que a quantidade de energia cedida, na forma de calor, à fonte fria Q_f, é considerada em módulo, pois é negativa.

Rendimento

Em uma máquina térmica, o aproveitamento realizado é normalmente expresso pela relação entre a quantidade útil de energia que se obtém (trabalho mecânico) e a quantidade de energia térmica fornecida à máquina.

Nos motores, essa grandeza é denominada rendimento η. A expressão para o rendimento de um motor térmico é:

$$\eta = \frac{\tau}{Q_q}$$

Expresso em termos de porcentagem, o rendimento é:

$$\eta = \frac{\tau}{Q_q} \cdot 100\%$$

Potência

Máquina a vapor

Muitas vezes, na execução de determinadas tarefas, além do trabalho a ser realizado, o intervalo de tempo gasto também é um elemento importante. Por exemplo, se um motor aciona uma bomba para encher uma caixa-d'água, quanto maior a rapidez com que a tarefa é realizada (figura 5.4), maior é a potência útil do motor.

A potência pode ser calculada por:

$$P = \frac{\Delta E}{\Delta t} \text{ ou } P = \frac{\tau}{\Delta t}$$

No Sistema Internacional de Unidades (SI), a unidade de potência é o watt (W). Nos automóveis, é comum a utilização das antigas unidades de potência, HP (*horsepower*) e CV (cavalo-vapor), cujas relações com o SI são:

$$1 \text{ HP} = 746 \text{ W e } 1 \text{ CV} = 735 \text{ W}$$

A potência de um motor não deve ser confundida com o seu rendimento, que é a eficiência com que o motor transforma a energia. Há motores muito potentes, mas com rendimento muito baixo. É o caso, por exemplo, dos carros de corrida, que têm maior potência para ser mais rápidos, mas geralmente pouco rendimento, ou seja, apresentam alto consumo de combustível por quilômetro rodado.

Por outro lado, há motores de baixa potência, mas com ótimo rendimento, como é o caso de alguns carros de pequeno porte.

A potência total P_t refere-se à energia total entregue à máquina por unidade de intervalo de tempo. Desse total, uma parte é transformada em potência útil P_u e o restante é a potência dissipada P_d. Podemos escrever, então:

$$P_t = P_u + P_d$$

O rendimento da máquina pode ser expresso por:

$$\eta = \frac{P_u}{P_t} \Rightarrow \eta_{(\%)} = \frac{P_u}{P_t} \cdot 100\%$$

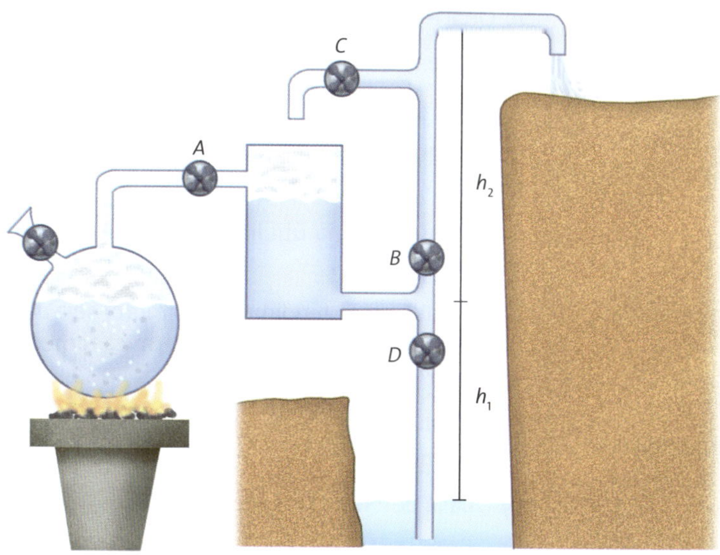

Figura 5.4 Em 1698, surgiu a primeira máquina a vapor de interesse industrial, elaborada por Thomas Savery (1650-1715), um engenheiro militar inglês. Essa máquina tinha por objetivo retirar água dos poços de minas de carvão, porém poderia explodir, pois utilizava vapor a alta pressão e baixa potência.

Album/Akg-Images/Latinstock

Exercício resolvido

1. O motor térmico de um automóvel é alimentado por um combustível cujo calor de combustão é de 11 000 kcal/L. Esse motor está funcionando com rendimento de 30% e produzindo uma potência útil de 30 HP. Considere: 1 HP = 746 W e 1 cal = 4,2 J.

a) Qual é a potência total fornecida a esse motor?

b) Quantos litros de combustível esse motor consome em uma hora?

Resolução

a) Na expressão do rendimento, dado pela relação entre a potência útil e a total, obtemos a potência total do motor:

$$\eta = \frac{P_u}{P_t} \Rightarrow 0{,}30 = \frac{30}{P_t} \Rightarrow P_t = 100 \text{ HP}$$

b) O total de energia consumida pelo motor em 1 hora (3 600 s), em joule, é dado por:

$\Delta E = P \cdot \Delta t \Rightarrow \Delta E = 100 \cdot 746 \cdot 3\,600 \Rightarrow$

$\Rightarrow \Delta E = 2{,}7 \cdot 10^8$ J

Como o combustível fornece 11 000 kcal por litro e 1 cal = 4,2 J, a quantidade de litros de combustível consumida em 1 h é obtida na proporção:

$1 \text{ L} — 11\,000 \cdot 10^3 \cdot 4{,}2 \text{ J}$

$x — 2{,}7 \cdot 10^8 \text{ J}$ $\Rightarrow$

$$\Rightarrow x = \frac{2{,}7 \cdot 10^8}{4{,}6 \cdot 10^7} \Rightarrow x = 5{,}9 \text{ L}$$

Exercícios

7. *Os barcos a motor utilizam como combustível óleo* diesel *ou gasolina, conforme as características do motor. Esses motores aproveitam a energia da queima do combustível dentro de câmaras e por isso são denominados **motores de combustão interna**. Eles transformam calor em trabalho e sempre sofrem um aquecimento.*

UNIVERSIDADE Estadual de Ponta Grossa, Paraná (UEPG-PR).

De acordo com o texto, julgue as afirmativas.

I. É possível um motor de combustão interna apresentar rendimento de 100%.

II. Como os motores sofrem um aquecimento, o calor não é convertido integralmente em trabalho mecânico.

III. Um motor que recebe 250 cal de calor (1 cal = 4 J) e realiza um trabalho de 250 J tem rendimento de 25%.

Podemos afirmar que somente está(ão) correta(s):

a) I.
b) II.
c) III.
d) I e II.
e) II e III.

8. Um fabricante declara que a potência máxima de determinado modelo de automóvel é 45 kW (60 HP) com o motor girando a 6 000 rotações por minuto.

a) Qual é a energia útil liberada por esse motor a cada volta?

b) Se com a potência máxima o carro mantém uma velocidade constante, em um trecho plano horizontal da estrada, a 30 m/s (108 km/h), qual é a intensidade das forças resistivas ao movimento dele?

c) Se a aerodinâmica do veículo fosse aprimorada de forma que a resistência do ar diminuísse, o que mudaria no desempenho desse veículo?

9. Um caminhão, carregado, com massa de 20 toneladas (caminhão + carga), está subindo uma ladeira com ângulo de inclinação α, tal que sen $\alpha = 0{,}1$, e com velocidade constante de 10 m/s (36 km/h).

a) Desprezando as forças dissipativas no movimento do caminhão, obtenha a potência útil desse motor.

b) Considerando o rendimento do conjunto motor + transmissão como 30%, qual é a potência total?

c) Nessa situação, qual é o consumo do caminhão em quilômetro por litro?

10. Um motor térmico, operando em ciclos, executa 10 ciclos por segundo. Em cada ciclo recebe 800 J da fonte quente e cede 600 J à fonte fria.

a) Qual é a energia útil que se obtém desse motor a cada ciclo?

b) Qual é a potência útil desse motor?

c) Qual é o rendimento da máquina?

11. Para um modelo de automóvel de 1.0, a montadora declara que a potência máxima é 72 CV com o motor girando a 5 250 rotações por minuto (rpm).

a) Qual é a energia útil liberada pelo motor a cada volta?

b) Supondo que o rendimento do motor seja de 28%, qual a quantidade de energia térmica fornecida ao motor?

c) Qual a quantidade de energia térmica dispensada pelo motor?

d) Qual a potência do motor em HP?

3 Trocadores de calor

O calor flui naturalmente do corpo mais quente para o mais frio. Mas é possível "bombear" calor do corpo mais frio para o mais quente por meio de um processo forçado por um trabalho mecânico.

Essa é a função dos **trocadores de calor**. Eles podem refrigerar mais ainda a fonte fria (refrigerador), ou aquecer mais ainda a fonte quente (bomba de calor).

A figura 5.5 representa, esquematicamente, as trocas de energia em um trocador de calor genérico (refrigerador ou bomba de calor).

Nos trocadores de calor, temos:

- $Q_q < 0$ – a máquina cede calor à fonte quente;
- $Q_f > 0$ – a máquina recebe calor da fonte fria;
- $\tau < 0$ – a máquina recebe energia na forma de trabalho mecânico (compressor).

De acordo com o princípio da conservação da energia aplicado a um ciclo, obtemos:

$$Q_f + |\tau| = |Q_q|$$

Nos trocadores de calor, o termo **rendimento** é substituído pelo termo **eficiência** (ε), dada pela razão entre a quantidade de calor recebida pela fonte fria e o módulo do trabalho mecânico realizado pelo compressor (figura 5.6), ou seja:

$$\varepsilon = \frac{Q_f}{|\tau|}$$

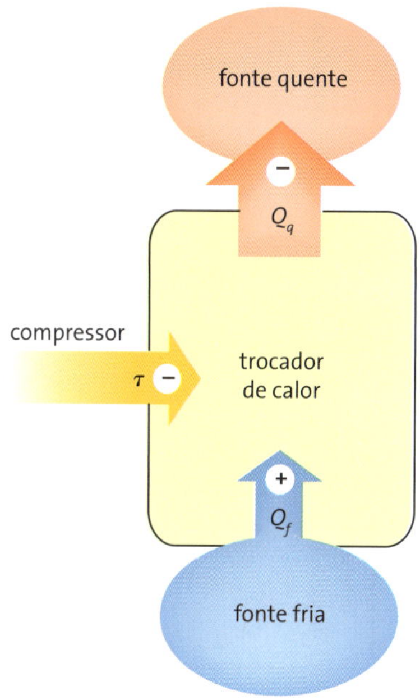

Figura 5.5 Esquema de funcionamento de um trocador de calor, que realiza trocas de energia em um ciclo genérico.

Acervo do autor/Arquivo da editora

Figura 5.6 Dispositivo experimental para cálculo da eficiência de um trocador de calor com base nas leituras das temperaturas.

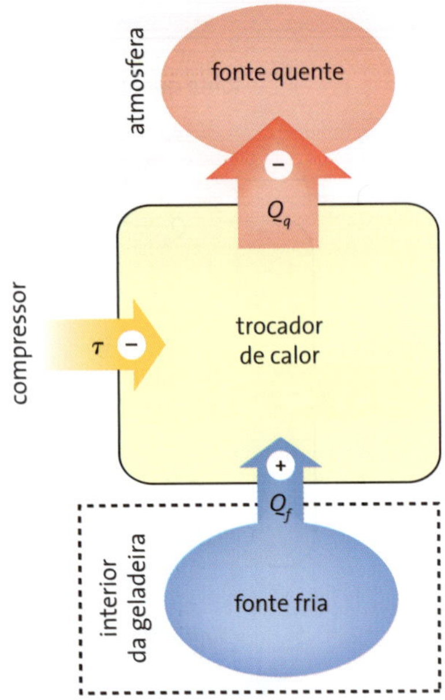

Figura 5.7 Trocador de calor funcionando como refrigerador.

Refrigerador

A figura 5.7 representa, esquematicamente, as trocas de energia em um refrigerador. O interior do refrigerador é mais frio que o ambiente externo. Utilizando o trabalho mecânico do compressor, a parte interna (mais fria) consegue transferir calor para a parte externa (mais quente).

Se as paredes da geladeira fossem perfeitamente isolantes, não haveria a necessidade contínua desse bombeamento de calor para fora. No entanto, não existe um isolante perfeito. O ambiente, que está mais quente que o interior da geladeira, transfere naturalmente calor à sua parte interna. Esse calor precisa ser bombeado de volta para fora, a fim de manter baixa a temperatura interna (fonte fria).

No refrigerador, a eficiência é dada por:

$$\varepsilon_{\text{refrig.}} = \frac{Q_f}{|\tau|}$$

Na maioria dos refrigeradores, a **eficiência** se situa em torno de 3 (300%), ou seja, a quantidade de calor retirada é maior que a de energia fornecida na forma de trabalho. Isso não contraria o princípio da conservação da energia, pois o trabalho mecânico é apenas um agente que direciona o fluxo de calor do mais frio para o mais quente.

Bomba de calor (aquecedor termodinâmico)

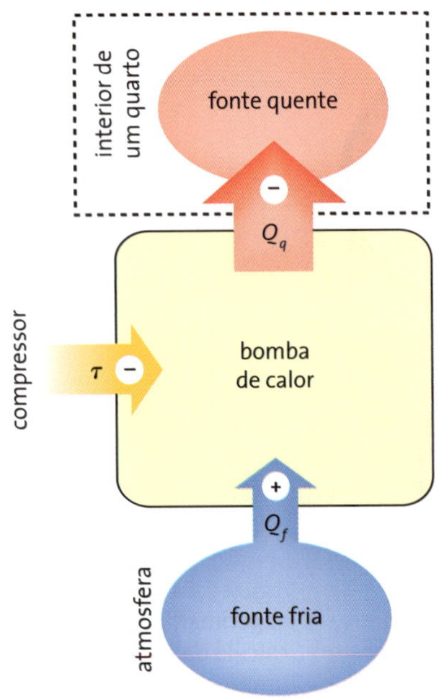

Figura 5.8 Bomba de calor funcionando como aquecedor termodinâmico.

Um refrigerador doméstico refrigera os alimentos que estão na sua parte interna, mas, em compensação, aquece o ambiente externo a ele (figura 5.8). De forma semelhante, é possível, em um dia frio, bombear calor da atmosfera para um ambiente fechado qualquer (quarto, sala, etc.) com eficiência superior a 100%.

Essa situação é equivalente à de um aparelho de ar condicionado funcionando ao contrário (de fato, alguns têm essa opção).

A eficiência de um aquecedor termodinâmico é dada por:

$$\varepsilon_{\text{aquec.}} = \frac{Q_q}{|\tau|}$$

Essa expressão pode ser escrita como:

$$\varepsilon_{\text{aquec.}} = \frac{Q_f + |\tau|}{|\tau|} = \frac{Q_f}{|\tau|} + 1$$

Portanto:

$$\varepsilon_{\text{aquec.}} = \varepsilon_{\text{refrig.}} + 1$$

Essa última relação demonstra que a eficiência do aquecedor termodinâmico é sempre maior ou igual à unidade.

Atualmente, há várias piscinas que utilizam bombas de calor para o aquecimento da água. Em uma situação como essa, quando comparadas com o aquecimento elétrico, essas bombas são em torno de cinco vezes mais eficientes. No entanto, ao se utilizar uma máquina térmica para produção da energia elétrica, o ganho com a bomba de calor, apesar de ser até um pouco maior, perde-se durante o processo, pois não existem máquinas ideais. Nesses casos, é mais econômico fazer o aquecimento diretamente com a queima do combustível.

Física explica

O irreversível e o irremediável

O ditado popular "destruir é sempre mais fácil que construir" pode ser considerado, de certa forma, uma tradução da segunda lei da Termodinâmica. Destruir um castelo de cartas é um fenômeno irreversível. Não porque seja impossível reconstruí-lo, mas porque a energia que será despendida para tanto é bem maior do que a liberada na destruição. Isso quer dizer que a queda do castelo é irreversível, mas não irremediável.

Outro exemplo é uma xícara que cai da mesa e se quebra em vários pedaços. É um fenômeno irreversível, pois, mesmo que tivéssemos uma forma de armazenar a energia sonora e a térmica liberadas na colisão, essa quantidade não seria suficiente para restaurar o estado inicial. No entanto, podemos colar cuidadosamente os pedaços e colocar a xícara na mesma posição de antes da queda. Portanto, a quebra da xícara é irreversível, mas não irremediável.

A segunda lei da Termodinâmica descreve a irreversibilidade dos fenômenos termodinâmicos naturais da matéria inanimada. Por outro lado, os seres vivos, recebendo a energia solar, organizam o ambiente, a memória, o conhecimento, remediando as situações. Parece exagero, mas talvez uma das maiores manifestações da vida seja remediar, organizar e aprender, tentando navegar na contramão dessa lei da Termodinâmica.

Paulo Manzi/Arquivo da editora

A quebra da xícara ilustra bem um processo irreversível, mas não irremediável.

- Cite um efeito irreversível, porém remediável.

Exercícios

12. Você consegue resfriar sua casa deixando a porta do refrigerador aberta? Justifique.

13. O catálogo de um aparelho de ar condicionado que retira 3 500 J de energia térmica por segundo (12 000 BTU/hora) de determinado ambiente aponta que o aparelho tem eficiência 3 (300%). Considerando essas condições:

    a) Qual é a potência útil do compressor?

    b) Qual é a potência térmica do calor rejeitado para o ambiente externo?

    c) Se esse aparelho estivesse sendo usado como aquecedor do ambiente externo, qual seria sua eficiência?

14. Uma piscina é aquecida com uma bomba de calor que consome 4 000 W de energia elétrica. A eficiência da bomba é 5 (500%) e o acionamento elétrico do compressor pode ser considerado com rendimento próximo de 100%.

    a) Qual é a potência térmica que essa bomba de calor cede à piscina?

    b) Considerando 1 cal = 4 J, o calor específico da água como 1 cal/g · °C, e que o volume de água na piscina seja de 50 000 L, quanto tempo levaria para esse aquecedor aumentar em 5 °C a temperatura da água?

4 O ciclo de Carnot

Axel Lauer/Shutterstock/Glow Images

As máquinas a vapor foram os primeiros motores térmicos (figura 5.9). A fonte quente desses motores era obtida com a queima de carvão, que lhes proporcionava um rendimento muito baixo (menor que 5%). No começo do século XIX, os engenheiros e cientistas da época se perguntavam se era possível melhorar o rendimento dessas máquinas com aperfeiçoamento técnico, ou se esse baixo rendimento seria uma imposição das leis da Termodinâmica.

Sadi Carnot, físico francês e assessor científico do exército de Napoleão, respondeu a essa pergunta associando à fonte quente uma temperatura T_q, e à fonte fria, uma temperatura T_f. Criou, assim, um ciclo, o hoje denominado **ciclo de Carnot,** que proporciona rendimento máximo a uma máquina térmica, a **máquina de Carnot**. Reversível, esse ciclo é constituído de duas transformações isotérmicas e duas adiabáticas, alternadas, conforme mostra a figura 5.10.

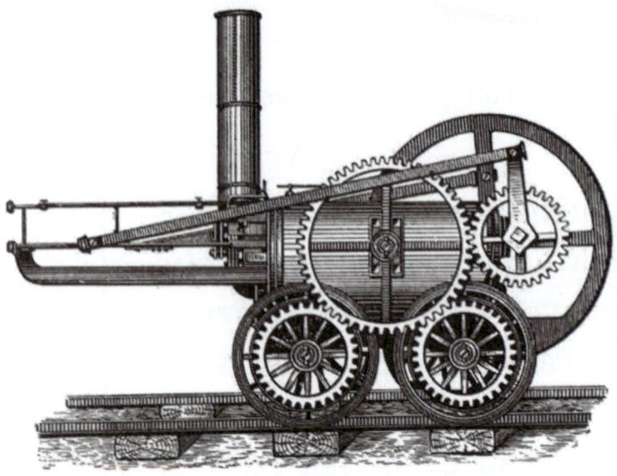

IgorGolovniov/Shutterstock/Glow Images

Figura 5.9 A máquina a vapor de Richard Trevithick (1771-1833), a primeira a ser utilizada para locomoção, em 1804.

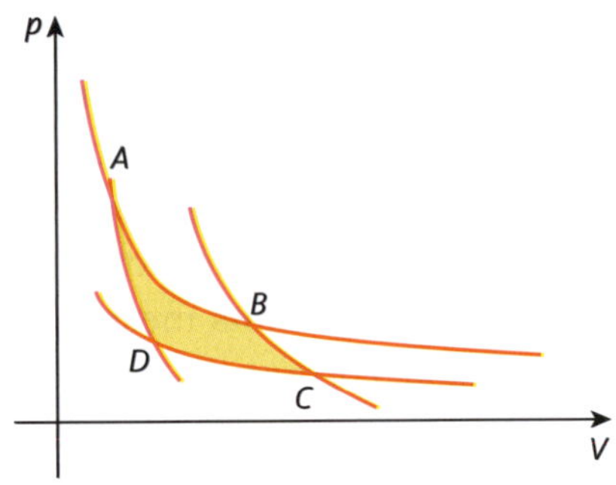

Figura 5.10 Representação das transformações isotérmicas e adiabáticas no ciclo de Carnot.

Em sua obra *Réflexions sur la puissance motrice du feu et sur les machines propres a développer cette puissance* [Reflexões sobre a potência motriz do fogo e sobre os meios adequados de desenvolvê-la], Carnot demonstrou que nenhum motor térmico cíclico renderia mais que aquele que opera de acordo com o ciclo de Carnot.

As transformações no diagrama ilustrado são:

$$\text{isotérmicas} \begin{cases} AB \\ CD \end{cases} \text{ e adiabáticas} \begin{cases} BC \\ DA \end{cases}$$

Em cada ciclo de Carnot, *ABCDA*, as quantidades de calor, Q_q e Q_f, trocadas com as fontes quente e fria, são proporcionais às respectivas temperaturas absolutas dessas fontes.

Em símbolos, temos:

$$\frac{Q_f}{Q_q} = \frac{T_f}{T_q}$$

O ciclo de Carnot propicia um **rendimento** dado por:

$$\eta = \frac{\tau}{Q_q} \Rightarrow \frac{Q_q - Q_f}{Q_q} \Rightarrow \eta = 1 - \frac{Q_f}{Q_q}$$

E, em razão das temperaturas absolutas das fontes quente e fria, temos:

$$\eta = 1 - \frac{T_f}{T_q}$$

Essa expressão nos dá o **rendimento máximo** de qualquer motor térmico operando em ciclos entre duas temperaturas, em kelvin, sendo $T_q > T_f$.

Observações:

- Trabalhando com várias fontes térmicas, podemos ter outros ciclos reversíveis diferentes do de Carnot, mas se considerarmos a temperatura máxima e a mínima desses ciclos, nenhum deles rende mais do que o de Carnot.
- Se nenhum motor térmico rende mais do que o de Carnot, por que esse não é o ciclo usado na prática? A rapidez com que as trocas de calor ocorrem depende da diferença de temperaturas entre os dois corpos. Assim, nas expansões isotérmicas, o motor de Carnot despenderia um tempo infinito para trocar calor com qualquer uma das fontes. O motor ideal, em termos de rendimento, gastaria um tempo infinito para descrever um ciclo e, portanto, teria potência nula.
- Isso nos leva a outra pergunta: por que estudar um motor desse tipo? Porque essa teoria revela o limite superior para o rendimento de um motor térmico trabalhando entre duas fontes e pode ser o guia para sabermos se um motor pode ser melhorado, por estar muito aquém do rendimento de Carnot, ou não.
- É um erro comum pensar que as máquinas térmicas não atingem o rendimento de 100% por causa das perdas internas por atrito, mas não é esse o motivo. Mesmo o motor térmico cíclico ideal, com movimentos internos absolutamente sem atrito, tem o seu rendimento limitado pela temperatura da fonte fria. Ele só poderia atingir um rendimento de 100% se dispusesse de uma fonte fria no zero absoluto.
- A exigência de que as máquinas sejam cíclicas é feita para que possam ser utilizadas continuamente. Sem essa exigência, seria possível obter um motor com rendimento de 100% ou até mais. Por exemplo, em uma expansão isotérmica, como a quantidade de calor recebida pelo gás é totalmente transformada em trabalho, o rendimento seria de 100%. No entanto, como a máquina deve ser utilizada continuamente, é necessário despender determinada energia para fazer o pistão voltar à condição inicial, o que diminui o rendimento. Já no caso de uma expansão adiabática, em que o gás realiza trabalho sem sequer receber calor, ou seja, no qual o rendimento é infinito, fica a pergunta, ainda sem resposta: como fazer o gás voltar à condição inicial sem consumo de energia?

Exercício resolvido

2. A queima de combustível em um motor térmico resulta numa temperatura de 1000 K. Esse motor é resfriado pela atmosfera, cuja temperatura é de 27 °C. O rendimento desse motor é de 30%. Qual é o rendimento máximo de um motor cíclico trabalhando entre essas duas temperaturas?

   Esses dados estão bem próximos do que ocorre nos atuais motores a gasolina.

Resolução

O rendimento máximo de um motor cíclico que esteja funcionando entre duas temperaturas é dado pelo rendimento do ciclo de Carnot. Assim, temos:

$$\eta_{máx.} = 1 - \frac{T_f}{T_q} \Rightarrow \eta_{máx.} = 1 - \frac{27 + 273}{1000} \Rightarrow$$

$$\Rightarrow \eta_{máx.} = 0{,}70 \ (70\%)$$

Enunciados para a segunda lei da Termodinâmica

Destacamos, a seguir, três enunciados equivalentes para a segunda lei da Termodinâmica.

- Enunciado de Kelvin-Planck:

> É impossível construir um motor térmico cíclico com rendimento de 100%.

- Enunciado de Clausius:

> É impossível construir uma máquina térmica cíclica que transfira, sem dispêndio de energia, calor de um corpo mais frio para outro mais quente.

- Enunciado derivado do ciclo de Carnot:

> O zero absoluto é inatingível.

Física explica

O zero absoluto

No estudo dos gases obteve-se uma escala de temperatura absoluta baseada no gás perfeito. Essa escala possibilitou identificar a menor temperatura possível para um gás. Mas qual é a garantia de que essa é a menor temperatura possível para um tijolo, por exemplo?

A garantia vem do teorema de Carnot. Primeiro ele demonstrou que nenhuma máquina térmica cíclica, qualquer que fosse o elemento de trabalho (elásticos, gases, barras), renderia mais do que uma reversível. Em seguida, Carnot demonstrou que todas as reversíveis têm o mesmo rendimento. Então, ele escolheu uma reversível e calculou o rendimento para o ciclo de Carnot do gás perfeito. Ora, como todas as reversíveis têm o mesmo rendimento, qualquer outra, trabalhando com qualquer outro elemento, não renderia mais do que a máquina de Carnot.

Como nenhuma máquina térmica cíclica pode render mais que 100% qualquer que seja o elemento de trabalho, o limite inferior de temperatura no Universo, para qualquer elemento, é o zero do gás perfeito.

O trabalho de Carnot foi publicado em 1824. Somente 24 anos depois, em 1848, foi que William Thomson (1824-1907) pôde compreender a profundidade desse trabalho e a validade geral da escala de temperatura do gás perfeito, uma das razões pela qual foi condecorado com o título de Lord Kelvin.

1. De acordo com o texto, em termos de rendimento de motores térmicos, qual seria a consequência se existissem temperaturas inferiores a 0 K?

2. Como Carnot pôde estender o resultado do ciclo reversível do gás ideal para todos os ciclos reversíveis?

Exercícios

15. Na figura, temos uma representação esquemática do ciclo de Carnot para um gás ideal.

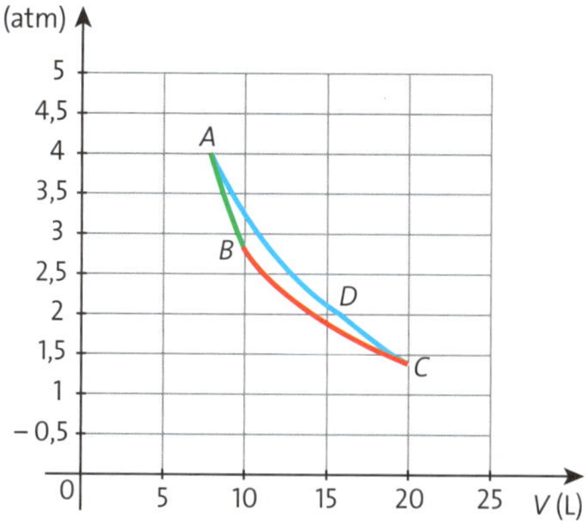

Sabendo-se que as transformações *AB* e *CD* são isotérmicas e as transformações *BC* e *DA* são adiabáticas, escreva a alternativa correta.

a) Na transformação *AB* ocorre uma expansão isotérmica; o gás realiza trabalho e rejeita calor para a fonte fria.

b) Na transformação *BC* ocorre uma compressão adiabática; é realizado trabalho sobre o gás e este recebe calor da fonte quente.

c) Na transformação *CD* ocorre uma expansão isotérmica; o gás realiza trabalho e rejeita calor para a fonte fria.

d) Na transformação *DA* ocorre uma compressão adiabática; não há troca de calor e é realizado trabalho sobre o gás.

16. Um motor térmico, cujo fluido de trabalho é um gás monoatômico ideal, funciona de acordo com o ciclo esquematizado no diagrama $p \times V$ apresentado. Considere $T_B = 1200$ K.

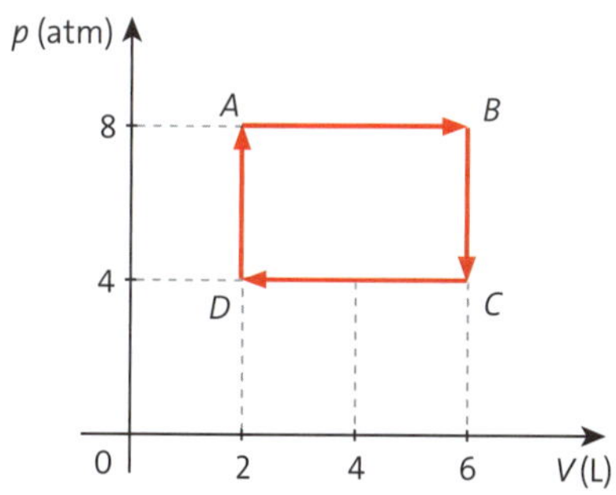

a) Qual é o trabalho útil obtido em cada ciclo?

b) Qual é a quantidade de calor recebida pelo gás em um ciclo?

c) Qual é o rendimento desse motor térmico?

d) Qual seria o rendimento de um motor de Carnot que operasse entre as temperaturas máxima e mínima desse ciclo?

17. Uma pessoa alega ter construído uma máquina térmica que, operando entre duas fontes térmicas cujas temperaturas são 200 K e 100 K, em cada ciclo retira 100 J da fonte quente, cede 25 J para a fonte fria e realiza 75 J de trabalho. Como você pode comprovar a veracidade dessas informações?

18. Em uma usina termelétrica geradora de eletricidade, o vapor entra a 327 °C na turbina e sai dela a 127 °C. Essa turbina tem um rendimento que corresponde a 50% do que teria uma máquina de Carnot operando entre essas temperaturas.

a) Qual é o rendimento dessa turbina?

b) Se a usina produz 60 MW de energia elétrica, qual é a potência térmica consumida?

19. Um inventor apresenta a você a ideia de um motor a gasolina que funciona em um novo ciclo termodinâmico. O projeto é totalmente feito de cobre e é resfriado a ar. O inventor alega que o rendimento desse motor é de 85%, o que revolucionaria as montadoras de automóveis. Sabendo que a temperatura ambiente é da ordem de 300 K (27 °C) e que a temperatura de liquefação do cobre é 1356 K (1083 °C), você investiria nesse projeto? Justifique.

20. Na figura, temos uma representação esquemática do ciclo de Carnot para um gás ideal. As transformações *AB* e *CD* são isotérmicas e as *BC* e *DA* são adiabáticas.

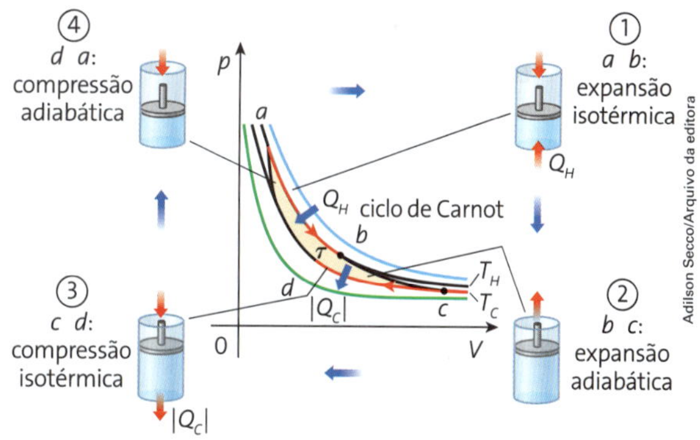

Adilson Secco/Arquivo da editora

Em relação à quantidade de calor *Q* e ao trabalho *W* em cada uma das transformações mostradas na figura, assinale a alternativa correta.

	Transformação	Quantidade de calor	Trabalho
a)	1	$Q = Q_H > 0$	$W = 0$
b)	2	$Q = 0$	$W < 0$
c)	3	$Q = Q_C < 0$	$W < 0$
d)	4	$Q = 0$	$W = 0$

5 Motores de combustão interna

Em geral, os motores dos automóveis, ônibus e motocicletas são de combustão interna. As exceções ficam por conta dos ônibus elétricos e de alguns poucos automóveis elétricos ainda em fase experimental.

Os ciclos utilizados nesses motores são o ciclo Otto, para motores a gasolina, a álcool ou uma mistura deles, e o ciclo *Diesel*, para os que têm o óleo *diesel* como combustível.

Os motores de combustão interna utilizam pistões que executam um movimento de vaivém, alternando as várias fases de um ciclo. Geralmente, os fabricantes divulgam o volume total que pode ser aspirado pelos pistões em litro (L). Assim, o motor 2.0 é um motor cuja soma dos volumes de todos os pistões é 2 litros. Já nas motocicletas, esse volume é, normalmente, expresso em centímetro cúbico (cm^3), isto é, em uma moto 125, o volume aspirado é 125 cm^3.

Outra característica dos motores é a disposição dos cilindros. Eles podem estar alinhados e contrapostos em pares, em V, ou em W (figura 5.11) ou alinhados (figura 5.12).

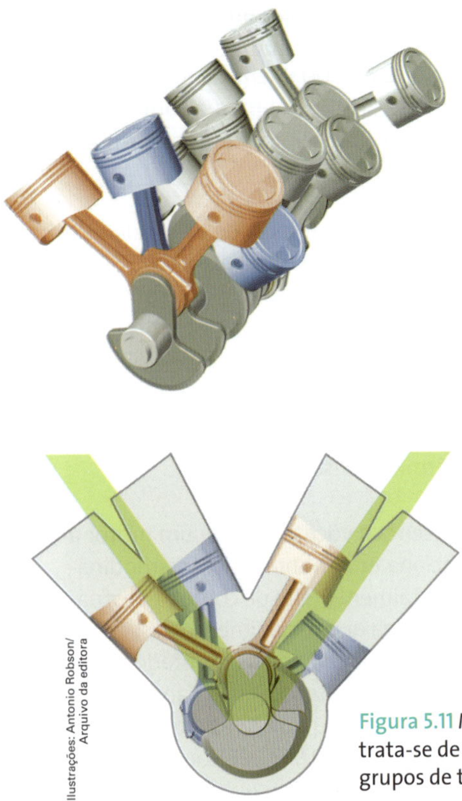

Ilustrações: Antonio Robson/Arquivo da editora

Figura 5.11 Motor com os cilindros em W. Na realidade, trata-se de um duplo V, com diferentes aberturas. São quatro grupos de três cilindros alinhados.

Yuyangc/Shutterstock/Glow Images

Figura 5.12 Dois cilindros de um motor 1.0 de quatro cilindros em linha, com 56,6 kW (77 cv). O volume aspirado por cilindro é 0,25 L.

Física explica

Ciclo Otto: motor a álcool ou gasolina

Na câmara de um motor de combustão interna, uma mistura de vapor de gasolina (ou álcool) e ar é comprimida e inflamada por uma centelha das velas. Os gases produzidos expandem-se, realizando trabalho e, em seguida, são eliminados pelo escapamento, completando um ciclo que se repete.

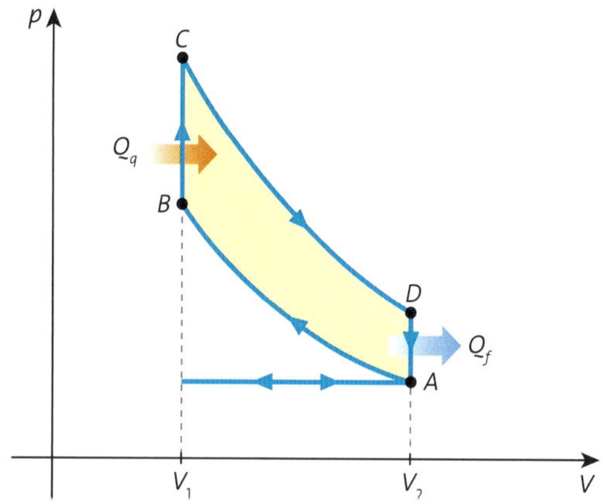

Diagrama $p \cdot V$ do ciclo Otto.

A figura ao lado representa um modelo que descreve o comportamento da pressão em função do volume dentro da câmara de combustão. Esse modelo idealizado por Nikolaus August Otto (1832-1891) recebe o nome de **ciclo Otto**. Ele é constituído de quatro transformações, duas adiabáticas e duas isométricas, alternadas. Nessas condições, os motores são classificados como de quatro tempos.

A mistura de vapor de gasolina (ou álcool) e ar entra em *A* (admissão) e é comprimida adiabaticamente (compressão) até *B*. De *B* para *C* (ignição), o volume permanece constante e a mistura é aquecida: a pressão e a temperatura aumentam em razão da ignição da mistura provocada pela centelha elétrica da vela. Em seguida, de *C* para *D* (expansão), os gases expandem-se adiabaticamente, realizando trabalho motor. Finalmente, de *D* para *A* (descarga), temos um resfriamento a volume constante, completando um ciclo.

A figura abaixo ilustra as várias fases descritas acima. No ciclo, V_1 e V_2 são, respectivamente, os volumes mínimo e máximo da mistura no cilindro.

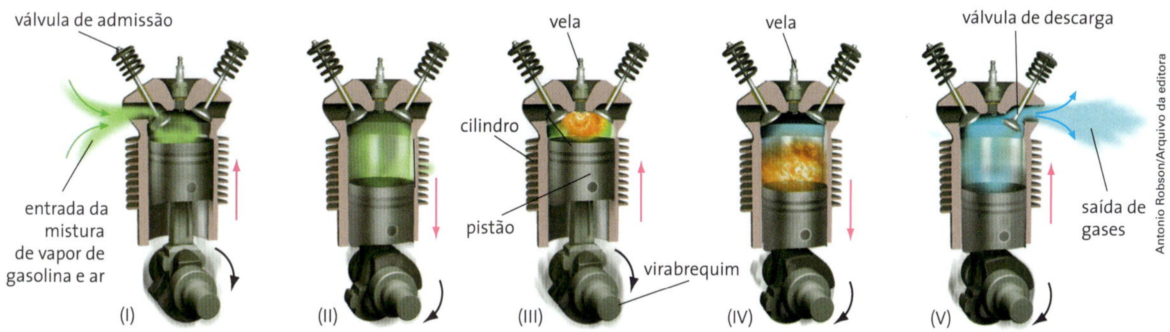

Várias fases de um motor conforme o ciclo Otto.

(I) Admissão: com a entrada da mistura de vapor de gasolina e ar na câmara de combustão, o pistão desce e o volume atinge o valor V_2.

(II) Compressão: o pistão sobe e reduz o volume da mistura de V_2 para V_1.

(III) Ignição: com o volume constante, acontece a ignição da gasolina, com o aumento da pressão e da temperatura da mistura.

(IV) Expansão: o pistão desce, aumentando o volume de V_1 para V_2, e o sistema realiza trabalho motor.

(V) Descarga: o pistão sobe e os gases queimados são ejetados da câmara.

O rendimento de um ciclo Otto ideal (reversível), sem levar em conta perdas de calor, irreversibilidades e forças dissipativas, é da ordem de 56%. Na prática, o rendimento dos motores reais do ciclo Otto situa-se em torno de 30%.

Motor de quatro tempos

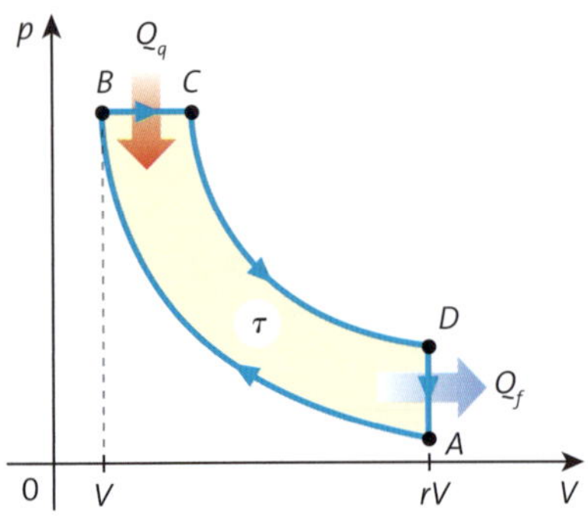

Figura 5.13 Diagrama $p \cdot V$ do ciclo *Diesel*.

Motores a *diesel*

A operação do motor a *diesel* é similar à do ciclo Otto. A diferença fundamental é que não há combustível no cilindro no começo da fase de compressão, o que evita a pré-combustão e permite taxas de compressão maiores. Um pouco antes de começar a fase de expansão motriz, os bicos injetores introduzem o combustível diretamente no interior do cilindro, com velocidade suficiente para manter a pressão praticamente constante durante a primeira parte dessa expansão. Em virtude da alta temperatura obtida pela compressão adiabática com alta taxa de compressão, a combustão se inicia espontaneamente, sem a necessidade de velas. A figura 5.13 mostra o ciclo *Diesel* idealizado (reversível).

Partindo do ponto *A*, o ar é comprimido adiabaticamente até o ponto *B*, aquecido sob pressão constante entre *B* e *C*, expande-se adiabaticamente até o ponto *D* e é resfriado a volume constante até o ponto *A* (figura 5.14).

O rendimento do ciclo *Diesel* ideal varia entre 65% e 70%. Na prática, esse rendimento é bem menor, ficando em torno de 35%.

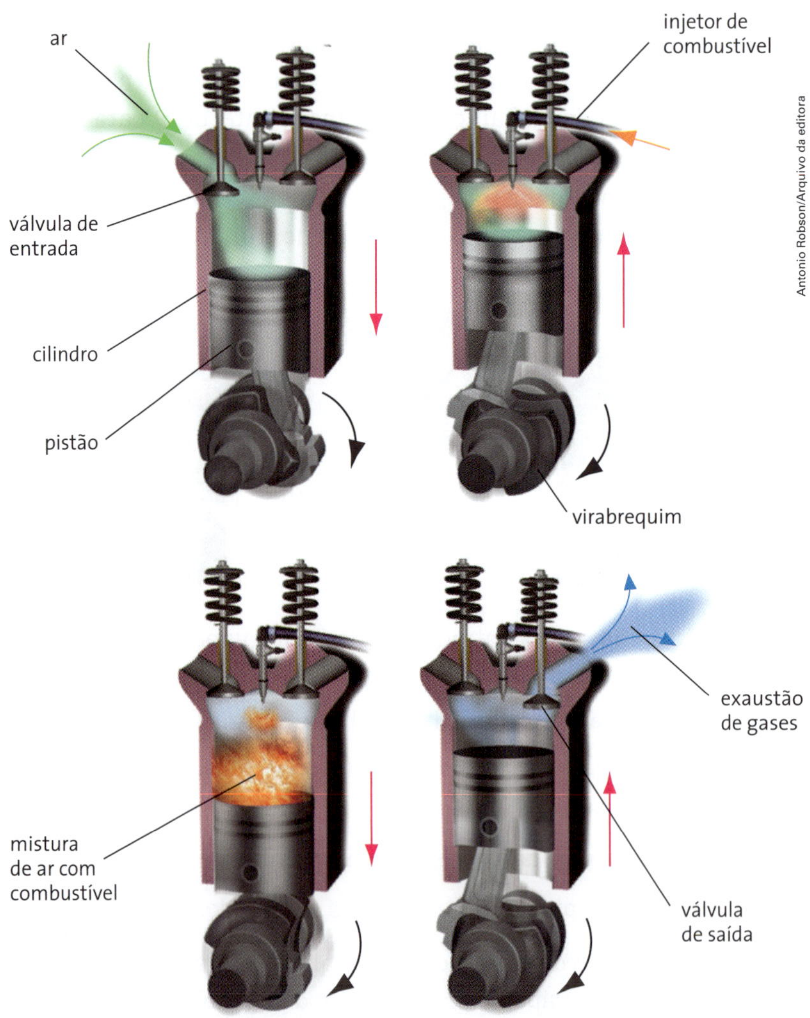

Figura 5.14 Sequência de operação de um ciclo *Diesel*.

Torque de um motor

Já vimos que o rendimento de um motor e sua potência são parâmetros distintos. Melhor rendimento significa um aproveitamento mais eficiente da energia. Já mais potência significa transformações mais rápidas, ou de quantidades de energia maiores no mesmo intervalo de tempo.

Um fator importante na caracterização dos motores é o **torque**. Ele corresponde ao binário motriz (par de forças que agem para girar o eixo) que o motor consegue entregar aos eixos de tração. Os motores a *diesel* caracterizam-se por apresentar valores de torque mais elevados em baixas rotações do que os motores a gasolina de mesma potência. Essa é uma das razões para que os motores a *diesel* sejam preferidos nos veículos de grande porte.

É comum os consumidores analisarem somente a potência dos motores dos automóveis como parâmetro de desempenho. No entanto, há motores com potências relativamente altas, mas com baixas curvas de torque. Isso acarreta baixas acelerações, ou seja, o automóvel até consegue atingir altas velocidades, mas necessita de longos intervalos de tempo para tanto. Além disso, pode não conseguir superar algumas subidas mais íngremes.

A seguir, vamos analisar uma relação entre o torque do motor e sua potência. A figura 5.15 ilustra o binário motriz que o motor proporciona ao eixo que vai transmitir o movimento de rotação.

Como a soma vetorial dessas forças é nula, o resultado é o mesmo em qualquer ponto definido como polo para o cálculo do torque. Considerando, por exemplo, o centro O como polo, o torque desse binário é:

$$M = F \cdot r + F \cdot r \Rightarrow M = 2F \cdot r$$

Em uma rotação completa, o tempo despendido é um período T, e o trabalho realizado pelo par de forças é:

$$\tau = F \cdot 2\pi \cdot r + F \cdot 2\pi \cdot r = 2F \cdot r \cdot 2\pi$$

Lembrando que a potência é a razão entre o trabalho e o intervalo de tempo, temos:

$$P = \frac{\tau}{\Delta t} \Rightarrow P = \frac{2F \cdot r \cdot 2\pi}{\Delta T}$$

Como $M = 2F \cdot r$ e a velocidade angular é $\omega = \frac{2\pi}{T}$, a expressão anterior pode ser escrita como:

$$P = M \cdot \omega$$

A potência de um motor é o produto do torque pela velocidade angular.

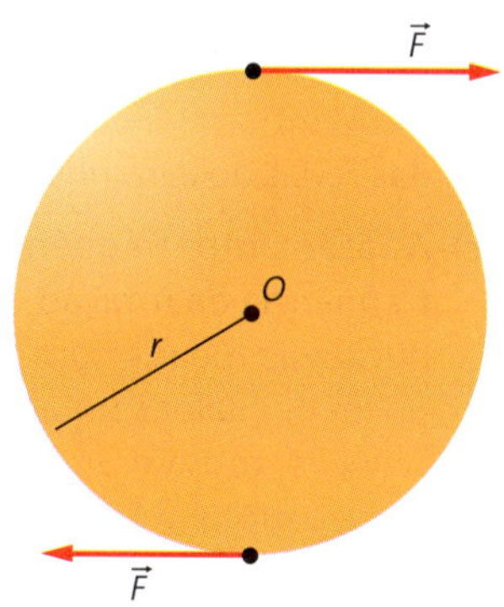

Figura 5.15 Binário gerado no eixo do motor responsável por seu torque.

Exercícios

21. A figura seguinte apresenta as curvas de torque e potência de um modelo de veículo de pequeno porte, conforme a rotação do motor, em rotações por minuto. O motor utiliza o ciclo Otto e etanol como combustível.

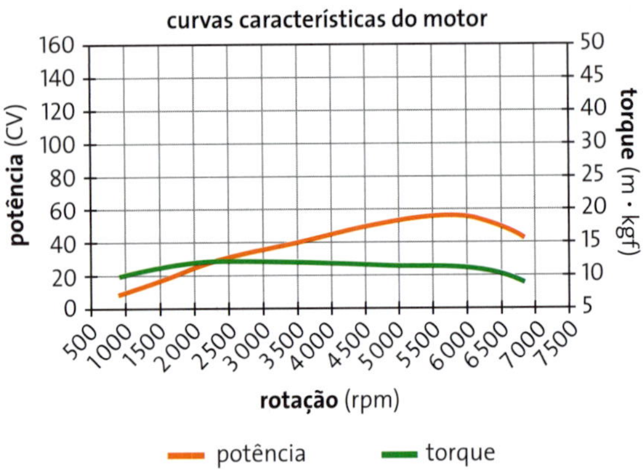

Nesse gráfico são utilizadas as unidades comercialmente mais comuns para potência e torque, que são CV e m · kgf, respectivamente. Sabe-se que 1 CV = 735 W e 1 m · kgf = 9,8 N · m.

a) Qual é a potência máxima desse veículo?

b) Qual é o torque máximo desse motor?

22. A figura seguinte apresenta a curva de torque e potência de um motor de ciclo *Diesel*, 8 cilindros em V, 5,6 L, cuja potência máxima é 230 kW (~310 hp).

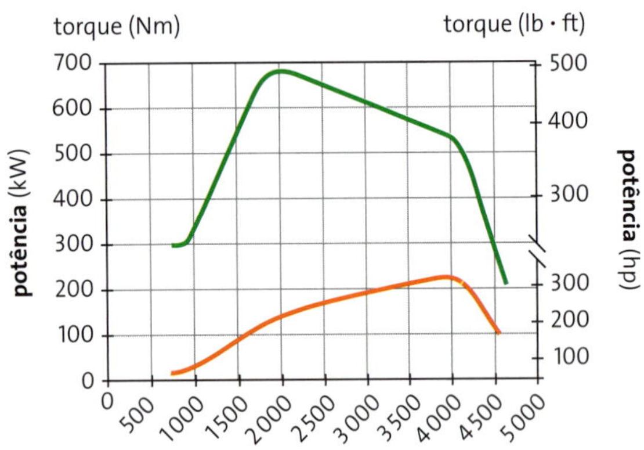

Observe os elevados valores em relação à curva de torque do exercício anterior.

a) Qual é o torque máximo desse motor?

b) Qual é o torque do motor na situação de potência máxima? Faça o cálculo utilizando a relação $P = M \cdot \omega$ e confira com o valor apresentado pelo fabricante.

Observe que $1 \text{ rpm} = \dfrac{\pi \text{ rad}}{30 \text{ s}} \simeq 0{,}105 \text{ rad/s}$.

23. A curva de torque de um motor de ciclo Otto é apresentada na figura seguinte.

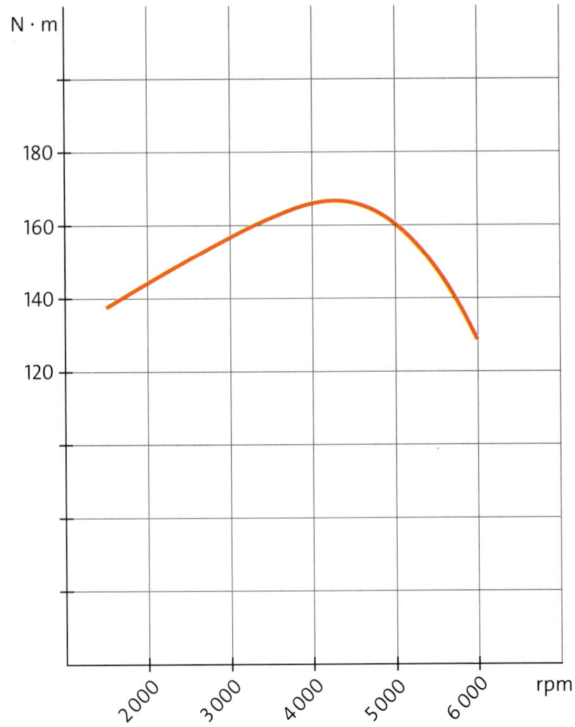

a) Faça uma tabela com as potências para as rotações de 2000, 3000, 4000, 5000, 5500 e 6000 rpm, pela expressão $P = M \cdot \omega$.

b) Qual é, aproximadamente, a rotação do motor sob potência máxima?

c) Por que na máxima rotação atingida pelo motor (6000 rpm) a potência é menor que a máxima?

24. Um caminhão cujo conjunto (caminhão + carga) tem 10 toneladas, com raio de roda 0,5 m, está subindo uma ladeira de inclinação α, tal que sen $\alpha = 0{,}1$ ($\alpha \simeq 6°$).

a) Determine a componente da força peso que se opõe ao movimento de subida e seu torque em relação ao eixo da roda. Considere apenas uma roda motriz.

b) Com a velocidade constante de 9π km/h (~ 28 km/h), qual é a frequência da rotação, em rpm, das rodas do caminhão?

c) A razão entre frequência de rotação das rodas e frequência da rotação do motor é a relação de redução: as rodas giram mais lentamente, mas dispõem de maior torque no eixo. Quanto é razão de redução, considerando a velocidade do item anterior e o motor a 1500 rpm?

6 Entropia e a degradação de energia

Imagine um bloco que desce lentamente por uma rampa (figura 5.16), com atrito, e chega praticamente em repouso ao fim dela, após descer um desnível h, em uma sala cuja temperatura absoluta é T_q.

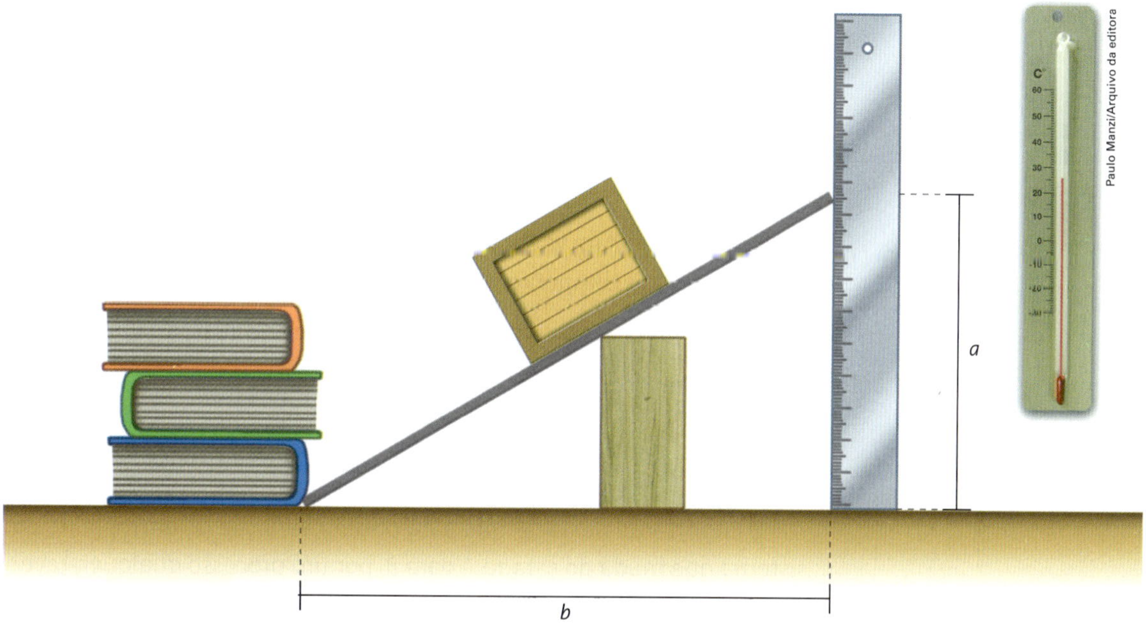

Figura 5.16 A energia dissipada em energia térmica não pode ser utilizada para outra função.

A energia potencial que o sistema Terra-bloco possuía foi dissipada e transformada em agitação térmica. Perdeu-se a possibilidade de usar esse bloco, por exemplo, para erguer um elevador, descer e girar um ventilador ou outra tarefa qualquer. Contudo, ainda poderia se pensar em utilizar esse calor para alimentar uma máquina térmica cíclica que cedesse calor para uma fonte fria, sob temperatura T_f. Mesmo imaginando que fosse uma máquina ideal (de Carnot), ela teria que rejeitar calor para a fonte fria.

Qual foi a quantidade de energia que se rejeitou para cada kelvin? Do ponto de vista da fonte fria, seria $\frac{Q_f}{T_f}$, mas como, para o ciclo de Carnot, $\frac{Q_f}{T_f} = \frac{Q_q}{T_q}$, qualquer que fosse a fonte fria utilizada, essa quantidade de energia que se rejeitou por unidade de temperatura absoluta é a mesma:

$$\Delta S = \frac{Q_q}{T}$$

A grandeza ΔS é denominada **variação de entropia**. Ela mede o quanto a energia se desorganizou ou organizou, por unidade de temperatura, em um sistema após determinado processo. Essa definição proveio do teorema de Clausius (figura 5.17), elaborado dois anos após a publicação de Kelvin. A unidade da variação de entropia no SI é joule/kelvin (J/K).

Figura 5.17 Rudolf Julius Emanuel Clausius (1822-1888).

O teorema de Clausius fornece uma forma de calcular a variação de entropia entre dois estados de um sistema (ΔS), mas não a entropia propriamente dita (S). Se quisermos saber a entropia S após determinada transformação, devemos adotar um valor para a entropia inicial.

Para sistemas isolados, ou seja, que não troquem calor nem outras formas de energia com outros sistemas, com volume constante, a variação de entropia é sempre **positiva**, ou seja, $\Delta S \geqslant 0$. Se no sistema isolado acontecerem somente processos reversíveis, a variação de entropia do sistema é nula.

Para processos reversíveis em que a temperatura seja constante, calcula-se a variação de entropia do sistema por:

$$\Delta S = \frac{Q}{T}$$

Se a temperatura variar durante o processo, deve-se dividi-lo em trechos nos quais a temperatura permaneça constante, calcular a variação $\left(\Delta S_i = \frac{Q_i}{T_i}\right)$ para cada um dos n trechos e depois efetuar a soma para obter a variação de entropia no processo:

$$\Delta S = \sum_{i=1}^{n} \frac{Q_i}{T_i}$$

É importante destacar que para obter a variação de entropia de um sistema que muda do estado A para B, por um processo qualquer, reversível ou não, o cálculo da variação de entropia deve ser feito imaginando-se uma sequência de transformações reversíveis que levem o sistema de A para B.

Para processos irreversíveis, a expressão $\sum_{i=1}^{n} \frac{Q_i}{T_i}$ **não é** a variação de entropia. Por isso, ela **não** deve ser utilizada para esse cálculo.

Exercício resolvido

3. Um pequeno cubo de gelo de 10 g a 0 °C é posto em um recipiente com 2 kg de água a 25 °C. Considerando que a temperatura da água variou muito pouco com o derretimento do gelo, calor específico da água $4{,}18 \cdot 10^3$ J/(kg · °C) e calor latente de fusão do gelo: $3{,}33 \cdot 10^5$ J/kg, obtenha:

a) a variação de entropia do cubo de gelo que derreteu.

b) a variação de entropia da água.

c) a variação de entropia do sistema água-cubo de gelo, considerado isolado.

Resolução

a) O calor recebido pelo gelo é $Q = m \cdot L$. Assim:

$$Q = 10 \cdot 10^{-3} \cdot 3{,}33 \cdot 10^5 \Rightarrow Q = 3\,330 \text{ J}$$

Como, nesse processo, a temperatura ficou constante, a variação de entropia é:

$$\Delta S_g = \frac{Q}{T} = \frac{3\,330}{273} \Rightarrow \Delta S_g = 12{,}2 \text{ J/kg}$$

b) O calor recebido pelo gelo foi o cedido pela água. Considerando que a temperatura variou muito pouco, temos:

$$\Delta S_a = \frac{Q}{T} = \frac{-3\,330}{(273 + 25)} \Rightarrow \Delta S_a = -11{,}2 \text{ J/kg}$$

c) $\Delta S_{sist.} = \Delta S_a + \Delta S_g = -11{,}2 + 12{,}2 \Rightarrow$
$\Rightarrow \Delta S_{sist.} = 1{,}0$ J/kg

Como $\Delta S_{sist.} > 0$, o processo que ocorreu no sistema é irreversível.

Expansão livre de Joule

Seria possível uma transformação em que um gás não trocasse energia com o meio externo nem na forma de calor nem na forma de trabalho? A princípio, pode parecer que isso não seria uma transformação, mas sim a permanência do gás em determinado estado. No entanto, Joule concebeu uma transformação com essas características.

Considere dois recipientes adiabáticos separados por uma membrana. Inicialmente, o recipiente II está preenchido com n mol de um gás ideal, enquanto o recipiente I está totalmente vazio (vácuo). Esse é o estado inicial A (figura 5.18).

A membrana é rompida e o gás se expande, sem nenhuma troca de calor, preenchendo o recipiente I até que se tenha a mesma quantidade de gás nos dois recipientes, atingindo o estado final B.

Como, pela primeira lei da Termodinâmica, $\Delta U = Q - \tau$ e tanto o calor trocado quanto o trabalho são nulos, temos $\Delta U = 0$.

Dois aspectos importantes da expansão livre concebida por Joule são:

- se não há variação da energia interna do gás, sua temperatura não muda;
- o fenômeno é irreversível.

Em qualquer instante intermediário da transformação $A \rightarrow B$, a pressão no recipiente I é menor do que no II e, portanto, o fluxo é sempre de II para I, até que as pressões se igualem.

Observe que não há como representar essa expansão no diagrama $p \times V$. Em qualquer instante da expansão, na fronteira do gás com o vácuo a pressão é nula, mas não é nula nas regiões internas do gás. Isto é, não há uma pressão que caracterize o gás como um todo.

Para calcular a variação de entropia dessa transformação, **não podemos** aplicar diretamente a ela $\Delta S = \sum_{i=1}^{n} \frac{Q_i}{T_i}$, pois essa expressão só pode ser aplicada a processos reversíveis.

Podemos imaginar várias sequências de processos reversíveis pelos quais o gás passaria do estado A para o estado B, mas vamos imaginar um que seja relativamente simples para a realização do cálculo de $\Delta S = \sum_{i=1}^{n} \frac{Q_i}{T_i}$: uma expansão isotérmica reversível, conforme ilustra a figura 5.19.

Como na transformação isotérmica o calor trocado tem o mesmo valor que o trabalho realizado e $\tau = n \cdot R \cdot T \cdot \ln\left(\frac{V_{final}}{V_{inicial}}\right)$, temos:

$$Q = n \cdot R \cdot T \cdot \ln\left(\frac{2V}{V}\right) \Rightarrow Q = n \cdot R \cdot T \cdot \ln 2$$

A temperatura ao longo da transformação é constante, logo, podemos obter diretamente a variação de entropia:

$$\Delta S = \frac{Q}{T} = \frac{n \cdot R \cdot T \cdot \ln 2}{T} \Rightarrow \Delta S = n \cdot R \cdot \ln 2$$

Se, **erradamente**, fosse aplicada a expressão $\Delta S = \sum_{i=1}^{n} \frac{Q_i}{T_i}$ ao processo irreversível, como não há calor trocado, obteríamos uma variação de entropia nula; um resultado inconsistente.

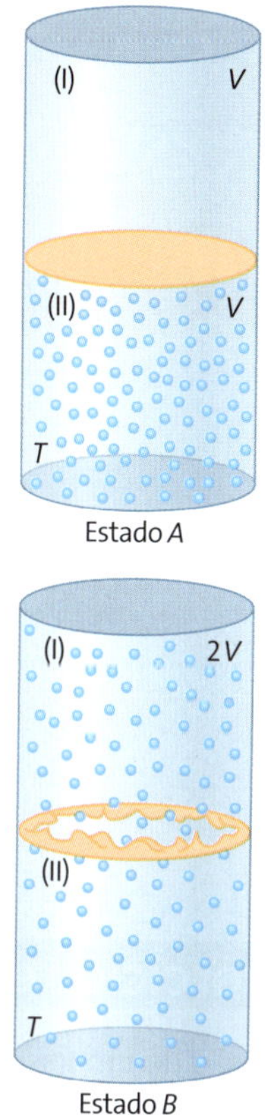

Adilson Secco/Arquivo da editora

Figura 5.18 Expansão livre de Joule.

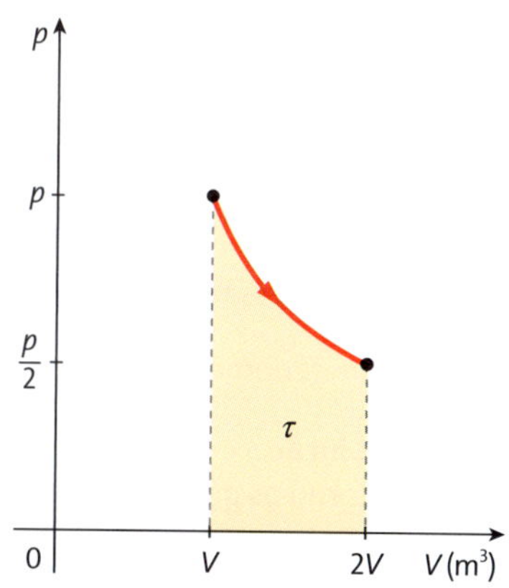

Figura 5.19 Uma possibilidade de transformação reversível pela qual o gás passa do estado A para o estado B.

Adiabática: a transformação isoentrópica

A transformação da expansão livre de Joule, ao ser analisada, demonstra que em uma expansão isotérmica (reversível ou não) a entropia do gás aumenta e as partículas mantêm a distribuição de velocidades (mesma energia interna), mas ficam mais distribuídas, espalhadas. No entanto, em uma transformação adiabática reversível **não** há variação de entropia. Embora as partículas fiquem mais distribuídas, a velocidade média diminui e, portanto, a distribuição de velocidades fica, por assim dizer, mais organizada, compensando o "espalhamento" das partículas no recipiente.

Como a transformação é, por hipótese, reversível, podemos aplicar $\Delta S = \sum_{i=1}^{n} \frac{Q_i}{T_i}$, e como em qualquer estágio da transformação $Q_i = 0$ obtemos $\Delta S = 0$.

Observe ainda que, na expansão livre de Joule, tem-se um processo adiabático, mas **não reversível**. Logo, a expressão $\Delta S = \sum_{i=1}^{n} \frac{Q_i}{T_i}$ não pode ser aplicada, e essa transformação não é isoentrópica, como, de fato, os cálculos mostraram.

Exercício resolvido

4. Difusão de um gás – Sob temperatura de 27 °C, 1 mol de O_2 e 1 mol de N_2 estão em dois recipientes de igual volume, interligados por uma válvula e isolados termicamente do ambiente, conforme ilustra a figura seguinte. A válvula é aberta e os dois gases se misturam.

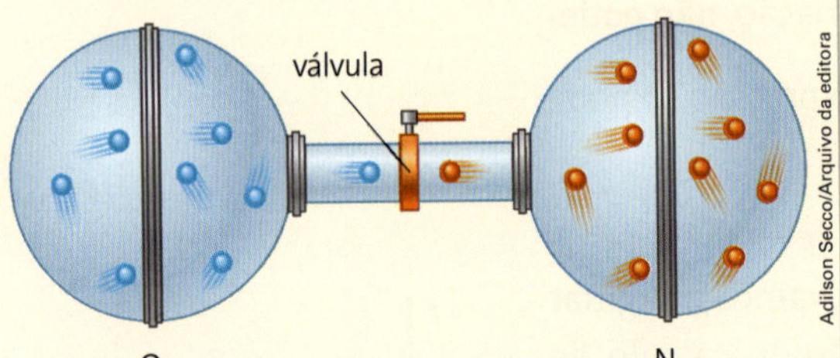

a) Houve troca de calor entre os gases?

b) Qual a variação de entropia no processo?

c) A expressão $\Delta S = \sum_{i=1}^{n} \frac{Q_i}{T_i}$ pode ser aplicada em um fenômeno no qual não haja trocas de calor?

Resolução

a) Como os gases estão sob mesma temperatura, não houve troca de calor entre eles no processo.

b) Para calcular a variação de entropia, vamos imaginar processos reversíveis pelos quais o sistema atinge o estado final e, nesses processos, aplicar a expressão $\Delta S = \sum_{i=1}^{n} \frac{Q_i}{T_i}$.

Primeiramente, imaginamos a expansão isotérmica do O_2 para o recipiente da direita, sem considerar a existência do N_2.

Essa variação de entropia já foi calculada no exemplo da expansão livre de Joule e vale $\Delta S_1 = n \cdot R \cdot \ln 2$, ou seja, $\Delta S_1 = R \cdot \ln 2$.

Procedendo da mesma forma para o N_2, obtemos: $\Delta S_2 = R \cdot \ln 2$

A variação global da entropia do sistema será: $\Delta S = \Delta S_1 + \Delta S_2 = 2 \cdot R \cdot \ln 2$

c) Sim. O fenômeno descrito neste exemplo é o fenômeno da difusão. Desde que consigamos imaginar uma sequência de processos reversíveis pelos quais o sistema passa de um estado para o outro, a expressão $\Delta S = \sum_{i=1}^{n} \frac{Q_i}{T_i}$ pode ser aplicada, como foi feito no item **b**.

Este exercício é importante para entender por que a difusão de uma gota de tinta que cai em um copo de água e se espalha para todo o líquido, embora não seja um fenômeno térmico, é um fenômeno irreversível, e a variação de entropia pode ser calculada, analogamente ao que foi feito aqui.

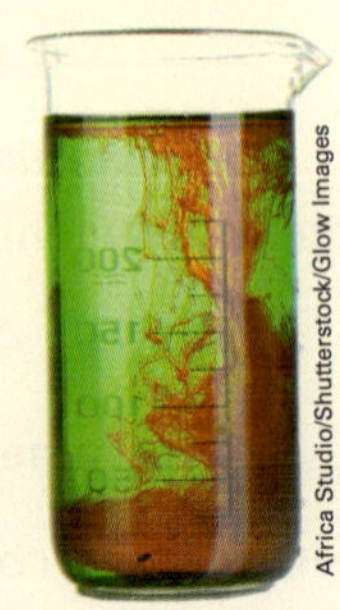

A difusão de líquidos. Um fenômeno irreversível e praticamente irremediável.

A Estatística e a entropia

Vamos considerar um recipiente cúbico contendo quatro partículas em movimento aleatório. Qual é a probabilidade de estarem as quatro partículas na metade esquerda da caixa?

A **figura 5.20** ilustra todas as possibilidades (microestados) para a distribuição dessas partículas.

Das dezesseis possibilidades, somente uma obedece ao proposto. Assim, temos uma possibilidade em dezesseis de que isso aconteça.

Observe as situações em que se tem duas partículas de cada lado da caixa (macroestados). Seis distribuições (microestados) obedecem a essa condição entre as dezesseis possíveis. Portanto, se jogarmos quatro partículas aleatoriamente em uma caixa, é seis vezes mais provável que tenhamos metade das partículas em cada lado do que todas no lado esquerdo da caixa.

Aumentando a quantidade de partículas, a possibilidade de elas se distribuírem meio a meio, em relação à situação de todas estarem em um lado da caixa, aumenta.

Em um gás, o número de partículas é altíssimo. A possibilidade de se ter as partículas distribuídas meio a meio em uma sala de aula é imensamente maior que a de tê-las apenas no lado esquerdo desse ambiente. Em outras palavras, essa última distribuição é improvável, e os alunos do lado direito ficariam sufocados.

Considere, agora, uma bolinha de massa de modelar que atinge o solo após cair de determinada altura. Ao atingir o solo, todas as partículas dessa bolinha possuíam velocidade dirigida para baixo. Após a colisão, a distribuição de velocidades se tornou aleatória e a energia mecânica se transformou em agitação térmica. A temperatura da bolinha aumentou.

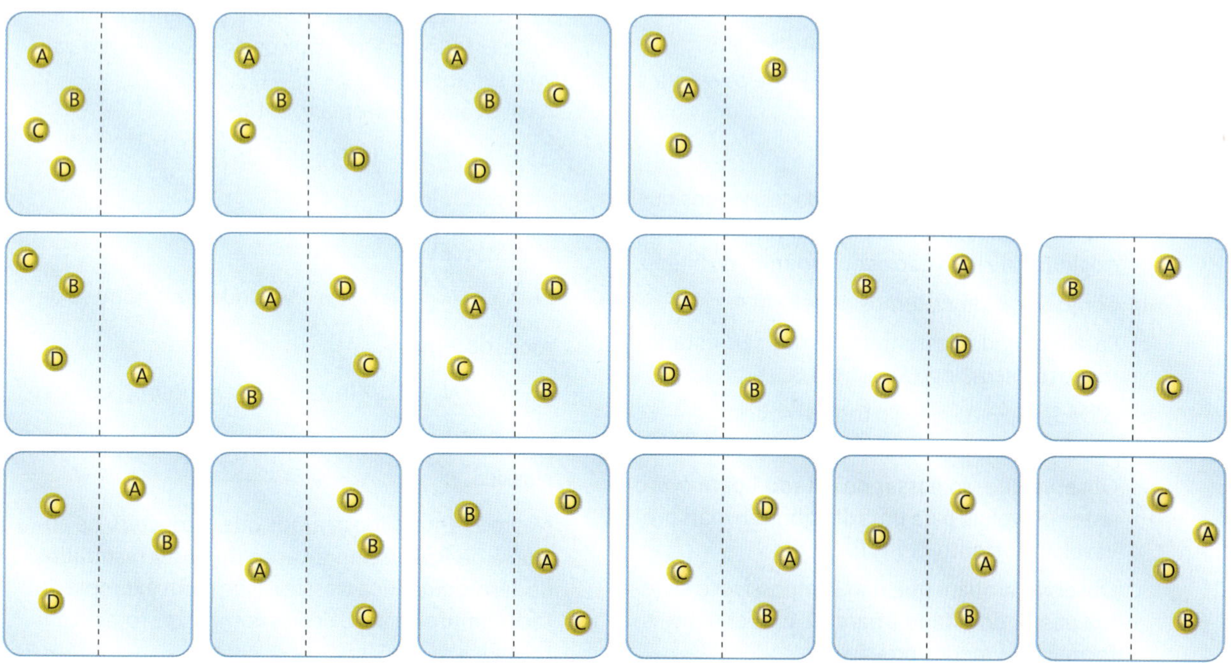

Figura 5.20 No total, são 16 possibilidades (2^4).

SPL/Latinstock

Figura 5.21 Ludwig Boltzmann (1844-1906), físico austríaco.

O processo inverso, que seria aquecer a bolinha, e em dado instante todas as suas partículas terem a velocidade orientada para cima, fazendo-a ganhar determinada altura, não é impossível de acordo com as leis de Newton, mas, de acordo com as possibilidades para a distribuição de velocidades, é bastante improvável.

Essa visão, de que ao lidarmos com um grande número de partículas precisamos, além das leis da Mecânica, de um cálculo estatístico, o qual é relativamente recente, foi idealizada em 1877 por Boltzmann (figura 5.21). Anteriormente, a grande improbabilidade de transformar integralmente calor em energia mecânica foi descrita pela segunda lei da Termodinâmica.

Boltzmann demonstrou que, sendo Ω a quantidade de possibilidades microscópicas (microestados) de um sistema que correspondem a um estado macroscópico (macroestado), a entropia desse sistema é $S = k \cdot \ln \Omega$, onde a constante k corresponde à razão entre a constante universal do gás perfeito e o número de Avogadro, isto é:

$$k = \frac{R}{N_0} = \frac{8{,}314}{6{,}022 \cdot 10^{23}} \Rightarrow k = 1{,}23 \cdot 10^{23}\ \text{J/K}$$

Exercícios resolvidos

5. Considere as quatro partículas, distribuídas em dois compartimentos, como na **figura 5.20**. Considere ainda que todas as partículas tenham a mesma velocidade.

a) Qual é o número de estados microscópicos possíveis que correspondem a uma partícula no lado esquerdo da caixa (estado macroscópico 1)?

b) Usando a expressão de Boltzmann, $S = k \cdot \ln \Omega$, calcule a entropia relativa ao item anterior.

c) Qual é o número de estados microscópicos que correspondem a duas partículas de cada lado da caixa (estado macroscópico 2)?

d) Calcule a variação de entropia entre os estados dos itens **a** e **c**.

Resolução

a) Observando todas as possibilidades, vemos que quatro estados microscópicos correspondem ao exigido neste item. São os quatro antes do último.

b) Como $S = k \cdot \ln \Omega$, temos: $S_1 = k \cdot \ln 4$.

c) Para o exigido neste item, temos seis estados microscópicos, logo $S_2 = k \cdot \ln 6$.

d) $\Delta S = S_2 - S_1 \Rightarrow \Delta S = k \cdot (\ln 6 - \ln 4) = k \cdot \ln\left(\frac{6}{4}\right) \Rightarrow$
$\Rightarrow \Delta S = 0{,}41 \cdot k$

Observe que, ao passar do estado 1 para o 2, o sistema evoluiu para uma distribuição mais provável, e, portanto, $\Delta S > 0$.

Observe também que não é impossível o sistema passar do estado 2 para o 1, mas essa transformação é menos provável.

6. Calcule a variação de entropia na expansão livre de Joule usando a expressão de Boltzmann, quando o gás dobra de volume.

Resolução

Primeiramente, vamos calcular a quantidade de estados microscópicos que correspondem a todas as partículas no recipiente II.

Sendo Ω_1 o número de estados microscópicos possíveis para todas as partículas no recipiente II, ao abrirmos a válvula, cada uma das N partículas passa a ter duas escolhas possíveis, portanto, o número de estados macroscópicos possíveis após a válvula ser aberta é $\Omega_2 = 2^N \cdot \Omega_1$.
A variação de entropia é, então:

$$\Delta S = k \cdot (\ln \Omega_2 - \ln \Omega_1) = k \cdot \ln\left(\frac{\Omega_2}{\Omega_1}\right).$$

$$\Delta S = k \cdot \ln\left(\frac{2^N \cdot \Omega_1}{\Omega_1}\right) = N \cdot k \cdot \ln 2$$

Como $k = \frac{R}{N_0}$ e $N = n \cdot N_0$, onde n é o número de mols, obtemos:

$\Delta S = n \cdot N_0 \cdot \frac{R}{N_0} \cdot \ln 2 \Rightarrow \Delta S = n \cdot R \cdot \ln 2$, que é o mesmo resultado obtido pela Termodinâmica clássica.

Neste exemplo mostramos que o conceito de entropia de Boltzmann é capaz de obter resultados da Termodinâmica clássica. Não é um exemplo de fácil compreensão. Cálculos complexos foram contornados.

Evolução das teorias científicas – Paradoxo de Gibbs

Por que Boltzmann formulou a sua teoria estatística para os fenômenos termodinâmicos se a Termodinâmica clássica já obtinha todos os resultados?

Uma das razões é que, diferentemente de outras leis da Física que descrevem como os sistemas vão se comportar, a segunda lei da Termodinâmica diz como os fenômenos **não acontecem**, com a proibição de o calor fluir do corpo frio para o corpo quente. Boltzmann estava intrigado com o porquê dessa proibição.

Mas há outro grande motivo para o sucesso da teoria de Boltzmann: um problema que ficou conhecido como **paradoxo de Gibbs** (figura 5.22). Se no exemplo da difusão em que usamos os gases N_2 e O_2 (figura 5.23.a) tivéssemos colocado o gás oxigênio nos dois lados, pela Termodinâmica clássica, ao abrir a válvula, o cálculo da variação de entropia continuaria o mesmo, nos levando a concluir que essa variação seria $\Delta S = n \cdot R \cdot \ln 2$. Mas o sistema não ficaria igual à situação inicial?

Figura 5.22 Josiah Willard Gibbs (1839-1903).

Na abordagem estatística desse mesmo problema, primeiramente, Boltzmann pergunta se as partículas do recipiente esquerdo são distinguíveis das partículas do direito. Se não o forem, ao abrir a válvula, o sistema pode se encontrar em um estado igualmente provável ao estado inicial ($\Omega_2 = \Omega_1$) e, portanto, a variação de entropia seria nula (figura 5.23.b), pois:

$$\Delta S = k \cdot \ln\left(\frac{\Omega_1}{\Omega_1}\right) = k \cdot \ln 1 = 0$$

Este é um oportuno exemplo de evolução nas teorias da Física. A teoria de Boltzmann faz tudo o que a Termodinâmica clássica fazia, mas não faz proibições e resolve o paradoxo de Gibbs.

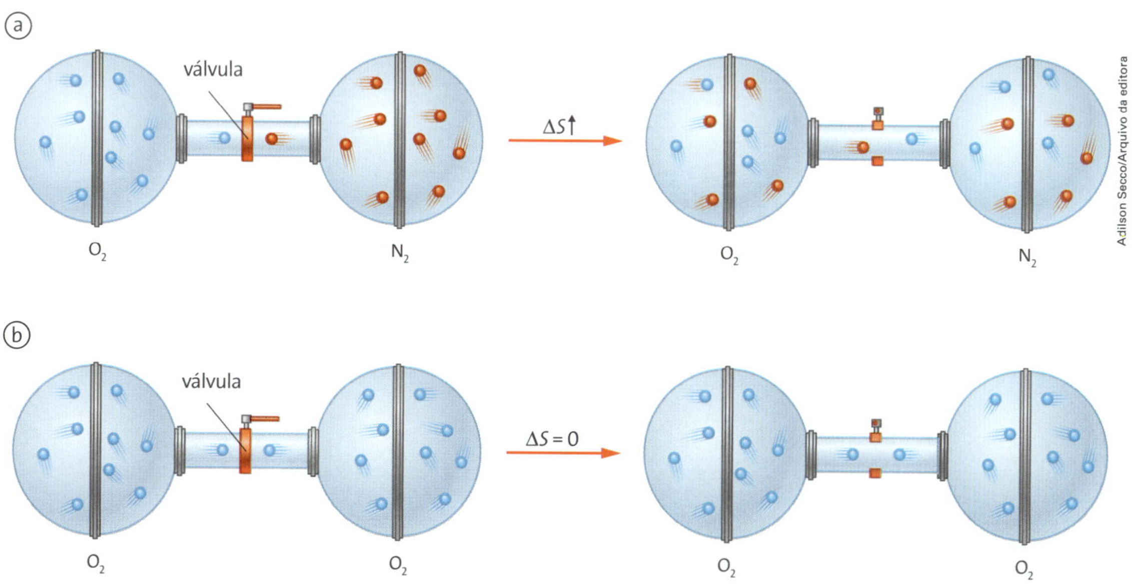

Figura 5.23 Difusão do O_2 e N_2 (**a**) e apenas do O_2 (**b**).

Entropia do Universo e de nosso planeta

Se considerarmos todo o Universo, este seria o sistema isolado ideal (com quem ele iria trocar calor?) e poderíamos dizer que a entropia sempre estaria aumentando, ou seja, a energia vai se tornando cada vez mais desorganizada e atingiríamos, daqui a bilhões de anos, uma situação em que todos os corpos estariam em equilíbrio térmico. Nesse cenário, nenhuma máquina térmica seria possível, o que incluiria nós mesmos. Seria a chamada morte térmica do Universo, com todos os corpos sob mesma temperatura.

Entretanto, como o Universo está em expansão (figura 5.24), essa conclusão não é válida. Se você tem um pequeno quarto com as coisas todas desorganizadas e derruba uma das paredes, dobrando o tamanho do cômodo, a organização aumentou, já que todas as coisas agora estão situadas (organizadas) em uma das metades do compartimento.

Não se sabe com exatidão a taxa de expansão do Universo e, portanto, se ela compensa a tendência de aumento de entropia, supera ou, ainda, se é inferior para compensá-la. A questão permanece em aberto.

Nosso planeta **não é** um sistema isolado, já que estamos continuamente recebendo energia do Sol. Essa energia é utilizada para diminuir a entropia da Terra, pois com ela organizamos cidades, pontes, plantações, irrigamos áreas áridas, construímos escolas e tudo mais. As plantas e os animais, de certa forma, também se organizam e crescem.

Calcular a entropia de um sistema tão complexo e amplo como o nosso planeta é uma tarefa praticamente impossível, mas, provavelmente, desde o surgimento da vida, a entropia da Terra vem diminuindo.

Figura 5.24 **Expansão do Universo.**

Paulo Manzi/Arquivo da editora

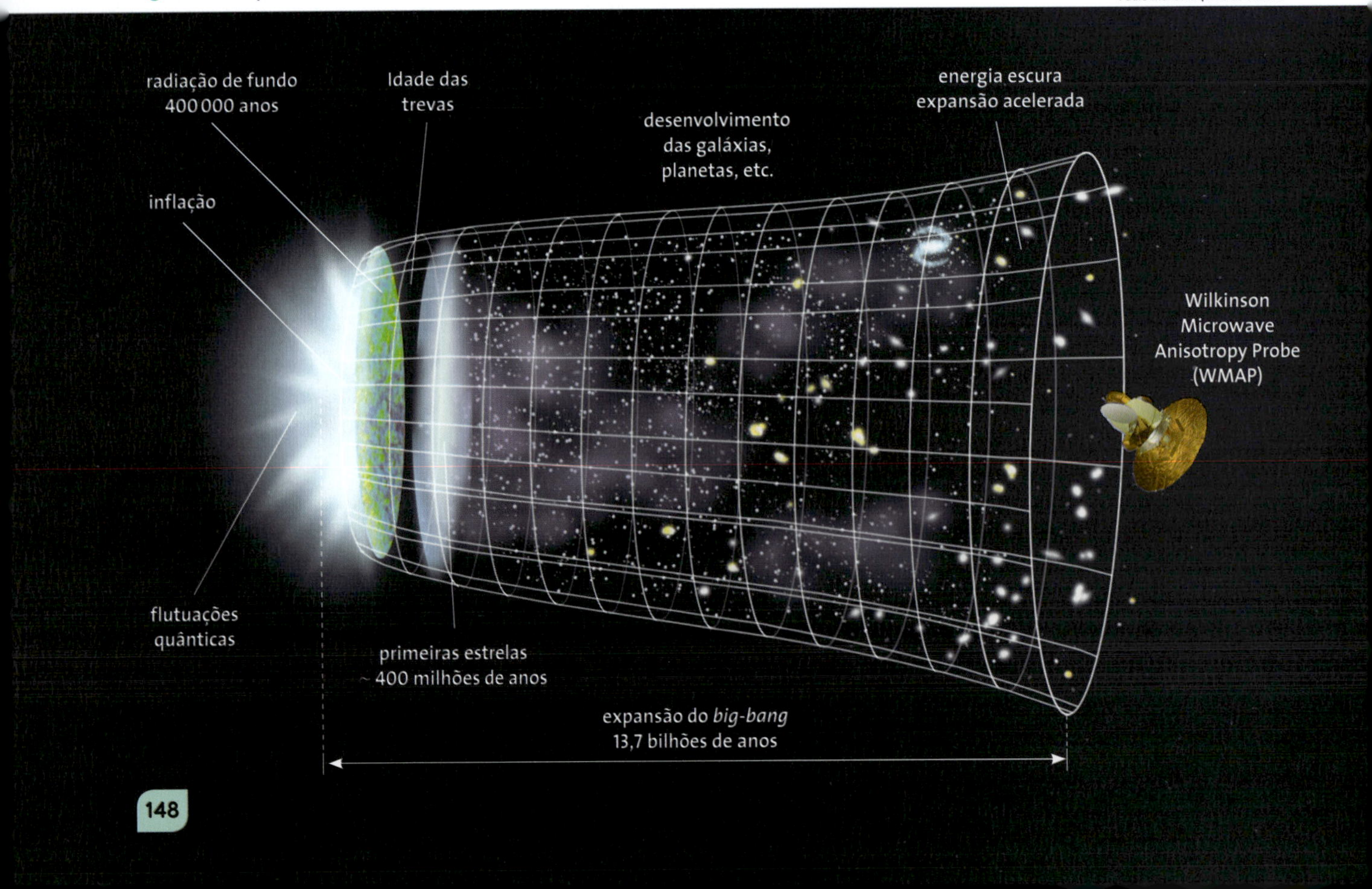

Exercício resolvido

7. Uma proposta para tornar o gráfico do ciclo de um motor térmico mais simples é impor as seguintes condições para analisar o seu rendimento máximo possível:

I. Em qualquer estágio do ciclo, a entropia não pode superar determinado valor e há também um valor mínimo para ela.

II. Há valores máximos e mínimos para as temperaturas no ciclo.

Funcionando apenas sob essas duas restrições, já é possível concluir que nenhum outro motor térmico poderia render mais que o de Carnot.

a) Represente em um diagrama $T \times S$, por linhas tracejadas, os valores máximos e mínimos que você vai estipular para essas grandezas e, analisando a expressão $\Delta S = \frac{Q_i}{T_i} \Rightarrow Q_i = \Delta S_i \cdot T_i$, determine qual é a quantidade mínima de calor que a máquina pode ceder à fonte fria obedecendo as restrições impostas. Lembre-se de que quanto menor o calor cedido, maior será o calor aproveitado.

b) Ainda analisando $Q_i = \Delta S_i \cdot T_i$, qual é a quantidade máxima de calor que a máquina pode receber da fonte quente? Lembre-se de que quanto maior a quantidade de calor recebida, maior poderá ser o trabalho realizado pela máquina.

c) Represente em um diagrama $T \times S$ as duas transformações, de modo que as condições dos itens **a** e **b** possam ser obedecidas simultaneamente e se obtenha um ciclo.

d) Fechado o ciclo, obtenha o ciclo da máquina cujo rendimento não possa ser superado por nenhuma outra.

Resolução

a) Pela expressão $Q_i = \Delta S_i \cdot T_i$, a transformação na qual a quantidade de calor cedido é a menor possível é a que trabalha com a menor temperatura possível, T_i. Conforme as imposições do enunciado, podemos desenhar a seguinte transformação (*CD*):

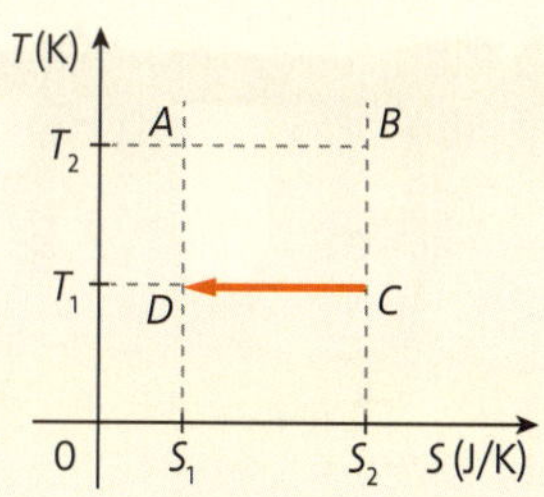

b) Analogamente ao item anterior, a transformação que recebe a máxima quantidade de calor é a que acontece sempre com a temperatura máxima, conforme a figura ao lado.

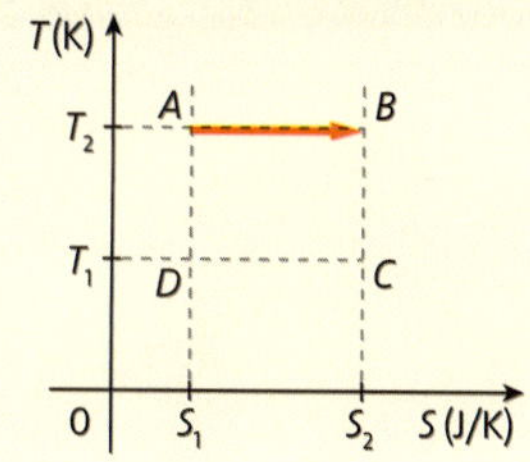

c) Fechando o ciclo com as transformações *DA* e *BC*, obtemos:

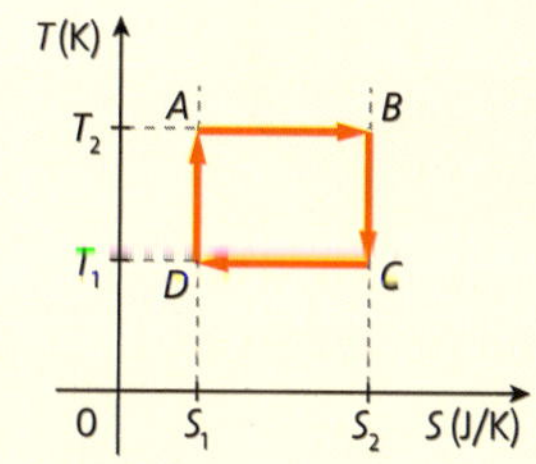

Observe que $|Q_{AB}| = T_2 \cdot |\Delta S|$ e que $|Q_{CD}| = T_1 \cdot |\Delta S|$, portanto:

$\left|\frac{Q_q}{T_f}\right| = \frac{T_q}{T_f}$, como no ciclo de Carnot.

d) Como poderiam ser feitas as transformações *DA* e *BC*? As duas transformações reversíveis são isoentrópicas, ou seja, adiabáticas. A transformação *DA* é uma compressão adiabática (a temperatura aumenta) e a *BC*, uma expansão adiabática. Nenhum motor térmico poderia render mais do que este, cujo ciclo completo é apresentado acima. Observe também que a área compreendida pelo ciclo é numericamente igual ao trabalho mecânico líquido obtido a cada ciclo.

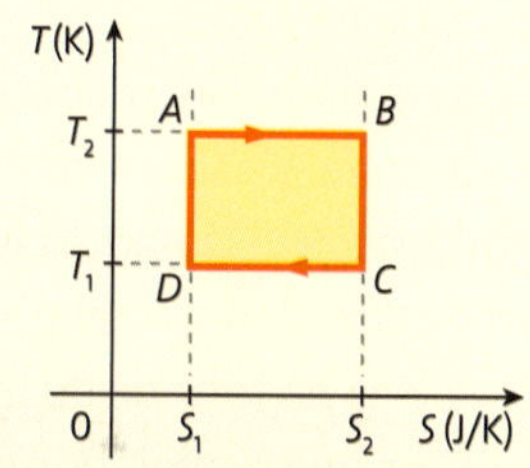

Observe as transformações:

- *AB*: expansão isotérmica, pois a entropia aumenta.
- *BC*: isoentrópica e, portanto, é uma expansão adiabática (a temperatura diminui).
- *CD*: compressão isotérmica, pois a entropia diminui.
- *DA*: isoentrópica e, portanto, outra adiabática, mas agora uma compressão, pois a temperatura aumentou.

Portanto, o ciclo que produziria o maior rendimento possível compreende duas isotérmicas e duas adiabáticas, isto é, o ciclo de Carnot. Nenhum ciclo rende mais que o de Carnot.

Vida e entropia

Bettmann/Corbis/Latinstock

Erwin Rudolf Josef Alexander Schrödinger (1887-1961).

Em seu livro *O que é vida?*, Erwin Schrödinger, um dos mais notáveis físicos do século XX, aponta que a vida se contrapõe à tendência natural da matéria inanimada, conspirando contra o aumento natural de entropia.

O conceito de entropia formulado por Clausius inicia-se da consideração de que é impossível o calor passar espontaneamente do frio para o quente. Boltzmann aperfeiçoou esse conceito propondo uma formulação estatística vigorosa, na qual o resultado de Clausius é uma decorrência lógica.

Houve duas grandes vantagens na formulação de Boltzmann. Primeiro, seus resultados não surgem de uma imposição a mais nas leis da Física e, em segundo lugar, ela não exclui a possibilidade de eventos singulares, como nevar no Ceará, por exemplo, mas os coloca no terreno do improvável.

Seria possível, por uma ação casual do vento, choques térmicos ou abalos sísmicos, uma pedra cujo centro de massa seja muito alto, como o da **figura a**?

Estritamente seguindo as ideias de Clausius, a resposta seria não. A entropia do sistema constituído pelas pedras diminuiu.

Para acirrar a comparação, vamos a outra formação rochosa: **figura b**, Stonehenge.

Seria possível obter uma formação desse tipo pela ação do vento?

Não é preciso que façamos cálculos para saber o quão improvável é o fato. A formação de uma das pedras, nas condições em que se apresenta, já seria altamente improvável. Duas, muito mais. Um círculo, nem pensar. Há aí a interferência de uma vontade ausente na matéria inanimada. Talvez a resposta à questão "O que é vida?" esteja na comparação dessas duas formações. No formalismo de Clausius há o impossível, no de Boltzmann, o improvável, mas mesmo o improvável chega perto do limite do impossível quando se fala da matéria inanimada. Com Clausius, vemos o que o ser vivo faz, e a matéria pura e simples, acompanhada pelas leis da Física, não faz. Com Boltzmann pudemos descobrir que os seres vivos fazem o improvável.

Por ora, é importante discutir a força de expressão de Schrödinger ao dizer que a vida segue na contramão das leis naturais. Realmente, a frase parece ter sido um exagero do autor. A segunda lei da Termodinâmica não proíbe a redução de entropia de um sistema, apenas assegura que esse processo não é espontâneo.

Shaun Lowe/Getty Images

Figura a Uma formação rochosa impossível, segundo Carnot, e improvável, segundo Boltzmann. Tão improvável que é atração turística.

Filip Fuxa/Shutterstock/Glow Images

Figura b Outra formação rochosa singular, Stonehenge, na Inglaterra.

O ser vivo, ao diminuir sua entropia, aumenta a do ambiente em que está imerso. Mas esse aumento é necessariamente maior que a redução que ele consegue para si. Quando consideramos o ser vivo e o ambiente conjuntamente, vemos que as leis da Física estão perfeitamente obedecidas.

O que torna o ser vivo singular é possuir um código que lhe permita fazer essa barganha, como a planta que se embebe de quase toda água espalhada aleatoriamente ao seu redor para organizá-la em seus floemas e xilemas.

O ser vivo cria extensões de si mesmo e aumenta o volume de controle de fluxo entrópico negativo. Braços mecânicos, pás, martelos e engenhocas que funcionam com pouca, ou quase nenhuma, interferência do criador. Uma bomba pode funcionar anos aproveitando a energia da correnteza para encher continuamente uma caixa-d'água. O fruto de seu funcionamento vai no fluxo contrário da entropia.

O que falta a essa bomba para ser viva? Falta-lhe um processo metabólico próprio pelo qual ela se regenere e se reproduza. Com essa restrição, podemos enxergá-la como uma extensão do ser vivo que a criou. A enxada não se reproduz, nem o aparelho de ar condicionado.

Nesse aspecto, o motor de um carro, por exemplo, ou até o carro todo, são também extensões de seres vivos. Algo que o ser vivo agregou ao seu volume de controle, como agregamos dentes de porcelana, próteses, vestimentas que nos protegem de trocas de calor indesejáveis, etc.

Deixemos de lado, então, os engenhos construídos por seres vivos fora de nossa discussão, considerando-os meras extensões da vida que progride e se espalha, tendo essa propriedade como uma de suas características. Assim como quando se espanta uma mosca com uma varinha. A varinha pode ser feita de uma resina mineral insossa, mas age como extensão da vida. Não é um mineral que espontaneamente se levantou e agiu.

As extensões da vida agem de acordo com regras impostas por ela. Admitindo, então, a definição de fluxo entrópico negativo, aliada à necessidade de metabolismo, parece que chegamos a uma definição precisa.

Carolina K. Smith MD/Shutterstock/Glow Images

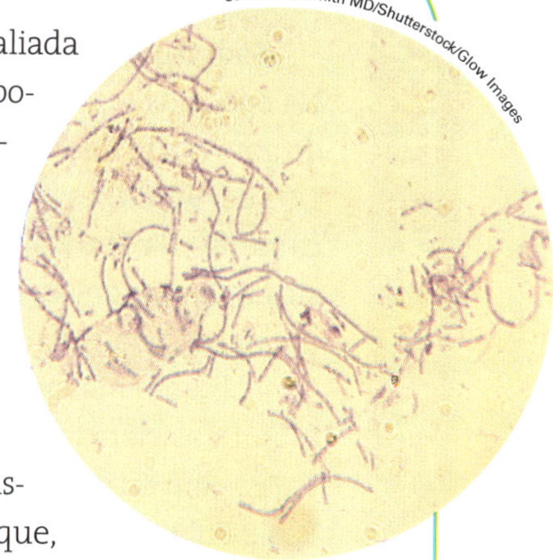

Bacillus anthracis (antraz) é um dos exemplos de bactérias que fazem endósporos.

Infelizmente, não é assim. Em primeiro lugar porque temos exemplo de seres que não hesitaríamos em classificar como vivos e que, no entanto, não se reproduzem, como o burro e a mula; além disso, há bactérias que, quando em condições adversas às suas sobrevivências, criam endósporos (estrutura dura e que proporciona a dormência) até que as condições mudem. É difícil dizer que nesse período essas bactérias são seres vivos. O metabolismo está ausente. Nem sequer podemos dizer que hibernam, pois a hibernação compreende ainda um metabolismo residual.

Por outro lado, é também difícil dizer que elas não são seres vivos. Resta-nos admitir que a vida, às vezes, se esconde em períodos de latência e que até aqui a definição não é completa, embora adequada para muitas diferenciações.

Pelo menos, a questão se os vários tipos de vírus são vivos ou não fica decidida. Nesse cenário eles não são. Dependem do metabolismo da célula que invadem para se manifestar e se reproduzir.

Finalmente, devemos discutir um pouco mais sobre as extensões da vida. Quão sofisticados podem ser os engenhos que a própria vida cria para imitar-se? Eles podem realizar tarefas que se oponham ao aumento de entropia, podem ter um simulacro de metabolismo envolvendo até reprodução, mas funcionam de acordo com os conselhos de sua fabricação. Descuidos acontecem, mas ainda não vimos um motor se rebelar ou uma enxada se voltar contra o agricultor, pelo menos por enquanto. Mas, se um dia isso acontecer, talvez seja esta a primeira frase de espanto a ser ouvida:

— A enxada está viva!

EM CONSTRUÇÃO

Sadi Nicolas Léonard Carnot

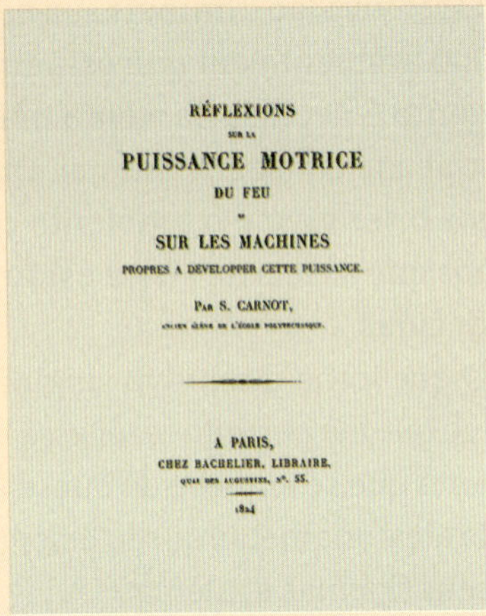

RÉFLEXIONS

PUISSANCE MOTRICE

DU FEU

SUR LES MACHINES

PROPRES A DÉVELOPPER CETTE PUISSANCE.

PAR S. CARNOT,

A PARIS,

CHEZ BACHELIER, LIBRAIRE,

QUAI DES AUGUSTINS, Nº. 55.

1824

Frontispício do livro *Réflexions sur la puissance motrice du feu et sur les machines propres a développer cette puissance*, de Carnot.

Sadi Carnot (1796-1832) foi o primogênito de Lazare Carnot. Na época de seu nascimento, seu pai era membro da cúpula do governo revolucionário francês, na qual permaneceu entre 1795 e 1799. Carnot nasceu em uma época tumultuada politicamente na França, e em razão da posição de seu pai, cuja situação econômica mudou muitas vezes, ele cresceu em um ambiente totalmente instável política e financeiramente.

Sob a orientação do pai, Carnot demonstrou grande talento para as ciências e foi enviado ao Liceu Charlemagne, em Paris, com a intenção de ser preparado para os exames da École Polytechnique, grande centro francês de formação de cientistas até hoje. Em 1812, com apenas 16 anos, Carnot ingressou na Polytechnique, onde teve como professores André-Marie Ampère (1775-1836), Siméon Denis Poisson (1781-1840) e Dominique François Jean Arago (1786-1853), grandes cientistas da época. Graduou-se em 1814.

Carnot continuou seus estudos na Escola de Metz e, após um curso de dois anos de Engenharia Militar, ingressou na carreira militar. Em 1819, começou a ministrar cursos em instituições de prestígio em Paris, incluindo a Sorbonne e o Collège de France.

Em 1821, visitando seu pai no exílio em Magdeburgo, na Alemanha, cidade que três anos antes pusera em operação uma máquina a vapor, Carnot ficou entusiasmado com o interesse de seu pai pelo assunto e retornou para a França com a intenção de desenvolver uma teoria sobre as máquinas térmicas.

No primeiro dos principais estudos de Carnot, ele procurou estabelecer uma expressão matemática para o trabalho que poderia ser obtido com 1 kg de vapor, usando isotermas e adiabáticas. Esse estudo distinguia-se de outros da época pela clareza da análise e pela precisão matemática no desenvolvimento, mas só veio a público com a descoberta de seus manuscritos, em 1966.

À época do primeiro estudo de Carnot, as máquinas a vapor já tinham várias aplicações, como na drenagem de água das minas de carvão, nas forjarias, nos moinhos, teares e portos, mas eram ainda pouco eficientes. O desejo de Carnot era superar a supremacia da rival Inglaterra na produção dessas máquinas, uma das sementes da primeira Revolução Industrial.

A única publicação de Carnot, *Réflexions sur la puissance motrice du feu et sur les machines propres a développer cette puissance* [Reflexões sobre a potência motriz do fogo e sobre os meios adequados de desenvolvê-la], ocorreu em 1824. Foram apenas 600 exemplares, de 118 páginas, mas de tanta importância histórica que um original custa hoje cerca de US$ 45 000,00.

O livro só veio a ser mais conhecido em 1834, após as reformulações de Benoit Paul Émile Clapeyron (1799-1864) para que as ideias ali contidas ficassem mais acessíveis. Carnot já havia falecido precocemente dois anos antes, aos 36 anos, numa epidemia de cólera que assolou Paris.

Adaptado de: O'CONNOR, J. J.; ROBERTSON, E. F. *Carnot's Biography*. Disponível em: <www-history.mcs.st-andrews.ac.uk/Biographies/Carnot_Sadi.html>. Acesso em: out. 2012. Texto traduzido.

1. Qual a importância do ciclo de Carnot para as máquinas térmicas?

2. Pesquise a importância das máquinas térmicas para a Revolução Industrial. Converse com o professor de História.

EXPERIMENTO

Catraca/lingueta

Durante o século XX, houve várias tentativas de criar o moto-perpétuo, isto é, um conjunto capaz de converter calor em trabalho sem que haja uma fonte quente e uma fonte fria no mesmo conjunto.

Propomos, então, que você e os colegas criem um moto-perpétuo: no interior de uma caixa, contendo um gás (que pode ser o ar) a certa temperatura, montem um eixo de roda com dentes. Pelo bombardeamento das moléculas de gás nos dentes, estes oscilam e se movimentam.

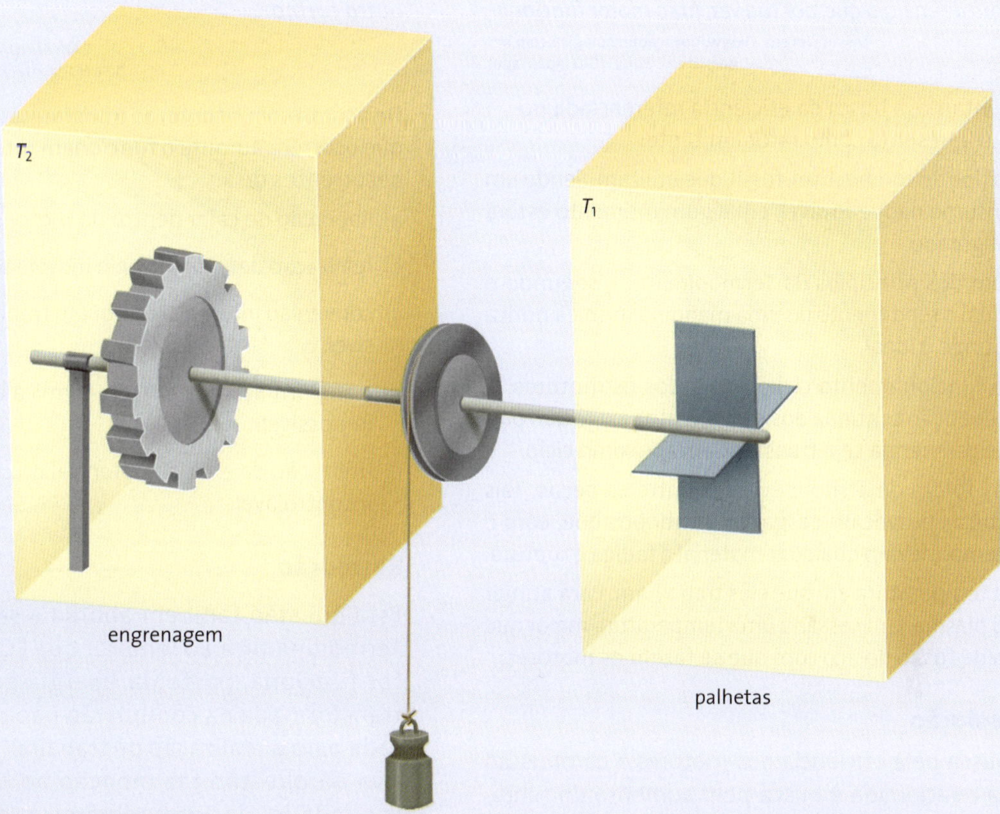

Paulo Manzi/Arquivo da editora

Aparentemente, se encaixarmos na outra extremidade do eixo uma roda (catraca/lingueta), como mostra a figura, ela girará em um único sentido, ainda que lentamente, produzindo trabalho.

Após a montagem do dispositivo, responda às questões:

1. Houve movimento efetivo do eixo em um dado sentido?

2. Caso prendêssemos um pequeno corpo por um barbante a uma polia do cabo, seria possível levantá-lo?

3. Do ponto de vista de troca de energia, qual o papel da catraca/lingueta?

4. O segundo princípio da Termodinâmica foi violado nesse experimento?

Adaptado de: FEYNMAN, R. P. et al. *Lições de Física de Feynman*. São Paulo: Artmed, 2008. v. 1.

Pensando no Enem

1. *Aumentar a eficiência na queima de combustível dos motores a combustão e reduzir suas emissões de poluentes é a meta de qualquer fabricante de motores. É também o foco de uma pesquisa brasileira que envolve experimentos com plasma, o quarto estado da matéria e que está presente no processo de ignição. A interação da faísca emitida pela vela de ignição com as moléculas de combustível gera o plasma que provoca a explosão liberadora de energia que, por sua vez, faz o motor funcionar.*

Disponível em: <www.inovacaotecnologica.com.br>. Acesso em: 22 jul. 2010 (adaptado).

No entanto, a busca da eficiência referenciada no texto apresenta como fator limitante:

a) o tipo de combustível, fóssil, que utilizam. Sendo um insumo não renovável, em algum momento estará esgotado.
b) um dos princípios da Termodinâmica, segundo o qual o rendimento de uma máquina térmica nunca atinge o ideal.
c) o funcionamento cíclico de todos os motores. A repetição contínua dos movimentos exige que parte da energia seja transferida ao próximo ciclo.
d) as forças de atrito inevitável entre as peças. Tais forças provocam desgastes contínuos que, com o tempo, levam qualquer material à fadiga e ruptura.
e) a temperatura em que eles trabalham. Para atingir o plasma, é necessária uma temperatura maior que a de fusão do aço com que se fazem os motores.

Resolução

A busca pela eficiência dos motores a combustão está relacionada à busca pelo aumento do rendimento de máquinas térmicas, discutida neste capítulo. Vimos que uma máquina térmica operando em ciclos nunca atingirá um rendimento de 100%, pois, pela segunda lei da Termodinâmica, mesmo que as engenharias de materiais e mecânica desenvolvessem uma tecnologia de ponta capaz de fazer um motor livre de qualquer tipo de atrito, por exemplo, seu rendimento máximo seria limitado ao rendimento do ciclo idealizado por Carnot, que nunca chega a 100%.

A alternativa correta é a **b**.

2. *Um motor só poderá realizar trabalho se receber uma quantidade de energia de outro sistema. No caso, a energia armazenada no combustível é, em parte, liberada durante a combustão para que o aparelho possa funcionar. Quando o motor funciona, parte da energia convertida ou transformada na combustão não pode ser utilizada para a realização de trabalho. Isso significa dizer que há vazamento da energia em outra forma.*

CARVALHO, A. X. Z. *Física térmica*. Belo Horizonte: Pax, 2009 (adaptado).

De acordo com o texto, as transformações de energia que ocorrem durante o funcionamento do motor são decorrentes de a:

a) liberação de calor dentro do motor ser impossível.
b) realização de trabalho pelo motor ser incontrolável.
c) conversão integral de calor em trabalho ser impossível.
d) transformação de energia térmica em cinética ser impossível.
e) utilização de energia potencial do combustível ser incontrolável.

Resolução

Esta questão também aborda a segunda lei da Termodinâmica ao lembrar que "Quando o motor funciona, parte da energia convertida ou transformada na combustão não pode ser utilizada para a realização de trabalho". Essa afirmativa da questão faz menção ao enunciado da segunda lei da Termodinâmica, que diz que o rendimento de uma máquina térmica não pode chegar a 100%. Em outras palavras, isso significa dizer que o calor recebido pela fonte quente não pode ser totalmente ou integralmente convertido em trabalho; portanto, a alternativa correta é a **c**.

Vestibulares de Norte a Sul

1. **CO** (UEG-GO) O ciclo de Carnot foi proposto em 1824 pelo físico francês Nicolas L. S. Carnot. O ciclo consiste numa sequência de transformações, mais precisamente de duas transformações isotérmicas (T_H para a fonte quente e T_C para a fonte fria), intercaladas por duas transformações adiabáticas, formando assim o ciclo. Na sua máquina térmica, o rendimento seria maior quanto maior for a temperatura da fonte quente. No diagrama abaixo, temos um ciclo de Carnot operando sobre fontes térmicas de $T_H = 800$ K e $T_C = 400$ K.

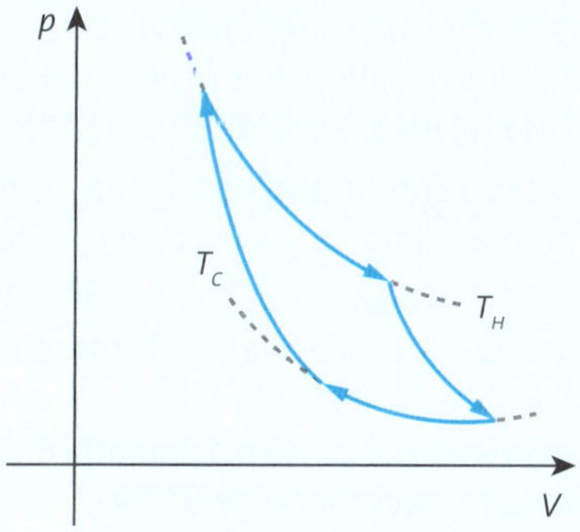

Admitindo-se que o ciclo opera com fonte quente, recebendo 1000 J de calor, responda:

a) Em que consistem os termos **transformações isotérmicas** e **adiabáticas**?

b) Determine o rendimento dessa máquina de Carnot.

c) Essa máquina vai realizar um trabalho. Qual é o seu valor?

2. **CO** (UEMS) Com relação à segunda lei da Termodinâmica, pode-se afirmar que:

I. o calor de um corpo com temperatura T_1 passa para outro corpo com temperatura T_2 se $T_2 > T_1$.

II. uma máquina térmica operando em ciclos pode retirar calor de uma fonte e convertê-lo integralmente em trabalho.

III. uma máquina térmica operando em ciclos entre duas fontes térmicas, uma quente e outra fria, converte parte do calor retirado da fonte quente em trabalho e o restante envia para a fonte fria.

Assinale a alternativa que apresenta a(s) afirmativa(s) correta(s).

a) I.

b) II.

c) III.

d) I e II.

e) I e III.

3. **CO** (UFMT) Um cientista afirma ter construído uma máquina térmica que trabalha entre as temperaturas $T_1 = 400$ K e $T_2 = 600$ K e que produz trabalho a uma taxa de 200 W. A quantidade de calor fornecida pela fonte quente à máquina a cada ciclo é $Q_2 = 100$ J e sua frequência de trabalho é 4 ciclos por segundo.

Levando em conta as informações dadas, pode-se concluir:

a) Esse feito não poderia ter ocorrido, pois contraria a segunda lei da Termodinâmica.

b) Esse feito não poderia ter ocorrido, pois contraria a primeira e a segunda lei da Termodinâmica.

c) Esse feito não poderia ter ocorrido, pois contraria a primeira lei da Termodinâmica.

d) Essa máquina térmica poderia funcionar, pois não contraria as leis da Termodinâmica.

e) Essa máquina térmica poderia funcionar, pois não contraria o princípio de conservação de energia.

4. **NE** (UFBA) A figura representa o ciclo de Carnot, para um gás ideal.

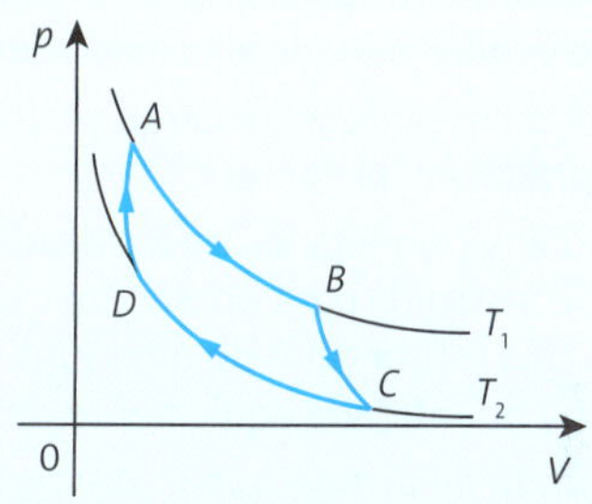

Nessas condições é correto afirmar:

(01) Na compressão adiabática, a energia interna do gás diminui.

(02) Na expansão isotérmica, o gás recebe calor de uma das fontes.

(04) Na expansão adiabática, a temperatura do gás diminui.

(08) Na compressão isotérmica, a energia interna do gás diminui.

(16) Na transformação cíclica, o gás atinge o equilíbrio térmico com a fonte quente, antes de reiniciar novo ciclo.

Some os números dos itens corretos.

5. **NE** (UFPI) A variação da energia interna, *U*, de uma máquina de Carnot durante um ciclo é igual:

a) ao trabalho feito pelo sistema.

b) ao calor absorvido pelo sistema.

c) a zero.

d) ao calor eliminado pelo sistema.

e) ao trabalho feito sobre o sistema.

6. **NE** (UFRN) As máquinas térmicas transformam a energia interna de um combustível em energia mecânica. De acordo com a segunda lei da Termodinâmica, não é possível construir uma máquina térmica que transforme toda a energia interna do combustível em trabalho, isto é, uma máquina de rendimento igual a 1 ou equivalente a 100%. O cientista francês Sadi Carnot (1796-1832) provou que o rendimento máximo obtido por uma máquina térmica operando entre as temperaturas T_1 (fonte quente) e T_2 (fonte fria) é dado por:

$$\eta = 1 - \frac{T_2}{T_1}$$

Com base nessas informações, é correto afirmar que o rendimento da máquina térmica não pode ser igual a 1 porque, para isso, ela deveria operar:

a) entre duas fontes à mesma temperatura, $T_1 = T_2$, no zero absoluto.

b) entre uma fonte quente a uma temperatura, T_1, e uma fonte fria à temperatura $T_2 = 0$ °C.

c) entre duas fontes à mesma temperatura, $T_1 = T_2$, diferente do zero absoluto.

d) entre uma fonte quente a uma temperatura, T_1, e uma fonte fria à temperatura $T_2 = 0$ K.

7. **N** (UFPA) Com relação à primeira e à segunda leis da Termodinâmica, são feitas as seguintes afirmativas:

I. A primeira lei não pode prever se um sistema pode ou não evoluir num determinado sentido.

II. A segunda lei pode ser encarada como um princípio da degradação da energia.

III. Baseada na primeira lei, uma máquina térmica pode ser construída para operar em ciclos, cujo único efeito seja retirar calor de uma fonte e convertê-lo em uma quantidade equivalente de trabalho.

IV. A segunda lei afirma que é possível converter totalmente calor em trabalho durante uma evolução aberta.

São corretas:

a) I, II, III e IV.

b) I, III e IV.

c) II, III e IV.

d) I e II.

e) I e IV.

8. **N** (Ufam) Uma máquina térmica, operando em um ciclo de Carnot, trabalha entre as temperaturas de −73 °C e 227 °C. Em cada ciclo, a máquina recebe 500 J de calor da fonte quente. Analise as seguintes afirmativas:

I. O rendimento dessa máquina é de 60%.

II. O trabalho realizado pela máquina é de 300 J.

III. O calor rejeitado, por ciclo, para a fonte fria é de 200 J.

Está correta ou estão corretas:

a) I, II e III.

b) somente II e III.

c) somente I e III.

d) somente II.

e) somente III.

9. **N** (UFPA) Uma grande indústria automobilística anuncia, em coletiva à imprensa, que desenvolveu um motor cíclico que opera entre 227 °C e 27 °C, recebendo 20 000 cal por ciclo e fornecendo 83 800 J na forma de energia útil para o desempenho mecânico de seus automóveis. O anúncio é bem recebido pelo mercado e a indústria promove uma alta no valor de suas ações nas bolsas. No entanto, dias depois a indústria é processada judicialmente por promover propaganda enganosa, pois, sob ponto de vista de leis da Física, tal motor não pode existir porque:

a) contraria todas as leis da Termodinâmica.

b) contraria a primeira lei da Termodinâmica, pois fornece mais energia do que recebe.

c) apesar de não contrariar a primeira lei da Termodinâmica, contraria a segunda lei, pois seu rendimento máximo é de 0,4 e a máxima energia útil que poderia fornecer seria de 33 520 J.

d) de acordo com a primeira lei da Termodinâmica, nenhuma máquina pode converter calor integralmente em energia útil de movimento.

e) contraria a primeira lei da Termodinâmica e, de acordo com a segunda lei, seu rendimento é de aproximadamente 0,8 e a máxima energia útil que poderia fornecer seria de 67 040 J.

Dado para análise da questão: 1 cal = 4,19 J.

10. **SE** (UFV-MG) As afirmativas abaixo se referem às leis da Termodinâmica. Assinale aquela que é **falsa**.

a) É impossível uma máquina térmica, operando em ciclos, retirar calor de uma fonte quente e convertê-lo totalmente em trabalho.

b) A segunda lei da Termodinâmica não se aplica aos refrigeradores, porque estes transferem calor da fonte fria para a fonte quente.

c) O ciclo idealizado por Sadi Carnot proporciona o rendimento máximo de uma máquina térmica que opera entre duas temperaturas.

d) O rendimento das máquinas térmicas é definido como a razão entre o trabalho realizado pela máquina e a energia total fornecida a ela.

e) Nos fenômenos naturais há uma evolução para o estado de maior desordem, pois eles sempre levam a um aumento da entropia do Universo.

11. **S** (PUC-RS) Uma máquina térmica, ao realizar um ciclo, retira 2,0 kcal de uma "fonte quente" e libera 1,8 kcal para uma "fonte fria". O rendimento dessa máquina é:

a) 0,2%.

b) 1,0%.

c) 2,0%.

d) 10%.

e) 20%.

CAPÍTULO

6 Fontes de energia e impactos ambientais

Paula Giolito/Folhapress

O que leva a humanidade a poluir o meio ambiente?

1 A energia que provém do Sol e de combustíveis fósseis

Em 1969, uma edição especial da conceituada revista norte-americana *Life* destacava:

> *Em 15 minutos o Sol irradia sobre nosso globo tanta energia quanto a humanidade consome em todas as demais formas durante um ano inteiro. Não obstante convertamos, agora, apenas diminuta fração dessa torrente de luz solar para nosso uso, uma riqueza enorme de energia radiante está à nossa disposição, e um dia virá em que seremos capazes de captá-la e transformá-la.*

Na época da publicação dessa matéria, era quase irrelevante o uso de formas de energia alternativas: existiam relativamente poucas centrais de energia nuclear por fissão no mundo (que usam materiais radioativos criados na formação da Terra), era pequeno o aproveitamento da energia das marés (resultado do sistema gravitacional Terra-Lua) e também da energia **geotérmica**.

Geotérmica – Referente à energia resultante de fenômenos internos da Terra.

Em resumo, o Sol é responsável por praticamente toda a energia disponível em nosso planeta. É dele que as plantas retiram energia para fazer a fotossíntese e armazenar energia química (**figura 6.1**).

A energia solar aquece camadas de ar, gerando convecção e ventos que, por sua vez, geram as ondas do mar. Essa forma de energia é também a responsável pela vaporização das águas, formando nuvens que trarão as chuvas para reabastecer lagos, rios, oceanos, reservatórios de usinas hidrelétricas, etc. Até mesmo os combustíveis fósseis, como o carvão mineral, o petróleo e o gás natural, são herança do que a energia solar construiu há centenas de milhões de anos.

Considerando uma superfície plana perpendicular aos raios solares na distância média que a Terra está desse astro, a intensidade da radiação, definida como potência dividida por unidade de área, é de 1397 W/m^2. Essa é a quantidade de energia que chega à Terra por unidade de tempo e por unidade de área. Parte desse fluxo é refletida por nossa atmosfera, parte é absorvida, e o restante chega ao solo.

Figura 6.1 O aproveitamento direto da energia solar ainda é um desafio tecnológico a ser vencido pela humanidade.

Serg/Shutterstock/Glow Images

Geração de energia elétrica

Na região tropical, na qual se situa a maior parte do Brasil, em dias ensolarados, a intensidade da radiação solar que chega ao solo, chamada de **insolação**, é de cerca de 1 000 W/m^2.

À medida que a latitude aumenta, a intensidade da insolação vai diminuindo, tanto pelo aumento da inclinação quanto pelo aumento da quantidade de atmosfera que os raios precisam atravessar.

A energia não pode ser destruída, apenas transformada ou transferida. Por isso, a expressão “consumo de energia”, muito usada em nosso dia a dia, está fisicamente errada. De fato, o que fazemos fisicamente são transformações de energia que sejam convenientes, conforme a finalidade de cada tarefa. Mas, por simplicidade, vamos usar o termo “consumo”, sabendo que, na realidade, o real significado é a **transformação/transferência** da energia.

Podemos usar a energia solar para:

- aquecimento da água (figura 6.2), por meio de coletores solares. Essa medida diminui drasticamente o consumo de energia elétrica;
- evaporação da água na secagem de roupas, grãos (figura 6.3), etc.;
- fotossíntese das plantas (figura 6.4), processo em que a energia solar é transformada em energia química;
- conversão direta em energia elétrica por meio de grandes placas de células fotovoltaicas (figura 6.5).

Luciana Whitaker/Pulsar Imagens

Figura 6.2 Com a maioria do território localizado na faixa intertropical, a posição geográfica do Brasil sugere o uso mais amplo de coletores solares.

João Prudente/Pulsar Imagens

Figura 6.3 O processo de secagem do café pode ser feito em terreiros ou em câmaras de aquecimento. Embora um pouco mais lenta, a secagem por simples exposição ao Sol dispensa o consumo de combustíveis.

Firma V./Shutterstock/Glow Images

Figura 6.4 A safra 2013/2014 de cana-de-açúcar foi avaliada em 659 milhões de toneladas no Brasil. A produção de etanol combustível é o motivo de grande parte desse cultivo.

Edson Sato/Pulsar Imagens

Figura 6.5 As células fotovoltaicas podem ser uma solução para a eletrificação rural.

Além disso, quando usamos os combustíveis fósseis, a energia dos ventos, das ondas, ou das hidrelétricas (figura 6.6), estamos usando também a energia solar, embora não diretamente.

João Prudente/Pulsar Imagens

Figura 6.6 As chuvas que mantêm o nível dos reservatórios das usinas hidrelétricas são uma consequência da evaporação da água provocada pela energia solar.

Trabalho em equipe

Análise da insolação de um local

Nesta atividade, sob orientação do professor, sua equipe vai utilizar o gráfico ao lado, obtido em um trabalho científico publicado por pesquisadores da Universidade Federal de Pelotas (RS). Um dos temas do trabalho é a avaliação da insolação diária medida ao longo de um ano na cidade de Pelotas.

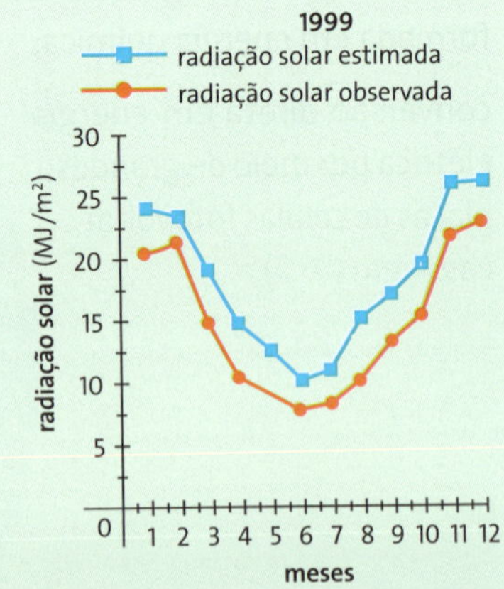

QUEIROZ, M.; NOGUEIRA, C.; ASSIS, S. *Avaliação de um método empírico para estimativa da radiação solar global.* Disponível em: <www.cbmet.com/cbm-files/12-e28878866bb9808f983ba37af27c858.pdf>. Acesso em: out. 2012.

Analisem o gráfico e respondam às seguintes questões.

1. Em qual mês a insolação diária foi menor? Discutam em equipe e apontem a causa dessa baixa insolação.
2. Observem que o gráfico mostra a energia total recebida ao longo de um dia. Considerando um período diário de insolação de 10 h, calculem a insolação média em $J/(m^2 \cdot s)$, ou seja, W/m^2, ao final do mês 12.
3. Considerando que a radiação solar que nos atinge nas camadas mais altas da atmosfera é 1400 W/m^2, qual é o percentual dessa radiação que efetivamente chega ao solo, considerando ainda o mês 12?

Aquecedor solar

Um sistema básico de aquecimento de água por energia solar é composto de placas coletoras e reservatório térmico, chamado comercialmente de *boiler* (cuja tradução seria ebulidor, mas é apenas um reservatório), representado esquematicamente na **figura 6.7**.

As placas coletoras são responsáveis pela absorção da radiação solar. O calor do Sol, captado pelas placas do aquecedor solar, é transferido para a água que circula no interior de suas tubulações de cobre. Essas placas precisam estar em um nível abaixo do reservatório para garantir o fluxo de água mais quente, por convecção, no sentido correto – das placas para o reservatório.

O fato de as placas serem de vidro minimiza as perdas de calor para o ambiente, pois o vidro permite que a radiação solar penetre nelas. Na faixa de temperatura do interior da placa, a radiação térmica predominante que sairia dela seria na faixa do infravermelho, na qual o vidro transmite muito pouco. Dessa forma, o vidro facilita a entrada da radiação no interior, mas minimiza as perdas pela radiação que sai para o exterior. Esse é o chamado **efeito estufa**, que será tratado ainda neste capítulo.

O reservatório térmico é um recipiente para armazenamento da água aquecida. Normalmente, são cilindros de aço inoxidável isolados termicamente com **poliuretano expandido**. Dessa forma, a água é conservada aquecida para consumo posterior. A caixa-d'água fria alimenta o reservatório térmico do aquecedor solar, mantendo-o sempre cheio.

Poliuretano expandido – Polímero que possui cadeias orgânicas unidas por ligações uretânicas.

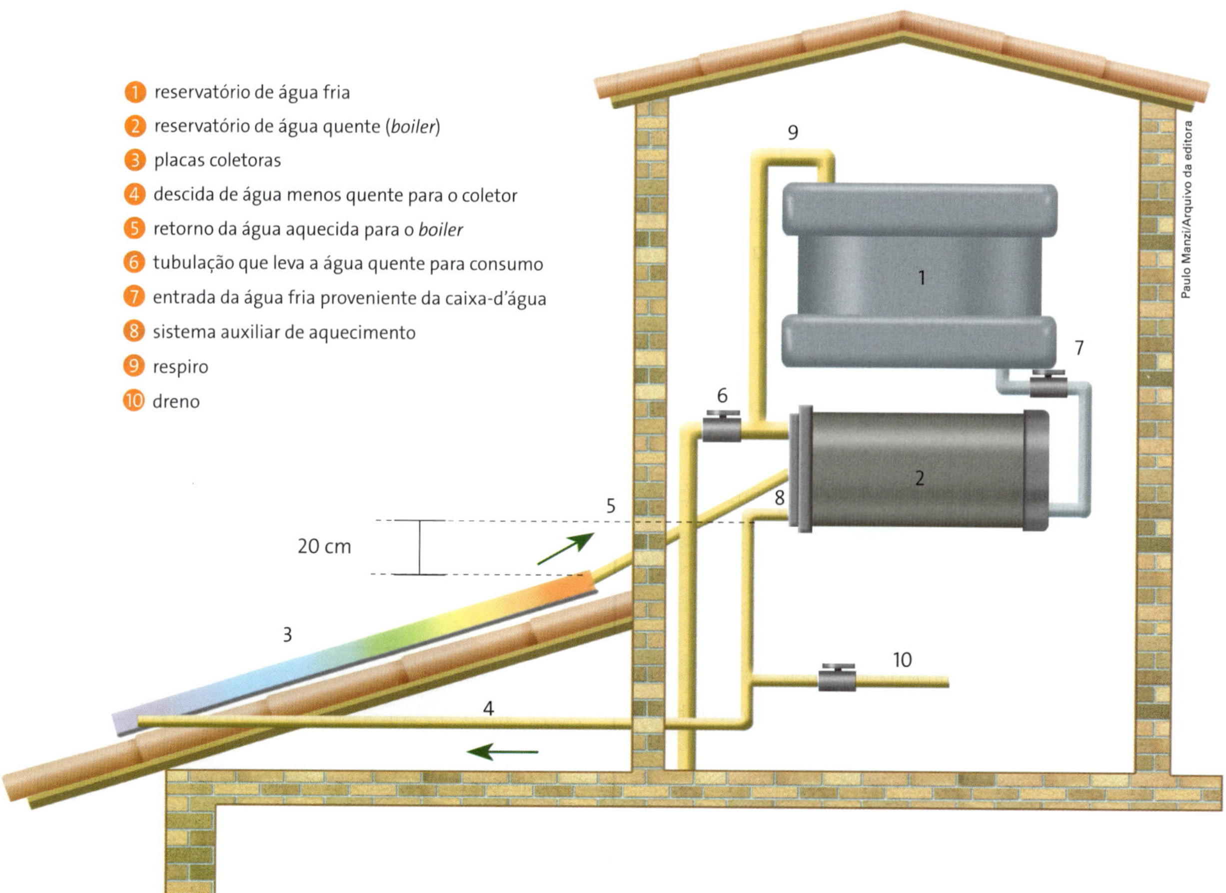

Figura 6.7 Instalação típica de aquecedor solar.

Para refletir

Por que não contribuir com o meio ambiente utilizando os aquecedores solares de baixo custo feitos com garrafas PET?

Gerson Gerloff/Pulsar Imagens

Neste equipamento as placas de vidro foram substituídas por garrafas PET.

Em sistemas convencionais, a água circula entre os coletores e o reservatório térmico através de um sistema de circulação natural, a convecção, chamado **termossifão**. Nesse sistema, a água dos coletores fica mais quente e, portanto, menos densa que a água no reservatório. Assim, a água fria "empurra" a água quente, gerando a circulação. Essa circulação permanece e a água é continuamente aquecida.

A circulação da água também pode ser feita com motobombas, em um processo chamado **bombeado** ou **circulação forçada**. As motobombas são normalmente utilizadas em piscinas e sistemas de grandes volumes, como a irrigação de plantações.

Quando os raios do Sol atravessam o vidro da tampa do coletor, eles esquentam as aletas, que são feitas de cobre ou alumínio e pintadas com uma tinta especial e escura que ajuda na absorção máxima da radiação solar. O calor passa, então, das aletas para os tubos (serpentina), geralmente de cobre, onde se encontra a água, que esquenta e vai diretamente para o reservatório do aquecedor solar.

Os coletores recebem um cuidadoso isolamento térmico. São instalados sobre telhados ou lajes, sempre o mais próximo possível do reservatório térmico. A eficiência térmica dos modernos aquecedores solares é em torno de 60%.

O número de coletores usados numa instalação depende do tamanho do reservatório térmico, mas pode também variar em função do nível de insolação de uma região ou até mesmo das condições de instalação. Para garantir que nunca haverá falta de água quente em uma residência, geralmente o aquecedor solar tem um sistema auxiliar de aquecimento.

Quando o tempo fica muito nublado ou chuvoso por vários dias, ou quando a casa recebe visitas e o número de banhos fica acima do dimensionamento inicial, o sistema auxiliar – que pode ser elétrico ou a gás – entra em ação. Existe ainda a possibilidade de usar o chuveiro elétrico sem complicações.

A inclinação das placas coletoras deve ser estudada cuidadosamente para que elas recebam a insolação da maneira mais frontal possível, em média, ao longo do ano, e isso varia de acordo com a latitude do local em que serão instaladas.

Se a intenção no aquecimento solar for obter altas temperaturas, a energia solar pode ser concentrada em uma pequena região: o foco de um espelho refletor parabólico (figura 6.8). Neste caso, temos um aquecedor solar parabólico.

Figura 6.8 **Aquecedor solar parabólico que chega a fornecer água no estado de vapor.**

J.D.S./Shutterstock/Glow Images

Células fotovoltaicas

As células fotovoltaicas convertem a energia **radiante** em energia elétrica pelo chamado efeito fotovoltaico. Há grandes vantagens nessa conversão direta.

Radiante – Energia que se propaga por meio da radiação.

Duas das vantagens dessa conversão direta são:

- a energia pode acionar motores elétricos, os quais apresentam rendimento muito maior do que os motores térmicos. Mesmo os motores elétricos mais simples têm rendimento em torno de 90% (figura 6.9).
- a energia elétrica pode ser armazenada em baterias para uso posterior, como iluminação noturna, por exemplo. Essa utilização, contudo, requer lâmpadas elétricas de alta eficiência, tais como as lâmpadas halógenas (figura 6.10).

Patrick Poendl/Shutterstock/Glow Images

Figura 6.9 Carro elétrico alimentado por energia solar, captada por meio das células fotovoltaicas instaladas sobre o teto do veículo.

Outra vantagem é a **durabilidade** desses painéis. Por não conterem componentes mecânicos que se desgastam com o uso, as estimativas apontam que os painéis podem ser usados por mais de trinta anos (figura 6.11).

Elwynn/Shutterstock/Glow Images

Figura 6.10 Representação do uso de células fotovoltaicas para carregar baterias, visando à iluminação doméstica.

Um ponto negativo que pode ser citado é que, em razão do elevado grau de pureza do silício e a exata quantidade de dopagem, necessários para a construção de células fotovoltaicas, a fabricação dessas células exige ambientes isolados, pois até algumas partículas de poeira podem comprometer a produção de um dia inteiro. Inicialmente, os custos são muito elevados para uso comercial em larga escala, mas, apesar disso, a produção de células fotovoltaicas vem dobrando a cada dois anos desde 2002.

O **rendimento** das mais modernas células atinge 23%, mas a Universidade de Delaware (Estados Unidos), em parceria com empresas privadas, vem desenvolvendo células que poderão atingir 42% de rendimento.

Já há células com rendimento próximo a 40%, cujos custos são restritivos para o uso comercial, que somente são utilizadas em tecnologia espacial, como no fornecimento de energia elétrica para satélites.

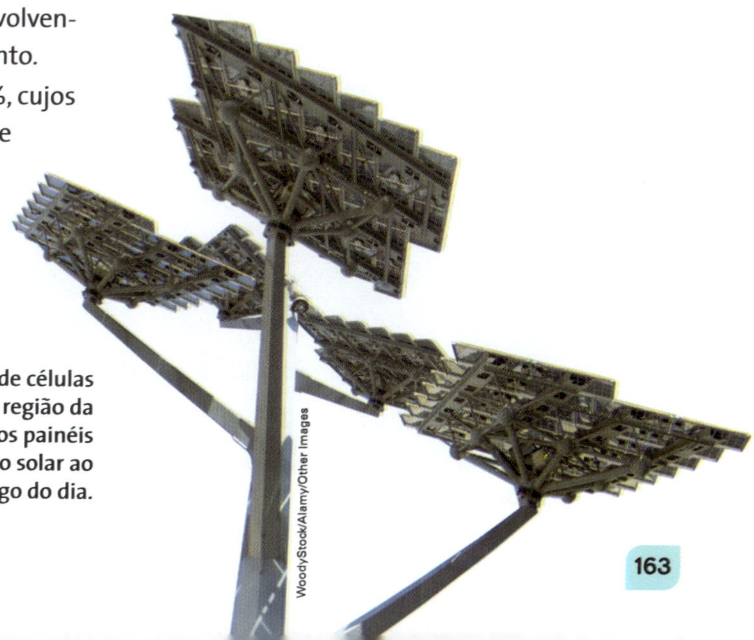

WoodyStock/Alamy/Other Images

Figura 6.11 Árvore de células fotovoltaicas, na Estíria, região da Áustria. A inclinação dos painéis acompanha o movimento solar ao longo do dia.

Combustíveis fósseis

Os combustíveis fósseis, também chamados de combustíveis minerais em virtude do processo de extração, foram formados pela decomposição anaeróbica de organismos como fitoplâncton e zooplâncton, que viveram há cerca de 300 milhões de anos em mares ou lagos e foram soterrados. Ao longo das eras geológicas, como resultado das altas pressões e temperaturas, essa matéria orgânica foi se alterando quimicamente, tornando-se rica em carbono e hidrocarbonetos.

Por outro lado, as plantas terrestres soterradas deram origem ao chamado carvão mineral (figura 6.12).

Diferentemente do carvão vegetal, obtido com o processamento da lenha, o carvão mineral é mais denso e tem maior poder calorífico. Além do uso em usinas elétricas – usinas termoelétricas –, ele também é usado na siderurgia e na produção de cimento.

Os tipos de combustíveis fósseis variam de alguns muito voláteis, com pouquíssimo carbono em relação à quantidade de hidrogênio, como o metano, passando pelo petróleo líquido, não volátil, até o carvão mineral, praticamente carbono puro.

Os combustíveis fósseis são de grande importância porque podem ser queimados (oxidados, formando dióxido de carbono e água), produzindo grande quantidade de calor. O uso do carvão como combustível remonta à Pré-História.

Fabio Colombini/Acervo do fotógrafo

Figura 6.12 Rocha de carvão mineral, também chamado de carvão coque.

Física tem História

A exploração comercial de petróleo começou a se expandir no século XIX, inicialmente para alimentar lamparinas, que antes eram supridas com óleos vegetais ou animais, principalmente o óleo de baleia.

O gás natural, antes queimado como resíduo desnecessário com a obtenção do petróleo, é hoje em dia uma fonte valiosa de energia.

O petróleo pesado, muito mais viscoso que o petróleo convencional, e o alcatrão arenoso, onde o betume é encontrado misturado com areia e argila, também vêm se tornando importantes fontes de combustível.

O xisto betuminoso e os similares, rochas sedimentares contendo complexas misturas de componentes orgânicos de alto peso molecular, são extraídos da rocha por aquecimento, dando origem ao chamado petróleo "sintético".

Antes da metade do século XVIII, os moinhos de vento e de roda-d'água eram usados para tarefas como moagem de grãos e bombeamento de água. A queima de madeira ou de turfa provia a energia necessária para os aquecimentos domésticos.

O uso de combustíveis fósseis em larga escala, primeiro o carvão mineral e depois o petróleo, provendo calor para as máquinas a vapor, possibilitou a chamada Primeira Revolução Industrial, iniciada no fim do século XVIII. No final do século XIX, a invenção dos motores de combustão interna e seu uso nos automóveis e caminhões aumentou significativamente a demanda por gasolina e óleo *diesel*, ambos derivados do petróleo. Outras formas de transportes, como trens e navios e, no começo do século XX, os aviões, também passaram a usar derivados do petróleo.

O piche, inicialmente um resíduo da refinação do petróleo, revelou-se um produto essencial na pavimentação de ruas e rodovias para a composição do asfalto, e também para uso como impermeabilizante.

Os combustíveis fósseis também são usados na geração de eletricidade e na indústria petroquímica, produzindo lubrificantes, fertilizantes e vários tipos de plásticos.

O gráfico seguinte nos mostra o crescimento no uso de combustíveis fósseis, a partir do ano de 1800 até 2004, pela emissão do dióxido de carbono (CO_2). A produção de cimento também está presente no gráfico, em virtude do uso de carvão mineral no processo.

Emissão global de dióxido de carbono de origem fóssil

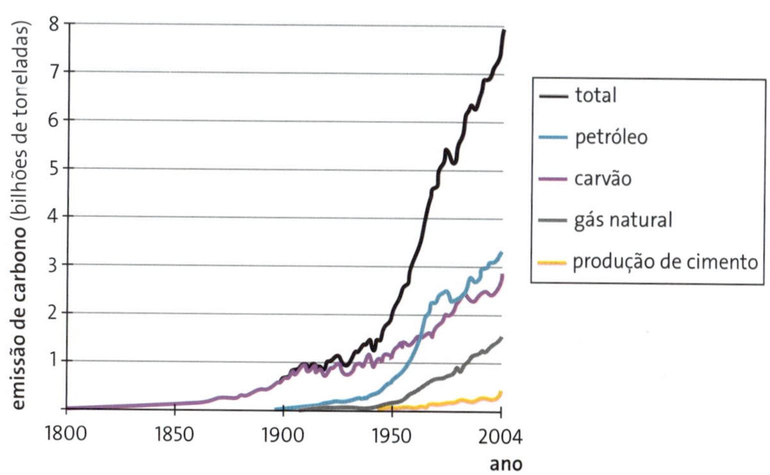

- Compare a emissão global total de dióxido de carbono a cada período de cinquenta anos, entre 1800 e 2000. Em qual período o crescimento foi maior? Como você explica esses números?

Consumo e reservas

A famosa lei econômica da oferta e da procura sugere que, à medida que as reservas de petróleo forem diminuindo, o preço do produto deve ir aumentando.

O desenvolvimento tecnológico na detecção e extração do petróleo a grandes profundidades vem poupando as perspectivas de sua escassez. Por exemplo, as recentes descobertas da Petrobras nas camadas de pré-sal (figura 6.13) estimam reservas adicionais de 8 bilhões de barris (1 barril = 159 L), mas a exploração do petróleo a essas profundidades envolve investimentos que podem tornar o produto final mais caro do que o que seria obtido por fontes renováveis.

Os **combustíveis fósseis são esgotáveis**. Para se ter uma ideia, estima-se que para a formação de 1 L de gasolina são necessárias 23,5 toneladas de matéria orgânica, e que o consumo total de combustível fóssil em 1997 correspondeu a 422 anos de matéria orgânica que cresceu em todo o planeta.

Dois fatores são importantes para o cenário futuro: quanto se produz por unidade de tempo (fluxo), em estreita correlação com o consumo, e quanto há disponível (reservas).

A tabela 6.1 mostra a previsão da disponibilidade dos combustíveis fósseis, considerando que o fluxo de produção permaneça o mesmo de 2002 e sem levar em conta a descoberta das novas reservas.

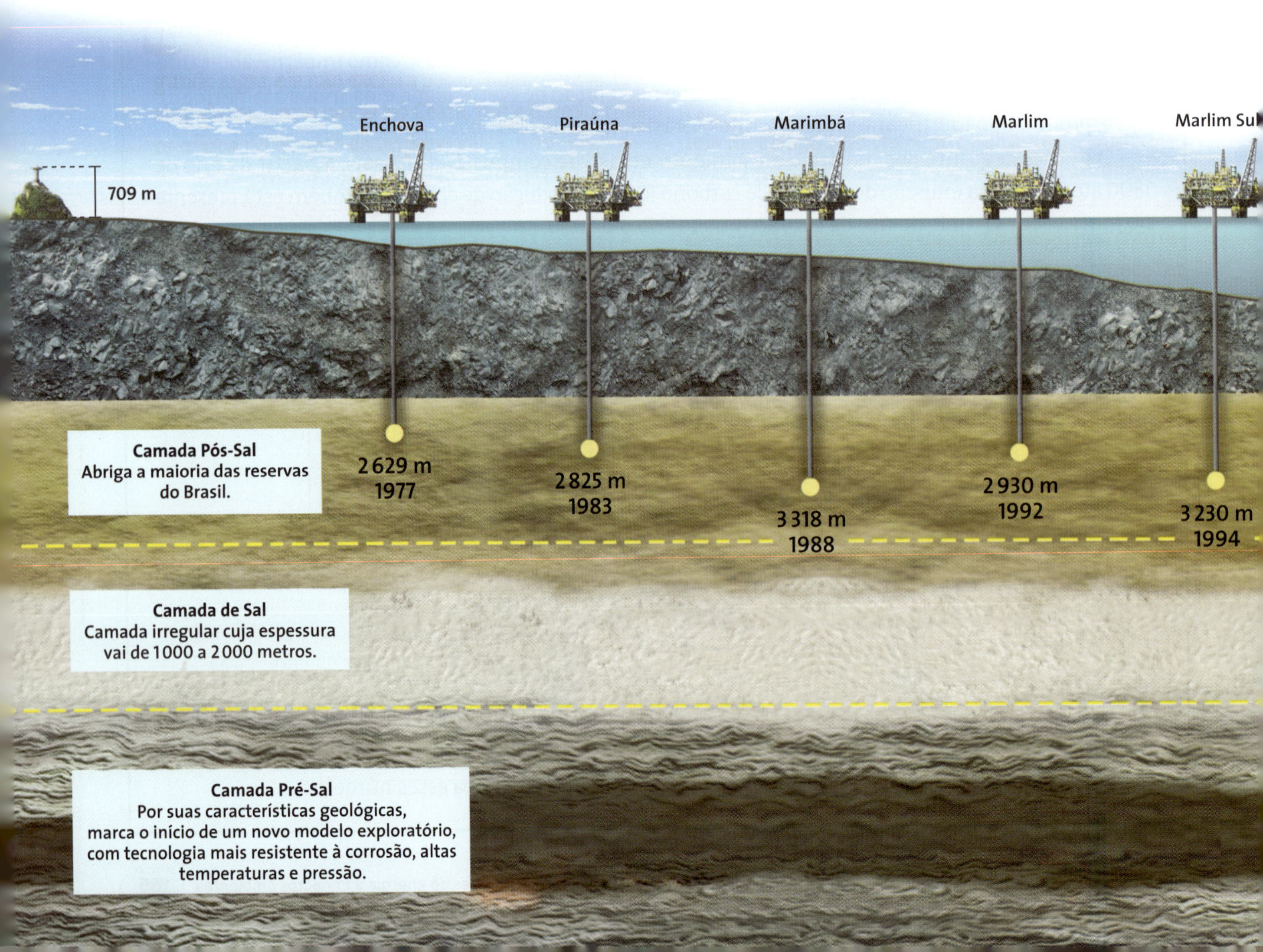

Figura 6.13 Quanto mais profunda é a reserva de petróleo, mais bem planejada precisa ser a tecnologia de extração.

Tabela 6.1 – Disponibilidade de combustíveis fósseis			
Combustível fóssil	**Reserva**	**Fluxo** (produção diária)	**Tempo para esgotamento das reservas** (anos)
petróleo	$200 \cdot 10^9\ m^3$	$13 \cdot 10^6\ m^3$	43
gás natural	$180 \cdot 10^{12}\ m^3$	$2{,}96 \cdot 10^9\ m^3$	170
carvão	$1400 \cdot 10^{12}\ kg$	$9{,}28 \cdot 10^9\ kg$	420

Para avaliar a energia disponível em determinado combustível, utiliza-se o chamado **calor de combustão**, grandeza que mede a quantidade de energia que o combustível oferece por unidade de massa ou de volume.

O carvão mineral, por exemplo, apresenta algumas variedades que dependem de seu período de formação e de outros fatores.

A tabela 6.2 apresenta os valores do calor de combustão dos principais tipos de carvão mineral, gasolina pura, *diesel* e etanol.

Tabela 6.2 – Calor de combustão de combustíveis		
Tipo de combustível		**Calor de combustão** (kJ/g)
carvões minerais	turfa seca	15
	linhito	15
	antracito	27
gasolina		47,3
diesel		44,8
etanol		29,7

Fonte: INTERNATIONAL Energy Agency. *Key World Energy Statistics*, 2005. p. 59.

Marlim Sul

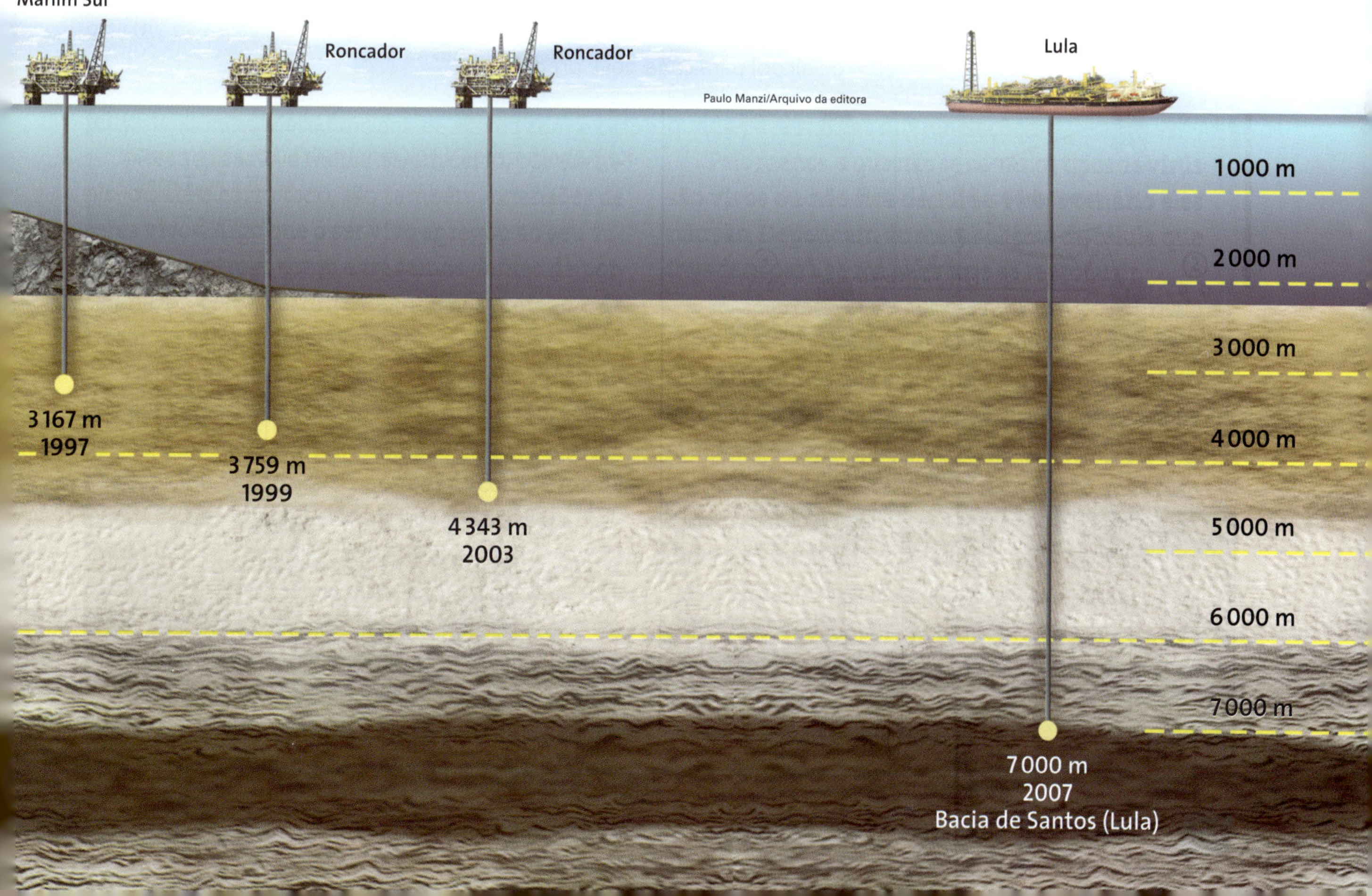

2 Biocombustíveis e fontes alternativas de energia

Como o próprio nome diz, os biocombustíveis são obtidos de matéria orgânica. Esse termo nos remete, na maioria das vezes, a combustíveis obtidos de vegetais, como o milho, a cana-de-açúcar e a mamona.

Etanol

Um fator importante na agricultura é a produtividade que determinada cultura permite por unidade de área, por ano. Segundo o IBGE, no caso da cana-de-açúcar, cada hectare (10 000 m^2) produz 77 toneladas de cana por ano, em média (ano de 2008). Cada tonelada de cana produz 80 litros de etanol, portanto, em média, cada hectare produz cerca de 6 000 litros de **álcool etanol**.

Para produzir etanol da cana-de-açúcar, primeiramente é necessário prensá-la e extrair dela a garapa, restando desse processo apenas o bagaço. A garapa é posta em um processo de fermentação e depois é destilada. O calor necessário para destilação é obtido com a queima do bagaço, cujas sobras se transformam em combustível, que, em muitas usinas modernas, é utilizado para acionar turbinas a vapor que geram energia elétrica. Essa energia oriunda do bagaço é suficiente para suprir toda a energia elétrica da usina e ainda pode ser vendida a distribuidoras de eletricidade. Assim, as modernas usinas de álcool (figura 6.14) são mais do que autossustentáveis: são também miniusinas de eletricidade.

Após todo o processo, uma tonelada de cana-de-açúcar produz 80 litros de etanol. Considerando toda a energia utilizada na produção, desde a preparação do solo, colheita, transporte, destilação, etc., gasta-se um litro de álcool para cada nove produzidos.

Ricardo Azoury/Pulsar Imagens

Figura 6.14 Usina de açúcar e álcool.

Biodiesel

Utilizando-se alguns processos físico-químicos é possível obter *diesel* a partir do metanol e de outros derivados de petróleo. Mas por que sua utilização como combustível não é vantajosa?

A razão é que os motores que utilizam o ciclo *Diesel* têm rendimentos e torques muito superiores aos que utilizam o ciclo Otto por causa das taxas de compressão. Além disso, para motores de grande porte, como os de caminhões, ônibus, navios, geradores estacionários e tratores, o ciclo Otto não é adequado.

Como a quantidade de óleo *diesel* obtida por barril na destilação fracionada (craqueamento) do petróleo é limitada, essa transformação de metanol (e outros derivados) em *diesel* tem se revelado interessante, possibilitando até estender o uso do *diesel* para automóveis comuns. Mas permanece uma desvantagem: a dependência do petróleo, de onde normalmente se obtém o metanol.

O Brasil vem desenvolvendo processos para obtenção de óleo *diesel* diretamente de vegetais, como mamona, soja, dendê, girassol, babaçu, amendoim, pinhão, etc.

O biodiesel não é, de fato, uma novidade. Rudolf Diesel (1858-1913) apresentou seu primeiro motor, que era movido a óleo de amendoim, no fim do século XIX. Naquele tempo, o petróleo era muito caro.

O biodiesel pode ser usado diretamente nos motores que utilizem o ciclo *Diesel*, ou misturado com *diesel* convencional, em proporções variáveis, que podem ser identificadas por siglas. Por exemplo, B2 significa que aquele *diesel* tem 2% de biodiesel, e B100, que é 100% biodiesel. A Alemanha é responsável por mais da metade da produção europeia de combustíveis e já conta com centenas de postos que vendem biodiesel puro (B100), com plena garantia dos fabricantes de veículos (**figura 6.15**).

Figura 6.15 Ônibus movido a biodiesel.

Robert Pernell/Shutterstock/Glow Images

Biogás

Na decomposição da matéria orgânica, como restos de comida, frutas estragadas e fezes de animais, por exemplo, há a produção de gás metano, que também pode ser utilizado como combustível. Os reservatórios em que essa decomposição é feita são chamados biodigestores, e o material remanescente dessa produção de gás nos reservatórios pode ser aproveitado como adubo. Esse processo de produção de combustível é uma alternativa que tem como vantagem o reaproveitamento do lixo e sua transformação, ajudando na diminuição da grande quantidade de dejetos que é gerada pela sociedade moderna. Embora a quantidade de gás obtida não seja significativa em relação às dimensões do biodigestor, ela pode ser suficiente para abastecer um fogão doméstico ou para aquecer o contingente de água de uma casa.

A figura 6.16 ilustra a sequência de operações de um biodigestor.

Para que haja a decomposição anaeróbica dos dejetos, é importante que se impeça a entrada de ar. Cada metro cúbico do gás gerado pelo biodigestor corresponde a aproximadamente $\frac{2}{3}$ de metro cúbico de gás natural.

Eventualmente, o gás do biodigestor pode acionar, com sua queima, uma máquina térmica, como um motor gerador, produzindo energia elétrica.

Figura 6.16 Sequência de operações em um biodigestor.

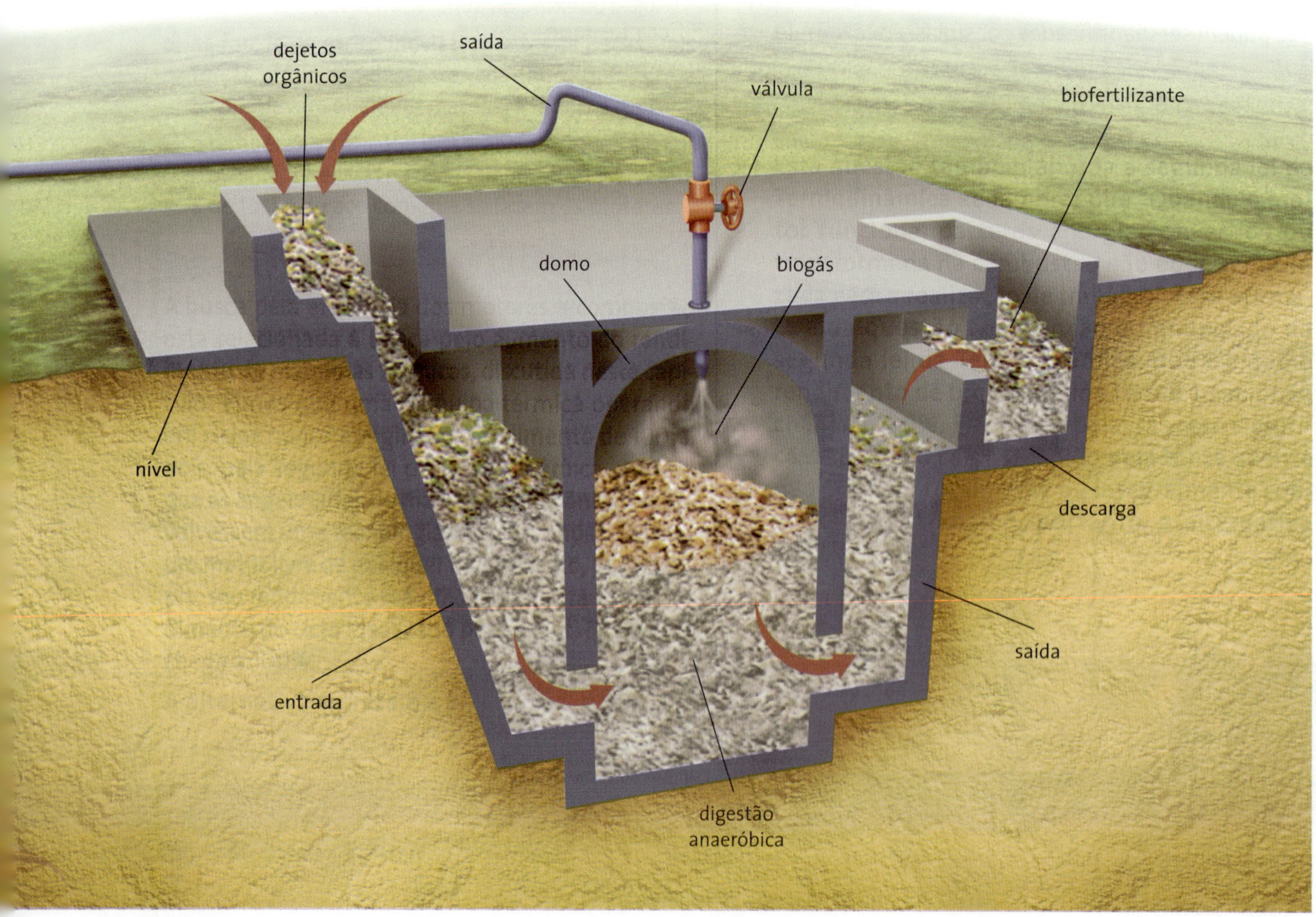

Física explica

A primeira crise do petróleo

[...] Na década de 1970, descobriu-se que o petróleo é uma fonte esgotável. Tal afirmação elevou o preço do produto: em pouco mais de sete anos o preço do barril de petróleo praticamente triplicou. Isso provocou o aumento do valor do produto primário de países subdesenvolvidos, superando os produtos industrializados oriundos de países desenvolvidos.

Foram vários os fatores que propiciaram a elevação do preço do petróleo. Entre eles podemos citar a criação da Opep (Organização dos Países Exportadores de Petróleo), formada pelos principais produtores de petróleo do mundo para unificar o preço do produto, promovendo um cartel internacional e controlando a oferta do produto no mercado. [...]

BRASIL Escola. *A crise do petróleo*. Disponível em: <www.brasilescola.com/geografia/a-crise-do-petroleo.htm>. Acesso em: out. 2012.

Ramcreations/Shutterstock/Glow Images

Apenas a notícia de que o petróleo não é uma fonte renovável de energia fez com que seu preço se elevasse. Dentro de alguns anos veremos que seu preço subirá novamente pelo fato de as reservas já estarem se esgotando.

Na época da crise, a produção nacional de petróleo era muito menor, e mais da metade do petróleo consumido no Brasil era importada. Nesse período, um ministro afirmou que o Brasil não tinha problemas de energia, mas de combustível.

Uma vez que praticamente toda a energia elétrica do país provinha das hidrelétricas, a afirmação do ministro significava que não faltava energia elétrica nas residências, nas indústrias e no comércio, mas combustível para mover caminhões, ônibus, navios e outros meios de transporte com motores a combustão. Mesmo hoje, ainda não se dispõe comercialmente de veículos elétricos com autonomia comparável à dos movidos a gasolina, *diesel* ou álcool.

A pequena capacidade de armazenamento de energia, o longo tempo de recarga e o peso são problemas a ser resolvidos nas baterias. Chegamos a ter um carro elétrico de uma indústria nacional, mas sua autonomia não chegava a 100 km e tinha quase uma tonelada de baterias, ou seja, não era bem um carro elétrico, mas praticamente uma bateria com rodas.

Então, com a intenção de reduzir a dependência externa dos combustíveis fósseis, em 1975 foi criado o Proálcool.

1. De acordo com o texto, quais são as dificuldades para que tenhamos carros elétricos com desempenho comparável ao de motores de combustão?

2. Por que, mesmo com energia elétrica suficiente, o Brasil passou por dificuldades na primeira crise do petróleo?

Fontes alternativas de energia

O consumo de combustíveis fósseis, de certa forma, é o gasto rápido de uma poupança acumulada por centenas de milhões de anos e que certamente se esgotará. Em uma analogia financeira, o planeta está gastando mais do que ganha.

A expressão "desenvolvimento sustentado" liga várias preocupações em relação ao modo de vida e de produção das nações. Uma delas é estabelecer o equilíbrio entre o consumo de energia e a produção, de forma que nossos descendentes possam também dispor de energia e qualidade de vida. Com isso em mente se desenvolveu a produção de energia elétrica por meio da transformação das energias das marés, eólica, das ondas do mar e geotérmica.

Energia das marés

Uma das fontes alternativas de energia é a das marés, produzida em hidrelétricas (figura 6.17). Comparando-se essas usinas com as de rios caudalosos, verifica-se que suas instalações precisam ser bem maiores e mais custosas, pois as turbinas, por trabalharem com água salgada, ficam mais vulneráveis à corrosão, além de a produção de energia ficar sujeita também ao movimento das marés, que depende diretamente do movimento de rotação da Terra e do movimento de translação da Lua.

Outro ponto é que a velocidade do escoamento dessas usinas é relativamente baixa e, por isso, a capacidade de cada turbina não ultrapassa 50 MW. Assim, várias turbinas são necessárias para que se tenha uma produção significativa. Além disso, as marés ocorrem em horários determinados, ou seja, a produção não é constante ao longo do dia.

Figura 6.17 Usina hidrelétrica de marés de Annapolis, Canadá, com capacidade de 17,8 MW. A título de comparação, a potência instalada de Itaipu é cerca de setecentas vezes superior.

Design Pics Inc./Alamy/Other Images

Energia eólica

Na antiga mitologia grega, Éolo, filho de Zeus, era o deus dos ventos, daí o sentido da palavra eólico como 'aquilo que é gerado pela ação do vento'. Assim, a energia oriunda dos ventos é denominada energia eólica. O aproveitamento desse tipo de energia já era feito desde a Idade Média com os moinhos de vento (figura 6.18), que tinham eficiência relativamente baixa.

Recentemente, foram desenvolvidos rotores para captar a energia eólica com apurado desenho aerodinâmico de suas pás, cujo ângulo de ataque é variável de acordo com a velocidade do vento (figura 6.19).

A orientação dos rotores também acompanha a direção dos ventos. Esses rotores acionam um dínamo que transforma a energia de rotação em energia elétrica (figura 6.20).

Essa forma de aproveitar a energia dos ventos em zonas rurais pode ser uma alternativa, usando-se vários conjuntos de rotores.

Vários países da Europa ocidental têm aproveitado essa energia, cujo uso vem crescendo ano a ano. Na Alemanha, por exemplo, há cerca de 22 664 desses rotores instalados em grandes conjuntos, já respondendo por mais de 20% da produção total de energia do país, gerando 30 GW.

A velocidade dos ventos é variável, por isso, às vezes, há períodos de calmaria, nos quais as pás da turbina não giram. Essa é uma desvantagem dessa forma de energia alternativa: **ela pode não estar disponível o tempo todo**. Procura-se minimizar essa desvantagem colocando-se várias turbinas, em locais diferentes, produzindo um sistema interligado de geração de energia.

Fedor Selivanov/Shutterstock/Glow Images

Figura [illegible]

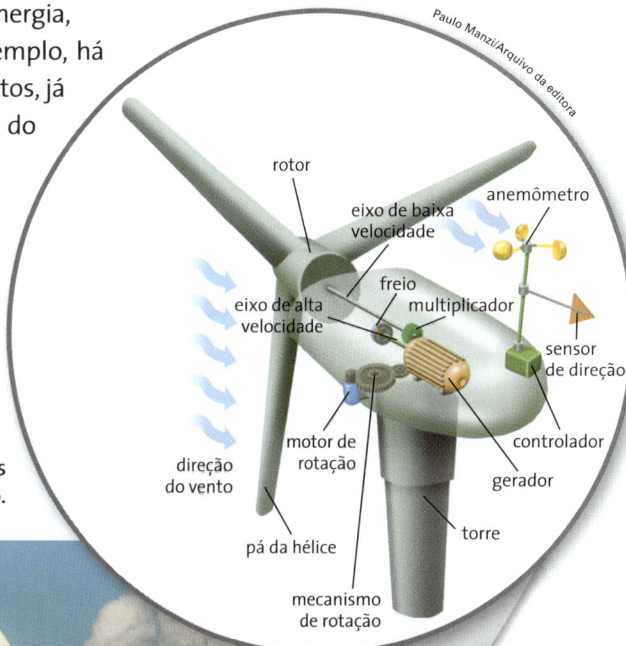

Paulo Manzi/Arquivo da editora

Figura 6.20 Representação esquemática dos componentes de um rotor eólico.

Jochen Tack/Alamy/Other Images

Figura 6.19 Conjunto de rotores eólicos (Alemanha).

Energia das ondas do mar

As ondas são formadas pela força do vento sobre a água e seu tamanho varia de acordo com a velocidade do vento, a sua duração e a distância da fonte. O movimento da água que resulta da força do vento transporta energia cinética, que pode ser aproveitada por dispositivos próprios para a captação desse tipo de energia.

Um novo sistema para gerar energia elétrica a partir das ondas do mar foi desenvolvido por pesquisadores da Universidade de Oregon, nos Estados Unidos. A novidade é que ele funciona com boias posicionadas a cerca de três quilômetros da costa, produzindo energia a partir das ondulações superficiais do mar – e não propriamente da arrebentação das ondas, como é mais comum. A boia possui em seu interior uma bobina elétrica e um eixo magnético fixo, que é preso ao fundo do mar (figura 6.21). Com a ondulação do mar, a bobina se move para cima e para baixo, gerando eletricidade.

Figura 6.21 Representação dos componentes de um gerador elétrico acionado pela energia de movimento das ondas do mar.

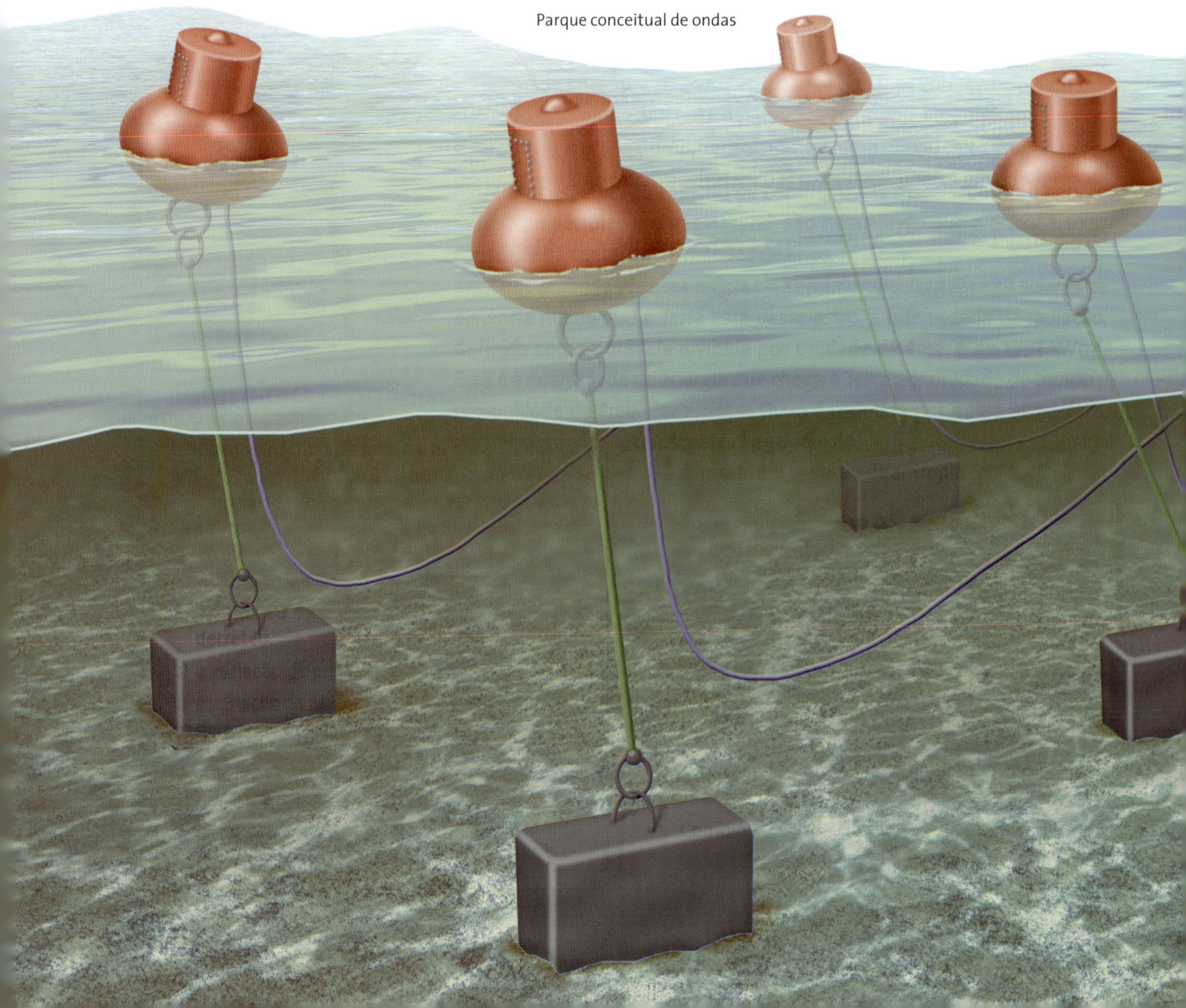

Uma das propostas para o aproveitamento da energia das ondas é usar o sobe e desce no nível da água para oscilar uma boia, no interior da qual há uma bobina e um ímã permanente ancorado no fundo do mar (figura 6.21). À medida que a boia sobe e desce, o fluxo magnético varia, gerando energia elétrica na bobina. A potência gerada em cada boia não é muito alta ($\simeq$ 10 kW), mas centenas delas podem ser acopladas e enviar a energia para uma estação em terra. Esse é um projeto da Universidade de Oregon e, por enquanto, está em fase experimental (figura 6.22).

Os pesquisadores, liderados pelos engenheiros Annette von Jouanne e Alan Wallace, estimam que cada boia teria potencial para 250 quilowatts de energia. Uma rede de 200 boias trabalhando em conjunto poderia gerar energia para abastecer o centro financeiro de uma cidade de médio porte.

Outras formas também têm sido propostas para aproveitar o sobe e desce das ondas e transformar a energia mecânica em elétrica.

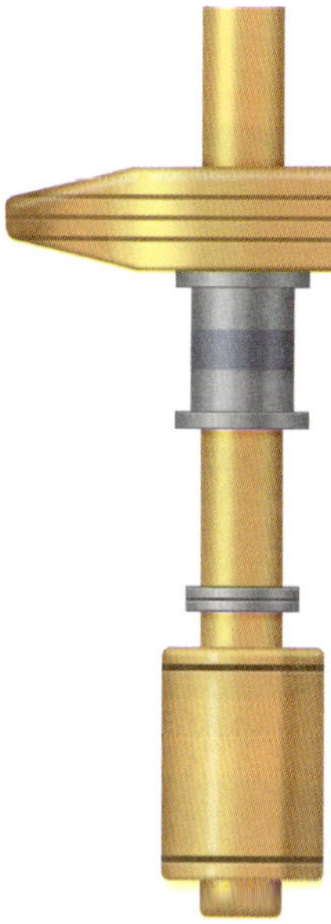

Ilustrações: Paulo Manzi/Arquivo da editora

Figura 6.22 Neste mais recente protótipo, de 2008, com 10 kW, a boia tem cerca de 3 m de diâmetro.

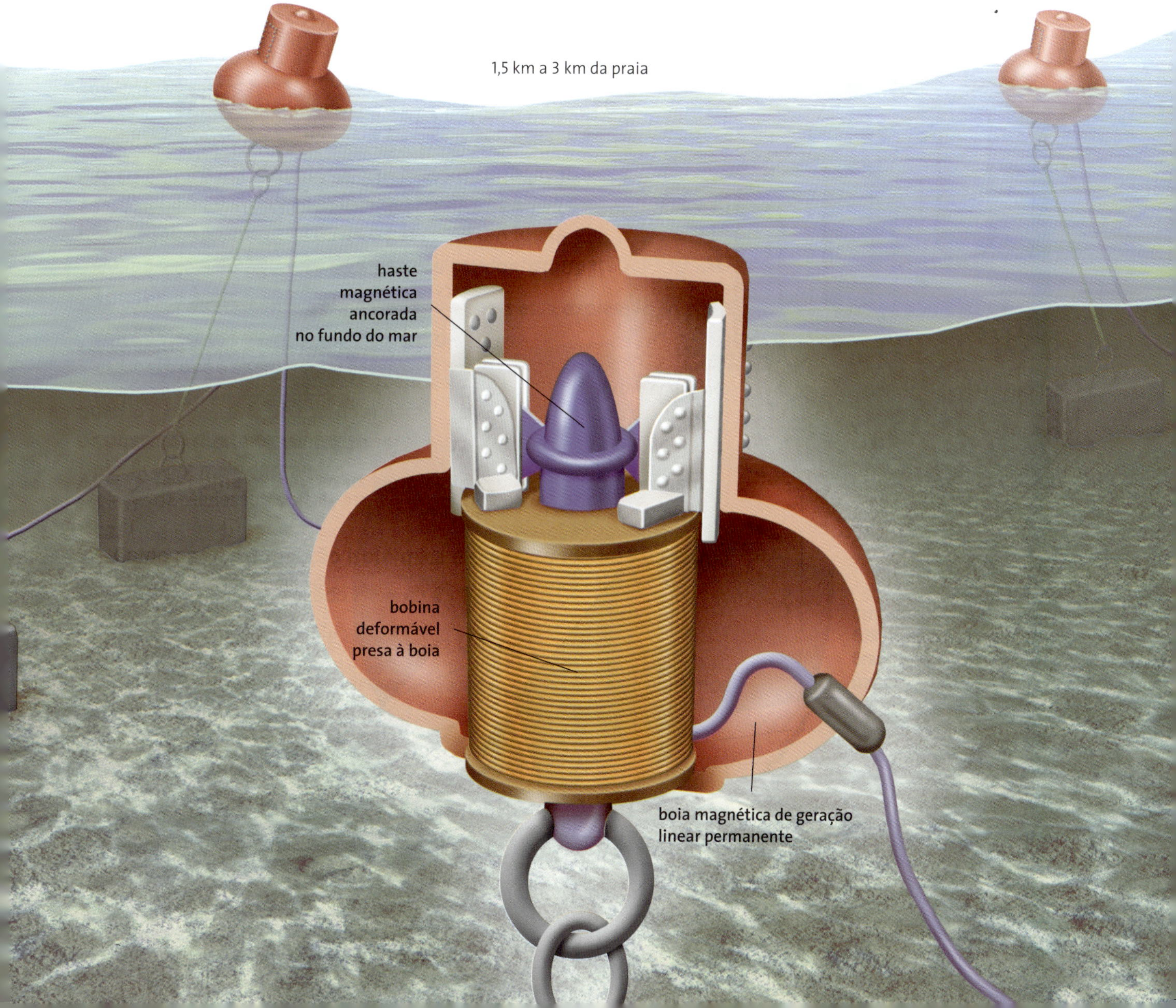

Energia geotérmica

A energia geotérmica vem do aproveitamento das altas temperaturas em regiões profundas da camada terrestre (na formação do planeta houve uma compactação de matéria, por ação da gravidade, que resultou em forte aquecimento) e fornece aquecimento doméstico (água e calefação nos países frios) (figura 6.23) ou, em caso de aquecimentos significativos, geração de vapor que vai acionar uma turbina, criando energia elétrica.

Esse tipo de energia pode ser obtido por meio de escavações na terra: à medida que se vai aprofundando uma broca no solo, ela vai encontrando regiões cada vez mais quentes. A taxa de variação da temperatura com a profundidade exprime-se normalmente em °C/m e seu valor médio é 0,03 °C/m.

Em alguns locais, águas vulcânicas das profundezas emergem à superfície, e a energia pode ser aproveitada sem a necessidade de perfuração de poços. Mas fora dessas regiões, para que se consiga temperaturas elevadas, é necessário perfurar poços profundos, tornando muito alto o custo desse tipo de exploração. Além disso, substâncias ácidas e corrosivas podem danificar rapidamente a tubulação.

Mesmo com essas desvantagens, há um razoável aproveitamento dessa fonte de energia em alguns países (tabela 6.3), entre os quais se destacam as Filipinas e os Estados Unidos.

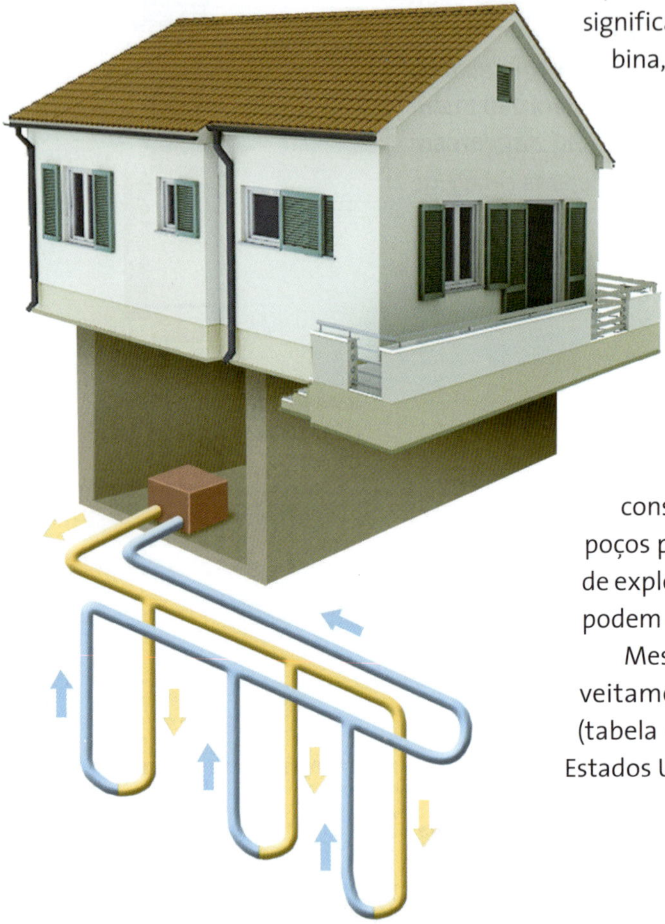

Paulo Manzi/Arquivo da editora

Figura 6.23 Energia geotérmica funcionando como uma ecolareira que aquece o ambiente.

Tabela 6.3 – Produção de energia geotérmica

País	Produção (MW)	País	Produção (MW)
Estados Unidos	1935,0	Nova Zelândia	373,1
Filipinas	1855,6	El Salvador	189,0
Indonésia	991,8	Costa Rica	162,5
México	953,0	Quênia	128,8
Itália	711,0	Rússia	79,0
Japão	530,2	Nicarágua	52,5
Islândia	420,9	Guatemala	49,0

Fonte: BERTANI, Ruggero. *World Geothermal Generation in 2007*. Roma: Enel, International Division, Renewable Energy Business Development. Disponível em: <http://geoheat.oit.edu/bulletin/bull28-3/art3.pdf>. Acesso em: out. 2012.

Exercícios

1. (Pisa-Inep) Muitos consideram que a energia eólica é uma fonte de energia que pode substituir as centrais térmicas movidas a petróleo ou a carvão. Os geradores eólicos apresentados na figura a seguir possuem pás que giram conforme o vento. Essas rotações fazem com que o gerador produza eletricidade.

Mauricio Simonetti/Pulsar Images

Os gráficos a seguir mostram a velocidade média do vento em quatro locais diferentes ao longo do ano. Qual o local mais apropriado para a instalação de um gerador eólico?

a)
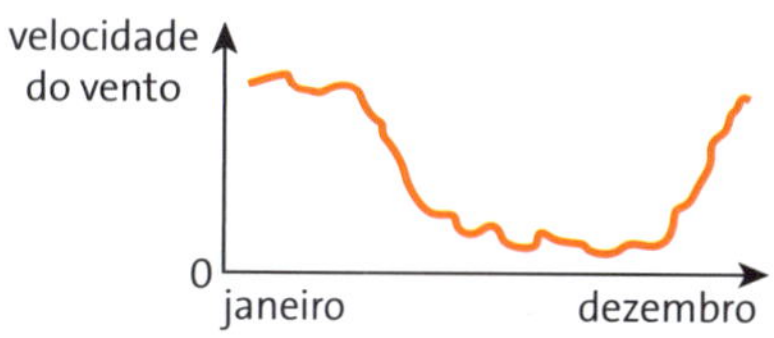

b)
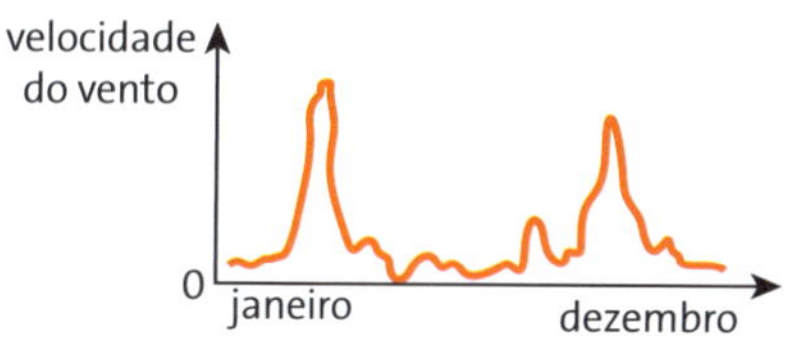

c)
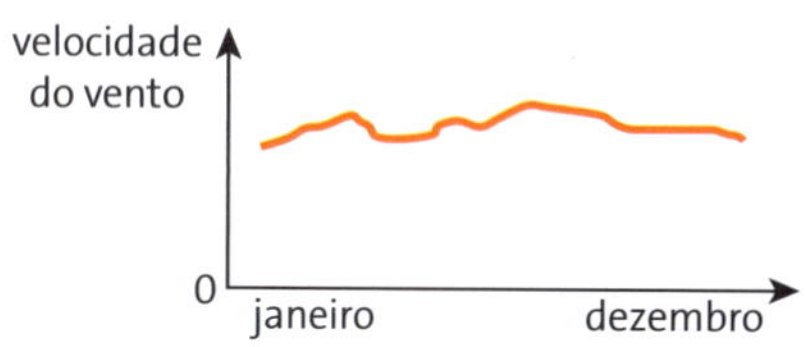

d)
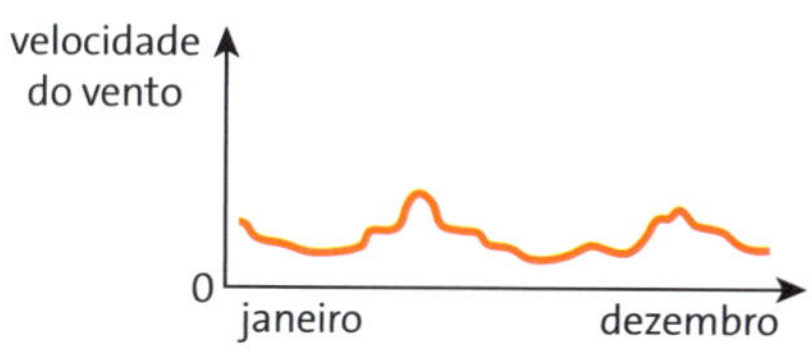

2. (Pisa-Inep) A uma mesma velocidade do vento, quanto mais elevada for a altitude, mais lenta será a rotação das pás. Qual das alternativas a seguir explica melhor por que as pás dos geradores eólicos giram mais lentamente em lugares mais altos, já que a velocidade do vento é a mesma?

a) O ar é menos denso, à medida que a altitude aumenta.
b) A temperatura é mais baixa, à medida que a altitude aumenta.
c) A gravidade torna-se menor, à medida que a altitude aumenta.
d) Chove com mais frequência, quando a altitude aumenta.

3. (Pisa-Inep) Quanto mais forte o vento, mais rapidamente giram as pás dos geradores eólicos e mais energia elétrica é gerada. No entanto, em uma situação real, não há uma relação direta entre a velocidade do vento e a energia elétrica produzida. A seguir, apresentamos quatro condições de funcionamento de uma central de energia eólica em situação real.

- As pás começarão a girar quando a velocidade do vento for v_1.
- Por razões de segurança, a rotação das pás não aumentará quando a velocidade do vento for maior que v_2.
- A potência elétrica está no máximo (W) quando o vento atinge a velocidade v_2.
- As pás irão parar de girar quando a velocidade do vento alcançar v_3.

Qual dos gráficos a seguir melhor representa a relação entre a velocidade do vento e a energia elétrica gerada sob as condições de funcionamento descritas?

a)
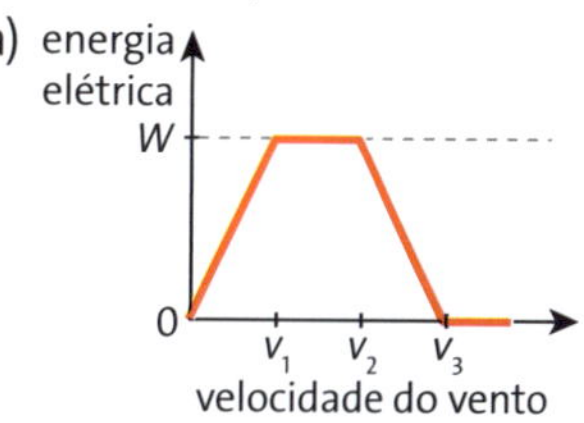

b)
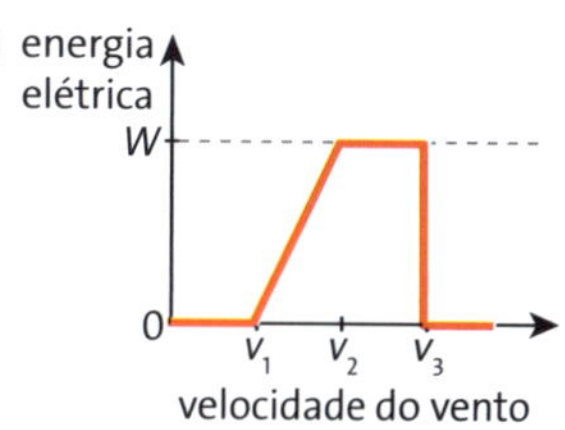

c)
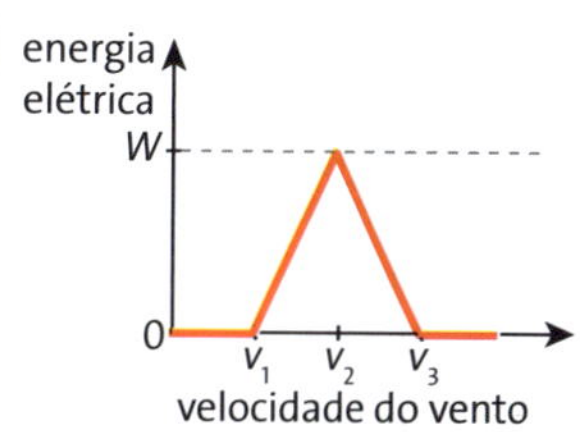

d)
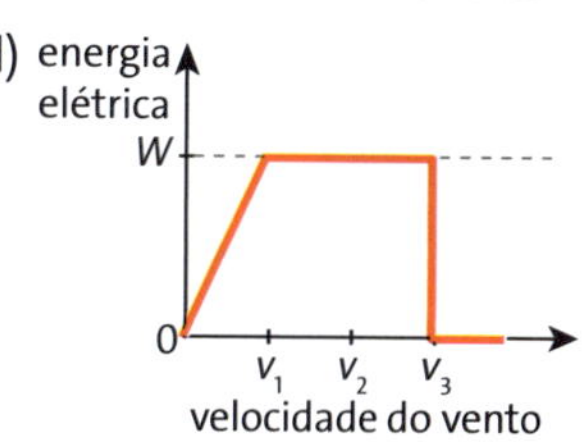

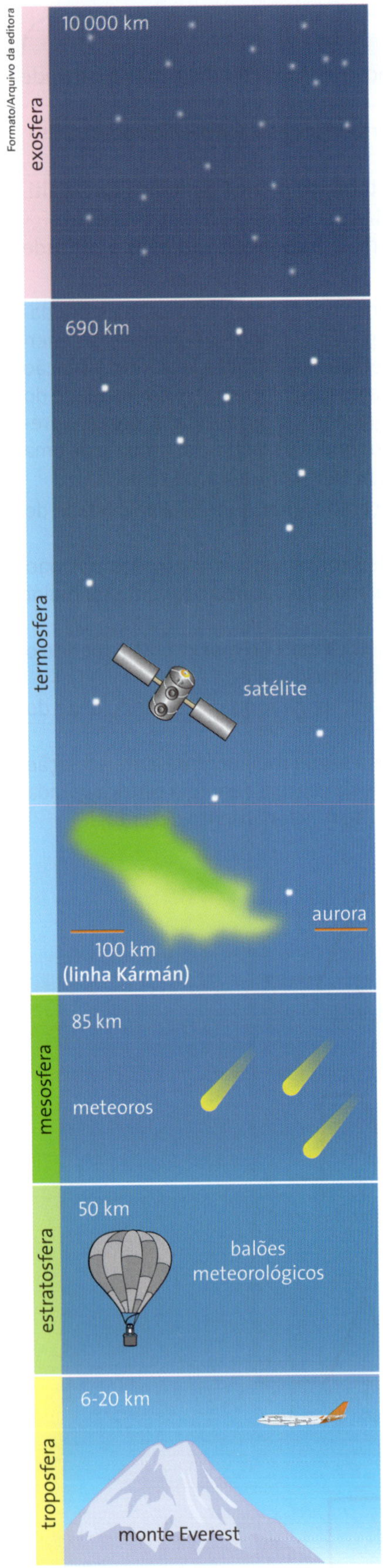

Figura 6.24 As várias camadas atmosféricas e algumas de suas características (fora de escala).

3 Impactos ambientais e a camada de ozônio

O texto de Carl Sagan nos revela a preocupação que devemos ter com nosso modo de vida, hábitos de consumo e métodos de produção em todo o planeta. A natureza tem seus próprios mecanismos de estabilidade, mas eles são limitados.

> *A história humana pode ser vista como um lento acordar do ser humano para a consciência de pertencer a um grupo mais vasto. Inicialmente a nossa lealdade ia para nós próprios e para aqueles que nos eram próximos; depois se alargou aos bandos de caçadores nômades, depois às tribos, às pequenas colônias, às cidades-Estado, às nações. Alargamos o círculo daqueles que amamos. Temos agora organizadas aquilo que modestamente são descritas como superpotências, que incluem pequenos grupos de pessoas com antecedentes étnicos e culturais divergentes trabalhando de certa forma em conjunto. É certamente uma experiência humanizante e formadora do caráter. Se tivermos de sobreviver, a nossa lealdade tem de se alargar até incluir toda a comunidade humana: o planeta Terra inteiro. Muitos daqueles que dirigem as nações considerarão esta ideia desagradável. Irão recear a perda de poder. Ouviremos muita coisa sobre a traição e a deslealdade. Os Estados ricos terão de partilhar a sua riqueza com os Estados pobres. Mas a escolha, como uma vez disse H. G. Wells em outro contexto, é ou o Universo, ou nada.*
>
> SAGAN, Carl. *Cosmos*. Lisboa: Gradiva, 2009. p. 339.

Os estudos de temas ecológicos, antes uma parte da Biologia, estão presentes hoje em todas as disciplinas. É preciso discutir os impactos ambientais de cada uma das fontes de energia utilizadas pelo homem, além do problema do lixo, da água potável, do ar e da radiação solar que banha o nosso planeta. Os estudos científicos do meio ambiente nos alertam e, ao identificar as causas de mudanças ambientais, também nos apontam as correções que devem ser feitas.

O que mantém o planeta habitável

A temperatura na superfície da Terra depende de nossa **atmosfera**. Sem ela, além de as temperaturas médias serem distintas, as diferenças entre a temperatura diurna e a noturna seriam insuportáveis para os seres vivos.

Não há um limite definido para o extremo superior de nossa atmosfera que a separe do espaço interplanetário. Cerca de 75% de toda massa de ar está abaixo de 11 km de altitude, onde a pressão é aproximadamente 20% da pressão ao nível do mar.

À medida que a altitude aumenta, o ar vai ficando mais rarefeito e a pressão diminui. Na altitude de 120 km, por exemplo, temos cerca de um milionésimo da pressão ao nível do mar.

A figura 6.24 ilustra, fora de escala, várias camadas atmosféricas com algumas de suas características.

Os gráficos da figura 6.25 mostram o comportamento da pressão e da temperatura ao longo da altitude e nomeiam algumas camadas de nossa atmosfera.

Formato/Arquivo da editora

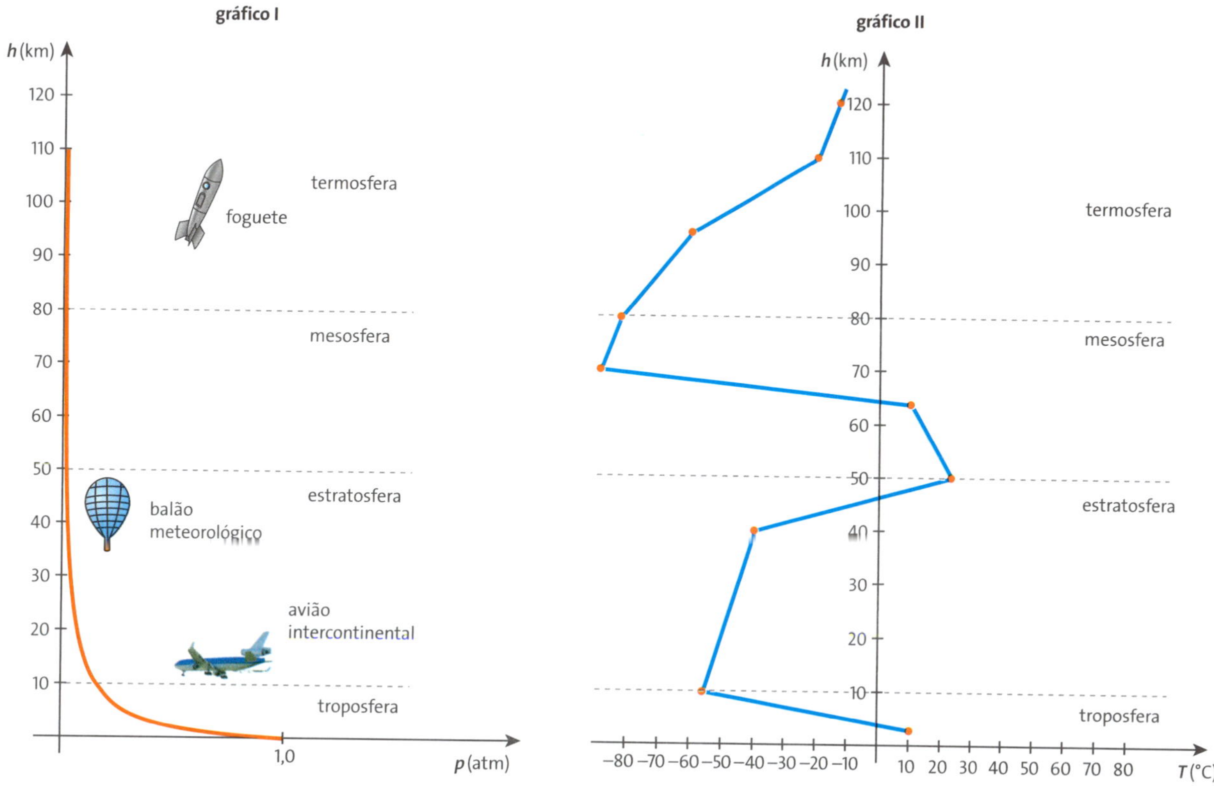

Figura 6.25 Valores da pressão (gráfico **I**) e da temperatura (gráfico **II**) em relação à altitude.

Na Terra, a temperatura varia de acordo com a região e com as estações do ano. Contudo, a temperatura média da superfície da Terra, quando a consideramos em sua totalidade, é praticamente constante, ou seja, o planeta não está ganhando nem perdendo energia térmica. Assim, a taxa de radiação que a Terra emite deve ser igual à taxa de radiação solar que ela recebe (não incluindo a energia solar que ela reflete).

Uma vez que a taxa de emissão de radiação de um corpo depende de sua temperatura, essa condição pode ser usada para obter a temperatura média da Terra, cujo valor médio é 9 °C. O responsável por manter a temperatura média em torno de 9 °C é o chamado **efeito estufa**. Sem esse efeito, nosso planeta seria em média cerca de 30 °C mais frio e praticamente inabitável. Isso acontece porque alguns gases da atmosfera terrestre, formada em grande parte por vapor de água, dióxido de carbono (CO_2), metano (CH_4), óxido nitroso (N_2O), clorofluorcarbonetos (CFC), entre outros, retêm parte da radiação que escaparia para o espaço.

Mas por que esses gases não retêm a entrada da energia térmica, uma vez que eles retêm sua saída?

De fato, eles agem da mesma forma ao receber a radiação solar. No entanto, como a radiação que chega à Terra é emitida por um corpo com temperatura em torno de 5 800 K (aproximadamente 6 000 °C), o Sol, e apenas uma pequena parte dessa radiação está na região do **infravermelho** – faixa na qual atuam os gases do efeito estufa –, as portas estão abertas para a maior parte da radiação banhar a superfície e as camadas mais baixas da atmosfera.

Infravermelho – Radiação eletromagnética. A radiação emitida pelo Sol é composta de infravermelho, a luz visível e o ultravioleta, e é fundamental para o desenvolvimento da vida na Terra.

Na emissão, a maior parte da radiação que iria para o espaço está na faixa do infravermelho, e a ação seletiva dos gases estufa permite a retenção de boa parte da radiação que escaparia, ou seja, a ação seletiva na entrada é muito menor que na saída (figura 6.26).

Figura 6.26 Pequenas mudanças de hábitos são necessárias para melhorar a nossa interação com o planeta.

O gráfico da figura 6.27 ilustra a distribuição da energia solar que chega ao nosso planeta comparando a radiação antes de atingir a atmosfera – dados obtidos por satélites artificiais – com a que chega à superfície. Observe como a absorção feita pelo vapor de água é alta para os grandes comprimentos de onda (ondas longas) e a ação do O_3 (ozônio) na absorção da radiação ultravioleta.

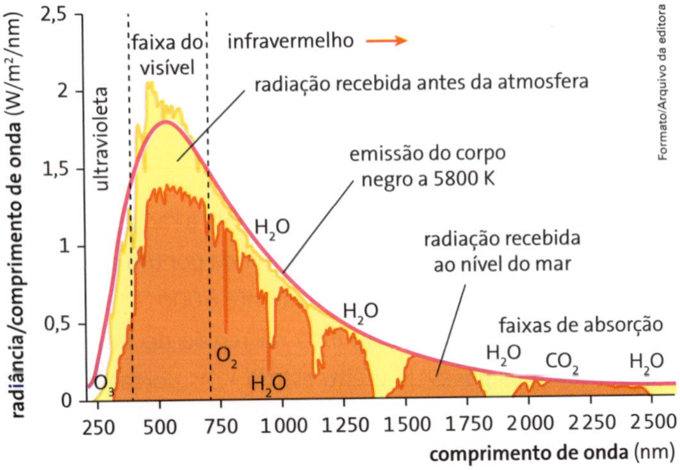

Figura 6.27 Espectro da radiação solar.

Física tem História

A descoberta do efeito estufa

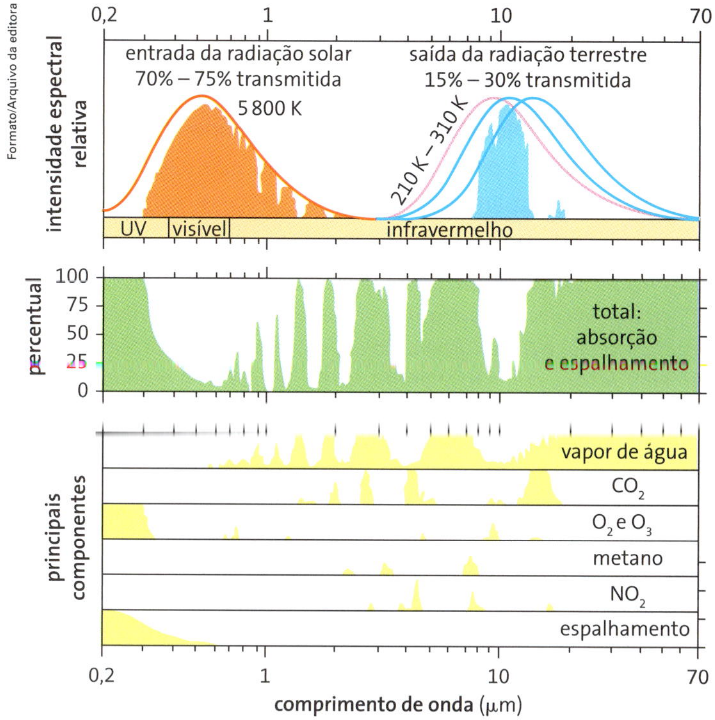

Distribuição dos percentuais da radiação solar e da emissão da Terra.

Em 1681, o cientista francês Edme Mariotte (1620-1684) já observara que, embora o calor da radiação solar passasse facilmente pelo vidro, o calor de uma lareira não o fazia. Em 1760, o geólogo e físico suíço Horace Bénédict de Saussure (1740-1799) construiu o heliotermômetro, um aparato formado por um termômetro dentro de uma caixa escura envolta por placas de vidro. Bénédict mostrou que as temperaturas [illegible] placas de vidro eram colocadas.

Em 1824, o cientista francês Joseph Fourier (1768-1830), citando Bénédict, argumentou: "a temperatura da Terra é aumentada pela interposição da atmosfera, porque o calor luminoso encontra menos resistência para penetrar através do ar do que o calor não luminoso repassado pela Terra". Contudo, não se sabia exatamente quais substâncias eram responsáveis por essa diferença.

Estufa de baixo custo. Em vez de vidro, a cobertura é de plástico.

Em 1859, o físico inglês John Tyndall (1820-1893) identificou, por meio de experimentos, que moléculas mais complexas do que as simples diatômicas O_2 e N_2, como o CO_2 e H_2O, absorviam muito mais o "calor não luminoso" (infravermelho).

O vidro comum e outros materiais também têm a propriedade de retenção do infravermelho. Por exemplo, algumas plantas necessitam de temperaturas maiores que as do ambiente local em que são cultivadas para sobreviver. Por isso, elas são cultivadas em uma estufa: um galpão, geralmente de vidro, que permite a entrada da maior parte da radiação solar, mas bloqueia boa parte do que seria emitido na faixa do infravermelho, tornando o ambiente interno mais quente do que o externo. Daí a razão do nome efeito estufa. Como há uma cobertura hermética impedindo a saída do ar quente que escaparia após subir por convecção, esses fenômenos não são exatamente análogos.

Em um carro com os vidros fechados, parado por muito tempo sob sol intenso, verificamos claramente o aumento da temperatura interna. Deixar os vidros ligeiramente abaixados (alguns milímetros) vai permitir o escape do ar quente, diminuindo um pouco o aquecimento.

Efeito estufa e aquecimento global

O efeito estufa tem aspectos benéficos para o planeta, propiciando temperaturas médias adequadas para os seres vivos. Entretanto, o excesso desse efeito pode ser prejudicial, ocasionando temperaturas médias maiores.

O Painel Intergovernamental sobre Mudanças Climáticas (IPCC – em inglês, Intergovernmental Panel on Climate Change), órgão internacional criado em 1988 pelas Nações Unidas e pela Organização Meteorológica Mundial (WMO – em inglês, World Meteorological Organization), é composto de cientistas de todo o mundo dedicados à pesquisa e ao monitoramento das mudanças climáticas em nosso planeta. Em seu relatório de 2007, esse comitê destaca:

> *A consciência e o entendimento parcial da maioria dos processos interativos no sistema terrestre que governam o clima e as mudanças climáticas são anteriores ao IPCC, geralmente de muitas décadas. Um profundo entendimento e quantificação desses processos e sua incorporação nos modelos climáticos têm progredido rapidamente desde o primeiro relatório do IPCC, em 1990. À medida que as ciências do clima têm evoluído nas décadas recentes, vêm aumentando as evidências da influência humana nas mudanças climáticas.*

Nosso planeta já passou por várias eras geológicas, com grandes variações de temperatura em razão de ciclos e fenômenos naturais. A ação humana, também conhecida como **ação antropogênica**, principalmente a partir de 1800, depois do início da Revolução Industrial, tem influído fortemente no clima.

O aumento do efeito estufa, cuja maior parte é provocada pela queima de combustíveis fósseis – uma ação antropogênica –, é uma das grandes preocupações climáticas. A queima de combustíveis fósseis produz CO_2, e o aumento de CO_2 na atmosfera pode ampliar o efeito estufa, o que provoca aumento na temperatura média da Terra.

Na **figura 6.28** temos um mapeamento feito pelo IPCC do aumento das temperaturas médias em diferentes regiões do planeta.

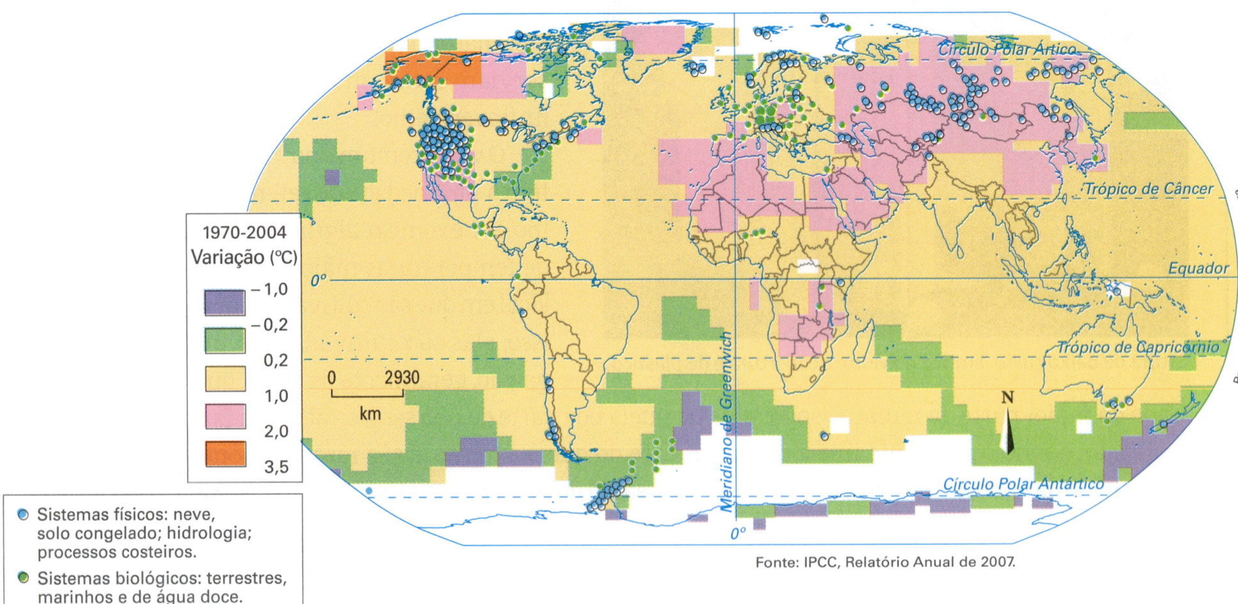

Portal de Mapas/Arquivo da editora

Fonte: IPCC, Relatório Anual de 2007.

Figura 6.28 Mapa das variações de temperatura em diferentes regiões do planeta baseado em cerca de 29 000 medidas selecionadas de um conjunto de 80 000, correspondente a 577 estudos independentes.

A complexidade do sistema dinâmico que é a Terra dificulta muito a elaboração de projeções apuradas sobre o futuro do clima. Embora hoje as previsões do tempo sejam confiáveis, há margens de erro.

Para ter uma projeção mais assertiva em relação ao clima da Terra, seria necessário responder a perguntas como: o consumo de combustíveis fósseis permanecerá nos mesmos níveis atuais? O rendimento dos motores térmicos aumentará? A população mundial mudará significativamente?

Essas são perguntas para as quais não temos uma resposta definitiva. Diante disso, os cientistas do clima procuram trabalhar com os chamados "cenários" (figura 6.29). Um desses cenários, chamado de A1B, do Instituto de Engenheiros Eletricistas e Eletrônicos (IEEE – em inglês, Institute of Electrical and Electronics Engineers), considera que a emissão de CO_2 continuará crescendo na mesma taxa atual até 2050 e depois deve decair, pela escassez que haverá de petróleo e de outros combustíveis fósseis e pelo crescimento do uso de fontes de energia mais limpas. Esse cenário considera ainda pequeno o aumento na área desmatada.

O estudo climático, assim como as outras ciências, procura fundamentar suas conclusões em experimentos e verificação das correlações.

Atualmente, dispomos de registros confiáveis das temperaturas ao longo do último século, mas como verificar quais eram as concentrações de CO_2 em épocas passadas?

Há regiões na Terra em que, por causa dos ciclos naturais, ano após ano, as camadas de gelo diminuem um pouco e novas vão se depositando. São as chamadas neves eternas, como ocorre na região mais alta do monte Kilimanjaro, na Tanzânia. Quanto maior profundidade atingir uma sonda, mais antigo será o gelo retirado. Dessa forma, os cientistas conseguem, comparando com o gelo atual, determinar as concentrações dos gases estufa em épocas passadas.

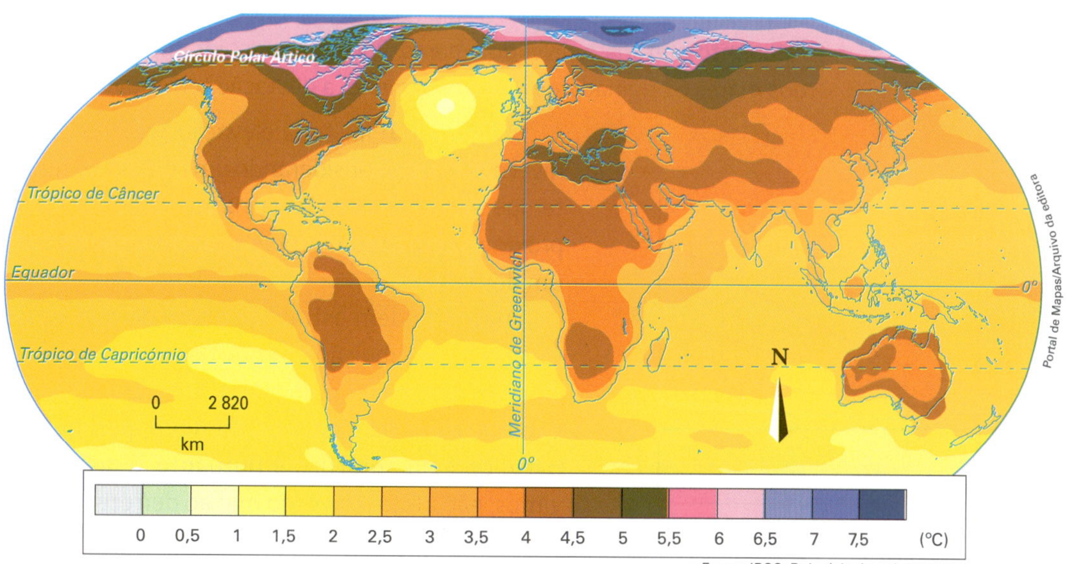

Fonte: IPCC, Relatório Anual de 2007.

Figura 6.29 Projeção para as variações de temperatura, ao final do século XXI (entre 2090 e 2100), segundo o cenário A1B do IEEE, considerando como base a década de 1980.

Nível do mar

Vamos realizar um experimento simples. Em um copo com água, coloque uma pedra de gelo de tal forma que o copo fique totalmente cheio, sem derramar água. Se você aguardar o gelo derreter totalmente, vai verificar que não houve transbordamento de água. A água, fruto da fusão do gelo, vai ocupar o volume que era ocupado pela parte submersa do bloco e o nível da água no recipiente ficará exatamente como estava (figura 6.30).

Para refletir

O derretimento das calotas polares aumenta o nível dos mares?

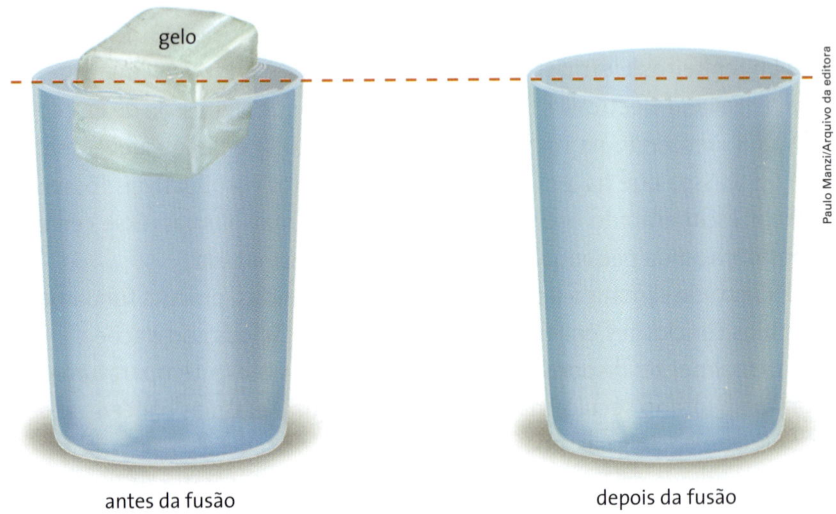

Figura 6.30 Nível do recipiente antes e depois de o gelo ter derretido.

Há uma pequena diferença entre a densidade da água salgada (do mar) e a água pura (gelo). Como essa diferença é de cerca de 1%, o derretimento de gelo flutuante não teria uma contribuição tão significativa para a elevação do nível dos oceanos. Contudo, há muito gelo em cordilheiras e também camadas de gelo sobre o solo na Groenlândia, e, nesses casos, o derretimento afetaria o nível dos mares. Portanto, o maior impacto no nível dos mares é originado de outro fenômeno: a dilatação térmica da água.

A figura 6.31 ilustra a elevação prevista para o nível dos mares, considerando um cenário no qual a temperatura média da Terra iria aumentar 2,5 °C nos próximos cem anos. Observe a contribuição de cada um dos fatores.

Alguns podem estranhar o fato de que, nesse cenário, a contribuição da Antártida para a elevação do nível dos mares é negativa, mas isso pode ser explicado por três fatores. Primeiro, porque boa parte do gelo antártico é flutuante, o que, como vimos, não afeta o nível do mar ao derreter. Segundo, porque entre 0 °C e 4 °C o coeficiente de dilatação da água é negativo, isto é, o aumento de temperatura nessa faixa acarreta redução de volume. Por último, o aumento de temperatura provocará aumento da evaporação.

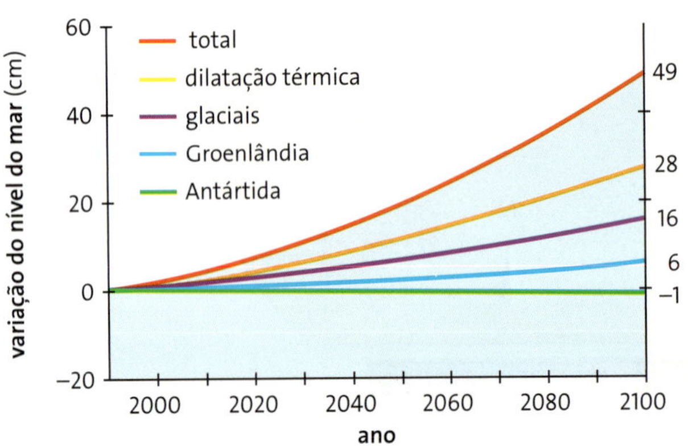

Figura 6.31 Elevação do nível dos mares para o cenário GT1 (Grupo de Trabalho 1) do IPCC (2007). Compare as contribuições de cada fator e verifique como a dilatação térmica tem maior percentual de participação no total.

A camada de ozônio

A chamada camada de ozônio (O_3) não contém somente esse gás (figura 6.32). Na realidade, nessa camada, a proporção de ozônio é de apenas algumas partes por milhão (ppm).

O ozônio é uma molécula que existe em toda a atmosfera. Na parte mais baixa, a troposfera, região entre o solo e 10 km de altura, sua concentração é relativamente baixa. Na estratosfera, que fica entre 10 km e 50 km, a concentração de ozônio alcança seu máximo a aproximadamente 35 km. Com mais de 90% de todo o ozônio, podemos, arbitrariamente, definir essa região como a **camada de ozônio.**

O ozônio tem uma função muito importante: na atmosfera, ele é o único com a propriedade de absorver a radiação ultravioleta tipo B (UV-B) que vem do Sol e é prejudicial à vida humana, aos animais e às plantas (figura 6.33). Essa camada absorve mais de 90% desse tipo de radiação. Níveis altos dessa radiação têm ações mutagênicas, podem ser muito danosos e, em médio prazo, cancerígenos, principalmente pela sua ação sobre nossa pele.

O monitoramento da concentração de ozônio em nossa atmosfera foi desenvolvido pelo meteorologista britânico G. M. B. Dobson (figura 6.34), que inventou um tipo de espectrômetro capaz de fazer medições da concentração de ozônio na estratosfera por meio de aparelhos instalados no solo.

Entre 1928 e 1958, Dobson desenvolveu uma vasta rede desses aparelhos, espalhando-os por todo o planeta. Muitas dessas estações de monitoramento continuam operando até hoje. Em homenagem a esse cientista, foi criada a unidade Dobson (DU, no Brasil), um modo prático de comparar as concentrações de O_3 ao longo da coluna de ar que está acima do aparelho de medida.

Cada 100 unidades Dobson correspondem a aproximadamente 1 mm de espessura e teria a camada concentrada ao nível do mar. Concentrações de ozônio na atmosfera abaixo de 220 DU são consideradas perigosas para a sobrevivência.

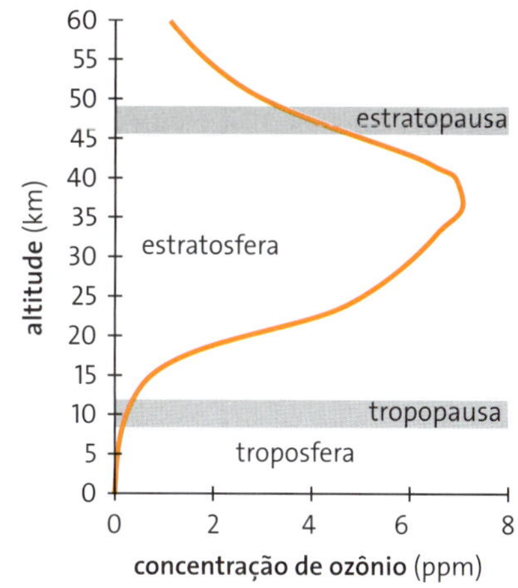

Figura 6.32 Concentração de O_3 na atmosfera em partes por milhão (ppm), conforme a altitude.

Figura 6.34 Gordon Miller Bourne Dobson (1889-1976).

Figura 6.33 A proteção da camada de ozônio é essencial para a pele.

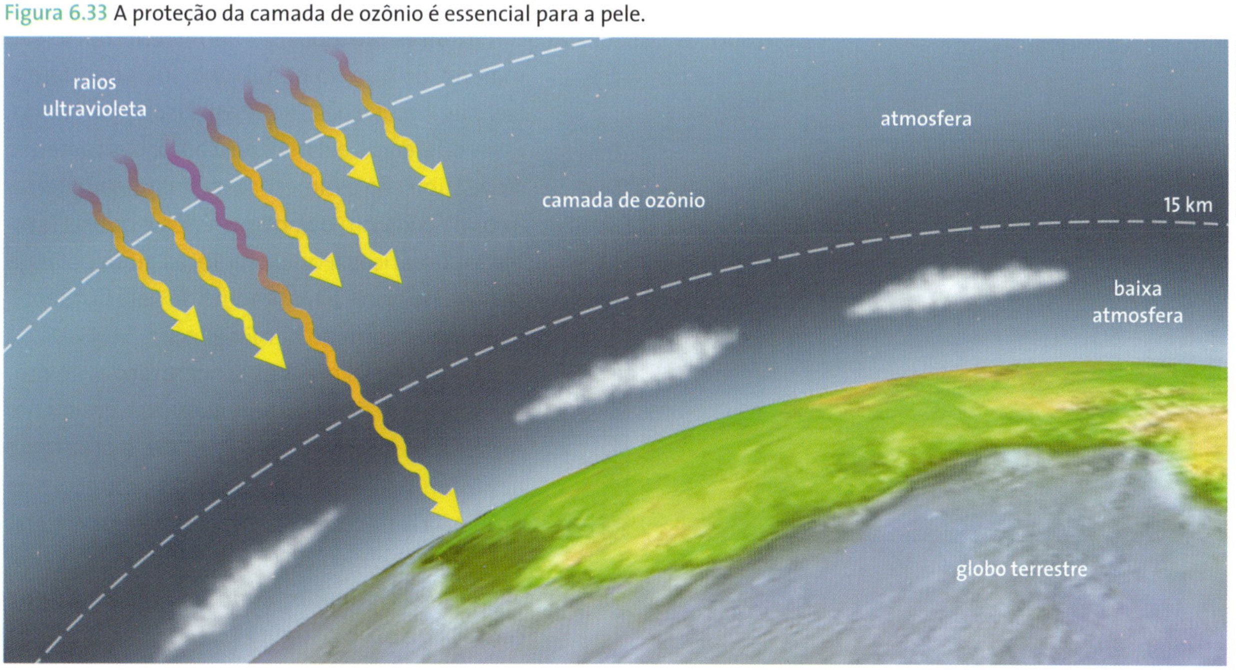

A concentração de ozônio tem dois efeitos sobre a temperatura da Terra: ao absorver a radiação ultravioleta, emite calor, aquecendo a estratosfera. Na baixa atmosfera (troposfera), atua como poluente: absorve a radiação infravermelha que vem do solo, contribuindo para o aquecimento da baixa atmosfera. Mas seu maior efeito está relacionado à radiação UV-B, que afeta diretamente a vida no planeta.

Observe na figura 6.35 como há correlação entre a concentração de O_3 (representada em DU/km) e as temperaturas nas camadas atmosféricas e sua efetividade na absorção dos raios ultravioleta.

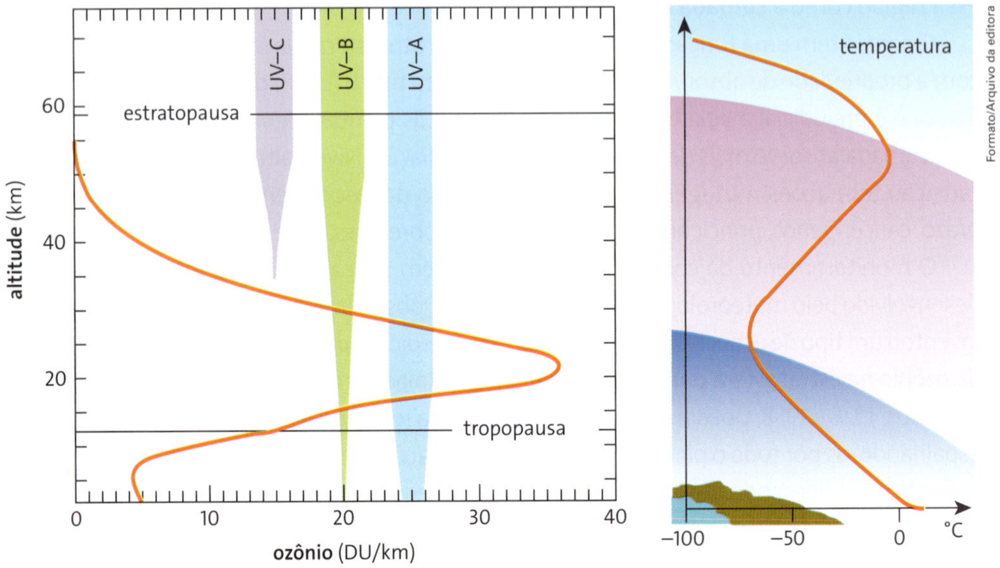

Fonte: IPCC: experimentos realizados pelo grupo GOME, de 1994 a 2003.

Figura 6.35 A camada de ozônio inverte a tendência de queda de temperatura na estratosfera por absorver fortemente os raios ultravioleta, gerando calor.

O tamanho total da coluna de ozônio geralmente aumenta quando nos movemos da região tropical para altas latitudes nos dois hemisférios. Contudo, as concentrações nas altas latitudes do hemisfério norte são maiores do que no hemisfério sul, por diferenças nas circulações estratosféricas planetárias. Essas diferenças existem por causa, basicamente, da distribuição assimétrica da quantidade terra-mar de cada um dos hemisférios e outros fatores topográficos. Por exemplo, a calota polar do hemisfério norte é totalmente de gelo flutuante, o que não ocorre no hemisfério sul.

Enquanto as maiores concentrações de ozônio sobre o Ártico ocorrem na primavera do hemisfério norte (março-abril), ocorre o oposto no hemisfério sul, uma vez que as concentrações de ozônio na Antártida são as mais baixas na primavera desse hemisfério (setembro-outubro), provocando o chamado fenômeno do **buraco na camada de ozônio** (figura 6.36).

Figura 6.36 Distribuição da concentração de ozônio conforme a latitude ao longo do ano.

Na realidade, não é propriamente um buraco, mas uma grande região com concentrações de ozônio abaixo das aceitáveis para o bloqueio dos raios ultravioleta, ou seja, abaixo de 220 unidades Dobson (DU).

Atividades humanas (fatores antropogênicos) têm contribuído para aumentar o buraco da camada de ozônio, principalmente com o lançamento de gases como o CFC (clorofluorcarboneto) na atmosfera, gases aparentemente inertes e inofensivos usados em *sprays* de desodorantes, perfumes, e também em aparelhos de ar condicionado. Compostos à base de bromo (Br), também influenciam negativamente o ciclo do ozônio de maneira análoga aos CFCs.

Em 1978, os Estados Unidos, o Canadá e a Noruega assinaram um tratado, chamado Protocolo de Montreal, para banir os *sprays* aerossóis contendo CFC. Em 1985, com o alerta sobre o buraco na camada de ozônio, outros países aderiram ao protocolo.

Segundo os modelos computacionais que têm demonstrado coerência nas medidas efetuadas, a camada de ozônio vem se recuperando e deverá retornar a níveis normais (de 1980) em torno de 2020 (observe a figura 6.37).

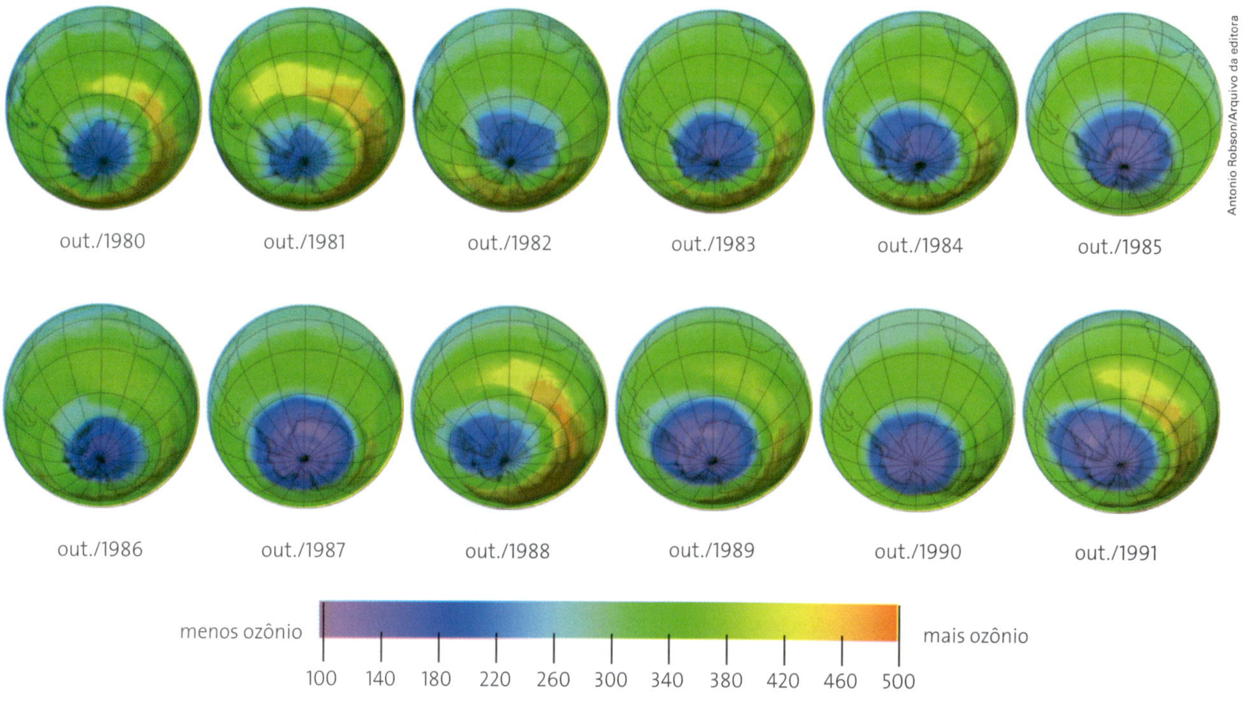

Disponível em: <http://tempoagora.com.br/mclimaticas/internas/images/ozonio1.gif>. Acesso em: out. 2012.

Figura 6.37 Comparação das concentrações de O_3 entre 1980 e 1991, em unidades Dobson (DU).

Exercícios

4. Qual a importância da camada de ozônio na preservação da vida na Terra?
5. Quais os riscos de uma redução da camada de ozônio abaixo de 220 DU?

4 Poluição

A poluição do ambiente é um fenômeno decorrente principalmente da atividade humana em vários aspectos, entre os quais podemos destacar:

- rápido crescimento populacional, industrial e econômico;
- concentração populacional e industrial;
- hábitos da população.

Nossos três recursos naturais básicos – solo, ar e água –, no passado, eram capazes de diluir, a concentrações aceitáveis, as substâncias neles lançadas por processos naturais normais em processos cíclicos. Contudo, as emissões antropogênicas começam a ameaçar nosso planeta pelo esgotamento dessa capacidade de autodepuração, particularmente no último século.

Poluição atmosférica

A poluição atmosférica refere-se ao lançamento de substâncias no ar que podem trazer efeitos nocivos à saúde humana, danos aos recursos naturais, aos seres vivos e aos ecossistemas.

O grau de poluição das substâncias poluentes depende da sua composição química, da concentração na massa de ar ou mesmo das condições climáticas, que podem influenciar a sua dissipação ou os mecanismos de reação que dão origem a novos poluentes.

Combustão dos hidrocarbonetos

A grande maioria dos motores de automóveis, motocicletas, navios e das usinas termelétricas utiliza hidrocarbonetos – como combustível – e oxigênio do ar – como comburente – para ocorrência da reação química que libera grande quantidade de calor, fornecendo a energia necessária para o funcionamento desses motores. Na combustão, são lançados na atmosfera dióxido de carbono e vapor de água. Em alguns casos, também pode ocorrer o lançamento do carbono puro (fuligem) na atmosfera.

Figura 6.38 Fumaça densa emitida por veículo desregulado.

Blickwinkel/Alamy/Other Images

Órgãos governamentais, como a Companhia Ambiental do Estado de São Paulo (Cetesb), por exemplo, impõem determinados limites às emissões de poluentes, mas é comum a circulação de veículos desregulados, deixando para trás uma densa fumaça escura, principalmente alguns caminhões (figura 6.38). O que eles ganham com isso? Um pouco mais de potência, sacrificando o rendimento e a qualidade do ar.

Principais poluentes atmosféricos

Existem níveis de referência para diferenciar a atmosfera poluída da atmosfera não poluída. O nível de referência sob o aspecto legal é denominado **Padrão de Qualidade do Ar**.

O Conselho Nacional do Meio Ambiente (Conama), pertencente ao Ministério do Meio Ambiente, por meio da Resolução Conama n. 3, de 28 de junho de 1990, descreve os padrões para todo o território nacional.

Os poluentes considerados foram: partículas totais em suspensão (PTS), dióxido de enxofre (SO_2), monóxido de carbono (CO), ozônio (O_3), fumaça, partículas inaláveis e dióxido de nitrogênio (NO_2). Foram estabelecidos **Padrões Primários**, destinados à proteção da saúde pública, e **Padrões Secundários**, para proteção do meio ambiente em geral e do bem-estar da população, bem como os métodos de referência a ser utilizados nas medições.

Entre as fontes antropogênicas de poluição do ar, podemos destacar os processos e operações industriais, a queima de combustíveis, as queimadas e a incineração de lixo. Alguns tipos de indústrias caracterizam-se pela emissão principalmente de **material particulado** (MP), como a mineração. Outras, pela emissão de gases e vapores, como as indústrias químicas e petroquímicas (figura 6.39).

Material particulado – Partículas sólidas ou líquidas emitidas por fontes de poluição do ar ou mesmo as formadas na atmosfera, como as partículas de sulfato. Quando dispersas no ar, formam os chamados aerossóis.

Os efeitos da poluição do ar caracterizam-se tanto pela alteração de condições consideradas normais como pelo aumento de problemas já existentes. Os efeitos podem ocorrer em nível local, regional e global. Esses efeitos podem se manifestar na saúde, no bem-estar da população, na fauna e na flora, sobre os materiais, sobre as propriedades da atmosfera (efeito estufa, chuva ácida), etc.

Figura 6.39 A indústria petroquímica é responsável pela produção de derivados do petróleo.

Rubens Chaves/Pulsar Imagens

Trabalho em equipe

Façam uma pesquisa, sob orientação do professor, e apresentem um painel com os seguintes poluentes atmosféricos: monóxido de carbono (CO), dióxido de enxofre (SO_2) e dióxido de nitrogênio (NO_2). Solicitem a participação do professor de Química. Não deixem de destacar os problemas causados por esses poluentes na saúde das pessoas e dos animais em geral.

Física explica

Qualidade do ar

Cada poluente medido recebe um índice e, por meio do resultado obtido, o ar recebe uma qualificação. A tabela a seguir apresenta a classificação dos seguintes poluentes: partículas inaláveis (MP_{10}), ozônio (O_3), monóxido de carbono (CO), dióxido de nitrogênio (NO_2) e dióxido de enxofre (SO_2). Os dados são disponibilizados em micrograma por metro cúbico e em parte por milhão.

Qualidade	Índice	MP_{10} ($\mu g/m^3$)	O_3 ($\mu g/m^3$)	CO (ppm)	NO_2 ($\mu g/m^3$)	SO_2 ($\mu g/m^3$)
boa	0-50	0-50	0-80	0-4,5	0-100	0-80
regular	51-100	50-150	80-160	4,5-9	100-320	80-365
inadequada	101-199	150-250	160-200	9-15	320-1 130	365-800
má	200-299	250-420	200-800	15-30	1130-2 260	800-1 600
péssima	> 299	> 420	> 800	> 30	$> 2 260$	$> 1 600$

Para a simplicidade na divulgação da análise, se utiliza o pior caso. A qualificação do ar está associada aos efeitos sobre a saúde, independentemente do poluente em estudo, conforme a tabela a seguir.

Qualidade	Índice	Significado
boa	0-50	Praticamente não há riscos à saúde.
regular	51-100	Pessoas de grupos sensíveis (crianças, idosos e pessoas com doenças respiratórias e cardíacas) podem apresentar sintomas como tosse seca e cansaço. A população, em geral, não é afetada.
inadequada	101-199	Toda a população pode apresentar sintomas como tosse seca, cansaço, ardor nos olhos, nariz e garganta. Pessoas de grupos sensíveis (crianças, idosos e pessoas com doenças respiratórias e cardíacas) podem apresentar efeitos mais sérios na saúde.
má	200-299	Toda a população pode apresentar agravamento de sintomas como tosse seca, cansaço, ardor nos olhos, nariz e garganta e ainda apresentar falta de ar e respiração ofegante. Efeitos ainda mais graves à saúde de grupos sensíveis (crianças, idosos e pessoas com doenças respiratórias e cardíacas).
péssima	> 299	Toda a população pode apresentar sérios riscos de manifestações de doenças respiratórias e cardiovasculares. Aumento de mortes prematuras em pessoas de grupos sensíveis.

Cada poluente apresenta diferentes efeitos ***sobre a saúde*** *da população para faixas de concentração distintas, identificados por estudos epidemiológicos desenvolvidos dentro e fora do país. Tais efeitos sobre a saúde requerem* ***medidas de prevenção*** *a serem adotadas pela população afetada.*

Em algumas regiões do Brasil, no inverno, ocorrem dias com baixa umidade do ar e alta concentração de poluentes. Nessas condições, é comum ocorrerem complicações respiratórias em razão do ressecamento das mucosas, provocando sangramento pelo nariz, ressecamento da pele e irritação nos olhos.

Quando a umidade relativa do ar estiver entre 20% e 30%, é necessário tomar algumas medidas: evitar exercícios físicos ao ar livre entre 11h e 15h; umidificar o ambiente com vaporizadores, toalhas molhadas, recipientes com água, umidificação de jardins, etc.; e, sempre que possível, permanecer em locais protegidos dos raios solares ou em áreas arborizadas.

Se a umidade estiver entre 20% e 12%, é recomendável suspender exercícios físicos e trabalhos ao ar livre entre 10h e 16h; evitar aglomerações em ambientes fechados e seguir as orientações anteriores.

Se a umidade for menor do que 12%, é preciso interromper qualquer atividade ao ar livre entre 10h e 16h; determinar a suspensão de atividades que exijam aglomerações de pessoas em recintos fechados; manter umidificados os ambientes internos, principalmente quartos de crianças, hospitais, etc.

Além dessas medidas, é recomendável usar colírio de soro fisiológico ou água boricada para os olhos e narinas e beber muita água.

CETESB. Disponível em: <www.cetesb.sp.gov.br/Ar/arindicepadroes.asp>. Acesso em: out. 2012.

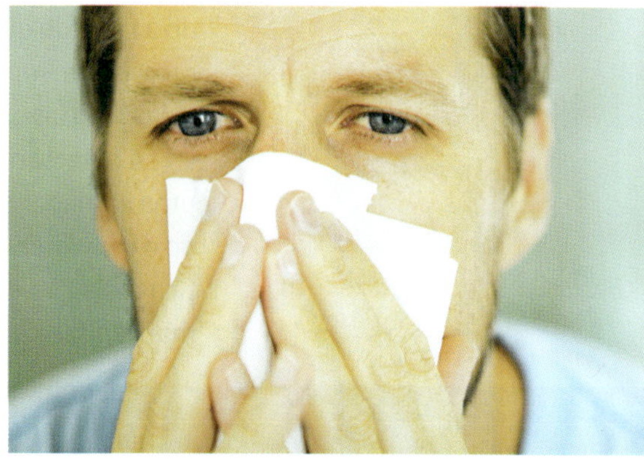

Heidi van der Westhuizen/Getty Images

Muitos dos problemas de saúde do dia a dia são causados pela poluição gerada nos grandes centros urbanos.

Patrícia Santos/Folhapress

Em cidades em que há uma grande concentração de automóveis, costuma-se encontrar medidores da qualidade do ar.

As medidas de concentração de poluentes em determinado local apresentam os valores da tabela seguinte.

MP_{10} (μg/m³)	O_3 (μg/m³)	CO (ppm)	NO_2 (μg/m³)	SO_2 (μg/m³)
350	100	2	55	35

1. Com base nos critérios da Cetesb, como seria classificada a qualidade do ar nesse local?

2. Qual seria a faixa de concentração de monóxido de carbono para que o índice de qualidade do ar fosse considerado péssimo?

3. Quais são as complicações descritas para o ser humano decorrentes da baixa umidade do ar? Que precauções devemos tomar?

Inversão térmica

Nos primeiros 10 km da atmosfera, normalmente, o ar vai se resfriando à medida que nos distanciamos da superfície da Terra. Assim, o ar mais próximo à superfície, que é mais quente – portanto, mais leve –, pode elevar-se, favorecendo a dispersão dos poluentes emitidos pelas fontes.

A **inversão térmica** é uma condição meteorológica que ocorre quando uma camada de ar quente se sobrepõe a uma camada de ar frio, impedindo o movimento ascendente do ar, uma vez que o ar abaixo dessa camada fica mais frio – portanto, mais pesado –, fazendo com que os poluentes se mantenham próximos da superfície (figura 6.40).

Maurício Simonetti/Pulsar Imagens

Figura 6.40 A camada cinza que vemos na foto é produto da inversão térmica, que impede que os poluentes se dispersem.

Tal fenômeno meteorológico ocorre durante todo o ano, sendo mais comum no inverno, principalmente no período noturno. Em um ambiente com um grande número de indústrias e de circulação de veículos, como o das cidades, a inversão térmica pode levar a altas concentrações de poluentes, podendo ocasionar problemas de saúde.

Alexandre Tokitaka/Pulsar Imagens

Figura 6.41 Estátua localizada em uma cidade em que há grandes quantidades de chuva ácida.

Chuva ácida

Mesmo antes da Revolução Industrial, havia dióxido de carbono (CO_2) na atmosfera, mas não nas concentrações atuais. Esse gás, em contato com a água, pode acarretar uma reação na qual é produzido um ácido fraco:

$$CO_{2\,(g)} + 2\,H_2O_{\,(\ell)} \rightarrow 2\,H_2CO_{3\,(aq)}$$

Por isso a chuva que conhecemos é levemente ácida. No entanto, tanto o SO_2 quanto os óxidos nitrosos podem produzir ácidos muito mais fortes, como o nítrico e o sulfúrico, em uma sequência de reações. Esse é outro efeito poluente desses gases que resulta na chamada **chuva ácida**, uma chuva muito mais ácida que a normal.

Os efeitos desse tipo de chuva vão desde a contaminação do solo, danos aos seres vivos em geral, até a corrosão erosiva de monumentos e fachadas de edifícios (figura 6.41).

Poluição das águas e dos solos

Nas regiões agrícolas, o solo pode ser contaminado pelo acúmulo de materiais tóxicos, provenientes dos fertilizantes químicos e dos agrotóxicos, e pelos resíduos das áreas industriais transportados pelas chuvas ácidas. Esses resíduos, carregados pelas enxurradas, vão poluir os rios e os lagos, chegando a atingir o subsolo e os lençóis de água subterrâneos por meio da infiltração.

Os agrotóxicos são produtos químicos empregados no combate a certos microrganismos, insetos e fungos, principalmente na agricultura. São pesticidas, inseticidas, fungicidas e herbicidas que, aplicados sobre as plantas, geralmente em doses excessivas, podem contaminar os alimentos com substâncias nocivas à saúde. Apesar de eliminarem algumas pragas, geralmente estimulam a resistência e o surgimento de outras, e sua utilização nas lavouras usualmente requer a aplicação contínua de cada vez mais agrotóxicos. Com as chuvas, as substâncias tóxicas são carregadas para os córregos, rios e lagos, contaminando as águas, envenenando os peixes e prejudicando todo o ecossistema aquático.

O lançamento de esgotos domésticos e industriais sem tratamento é uma das principais causas da poluição de lagos, canais, rios e mares. Substâncias espumantes não biodegradáveis, excesso de dejetos orgânicos em suspensão (responsáveis pela proliferação de microrganismos patogênicos) e de resíduos industriais contendo metais pesados, que se acumulam nos organismos vivos (como mercúrio, chumbo e cádmio), provocam a degradação da qualidade das águas ao redor das grandes cidades e dos centros industriais.

O lixo é outro grande problema. Muitas pessoas jogam diretamente os dejetos em córregos que alimentariam mananciais de abastecimento para água potável (**figura 6.42**).

Atualmente, é cada vez maior na sociedade a consciência de que papel, vidro, metais e plásticos podem e devem ser reciclados. O lixo orgânico pode ser usado em biodigestores.

Figura 6.42 Poluição de rio pelo lixo. O que se pode pescar aí?

Luiz Carlos Murauskas/Folhapress

Exercícios

Leia o texto abaixo e responda às questões de 6 a 9.

(Pisa-Inep)

A queima de carvão, óleo e gás natural, assim como o desflorestamento e várias atividades agrícolas e industriais, estão alterando a composição da atmosfera e contribuindo para a mudança climática. Estas atividades humanas têm levado a um aumento na concentração de partículas e gases na atmosfera (efeito estufa). A importância relativa dos principais fatores que contribuem para a mudança de temperatura é mostrada na figura a seguir. Os aumentos nas concentrações de dióxido de carbono e metano têm um efeito aquecedor. Um aumento nas concentrações de partículas tem um efeito resfriador que age de duas maneiras, chamados no esquema de "partículas" e "efeito das partículas sobre as nuvens".

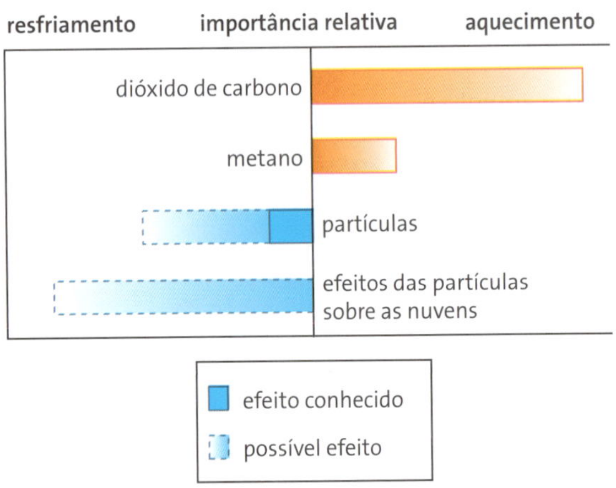

Importância relativa dos principais fatores responsáveis pela mudança de temperatura na atmosfera.

As barras estendendo-se para a direita da linha central indicam um efeito de aquecimento. As da esquerda da linha central indicam um efeito de resfriamento. O efeito relativo das "partículas" e o "efeito das partículas nas nuvens" são um tanto incertos: em cada caso o efeito está em algum lugar no intervalo mostrado pela última barra.

6. Use a informação da figura apresentada no texto para desenvolver um argumento a favor da redução de dióxido de carbono emitido quando das atividades humanas mencionadas.

7. Quais são os principais poluentes decorrentes da queima dos hidrocarbonetos?

8. Que fatores contribuem para a combustão incompleta dos hidrocarbonetos? O que pode ser feito para diminuir esse mau aproveitamento do combustível?

9. Por que nos grandes centros urbanos o fenômeno da inversão térmica reduz significativamente o índice da qualidade do ar?

Leia o texto e resolva as questões 10 e 11.

(Pisa-Inep)

Abaixo, temos uma foto das estátuas chamadas cariátides, que foram construídas na Acrópole, em Atenas, há mais de 2 500 anos. As estátuas são feitas de mármore, um tipo de rocha composta de carbonato de cálcio.

Alvis Upitis/Alamy/Other Images

Em 1980, as estátuas originais foram transferidas para dentro do museu da Acrópole e substituídas por réplicas. As estátuas originais estavam sendo corroídas pela chuva ácida.

10. A chuva normal é ligeiramente ácida, porque contém dissolvido um pouco de dióxido de carbono do ar. A chuva ácida é muito mais ácida do que a chuva normal, porque absorve gases como óxidos de enxofre e óxidos de nitrogênio. De onde provêm esses óxidos de enxofre e de nitrogênio encontrados no ar?

11. É possível simular o efeito da chuva ácida no mármore colocando-se lascas de mármore no vinagre durante uma noite. O vinagre e a chuva ácida têm quase o mesmo nível de acidez. Quando uma lasca de mármore é colocada no vinagre, formam-se bolhas de gás. Pode-se determinar a massa da lasca de mármore seca, antes e depois da experiência. Uma lasca de mármore tem uma massa de 2 g antes de ficar imersa no vinagre durante uma noite. No dia seguinte, a lasca é retirada e seca. Qual seria a massa da lasca de mármore após a secagem?

a) Menos de 2 gramas.

b) Exatamente 2 gramas.

c) Entre 2 e 2,4 gramas.

d) Mais de 2,4 gramas.

5 Biocombustíveis, usina nuclear, hidrelétricas e mundo sustentável

Seria possível captar o CO_2 do ar, emitido pela queima de um combustível, e transformá-lo novamente em combustível utilizando somente energia solar?

A resposta é sim. As plantas, no processo conhecido como fotossíntese, "alimentam-se" do CO_2 atmosférico e, sob a ação energética da radiação solar, produzem glicose.

Com esse processo, três grandes fatores positivos acontecem simultaneamente. A fotossíntese reduz gases estufa, vapor de água e dióxido de carbono, ao mesmo tempo que aumenta a oferta de O_2. É quase como uma reação de combustão acontecendo ao contrário.

Depois disso, a glicose passa por um processo de fermentação e esse fermentado é destilado para finalmente obter-se o biocombustível.

Os biocombustíveis são fontes de energia renováveis que têm aumentado a produtividade das usinas de biodiesel e etanol a cada ano, mas que também, como todos os combustíveis de combustão, libera CO_2 na atmosfera. Além disso, o rendimento dos motores a álcool é ligeiramente superior ao dos motores a gasolina, pois podem trabalhar com taxas de compressão maiores.

Uma desvantagem dessa forma de energia apontada por alguns críticos é que as áreas cultivadas de cana-de-açúcar (**figura 6.43**) vêm ocupando terrenos em que antes eram cultivados produtos alimentícios, o que pode encarecer o preço dos alimentos. Essa é uma verdade parcial. Só seria verdade mesmo se toda região cultivável do planeta já estivesse plenamente aproveitada. A cana-de-açúcar tem características próprias que lhe permitem crescer em terras onde outras culturas não vingariam, muitas vezes, pela alta insolação e qualidade do solo, o mesmo acontecendo com muitos vegetais usados na produção do biodiesel, como a soja, o girassol, o amendoim, o algodão, a canola (colza), o babaçu, o dendê, o pinhão-manso, a mamona (**figura 6.44**), o nabo-forrageiro, entre outros, e também gordura animal.

Embora seja um processo muito mais elaborado do que fazer um simples buraco no chão e esperar o jorro do petróleo, os custos de produção dos biocombustíveis estão cada vez mais competitivos em relação aos combustíveis fósseis e podem se tornar a alternativa para o futuro.

Mario Friedlander/Pulsar Imagens

Figura 6.44 Para a produção do biodiesel pode-se utilizar a mamona (*Ricinus communis* L.).

Edson Sato/Pulsar Imagens

Figura 6.43 O uso de combustíveis alternativos, como o etanol, fez com que crescesse a cultura da cana-de-açúcar.

Usina nuclear

Atualmente, todas as centrais nucleares de produção de energia elétrica no mundo utilizam a **fissão nuclear**. O processo de fissão nuclear do urânio enriquecido libera calor, mas não produz CO_2, CO ou, ainda, fuligem de carbono, nem óxidos nitrosos.

Fissão nuclear – Reação em que um núcleo se fragmenta liberando grande quantidade de energia.

Comparadas às toneladas desses poluentes que as usinas termoelétricas lançam na atmosfera, as usinas nucleares são extremamente limpas. O fato de terem de usar as águas de um lago, rio ou baía para refrigeração (figura 6.45) também não pode ser apontado como desvantagem, pois as termelétricas também utilizam refrigeração, mas contribuem para o efeito estufa.

Rafael Andrade/Folhapress

Figura 6.45 **Na imagem, podemos ver a água usada para refrigeração da usina.**

Um dos graves problemas das usinas nucleares são os chamados **rejeitos radioativos** (figura 6.46) que são formados nas reações de fissão. O plutônio é um deles: pode ser usado como combustível nuclear em outro tipo de usina, que também deixará rejeitos radioativos, que poderão ainda ser usados em outras usinas, em um esquema de máximo aproveitamento em cadeia, como fazem diferentes tipos de reatores na França.

O plutônio pode ser utilizado também para produção de armas nucleares, e essa é a maior preocupação dos órgãos internacionais de paz em relação a programas nucleares de alguns países. De certa forma, o plutônio é o lixo mais caro do mundo, dada a quantidade de energia que cada quilograma desse elemento pode liberar.

Luciana Whitaker/Pulsar Imagens

Figura 6.46 **Um problema a ser resolvido no processo de fissão nuclear é o rejeito nuclear, que é formado por resíduos com elementos radioativos.**

Contudo, o lixo nuclear não é só constituído de plutônio. Todo material do vaso de contenção da reação em cadeia (tubulações primárias, barras de controle) torna-se, com o decorrer do uso, **radioativo** também. E assim ficará por centenas de anos. Onde colocar esses dejetos quando a usina for desativada ou reformada?

Por enquanto, uma das alternativas tem sido colocá-los em áreas bastante desertas, em poços profundos e acondicionados em recipientes com espessas paredes de chumbo.

Radioativo – Um elemento radioativo irradia ondas eletromagnéticas ou partículas que provêm da desintegração espontânea do núcleo atômico.

Um acidente em usina nuclear de fissão pode espalhar poluentes radioativos por centenas de quilômetros, como aconteceu em Chernobyl, na Ucrânia, em 1986. Apesar de hoje em dia esse risco ser muito baixo, considerando a rigorosa supervisão dos órgãos de controle e o aumento das medidas de prevenção, a Itália desativou todas as suas usinas nucleares e o Parlamento Alemão deliberou que todas as centrais nucleares daquele país sejam desativadas até 2021.

Hidrelétricas e mundo sustentável

As usinas hidrelétricas são fontes de energia totalmente limpa? Leia o seguinte artigo.

Usinas hidrelétricas e o preço ambiental da "energia limpa"

Há uma opinião mais ou menos generalizada que aponta a eletricidade proveniente de usinas hidrelétricas como uma "energia limpa". Do ponto de vista ambiental, porém, trata-se de uma meia verdade.

Embora menos poluentes que as usinas termelétricas, vorazes consumidoras de diesel ou carvão – e importantes fontes de gás carbônico e óxidos de nitrogênio e de enxofre, poluentes que acentuam o efeito estufa e acarretam chuvas ácidas –, e sem os riscos de contaminação com materiais radioativos inerentes à atividade das usinas termonucleares, as usinas hidrelétricas estão longe de ser uma "panaceia ecológica".

Uma das ameaças atuais à Floresta Amazônica e a outros ecossistemas brasileiros é a construção dessas usinas. Nas últimas três décadas, a Amazônia tornou-se alvo das estratégias de desenvolvimento e integração territorial de diversos países da América do Sul.

O Brasil definiu sua estratégia amazônica por meio da construção de rodovias de integração e da implantação de grandes projetos minerais e hidrelétricos. As rodovias Belém-Brasília, Cuiabá-Santarém e Brasília-Acre traçaram as vias de penetração de fluxos migratórios e empresas madeireiras. Na área de influência dessas desenhou-se o "arco de desflorestamento" que ameaça diretamente toda a porção meridional da floresta. Ao mesmo tempo, usinas hidrelétricas como Tucuruí e Balbina romperam a continuidade de extensos blocos florestais.

Na implantação de usinas hidrelétricas, imensas áreas de matas são inundadas, destruindo espécies vegetais e eliminando os refúgios naturais de numerosas espécies animais. Somente o reservatório da hidrelétrica de Tucuruí, no rio Tocantins, estado do Pará, cobre uma área de 760 000 km^2.

Além da redução da biodiversidade, a implantação dos reservatórios das usinas hidrelétricas tem outros agravantes ambientais. Quando uma área de floresta é encoberta por água, a vegetação submersa entra em decomposição, caracterizando um exemplo de sucessão ecológica, em que comunidades diferentes vão ocupando sucessivamente o mesmo espaço, modificando as condições ambientais e criando novas situações favoráveis a apenas determinados tipos de seres vivos. Além disso, a decomposição da matéria orgânica libera metano, um dos responsáveis pelo efeito estufa.

FAVARETTO, José Arnaldo. *Biologia*. São Paulo: Moderna, 1999; FAVARETTO, José Arnaldo. *Biologia:* uma abordagem evolutiva e ecológica. São Paulo: Moderna, 1997.

Além das críticas apontadas no texto, pode-se mencionar ainda que, como a evaporação da água depende da área de exposição, à primeira vista pareceria que a grande área inundada provocaria um aumento da taxa de evaporação local, favorecendo mais chuvas e mais abastecimento para a própria usina. Entretanto, em uma floresta, cada folha de uma planta é uma superfície de evaporação, e as áreas das folhas somadas seriam milhares de vezes maiores que a inundada. Basta perceber quão alta é a umidade do ar no interior das grandes florestas (figura 6.47).

Ao trocar a floresta por uma área inundada, a taxa de evaporação vai se reduzir centenas – talvez milhares – de vezes, mudando completamente o regime de chuvas da região.

Figura 6.47 Apesar de ser considerada uma forma limpa de energia, as hidrelétricas causam grandes impactos ambientais por conta do represamento de grandes áreas para a construção das usinas.

João Prudente/Pulsar Imagens

O mundo sustentável

A consciência de que são necessárias medidas de controle e mudanças de hábitos de consumo para garantir um planeta habitável, limpo e com boa qualidade de vida para todos é hoje praticamente universal.

Por exemplo, todos os automóveis fabricados hoje saem de fábrica com um dispositivo chamado catalisador, que reduz significativamente a emissão de poluentes.

Representantes de várias nações do mundo negociaram em 1997, na cidade de Kyoto, no Japão, um acordo internacional no qual se comprometem a controlar as emissões de poluentes, cumprindo um calendário de redução.

O Protocolo de Kyoto propõe aos países signatários algumas ações básicas, como:

- reformar os setores de energia e transportes;
- promover o uso de fontes energéticas renováveis;
- limitar as emissões de metano no processamento de resíduos;
- proteger florestas e outros absorvedores de carbono.

Esse protocolo revela uma esperança e um compromisso mundial para a construção de um mundo sustentável.

Nem todos os países do mundo assinaram o protocolo. Os Estados Unidos, por exemplo, assinaram, mas não ratificaram.

Um dos entraves para modificação e redução dos hábitos de consumo é o impacto econômico. Menos consumo, menos produção, mais desemprego. O sistema econômico terá que se irmanar à causa ambiental, abrindo oportunidades de trabalho em outras áreas, como educação, esportes, turismo e lazer.

> *O jornalismo ambiental quebra o dogma da imparcialidade, tão propalada e discutida nos cursos de comunicação, ao tomar partido em favor da sustentabilidade, do uso racional dos recursos naturais, do equilíbrio que deve reger as relações do homem com a natureza, do transporte coletivo, da energia limpa, dos três Rs do lixo (reduzir, reutilizar e reciclar) e de tudo aquilo que remeta à ideia de um novo modelo de civilização que não seja predatório e suicida, em que o lucro de poucos ainda ameaça a qualidade de vida de muitos e os interesses dos consumidores se sobrepõem aos interesses dos cidadãos. Quando essas ideias justificarem atitudes que se multipliquem pelo mundo inspirando a construção de uma nova civilização, um novo paradigma, talvez não exista mais a necessidade de existirem ambientalistas, assim como os abolicionistas deixaram de existir com o fim da escravidão.*
>
> TRIGUEIRO, André. *Mundo sustentável.* São Paulo: Globo, 2005. Disponível em: <www.mundosustentavel.com.br/>. Acesso em: out. 2012.

Exercícios

12. Um motorista alega que prefere usar carro a álcool porque ele não emite CO_2. É correta essa afirmação? Justifique.

13. A preocupação com a reciclagem de produtos não é simplesmente pela escassez de matéria-prima. É também com as grandes quantidades de energia que são utilizadas na obtenção delas e de poluentes decorrentes de alguns processos industriais de refino. O alumínio, por exemplo, para ser obtido, demanda grande consumo de energia elétrica, que poderia ser mais bem aproveitada em outros setores. Pesquise e aponte pelo menos três materiais que podem ser reciclados.

Hans Bethe

Hans Bethe nasceu em Estrasburgo, na época território alemão, hoje pertencente à França. Seu pai era médico e sua mãe era filha de um professor da faculdade de Medicina local.

Bethe foi o primeiro a equacionar a energia liberada nas reações de fusão do hidrogênio que ocorrem no Sol, desvendando o mistério da origem da energia do astro rei em 1938, trabalho que lhe deu o Prêmio Nobel 29 anos depois. Seu trabalho teórico estava muito além das possibilidades experimentais da época para verificação dos resultados.

Marvin Koner/Corbis/Latinstock

Hans Bethe (1906-2005).

Seu entusiasmo com a Matemática já se manifestava desde os 4 anos, quando, segundo relato dos pais, já extraía a raiz quadrada de vários números. Aos 14 anos, com acesso à biblioteca da universidade, aprendeu por sua própria conta Cálculo Integral e Diferencial. Depois de completar o Ensino Médio, ingressou na Universidade de Frankfurt para estudar Física Teórica. Terminada a graduação, começou a estudar sob a orientação do então lendário físico Arnold Johannes Wilhelm Sommerfeld (1868-1951) e, em 1928, completou seu doutorado com distinção, com uma tese sobre difração de elétrons em cristais, trabalho que seria aprofundado por George P. Thomson (1892-1975) para mostrar o comportamento ondulatório dos elétrons. Após estudos em Cambridge e Roma, onde estudou com Enrico Fermi (1901-1954), retornou à Alemanha para a Universidade de Tübingen, como professor.

Com a ascensão do nazismo, em 1933, Hans perdeu seu posto na universidade, pelo fato de sua mãe ter origem judia. Convidado pela Universidade de Cornell, do estado de Nova York, nos Estados Unidos, lá permaneceu até o fim de sua vida acadêmica.

Primeiramente, em 1938, Hans apresentou seu trabalho sobre a energia das estrelas em uma conferência de Washington, mas a coroação veio com a publicação de seu artigo na *Physical Review*, sobre como as estrelas brilham. Mesmo após seus 90 anos, Hans Bethe permaneceu ativo até o fim de seus dias, dedicando-se à publicação em periódicos de Física, palestras e orientação de estudantes.

Adaptado de: UNIVERSIDADE de St. Andrews. *Hans Albrecht Bethe's Biography*. Disponível em: <www-history.mcs.st- andrews.ac.uk/Biographies/Bethe.html>. Acesso em: abr. 2013. Texto traduzido.

- Faça uma pesquisa sobre o processo de fusão de hidrogênio que ocorre no Sol.

Pensando no Enem

Suponha que você seja um consultor e foi contratado para assessorar a implantação de uma matriz energética em um pequeno país com as seguintes características: região plana, chuvosa e com ventos constantes, dispondo de poucos recursos hídricos e sem reservatórios de combustíveis fósseis.

De acordo com as características desse país, a matriz energética de menor impacto e risco ambientais é a baseada na energia:

a) dos biocombustíveis, pois tem menos impacto ambiental e maior disponibilidade.

b) solar, pelo seu baixo custo e pelas características do país favoráveis à sua implantação.

c) nuclear, por ter menos risco ambiental e ser adequada a locais com menor extensão territorial.

d) hidráulica, devido ao relevo, à extensão territorial do país e aos recursos naturais disponíveis.

e) eólica, pelas características do país e por não gerar gases do efeito estufa nem resíduos de operação.

Resolução

Considerando as características do país em questão, é possível analisar cada fonte de energia proposta.

- A alternativa **a** propõe o uso de biocombustíveis, que, de fato, pode ser considerado uma alternativa menos poluente, pois eles reciclam CO_2. Em compensação, para sua produção, é necessária grande área de cultivo, mas este país possui uma pequena extensão territorial, tornando a alternativa inviável.
- A alternativa **b** propõe o uso da energia solar, mas mais uma vez temos o problema da dimensão territorial atrelada ao fato de o país ser chuvoso, o que implica muitos dias com nebulosidade e baixa incidência de radiação solar.
- A alternativa **c** propõe o uso de energia nuclear, que, de fato, é adequada para países com pequena dimensão territorial, mas possui risco ambiental alto, pois embora não seja poluente, possui problemas como o destino do lixo radioativo e a alta periculosidade para o homem e para o ambiente quando ocorre um vazamento ou acidente.
- A alternativa **d** propõe o uso da energia hidráulica, mas o país, além de não contar com recursos hídricos, tem relevo plano, o que inviabiliza a obtenção de energia elétrica a partir da energia potencial gravitacional armazenada na água.
- Assim, a alternativa correta é a **e**. Apesar de as usinas ou parques eólicos também precisarem de grandes áreas, como o vento é constante e o país não é muito grande, logo sua demanda por energia também não o deve ser. Esta alternativa se desponta como a mais apropriada por não gerar gases estufa nem resíduos de operação.

Observação: Para se obter a fonte de energia que seja condizente com as necessidades de um país, deve-se fazer um estudo profundo sobre a demanda e as condições para obtenção de energia. No caso do Brasil, a dimensão territorial, somada aos recursos naturais, nos capacita a produzir energia muito acima de nossa demanda, mas a má exploração desses recursos e as longas distâncias entre usina e consumidor geram problemas sérios na nossa rede.

Vestibulares de Norte a Sul

1. **CO** (UEG-GO) O ar é uma mistura de vários gases: nitrogênio (78%), oxigênio (21%), gases raros (0,97%) e gás carbônico (0,03%), sendo essa composição alterada quando o ar é contaminado com vapor de inseticidas, solventes, fuligem, gases tóxicos, etc. O acúmulo de gases poluentes impede que o calor atravesse a atmosfera em direção ao espaço, com consequente aquecimento global do planeta. Esse fenômeno é denominado:

   a) destruição da camada de ozônio.
   b) chuva ácida.
   c) efeito estufa.
   d) inversão térmica.

2. **CO** (UFMT) O Protocolo de Kyoto tem como meta a redução da emissão combinada de poluentes atmosféricos em 5% em relação aos níveis de 1990, no período 2008-2012. Tais poluentes são: CO_2; CH_4; Hidrofluorcarbonos; Perfluorcarbonos e SF_6. Em 2002, e emissão de CO_2 pela União Europeia foi cerca de 3,5 bilhões de toneladas, que, em mols, representam aproximadamente:

   a) $7,9 \cdot 10^{13}$.
   b) $3,5 \cdot 10^{12}$.
   c) $4,4 \cdot 10^{13}$.
   d) $1,2 \cdot 10^{13}$.
   e) $4,4 \cdot 10^{12}$.

3. **CO** (UFG-GO) Com o objetivo de economizar energia, um morador instalou no telhado de sua residência um coletor solar com capacidade de $1,2 \cdot 10^8$ cal/dia. Toda essa energia foi utilizada para aquecer $2,0 \cdot 10^3$ L de água armazenada em um reservatório termicamente isolado. De acordo com estes dados, a variação da temperatura da água (em graus Celsius) ao final de um dia é de:

   Dados:

   Calor específico da água: $c_a = 1,0$ cal/g °C

   Densidade da água: $d_a = 1,0$ g/cm³

   a) 1,2.
   b) 6,0.
   c) 12,0.
   d) 60,0.
   e) 120,0.

4. **NE** (Uneal) Observe a imagem para responder à questão.

ecourbana.wordpress.com

A leitura da imagem e os conhecimentos sobre os problemas ambientais nos centros urbanos revelam que:

   a) os transportes coletivos são os grandes responsáveis pela poluição atmosférica dos grandes centros urbanos, emitindo monóxido de carbono.
   b) as grandes aglomerações humanas produzem toneladas de subprodutos, que não sendo reciclados, vão se acumulando na atmosfera.
   c) a poluição do ar é resultado da destruição da fauna e causa graves problemas de saúde a milhões de pessoas.
   d) os efeitos da poluição atmosférica interferem diretamente nos ecossistemas agrícolas, atraindo a fauna para as cidades.
   e) entre os principais fatores responsáveis pela poluição atmosférica estão os poluentes lançados pelas chaminés das fábricas.

5. **SE** (FGV-SP) A Lei do Clima, uma lei ambiental municipal de São Paulo recentemente aprovada, previa, entre outras ações, que, a cada ano, 10% da frota de ônibus passasse a utilizar biocombustíveis (etanol ou *biodiesel*) em substituição aos movidos a combustíveis fósseis. No entanto, os novos ônibus adquiridos pela Prefeitura, desde então, continuam sendo movidos a *diesel*, (*Folha de S.Paulo*, 16 jun. 2010, p. C1), o que afeta o meio ambiente e a sociedade de diferentes formas.

   Assinale a alternativa que não descreve uma consequência da queima de combustíveis fósseis.

   a) chuva ácida
   b) efeito estufa
   c) poluição atmosférica
   d) doenças respiratórias
   e) inversão térmica

6. **NE** (UFRN) Segundo pesquisadores, o aquecimento global deve-se a fatores tais como o processo de decomposição natural de florestas, o aumento da atividade solar, as erupções vulcânicas, além das atividades humanas, os quais contribuem para as alterações climáticas, com consequente derretimento das calotas polares e aumento do nível médio dos oceanos.

Tentando simular o processo de derretimento das calotas polares em escala de laboratório, um estudante utilizou um calorímetro contendo um bloco de 1,0 kg de gelo a −30 °C, ao qual foi adicionada certa quantidade de calor.

Dados:

- Quantidade de calor sensível recebido ou cedido por uma substância: $Q = mc\Delta T$
- Quantidade de calor latente recebido ou cedido por uma substância durante uma mudança de estado físico: $Q = mL$
- Calor específico do gelo: $c_g = 2{,}1 \cdot 10^3$ J/kg °C
- Calor latente de fusão do gelo: $L_{fg} = 3{,}3 \cdot 10^5$ J/kg

A partir dessas informações:

a) determine a quantidade de calor que deve ser adicionada ao calorímetro para elevar a temperatura do gelo de −30 °C para 0 °C;

b) determine a quantidade de calor que deve ser adicionada ao calorímetro para transformar o gelo a 0 °C em líquido a 0 °C;

c) considerando que, no norte da Groenlândia, a temperatura média do gelo é cerca de −30 °C e que a massa média de gelo derretida (entre 2003 e 2007) foi de $8{,}0 \cdot 10^{13}$ kg/ano, determine a quantidade de calor necessária para realizar, anualmente, o processo de transformação dessa quantidade de gelo em água.

7. **S** (UCS-RS) A atmosfera terrestre é formada por diversos gases importantes para a vida. É na atmosfera que se desenvolve o clima e o tempo. Sobre o clima é correto afirmar que:

a) é o estado momentâneo da atmosfera que influencia todo o globo.

b) à medida que a altitude aumenta, a temperatura diminui.

c) quando nos afastamos da costa, encontramos amplitudes térmicas menores.

d) as massas de ar influenciam apenas os climas frios, pois, nos climas quentes, elas não conseguem penetrar.

e) quanto menor a latitude, menor é a temperatura em função da baixa umidade.

8. **NE** (UFRN) Um arquiteto desenvolveu um tipo de casa ecológica para clima tropical seco. A figura a seguir mostra a casa e algumas de suas características:

Clima tropical seco

Para o clima tropical seco, com dias quentes e noites frias, o ideal é que as construções fiquem próximas umas das outras, ampliando as sombras e diminuindo as paredes expostas ao sol.

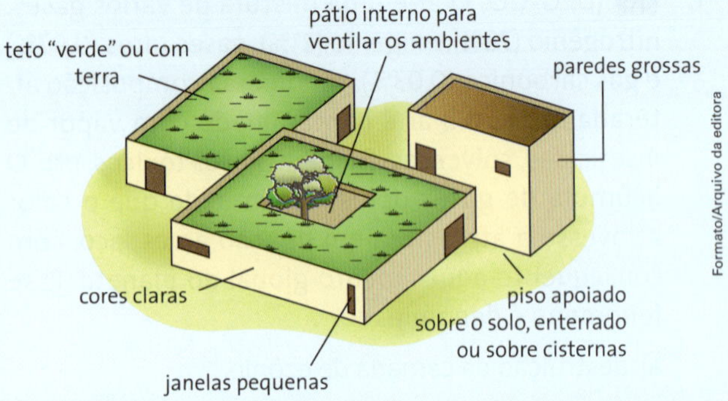

Disponível em: <http://meumundosustentavel.com/assuntos/casa-ecologica/>. Acesso em: 2 out. 2008.

Em relação a esse tipo de casa, afirma-se:

I. As cores claras permitem à parede refletir maior quantidade da radiação em relação às cores escuras.

II. O piso, apoiado sobre o solo enterrado ou sobre uma cisterna com água, possibilita temperaturas mais amenas, devido à troca de energia, em forma de calor.

III. As paredes grossas protegem de variações bruscas da densidade do ar.

Das afirmações acima, apenas:

a) I está correta.

b) II está correta.

c) II e III estão corretas.

d) I e II estão corretas.

9. **N** (UFPA) O clima das cidades tem recebido atenção nos fóruns de discussão sobre meio ambiente. Quanto ao clima urbano, que apresenta característica peculiar decorrente das atividades da sociedade moderna, é correto afirmar:

I. A inversão térmica é um fenômeno que ocorre quando a camada de ar mais fria se situa sob o ar mais quente, ou seja, é mais próxima do solo. Nas grandes cidades, essa situação favorece a concentração de poluentes porque o ar frio funciona como um tampão que impede a dissipação da poluição atmosférica.

II. O fenômeno da ilha de calor, que é muito comum em cidades com elevado grau de urbanização e substituição de áreas verdes pelas construções, promove elevação da temperatura.

III. A concentração de poluentes nas grandes cidades adensa a massa de micropartículas em suspensão e esta estimula o processo de condensação, proporcionando um ressecamento da atmosfera. Dessa maneira, as precipitações nas áreas urbanas costumam registrar índices menores que os do seu entorno.

Está(ão) correta(s) a(s) seguinte(s) afirmativa(s):

a) I, II e III.

b) I e II.

c) I e III.

d) II e III.

e) apenas I.

Caiu no Enem

1. Em um centro de pesquisa de alimentos, um técnico efetuou a determinação do valor calórico de determinados alimentos da seguinte forma: colocou uma massa conhecida de água em um recipiente termicamente isolado. Em seguida, dentro desse recipiente, foi queimada uma determinada massa do alimento. Como o calor liberado por essa queima é fornecido para a água, o técnico calculou a quantidade de calor que cada grama do alimento libera.

   Para a realização desse teste, qual aparelho de medida é essencial?

   a) Cronômetro
   b) Dinamômetro
   c) Termômetro
   d) Radiômetro
   e) Potenciômetro

2. Em dias com baixas temperaturas, as pessoas utilizam casacos ou blusas de lã com o intuito de minimizar a sensação de frio. Fisicamente, esta sensação ocorre pelo fato de o corpo humano liberar calor, que é a energia transferida de um corpo para outro em virtude da diferença de temperatura entre eles.

   A utilização de vestimenta de lã diminui a sensação de frio, porque:

   a) possui a propriedade de gerar calor.
   b) é constituída de material denso, o que não permite a entrada do ar frio.
   c) diminui a taxa de transferência de calor do corpo humano para o meio externo.
   d) tem como principal característica a absorção de calor, facilitando o equilíbrio térmico.
   e) está em contato direto com o corpo humano, facilitando a transferência de calor por condução.

3. A Terra é cercada pelo vácuo espacial e, assim, ela só perde energia ao irradiá-la para o espaço. O aquecimento global que se verifica hoje decorre de pequeno desequilíbrio energético, de cerca de 0,3%, entre a energia que a Terra recebe do Sol e a energia irradiada a cada segundo, algo em torno de 1 W/m^2. Isso significa que a Terra acumula, anualmente, cerca de $1,6 \cdot 10^{22}$ J. Considere que a energia necessária para transformar 1 kg de gelo a 0 °C em água líquida seja igual a $3,2 \cdot 10^5$ J. Se toda a energia acumulada anualmente fosse usada para derreter o gelo nos polos (a 0 °C), a quantidade de gelo derretida anualmente, em trilhões de toneladas, estaria entre:

   a) 20 e 40.
   b) 40 e 60.
   c) 60 e 80.
   d) 80 e 100.
   e) 100 e 120.

4. Qual das seguintes fontes de produção de energia é a mais recomendável para a diminuição dos gases causadores do aquecimento global?

   a) Óleo *diesel*.
   b) Gasolina.
   c) Carvão mineral.
   d) Gás natural.
   e) Vento.

5. Um aquecedor solar consiste essencialmente em uma serpentina de metal, a ser exposta ao sol, por meio da qual flui água a ser aquecida. A parte inferior da serpentina é soldada a uma chapa metálica, que é o coletor solar. A forma da serpentina tem a finalidade de aumentar a área de contato com o coletor e com a própria radiação solar sem aumentar muito o tamanho do aquecedor. O metal, sendo bom condutor, transmite a energia da radiação solar absorvida para as paredes internas e, daí, por condução, para a água. A superfície deve ser recoberta com um material, denominado material seletivo quente, para que absorva o máximo de radiação solar e emita o mínimo de radiação infravermelha. Os quadros relacionam propriedades de alguns metais/ligas metálicas utilizados na confecção de aquecedores solares:

Material metálico	Condutividade térmica (W/m K)
Zinco	116,0
Aço	52,9
Cobre	411,0

Material seletivo quente	Razão entre a absorbância de radiação solar e a emitância de radiação infravermelha
A. Óxido e sulfeto de níquel e zinco aplicados sobre zinco	8,45
B. Óxido e sulfeto de níquel e zinco sobre ferro galvanizado	7,42
C. Óxido de cobre em alumínio anodizado	7,72

ACIOLI, J. L. *Fontes de energia*. Brasília: Ed. da UnB, 1994. Adaptado.

Os aquecedores solares mais eficientes e, portanto, mais atrativos do ponto de vista econômico, devem ser construídos utilizando como material metálico e material seletivo quente, respectivamente,

a) aço e material seletivo quente A.
b) aço e material seletivo quente B.
c) cobre e material seletivo quente C.
d) zinco e material seletivo quente B.
e) cobre e material seletivo quente A.

6. De maneira geral, se a temperatura de um líquido comum aumenta, ele sofre dilatação. O mesmo não ocorre com a água, se ela estiver a uma temperatura próxima à de seu ponto de congelamento. O gráfico mostra como o volume específico (inverso da densidade) da água varia em função da temperatura, com uma aproximação na região entre 0 °C e 10 °C, ou seja, nas proximidades do ponto de congelamento da água.

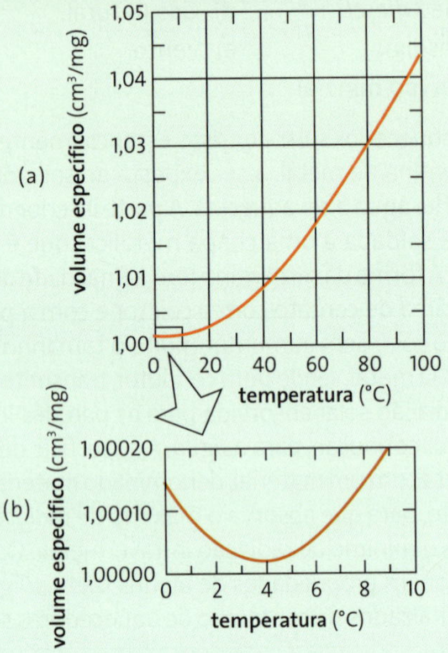

HALLIDAY & RESNICK. *Fundamento de Física:* gravitação, ondas e termodinâmica. v. 2. Rio de Janeiro: Livros Técnicos e Científicos, 1991.

A partir do gráfico, é correto concluir que o volume ocupado por certa massa de água:

a) diminui em menos de 3% ao se resfriar de 100 °C a 0 °C.

b) aumenta em mais de 0,4% ao se resfriar de 4 °C a 0 °C.

c) diminui em menos de 0,04% ao se aquecer de 0 °C a 4 °C.

d) aumenta em mais de 4% ao se aquecer de 4 °C a 9 °C.

e) aumenta em menos de 3% ao se aquecer de 0 °C a 100 °C.

7. Em nosso planeta a quantidade de água está estimada em $1,36 \cdot 10^6$ trilhões de toneladas. Desse total, calcula-se que cerca de 95% são de água salgada e, dos 5% restantes, quase a metade está retida nos polos e geleiras. O uso de água do mar para obtenção de água potável ainda não é realidade em larga escala. Isso porque, entre outras razões:

a) o custo dos processos tecnológicos de dessalinização é muito alto.

b) não se sabe como separar adequadamente os sais nela dissolvidos.

c) comprometeria muito a vida aquática dos oceanos.

d) a água do mar possui materiais irremovíveis.

e) a água salgada do mar tem temperatura de ebulição alta.

8. A água apresenta propriedades físico-químicas que a coloca em posição de destaque como substância essencial à vida. Dentre essas, destacam-se as propriedades térmicas biologicamente muito importantes, por exemplo, o elevado valor de calor latente de vaporização. Esse calor latente refere-se à quantidade de calor que deve ser adicionada a um líquido em seu ponto de ebulição, por unidade de massa, para convertê-lo em vapor na mesma temperatura, que no caso da água é igual a 540 calorias por grama.

A propriedade físico-química mencionada no texto confere à água a capacidade de:

a) servir como doador de elétrons no processo de fotossíntese.

b) funcionar como regulador térmico para os organismos vivos.

c) agir como solvente universal nos tecidos animais e vegetais.

d) transportar os íons de ferro e magnésio nos tecidos vegetais.

e) funcionar como mantenedora do metabolismo nos organismos vivos.

9. A Constelação Vulpécula (Raposa) encontra-se a 63 anos-luz da Terra, fora do sistema solar. Ali, o planeta gigante HD 189733b, 15% maior que Júpiter, concentra vapor de água na atmosfera. A temperatura do vapor atinge 900 graus Celsius. “A água sempre está lá, de alguma forma, mas às vezes é possível que seja escondida por outros tipos de nuvens”, afirmaram os astrônomos do *Spitzer Science Center* (SSC), com sede em Pasadena, Califórnia, responsável pela descoberta. A água foi detectada pelo espectrógrafo infravermelho, um aparelho do telescópio espacial Spitzer.

Correio Braziliense, 11 dez. 2008 (adaptado).

De acordo com o texto, o planeta concentra vapor de água em sua atmosfera a 900 graus Celsius. Sobre a vaporização infere-se que:

a) se há vapor de água no planeta, é certo que existe água no estado líquido também.

b) a temperatura de ebulição da água independe da pressão, em um local elevado ou ao nível do mar, ela ferve sempre a 100 graus Celsius.

c) o calor de vaporização da água é o calor necessário para fazer 1 kg de água líquida se transformar em 1 kg de vapor de água a 100 graus Celsius.

d) um líquido pode ser superaquecido acima de sua temperatura de ebulição normal, mas de forma nenhuma nesse líquido haverá formação de bolhas.

e) a água em uma panela pode atingir a temperatura de ebulição em alguns minutos, e é necessário muito menos tempo para fazer a água vaporizar completamente.

10. A invenção da geladeira proporcionou uma revolução no aproveitamento dos alimentos, ao permitir que fossem armazenados e transportados por longos períodos. A figura apresentada a seguir ilustra o processo cíclico de funcionamento de uma geladeira, em que um gás no interior de uma tubulação é forçado a circular entre o congelador e a parte externa da geladeira. É por meio dos processos de compressão, que ocorre na parte externa, e de expansão, que ocorre na parte interna, que o gás proporciona a troca de calor entre o interior e o exterior da geladeira.

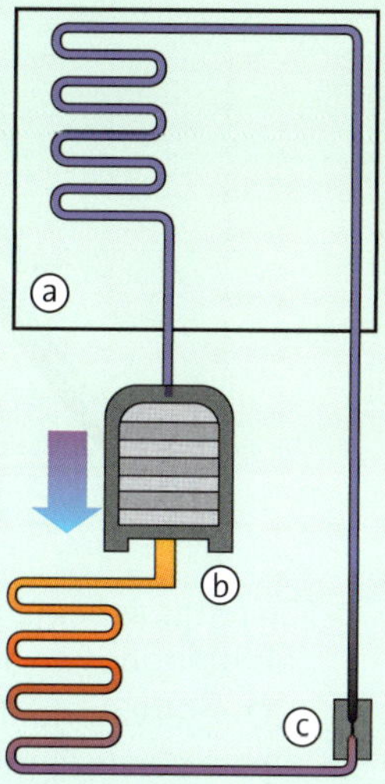

Disponível em: <http://home.howstuffworks.com>. Acesso em: 19 out. 2008 (adaptado).

Nos processos de transformação de energia envolvidos no funcionamento da geladeira,

a) a expansão do gás é um processo que cede a energia necessária ao resfriamento da parte interna da geladeira.
b) o calor flui de forma não espontânea da parte mais fria, no interior, para a mais quente, no exterior da geladeira.
c) a quantidade de calor cedida ao meio externo é igual ao calor retirado da geladeira.
d) a eficiência é tanto maior quanto menos isolado termicamente do ambiente externo for o seu compartimento interno.
e) a energia retirada do interior pode ser devolvida à geladeira abrindo-se a sua porta, o que reduz seu consumo de energia.

11. Além de ser capaz de gerar eletricidade, a energia solar é usada para muitas outras finalidades. A figura a seguir mostra o uso da energia solar para dessalinizar a água. Nela, um tanque contendo água salgada é coberto por um plástico transparente e tem a sua parte central abaixada pelo peso de uma pedra, sob a qual se coloca um recipiente (copo). A água evaporada se condensa no plástico e escorre até o ponto mais baixo, caindo dentro do copo.

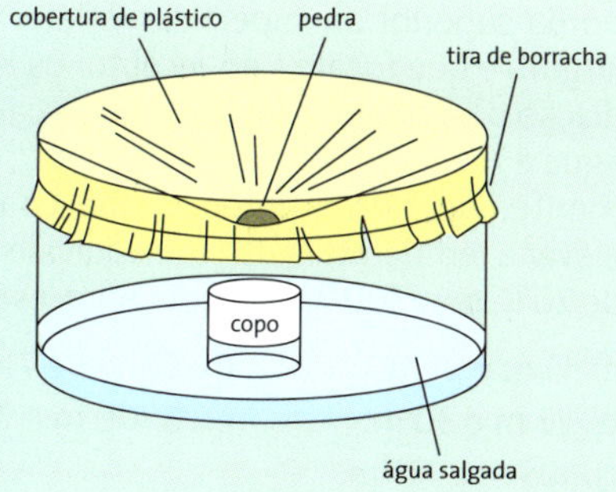

Nesse processo, a energia solar cedida à água salgada:

a) fica retida na água doce que cai no copo, tornando-a, assim, altamente energizada.
b) fica armazenada na forma de energia potencial gravitacional contida na água doce.
c) é usada para provocar a reação química que transforma a água salgada em água doce.
d) é cedida ao ambiente externo através do plástico, onde ocorre a condensação do vapor.
e) é reemitida como calor para fora do tanque, no processo de evaporação da água salgada.

12. Chuveiros elétricos possuem uma chave para regulagem da temperatura verão/inverno e para desligar o chuveiro. Além disso, é possível regular a temperatura da água, abrindo ou fechando o registro. Abrindo, diminui-se a temperatura e fechando, aumenta-se.

Aumentando-se o fluxo da água há uma redução na sua temperatura, pois:

a) aumenta-se a área da superfície da água dentro do chuveiro, aumentando a perda de calor por radiação.
b) aumenta-se o calor específico da água, aumentando a dificuldade com que a massa de água se aquece no chuveiro.
c) diminui-se a capacidade térmica do conjunto água/chuveiro, diminuindo também a capacidade do conjunto de se aquecer.
d) diminui-se o contato entre a corrente elétrica do chuveiro e a água, diminuindo também a sua capacidade de aquecê-la.
e) diminui-se o tempo de contato entre a água e a resistência do chuveiro, diminuindo a transferência de calor de uma para a outra.

13. Em grandes metrópoles, devido a mudanças na superfície terrestre – asfalto e concreto em excesso, por exemplo – formam-se ilhas de calor. A resposta da atmosfera a esse fenômeno é a precipitação convectiva. Isso explica a violência das chuvas em São Paulo, onde as ilhas de calor chegam a ter 2 a 3 graus Celsius de diferença em relação ao seu entorno.

Revista *Terra da Gente*. Ano 5, n. 60, Abril 2009 (adaptado).

As características físicas, tanto do material como da estrutura projetada de uma edificação, são a base para compreensão de resposta daquela tecnologia construtiva em termos de conforto ambiental. Nas mesmas condições ambientais (temperatura, umidade e pressão), uma quadra terá melhor conforto térmico se:

a) pavimentada com material de baixo calor específico, pois quanto menor o calor específico de determinado material, menor será a variação térmica sofrida pelo mesmo ao receber determinada quantidade de calor.
b) pavimentada com material de baixa capacidade térmica, pois quanto menor a capacidade térmica de determinada estrutura, menor será a variação térmica sofrida por ela ao receber determinada quantidade de calor.

c) pavimentada com material de alta capacidade térmica, pois quanto maior a capacidade térmica de determinada estrutura, menor será a variação térmica sofrida por ela ao receber determinada quantidade de calor.

d) possuir um sistema de vaporização, pois ambientes mais úmidos permitem uma mudança de temperatura lenta, já que o vapor de água possui a capacidade de armazenar calor sem grandes alterações térmicas, devido ao baixo calor específico da água (em relação à madeira, por exemplo).

e) possuir um sistema de sucção do vapor de água, pois ambientes mais secos permitem uma mudança de temperatura lenta, já que o vapor de água possui a capacidade de armazenar calor sem grandes alterações térmicas, devido ao baixo calor específico da água (em relação à madeira, por exemplo).

14. O diagrama abaixo representa, de forma esquemática e simplificada, a distribuição da energia proveniente do Sol sobre a atmosfera e a superfície terrestre. Na área delimitada pela linha tracejada, são destacados alguns processos envolvidos no fluxo de energia na atmosfera.

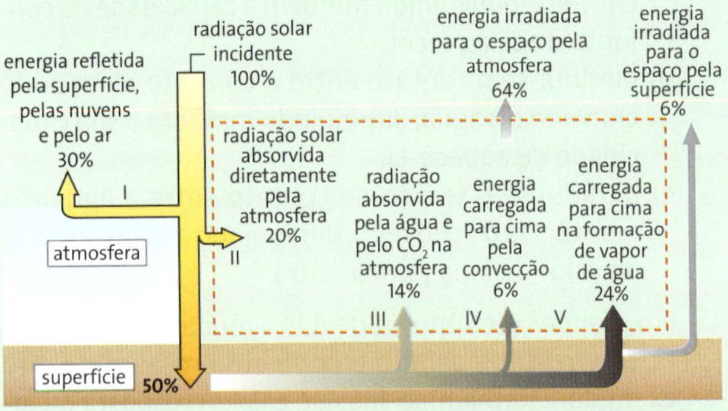

Raymond A. Serway e John W. Jewett. *Princípios de Física*, v. 2. fig. 18. 12 (com adaptações).

Com base no diagrama acima, conclui-se que:

a) a maior parte da radiação incidente sobre o planeta fica retida na atmosfera.

b) a quantidade de energia refletida pelo ar, pelas nuvens e pelo solo é superior à absorvida pela superfície.

c) a atmosfera absorve 70% da radiação solar incidente sobre a Terra.

d) mais da metade da radiação solar que é absorvida diretamente pelo solo é devolvida para a atmosfera.

e) a quantidade de radiação emitida para o espaço pela atmosfera é menor que a irradiada para o espaço pela superfície.

15. O resultado da conversão direta de energia solar é uma das várias formas de energia alternativa de que se dispõe. O aquecimento solar é obtido por uma placa escura coberta por vidro, pela qual passa um tubo contendo água. A água circula, conforme mostra o esquema a seguir.

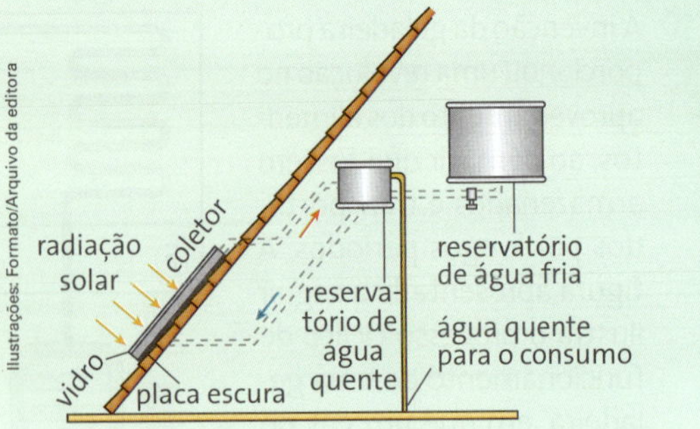

Adaptado de: PALZ, Wolfgang. *Energia solar e fontes alternativas*. São Paulo: Hemus, 1981.

São feitas as seguintes afirmações quanto aos materiais utilizados no aquecedor solar:

I. O reservatório de água quente deve ser metálico para conduzir melhor o calor.

II. A cobertura de vidro tem como função reter melhor o calor, de forma semelhante ao que ocorre em uma estufa.

III. A placa utilizada é escura para absorver melhor a energia radiante do Sol, aquecendo a água com maior eficiência.

Entre as afirmações, pode-se dizer que apenas está(ão) correta(s):

a) I. b) I e II. c) II. d) I e III. e) II e III.

16. O Sol representa uma fonte limpa e inesgotável de energia para o nosso planeta. Essa energia pode ser captada por aquecedores solares, armazenada e convertida posteriormente em trabalho útil. Considere determinada região cuja insolação – potência solar incidente na superfície da Terra – seja de 800 W/m². Uma usina termossolar utiliza concentradores solares parabólicos que chegam a dezenas de quilômetros de extensão. Nesses coletores solares parabólicos, a luz refletida pela superfície parabólica espelhada é focalizada em um receptor em forma de cano e aquece o óleo contido em seu interior a 400 °C. O calor desse óleo é transferido para água, vaporizando-a em uma caldeira. O vapor em alta pressão movimenta uma turbina acoplada a um gerador de energia elétrica. Considerando que a distância entre a borda inferior e a borda superior da superfície refletora tenha 6 m de largura e que focaliza no receptor os 800 W/m² de radiação provenientes do Sol, e que o calor específico da água é $1\ cal\ g^{-1}\ °C^{-1} = 4\,200\ J\ kg^{-1}\ °C^{-1}$, então o comprimento linear do refletor parabólico necessário para elevar a temperatura de 1 m³ (equivalente a 1 t) de água de 20 °C para 100 °C, em uma hora, estará entre:

Gary Eastwood Photography/Alamy/Other Images

a) 15 m e 21 m.
b) 22 m e 30 m.
c) 105 m e 125 m.
d) 680 m e 710 m.
e) 6 700 m e 7 150 m.

Respostas

Capítulo 1 • Temperatura e calor

1. I. Errado; II. Certo; III. Errado; IV. Errado; V. Certo.
2. 20 cm
3. a) $\theta_p = 7 \cdot h - 70$ b) 70 °P
4. a) $T_A = T_B + 10$ b) 40 °A
5. b
6. a) 20 °C b) 30 °C
7. 5 °C; o traje escolhido pelo passageiro não é adequado ao clima.
8. 19 °C; 20 °C
9. O modelo é capaz de produzir uma variação de temperatura de 36 °F.
10. Não se encontra em estado febril.
11. −40 °F; −40 °C
12. 491,4 °F
13. a) 673 K; 73 K b) 600 K
14. 5 727 °C; 10 340,6 °F
15. a) 293 K; 68 °F b) 60 K; 108 °F; 60 °C
16. e
17. a) 40 K b) 72 °F
18. I. Verdadeira; II. Falsa; III. Verdadeira.
19. A barra menor.
20. $8,3 \cdot 10^{-5}$ °C^{-1}
21. a) Permanece constante, pois no gráfico temos retas paralelas.
    b) $\frac{4}{3}$
22. 420 °C
23. 201,2 cm^3
24. 9 800 litros.
25. a) $\gamma_{ap} = 2,5 \cdot 10^{-4}$ °C^{-1} b) Maior.
26. a) $2 \cdot 10^{-4}$ °C^{-1} b) $2,27 \cdot 10^{-4}$ °C^{-1}
27. 1,53 cm^3
28. 05
29. c
30. c
31. a) Sim.
    b) Principalmente na condução.
32. a) 2,735 cal/s b) 80 °C
33. O recipiente *A* está mais quente: $\theta_A = 70$ °C; $\theta_B = 20$ °C
34. d
35.

Imagem	Fluxo de energia	Processo de transmissão
Pessoa esquiando	Da pessoa para o ambiente	Condução
Aquecimento do frango	Do forno para o frango	Irradiação
Alimentos na geladeira	Dos alimentos para o ar	Condução e convecção
Ferro e calça	Do ferro para a roupa	Condução
Pessoa e fogueira	Da fogueira para a pessoa	Irradiação
Casal na praia	Do Sol para a pessoa	Irradiação

Vestibulares de Norte a Sul

1. c 2. b 3. b 4. a
5. a 6. d 7. a 8. 02
9. c 10. c
11. $5 \cdot 10^{-5}$ °C^{-1} 12. c
13. c 14. e
15. a 16. b
17. d 18. c

Capítulo 2 • Calorimetria

1. a) 40 cal/°C
   b) 0,08 cal/g · °C
2. a) São iguais.
   b) A água na fase líquida.
3. a) Recebem a mesma quantidade de calor.
   b) A barra de ferro.
   c) A barra de cobre.
4. 1 kcal.
6. 60 s
7. a) $C = 100$ cal/°C
   b) $c = 0,50$ cal/g · °C
8. 628,4 kcal.
9. $c_A > c_B$
10. e
11. a) A dona de casa.
    b) A água evapora mais rapidamente.
12. a) Sim.
    b) Não.
    c) Se o papel for muito espesso, a taxa de reposição de água será menor, e a parte externa poderá secar e entrar em combustão.
13. a) $68 \cdot 10^3$ W b) 1,1 m^2
14. a) $\theta_{fusão} = 10$ °C; $\theta_{vaporização} = 25$ °C
    b) 0 °C → sólido; 20 °C → líquido; 40 °C → vapor
    c) $L_{fusão} = 5$ cal/g; $L_{vaporização} = 10$ cal/g
    d) $c_s = 0,25$ cal/g · °C; $c_l = 0,33$ cal/g · °C
15. a) 18 g/min b) 0,54 L
16. a) $1,5 \cdot 10^4$ cal b) 2,4 kg
    c) $1,92 \cdot 10^5$ cal d) $2,07 \cdot 10^5$ cal
17. 1 L de água fria e 3 L de água quente.
18. 13,1 °C
19. a) 0 °C b) 125 g
20. 48 °C
21. 20 g; 1 180 g

Vestibulares de Norte a Sul

1. d 2. d 3. b 4. a
5. e 6. a 7. c 8. 70 g
9. a) 10 cal/g b) 0,1 cal/g · °C
10. c 11. b 12. d 13. d
14. e 15. e 16. c 17. a
18. a) 3 b) 640 g
19. a 20. c

Capítulo 3 • Diagrama de fases – Gases

1. a) *A* e *D*: fase sólida; *B*: fase líquida; *C*: vapor e fase gasosa (abaixo da temperatura crítica); *E*: fase gasosa.
   b) Fusão; sublimação.
   c) Não, pois *E* está acima da temperatura crítica.
   d) Mantendo a pressão constante, basta aquecê-lo, ou diminuir a pressão com a temperatura constante.
2. A temperatura de fusão é diminuída.
3. Entre 98,3 °C (500 m) e 96,5 °C (1 000 m).
4. a) Permanece a mesma, com parte do vapor se condensando.
   b) Permanece a mesma, com parte do líquido se vaporizando.
5. 18 mmHg
6. a) 70% b) 100%
7. 37,5% 8. 627 °C 9. 0,75 atm
10. a) $p_2 = \frac{1}{2}p_1$
12. a) 0,67 L b) 36 atm
13. b 14. b

Vestibulares de Norte a Sul

1. d 2. e 3. a
4. e 5. 16 N 6. a
7. e 8. e 9. d
10. e 11. e 12. d
13. c 14. e 15. $\frac{0,95}{1,05}$
16. d

Capítulo 4 • Primeira lei da Termodinâmica

1. a) Isobárica. b) 70 J
2. a) No ponto *A*, pois o volume em *A* é maior do que em *B*.
   b) −4 920 J

3. a) Isobárica e isométrica.
   b) Não, há trabalho apenas na transformação isobárica (10 J).
4. a) $\tau_{AB} = 4800$ J; $\tau_{BC} = 0$; $\tau_{CA} = -2400$ J
   b) $\tau_{ABCA} = 2400$ J
5. a) 10^{-7} J b) 4,5
6. c
7. a) $T_A = 241$ K; $T_B = 2168$ K
   b) $2,4 \cdot 10^4$ J
8. a) *A* b) −72 K
9. a) $6 \cdot 10^4$ J b) 7470 J
10. d 11. $\frac{U_A}{U_B} = \frac{4}{3}$ 12. d
13. a) 415 J b) 10 K ou 10 °C
14. c
15. −100 J
16. a) Diminui. b) Aumenta.
17. a) Dobrou. c) Reduziu-se à metade.
   b) Dobrou.
18. Não.
19. A energia nuclear (radioatividade) não foi considerada por Kelvin, pois na época ela não era conhecida.
20. 200 J
21. a) $W = 0$ e $\Delta U = 747$ J
   b) A temperatura do gás aumenta.
22. a) Compressão. c) Negativa.
   b) $-1,8 \cdot 10^5$ J
23. Menor.
24. a) $1,2 \cdot 10^5$ J b) 0 c) $1,2 \cdot 10^5$ J
25. a) $-3 \cdot 10^4$ J
   b) Ponto *C*.
   c) Transformação isobárica.

Vestibulares de Norte a Sul

1. 12
2. a) 2189 J b) 6189 J c) −2189 J
3. a 4. b 5. 50
6. b 7. a 8. 04
9. e 10. e 11. a
12. −150 J 13. 26 14. b
15. b 16. d 17. c

Capítulo 5 • Segunda lei da Termodinâmica

1. I. A energia térmica adquirida pelas mãos não pode ser convertida em mecânica, provocando o movimento das mãos.
   II. Não é possível que a tinta se separe da água espontaneamente, uma vez dissolvida. Essa ação requer energia mecânica adicional para filtragem.
   III. Não é possível "devolver" a energia térmica trocada pelos corpos durante o processo.
2. Motor térmico.
3. c
4. a) O interior do cômodo seria aquecido, e a refrigeração passaria ao ambiente externo.
   b) Bomba de calor.
5. Século XVIII, na Inglaterra, para retirar água acumulada nas minas de carvão, ferro e movimentar teares da indústria têxtil.
6. Não. Comprimir o ar não será possível sem contar com alta pressão. Assim, sem queima de combustível, não é possível obter as variações de pressão necessárias.
7. e
8. a) 450 J b) $1,5 \cdot 10^3$ N
   c) Diminuiria a intensidade das forças resistivas, em cada velocidade, reduzindo o consumo e proporcionando um valor de velocidade máxima maior.
9. a) 268 HP
   b) 893 HP
10. a) 200 J b) 2000 W c) 25%
11. a) 604,8 J/volta b) 2160 J/volta
   c) 1555,2 J/volta d) 71 HP
12. Não, pois a capacidade térmica do conjunto a ser refrigerado seria muito grande.
13. a) 3500 W b) 1167 W c) 400%
14. a) 20 kW b) 14 h
15. d
16. a) 1600 J b) 9200 J
   c) 17% d) 83%
17. A informação não é verdadeira, pois o rendimento (75%) é maior que o máximo possível (50%).
18. a) 16,7% b) 360 MW
19. Não, pois o rendimento proposto (85%) é maior do que o máximo possível (78%).
20. c
21. a) 59 CV a 6000 rpm.
   b) 12 m · kgf a 2000 rpm.
22. a) Aproximadamente 670 Nm a 2000 rpm.
   b) Cerca de 530 Nm.
23.

Rotação (1 000 rpm)	Torque (N · m)	Potência (kW)
2	142	30
3	158	50
4	165	70
5	160	84
5,5	142	82
6	130	81

   b) 5 000 rpm
   c) Porque a perda relativa de torque foi maior que o ganho com o aumento de rotação.
24. a) força = 10^4 N; torque = $5 \cdot 10^3$ N · m
   b) 150 rpm
   c) 10

Vestibulares de Norte a Sul

1. a) Transformação isotérmica: ocorre à temperatura constante.
   Transformação adiabática: ocorre sem que haja trocas de calor.
   b) 50% c) 500 J
2. c 3. a 4. 22
5. c 6. d 7. d
8. a 9. c 10. b 11. d

Capítulo 6 • Fontes de energia e impactos ambientais

1. c 2. a 3. b
4. A camada de ozônio é uma espécie de "capa" na atmosfera terrestre que envolve e protege a Terra e os seres vivos de diversas radiações eletromagnéticas, provenientes tanto do Sol como do resto do cosmo.
5. As 220 UD são o limite aceitável para o bloqueio da radiação ultravioleta C, danosa para a saúde.
6. O dióxido de carbono é a causa principal do aumento da temperatura atmosférica, ocasionando mudanças climáticas. Portanto, a redução da quantidade emitida deste gás terá como seu maior efeito a redução do impacto das atividades humanas.
7. Os principais são: CO, CO_2 (estufa), óxidos nitrosos e sulforosos, material particulado (fuligem de carbono).
8. Uma mistura com excesso de hidrocarboneto em relação ao oxigênio fornecido para a queima aumenta a potência do motor, mas propicia muita combustão incompleta. O funcionamento em ciclos muito rápidos também é outro fator.
9. Ele dificulta a dispersão dos poluentes pela convecção.
10. As fontes dos poluentes que deram origem à chuva ácida podem ser:
   - gases de escapamento de carros;
   - emissões de gases das fábricas;
   - queima de combustíveis fósseis, como petróleo e carvão;
   - gases provenientes de vulcões ou outras fontes semelhantes.
11. a
12. Não. O carro a álcool também emite CO_2, mas ele é reabsorvido no crescimento da cana-de-açúcar, sendo ecologicamente mais correto, apesar de também emitir o gás.
13. 1. Reciclagem do papel, reduzindo a quantidade de árvores derrubadas para sua produção.
   2. Reciclagem do alumínio, vidros e baterias.
   3. Aproveitamento do lixo orgânico na produção de gás.

Vestibulares de Norte a Sul

1. c 2. a 3. d
4. e 5. e
6. a) $6,3 \cdot 10^4$ J c) $3,136 \cdot 10^{19}$ J
   b) $3,3 \cdot 10^5$ J
7. b 8. a 9. a

Caiu no Enem

1. c 2. c 3. b
4. e 5. e 6. c
7. a 8. b 9. c
10. b 11. d 12. e
13. c 14. e 15. e
16. a

Parte 2

Holbox/Shutterstock/Glow Images

CAPÍTULO 7

Movimento harmônico simples (M.H.S.)

Yuyango/Shutterstock/Glow Images

Como varia a velocidade do pistão de um automóvel em movimento?

Seleznev Valery/Shutterstock/Glow Images

Figura 7.1 Criança em um balanço.

Luciana Whitaker/Pulsar Imagens

Figura 7.2 Pêndulo de relógio de parede.

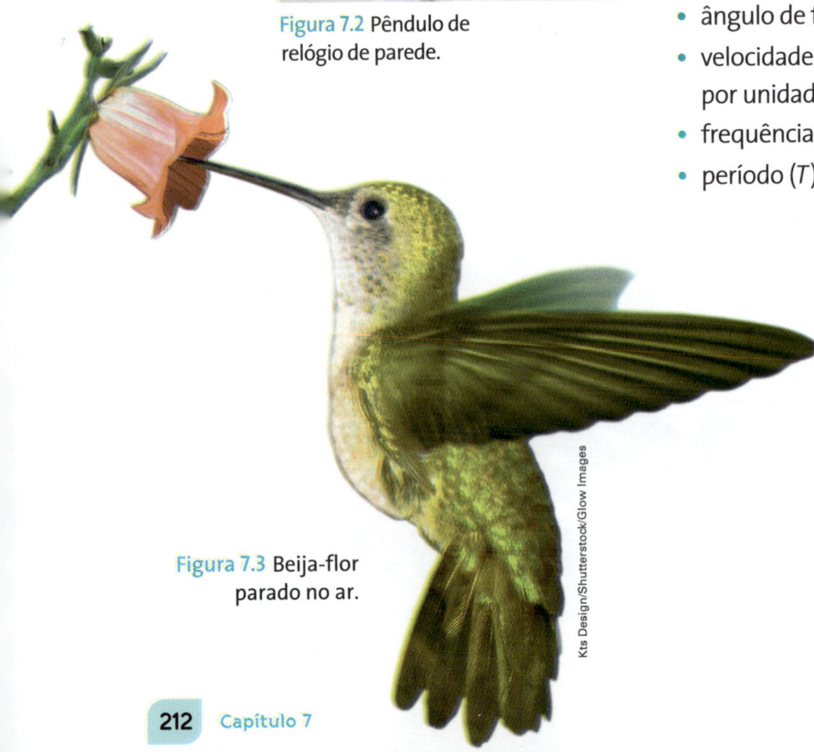
Kts Design/Shutterstock/Glow Images

Figura 7.3 Beija-flor parado no ar.

1 Cinemática do M.H.S.

Observe as figuras 7.1, 7.2 e 7.3.

O que essas três fotos apresentam em comum? Em todas elas, ocorre um fenômeno de **movimento oscilatório**, ou seja, algo oscila para a frente e para trás, para a direita e para a esquerda ou, ainda, para cima e para baixo.

Na natureza, encontramos uma infinidade de movimentos oscilatórios. A nossa audição, a nossa visão, e também a nossa fala, são frutos de fenômenos oscilatórios.

A oscilação que vamos descrever a seguir é a base para o entendimento das oscilações em geral. Pelo tipo especial de relação que existe entre a posição, a velocidade e a aceleração, ela é chamada de **oscilação harmônica simples** ou **movimento harmônico simples (M.H.S.)**.

O dispositivo esquematizado na figura 7.4 serve ao nosso estudo da cinemática do M.H.S. Trata-se de uma roda de raio R, centro O, em um plano vertical, girando em seu eixo com velocidade angular ω constante. Cravamos um pino (ponto P) na periferia da roda, que está iluminada por incidência vertical da luz do Sol.

Enquanto P descreve um M.C.U. (movimento circular e uniforme), o ponto P'' (sombra de P sobre o solo) descreve um movimento de vaivém entre dois extremos.

O movimento que nos interessa é o de P', que executa um M.H.S., enquanto P faz um M.C.U. Observemos que o movimento de P' é equivalente ao de P''.

Com base nesse dispositivo, podemos definir:

- elongação (x), número real que indica a posição do ponto oscilante; corresponde à abscissa do ponto P' no eixo x;
- amplitude (A), a maior elongação; corresponde ao raio (R) do M.C.U.;
- ângulo de fase (θ), posição angular do M.C.U.;
- velocidade angular ou pulsação (ω), variação da posição angular por unidade de tempo;
- frequência (f), número de oscilações por unidade de tempo;
- período (T), intervalo de tempo de uma oscilação completa.

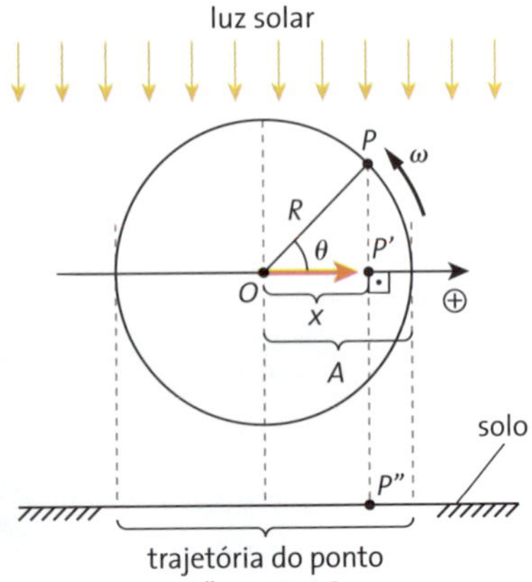

Figura 7.4 Experimento para se obter o movimento harmônico simples.

Funções horárias de elongação, da velocidade e da aceleração

A função horária da elongação nos permite obter a elongação (x) em qualquer instante (t). Veja a **figura 7.5**.

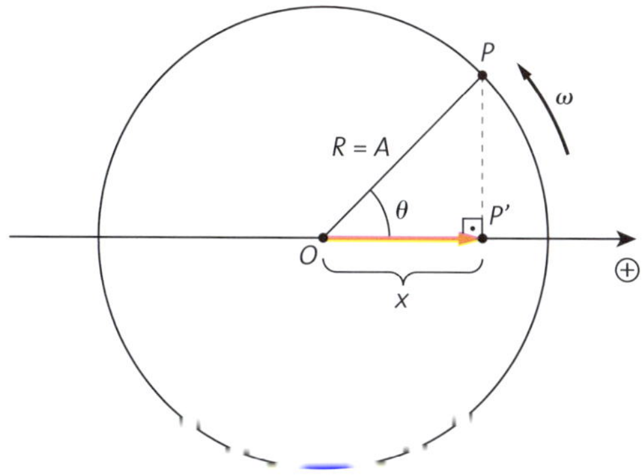

Figura 7.5 Experimento para a obtenção da função horária da elongação.

No triângulo OPP', temos:

$$\cos\theta = \frac{OP'}{OP} = \frac{x}{A} \Rightarrow x = A \cdot \cos\theta$$

Pela cinemática escalar, sabemos que a posição angular (θ) varia com o tempo de acordo com a função $\theta = \theta_0 + \omega \cdot t$. Substituindo essa igualdade na expressão anterior, obtemos:

$$x = A \cdot \cos(\theta_0 + \omega \cdot t)$$

Observemos, na **figura 7.6**, os vetores $\vec{r}$ (vetor posição), $\vec{v}_p$ (vetor velocidade) e $\vec{a}_p$ (vetor aceleração) do movimento circular e uniforme descrito pelo ponto P.

Temos que:

$$|\vec{r}| = R = A$$

$$|\vec{v}_p| = \omega \cdot R = \omega \cdot A$$

$$|\vec{a}_p| = \omega^2 \cdot R = \omega^2 \cdot A$$

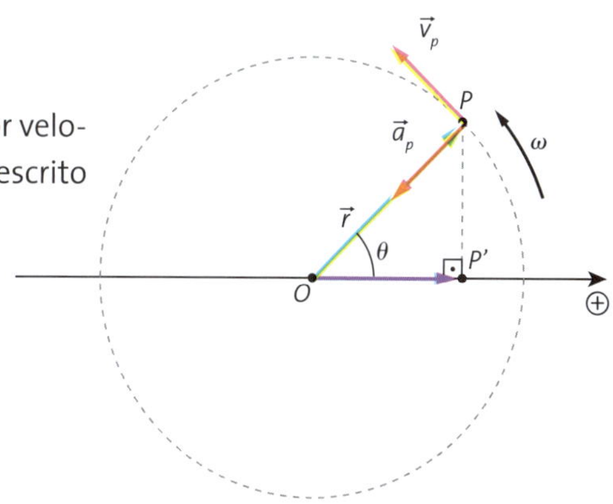

Figura 7.6 Vetores que descrevem o movimento circular e uniforme do ponto P.

O vetor $\vec{v}_p$ é sempre perpendicular a $\vec{r}$, e o vetor $\vec{a}_p$ tem sempre mesma direção e sentido oposto ao de $\vec{r}$.

Essas posições relativas se mantêm no decorrer do tempo. Assim, a velocidade angular ω é a mesma para $\vec{v}_p$, $\vec{r}$ e $\vec{a}_p$. Isso significa que esses três vetores giram solidários. Podemos então deslocá-los, mantendo as respectivas direções e os sentidos, colocando-os em uma origem comum O. Esse procedimento facilita a visualização de suas projeções, conforme nos indica o esquema de Fresnell (**figura 7.7**).

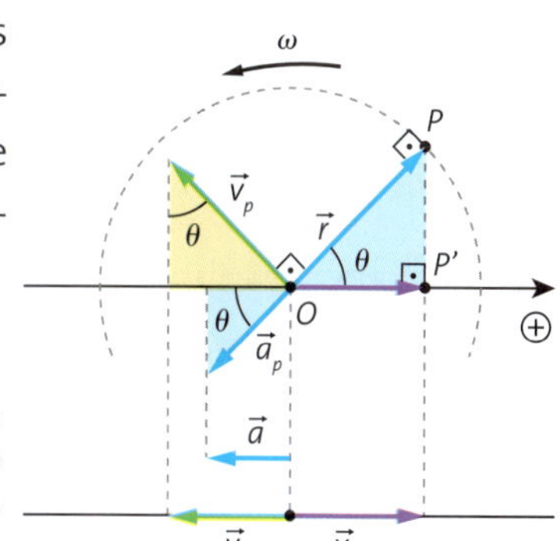

Figura 7.7 Esquema de Fresnell, para facilitar a visualização da projeção de vetores em um sistema.

A projeção ortogonal de $\vec{r}$ nos fornece a elongação (x) do M.H.S.; da mesma forma, as projeções ortogonais de $\vec{v}_p$ e $\vec{a}_p$ nos fornecem, respectivamente, a velocidade ($\vec{v}$) e a aceleração ($\vec{a}$) do M.H.S.

Analisando o triângulo da velocidade (figura 7.8), obtemos:

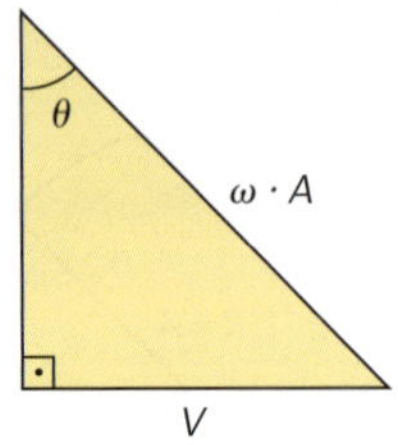

Figura 7.8 Relação entre o ângulo θ e a velocidade.

$$\text{sen}\,\theta = \frac{-v}{\omega \cdot A} \Rightarrow v = -\omega \cdot A \cdot \text{sen}\,\theta \Rightarrow \boxed{v = -\omega \cdot A \cdot \text{sen}\,(\theta_0 + \omega \cdot t)}$$

Do triângulo da aceleração (figura 7.9), vem:

$$\cos\theta = \frac{-a}{\omega^2 \cdot A} \Rightarrow a = -\omega^2 \cdot A \cdot \cos\theta \Rightarrow \boxed{a = -\omega^2 \cdot A \cdot \cos\,(\theta_0 + \omega \cdot t)}$$

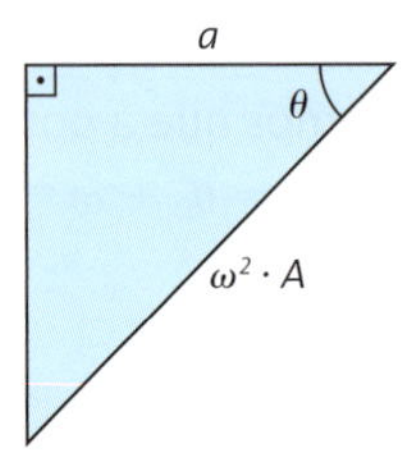

Figura 7.9 Relação entre o ângulo θ e a aceleração.

Comparando as funções horárias da elongação e da aceleração:

$$\boxed{a = -\omega^2 \cdot x}$$

Essa expressão traduz a propriedade fundamental das oscilações harmônicas (M.H.S.). A aceleração escalar é proporcional à elongação, porém o sentido da primeira é oposto ao da segunda, como nos indica o sinal de menos na última equação.

A figura 7.10 apresenta diagramas horários, respectivamente, da elongação (**a**), da velocidade escalar (**b**) e da aceleração escalar (**c**) para um corpo em M.H.S. cuja fase inicial (θ_0) é nula.

As grandezas periódicas se repetem indefinidamente. A cada intervalo de tempo (um período), a elongação, a velocidade e a aceleração se repetem, assumindo os mesmos valores que possuíam no período anterior.

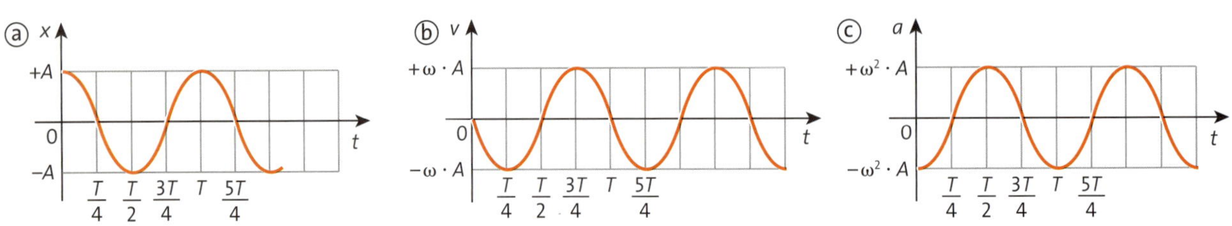

Figura 7.10 Diagramas horários.

Exercício resolvido

1. Um corpo executa oscilações harmônicas em torno do ponto *O* com período de 4 s, conforme ilustra a figura. Os pontos *P* e *Q* são os extremos da oscilação. No instante inicial o móvel está passando pela posição central e movendo-se para a direita.

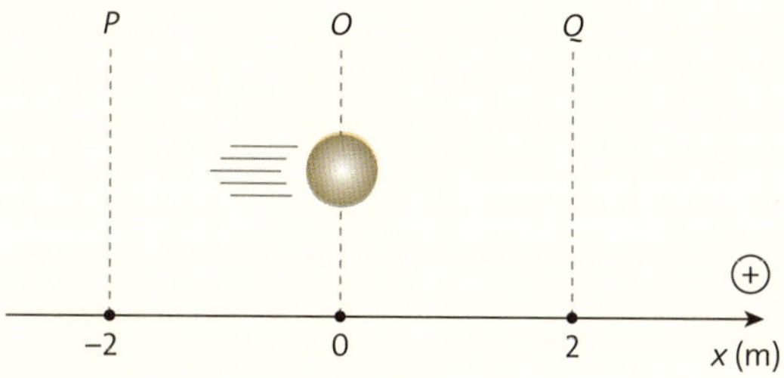

Para esse movimento, determine:

a) a frequência, a pulsação, a amplitude e a fase inicial;

b) a equação horária dos espaços;

c) as equações da velocidade e da aceleração;

d) a velocidade no instante inicial;

e) a elongação, a velocidade e a aceleração no instante $t = 6$ s.

Resolução

a) Como $f = \frac{1}{T}$, temos: $f = \frac{1}{4}$ Hz

Sabemos que: $\omega = \frac{2\pi}{T}$

Logo, $\omega = \frac{2\pi}{T} \Rightarrow \omega = \frac{\pi}{2}$ rad/s

A amplitude é: $A = 2$ m

Há duas fases que correspondem à posição central, como ilustra a figura a seguir.

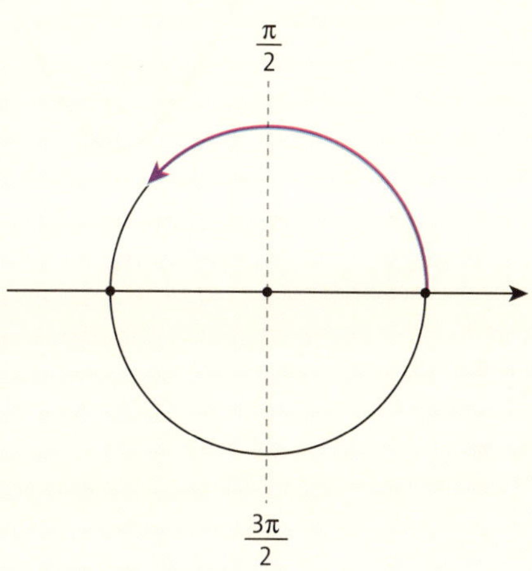

Uma delas corresponde ao movimento da projeção para a esquerda $\left(\frac{\pi}{2} \text{ rad}\right)$; a outra corresponde ao movimento da projeção para a direta $\left(\frac{3\pi}{2} \text{ rad}\right)$, que é a situação citada no enunciado; assim:

$$\theta_0 = \frac{3\pi}{2} \text{ rad}$$

b) Como $x = A \cdot \cos(\theta_0 + \omega \cdot t)$, obtemos:

$$x = 2 \cdot \cos\left(\frac{3\pi}{2} + \frac{\pi}{2} \cdot t\right) \text{m}$$

É interessante observar que

$x = 2 \cdot \cos\left(\frac{3\pi}{2} + \frac{\pi}{2} \cdot t\right) = 2 \cdot \text{sen}\left(\frac{\pi}{2} \cdot t\right)$, ou seja, a função horária do M.H.S. pode ser também escrita usando-se a função seno, fazendo-se uma alteração adequada no ângulo de fase.

c) Substituindo os parâmetros desse movimento na função horária da velocidade, obtemos:

$$v = -\frac{\pi}{2} \cdot 2 \cdot \text{sen}\left(\frac{3\pi}{2} + \frac{\pi}{2} \cdot t\right) \Rightarrow$$

$$\Rightarrow v = -\pi \cdot \text{sen}\left(\frac{3\pi}{2} + \frac{\pi}{2} \cdot t\right) \Rightarrow$$

$$\Rightarrow v = \pi \cdot \cos\left(\frac{\pi}{2} \cdot t\right) \text{m/s}$$

Para a aceleração, vamos obter:

$$a = -\left(\frac{\pi}{2}\right)^2 \cdot 2 \cdot \cos\left(\frac{3\pi}{2} + \frac{\pi}{2} \cdot t\right) \Rightarrow$$

$$\Rightarrow a = -\frac{\pi^2}{2} \cdot \cos\left(\frac{3\pi}{2} + \frac{\pi}{2} \cdot t\right) \Rightarrow$$

$$\Rightarrow a = -\frac{\pi^2}{2} \cdot \text{sen}\left(\frac{\pi}{2} \cdot t\right) \text{m/s}^2$$

d) Para obter a velocidade no instante inicial, vamos impor $t = 0$ no argumento da função da velocidade:

$$v = \pi \cdot \cos\left(\frac{\pi}{2} \cdot 0\right) \Rightarrow v = \pi \text{ m/s}$$

e) Pondo-se $t = 6$ nas funções determinadas anteriormente, têm-se:

$$x = 2 \cdot \text{sen}\left(\frac{\pi}{2} \cdot 6\right) \Rightarrow x = 0$$

$$v = -\pi \cdot \cos\left(\frac{\pi}{2} \cdot 6\right) \Rightarrow v = \pi \text{ m/s}$$

$$a = 2 \cdot \text{sen}\left(\frac{\pi}{2} \cdot 6\right) \Rightarrow a = 0$$

Exercícios

1. O corpo da figura abaixo executa oscilações harmônicas cujo período é π segundos entre extremos *M* e *N*, depois de abandonado em $t = 0$ exatamente no ponto *N*. Considere a orientação de trajetória indicada e a origem no ponto *O*.

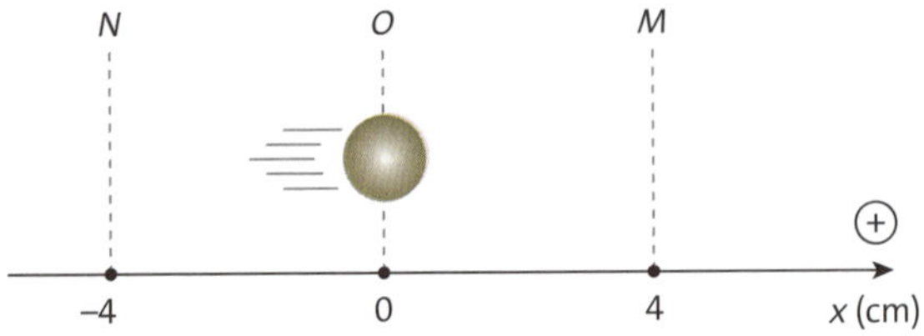

a) Determine a frequência, a pulsação, a amplitude e a fase inicial desse movimento.

b) Determine as funções horárias do espaço, velocidade e aceleração.

2. Considere um corpo executando M.H.S. de acordo com a equação:

$$x = 6 \cdot \cos\left(\frac{\pi}{2} + \frac{\pi}{2} \cdot t\right) \text{m}$$

a) Qual é o período desse movimento?

b) Qual será a velocidade máxima atingida pelo corpo oscilante?

c) Esboce os gráficos da elongação, velocidade e aceleração em função do tempo no intervalo de 0 a 5 s.

3. O gráfico a seguir representa o comportamento das elongações de um sistema oscilatório em função do tempo.

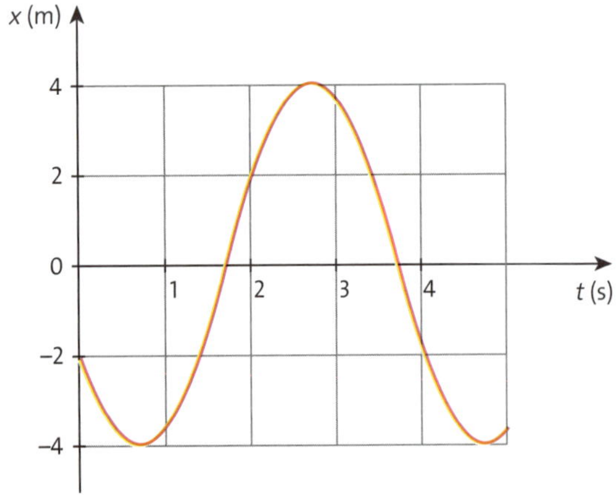

a) Obtenha, a partir do gráfico, o período, a velocidade angular, a amplitude e a fase inicial desse movimento.

b) Escreva a função horária relativa a esse movimento e determine t ($2\text{ s} < t < 3\text{ s}$), tal que $x = 4$ m.

4. A velocidade máxima de um corpo em movimento harmônico simples é 20 π m/s e a aceleração máxima, $10\pi^2$ m/s². Qual é a velocidade angular nesse movimento?

5. Os gráficos a seguir representam a evolução da velocidade e aceleração de uma partícula em movimento periódico. Com base nesses gráficos, responda às questões seguintes.

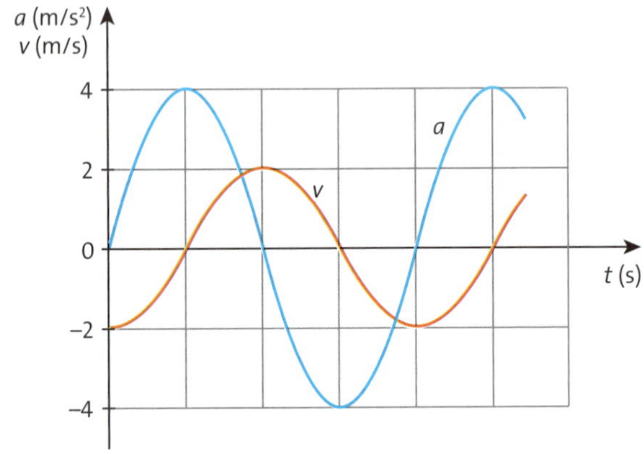

a) Quais são a fase inicial, a velocidade máxima e a aceleração máxima do movimento?

b) Escreva as funções horárias da velocidade e da aceleração.

c) Escreva a equação da velocidade em função da elongação do movimento.

6. (Uece) Considere dois osciladores harmônicos simples, I e II, cujos movimentos estão defasados conforme a figura a seguir.

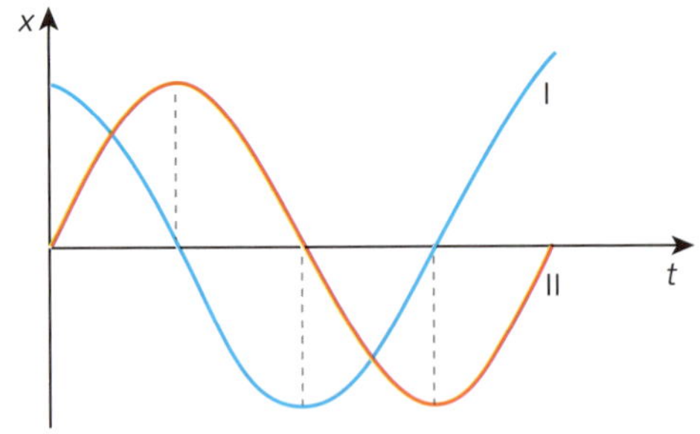

Assim, a diferença de fase entre os movimentos desses osciladores é aproximadamente:

a) 2π.

b) $\frac{\pi}{2}$.

c) $\frac{\pi}{4}$.

d) π.

2 Dinâmica do M.H.S.

As oscilações estão em todo o mundo à nossa volta: em um ronco de motor, em uma buzina que toca, no zunido de uma abelha, em um tremor no solo, em uma nota musical e até na luz que chega aos nossos olhos.

Quando um carro passa por um buraco, a suspensão se deforma e em seguida volta à posição original, mas não continua oscilando indefinidamente. Esse é um bom exemplo de oscilação amortecida.

Vamos analisar a seguir as oscilações harmônicas, que, por não sofrerem amortecimento, são o primeiro passo para o entendimento das oscilações em geral.

Dois fatores são necessários para que haja oscilação harmônica:

- uma **força restauradora**, que age sempre para levar o corpo de volta à posição de equilíbrio;
- e a **inércia**, que é a tendência de os corpos em movimento se manterem em movimento.

Examinaremos dois casos: o de um corpo preso à extremidade de uma mola (sistema massa-mola) e o de um corpo preso à ponta de um fio fixado no teto (pêndulo simples); em ambos vamos considerar desprezíveis as forças dissipativas.

Sistema massa-mola

Temos um sistema massa-mola quando um corpo, preso à extremidade de uma mola previamente fixada num suporte (figura 7.11), obedece à lei de Hooke.

As forças que agem no corpo são a força peso ($\vec{P}$), a força normal ($\vec{N}$) e a força elástica ($\vec{F}_{el.}$), que é a força resultante. Se a elongação se dá para a direita, a força elástica age para a esquerda, e vice-versa. Percebe-se então que a força elástica age sempre para levar o corpo de volta à posição de equilíbrio; por causa desse fato, ela recebe o nome de **força restauradora**.

Vamos analisar uma oscilação completa: o corpo oscila entre os pontos A_1 (extremidade esquerda) e A_2 (extremidade direita). Nessa oscilação, destacamos alguns pontos fundamentais:

- **extremidade esquerda (A_1)** – nesse ponto, a velocidade do corpo é nula, a elongação é máxima e, portanto, o módulo da força restauradora é máximo;
- **posição central (O)** – nesse ponto, a velocidade é máxima, a elongação é nula e a força restauradora também é nula. Esta é a chamada posição de equilíbrio;
- **extremidade direita (A_2)** – esse ponto apresenta as mesmas características da extremidade esquerda, ou seja, velocidade nula, elongação máxima e força restauradora máxima (em módulo).

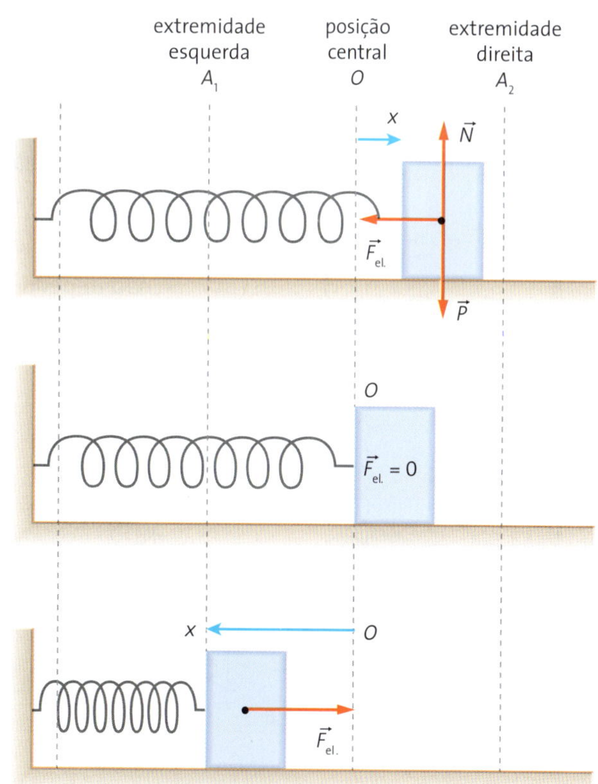

Figura 7.11 Sistema massa-mola.

Vamos acompanhar o movimento do corpo a partir do ponto A_2. Sob a ação da força restauradora, o corpo inicia o movimento a partir do repouso e, à medida que se desloca para a esquerda, sua velocidade aumenta. Ao atingir o ponto O (posição de equilíbrio), a velocidade do corpo é máxima. Do ponto O ao ponto A_1, temos elongação para a esquerda e força restauradora para a direita (movimento retardado) até o corpo parar em A_1. Em seguida, tem início o movimento de volta sob a ação da força restauradora. A velocidade do corpo aumenta até atingir novamente o valor máximo na posição de equilíbrio. Do ponto O ao ponto A_2, o corpo é freado sob a ação da força restauradora até parar em A_2.

Já vimos que a força elástica é dada por $\vec{F} = -k \cdot \vec{x}$. Como esse movimento é unidimensional e retilíneo, podemos considerar os vetores algebricamente. De acordo com a segunda lei de Newton, temos:

$$\left.\begin{array}{l} F = -k \cdot x \\ F = m \cdot a \end{array}\right\} \Rightarrow m \cdot a = -k \cdot x \Rightarrow \boxed{a = -\frac{k}{m} \cdot x}$$

Esse movimento obedece à propriedade fundamental das oscilações harmônicas, pois a aceleração é proporcional à elongação com sinal trocado. Temos, portanto, um M.H.S. Combinando a última equação com a propriedade fundamental das oscilações harmônicas, obtemos:

$$\left.\begin{array}{l} a = -\frac{k}{m} \cdot x \\ a = -\omega^2 \cdot x \end{array}\right\} \Rightarrow \omega^2 = \frac{k}{m} \Rightarrow \boxed{\omega = \sqrt{\frac{k}{m}}}$$

Dessa expressão, podemos obter o período do sistema massa-mola:

$$\left.\begin{array}{l} T = \frac{2\pi}{\omega} \\ \omega = \sqrt{\frac{k}{m}} \end{array}\right\} \Rightarrow \boxed{T = 2\pi\sqrt{\frac{m}{k}}}$$

Pela última expressão, podemos ver que o período:

- depende da massa oscilante;
- não depende da amplitude;
- não depende da aceleração gravitacional local, mesmo que a oscilação ocorra na vertical ou num plano inclinado.

Um sistema massa-mola oscilando verticalmente obedece às mesmas condições de um sistema massa-mola oscilando horizontalmente: apenas o ponto de equilíbrio está deslocado de $x_0 = \frac{m \cdot g}{k}$, conforme mostra a figura 7.12.

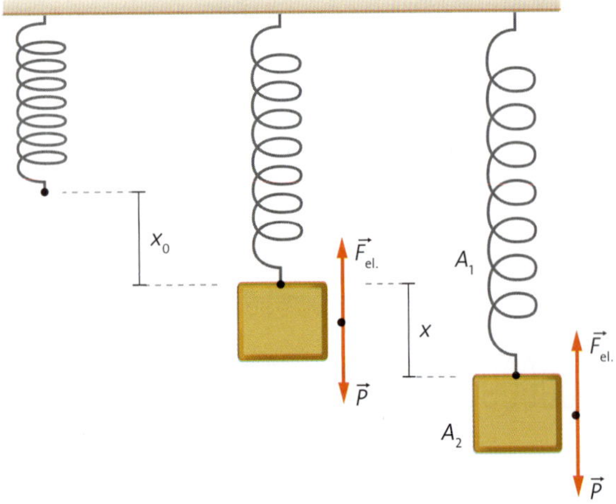

Figura 7.12 Sistema massa-mola oscilando verticalmente.

Sendo α a elongação da mola ($\alpha = x + x_0$), para uma posição arbitrária, temos:

$$P - F_{el.} = m \cdot a \Rightarrow m \cdot g - k \cdot \alpha = m \cdot a \Rightarrow$$

$$\Rightarrow m \cdot g - k\left(x + \frac{m \cdot g}{k}\right) = m \cdot a \Rightarrow \boxed{a = -\frac{k}{m} \cdot x}$$

Assim, redefinindo-se a origem da abscissa x, obtemos a mesma equação do sistema massa-mola na horizontal.

Exercício resolvido

2. Um sistema de amortecimento de colisão no fim de um ramal de trem é constituído por uma placa de aço atrás da qual há uma mola, conforme ilustra a figura.

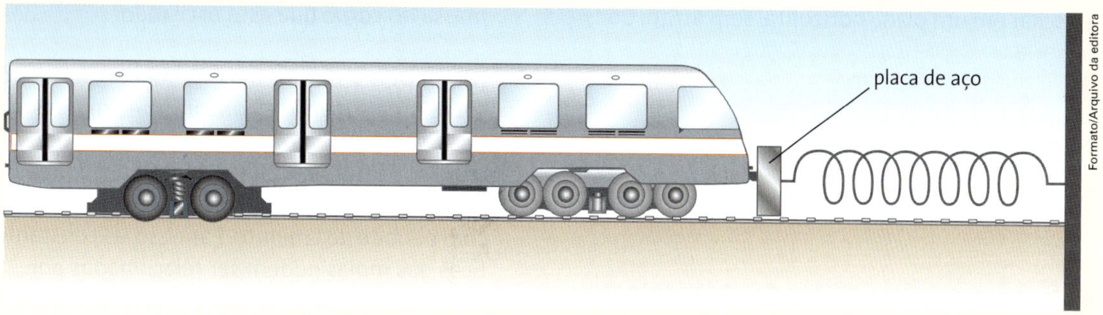

Um vagão de 20 toneladas choca-se com a placa com velocidade de 14,4 km/h = 4 m/s e para após sofrer uma deformação de 40 cm. As massas da mola e da placa podem ser desprezadas em relação à massa do vagão.

a) Qual é a constante elástica da mola?

b) Quanto tempo, aproximadamente, levou o vagão para parar a partir do instante que atingiu a placa?

c) Qual é a razão entre o tempo obtido no item anterior e o tempo que o vagão levaria para entrar em repouso se fosse retardado uniformemente na mesma distância?

Resolução

a) Pela conservação da energia mecânica, a energia cinética inicial do vagão vai transformar-se em energia potencial elástica da mola:

$$\frac{1}{2}m \cdot v^2 = \frac{1}{2}k \cdot x^2 \Rightarrow k = \frac{m \cdot v^2}{x^2} \Rightarrow k = \frac{2{,}0 \cdot 10^4 \cdot 4^2}{0{,}4^2} \Rightarrow \boxed{k = 2{,}0 \cdot 10^6 \text{ N/m}}$$

b) O intervalo de tempo descrito corresponde a $\frac{1}{4}$ de uma oscilação completa, logo:

$$\frac{T}{4} = \frac{2\pi}{4} \cdot \sqrt{\frac{m}{k}} \Rightarrow \frac{T}{4} = \frac{\pi}{2} \cdot \sqrt{\frac{2{,}0 \cdot 10^4}{2{,}0 \cdot 10^6}} \Rightarrow \boxed{T \simeq 0{,}16 \text{ s}}$$

c) Pela propriedade do M.U.V., $v_m = \frac{v_0 + v}{2}$:

$$v_m = \frac{4 + 0}{2} \Rightarrow v_m = 2 \text{ m/s}$$

Como $v_m = \frac{\Delta S}{\Delta t}$, obtemos:

$$2 = \frac{0{,}4}{\Delta t} \Rightarrow \Delta t = 0{,}2 \text{ s}$$

A razão (r), entre os intervalos é, então:

$$r = \frac{0{,}16}{0{,}20} \Rightarrow \boxed{r = 0{,}8}$$

Isso nos mostra que o amortecimento elástico é mais rápido que o variado uniformemente, se considerarmos a mesma distância e mesmas velocidades iniciais.

Exercícios

7. A figura ilustra uma mola de constante elástica 100 N/m e massa desprezível, em cuja extremidade foi preso um corpo de massa 4,0 kg. O sistema é posto a oscilar em um plano horizontal sem atrito. Considere $\pi = 3$.

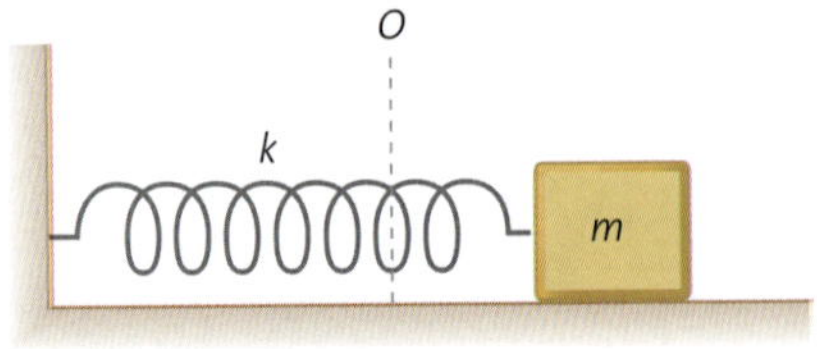

Qualifique como certa ou errada cada afirmativa seguinte:

I. O período do movimento depende da amplitude da oscilação.

II. A pulsação, ou velocidade angular, é 5 rad/s.

III. O período de uma oscilação é 1,2 s.

IV. Se esse sistema for posto a oscilar na vertical, o período será diferente.

8. O período de oscilação de um sistema massa-mola é de π s. Se a massa do corpo oscilante é de 1 kg, qual será a constante elástica da mola do sistema?

9. Um método para se medir dinamicamente a massa de um corpo – medir a massa sem que o corpo esteja em repouso – consiste em pendurá-lo em uma mola de constante elástica conhecida e pôr o sistema para oscilar, conforme ilustra a figura a seguir.

Um estudante realizando esse processo, observou que o intervalo de tempo para que o corpo executasse 20 oscilações completas foi de 62,8 s. Considere $\pi \simeq 3{,}14$, $g = 10\ m/s^2$ e $k = 2$ N/m.

a) Qual o valor da massa que o estudante pôs a oscilar?

b) O resultado do experimento depende da aceleração gravitacional?

c) Um colega objetou que o resultado não era confiável, pois a amplitude no final do intervalo de tempo de medida era um pouco menor que a inicial. A objeção é procedente?

10. Em um sistema massa-mola, a velocidade máxima é de 6 m/s. Sendo a constante elástica da mola 9 N/m e a amplitude do movimento 2 m, qual é o valor da massa do corpo que está oscilando?

11. (Uece) Dois sistemas massa-mola oscilam sem atrito sobre uma superfície horizontal. As massas são idênticas, cada uma com valor m, e as molas têm constantes elásticas k_s e k_m. O sistema com k_s realiza uma oscilação completa em 1 s e o oscilador com k_m oscila com período de 1 minuto. Para isso, as constantes elásticas das molas podem ser relacionadas por:

a) $\sqrt{\dfrac{k_s}{k_m}} = 60.$

b) $\sqrt{\dfrac{k_m}{k_s}} = 60.$

c) $\dfrac{k_m}{k_s} = 60.$

d) $\dfrac{k_s}{k_m} = 60.$

12. (UPM-SP) Um corpo de 250 g de massa encontra-se em equilíbrio, preso a uma mola helicoidal de massa desprezível e constante elástica k igual a 100 N/m, como mostra a figura a seguir. O atrito entre as superfícies em contato é desprezível. Estica-se a mola, com o corpo até o ponto A, e abandona-se o conjunto nesse ponto, com velocidade zero.

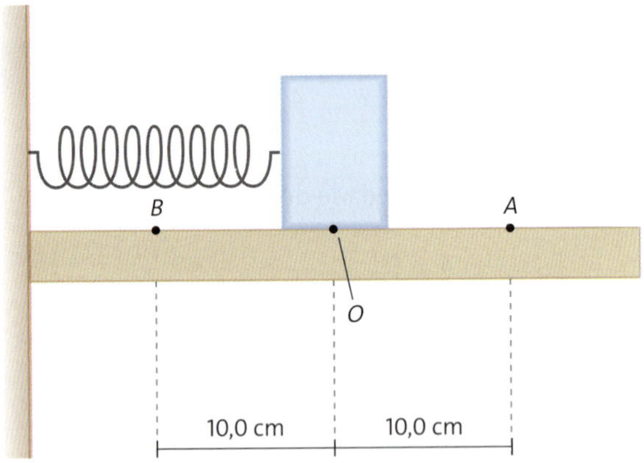

Em um intervalo de 1,0 s, medido a partir desse instante, o corpo retornará ao ponto A:

a) uma vez.

b) duas vezes.

c) três vezes.

d) quatro vezes.

e) seis vezes.

3 Pêndulo simples

O pêndulo simples é constituído por um fio ideal fixado verticalmente e por um corpo, preso em sua extremidade (figura 7.13). As dimensões do corpo devem ser desprezíveis em relação ao comprimento desse fio.

Tal como no sistema massa-mola, vamos obter o período de oscilação do pêndulo em função das grandezas físicas que o caracterizam, tais como: L (comprimento do fio), m (massa do corpo) e $\vec{g}$ (aceleração da gravidade).

Considerando desprezíveis as forças dissipativas, o corpo de massa m fica sujeito a duas forças, o peso $\vec{P}$ e a tração $\vec{T}$, conforme se vê na figura 7.14.

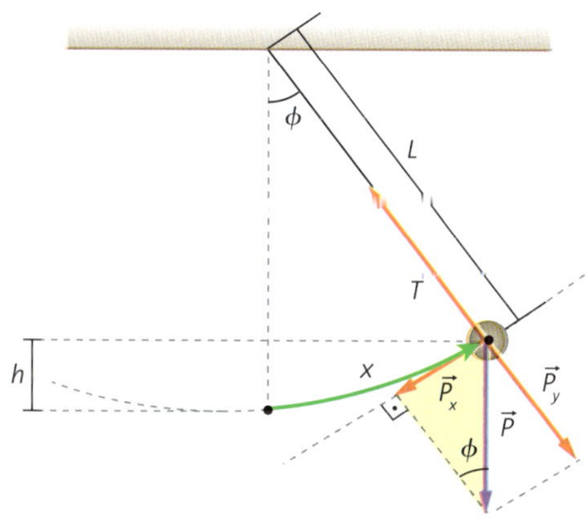

Figura 7.14 Forças que atuam no pêndulo simples.

Figura 7.13 Exemplo de pêndulo simples.

Para pequenas oscilações, ou seja, para um ângulo ϕ de, no máximo, 15°, temos que $\phi \simeq \text{sen}\ \phi$ em radianos.

O ângulo ϕ é: $\phi = \dfrac{x}{L} \Rightarrow \text{sen}\ \phi = \dfrac{x}{L}$

No triângulo, destacado em amarelo na figura 7.14, temos:

$$\text{sen}\ \phi = \frac{P_x}{P} \Rightarrow P_x = P \cdot \text{sen}\ \phi \Rightarrow P_x = P \cdot \frac{x}{L}$$

Como $P = m \cdot g$, chegamos a $P_x = m \cdot g \cdot \dfrac{x}{L}$.

Na direção tangente à trajetória, $\vec{P}_x$ é a força resultante ($\vec{R}$):

$$P_x = R \Rightarrow m \cdot g \cdot \frac{x}{L} = m \cdot a \Rightarrow a = g \cdot \frac{x}{L}$$

Verificamos que a aceleração escalar é contrária à elongação (x), acompanhando o sentido de $\vec{P}_x$. Algebricamente, a aceleração escalar é:

$$a = -g \cdot \frac{x}{L}$$

Lembrando que no M.H.S. $a = -\omega^2 \cdot x$, temos:

$$\omega^2 = \frac{g}{L} \Rightarrow \left(\frac{2\pi}{T}\right)^2 = \frac{g}{L} \Rightarrow \boxed{T = 2\pi\sqrt{\frac{L}{g}}}$$

Nas condições analisadas, o período do pêndulo simples:

- não depende da massa oscilante;
- não depende da amplitude, desde que $\phi < 15°$;
- depende apenas da aceleração gravitacional local e do comprimento do fio.

Física tem História

O relógio: evolução e sua influência nas navegações

Durante muito tempo, os relógios foram construídos com base nas leis do pêndulo simples. O ajuste fino era efetuado por meio de uma rosca situada na extremidade livre da haste do pêndulo; esse ajuste alongava ou encurtava o pêndulo.

Na época das Grandes Navegações, nos séculos XIV e XV, surgiu a necessidade de um relógio náutico muito preciso para a determinação da longitude.

Os relógios de pêndulo não eram eficientes porque o balanço das embarcações equivalia a variações no campo gravitacional, afetando significativamente o período do pêndulo e, por conseguinte, a precisão do relógio.

Ficava difícil não somente a orientação nos mares, mas também a demarcação dos territórios. Por exemplo, na época do Tratado de Tordesilhas (1494), sabia-se que o famoso meridiano devia passar por "algum lugar" entre Salvador e Quito, o que no final do século XVII ainda não havia sido estabelecido com precisão.

A solução veio com os relógios náuticos a balancim, baseados no sistema massa-mola, cujo período não depende do campo gravitacional. Foram os precursores dos primeiros relógios de pulso, os quais, por sua vez, evoluíram para os atuais relógios de cristal de quartzo.

Quando o primeiro astronauta pousou na Lua, em 1969, ele levava um relógio baseado no sistema massa-mola. O instrumento manteve sua precisão mesmo quando submetido à imponderabilidade e à baixa atração gravitacional lunar, tal como o fiel companheiro que durante muito tempo servira aos navegadores do passado.

Imagine um marinheiro navegando na linha do equador. Ele está usando um relógio rigorosamente sincronizado com o horário do meridiano de Greenwich.

No exato momento em que nosso navegador vê o sol nascer, elevando-se no horizonte, seu relógio assinala meio-dia. Isso significa que, em Greenwich, o sol nasceu seis horas antes.

Uma rotação completa da Terra ao redor de seu eixo equivale a 24 horas. O marinheiro conclui, então, que a embarcação se encontra a um quarto da circunferência do planeta, a partir do meridiano de referência e, portanto, sua longitude é 90° a oeste de Greenwich.

De Agostini Picture Library/The Bridgeman/Keystone

Antigo instrumento usado para fazer visadas de estrelas. Nos navios, por causa do balanço das ondas, as visadas se tornavam difíceis.

Alfonso Cacciola/Getty Images

Rosa dos ventos com várias finalidades: determinação do curso dos navios, indicação das horas e localização dos pontos cardeais.

Exercícios

13. Um pêndulo simples de comprimento L e massa pendular m oscila com período T. Tanto o comprimento L como a massa m podem ser variados. O que acontece com o período de oscilação do pêndulo se:
   a) diminuirmos o comprimento L?
   b) aumentarmos a massa m do pêndulo?
   c) levarmos o pêndulo para um local onde a aceleração da gravidade seja maior?

14. Uma pessoa que morava em uma cidade com temperatura média da ordem de 10 °C mudou-se para outra cidade com temperatura média de 30 °C. Ela observou que um relógio de pêndulo que sempre funcionou corretamente passou a atrasar. Levando-se em conta a dilatação térmica dos materiais, como você explica tal fato?

15. (UCP-RJ) Um pêndulo simples de comprimento L e massa m oscila com período T. O fio do pêndulo é inextensível e sem peso. O comprimento L pode variar convenientemente. Podemos afirmar que:
   a) encurtando o fio, a frequência da oscilação diminui.
   b) mantendo o comprimento do fio constante e aumentando a massa m do pêndulo, o período aumenta.
   c) mantendo constante o comprimento do fio e transportando o pêndulo para outro lugar onde a aceleração da gravidade é maior, o período aumenta.
   d) durante a oscilação, ao passar pela posição vertical, a tração do fio é igual ao peso da massa do pêndulo.
   e) nenhuma das alternativas anteriores é correta.

16. (UnB-DF) Julgue (certa ou errada) cada uma das afirmações seguintes:
   (00) Dispondo-se de 16 cm de barbante e de um cilindro de chumbo com massa de 50 g, pode construir-se um pêndulo simples, cujo período de pequenas oscilações é de 1 segundo. (Dados: $g = 9{,}8\ m/s^2$; $\sqrt{9{,}8} \simeq \pi$.)
   Obs.: despreze a massa do barbante.
   (01) Considere o pêndulo simples do item anterior. Pode afirmar-se que a aceleração é instantaneamente nula nos extremos da trajetória.
   (02) Ainda com relação ao pêndulo simples do item (00), pode afirmar-se que, no ponto de velocidade máxima da trajetória, a resultante das forças no cilindro de chumbo é nula.
   (03) Pela lei de Hooke, a força que uma mola ideal exerce em um corpo rígido é proporcional ao quadrado do alongamento dessa.

17. (PUC-RS) Um pêndulo simples está oscilando, e os atritos com o ar e no ponto de fixação reduzem gradualmente a amplitude de seu movimento.
   Afirma-se que:
   I. A velocidade escalar máxima do pêndulo está diminuindo.
   II. A aceleração escalar máxima do pêndulo está aumentando.
   III. O período de oscilação e a amplitude diminuem na mesma proporção.

   Analisando as afirmativas acima, deve-se concluir que:
   a) somente I é correta.
   b) somente II é correta.
   c) somente III é correta.
   d) I e II são corretas.
   e) I e III são corretas.

18. (Unifor-CE) Os ponteiros de um relógio antigo se movem à base do movimento de um pêndulo. Esse relógio, que funcionava corretamente, sem atrasar ou adiantar, numa cidade X de temperaturas muito baixas, quase negativas, foi levado para uma cidade tropical, Y, com temperaturas bem altas, beirando os 40 °C. Nessa cidade Y, o período do pêndulo:
   a) aumentará e o relógio passará a atrasar.
   b) aumentará e o relógio passará a adiantar.
   c) diminuirá e o relógio passará a atrasar.
   d) diminuirá e o relógio passará a adiantar.
   e) não será modificado e o relógio funcionará sem atrasar ou adiantar.

4 Energia mecânica no M.H.S.

Em oscilações mecânicas, observamos seguidamente transformações de energia cinética em energia potencial, e vice-versa.

A energia cinética é a modalidade de energia mecânica relacionada ao movimento, e a energia potencial é associada à posição relativa dos corpos do sistema. A posição ocupada por um corpo oscilante pode ser relacionada a uma deformação elástica x (sistema massa-mola oscilando na horizontal, **figura 7.15**), a uma altitude h (pêndulo simples, **figura 7.16**), ou ambas (sistema massa-mola oscilando na vertical, **figura 7.17**).

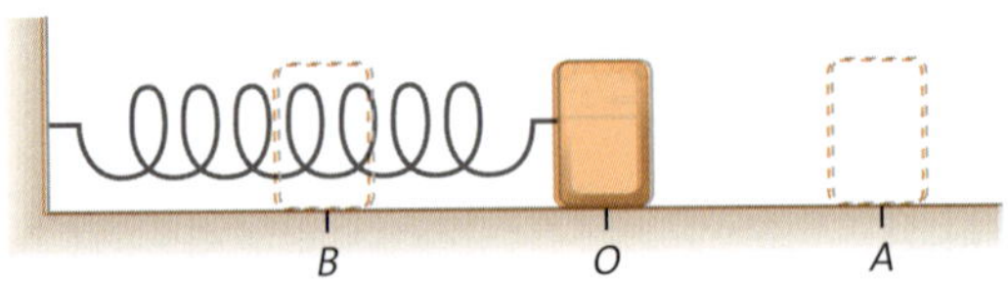

Figura 7.15 Sistema massa-mola oscilando na horizontal: energia cinética e energia potencial elástica.

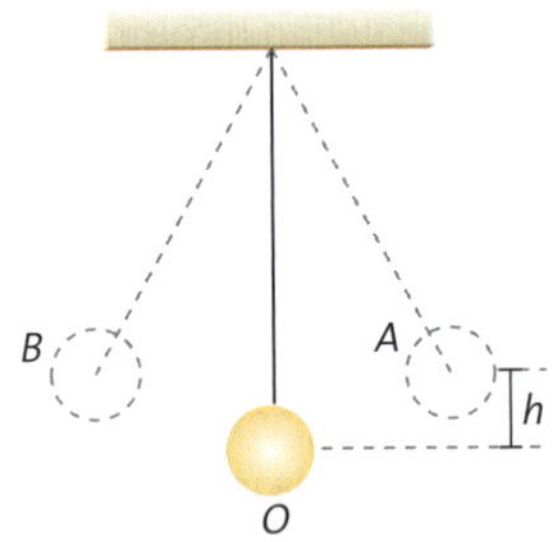

Figura 7.16 Pêndulo simples: energia cinética e energia potencial gravitacional.

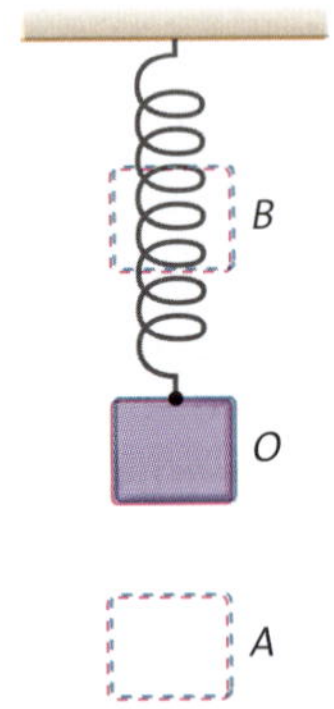

Figura 7.17 Sistema massa-mola oscilando na vertical: energia cinética, energia potencial elástica e energia potencial gravitacional.

As equações abaixo expressam as três modalidades mencionadas:

$$E_c = \frac{m \cdot v^2}{2} \qquad E_{p(\text{el.})} = \frac{k \cdot x^2}{2} \qquad E_{p(\text{grav.})} = m \cdot g \cdot h$$

Consideremos um corpo executando M.H.S. de amplitude A, num instante qualquer em que a é fase $\varphi = \theta_0 + \omega \cdot t$ (**figura 7.18**).

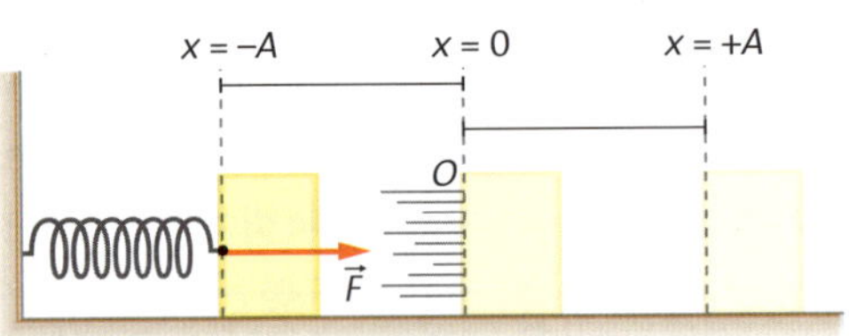

Figura 7.18 Corpo executando M.H.S. num instante qualquer.

Para a elongação, temos: $x = A \cdot \cos \varphi$. Para a velocidade, a expressão é: $v = -\omega \cdot A \cdot \text{sen } \varphi$. A energia mecânica, nesse instante, é:

$$E_{\text{mec.}} = E_c + E_p \Rightarrow$$

$$\Rightarrow E_{\text{mec.}} = \frac{1}{2} m \cdot v^2 + \frac{1}{2} k \cdot x^2 = \frac{1}{2} m \cdot (-\omega \cdot A \cdot \text{sen } \varphi)^2 + \frac{1}{2} k \cdot A^2 \cdot \cos^2 \varphi$$

Como, no M.H.S., $\omega^2 = \frac{k}{m}$, temos:

$$E_{\text{mec.}} = \frac{1}{2} k \cdot A^2 \underbrace{(\text{sen}^2 \varphi + \cos^2 \varphi)}_{1} \Rightarrow \boxed{E_{\text{mec.}} = \frac{1}{2} k \cdot A^2}$$

De acordo com essa expressão, observamos que, qualquer que seja a elongação do corpo oscilante, a energia mecânica permanece a mesma.

Para uma posição qualquer, a energia cinética pode ser calculada pela expressão:

$$E_c = E_{mec.} - E_{p(el.)} = \frac{k \cdot A^2}{2} - \frac{k \cdot x^2}{2} \Rightarrow \boxed{E_c = \frac{k}{2}(A^2 - x^2)}$$

$$\boxed{E_c + E_{p(el.)} = E_{mec.} = \text{constante}}$$

Tanto a energia potencial elástica como a energia cinética variam com a elongação de acordo com uma função do 2º grau. Podemos detalhar a composição da energia mecânica em alguns pontos notáveis, e com esses pontos obter os gráficos correspondentes às diferentes modalidades de energia.

Nos extremos:

- velocidade nula, aceleração máxima, força restauradora máxima;
- energia cinética nula, energia potencial elástica máxima;
- energia mecânica: $E_{mec.} = \frac{k \cdot A^2}{2}$.

Na posição de equilíbrio:

- velocidade máxima, aceleração nula, força restauradora nula;
- energia cinética máxima, energia potencial elástica nula;
- energia mecânica: $E_{mec.} = \frac{m \cdot v^2}{2} = \frac{k \cdot A^2}{2}$.

Com base nesses dados, podemos construir o gráfico das energias (cinética, potencial elástica e mecânica) em função da elongação para um movimento harmônico simples (**figura 7.19**).

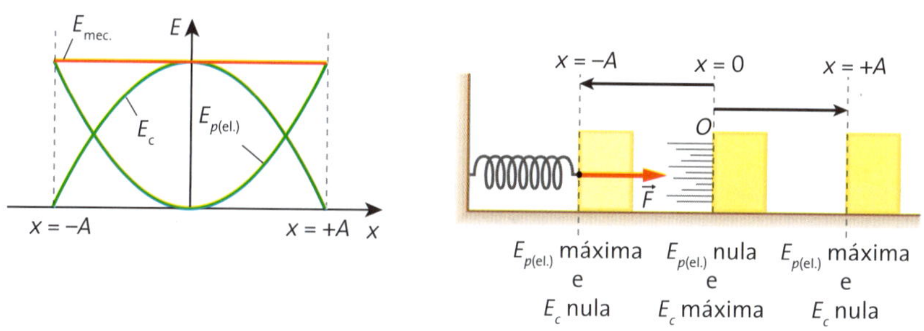

Figura 7.19 Gráfico e representação esquemática das energias em função da elongação.

Observação:

Se houve ação de forças dissipativas (atrito, resistência do ar, etc.), parte da energia mecânica se transforma em energia térmica. Por outro lado, se houver ação de uma força motriz (que não é integrante do sistema), poderá haver um ganho de energia mecânica, como acontece, por exemplo, num balanço sendo continuamente empurrado por um agente externo. Nessas condições, o aumento de energia mecânica do balanço é uma consequência da transferência do agente externo para o sistema (balanço).

Exercício resolvido

3. Um corpo oscila horizontalmente, preso a uma mola. No instante em que a energia cinética é igual à energia potencial elástica, a elongação é $\sqrt{2}$ m. Qual é a amplitude do movimento?

Resolução

$E_{mec.} = E_{p\,(el.)} + E_c$

Como $E_{p\,(el.)} = E_c$, vem:

$E_{mec.} = 2E_{p\,(el.)} \Rightarrow \frac{1}{2} \cdot \cancel{k} \cdot A^2 = \cancel{2} \cdot \frac{1}{\cancel{2}} \cdot \cancel{k} \cdot x^2 \Rightarrow$

$\Rightarrow A = x\sqrt{2}$

De acordo com o enunciado, $x = \sqrt{2}$ m.

Portanto, $\boxed{A = 2\text{ m}}$.

Exercícios

19. A energia mecânica associada a um sistema massa-mola que oscila horizontalmente é 32 J. A constante elástica da mola, de massa desprezível, é 400 N/m. Considere:

I. A amplitude do movimento é 0,4 m.

II. Nos extremos da trajetória a energia potencial é nula.

III. No ponto central da trajetória a energia cinética é máxima.

IV. Para uma elongação de $0{,}2\sqrt{2}$ m, a energia potencial elástica tem o mesmo valor que a energia cinética.

Quais afirmações são corretas? Justifique.

20. Uma partícula com massa de 0,2 kg oscila em torno de uma posição *O*, em M.H.S. Sabe-se que a energia mecânica total do sistema vale 40 J. Sendo a constante elástica da mola 20 N/m e supondo desprezíveis todos os tipos de atrito:

a) determine a amplitude e o período desse movimento;

b) trace os gráficos das energias em função da elongação.

21. Um brinquedo dispara bolinhas de plástico com massa de 5 g. Os disparos são efetuados após uma compressão de 10 cm em uma mola cuja constante elástica é 18 N/m. Considerando o sistema conservativo, com que velocidade são disparadas as bolinhas?

22. (UFU-MG) Uma massa *m* executa um M.H.S. Sua energia potencial *U*, em função de sua posição *x*, está no gráfico a seguir.

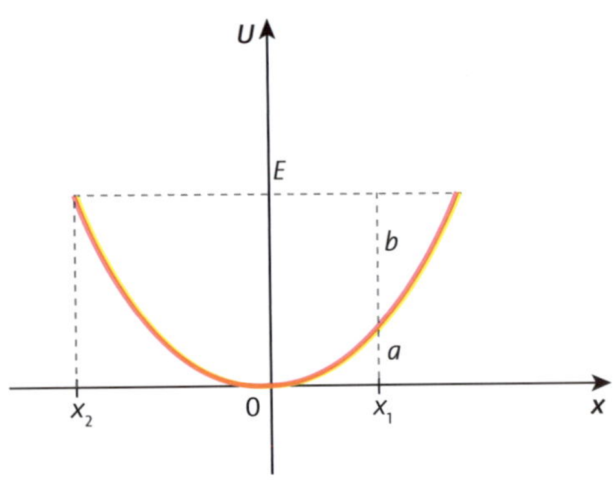

Se *E* for sua energia total, teremos:

a) Em x_1 sua energia cinética será *a*.

b) Em x_1 sua energia potencial será *b*.

c) Em x_1 sua energia cinética será $+b$.

d) Na posição x_2 sua energia cinética será máxima.

e) Na posição x_2 sua energia potencial será zero.

23. (UFG-GO) Uma mola de constante elástica $k = 50$ N/m e massa desprezível tem uma extremidade fixa no teto e a outra presa a um corpo de massa $m = 0{,}2$ kg. O corpo é mantido inicialmente numa posição em que a mola está relaxada e na vertical. Ao ser abandonado, ele passa a realizar um movimento harmônico simples, em que a amplitude e a energia cinética máxima são, respectivamente (dado: $g = 10$ m/s²):

a) 4 cm e 0,04 J.

b) 4 cm e 0,08 J.

c) 8 cm e 0,04 J.

d) 8 cm e 0,08 J.

e) 8 cm e 0,16 J.

24. (UFBA) A figura representa a posição ocupada, no instante *t*, por uma partícula que descreve um movimento circular uniforme com velocidade angular $\omega = 4\pi$ rad/s, numa circunferência de $R = \pi$ cm. A figura representa também a posição da projeção da partícula sobre o eixo *OX*, paralelo ao diâmetro *OO'*, contidos ambos os eixos no plano da circunferência.

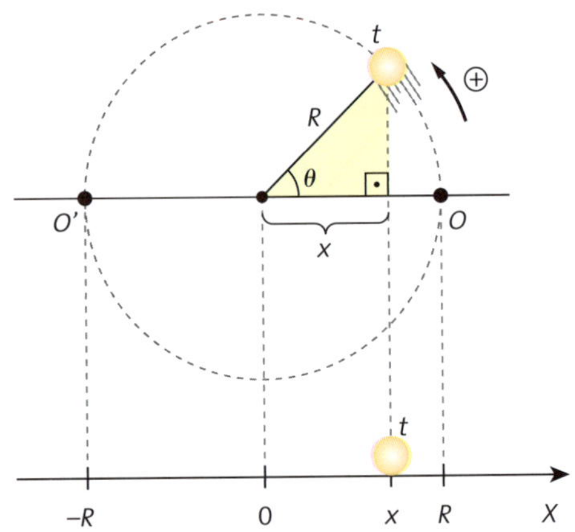

Em relação ao movimento da projeção sobre o eixo *OX*, é correto afirmar:

(01) O movimento é harmônico simples, e sua amplitude é igual a 2π cm.

(02) O período do movimento é igual a 0,5 s.

(04) A função horária da velocidade escalar instantânea é $v = -4\pi^2 \operatorname{sen}(4\pi t)$, se a fase inicial for nula.

(08) No ponto de inversão $x = -\pi$ cm, a aceleração escalar é máxima e igual a $16\,\pi^3$ cm/s².

(16) Ao se deslocar de $x = \pi$ até $x = 0$, a energia cinética da partícula diminui.

Dê como resposta a soma dos números correspondentes às afirmações corretas.

EM CONSTRUÇÃO

Léon Foucault e a rotação da Terra

Aaron Haupt/Photoresearchers, Inc./Latinstock

Pêndulo de Foucault.

Jean Bernard Léon Foucault (1819-1868), físico francês, nasceu e faleceu em Paris. Mesmo não tendo formação em ciências, Foucault possuía uma capacidade inigualável de compreender a natureza, além de habilidades manuais. Ele tornou-se mundialmente conhecido principalmente pelo experimento do pêndulo que comprovou a rotação da Terra. Devemos também a Foucault a descoberta das correntes induzidas nas massas metálicas – correntes de Foucault – além das invenções do giroscópio, a construção de novos telescópios e medidas da velocidade da luz no ar e na água.

No texto seguinte, apresentamos um pouco do trabalho de Foucault na comprovação da rotação da Terra.

[...] *Em 19 de fevereiro de 1600, a Inquisição trouxe o monge e professor italiano Giordano Bruno (1548-1600) acorrentado ao Campo dei Fiori, no centro de Roma, amarrou-o a uma estaca de ferro e queimou-o vivo. Um dos crimes de Bruno foi acreditar que a Terra girava. Um terço de século mais tarde, Galileu foi processado, em Roma, pela mesma Inquisição. Ameaçado de tortura, humilhado, forçado a se ajoelhar ante seus acusadores, o grande cientista que descobrira as luas de Júpiter, observara os anéis de Saturno e explicara muita coisa sobre o mundo físico, foi obrigado a abjurar sua crença de que a Terra girava.*

[...] *Na madrugada de 6 de janeiro de 1851, em Paris, Léon Foucault, então com 32 anos, resolveu o mais persistente problema científico de todos os tempos, que já havia preocupado Nicolau Copérnico (1473-1543), Johannes Kepler (1571-1630), Galileu Galilei (1564-1642) e Isaac Newton (1643-1727) nos séculos XVI a XVIII.*

[...] *Ele havia preparado o experimento cuidadosamente. Lidou com arames, alicates, dispositivos de medição e pesos. Enfim, prendeu uma extremidade de um fio de aço de dois metros de comprimento no teto do porão de sua casa, de uma maneira que permitisse a sua livre oscilação sem torque resultante. Na outra extremidade do fio, prendeu um peso de cinco quilogramas feito de latão. Foucault havia, assim, criado um pêndulo de oscilação livre, suspenso do teto.*

[...] *Cuidadosamente, pôs o pêndulo em movimento e aguardou. O peso moveu-se lentamente diante de seus olhos e Foucault acompanhou atentamente cada oscilação. Finalmente, ele viu o que queria. Detectou a ligeira mudança, mas claramente perceptível, do plano de oscilação do pêndulo. Esse plano havia se afastado da posição inicial, como se uma mão mágica tivesse intervindo e, lenta, mas firmemente, afastando-o de Foucault. Este sabia que acabara de observar o impossível.*

[...] *Léon Foucault acabara de ver a Terra girar.*

ACZEL, Amir. *O pêndulo:* Léon Foucault e o triunfo da ciência. Rio de Janeiro: Elsevier, 2003. p. 1-4.

- Qual observação feita por Foucault comprovou o movimento de rotação da Terra?

Pêndulo simples

Nesta atividade, vamos utilizar um pêndulo simples constituído por um fio (linha de pescar), de comprimento ℓ, e um corpo, de massa m, preso à extremidade desse fio, que será colocado para oscilar, conforme a figura.

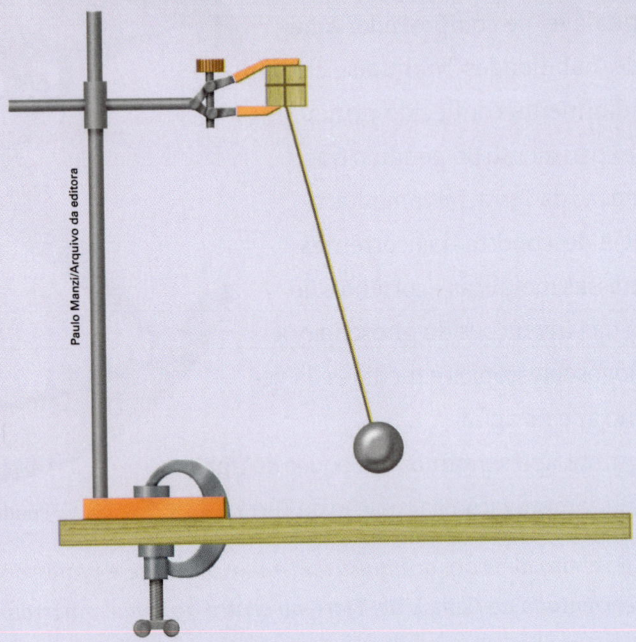

Como varia o período do pêndulo em função da amplitude do movimento do corpo oscilante?

Para responder a essa pergunta, você pode medir, com um cronômetro, o tempo de 10 oscilações completas do pêndulo, para três ou quatro valores diferentes de amplitude.

Como você pode verificar a dependência do período do pêndulo em função da massa do corpo oscilante?

Discuta com os colegas e realize as medidas necessárias para responder à questão. Sugerimos que você faça sempre a medida do intervalo de tempo de 10 oscilações.

Finalmente, responda: como varia o período do pêndulo em relação ao comprimento do fio? Para isso, você pode efetuar quatro ou cinco medidas do período do pêndulo, sempre de 10 oscilações completas, variando o comprimento do fio.

1. Em todas as etapas da atividade, sugerimos medir o intervalo de tempo de 10 oscilações completas. Nessas condições, como você determina o período do pêndulo?

2. Qual é a vantagem de se efetuar a medida de 10 oscilações e não de uma única oscilação completa?

3. Como varia o período do pêndulo em função:

a) da amplitude de oscilação?

b) da massa pendular?

c) do comprimento do fio?

4. Utilize um dos resultados obtidos para o período (T) do pêndulo e determine o valor da aceleração da gravidade no local da atividade. Compare seu valor obtido com $g = 9{,}8\ m/s^2$. Explique as diferenças, se houver.

Vestibulares de Norte a Sul

1. **CO** (UFG-GO) O gráfico seguinte mostra a posição em função do tempo de uma partícula em movimento harmônico simples (MHS) no intervalo de tempo entre 0 e 4 s.

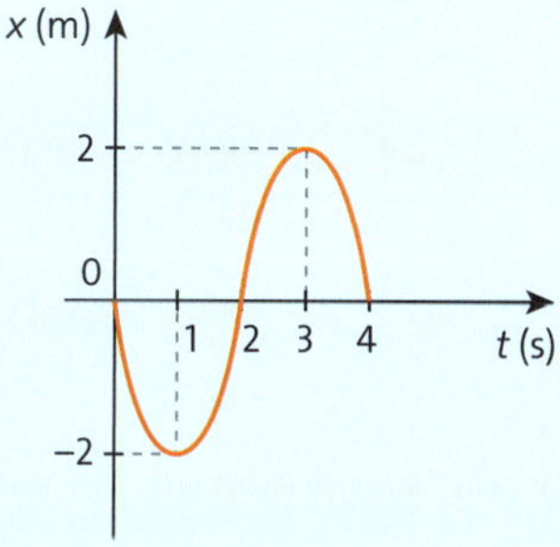

A equação da posição em função do tempo para esse movimento harmônico é dada por $x = A \cdot \cos(\omega \cdot t + \phi)$. A partir do gráfico, encontre as constantes A, ω e ϕ.

2. **NE** (UFPI) O gráfico da elongação de uma partícula que executa um movimento harmônico simples está representado na figura.

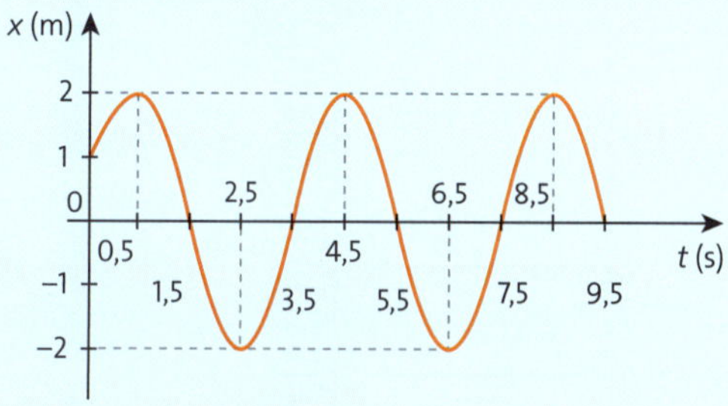

Com base no gráfico, podemos afirmar que a fase inicial e a velocidade angular são, respectivamente:

a) $\frac{\pi}{2}$ rad e $\frac{\pi}{2}$ rad/s.

b) $\frac{\pi}{4}$ rad e $\frac{\pi}{2}$ rad/s.

c) $\frac{\pi}{3}$ rad e $\frac{\pi}{2}$ rad/s.

d) $\frac{\pi}{4}$ rad e $\frac{\pi}{3}$ rad/s.

e) $\frac{\pi}{3}$ rad e $\frac{\pi}{4}$ rad/s.

3. **SE** (UPM-SP) Um corpo de 250 g de massa encontra-se em equilíbrio sobre uma superfície horizontal e ligado a uma mola helicoidal de massa desprezível, de constante elástica $k = 100$ N/m, presa a uma parede. Puxando-se o bloco, a mola é esticada de 10 cm até um ponto A. Em um intervalo de 30 s, o corpo retornará ao ponto A: (Despreze os atritos e use $\pi = 3$.)

a) 10 vezes.

b) 20 vezes.

c) 100 vezes.

d) 200 vezes.

4. **SE** (PUC-SP) A figura a seguir nos dá a velocidade em função do tempo para uma partícula em movimento harmônico simples. Sendo P a posição de equilíbrio, podemos afirmar que a partícula:

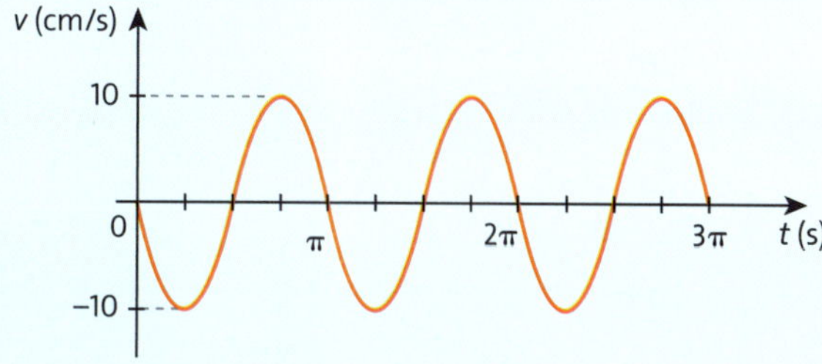

a) parte de P, com velocidade nula.

b) parte de P, mas não com velocidade nula

c) não parte de P, mas a velocidade inicial é nula.

d) não parte de P, mas tem velocidade inicial não nula.

5. **NE** (UFPB) Para agilizar o preparo de massa de cimento, uma construtora adquire uma peneira automática do tipo vaivém, conforme figura a seguir.

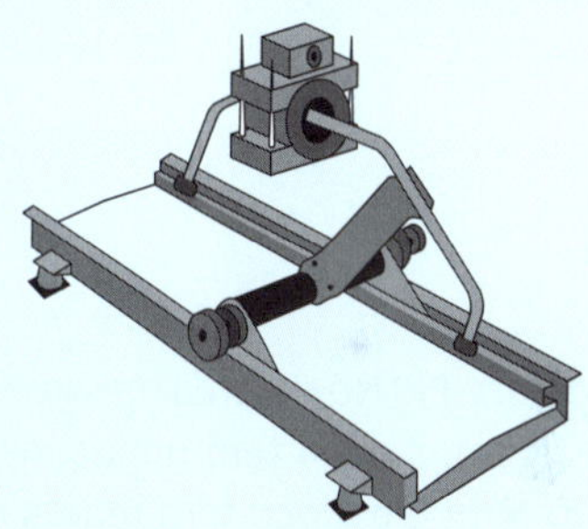

Formato/Arquivo da editora

Disponível em: <www.patentesonline.com.br>. Acesso em: 30 set. 2010.

O motor acoplado à peneira está programado para produzir um movimento de vaivém que simule um movimento harmônico simples. Suponha que a peneira tenha sido instalada sobre um terreno plano e que suas bases estão fixadas ao solo, de modo que toda a vibração na peneira seja exclusivamente produzida pelo motor. Dessa maneira, ao se ligar o motor, constata-se que o movimento de vaivém periódico impresso à peneira se repete a cada 2 s e que a amplitude do movimento é de 0,5 m. Com base nessas afirmações, julgue (V ou F) as afirmativas a seguir:
(Dado: $\pi = 3$.)

I. O período do movimento de vaivém é de 4 s.

II. A frequência do movimento de vaivém é de 0,5 Hz.

III. A frequência angular do movimento de vaivém é de 3 rad/s.

IV. A velocidade máxima da peneira é de 1,5 m/s.

V. A aceleração máxima da peneira é de 4,5 m/s^2.

6. **SE** (ITA-SP) Uma partícula de massa m move-se sobre uma linha horizontal em um movimento harmônico simples (MHS) com centro O. Inicialmente, a partícula encontra-se na máxima distância x_0 de O e, a seguir, percorre uma distância a no primeiro segundo e uma distância b no segundo seguinte, na mesma direção e sentido. Quanto vale a amplitude x_0 desse movimento?

a) $\dfrac{2a^3}{(3a^2 - b^2)}$

b) $\dfrac{2b^2}{(4a - b)}$

c) $\dfrac{2a^2}{(3a - b)}$

d) $\dfrac{2a^2b}{(3a^2 - b^2)}$

e) $\dfrac{4a^2}{(3a - 2b)}$

7. **N** (Unir-RO) Um sistema massa-mola oscila em MHS com período de 2 s. Qual será o período se a massa do corpo ligado à mola for quadruplicada?

a) 8,0 s

b) 1,0 s

c) 4,0 s

d) 0,5

e) 16,0 s

8. **S** (Unioeste-PR) No sistema massa-mola representado na figura, a mola tem uma constante elástica igual a 10 N/m e o bloco tem massa igual a 2,5 kg, estando em equilíbrio na posição $x = 0$. O bloco é então levado à posição $x = 0{,}2$ m e abandonado no instante $t = 0$. Sendo x em metros, t em segundos e desprezando o atrito, assinale a alternativa correta.

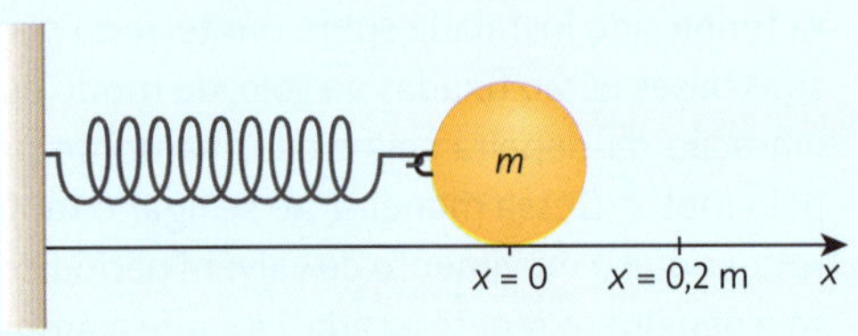

a) A amplitude do movimento é igual a 0,4 m.

b) A equação que fornece a posição do bloco pode ser escrita como $x = 0{,}2 \cdot \cos\left(2 \cdot t + \dfrac{\pi}{2}\right)$.

c) O período do movimento é 2 s.

d) No ponto $x = 0$ a aceleração possui valor máximo.

e) O bloco gasta $\dfrac{\pi}{4}$ s para ir da posição $x = 0$ até a posição $x = 0{,}2$ m.

9. **SE** (UPM-SP) Um corpo de 0,50 kg oscila, periodicamente, sobre uma reta em torno de um ponto, com sua posição x em função do tempo $x = 0{,}30 \cdot \cos \pi \cdot t$. A posição x é medida em metros, π em rad/s e t em segundos. Entre as alternativas, o valor mais próximo da força resultante que age sobre esse corpo, no instante $\dfrac{1}{3}$ s, é:

a) 0,74 N.

b) 0,82 N.

c) 0,96 N.

d) 1,20 N.

e) 1,48 N.

10. **SE** (Sesp) Uma partícula suspensa na extremidade de uma mola oscila entre as posições extremas I e III, mostradas na figura, em um lugar onde $g = 10$ m/s^2. Na posição I, a mola está relaxada. A distância de I a III mede 5,0 cm. A massa da partícula é 0,20 kg. A constante k da mola vale:

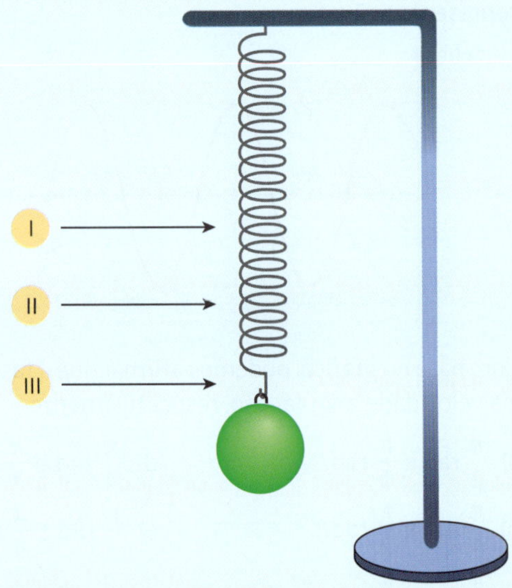

a) 60 N/m.

b) 80 N/m.

c) $1{,}0 \cdot 10^2$ N/m.

d) $2{,}0 \cdot 10^2$ N/m.

e) $8{,}0 \cdot 10^2$ N/m.

11. **SE** (Unicamp-SP) Os átomos de carbono têm a propriedade de se ligarem, formando materiais muito distintos entre si, como o diamante, a grafite e os diversos polímeros. Há alguns anos, foi descoberto um novo arranjo para esses átomos: os nanotubos, cujas paredes são

malhas de átomos de carbono. O diâmetro desses tubos é de apenas alguns nanômetros (1 nm = 10^{-9} m). Mais recentemente, foi possível montar um sistema no qual um "nanotubo de carbono" fechado nas pontas oscila no interior de outro nanotubo de diâmetro maior e aberto nas extremidades, conforme a ilustração adiante. As interações entre os dois tubos dão origem a uma força restauradora, representada no gráfico a seguir. (Dado: 1 nN = 10^{-9} N.)

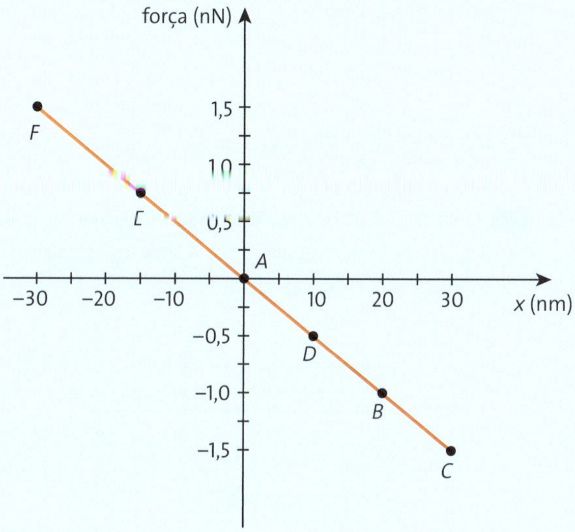

a) 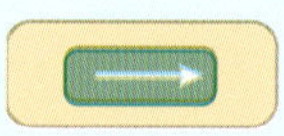

b) 

c) 

d) 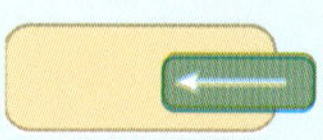

e) 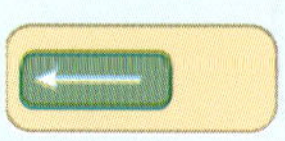

f) 

g) 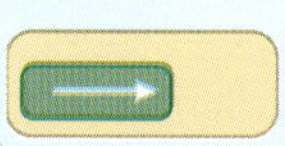

I. Encontre, por meio do gráfico, a constante da mola desse oscilador.

II. O tubo oscilante é constituído de 90 átomos de carbono. Qual é a velocidade máxima desse tubo, sabendo-se que um átomo de carbono equivale a uma massa de $2 \cdot 10^{-26}$ kg?

12. **SE** (Ufla-MG) O gráfico a seguir representa a elongação de um corpo em movimento harmônico simples (MHS) em função do tempo.

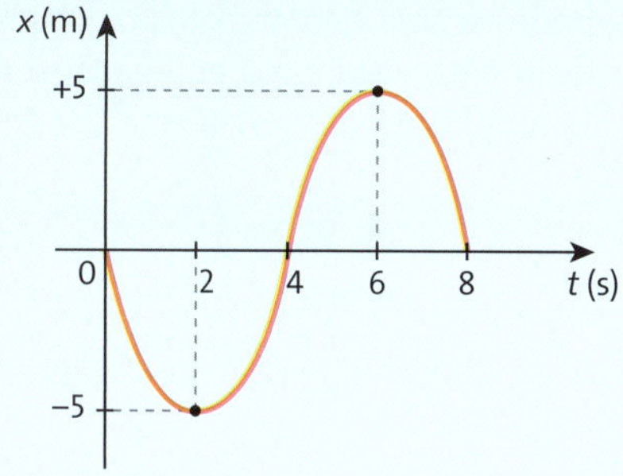

A amplitude, o período e a frequência para esse movimento são dados, respectivamente, por:

a) 10 m; 4 s; $\frac{1}{8}$ Hz.

b) 5 m; 4 s; $\frac{1}{4}$ Hz.

c) 10 m; 8 s; $\frac{1}{4}$ Hz.

d) 5 m; 8 s; $\frac{1}{8}$ Hz.

e) 0; 8 s; $\frac{1}{8}$ Hz.

13. **SE** (FEI-SP) Há mais de 300 anos, Galileu Galilei observou, na catedral de Pisa, um lustre que oscilava de um lado para outro como um pêndulo. Intrigado com o fato, ele construiu posteriormente alguns pêndulos e realizou vários experimentos. Com base nestes experimentos de Galileu com um pêndulo, oscilando com pequena amplitude, podemos afirmar que:

a) quanto menor a amplitude, menor o período.

b) quanto menor a amplitude, maior o período.

c) quanto maior o comprimento do fio, maior o período.

d) quanto menor o comprimento do fio, maior o período.

e) quanto maior a massa pendurada, maior o período.

14. **S** (Udesc) Um pêndulo simples oscila com uma pequena amplitude. Para duplicar o período do pêndulo, deve-se:

a) quadruplicar o seu comprimento.

b) reduzir sua massa à metade.

c) duplicar a força usada para iniciar o movimento do pêndulo.

d) duplicar a amplitude de oscilação.

e) duplicar o valor da massa.

15. **SE** (FCMSCSP) Um bloco é preso a uma mola de massa desprezível e executa movimento harmônico simples, sem atrito com o solo horizontal. A energia potencial do sistema é zero na posição de elongação nula e pode assumir valor máximo de 60 joules durante o movimento. Quando a elongação é metade do valor da amplitude, a energia cinética do bloco, em joules, é:

a) 15.
b) 20.
c) 30.
d) 40.
e) 45.

16. **SE** (Fuvest-SP) Considere três pêndulos, conforme indica a figura. As massas de *A* e *B* são iguais e de valor 1 kg, e a massa de *C* é igual a 2 kg.

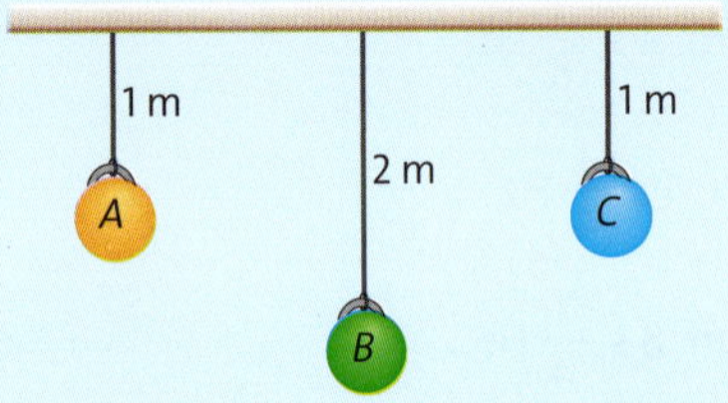

Quando eles são postos a oscilar, com pequenas amplitudes, podemos afirmar que:

a) os três pêndulos possuem a mesma frequência.
b) a frequência do pêndulo *B* é maior que a dos pêndulos *A* e *C*.
c) os pêndulos *B* e *C* possuem a mesma frequência.
d) os pêndulos *A* e *C* possuem a mesma frequência.
e) o pêndulo *C* possui a maior frequência.

17. **SE** (Fuvest-SP) O pêndulo de Foucault – popularizado pela obra homônima de Umberto Eco – consistia de uma esfera de 28 quilogramas, pendurada na cúpula do Panthéon de Paris por um fio de 67 metros de comprimento. Sabe-se que o período *T* de oscilação de um pêndulo simples é relacionado com o seu comprimento *L* e com a aceleração da gravidade *g* pela seguinte expressão: $T = 2\pi \cdot \sqrt{\frac{\ell}{g}}$

(Dados: $g = 10$ m/s^2; $\pi = \sqrt{10}$.)

Pergunta-se:

a) Qual o período de oscilação do pêndulo de Foucault? Despreze as frações de segundo.
b) O que aconteceria com o período desse pêndulo se dobrássemos a sua massa?

18. **SE** (ITA-SP) Um relógio tem um pêndulo de 35 cm de comprimento. Para regular seu funcionamento, ele possui uma porca de ajuste que encurta o comprimento do pêndulo de 1 mm a cada rotação completa à direita e alonga esse comprimento de 1 mm a cada rotação completa à esquerda. Se o relógio atrasa um minuto por dia, indique o número aproximado de rotações da porca e sua direção necessários para que ele funcione corretamente.

a) 1 rotação à esquerda.
b) $\frac{1}{2}$ rotação à esquerda.
c) $\frac{1}{2}$ rotação à direita.
d) 1 rotação à direita.
e) 1 e $\frac{1}{2}$ rotação à direita.

19. **SE** (Ufla-MG) Um corpo de massa 10 kg é preso a uma mola e oscila horizontalmente sobre uma superfície totalmente isenta de atrito.

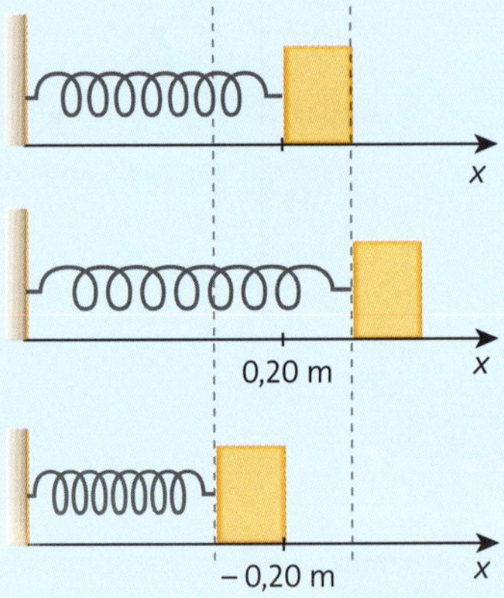

O gráfico da energia potencial elástica $E_{pot.\,elás.}$ em função da elongação da mola é mostrado a seguir.

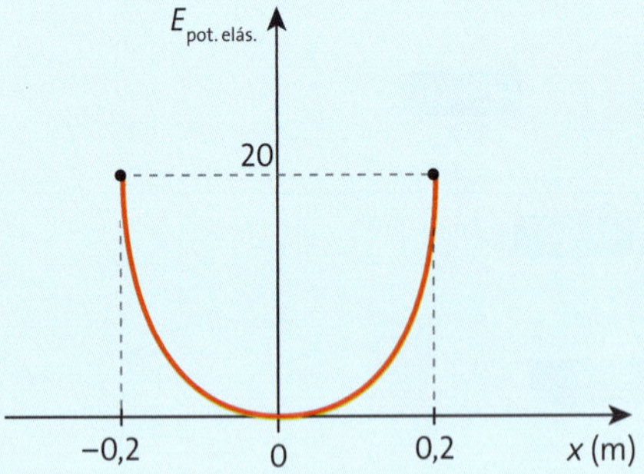

Desse modo, a constante elástica da mola e a velocidade do corpo na posição 0,1 m são, respectivamente:

a) 100 N/m e 0,5 m/s.
b) 100 N/m e 1,0 m/s.
c) 1000 N/m e $\sqrt{2}$ m/s.
d) 1000 N/m e $\sqrt{3}$ m/s.
e) 1000 N/m e 2 m/s.

CAPÍTULO

8 Ondas mecânicas

Francisco Caravana/Shutterstock/Glow Images

Como é possível o surfista se deslocar se ondas não carregam matéria?

1 Propagação ondulatória

Ao cair na superfície de um lago, uma pedra desloca certo volume de água, tanto lateral como verticalmente. Quando a pedra desce, a porção de água que se projeta acima do nível normal chega à posição de equilíbrio, mas passa daí por inércia, deslocando lateral e verticalmente uma nova porção de água ao seu redor. Assim, a oscilação propaga-se pela superfície do lago.

Nos meios elásticos, a porção vibrante faz suas vizinhanças vibrarem também, dando origem às ondas.

As ondas transportam energia sem transportar matéria

Figura 8.1 Propagações do tipo transversal.

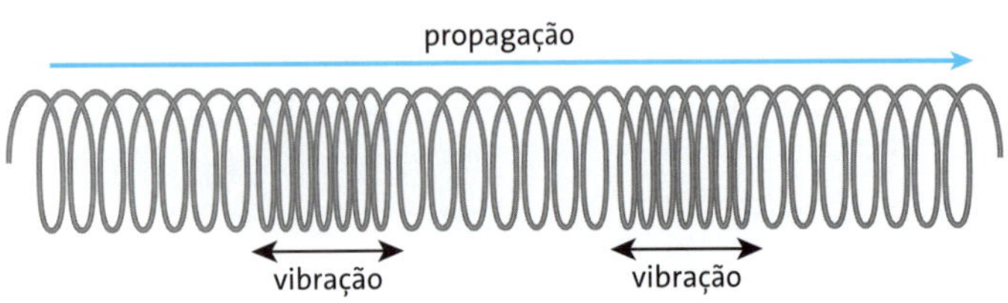

Figura 8.2 Propagação do tipo longitudinal.

Para ilustrar essa propriedade fundamental das propagações ondulatórias, vejamos dois exemplos. O primeiro diz respeito às "olas" que as pessoas fazem nos estádios; a perturbação (onda) se propaga pela multidão sem transporte de matéria, pois nenhuma pessoa muda de lugar. No segundo exemplo, suponha que você deixe cair, em intervalos regulares, pedras sobre a superfície de um lago em repouso. As ondas produzidas pelas quedas das pedras se propagam radialmente em circunferências sobre a superfície da água, a partir do ponto de impacto delas com a água. Uma pequena folha de árvore sobre a água oscilará para cima e para baixo em virtude da passagem das ondas, mas não se deslocará da sua posição original.

As propagações ondulatórias podem ser classificadas em transversais e longitudinais. Dizemos que uma propagação ondulatória é **transversal** quando a direção das vibrações é perpendicular à de propagação da onda (figura 8.1).

Enquanto pontos no meio da corda se movimentam verticalmente para cima e para baixo em torno de uma posição de equilíbrio, a onda se propaga horizontalmente.

As ondas produzidas nas cordas de instrumentos musicais (violão, por exemplo), na superfície de líquidos (em uma piscina, por exemplo) e as ondas luminosas são exemplos de ondas transversais.

Dizemos que uma propagação ondulatória é **longitudinal** quando a direção da vibração é a mesma daquela em que se propaga a onda. Como demonstração, podemos utilizar uma mola, conforme mostra a figura 8.2.

As ondas longitudinais mais conhecidas são as ondas sonoras.

Nas propagações mistas, ambas as situações anteriores ocorrem simultaneamente (figura 8.3). É o caso das perturbações que se propagam pela superfície dos líquidos.

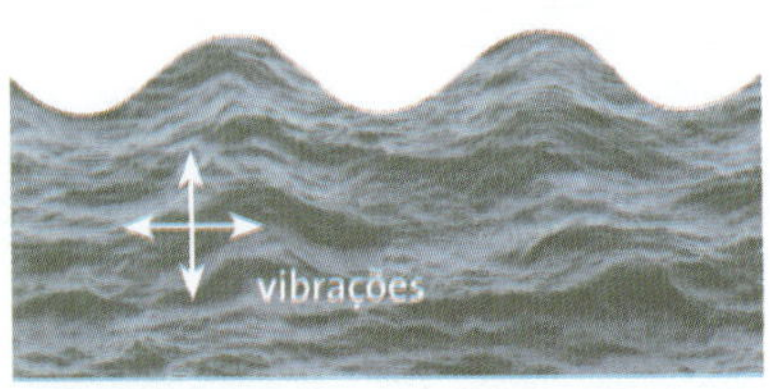

Figura 8.3 Onda mista.

Ondas mecânicas e ondas eletromagnéticas

Determinadas ondas necessitam, obrigatoriamente, de um meio material para a sua propagação: são as **ondas mecânicas**. Em uma propagação mecânica ocorre transporte de vibrações mecânicas, ou seja, as partículas materiais vibram. É o caso das ondas em cordas (figura 8.4), em molas, na superfície e no interior de líquidos, dos sólidos (terremotos) e dos gases (som se propagando no ar). As ondas mecânicas não se propagam no vácuo.

Por outro lado, existem propagações que ocorrem tanto nos meios materiais como no vácuo. São as **ondas eletromagnéticas**, como as ondas de rádio (figura 8.5), os raios infravermelhos, a luz visível, os raios X, entre outras.

Carsten Reisinger/Shutterstock/Glow Images

Figura 8.4 Ondas mecânicas propagam-se nas cordas de um violão.

Spirit of America/Shutterstock/Glow Images

Figura 8.5 A antena capta ondas de rádio vindas dos mais diferentes pontos do Universo.

Graus de liberdade para a propagação das ondas

Nas **propagações unidimensionais**, as ondas se deslocam sobre uma linha, como na figura 8.6, em que as ondas se propagam em uma corda.

Nas **propagações bidimensionais**, as ondas são produzidas sobre uma superfície, como a superfície dos líquidos, figura 8.7.

Nas **propagações tridimensionais** as ondas se propagam em todas as direções, por todo o espaço, como na propagação das ondas de TV no ar, figura 8.8.

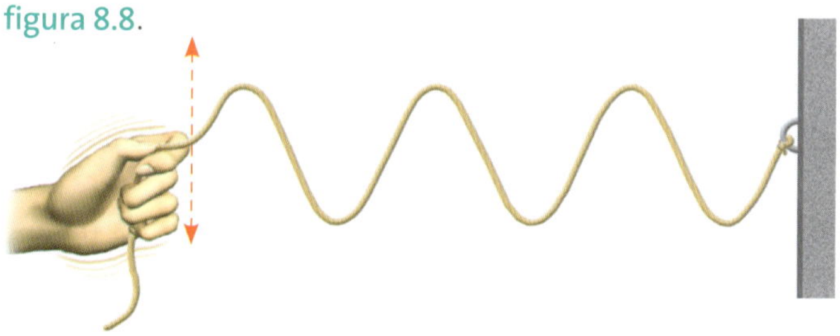
Paulo Manzi/Arquivo da editora

Figura 8.6 Ondas unidimensionais.

Paulo Manzi/Arquivo da editora

Figura 8.8 Ondas tridimensionais.

Brian A. Jackson/Shutterstock/Glow Images

Figura 8.7 Ondas bidimensionais.

Características de uma onda

A figura 8.9 mostra uma sequência de pulsos iguais produzida por uma pessoa em uma corda. Nessas condições, a onda é denominada **periódica**, pois se repete de forma idêntica em intervalos de tempo iguais e sucessivos.

Dos variados tipos de ondas, as periódicas apresentam especial interesse, tanto pela facilidade para a descrição, quanto pelas aplicações práticas. Vamos analisar algumas características delas, tais como a velocidade de propagação, a frequência e o período dos pulsos, a distância entre dois pulsos consecutivos e o máximo afastamento vertical dos pontos da corda em relação à posição de equilíbrio. Para isso, observe a figura 8.10.

Na figura 8.10, destacamos:

- **Elongação (y)** – é o valor algébrico da ordenada de um ponto oscilante da onda.
- **Amplitude (A)** – é o maior valor da elongação (máximo afastamento vertical em relação à posição de equilíbrio). A amplitude está relacionada à energia transportada pela onda. Quanto maior a amplitude, maior a energia transportada. O ponto mais alto recebe o nome de **crista** (C) e o ponto mais baixo recebe o nome de **vale** (V).
- **Frequência (f)** – número de oscilações completas executadas por qualquer ponto da corda, por unidade de tempo. **A frequência da onda é dada pela frequência da fonte**. Por exemplo, a frequência de uma onda gerada pela mão de uma pessoa em uma corda é dada pela frequência de oscilação da mão dessa pessoa. Quanto mais rápido a pessoa movimentar para cima e para baixo a extremidade livre da corda, maior a frequência da fonte e, consequentemente, a da onda. A unidade da frequência no Sistema Internacional de Medidas (SI) é o hertz (Hz).
- **Período (T)** – é o intervalo de tempo de uma oscilação completa de qualquer ponto na onda. O período é inversamente proporcional à frequência: quanto maior a frequência, menor o período. Do mesmo modo que a frequência, podemos dizer que **o período da onda é sempre igual ao da fonte que a origina**.
- **Comprimento de onda (λ)** – é a distância percorrida pela onda durante uma oscilação completa, ou seja, durante um intervalo de tempo igual ao período T da onda.
- **Velocidade de propagação da onda (v)** – a velocidade depende das características físicas do meio e expressa a rapidez com que a onda se propaga nesse meio.

Figura 8.9 Movendo-se a extremidade da corda para cima e para baixo, a pessoa provoca uma onda periódica.

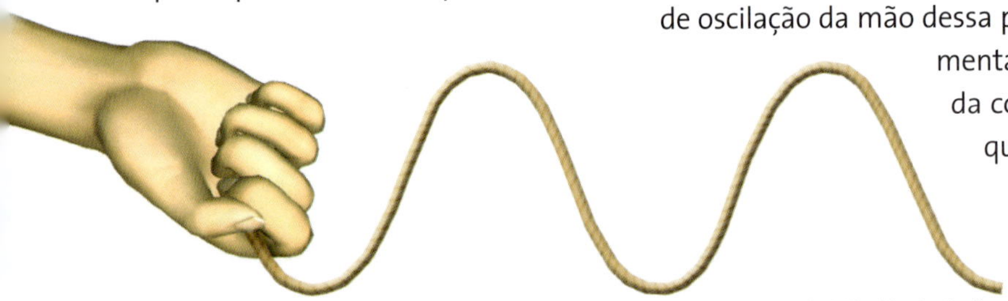

Paulo Manzi/Arquivo da editora

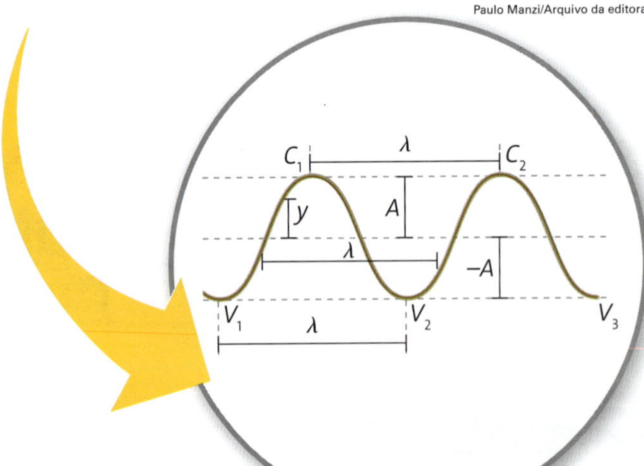

Figura 8.10 Amplitude (A), comprimento de onda (λ), cristas (C) e vales (V) em uma onda periódica.

Origem dos terremotos

Equação fundamental da ondulatória

Em um determinado meio, a velocidade de propagação v da onda é constante e pode ser relacionada às demais grandezas características (comprimento de onda, frequência e período).

Lembrando que a velocidade é dada pela razão entre o deslocamento ΔS e o intervalo de tempo Δt, verificamos que, se considerarmos o deslocamento igual ao comprimento de onda ($\Delta S = \lambda$) e o intervalo de tempo igual ao período T da onda ($\Delta t = T$), podemos escrever:

$$v = \frac{\Delta S}{\Delta t} = \frac{\lambda}{T}$$

Como o período T é inversamente proporcional à frequência f $\left(T = \frac{1}{f}\right)$, podemos escrever a expressão acima da seguinte maneira:

$$v = \lambda \cdot f$$

Essa equação é conhecida como **equação fundamental da ondulatória**. Ela nos permite concluir que, para um determinado meio, como a velocidade de propagação v da onda é constante, o comprimento de onda λ e a frequência f são inversamente proporcionais. Assim, se dobrarmos a frequência da fonte, dobramos a frequência f da onda e, consequentemente, o comprimento de onda λ será reduzido à metade.

Exercício resolvido

1. Uma onda em uma corda oscila com frequência de 50 Hz. O gráfico seguinte mostra a corda num certo instante.

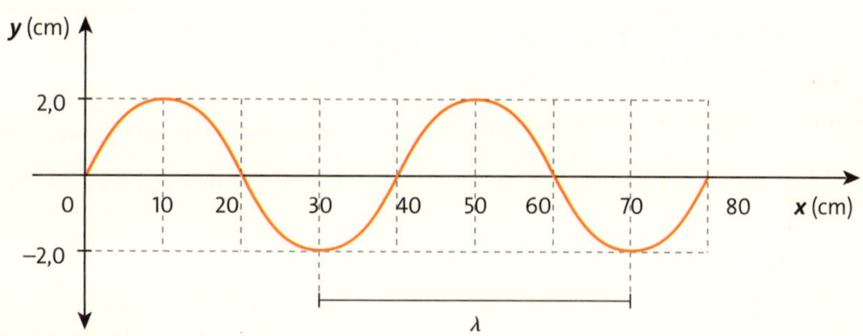

Nessas condições, determine:

a) a amplitude de oscilação;
b) o comprimento de onda;
c) a velocidade de propagação;
d) o período de oscilação da onda.

Resolução

De acordo com o gráfico dado:

a) A amplitude de oscilação da onda é $A = 2$ cm (informação do gráfico).
b) Medindo-se a distância na horizontal (eixo x) entre dois vales consecutivos, obtemos o comprimento de onda: $\lambda = 40$ cm.
c) Usando a equação fundamental da ondulatória, obtemos a velocidade de propagação da onda:
$v = \lambda \cdot f \Rightarrow v = 40 \cdot 50 \Rightarrow v = 2000 \text{ cm/s} = 20 \text{ m/s}$
d) O período de oscilação da onda é dado por:

$$T = \frac{1}{f} \Rightarrow T = \frac{1}{50} \Rightarrow T = 0{,}02 \text{ s}$$

Exercícios

1. Uma criança brinca com uma varinha batendo na água de um lago em intervalos regulares e produzindo ondas. Suponha que, em cada batida, uma única onda seja produzida. Se a criança diminuir o intervalo de tempo entre as batidas da varinha na água, as ondas produzidas passarão a ter:
   a) maior velocidade, mas mesma frequência.
   b) menor frequência, mas mesma velocidade.
   c) maior frequência, mas velocidade menor.
   d) menor comprimento de onda, mas mesma velocidade.

2. Um aluno produziu em uma corda uma onda periódica, conforme mostra a figura.

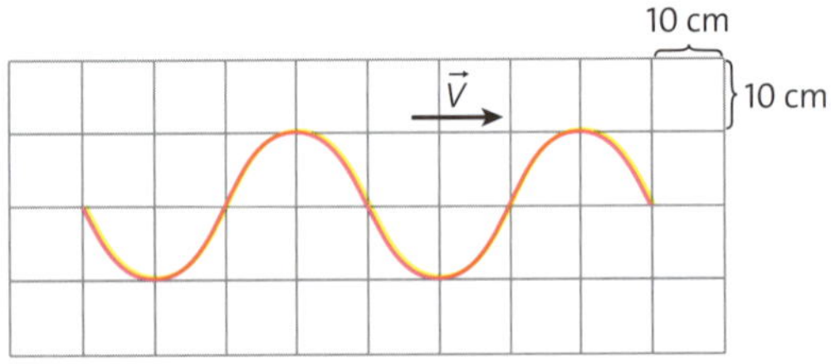

Sabendo-se que o período de oscilação da onda é 0,5 s, determine:
   a) a amplitude e o comprimento de onda;
   b) a frequência e a velocidade de propagação da onda.

3. (UEMG) Uma torneira deixa cair 1 gota de água a cada 0,5 segundo, produzindo ondas num tanque. A figura a seguir mostra uma vista de cima das ondas produzidas na água do tanque.

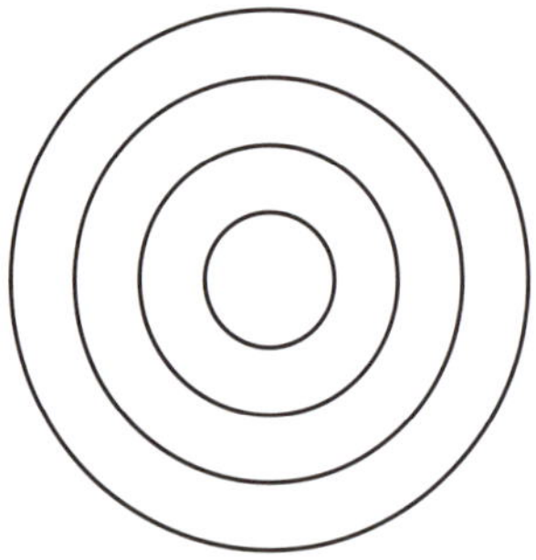

Em relação à situação descrita, assinale a alternativa que traz uma afirmação INCORRETA.
   a) As ondas mostradas são transversais.
   b) A frequência das ondas produzidas é de 0,5 Hertz.
   c) O comprimento de onda das ondas é igual à distância entre duas cristas consecutivas.
   d) O período das ondas vale 0,5 segundo.

4. (Ufal) Gotas de água pingam de uma torneira, num tanque cheio de água, a intervalos regulares de 0,40 s, produzindo ondas que se propagam na superfície do líquido. Verifica-se que a crista de uma onda percorre 75 cm em 2,5 s. Analise as afirmações.
   (00) As ondas produzidas são longitudinais.
   (11) O período é $T = 2,5$ s.
   (22) A frequência da perturbação ondulatória é de 0,40 Hz.
   (33) A velocidade da propagação é de 0,30 m/s.
   (44) O comprimento de onda é de 12 cm.

5. Em uma feira de ciências, um aluno apresentou um dispositivo para ilustrar a propagação ondulatória. O dispositivo consiste em um recipiente cheio de areia, pendurado na extremidade de um fio. À medida que o recipiente oscila verticalmente, a areia escoa-se lentamente sobre uma esteira que se move na horizontal à velocidade de 2 m/s, conforme mostra a figura.

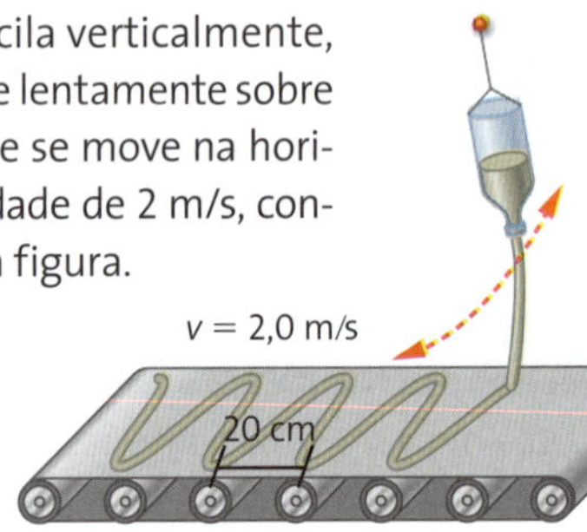

Adilson Secco/Arquivo da editora

De acordo com as informações dadas no texto e na figura, determine:
   a) as frequências de oscilação da onda e do funil;
   b) o período de oscilação do funil.

6. O eletrocardiograma é um exame muito utilizado pelos médicos cardiologistas para analisar o funcionamento do coração. Uma caneta registra a atividade elétrica do coração movimentando-se transversalmente a uma fita de papel milimetrado, que se desloca com velocidade constante de 25 mm/s. A figura mostra parte da fita de um eletrocardiograma.

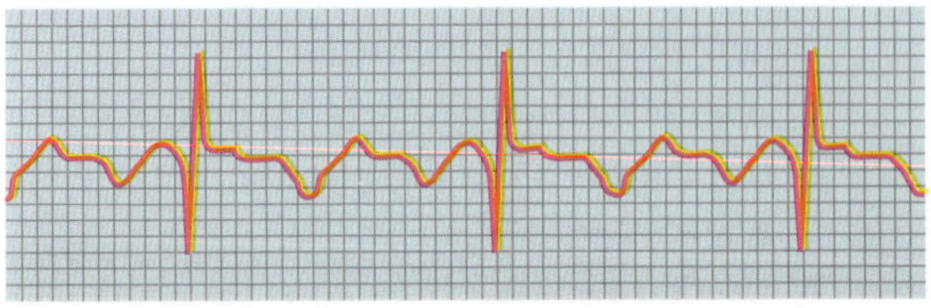

Sabendo-se que, no papel milimetrado, a distância entre duas linhas paralelas, tanto na vertical como na horizontal, é de 1,0 mm, determine a frequência cardíaca dessa pessoa, em batimentos por minuto.

2 Pulsos

Chama-se **pulso** a onda que corresponde a uma perturbação simples. A figura 8.11 é um instantâneo de um pulso transversal propagando-se para a direita em uma corda. A linha em azul-claro corresponde a uma posição futura a ser ocupada pela perturbação, após um intervalo de tempo Δt. As setas indicam os deslocamentos que sofrerão os vários pontos da corda para atingir a nova posição.

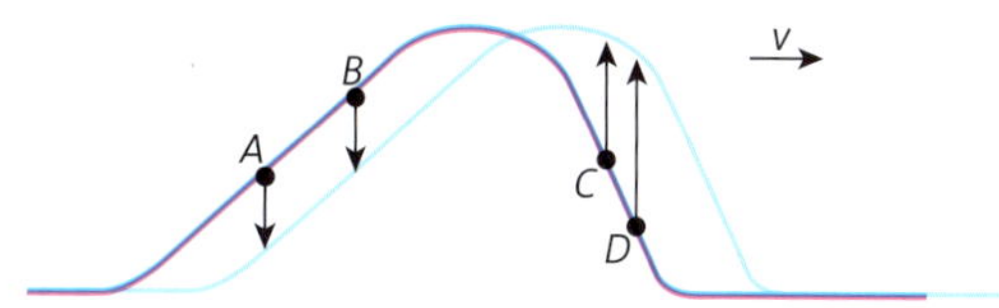

Figura 8.11 Os pontos *A* e *B* estão descendo; os pontos *C* e *D* estão subindo.

Reflexão de pulsos

Vamos analisar o caso particular de um pulso que atinge a extremidade de uma corda, em duas situações:

- a de quando o extremo da corda está fixo;
- e a de quando o extremo da corda está livre.

Na primeira situação, a extremidade da corda pode estar presa, por exemplo, a uma parede, no ponto *P* (figura 8.12). Chamamos de **fonte** o agente que gera a perturbação. Quando a fonte executa uma oscilação completa de um M.H.S., produz um pulso que se propaga com certa velocidade ao longo da corda.

O ponto *P* da parede sofre as ações da fonte. Pela terceira lei de Newton (princípio da ação e reação), a parede exercerá na corda forças de mesma intensidade, mesma direção, porém com sentidos opostos às ações sofridas. Assim, a parede age como uma segunda fonte, produzindo um pulso oposto que se propaga para a esquerda: **a reflexão ocorre com inversão de fase**.

Na segunda situação (extremidade livre), basta imaginarmos uma argola, de massa desprezível em relação à corda, que possa subir e descer, sem atrito (figura 8.13). Não havendo interação (como no caso anterior com a parede), a argola, ao subir e descer, age como uma fonte, produzindo um pulso idêntico ao que chega, porém deslocando-se para a esquerda: **a reflexão ocorre sem inversão de fase**.

Experimentalmente, podemos obter uma condição bem próxima à descrita amarrando a ponta da corda a um fio de náilon (linha de pesca), cuja densidade é muito menor que a da corda. O fio de náilon, por sua vez, é preso à parede a uma distância suficiente para que a parede não interfira no experimento.

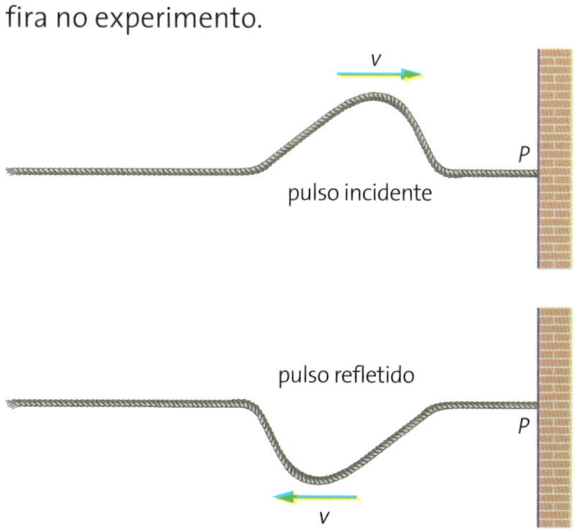

Figura 8.12 Reflexão com a extremidade presa.

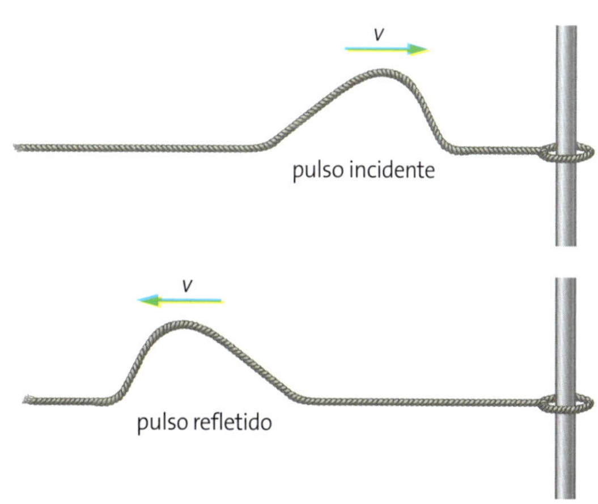

Figura 8.13 Reflexão com a extremidade solta.

Ilustrações: Adilson Secco/Arquivo da editora

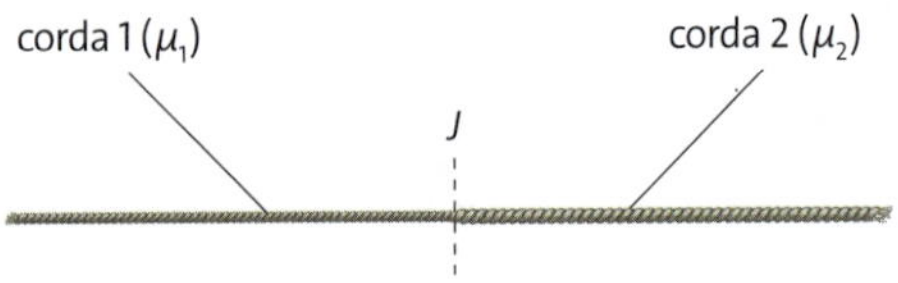

Figura 8.14 Junção de cordas.

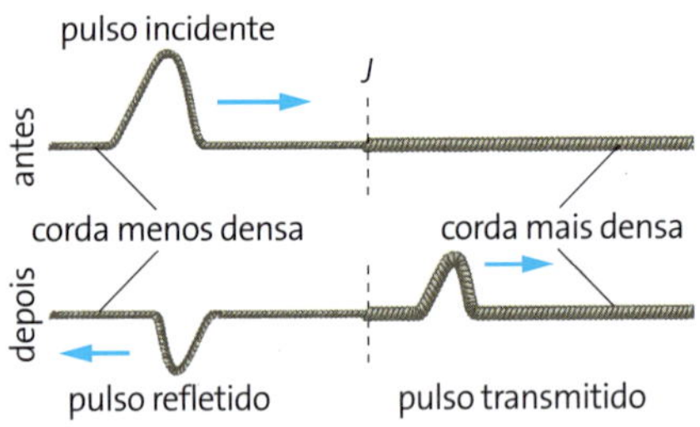

Figura 8.15 Refração de cordas com $\mu_1 < \mu_2$.

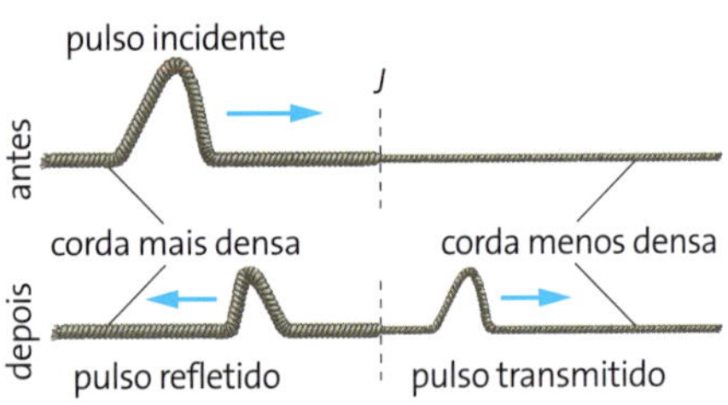

Figura 8.16 Refração de cordas com $\mu_1 > \mu_2$.

Ilustrações: Adilson Secco/Arquivo da editora

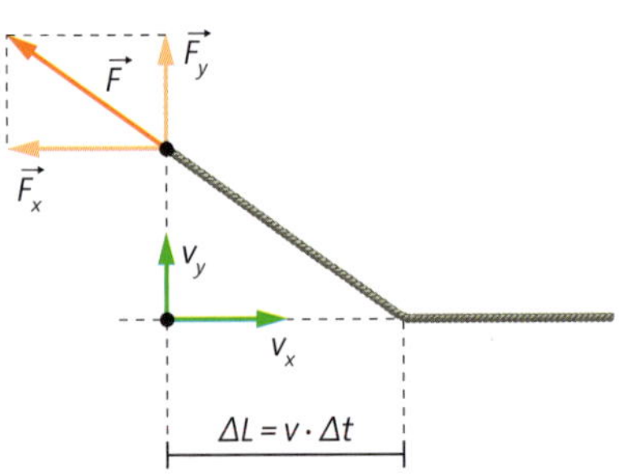

Figura 8.17 Velocidade em pulso.

Refração de pulsos

Numa corda, a dimensão que predomina é o comprimento. Ao definirmos a densidade de uma corda, é usual fazê-lo em termos de massa por unidade de comprimento, chamada de **densidade linear** (μ). Assim, definimos $\mu = \frac{m}{L}$, em que m é a massa da corda e L é o comprimento dela. Para cordas submetidas a uma mesma tração, a velocidade de propagação é maior na de menor densidade linear.

A figura 8.14 ilustra duas cordas unidas pelo ponto J, junção de ambas.

Um pulso gerado na corda 1 se propaga para a direita; ao atingir o ponto de junção, formam-se dois pulsos. Um que passa a se propagar na corda 2 chamado de **pulso refratado**, pois muda de meio de propagação; e outro, que retorna pela corda 1, denominado **refletido**.

A seguir, vamos considerar dois casos.

Primeiro caso (figura 8.15): a primeira corda tem densidade linear menor do que a segunda ($\mu_1 < \mu_2$)

A velocidade de propagação na corda 2 é menor do que na corda 1. Um pulso, ao atingir a junção, terá uma parcela refletida, como se a extremidade da primeira corda fosse fixa. Dizemos que o pulso foi **refletido com inversão de fase**. O pulso refratado nunca sofre inversão de fase.

Segundo caso (figura 8.16): a primeira corda tem densidade linear maior do que a segunda ($\mu_1 > \mu_2$)

A velocidade de propagação na corda 2 é maior do que na corda 1. A reflexão, neste caso, se processa sem que haja inversão de fase.

Velocidade dos pulsos

Para obter a velocidade de um pulso que se propaga ao longo de uma corda, vamos aplicar o teorema do impulso.

Na figura 8.17, a extremidade esquerda da corda de densidade linear μ foi puxada para cima uniformemente com uma força de intensidade F_x. A corda foi submetida a uma tração $T = F_x$, e a porção de corda que subiu no intervalo de tempo Δt tem massa $\Delta m = \mu \cdot \Delta L$.

$$\frac{F_x}{F_y} = \frac{v_x}{v_y}$$

Como $v_x = v$, temos: $v_y = v \cdot \frac{F_y}{F_x}$

Pois v_y é a velocidade com que a perturbação está se propagando na corda. Pelo teorema do impulso, aplicado na direção vertical, temos:

$$I_{F_y} = F_y \cdot \Delta t = (\Delta m) \cdot v_y$$

Substituímos nessa última igualdade a componente v_y da velocidade pelo obtido em I e temos $\Delta m = \mu \cdot \Delta L$:

$$\cancel{F_y} \cdot \Delta t = \mu \cdot \Delta L \cdot v \cdot \frac{\cancel{F_y}}{F_x} \Rightarrow \frac{T}{\mu} = v \cdot \frac{\Delta L}{\Delta t}$$

Como $\frac{\Delta L}{\Delta t} = v$, que é a velocidade de propagação do pulso, podemos escrever:

$$v^2 = \frac{T}{\mu} \Rightarrow v = \sqrt{\frac{T}{\mu}}$$

Exercício resolvido

2. Após atingir a junção de dois fios de densidades lineares diferentes, um pulso gera outros dois, um refratado e um refletido. A figura ilustra o perfil das cordas unidas 0,01 s depois de o pulso atingir a junção.

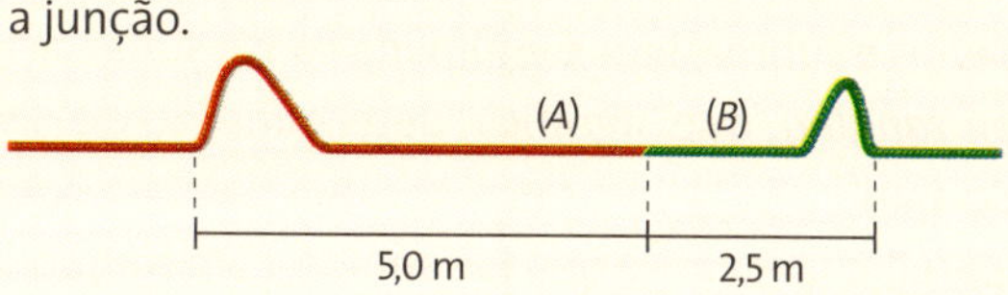

a) Em qual das duas cordas estava o pulso incidente?

b) Qual é a razão entre as densidades lineares das duas cordas?

c) Qual é a velocidade de propagação do pulso em cada uma das cordas?

Resolução

a) A velocidade do pulso na corda *A* é maior do que na *B*, pois o pulso que está em *A* está mais afastado da junção. Como as cordas estão atadas, elas estão submetidas à mesma tração. Dessa forma, como $v = \sqrt{\frac{F}{\mu}}$, concluímos que a densidade linear em *A* é menor do que em *B*. Se o pulso incidente viesse pela corda *A*, seria refletido com inversão de fase. Como no pulso refratado não há alteração de fase, essa possibilidade é mostrada pela figura.

Por outro lado, se o pulso incidente provier de *B*, o refletido estaria também em *B*, sem inversão de fase, e o refratado em *A*, também sem inversão, que é a situação compatível com a figura. Logo, o pulso incidente estava na corda *B*.

b) Analisando as distâncias percorridas pela parte inicial de perturbação, temos:

$$\frac{d_A}{d_B} = \frac{5}{2,5} = \frac{v_A \cdot \Delta t}{v_B \cdot \Delta t} = 2$$

Como a tração é a mesma nas duas cordas, podemos escrever:

$$\frac{\sqrt{\frac{F}{\mu_A}}}{\sqrt{\frac{F}{\mu_B}}} = \sqrt{\frac{\mu_B}{\mu_A}} \Rightarrow \frac{\mu_B}{\mu_A} = 4$$

c) Considerando o pulso que se propaga em *A*, temos:

$$v_A = \frac{\Delta S}{\Delta t} \Rightarrow v_A = \frac{5}{0,01} \Rightarrow v_A = 500 \text{ m/s}$$

Logo $v_B = \frac{v_B}{2} \Rightarrow v_B = 250$ m/s

Exercícios

7. (Fuvest-SP) A figura representa, nos instantes $t = 0$ e $t = 2,0$ s, configurações de uma corda sob tensão constante, na qual se propaga um pulso cuja forma não varia.

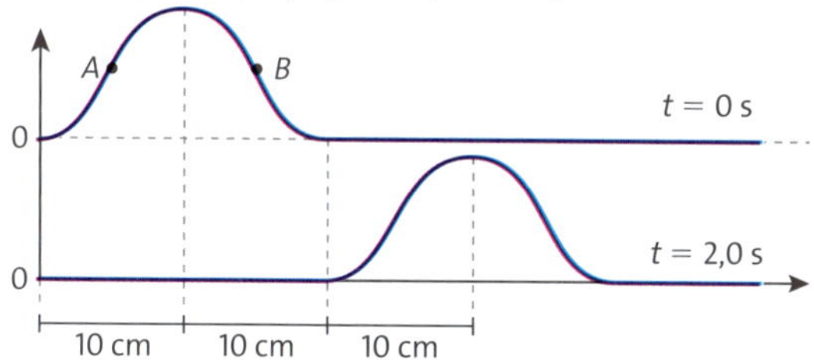

a) Qual é a velocidade de propagação do pulso?

b) Indique, em uma figura, a direção e o sentido das velocidades dos pontos materiais *A* e *B* no instante $t = 0$.

8. A figura a seguir representa dois instantes de uma corda pela qual se propaga um pulso transversal.

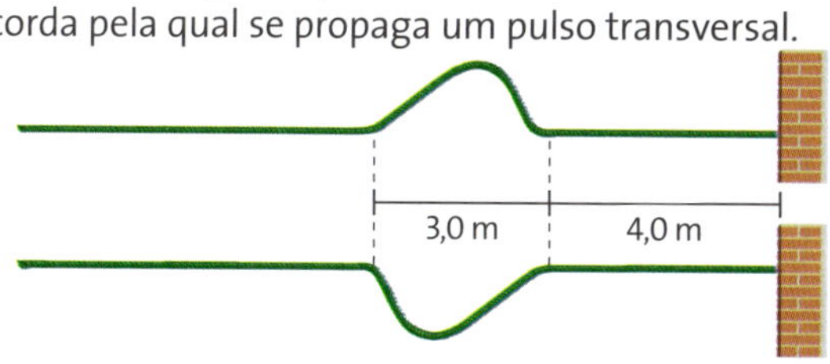

A tração na corda é de 784 N e a densidade linear é 10 g/m.

a) Qual é a velocidade de propagação do pulso?

b) Qual foi o intervalo de tempo, em milissegundos, decorrido entre as duas fotografias?

9. A figura corresponde ao perfil de duas cordas instantes depois de um pulso, que se propagou pela corda *B* e atingiu a junção delas (*J*).

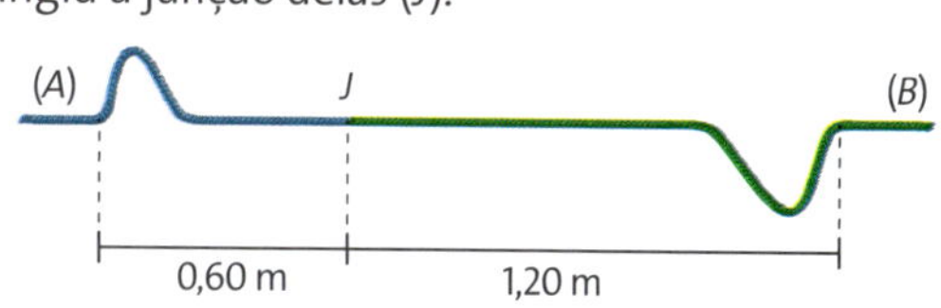

Ilustrações: Adilson Secco/Arquivo da editora

Se a velocidade de propagação do pulso na corda *B* é 200 m/s e a densidade linear da corda *B* é 10 g/m, pergunta-se:

a) Qual é a velocidade de propagação dos pulsos na corda *A*?

b) Qual é a tração a que estão submetidas essas cordas?

c) Qual é a densidade linear da corda *A*?

3 Reflexão, refração, difração e polarização

Reflexão

Acrônimo – Palavra formada pela inicial ou por mais de uma letra de cada um dos segmentos sucessivos de uma locução, ou pela maioria dessas partes.

A maioria dos navios e submarinos é equipada com o sonar, **acrônimo** de *sound navigation ranging*, que significa 'determinação de distância para navegação pelo som'.

O sonar é um aparelho que emite ondas sonoras, com frequências de 20000 Hz a 100000 Hz. A onda emitida pelo sonar, ao ser **refletida** por objetos submersos, permite aos navios e submarinos desviar de obstáculos e localizar navios afundados, submarinos, cardumes de peixes, ou qualquer outro objeto de interesse.

A técnica utilizada pelo sonar baseia-se em um fenômeno físico que ocorre com as ondas em geral, a **reflexão**. A seguir, veremos o que ocorre com uma onda quando ela sofre reflexão e quais as leis que regem esse fenômeno.

As frentes correspondem a uma linha, ou a uma superfície, formada por pontos da onda que apresentam o mesmo sentido de movimento (concordância de fase).

Suponha que uma onda, propagando-se num dado meio (meio 1), atinge um obstáculo (meio 2) e sofre reflexão. Na figura 8.18, temos uma representação esquemática desse fenômeno.

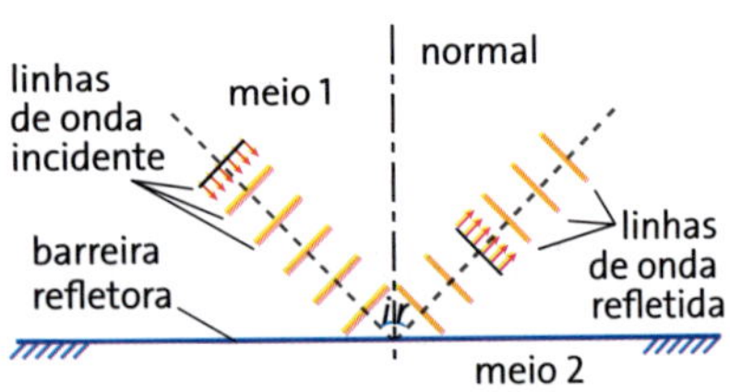

Figura 8.18 Uma onda, representada pelas frentes de onda, incide sobre uma superfície de separação (barreira refletora) entre dois meios e sofre reflexão. Tanto os raios incidentes como os refletidos estão no mesmo meio.

Observe que, ao ser refletida, a onda retorna ao meio de origem. Como a velocidade é característica do meio de propagação, a onda refletida tem a mesma velocidade da onda incidente, pois ambas se propagam no mesmo meio. A frequência, por ser uma característica da fonte, permanece inalterada com a reflexão e, em decorrência, o comprimento de onda também permanece inalterado.

Observa-se na reflexão de ondas que:

> A medida do ângulo de incidência (i) é igual à medida do ângulo de reflexão (r): $i = r$.

Nas figuras seguintes, temos as representações esquemáticas da reflexão de ondas circulares em superfícies refletoras plana (figura 8.19) e circular (figura 8.20).

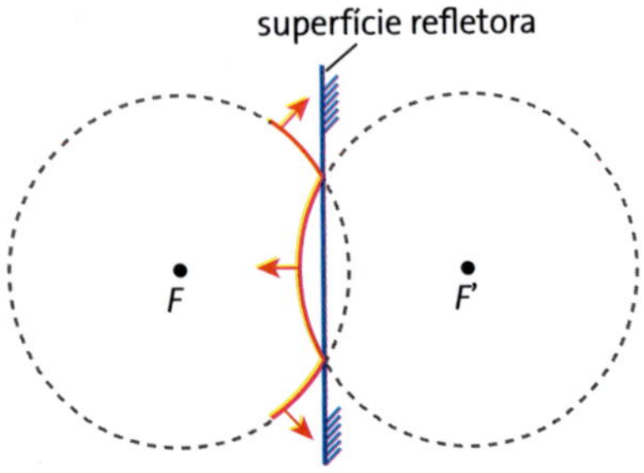

Figura 8.19 Reflexão de uma onda circular em uma superfície plana. O ponto F', simétrico a F em relação à superfície de separação, é a fonte virtual de emissão das ondas refletidas.

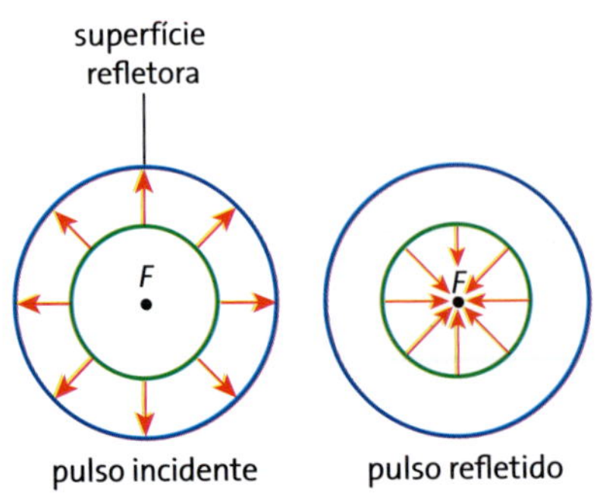

Figura 8.20 Reflexão de ondas circulares em uma superfície refletora também circular. Os raios refletidos constituem um pincel convergente para o centro F, onde se encontra a fonte.

Refração

Uma onda sofre refração quando transpõe a fronteira de separação entre dois meios de propagação, passando a se propagar no outro meio e, por esse motivo, com outra velocidade.

A **figura 8.21** ilustra frentes de onda passando de um meio 1 para um meio 2 e sofrendo refração.

O que caracteriza a refração é uma alteração na velocidade de propagação e, dependendo do ângulo de incidência (*i*), pode ocorrer ou não mudança na direção de propagação. A frequência, por ser uma característica da fonte, não se altera na refração, mas o comprimento de onda sim.

A equação que descreve a refração de ondas é dada por:

$$\frac{\text{sen } i}{\text{sen } r} = \frac{v_1}{v_2} = \frac{\lambda_1}{\lambda_2}$$

Nessa expressão, *i* é o ângulo de incidência no meio 1; *r* é o ângulo de refração no meio 2; v_1 é a velocidade de propagação da onda no meio 1; v_2 é a velocidade de propagação da onda no meio 2; λ_1 é o comprimento de onda da onda no meio 1 e λ_2 é o comprimento de onda da onda no meio 2.

A utilização do sonar pelos navios pode apresentar algumas dificuldades em razão da refração do som sob a água. Em virtude da mudança da temperatura da água com a profundidade, a velocidade das ondas sonoras varia, o que pode acarretar problemas na localização de objetos submersos, uma vez que há a formação de "pontos cegos" na água. Alguns submarinos, para não serem descobertos, utilizam esses pontos para se esconder.

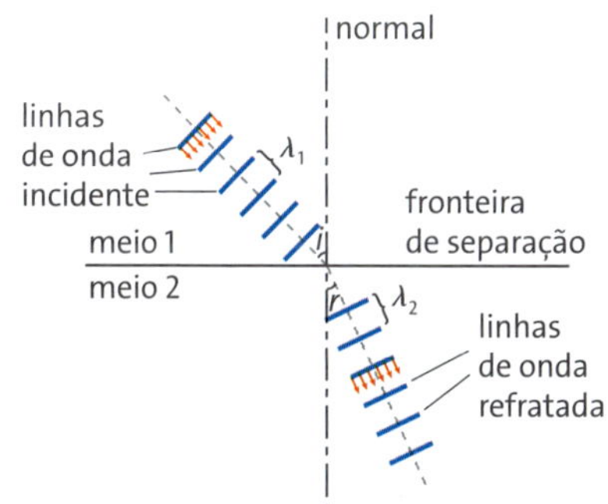

Figura 8.21 Refração de uma onda ao mudar de meio de propagação.

Exercício resolvido

3. As linhas mostradas na figura seguinte representam a refração de uma onda periódica. São representados os ângulos de incidência (45°) e de refração (30°). Sabe-se que, no meio *A*, a velocidade das ondas é de 40 m/s e o comprimento de onda é de 10 m. Nessas condições, determine:

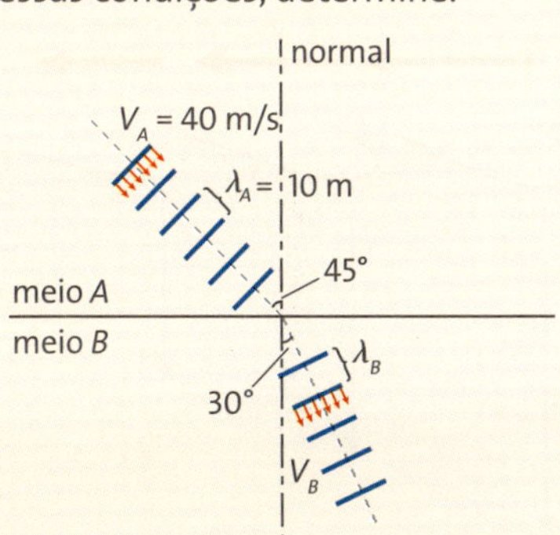

a) a frequência da onda nos meios *A* e *B*;

b) a velocidade e o comprimento de onda no meio *B*.

Considere: sen 45° = 0,70 e sen 30° = 0,50.

Resolução

a) No meio *A*, temos: $v_A = 40$ m/s e $\lambda_A = 10$ m. Inserindo esses valores na equação fundamental da ondulatória, obtemos a frequência da onda nesse meio:

$v = \lambda \cdot f \Rightarrow 40 = 10 \cdot f_A \Rightarrow f_A = 4{,}0$ Hz

Como na refração não há mudança na frequência, tanto no meio *A* quanto no *B* as frequências são iguais e valem 4,0 Hz.

b) A velocidade da onda no meio *B* é obtida da expressão:

$$\frac{\text{sen } i}{\text{sen } r} = \frac{v_A}{v_B}$$

Sendo sen *i* = sen 45°= 0,70;

sen *r* = sen 30° = 0,50 e $v_A = 40$ m/s, obtemos:

$$\frac{0{,}70}{0{,}50} = \frac{40}{v_B} \Rightarrow v_B = \frac{40 \cdot 0{,}50}{0{,}70} \Rightarrow v_B = 28 \text{ m/s}$$

O comprimento de onda no meio *B* é dado por:

$v = \lambda \cdot f \Rightarrow 28 = \lambda_B \cdot 4{,}0 \Rightarrow \lambda_B = 7{,}0$ m

Física explica

Ondas do mar

É um fenômeno interessante as ondas do mar chegarem sempre paralelas à costa. A explicação para esse fato se encontra nas propriedades da refração.

Para pequenas profundidades (até 10 m), a velocidade das ondas na superfície dos líquidos pode ser calculada por $v = \sqrt{gh}$, em que g é a aceleração da gravidade local e h é a profundidade. As ondas do mar próximas à praia satisfazem essa condição.

A figura a seguir ilustra uma onda incidente inicialmente inclinada em relação ao litoral. À medida que a onda se aproxima da praia, ela é continuamente refratada, visto que a profundidade varia ponto a ponto. As velocidades dos pontos da frente da onda obedecem à relação $v_1 > v_2 > v_3$.

Desse modo, a frente de onda vai tendendo, cada vez mais, a direcionar-se paralelamente à praia, em razão das sucessivas refrações.

Algumas ondas que se formam nos oceanos podem ser extremamente devastadoras ao atingir a costa, principalmente aquelas causadas por abalos sísmicos, atividades vulcânicas ou pela queda de meteoritos. Essas ondas são conhecidas como *tsunamis*. Em abril de 2011, um *tsunami* no oceano Pacífico chamou a atenção de todo o mundo pela destruição que causou.

Kimimasa Mayama/Bloomberg/Getty Images

Foto do estrago do *tsunami* em Kesennuma, Miyagi, Japão, 28 de abril de 2011.

Em alto-mar, geralmente essas ondas não representam perigo, pois a grande quantidade de energia que transportam se distribui em um longo comprimento de onda, com amplitudes pequenas se comparadas com os comprimentos de onda e com altíssimas velocidades. No entanto, ao chegar à costa, com a redução da profundidade do oceano, a velocidade da onda diminui. Como a energia transportada é praticamente conservada, a amplitude da onda aumenta, e as consequências são devastadoras.

- Que providências devem ser tomadas para que vidas sejam poupadas na passagem de um *tsunami*?

Ilustrações: Formato/Arquivo da editora

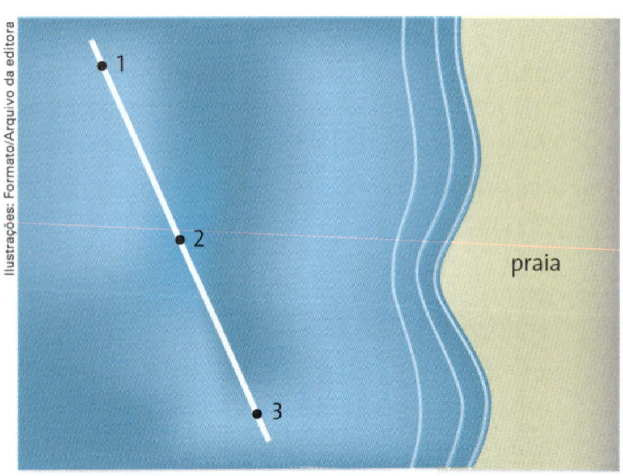

Três pontos de uma mesma frente de onda situados em profundidades diferentes.

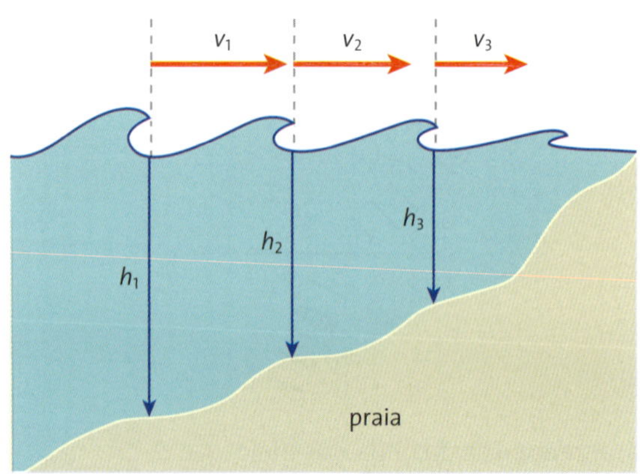

Projeções das velocidades no plano da imagem.

Difração

Observe a **figura 8.22**.

Na ilustração, constatamos que a pessoa *A* vê e ouve o som do rádio colocado do outro lado do muro. Mas a pessoa *B*, da posição em que se encontra, somente ouve o som do rádio, mas não consegue vê-lo. Se o som e a luz se propagam no ar e em ondas, por que isso acontece? Em outras palavras, por que o som consegue chegar até a pessoa *B*, mas a luz não?

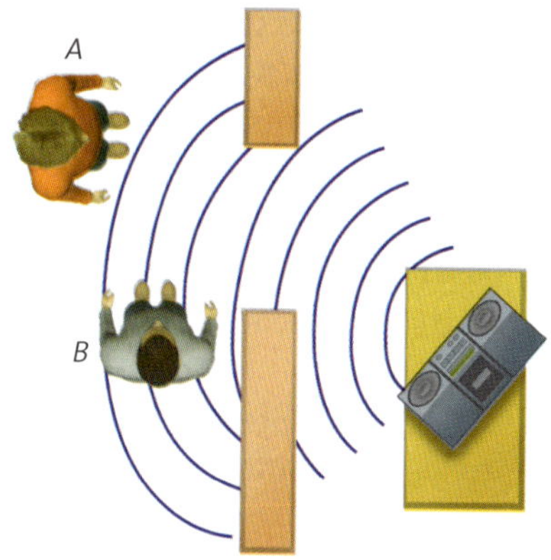

Figura 8.22 Por que a pessoa *B* ouve o som do rádio, mas não o vê?

Esse fato pode ser explicado por um fenômeno que ocorre com as ondas, denominado **difração**. A difração ocorre quando uma onda encontra uma fenda ou um obstáculo. As ondas conseguem contornar obstáculos e fendas; assim, chegam a regiões que não seriam atingidas se elas apresentassem apenas propagação retilínea.

A difração ocorre tanto com as ondas mecânicas como com as eletromagnéticas, mas as condições para que ela ocorra dependem da relação entre o comprimento de onda e o tamanho da abertura ou do obstáculo. Quanto menor for o comprimento de onda (λ), em relação ao tamanho da fenda ou obstáculo (d) atingido, menor será a capacidade de contorná-lo, conforme se observa nas **figuras 8.23** e **8.24**.

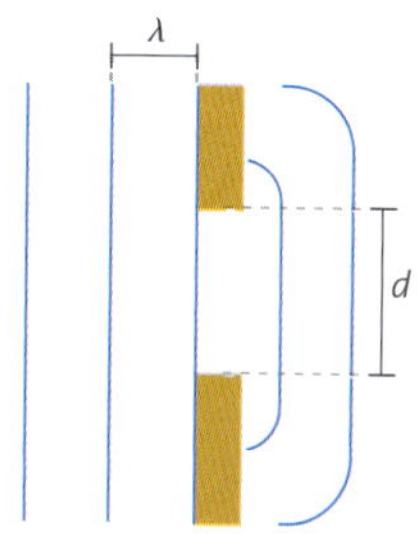

Figura 8.23 Energia mais distribuída (d é da ordem de grandeza de λ).

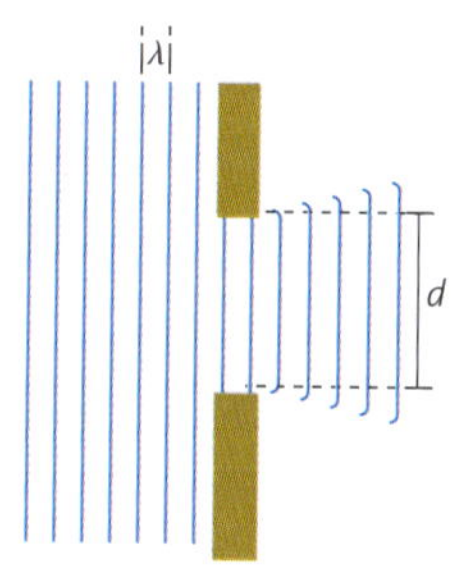

Figura 8.24 Energia mais concentrada ($d > \lambda$).

Com base nesses dados, podemos voltar à **figura 8.22**. No caso das ondas sonoras emitidas pelo rádio, o comprimento de onda (da ordem de metros) normalmente é maior do que o tamanho das fendas ou obstáculos (portas, janelas, etc.). Nesse caso, o efeito da difração é facilmente observável.

Por outro lado, como o comprimento de onda da luz visível (da ordem de décimos de milésimos de milímetros) é muito pequeno quando comparado às dimensões das fendas ou obstáculos, o fenômeno da difração com a luz é muito difícil de ser observado. Em virtude disso, a pessoa *B* ouve o som, pois a difração do som é bem acentuada e ele consegue contornar o obstáculo, mas não consegue vê-lo porque a luz praticamente não sofre difração.

Polarização

A **polarização** é um fenômeno que ocorre exclusivamente com as ondas transversais. Assim sendo, o som não é passível de polarização.

Uma vibração transversal é geralmente complexa, compreendendo vários planos de vibração. Ao vibrar uma corda longa, podemos escolher fazê-lo somente para cima e para baixo. A onda assim produzida é polarizada, com um plano de vibração vertical. Mas é possível também vibrarmos a extremidade da corda em várias direções; nesse caso, a onda produzida tem vários planos de vibração. Se, no entanto, a corda passa por uma estreita fenda horizontal, a vibração só acontece horizontalmente; é uma imposição física colocada à onda mecânica. Transposta a fenda, o único plano de vibração observado na corda é horizontal, e dizemos que a onda está **polarizada horizontalmente** (**figura 8.25**).

Figura 8.25 Polarização de uma onda mecânica com o uso de uma fenda.

A luz também pode ser polarizada. No entanto, devido ao seu pequeno comprimento de onda, sua polarização só pode ser obtida fazendo-a incidir em certos cristais.

Exercícios

10. Um sistema de sonar, localizado em um navio, emite ondas sonoras na água. A onda emitida, com frequência de 260 Hz, após reflexão em um objeto submerso retorna ao detector em 0,2 s. Sabendo-se que a velocidade da onda sonora na água é de 1480 m/s, determine:

a) a profundidade a que se encontra o objeto submerso;

b) o comprimento de onda da onda sonora emitida.

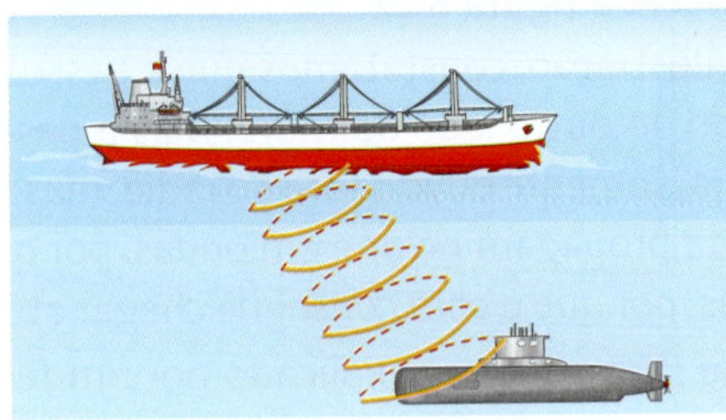

Ilustrações: Formato/Arquivo da editora

11. A figura seguinte ilustra frentes de onda planas propagando-se na água de uma piscina que possui uma região mais funda que a outra.

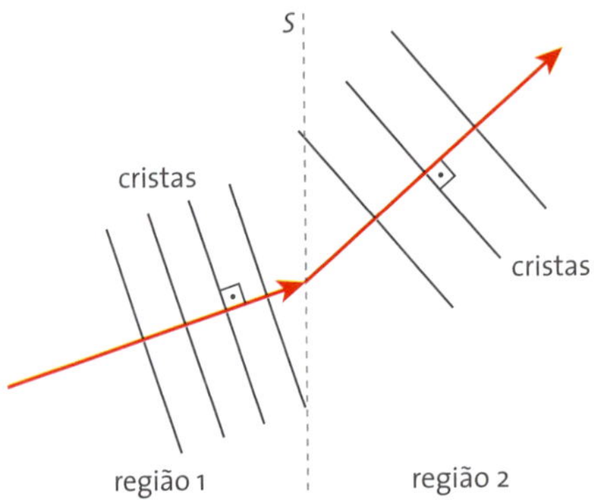

Determine:

a) Em qual região, 1 ou 2, a velocidade da onda é maior?

b) Em qual região, 1 ou 2, a frequência da onda é maior?

12. (UFT-TO) Uma série de oscilações periódicas que agitam um barco provoca, na superfície de um lago, ondas que se propagam, inicialmente, com velocidade de 2,3 m/s e comprimento de onda de 3,1 m.

Na região rasa do lago, essas ondas passam a ter uma velocidade de 1,1 m/s.

Considerando-se essas informações, é CORRETO afirmar que, na situação descrita, o comprimento de onda das ondas na região rasa do lago é de, aproximadamente:

a) 0,8 m. b) 1,5 m. c) 6,5 m. d) 7,8 m.

13. (UFMG) Quando uma onda sonora incide na superfície de um lago, uma parte dela é refletida e a outra é transmitida para a água.

Sejam f_I a frequência da onda incidente, f_R a frequência da onda refletida e f_T a frequência da onda transmitida para a água.

Considerando-se essas informações, é CORRETO afirmar que:

a) $f_R = f_I$ e $f_T > f_I$. b) $f_R < f_I$ e $f_T > f_I$. c) $f_R = f_I$ e $f_T = f_I$. d) $f_R < f_I$ e $f_T = f_I$.

14. (Ufscar-SP) Você já sabe que as ondas sonoras têm origem mecânica. Sobre essas ondas, é certo afirmar que:

a) em meio ao ar, todas as ondas sonoras têm igual comprimento de onda.

b) a velocidade da onda sonora no ar é próxima a da velocidade da luz nesse meio.

c) por resultarem de vibrações do meio na direção de sua propagação, são chamadas transversais.

d) assim como as ondas eletromagnéticas, as sonoras propagam-se no vácuo.

e) assim como as ondas eletromagnéticas, as sonoras também sofrem difração.

15. Quando estamos na cozinha de uma casa é frequente ouvirmos o som da televisão ligada na sala ao lado, mas não conseguirmos ver a imagem. Como você explica esse fato?

4 Interferência de ondas

Suponha que uma pessoa tenha montado ao ar livre um sistema constituído por dois alto-falantes que emitem sons idênticos (figura 8.26).

Se você caminhar pela região em frente aos alto-falantes, vai perceber que em determinados pontos a intensidade do som que chega até você é maior do que em outros pontos. Além disso, existem determinados pontos nos quais você praticamente não ouve o som dos alto-falantes. Dentro de uma sala, esse efeito praticamente não é percebido em razão das múltiplas reflexões que as ondas sonoras sofrem nas paredes, no piso e no teto da sala.

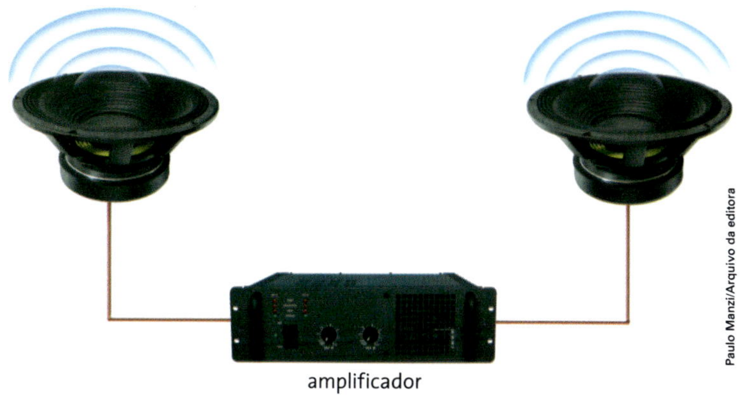

Figura 8.26 Os dois alto-falantes emitem simultaneamente ondas idênticas e com a mesma frequência.

Para explicar esse fenômeno, devemos entender como as ondas se superpõem e como são produzidas as chamadas **interferências construtiva** e **destrutiva**.

Como o fenômeno da interferência acontece tanto para as ondas longitudinais, entre as quais as ondas sonoras estão incluídas, como para as ondas transversais, usaremos estas últimas para a explicação, porque são mais fáceis de serem visualizadas.

Na figura 8.27 temos a representação de um registro "instantâneo" de uma onda senoidal.

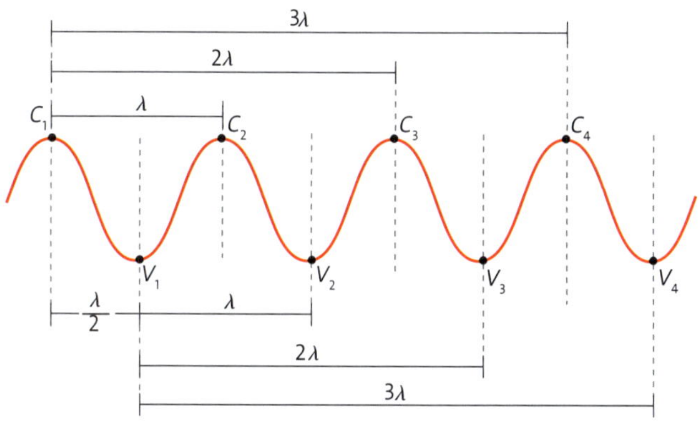

Figura 8.27 Representação de uma onda senoidal.

Observe que os pontos C_1, C_2, C_3 e C_4 (cristas da onda) estão separados por uma distância igual ao comprimento de onda λ. Esses pontos estão na mesma fase, o mesmo podemos dizer dos pontos V_1, V_2, V_3 e V_4 (vales da onda): eles estão em concordância de fase entre si.

De modo geral, dizemos que dois pontos estão em **concordância de fase** quando vibram sempre no mesmo sentido. A distância entre pontos em concordância de fase é:

$$d = n \cdot \lambda$$

em que n é um número natural (0, 1, 2, 3, ...).

Por outro lado, os pontos C_1 e V_1 estão em oposição de fase. Eles vibram sempre em sentidos contrários. A distância entre esses dois pontos é $\frac{\lambda}{2}$. O mesmo podemos dizer dos pontos C_2 e V_2, C_3 e V_3 e C_4 e V_4.

De modo geral, dois pontos estão em **oposição de fase** quando a distância entre eles é:

$$d = \left(n + \frac{1}{2}\right)\lambda,$$

em que n é um número natural (0, 1, 2, 3, ...).

Vejamos, agora, como acontece a superposição de ondas. Vamos considerar inicialmente dois pulsos propagando-se em uma corda, em sentidos opostos, conforme mostra a figura 8.28.

Figura 8.28 Ilustração de dois pulsos propagando-se em uma corda.

As perturbações se propagam de modo independente; em outras palavras: **um pulso não interfere na propagação do outro**. Quando os pulsos se encontram, o que ocorre é uma **superposição**. Na realidade, uma onda não interfere na outra; elas apenas se superpõem. O termo "interferência" permanece apenas por motivos históricos, sendo consagrado pelo uso.

Na figura 8.29 temos as ilustrações dos pulsos: **a**, antes; **b**, durante e **c**, após a superposição.

Observe que, na superposição dos pulsos, obtém-se um pulso com uma amplitude igual à soma das amplitudes dos pulsos individuais: $A = A_1 + A_2$. Como os dois pulsos estão em **concordância de fase**, trata-se de uma superposição construtiva, ou seja, de uma **interferência construtiva**.

E se os pulsos estivessem em oposição de fase? Nesse caso, teríamos uma superposição destrutiva, ou seja, uma **interferência destrutiva**, conforme mostra a figura 8.30.

Na superposição destrutiva, obtém-se um pulso com uma amplitude igual à diferença entre as amplitudes dos pulsos individuais: $A = A_1 - A_2$. No caso particular em que $A_1 = A_2$, a amplitude resultante é nula: $A = 0$.

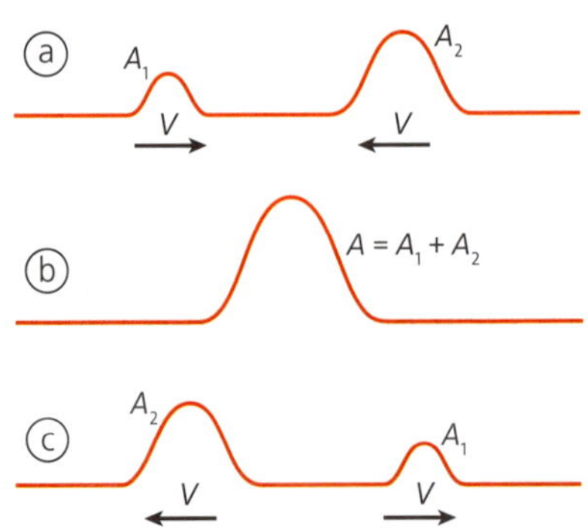

Figura 8.29 Ilustração de uma interferência construtiva entre dois pulsos.

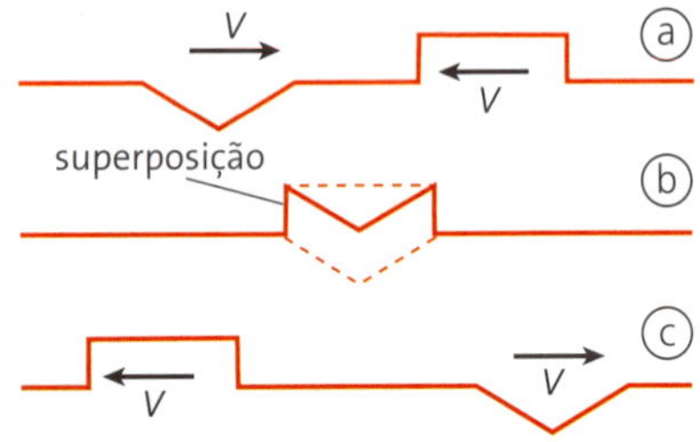

Figura 8.30 Ilustração de uma interferência destrutiva entre dois pulsos.

Voltemos ao caso dos alto-falantes do início deste tópico. Vamos supor que uma pessoa se encontra no ponto P, distante 1,5 m do alto-falante A, conforme mostra a figura 8.31.

Para que nesse ponto a intensidade resultante do som seja máxima, devemos ter uma interferência construtiva das duas ondas emitidas pelos alto-falantes A e B. Em outras palavras, as ondas emitidas pelos dois alto-falantes devem atingir o ponto P em concordância de fase. Isso só acontece se a diferença d de percurso das ondas ($\overline{BP} - \overline{AP}$) for um múltiplo inteiro do comprimento de onda, ou seja:

$$d = \overline{BP} - \overline{AP} = n \cdot \lambda$$

E, para que a intensidade resultante do som seja mínima no ponto P, deve ocorrer uma interferência destrutiva. Nesse caso, as ondas emitidas pelos dois alto-falantes devem atingir o ponto P em oposição de fase. Para que isso aconteça, a diferença d de percurso das ondas ($\overline{BP} - \overline{AP}$) deve ser dada pela relação:

$$d = \overline{BP} - \overline{AP} = \left(n + \frac{1}{2}\right)\lambda$$

Existe, ainda, a possibilidade de as ondas atingirem o ponto P com uma diferença de fase tal que a amplitude resultante não seja máxima, nem mínima, mas, sim, um valor intermediário entre esses dois extremos. Nesse caso, temos uma **interferência parcial**.

Em resumo, podemos dizer que se $\frac{d}{\lambda}$ for:

- 1; 2; 3; 4;... a interferência é construtiva;
- 0,5; 1,5; 2,5; 3,5;... a interferência é destrutiva;
- qualquer valor diferente dos citados acima, a interferência é parcial.

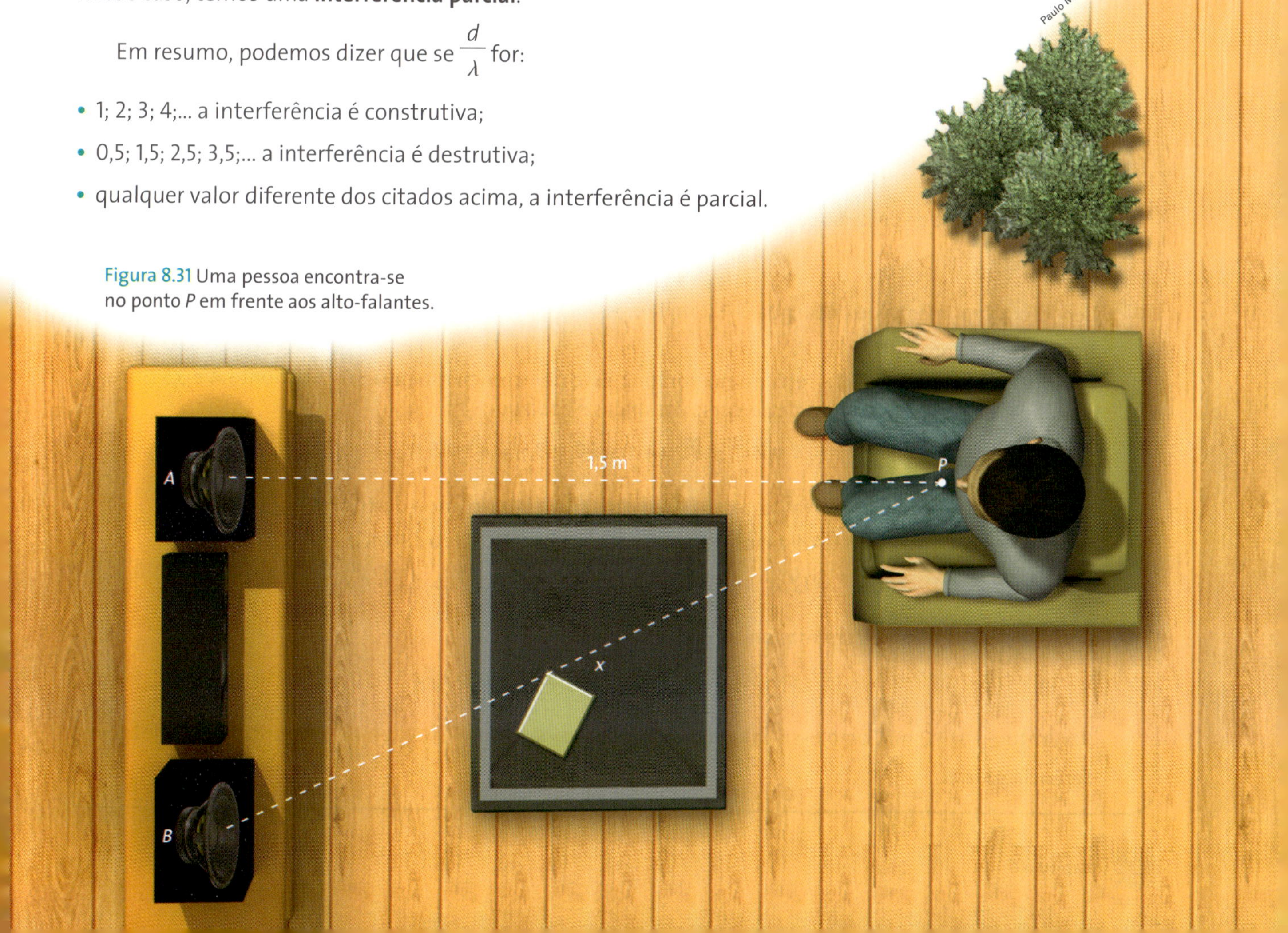

Figura 8.31 Uma pessoa encontra-se no ponto P em frente aos alto-falantes.

Exercício resolvido

4. Duas fontes, *A* e *B*, separadas por 3,0 m, emitem, continuamente e em fase, ondas com comprimentos de onda iguais a 1,0 m. Um detector de som pode ser colocado nos pontos *P*, *Q* ou *R*, conforme mostra a figura seguinte.

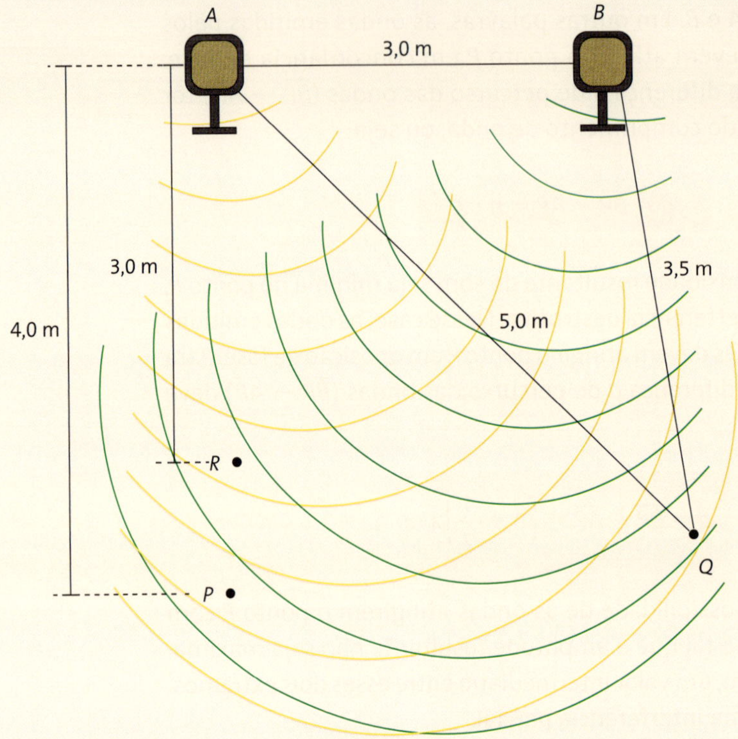

Determine o tipo de interferência que ocorre nas diferentes posições em que o detector pode ser colocado.

Resolução

Como o ponto *P* encontra-se a 4,0 m da fonte *A* e a distância entre as fontes é 3,0 m, ele encontra-se a uma distância da fonte *B* dada por:

$$(d_{BP})^2 = (d_{AP})^2 + (d_{AB})^2 \Rightarrow (d_{BP})^2 = (4,0)^2 + (3,0)^2 \Rightarrow d_{BP} = 5,0 \text{ m}$$

Assim, a diferença de percurso das ondas emitidas pelas fontes *A* e *B* que atingem o ponto *P* é dada por:

$$d = \overline{BP} - \overline{AP} \Rightarrow d = 5,0 - 4,0 \Rightarrow d = 1,0 \text{ m}$$

Sendo o comprimento de onda igual a 1,0 m, temos: $\frac{d}{\lambda} = 1$. Isso significa que no **ponto *P*** ocorre uma **interferência construtiva**.

Vejamos agora o tipo de interferência no ponto *Q*. Esse ponto encontra-se a 5,0 m da fonte *A* e 3,5 m da fonte *B*. Nesse caso, a diferença de percurso das ondas é dada por:

$$d = \overline{AQ} - \overline{BQ} \Rightarrow d = 5,0 - 3,5 \Rightarrow d = 1,5 \text{ m}$$

Neste caso, temos: $\frac{d}{\lambda} = 1,5$. Portanto, temos no **ponto *Q*** uma **interferência destrutiva**.

Finalmente, vejamos o ponto *R*. A distância do ponto *R* à fonte *A* é de 3,0 m e a distância à fonte *B* é dada por:

$$(d_{BR})^2 = (d_{AR})^2 + (d_{AB})^2 \Rightarrow (d_{BR})^2 = (3,0)^2 + (3,0)^2 \Rightarrow d_{BR} = 4,2 \text{ m}$$

Então, a diferença de percurso das ondas é:

$$d = \overline{BR} - \overline{AR} \Rightarrow d = 4,2 - 3,0 \Rightarrow d = 1,2 \text{ m}$$

Portanto: $\frac{d}{\lambda} = 1,2$ m. Como esse valor está compreendido entre 1 e 1,5, temos, no **ponto *R***, uma **interferência parcial**.

Exercícios

16. Dois pulsos de onda propagam-se em um meio com a mesma velocidade. Em um determinado instante, os pulsos encontram-se conforme mostra a figura seguinte.

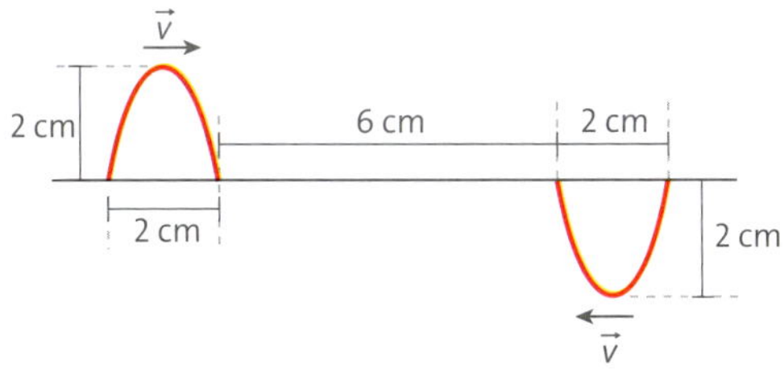

Considerando os dados da figura e que a velocidade dos pulsos é igual a 2,0 cm/s, analise as afirmativas seguintes, colocando certo ou errado.

I. Quando os pulsos se encontraram, houve uma interferência construtiva.

II. Decorridos 2,0 s do instante mostrado na figura, haverá uma superposição dos pulsos e a interferência será destrutiva.

III. 8,0 s após o instante mostrado na figura, os pulsos apresentarão velocidades de 2,0 cm/s e inversão de fase.

17. Duas fontes, F_1 e F_2, posicionadas conforme mostra a figura, emitem sons idênticos de comprimentos de onda iguais a 2,0 m.

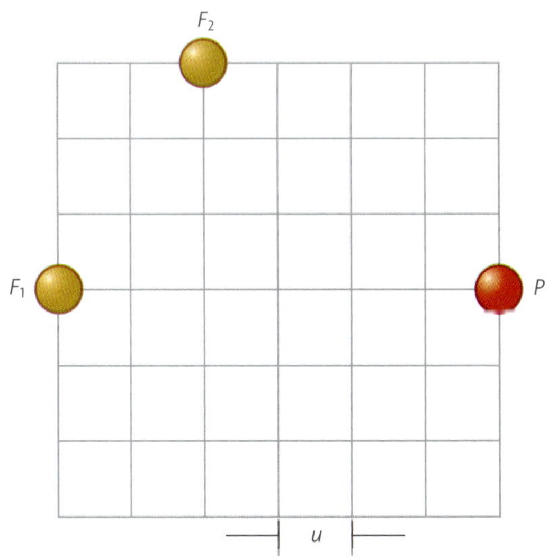

Se o reticulado mostrado na figura possui unidade de comprimento $u = 6{,}0$ m, que tipo de interferência ocorrerá no ponto P?

18. (UEM-PR) O diagrama abaixo ilustra uma onda periódica.

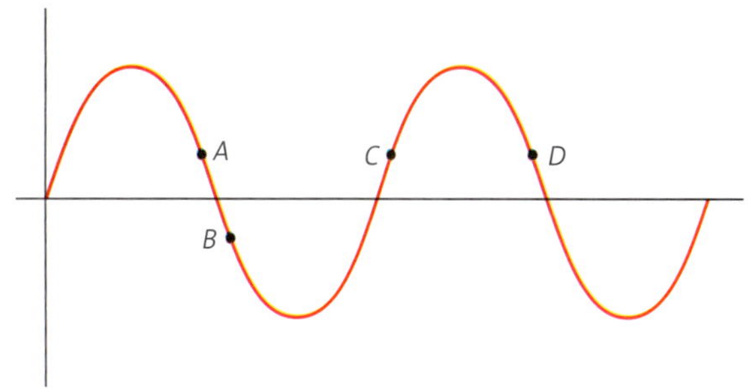

Quais pontos estão em fase entre si?

a) *A* e *C*.
b) *A* e *D*.
c) *B* e *C*.
d) *C* e *D*.
e) *A* e *B*.

19. (Ufscar-SP) A figura mostra dois pulsos em uma corda tensionada no instante $t = 0$ s, propagando-se com velocidade de 2,0 m/s em sentidos opostos.

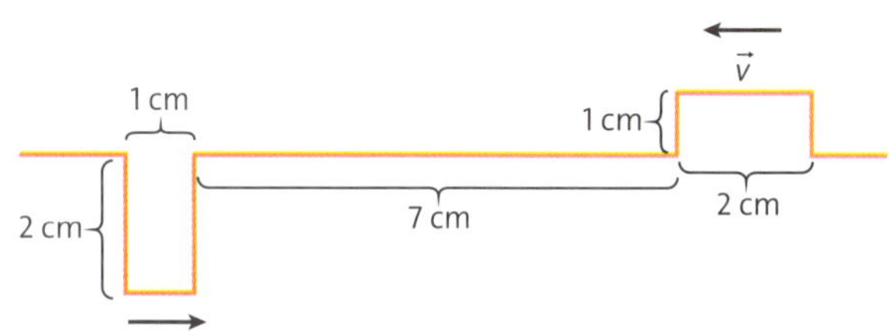

A configuração da corda no instante $t = 20$ ms é:

a) 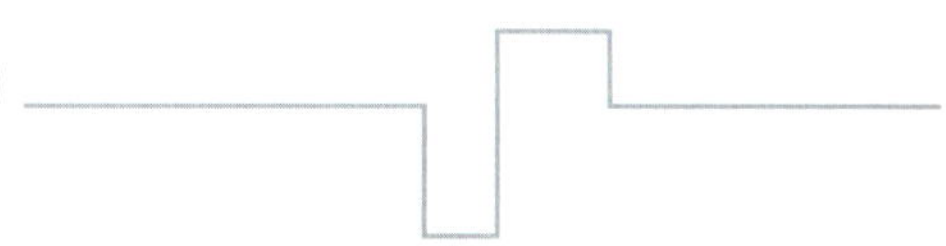

b) 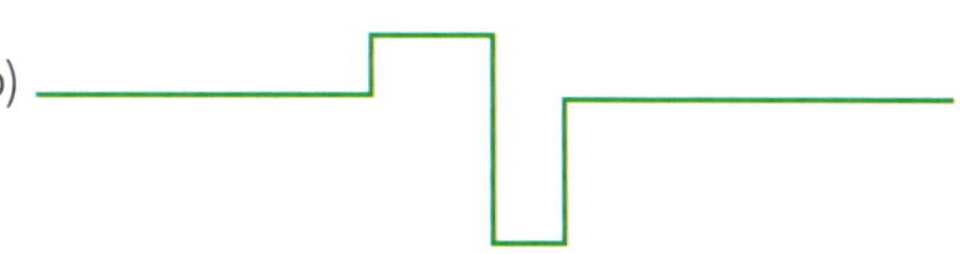

c) 

d) 

e) 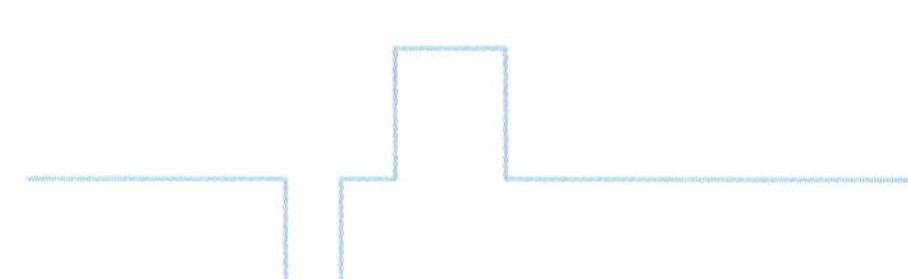

5 Ondas estacionárias e ressonância

Onda estacionária é um tipo especial de superposição (interferência) de ondas fundamental no estudo de notas musicais em instrumentos de corda e de sopro.

Um modo prático de se visualizar uma onda estacionária é por meio de uma corda esticada, presa a uma parede. Se a extremidade livre da corda for continuamente balançada para cima e para baixo por uma pessoa, ondas se propagam na corda, atingem a parede, sofrem reflexão, retornam e se superpõem (interferem) às ondas que estão, inicialmente, propagando-se rumo à parede, denominadas ondas incidentes. Se a pessoa conseguir manter oscilações sempre com a mesma amplitude, a interferência das ondas incidentes nas ondas refletidas assume as formas mostradas na figura 8.32.

Observe que, dependendo da frequência com que a extremidade da corda é balançada, podemos obter uma das três ondas estacionárias mostradas na figura 8.32 ou, ainda, uma outra com um maior número de nós (ou nodos) e antinós (ou ventres). Quanto maior a frequência com que oscilamos a extremidade livre da corda, menor o comprimento de onda da onda estacionária obtida, pois a velocidade da onda é constante, desde que não se altere a tensão na corda. Um comprimento de onda menor implica um número maior de nós e ventres.

Figura 8.32 Ondas estacionárias em uma corda.

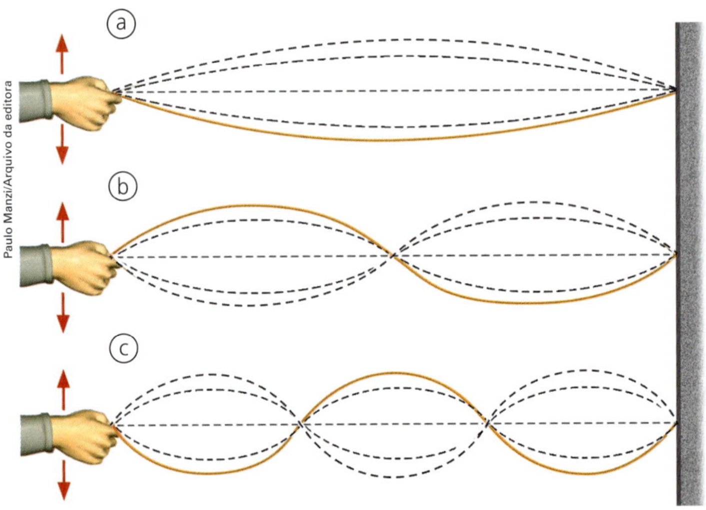

Se a corda possui um comprimento ℓ, então, no caso da figura 8.32.a, temos uma onda estacionária com comprimento de onda igual ao dobro do comprimento da corda, ou seja, $\lambda = 2\ell$. Para a figura 8.32.b, o comprimento de onda é igual ao comprimento da corda: $\lambda = \ell$ e, no caso da figura 8.32.c, temos $\lambda = \frac{2}{3}\ell$.

Os pontos denominados **nós**, ou **nodos**, são aqueles nos quais as ondas estão em oposição de fase; nesse caso, a interferência é destrutiva. Se as ondas têm rigorosamente a mesma frequência, permanecerão sempre em oposição de fase nos nós, nos quais a interferência será sempre destrutiva.

Os pontos denominados **ventres** são aqueles nos quais as ondas estão, e estarão sempre, em concordância de fase. Nesse caso, a interferência é construtiva e esses pontos vibram com uma amplitude igual à soma das amplitudes das duas ondas constituintes.

A distância d entre dois nós ou dois ventres consecutivos é igual à metade do comprimento de onda λ, ou seja: $d = \frac{\lambda}{2}$. A distância entre um nó e um ventre consecutivo é igual a $\frac{1}{4}$ do comprimento de onda, conforme mostra a figura 8.33.

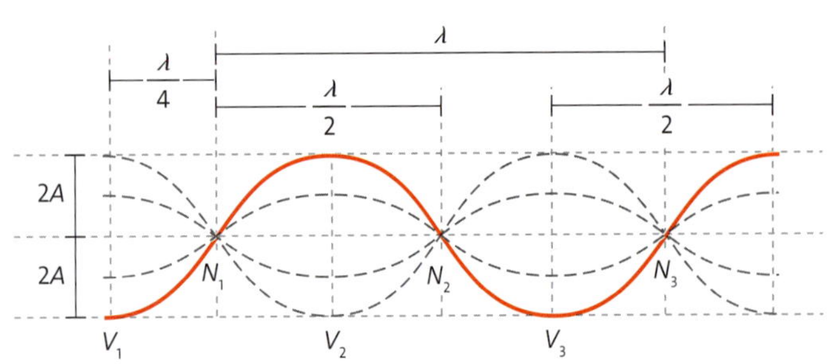

Figura 8.33 Nós e ventres em uma onda estacionária.

Ressonância

Ressonância

Diz o ditado popular: "água mole em pedra dura tanto bate até que fura". Esse ditado, que pode ser usado em diferentes situações, certamente está relacionado ao fato de as águas do mar conseguirem desgastar até as pedras mais duras em razão da transferência periódica de energia à matéria.

De modo geral, como as ondas transportam energia, podem afetar a matéria com a qual interagem. Existem, na prática, vários exemplos de interações de ondas com a matéria cujos resultados são desastrosos. É o caso de prédios durante terremotos e de taças de cristal que quebram quando submetidas a sons agudos emitidos geralmente por cantores de ópera. Mas existem também interações que não são indesejáveis. Algumas estão ligadas diretamente à qualidade de vida atual, como os fornos de micro-ondas, nos quais moléculas de água se aquecem ao receber continuamente energia das ondas. Também temos bons exemplos na Medicina, como a fragmentação de cálculos renais em virtude da interação com ondas de ultrassom (ondas sonoras com frequências maiores que as audíveis). Essa transferência de energia entre sistemas está ligada diretamente a um fenômeno físico denominado **ressonância**.

Manoj Adlukay/Asia Images/Getty Images

Figura 8.34 Em alguns parques é comum uma pessoa empurrar uma criança em um balanço.

Vejamos um exemplo cotidiano (figura 8.34).

Se a pessoa quiser "balançar mais alto" a criança, ou seja, aumentar a amplitude do movimento do balanço, deve empurrá-lo continuamente, sempre que ele estiver na mesma posição do movimento, aplicando sempre a mesma força. Isso significa dizer que a frequência com que a pessoa transfere energia ao balanço deve ser igual à frequência do movimento de oscilação do balanço.

Na Física, dizemos que a fonte de energia (a pessoa) entrou em ressonância com o sistema oscilante (balanço). Assim, ao ocorrer a ressonância, há uma transferência contínua de energia da fonte para o sistema, cuja amplitude de vibração aumenta. Isso ocorre até o instante em que a energia dissipada por eventuais amortecimentos passa a equivaler à energia fornecida pela fonte. A partir desse instante, a amplitude se mantém.

Ao longo da História, encontramos importantes citações sobre eventos causados pela ressonância. O episódio das muralhas de Jericó, descrito na Bíblia, no qual a grande construção é destruída pelo som continuado de tambores, de trombetas e do galopar dos cavalos dos muitos soldados que sitiavam a cidade, talvez seja o mais antigo registro histórico sobre os efeitos da ressonância (figura 8.35).

The Art Archive/Alamy/Other Images

Figura 8.35 A queda das muralhas de Jericó foi provocada pela ressonância.

A ruína da ponte Tacoma Narrows, no estado de Washington, nos Estados Unidos, em 1940, é outro exemplo dos efeitos desastrosos da ressonância. Por ser uma estrutura sustentada por cabos de aço, essa ponte tinha capacidade limitada de amortecimento das vibrações. Quatro meses após a sua inauguração, em razão de um forte vento, a ponte começou a oscilar com amplitude cada vez maior e, após cerca de uma hora e meia, desabou (figura 8.36). Na época, o desabamento foi atribuído ao fato de a ponte ter entrado em ressonância com a vibração forçada pelo vento.

Figura 8.36 Ponte Tacoma Narrows, no estado de Washington, nos Estados Unidos.

Daniel Templeton/Alamy/Other Images

Timotheos/Shutterstock/Glow Images

Figura 8.37 Nos instrumentos de corda encontramos a caixa de ressonância.

Em acústica, particularmente nos instrumentos musicais, encontramos importantes exemplos de ressonância. Nos instrumentos de corda – violino (figura 8.37), violoncelo, etc. –, os cavaletes, um dos pontos em que se apoia a corda, transmitem as vibrações à caixa de ressonância do instrumento. O formato sinuoso dessa caixa lhe permite ressonar com várias frequências, amplificando o som que seria muito tênue se proviesse apenas das cordas.

Encontramos outro exemplo de ressonância nos aparelhos de rádio. Para sintonizar uma determinada estação, giramos um botão que varia a frequência. Ao ajustarmos a frequência do circuito eletrônico do rádio com a emitida pela estação desejada (figura 8.38), ocorre a ressonância. Quando isso acontece, as ondas emitidas pela estação, e somente elas, são amplificadas e reproduzidas pelo rádio.

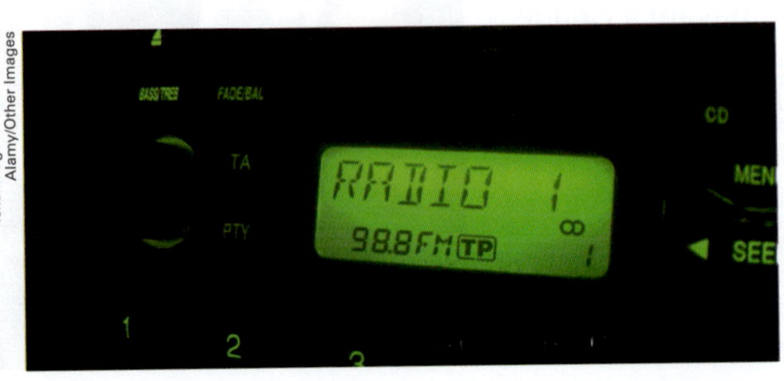

Isifa Image Service S.R.O./Alamy/Other Images

Figura 8.38 Para cada estação de rádio de uma determinada região existe uma frequência específica.

Exercício resolvido

5. Na figura abaixo, uma corda está em vibração estacionária com frequência de 100 Hz.

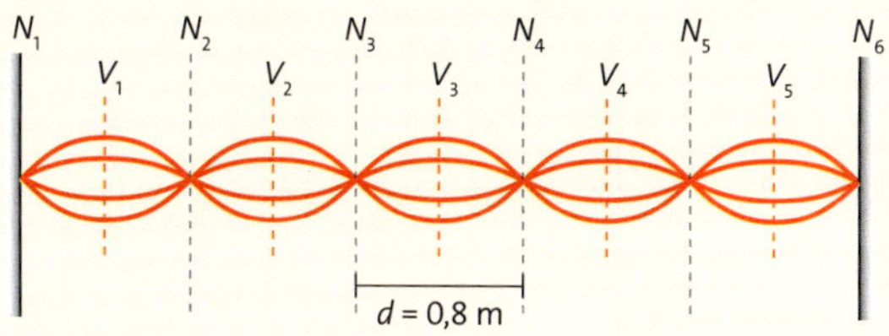

Determine:

a) o comprimento de onda da onda estacionária e a velocidade de propagação das ondas na corda;

b) o comprimento ℓ da corda.

Resolução

a) De acordo com a figura, a distância entre os nós consecutivos N_3 e N_4 é 0,8 m. Como essa distância é igual à metade do comprimento de onda, temos:

$$\frac{\lambda}{2} = 0{,}8 \Rightarrow \lambda = 1{,}6 \text{ m}$$

Sendo $v = \lambda \cdot f$ (equação fundamental da ondulatória), obtemos:

$$v = 1{,}6 \cdot 100 \Rightarrow v = 160 \text{ m/s}$$

b) O comprimento ℓ da corda corresponde à distância entre os nós N_1 e N_6 (primeiro e último nó) e, de acordo com a figura, essa distância é igual a 5 vezes aquela entre os nós N_3 e N_4. Como a distância entre os nós N_3 e N_4 é 0,8 m, obtemos:

$$\ell = 5 \cdot 0{,}8 \Rightarrow \ell = 4{,}0 \text{ m}$$

Exercícios

20. Assinale a afirmativa que caracteriza uma onda estacionária.

I. A velocidade de propagação da onda é nula em todos os pontos.

II. Os pontos que apresentam amplitude máxima estão separados entre si por distâncias vibratórias iguais a um comprimento de onda.

III. Os pontos denominados nós, e que sejam consecutivos, estão separados entre si por uma distância igual a meio comprimento de onda.

21. Um professor, utilizando uma fonte vibratória, um fio de náilon e um peso *P*, monta um dispositivo e obtém uma configuração de ondas estacionárias conforme apresenta a figura seguinte.

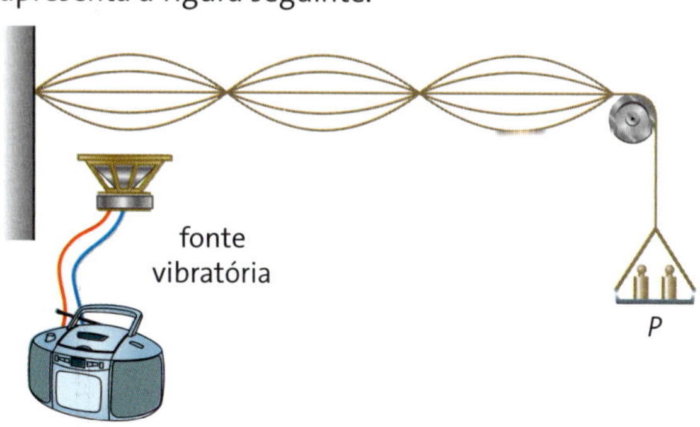

Formato/Arquivo da editora

a) Sendo $d = 12$ cm a distância entre dois nós consecutivos, determine o comprimento de onda da onda no fio.

b) Se a frequência de vibração da fonte é 100 Hz, qual é a velocidade da onda no fio?

22. Com base na ressonância, explique:

a) o desabamento da ponte Tacoma Narrows, nos Estados Unidos, em 1940;

b) a sintonização das emissoras de FM num rádio de automóvel.

23. (UFTM-MG) Sílvia e Patrícia brincavam com uma corda quando perceberam que, prendendo uma das pontas em um pequeno poste e agitando a outra ponta em um mesmo plano, faziam com que a corda oscilasse de forma que alguns de seus pontos permaneciam parados, ou seja, estabelecia-se na corda uma onda estacionária. A figura 1 mostra a configuração da corda quando Sílvia está brincando e a figura 2 mostra a configuração da mesma corda quando Patrícia está brincando.

figura 1

figura 2

Paulo Manzi/Arquivo da editora

Considerando-se iguais, nas duas situações, as velocidades de propagação das ondas na corda, e chamando de f_S e f_P as frequências com que Sílvia e Patrícia, respectivamente, estão fazendo a corda oscilar, pode-se afirmar corretamente que a relação $\frac{f_S}{f_P}$ é igual a:

a) 1,6.
b) 1,2.
c) 0,8.
d) 0,6.
e) 0,4.

EM CONSTRUÇÃO

Christiaan Huygens

Christiaan Huygens (1629-1695).

Christiaan Huygens, matemático, físico e astrônomo holandês, nasceu em uma família abastada e seus primeiros estudos foram ministrados em casa com professores particulares. Posteriormente, estudou Direito na Universidade de Leyden, na Holanda.

Contemporâneo do físico e matemático inglês Isaac Newton (1643-1727), do matemático alemão Gottfried W. Leibniz (1646-1716), do físico inglês Robert Hooke (1635-1703) e do filósofo e matemático francês René Descartes (1596-1650), de quem recebeu lições, Huygens, incentivado por seu pai, visitou os grandes centros de cultura da época e, em Paris, França, manteve contato com o matemático Pierre Fermat (1601-1665), com o filósofo e astrônomo Pierre Gassendi (1592-1655) e com o matemático e físico Blaise Pascal (1623-1662).

Sua contribuição para a Física e a Astronomia abrange desde a construção de telescópios, com os quais, em 1655, descobriu Titã (um dos satélites do planeta Saturno), passando pela Mecânica, com as colisões entre corpos e momentos de inércia, até a teoria ondulatória da luz.

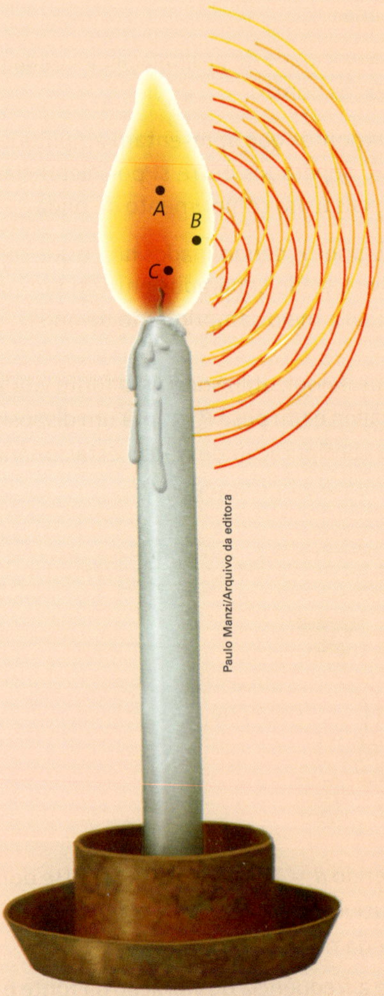

Em 1690, com a publicação do seu livro *Tratado da luz*, Huygens inscreveu seu nome como um dos grandes cientistas ao formular aquele que passou a ser conhecido como "o princípio de Huygens", que explica a propagação ondulatória: cada ponto de uma frente de onda se comporta como uma nova fonte de ondas elementares e progressivas. A linha ou a superfície que tangencia todas as ondas elementares produzidas corresponde à frente de onda em um instante posterior. O princípio de Huygens foi fundamental na explicação dos fenômenos da reflexão e de refração da luz.

Huygens foi membro da Royal Society em Londres e também da Academie Royale des Sciences, sendo considerado um dos maiores físicos do século XVII. Por ocasião de sua morte, em 1695, a Sociedade Holandesa de Ciências publicou sua obra completa.

- Qual é a importância do trabalho de Huygens para a Ondulatória?

Reflexão e refração de pulsos

Para a verificação dos fenômenos da reflexão e da refração de ondas, você poderá utilizar duas molas espirais, uma com 10 cm de comprimento (sem distensão) e 7 cm de diâmetro (mola leve) e outra com 1,7 m de comprimento (sem distensão) e 2,5 cm de diâmetro (mola pesada) unidas pelas extremidades, conforme mostra a figura ao lado.

Com a extremidade da mola pesada presa em uma parede (ou uma pessoa segurando) puxe a outra extremidade até as molas atingirem um comprimento de aproximadamente 5,0 m. Produzindo pulsos transversais na extremidade da mola leve, observe a reflexão e a refração do pulso ao atingir a junção das duas molas (meios diferentes).

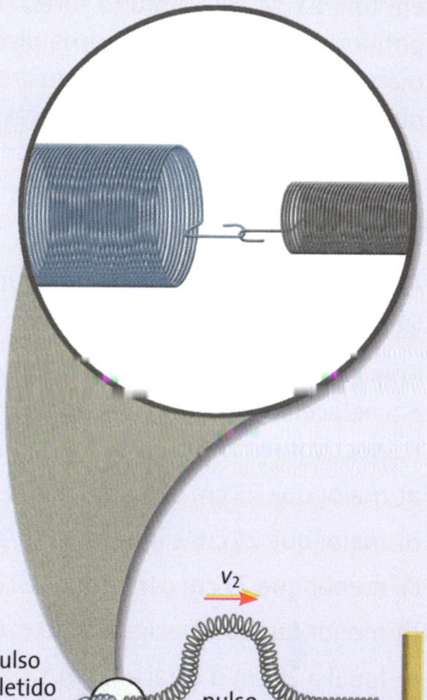

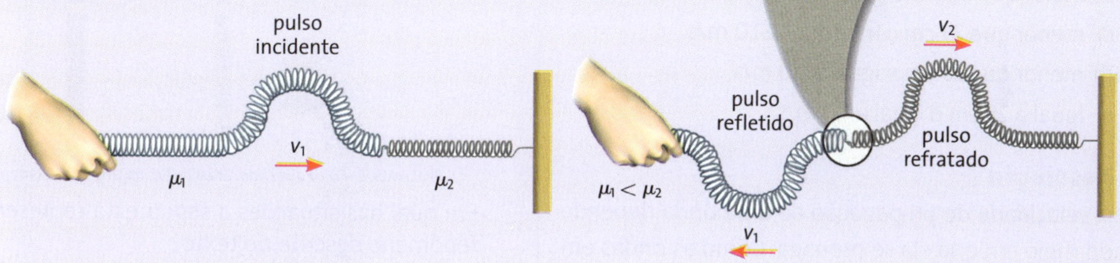

Ilustrações: Paulo Manzi/Arquivo da editora

Repita o procedimento produzindo, agora, o pulso na extremidade da mola pesada.

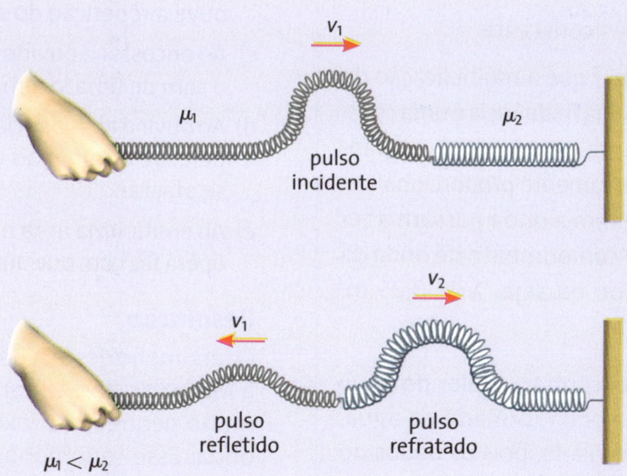

Após a realização dos experimentos, responda como acontece a reflexão e a refração de um pulso nos seguintes casos:

a) o pulso se propaga da mola leve para a mola pesada;

b) o pulso se propaga da mola pesada para a mola leve.

Pensando no Enem

1. Em um dia de chuva muito forte, constatou-se uma goteira sobre o centro de uma piscina coberta, formando um padrão de ondas circulares. Nessa situação, observou-se que caíam duas gotas a cada segundo. A distância entre duas cristas consecutivas era de 25 cm e cada uma delas se aproximava da borda da piscina com velocidade de 1,0 m/s.

Após algum tempo a chuva diminuiu e a goteira passou a cair uma vez por segundo.

Com a diminuição da chuva, a distância entre as cristas e a velocidade de propagação da onda se tornaram, respectivamente,

a) maior que 25 cm e maior 1,0 m/s.
b) maior que 25 cm e igual a 1,0 m/s.
c) menor que 25 cm e menor que 1,0 m/s.
d) menor que 25 cm e igual a 1,0 m/s.
e) igual a 25 cm e igual a 1,0 m/s.

Resolução

A velocidade de propagação de uma onda depende do meio em que ela se propaga. Como as ondas em questão se formaram no mesmo meio, após a frequência da goteira, que gera a onda, mudar, a velocidade da onda continuará a mesma, portanto:

$$v_{inicial} = v_{final} = \text{constante}$$

Como $v = \lambda f$, podemos dizer que a multiplicação do comprimento de onda pela sua frequência é uma constante, ou seja: $\lambda f = \text{constante}$, e portanto essas grandezas, neste caso, são inversamente proporcionais. Assim, se as gotas que geram a onda passam a ter uma frequência menor, o comprimento de onda da onda passará a ser maior, ou seja: $\lambda > 0{,}25$ m. A alternativa correta é a **b**.

Observação: É possível encontrar o valor do novo comprimento de onda da onda formada na água, mas optamos por não calculá-lo, pois os dados do enunciado estão incoerentes. Isto é verificado quando substituímos os valores dados para o primeiro caso, em que a frequência é maior e igual a $f = 2{,}0$ Hz e $\lambda = 0{,}25$ m, na expressão para a velocidade de propagação da onda:

$$v = \lambda \cdot f \Rightarrow v = 0{,}25 \cdot 2{,}0 \Rightarrow v = 0{,}50 \text{ m/s}$$

Note que este valor é incompatível com aquele fornecido no enunciado, mas isto não impede a resolução da questão.

2. Ao diminuir o tamanho de um orifício atravessado por um feixe de luz, passa menos luz por intervalo de tempo, e próximo da situação de completo fechamento do orifício, verifica-se que a luz apresenta um comportamento como o ilustrado nas figuras. Sabe-se que o som, dentro de suas particularidades, também pode se comportar dessa forma.

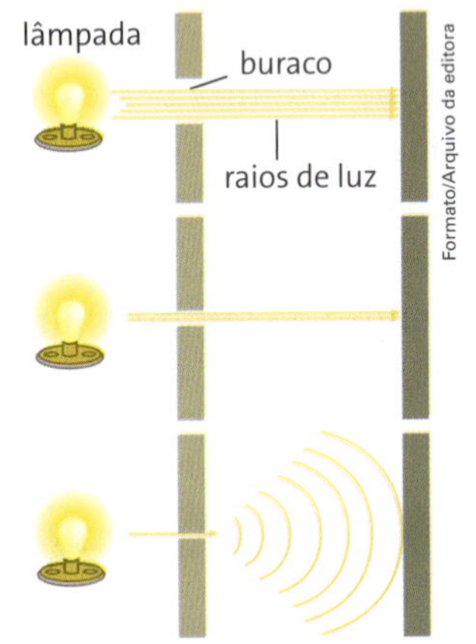

FIOLHAIS, C. *Física divertida*. Brasília: Ed. da UnB, 2000 (adaptado).

Em qual das situações a seguir está representado o fenômeno descrito no texto?

a) Ao se esconder atrás de um muro, um menino ouve a conversa de seus colegas.
b) Ao gritar diante de um desfiladeiro, uma pessoa ouve a repetição do seu próprio grito.
c) Ao encostar o ouvido no chão, um homem percebe o som de uma locomotiva antes de ouvi-lo pelo ar.
d) Ao ouvir a ambulância se aproximando, uma pessoa percebe o som mais agudo do que quando aquela se afasta.
e) Ao emitir uma nota musical aguda, uma cantora de ópera faz com que uma taça de cristal se despedace.

Resolução

O fenômeno destacado nas figuras é o contorno que a luz faz ao passar por um buraco com dimensões muito pequenas, próximas a seu comprimento de onda. Esse fenômeno é chamado de difração e é muito mais fácil de ser percebido no nosso cotidiano com as ondas sonoras, em razão das dimensões dos objetos que nos rodeiam e os comprimentos de onda das ondas sonoras. Como vimos neste capítulo, é a difração das ondas sonoras que explica como um menino escondido atrás de um muro pode ouvir uma conversa. Isso ocorre porque essas ondas, emitidas pelos colegas, são capazes de contornar o muro e chegar aos ouvidos do menino.
A alternativa correta é a **a**.

Vestibulares de Norte a Sul

1. **SE** (Uerj) Vulcões submarinos são fontes de ondas acústicas que se propagam no mar com frequências baixas, da ordem de 7,0 Hz, e comprimentos de onda da ordem de 220 m.

   Utilizando esses valores, calcule a velocidade de propagação dessas ondas.

2. **S** (UEL-PR) Suponha que as ondas geradas pelo satélite geoestacionário possuam uma frequência constante de $1,0 \cdot 10^8$ Hz e demorem $1,1 \cdot 10^{-1}$ s para percorrer a distância de $3,3 \cdot 10^7$ m entre o emissor e uma antena receptora.

   Com relação às ondas emitidas, considere as afirmações a seguir.

   I. Sua velocidade é de $3,0 \cdot 10^8$ m/s.

   II. Sua velocidade é diretamente proporcional ao seu comprimento de onda.

   III. Sua velocidade é inversamente proporcional à sua frequência.

   IV. Seu comprimento de onda é de $3,0 \cdot 10^{-3}$ m.

   Assinale a alternativa correta.

   a) Somente as afirmativas I e II são corretas.
   b) Somente as afirmativas I e IV são corretas.
   c) Somente as afirmativas III e IV são corretas.
   d) Somente as afirmativas I, II e III são corretas.
   e) Somente as afirmativas II, III e IV são corretas.

3. **N** (UEA-AM) Duas meninas brincam com uma corda. Enquanto a da esquerda faz uma de suas extremidades oscilar verticalmente para cima e para baixo, a da direita mantém a outra parada. A corda estava inicialmente esticada e em repouso e, para que atingisse a configuração mostrada na figura, foram necessários 1,25 s.

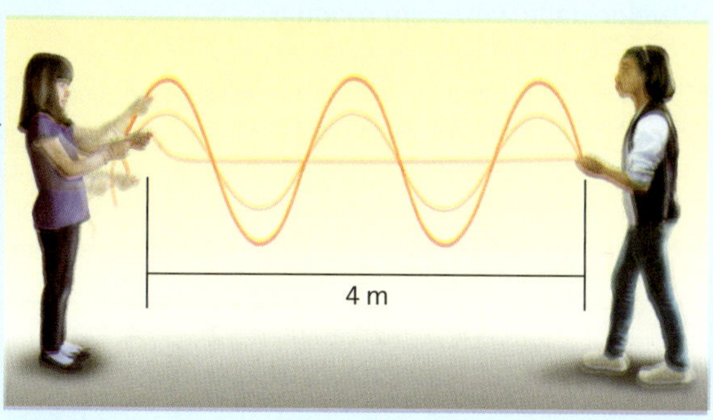

Antonio Robson/Arquivo da editora

   Baseando-se nas informações e na figura, é correto afirmar que a velocidade de propagação das ondas na corda, em m/s, é igual a:

   a) 1,6.
   b) 3,2.
   c) 0,8.
   d) 4,8.
   e) 0,4.

4. **NE** (Uece) Uma onda de rádio se propaga com uma velocidade aproximada de $300 \cdot 10^3$ km/s enquanto uma onda sonora no ar se propaga a aproximadamente 340 m/s. Assim, a respeito dos comprimentos de onda dessas propagações, pode-se dizer corretamente que:

   a) são iguais, caso as ondas tenham a mesma frequência.
   b) são diferentes, independentemente das frequências.
   c) a onda eletromagnética tem sempre maior comprimento de onda em relação à sonora, por isso tem maior alcance.
   d) a onda sonora tem sempre maior comprimento de onda em relação à eletromagnética, pois se trata de uma onda mecânica.

5. **NE** (Uece) Dois instantâneos de uma onda harmônica transversal que se propaga na direção *x* em um meio não dispersivo são mostrados na figura a seguir. A diferença de tempo entre esses instantâneos é de 0,5 s.

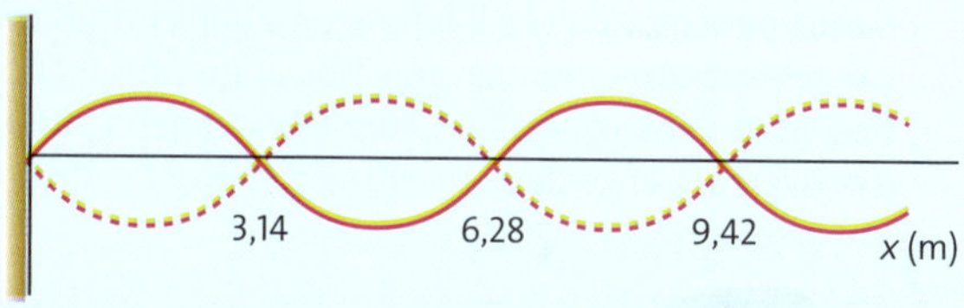

   Assim, a velocidade de propagação da onda é, em m/s:

   a) 9,42.
   b) 3,14.
   c) 6,28.
   d) 1,57.

6. **SE** (Unicid-SP) Nas águas paradas de um lago com margens espraiadas, uma fonte imóvel em relação às margens produz ondas periódicas. Tais ondas, ao se aproximarem das margens, têm:

   a) o comprimento de onda diminuído e mantida constante a frequência de oscilação.
   b) o comprimento de onda e a frequência de oscilação diminuídos.
   c) a velocidade de propagação e a amplitude de oscilação mantidas constantes.
   d) o comprimento de onda e a frequência de oscilação mantidos constantes.
   e) a velocidade de propagação e a frequência de oscilação diminuídas.

7. **SE** (UFMG) A figura I mostra, em determinado instante de tempo, uma mola na qual se propaga uma onda longitudinal. Uma régua de 1,5 m está colocada ao lado da mola. A figura II mostra como o deslocamento de um ponto P da mola, em relação a sua posição de equilíbrio, varia com o tempo.

figura I

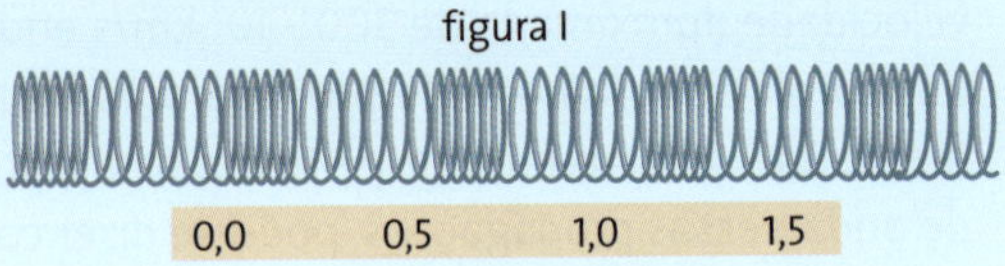

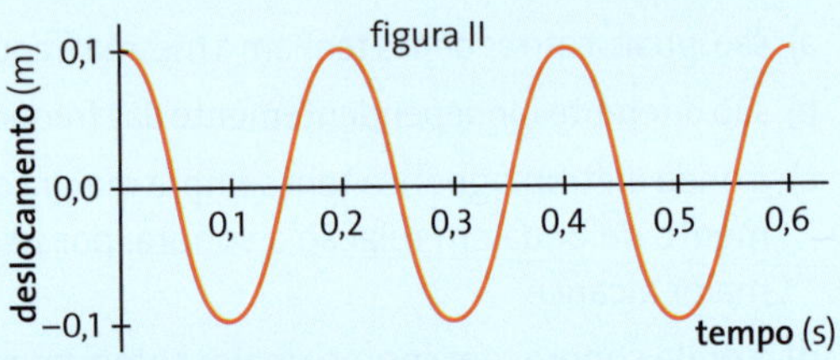

As melhores estimativas para o comprimento de onda λ e para o período T dessa onda são:

a) $\lambda = 0{,}20$ m e $T = 0{,}50$ s.
b) $\lambda = 0{,}20$ m e $T = 0{,}20$ s.
c) $\lambda = 0{,}50$ m e $T = 0{,}50$ s.
d) $\lambda = 0{,}50$ m e $T = 0{,}20$ s.

8. **N** (UEA-AM) Como não dispunham de muito barbante, para montar seu telefone de latinhas, duas crianças precisaram emendar dois fios diferentes, sendo o fio 2 mais denso que o fio 1. Nessa brincadeira, durante a conversa, os fios devem ser mantidos esticados.

Antonio Robson/Arquivo da editora

Antes de começarem a conversar, quando os fios estavam esticados, uma delas provocou uma perturbação no fio 1, produzindo um pulso transversal que se propagou por ele com velocidade v_1. Considerando que quando o pulso refratou para o fio 2, se propagou por ele com velocidade v_2 e que $v_1 = 1{,}5 \cdot v_2$, a razão λ_1 / λ_2 entre os comprimentos de onda dos pulsos dos fios 1 e 2 é igual a:

a) 2,0.
b) 3,5.
c) 1,5.
d) 2,5.
e) 3,0.

9. **SE** (FGV-SP) A figura seguinte representa a planta baixa de uma cuba retangular de bordas espraiadas, repleta de água, com duas profundidades constantes, mas diferentes: a região profunda, à esquerda, e a região rasa, à direita. Frentes de ondas retas periódicas são produzidas pela fonte vibratória F e se propagam da região profunda para a região rasa. A mudança de profundidade ocorre em linha reta entre A e B.

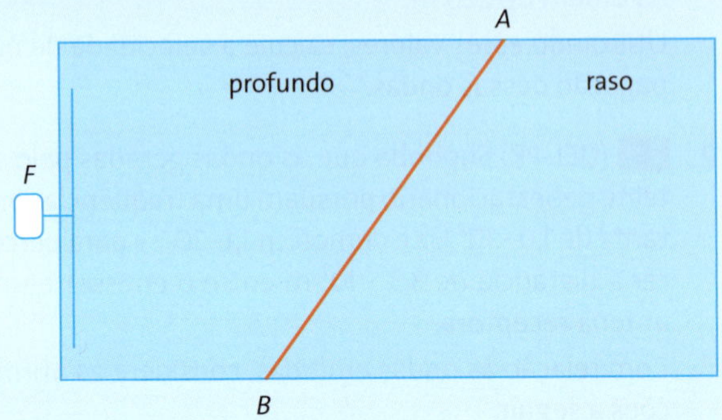

É correto afirmar que na região rasa as ondas vibram com:

a) frequência maior que na região profunda, mas mantêm constante seu comprimento de onda.
b) frequência menor que na região profunda e têm diminuída sua velocidade de propagação.
c) a mesma frequência da região profunda, mas têm aumentado seu comprimento de onda.
d) a mesma frequência da região profunda, mas têm diminuída sua velocidade de propagação.
e) a mesma frequência da região profunda, mas têm aumentada sua amplitude de oscilação.

10. **NE** (Uece) A figura abaixo mostra um instantâneo de dois pulsos que se propagam sem deformação em uma corda. Os pulsos foram gerados nas extremidades opostas da corda, de modo que o representado pela curva tracejada se propague no sentido negativo. Assuma que a corda é um meio homogêneo e linear para essa propagação, e que os pulsos se propagam com velocidade 2 m/s, em módulo.

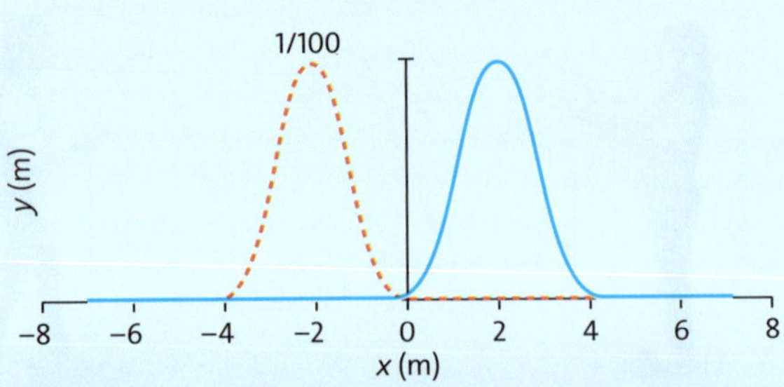

Assim, o pico máximo na direção y da corda 1 s após esse instantâneo é:

a) $\frac{1}{200}$.
b) $\frac{1}{50}$.
c) $\frac{2}{50}$.
d) $\frac{1}{100}$.

11. **N** (UEA-AM) Um fruto desprende-se da árvore e cai sobre as águas tranquilas e de profundidade constante de uma região alagada, produzindo ondas circulares concêntricas. Próximo ao centro das ondas, dois troncos caídos, dispostos como indica a figura, mostram uma fenda de dimensões próximas ao comprimento de onda das ondas propagadas, por onde parte do pulso pode atravessar.

Posicionamento das cristas das ondas produzidas em determinado instante:

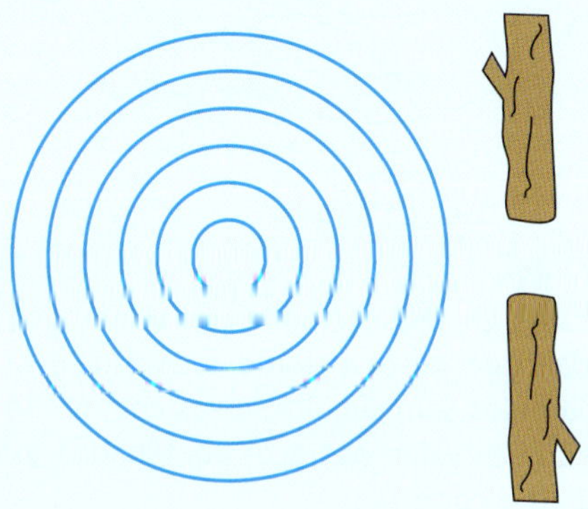

Ilustrações: Formato/Arquivo da editora

O padrão de cristas de onda esperado, após a travessia dos pulsos pela fenda, é mais próximo de:

a) 

b) 

c) 

d) 

e) 

12. **NF** (UFBA)

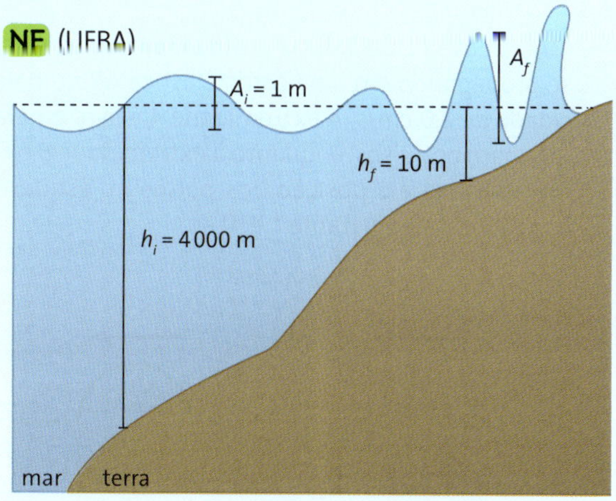

Em 11 de março de 2011, após um abalo de magnitude 8,9 na escala Richter, ondas com amplitudes gigantes foram geradas no Japão.

Tsunamis podem ser causados por deslocamento de uma falha no assoalho oceânico, por uma erupção vulcânica ou pela queda de um meteoro. O *tsunami*, em alto-mar, tem amplitude pequena, mas, mesmo assim, transporta muita energia.

Sabe-se que a velocidade de propagação da onda, na superfície da água, é dada por $v = \sqrt{gh}$ em que g é o módulo da gravidade e h, a profundidade da onda, que o comprimento de onda diminui com a redução da profundidade e que a sua energia que se propaga na superfície da água é simplificadamente dada por $E = kvA^2$, em que k é uma constante, v é a velocidade de propagação da onda na superfície da água, e A é a amplitude da onda.

Da análise da figura e supondo que a onda se propaga sem nenhuma perda de energia, calcule:

a) a velocidade da onda em $h_i = 4\,000{,}0$ m de profundidade e em $h_f = 10{,}0$ m de profundidade, onde o módulo da aceleração da gravidade é igual a 10 m/s^2;

b) a amplitude da onda, A_f, em 10,0 m de profundidade, sabendo que a amplitude da onda, A_i, em 4 000,0 m de profundidade é 1,0 m.

13. **SE** (Unicamp-SP) O módulo da velocidade do som no ar é de aproximadamente 330 m/s. Colocam-se dois alto-falantes iguais, um de frente ao outro, distanciados 6,0 m, conforme a figura seguinte. Os alto-falantes são excitados simultaneamente por um mesmo amplificador com um sinal de frequência de 220 Hz.

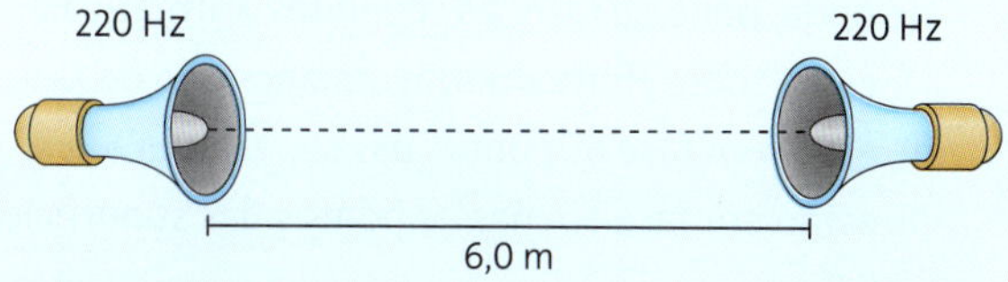

Pergunta-se:

a) Qual é o comprimento de onda do som emitido pelos alto-falantes?

b) Em que pontos do eixo, entre os dois alto-falantes, o som tem intensidade máxima?

14. **S** (UEL-PR) Dois pulsos praticamente iguais estão se propagando em uma corda elástica *AB*, com velocidade de 2,0 cm/s. A extremidade *A* é livre e nela se originam os pulsos, enquanto a extremidade *B* é fixa. Considere que a posição dos pulsos no esquema 1 corresponde ao instante $t = 0$ s:

esquema 1

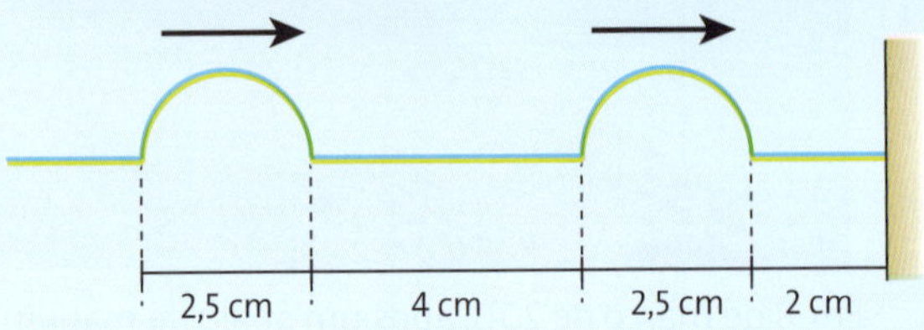

O esquema 2 também representa a corda elástica *AB* em outro instante diferente de $t = 0$ s.

esquema 2

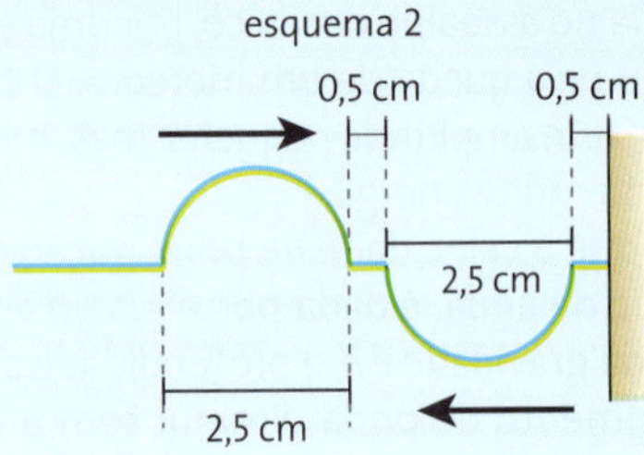

O menor intervalo entre a primeira e a segunda configuração é, em segundos:

a) 3,0.
b) 2,5.
c) 2,0.
d) 1,5.
e) 1,0.

15. **SE** (AFA-SP) A figura abaixo apresenta a configuração instantânea de uma onda plana longitudinal em um meio ideal. Nela, estão representadas apenas três superfícies de onda, γ, β e α, separadas respectivamente por λ e $\frac{\lambda}{2}$, em que λ é o comprimento de onda da onda.

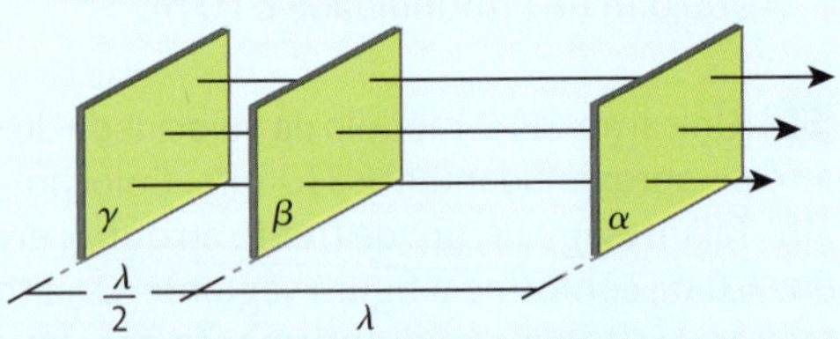

Em relação aos pontos que compõem essas superfícies de onda, pode-se fazer as seguintes afirmativas:

I. estão todos mutuamente em oposição de fase;
II. estão em fase os pontos das superfícies α e γ;
III. estão em fase apenas os pontos das superfícies α e β;
IV. estão em oposição de fase apenas os pontos das superfícies γ e β.

Nessas condições, é (são) verdadeira(s):

a) I.
b) I e II.
c) III.
d) III e IV.

16. **S** (UEL-PR) A figura a seguir representa uma área coberta pela radiação eletromagnética emitida por duas antenas.

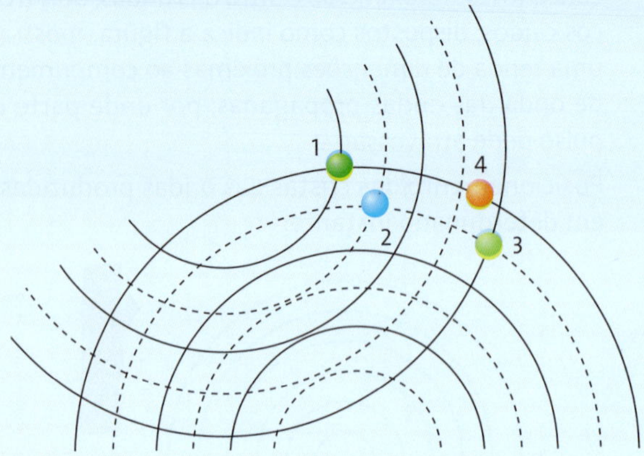

Considerando que a radiação eletromagnética é uma onda e que, nesta questão, essa onda está representada pelos semicírculos, cujas cristas são os traços cheios e os vales, os traços pontilhados, assinale a alternativa correta.

a) No ponto 1, a amplitude resultante é mínima.
b) No ponto 2, a amplitude resultante é máxima.
c) No ponto 3, a amplitude resultante é metade do que a do ponto 1.
d) No ponto 4, a amplitude resultante é nula.
e) No ponto 2, a amplitude resultante é o dobro do que a do ponto 3.

17. **CO** (UFMS) A figura mostra ondas estacionárias em uma corda de comprimento 45 cm, densidade linear de massa 6,2 g/m, com as duas extremidades fixas, e que está vibrando a 450 Hz.

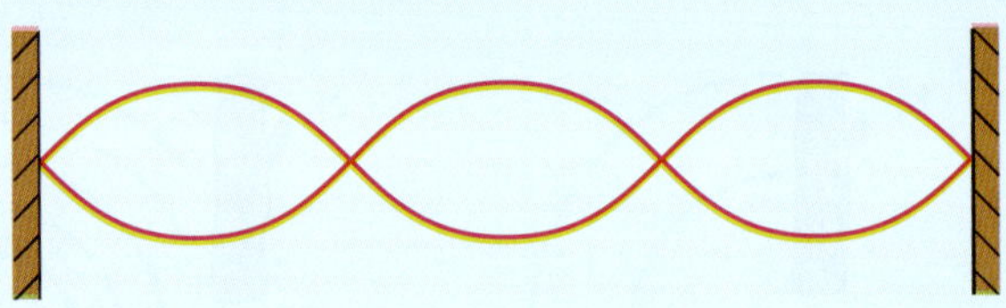

Dê como resposta a soma dos números correspondentes às afirmações corretas.

É correto afirmar que:

(01) todos os pontos da corda vibram com a mesma amplitude.

(02) todos os pontos da corda vibram com a mesma frequência.

(04) o comprimento de onda na corda é de 90 cm.

(08) a velocidade de propagação da onda na corda é de 135 m/s.

(16) a força tensora na corda é de 113 N, aproximadamente.

CAPÍTULO

9 Acústica

BSIP/UIG/Getty Images

Como conseguimos identificar cada um dos instrumentos musicais quando eles são tocados juntos?

1 Sons, ultrassons e infrassons

Quando misturamos duas ondas luminosas puras, como a vermelha e a amarela, nossa visão não as percebe separadamente; o que vemos é uma onda na cor alaranjada.

E o que dizer de nossa audição? A orelha humana possui uma sensibilidade que, além de nos permitir captar sons de baixa intensidade, permite também que identifiquemos vários sons diferentes, mesmo que os recebamos simultaneamente. Por exemplo, em uma apresentação de uma orquestra, nossas orelhas captam vários sons presentes no ambiente, desde os instrumentos de cordas e de sopro até os de percussão. Para conseguir identificar todos os instrumentos, a orelha deve estar bem treinada, como a de um maestro.

Se pensarmos na Pré-História, podemos imaginar o homem primitivo (nosso ancestral) usando seus agudos sentidos até o limite, principalmente o olfato e a audição, numa noite escura, tateando entre as folhagens, à caça de um animal qualquer. Provavelmente, um dos fatores que contribuíram para a sobrevivência da espécie humana foi a capacidade auditiva.

Mas como conseguimos ouvir os sons? Para responder a essa questão, precisamos estabelecer que o termo **som** se refere às ondas mecânicas longitudinais que se propagam no ar, e em outros meios, e que sensibilizam nossa audição.

Quando uma pessoa fala, como sua professora (figura 9.1), por exemplo, ela coloca as cordas vocais em vibração, o que produz no ar regiões de alta pressão (compressões) e de baixa pressão (rarefações), como na figura 9.2.

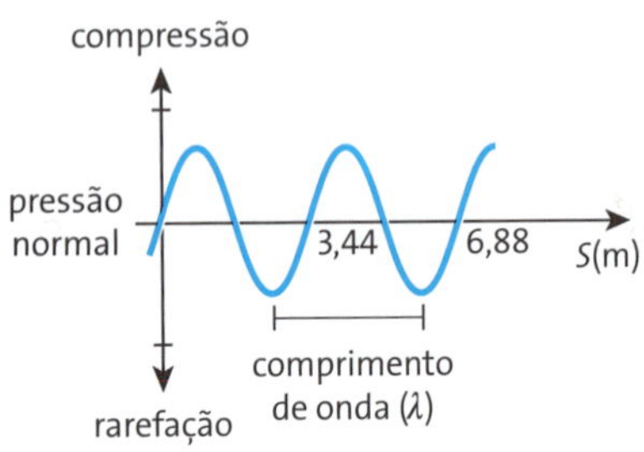

Figura 9.2 Gráfico da pressão de uma onda sonora em função da distância.

Figura 9.1 O som produzido pelas cordas vocais de uma pessoa propaga-se como uma onda longitudinal, provocando compressões e rarefações (regiões de alta e de baixa pressão) no ar.

Essas alternâncias propagam-se como uma onda sonora e, eventualmente, podem atingir as orelhas de uma pessoa. A sensibilidade da orelha humana varia de pessoa para pessoa e, na mesma pessoa, varia com a idade. Os parâmetros médios adotados são 20 Hz como frequência mínima audível e 20 000 Hz como frequência máxima audível. Abaixo de 20 Hz, as vibrações são denominadas infrassom e, acima de 20 000 Hz, ultrassom (figura 9.3).

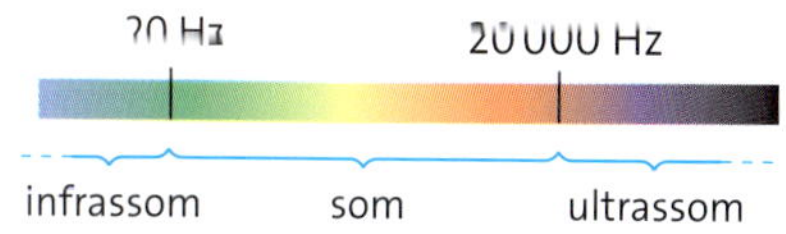

Figura 9.3 Sons entre 20 Hz e 20 000 Hz são audíveis.

Na figura 9.4 temos a ilustração da anatomia da orelha humana.

O pavilhão auditivo (orelha) e o canal auditivo constituem a orelha externa; a membrana timpânica e os ossículos (martelo, bigorna e estribo), que são os menores ossos do corpo humano, formam a orelha média; e a cóclea e os canais semicirculares formam a orelha interna.

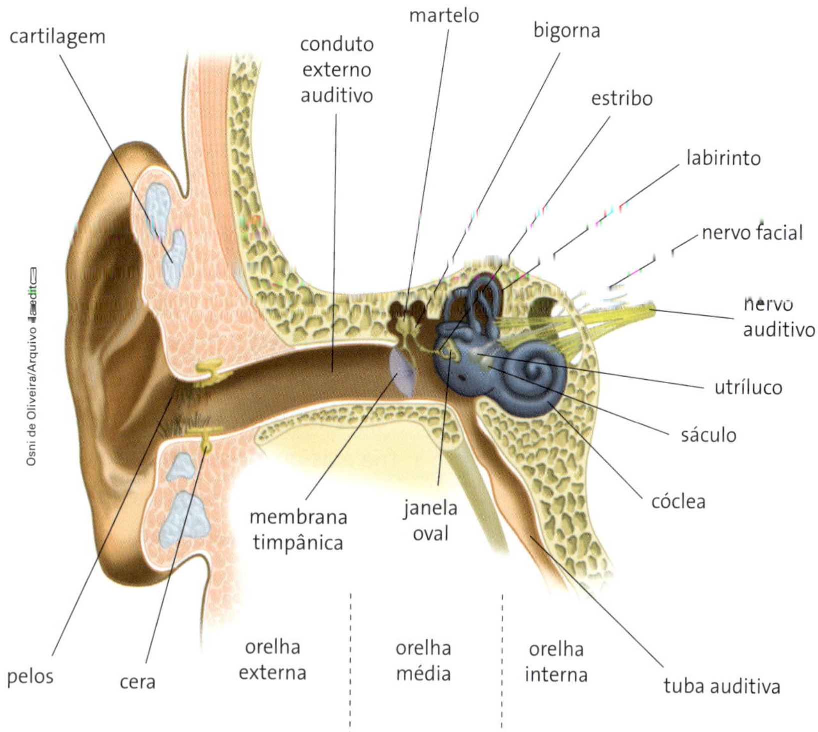

Figura 9.4 Representação da anatomia da orelha humana.

Quando um som audível atinge a orelha, ele penetra pelo canal auditivo e produz vibrações na membrana timpânica. Esta, por sua vez, provoca oscilações nos ossículos e, por meio do estribo, essas oscilações atingem a orelha interna. Na cóclea, as oscilações são transformadas em impulsos elétricos que são conduzidos ao cérebro. No cérebro, cada impulso é codificado, e o som é identificado.

Por ser uma onda mecânica, a velocidade de propagação do som normalmente é maior nos sólidos que nos líquidos, e maior nos líquidos que nos gases. Nos gases, a velocidade do som não depende da pressão, praticamente não depende da frequência e do comprimento de onda, porém depende da temperatura. Já no vácuo, não há propagação do som, uma vez que se trata de onda mecânica.

A tabela 9.1 apresenta alguns exemplos de velocidades do som em diferentes meios.

Tabela 9.1 – Velocidade do som em diferentes meios

Meio	Velocidade do som (m/s)
ar a 0 °C	331
ar a 15 °C	340
água a 20 °C	1480
alumínio	5100
ferro	5130
granito	6000

A equação fundamental da ondulatória, que relaciona a velocidade de propagação, a frequência e o comprimento de onda, é válida para as ondas em geral e, portanto, também para as ondas sonoras:

$$v = \lambda \cdot f$$

De acordo com a equação fundamental, para um mesmo meio (mesma velocidade), sons de altas frequências (sons agudos) apresentam comprimentos de onda menores que os sons de baixas frequências (sons graves).

As ondas sonoras podem sofrer reflexão, refração, interferência, difração e ressonância. Elas somente não podem ser polarizadas, pois são ondas longitudinais e a polarização é um fenômeno que afeta exclusivamente as ondas transversais. A polarização será estudada no próximo capítulo.

Nos gases, em particular no ar atmosférico, as ondas sonoras, ao passar por camadas de ar a temperaturas diferentes, sofrem o fenômeno denominado refração (mudança de velocidade).

Normalmente, durante o dia, a camada de ar próxima ao solo está mais quente do que a camada superior. As ondas sonoras, ao passar da camada mais fria para a mais quente, sofrem refração: a velocidade aumenta e as frentes de onda são desviadas para cima (figura 9.5.a).

À noite, ocorre o contrário: a camada de ar próxima ao solo está mais fria e as ondas sonoras são desviadas para baixo, com redução de velocidade (figura 9.5.b). Isso explica o fato de à noite ouvirmos melhor os sons distantes do que durante o dia.

Assim como os seres humanos, muitos animais utilizam ondas sonoras para se comunicar. Os elefantes, por exemplo, utilizam em sua comunicação sons de frequências extremamente baixas, situadas entre 20 Hz e 40 Hz. Embora esses sons ainda estejam na faixa de sons audíveis para os seres humanos, eles podem ser classificados como **infrassons**. Para nós, a comunicação entre os elefantes está mais para uma vibração do que para um som propriamente dito.

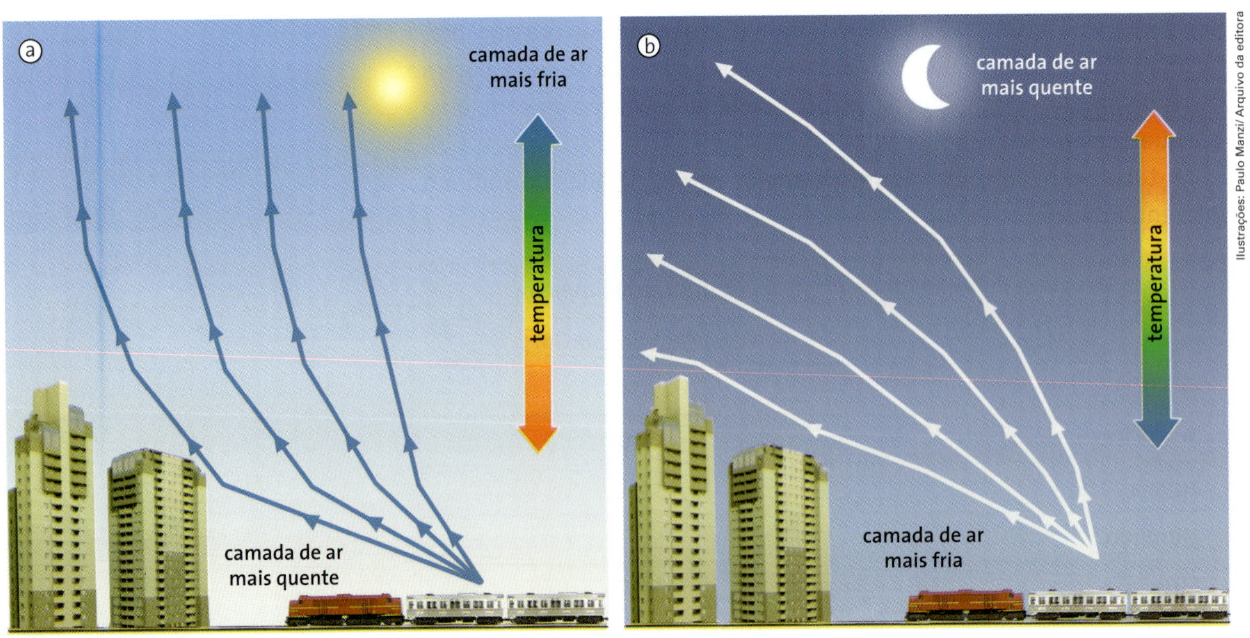

Figura 9.5 Refração de ondas sonoras na atmosfera.

Já os morcegos emitem ondas sonoras com frequências da ordem de 100000 Hz, denominadas **ultrassons**. Após sofrer reflexão em um objeto, que pode ser um inseto em movimento, as ondas, ao serem captadas pelo morcego, possibilitam a localização exata desse objeto (figura 9.6). No caso de objetos em movimento, além da reflexão, temos o efeito Doppler, que será visto ainda neste capítulo.

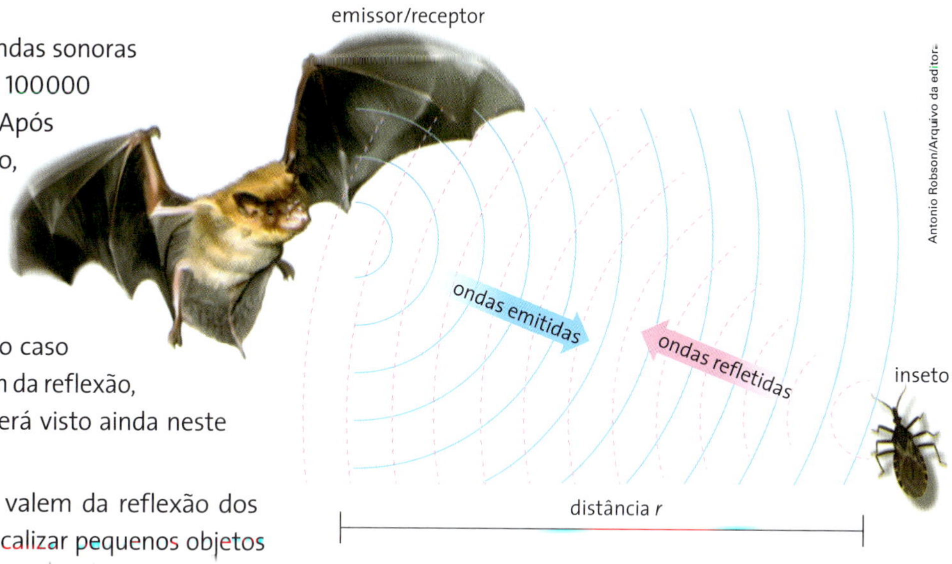

Figura 9.6 Quando um morcego localiza um inseto, dois fenômenos ondulatórios estão presentes: a reflexão e o efeito Doppler.

Os golfinhos também se valem da reflexão dos ultrassons para se orientar e localizar pequenos objetos dentro da água. Como na água a velocidade do som é da ordem de 1500 m/s, e os golfinhos emitem sons com frequências da ordem de 100000 Hz, eles conseguem detectar objetos com 1,5 cm, valor que corresponde ao comprimento de onda do som emitido.

Um dos motivos para as ondas sonoras de alta frequência (ultrassons) serem usadas em diversos ramos de pesquisa e, principalmente, na Medicina está relacionado ao fato de o ultrassom apresentar comprimento de onda pequeno, da ordem de milímetros. Desse modo, ele é refletido por objetos pequenos. Vejamos um exemplo numérico. Os aparelhos de ultrassom utilizados na Medicina emitem ondas com frequências ao redor de 5 MHz (5000000 Hz).

Considerando o corpo humano como um meio aquoso, pois 70% da constituição é água, a velocidade do ultrassom é de aproximadamente 1500 m/s e o comprimento de onda correspondente é da ordem de 0,3 mm. Isso significa que a resolução da imagem obtida é de 0,3 mm (décimos de milímetros), o que permite ao médico um diagnóstico mais preciso (figura 9.7).

Figura 9.7 Acompanhar o desenvolvimento e descobrir o sexo do bebê são algumas das utilidades dos exames de ultrassom. Com essa técnica, a Medicina ganhou um poderoso aliado em vários ramos, além do acompanhamento de uma gestação.

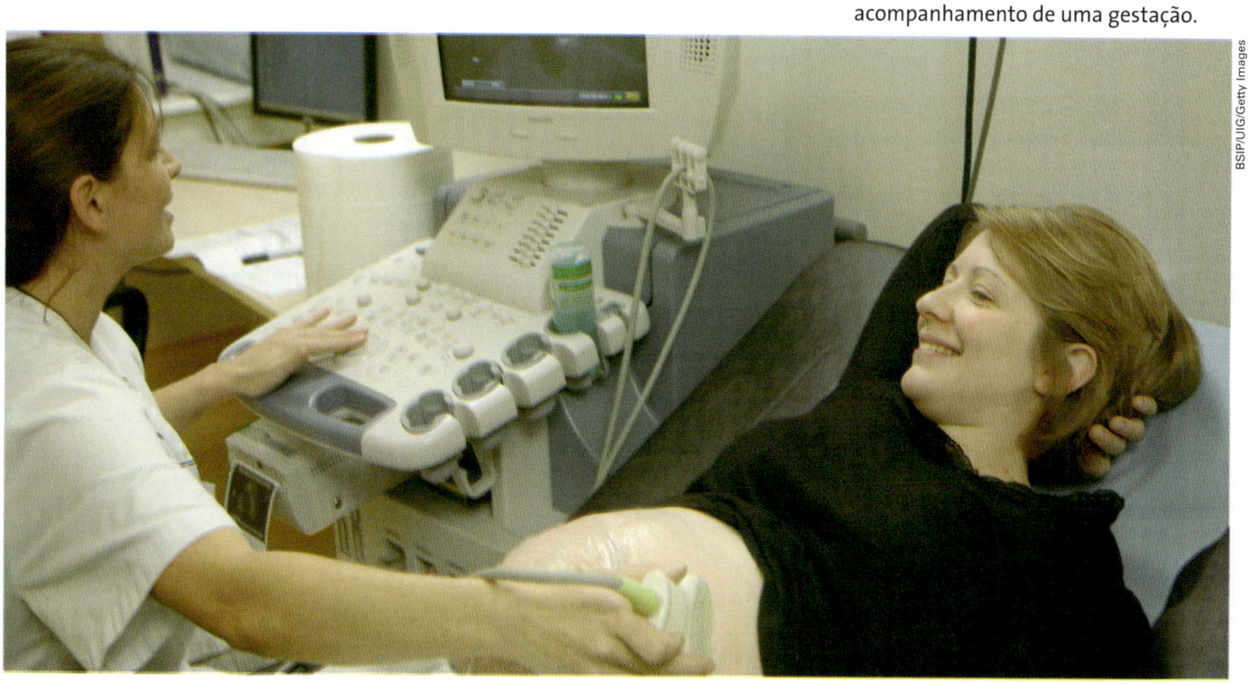

Velocidade do som nos gases

O modelo do gás ideal, descrito pela teoria cinética dos gases, foi sendo aprimorado a partir das leis de Newton no fim do século XVII, por vários cientistas.

Com esse modelo é possível obter a velocidade de propagação do som (v) em um gás, que é dada por:

$$v = \sqrt{\frac{\gamma \cdot p}{\rho}}$$

Vamos utilizar a equação de Clapeyron $\left(p = \frac{m \cdot R \cdot T}{M \cdot V}\right)$ e a densidade do gás $\left(\rho = \frac{m}{V}\right)$. Substituindo na equação da velocidade, obtemos:

$$v = \sqrt{\frac{\gamma \cdot R \cdot T}{M}}$$

Em que R é a constante universal dos gases, T é a temperatura absoluta, M é a massa molar do gás e γ é o coeficiente adiabático do gás $\left(\gamma = \frac{C_p}{C_v}\right)$.

Observe que a velocidade do som em um gás:

- não depende da pressão;
- é diretamente proporcional a $\sqrt{T}$;
- é inversamente proporcional a $\sqrt{M}$.

O modelo do gás ideal descreve bem o comportamento dos gases reais em situações de baixa densidade e temperaturas cotidianas.

Como γ e M são constantes para cada gás e R é uma constante universal, a expressão da velocidade do som em um determinado gás pode ser simplificada por:

$$v = k \cdot \sqrt{T}$$

Onde $k = \sqrt{\frac{\gamma \cdot R}{M}}$ e depende exclusivamente do gás considerado. Para o ar seco, temos: $k = 20{,}046$ (SI).

Exercício resolvido

1. Uma forma prática para obter a distância d de um obstáculo refletor de som ao emissor, para que este emissor possa perceber o eco, é dividir a velocidade do som por 20, no SI, obtendo d em metros.
   a) Em um determinado dia de inverno, a temperatura ambiente é de 15 °C. Nessa situação, qual é a distância para ocorrer eco?
   b) Em um dia quente de verão, a temperatura atinge 40 °C. Qual é, nessa condição, a distância para haver eco?

Resolução

a) Primeiramente, vamos obter a velocidade do som.

A temperatura descrita na escala absoluta é:

$T = 273 + 15 \Rightarrow T = 288$ K

Como $v = k \cdot \sqrt{T}$, obtemos:

$v = 20{,}046 \cdot \sqrt{288} \Rightarrow v = 340{,}2$ m/s

Dividindo esse valor por 20, obtemos $d = 17{,}0$ m.

b) Nessa condição, a temperatura na escala absoluta é:

$T = 273 + 40$, ou seja, $T = 313$ K

Assim:

$v = 20{,}046 \cdot \sqrt{313} \Rightarrow v = 354{,}6$ m/s

Dividindo esse valor por 20, obtemos $d = 17{,}7$ m.

Exercícios

1. Suponha que uma onda sonora, propagando-se no ar com velocidade de 330 m/s e com frequência de 1 000 Hz, penetre na água. Com base na tabela 9.1 e na equação fundamental da ondulatória, e lembrando que a frequência de uma onda é determinada pela fonte emissora, verifique se cada afirmativa seguinte é correta ou errada.
   I. No ar, o comprimento de onda da onda sonora é de 33 cm.
   II. Na água, a frequência da onda sonora é de 1 000 Hz.
   III. Na água, a velocidade da onda sonora é superior a 330 m/s e o comprimento de onda é inferior a 33 cm.
   IV. Na água, o comprimento de onda da onda é de 1,48 m.

2. Nos filmes de faroeste dos anos 1950 e 1960, era comum um índio verificar a aproximação de um trem (cavalo de ferro) colocando a orelha no trilho. Explique por que esse procedimento é mais eficaz do que ouvir a aproximação do trem pelo ar.

3. (Fuvest-SP) O som de um apito é analisado com o uso de um medidor que, em sua tela, visualiza o padrão apresentado na figura abaixo.

Seres vivos	Intervalos de frequência
cachorro	15 Hz – 45 000 Hz
ser humano	20 Hz – 20 000 Hz
sapo	50 Hz – 10 000 Hz
gato	60 Hz – 65 000 Hz
morcego	1000 Hz – 120 000 Hz

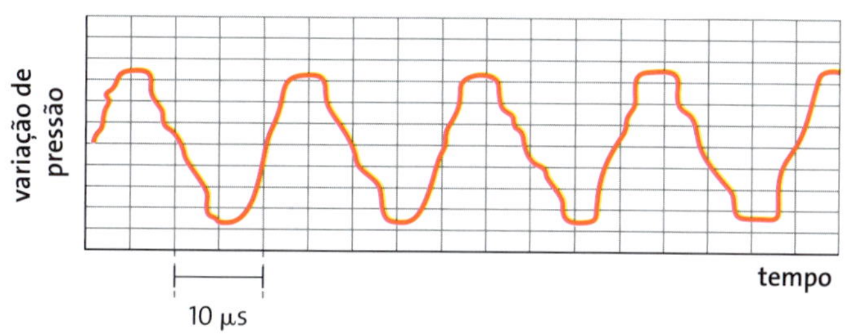

O gráfico representa a variação de pressão que a onda sonora exerce sobre o medidor, em função do tempo, em μs (1 μs = 10^{-6} s). Analisando a tabela de intervalos de frequências audíveis acima, por diferentes seres vivos, conclui-se que o apito pode ser ouvido apenas por:

a) seres humanos e cachorros.
b) seres humanos e sapos.
c) sapos, gatos e morcegos.
d) gatos e morcegos.
e) morcegos.

4. Na busca de alimentos, os morcegos emitem ultrassons cujos comprimentos de onda são aproximadamente iguais ao comprimento do inseto procurado. Se um morcego emite uma onda na frequência de 60 000 Hz, qual é o menor tamanho de inseto que ele consegue detectar?

   Considere a velocidade do ultrassom no ar igual a 300 m/s.

5. A seguir apresentamos um modo prático de você determinar a que distância, aproximadamente, se encontra uma tempestade. No instante em que você vê um relâmpago, comece a contar pausadamente (1, 2, 3, 4...) e pare de contar no instante em que você ouvir o trovão correspondente. Cada número contado corresponde, aproximadamente, a 300 m. Assim, se você contar até 3, a tempestade está a 900 m de você; se contar até 5, ela está a 1 500 m (1,5 km), e assim sucessivamente.

   Considerando que a velocidade da luz no ar é de 300 000 km por segundo e a do som, 300 m por segundo, explique por que o método acima pode ser considerado válido.

2 Reverberação, eco e qualidade do som

Todas as nossas sensações correspondem a uma combinação entre os órgãos sensitivos e a nossa mente. Elas não são instantâneas; começam, duram um pequeno intervalo de tempo e acabam. Um exemplo é a dor de uma alfinetada: retirado o alfinete (estímulo), ela ainda continua por certo tempo.

A compreensão dessa característica é o ponto básico para entendermos os fenômenos denominados **reverberação** e **eco**. O intervalo de tempo em que dura o som é chamado de **remanescência**. Vamos admitir que, recebida uma vibração auditiva, por mais curta que seja, para o ser humano percebê-la, ela deve perdurar um décimo de segundo.

Suponhamos que uma pessoa receba dois sons emitidos de uma mesma fonte. O primeiro vem diretamente da fonte, enquanto o segundo é refletido numa barreira qualquer.

Se a pessoa receber o segundo som, idêntico ao primeiro, mas menos intenso, antes que termine o tempo de remanescência do anterior haverá uma superposição de ambas as sensações (figura 9.8), resultando numa sensação única, mais intensa e prolongada, chamada **reverberação do som**.

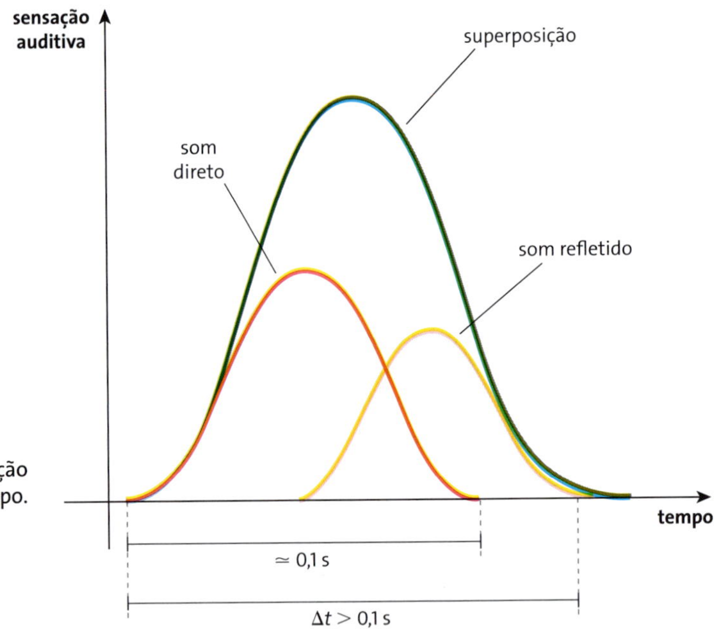

Figura 9.8 Gráfico da sensação auditiva em função do tempo.

É o tempo de remanescência que nos dá a ideia das dimensões do ambiente em que um som se propaga. Quando conversamos em campo aberto, não há reforço para o som direto, o que faz nossa voz parecer mais fraca e os sons mais curtos.

O tempo de reverberação poderá ser prolongado se tivermos vários sons refletidos. Duas superfícies frontais lisas e rígidas favorecem a ocorrência desse fenômeno.

Se o som refletido chegar ao receptor com um atraso maior do que o tempo de remanescência, temos o fenômeno denominado **eco**.

Analisemos o caso de uma pessoa que esteja de frente para uma barreira (figura 9.9).

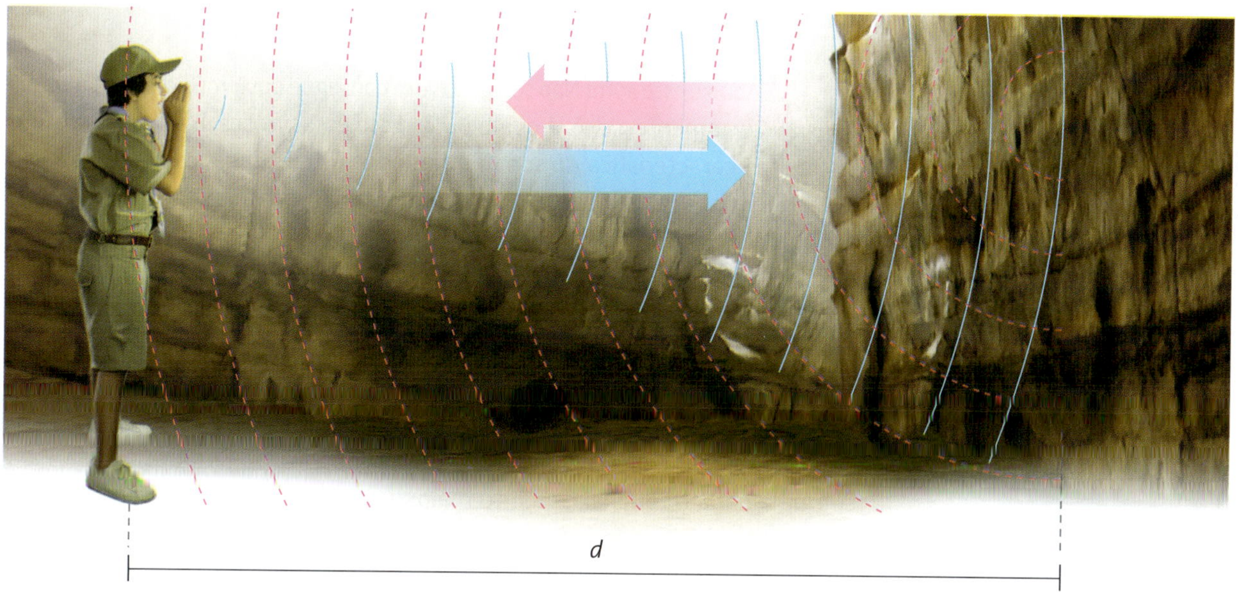

Antonio Robson/Arquivo da editora

Figura 9.9 O som emitido pela pessoa sofre reflexão e retorna a ela.

Ela pode ouvir o som de sua própria voz de dois modos: diretamente ou refletido na barreira. O som direto chaega imediatamente, enquanto o refletido deve percorrer a distância d até chegar à barreira e a mesma distância *d* para retornar à pessoa. O som refletido chega até a pessoa num intervalo de tempo dado por:

$$\Delta t = \frac{2d}{v_{som}}$$

Se esse intervalo de tempo for maior que 0,1 s, que é o tempo de remanescência (figura 9.10), a pessoa ouve o eco da sua própria voz.

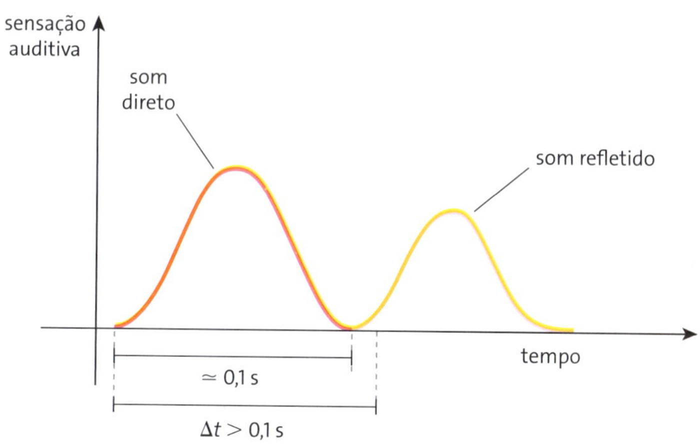

Figura 9.10 Gráfico da sensação auditiva em função do tempo.

Considerando a velocidade do som no ar, que é de 340 m/s, a distância mínima que uma pessoa deve estar de uma barreira para que ouça o eco de sua voz é:

$$\Delta t = \frac{2d}{v_{som}} \Rightarrow 0{,}1 = \frac{2d}{340} \Rightarrow d = 17 \text{ m}$$

Portanto, a distância mínima para que uma pessoa ouça o eco de sua própria voz é de 17 m.

Intensidade, altura e timbre

Intensidade

"Abaixe esse som! Não sei como você consegue ouvir música nessa altura!"

Certamente, você já ouviu ou já disse essas frases. Elas nos remetem a uma característica do som denominada **intensidade**: as ondas sonoras podem ser mais intensas, o que caracteriza um **som forte**, ou menos intensas, caracterizando um **som fraco**.

A **intensidade *I*** mede a energia contida na onda. Ela é definida como a energia transportada pela onda por unidade de tempo e de área. Em outras palavras: a intensidade de uma onda é a potência por unidade de área. No Sistema Internacional de Unidades (SI), a intensidade é dada em watt por metro quadrado (W/m^2).

A intensidade está diretamente relacionada à amplitude da onda. Para uma dada frequência, quanto maior a amplitude (a diferença de pressão entre as regiões de compressão e rarefação), maior a intensidade da onda.

Normalmente, as ondas sonoras propagam-se em todas as direções a partir da fonte de som.

Nesses casos, a intensidade da onda é inversamente proporcional ao quadrado da distância à fonte. Isso significa dizer que, se a 1 m da fonte a intensidade do som é I, a 2 m ela será $\frac{1}{4}I$, ou seja, dobrando-se a distância, a intensidade do som reduz-se a $\frac{1}{4}$ do valor original. Esse fato é conhecido como **lei do inverso do quadrado da distância**.

Figura 9.11 Ao colocar as mãos ao lado da boca, a pessoa conduz o som por uma única direção.

Diego Cervo/Shutterstock/Glow Images

Se o som for forçado a se propagar em uma única direção, a lei do inverso do quadrado da distância não se verificará, pois a intensidade do som não diminuirá de modo acentuado. Para verificar esse fato, experimente chamar alguém que esteja distante colocando as mãos ao lado da boca, como mostra a figura 9.11. Você observará que sua voz será ouvida mais longe.

A orelha humana pode detectar sons com uma intensidade que varia, aproximadamente, de 10^{-12} W/m² a 1 W/m². Isso quer dizer que, entre a intensidade mínima (10^{-12} W/m²) e a intensidade máxima (1 W/m²), temos um intervalo de 10^{12} W/m², isto é, o valor máximo é 1 000 000 000 000 (um trilhão) de vezes o valor mínimo.

Em virtude do tamanho desse intervalo, para expressar a intensidade de um som utiliza-se uma grandeza mais apropriada, denominada **nível de intensidade ou nível sonoro** (β), em **decibel** (dB), definida pela expressão:

$$\beta = 10 \cdot \log \frac{I}{I_0}$$

Nessa expressão, I é a intensidade do som e I_0, o valor de referência ($I_0 = 10^{-12}$ W/m²), denominado limiar da audição por ser o som mais fraco que se consegue ouvir.

A unidade decibel é uma homenagem ao cientista escocês Alexander Graham Bell (1847-1922).

Observe que, se a intensidade de um som é $I = I_0 = 10^{-12}$ W/m² (limiar da audição), o nível sonoro β é igual a 0 dB. Se a intensidade I do som for 1 000 vezes a intensidade I_0, o nível sonoro será igual a 30 dB. A intensidade máxima para as pessoas, denominada **limiar da dor**, corresponde a um nível sonoro igual a 120 dB.

A tabela 9.2 apresenta as intensidades e os níveis sonoros de alguns eventos comuns. Sons acima de 90 dB podem causar surdez parcial e acima de 160 dB podem causar surdez total.

Tabela 9.2 – Intensidade e nível sonoro de alguns sons comuns

Evento	Intensidade (W/m²)	Nível sonoro (dB)
limiar da audição humana	10^{-12}	0
pessoas sussurrando	10^{-9}	30
pessoas conversando normalmente	10^{-6}	60
liquidificador em funcionamento	10^{-3}	90
show de *rock*	10^{-1}	110
limiar da dor	1	120
decolagem de avião a jato	10^{3}	150

Os níveis sonoros necessários para se ouvir variam de pessoa para pessoa; para uma mesma pessoa, variam com a frequência do som. De um modo geral, a dependência entre a intensidade sonora (ou o nível sonoro) e a frequência do som pode ser representada pelo gráfico mostrado na figura 9.12.

Observe no gráfico que a linha superior (vermelha) indica o limiar da dor e a linha inferior (verde), o limiar da audição. O limiar da audição apresenta grande dependência da frequência, e o valor de 0 dB está limitado a uma faixa de, aproximadamente, 2 000 Hz a 4 000 Hz.

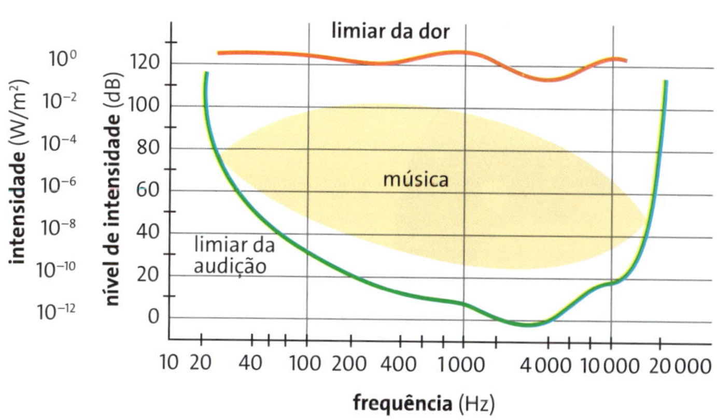

Figura 9.12 Dependência entre a intensidade sonora, ou o nível de intensidade (nível sonoro), e a frequência do som.

Exercício resolvido

2. Com base no gráfico mostrado na figura 9.12, responda às seguintes questões:
   a) No limiar da audição, qual o valor do nível sonoro (nível de intensidade) para um som com frequência de 100 Hz? E para um som com frequência de 10 000 Hz?
   b) Para qual valor de frequência o limiar da dor apresenta o menor nível sonoro?
   c) Suponha que uma escola utilize um serviço de alto-falantes nos intervalos das aulas. Se um professor for dar um aviso pelo alto-falante, que faixa de frequência ele deverá usar para que seja ouvido pela maior parte das pessoas?

Resolução

a) No gráfico, observamos que, no limiar da audição (linha verde), para uma frequência de 100 Hz, o nível sonoro é aproximadamente 30 dB. E, para uma frequência de 10 000 Hz, o nível sonoro é aproximadamente 18 dB. No gráfico a seguir destacamos esses dois pontos.

b) Em relação ao limiar da dor (linha vermelha), observamos no gráfico a seguir que o nível sonoro varia muito pouco com a frequência; no entanto, o menor nível sonoro, que é da ordem de 112 dB, ocorre para uma frequência de aproximadamente 4 000 Hz.

c) O professor deverá usar uma faixa de frequência para a qual a sensibilidade da orelha humana seja maior, isto é, que corresponda aos menores valores dos níveis sonoros no limiar da audição. Analisando o gráfico da página anterior, observamos que isso ocorre para frequências entre 1 000 Hz e 4 000 Hz, conforme mostra o gráfico a seguir.

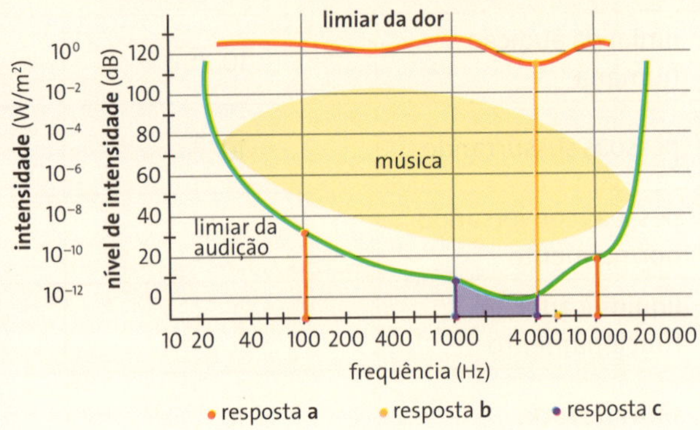

> **Para refletir**
> Você concorda com as frases de abertura deste tópico: "Abaixe esse som! Não sei como você consegue ouvir música nessa altura!"? Explique.

Altura

Outra grandeza física fundamental para a caracterização de um som é a **altura**. A altura de um som não está relacionada a ele ser alto ou baixo, mas, sim, ao fato de ela nos permitir diferenciar um som grave de um agudo. Sons **graves** são sons de **baixa frequência** e sons **agudos**, de **alta frequência**. Normalmente, a voz de um homem é classificada como um som grave e a voz da mulher, como um som agudo.

Em condições normais, em um determinado meio, a velocidade de propagação de um som é a mesma, independentemente da frequência. Lembrando que a velocidade é igual ao produto da frequência pelo comprimento de onda, temos que os sons agudos possuem comprimentos de onda menores do que os graves (figura 9.13).

Figura 9.13 Paulo Szot (**a**) e Carmen Monarcha (**b**), ambos cantores líricos brasileiros.

Timbre

Uma terceira grandeza utilizada para caracterizar um som é o **timbre**. O timbre nos permite distinguir entre sons de mesma frequência (altura) e de mesma intensidade, emitidos por fontes diferentes. Por exemplo, percebemos se uma mesma nota musical é produzida por um piano ou por um clarinete (figura 9.14) porque eles têm timbres diferentes, produzindo sensações diferentes em nosso sistema auditivo.

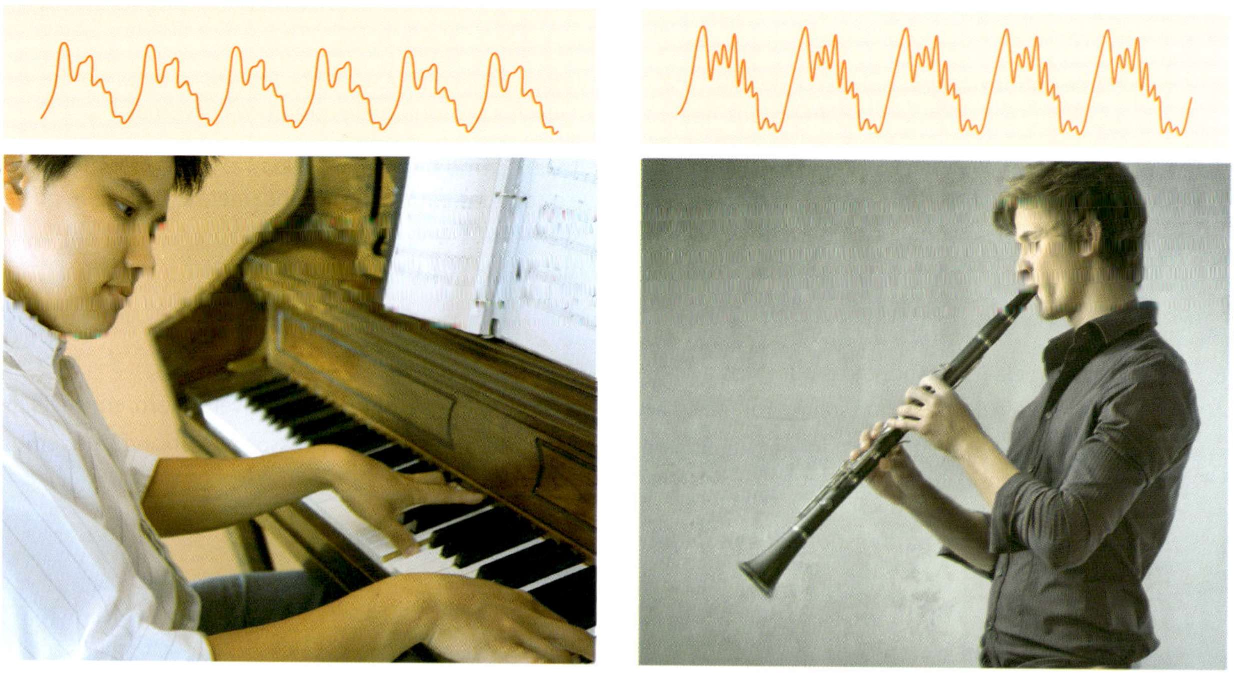

Arek_Malang/Shutterstock/Glow Images

Ollyy/Shutterstock/Glow Images

Figura 9.14 A mesma nota musical (dó) tocada em um piano e em um clarinete.

Observe o formato das ondas mostradas na figura 9.14. São ondas complexas. Isso acontece porque a maioria dos sons musicais não é constituída por único som, mas sim por uma superposição de vários sons com frequências diferentes. O som de frequência mais baixa é chamado de **fundamental**, e os demais, que possuem frequências múltiplas da fundamental, são chamados de **harmônicos** (figura 9.15.a). Assim, uma mesma nota musical pode resultar de uma composição do som fundamental com um número diferente de harmônicos (figura 9.15.b), dependendo do instrumento que a emitiu. Isso dá à nota uma qualidade característica, ou seja, o seu timbre.

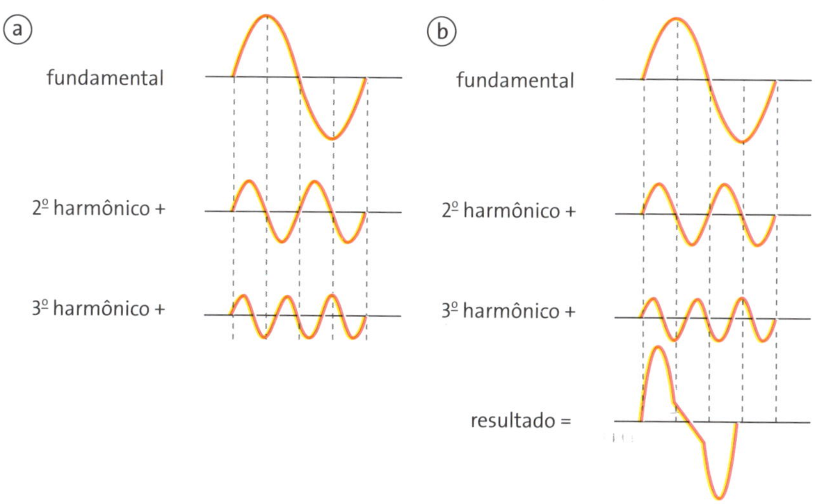

Figura 9.15 O som fundamental e dois harmônicos (**a**). A combinação dos três harmônicos de (**a**) resulta em uma onda complexa (**b**).

Trabalho em equipe

Sob a orientação do professor, reúna-se com sua equipe. Primeiro, peça para cada integrante do grupo registrar sua voz em um gravador. Em seguida, à medida que as gravações vão sendo executadas, vocês devem identificar de quem é cada voz. Normalmente, identificamos a voz das outras pessoas, mas estranhamos a nossa. Por que isso acontece? Conversem com o professor a respeito.

Exercícios

6. A velocidade do som na água é de cerca de 1 400 m/s. Um mergulhador golpeia um sino, debaixo da água, em frente de uma caverna, e ouve o eco do som produzido 0,1 s após. Qual é a profundidade mínima da caverna?

7. Uma pessoa *A* golpeia uma barra de ferro com uma marreta, em ritmo uniforme, a cada 1 s. Uma outra pessoa *B* ao longe, de posse de um binóculo, vê as marretadas e ouve o som das batidas simultaneamente. Considere que a velocidade do som no ar no local do evento é de 340 m/s. Nessas condições, responda:
   a) O som que a pessoa *B* ouve corresponde exatamente à martelada que ela vê pelo binóculo?
   b) Qual é a distância mínima entre as duas pessoas?

8. Utilizando a tabela 9.2, responda às questões a seguir.
   a) Se a intensidade de uma onda sonora for multiplicada por 100, qual será o aumento no nível sonoro, em decibel?
   b) O nível sonoro de um liquidificador em funcionamento é o triplo daquele de uma pessoa sussurrando. Podemos dizer que a intensidade sonora também é o triplo? Justifique.

9. Utilize a figura a seguir para responder às seguintes questões.

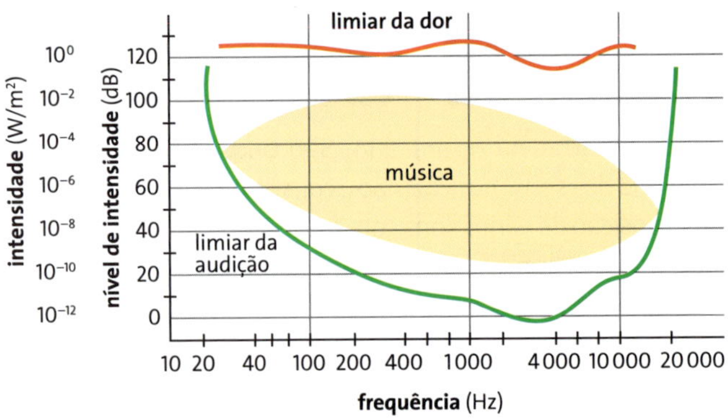

   a) Para qual valor de frequência o limiar da dor apresenta o maior nível sonoro?
   b) Para ouvirmos um som de frequência 40 Hz, o nível sonoro deve ser maior ou menor que 40 dB?
   c) Para uma pessoa ouvir um som de frequência próxima de 20 000 Hz, a intensidade deve estar próxima de 10^{-12} W/m^2 ou de 10^0 W/m^2?

10. A intensidade dos terremotos também é medida em uma escala logarítmica, como as ondas sonoras. Assim, um terremoto de magnitude 4 é 10 vezes mais intenso do que um outro de magnitude 3 e 100 vezes mais intenso do que um de magnitude 2. Qual é a relação entre as intensidades de um terremoto de magnitude 6 e outro de magnitude 2?

11. Em cada uma das afirmações seguintes, qual é a característica (intensidade, altura ou timbre) que diferencia cada um dos sons emitidos?
   I. Dois instrumentos musicais diferentes emitem uma mesma nota musical.
   II. Dois instrumentos iguais emitem uma mesma nota musical, porém o volume de uma delas é maior do que o da outra.
   III. Um mesmo instrumento musical emite duas notas musicais diferentes.
   IV. A voz grave de um cantor possui frequência menor que a voz aguda de uma cantora.
   V. Um violino e um piano emitem um som fundamental de mesma frequência e de mesma intensidade.

3 Cordas vibrantes

Nos instrumentos de corda (figura 9.16) – violão, violino, guitarra, piano, etc. – o som musical é produzido por cordas vibrantes.

Tomemos como exemplo o violino. Quando um violinista faz uma corda vibrar, obtém-se uma onda estacionária complexa que é composta pelo som fundamental e por alguns de seus harmônicos (figura 9.17).

Essa vibração, amplificada pela caixa acústica do instrumento, gera ondas de pressão (compressão e rarefação) no ar, com a mesma frequência. Essas ondas atingem as nossas orelhas e provocam uma sensação auditiva correspondente ao som emitido pela corda. A presença dos harmônicos, com o fundamental, enriquece o som, tornando-o agradável às nossas orelhas.

De modo geral, uma corda vibrante é constituída por uma corda presa em ambas as extremidades e colocada para vibrar. A perturbação produzida num ponto qualquer entre os extremos da corda se propaga para as duas extremidades.

Nas extremidades, as perturbações são refletidas e voltam em sentidos contrários, sucessivamente. Forma-se, então, uma onda estacionária. Como as extremidades da corda são fixas, não vibram, constituindo os nós. Entre dois nós temos, pelo menos, um ventre, conforme mostra a figura 9.18.

Esse é o modo mais simples de uma corda vibrar e corresponde à menor frequência de oscilação; ele é chamado de **modo fundamental** ou **primeiro harmônico**. Observe que, no modo fundamental, o comprimento de onda da onda é o dobro do comprimento da corda, ou seja, $\lambda_1 = 2 \cdot L$.

Figura 9.16 Alguns exemplos de instrumentos de corda: piano (**a**), violão (**b**), violino (**c**) e guitarra (**d**).

Figura 9.17 Quando o violinista faz uma corda oscilar, com a frequência fundamental podem estar presentes várias frequências harmônicas superiores.

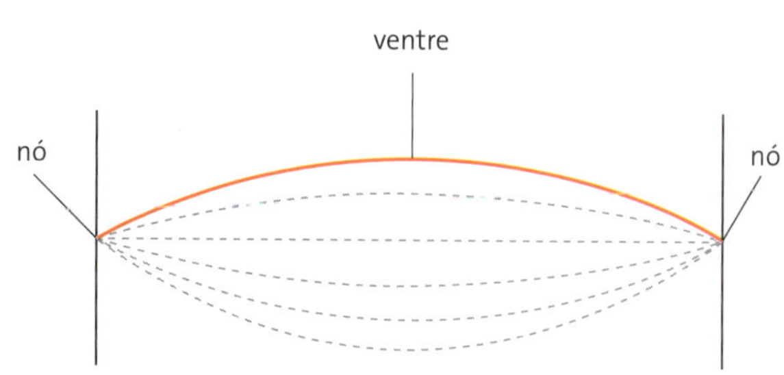

Figura 9.18 Uma corda vibrando no estado fundamental. O comprimento de onda é o dobro do comprimento (L) da corda. O deslocamento vertical da corda (ventre) está exagerado, se comparado a uma corda de violão.

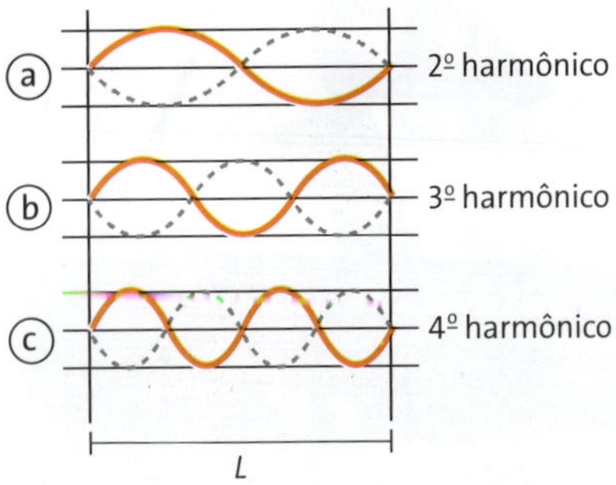

Figura 9.19 Modos de vibração de uma corda fixa nas extremidades: segundo (**a**), terceiro (**b**) e quarto harmônicos (**c**).

A corda também pode vibrar de outros modos. Por exemplo: entre os extremos, que sempre são nós, podemos ter mais um nó no meio da corda, ou seja, dois ventres; dois nós (três ventres); e assim por diante. Generalizando, uma corda pode vibrar com *n* ventres entre os dois extremos, conforme mostra a figura 9.19.

Quando a corda vibra com dois ventres entre os extremos, temos o **segundo harmônico** (figura 9.19.a); com três ventres, o **terceiro harmônico** (figura 9.19.b), e assim sucessivamente.

Uma vez que a velocidade de propagação da onda é a mesma para todos os modos de vibração, quanto maior o número de ventres entre os extremos, menor o comprimento de onda e maior a frequência.

As vibrações subsequentes à fundamental possuem frequências múltiplas do primeiro harmônico (fundamental) e são chamadas de **frequências harmônicas**. A que determina o som emitido (uma nota musical, por exemplo) é a frequência do modo fundamental.

Conhecendo-se o comprimento *L* da corda e a velocidade *v* de propagação da onda nessa corda, podemos determinar as frequências harmônicas por meio da expressão:

$$f = n \cdot \frac{v}{2L}$$

Nessa expressão *n* é um número inteiro que determina a ordem do harmônico: $n = 1; 2; 3; 4;...$ Na tabela 9.3 apresentamos as frequências harmônicas, as relações entre elas, a fundamental e o comprimento de onda para cada modo de vibração.

Observe que, para uma corda de comprimento *L*, a frequência harmônica é diretamente proporcional à velocidade com que a onda se propaga transversalmente na corda. Como vimos, a velocidade de uma onda depende do meio no qual ela se propaga. No caso de ondas em cordas, duas grandezas físicas são fundamentais na determinação da velocidade de propagação da onda: a tensão (T) na corda e sua massa por unidade de comprimento, denominada densidade linear (μ).

Quanto maior a tensão na corda, maior a velocidade de propagação da onda. Por outro lado, para cordas de mesmo comprimento, quanto maior a massa (corda mais grossa), maior a sua densidade linear – a relação entre a massa e o comprimento da corda ($\mu = \frac{m}{L}$) – e menor a velocidade de propagação da onda.

Tabela 9.3 – Frequências harmônicas e comprimentos de onda numa corda

n	Harmônico	Frequência harmônica	Relação entre a frequência harmônica e a fundamental	Comprimento de onda de cada modo
1	primeiro (fundamental)	$f_1 = \frac{v}{2L}$	1	$\lambda_1 = 2L$
2	segundo	$f_2 = \frac{v}{L}$	$f_2 = 2f_1$	$\lambda_2 = L$
3	terceiro	$f_3 = \frac{3v}{2L}$	$f_3 = 3f_1$	$\lambda_3 = \frac{2L}{3}$
4	quarto	$f_4 = \frac{2v}{L}$	$f_4 = 4f_1$	$\lambda_4 = \frac{L}{2}$

Pode-se demonstrar, com base no teorema do impulso, que a velocidade de propagação de uma onda transversal em uma corda é dada por:

$$v = \sqrt{\frac{T}{\mu}}$$

Vejamos como um músico utiliza todos esses conhecimentos para tocar uma melodia, superpondo o som fundamental com diferentes harmônicos.

No violão (figura 9.20), por exemplo, existem cordas de diferentes espessuras que podem ser submetidas a diferentes tensões (figura 9.21). Com as cordas mais grossas (maior densidade linear), conseguem-se sons mais graves, menor frequência; com as mais finas, conseguem-se sons mais agudos, maior frequência.

Com as roscas, denominadas cravelhas ou tarraxas, o músico faz o ajuste para cada corda (figura 9.22). Aumentando a tensão, os sons se tornam mais agudos (maior frequência); aliviando a tensão, eles se tornam mais graves (menor frequência).

Para refletir

Demonstre, utilizando o teorema do impulso, a relação: $v = \sqrt{\frac{T}{\mu}}$.

Figura 9.22 Para afinar um violão, o músico gira as cravelhas, deixando as cordas mais ou menos tracionadas.

Figura 9.21 Cada espessura recebe uma tensão específica.

Figura 9.20 Estrutura de um violão.

Alguns instrumentos de corda, como o violão, dispõem de trastes, dispositivos que permitem alterar o comprimento da parte vibrante da corda. Com os dedos, o músico pressiona entre os trastes a corda que será colocada a vibrar, reduzindo seu comprimento (figura 9.23). Quanto menor o comprimento L da parte vibrante, maior a frequência do som obtido.

Figura 9.23 Os dedos posicionados sobre as cordas em diferentes posições no braço do instrumento regulam o comprimento da corda, fazendo com que a frequência do som obtido varie.

Silver John/Shutterstock/Glow Images

Também é necessário levar em conta o ponto onde o músico produz a oscilação na corda. No violão, por exemplo, o som obtido pela oscilação produzida próximo à boca da caixa do instrumento (figura 9.24.a) é diferente daquele obtido quando a oscilação é produzida em um ponto próximo do cavalete, extremidade fixa da corda (figura 9.24.b).

A forma como determinados músicos combinam todos esses fatores, o que exige uma técnica apurada, torna-os inconfundíveis.

Steven Chiang/Shutterstock/Glow Images

Jostein Hauge/Shutterstock/Glow Images

Figura 9.24 Corda oscilando próximo à boca da caixa do violão em (**a**), e próximo ao cavalete em (**b**).

Exercício resolvido

3. A corda de um instrumento musical tem 60 cm de comprimento. Quando tocada, essa corda emite uma nota musical de frequência 440 Hz.

Formato/Arquivo da editora

a) Quais as frequências do 2º e do 3º harmônicos para essa corda?

b) Em que ponto o músico deve colocar o dedo, ou seja, qual o valor da distância x mostrada na figura acima, para produzir uma nota musical de 587 Hz?

c) É possível, sem trocar a corda e sem alterar a tensão, o músico conseguir uma nota musical de 392 Hz?

Resolução

a) Lembrando que a frequência da nota musical emitida corresponde sempre à do primeiro harmônico (modo fundamental) e que os harmônicos possuem frequências múltiplas das do modo fundamental, as frequências do 2º e 3º harmônicos são:

$$f_2 = 2 \cdot f_1 \Rightarrow f_2 = 2 \cdot 440 \Rightarrow f_2 = 880 \text{ Hz}$$

$$f_3 = 3 \cdot f_1 \Rightarrow f_3 = 3 \cdot 440 \Rightarrow f_3 = 1\,320 \text{ Hz}$$

b) Quando o músico diminui o comprimento da corda para um valor x, a velocidade da onda na corda não se altera, pois a densidade linear é a mesma e o músico não alterou a tensão nela. Com os dados da questão, a velocidade da onda na corda é dada por:

$$f_1 = \frac{v}{2L} \Rightarrow v = 2L \cdot f_1$$

Então, para uma frequência de 587 Hz, o comprimento x da parte vibrante da corda é obtido pela expressão:

$$f_1 = \frac{v}{2x} \Rightarrow x = \frac{v}{f_1}$$

Substituindo a velocidade v pela expressão obtida acima, temos:

$$x = \frac{2L \cdot f_1}{2f_1} = \frac{L \cdot f_1}{f_1}$$

Substituindo pelos valores numéricos, obtemos:

$$x = 0{,}60 \cdot \frac{440}{284} \Rightarrow x = 0{,}45 \text{ m}$$

c) Se o músico não alterar a tensão na corda e também não a trocar, não será possível obter uma nota com frequência de 392 Hz, pois esse valor é inferior a 440 Hz, que corresponde ao primeiro harmônico (frequência mais baixa possível).

Exercícios

12. Utilize a figura 9.19 para responder a esta questão. Suponha que o comprimento L da corda seja 1 m. Nessas condições, qual é comprimento de onda correspondente ao segundo, terceiro e quarto harmônicos mostrados na figura?

13. Para afinar um piano, um técnico estica um dos fios de aço do instrumento com uma tensão de 800 N. O comprimento do fio de aço é 0,40 m e sua massa é igual a 3,2 g. Qual é a frequência de vibração do modo fundamental desse fio?

14. Ao tocar seu violino, um músico pressiona suavemente o centro da corda para produzir uma nota musical cuja frequência é exatamente igual ao dobro daquela do modo fundamental. Explique como isso é possível.

15. Em uma apresentação de *rock*, embora dois guitarristas tocassem a mesma música com guitarras iguais, notava-se claramente uma diferença entre suas melodias. Como você explica esse fato?

16. (Unifei-MG) Uma corda de violão de 64 cm de comprimento emite uma nota sol ($f = 392$ Hz) quando tocada. Que comprimento deve ter essa mesma corda para que emita uma nota lá ($f = 440$ Hz)?

17. (Uniube-MG) Um fio de náilon de 80 cm de comprimento e com extremos fixos é tracionado por uma força. Ao ser excitado por uma fonte de 100 Hz, origina uma onda estacionária de três nós. A velocidade de propagação da onda no fio, em m/s, é igual a:

a) 20.
b) 40.
c) 80.
d) 140.
e) 180.

4 Tubos sonoros

Nos instrumentos de sopro, como o saxofone (figura 9.25.a), o trompete (figura 9.25.b), a flauta (figura 9.25.c), entre outros, o som é produzido pela vibração de uma coluna de ar. O músico, soprando em uma extremidade apropriada, provoca ondas estacionárias na coluna de ar dentro do instrumento. São os chamados **tubos sonoros**.

O tubo sonoro pode apresentar as duas extremidades desobstruídas (abertas); nesse caso, recebe o nome de **tubo aberto**. Se apenas uma das extremidades for desobstruída, ele recebe o nome de **tubo fechado**.

Na figura 9.26, a flauta apresentada à direita é um tubo sonoro fechado e a da esquerda é um tubo sonoro aberto.

Como podemos observar na figura 9.27, as extremidades abertas dos tubos são locais onde a vibração é livre; correspondem, portanto, a ventres. Já as extremidades fechadas são locais onde não há vibração longitudinal; correspondem, portanto, a nós.

Figura 9.25 Saxofone (**a**), trompete (**b**) e flauta transversal (**c**).

Figura 9.26 Tubo sonoro fechado (**a**) e tubo sonoro aberto (**b**).

Figura 9.27 Esquema do primeiro (fundamental) e do terceiro harmônicos em um tubo fechado (**a**) e do primeiro (fundamental) e do terceiro harmônicos em um tubo aberto (**b**).

Para produzir os sons desejados nos instrumentos de sopro, os músicos dispõem de alguns recursos: por exemplo, mudar a posição dos dedos determinando o local em que o tubo ficará aberto, como na flauta e no clarinete (figura 9.28.a); ou variar o tamanho do tubo por meio de válvulas, como no pistão, ou por meio de uma vara deslizante, como no trombone (figura 9.28.b). Além de recursos como esses, que fazem parte do instrumento, cada músico desenvolve uma técnica própria, introduzindo acessórios, como a surdina, um lenço ou a própria mão, para abafar o som e criar novos timbres.

Em alguns instrumentos musicais, a coluna de ar é posta a vibrar não pelo sopro do músico, mas sim por foles ou ventoinhas, como é o caso do órgão (figura 9.29).

Vejamos, a seguir, como se relacionam as grandezas físicas frequência e comprimento de onda com o tamanho do tubo sonoro na formação do harmônico fundamental e dos harmônicos superiores.

Figura 9.28 Clarinete (**a**) e trombone (**b**).

Tubo aberto

Na figura 9.30, podemos observar a representação esquemática de três harmônicos obtidos em um tubo sonoro aberto: o fundamental (primeiro harmônico); o segundo e o terceiro.

O primeiro harmônico ou modo fundamental está esquematizado na figura 9.30.a. Observe que, nesse caso, o comprimento de onda é o dobro do comprimento do tubo, ou seja, $\lambda_1 = 2L$. A frequência correspondente ao modo fundamental, que representa a frequência da onda emitida, é dada por: $f_1 = \frac{v}{2L}$.

Na figura 9.30.b, temos o segundo harmônico e, na figura 9.30.c, o terceiro harmônico. Observe as expressões para as frequências correspondentes a esses dois harmônicos. Elas são, respectivamente, o dobro e o triplo da frequência fundamental.

Generalizando, podemos afirmar que as frequências harmônicas para um tubo aberto podem ser obtidas com a mesma relação das cordas vibrantes, ou seja:

$$f = n \cdot \frac{v}{2L} \ (n = 1; 2; 3; 4...)$$

Substituindo n por 1; 2; 3; 4, ... obtemos, respectivamente, a frequência fundamental e as frequências dos harmônicos superiores.

Figura 9.29 No órgão, o ar é injetado nos tubos, que apresentam diferentes tamanhos, para produzir as notas musicais e os timbres desejados.

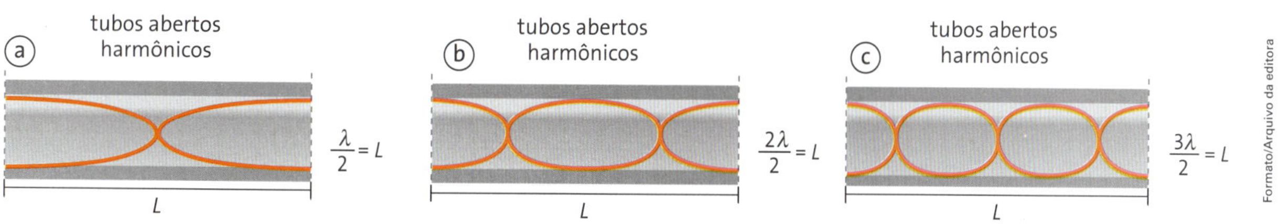

Figura 9.30 Representação esquemática do primeiro (fundamental) (**a**), do segundo (**b**) e do terceiro (**c**) harmônicos em um tubo aberto.

Tubo fechado

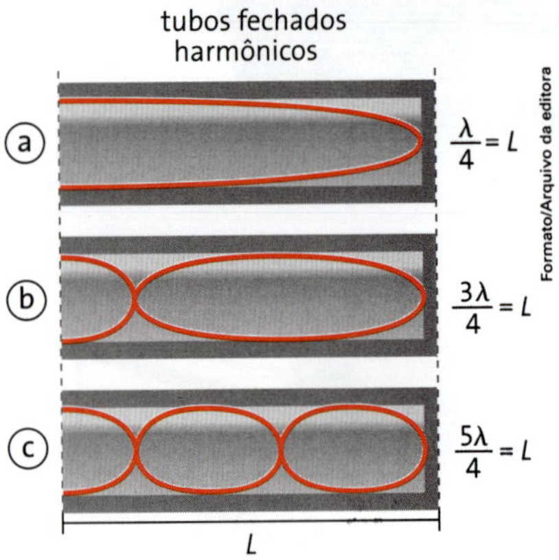

Figura 9.31 Representação esquemática do primeiro (fundamental) (**a**), do terceiro (**b**) e do quinto harmônicos (**c**) em um tubo fechado.

Na figura 9.31, ilustramos os vários modos de vibração de uma coluna de ar em um tubo sonoro fechado, de comprimento *L*.

Analisando a figura, observamos que, nos tubos fechados, só é possível obter os harmônicos ímpares. Compare com a figura referente ao tubo aberto, que apresenta todos os harmônicos: pares e ímpares.

Na figura 9.31.a, temos o primeiro harmônico (fundamental). O comprimento de onda do primeiro harmônico é quatro vezes o comprimento do tubo: $\lambda_1 = 4L$ e a frequência correspondente é dada por:

$$f_1 = \frac{v}{4L}$$

Na figura 9.31.b, temos o terceiro harmônico e, na figura 9.31.c, o quinto harmônico. Observe as expressões para as frequências correspondentes a esses dois harmônicos. Elas são, respectivamente, o triplo e o quíntuplo da frequência fundamental.

Generalizando, podemos afirmar que as frequências harmônicas para um tubo fechado podem ser obtidas por:

$$f = n \cdot \frac{v}{4L} \; (n = 1, 3, 5, 7, ...)$$

Nessa expressão, *n* só pode assumir valores inteiros ímpares 1; 3; 5; 7, ... e os harmônicos possíveis são: primeiro (fundamental), terceiro, quinto, sétimo, e assim sucessivamente.

Na tabela 9.4, apresentamos a frequência harmônica, as relações entre elas e o comprimento de onda para cada modo de vibração nos tubos sonoros.

Tabela 9.4 – Frequências harmônicas e comprimentos de onda nos tubos sonoros

Harmônico	Tubo aberto		Tubo fechado	
	Frequência harmônica	Comprimento de onda	Frequência harmônica	Comprimento de onda
primeiro (fundamental)	$f_1 = \frac{v}{2L}$	$\lambda_1 = 2L$	$f_1 = \frac{v}{4L}$	$\lambda_1 = 4L$
segundo	$f_2 = \frac{v}{L}$	$\lambda_2 = L$		
terceiro	$f_3 = \frac{3v}{2L}$	$\lambda_3 = \frac{2L}{3}$	$f_3 = \frac{3v}{4L}$	$\lambda_3 = \frac{4L}{3}$
quarto	$f_4 = \frac{2v}{L}$	$\lambda_4 = \frac{L}{2}$		
quinto	$f_5 = \frac{5v}{2L}$	$\lambda_5 = \frac{2L}{5}$	$f_5 = \frac{5v}{4L}$	$\lambda_5 = \frac{4L}{5}$

Ondas sonoras

Exercício resolvido

4. Um árbitro de futebol, hábil no uso do seu apito, consegue obter diferentes frequências harmônicas ao apitar. A extremidade oposta à embocadura do apito é aberta, mas ele pode fechá-la com o dedo para obter uma configuração diferente. Assim, ele consegue os dois primeiros harmônicos, tanto com a extremidade aberta como com a fechada. Considere que a velocidade do som nas condições ambientes é de 340 m/s e o comprimento da porção vibrante da coluna de ar é de 10 cm.

Moisés Gonçalves/Arquivo da editora

a) Represente, esquematicamente, os nós e os ventres referentes aos dois primeiros harmônicos que ocorrem quando o apito está com a extremidade aberta.

b) Determine o comprimento de onda e a frequência desses harmônicos.

c) Refaça o item **a** para o apito com a extremidade fechada.

Resolução

a) As figuras seguintes representam, esquematicamente, o primeiro (fundamental) e o segundo harmônicos obtidos no apito com a extremidade aberta.

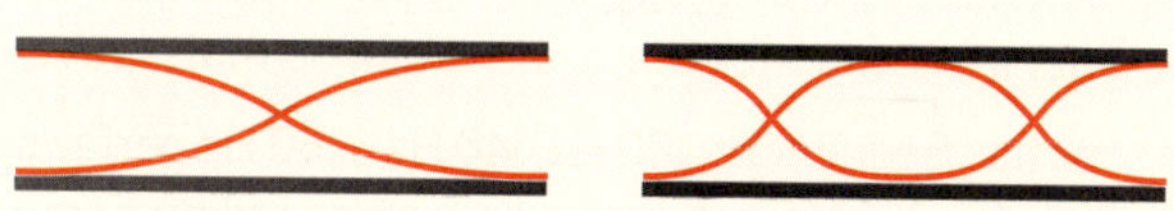

b) De acordo com as figuras do item **a**, temos que o comprimento de onda do primeiro harmônico é:

$$\lambda_1 = 2L \Rightarrow \lambda_1 = 2 \cdot 0{,}10 \Rightarrow \lambda_1 = 0{,}20 \text{ m}$$

E do segundo harmônico:

$$\lambda_2 = L \Rightarrow \lambda_2 = 0{,}10 \text{ m}$$

As frequências correspondentes valem:

$$f_1 = \frac{v}{\lambda_1} \Rightarrow f_1 = \frac{340}{0{,}20_1} \Rightarrow f_1 = 1\,700 \text{ Hz}$$

$$f_2 = \frac{v}{\lambda_1} \Rightarrow f_2 = \frac{340}{0{,}10_1} \Rightarrow f_2 = 3\,400 \text{ Hz}$$

c) Com a extremidade fechada, somente são obtidos os harmônicos ímpares. Assim, os dois primeiros harmônicos são o fundamental e o terceiro harmônico, como mostram as figuras a seguir.

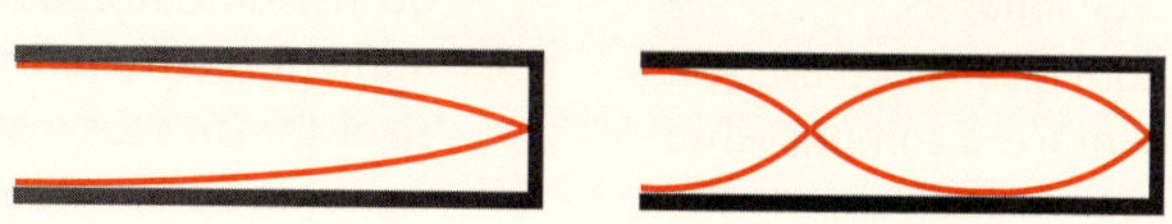

Física explica

Um pouco de Física na música

Ao assoviar uma melodia, nossos lábios produzem sons que se sucedem em uma frase musical. Como nossa mente identifica uma melodia?

De modo geral, podemos dizer que cada som (nota musical) é comparado ao imediatamente anterior. O intervalo entre dois sons, atual e anterior, cujas frequências f sejam f_2 e f_1, respectivamente, é definido pela razão $i = \frac{f_2}{f_1}$.

Dessa forma, uma sequência de sons nas frequências 100 Hz, 140 Hz e 160 Hz, por exemplo, perfaz a mesma melodia que os sons nas frequências 200 Hz, 280 Hz e 320 Hz, se tocados na mesma ordem e com a mesma pulsação e ritmo.

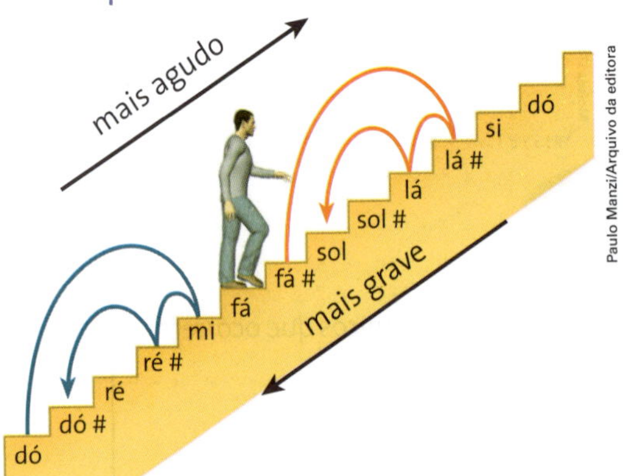

Representação de dois pequenos trechos melodicamente iguais: o vermelho explora sons mais agudos do que o azul.

Observe que, como todas as frequências da primeira sequência foram multiplicadas por um mesmo fator, a razão entre as frequências na segunda sequência é a mesma que as correspondentes razões na primeira; ou seja, os sons guardam entre si os mesmos intervalos musicais.

Quando a razão entre as frequências é dois, ocorre um intervalo muito perceptível e consonante para a audição humana. Nesse intervalo, chamado de oitava, muitos intervalos menores podem ser inseridos. Mas como inseri-los?

A pergunta pode ser respondida de diferentes modos, o que nos leva a diferentes escalas musicais. Uma das respostas considera que os intervalos entre todas as inserções sejam iguais, perfazendo doze inserções. Cada intervalo é chamado semitom. Nessa escala, se multiplicarmos o intervalo por si mesmo doze vezes, obteremos uma nova nota com o dobro da frequência da nota de partida, ou seja, $i^{12} = 2$. Portanto, o intervalo é $i = \sqrt[12]{2} = 1{,}0595$.

Com essa escala, independentemente da nota inicial, se prosseguirmos com determinada sequência de intervalos, vamos sempre obter a mesma melodia, mais aguda ou mais grave, dependendo da nota inicial.

- Por que a sequência de sons nas frequências 100 Hz, 140 Hz e 160 Hz perfaz a mesma melodia que os sons nas frequências 200 Hz, 280 Hz e 320 Hz, se tocados na mesma ordem e com a mesma pulsação e ritmo?

Exercícios

18. Um tubo sonoro possui 1,20 m de comprimento. Se ondas sonoras estacionárias são produzidas nesse tubo, faça uma figura mostrando o terceiro harmônico e determine a posição dos nós do deslocamento, considerando que o tubo seja:
a) aberto; b) fechado.

19. Imagine que o canal auditivo, que é cheio de ar, seja um tubo sonoro com aproximadamente 2,4 cm de comprimento e possua uma extremidade aberta e a outra fechada pelo tímpano. Quando o ar é posto a vibrar, formam-se ondas estacionárias.
Considere a velocidade do som igual a 340 m/s. Determine a frequência fundamental e o comprimento de onda correspondente. Esse som é audível?

20. O trato vocal humano é um tubo com 17 cm de comprimento, aproximadamente. Ele se estende dos lábios às cordas vocais, no meio da garganta, e pode ser considerado um tubo sonoro fechado. Faça uma estimativa das três primeiras frequências das ondas estacionárias que se formam no tubo vocal. Considere que a velocidade do som seja de 340 m/s.

21. De acordo com a teoria, as frequências harmônicas obtidas nos instrumentos de sopro são diretamente proporcionais à velocidade do som no ar no interior do instrumento. Sabendo-se que a velocidade do som aumenta com a temperatura, explique por que os músicos tocam seus instrumentos também antes de iniciar uma apresentação.

Efeito Doppler e batimentos

Efeito Doppler

Suponha que você esteja parado em uma praia observando as ondas do mar. Elas chegam até seus pés com uma frequência igual à da fonte que as origina. O que acontecerá se você correr ao encontro das ondas?

Nesse caso, um maior número de ondas por unidade de tempo atingirá seus pés. Isso significa que a frequência percebida por você é **maior** do que a das ondas. E se você correr no mesmo sentido das ondas?

Agora, você vai cruzar um número menor de ondas por unidade de tempo, ou seja, a frequência percebida será **menor** do que a das ondas.

Vejamos, agora, uma situação particularmente interessante: e se você corresse no mesmo sentido das ondas e com a mesma velocidade delas? Aqui, você estaria se movimentando sempre com a onda, por exemplo, na crista da onda (figura 9.32).

Figura 9.32 Observamos essa situação quando um surfista desliza numa onda, na mesma direção e no mesmo sentido. Nesse caso, a frequência percebida pelo receptor é nula.

EpicStockMedia.Shutterstock/Glow Images

Vejamos outro exemplo. Suponha que você está parado em uma calçada e uma ambulância, com a sirene ligada, aproxima-se, passa por você e se afasta (figura 9.33). Você vai observar que a frequência do som da sirene não é a mesma na aproximação e no afastamento.

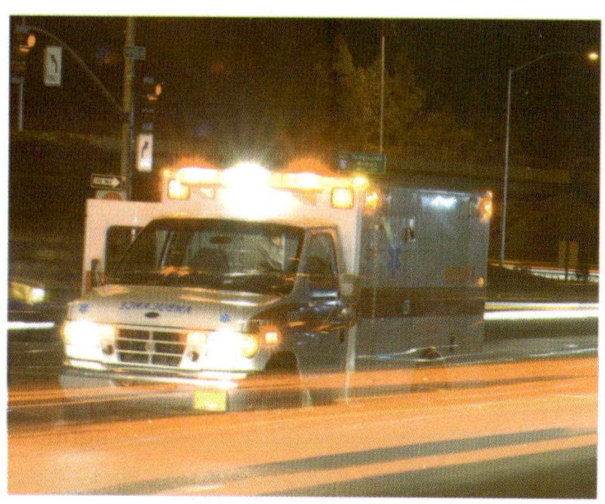

TFoxFoto/View Portfolio/Shutterstock/Glow Images

Figura 9.33 Quando a ambulância se aproxima, você ouve um som mais agudo e, quando ela se afasta, ouve um som mais grave.

Com base nesses dois exemplos, podemos concluir que existe uma mudança na frequência de uma onda quando existe um movimento relativo entre a fonte e o observador. Esse movimento relativo pode corresponder ao observador se movimentando em relação à fonte de ondas, que permanece parada; à fonte de ondas se movimentando em relação ao observador parado; ou, ainda, à fonte e ao observador se movimentando.

Em 1842, o físico austríaco Christian Johann Doppler (1803-1853) analisou as alterações na frequência devidas ao movimento relativo entre a fonte de ondas e o observador, demonstrando o que passou a ser conhecido como **efeito Doppler**. Vejamos alguns exemplos.

Fonte de ondas em movimento e observador em repouso

Na **figura 9.34**, temos uma ilustração de como as ondas sonoras emitidas por um aparelho de rádio, em repouso, atingem duas pessoas, *A* e *B*, também em repouso.

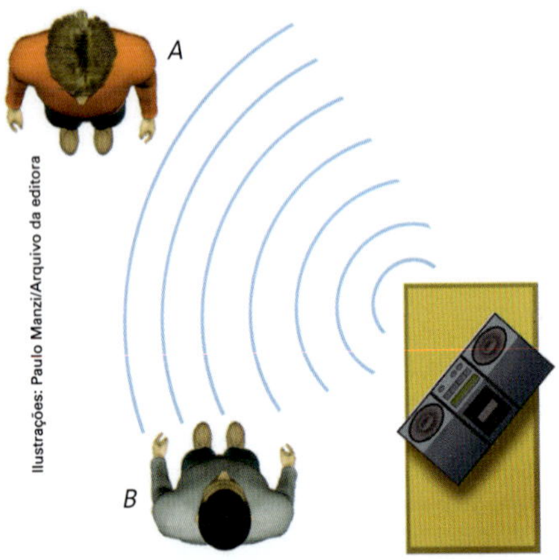

Ilustrações: Paulo Manzi/Arquivo da editora

Figura 9.34 Situação em que a fonte (rádio) e os observadores estão em repouso.

Nesse caso, as duas pessoas ouvem sons da mesma frequência que a emitida pela fonte (rádio). Vamos chamar essa frequência de f.

E se o aparelho de rádio estiver colocado em um caminhão que se movimenta conforme mostrado na **figura 9.35**: afastando-se da pessoa *A* e aproximando-se da pessoa *B*?

Nesse caso, as frequências f_A e f_B ouvidas pelas pessoas *A* e *B*, respectivamente, serão diferentes da frequência f da fonte.

Para estabelecer a relação entre as frequências f_A, f_B e f, são necessárias algumas considerações. Em primeiro lugar, sabemos que a velocidade de propagação das ondas emitidas pelo rádio é a mesma, quer ele esteja parado ou em movimento, ou seja, o movimento da fonte (rádio) não altera a velocidade de propagação das ondas. A velocidade de propagação das ondas depende somente do meio na qual elas se propagam.

Em segundo lugar, comparando as **figuras 9.34** e **9.35**, notamos que:

- o comprimento de onda das ondas que atingem o observador *A* quando a fonte está em movimento é maior que aquele das ondas que atingem o mesmo observador quando a fonte está em repouso;
- o comprimento de onda das ondas que atingem o observador *B* quando a fonte está em movimento é menor que aquele das ondas que atingem o mesmo observador quando a fonte está em repouso.

Por que isso acontece? O aparelho de rádio emite periodicamente ondas esféricas cujos centros se encontram exatamente no ponto em que ele estava quando as ondas foram emitidas. Quando o rádio está parado, esses centros são sempre os mesmos. Mas, com o rádio em movimento, cada onda emitida possui um centro diferente. Se a velocidade do caminhão for constante, os centros apresentam o padrão mostrado na **figura 9.35**. Para o observador *A*, as cristas de onda estão mais afastadas e, para o observador *B*, mais próximas. Com base nessas observações e lembrando que $v = \lambda \cdot f$, podemos concluir que:

- a frequência f_A das ondas que atingem o observador *A*, com a fonte em movimento e afastando-se dele, é menor que a frequência f, se a fonte estiver parada ($f_A < f$). Para o observador *A*, o som se torna mais grave em razão do movimento de afastamento da fonte;
- a frequência f_B das ondas que atingem o observador *B*, com a fonte em movimento e aproximando-se dele, é maior que a frequência f, se a fonte estiver parada ($f_B > f$). Para o observador *B*, o som se torna mais agudo em razão do movimento de aproximação da fonte.

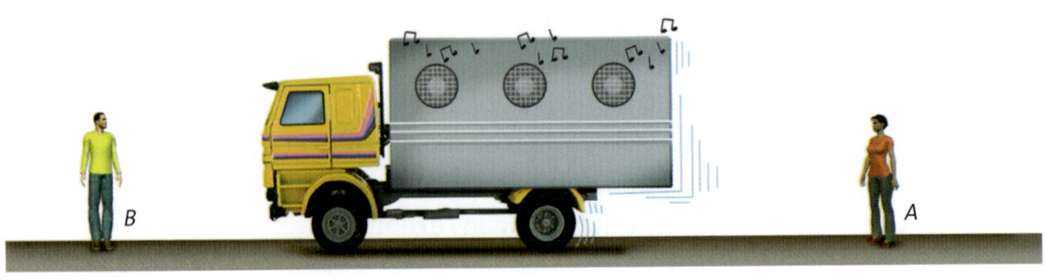

Figura 9.35 Situação em que a fonte (caminhão) se movimenta e os observadores estão em repouso.

Fonte de ondas em repouso e observador em movimento

Suponha que uma pessoa, dentro de um carro em movimento, aproxima-se e depois se afasta de uma fábrica que está com a sirene ligada (figura 9.36).

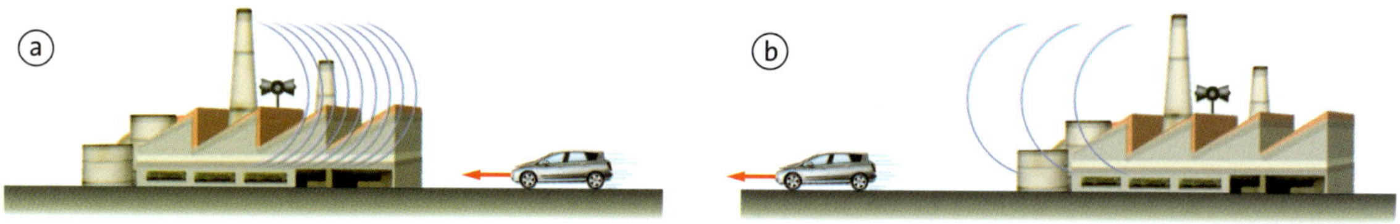

Ilustrações: Paulo Manzi/ Arquivo da editora

Figura 9.36 Situações em que a fonte está parada e o observador em movimento.

Quando um observador se aproxima de uma fonte em repouso (figura 9.36.a), ele ouve um som com frequência maior do que a emitida por essa fonte, uma vez que recebe maior número de frentes de onda por unidade de tempo. O som ouvido pelo observador se torna mais agudo em razão de sua aproximação da fonte.

Já quando um observador se afasta de uma fonte em repouso (figura 9.36.b), ele ouve um som com frequência menor do que a emitida por essa fonte, uma vez que recebe menor número de frentes de onda por unidade de tempo. O som ouvido pelo observador se torna mais grave em razão de seu afastamento da fonte.

Física explica

A ultrassonografia e o efeito Doppler

Entre as muitas e importantes contribuições que a Física tem dado para a melhoria da qualidade de vida das pessoas, uma, em particular, vem assumindo um papel de destaque na Medicina: a **ultrassonografia**.

Trata-se de uma técnica na qual ondas sonoras são transmitidas para o corpo e refletidas pelos tecidos internos. As ondas refletidas são detectadas e visualizadas em uma tela. Assim, em tempo real, o médico pode ter um diagnóstico sobre determinado órgão interno de uma pessoa ou de um animal. Muito conhecido por suas aplicações no acompanhamento de gestantes, o ultrassom também é bastante usado como recurso terapêutico na fisioterapia e em exames diagnósticos na cardiologia.

A ultrassonografia é um método de diagnóstico por imagem muito versátil. Ela permite visualizações tridimensionais, em cores, e apresenta uma grande vantagem, principalmente em relação aos raios X, pois não utiliza radiação ionizante.

A ultrassonografia, associada ao efeito Doppler, permite checar o funcionamento de veias e artérias por meio de imagens e sons do fluxo sanguíneo. Estreitamentos e entupimentos de artérias, ou coágulos de sangue nas veias, alteram a velocidade do sangue. Assim, pelo efeito Doppler, é possível captar a frequência aparente da onda refletida pelo aparelho para medir as variações de velocidade da circulação de sangue num vaso sanguíneo, tornando visíveis possíveis pontos de estrangulamento para a avaliação do problema.

1. De acordo com o texto, qual é o fenômeno físico que ocorre com as ondas sonoras na ultrassonografia?
2. Por que na ultrassonografia de vasos sanguíneos é preciso utilizar o efeito Doppler?

Fonte de ondas e observador em movimento

Quando tanto a fonte de onda como o observador estão em movimento, pode ser demonstrado que a frequência ouvida pelo observador (f') se relaciona com a frequência da fonte (f) de acordo com a expressão:

$$f' = f \cdot \left(\frac{v_{onda} \pm v_{obs.}}{v_{onda} \mp v_{fonte}} \right)$$

A utilização do sinal (+) ou (−) é feita tomando-se como referência a figura 9.37.

Paulo Manzi/Arquivo da editora

Figura 9.37 A direção da fonte ou do observador é que determina o sinal a ser utilizado.

- No numerador da equação: se o observador se aproxima da fonte, usa-se o sinal (+). Se o observador se afasta da fonte, usa-se o sinal (−).
- No denominador da equação: se a fonte se aproxima do observador, usa-se o sinal (−). Se a fonte se afasta do observador, usa-se o sinal (+).

O efeito Doppler também é observado nas **ondas eletromagnéticas** (assunto do próximo capítulo), em particular na luz. Para esse caso continuam válidas as conclusões de que a frequência para o observador sofre um acréscimo quando o movimento relativo à fonte é de aproximação e um decréscimo quando é de afastamento. Os primeiros estudos sobre o efeito Doppler com a luz foram elaborados pelo físico francês Armand H. L. Fizeau (1819-1896).

Uma das aplicações do efeito Doppler com as ondas eletromagnéticas é nos radares que controlam eletronicamente a velocidade dos veículos (figura 9.38), tanto nas vias públicas urbanas como nas estradas e rodovias. Um veículo, ao se aproximar de um radar, reflete as ondas eletromagnéticas emitidas por ele. Por causa de seu movimento, a onda refletida pelo veículo e que atinge o radar apresenta uma frequência diferente da onda emitida originalmente. O aparelho de radar está calibrado para efetuar uma comparação entre as duas frequências e determinar a velocidade do veículo.

Rogério Reis/Pulsar Imagens

Figura 9.38 Os radares são instrumentos que utilizam o efeito Doppler para medir a velocidade dos automóveis.

Exercício resolvido

5. Um caminhão do corpo de bombeiros possui uma sirene que emite um som com frequência de 600 Hz. A velocidade do caminhão é de 30 m/s e a do som no ar é de 330 m/s. Determine a frequência do som emitido pela sirene percebido por uma pessoa nas seguintes condições:

a) o caminhão se aproxima da pessoa e ela está parada;

b) a pessoa encontra-se num carro com velocidade de 20 m/s que vai ao encontro do caminhão.

Resolução

A frequência percebida pela pessoa é dada por $f' = f \cdot \left(\dfrac{v_{onda} \pm v_{obs.}}{v_{onda} \mp v_{fonte}}\right)$.

a) $f' = 600 \cdot \left(\dfrac{300}{330 - 30}\right) \Rightarrow f' = 660$ Hz

Como a frequência percebida pela pessoa (660 Hz) é maior do que a do som emitido pela sirene (600 Hz), ela ouve um som mais agudo que o da fonte.

b) $f' = 600 \cdot \left(\dfrac{330 + 30}{330 - 30}\right) \Rightarrow f' = 700$ Hz

A frequência percebida pela pessoa é de 700 Hz. Também nesse caso a pessoa ouve um som mais agudo que o da fonte.

Batimento

Se ouvirmos simultaneamente dois sons de intensidades comparáveis, mas frequências ligeiramente diferentes, teremos uma alternância nos tipos de interferência. Em razão da ligeira diferença de frequências, eles estarão ora em oposição de fase, resultando em um som fraco, ora em concordância de fase, resultando em um som forte. Esse fenômeno é chamado de batimento.

A figura 9.39, sem preocupação de escala, ilustra as oscilações 1 e 2 em determinado ponto e, logo abaixo, a superposição de ambas.

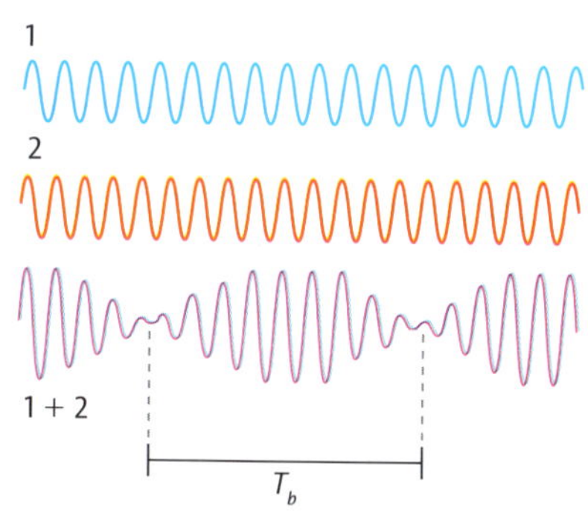

Figura 9.39 Superposição de duas oscilações de frequências próximas, mostrando T_b, o período dos batimentos.

Observe que começam em concordância de fase e, pouco depois, estão em oposição, para pouco depois voltarem a ficar em fase, e assim sucessivamente.

A frequência dos batimentos de dois sons de frequências próximas é simplesmente a diferença entre as frequências de ambos, isto é:

$$f_b = |f_2 - f_1|$$

Nossa orelha é capaz de discernir uma faixa bem grande de frequências, mas não oscilações muito rápidas de intensidade. Isto varia de pessoa para pessoa, mas considera-se como padrão de percepção até 8 batimentos por segundo. Acima disso o som resultante nos parecerá trepidante e desagradável.

Além disso, como as frequências são muito próximas, não discernimos os dois sons separadamente. Temos a sensação de estar ouvindo um único, cuja frequência resultante (f_r) é a média aritmética de ambos, ou seja:

$$f_r = \frac{f_2 + f_1}{2}$$

O fenômeno dos batimentos é muito utilizado na afinação de instrumentos musicais. Enquanto houver batimentos, os dois instrumentos estarão emitindo sons de frequências próximas, porém não iguais. O processo de afinação deve então prosseguir até que os sons estejam em uníssono, isto é, sem batimentos.

Exercício resolvido

6. Na afinação de um piano, um especialista utiliza um diapasão enquanto toca o lá fundamental, a tecla central do piano, e percebe 6 batimentos por segundo. O diapasão está bem calibrado e oscila em 440 Hz. Já o piano, percebe o especialista, está emitindo um som um pouco mais agudo.

a) Qual é a frequência do som emitido pelo piano?

b) O especialista deve esticar ou afrouxar a corda a ser afinada?

Resolução

a) Como o som do piano é mais agudo, a frequência do som emitido por ele é maior do que a do diapasão, assim:

$$f_b = f_{piano} - f_{diapasão} \Rightarrow 6 = f_{piano} - 440 \Rightarrow f_{piano} = 446 \text{ Hz}$$

b) Para obter um som mais grave, ele deve afrouxar a corda do piano.

Exercícios

22. Uma pessoa parada na calçada de uma avenida observa, inicialmente, a aproximação de uma ambulância com a sirene acionada e, depois, seu afastamento. Durante a aproximação, a pessoa percebe que a frequência do som ////////////////////// e, durante o afastamento, que a frequência //////////////////////.
As palavras que preenchem as lacunas são, respectivamente:

a) aumenta; diminui.

b) diminui; aumenta.

c) aumenta; aumenta.

d) diminui; diminui.

23. Uma fonte sonora em repouso emite um som com frequência de 440 Hz. À medida que um observador em movimento se afasta da fonte, a frequência do som que ele ouve é maior ou menor que 440 Hz?

24. Um automóvel com velocidade constante de 72 km/h (20 m/s) aproxima-se de um pedestre parado na calçada. Para chamar a atenção do pedestre, o motorista do carro aciona a buzina, que emite um som de frequência igual a 720 Hz. Sabendo-se que a velocidade do som no ar é de 340 m/s, determine a frequência do som que será ouvido pelo pedestre.

25. (UFSC) Um automóvel, cuja buzina emite um som de 1000 Hz, se move em linha reta e se afasta de um observador fixo. O som percebido pelo observador tem frequência igual a 850 Hz. Qual é a velocidade do automóvel? Considere a velocidade do som no ar igual a 340 m/s.

26. (UFJF-MG) Quando observamos a luz emitida por átomos de oxigênio num laboratório, notamos que existe uma linha espectral com uma determinada frequência *f*, em que esta emissão é muito intensa. Entretanto, ao observarmos a luz emitida por átomos de oxigênio de galáxias distantes, notamos que esta linha espectral desloca-se no sentido de menores frequências do espectro. Sobre esse fato, podemos afirmar que:

a) devido à diminuição na frequência, observaremos que a luz torna-se azul.

b) esta alteração na frequência ocorre porque a galáxia está se aproximando da Terra.

c) esta alteração na frequência ocorre porque a galáxia está se afastando da Terra.

d) isto ocorre porque, durante o tempo em que viaja da galáxia até a Terra, grande parte da luz é absorvida pela poeira interestelar, diminuindo, portanto, sua frequência.

e) isto indica que a galáxia observada é mais fria que a Terra e assim a luz emitida torna-se vermelha.

Pitágoras

Pitágoras de Samos (570 a.C. - 495 a.C.).

Pitágoras, matemático, filósofo e astrônomo, era natural de Samos, ilha grega do mar Egeu, perto de Mileto (atual península de Anatólia, Turquia), e viveu no século VI a.C. Nasceu, provavelmente, no ano 570 a.C. e faleceu em 495 a.C.

Certamente, a iniciação matemática e filosófica de Pitágoras foi feita com os filósofos jônicos Tales (640 a.C.-550 a.C.), Anaximandro (610 a.C.-547 a.C.) e Anaximenes (585 a.C.-525 a.C.), todos de Mileto, considerados os primeiros físicos gregos.

Pitágoras viajou pelo Egito e Babilônia, onde completou sua formação científica, incluindo Geometria, Aritmética e Astronomia, filosófica e religiosa. Com quase 40 anos de idade retornou a Samos, sua terra natal, para, em seguida, mudar-se para Crotona, na Magna Grécia (atualmente sul da Itália), onde fundou a escola pitagórica. Seus discípulos, conhecidos como "pitagóricos", recebiam formação baseada em quatro disciplinas: Geometria, Aritmética, Astronomia e Música. Na Idade Média, esse tipo de formação passou a ser conhecida como *quadrivium*.

Para os pitagóricos, o número era a base de todas as coisas. Eles procuravam número em tudo. Na Aritmética, com a descoberta dos números racionais, na Geometria, com o famoso teorema que apresenta a relação entre os quadrados sobre os lados do triângulo retângulo; ou, ainda, com a descoberta de pelo menos três poliedros regulares: o tetraedro, o cubo e o dodecaedro.

Dentre as várias contribuições dos pitagóricos, vamos dar destaque especial à música. Consta que Pitágoras utilizou a música para testar suas teorias matemáticas. Por meio de um dispositivo denominado monocórdio, como o apresentado na figura ao lado, Pitágoras verificou a relação entre o som emitido e o comprimento da corda, estabelecendo a lei das cordas.

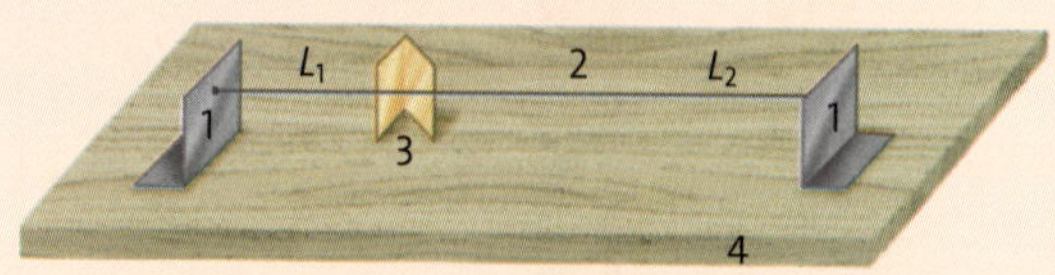

1 – extremidades de fixação
2 – corda sonora
3 – dispositivo móvel
4 – base de apoio

Ilustrações: Paulo Manzi/Arquivo da editora

Variando a posição do cavalete, Pitágoras tangia os dois lados da corda (L_1 e L_2) e verificava se os sons emitidos eram agradáveis ou não para uma determinada relação matemática entre os comprimentos. Com isso, ele concluiu que os sons harmoniosos eram obtidos quando a relação L_2/L_1 obedecia à proporção dos números inteiros e pequenos (lei dos pequenos números: 2:1; 3:2; 4:3; ...). Para ele, as relações numéricas da natureza podiam ser representadas por uma música, sua harmonia interior.

A concepção de Pitágoras relativa aos comprimentos L_2 e L_1 que produzem sons harmoniosos e a nomenclatura pela qual esses intervalos são conhecidos atualmente estão ilustrados na figura acima.

Segundo Roberto Ponczek, professor da Universidade Federal da Bahia, Pitágoras ficou tão entusiasmado com a lei dos pequenos números que chegou a acreditar que "todas as coisas do Universo eram números inteiros", associando, assim, o mesmo princípio aos planetas e estrelas: os períodos planetários deveriam guardar entre si uma relação de pequenos números inteiros, e o cosmo todo executaria, assim, uma fantástica música universal – a música das esferas.

Por motivos políticos e por rivalidade com outros grupos, os pitagóricos foram expulsos de Crotona e muitos deles se refugiaram em Atenas, Grécia. Consta que Pitágoras morreu de fome em um templo onde se refugiou.

Adaptado de: SIMAAN, A.; FONTAINE, J. *A imagem do mundo dos babilônios a Newton*. São Paulo: Companhia das Letras, 2003; ROCHA, J. F. (Org.) et al. *Origens e evolução das ideias da Física*. Salvador: Ed. da UFBA, 2002.

- Consulte as fontes indicadas acima para conhecer mais sobre a vida e a obra de Pitágoras.

EXPERIMENTO

Cordas vibrantes

Nesta atividade prática, você terá a oportunidade de realizar uma análise qualitativa das grandezas físicas envolvidas na vibração de uma corda fina presa nas duas extremidades.

Para isso, é necessário montar o dispositivo mostrado na figura.

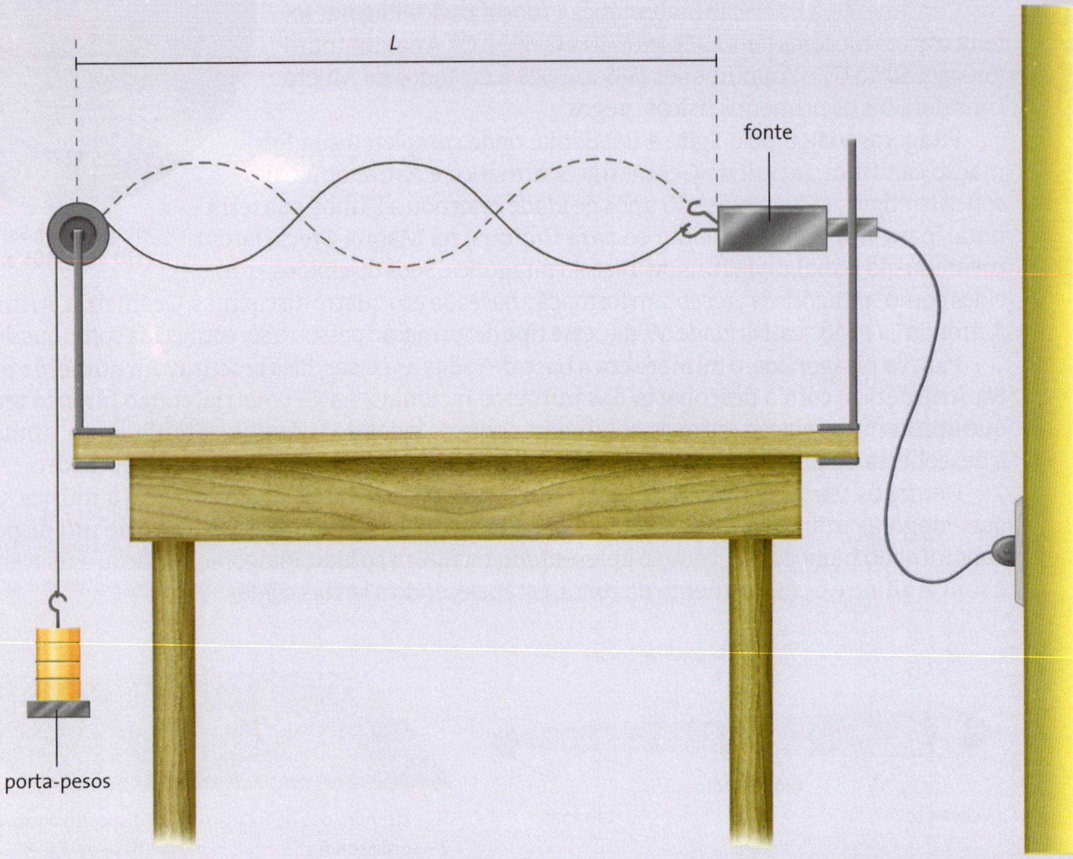

Paulo Manzi/Arquivo da editora

Uma corda fina (linha de pesca), com um comprimento *L*, que é mantida fixa em todas as situações, é posta a vibrar por uma fonte. Uma das extremidades da corda é presa na fonte e a outra é presa em um porta-pesos.

A atividade deve ser conduzida de tal forma que possibilite analisar os diferentes modos de vibração na corda (dois nós, três nós, etc.). Para essa análise, devem ser verificadas três variáveis: a frequência da fonte, a tensão na corda e a espessura da corda.

Com base em suas observações, responda:

1. O que acontece com o modo de vibração da corda à medida que alteramos somente a frequência da fonte?

2. Qual é a influência da tensão nos modos de vibração da corda?

3. Quando se troca a corda por uma mais fina (ou mais grossa), o número de nós obtidos aumenta ou diminui?

4. Durante os ensaios, a velocidade de propagação da onda na corda foi mantida constante ou variou?

5. Qual é a relação entre o comprimento de onda da onda na corda e o número de nós obtidos?

Pensando no Enem

Uma equipe de cientistas lançará uma expedição ao Titanic para criar um detalhado mapa 3D que "vai tirar, virtualmente, o Titanic do fundo do mar para o público". A expedição ao local, a 4 quilômetros de profundidade no oceano Atlântico, está sendo apresentada como a mais sofisticada expedição científica ao Titanic. Ela utilizará tecnologias de imagem e sonar que nunca tinham sido aplicadas ao navio, para obter o mais completo inventário de seu conteúdo. Esta complementação é necessária em razão das condições do navio, naufragado há um século.

O Estado de S. Paulo. Disponível em: <www.estadao.com.br>. Acesso em: 27 jul. 2010 (adaptado).

No problema apresentado para gerar imagens através de camadas de sedimentos depositados no navio, o sonar é mais adequado, pois a:

a) propagação da luz na água ocorre a uma velocidade maior que a do som neste meio.

b) absorção da luz ao longo de uma camada de água é facilitada enquanto a absorção do som não.

c) refração da luz a uma grande profundidade acontece com uma intensidade menor que a do som.

d) atenuação da luz nos materiais analisados é distinta da atenuação de som nestes mesmos materiais.

e) reflexão da luz nas camadas de sedimentos é menos intensa do que a reflexão do som neste material.

Resolução

O sonar emite ondas sonoras que conseguem se propagar nas camadas de sedimentos depositadas sob o navio. Durante a transmissão dessas ondas nas camadas de sedimentos, a onda sofre sucessivas reflexões que retornam ao aparelho em diferentes intervalos de tempo e isso permite a avaliação das dimensões do navio.

A luz, entretanto, é refletida e absorvida quase que completamente na camada mais externa dos sedimentos. Dizemos neste caso que a luz é mais atenuada, ou seja, mais absorvida ou refletida que o som.

A alternativa correta é a **d**.

Vestibulares de Norte a Sul

1. SE (Vunesp-SP) Em um exame de audiometria, uma pessoa foi capaz de ouvir frequências entre 50 Hz e 3,4 kHz. Sabendo-se que a velocidade do som no ar é 340 m/s, o comprimento de onda correspondente ao som de maior frequência (mais agudo) que a pessoa ouviu foi:

   a) 0,03 cm.
   b) 0,5 cm.
   c) 1,0 cm.
   d) 10 cm.
   e) 100 cm.

2. CO (UFGD-MS) A onda sonora se propaga com diferentes velocidades em diferentes meios materiais. Sabendo que na água a velocidade de propagação do som é de 1400 m/s, quanto tempo o sinal do sonar de um navio em repouso levará para ir e voltar até um obstáculo situado 14 km à sua frente?

   a) 1 s.
   b) 5 s.
   c) 10 s.
   d) 20 s.
   e) 40 s.

3. SE (Unicastelo-SP) A maior sensibilidade do sistema auditivo humano ocorre para ondas sonoras com comprimento de onda no ar da ordem de 12 cm. Se a velocidade de propagação do som no ar é igual a 330 m/s, a frequência, em hertz, em que o sistema auditivo humano apresenta a maior sensibilidade é:

   a) 4000.
   b) 1500.
   c) 400.
   d) 2750.
   e) 275.

4. SE (PUCC-SP) Aviões supersônicos podem viajar a velocidade superior à do som no ar, aproximadamente, $1{,}2 \cdot 10^3$ km/h. Ao ultrapassar essa velocidade, e enquanto voar com velocidade supersônica, há a produção de uma onda de choque que produz um estrondo e transfere ao ar muita energia, capaz de causar a quebra de vidros de janelas. Uma onda de choque, que se propaga com a velocidade do som no ar com frequência de 165 Hz, tem comprimento de onda, em m, de:

   a) 0,50.
   b) 1,0.
   c) 2,0.
   d) 3,0.
   e) 4,0.

5. N (Uepa) Notas musicais, emitidas, por exemplo, por um violão, são compostas por vários sons de frequências diferentes. Cada um desses sons é um harmônico. Considere que ao dedilhar a corda de um violão de comprimento igual a 0,5 m e massa igual a 5 g, a tensão aplicada na corda seja de 4 N.

   Com base nestas informações, é correto afirmar que a frequência do 4º harmônico emitido por esta corda, em Hz, é igual a:

   a) 60.
   b) 80.
   c) 100.
   d) 130.

6. CO (UFG-GO) Baseado nas propriedades ondulatórias de transmissão e reflexão, as ondas de ultrassom podem ser empregadas para medir a espessura de vasos sanguíneos. A figura a seguir representa um exame de ultrassonografia obtido de um homem adulto, onde os pulsos representam os ecos provenientes das reflexões nas paredes anterior e posterior da artéria carótida.

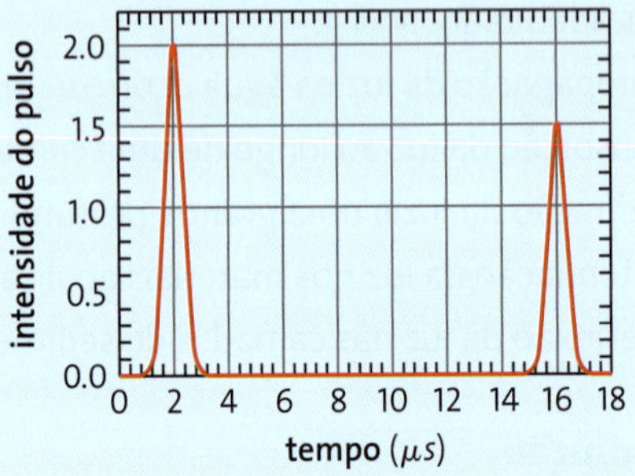

   Suponha que a velocidade de propagação do ultrassom seja de 1500 m/s. Nesse sentido, a espessura e a função dessa artéria são, respectivamente:

   a) 1,05 cm – transportar sangue da aorta para a cabeça.
   b) 1,05 cm – transportar sangue dos pulmões para o coração.
   c) 1,20 cm – transportar sangue dos pulmões para o coração.
   d) 2,10 cm – transportar sangue da cabeça para o pulmão.
   e) 2,10 cm – transportar sangue da aorta para a cabeça.

7. S (UEPG-PR) O som é uma onda mecânica que se propaga num meio material. Sobre as ondas sonoras, assinale o que for correto.

   (01) O som se propaga melhor em lugares onde a atmosfera é mais densa, isto é, onde a pressão atmosférica é maior, tornando-o bem mais perceptível ao sentido auditivo.

   (02) A interferência sonora faz com que um corpo vibrante em contato com outro, que o segundo vibre na mesma frequência do primeiro.

   (04) A refração de uma onda consiste na passagem dessa onda de um meio para outro com a mudança de sua frequência.

   (08) As ondas sonoras se propagam somente em linha reta, portanto, quando é colocado um anteparo entre a fonte sonora e nosso ouvido, elas em parte são barradas e o som é enfraquecido.

   (16) O encontro do som com as paredes que produzem reflexões múltiplas e se prolonga depois de cessada a sua emissão é o fenômeno conhecido como reverberação.

8. **SF** (UFV-MG) A reflexão do som provoca um fenômeno muito conhecido denominado eco. Em uma comunidade, localizada perto de uma encosta, um grupo de crianças se diverte dando gritos, para, em seguida, ouvirem suas vozes novamente, em função do eco. Sabendo-se que a velocidade do som no local onde as crianças estão brincando é de 1224 km/h, assinale a alternativa que mostra a distância na qual elas devem se encontrar na parede para que ouçam o eco 0,1 s depois de emitido o som.

a) 17 m

b) 340 m

c) 1224 km

d) 12,24 km

9. **N** (UEA-AM) O Teatro Amazonas, localizado no centro de Manaus, é um importante ícone arquitetônico. Possui uma acústica notável, que dispensa o uso de amplificadores, valorizando o som de instrumentos acústicos e o canto.

UEA/2012

(<www.defender.org.br>)

A característica física que possibilita a distinção dos sons emitidos por um clarinete e por um oboé, ambos instrumentos de sopro, é um fenômeno associado:

a) aos diferentes comprimentos de onda, conhecidos por frequências.

b) aos diferentes formatos das ondas, conhecidos por comprimentos de onda.

c) à intensidade sonora do instrumento, conhecida por altura.

d) às diferentes vazões do ar nesses instrumentos, conhecidas por velocidades.

e) às diferentes formas de interferência entre os harmônicos, conhecidas como timbres.

10. **CE** (UFTM-MG) Ondas sonoras são ondas mecânicas produzidas por deformações provocadas pela diferença de pressão em um meio elástico. A respeito desse tipo de perturbação, é correto afirmar:

a) quando uma onda sonora é emitida no ar e passa a propagar-se na água, tem sua frequência diminuída.

b) ondas sonoras de mesma frequência podem ter timbres diferentes.

c) na refração de ondas sonoras não ocorre mudança do comprimento de onda.

d) ondas sonoras propagam-se mais rapidamente no vácuo do que na matéria.

e) quanto maior a frequência de uma onda sonora, mais grave é o som produzido.

11. **N** (Uepa) Um professor de Física interessado em adquirir um carro novo decidiu consultar uma página da internet especializada em mecânica de automóveis, de modo a adquirir informações importantes para a sua escolha de compra. Dentre os dados de conforto, o professor deparou-se com a seguinte tabela de nível sonoro do ruído interno, com as janelas fechadas e com o motor ligado:

Velocidade (km/h)	**Nível sonoro do ruído** (dB)
20	45
40	50
60	55
80	60
100	65

Admita que exista uma relação matemática entre o nível sonoro e a velocidade, válida em toda a faixa de velocidades mostrada na tabela. Nesse sentido, são feitas as seguintes afirmações:

I. A variação do nível sonoro do ruído interno é diretamente proporcional à variação da velocidade do automóvel.

II. Se o ruído interno for igual a 62,5 dB, o veículo estará dentro do limite de velocidade brasileiro para zonas urbanas.

III. A intensidade sonora da onda que chega aos tímpanos do motorista, quando o veículo se move a 80 km/h, é igual a 10^{-6} W/m^2.

IV. Sabendo que o nível sonoro de uma conversa em tom normal é 58 dB, a velocidade na qual o ruído atinge esse nível é 90 km/h.

Dado: Limiar de audibilidade = 10^{-12} W/m^3.

a) I e II

b) I e III

c) II e III

d) II e IV

e) III e IV

12. **SE** (UFRJ) Um artesão constrói um instrumento musical rústico, usando cordas presas a dois travessões. As cordas são todas de mesmo material, mesmo diâmetro e submetidas à mesma tensão, de modo que a velocidade com que nelas se propagam ondas transversais seja a mesma. Para que o instrumento possa emitir as diversas notas musicais, ele usa cordas de comprimentos diferentes, como mostra a figura.

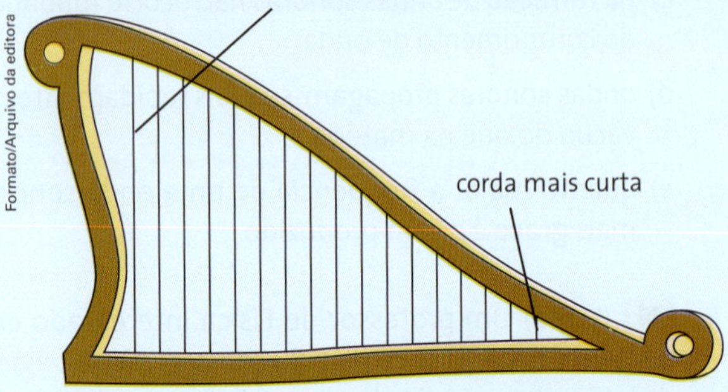

Uma vez afinado o instrumento, suponha que cada corda vibre em sua frequência fundamental. Que corda emite o som mais grave: a mais longa ou a mais curta? Justifique sua resposta.

13. **SE** (Unicastelo-SP) As figuras representam as diferentes formas das ondas de certa nota musical produzidas por um violino, um piano e um diapasão, o que caracteriza o timbre de um som.

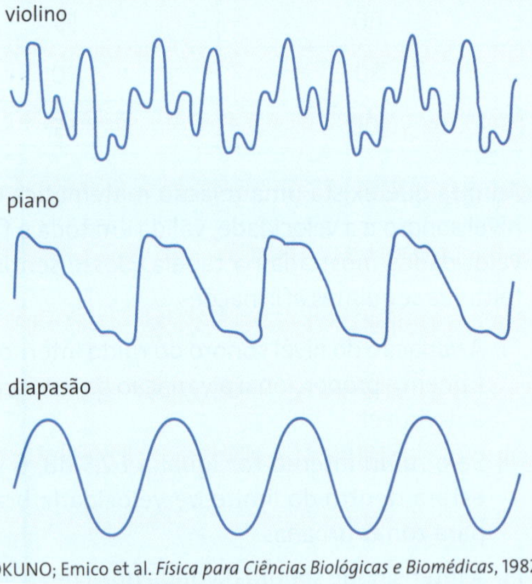

OKUNO; Emico et al. *Física para Ciências Biológicas e Biomédicas*, 1982.

Para que o sistema auditivo humano possa perceber o timbre, é necessário que ele discrimine a seguinte característica da onda sonora:

a) intensidade.
b) composição harmônica.
c) velocidade de propagação.
d) amplitude.
e) energia.

14. **SE** (Unicid-SP) Sonia e Suely são duas irmãs que gostam de viajar juntas. Em viagens mais longas, ficam cantando para sentirem menos o passar do tempo. Cantam em uníssono, mas a voz de Sonia se sobressai por ser mais potente. Pode-se afirmar corretamente que os sons emitidos por elas têm:

a) mesma intensidade, e altura e timbre diferentes.
b) mesmas altura e intensidade, e timbres diferentes.
c) mesma altura, e intensidade e timbre diferentes.
d) mesmos altura e timbre, e intensidades diferentes.
e) mesmos altura, intensidade e timbre.

15. **NE** (UFRN) O violão, instrumento musical bastante popular, possui seis cordas com espessuras e massas diferentes, resultando em diferentes densidades lineares. As extremidades de cada corda são fixadas como mostra a figura abaixo.

Para produzir sons mais agudos ou mais graves, o violonista dispõe de duas alternativas: aumentar ou diminuir a tensão sobre a corda; e reduzir ou aumentar seu comprimento efetivo ao pressioná-la em determinados pontos ao longo do braço do instrumento. Para uma dada tensão, *F*, e um dado comprimento, *L*, a frequência de vibração, *f*, de uma corda de densidade linear m é determinada pela expressão:

$$f = \frac{1}{2L} \cdot \sqrt{\frac{F}{\mu}}$$

Levando em consideração as características descritas acima, para tocar uma determinada corda de violão visando produzir um som mais agudo, o violonista deverá:

a) diminuir o comprimento efetivo da corda, ou aumentar sua tensão.
b) aumentar o comprimento efetivo da corda, ou diminuir sua tensão.
c) diminuir o comprimento efetivo da corda, ou diminuir sua tensão.
d) aumentar o comprimento efetivo da corda, ou aumentar sua tensão.

16. **SE** (UFMG) Uma corda esticada e presa nas duas extremidades pode vibrar em diferentes frequências, sendo a mais baixa delas denominada frequência do modo fundamental. Em um violino, a distância entre as extremidades em cada corda é de 0,32 m.

Maria Sílvia coloca esse violino próximo a um alto-falante conectado a um dispositivo capaz de produzir sons com frequências que variam continuamente entre 500 Hz e 1500 Hz. Ela observa que uma das cordas oscila apenas quando o dispositivo emite sons com as frequências de 880 Hz e 1320 Hz.

1. Na situação dessa corda vibrando em seu modo fundamental, determine:
   a) a frequência da vibração;
   b) o comprimento de onda da onda na corda.
2. Com relação ao som emitido por essa corda quando ela vibra em seu modo fundamental, determine:
   a) a frequência dessa onda sonora;
   b) o comprimento de onda dessa onda sonora.

17. **S** (UFPR) Um instrumento musical de cordas metálicas de comprimento L possui uma das cordas de diâmetro d, densidade ρ, e, quando sujeita a uma tensão T, vibra com frequência fundamental de 420 Hz. Suponha que um músico troque essa corda por outra de mesmo material e comprimento, mas com a metade do diâmetro da corda original. Considere que as cordas estão fixas nas suas extremidades. Faça o que se pede, justificando suas respostas.

a) Encontre a expressão para a velocidade de propagação da onda na corda em função das grandezas T, d e ρ.

b) Determine a velocidade da onda na nova corda, quando sujeita a uma tensão quatro vezes superior à primeira, em função da velocidade na corda original.

c) Calcule a frequência fundamental nessa nova situação.

18. **SE** (UFJF-MG) O conduto auditivo humano pode ser representado de forma aproximada por tubo sonoro fechado cilíndrico de 2,5 cm de comprimento. Considere a velocidade do som igual a 340 m/s. A frequência fundamental do som que forma ondas estacionárias nesse tubo é:

a) 340 Hz.

b) 850 Hz.

c) 1700 Hz.

d) 3400 Hz.

19. **SE** (Unirio-RJ) Um tubo sonoro, como o da figura a seguir, emite um som com velocidade de 340 m/s.

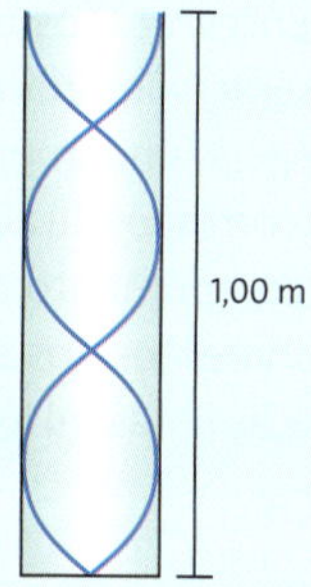

Pode-se afirmar que o comprimento de onda e a frequência da onda sonora emitida são, respectivamente:

a) 0,75 m e 340 Hz.
b) 0,80 m e 425 Hz.
c) 1,00 m e 230 Hz.
d) 1,50 m e 455 Hz.
e) 2,02 m e 230 Hz.

20. **SE** (Vunesp-SP) Um tubo de 1,0 m de comprimento é fechado em uma das extremidades. Um fio esticado é colocado transversalmente próximo da extremidade aberta. O fio, de 0,40 m de comprimento e massa de 8,0 g, está preso em ambas as extremidades e vibra com seu modo fundamental. Em consequência, a coluna de ar vibra em ressonância, também no seu modo fundamental. Determine:

a) a frequência das vibrações da coluna de ar;

b) a intensidade da tensão do fio (módulo da velocidade do som no ar = 340 m/s).

21. **CO** (UEMT) A figura a seguir representa uma onda estacionária que se forma em um tubo sonoro fechado. Considere a velocidade do som no ar igual a 340 m/s.

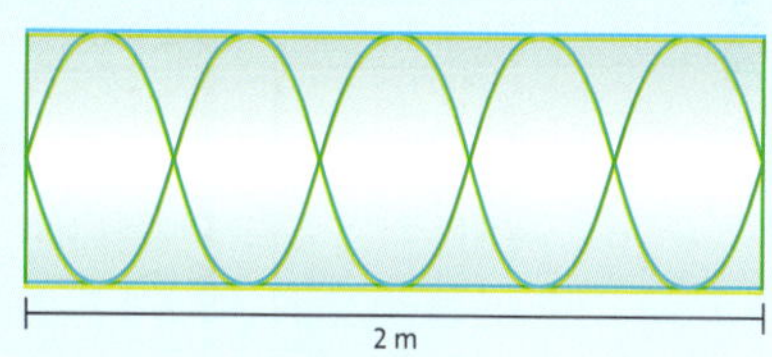

Assinale a alternativa que representa a frequência do som emitido pelo tubo.

a) 680 Hz.
b) 170 Hz.
c) 425 Hz.
d) 185,5 Hz.
e) 92,5 Hz.

22. **SE** (ITA-SP) Considere a velocidade máxima permitida nas estradas como sendo exatamente 80 km/h. A sirene de um posto rodoviário soa com uma frequência de 700 Hz, enquanto um veículo de passeio e um policial rodoviário se aproximam emparelhados. O policial dispõe de um medidor de frequências sonoras. Dado o módulo da velocidade do som, 350 m/s, ele deverá multar o motorista do carro quando seu aparelho medir uma frequência sonora de, no mínimo:

a) 656 Hz.
b) 745 Hz.
c) 655 Hz.
d) 740 Hz.
e) 860 Hz.

23. SE (Fuvest-SP) Uma flauta andina, ou flauta de pã, é constituída por uma série de tubos de madeira, de comprimentos diferentes, atados uns aos outros por fios vegetais. As extremidades inferiores dos tubos são fechadas. A frequência fundamental de ressonância em tubos desse tipo corresponde ao comprimento de onda igual a 4 vezes o comprimento do tubo. Em uma dessas flautas, os comprimentos dos tubos correspondentes, respectivamente, às notas mi (660 Hz) e lá (220 Hz) são:

a) 6,6 cm e 2,2 cm.

b) 22 cm e 5,4 cm.

c) 12 cm e 37 cm.

d) 50 cm e 1,5 cm.

e) 50 cm e 16 cm.

Note e adote: a velocidade do som no ar é igual a 330 m/s.

24. CO (UFG-GO) Com o objetivo de determinar a frequência de uma nota musical emitida por um tenor, um estudante monta um equipamento constituído basicamente por um tubo vertical, um alto-falante e um cronômetro.

O tubo, contendo água, possui 20 cm de diâmetro e a extremidade superior é aberta, onde será posicionado o alto-falante para reproduzir a nota do tenor, conforme ilustrado na figura.

Na sua parte inferior, um furo permite que a água saia a uma taxa de aproximadamente 3 litros por segundo.

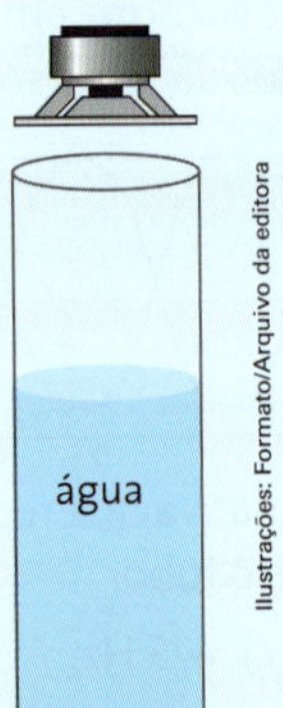

À medida que a água é liberada e seu nível dentro do tubo é reduzido, a intensidade do som dentro do tubo varia de forma a atingir valores máximos com intervalos a cada 4 segundos. Considerando-se que a velocidade do som no ar é de 340 m/s e que o tenor emitiu esta nota na mesma intensidade por alguns minutos, calcule:

a) a velocidade de descida do nível de água no tubo (considere $\pi = 3$);

b) a frequência da nota musical emitida pelo tenor.

25. S (Unisinos-RS) Quando uma ambulância passa, o som da sirene que se percebe durante sua aproximação é diferente do percebido durante seu afastamento. Considere uma ambulância com a sirene ligada, movimentando-se entre duas pessoas, *A* e *B*, conforme nos mostra a figura seguinte:

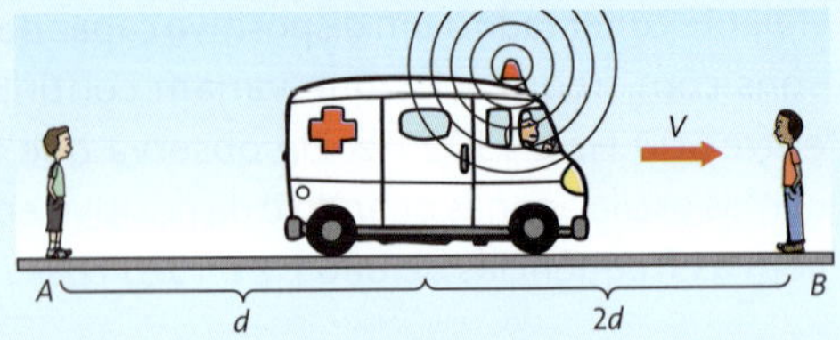

Nessa situação, a pessoa *A* escutará um som mais ////////////////// que *B*, e as ondas sonoras que passam por *A* têm ////////////////// velocidade de propagação que as que passam por *B*.

As lacunas são corretamente preenchidas, respectivamente, por:

a) grave – menor.

b) agudo – a mesma.

c) grave – a mesma.

d) agudo – maior.

e) agudo – menor.

26. NE (UFPB) Uma ambulância com a sirene ligada movimenta-se em relação a uma pessoa que está parada na calçada. Sendo *f* a frequência do som emitido pela ambulância, podemos dizer que a frequência ouvida pela pessoa será:

a) igual a *f*, independentemente de o movimento ser de aproximação ou de afastamento.

b) maior que *f*, se houver aproximação entre eles.

c) menor que *f*, se houver aproximação entre eles.

d) maior que *f*, se houver afastamento entre eles.

e) nula, independentemente de o movimento ser de aproximação ou de afastamento.

27. S (UFSM-RS) Um recurso muito utilizado na Medicina é a ecografia Doppler, que permite obter uma série de informações úteis para a formação de diagnósticos, utilizando ultrassons e as propriedades do efeito Doppler. No que se refere a esse efeito, é correto afirmar:

a) a frequência das ondas detectadas por um observador em repouso em um certo referencial é menor que a frequência das ondas emitidas por uma fonte que se aproxima dele.

b) O movimento relativo entre fonte e observador não afeta o comprimento de onda detectado por ele.

c) o efeito Doppler explica as alterações que ocorrem na amplitude das ondas, devido ao movimento relativo entre fonte e observador.

d) O efeito Doppler é um fenômeno que diz respeito tanto a ondas mecânicas quanto a ondas eletromagnéticas.

e) O movimento relativo entre fonte e observador altera a velocidade de propagação das ondas.

CAPÍTULO

10 Luz e reflexão luminosa

Eidev/iStock/Getty Images

A superfície da água pode funcionar como um espelho.

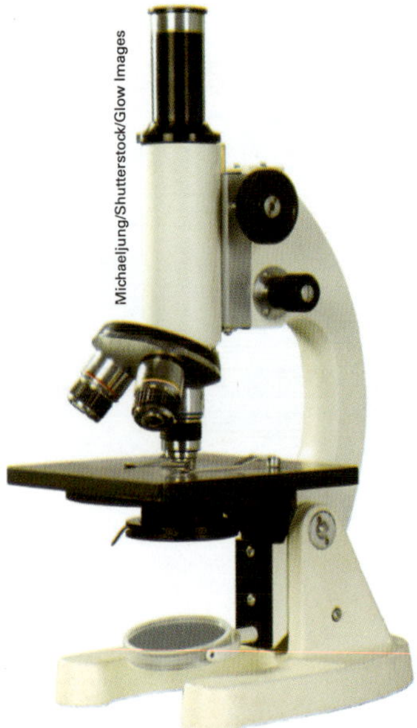

Michaeljung/Shutterstock/Glow Images

1 Introdução à Óptica geométrica

Nossa concepção de Universo saiu das trevas com o surgimento dos telescópios. A Biologia derrubou várias barreiras com a invenção do microscópio (figura 10.1). A qualidade de vida deu um salto com o aprimoramento dos óculos. Os momentos históricos ficam eternizados com as fotografias. Vieram, também, o cinema, a televisão e, mais recentemente, as holografias e a chamada realidade virtual. Tudo isso alicerçado pelos simples e antigos princípios da Óptica. Vejamos um pouco mais na seção **Física tem História**.

Figura 10.1 Com o microscópio é possível observar microrganismos que são invisíveis a olho nu.

Física tem História

Coleção particular, Londres.

Euclides (330 a.C.-260 a.C.) viveu em Alexandria.

A Óptica teve muitos colaboradores, a começar por Euclides com seu tratado matemático e geométrico *Os elementos*, considerada obra de referência da Geometria por cerca de 2 mil anos, e Arquimedes com os ensaios sobre Óptica geométrica, feitos com base no estudo dos espelhos curvos.

Na Antiguidade, filósofos como Platão (427 a.C.-327 a.C.) e Aristóteles (384 a.C-322 a.C.) questionavam sobre a natureza da luz e sobre o fato de conseguirmos ver objetos. Platão chegou a supor que nossos olhos emitiam partículas que, ao atingir objetos, os tornavam visíveis. Nessa linha, como explicar o fato de não enxergarmos em uma sala totalmente escura?

Biblioteca Nacional, Paris.

Arquimedes (287 a.C.-212 a.C.) viveu em Siracusa.

Acredita-se que tenha sido no século XVII, mais especificamente em 1608, na Holanda, que surgiu o primeiro telescópio. Em 1609, Galileu Galilei (1564-1642), de posse de um telescópio, deu importantes contribuições à Astronomia. Suas observações e descobertas, como algumas luas de Júpiter e as "fases" de Vênus, contribuíram significativamente para a derrubada da ideia de que tudo no Universo girava em torno da Terra.

Ainda no século XVII, Isaac Newton (1643-1727) desenvolveu o telescópio de reflexão e apresentou a sua *Nova teoria sobre a luz e o calor*.

Não podemos deixar de mencionar o físico britânico James C. Maxwell (1831-1879), um dos mais brilhantes cientistas do século XIX, que demonstrou que a luz se propaga em ondas. No início do século XX, Albert Einstein (1879-1955), com sua teoria sobre o comportamento da luz, construiu um dos pilares da Física moderna.

- Em sua opinião, qual foi o instrumento óptico mais importante para a melhoria da qualidade de vida das pessoas?

A luz e sua propagação

Na figura 10.2, observamos a entrada da luz pelas aberturas do teto da Basílica de São Pedro, no Vaticano.

A luz é uma radiação eletromagnética que se propaga tanto nos meios materiais como no vácuo e que pode sensibilizar nossos olhos. A luz emitida pelo Sol percorre 150 milhões de quilômetros, a uma velocidade de 300 mil quilômetros por segundo, até atingir a Terra.

Em virtude de serem números extremamente grandes, é comum expressarmos as distâncias percorridas pela luz das estrelas até a Terra em uma unidade denominada **ano-luz**:

1 ano-luz: distância percorrida pela luz no vácuo em 1 ano ($9,45 \cdot 10^{12}$ km).

Figura 10.2 Interior da Basílica de São Pedro, no Vaticano.

Por exemplo, a luz emitida pelo Sol no exato momento em que você está lendo este livro, isso se estiver lendo-o em um ambiente iluminado por luz natural, demora 8 minutos e 20 segundos para chegar até a Terra. Já a luz emitida pela estrela Alfa da Constelação de Centauro – a segunda estrela mais próxima da Terra – demora cerca de 4,3 anos para chegar até nós. Dizemos, então, que essa estrela está a 4,3 anos-luz da Terra.

Para representar a direção e o sentido de **propagação da luz**, utilizamos os raios de luz, que são linhas orientadas. Os raios de luz não têm existência física; são meros elementos geométricos de representação.

Podemos representar as ondas do mar chegando à costa por um conjunto de linhas que mostrem a direção e o sentido de propagação de energia (figura 10.3). É também possível demonstrar, pelos respectivos raios, a energia luminosa proveniente do Sol irradiando-se em todas as direções (figura 10.4). Em ambos os casos, as representações também são apenas elementos geométricos.

Para refletir

Quando olhamos para o céu em uma noite estrelada, vemos o presente, o passado ou o futuro?

Figura 10.3 Ondas do mar chegando à praia. As setas vermelhas foram aplicadas para representar os raios de propagação de energia.

Figura 10.4 Luz emanando do Sol. As setas azuis foram aplicadas para representar os raios de luz.

Fontes de luz

Alguns corpos são capazes de emitir luz. Eles são chamados de **corpos luminosos** e constituem as fontes primárias de luz. O fogo, por exemplo, é uma fonte primária de luz. Algumas fontes primárias, como as estrelas, são naturais e, outras, como as lâmpadas, são artificiais.

Na figura 10.5, temos a foto de um peixe que produz luz e que habita as regiões abissais dos oceanos, as quais estão em profundidades de 500 m a 2 000 m.

Dante Fenolio/Photoresearchers/Latinstock

Figura 10.5 Com luz produzida por órgãos localizados em várias partes do corpo, os peixes abissais atraem suas presas.

Worldswildlifewonders/Shutterstock/Glow Images

Figura 10.6 A Lua não emite luz própria; ela simplesmente reflete parte da luz que recebe de outra fonte luminosa, no caso o Sol.

Rubro – Vermelho intenso. No contexto, um metal aquecido a uma temperatura alta emite luz na cor vermelha.

A grande maioria dos corpos, porém, não é luminosa, isto é, não irradia luz própria. Os corpos não luminosos, como a Lua (figura 10.6) ou as páginas deste livro, são **fontes secundárias** de luz, as quais somente são visíveis quando refletem a luz. Esses corpos são chamados de **corpos iluminados**.

Os corpos iluminados podem, em determinadas condições, tornar-se corpos luminosos. É o que acontece, por exemplo, com um metal aquecido ao **rubro**, um pedaço de carvão em brasa ou uma lâmpada acesa (figura 10.7).

Sarunyu_Foto/Shutterstock/Glow Images

Figura 10.7 As lâmpadas incandescentes são feitas de um pequeno filamento de tungstênio. Quando esse filamento é percorrido por corrente elétrica, é aquecido tão intensamente ($\sim$ 2 200 °C) que brilha, tornando-se um corpo luminoso.

Meios de propagação da luz

Observe a figura 10.8.

MattJones/Shutterstock/Glow Images

Stefanolunardi/Shutterstock/Glow Images

Coprid/Shutterstock/Glow Images

Figura 10.8 O que se encontra atrás da água e do vidro do aquário é visto nitidamente (**a**). A luz consegue passar pelo guarda-chuva; no entanto, os seus feixes sofrem desvios de orientação em razão da constituição do material que o compõe (**b**). A luz não se propaga pela porta de madeira, pois, ao incidir sobre ela, é em parte absorvida e em parte refletida (**c**).

Na figura 10.8.a, temos um meio **transparente**. Ele permite a passagem da luz de maneira regular; assim os objetos que se encontram depois dele são visualizados nitidamente.

Vale observar que, embora o vidro seja considerado um meio transparente, algumas placas de vidro com superfícies irregulares podem não permitir a passagem da luz regularmente, comprometendo a nitidez da imagem. Quanto à água, também classificada como meio transparente, é necessário levar em conta a espessura da camada de água. Uma camada muito espessa pode comprometer a nitidez da imagem e, em determinados casos, os objetos podem não ser vistos, como acontece nas grandes profundezas do mar.

Observe, agora, a figura 10.8.b. Quando olhamos para a mulher através do guarda-chuva, vemos que a nitidez da imagem está comprometida. Nesse caso, o meio material no qual a luz se propaga é **translúcido**. De modo geral, dizemos que os meios translúcidos permitem a passagem da luz, mas não de maneira regular.

Existem meios que não permitem a passagem da luz; são os meios **opacos**. Observe a porta de madeira mostrada na figura 10.8.c. Trata-se de um meio opaco, pois não é possível a visualização dos objetos que se encontram atrás dela.

Princípios da Óptica geométrica

Meio homogêneo – O meio que apresenta as mesmas propriedades em todos os seus pontos.

A Óptica geométrica se alicerça em três princípios básicos: a propagação retilínea da luz, a independência dos raios luminosos e a reversibilidade deles.

O **princípio da propagação retilínea da luz** estabelece que, nos **meios homogêneos** e transparentes, a luz se propaga em linha reta (figura 10.9).

Figura 10.9 A sombra projetada por um edifício confirma a propagação retilínea da luz.

Paulo Manzi/Arquivo da editora

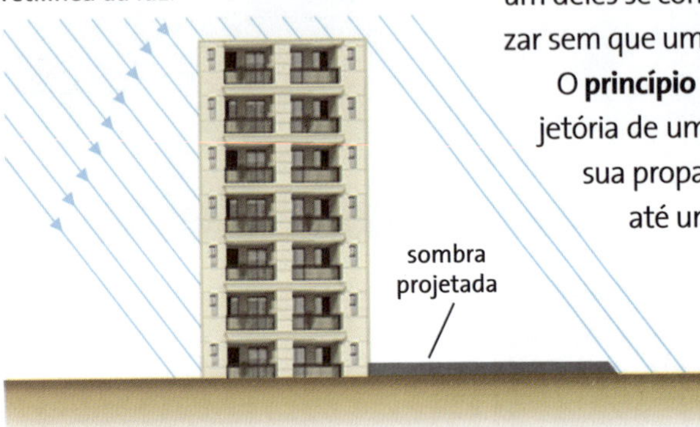

O **princípio da independência dos raios luminosos** estabelece que as trajetórias dos raios de luz são independentes. Isso significa que, quando vários feixes luminosos são emitidos simultaneamente por fontes diferentes, cada um deles se comporta como se os outros não existissem; eles podem se cruzar sem que um altere a propagação do outro (figura 10.10).

O **princípio da reversibilidade dos raios luminosos** estabelece que a trajetória de um raio de luz não se modifica quando se inverte o sentido de sua propagação. As trajetórias dos raios de luz que vão de um ponto *A* até um ponto *B* são as mesmas dos raios que vão de *B* para *A*.

Assim, pelo espelho retrovisor interno de um carro, o motorista consegue enxergar a pessoa que está sentada no banco de trás; pelo mesmo espelho, essa pessoa enxerga o motorista (figura 10.11).

Aija Lehtonen/Shutterstock/Glow Images

Figura 10.10 A luz de cada holofote atua independentemente, sem interferir na propagação das outras luzes.

Sérgio Dotta Jr./Arquivo da editora

Figura 10.11 Se uma pessoa observa os olhos de outra, os olhos desta podem observar os olhos da primeira em virtude da reversibilidade da trajetória dos raios.

Um objeto que parece contrariar o princípio da reversibilidade dos raios luminosos é o vidro fumê, muito usado hoje em prédios e veículos. Durante o dia, do lado de dentro, enxergamos o lado de fora, mas do lado de fora não vemos o interior do prédio. O fenômeno pode ser explicado da seguinte forma: durante o dia, a intensidade da luz refletida pelo vidro é bem maior do que a proveniente de seu interior, predominando, para quem está do lado de fora, a visão dos reflexos provocados pelo vidro. Já durante a noite, quando se acende a iluminação interna, ocorre o contrário. O interior se torna visível para quem está do lado de fora, mas as pessoas do lado de dentro veem nos vidros apenas reflexos, que predominam em relação à luz de fora.

A cor de um corpo

Cor por reflexão

À luz do Sol, os objetos se apresentam nas mais variadas cores: azul, vermelho, verde, etc. Mas como isso acontece, se todos são iluminados pela mesma radiação solar?

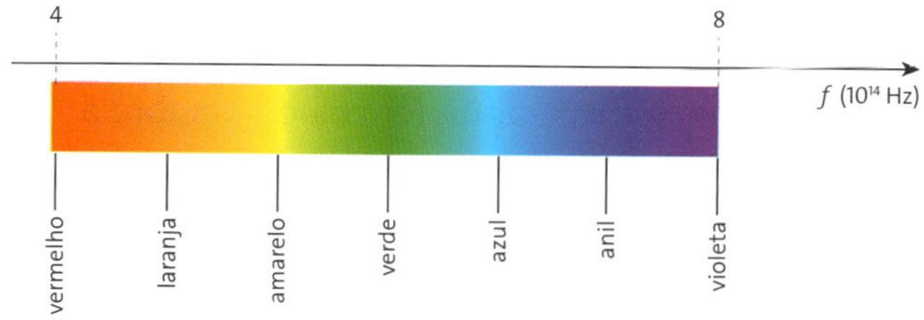

Figura 10.12 Espectro da luz visível.

Em primeiro lugar, é preciso entender que a luz branca (branco-amarelado) que recebemos do Sol não é uma radiação monocromática, ou seja, não é constituída por um único tipo de radiação. A luz emitida pelo Sol é policromática, composta de várias radiações: vermelho, laranja, amarelo, verde, azul, anil e violeta.

Essas sete cores compõem o espectro de luz visível e estão compreendidas entre as frequências de $4 \cdot 10^{14}$ Hz, para o vermelho, e $8 \cdot 10^{14}$ Hz, para o violeta. Ambos esses valores são aproximados, conforme podemos ver na figura 10.12.

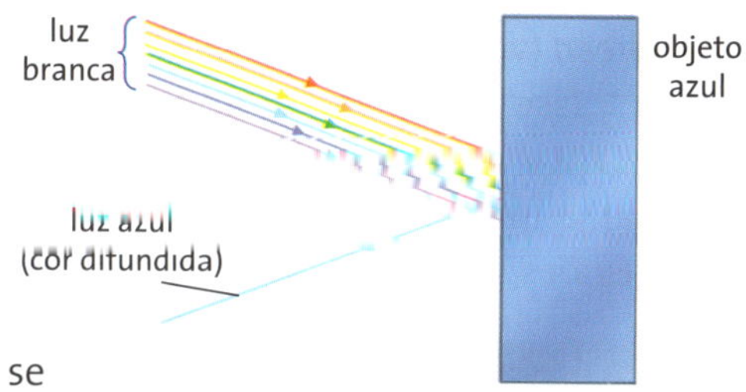

Figura 10.13 Objeto iluminado pela luz branca refletindo difusamente a componente azul.

Em segundo lugar, devemos levar em conta que os objetos não se comportam todos do mesmo modo em relação às radiações refletidas. Se, iluminado pela luz branca, determinado objeto refletir difusamente apenas a componente verde, será visto por nós na cor verde; se refletir somente o azul, será visto na cor azul (figura 10.13), e assim por diante.

Corpo branco é o que reflete difusamente todas as cores componentes da luz branca; corpo negro, ao contrário, é o que absorve todas as cores que nele incidem.

Concluímos assim que nossa percepção de cores depende de vários fatores, como a fonte de luz usada, a luz refletida difusamente e, também, a nossa sensibilidade visual em relação à luz que recebemos.

Cor por refração seletiva

A cor de um corpo pode ser fruto da refração seletiva, processo que ocorre com os filtros monocromáticos (figura 10.14). Olhando através de um filtro monocromático vermelho, por exemplo, um observador notará a presença de regiões vermelhas e outras escurecidas, ainda que esteja olhando um objeto que reflete luz de todas as cores (figura 10.15). Isso ocorre porque o filtro refrata a luz vermelha e absorve as demais.

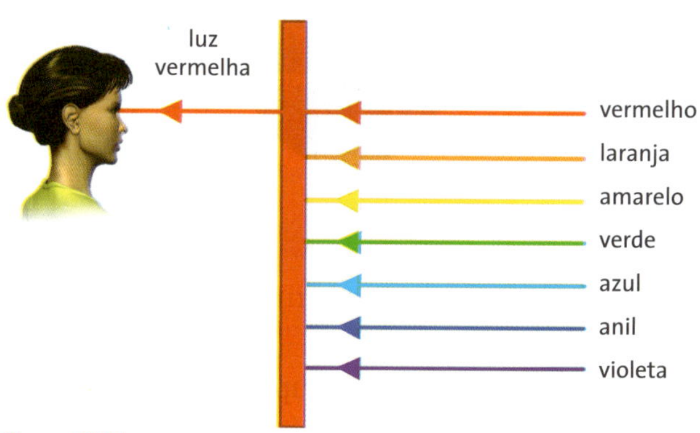

Figura 10.14
Um filtro monocromático transmite somente uma cor e absorve as demais.

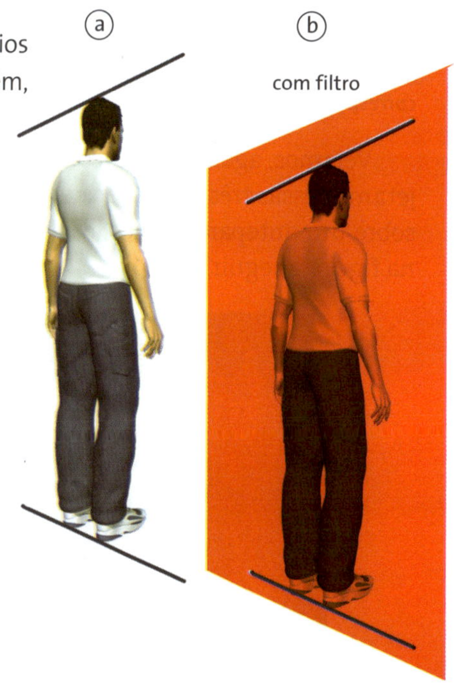

Ilustrações: Paulo Manzi/Arquivo da editora

Figura 10.15 Uma pessoa (a) adquire tons avermelhados e escuros quando é observada através do filtro vermelho (b).

Física explica

Em busca das cores

A impressão colorida

Se uma gota de água for colocada sobre a região branca da tela de uma tevê ou do monitor de um computador, funcionará como uma lente de aumento dos pequenos *pixels* de cores que compõem a tela. Em vez de branco, você observará as cores vermelha, verde e azul. É o chamado padrão **RGB**, que significa ***r**ed* (vermelho), ***g**reen* (verde) e ***b**lue* (azul).

Isso nos permite dividir a radiação solar branca, composta das sete cores (vermelha, laranja, amarela, verde, azul, anil e violeta) em três regiões, conforme mostra a figura.

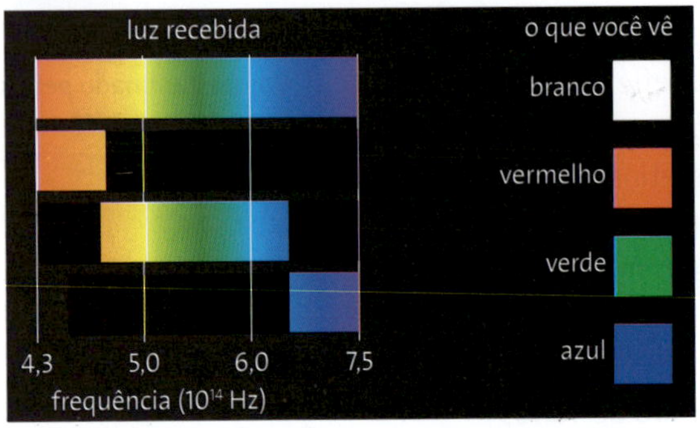

Ilustrações: Formato/Arquivo da editora

Regiões do espectro da luz solar e o resultado visual correspondente

Vejamos, agora, o que acontece quando projetamos essas três luzes, vermelha, verde e azul, sobre um anteparo branco, conforme mostrado na figura a seguir.

Bsip/Uig/Getty Images

Composição ativa de cores com o uso de um retroprojetor

Observe que o resultado obtido depende de cada região. Por exemplo, na região onde a luz vermelha e a verde se superpõem, obtemos **amarelo**; na superposição das luzes vermelha e azul, obtemos **magenta**; na superposição das luzes verde e azul, obtemos **ciano**; e na região onde as três luzes se superpõem, obtemos branco. O **vermelho**, o **verde** e o **azul** são chamados de **cores aditivas primárias**.

Vamos utilizar a figura anterior para analisar o aspecto subtrativo de cores. Observe a região que não é banhada pela luz verde, mas é atingida pelas cores vermelha e azul. Podemos imaginá-la como sendo a luz branca da qual foi subtraído o verde. Magenta e verde são opostos; quando adicionados produzem o branco.

A região da luz amarela não é banhada pela luz azul, mas recebe o verde e o vermelho. Podemos, da mesma forma, pensar no amarelo como sendo a luz branca da qual foi subtraído o azul. Amarelo e azul são opostos; quando adicionados produzem o branco.

Finalmente, observe uma terceira região, azulada, mas que não é propriamente o azul. É o branco do qual foi subtraído o vermelho. Ciano e vermelho são opostos; quando adicionados produzem o branco.

As cores ciano, magenta e amarela são denominadas **cores subtrativas primárias**. Pelos processos subtrativos, consegue-se compor os pigmentos das tintas. O conjunto ciano, magenta e amarelo, com o preto, é o padrão dessa composição. Os nomes em inglês fornecem a sigla desse padrão: **CMYK**: ***c**yan* (ciano), ***m**agenta* (magenta), ***y**ellow* (amarelo) e *blac**k*** (preto). É esse conjunto que se usa nas impressões coloridas.

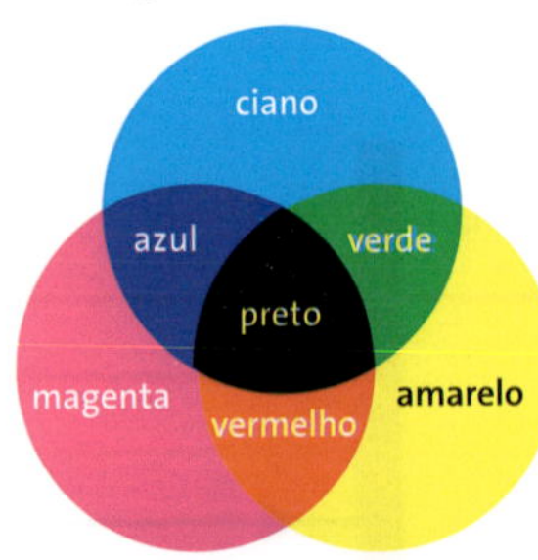

a) O que são cores aditivas primárias? E cores subtrativas primárias?

b) O que obtemos quando superpomos luzes vermelha, verde e azul?

Exercícios

1. Em uma sala de aula, a luz solar penetrava através de uma janela de vidro transparente. O professor, após abrir a janela, perguntou: "O que aconteceu com a radiação solar no interior da sala: aumentou, diminuiu ou permaneceu constante?".

   Roberto disse que a radiação solar permaneceu constante, pois o vidro transparente permite a passagem da luz de maneira regular. Já Luciana afirmou que aumentou, pois parte da luz solar não mais se refletiu no vidro da janela. Qual das duas respostas está correta?

2. Um estudante pretende determinar a altura de um edifício que fica do outro lado do rio. Para isso, ele constrói uma câmara escura com uma caixa de sapatos de 10 cm de profundidade e efetua duas medições do tamanho da imagem do edifício na câmara, conforme mostram as figuras.

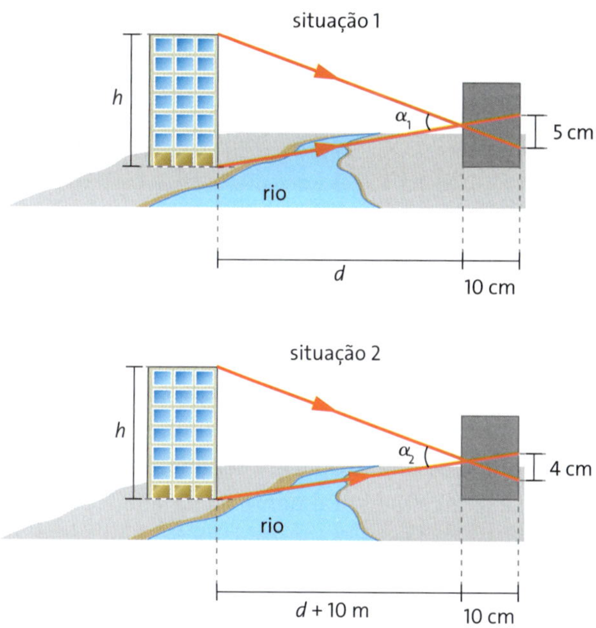

Formato/Arquivo da editora

Na situação 1, o tamanho da imagem do prédio obtida foi de 5,0 cm. Na situação 2, ele afastou-se 10 m da posição inicial e obteve 4,0 cm para o tamanho da imagem do prédio. Em relação a esses dados, verifique se cada afirmativa seguinte é certa ou errada.

I. Com base na situação 1, conclui-se que a altura do prédio é igual à metade da distância *d*.

II. Na situação 2, a altura do prédio é menor que na situação 1.

III. Com base nas situações 1 e 2, concluímos que a altura do prédio é 20 m.

3. Na figura, mostrada a seguir, entre a lâmpada, que emite luz branca, e o observador existe uma lâmina de vidro na cor verde. Em outra situação, o observador enxerga uma lâmina de plástico também na cor verde.

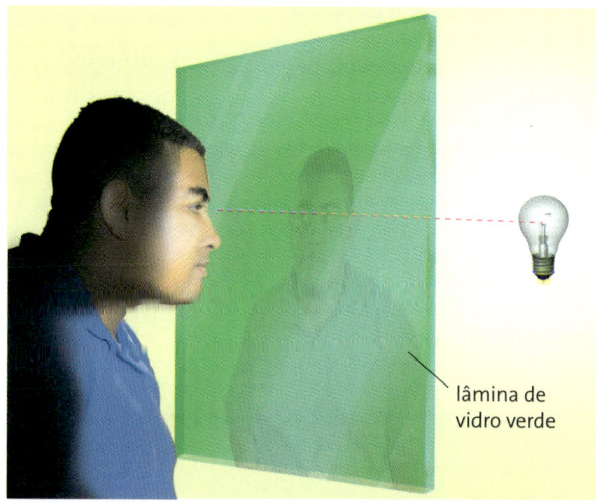

Antonio Robson/Arquivo da editora

Quanto à maneira de o observador enxergar as lâminas em cada uma das situações, responda:

a) O que acontece com a luz branca da lâmpada que incide na lâmina de vidro?

b) Qual é o fenômeno que ocorre com a luz emitida pela lâmpada que incide na lâmina de plástico?

4. Em uma sala existem três holofotes que, quando acesos, emitem feixes de luz de mesma intensidade, conforme mostra a figura.

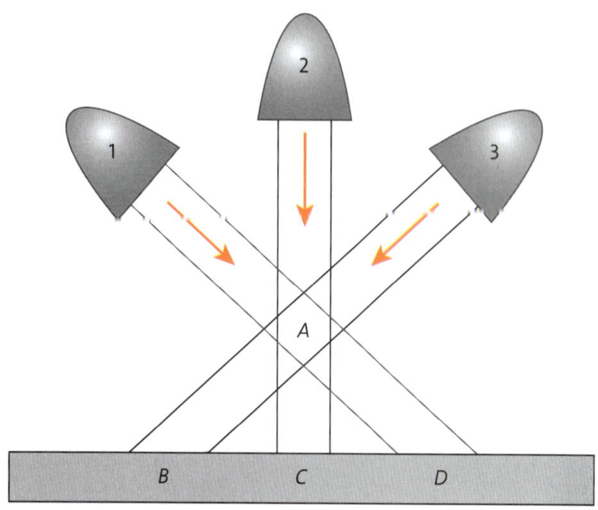

Formato/Arquivo da editora

Sabe-se que o feixe 1 é vermelho, o 2 é verde e o 3 é azul. Qual é a cor que será vista, respectivamente, em cada região *A*, *B*, *C* e *D*?

2 Sombra, penumbra e eclipse

Em Óptica, a palavra **sombra** significa 'região não iluminada'. A sombra pode ser produzida pela interposição de um objeto opaco entre uma fonte de luz e um anteparo. É o que acontece quando estamos expostos à luz do Sol. Como o nosso corpo é opaco, a luz do Sol que incide sobre ele não o atravessa e, com isso, obtemos no solo uma região não iluminada, a nossa sombra projetada (figura 10.16).

Figura 10.16 A imagem projetada pela sombra é uma silhueta bidimensional e se apresenta de acordo com a propagação retilínea da luz.

Juan David/Shutterstock/Glow Images

A sombra é consequência da propagação retilínea da luz. As dimensões da sombra de uma pessoa dependem da posição do Sol no céu naquele instante.

Para produzir sombra, podemos utilizar um dispositivo simples constituído de uma lâmpada acesa, que será a fonte de luz, um objeto opaco, como uma bola, e uma tela colocada atrás dele, a qual servirá de anteparo (figura 10.17).

No anteparo, destacamos três regiões distintas: a primeira, totalmente escura, é a **sombra** projetada do objeto opaco; a segunda, parcialmente iluminada, é a **penumbra**; e a terceira é totalmente iluminada.

A região denominada penumbra está relacionada às dimensões da fonte de luz utilizada no experimento. A figura 10.18 mostra uma representação bidimensional para o caso extremo de formação somente de sombra, sem penumbra. Observe as dimensões da fonte de luz em relação ao tamanho do objeto e às distâncias envolvidas.

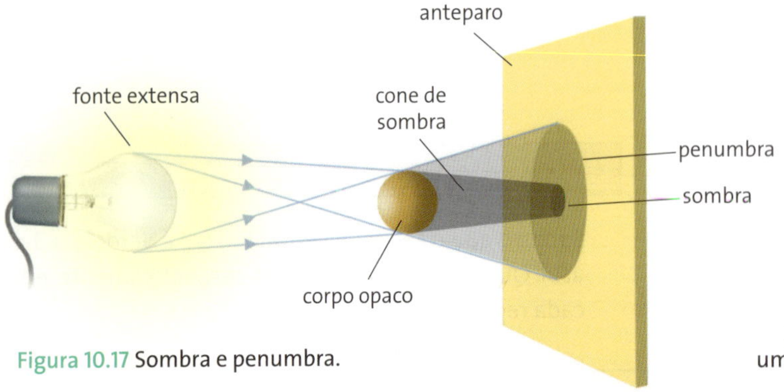

Figura 10.17 Sombra e penumbra.

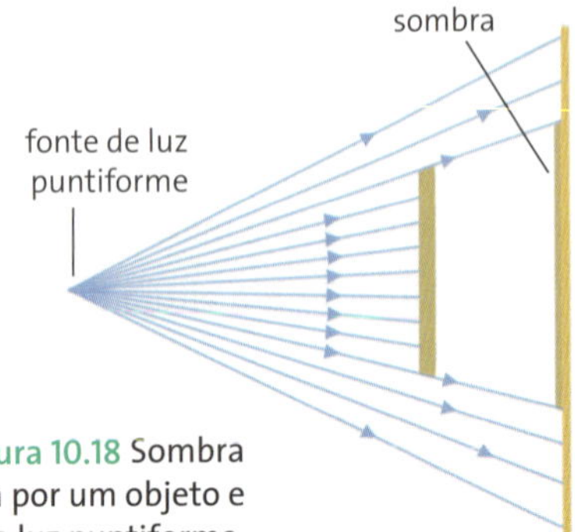

Figura 10.18 Sombra produzida por um objeto e uma fonte de luz puntiforme.

Ilustrações: Paulo Manzi/Arquivo da editora

Os raios que atingem o objeto não o atravessam, pois ele é opaco. Assim, no anteparo, obtemos duas regiões distintas bem determinadas: uma não iluminada (sombra) e outra totalmente iluminada. A linha que delimita as duas regiões é determinada pelos raios de luz que, partindo da fonte, tangenciam o objeto opaco.

Como fica a representação bidimensional no caso de uma fonte de luz extensa? A figura 10.19 ilustra essa situação, com as três regiões: sombra, penumbra e totalmente iluminada.

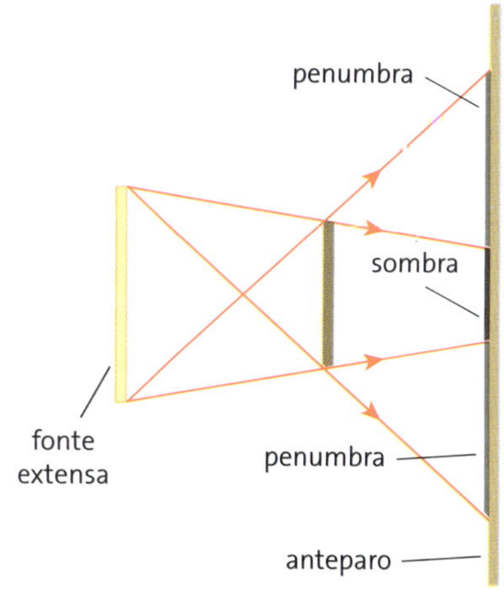

Figura 10.19 Sombra e penumbra de um objeto e uma fonte extensa.

A seguir, vamos analisar a formação de sombra e penumbra por ocasião dos eclipses do Sol, da Terra e da Lua.

A palavra **eclipse** significa 'ocultação', total ou parcial, de um astro (luminoso ou iluminado) pela interposição de outro (luminoso ou iluminado) entre ele e o observador.

Por exemplo, ocorre eclipse do Sol quando a Lua, em seu movimento de translação, coloca-se entre o Sol e a Terra.

A localização do observador é que determina se ele verá um eclipse total, um parcial, ou, ainda, se não verá eclipse nenhum. Observe a figura 10.20. Um observador na região *A*, que está na sombra, constata um eclipse total. Mas se ele estivesse na região *B*, que se encontra na penumbra, estaria vendo um eclipse parcial. E quem está na região *C*, que está numa região totalmente iluminada, não vê eclipse nenhum.

O eclipse da Lua ocorre quando esse satélite natural passa pela região de sombra da Terra, determinada pelos raios solares que tangenciam a superfície. Segundo o esquema da figura 10.21, é noite na região *D*. Um observador, em qualquer ponto dessa região, não está vendo a Lua. Isso acontece por duas razões: ela não é uma fonte luminosa e a luz solar não a atinge.

Ilustrações: Pedro Hamdan/Arquivo da editora

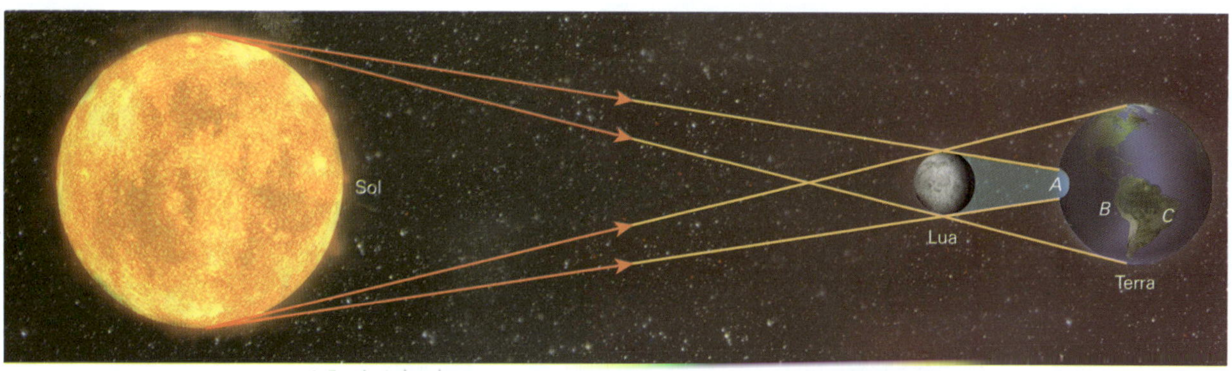

Figura 10.20 Eclipse solar e a posição de três observadores. Figuras fora de proporção; cores fantasia.

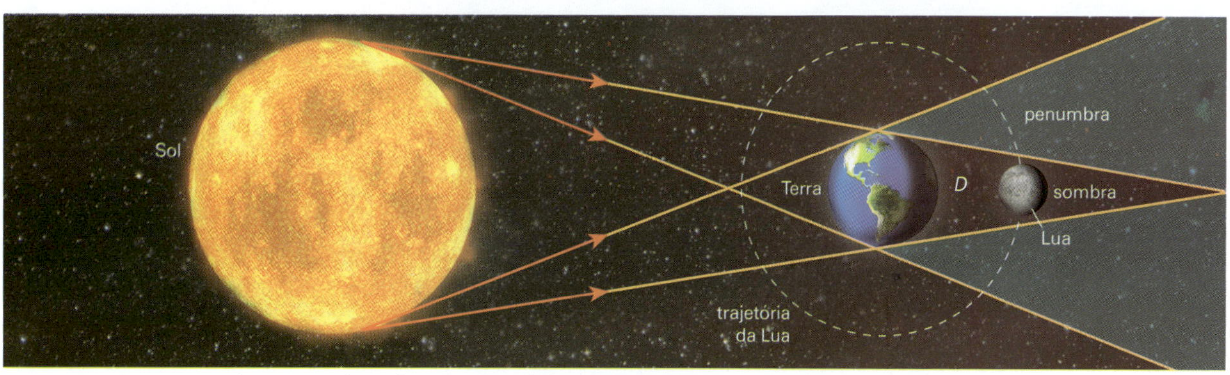

Figura 10.21 Representação esquemática de um eclipse lunar. Figuras fora de proporção; cores fantasia.

Os eclipses

Os eclipses e as fases da Lua

A **figura 10.22** ilustra a trajetória da Lua, considerando seu movimento ao redor da Terra. Essa órbita é ligeiramente elíptica e foi dividida em quatro partes: as fases da Lua.

Na figura, vemos que, assim como acontece com a Terra, metade da Lua está sempre iluminada pelo Sol. Cada fase da Lua depende de quanto podemos observar dessa metade iluminada pelo Sol. O intervalo de tempo entre duas fases idênticas é chamado de mês lunar, ou mês sinódico. Ele dura 29 dias 12 horas 44 minutos e 2,8 segundos.

Na **figura 10.23**, temos a representação da visão que um observador situado no hemisfério sul tem da Lua quando ela passa pelas posições P_1, P_2, P_3 e P_4 de sua órbita. No hemisfério norte, um observador vê essas mesmas figuras, porém invertidas. Isso não é por acaso. Em relação a quem está no hemisfério sul, esse observador está de ponta-cabeça.

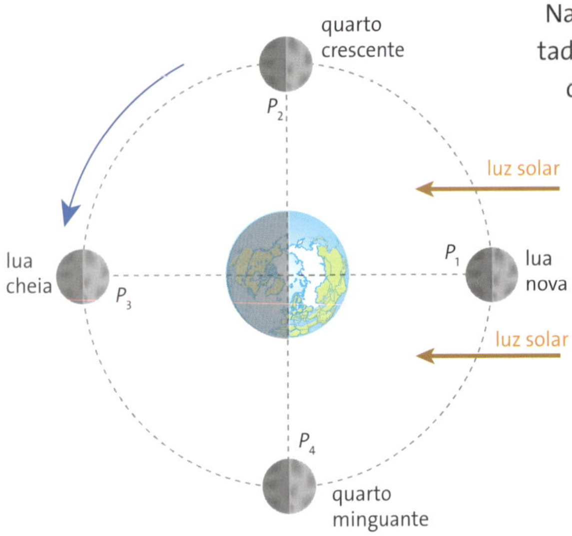

Figura 10.22 Trajetória da Lua em relação à Terra, considerando-se como ponto de observação um ponto muito acima do polo norte.

Figura 10.23 Início de cada uma das fases da Lua.

Janelle Lugge/Shutterstock/Glow Images

David Carillet/Shutterstock/Glow Images

Nos dias que sucedem à situação do ponto P_2, um observador percebe que a fração iluminada que ele pode ver vai aumentando. É o quarto crescente. Quando a Lua está no ponto P_3, mostra-se como um disco totalmente iluminado. Começa o período de lua cheia. A partir do ponto P_4, a fração iluminada que vemos aqui da Terra vai diminuindo (minguando). É o quarto minguante. No ponto P_1, a Lua apresenta-se com um disco escuro bem tênue e só é vista durante o dia. Não fica totalmente invisível porque recebe luz refletida pela Terra. Depois desse trecho, um novo ciclo lunar vai começar; essa é a fase da lua nova.

Só é possível a Lua estar alinhada com a Terra e o Sol nas fases de nova e cheia (situações *A* e *D*); mas, como a órbita da Lua está inclinada 5°7' em relação ao plano da Terra ao redor do Sol, mesmo nessas fases o alinhamento ocorre com pouca frequência (**figura 10.24**). Quando ocorre, temos os eclipses.

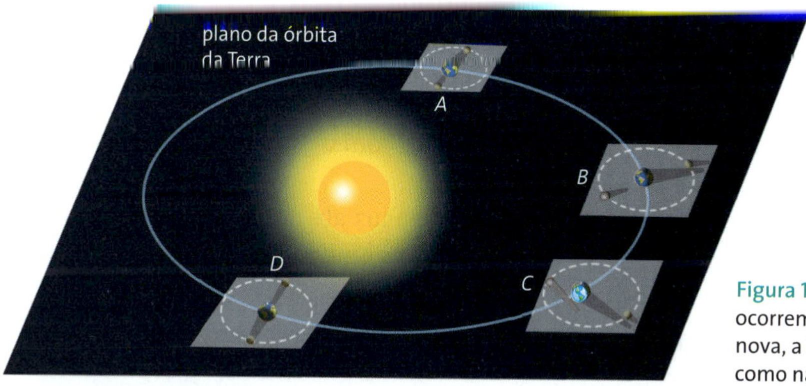

Paulo Manzi/Arquivo da editora

Figura 10.24 Os eclipses lunares e solares só ocorrem quando, em plena fase cheia ou nova, a Lua fura o plano da órbita da Terra, como nas situações *A* e *D*.

Exercícios

5. Uma fonte extensa circular de diâmetro 30 cm está diante de um objeto plano e opaco, também circular e de diâmetro 45 cm. A fonte e o objeto situam-se em planos paralelos. No chão, que se encontra a 50 cm do objeto, conforme mostra a figura, forma-se uma região de sombra e uma de penumbra. Existe algum ponto na região de sombra de onde um observador poderia ver alguma parte da fonte? E na região de penumbra?

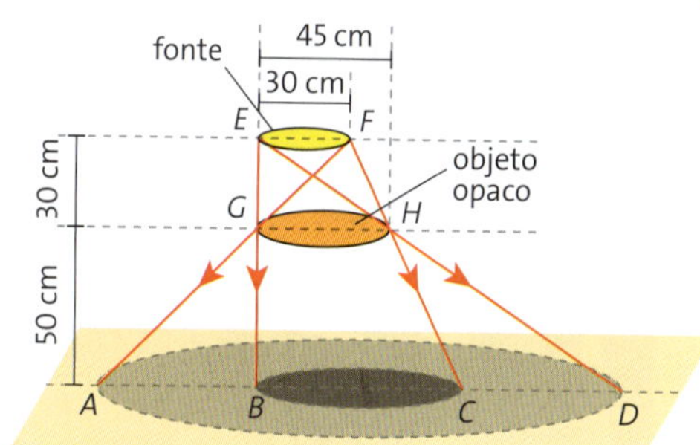

6. Em qual fase da Lua é possível ocorrer um eclipse solar? Justifique.

7. A figura seguinte ilustra o alinhamento do Sol, da Terra e da Lua no momento de um eclipse.

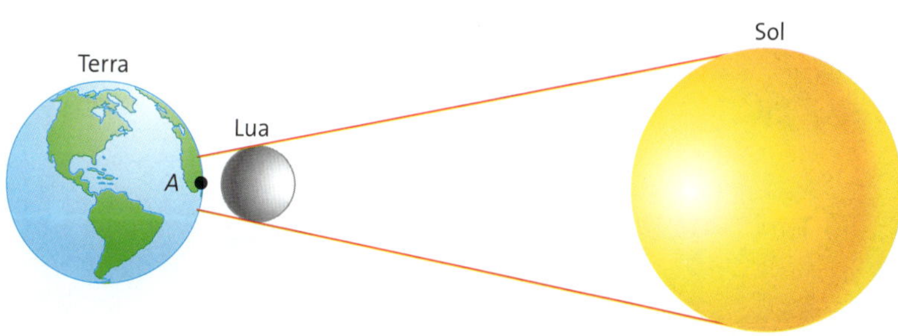

Ilustrações: Formato/Arquivo da editora

a) Para uma pessoa colocada no ponto *A*, trata-se de um eclipse do Sol ou da Lua? Justifique.

b) O eclipse é total ou parcial?

Física explica

Céu azul

Em 1950, na região oeste do Paraná, a cor do céu inspirou trabalhadores recém-chegados no local a chamarem sua pequena vila, atualmente cidade, de Céu Azul.

A expressão "céu azul" está associada à beleza de nossas paisagens, sendo um indicativo de alegria e esperança.

Somos tão acostumados ao azul do céu, que parece óbvio e parte do dia a dia. Entretanto, há uma explicação física para o fato de a luminosidade do céu ser azul, apesar de a luz proveniente do Sol ser branca.

A explicação se fundamenta na interação entre os raios solares e as moléculas da atmosfera (principalmente com o N_2). Quando os raios solares (luz branca) incidem na atmosfera, sofrem dispersão, decompondo-se nas cores, similarmente ao que acontece num prisma de vidro ou no arco-íris.

A luz azul tem menor comprimento de onda e ao sofrer dispersão é difundida mais intensamente, pois seu comprimento de onda é próximo ao tamanho das moléculas da atmosfera.

Quando há cerração, névoa ou poluição, partículas de maior tamanho estão espalhadas pela atmosfera, dispersando igualmente todos os comprimentos de ondas, com o céu tendendo ao branco pela mistura de cores ou ao preto quando a luz é bloqueada.

Quando o Sol atinge a posição de horizonte, como o caminho da luz até nossos olhos é maior, o azul se espalha mais e não chega a nossos olhos, resultando numa aparência amarelada, alaranjada ou avermelhada.

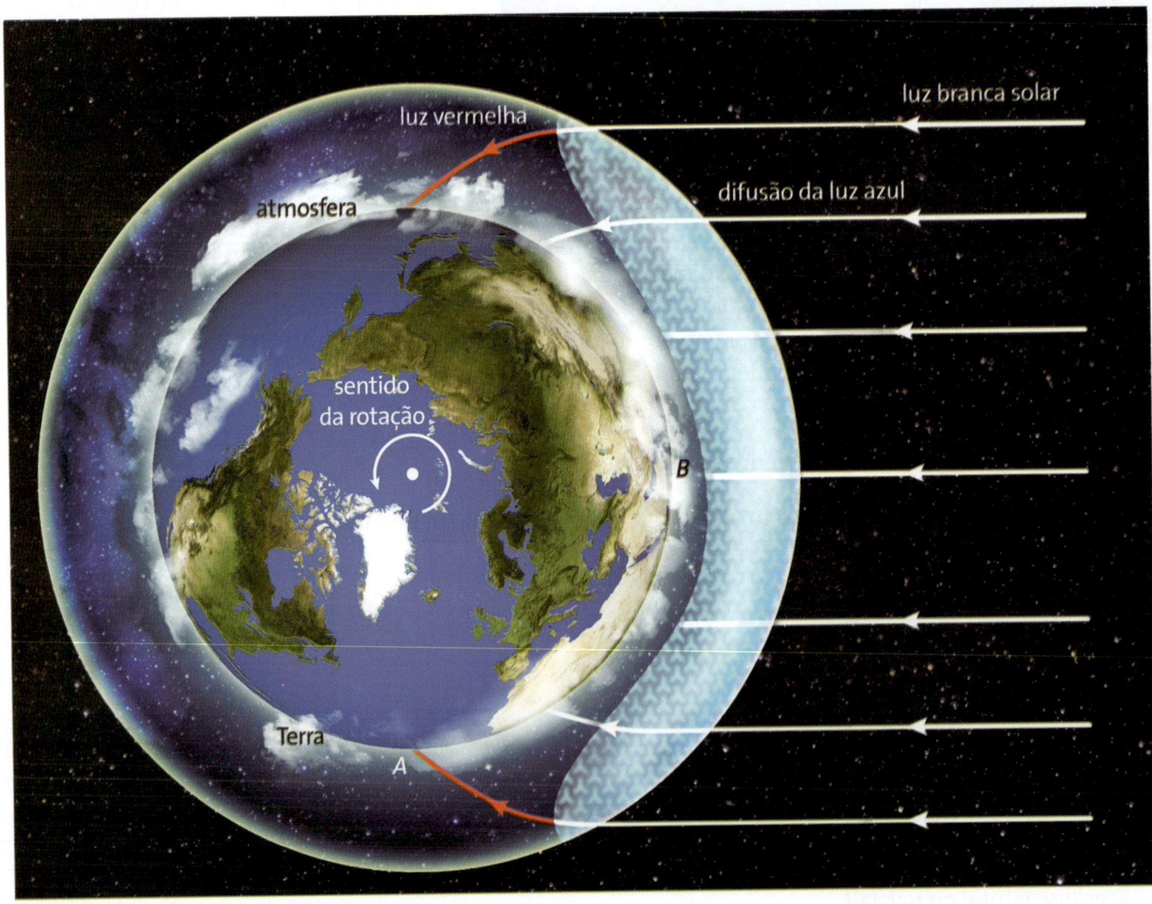

Pedro Hamdan/Arquivo da editora

Difusão da luz do Sol na atmosfera da Terra.

3 Reflexão luminosa e espelhos planos

As leis da reflexão

Na figura 10.25, temos a foto de uma criança e sua imagem refletida em um espelho plano.

Para que possamos entender o processo geométrico de formação de imagens em espelhos planos, precisamos, em primeiro lugar, entender o fenômeno da reflexão luminosa e as leis a que ele obedece.

Figura 10.25 Criança e sua imagem refletida em um espelho plano.

O fenômeno da reflexão luminosa ocorre quando um raio de luz incide na superfície de separação de dois meios e retorna ao meio de origem. As figuras seguintes ilustram esse fenômeno em duas situações distintas: a superfície refletora plana (figura 10.26.a) e a superfície refletora curva (figura 10.26.b).

A reflexão luminosa de um raio de luz obedece a duas leis:

1ª – O raio incidente, o raio refletido e a normal à superfície no ponto de incidência estão no mesmo plano;

2ª – A medida do ângulo de incidência (i) é igual à do ângulo de reflexão (r), ou seja, $i = r$.

É importante observar que as leis da reflexão luminosa são válidas tanto para superfícies lisas como para rugosas.

1. Nas superfícies rugosas, em razão da irregularidade da superfície, a reta normal, ponto a ponto, varia bruscamente de direção. Esse fato faz com que a luz se reflita em todas as direções.
   A reflexão difusa é responsável pela nossa visão dos objetos iluminados.
2. Nas superfícies lisas – planas ou não – existe regularidade na direção da luz refletida; por isso elas não são convenientes para a difusão da luz. No entanto, são adequadas para a obtenção de imagens em espelhos, em que a luz refletida é direcionada.

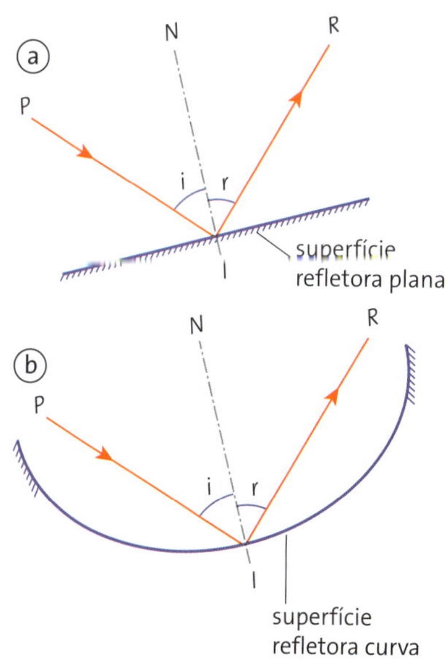

Figura 10.26 Independentemente de a superfície refletora ser plana (**a**) ou curva (**b**), o raio de luz não muda de meio ao sofrer a reflexão.

Objetos e imagens

Os sistemas ópticos associam ao objeto uma imagem.

Veja a tabela 10.1. O **objeto**, que pode ser um ponto ou um conjunto de pontos, é determinado pelo **cruzamento dos raios luminosos incidentes** no sistema óptico. Ele é considerado **real** quando formado pelo **cruzamento efetivo** dos raios incidentes; e **virtual** quando formado pelo cruzamento dos prolongamentos dos raios luminosos incidentes. O ponto objeto real e o ponto objeto virtual têm por símbolos *POR* e *POV* respectivamente.

A **imagem**, que também pode ser um ponto ou um conjunto de pontos, é determinada pelo **cruzamento dos raios luminosos refletidos (emergentes)** do sistema óptico. Ela é considerada **real** (*PIR*) quando formada pelo **cruzamento efetivo** dos raios emergentes; e **virtual** (*PIV*) quando formada pelo **cruzamento dos prolongamentos** dos raios luminosos refletidos.

Essa classificação é útil e simples quando temos apenas um sistema óptico. Mas é comum encontrarmos instrumentos ópticos que se utilizam de uma associação planejada de sistemas ópticos refletores e refratores (espelhos, lentes, etc.).

É o caso, por exemplo, de uma câmera fotográfica diante de um espelho. A imagem obtida com o espelho é o objeto da fotografia. Com esse exemplo simples, vemos a necessidade de uma definição precisa sobre qual ponto é objeto e qual ponto é imagem em relação a um sistema óptico.

Geralmente, as definições acompanham o descrito na tabela 10.1, na qual incluímos também os casos em que os raios são paralelos. Retas paralelas não determinam propriamente um ponto, mas sim uma direção. Por essa razão o ponto objeto (PO_∞) e o ponto imagem (PI_∞) associados às paralelas são chamados de impróprios.

Tabela 10.1 – Classificação dos pontos objeto e imagem para diferentes tipos de feixes de luz

Feixe de luz	Divergente	Convergente	Cilíndrico
incidente (caracteriza o objeto)	(*POR*) 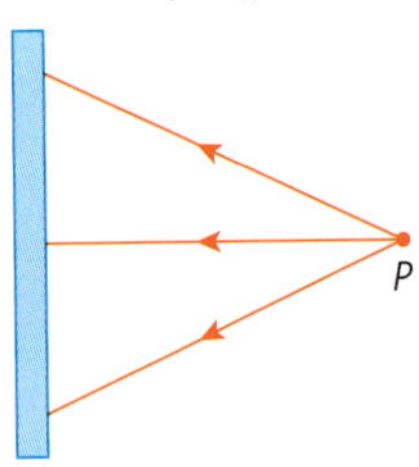 sistema óptico	(*POV*) 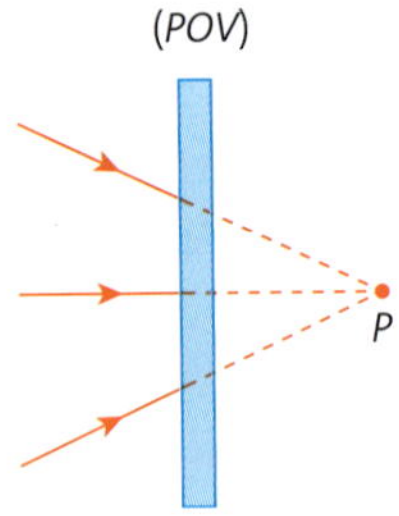 sistema óptico	(PO_∞) 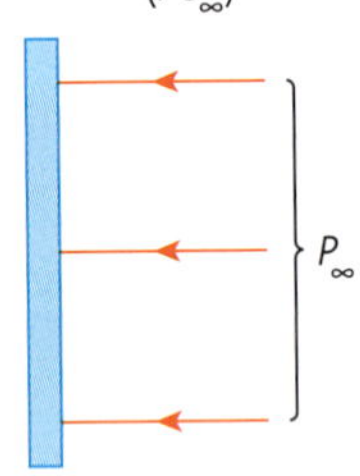 sistema óptico
emergente (caracteriza a imagem)	(*PIV*) 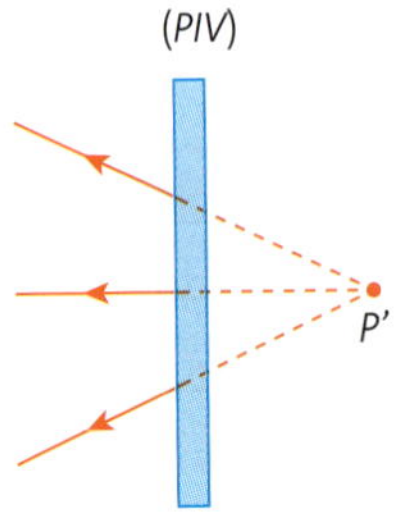 sistema óptico	(*PIR*) 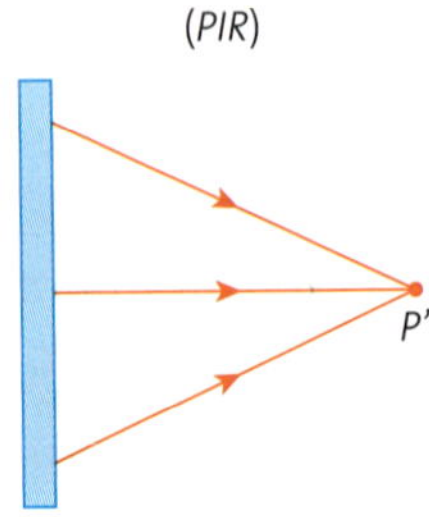 sistema óptico	(PI_∞) 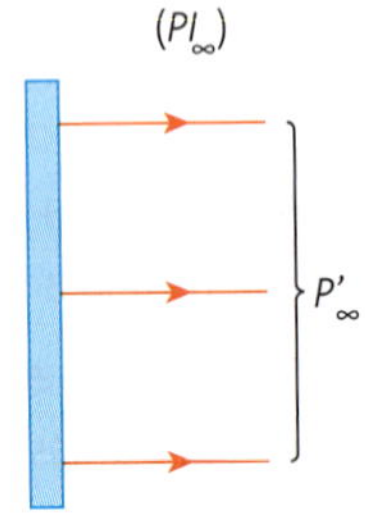 sistema óptico

Espelhos planos

Um espelho plano é considerado um sistema óptico refletor. Uma pessoa, utilizando um espelho plano, vê sua imagem e a de outros objetos colocados dentro do campo visual do espelho. A luz difundida pela pessoa é refletida pelo espelho e retorna para os seus olhos: a pessoa enxerga a própria imagem. Nessas condições, dizemos que o sistema óptico (espelho) associa uma imagem ao objeto.

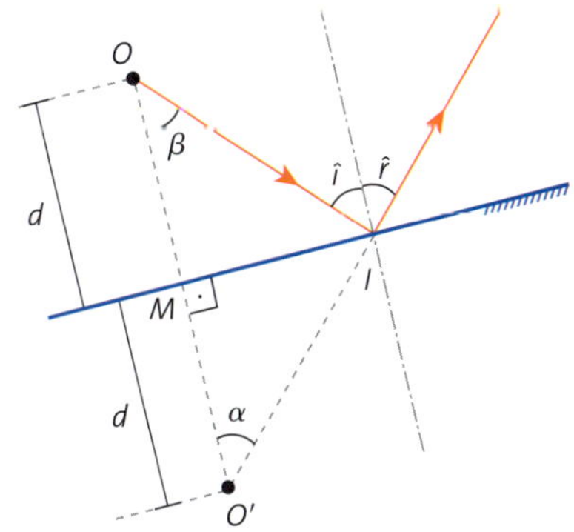

Figura 10.27 Imagem de um objeto conjugada por um espelho plano.

Inicialmente, vamos demonstrar que a imagem de um ponto, conjugada por um espelho plano, apresenta a propriedade de simetria, ou seja, objeto (*O*) e imagem (*I*) são simétricos em relação ao espelho. Observe a figura 10.27. Nela, o raio luminoso que parte do ponto *O* (objeto) sofre reflexão no ponto *P* do espelho. Para a pessoa que olha para o espelho é como se o raio luminoso saísse de *I* e atingisse seu olho. O que a pessoa enxerga é o ponto *I*, imagem do objeto *O*. Para demonstrar que as distâncias do objeto ao espelho (d_O) e da imagem ao espelho (d_I) são iguais, ou seja, que os pontos objeto (*O*) e imagem (*I*) são equidistantes do espelho, basta verificar na figura que $\alpha = i$ e $\beta = r$.

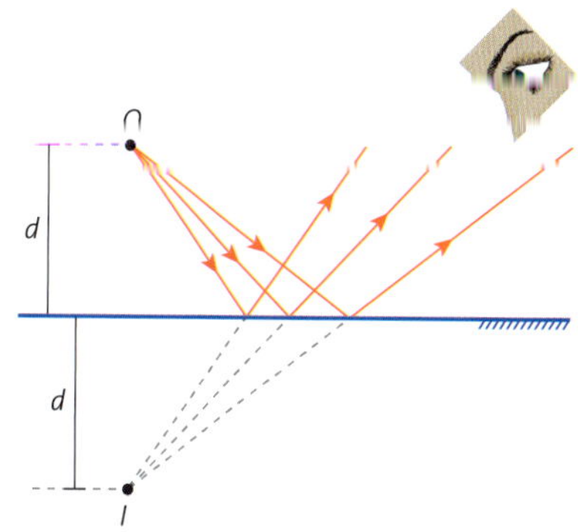

Figura 10.28 *O* é o ponto objeto: fonte dos raios incidentes e *I* é o ponto imagem: fonte aparente dos raios refletidos.

Mas, de acordo com a segunda lei da reflexão, $i = r$. Portanto, concluímos que $\alpha = \beta$, pois $i = r$ (lei da Reflexão). Assim, os triângulos *OMI* e *O'MI* são congruentes. Nessas condições:

$$d_i = d_o$$

A demonstração acima foi feita com um único raio, mas podemos utilizar vários raios partindo do objeto *O*, conforme figura 10.28.

O ponto *O*, vértice da luz incidente, é denominado **ponto objeto real** e, o *I*, vértice dos prolongamentos dos raios refletidos, é denominado **ponto imagem virtual**.

Esse procedimento também pode ser usado para a obtenção da imagem de um objeto extenso, que é um conjunto de pontos. Construímos a imagem do objeto extenso usando a propriedade da simetria, ponto por ponto. Na figura 10.29, em que uma pessoa vê a imagem de sua face no espelho, mostramos o processo para dois pontos, mas podemos continuar até o número de pontos que quisermos (figura 10.30).

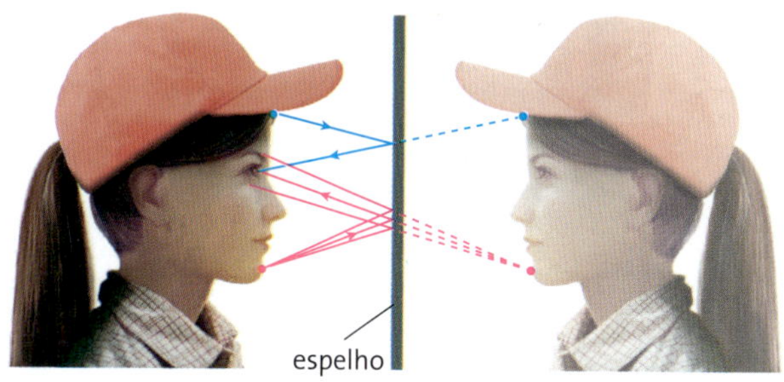

Antonio Robson/Arquivo da editora

Figura 10.29 Ilustração da formação da imagem em um espelho plano.

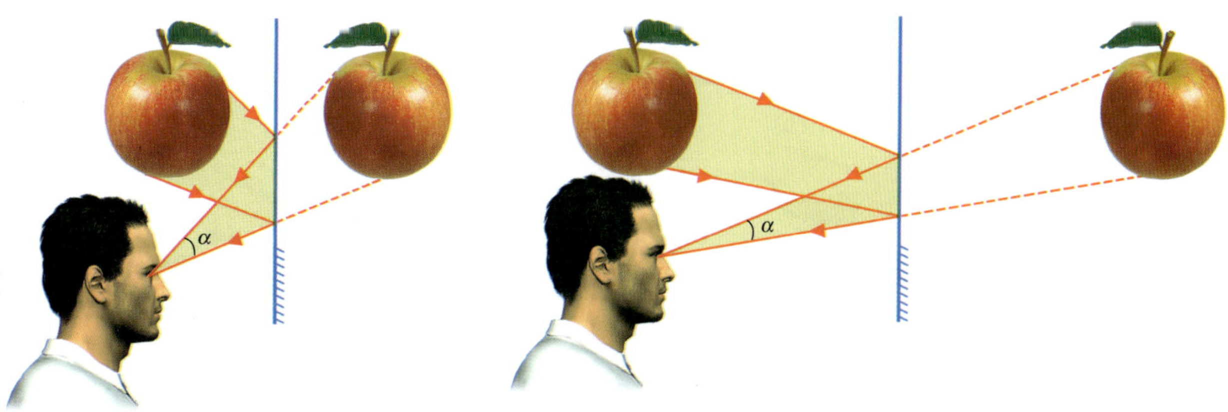

Paulo Manzi/Arquivo da editora

Figura 10.30 Observador visualizando as imagens que um espelho plano conjuga em duas situações diferentes. As duas imagens têm o mesmo tamanho, mas, no segundo caso, o observador vê a imagem com um ângulo de visada (α) menor.

Figura 10.31 O reverso da mão direita é igual à mão esquerda.

Nos espelhos planos, o objeto e a imagem possuem sempre as mesmas dimensões, independentemente da distância que o objeto esteja do espelho. Entretanto, imagens mais distantes do observador são vistas sob ângulo visual menor. Por exemplo, quando um carro vai se afastando de um observador, vai sendo visualizado com ângulos cada vez menores, mas o seu tamanho real continua o mesmo.

Como as imagens conjugadas pelos espelhos planos são virtuais, isto é, formam-se pelo cruzamento dos prolongamentos dos raios que emergem do sistema óptico, não podem ser projetadas em uma tela.

Os espelhos planos não "invertem" a imagem. O termo correto que aqui se aplica é reversão, ou seja, a imagem corresponde ao avesso do objeto. Observe a figura 10.31. Se o garoto segura a escova com a mão direita, a imagem no espelho segura a escova com o avesso da mão direita: a mão esquerda.

As dimensões do objeto têm sempre a mesma medida que as da imagem. As figuras geométricas, entretanto, não são iguais, assim como o sapato do pé esquerdo não é igual ao do direito, embora eles tenham as mesmas dimensões.

A reversão é facilmente percebida quando tomamos como exemplo algumas letras não simétricas de nosso alfabeto. O resultado da reversão nos espelhos pode ser imitado escrevendo-se em uma fina folha de papel para depois olhá-la pela parte de trás. Observe a figura 10.32.

Figura 10.32 As letras que têm eixo de simetria paralelos ao plano do espelho possuem imagens iguais (**a**). O resultado da reversão nos espelhos pode ser imitado escrevendo-se em uma fina folha de papel para depois olhá-la pela parte de trás (**b**).

Campo visual

Observe a figura 10.33, na qual uma pessoa utiliza um espelho para enxergar, por reflexão, determinada região do espaço.

A região visualizada por uma pessoa em um espelho varia conforme a posição em que ela está. Dizemos que o campo visual do observador, relativamente ao espelho, depende da posição relativa entre eles.

A figura 10.34 ilustra o procedimento para determinar o campo visual de um espelho plano para um dado observador (O).

Na figura, O' representa a imagem do observador O (simétrica em relação ao plano do espelho). A partir de O', traçamos duas semirretas que passam pelos extremos do espelho. No semiespaço em que a luz é incidente, essas retas determinam o campo visual do espelho para a posição do observador.

Bright/Shutterstock/Glow Images

Figura 10.33 Imagem obtida em um espelho retrovisor de um veículo.

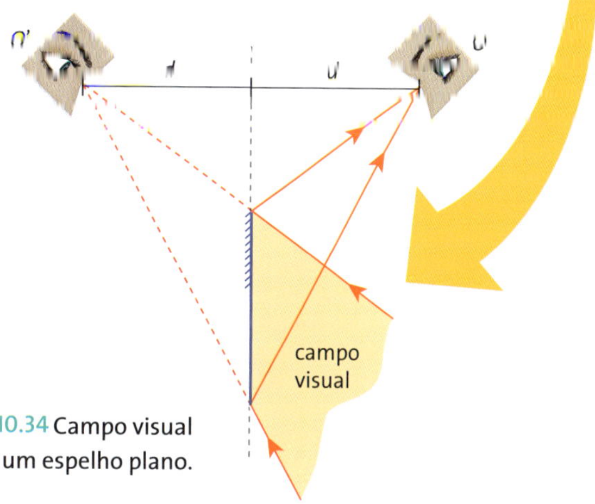

Figura 10.34 Campo visual de um espelho plano.

Exercício resolvido

1. Uma pessoa deseja observar por inteiro um prédio de 101 m de altura por meio de um espelho plano de 1,0 m situado a 50 m do prédio, conforme mostra a figura.

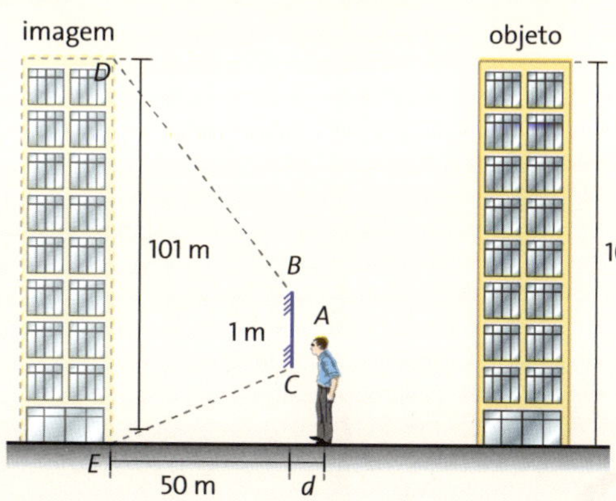

Qual a distância mínima (d) que a pessoa deve ficar do espelho?

Resolução

A figura a seguir mostra os dois raios que partem dos extremos do objeto (prédio), refletem no espelho e atingem o olho do observador. Este vê a imagem do prédio que está a 50 m do espelho.

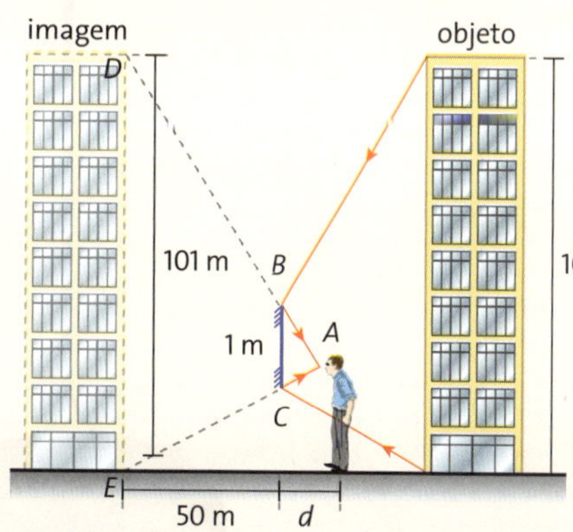

Ilustrações: Formato/Arquivo da editora

De acordo com a figura acima, o triângulo ABC é semelhante ao ADE. Assim, podemos escrever que:

$$\frac{50 + d}{101} = \frac{d}{1} \Rightarrow 50 + d = 101 \cdot d \Rightarrow d = 0{,}5\text{ m}$$

Translação do espelho plano

Vamos considerar um espelho plano sofrendo translação, por exemplo o retrovisor de um automóvel, representado na **figura 10.35**.

Em relação ao solo, enquanto o espelho se desloca da posição E_1 para a posição E_2, a imagem do poste se desloca de A_1 para A_2.

O deslocamento sofrido pelo espelho é dado por:

$$x = D - d$$

O deslocamento sofrido pela imagem do poste é dado por:

$$y = 2D - 2d = 2 \cdot (D - d)$$

Combinando os dois resultados, temos:

$$y = 2x$$

Quando um espelho plano se desloca na direção da normal que o liga ao objeto, a imagem conjugada por esse espelho tem o dobro do deslocamento sofrido por ele.

Como os deslocamentos ocorrem ao mesmo tempo, essa última observação também é válida para as velocidades:

$$v_{imagem} = 2v_{objeto}$$

Note que, em relação ao carro, o espelho está em repouso, o objeto (poste) se afasta para a esquerda com velocidade de módulo v, e sua imagem se afasta para a direita com velocidade de mesmo módulo (v).

Figura 10.35 Movimento de translação de um espelho.

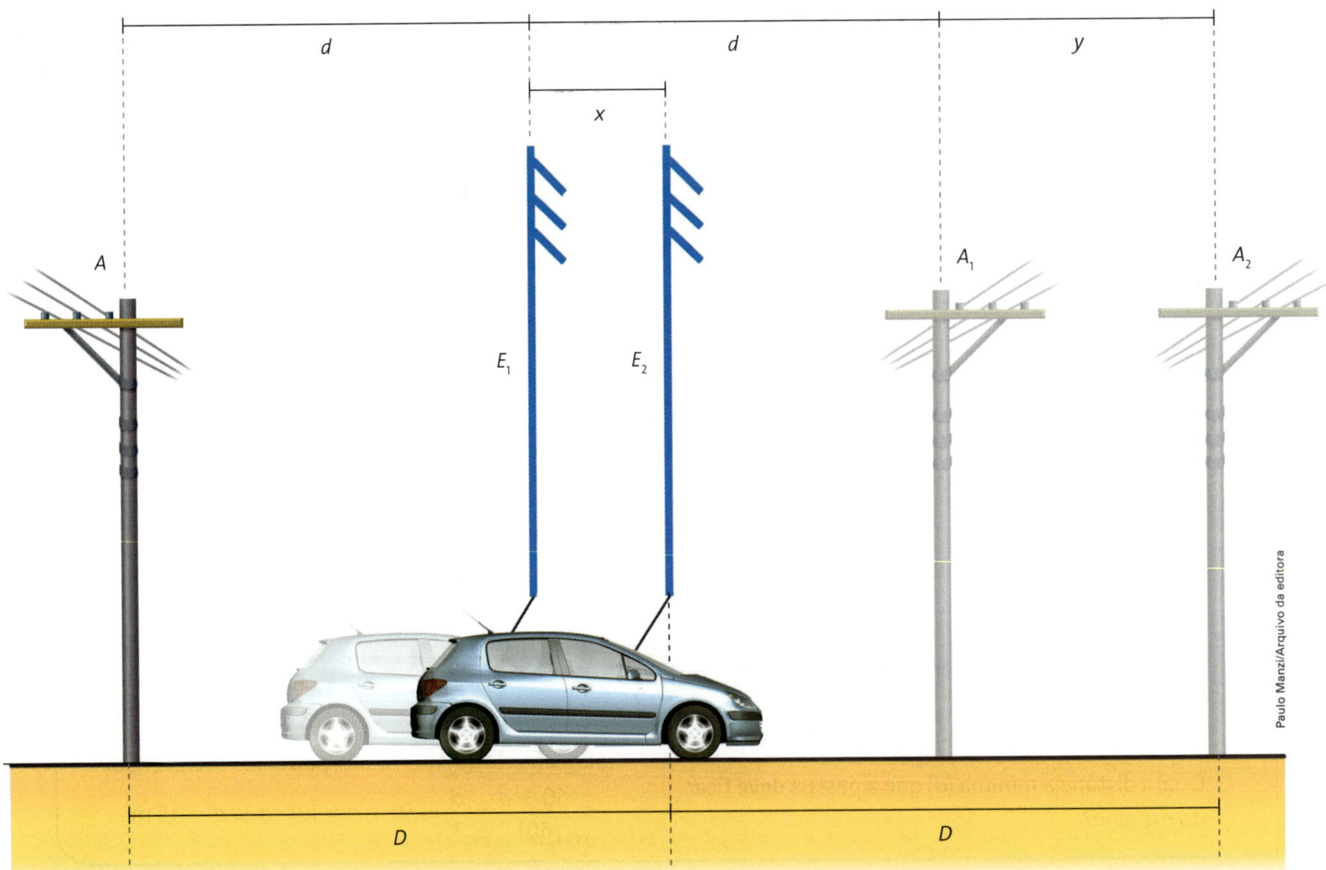

Rotação do espelho plano

Para analisar as consequências da rotação de um espelho plano, vamos primeiramente destacar uma propriedade dos ângulos agudos de lados perpendiculares. Veja a **figura 10.36**.

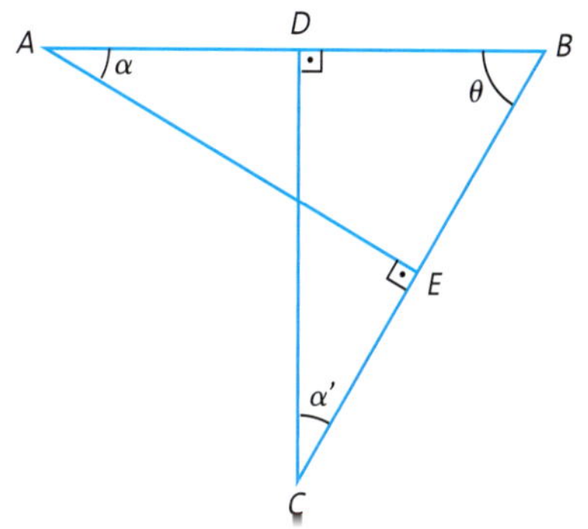

Figura 10.36 Propriedade dos ângulos agudos de lados perpendiculares.

O triângulo *ABE* é retângulo; logo, $\theta + \alpha = 90°$.

O triângulo *CDB* é retângulo; logo, $\theta + \alpha' = 90°$.

Como $\theta + \alpha = \theta + \alpha' \Rightarrow \alpha = \alpha'$.

A **figura 10.37** ilustra um mesmo raio de luz que incide no espelho em sua posição inicial e após o espelho sofrer uma rotação α, em torno de um eixo contido em seu plano. As medidas dos ângulos já foram assinaladas com base na lei de reflexão ($i = r$).

Considerando as propriedades geométricas:

- $C\hat{B}D = E\hat{B}C = x$ (ângulos opostos pelo vértice);
- $B\hat{C}D = \alpha$ (ângulos agudos de lados perpendiculares);
- $y = \alpha + x$ (ângulo externo no triângulo *BCD*);
- $2y = \beta + 2x$ (ângulo externo no triângulo *BED*).

Das duas últimas relações obtemos:

$$\left.\begin{array}{l}\alpha = y - x \\ \beta = 2(y - x)\end{array}\right\} \beta = 2\alpha$$

Quando giramos o espelho plano em torno de um eixo contido em seu plano, o raio refletido sofre uma rotação igual ao dobro da sofrida pelo espelho.

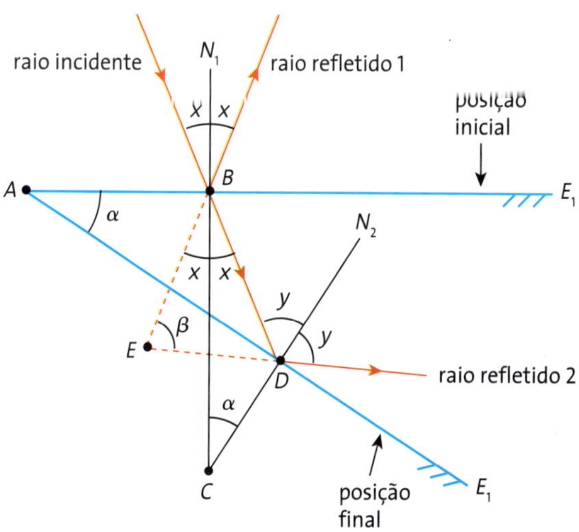

Figura 10.37 Rotação de um espelho.

Associação de espelhos planos

A associação de espelhos planos permite-nos obter várias imagens de um mesmo objeto conforme mostram as **figuras 10.38** e **10.39**.

Dependendo do ângulo entre os espelhos, podemos obter um número relativamente grande de imagens. Desconsiderando a absorção da luz, obtemos infinitas imagens no caso de os espelhos estarem paralelos.

O número n de imagens formadas pela associação de dois espelhos planos depende do ângulo entre eles. Esse número é dado por:

$$n = \frac{360°}{\theta} - 1$$

Figura 10.38 Objeto e cinco imagens formadas por dois espelhos planos.

Sérgio Dotta Jr./Arquivo da editora

Essa expressão é válida quando n resulta em:

- um número ímpar, para o objeto colocado em qualquer ponto entre dois espelhos;
- um número par, para o objeto colocado no plano bissetor do ângulo θ.

Fora dessas duas condições, o número de imagens formadas é simplesmente:

$$n = \frac{360°}{\theta}$$

Se n não for inteiro, devemos arredondá-lo para o inteiro imediatamente superior.

Quando dois espelhos são dispostos frontal e paralelamente ($\theta = 0$), a imagem de um serve de objeto para o outro. Dessa forma, obtêm-se infinitas imagens, como vimos na **figura 10.39**.

Sérgio Dotta Jr./Arquivo da editora

Figura 10.39 Objeto entre dois espelhos planos paralelos.

Exercícios

8. Suponha que você esteja, inicialmente, a 3,0 m de um espelho plano e, em seguida, aproxime-se do espelho ficando a 1,0 m dele.

a) Na posição inicial, qual era a distância entre você e sua imagem?

b) Ao se aproximar do espelho, o que aconteceu com o tamanho de sua imagem?

9. Uma pessoa de 1,80 m de altura está defronte a um espelho plano colocado em uma parede. Demonstre que o tamanho mínimo do espelho para que a pessoa consiga se enxergar totalmente é 90 cm, ou seja, a metade da altura dela. A que altura do solo deve ficar a extremidade superior do espelho?

10. (Unicamp-SP) A figura ao lado mostra um espelho retrovisor plano na lateral esquerda de um carro. O espelho está disposto verticalmente e a altura do seu centro coincide com a dos olhos do motorista. Os pontos da figura pertencem a um plano horizontal que passa pelo centro do espelho. Nesse caso, os pontos que podem ser vistos pelo motorista são:

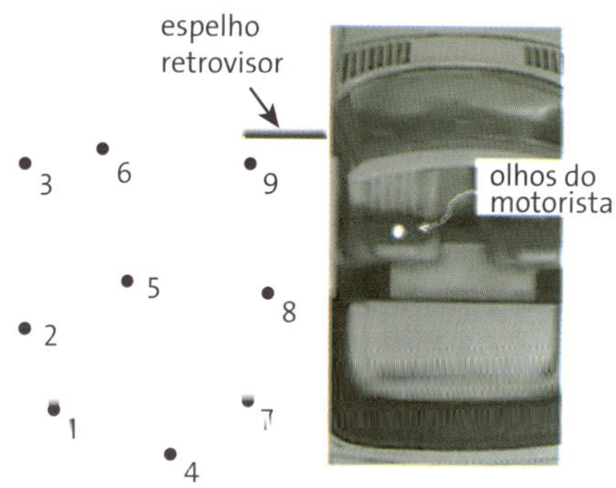

a) 1, 4, 5 e 9.

b) 4, 7, 8 e 9.

c) 1, 2, 5 e 9.

d) 2, 5, 6 e 9.

11. A figura abaixo é uma representação esquemática de um periscópio rudimentar que utiliza dois espelhos planos E_1 e E_2, de tal forma que o observador consegue ver, por reflexão da luz nesses espelhos, a imagem do objeto *O*. De acordo com os dois raios de luz traçados na figura, a imagem que o observador vê é direita ou revertida?

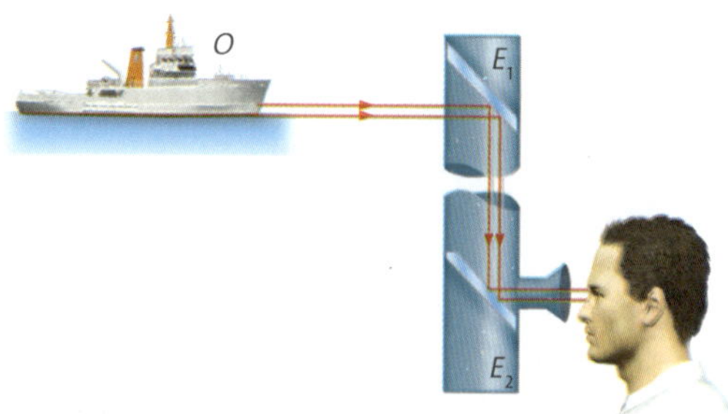

Paulo Manzi/Arquivo da editora

12. (Vunesp-SP) Uma pessoa está parada numa calçada plana e horizontal diante de um espelho plano vertical *E* pendurado na fachada de uma loja. A figura representa a visão de cima da região.

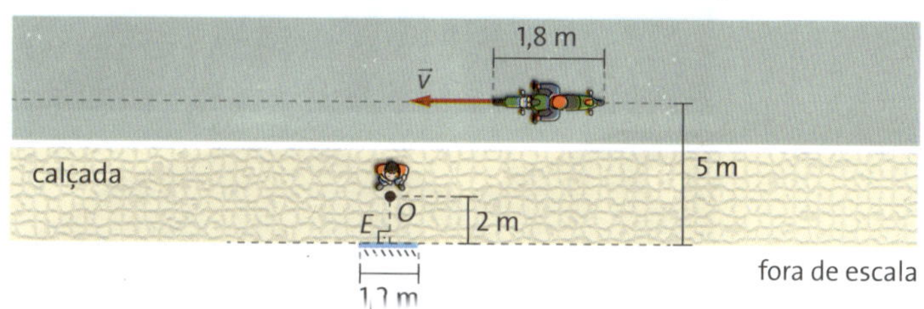

Paula Belluomini/Arquivo da editora

Olhando para o espelho, a pessoa pode ver a imagem de um motociclista e de sua motocicleta que passam pela rua com velocidade constante $v = 0{,}8$ m/s, em uma trajetória retilínea paralela à calçada, conforme indica a linha tracejada. Considerando que o ponto *O* na figura represente a posição dos olhos da pessoa parada na calçada, é correto afirmar que ela poderá ver a imagem por inteiro do motociclista e de sua motocicleta refletida no espelho durante um intervalo de tempo, em segundos, igual a:

a) 2. b) 3. c) 4. d) 5. e) 1.

13. Um armário de banheiro possui duas portas espelhadas com dobradiças no mesmo lugar. Uma delas gira no sentido horário e, a outra, no sentido anti-horário. Uma pessoa abre as duas portas e observa a formação de cinco imagens quando a sua mão é colocada entre elas. Nessas condições, determine o ângulo formado entre as duas portas.

14. Um fotógrafo tira uma foto de um casal que se posiciona entre dois espelhos planos verticais que formam entre si um ângulo de 60°. Quantas pessoas aparecem na foto revelada?

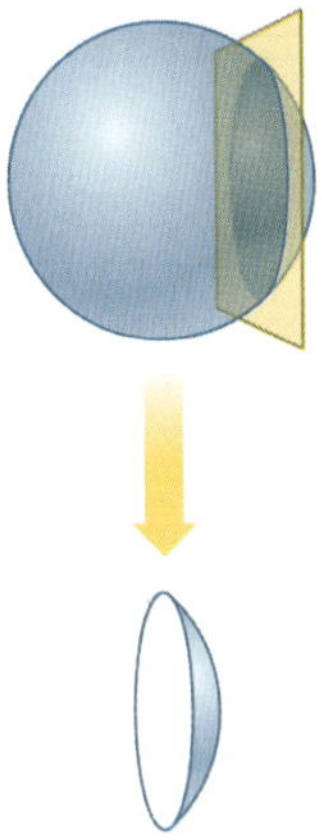

Figura 10.41 Obtenção da calota esférica pelo corte de uma superfície esférica com um plano.

4 Espelhos esféricos

Em determinadas situações, precisamos obter uma imagem ampliada (ou reduzida) de um objeto. Nesses casos, os espelhos esféricos (figura 10.40) podem nos ajudar, pois nos espelhos planos, a imagem é do mesmo tamanho que o objeto.

Os espelhos esféricos são empregados em retrovisores de automóveis, esquemas de vigilância, telescópios, lanternas, clínicas de estética, etc. São instrumentos que ajudam a transcender os limites de nossa capacidade visual.

Normalmente, esses espelhos são calotas esféricas obtidas pelo corte de uma superfície esférica com um plano (figura 10.41) e, em seguida, espelhadas.

Se o espelhamento é feito na superfície interna da calota, o espelho esférico é denominado **côncavo** (figura 10.42).

Quando o espelhamento é feito na superfície externa da calota, o espelho esférico é denominado **convexo** (figura 10.43).

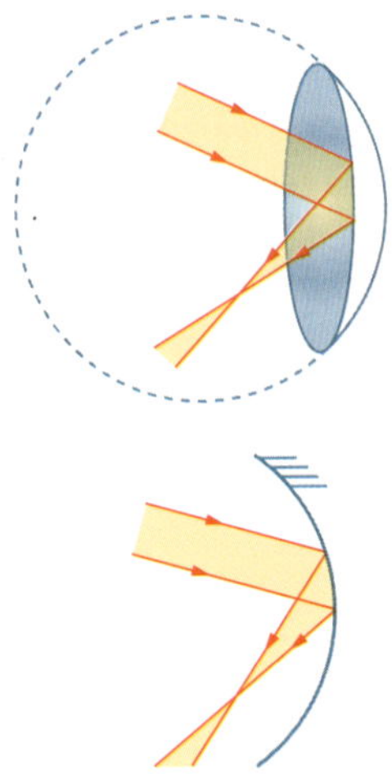

Figura 10.42 Espelho côncavo e seu esquema bidimensional. A parte espelhada é interna à calota.

Keith Morris/Alamy/Other Images

M-dash/Alamy/Other Images

Figura 10.40 Espelho convexo (**a**) e espelho côncavo (**b**).

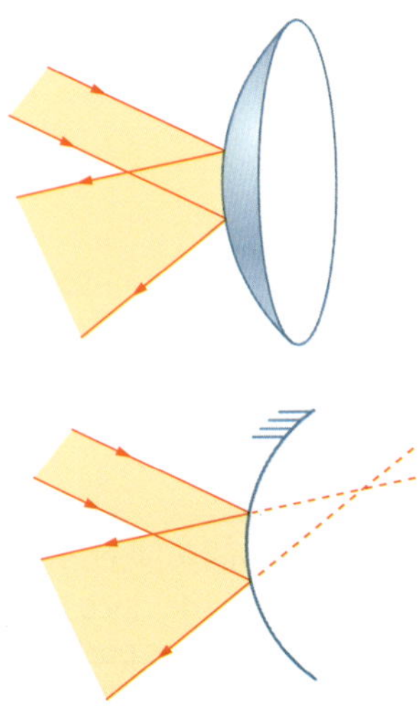

Figura 10.43 Espelho convexo e seu esquema bidimensional. A parte espelhada é externa à calota.

Elementos dos espelhos esféricos

Na **figura 10.44**, destacamos os elementos dos espelhos esféricos:

- *C* (centro de curvatura): o centro da superfície esférica que deu origem ao espelho.
- *V* (vértice): o centro geométrico da calota esférica.
- *R* (raio): o raio da superfície esférica.
- *CV* (eixo principal): reta que contém o centro de curvatura (*C*) e o vértice (*V*).
- α (ângulo de abertura do espelho): medida do ângulo central correspondente à calota.

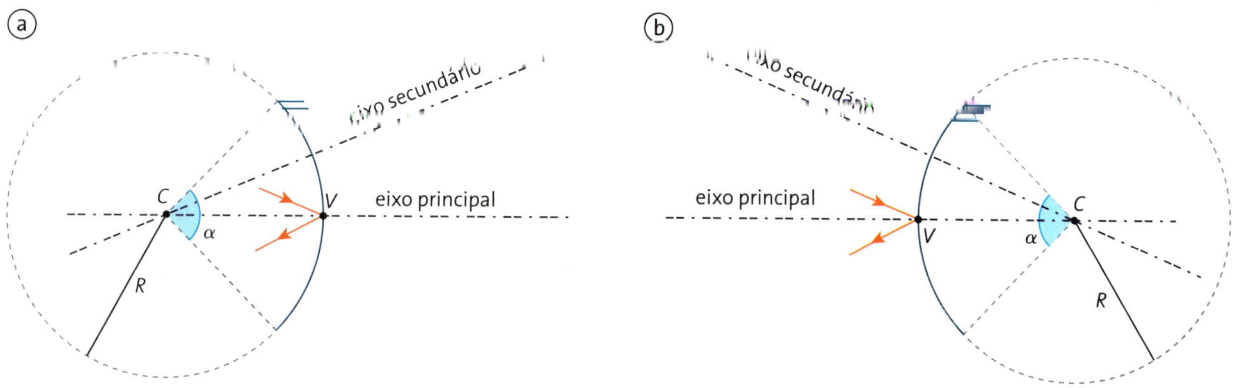

Figura 10.44 Elementos do espelho côncavo (**a**) e elementos do espelho convexo (**b**).

Nos espelhos esféricos (côncavos e convexos), além do centro de curvatura (*C*) e do vértice (*V*), outro ponto merece um destaque especial: o foco principal (*F*).

O foco principal de um espelho esférico (*F*) está no ponto médio entre o centro de curvatura (*C*) e o vértice (*V*). A distância entre o foco principal e o vértice do espelho é denominada **distância focal** *f* e seu módulo é dado por:

$$f = \frac{R}{2}$$

No espelho esférico côncavo, a distância focal *f* é positiva e, no espelho esférico convexo, é negativa (**figura 10.45**).

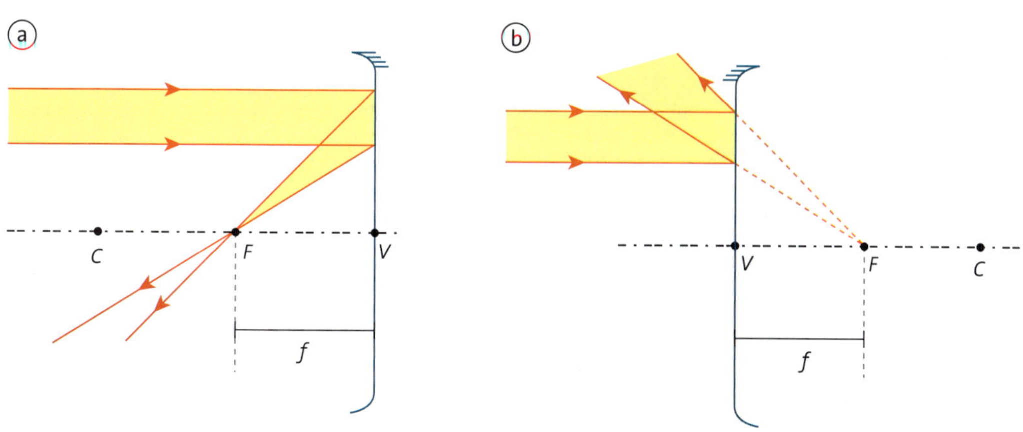

Figura 10.45 Foco principal (*F*) e distância focal (*f*) para o espelho côncavo (**a**) e para o espelho convexo (**b**).

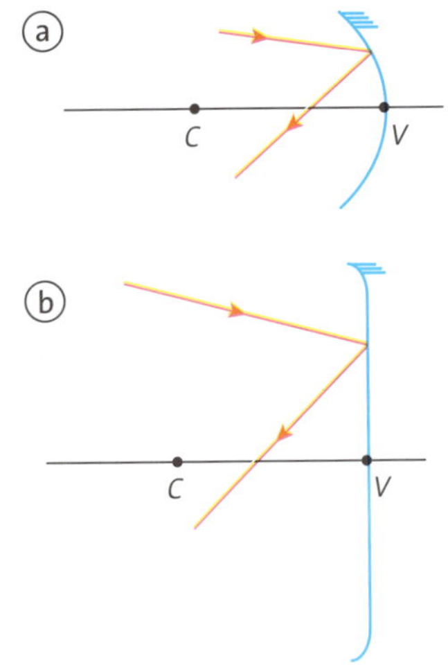

Figura 10.46 O espelho esférico côncavo nas condições de Gauss (**a**) e sua representação com distorção nas escalas para permitir a construção estigmática das imagens (**b**).

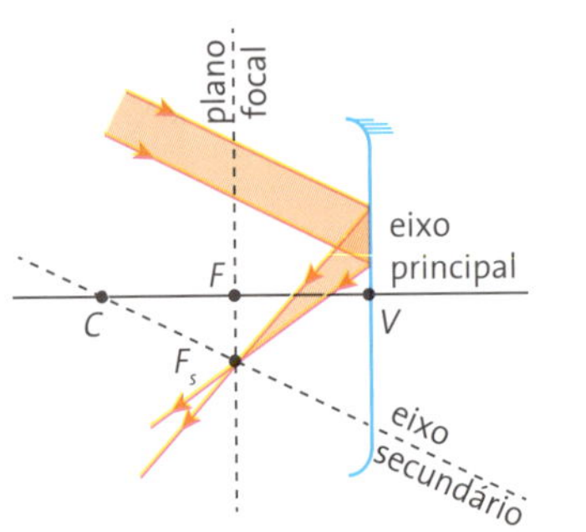

Figura 10.47 Foco secundário de um espelho côncavo.

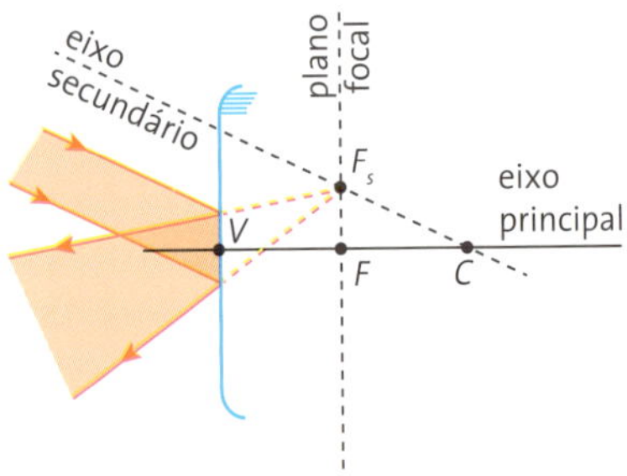

Figura 10.48 Foco secundário de um espelho convexo.

Condições de nitidez

Um sistema óptico é **estigmático** quando para cada ponto objeto ele conjuga um único ponto imagem. Quando isso não acontece, o sistema é **astigmático** e a imagem de um ponto não é exatamente um ponto, mas uma mancha. Nessas condições, vemos as imagens "borradas" e dizemos que estão sem nitidez.

O único sistema óptico exatamente estigmático para qualquer posição do ponto objeto é o espelho plano. Outros sistemas só são estigmáticos para algumas posições particulares do ponto objeto, ou são aproximadamente estigmáticos, dentro das chamadas condições de nitidez.

Nos espelhos esféricos as condições de nitidez, denominadas **condições de nitidez de Gauss**, são:

- os raios luminosos que atingem o espelho devem ser paralelos ou pouco inclinados em relação ao eixo principal;
- os raios luminosos devem incidir próximo do vértice, ou seja, a região útil do espelho deve ter, no máximo, um ângulo de abertura α igual a 10°.

As dimensões de um espelho que obedece às condições de nitidez de Gauss são muito pequenas em relação ao seu raio de curvatura. Visualmente, os espelhos que estão nessas condições nos parecem praticamente planos. Por isso é comum optarmos por uma redução na escala horizontal, favorecendo a visualização e a precisão no traçado dos raios. Destacamos a curvatura apenas nas bordas, a fim de indicar se o espelho é côncavo ou convexo (figura 10.46).

Foco secundário (F_s)

Além do foco principal, temos os focos secundários, relativos aos eixos secundários. Perpendicularmente ao eixo principal e contendo o foco principal, temos o **plano focal**, que contém todos esses outros focos. O ponto em que um eixo secundário intercepta o plano focal é o **foco secundário** (F_s) relativo a esse eixo.

As propriedades vistas para o foco principal são válidas, com as devidas adaptações, também para os focos secundários (figuras 10.47, 10.48 e 10.49).

Os raios luminosos que incidem paralelamente ao eixo secundário são refletidos passando pelo foco secundário ou são refletidos de tal forma que os seus prolongamentos passem pelo foco secundário.

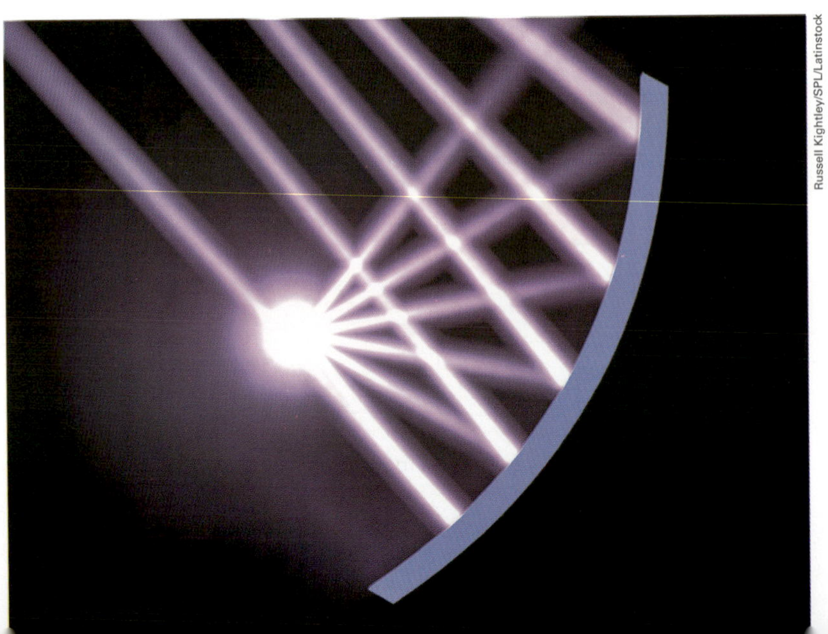

Russell Kightley/SPL/Latinstock

Figura 10.49 Experimento com fachos de luz convergindo para um foco secundário de um espelho côncavo.

Raios notáveis

Dentre os raios luminosos emitidos por um objeto que atingem um espelho esférico, alguns têm um comportamento específico – são os **raios notáveis**. Vamos apresentá-los na forma de propriedades.

- **Propriedade 1** – Os raios luminosos que incidem paralelamente ao eixo principal de um espelho são refletidos passando pelo foco (se o espelho for côncavo) (figura 10.50.a) ou são refletidos de tal forma que os seus prolongamentos passem pelo foco (se o espelho for convexo) (figura 10.50.b).

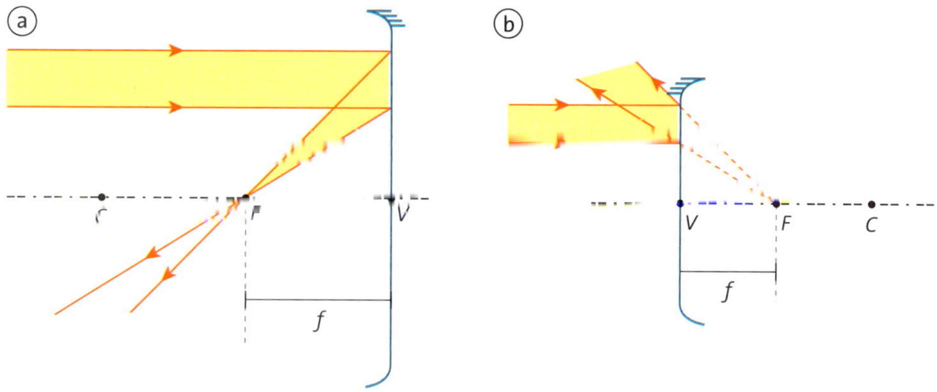

Figura 10.50 Foco imagem real de um espelho côncavo (**a**). Foco imagem virtual de um espelho convexo (**b**).

Como esse foco se refere à luz emergente do sistema óptico (espelho), é chamado de **foco imagem**.

- **Propriedade 2** – Os raios luminosos (ou seus prolongamentos) que incidem passando pelo foco principal são refletidos paralelamente ao eixo principal (figura 10.51).

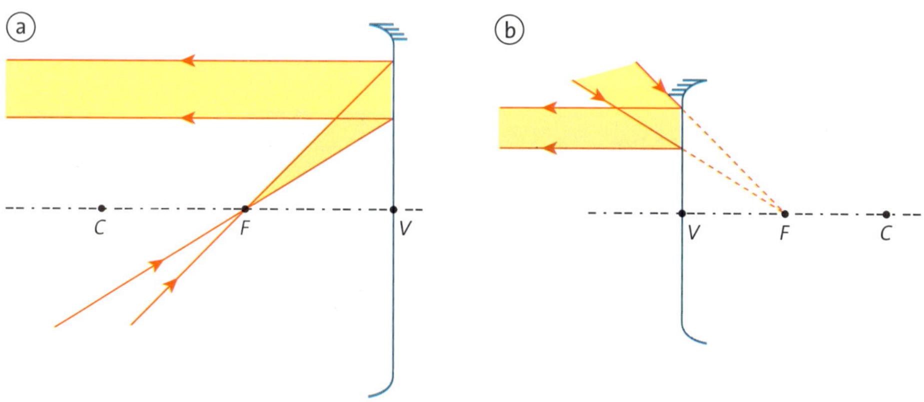

Figura 10.51 Foco objeto real de um espelho côncavo (**a**). Foco objeto real de um espelho convexo (**b**).

Como esse foco se refere à luz incidente ao sistema óptico (espelho), é chamado de **foco objeto**.

Observe que os raios luminosos notáveis utilizados nas propriedades 1 e 2 obedecem ao princípio da reversibilidade dos raios luminosos. Portanto, concluímos que, nos espelhos esféricos, o foco objeto e o foco imagem coincidem.

- **Propriedade 3** – Os raios luminosos (ou seus prolongamentos) que incidem passando pelo centro de curvatura são refletidos sobre si mesmos (figura 10.52).

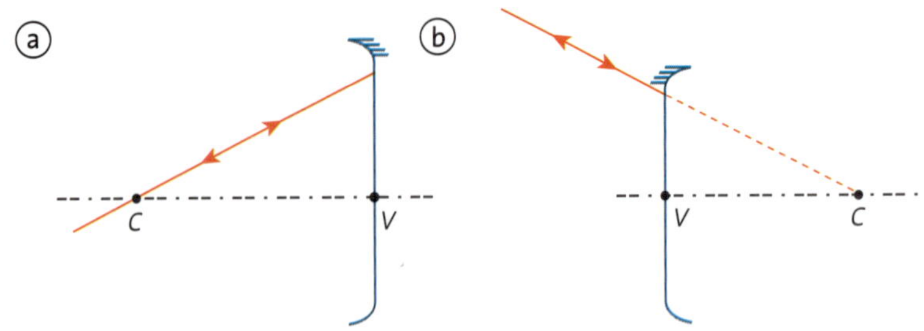

Figura 10.52 Centro de curvatura de um espelho côncavo (**a**). Centro de curvatura de um espelho convexo (**b**).

- **Propriedade 4** – O raio luminoso que incide no vértice do espelho tem como raio refletido o seu simétrico em relação ao eixo principal (figura 10.53).

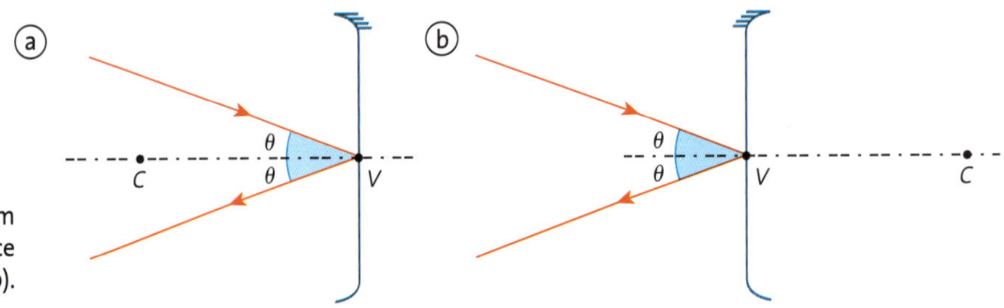

Figura 10.53 Vértice de um espelho côncavo (**a**). Vértice de um espelho convexo (**b**).

Construção de imagens

Quando um objeto real é posicionado diante de um espelho esférico, seja ele côncavo, seja convexo, obtemos uma imagem conjugada que pode ser real ou virtual. Além disso, a imagem pode ser ampliada, reduzida ou do mesmo tamanho que o objeto.

No caso específico mostrado na figura 10.54, o espelho esférico é côncavo e a imagem está ampliada, ou seja, é maior que o objeto. Algumas pessoas costumam ter no banheiro de sua casa um espelho côncavo para facilitar a limpeza da pele do rosto, por exemplo.

Figura 10.54 Espelho côncavo utilizado para obter imagem ampliada.

Mark Boulton/Alamy/Other Images

Na figura, não vemos os raios de luz que emanam do rosto da pessoa e incidem no espelho, como também não vemos os prolongamentos dos raios de luz que emergem do espelho e formam a imagem. No entanto, podemos mostrar a construção geométrica da imagem conjugada pelo espelho.

Para isso, vamos, inicialmente, mostrar como obtemos a imagem (*I*) de um único ponto (*O*) (**figura 10.55**); em seguida, mostramos o procedimento para corpos extensos. O ponto objeto (*O*) é o vértice da luz que **incide** no espelho e o ponto imagem (*I*) é o vértice da luz que **emerge** do espelho, conforme mostram as figuras seguintes.

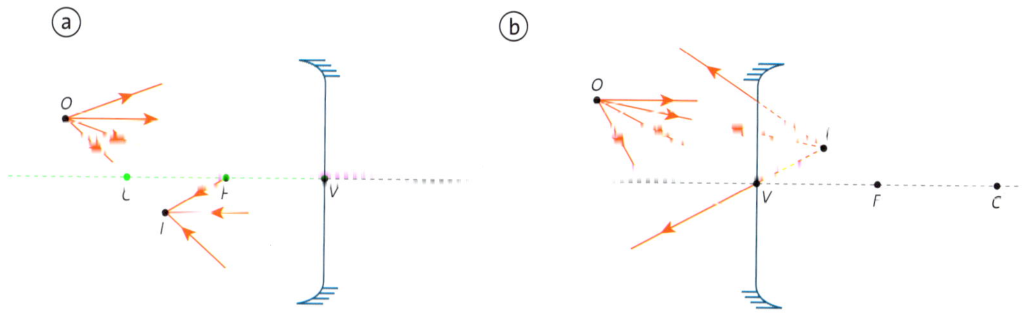

Figura 10.55 Espelho esférico côncavo: objeto real (*O*) e imagem real (*I*) (**a**).
Espelho esférico convexo: objeto real (*O*) e imagem virtual (*I*) (**b**).

Nas figuras, observamos que, para um ponto objeto real (*O*), o espelho côncavo conjuga um ponto imagem real (*I*) e o espelho convexo, um ponto imagem virtual. Aqui, duas questões são pertinentes: conhecendo-se a posição do ponto objeto, como determinamos a posição do ponto imagem? O que acontece com a imagem se mudamos a posição do objeto?

Para responder à primeira questão, precisamos definir o tipo de espelho e traçar os raios de luz de acordo com as propriedades dos raios notáveis vistas no tópico anterior. Na **figura 10.56**, temos a construção geométrica da imagem (*A'*) conjugada por um espelho côncavo de um objeto (*A*).

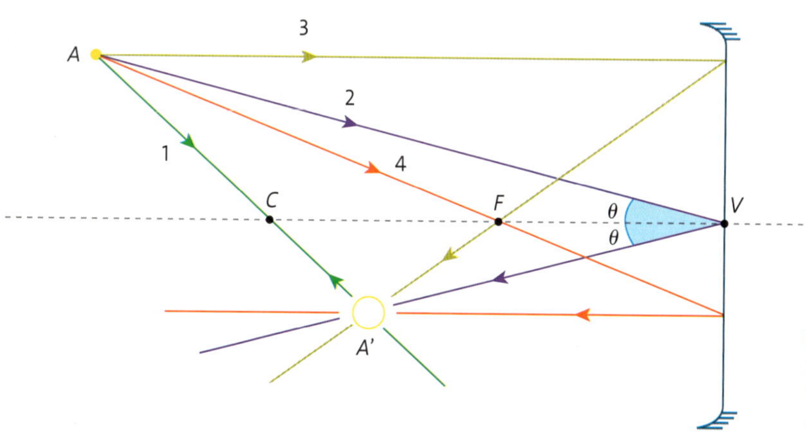

Figura 10.56 Representação esquemática da construção da imagem de um ponto objeto em um espelho côncavo.

Observe que não há necessidade de traçarmos os quatro raios notáveis. Somente dois são suficientes, ou seja, qualquer par de propriedades que escolhermos nos levará ao mesmo resultado.

A **figura 10.57** ilustra a construção da imagem (*A'*) de um ponto objeto (*A*) conjugada por um espelho esférico convexo, por meio de duas propriedades dos raios notáveis.

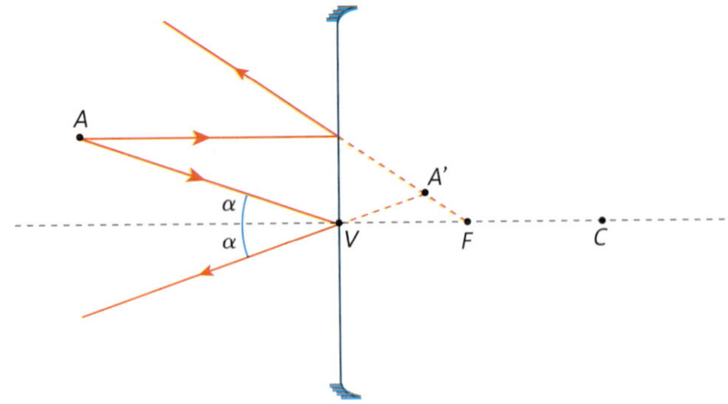

Figura 10.57 Representação esquemática da construção da imagem de um ponto objeto em um espelho convexo.

Vejamos, agora, a segunda questão. A posição do ponto imagem, bem como sua natureza (real ou virtual) depende da posição do ponto objeto em relação ao foco do espelho. Para mostrar como isso acontece nos espelhos côncavo e convexo, vamos utilizar objetos extensos no lugar do ponto objeto. Para esses casos, devemos observar algumas propriedades que facilitam o processo da construção geométrica dos raios notáveis:

- se o objeto é retilíneo, a imagem também é;
- se o objeto está sobre o eixo principal, a imagem também está;
- se o objeto está disposto perpendicularmente ao eixo principal, a imagem também está.

Espelho côncavo

A **figura 10.58** mostra a construção geométrica da imagem conjugada por um espelho esférico côncavo, para diferentes posições do objeto (nesse caso, um castiçal) em relação ao vértice do espelho. Observe que, em cada caso, utilizamos somente duas propriedades dos raios notáveis, mas nem sempre as mesmas.

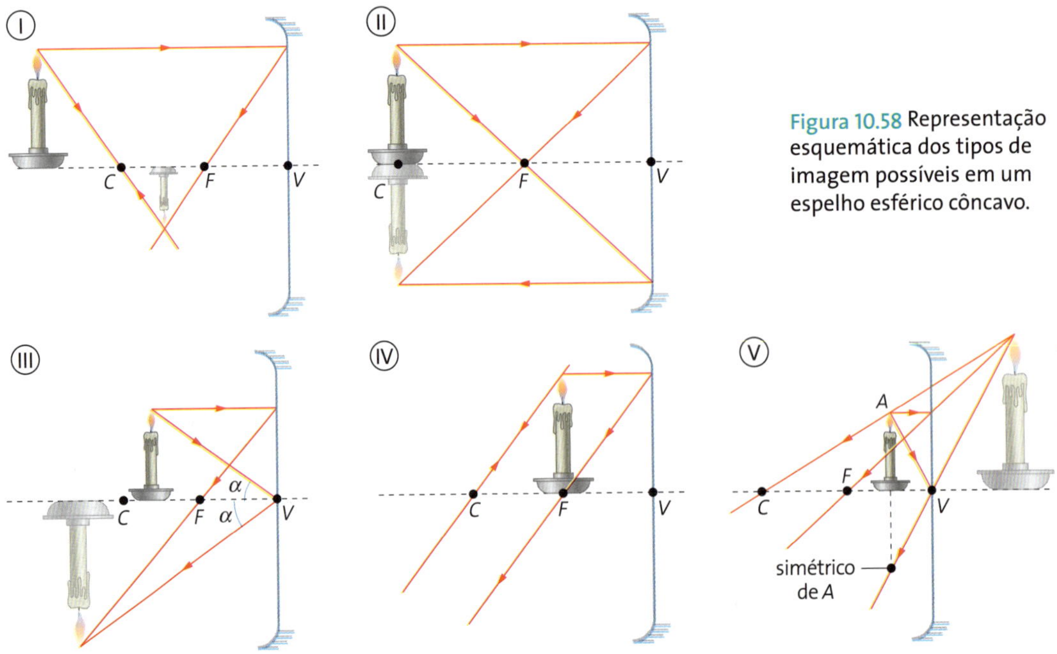

Figura 10.58 Representação esquemática dos tipos de imagem possíveis em um espelho esférico côncavo.

Adilson Secco/Arquivo da editora

Para um objeto real, o espelho côncavo pode conjugar uma imagem real ou virtual, direita ou invertida, menor, maior ou igual ao tamanho do objeto, dependendo da posição deste em relação ao vértice do espelho. Analisando as figuras, observamos que:

- quando a imagem é real, ela é invertida (três primeiras figuras), podendo ser menor, maior ou igual ao tamanho do objeto;
- quando a imagem é virtual, ela é direita e sempre maior que o objeto (figura V);
- se o objeto for colocado exatamente sobre o foco do espelho, não se obtém imagem (figura IV).

Portanto, com um espelho esférico côncavo não é possível obter uma imagem virtual, direita e menor que o objeto real. Esse tipo de imagem é característico dos espelhos esféricos convexos, como veremos a seguir.

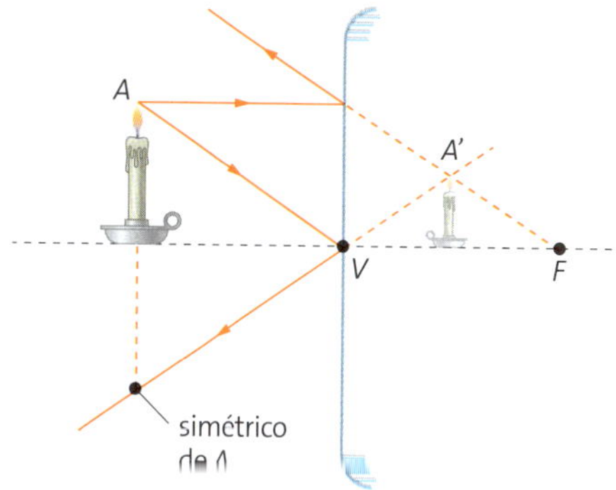

Figura 10.59 O espelho esférico convexo conjuga, de um objeto real, uma imagem virtual, direita e menor que o objeto.

Espelho convexo

Em relação a um objeto real, o espelho convexo conjuga sempre uma imagem direita, menor e de natureza virtual. Além disso, essa imagem estará sempre entre o foco e o vértice do espelho convexo, conforme mostra a figura 10.59.

Nos veículos automotores, é comum a utilização de um espelho esférico convexo para propiciar maior campo visual, como podemos ver na figura 10.60.

Gabor Nemes/kino.com.br

Figura 10.60 O espelho convexo aumenta o campo visual.

Objetos virtuais

Vamos imaginar que a figura de uma vela esteja sendo projetada em uma tela por um dispositivo qualquer, como um projetor de *slides*, por exemplo. Um estudante curioso tenta descobrir o que acontece se ele interromper a trajetória da luz com um espelho convexo. Os raios deixam de atingir a tela onde a figura estava sendo projetada, mas são refletidos pelo espelho. Para onde?

As propriedades para o traçado dos raios notáveis continuam valendo, pois se baseiam apenas nas leis da reflexão. Qualquer ponto da figura projetada na tela é vértice da luz que incide no espelho e, portanto, é um ponto objeto em relação ao espelho. Mas, olhando atrás do espelho, não vemos nada. Eles são pontos objetos virtuais.

A figura 10.61 mostra o traçado correspondente a essa situação, para uma determinada posição do espelho. Nesse traçado, utilizamos as propriedades 2 e 3. Esse exemplo mostra que é possível obter, com um espelho convexo, uma imagem real e direita, mas para tanto é preciso um objeto virtual.

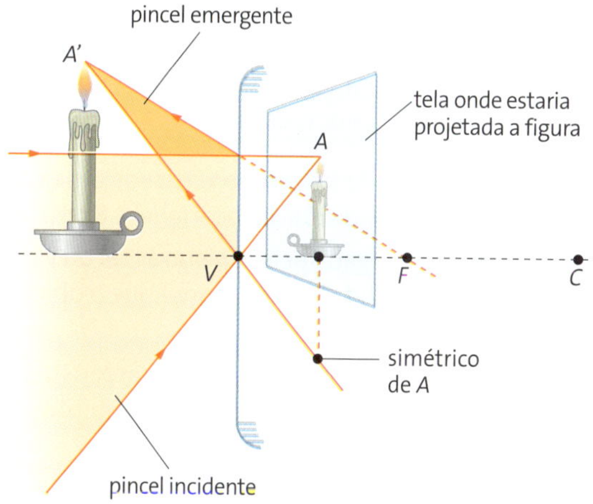

Figura 10.61 Espelho convexo conjugando a imagem de um objeto virtual. A imagem é real e, em relação ao objeto virtual, maior e direita.

Ilustrações: Adilson Secco/Arquivo da editora

Exercícios

15. Um farol de automóvel é constituído por um espelho e uma lâmpada que emite luz. Para que o farol funcione de acordo, produzindo um feixe de raios paralelos:
   a) Qual deve ser o tipo de espelho: côncavo ou convexo?
   b) Em que ponto deve ser colocada a lâmpada?

16. Na figura seguinte estão representados três raios luminosos, I, II e III, que incidem sobre um espelho esférico côncavo.

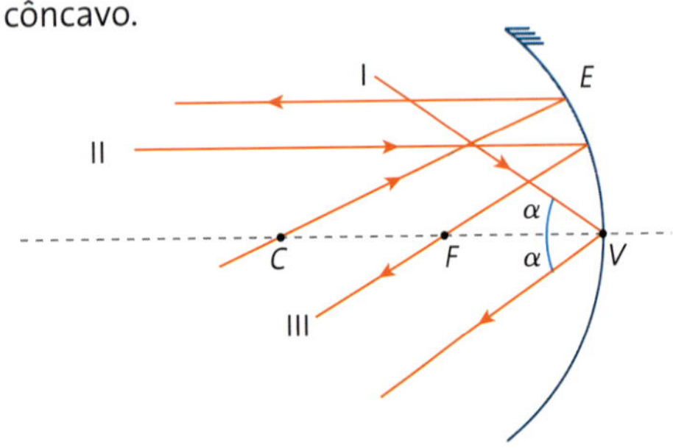

Quais deles foram traçados de acordo com as propriedades dos raios notáveis?

17. Dois espelhos côncavos são colocados um em frente ao outro, com seus focos principais localizados sobre uma mesma reta. Entre os espelhos é colocada uma lâmpada acesa, conforme mostra a figura.

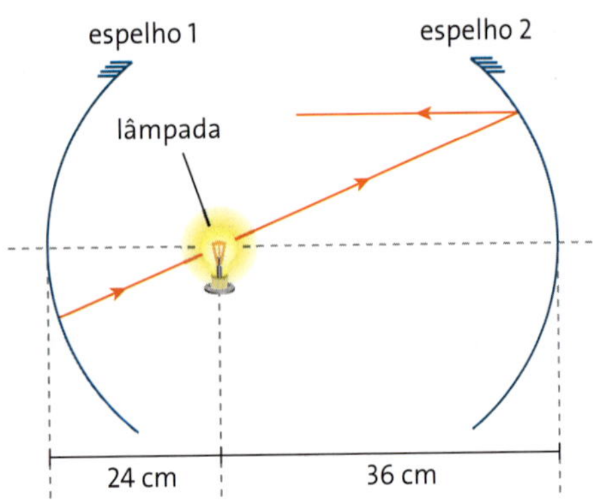

O raio luminoso mostrado na figura, após incidir no espelho 1 e refletir sobre si mesmo, incide no espelho 2 e reflete paralelamente à reta que contém os focos principais dos espelhos. Com base nos valores numéricos dados na figura, responda: quais são as distâncias focais dos dois espelhos?

18. Um objeto é colocado a 20 cm do vértice de um espelho esférico côncavo de distância focal igual a 8 cm.
   a) A imagem conjugada pelo espelho é real ou virtual? Direita ou invertida? Maior, menor que o objeto ou igual a ele?
   b) Explique o que acontece com as características da imagem se o objeto for deslocado para pontos mais próximos do vértice do espelho.

19. Para obter uma imagem ampliada do seu rosto, uma pessoa dispõe de um espelho esférico, com distância focal de 40 cm, em seu banheiro. Nessas condições:
   a) O espelho esférico é côncavo ou convexo?
   b) Qual é a distância máxima que a pessoa pode ficar do vértice do espelho?

20. Diz a lenda que Arquimedes, que viveu no século III a.C., defendeu a cidade de Siracusa de um ataque naval queimando as velas dos navios romanos utilizando a luz do Sol.

Para isso, após a ordem para que soldados polissem seus escudos, Arquimedes os colocou formando um arco com os escudos dispostos conforme a figura.

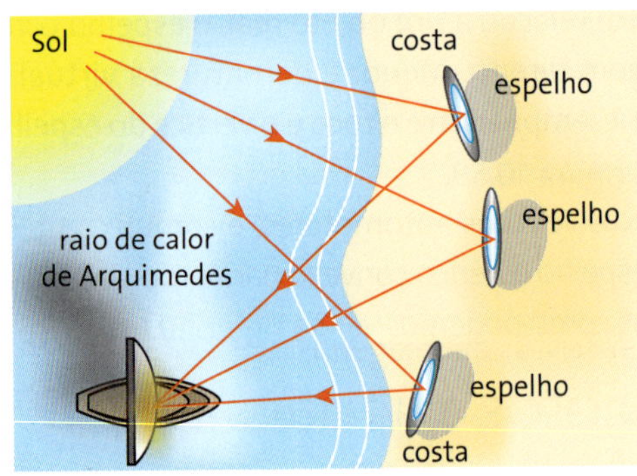

Ilustrações: Formato/Arquivo da editora

Supondo que os escudos formassem um espelho esférico côncavo e que a concentração dos raios solares fosse máxima, fazendo com que as velas dos navios se incendiassem, quando os navios estavam a 50 m dos escudos, responda: qual era o raio de curvatura do espelho côncavo formado?

21. Para construir um holofote, uma pessoa utiliza dois espelhos esféricos côncavos, E_1 e E_2, e uma lâmpada L. Após alguns testes, ela consegue que a maior parte da luz proveniente da lâmpada seja projetada pelo espelho E_1 num feixe de raios praticamente paralelos, conforme mostra a figura.

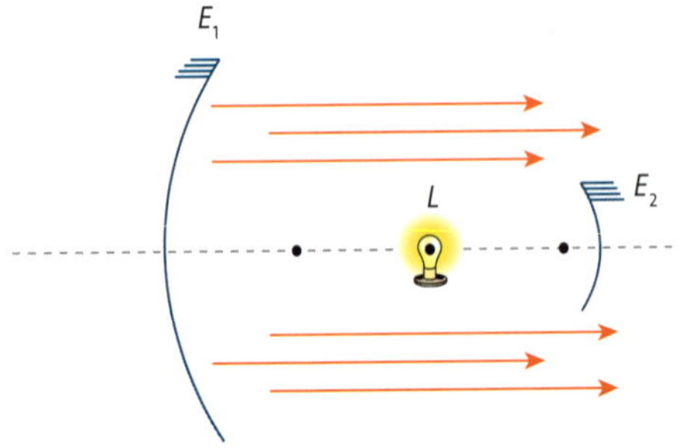

Nesse arranjo, em que ponto a lâmpada se localiza:
   a) em relação ao espelho E_1?
   b) em relação ao espelho E_2?

5 Estudo analítico dos espelhos esféricos

Suponhamos um ponto A e sua imagem A'. Pelo conceito de objeto e imagem, a luz que emana de A, após ser refletida no espelho, determina A'. Reciprocamente, considerando-se o princípio da reversibilidade da luz, se A' for o objeto, sua imagem será o ponto A. É por essa razão que os pontos A e A' são ditos pontos conjugados. A imagem de A é A'; a imagem de A' é o ponto A.

Para fazer uma abordagem analítica das relações entre os elementos dos espelhos esféricos, devemos transformar as posições em coordenadas de um determinado referencial. A figura 10.62 ilustra o sistema de referência elaborado por Carl Friedrich Gauss.

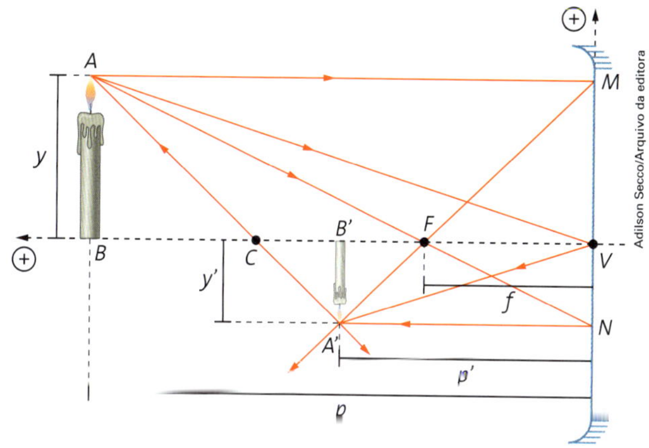

Figura 10.62 Objeto e imagem em um espelho esférico côncavo.

Temos:

- p (abscissas do objeto);
- y (ordenada do ponto objeto);
- p' (abscissas da imagem);
- y' (ordenada do ponto imagem);
- f (abscissas focais).

Nesse referencial temos:

- a origem é o vértice do espelho; as abscissas da região onde a luz é incidente são positivas; na região oposta são negativas;
- as coordenadas localizadas acima do vértice são positivas; no caso contrário, são negativas (no exemplo da figura 10.62, temos $y > 0$ e $y' < 0$).

Como decorrência dessa convenção, consideraremos a tabela 10.2 para abscissas.

Tabela 10.2 – Naturezas dos objetos com relação às abscissas

	Natureza real	Natureza virtual
abscissa	positiva	negativa
abscissa focal	$f > 0$ (côncavo)	$f < 0$ (convexo)
objeto	$p > 0$	$p < 0$
imagem	$p' > 0$	$p' < 0$

Já para as ordenadas, vamos observar:

- se y e y' têm o mesmo sinal, a imagem é direita;
- se y e y' têm sinais diferentes, a imagem é invertida.

Equação dos pontos conjugados

A equação dos pontos conjugados relaciona as posições do objeto, da imagem e do foco no sistema de referência elaborado por Gauss.

Com base na **figura 10.62**, podemos demonstrar que a relação entre p, p' e f é dada por:

$$\frac{1}{f} = \frac{1}{p} + \frac{1}{p'} \text{ (equação dos pontos conjugados)}$$

E o aumento linear transversal (A) é dado por:

$$A = \frac{y}{y'} = \frac{p'}{p}$$

Para esta última relação, valem as seguintes observações:

- se $|A| > 1$, o tamanho da imagem é maior que o do objeto.
- se $|A| < 1$, o tamanho da imagem é menor que o do objeto.
- se $|A| = 1$, o tamanho da imagem é igual ao do objeto.
- se $A > 0$, a imagem e o objeto têm a mesma orientação (imagem direita).
- se $A < 0$, a imagem e o objeto têm orientações diferentes (imagem invertida).

ED Espelho, espelho meu

Exercício resolvido

2. Com um espelho esférico, uma pessoa consegue projetar sobre uma tela uma imagem que tem o dobro do tamanho do objeto. Sabendo-se que a distância focal do espelho é 20 cm:

a) Qual é o tipo de espelho (côncavo ou convexo) utilizado pela pessoa?

b) Determine as abscissas do objeto e da imagem conjugada, no referencial de Gauss.

c) Faça um esquema mostrando a construção da imagem.

Resolução

a) Como a imagem é projetada numa tela, ela é real. Portanto, o espelho utilizado pela pessoa é côncavo, pois o convexo somente conjuga imagens virtuais para objetos reais.

b) Sendo a imagem real, ela é invertida em relação ao objeto. Como ela possui o dobro do tamanho do objeto, o aumento linear transversal é igual a $A = -2$. Assim, temos:

$$A = \frac{y}{y'} = \frac{p'}{p} \Rightarrow 2 = \frac{p'}{p} \Rightarrow p' = 2p$$

Substituindo a equação dos pontos conjugados, obtemos:

$$\frac{1}{f} = \frac{1}{p} + \frac{1}{p'} \Rightarrow \frac{1}{20} = \frac{1}{p} + \frac{1}{2p} \Rightarrow \frac{1}{20} = \frac{2+1}{2p} \Rightarrow$$

$$\Rightarrow 2p = 60 \Rightarrow p = 30 \text{ cm.}$$

A abscissa do objeto é 30 cm.

Como $p' = 2 \cdot p$, temos:

$p' = 2 \cdot 30 \Rightarrow p' = 60$ cm

A abscissa da imagem é 60 cm.

c) Na figura a seguir, temos a construção da imagem:

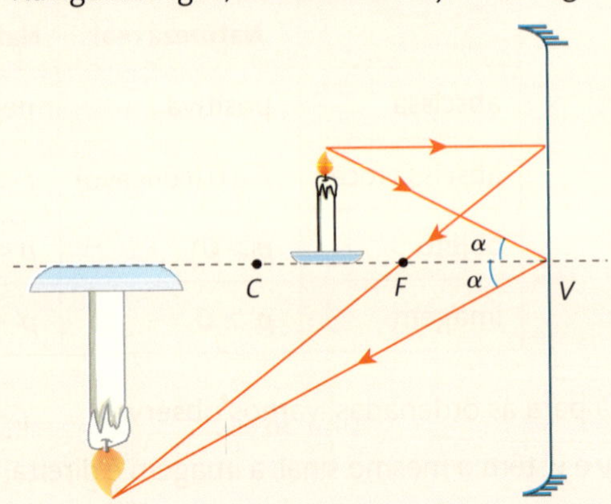

Formato/Arquivo da editora

Exercícios

22. Em uma loja, foi instalado um espelho esférico, com raio de curvatura igual a 4,0 m, que permite ao proprietário observar imagens direitas e reduzidas de praticamente toda a loja. Determine as características da imagem (posição e tamanho) conjugada pelo espelho de uma pessoa de 1,70 m de altura que se encontra a 2,0 m dele.

23. Na figura seguinte, temos a representação de um espelho côncavo de distância focal igual a 40 cm, de um objeto *O* de 5,0 cm de altura e de um anteparo *A*. Esse anteparo está a 2,0 m do vértice do espelho, onde a imagem do objeto é projetada com nitidez.

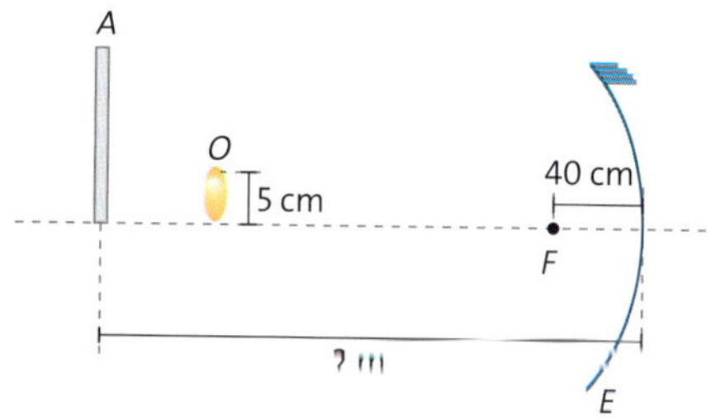

a) Qual é a abscissa do objeto?

b) Qual é o tamanho da imagem conjugada pelo espelho no anteparo?

24. (Uespi) Um estudante posiciona um objeto a 1 cm de um espelho esférico côncavo, de distância focal igual a 0,5 cm. A imagem que ele observa é:

a) real e localizada a 0,5 cm do espelho.

b) virtual e localizada a 0,5 cm do espelho.

c) real e localizada a 1 cm do espelho.

d) virtual e localizada a 1 cm do espelho.

e) real e localizada a 2 cm do espelho.

25. (UPM-SP) Um espelho esférico côncavo, que obedece às condições de Gauss, fornece, de um objeto colocado a 2 cm de seu vértice, uma imagem virtual situada a 4 cm dele. Se utilizarmos esse espelho como refletor do farol de um carro, no qual os raios luminosos refletidos são paralelos, a distância entre o filamento da lâmpada e o vértice do espelho deve ser igual a:

a) 2 cm.

b) 4 cm.

c) 6 cm.

d) 8 cm.

e) 10 cm.

26. (Unioeste-PR) A figura a seguir representa um objeto real e sua imagem formada por um espelho esférico. As alturas do objeto e da imagem são, respectivamente, 1 cm e 4 cm. Considerando satisfeitas as condições de nitidez de Gauss, assinale a alternativa correta.

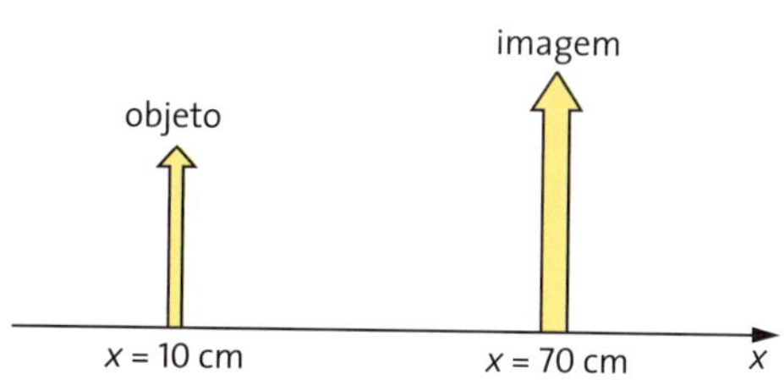

a) O espelho é convexo.

b) O vértice do espelho está localizado na posição $x = 22$ cm.

c) A distância focal do espelho é 32 cm.

d) O centro de curvatura do espelho está localizado na posição $x = 16$.

e) O foco do espelho está localizado na posição $x = 8$ cm.

EM CONSTRUÇÃO

Carl Friedrich Gauss

Museu Estatal Pushkin de Belas Artes, Moscou.

Carl Friedrich Gauss

Carl Friedrich Gauss, astrônomo, físico e matemático alemão, nasceu em 1777 e faleceu em 1855. Filho único de pais pobres, Gauss, já na infância, impressionava por sua habilidade em Matemática. Graças aos seus professores e à dedicada mãe, ele foi encaminhado para o duque de Brunswick, que garantiu financeiramente sua educação e formação universitária.

Entre 1795 e 1798, Gauss estudou Matemática na Universidade de Göttingen e, em 1799, obteve seu doutorado com uma tese sobre Álgebra. Aos 18 anos, desenvolveu o método dos mínimos quadrados, de grande aplicação atual em pesquisas geodésicas. Deve-se a ele, a conhecida lei de Gauss da distribuição normal, fundamental para aqueles que trabalham com estatística.

Aos 24 anos, Gauss publicou *Disquisitiones Arithmeticae*, considerado uma das mais brilhantes publicações no campo da Matemática. Seu trabalho em teoria dos números deu uma importante contribuição para a Álgebra, principalmente em relação à solução das equações algébricas.

Embora Gauss tenha contribuído significativamente para a Astronomia, o Eletromagnetismo e a Óptica, é considerado um dos maiores matemáticos do seu tempo. Nesse campo, Gauss ocupa uma posição de destaque comparável às de Arquimedes e Newton. Para Gauss, "a Matemática é a rainha das ciências, e a Aritmética, a rainha da Matemática".

Em 1801, no primeiro dia do ano, a descoberta de um asteroide, que posteriormente foi denominado Ceres, levou Gauss a se dedicar à Astronomia. Aplicando o método dos mínimos quadrados, ele determinou a órbita do asteroide. Esse método, que consta de sua *Teoria do movimento dos corpos celestes*, publicada em 1809, tem sido usado, com poucas modificações, na computação moderna.

Gauss tornou-se professor de Astronomia e diretor do novo observatório da Universidade de Göttingen em 1807, onde permaneceu até o fim de seus dias. Por volta de 1820, passou a dedicar-se à geodésia: a determinação matemática do formato e do tamanho da superfície da Terra. Para isso, Gauss inventou o heliótropo, um instrumento no qual a luz solar pode ser utilizada para aumentar a acurácia das medidas.

Por volta de 1830, Gauss aplicou seus conhecimentos matemáticos na resolução de problemas físicos, particularmente em relação aos fluidos. Esse trabalho contribuiu para o desenvolvimento do princípio da conservação de energia. Os trabalhos com o físico alemão Wilhelm Weber (1804-1891), na área do Magnetismo, conduziram à invenção do telégrafo elétrico, que eles usavam, principalmente, para se comunicar.

Em seu livro *Óptica geométrica*, de 1841, Gauss desenvolve o conceito de distância focal e fórmulas para o cálculo da posição e do tamanho de imagens conjugadas por lentes. Nessa área, estabeleceu as condições que um espelho esférico deve obedecer para se obter imagens nítidas, denominadas condições de nitidez de Gauss, bem como o sistema de referência para o estudo analítico tanto dos espelhos esféricos como das lentes.

Gauss era profundamente religioso, de aspecto aristocrático e conservador. Teve seis filhos, três no primeiro casamento (sua primeira esposa faleceu em 1809) e três no segundo, que durou de 1810 a 1831. Recusou diversos convites para trabalhos em outras universidades, permanecendo na Universidade de Göttingen até o fim de sua vida. Após sua morte, foram cunhadas moedas em sua homenagem. Gauss foi considerado o príncipe dos matemáticos, um brilhante aritmético com uma fantástica memória para números.

ENCYCLOPAEDIA Brittanica. *Nascimentos da Física*: 3500 a.C.-1900 d.C. Pará: EDUFPA, 1997.

Trabalho em equipe

Façam uma pesquisa sobre as **condições de nitidez de Gauss** em relação aos espelhos esféricos. Verifiquem se essas condições também são válidas para as lentes esféricas, assunto abordado no próximo capítulo.

EXPERIMENTO

Espelho côncavo

Nesta atividade prática você poderá determinar a distância focal de um espelho côncavo. Para isso, são necessários os seguintes dispositivos:

Materiais

- lâmpada, de 15 W ou 20 W/120 V colocada em um suporte;
- espelho côncavo colocado em um suporte;
- tela que sirva de anteparo.

Procedimento

O objetivo é obter no anteparo a melhor imagem do filamento da lâmpada (objeto), conjugada pelo espelho côncavo, conforme mostra a figura.

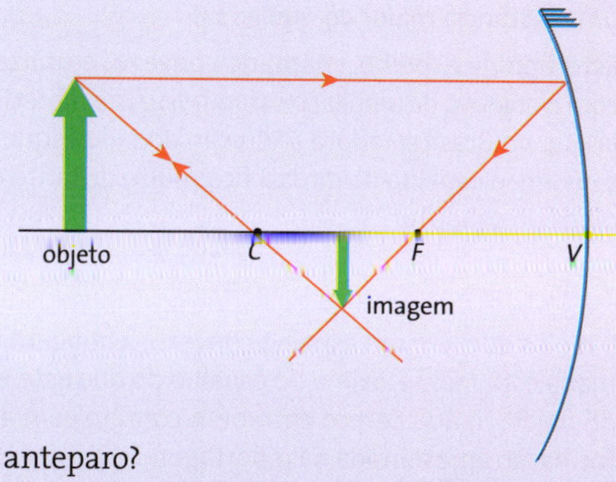

Com uma régua, ou uma trena, meça a distância da lâmpada ao espelho e do espelho à tela.

1. Quais as características da imagem obtida no anteparo?

2. O que acontece com a imagem do filamento da lâmpada à medida que esta se aproxima ou se afasta do espelho?

3. Qual é a distância focal do espelho côncavo usado no experimento?

Trabalho em equipe

Câmara escura

Nesta atividade, sob a orientação do professor, a equipe vai construir uma câmara escura de orifício, a qual ilustra o princípio básico de funcionamento de uma máquina fotográfica.

Trata-se de uma caixa de material opaco, com um orifício em uma das faces para penetração da luz. Colocando-se um objeto luminoso, ou iluminado, diante da face com o orifício, obtém-se na face oposta, feita de papel vegetal, uma imagem invertida do objeto. Observem as figuras:

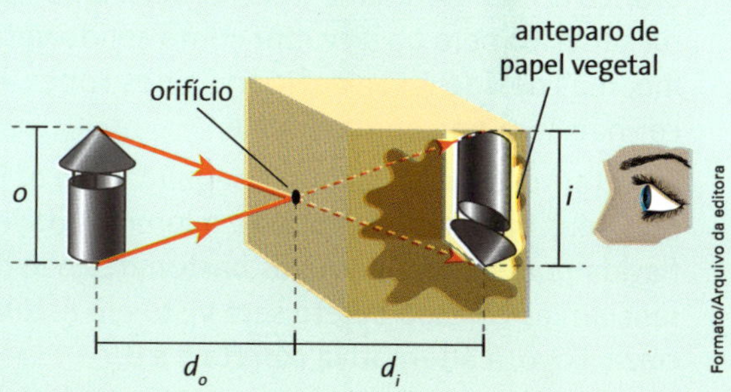

Formato/Arquivo da editora

Representação esquemática da formação de imagem em uma câmara escura

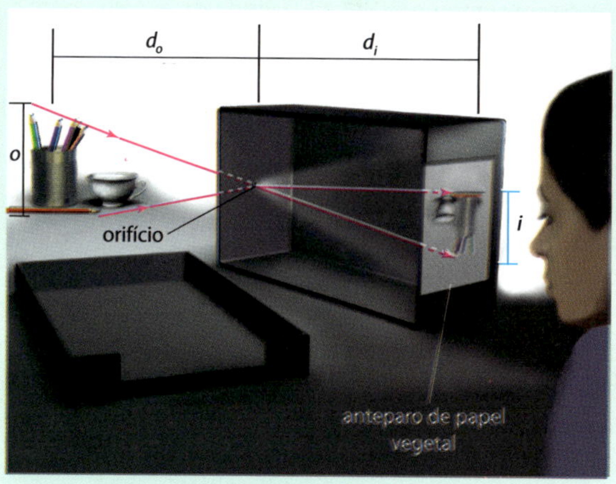

Antonio Robson/Arquivo da editora

Imagem obtida com uma câmara escura de orifício.

1. Com base na semelhança de triângulos, demonstrem a relação:

$$\frac{d_i}{d_o} = \frac{i}{o}$$

2. Quais princípios da Óptica geométrica podem ser constatados com a câmara escura? Justifiquem.

Pensando no Enem

1. Os espelhos retrovisores, que deveriam auxiliar os motoristas na hora de estacionar ou mudar de pista, muitas vezes causam problemas. É que o espelho retrovisor do lado direito, em alguns modelos, distorce a imagem, dando a impressão de que o veículo está a uma distância maior do que a real.

Este tipo de espelho, chamado convexo, é utilizado com o objetivo de ampliar o campo visual do motorista, já que no Brasil se adota a direção do lado esquerdo e, assim, o espelho da direita fica muito distante dos olhos do condutor.

Disponível em: <http://noticias.vrum.com.br>. Acesso em: 3 nov. 2010 (adaptado).

Sabe-se que, em um espelho convexo, a imagem formada está mais próxima do espelho do que este está do objeto, o que parece entrar em conflito com a informação apresentada na reportagem. Essa aparente contradição é explicada pelo fato de:

a) a imagem projetada na retina do motorista ser menor do que o objeto.
b) a velocidade do automóvel afetar a percepção da distância.
c) o cérebro humano interpretar como distante uma imagem pequena.
d) o espelho convexo ser capaz de aumentar o campo visual do motorista.
e) o motorista perceber a luz vinda do espelho com a parte lateral do olho.

Resolução

Quanto mais longe um objeto está de nós, menor o enxergamos, assim quando observamos uma imagem pequena de um objeto que sabemos que é maior, nosso cérebro automaticamente interpreta este fato fazendo-nos acreditar que na verdade este objeto não está menor, apenas está distante de nós.

Assim, o retrovisor convexo produz imagens que parecem estar mais longe do que realmente estão, pois ao visualizarmos a imagem fornecida por este espelho, estamos enxergando com a dimensão menor que a real – já que espelhos convexos sempre fornecem imagens menores – e como conhecemos a dimensão real de um carro, se ele é visto menor, iremos pensar que o carro está mais longe que na realidade. Assim, a alternativa correta é a **c**.

2. Sabe-se que o olho humano não consegue diferenciar componentes de cores e vê apenas a cor resultante, diferentemente do ouvido, que consegue distinguir, por exemplo, dois instrumentos diferentes tocados simultaneamente. Os raios luminosos do espectro visível, que têm comprimento de onda entre 380 nm e 780 nm, incidem na córnea, passam pelo cristalino e são projetados na retina. Na retina, encontram-se dois tipos de fotorreceptores, os cones e os bastonetes, que convertem a cor e a intensidade da luz recebida em impulsos nervosos. Os cones distinguem as cores aditivas primárias: vermelho, verde e azul, e os bastonetes diferenciam apenas níveis de intensidade, sem separar comprimentos de onda. Os impulsos nervosos produzidos são enviados ao cérebro por meio do nervo óptico, para que se dê a percepção da imagem.

Um indivíduo que, por alguma deficiência, não consegue captar as informações transmitidas pelos cones, perceberá um objeto branco, iluminado apenas por luz vermelha, como:

a) um objeto indefinido, pois as células que captam a luz estão inativas.
b) um objeto rosa, pois haverá mistura da luz vermelha com o branco do objeto.
c) um objeto verde, pois o olho não consegue diferenciar componentes de cores.
d) um objeto cinza, pois os bastonetes captam luminosidade, porém não diferenciam cor.
e) um objeto vermelho, pois a retina capta a luz refletida pelo objeto, transformando-a em vermelho.

Resolução

Se uma pessoa não pode captar as informações geradas pelos cones, ela não será capaz de distinguir as cores de um objeto, neste caso, o objeto branco ao ser iluminado pela luz vermelha, deveria ser visto pelo observador como sendo vermelho, mas devido à sua deficiência nos cones, esta cor não será percebida por ele.

Entretanto, o observador conseguirá ver o objeto, pois seus bastonetes captarão a luminosidade refletida por ele. Mas como os bastonetes não diferenciam as cores, o objeto será visto em escala de cinza. Logo, a alternativa correta é a **d**.

Vestibulares de Norte a Sul

1. **N** (UEA-AM) Considerando a velocidade com que as ondas eletromagnéticas atravessam o ar, $3 \cdot 10^8$ m/s, a comunicação via rádio constitui um eficiente meio de comunicação nas regiões amazonenses. Um rádio amador, transmitindo com ondas de 25 m, tem sua transmissão captada por outro rádio amador, desde que esse outro rádio mantenha-se sintonizado para captar frequências, em MHz, de:

   a) 75.
   b) 20.
   c) 12.
   d) 8.
   e) 6.

2. **S** (UEM-PR) Analise as alternativas a seguir e assinale o que for correto.

   (01) Quando um feixe de raios de luz paralelos incide sobre uma superfície e é refletido em todas as direções, com perda do paralelismo dos raios refletidos, ocorre reflexão regular.

   (02) A reflexão difusa é a maior responsável pela visão dos objetos iluminados que nos cercam.

   (04) A luz visível branca é composta de infinitas luzes monocromáticas, situadas na região das cores do arco-íris.

   (08) Um corpo branco, iluminado com luz branca, absorve as luzes de todas as cores.

   (16) Considerando que não há refração da luz, um corpo vermelho, iluminado com luz branca, reflete a luz vermelha e absorve a maior parte da luz das demais cores.

   Dê a soma dos números dos itens corretos.

3. **NE** (UFC-CE) Um grupo de escoteiros deseja construir um acampamento em torno de uma árvore. Por segurança, eles devem colocar as barracas a uma distância da árvore tal que, se esta cair, não venha a atingi-los. Aproveitando o dia ensolarado, eles mediram, ao mesmo tempo, os comprimentos das sombras da árvore e de um deles, que tem 1,5 m de altura; os valores encontrados foram 6,0 m e 1,8 m, respectivamente. A distância mínima de cada barraca à árvore deve ser de:

   a) 6,0 cm.
   b) 5,0 cm.
   c) 4,0 cm.
   d) 3,0 cm.
   e) 2,0 cm.

4. **NE** (UFRN) Um objeto real está a 60 cm de um espelho esférico côncavo. A imagem desse objeto é real, invertida e se localiza na mesma posição do objeto. A distância focal do espelho, em cm, é:

   a) 10.
   b) 12.
   c) 15.
   d) 30.
   e) 60.

5. **N** (Ufam) Um estudante de Física resolveu medir a altura de uma árvore do quintal de sua casa. Para tanto, construiu uma câmara escura, que consiste numa caixa dentro da qual é possível projetar a imagem de um objeto sobre uma folha de papel translúcido. Seu funcionamento baseia-se no princípio da propagação retilínea da luz. Ele apontou a câmara escura para a árvore e mediu a altura da imagem formada, conforme indicado na figura a seguir:

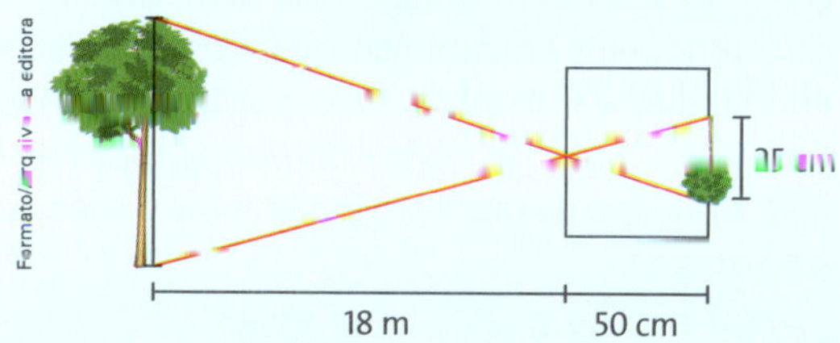

   Com base nas informações contidas na figura, podemos afirmar que a altura da árvore é de:

   a) 36 m.
   b) 25 m.
   c) 12 m.
   d) 10 m.
   e) 9 m.

6. **NE** (Uece) A figura (I) mostra uma fonte luminosa que aparentemente faz incidir luz sobre um material semitransparente. Em dois pontos, *A* e *B*, mostrados na figura (I), são medidas as intensidades *I* de luz para vários comprimentos de onda λ, e os resultados são mostrados no gráfico (II). A curva sólida corresponde à medição em *A*, e a tracejada, em *B*. Despreze os efeitos devidos à reflexão de luz no material e considere o experimento realizado no vácuo.

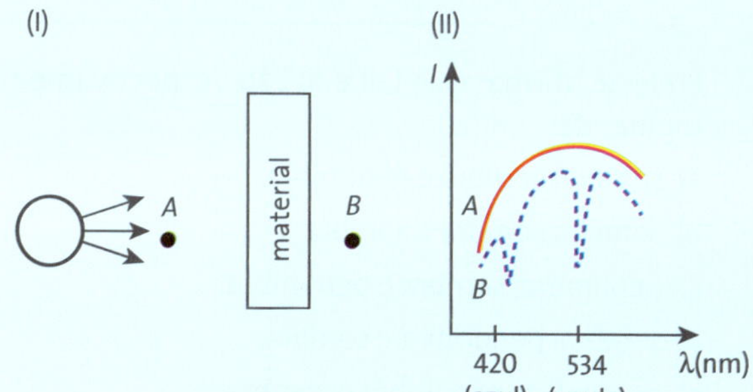

   Assim, sobre o material, é correto afirmar-se que:

   a) absorve igualmente todos os comprimentos de onda.
   b) absorve mais fortemente luz nos comprimentos de onda correspondentes ao azul e ao verde.
   c) transmite mais fortemente luz nos comprimentos de onda correspondentes ao azul e ao verde.
   d) transmite igualmente todos os comprimentos de onda.

7. NE (Uema) O Medical Center, edifício do bairro Renascença, em São Luís, quando iluminado pelos raios solares, projeta uma sombra de comprimento $L = 54{,}00$ m. Simultaneamente, um poste, de altura $h = 2{,}50$ m, que está ao lado do edifício, projeta uma sombra de comprimento $l = 3{,}00$ m. A altura, em metros, do edifício corresponde a:

a) 54,00. c) 72,00. e) 40,00.
b) 64,80. d) 45,00.

8. NE (Uncisal) Uma lâmpada pende do teto e ilumina a mesa de jogo onde André e Antônio se divertem. Tal lâmpada, considerada uma fonte puntiforme de luz, encontra-se a 1,20 m da superfície da mesa na mesma vertical do ponto de cruzamento das diagonais da mesa, que é retangular, medindo 2,4 m por 1,2 m. Essa superfície, paralela ao chão plano e horizontal, está a 0,80 m dele. A sombra da mesa projetada sobre o chão cobre uma área de:

a) 2 m^2. c) 6 m^2. e) 10 m^2.
b) 4 m^2. d) 8 m^2.

9. SE (UFRJ) Na figura a seguir, *F* é uma fonte de luz extensa e *A*, um anteparo opaco.

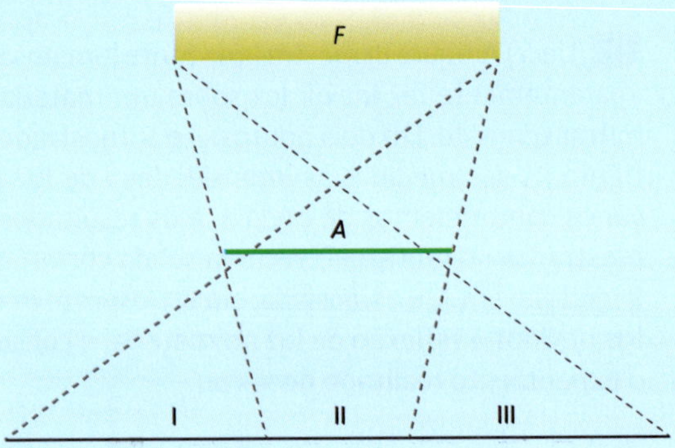

Pode-se afirmar que I, II e III são, respectivamente, regiões de:

a) sombra, sombra e penumbra.
b) sombra, sombra e sombra.
c) penumbra, sombra e penumbra.
d) sombra, penumbra e sombra.
e) penumbra, penumbra e sombra.

10. CO (Unemat-MT) Uma pessoa encontra-se de pé a uma distância de 10 cm de um espelho esférico. Esta pessoa vê no espelho a imagem do seu olho direita e aumentada em 5 vezes. Com os dados acima, pode-se dizer que a distância focal do espelho vale:

a) 12,5 cm. d) 30,5 cm.
b) 10 cm. e) 25,5 cm.
c) 20 cm.

11. SE (UFRJ) A figura a seguir (evidentemente fora de escala) mostra o ponto *O* em que está o olho de um observador da Terra olhando um eclipse solar total, isto é, aquele no qual a Lua impede toda luz do Sol de chegar ao observador.

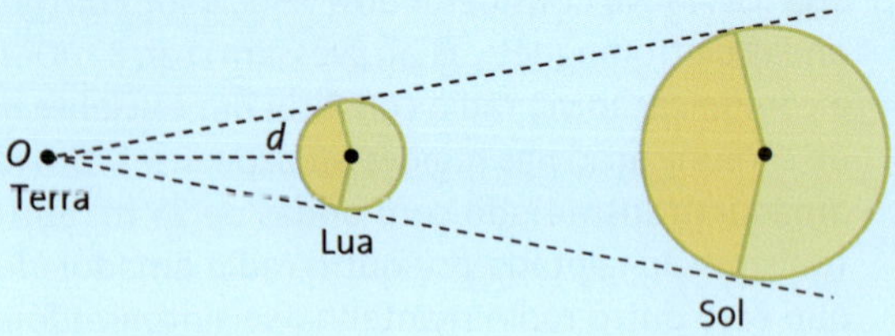

a) Para que o eclipse seja anelar, isto é, para que a Lua impeça a visão dos raios emitidos por uma parte central do Sol, mas permita a visão da luz emitida pelo restante do Sol, a Lua deve estar mais próxima ou mais afastada do observador do que na situação da figura? Justifique sua resposta com palavras ou com um desenho.

b) Sabendo que o raio do Sol é de $0{,}70 \cdot 10^6$ km, o da Lua, $1{,}75 \cdot 10^3$ km, que a distância entre o centro do Sol e o observador na Terra é de $150 \cdot 10^6$ km, calcule a distância *d* entre o observador e o centro da Lua para a qual ocorre o eclipse total indicado na figura.

12. S (UEL-PR) Em um instante t_0, a Lua se interpõe entre a Terra e o Sol. Três observadores, *p*, *s* e *i*, encontram-se na superfície da Terra, todos no hemisfério voltado para o Sol, respectivamente nas regiões de penumbra, sombra e iluminada. Assim, no instante t_0:

a) *s* observa eclipse total, *p* observa eclipse parcial e *i* não percebe eclipse do Sol.
b) *p* e *s* observam eclipse total do Sol, enquanto *i*, não.
c) *p* observa eclipse parcial do Sol, *s* observa eclipse total da Lua e *i* não percebe eclipse.
d) todos percebem eclipse total do Sol.
e) *p* observa eclipse parcial do Sol, *s* observa eclipse total do Sol e *i* observa eclipse parcial da Lua.

13. SE (Unicid-SP) Os automóveis modernos vêm equipados com espelhos retrovisores externos não planos do lado direito do motorista. Tais espelhos são:

a) côncavos, pois conjugam imagens simétricas dos objetos em relação ao espelho.
b) côncavos, pois conjugam imagens reais menores que os objetos.
c) côncavos, pois conjugam imagens virtuais menores que os objetos.
d) convexos, pois conjugam apenas imagens reais menores que os objetos.
e) convexos, pois ampliam o campo visual do motorista.

14. SF (FEI-SP) Um dos métodos para medir o diâmetro do Sol consiste em determinar o diâmetro de sua imagem nítida, produzida sobre um anteparo, por um orifício pequeno em um cartão paralelo a esse anteparo, conforme ilustra a figura.

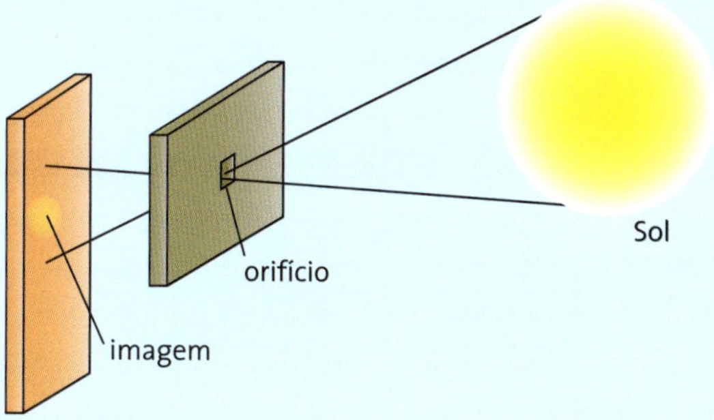

Em uma experiência realizada com esse método foram obtidos os seguintes dados: diâmetro da imagem 9 mm e distância do orifício até a imagem 1,0 m. Considerando que a distância da Terra ao Sol é 150 milhões de quilômetros, qual é aproximadamente o diâmetro do Sol medido por esse método?

15. SE (Ufscar-SP) Em regiões de lagos, pode-se ver em águas calmas e tranquilas a imagem refletida da paisagem.

<www.downloadswallpapers.com>

Esse fenômeno ocorre porque a água se comporta como um espelho:

a) plano, sendo essa imagem real.
b) plano, sendo essa imagem virtual.
c) côncavo, sendo essa imagem real.
d) côncavo, sendo essa imagem virtual.
e) convexo, sendo essa imagem virtual.

16. NE (UFC-CE) Na figura a seguir, um observador está inicialmente na posição *A*, em frente a um espelho plano. Entre *A* e o espelho está situado o objeto *O*. O observador em *A* vê a imagem virtual de *O*, localizada no ponto *I*.

Formato/Arquivo da editora

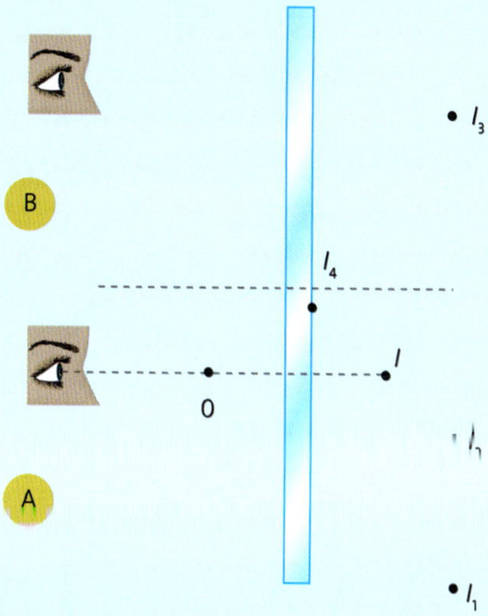

Onde estará a imagem de *O*, caso o observador se desloque até a posição *B*?

a) I_4
b) I_3
c) I_2
d) I_1
e) I

17. S (UEPG-PR) Toda superfície lisa e plana que reflete a luz é denominada de espelho plano, sobre espelho plano assinale o que for correto.

(01) Um espelho plano apresenta imagem real, tem o mesmo tamanho do objeto e não apresenta inversão, o que é direita continua direita.

(02) A luz emitida por um objeto e refletida em um espelho chega aos olhos do observador como se estivesse vindo do ponto de encontro dos prolongamentos dos raios refletidos.

(04) A região do espaço que os objetos nela situados podem ser observados é chamada de campo visual do espelho; este depende do tamanho do espelho e da posição do observador em relação ao espelho.

(08) Se dois espelhos forem postos paralelamente um de frente para o outro e um objeto for colocado entre eles, o número de imagens apresentadas será infinito, isso porque cada imagem se comporta como objeto para o outro espelho.

(16) O número de imagens formadas por dois espelhos planos depende do ângulo que formam entre si, quanto menor é o ângulo, maior o número de imagens.

18. **SE** (Vunesp-SP) O objeto *ABC* encontra-se na frente de um pequeno espelho plano *E*, como mostra a figura adiante.

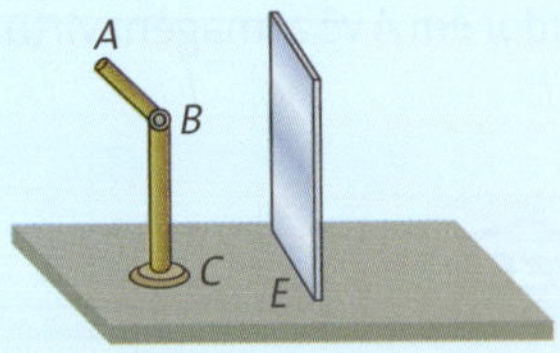

A figura que melhor representa o espelho *E*, o objeto *ABC* e sua imagem *I* é:

a) 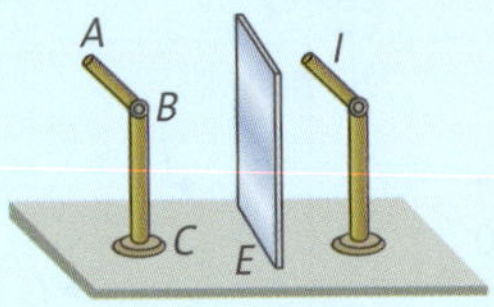

b) 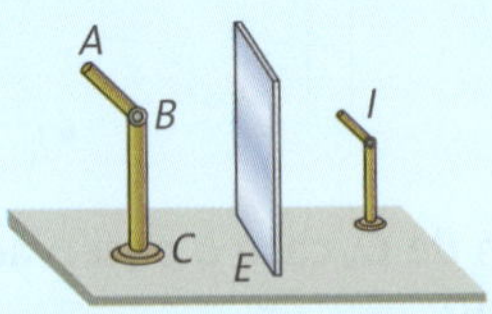

c) 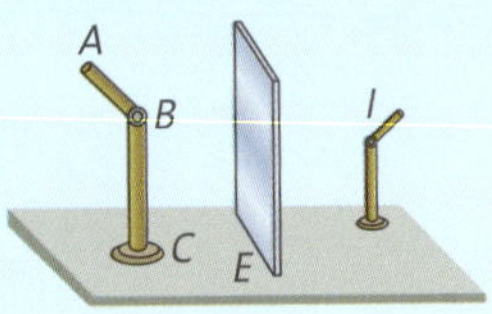

d) 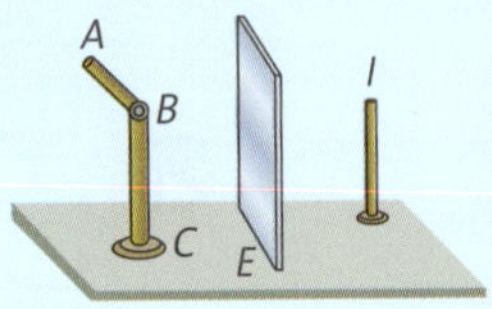

e) 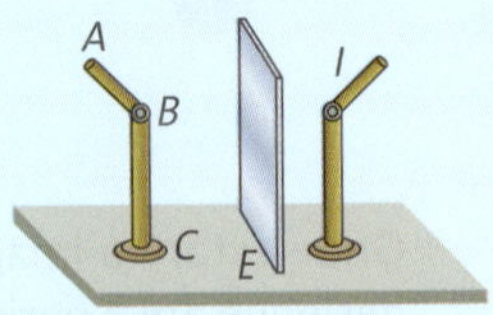

Ilustrações: Formato/Arquivo da editora

19. **N** (UEA-AM) A figura mostra dois espelhos colocados em um cruzamento com a finalidade de aumentar a segurança do local para motoristas e pedestres.

<www.alunosonline.com.br>.

As imagens das árvores mostradas nos espelhos da figura são direitas e menores do que as próprias árvores. Esses espelhos são:

a) côncavos e as imagens reais.
b) convexos e as imagens virtuais.
c) côncavos e as imagens virtuais.
d) convexos e as imagens reais.
e) planos e as imagens virtuais.

20. **SE** (UFRJ) Um espelho côncavo de 50 cm de raio e um pequeno espelho plano estão frente a frente. O espelho plano está disposto perpendicularmente ao eixo principal do espelho côncavo. Raios luminosos paralelos ao eixo principal são refletidos pelo espelho côncavo; em seguida, refletem também no espelho plano, como mostra a figura.

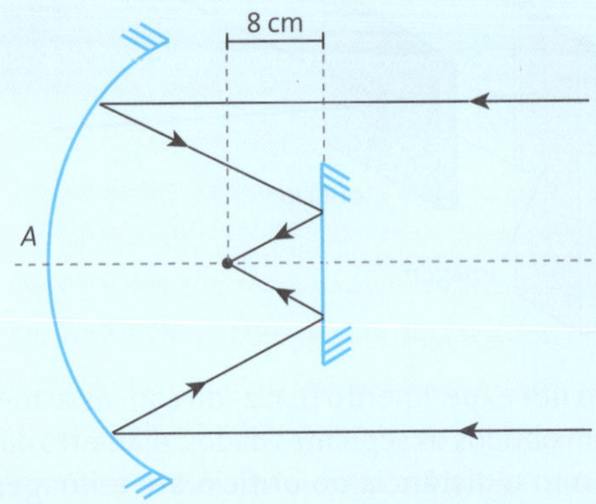

Qual é a distância do espelho plano ao vértice *V* do espelho côncavo?

21. **SE** (UFJF-MG) Por motivos de segurança, a eficiência dos faróis tem sido objeto de pesquisa da indústria automobilística. Em alguns automóveis, são adotados faróis cujo sistema óptico é formado por dois espelhos esféricos E_1 e E_2 como mostra a figura. Com base na figura, é correto afirmar que a localização da lâmpada está:

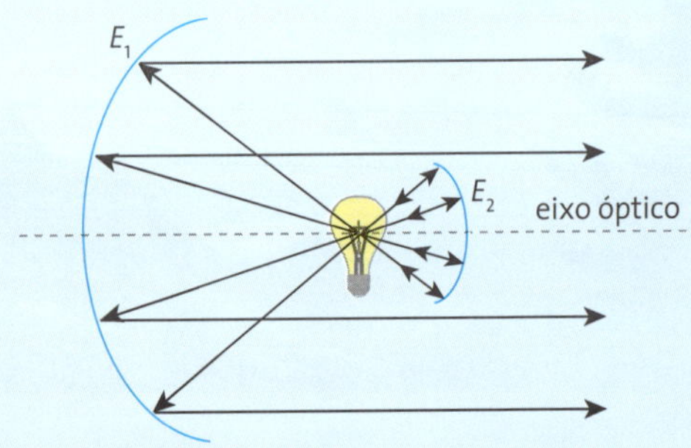

a) nos focos de E_1 e de E_2.
b) no centro de curvatura de E_1 e no foco de E_2.
c) nos centros de curvatura de E_1 e de E_2.
d) no foco de E_1 e no centro de curvatura de E_2.
e) em qualquer ponto entre E_1 e E_2.

22. **N** (UEA-AM) Um espelho esférico côncavo produz, de um objeto colocado a 20 cm de seu vértice, uma imagem virtual localizada a 80 cm de seu vértice. Nessas condições, o aumento transversal linear obtido é:

a) 4.
b) 2.
c) −2.
d) −4.
e) −8.

CAPÍTULO

11 Refração luminosa

Steven Corton/Shutterstock/Glow Images

A refração luminosa explica a formação de arco-íris duplo.

Figura 11.1 O fato de o lápis mergulhado na água parecer quebrado deve-se ao fenômeno da refração luminosa.

1 Refração luminosa

Você já reparou que uma piscina cheia de água sempre nos parece mais rasa do que ela realmente é? E que um objeto longo parcialmente mergulhado na água nos parece quebrado (figura 11.1)?

Fenômenos como esses podem ocorrer quando a luz passa de um meio para outro. Trata-se da **refração luminosa**.

Em nosso cotidiano, muitos fenômenos são explicados pela refração da luz. Além disso, ela está presente em diversos instrumentos ópticos, tanto de observação, como de projeção. No entanto, sua principal aplicação certamente está relacionada à nossa visão (figura 11.2), pois é por meio da refração ocular que as imagens se formam na retina.

Refração – O termo tem origem no verbo latino *refringere*, que significa 'quebrar'.

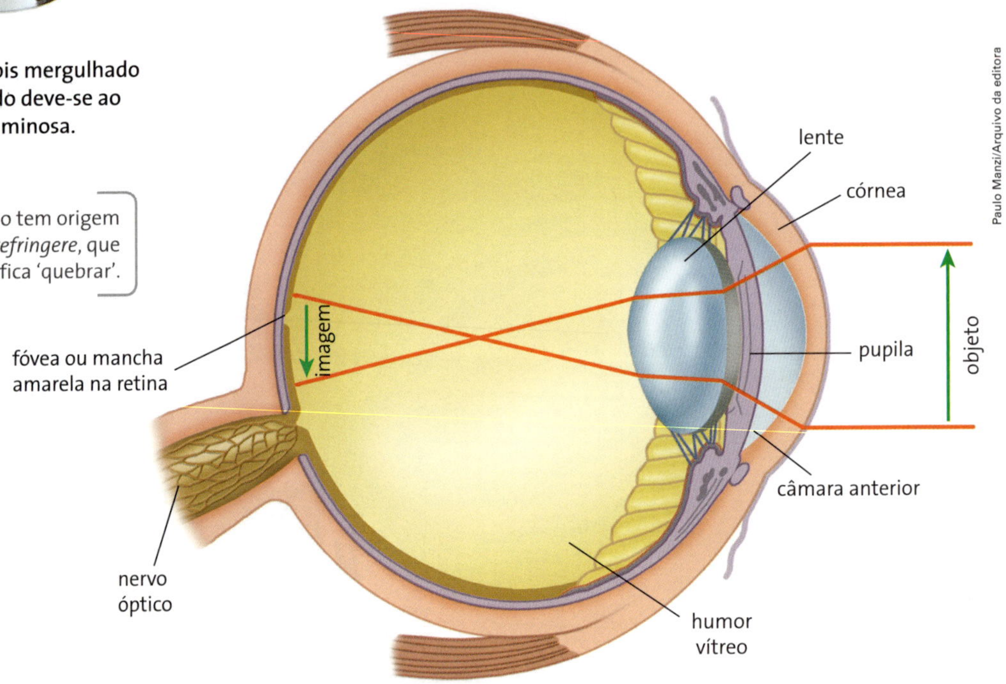

Figura 11.2 Representação do olho humano. A luz sofre a mudança de direção na lente, e a imagem formada na retina é invertida.

A principal característica da refração luminosa é a mudança de velocidade da luz em razão da mudança do meio de propagação. A velocidade de propagação da luz no vácuo é 300 000 km/s. No ar, esse valor é um pouco menor, mas normalmente utilizamos os mesmos 300 000 km/s. Na água, porém, esse valor cai para aproximadamente 225 000 km/s, ao passo que no interior de um bloco de vidro a velocidade da luz fica reduzida a aproximadamente 200 000 km/s.

A figura 11.3 mostra o comportamento da velocidade de um raio de luz ao passar do ar para um bloco de vidro e, em seguida, retornar ao ar.

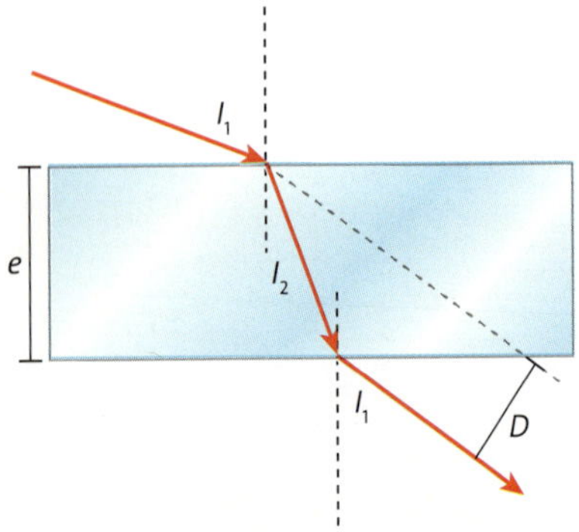

Figura 11.3 Representação do comportamento da velocidade de um raio de luz ao passar do ar para o vidro e ao voltar para o ar. Ao incidir na superfície de separação ar-vidro, o raio de luz sofre uma primeira refração. Quando ele incide na segunda superfície de separação vidro-ar, há uma segunda refração.

Observe na figura 11.3 que, após sofrer a redução de velocidade no bloco de vidro, a luz volta a se propagar com a mesma velocidade que possuía antes de penetrar no vidro. Esse é um comportamento atípico, que normalmente não observamos no cotidiano: um projétil, ao atravessar um bloco de madeira, por exemplo, não apresenta a mesma velocidade que possuía antes de atravessá-lo.

Para relacionar as velocidades da luz no vácuo e em determinado meio de propagação, utilizamos uma grandeza adimensional (sem unidades) denominada **índice de refração absoluto (*n*)**, característica do meio de propagação.

O índice de refração absoluto (*n*) de um meio é a razão entre a velocidade da luz no vácuo (*c*) e a velocidade da luz no meio (*v*). Em símbolos, temos:

$$n = \frac{c}{v}$$

Como a velocidade da luz no vácuo (*c*) é sempre maior ou igual à velocidade da luz em um meio qualquer (*v*), o índice de refração de um meio é um número sempre maior ou igual a 1.

A tabela 11.1 apresenta o índice de refração para diferentes meios e a tabela 11.2 apresenta o índice de refração para um mesmo material, mas com cores (comprimento de onda) diferentes.

Para refletir

Lembrando da equação fundamental da onda, explique por que as cores possuem índices de refração diferentes para um mesmo meio.

Tabela 11.1 – Índice de refração absoluto de alguns meios para a radiação amarela de uma lâmpada de sódio

Meio	Índice de refração (*n*)
diamante	2,42
glicerina	1,47
água	1,33
ar ou vácuo	1,00

Tabela 11.2 – Índice de refração absoluto do vidro *crown* para algumas cores

Cor	Índice de refração (*n*)
azul	1,528
verde	1,519
amarelo	1,517
vermelho	1,513

Vidro *crown* – O vidro tipo *crown* é feito basicamente de soda (carbonato de sódio) e cal (óxido de cálcio).

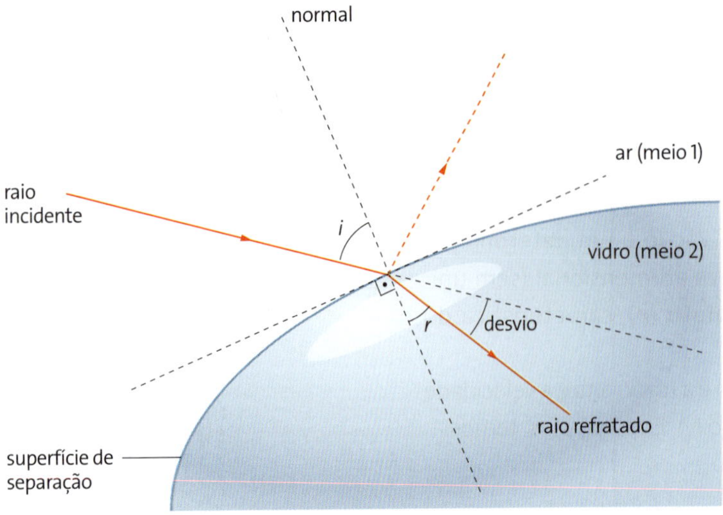

Figura 11.4 Representação da refração de um raio luminoso. A reflexão, que ocorre com a refração, está representada pelo raio pontilhado.

Quando um meio apresenta índice de refração absoluto maior que outro, dizemos que ele é mais **refringente**. Assim, com base na tabela 11.1, dizemos que o diamante é mais refringente que a água. Maior refringência implica menor velocidade da luz. Portanto, a luz se propaga com maior velocidade na água que no diamante.

A exemplo da reflexão, a refração luminosa é regida por duas leis. Na figura 11.4, temos a ilustração de um raio de luz monocromática propagando-se inicialmente no meio 1, incidindo na superfície de separação entre os meios 1 e 2, sofrendo reflexão e refração, e passando a se propagar no meio 2.

As leis da refração luminosa são as seguintes:

1ª) O raio incidente, o raio refratado e a normal à superfície de separação, no ponto de incidência, são coplanares.

2ª) Para cada par de meios (1 e 2) e cada cor de luz vale a lei de Snell--Descartes:

$$n_1 \cdot \text{sen } i = n_2 \cdot \text{sen } r$$

Nessa expressão, n_1 e n_2 são os índices de refração absolutos dos meios 1 e 2, respectivamente; i é a medida do ângulo de incidência e r é a medida do ângulo de refração.

De acordo com a lei de Snell-Descartes, o meio de menor índice de refração absoluto corresponde ao maior ângulo, e vice-versa. Assim, quando a luz passa para um meio mais refringente, temos um ângulo de refração menor que o de incidência. Reciprocamente, ao passar para um meio menos refringente, o raio refratado apresenta um ângulo de refração maior que o ângulo de incidência (figuras 11.5.a e 11.5.b).

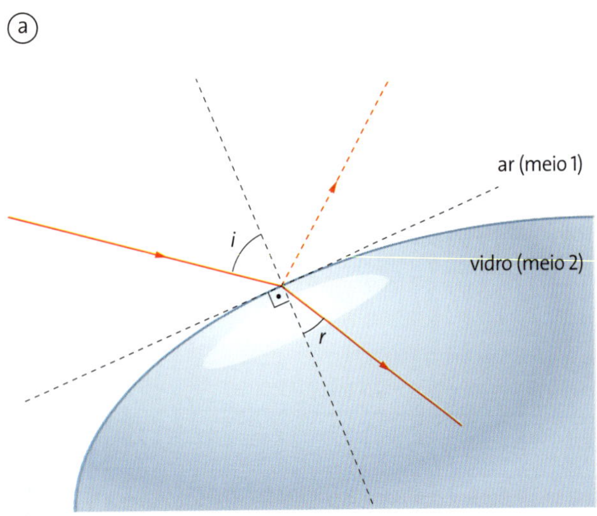

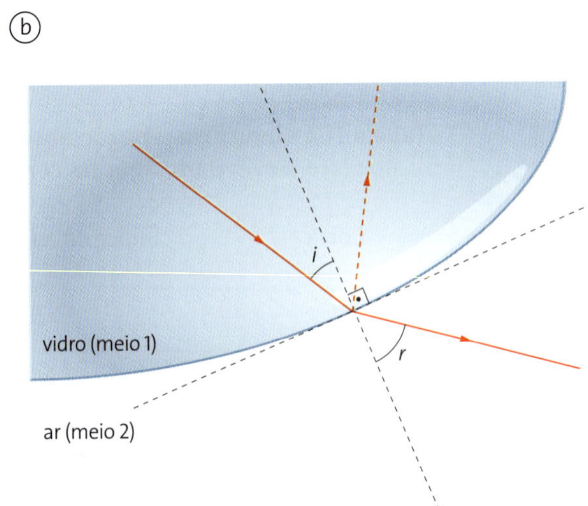

Figura 11.5 Representação do comportamento de um raio luminoso. O meio 2 é mais refringente que o 1: o ângulo de refração (r) é menor que o ângulo de incidência (i) (**a**). O meio 1 é mais refringente que o 2: o ângulo de refração (r) é maior que o de incidência (i) (**b**).

Exercício resolvido

1. Um raio monocromático atravessa a superfície de separação entre o ar e um determinado cristal sob o ângulo de incidência de 45° e o ângulo de refração de 30°. Considerando o índice de refração do ar igual a 1, determine:

a) o desvio que o raio sofre com a refração;

b) o índice de refração absoluto desse cristal para essa radiação.

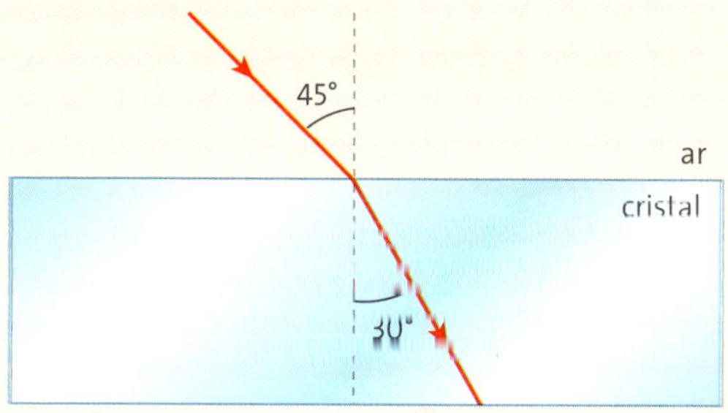

Resolução

a) A figura a seguir ilustra o ângulo δ correspondente ao desvio do raio de luz ao sofrer a refração.

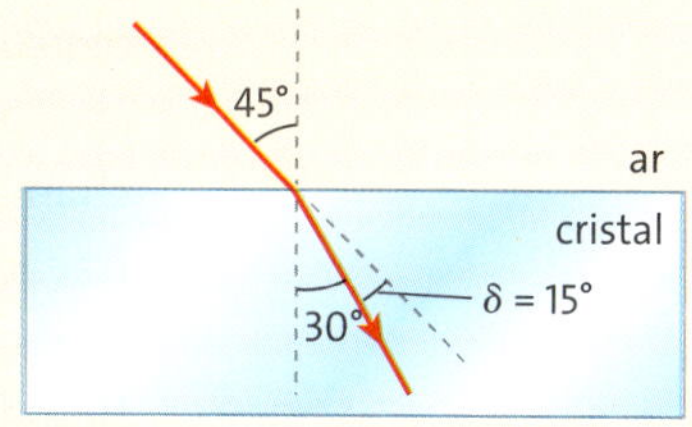

Vemos pela figura que:

$\delta + 30° = 45° \Rightarrow \delta = 15°$

b) De acordo com a lei de Snell-Descartes:

$n_{ar} \cdot \text{sen } i = n_{cristal} \cdot \text{sen } r \Rightarrow$

$\Rightarrow 1 \cdot \text{sen } 45° = n_{cristal} \cdot \text{sen } 30° \Rightarrow$

$\Rightarrow \dfrac{\sqrt{2}}{2} = n_{cristal} \cdot \dfrac{1}{2} \Rightarrow n_{cristal} = \sqrt{2} = 1{,}4$

A luz passa para um meio mais refringente que o de origem

Observe que, à medida que aumentamos o ângulo de incidência i, aumenta o ângulo de refração r, conforme mostram as **figuras 11.6.a** e **11.6.b**. Mas, de acordo com a lei de Snell-Descartes, a medida do ângulo de refração r é sempre menor que a do ângulo de incidência i, pois $n_2 > n_1$. Quando o ângulo de incidência é o maior possível (incidência rasante, mostrada na **figura 11.6.c**), obtemos o maior ângulo de refração, chamado de **ângulo limite de refração (r_L)**, dado por:

$$n_1 \cdot \text{sen } 90° = n_2 \cdot \text{sen } r_L \Rightarrow n_1 \cdot 1 = n_2 \cdot \text{sen } r_L \Rightarrow \text{sen } r_L = \frac{n_1}{n_2}$$

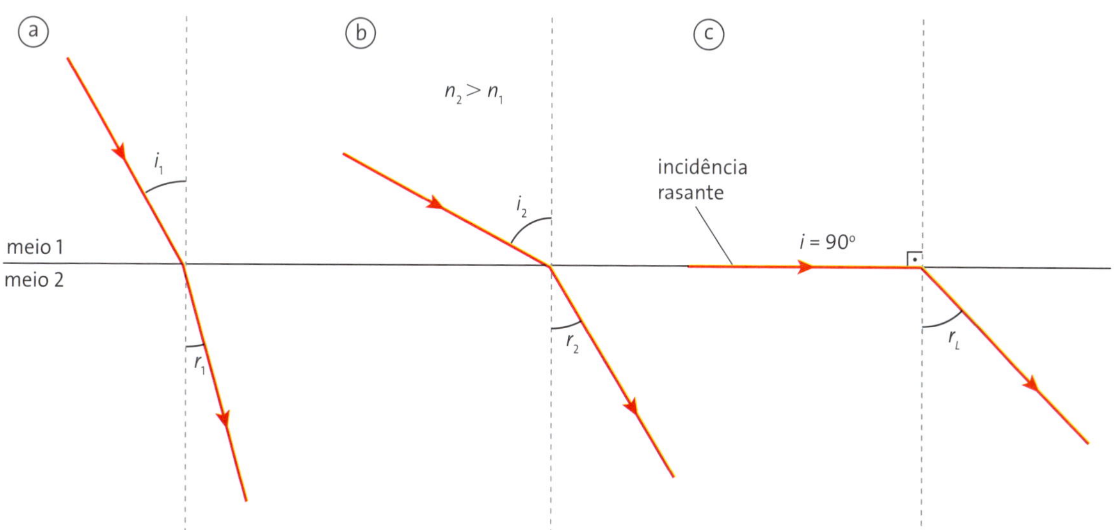

Figura 11.6 Representação do comportamento de raios de luz.

A luz passa para um meio menos refringente que o de origem

À medida que aumentamos o ângulo de incidência *i*, aumenta o ângulo de refração *r*, conforme mostram as **figuras 11.7.a** e **11.7.b**. Mas a medida do ângulo de refração *r* é sempre maior que a do ângulo de incidência *i*, pois $n_2 < n_1$. Quando o ângulo de incidência atinge certo valor-limite, chamado de **ângulo limite de incidência (i_L)**, obtemos um ângulo de refração rasante, $r = 90°$ (**figura 11.7.c**). A partir dessa situação, não há mais refração, mas sim a reflexão total da luz incidente, como mostrado na **figura 11.7.d**.

O ângulo limite de incidência (i_L) é dado por:

$$n_1 \cdot \text{sen } i_L = n_2 \cdot \text{sen } 90° \Rightarrow n_1 \cdot \text{sen } i_L = n_2 \cdot 1 \Rightarrow \text{sen } i_L = \frac{n_2}{n_1}$$

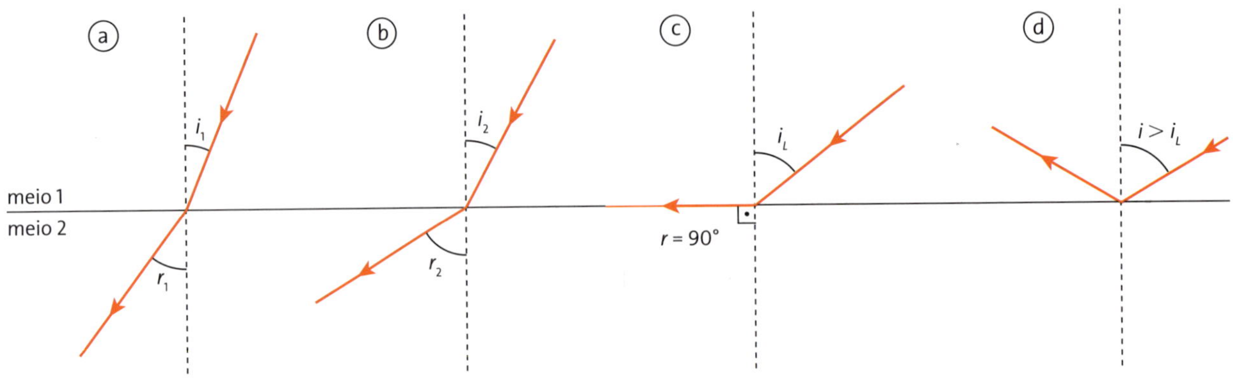

Figura 11.7 Representação do comportamento de raios de luz.

A luz passa para um meio de mesmo índice de refração que o de origem

Existem substâncias diferentes que possuem o mesmo índice de refração. É o caso, por exemplo, do vidro e do tetracloroetileno. Então, ao passar do vidro para o tetracloroetileno, a luz comporta-se conforme mostrado na **figura 11.8**. Em termos ópticos, é como se não houvesse mudança no meio de propagação; por isso não ocorre reflexão ou refração da luz na fronteira entre os dois meios. Dizemos que esses dois meios apresentam continuidade óptica, como no exemplo mostrado na **figura 11.9**.

Figura 11.9 Continuidade óptica: o bastão de vidro está mergulhado em um líquido de índice de refração idêntico ao seu.

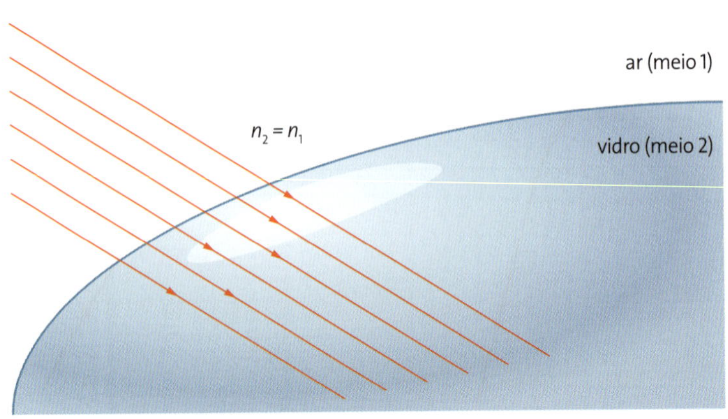

Figura 11.8 Representação do comportamento de raios de luz quando passam de um meio a outro de mesmo índice de refração.

Para refletir

Para se tornar invisível, uma pessoa precisaria eliminar totalmente a reflexão e a refração da luz que incide sobre ela. Nessas condições, o que se pode dizer das propriedades ópticas do ser humano em relação ao ar?

Exercícios

1. A velocidade de determinada radiação luminosa é 200 000 km/s em um meio *A*, 250 000 km/s em outro meio, *B*, e 300 000 km/s em um meio *C*. Qual dos três meios:
   a) é o mais refringente? E o menos refringente?
   b) possui o maior índice de refração absoluto? E o menor índice de refração?

2. (UFMG) Nas figuras I, II e III, estão representados fenômenos físicos que podem ocorrer quando um feixe de luz incide na superfície de separação entre dois meios de índices de refração diferentes. Em cada uma delas, estão mostradas as trajetórias desse feixe.

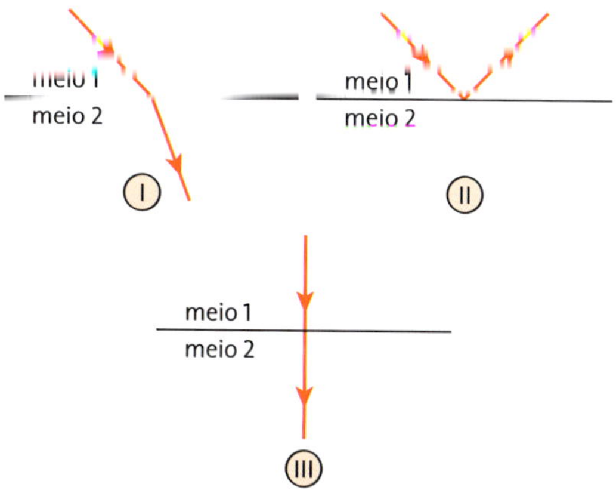

Considerando-se essas informações, é correto afirmar que ocorre mudança no módulo da velocidade do feixe de luz apenas no(s) fenômeno(s) físico(s) representado(s) em:

a) I.
b) II.
c) I e II.
d) I e III.

3. Em uma experiência sobre refração, um raio de luz propagando-se, inicialmente, no ar ($n = 1$) incidiu sobre a superfície de separação do ar com um líquido e passou a se propagar no líquido. No experimento, foi possível obter as medidas indicadas na figura.

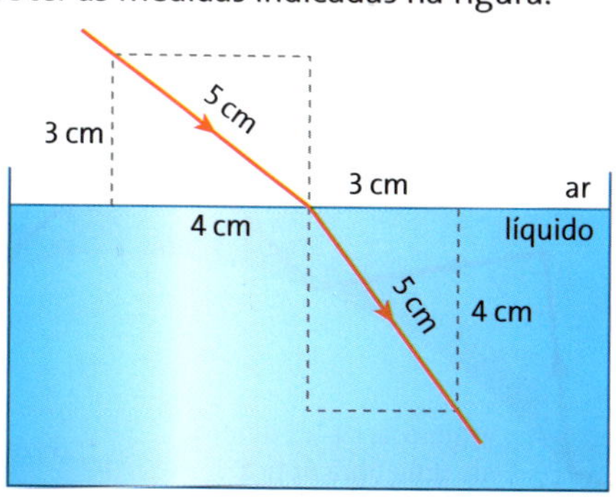

   a) Com base na figura, quais os valores dos senos dos ângulos de incidência e refração?
   b) Qual o índice de refração absoluto do líquido utilizado na experiência?

4. Em algumas rodovias, é possível encontrar um dispositivo de segurança denominado "olho de gato" que ajuda os motoristas a dirigir durante a noite. A função desse dispositivo é fazer com que a luz do farol do carro retorne ao motorista, orientando sobre os limites da estrada.

   A figura ilustra o comportamento de um raio de luz ao atingir um "olho de gato".

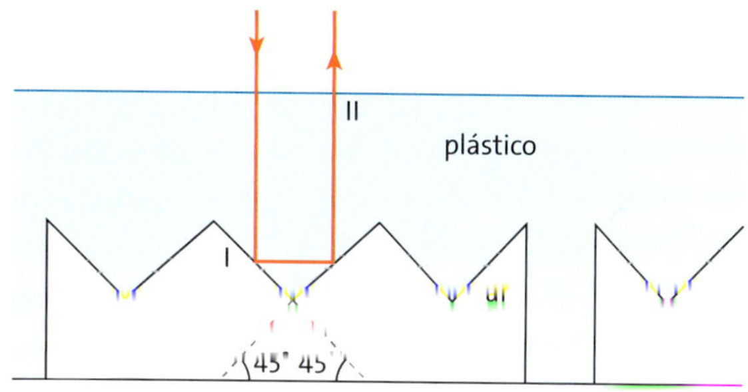

   a) Descreva os fenômenos ópticos que ocorrem com o raio de luz nos pontos I e II.
   b) O índice de refração do plástico deve ser maior, menor que o índice de refração do ar ou igual a ele?

5. (UFPE) As figuras ilustram trajetórias de raios de luz que penetram ou saem de blocos de materiais transparentes.

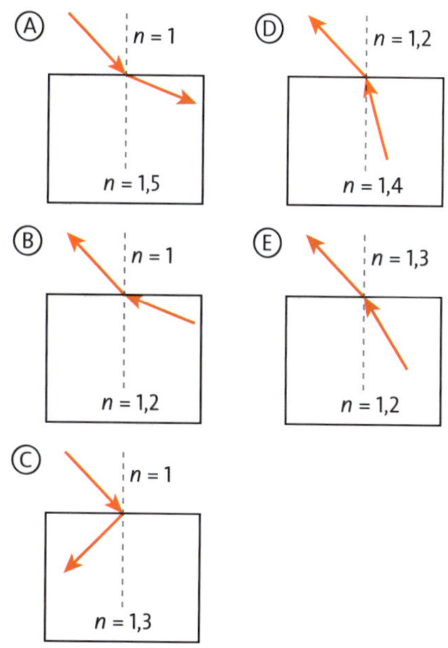

Quais figuras mostram situações fisicamente possíveis quando consideramos os índices de refração que estão indicados?

a) Somente a situação A.
b) Somente as situações A e E.
c) Somente as situações B e C.
d) Somente a situação D.
e) Somente as situações A e D.

Física explica

Fibras ópticas

Fibra óptica

Uma importante aplicação da reflexão total acontece nas **fibras ópticas**, que constituem um recurso interessante e muito utilizado na prática. Comparada aos bons espelhos, que refletem cerca de 80% da luz incidente, a eficiência da reflexão nas fibras ópticas chega perto de 100%. Como possuem um diâmetro muito pequeno e apresentam boa flexibilidade, as fibras ópticas podem até ser entrelaçadas em forma de nó, embora sejam de vidro. A luz é conduzida dentro de um núcleo cilíndrico com alto grau de pureza e com um índice de refração maior que o índice do meio que envolve a fibra, normalmente o ar.

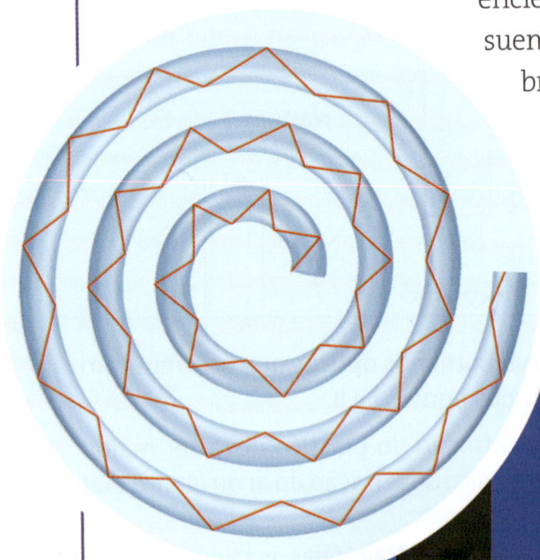

Figura a Representação das várias reflexões totais de uma fibra óptica.

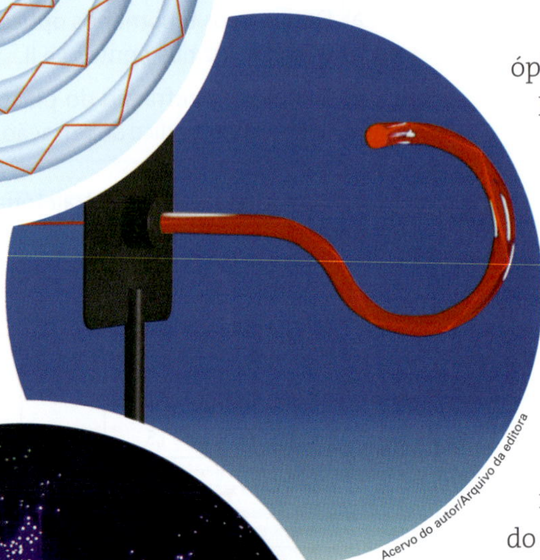

Figura b Propagação da luz no interior de uma matéria transparente com sucessivas reflexões.

Acervo do autor/Arquivo da editora

A figura **a** destaca um raio de luz que sofre sucessivas reflexões totais dentro da fibra óptica, até emergir na outra extremidade. Dentro do material ocorre a difusão, que nos dá a estranha sensação de que a fibra inteira está "acesa" (figuras **b** e **c**).

A figura abaixo representa um pedaço de uma fibra óptica e um raio de luz que sofre reflexões totais dentro da fibra, desde que o ângulo α seja maior que ou igual a 45°.

O uso da fibra óptica vai desde as telecomunicações até exames médicos minuciosos, principalmente do coração e do estômago (endoscopia), sem necessidade de cirurgia.

1. Qual dos dois meios de fibra óptica possui maior índice de refração: o meio 1 ou o 2?
2. O que acontece com o raio de luz se o ângulo α for menor que 45°?

Asharkyu/Shutterstock/Glow Images

Figura c Abajur de várias fibras ópticas.

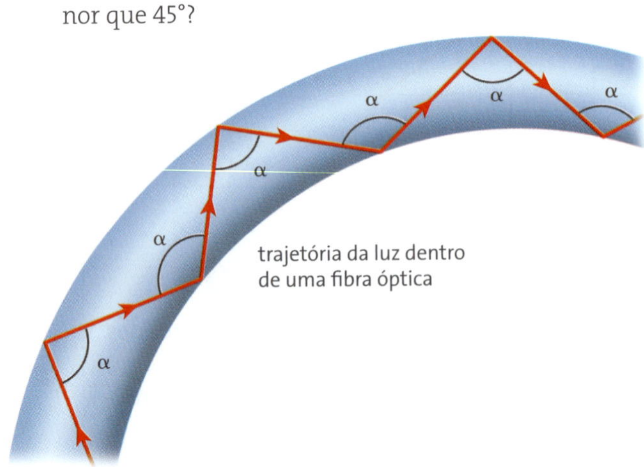

Ilustrações: Paulo Manzi/Arquivo da editora

2 Dioptros planos e lâminas de faces paralelas

Vamos utilizar a lei de Snell-Descartes para demonstrar a relação entre a profundidade real (d_O) e a profundidade aparente (d_I) de um objeto imerso na água. Para isso, vamos considerar um objeto colocado no fundo de uma piscina que será visto por uma pessoa posicionada fora da piscina, conforme mostra a figura 11.10.

A esse par de meios (ar-água) separado por uma superfície plana damos o nome de **dioptro plano**. Genericamente, quaisquer dois meios homogêneos e transparentes, separados por uma superfície plana, constituem um dioptro plano.

Em razão da refração luminosa sofrida pelos raios de luz emitidos pelo objeto *O* que atingem a superfície de separação da água com o ar, o objeto é visto por uma pessoa que está fora da piscina, no ponto *I*, a uma profundidade aparente d_I menor que a profundidade real d_O. Portanto, quando olhamos para objetos dentro de uma piscina, eles aparentam estar a uma profundidade menor. O que vemos é uma **imagem virtual** do objeto.

A relação entre a profundidade aparente (d_I) e a profundidade real (d_O) é obtida por meio da lei de Snell-Descartes. Para ângulos de incidência (*i*) e de refração (*r*) de no máximo 15°, os senos são aproximadamente iguais às tangentes. Assim, de acordo com a figura 11.10, podemos escrever:

$$\text{sen } i = \tan i = \frac{x}{d_O} \text{ e sen } r = \tan r = \frac{x}{d_I}$$

Substituindo na expressão da lei de Snell-Descartes, obtemos:

$$n_{\text{água}} \cdot \frac{x}{d_O} = n_{\text{ar}} \cdot \frac{x}{d_I} \Rightarrow \frac{d_I}{d_O} = \frac{n_{\text{ar}}}{n_{\text{água}}}$$

Note que essa expressão para a determinação da profundidade aparente do objeto só pode ser utilizada quando se consideram pequenos ângulos de incidência, ou seja, o objeto deve ser observado sob incidência praticamente normal.

Vejamos, agora, a situação oposta. Como uma pessoa dentro da água enxerga um objeto fora dela? A figura 11.11 ilustra essa situação.

O objeto *O*, situado a uma altura h_O em relação à superfície da água, em razão da refração, é visto pela pessoa colocada dentro da água na posição *I*, a uma altura h_I.

Por meio de um desenvolvimento semelhante ao anterior, podemos demonstrar que a relação entre a altura aparente (h_I) e a altura real (h_O) é dada por:

$$\frac{h_I}{h_O} = \frac{n_{\text{água}}}{n_{\text{ar}}}$$

Portanto, de dentro da água, uma pessoa vê uma imagem virtual do objeto a uma altura maior que a real.

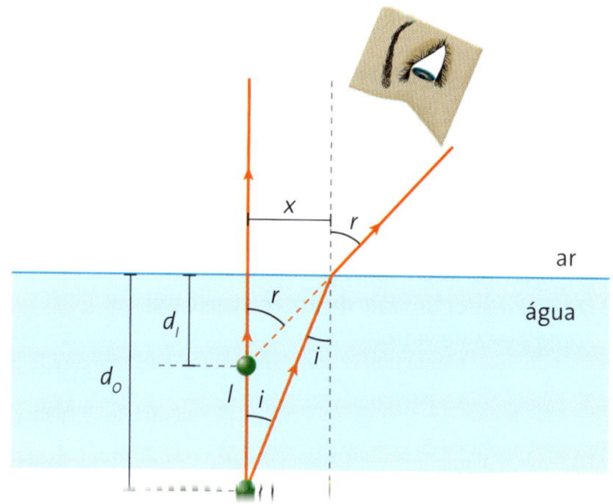

Ilustrações: Formato/Arquivo da editora

Figura 11.10 Representação do comportamento dos raios de luz em um dioptro plano.

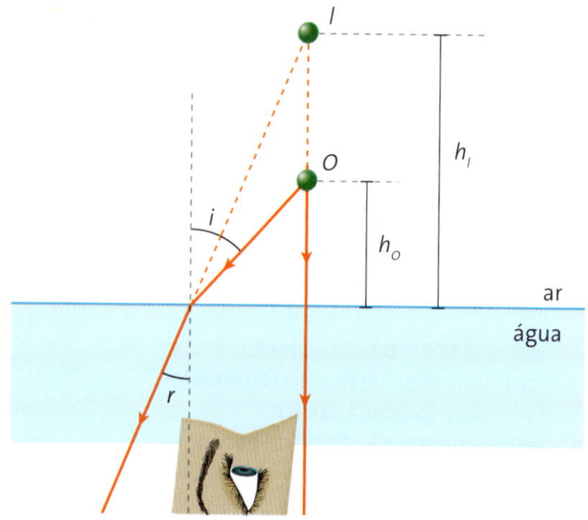

Figura 11.11 Representação dos raios de luz incidindo em uma interface ar-água.

Lâminas de faces paralelas e prismas

Paulo Manzi/ Arquivo da editora

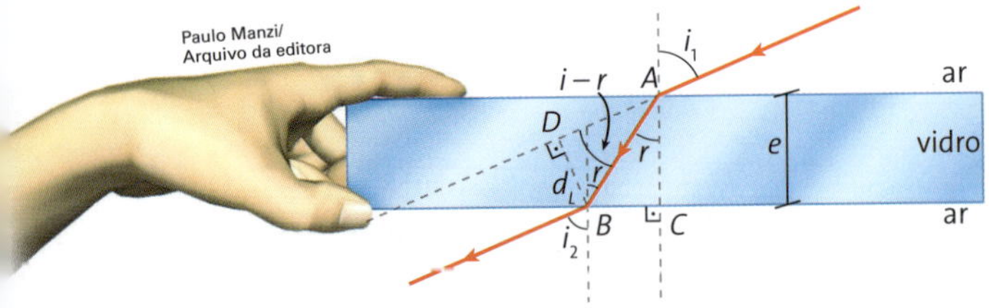

Figura 11.12 Representação da trajetória realizada por um raio de luz ao atravessar uma placa de vidro.

Uma lâmina de faces paralelas é constituída por um conjunto de três meios homogêneos e transparentes – ar, vidro e ar – separados por duas superfícies planas e paralelas. De modo geral, quaisquer três meios que tenham essas características recebem o nome de **lâmina de faces paralelas**. A janela de vidro comum é um bom exemplo desse tipo de lâmina.

Na figura 11.12, temos o comportamento de um raio de luz que atravessa uma placa de vidro imersa no ar.

Observe que o raio de luz, proveniente do ar, ao atravessar a placa de vidro sofre duas refrações: a primeira no ponto *A* e a segunda no ponto *B*. A lei de Snell-Descartes aplicada a esses dois pontos nos fornece:

- Ponto *A* – $n_{ar} \cdot \text{sen } i_1 = n_{vidro} \cdot \text{sen } r$
- Ponto *B* – $n_{vidro} \cdot \text{sen } r = n_{ar} \cdot \text{sen } i_2$

Comparando essas duas expressões, concluímos que os ângulos i_1 e i_2 têm a mesma medida. Portanto, o raio luminoso que emerge da lâmina é paralelo ao raio que incide nela.

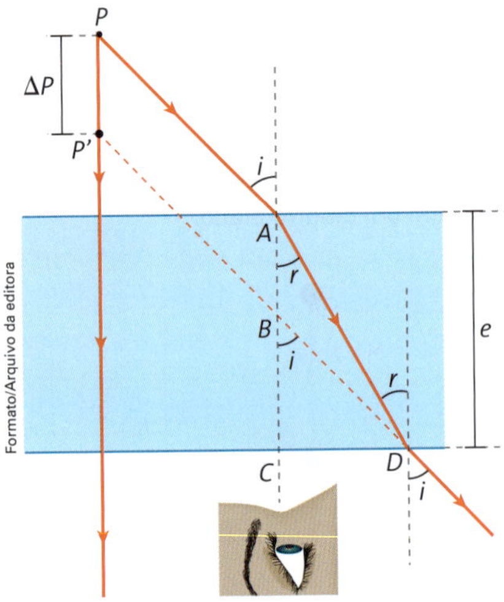

Formato/Arquivo da editora

Figura 11.13 *P* é o ponto objeto e *P'* é o ponto imagem, visto pelo observador na posição indicada. ΔP é o deslocamento: distância do ponto objeto ao ponto imagem.

Quando um raio de luz, emitido pelo objeto luminoso *P*, atravessa uma lâmina de faces paralelas mais refringente que o meio que a envolve, tem-se a impressão de que o raio de luz que emerge da lâmina provém de um ponto *P'* mais próximo, deslocado em relação ao ponto objeto *P*, conforme mostra a figura 11.13.

A imagem *P'* está deslocada ΔP em relação ao objeto *P*, conforme mostra a figura. Esse deslocamento é sempre menor que a espessura da lâmina. Assim, se a espessura da lâmina for desprezível, esse deslocamento também será desprezível.

O para-brisa dos automóveis, os vidros transparentes de janelas, as películas de plástico que recobrem embalagens, ou mesmo os quadros recobertos por uma fina lâmina de vidro são exemplos de lâminas de faces paralelas. Seu uso se justifica exatamente pelo fato de a imagem produzida por essas lâminas ter o mesmo tamanho e praticamente a mesma posição do objeto, ao mesmo tempo que elas protegem contra a ação do vento, da chuva e da poeira (figura 11.14).

Figura 11.14 O para-brisa é um item muito importante para a proteção do motorista, apesar de produzir uma imagem levemente diferente daquela do objeto.

JoeFox/Alamy/Other Images

Exercícios

6. Em virtude do fenômeno da refração luminosa, um objeto imerso na água aparenta estar a uma profundidade menor que a real. A figura mostra uma pessoa dentro de um barco que deseja atingir um peixe com um raio de luz. Na figura, estão representados o peixe na sua posição real (*b*) e sua imagem (*a*) vista pela pessoa. Considere que o peixe e a pessoa estejam parados.

Antonio Robson/Arquivo da editora

a) Para qual ponto, **a** ou **b**, a pessoa deve dirigir o raio de luz para atingir o peixe?

b) Responda à questão anterior supondo que a pessoa use uma lança para atingir o peixe.

7. Em relação à imagem de um objeto visto por um observador através de uma lâmina de faces paralelas, podemos dizer que ela:

a) é real ou virtual?

b) está mais afastada ou mais próxima da lâmina?

8. Um raio luminoso, propagando-se no ar, incide sobre uma parede lateral de um aquário (lâmina de vidro) que separa o ar da água, conforme mostra a figura.

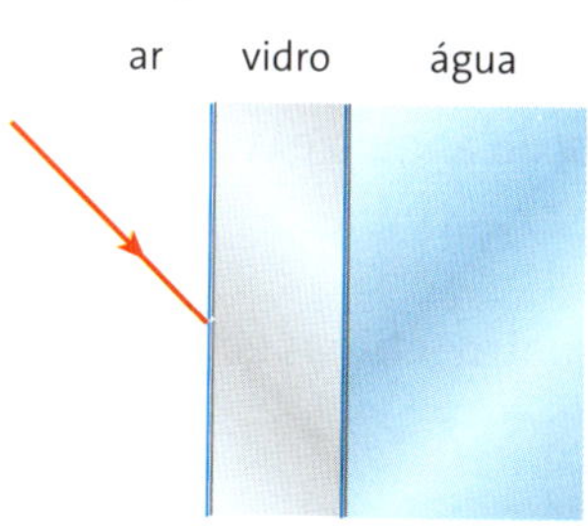

Os índices de refração são: 1,0 para o ar; 1,3 para a água e 1,5 para o vidro.

a) Copie a figura em seu caderno e represente a trajetória do raio de luz.

b) Existe possibilidade de esse raio de luz sofrer reflexão total?

9. As paredes de uma piscina são revestidas com azulejos quadrados de 10 cm de lado. Uma pessoa aproxima-se da piscina, cheia de água, e conta 20 azulejos desde a borda até o fundo. Considere $n_{ar} = 1$ e $n_{água} = \frac{4}{3}$.

Qual é a profundidade real da piscina? Qual é a profundidade aparente da piscina vista pela pessoa?

10. Suponha uma pessoa dentro de uma piscina olhando para um objeto *O* situado fora dela a uma altura h_O em relação ao nível da água. Para essa pessoa, o objeto será visto a uma altura aparente h_I maior que a altura real h_O, conforme mostrado na figura 11.11. Considere $n_{ar} = 1$ e $n_{água} = \frac{4}{3}$. Se a altura real do objeto, em relação ao nível da água, é 1,2 m, determine a altura aparente desse objeto visto pela pessoa.

11. (Fuvest-SP) Um jovem pesca em uma lagoa de água transparente, usando, para isto, uma lança. Ao enxergar um peixe, ele atira sua lança na direção em que o observa. O jovem está fora da água e o peixe está a 1 m abaixo da superfície. A lança atinge a água a uma distância $x = 90$ cm da direção vertical em que o peixe se encontra como ilustra a figura abaixo da tabela.

Note e adote: índice de refração do ar = 1; índice de refração da água = 1,3; lei de Snell: $\frac{v_1}{v_2} = \frac{\text{sen } \theta_1}{\text{sen } \theta_2}$

ângulo θ	**sen θ**	**tan θ**
30	0,50	0,58
40	0,64	0,84
42	0,67	0,90
53	0,80	1,33
60	0,87	1,73

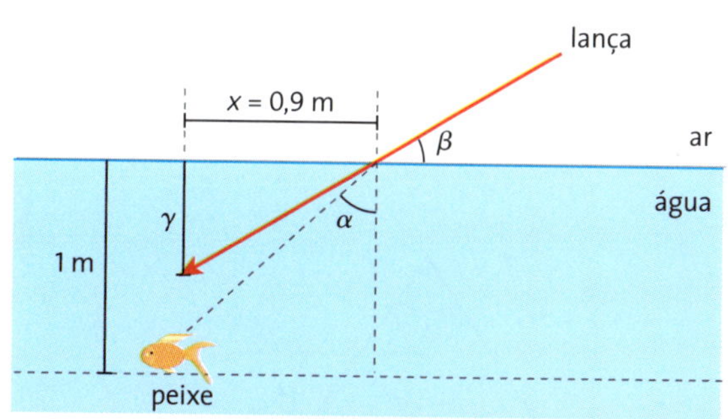

Para essas condições, determine:

a) o ângulo α, de incidência na superfície da água, da luz refletida pelo peixe;

b) o ângulo β que a lança faz com a superfície da água;

c) a distância y, da superfície da água, em que o jovem enxerga o peixe.

3 Prismas

Em Óptica, um bloco de vidro com formato de um prisma, imerso no ar, é chamado simplesmente de **prisma**: conjunto de três meios homogêneos e transparentes (ar-vidro-ar), separados por duas superfícies planas e não paralelas.

Após atingir uma das faces de um prisma, a luz sofre duas refrações, conforme mostra a figura 11.15.

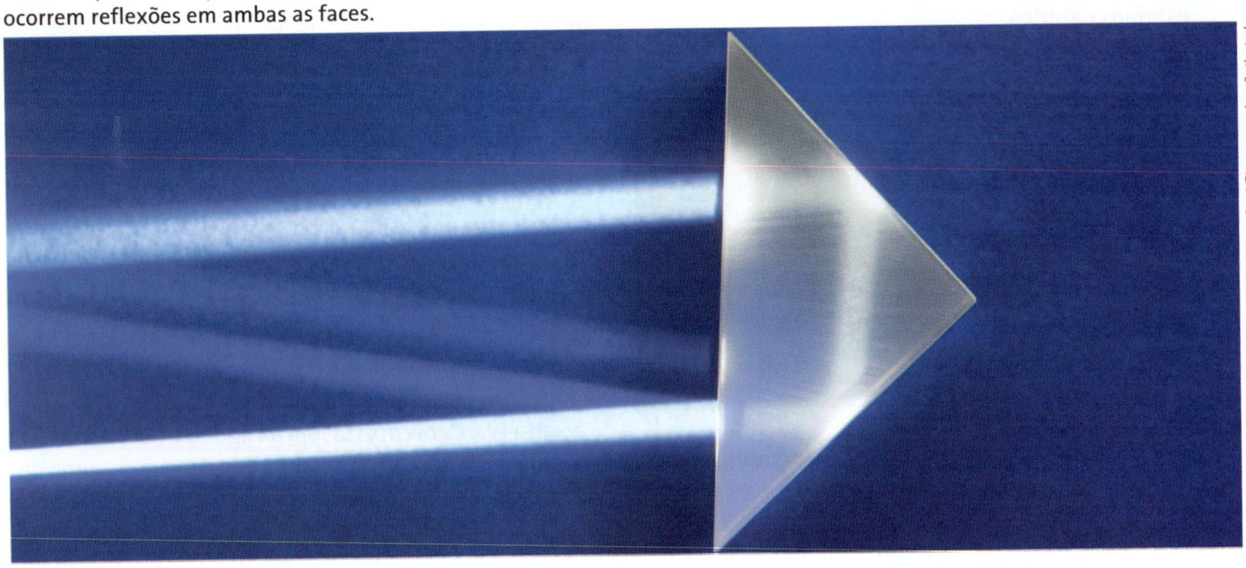

GIPhotoStock/Photoresearchers/Latinstock

Figura 11.15 Nos prismas ocorrem duas refrações com desvio angular (uma em cada face). Observe que também ocorrem reflexões em ambas as faces.

Vamos analisar um prisma de vidro (meio 2) de ângulo de refringência A, imerso no ar (meio 1), como mostra a figura 11.16. Ao incidir no prisma com ângulo i_1, um raio de luz passa por duas refrações e emerge, segundo o ângulo i_2, com sua direção alterada: o raio de luz sofre um deslocamento angular δ.

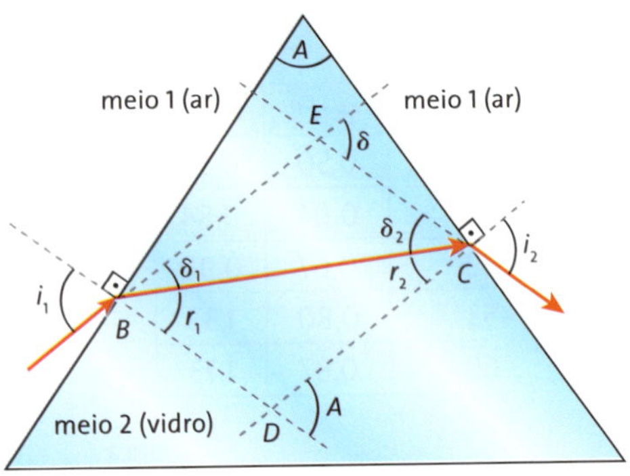

Figura 11.16 Representação da trajetória percorrida pelo raio de luz que incide em um prisma.

Com base no esquema da figura, podemos escrever as seguintes relações:

- $n_1 \cdot \text{sen } i_1 = n_2 \cdot \text{sen } r_1$ (lei de Snell-Descartes no ponto B);
- $n_2 \cdot \text{sen } r = n_1 \cdot \text{sen } i_2$ (lei de Snell-Descartes no ponto C);
- $A = r_1 + r_2$ (teorema do ângulo externo no triângulo BCD);
- $\delta = \delta + \delta_2$ (teorema do ângulo externo no triângulo BCE);
- $\delta_1 = i_1 - r_1$ e $\delta_2 = i_2 - r_2$.

Combinando as quatro últimas equações, obtemos:

$$\delta = i_1 + i_2 - A$$

À medida que variamos o ângulo de incidência (i_1), o desvio angular (δ) também varia. Pode-se mostrar que, no caso de um prisma mais refringente que o meio externo, o desvio por refração é mínimo quando $i_1 = i_2$. Mas, se isso ocorre, temos também $r_1 = r_2$. Vamos, então, chamar esses ângulos simplesmente de i e r. A situação fica exatamente simétrica em relação ao plano bissetor do prisma, como se pode ver na figura 11.17.

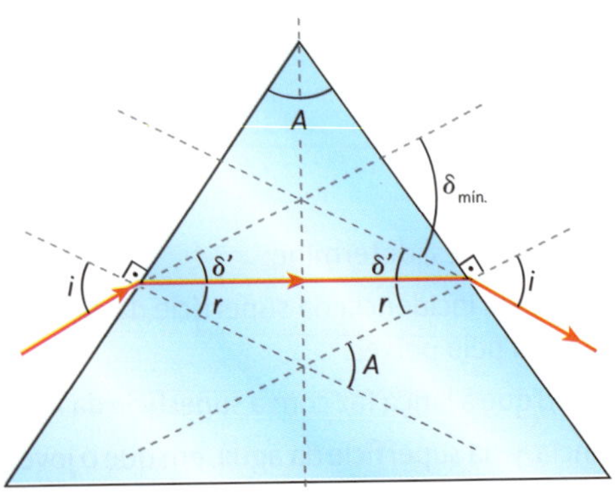

Figura 11.17 Representação da trajetória de um raio de luz quando incide em um prisma.

Em determinados prismas, o raio de luz pode sofrer refração na primeira face e reflexão na segunda. Nesse caso, o prisma recebe o nome de **prisma de reflexão total**.

Na figura 11.18, temos as representações dos raios luminosos nos dois prismas de reflexão total mais utilizados na prática. Ambos têm formato de um triângulo retângulo isósceles, porém estão em posições diferentes em relação à luz incidente.

No prisma de Porro (figura 11.18.a), o raio emergente apresenta a mesma direção do raio incidente, mas sentido contrário. No prisma de Amici (figura 11.18.b), o raio emergente é perpendicular ao raio incidente, em razão da reflexão total. Os prismas de reflexão total possuem grande aplicação prática, principalmente em substituição aos espelhos planos nos instrumentos ópticos.

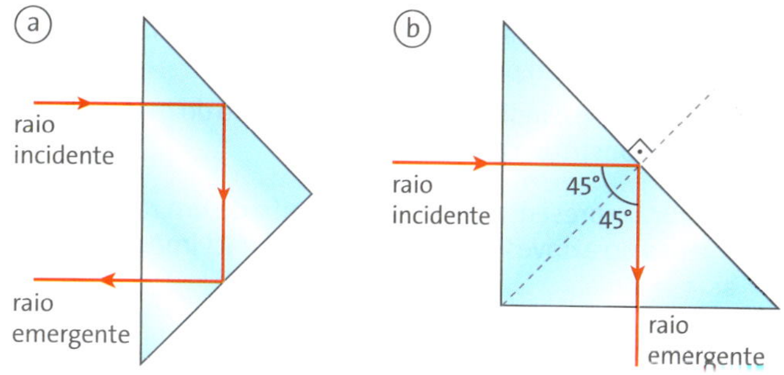

Figura 11.18 Representação de raios luminosos em prismas de reflexão total. Prisma de Porro (a). Prisma de Amici (b).

Exercício resolvido

2. Um raio luminoso monocromático, propagando-se no ar, incide sobre a face de um prisma de ângulo de refringência 75° com ângulo de 45°, conforme ilustra a figura. O material do prisma possui índice de refração 2 para a radiação incidente.

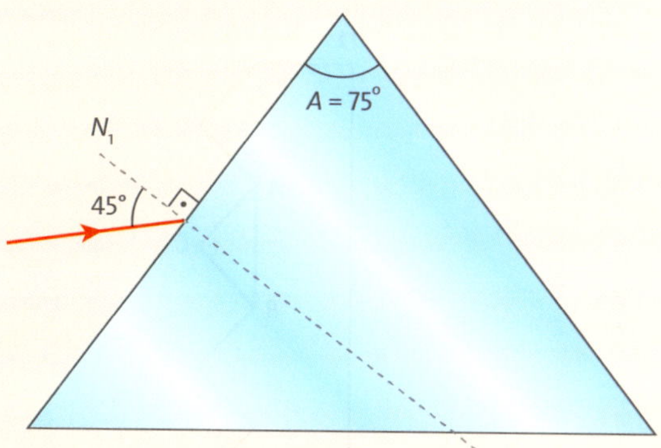

Determine:

a) o ângulo de refração da primeira face (r_1);

b) o desvio angular sofrido nessa primeira refração (δ_1);

c) o ângulo sob o qual o raio incide na segunda face do prisma (r_2);

d) o ângulo sob o qual o raio emerge na segunda face do prisma (i_2);

e) o desvio sofrido nessa segunda refração (δ_2);

f) o desvio total que o raio sofreu ao atravessar o prisma (δ).

Resolução

a) Aplicando a lei de Snell-Descartes na primeira face, temos:

$$n_1 \cdot \text{sen } i_1 = n_2 \cdot \text{sen } r_1 \Rightarrow 1 \cdot \text{sen } 45° = \sqrt{2} \cdot \text{sen } r_1 \Rightarrow$$

$$\Rightarrow \frac{\sqrt{2}}{2} = \sqrt{2} \cdot \text{sen } r_1 \Rightarrow \text{sen } r_1 = \frac{1}{2} \Rightarrow r_1 = 30°$$

b) $\delta_1 = i_1 - r_1 \Rightarrow \delta_1 = 45° - 30° \Rightarrow \delta_1 = 15°$

c) Como $A = r_1 + r_2$, temos $75 = 30 + r_2 \Rightarrow r_2 = 45°$

d) Vamos aplicar a lei de Snell-Descartes para a segunda refração:

$$n_2 \cdot \text{sen } r_2 = n_1 \cdot \text{sen } i_2 \Rightarrow \sqrt{2} \cdot \text{sen } 45° = 1 \cdot \text{sen } i_2 \Rightarrow$$

$$\Rightarrow \text{sen } i_2 = \sqrt{2} \cdot \frac{\sqrt{2}}{2} \Rightarrow \text{sen } i_2 = \frac{1}{2} \Rightarrow i_2 = 90°$$

Portanto, o raio na segunda refração emerge rasante à face direita do prisma.

e) $\delta_2 = i_2 - r_2 \Rightarrow \delta_2 = 90° - 45° \Rightarrow \delta_2 = 45°$

f) O desvio total é dado por:

$$\delta = \delta_1 + \delta_2 \Rightarrow \delta = 15° + 45° \Rightarrow \delta = 60°$$

A trajetória do raio luminoso através do prisma é visualizada na figura.

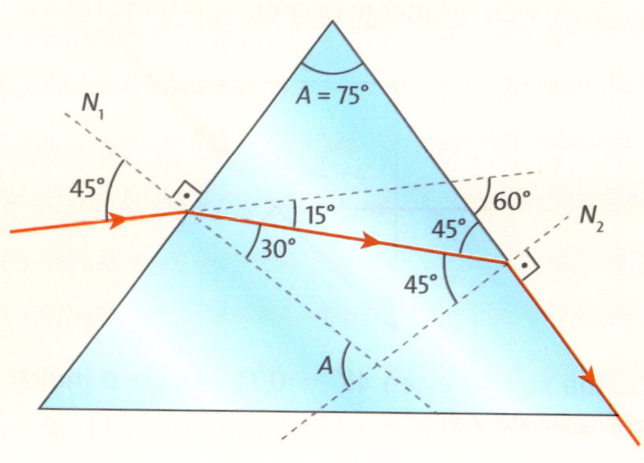

Exercícios

12. Um raio de luz incide com ângulo de 45° sobre uma das faces de um prisma imerso no ar e atravessa o prisma sofrendo desvio mínimo. Sabendo-se que o ângulo de refringência do prisma é 60°:
    a) faça uma figura mostrando a trajetória do raio de luz através do prisma;
    b) determine o índice de refração absoluto do material que constitui o prisma.

13. A figura representa o comportamento de um raio luminoso ao atravessar um prisma de Amici imerso no ar ($n = 1$).

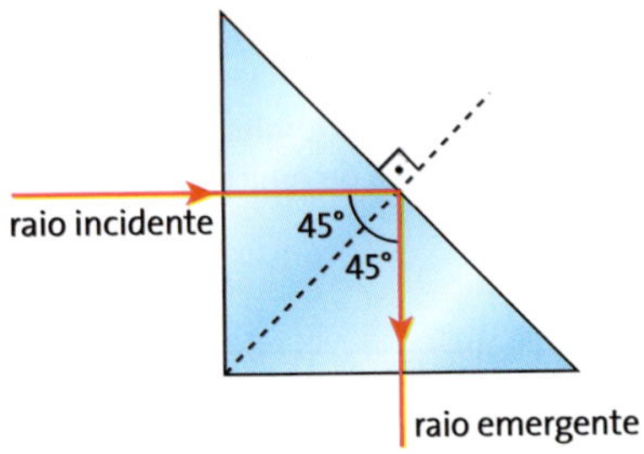

    a) Identifique as refrações e/ou reflexões sofridas pelo raio luminoso ao atravessar o prisma.
    b) Sabendo-se que 45° é o ângulo-limite de incidência, qual é o índice de refração do prisma?

14. Um raio luminoso proveniente do ar atravessa uma placa de vidro de 4,0 cm de espessura e índice de refração 1,5, conforme mostra a figura.

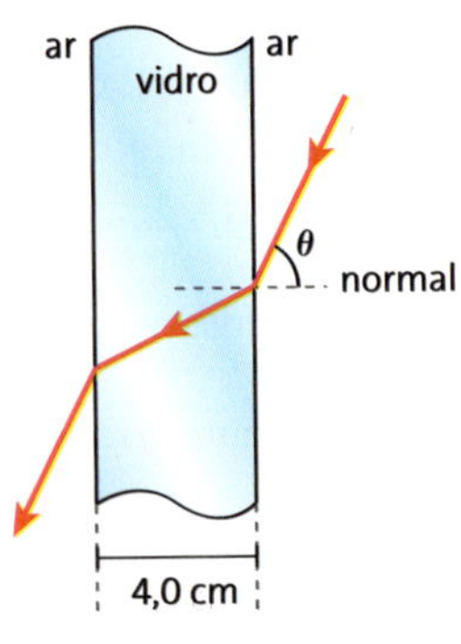

Sabendo que o ângulo de incidência θ do raio luminoso é tal que sen $\theta = 0{,}90$ e que o índice de refração do ar é 1,0, calcule a distância que a luz percorre ao atravessar o prisma.

15. (Cederj) Um feixe de luz monocromático incide perpendicularmente em uma das faces de um prisma triangular de vidro e emerge rasante, conforme figura.

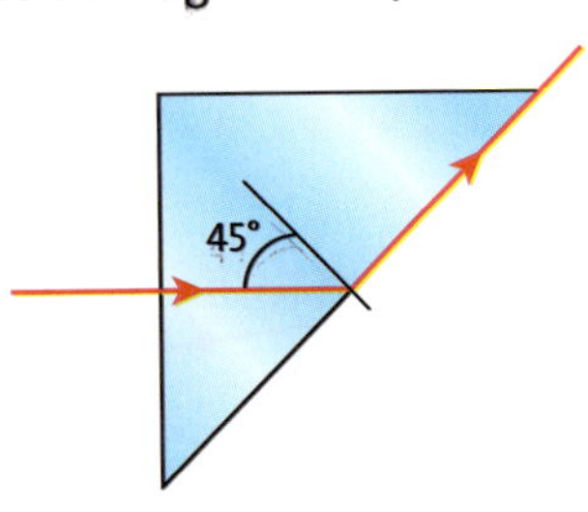

Sendo $n_{ar} = 1$ e sen 45° = 0,71, calcule o índice de refração do vidro.

16. (Ufal) Um prisma de vidro, cujo índice de refração absoluto para a luz monocromática amarela é $\sqrt{3}$, possui ângulo de refringência 60° e está imerso no ar, cujo índice de refração absoluto para a referida luz é *l*. Um raio de luz monocromática amarela incide em uma das faces do prisma sob ângulo de 60°, conforme mostra a figura.

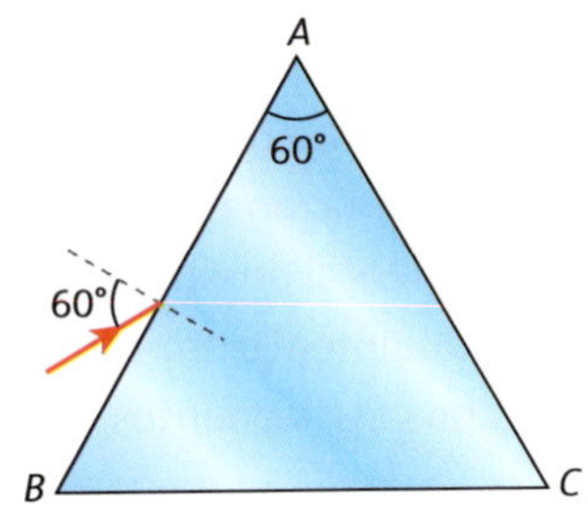

$\left(\text{Dados: sen } 30° = \frac{1}{2}\text{; sen } 45° = \frac{\sqrt{2}}{2}\text{; sen } 60° = \frac{\sqrt{3}}{2}\right)$

Calcule o ângulo de emergência do referido raio de luz na outra face do prisma.

17. (Unicamp-SP) Um tipo de sinalização usado em estradas e avenidas é o chamado olho de gato, o qual consiste na justaposição de vários prismas "retos" feitos de plástico, que refletem a luz incidente dos faróis de automóveis.

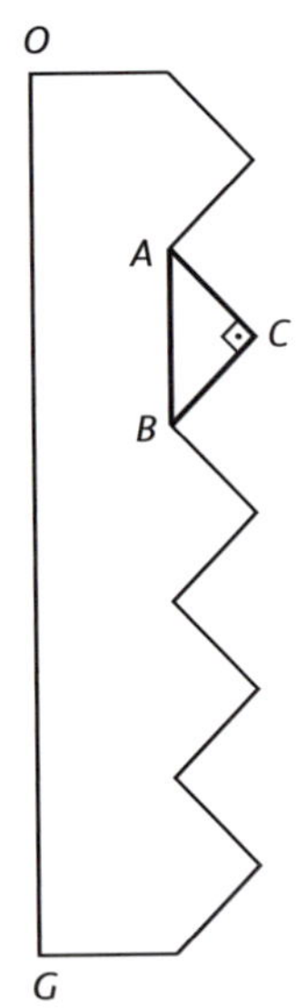

    a) Reproduza o prisma *ABC* indicado na figura e desenhe a trajetória de um raio de luz que incide perpendicularmente sobre a face *OG* e sofre reflexões totais nas superfícies *AC* e *BC*.
    b) Determine o mínimo valor do índice de refração do plástico, acima do qual o prisma funciona como um refletor perfeito (toda a luz que incide perpendicularmente à superfície *OG* é refletida). Considere o prisma no ar, onde o índice de refração vale 1,0.

4 Refração atmosférica e dispersão luminosa

Refração atmosférica

Nos gases, particularmente no ar, o índice de refração diminui com a densidade. Como a densidade do ar atmosférico que envolve a Terra não é constante, à medida que a luz solar (ondas luminosas) atinge camadas mais densas (meios diferentes), sofre sucessivas refrações, delineando uma trajetória curva. Vejamos algumas consequências desse fato.

Suponha que, em uma noite estrelada, uma pessoa observa uma estrela ou um astro qualquer. Ela identifica a posição da estrela por meio da direção da luz recebida. Como a luz proveniente da estrela, ou de um astro qualquer, sofre sucessivas refrações enquanto penetra em nossa atmosfera, a pessoa vê a estrela em uma posição aparente, que não é a real, conforme ilustrado na **figura 11.19**.

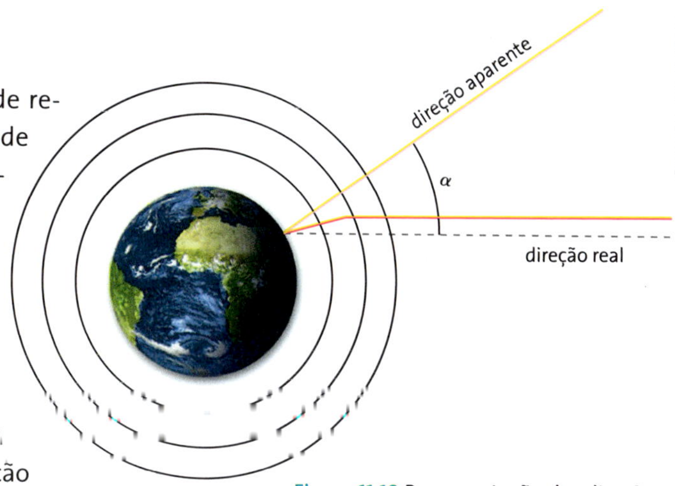

Figura 11.19 Representação das direções aparente e real de um raio de luz na atmosfera terrestre.

Se a estrela observada estivesse exatamente na vertical, a distorção seria nula. A maior distorção ocorre quando a estrela está bem próxima da linha do horizonte. É o que acontece frequentemente com o Sol, no nascente e no poente. Em razão dessa distorção, vemos o Sol dois minutos antes de ele realmente nascer, e continuamos a vê-lo dois minutos após se pôr.

As **miragens** (ou espelhismo) são outro fenômeno associado à variação de densidade do ar atmosférico. Em dias muito ensolarados, o ar próximo do asfalto fica menos denso que o ar das camadas superiores. Então, as ondas luminosas, provenientes de um objeto qualquer, propagando-se de um meio mais denso para um meio menos denso, podem sofrer, rente à superfície do asfalto, o fenômeno da **reflexão total**, em lugar da refração. Em virtude desse fenômeno, por exemplo, uma pessoa dentro de um carro em uma estrada tem a ilusão de que existem poças de água à sua frente, conforme ilustra a **figura 11.20**.

No deserto, esse fenômeno se torna mais impressionante com a produção das famosas miragens de água.

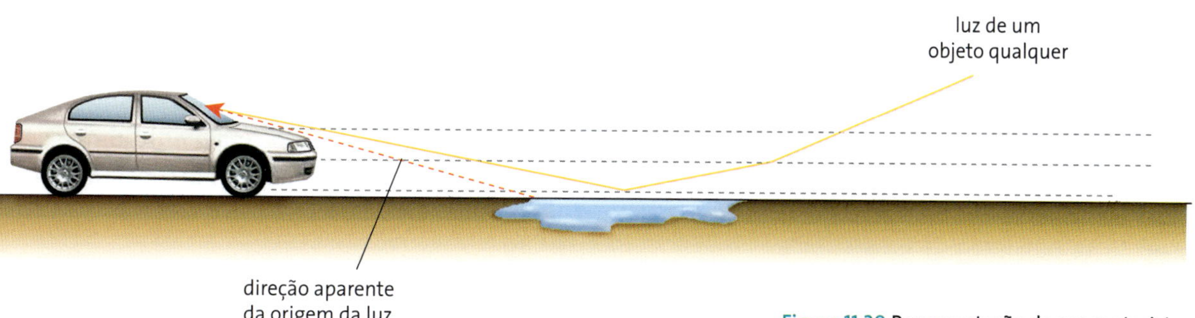

Figura 11.20 Representação de um motorista que está vendo uma miragem.

Dispersão luminosa

A dispersão ocorre porque, além de depender do meio, a velocidade de propagação da onda depende também de outros fatores, tais como a frequência e a amplitude. Esse fenômeno acontece com a luz nos meios materiais, onde ondas de diferentes frequências se propagam com diferentes velocidades. Em razão dessa diferença na velocidade de propagação, a luz se separa em cores ao sofrer refração.

As cores que compõem a luz branca solar são: vermelho, laranja, amarelo, verde, azul, anil e violeta. No vácuo, todas essas componentes propagam-se com a mesma velocidade. No entanto, ao incidir sobre a superfície de separação de dois meios, cada uma refrata com um ângulo diferente, por causa da diferença de velocidade entre elas, separando-se (figura 11.21). Esse fenômeno, que recebe o nome de **dispersão luminosa**, pode tornar-se mais acentuado se a luz sofrer duas refrações seguidas, como pode acontecer nos prismas.

Figura 11.21 Fenômeno da dispersão luminosa.

David Parker/SPL/Latinstock

Um exemplo clássico de dispersão luminosa é o **arco-íris**. Ele se forma em virtude da dispersão da luz branca solar ao incidir nas gotas de água em suspensão na atmosfera. Podemos entender como se processa essa dispersão analisando uma gota isoladamente.

A figura 11.22 ilustra o comportamento de um raio de luz solar ao incidir sobre uma gota de água na atmosfera.

Observe que, depois de sofrer uma refração, uma reflexão e finalmente uma segunda refração, o raio de luz solar se apresenta separado em cores.

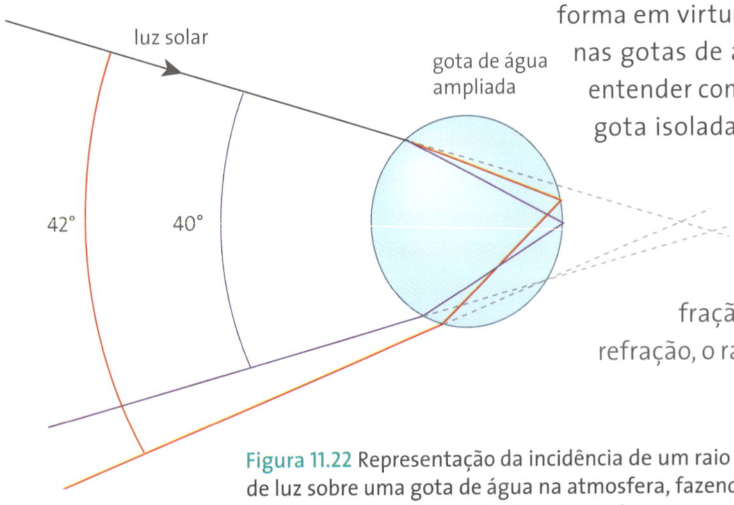

Figura 11.22 Representação da incidência de um raio de luz sobre uma gota de água na atmosfera, fazendo com que ocorra a formação de um arco-íris.

Arco-íris

Uma pessoa que esteja de costas para o Sol e olhando um conjunto de gotas em suspensão na atmosfera (figura 11.23), em qualquer direção que forme um ângulo de 40° com a direção da luz incidente, verá a radiação violeta. Com um ângulo de 42°, a pessoa observará um círculo de cor vermelha. Entre esses dois extremos, podem ser observadas as demais cores do arco-íris.

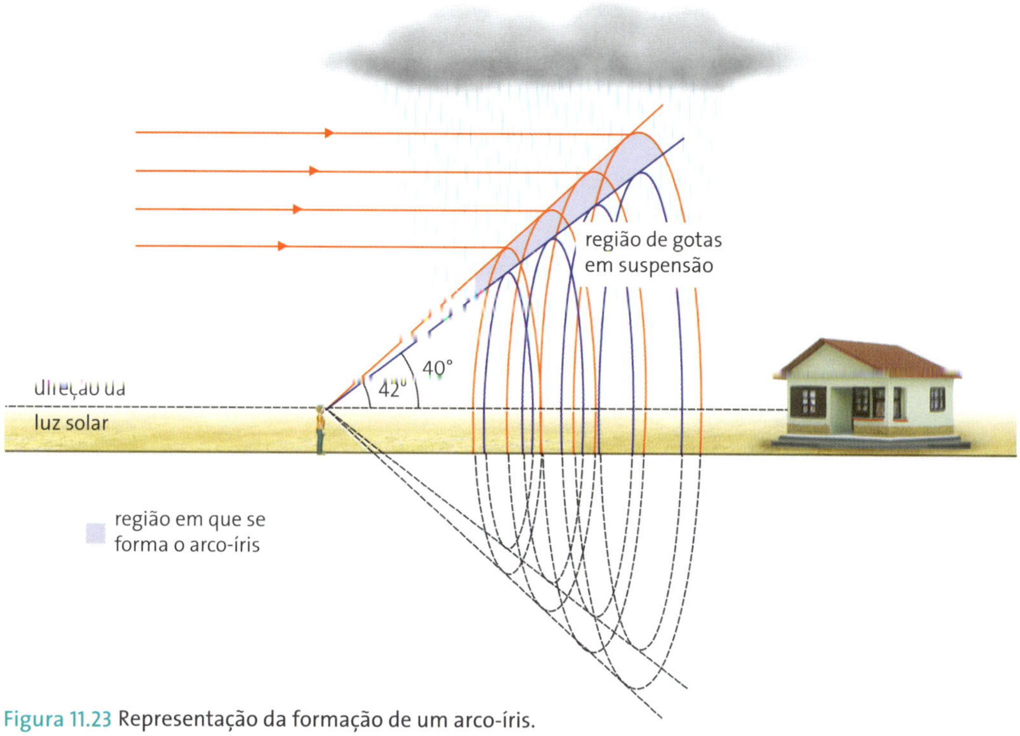

Figura 11.23 Representação da formação de um arco-íris.

Se dentro da gota ocorrer uma segunda reflexão, teremos, além do primeiro, um segundo arco-íris. Como a parcela de luz refletida é menor a cada reflexão, esse segundo arco-íris será bem mais tênue e, portanto, difícil de observar. Quando perceptível, ele aparece acima do primeiro com a sequência de cores invertida (figura 11.24).

Figura 11.24 Formação de dois arco-íris. Observe o tênue segundo arco-íris que aparece um pouco acima do primeiro.

Exercícios

18. Classifique a frase a seguir em verdadeira ou falsa, reescrevendo-a corretamente se estiver falsa.

Nas estradas, em dias quentes, as camadas de ar próximas ao asfalto têm índice de refração menor que as camadas superiores. Esse fato, com os fenômenos da refração e da reflexão total da luz solar, é suficiente para explicar a impressão de "asfalto molhado" que às vezes se tem ao dirigir nas estradas.

19. Quando um feixe de luz branca sofre uma refração em um bloco de vidro, cada cor componente da luz branca sofre um desvio diferente, conforme mostra a figura.

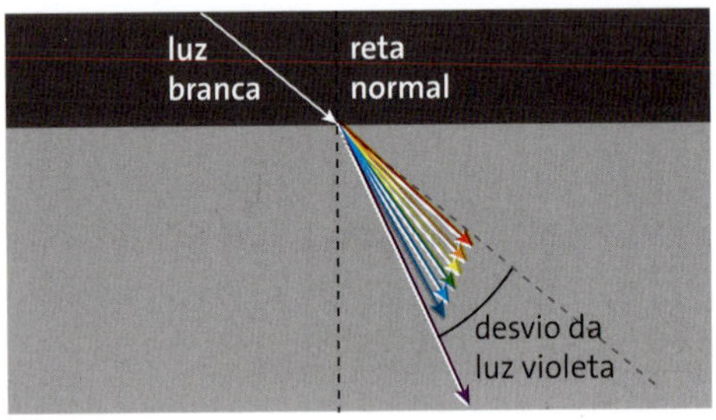

Ilustrações: Formato/Arquivo da editora

Com base na figura e na tabela 11.2, assinale certo ou errado em cada afirmativa, reescrevendo corretamente aquelas que forem assinaladas como erradas.

I. A luz vermelha é a que sofre menor desvio.

II. A luz violeta é a que sofre maior desvio.

III. A luz verde é mais desviada que a luz amarela.

20. Considere um raio de luz, composto de uma radiação azul e uma vermelha, incidindo na superfície de separação entre o ar e um determinado cristal sob ângulo de 60°, conforme mostra a figura.

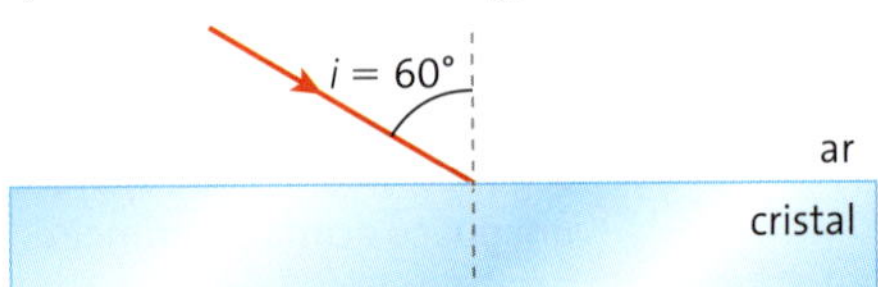

Sabendo-se que os índices de refração para as radiações vermelha e azul, no cristal, são respectivamente, $\frac{\sqrt{6}}{2}$ e $\sqrt{3}$, determine:

a) o ângulo de refração para cada uma das radiações;

b) o ângulo entre os dois raios refratados.

21. Com relação ao arco-íris, assinale certo ou errado em cada afirmativa, reescrevendo corretamente aquelas que forem assinaladas como erradas.

I. Se uma pessoa observa um arco-íris à sua frente, certamente o Sol também está à sua frente.

II. O arco-íris se forma em virtude da dispersão da luz do Sol nas gotas de água.

III. O arco-íris é um fenômeno determinado pela refração e reflexão da luz solar no interior das gotas de chuva.

22. (UFMG) Um feixe de luz branca incide obliquamente sobre a superfície de um lago. Sabe-se que, na água, a velocidade de propagação da luz azul é menor que a da luz vermelha. Considerando essas informações, assinale a alternativa cuja figura melhor representa os raios refletidos e refratados na superfície do lago.

a)
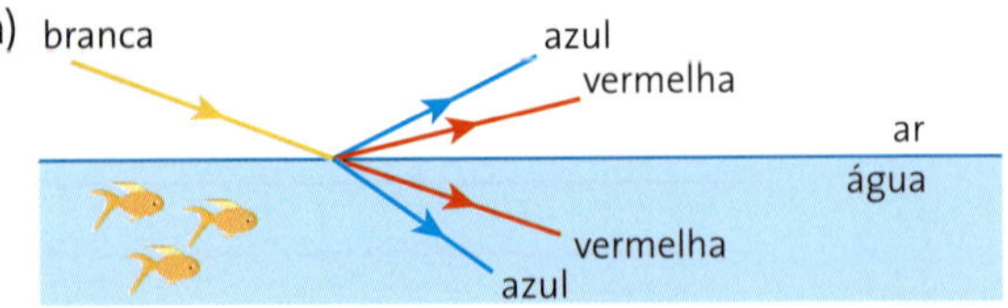

b)
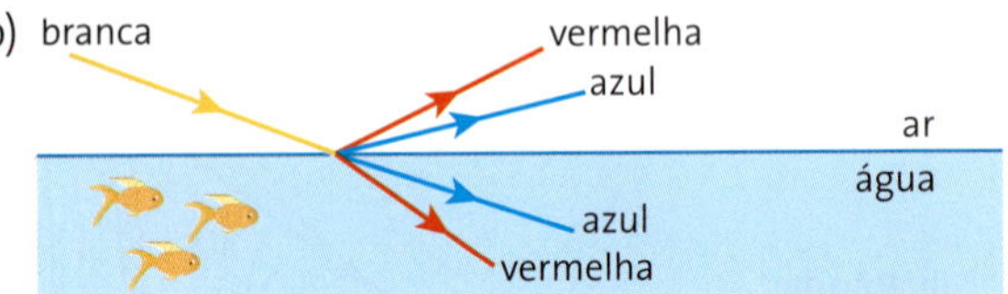

c)
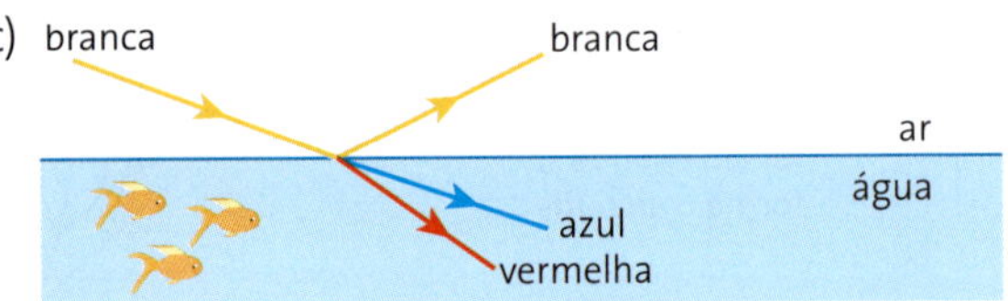

d)
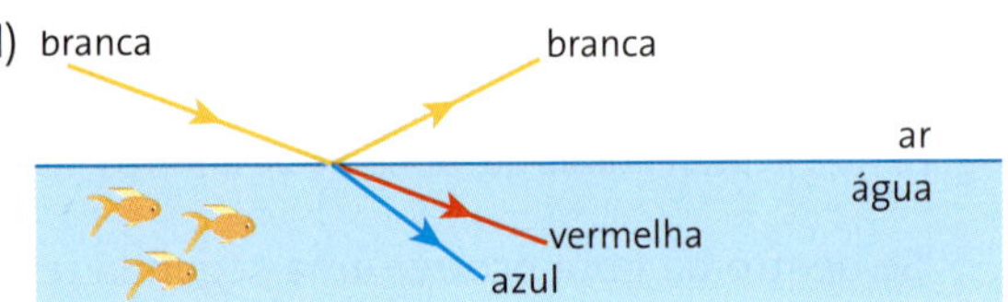

23. (Uespi) O arco-íris é um fenômeno óptico em que a luz do Sol é decomposta em seu espectro de cores (dispersão) pela interação com as gotas de chuva aproximadamente esféricas em suspensão na atmosfera. A figura a seguir mostra esquematicamente como isso ocorre no caso do arco-íris primário.

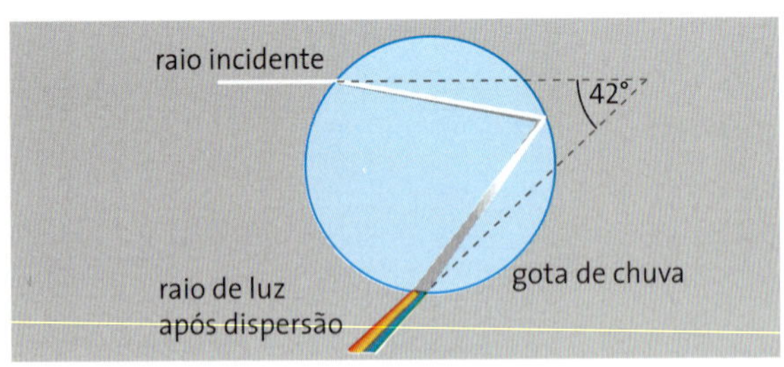

Nela, encontram-se ilustradas:

a) duas refrações e uma reflexão.

b) duas reflexões e uma refração.

c) duas reflexões e duas refrações.

d) três refrações.

e) três reflexões.

EM CONSTRUÇÃO

Willebrord Snell e a lei da refração

O astrônomo, físico e matemático Willebrord van Royen Snell (1580-1626), conhecido como Snellius, nasceu e faleceu em Leiden, na Holanda. Ele iniciou seus estudos na área de Direito na Universidade de Leiden. Nessa época, mostrou grande interesse pela Matemática e, em 1613, assumiu o cargo de professor de Matemática da Universidade de Leiden, substituindo seu pai, Rudolph Snell (1546-1613).

Sunny Celeste/Imagebroker/Glow Images

Cidade de Leiden, em 1884.

Robert Paul Van Beets/Shutterstock/Glow Images

Observatório da cidade de Leiden.

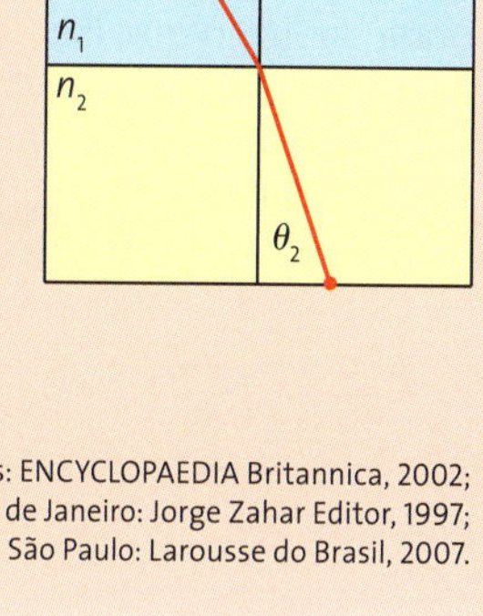

Snell tornou-se conhecido pela lei da refração luminosa que leva o seu nome, conhecida como a "lei dos senos", pois relaciona os índices de refração dos meios com os senos dos ângulos de incidência e de refração.

$$n_1 \cdot \text{sen } \theta_1 = n_2 \cdot \text{sen } \theta_2$$

Snell publicou importantes trabalhos, como o método para medir o raio da Terra por meio da determinação da longitude de um arco de meridiano calculado mediante a triangulação. Esse trabalho é considerado a base da geodésia.

Em sua homenagem, uma cratera lunar leva o seu nome: Snellius.

Fontes: ENCYCLOPAEDIA Britannica, 2002;
RONAN, Colin A. *História ilustrada da ciência*. III: da renascença à revolução científica. Rio de Janeiro: Jorge Zahar Editor, 1997;
DICIONÁRIO enciclopédico ilustrado Larousse. São Paulo: Larousse do Brasil, 2007.

Pensando no Enem

1. Alguns povos indígenas ainda preservam suas tradições realizando a pesca com lanças, demonstrando uma notável habilidade. Para fisgar um peixe em um lago com águas tranquilas o índio deve mirar abaixo da posição em que enxerga o peixe. Ele deve proceder dessa forma porque os raios de luz:

   a) refletidos pelo peixe não descrevem uma trajetória retilínea no interior da água.
   b) emitidos pelos olhos do índio desviam sua trajetória quando passam do ar para a água.
   c) espalhados pelo peixe são refletidos pela superfície da água.
   d) emitidos pelos olhos são espalhados pela superfície da água.
   e) refletidos pelo peixe desviam sua trajetória quando passam da água para o ar.

Resolução

O peixe pode ser visto pelo índio pois existem raios de luz que o iluminam e são por ele refletidos e se transmitem da água para o ar até os olhos do índio. Como a luz ao passar da água para o ar sofre refração, a direção dos raios de luz se altera e isso leva à formação de uma imagem do peixe em uma posição mais acima do que a sua posição real. O índio vê a imagem, mas quer acertar o peixe; por isso, instintivamente e por causa de seu conhecimento da natureza, joga a lança abaixo da posição em que vê o peixe. Essa situação é análoga àquela esquematizada na figura 11.10, na página 303, deste capítulo. Assim, a alternativa correta é a **e**.

2. Um grupo de cientistas liderado por pesquisadores do Instituto de Tecnologia da Califórnia (Caltech), nos Estados Unidos, construiu o primeiro metamaterial que apresenta valor negativo do índice de refração relativo para a luz visível. Denomina-se metamaterial um material óptico artificial, tridimensional, formado por pequenas estruturas menores do que o comprimento de onda da luz, o que lhe dá propriedades e comportamentos que não são encontrados em materiais naturais. Esse material tem sido chamado de "canhoto".

Disponível em: <http://inovacaotecnologica.com.br>. Acesso em: 28 abr. 2010 (adaptado).

Considerando o comportamento atípico desse metamaterial, qual é a figura que representa a refração da luz ao passar do ar para esse meio?

a)
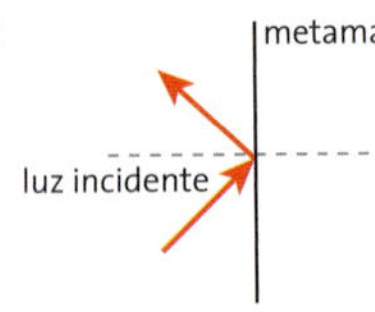

b)
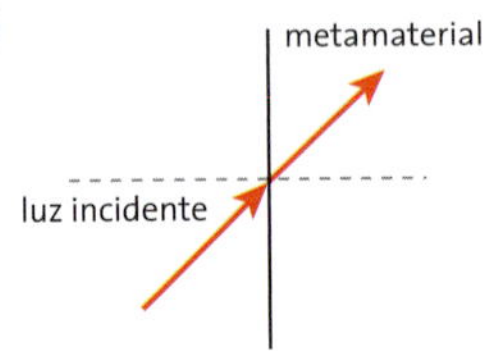

c)
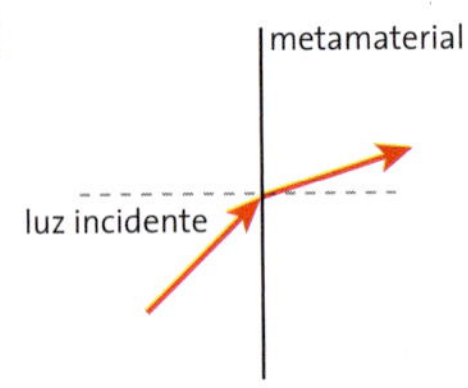

d)
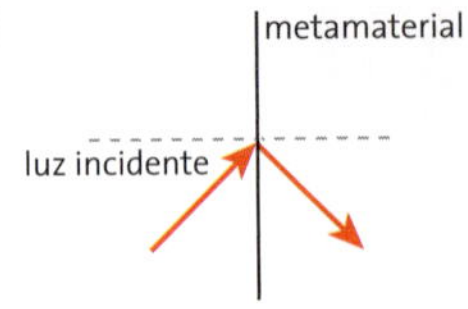

e)
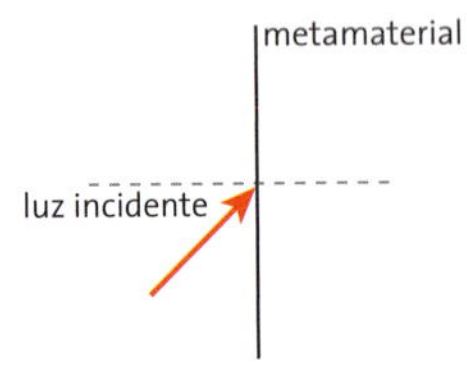

Resolução

Para resolver esta questão, podemos aplicar a lei de Snell-Descartes: sendo θ_{ar} o ângulo de incidência no ar e θ_m o ângulo de refração no metamaterial, e n_{ar} e n_m os índices de refração do ar do metamaterial, respectivamente, temos:

$$n_{ar} \cdot \text{sen } \theta_{ar} = n_m \cdot \text{sen } \theta_m \Rightarrow n_m = \frac{n_{ar} \cdot \text{sen } \theta_{ar}}{\text{sen } \theta_m}$$

Como $\theta_{ar} < 90°$, sabemos que o valor do sen θ_{ar} é positivo, assim como n_{ar}. Mas, segundo o enunciado, o metamaterial tem índice de refração negativo, então, de acordo com a expressão acima, sen θ_m deve ser necessariamente negativo. Ora, valores de seno negativo ocorrem para ângulos entre 180° e 360°, assim concluímos que:

$$180° < \theta_m < 360°$$

A única alternativa que está de acordo com a conclusão acima, conforme evidencia a figura ao lado, é a alternativa **d**.

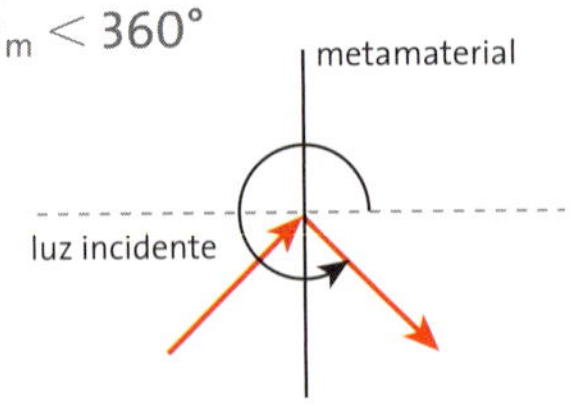

Vestibulares de Norte a Sul

1. **SE** (UFSJ-MG) Em relação à propagação da luz, é CORRETO afirmar que:
   a) o fenômeno da refração da luz acontece porque a velocidade da luz é a mesma em qualquer meio.
   b) quando um raio de luz atinge uma superfície refletora e é refletido, os ângulos de incidência e reflexão são sempre diferentes.
   c) a velocidade da luz depende do meio em que ela se propaga.
   d) a Lua é uma fonte de luz, pois podemos enxergá-la inclusive em noites escuras.

2. **CO** (UFGD-MS) A figura a seguir é uma representação de um lápis mergulhado em um copo cheio com dois materiais desconhecidos (I e II).

Formato/Arquivo da editora

Modificado de: <http://revistaescola.abril.com.br/ensino-medio/filmes-3d-548740.shtml>

Sobre essa figura, é correto afirmar que:
   a) o índice de refração do material I é maior que o do material II.
   b) o índice de refração do material I é igual ao do material II.
   c) o índice de refração do material I é menor que o do material II.
   d) o índice de refração do copo é igual aos dos materiais I e II.
   e) não se pode afirmar nada sobre os índices de refração dos dois materiais.

3. **SE** (UFU-MG) Deseja-se determinar o índice de refração absoluto de um prisma de seção transversal triangular equilátera. Para tanto, faz-se incidir um raio luminoso monocromático numa das faces do prisma de tal modo que a incidência corresponda à do desvio mínimo, no caso igual a 60°. Sabendo-se que o prisma encontra-se em um meio onde a velocidade da luz é a mesma que no vácuo, o índice de refração procurado é:

   a) $\sqrt{3}$. b) $\frac{\sqrt{3}}{2}$. c) $\frac{\sqrt{2}}{2}$. d) $\frac{3}{2}$. e) $\frac{1}{3}$.

4. **SE** (Vunesp-SP) Um feixe luminoso, constituído de luz azul e vermelha, propagando-se no ar, incide sobre uma superfície de vidro. Sabendo-se que o índice de refração do vidro para a luz azul é maior que para a vermelha, a figura que melhor representa a refração da luz azul e vermelha é:

a)

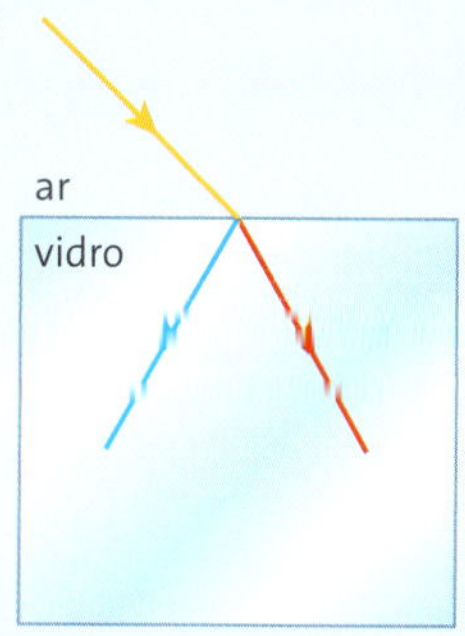

b)

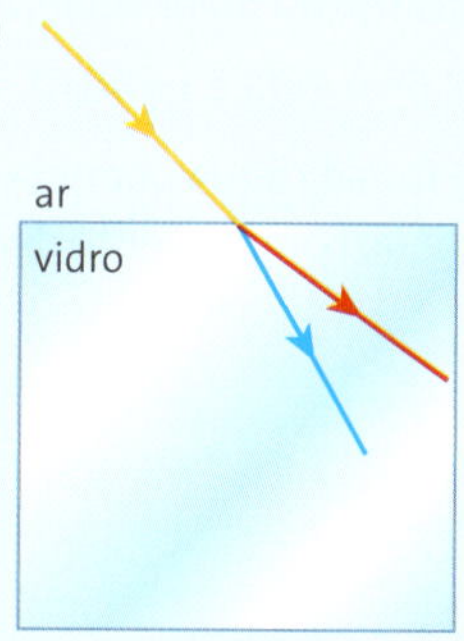

c)

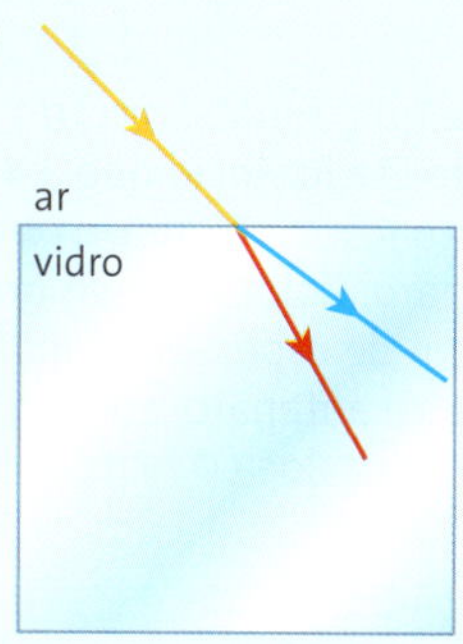

d)

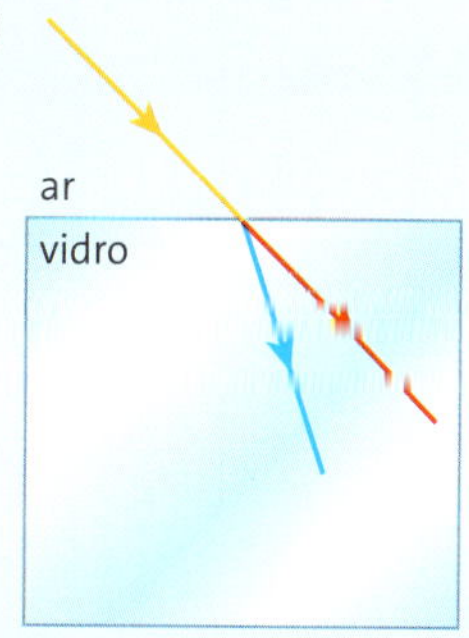

e)

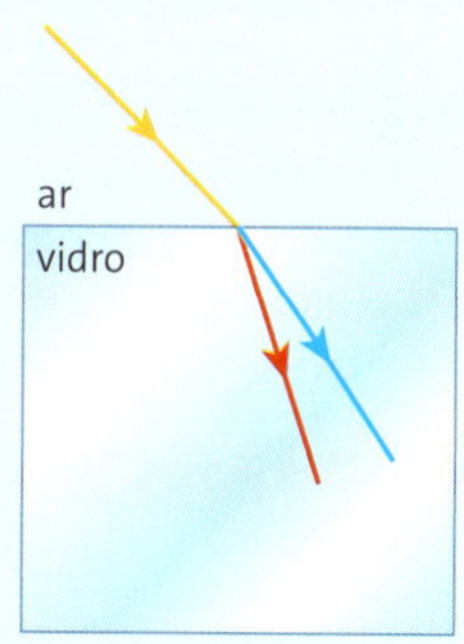

5. **SE** (Uerj) Um raio luminoso monocromático, inicialmente deslocando-se no vácuo, incide de modo perpendicular à superfície de um meio transparente, ou seja, com ângulo de incidência igual a 0°. Após incidir sobre essa superfície, sua velocidade é reduzida a $\frac{5}{6}$ do valor no vácuo.

   Utilizando a relação $\frac{\text{sen } \theta_1}{\text{sen } \theta_2} = \frac{\theta_1}{\theta_2}$ para ângulos menores que 10°, estime o ângulo de refringência quando o raio atinge o meio transparente com um ângulo de incidência igual a 3°.

6. **SE** (Vunesp-SP) Uma haste luminosa de 2,5 m de comprimento está presa verticalmente a uma boia opaca circular de 2,26 m de raio, que flutua nas águas paradas e transparentes de uma piscina, como mostra a figura. Devido à presença da boia e ao fenômeno da reflexão total da luz, apenas uma parte da haste pode ser vista por observadores que estejam fora da água.

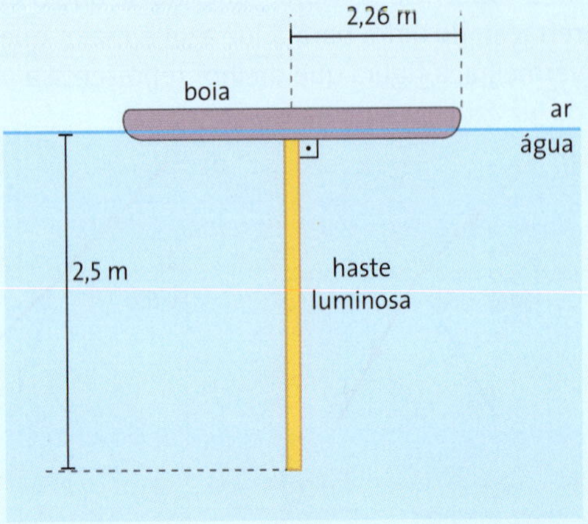

Fora de escala

Considere que o índice de refração do ar seja 1,0, o da água da piscina $\frac{4}{3}$, sen 48,6° = 0,75 e tg 48,6° = 1,13. Um observador que esteja fora da água poderá ver, no máximo, uma porcentagem do comprimento da haste igual a:

a) 70%.

b) 60%.

c) 50%.

d) 20%.

e) 40%.

7. **S** (UEL-PR) A figura, a seguir, representa um anteparo *A*, um pequeno objeto *O* e luz incidindo a 45° em relação ao anteparo. Na situação da figura, o objeto *O* faz sombra sobre o anteparo. Colocando-se uma lâmina *L* de vidro, com Δx cm de espessura e índice de refração $n_2 = \sqrt{2}$, paralela ao anteparo, entre o anteparo e o objeto, a sombra se desloca 0,7 cm.

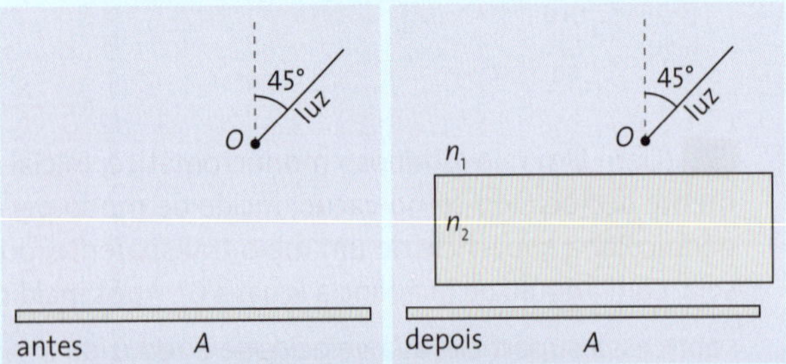

a) Faça um esboço da trajetória do raio de luz através da lâmina até alcançar o anteparo *A*.

b) Calcule a espessura da lâmina de vidro que produz esse deslocamento da sombra no anteparo *A* (adote $\sqrt{3} = 1,7$).

Apresente os cálculos realizados na resolução deste item.

8. **NE** (UFPE) A figura mostra um par de fibras ópticas, *A* e *B*, dispostas paralelamente e de mesmo comprimento. Um pulso de luz é disparado em uma das extremidades das fibras. A luz se propaga, parte pela fibra *A*, levando o tempo Δt_A para percorrer a fibra *A*, e parte pela fibra *B*, levando o tempo Δt_B para percorrer a fibra *B*. Os índices de refração dos materiais das fibras *A* e *B* são, respectivamente, $n_A = 1,8$ e $n_B = 1,5$. Calcule o atraso percentual da luz que vem pela fibra *A*, em relação à que vem pela fibra *B*. Ou seja, determine a quantidade $\left(\frac{\Delta t_A}{\Delta t_B} - 1\right) \times 100\%$.

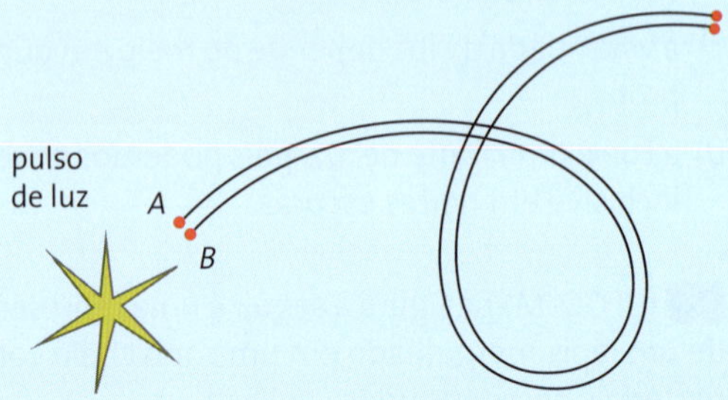

9. **N** (UFPA) Os indígenas amazônicos comumente pescam com arco e flecha. Já na Ásia e na Austrália, o peixe-arqueiro captura insetos, os quais ele derruba sobre a água, acertando-os com jatos disparados de sua boca. Em ambos os casos, a presa e o caçador encontram-se em meios diferentes. As figuras a seguir mostram qual é a posição da imagem da presa, conforme vista pelo caçador, em cada situação.

João Xavier de Campos/Arquivo da editora

Identifique, em cada caso, em qual dos pontos mostrados o caçador deve fazer pontaria para maximizar suas chances de acertar a presa.

a) Homem em *A*; peixe-arqueiro em 1.

b) Homem em *A*; peixe-arqueiro em 3.

c) Homem em *B*; peixe-arqueiro em 2.

d) Homem em *C*; peixe-arqueiro em 1.

e) Homem em *C*; peixe-arqueiro em 3.

CAPÍTULO

12 Instrumentos ópticos

Ilker Gurer/GalleryStock/Latinstock

As lentes esféricas proporcionam a visão do grande ao pequeno em escalas adequadas.

1 Lentes esféricas

As lentes são os dispositivos ópticos de maior aplicação prática. Basta observar a quantidade de pessoas que delas se utilizam para corrigir anomalias da visão. Além disso, são vastas as aplicações em instrumentos ópticos, como máquinas fotográficas, microscópios, lunetas, projetores de *slides*, etc.

Vamos analisar o comportamento da luz ao atravessar uma lente, com a correspondente formação de imagem. Em lentes esféricas, a formação de imagens mais próximas ou mais afastadas, ampliadas (figura 12.1.a) ou reduzidas (figura 12.1.b) é decorrente do fenômeno da refração luminosa.

Figura 12.1 Lentes que ampliam imagens (**a**) refratam a luz de maneira diferente das lentes que reduzem imagens (**b**).

Figura 12.2 Principais elementos de uma lente esférica delgada.

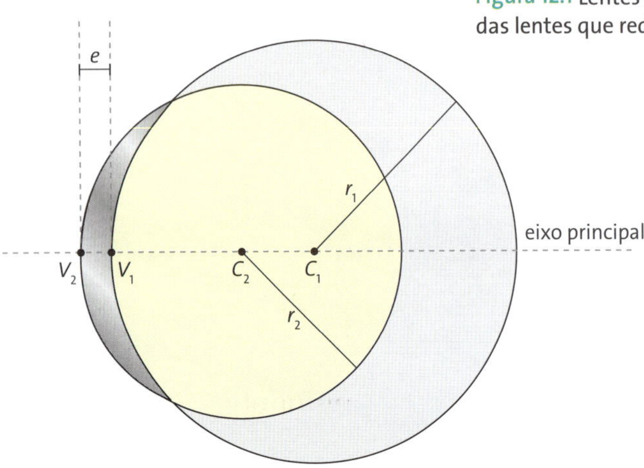

Com base na figura 12.2, vamos destacar os principais elementos de uma lente:

- C_1 e C_2 – centros de curvatura das superfícies;
- r_1 e r_2 – raios de curvatura da lente;
- V_1 e V_2 – vértices da lente;
- *e* – espessura da lente;
- **eixo principal** – reta que contém os pontos C_1 e C_2.

As lentes esféricas são classificadas de acordo com a face (côncava, convexa ou plana) que possui maior raio de curvatura. Existem seis tipos de lentes esféricas, conforme mostra a figura 12.3.

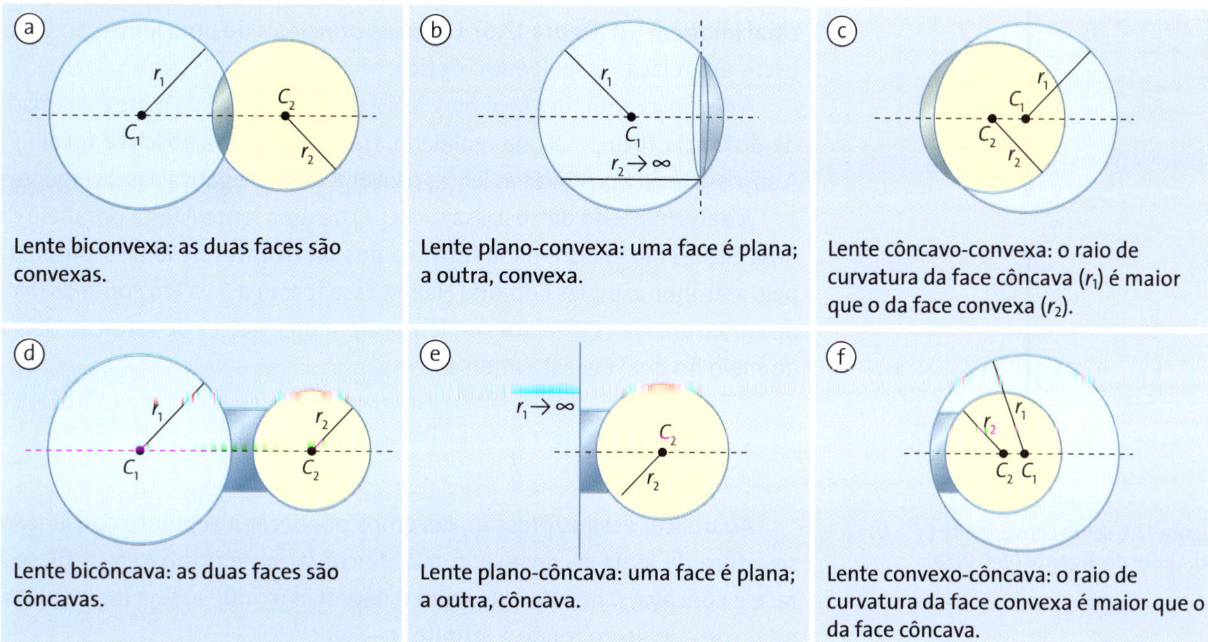

Figura 12.3 Tipos de lentes esféricas.

De acordo com a figura, temos três lentes convexas: biconvexa (**a**), plano-convexa (**b**) e côncavo-convexa (**c**); e três lentes côncavas: bicôncava (**d**), plano-côncava (**e**) e convexo-côncava (**f**). Observe que as lentes convexas têm bordas finas, ao passo que as côncavas possuem bordas grossas.

Geralmente, as lentes são utilizadas imersas no ar. Nessas condições, as lentes convexas são convergentes e as côncavas, divergentes. As figuras 12.4 e 12.5 ilustram o comportamento óptico das lentes convergentes e das divergentes, bem como a representação de cada uma.

Observe que, nas representações esquemáticas das figuras abaixo, as espessuras (e) das lentes foram desprezadas, pois, em geral, as superfícies encontram-se suficientemente próximas uma da outra.

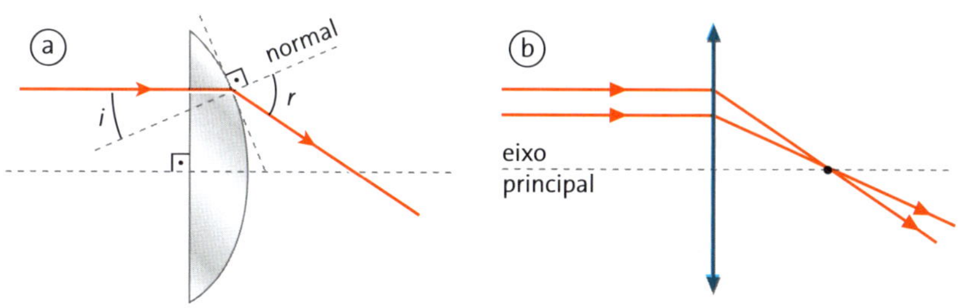

Figura 12.4 Representação do comportamento dos raios de luz em uma lente convergente (**a**). Representação geométrica do comportamento dos raios de luz em uma lente convergente (**b**).

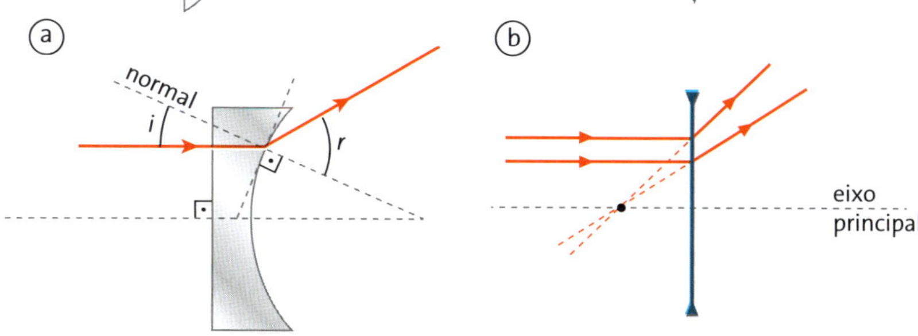

Figura 12.5 Representação do comportamento dos raios de luz em uma lente divergente (**a**). Representação geométrica do comportamento dos raios de luz em uma lente divergente (**b**).

Pontos notáveis

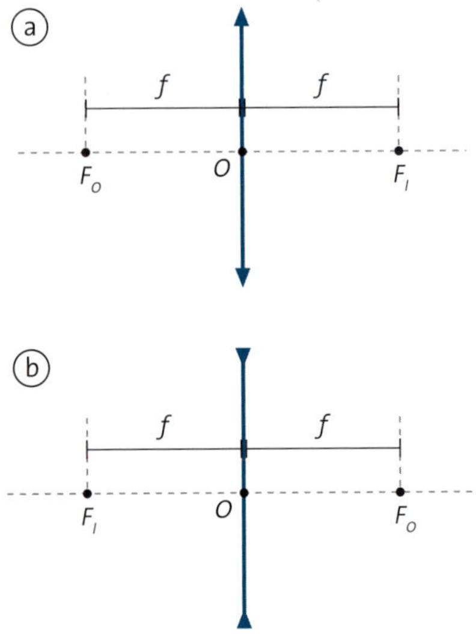

Figura 12.6 Lente convergente ($f > 0$) (**a**). Lente divergente ($f < 0$) (**b**).

Nas lentes convergentes e nas divergentes, destacamos os seguintes pontos notáveis: **centro óptico** (O), **foco principal objeto** (F_O) e **foco principal imagem** (F_I) (**figura 12.6**). Os focos principais de uma lente são simétricos em relação a seu centro óptico.

A distância entre um foco principal e o centro óptico da lente é chamada de **distância focal**, mas, na realidade, trata-se de uma **abscissa focal** (f). A abscissa focal é positiva nas lentes convergentes e negativa nas divergentes.

A determinação da abscissa focal (f) de uma lente é feita por meio de uma expressão denominada **fórmula dos fabricantes de lentes**, proposta pelo astrônomo inglês Edmond Halley. Essa fórmula leva em conta os raios de curvatura r_1 e r_2 das faces da lente, além dos índices de refração dela e do meio no qual ela está imersa:

$$\frac{1}{f} = \left(\frac{n_{\text{lente}}}{n_{\text{meio}}} - 1\right) \cdot \left(\frac{1}{r_1} + \frac{1}{r_2}\right)$$

Ao utilizar essa expressão, devemos obedecer à seguinte convenção: se a face da lente é convexa, o raio de curvatura é positivo ($r > 0$); se a face é côncava, o raio de curvatura é negativo ($r < 0$); e, se a face é plana, o raio de curvatura tende a infinito ($r \rightarrow \infty$).

O inverso da abscissa focal, em metros, é definido como a **convergência** (C) da lente (antigamente o nome era vergência). A convergência de uma lente possui o mesmo sinal da abscissa focal e é dada por:

$$C = \frac{1}{f}$$

No Sistema Internacional (SI), a unidade de convergência é a **dioptria** (di), tal que $1 \text{ di} = \frac{1}{m} = m^{-1}$. Popularmente, a unidade de convergência (dioptria) é chamada de "grau". As pessoas geralmente se referem às lentes dos óculos como sendo, por exemplo, de 2 graus e não de 2 dioptrias.

Observe na **figura 12.7** que, quanto menor a abscissa focal de uma lente, maior o seu módulo de convergência e, consequentemente, maior sua capacidade de desviar a luz que incide sobre ela.

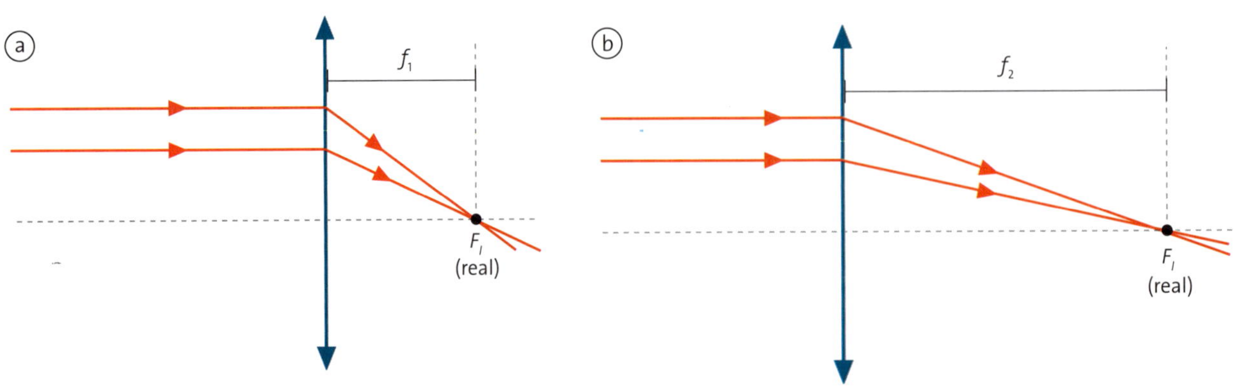

Figura 12.7 A lente (**a**) apresenta convergência maior que a lente (**b**). Por isso, o desvio da luz na lente (**a**) é maior que o desvio da luz na lente (**b**).

Focos secundários

Situados em planos paralelos à lente, numa distância igual à abscissa focal, temos dois planos denominados planos focais. Qualquer reta que contenha o centro óptico da lente é denominada eixo. A intersecção de qualquer dessas retas com os planos focais determina os focos. Em particular, se a reta for o eixo principal, obtemos os focos principais; fora desta condição obtemos os **focos secundários**. As figuras 12.8 e 12.9 ilustram os focos secundários imagem e objeto, para a lente convergente e para a lente divergente. Observe que na lente convergente das duas figuras os focos secundários objeto e imagem estão em lados opostos. O mesmo ocorre para a lente divergente.

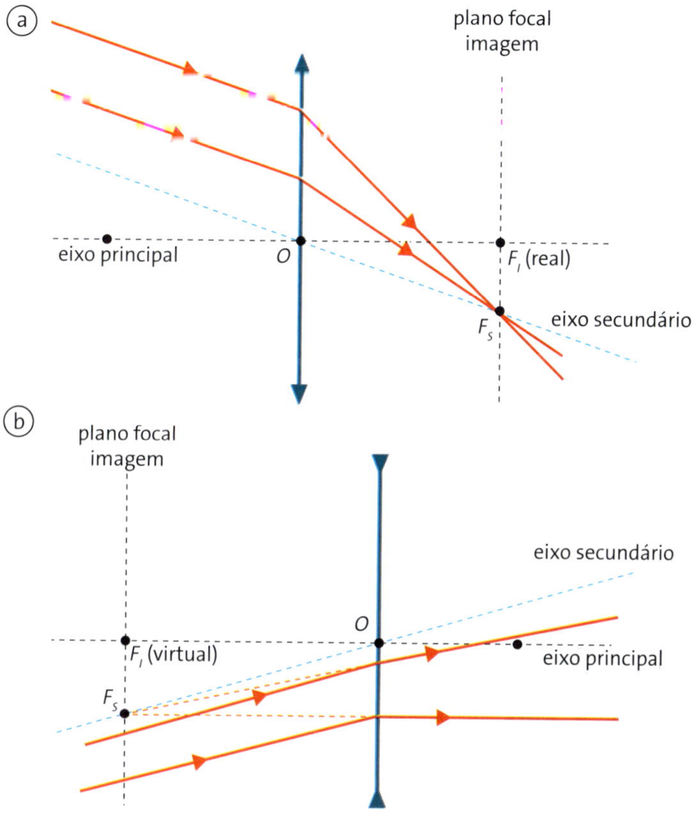

Figura 12.8 Foco secundário imagem F_S: para uma lente convergente (**a**); para uma lente divergente (**b**).

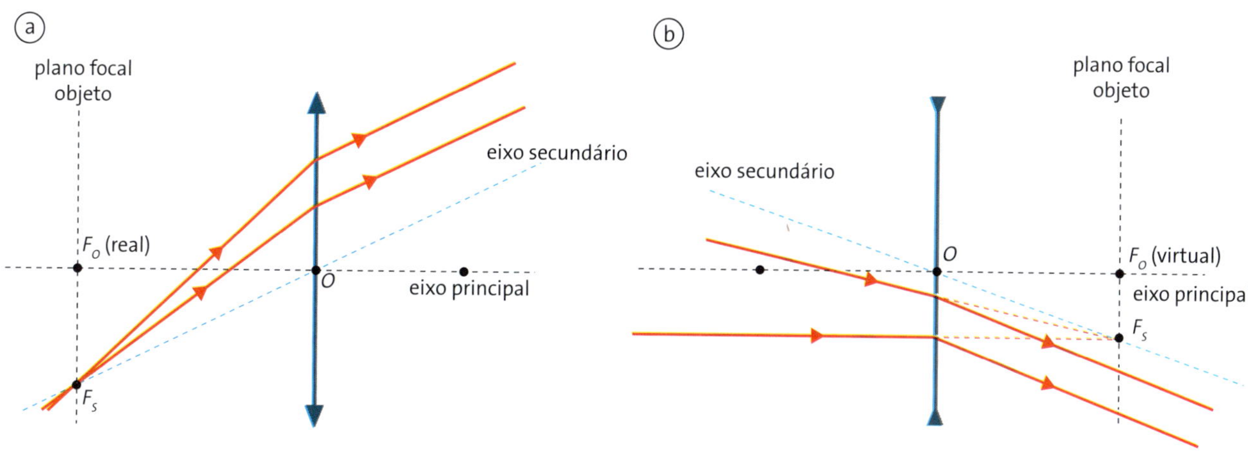

Figura 12.9 Foco secundário objeto F_S: para uma lente convergente (**a**); para uma lente divergente (**b**).

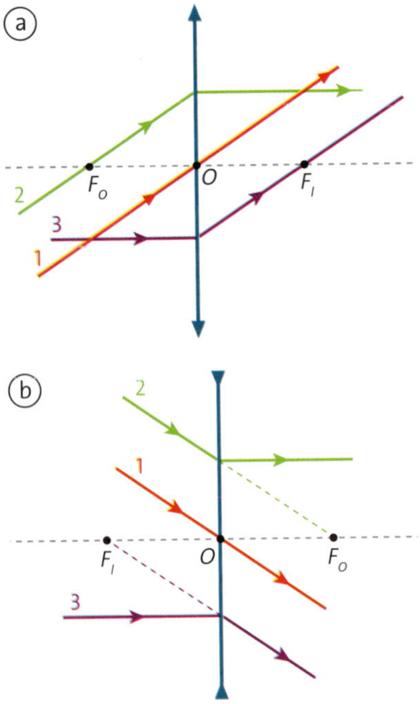

Figura 12.10 Representação geométrica do comportamento dos raios notáveis para a lente convergente (**a**) e para a lente divergente (**b**).

Construção de imagens

Assim como fizemos com os espelhos esféricos, para construir a imagem de um objeto conjugada por uma lente precisamos conhecer alguns comportamentos específicos (propriedades) dos raios luminosos que, emitidos por um objeto, atravessam a lente sofrendo refração. Assim, temos:

Propriedade 1: todo raio luminoso que incide passando pelo centro óptico da lente (ponto O) não sofre desvio.

Propriedade 2: todo raio luminoso que incide passando pelo foco principal objeto da lente (ponto f_O), ou pelo seu prolongamento, emerge paralelamente ao eixo principal.

Propriedade 3: todo raio luminoso que incide paralelamente ao eixo principal da lente emerge passando pelo foco principal imagem da lente (ponto F_I), ou pelo seu prolongamento.

A figura 12.10 ilustra as três propriedades para a lente convergente (**a**) e para a lente divergente (**b**).

Vejamos, então, a construção de imagens conjugadas por uma **lente convergente** para um objeto real colocado à esquerda dela. Dependendo da posição do objeto em relação ao centro óptico da lente, esta pode associar uma imagem real ou virtual, direita ou invertida, maior, menor ou do mesmo tamanho que o objeto. Nas figuras 12.11, 12.12, 12.13, 12.14 e 12.15, em que utilizamos as três propriedades citadas, mostramos os cinco tipos de imagens possíveis.

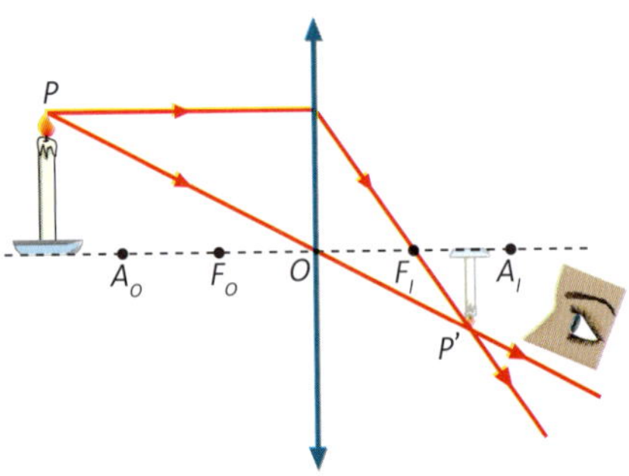

Figura 12.11 A imagem é real, invertida e menor que o objeto.

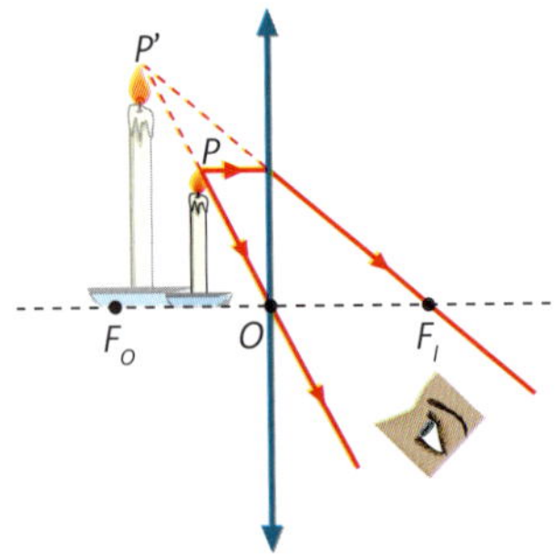

Figura 12.12 A imagem é virtual, direita e maior que o objeto.

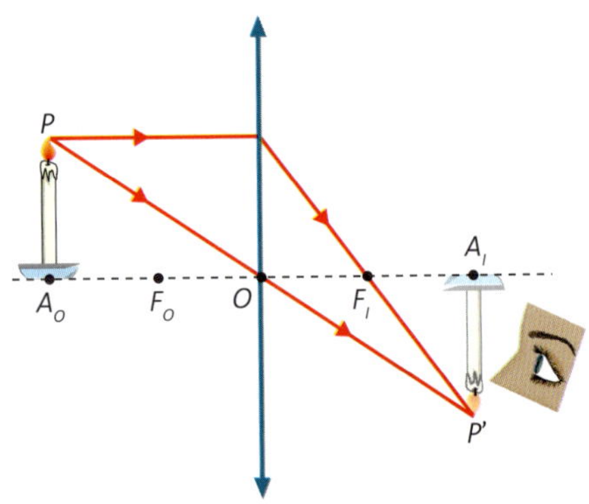

Figura 12.13 Objeto está sobre A_O. A imagem é real, invertida, de mesmo tamanho que o objeto e localizada sobre A_I.

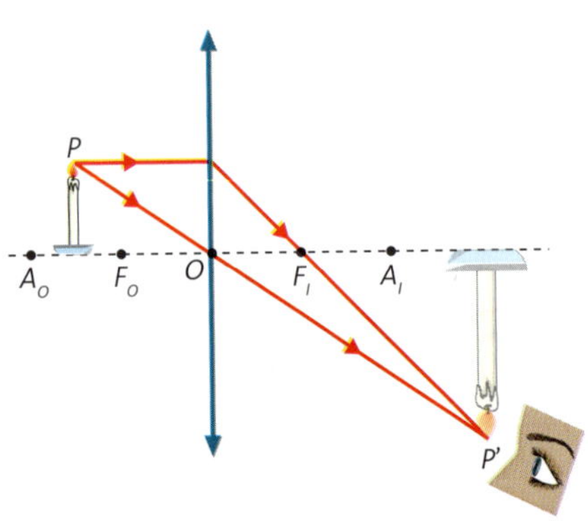

Figura 12.14 Objeto está entre A_O e F_O. A imagem é real, invertida, maior que o objeto e localizada à direita de A_I.

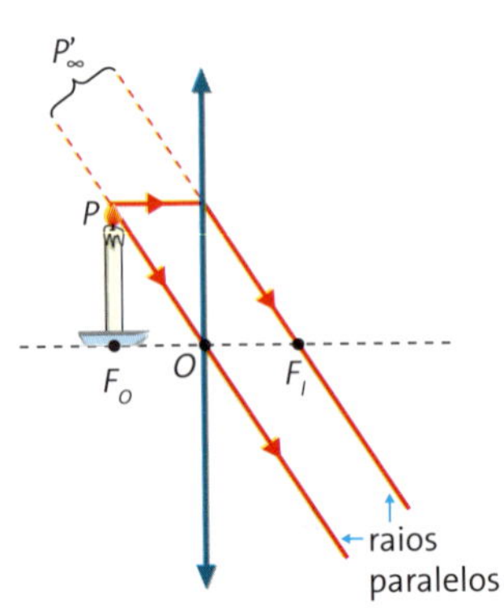

Figura 12.15 Objeto está sobre F_O. A imagem é imprópria (formada no infinito).

Trabalho em equipe

Utilizando uma lente convergente e um objeto real, construam as figuras correspondentes à:

a) imagem real, invertida e do mesmo tamanho que o objeto;

b) imagem real, invertida e maior que o objeto.

Respondam: quais as relações entre as distâncias do objeto à lente e da imagem à lente?

Para uma **lente divergente**, seja qual for a posição do objeto real, a imagem obtida é sempre virtual, direita e menor que o objeto, conforme mostra a figura 12.16.

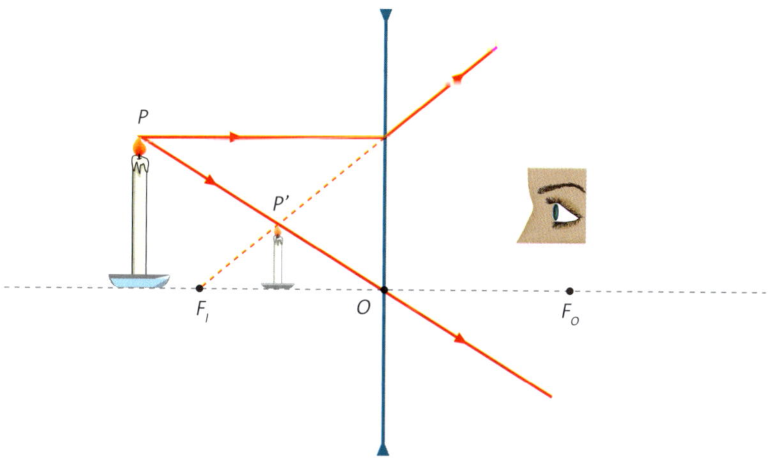

Figura 12.16 A imagem é virtual, direita e menor que o objeto.

Exercício resolvido

1. Na figura abaixo, o objeto AB é real e a imagem $A'B'$ é virtual. O eixo xx' é o eixo principal da lente.

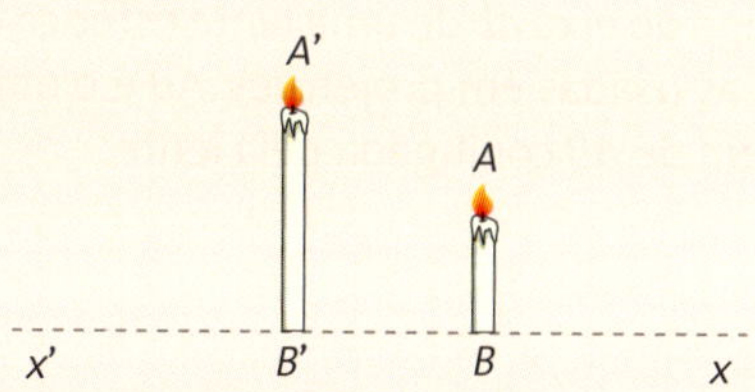

Determine o tipo de lente e localize seu centro óptico e os focos principais objeto e imagem.

Resolução

Como a imagem é virtual, direita e maior que o objeto, necessariamente, a lente deve ser convergente.

Na figura a seguir, o traçado dos raios acompanha as seguintes propriedades:

I. O ponto objeto (A), o ponto imagem (A') e o centro óptico (O) estão alinhados.

II. O plano que contém a lente é perpendicular ao eixo principal.

III. O raio que incide paralelo ao eixo principal emerge passando pelo foco imagem e seu prolongamento passa por A'.

IV. O raio que emergiu paralelo ao eixo principal incidiu pelo foco objeto passando pelo ponto A.

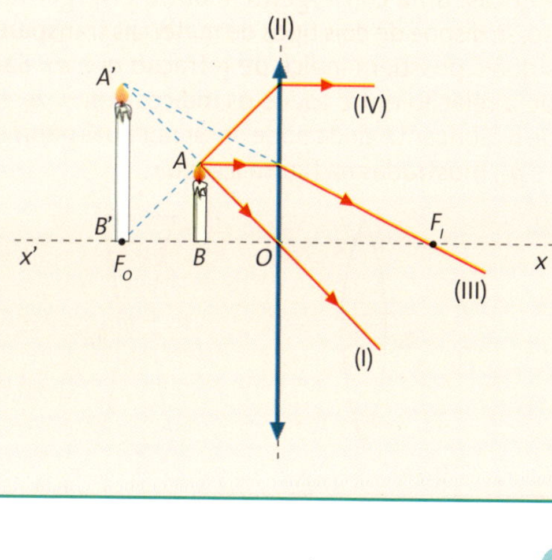

Exercícios

1. No capítulo 10, comentamos a lenda de que Arquimedes teria incendiado os navios romanos com o uso de escudos polidos formando um espelho côncavo. No entanto, é possível fazer pequenos pedaços de papel pegarem fogo com uma lente, conforme mostra a figura.

Antonio Robson/Arquivo da editora

   a) Qual deve ser a lente utilizada para isso: côncava ou convexa?

   b) Em que ponto os pedaços de papel devem ser colocados para tal finalidade?

2. As lentes dos óculos de uma pessoa possuem as seguintes distâncias focais: olho direito, 40 cm, e olho esquerdo, 50 cm.

   a) Qual das duas lentes possui maior convergência?

   b) Qual delas possui maior capacidade de desviar a luz que incidir sobre ela?

3. Na figura, a reta *AB* representa o eixo principal de uma lente convergente, *FL* representa uma fonte luminosa pontual e *I* representa a imagem da fonte luminosa produzida pela lente.

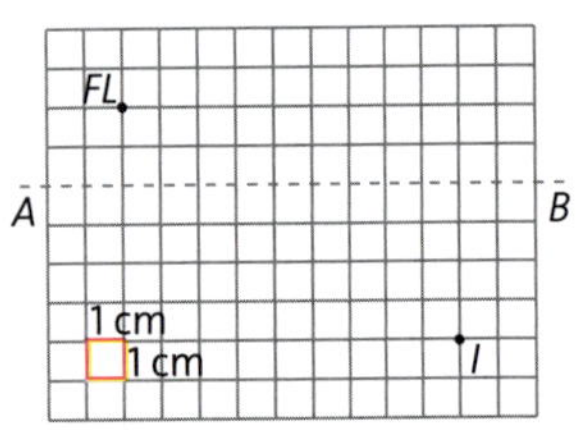

   a) Utilizando as propriedades 1 e 3 dos raios luminosos, determine a posição da lente e sua distância focal, em centímetros.

   b) A imagem é real ou virtual? Justifique.

4. (Ufac) Um fabricante de dispositivos ópticos precisa construir um aparelho que funcione dentro de um líquido que possui índice de refração n_L. Para o funcionamento do equipamento, é necessário ter duas lentes esféricas: uma convergente e outra divergente. Para isso, se dispõe de dois tipos de materiais transparentes, os quais possuem índice de refração n_1 e n_2. Sabe-se que a relação entre todos os índices é $n_1 < n_L < n_2$ e que o fabricante ainda pode optar por duas geometrias, g_1 e g_2, mostradas na figura a seguir:

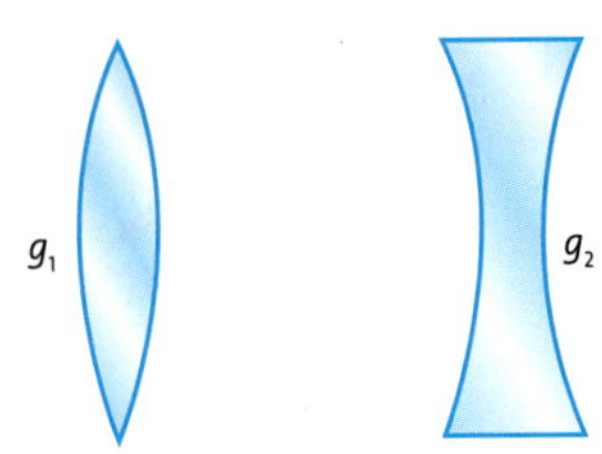

Para saber quais lentes seriam usadas, cinco engenheiros responsáveis, usando a lei de Snell, chegaram, separadamente, às seguintes conclusões:

I. O material de índice de refração n_1 é útil para construir uma lente convergente de geometria g_1.

II. O material de índice de refração n_2 é útil para construir uma lente divergente de geometria g_2.

III. O material de índice de refração n_2 é útil para construir uma lente convergente, e sua forma geométrica tem que ser do tipo g_1.

IV. O material de índice de refração n_1 é útil para construir uma lente convergente, que tenha a forma g_2.

V. O material de índice de refração n_1 é útil para construir uma lente divergente que tenha a forma g_1.

Para fabricar corretamente o dispositivo, deve-se levar em consideração que:

a) I e II estão corretas.

b) III e IV estão incorretas.

c) II, III e V estão incorretas.

d) II, III, IV e V estão corretas.

e) as conclusões de todos os engenheiros estão incorretas.

5. (UFU-MG) Em uma Copa do Mundo, telões instalados em várias cidades transmitiram, ao vivo, os jogos da seleção brasileira de futebol. Para a transmissão, foram usados instrumentos ópticos chamados de projetores, que são compostos de uma lente convergente que permite a formação de imagens reais e maiores que o objeto (*slides*, filmes, etc.). A figura a seguir mostra, de maneira esquemática, a posição do objeto e da imagem ao longo do eixo *ab* de uma lente esférica delgada, tal como as usadas em projetores. *AB* é o objeto, e *CD*, a imagem de *AB* conjugada pela lente.

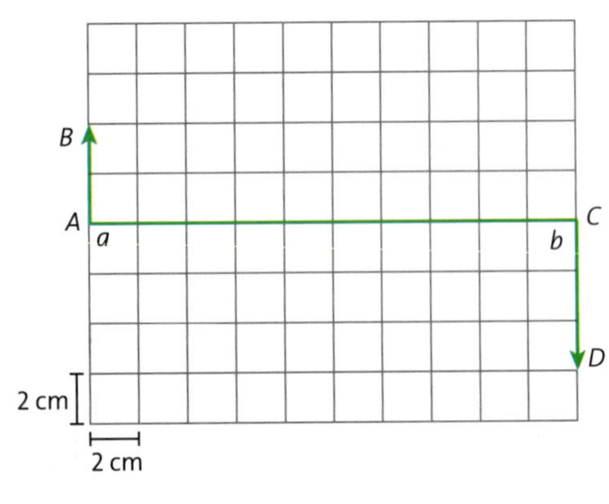

Determine, geometricamente, as posições da lente e dos focos objeto e imagem no eixo *ab*.

2 Estudo analítico das lentes

Assim como nos espelhos esféricos, nas lentes também podemos relacionar as coordenadas do ponto objeto e do ponto imagem analiticamente. Muitas vezes, o processo analítico (por equações) é mais vantajoso do que o processo gráfico, pela rapidez e precisão nos resultados.

Lembramos as notações já estabelecidas para p, p', f, y e y' pela observação da figura 12.17:

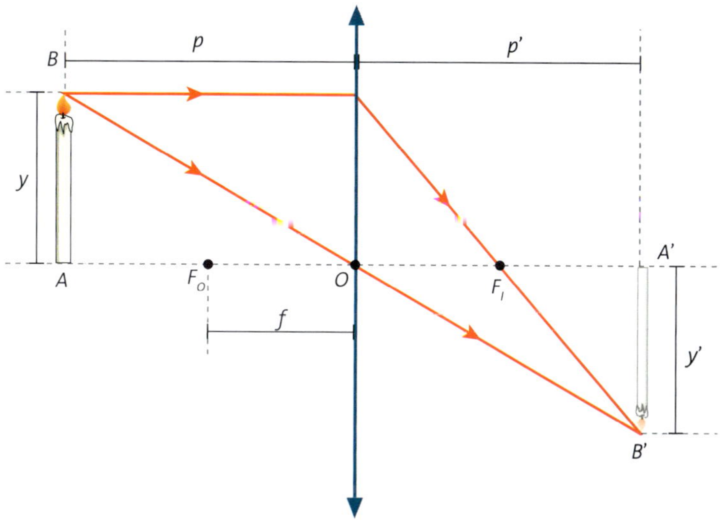

Figura 12.17 Representação geométrica da construção de imagem nas lentes esféricas.

- p (abscissa do objeto, em relação ao centro óptico da lente);
- p' (abscissa da imagem);
- f (abscissa focal da lente);
- y (ordenada do ponto objeto);
- y' (ordenada do ponto imagem).

Podemos utilizar para as lentes as mesmas equações utilizadas para os espelhos esféricos, que são as seguintes:

- Equação dos pontos conjugados (Equação de Gauss): $\frac{1}{f} = \frac{1}{p} + \frac{1}{p'}$
- Equação do aumento linear transversal: $A = \frac{y'}{y} = \frac{-p'}{p}$

Ao aplicar as equações anteriores devemos obedecer à seguinte convenção de sinais, mostrada na tabela 12.1:

- $A > 0 \rightarrow$ imagem direita em relação ao objeto;
- $A < 0 \rightarrow$ imagem invertida;
- $|A| < 1 \rightarrow$ imagem menor do que o objeto;
- $|A| > 1 \rightarrow$ imagem maior do que o objeto.

Tabela 12.1 – Convenção de sinais

	Natureza real	Natureza virtual
abscissa	positiva	negativa
abscissa focal	$f > 0$ (convergente)	$f < 0$ (divergente)
objeto	$p > 0$	$p < 0$
imagem	$p' > 0$	$p' < 0$

OED Lentes

Exercício resolvido

2. Uma lente convergente projeta uma imagem real de um objeto real colocado a 12 cm do centro óptico da lente. Determine a abscissa focal, em metros, e a convergência da lente, em dioptrias, sabendo que a imagem tem cinco vezes o tamanho do objeto.

Resolução

Como o objeto e a imagem são reais, tanto *p* (abscissa do objeto) quanto *p'* (abscissa da imagem) são positivos. O fato de a imagem ser real leva-nos a concluir que ela é invertida; sabendo que ela é cinco vezes maior que o objeto, construímos a figura.

De acordo com os dados da questão, temos: $p = 12$ cm e, como a imagem é invertida, $A = -5$. Podemos, então, calcular a abscissa da imagem (p') por meio da expressão:

$$A = -\frac{p'}{p} \Rightarrow -5 = -\frac{p'}{12} = p' = 60 \text{ cm}$$

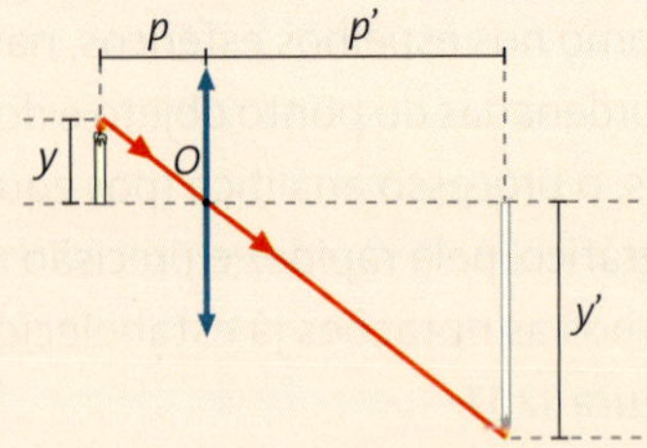

De acordo com a equação dos pontos conjugados, obtemos a abscissa focal da lente:

$$\frac{1}{f} = \frac{1}{p} + \frac{1}{p'} \Rightarrow \frac{1}{f} = \frac{1}{12} + \frac{1}{60} \Rightarrow \frac{1}{f} = \frac{5+1}{60} \Rightarrow$$

$$\Rightarrow f = 10 \text{ cm} = 0{,}1 \text{ m}$$

A convergência da lente, em dioptrias, vale:

$$C = \frac{1}{f} \Rightarrow C = \frac{1}{0{,}1} \Rightarrow C = 10 \text{ di}$$

Exercícios

6. Um professor montou o seguinte experimento em sala de aula: inicialmente acendeu uma vela e colocou-a na frente de uma lente convergente apoiada em um suporte. Em seguida, colocou uma tela atrás da lente. Variando a posição da lente, o professor obteve na tela uma imagem nítida da chama da vela. Com uma régua, ele mediu a distância da vela até a lente e desta até a tela e verificou que elas eram praticamente iguais a 30 cm. Nessas condições, responda:
   a) A imagem da chama da vela obtida na tela é real ou virtual? Direita ou invertida?
   b) Qual é a distância focal da lente utilizada pelo professor?

7. Um objeto, com 2,0 cm de altura, é colocado a 6,0 cm do centro óptico de uma lente convergente com distância focal de 4,0 cm.
   a) Desenhe uma figura mostrando a construção da imagem. A imagem obtida é real ou virtual? Direita ou invertida?
   b) Aplique a equação dos pontos conjugados para determinar a abscissa da imagem e o seu tamanho.

8. (UFSJ-MG) Um objeto de tamanho 20 cm encontra-se a uma distância de 40 cm de uma lente. A imagem formada pela lente é uma imagem virtual, de tamanho 4 cm. Considerando essas informações, é correto afirmar que essa lente é:
   a) convergente, pois sua distância focal é positiva.
   b) divergente, pois sua distância focal é positiva.
   c) convergente, pois sua distância focal é negativa.
   d) divergente, pois sua distância focal é negativa.

9. (UPM-SP) A figura ilustra o esquema, sem escala, de um pequeno objeto real *P*, situado sobre o eixo principal de uma lente delgada convergente, com os respectivos focos principais, *F* e *F'*, e pontos antiprincipais, *C* e *C'*. A imagem conjugada de *P* é (I), (II) e de altura (III) que a do objeto.

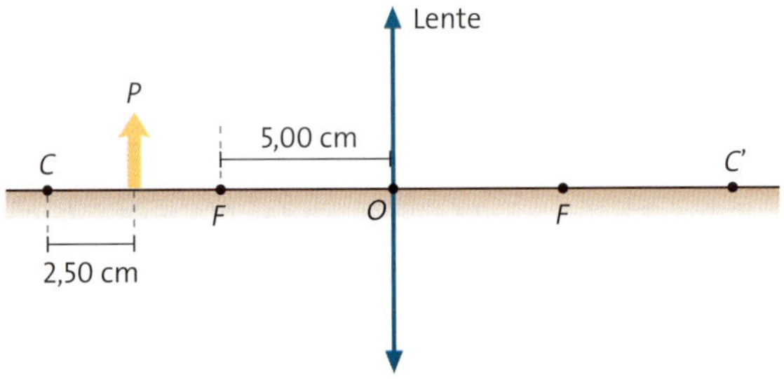

A alternativa que preenche corretamente (I), (II) e (III), nesta ordem, é:
   a) virtual, direita, igual ao dobro.
   b) virtual, invertida, igual ao triplo.
   c) real, direita, igual ao dobro.
   d) real, invertida, igual ao triplo.
   e) real, invertida, igual ao dobro.

10. (Unifei-MG) Quais são as características e o aumento linear transversal da imagem de um objeto real e direito de 2,0 cm de altura, localizado a 8,0 cm do centro óptico de uma lente divergente com distância focal de 12 cm?

3 Instrumentos ópticos

Os instrumentos ópticos mais comuns são classificados em dois grupos:

- **instrumentos ópticos de observação** – lupa, luneta, telescópio e microscópio –, que produzem uma imagem final virtual, observada diretamente pelo operador do instrumento;
- **instrumentos ópticos de projeção** – câmera fotográfica e projetor de *slides* –, que produzem uma imagem final real, que pode ser projetada em um anteparo qualquer.

Lupa

Para uma observação mais detalhada de pequenos objetos ou áreas de uma superfície, utilizamos a **lupa**, também conhecida como microscópio simples. A lupa é um instrumento de ampliação composto de uma lente convergente que nos fornece uma imagem virtual, direita e ampliada de um objeto real (figura 12.18).

As imagens não estão representadas em proporção.

Figura 12.18 A lupa é considerada um microscópio simples. Na foto, está ampliando um circuito integrado.

Sérgio Dotta Jr./Arquivo da editora

Na figura 12.19, temos a representação de uma pessoa observando a imagem ampliada y' de um objeto y, através de uma lupa.

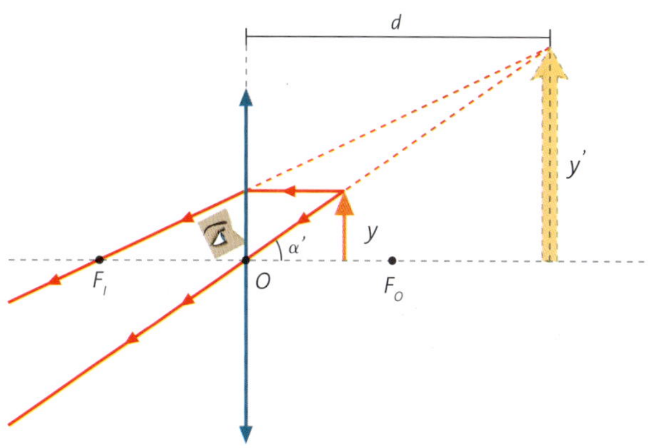

Formato/Arquivo da editora

Figura 12.19 A pessoa coloca a lente próxima do objeto para obter uma imagem virtual, direita e ampliada.

Dja65/Shutterstock/Glow Images

Figura 12.20 Luneta astronômica.

Lunetas

A **luneta astronômica** (figura 12.20) é empregada para a observação de astros ou objetos distantes que não conseguimos ver em detalhes a olho nu, porque o ângulo visual é pequeno. A função dessa luneta é exatamente produzir um aumento visual desses objetos.

A luneta astronômica contém duas lentes convergentes: a **objetiva**, de grande distância focal, que conjuga uma imagem real e invertida do objeto observado, e a **ocular**, de pequena distância focal, que nos fornece uma imagem final virtual e invertida em relação ao objeto.

A figura 12.21 ilustra a formação da imagem final de tamanho y' conjugada pela luneta de um objeto distante.

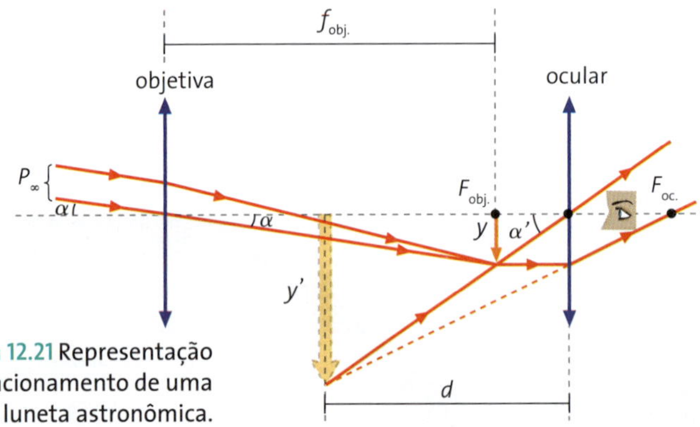

Ilustrações: Formato/Arquivo da editora

Figura 12.21 Representação do funcionamento de uma luneta astronômica.

Para observações de objetos terrestres acrescenta-se à luneta astronômica um dispositivo óptico chamado **veículo**, cuja função é inverter novamente a imagem, com o objetivo de torná-la direita. Com essa modificação, o instrumento é denominado **luneta terrestre**, como acontece no **binóculo**, que possui duas lunetas terrestres acopladas, para que o observador possa ter noção de profundidade. Em cada luneta terrestre são utilizados dois prismas como veículos.

A **luneta de Galileu** (figura 12.22) é mais curta que a astronômica em razão de dois fatores: sua ocular é uma lente divergente e ela não usa veículo, pois a imagem final é direita.

A figura 12.23 ilustra a formação da imagem final nessa luneta.

Album/Akg-Images/Latinstock

Figura 12.22 Luneta de Galileu, também conhecida como binóculo de teatro.

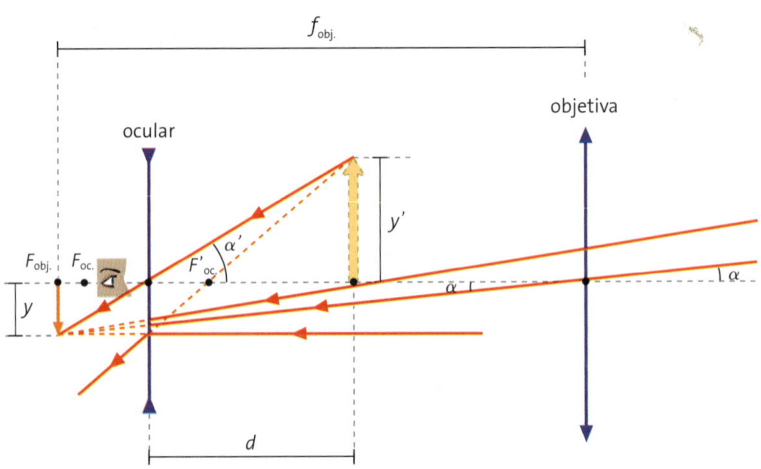

Figura 12.23 Representação esquemática da construção de imagens na luneta de Galileu.

Telescópio

Normalmente, o telescópio é uma luneta na qual a função da objetiva é exercida por um espelho curvo, ocasionando uma construção mais fácil e sendo mais preciso que uma lente, além de evitar o fenômeno da **aberração cromática**.

Para localizar objetos no infinito, o espelho utilizado no telescópio possui um perfil parabólico, que é mais preciso que um espelho esférico. Para dirigir a luz refletida do espelho curvo para a ocular, usa-se um espelho plano, ou um prisma, inclinado 45° em relação ao eixo do espelho. Na figura 12.24, temos o telescópio newtoniano e na figura 12.25 o esquema de funcionamento dele.

Erich Lessing/Album/Latinstock/Museu de Ciência, Londres, Inglaterra.

Figura 12.24 Telescópio newtoniano.

Aberração cromática – Em decorrência dos diferentes índices de refração, as lentes produzem uma dispersão em diversos comprimentos de onda.

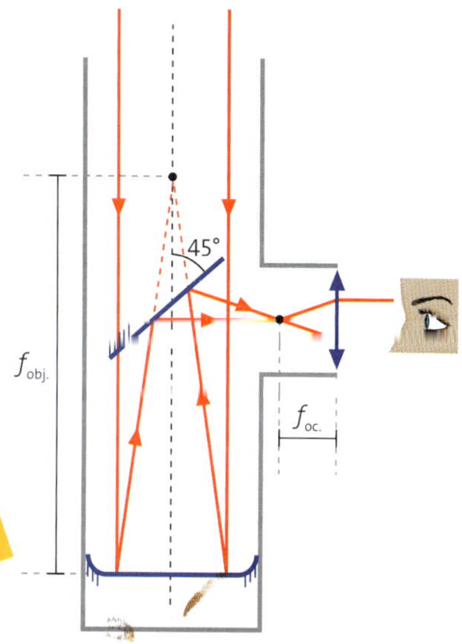

Figura 12.25 Representação do funcionamento do telescópio newtoniano.

Microscópio

O microscópio composto (figura 12.26) é utilizado para observar regiões minúsculas que, apesar de estarem próximas dele, o olho do observador não dispõe de resolução suficiente para ver.

Na figura 12.27, temos o esquema de formação de imagem no microscópio composto, que é constituído basicamente por duas lentes convergentes, ambas de pequena distância focal.

Richard J. Green/Photoresearchers/Latinstock

Figura 12.26 O microscópio composto é normalmente utilizado para observação de tecidos biológicos e de alguns minerais.

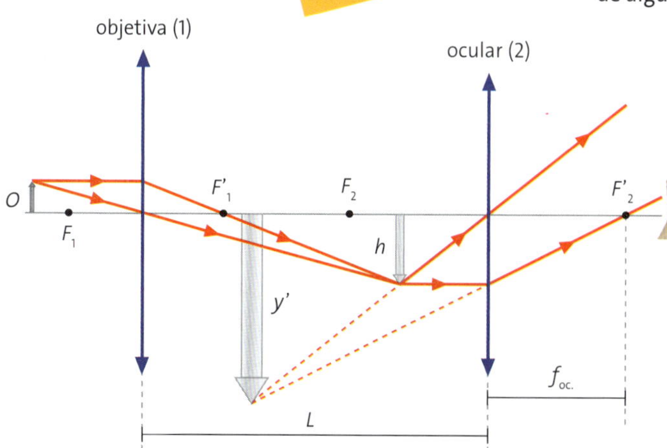

Ilustrações: Formato/Arquivo da editora

Figura 12.27 Representação esquemática da formação de imagens no microscópio composto.

Câmera fotográfica

Basicamente, a câmera fotográfica é constituída por uma lente convergente cuja função é projetar sobre o filme uma imagem real de um objeto real. A **figura 12.28** ilustra o esquema de funcionamento dessa câmera.

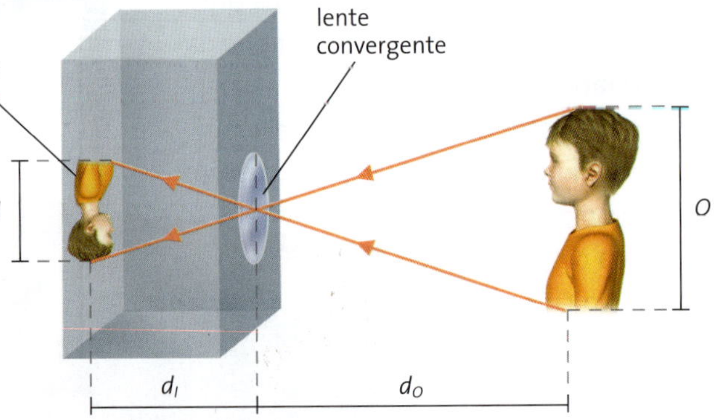

Figura 12.28 Representação do funcionamento de uma câmera fotográfica.

Com base na figura, percebemos que a relação entre os tamanhos da imagem e do objeto é igual à relação entre as distâncias da imagem à lente e do objeto à lente, ou seja:

$$\frac{I}{O} = \frac{d_I}{d_O}$$

Como normalmente os objetos fotografados estão a uma distância bem maior que a distância focal da objetiva da câmera, a imagem se forma praticamente no plano focal da imagem da lente. As pequenas diferenças são ajustadas alterando-se a posição da lente em relação ao filme. A **figura 12.29** mostra um esquema simplificado de uma câmera fotográfica.

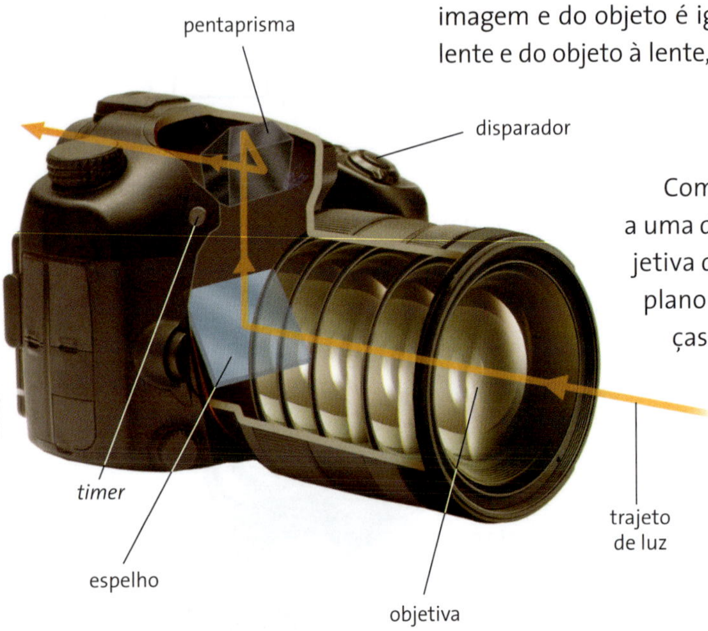

Figura 12.29 Representação simplificada dos componentes de uma câmera fotográfica.

Ilustrações: Paulo Manzi/Arquivo da editora

Projetor de *slides*

O esquema de funcionamento do projetor de *slides* é inverso ao da câmera fotográfica. A lente convergente conjuga para um pequeno *slide*, bem iluminado, uma imagem real e projetada sobre um anteparo, conforme mostra a **figura 12.30**.

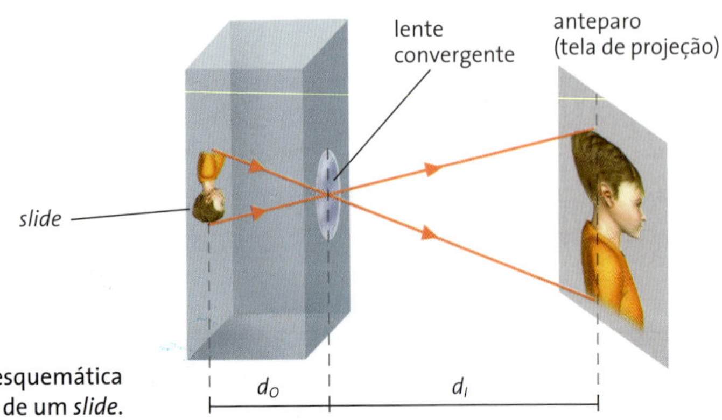

Figura 12.30 Representação esquemática da projeção de um *slide*.

Física explica

O telescópio Hubble

O primeiro telescópio colocado em órbita da Terra, um projeto que contou com a colaboração da agência espacial do governo dos Estados Unidos, Administração Nacional da Aeronáutica e do Espaço (Nasa), e da Agência Espacial Europeia (ESA), foi lançado em 24 de abril de 1990, com uma vida útil prevista para vinte anos.

Batizado com o nome de Hubble em homenagem ao astrônomo norte-americano Edwin Powell Hubble (1889-1953), que muitos consideram o pai da Cosmologia moderna, esse telescópio, com aproximadamente 16 m de comprimento, 4,2 m de diâmetro e 11 toneladas de massa, realiza observações tanto na região visível das ondas eletromagnéticas como na região das ondas infravermelhas e ultravioleta, a uma altitude de 568 km e com um período orbital de 96 minutos.

O espelho principal do telescópio Hubble possui um diâmetro de 2,40 m e seu desempenho foi dimensionado para apresentar uma resolução cerca de 10 vezes maior que a dos melhores telescópios terrestres. Originalmente, o Hubble estava equipado com cinco detectores, sendo duas câmeras, uma planetária de grande angular e outra comum, dois espectrógrafos, um comum e outro de alta resolução, e um fotômetro de alta velocidade. Possuía, também, três sensores direcionais que poderiam ser usados para medidas astronômicas de precisão, tal como as distâncias de estrelas à Terra.

Desde seu lançamento, o Hubble tem ajudado os cientistas a monitorar os planetas do Sistema Solar, as estrelas de nossa galáxia e as galáxias vizinhas, além de coletar dados capazes de comprovar a expansão do Universo e de calcular sua idade.

Em 1994, cientistas americanos anunciaram que o Hubble forneceu evidências muito convincentes da existência de um buraco negro, previsto teoricamente pela Cosmologia moderna. Em 2001, o Hubble encontrou uma supernova, uma estrela localizada a 10 bilhões de anos-luz da Terra e que explodiu.

Esse telescópio tem sido de extrema importância para a Astronomia mundial, pois tem contribuído significativamente para que a humanidade possa entender seu lugar no Universo.

1. Qual é a principal vantagem de um telescópio orbital em relação a um terrestre?

2. Quais as principais contribuições do telescópio Hubble para a Astronomia?

Reprodução/Nasa

O telescópio espacial Hubble foi colocado em órbita pela nave espacial Discovery. Sua posição, aproximadamente 600 km acima da superfície da Terra, permite a observação dos astros e a coleta de dados sem a interferência da atmosfera.

Exercícios

11. Um colecionador examina um selo com uma lupa colocada a 2,0 cm do objeto. Sabendo-se que a imagem observada está ampliada 5 vezes, determine a convergência da lente em dioptrias.

12. Um estudante construiu uma luneta com duas lentes L_1 e L_2, conforme mostra a figura.

Sabendo-se que a distância focal da lente L_1 é 20 mm e a da lente L_2, 1000 mm, responda:

a) As lentes são convergentes ou divergentes?

b) Qual delas é a ocular e qual é a objetiva?

13. Um microscópio é composto de duas lentes convergentes: a objetiva e a ocular. A imagem do objeto conjugada pela objetiva serve de objeto para a ocular, que conjuga uma imagem final ampliada que será vista pelo observador. A figura ilustra o esquema de funcionamento de um microscópio.

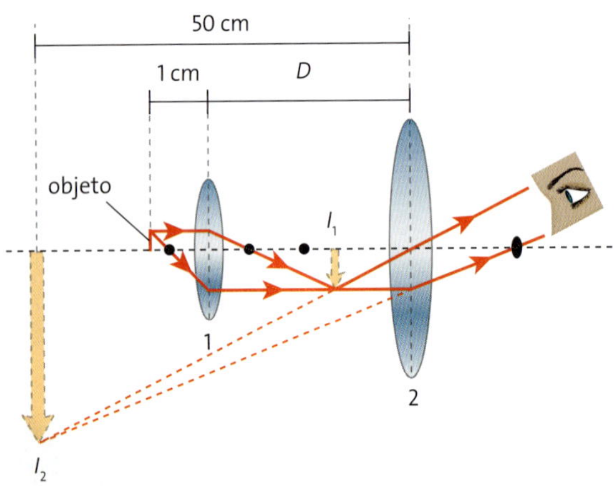

a) Nesse esquema, qual das lentes, 1 ou 2, funciona como objetiva e qual funciona como ocular?

b) Qual é a imagem final, I_1 ou I_2, vista pelo observador?

14. Uma câmera fotográfica, equipada com uma objetiva de distância focal igual a 50 mm, é utilizada para fotografar um objeto que se encontra a 1,0 m da lente. Se a imagem está em foco, determine a distância entre o centro óptico da lente e o plano do filme.

15. A figura representa o esquema simplificado de um projetor constituído por uma lâmpada, um *slide*, uma lente convergente e uma tela de projeção.

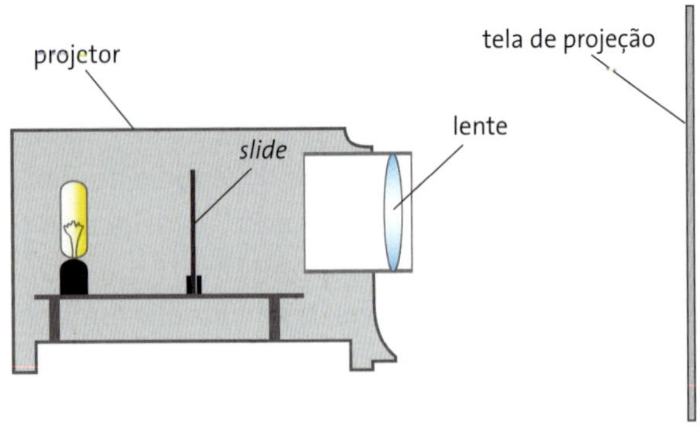

A lente conjuga na tela uma imagem ampliada do *slide* iluminado pela lâmpada. Nessas condições,

a) a distância do *slide* à lente deve ser maior, menor ou igual à distância focal da lente?

b) se o *slide* está a 5,0 cm da lente e a ampliação é igual a 10, determine a distância focal da lente.

16. (PUCC-SP) O esquema a seguir mostra a formação da imagem em uma luneta astronômica. Em certa luneta, as distâncias focais da objetiva e da ocular são de 60 cm e 30 cm, respectivamente, e a distância entre elas é de 80 cm.

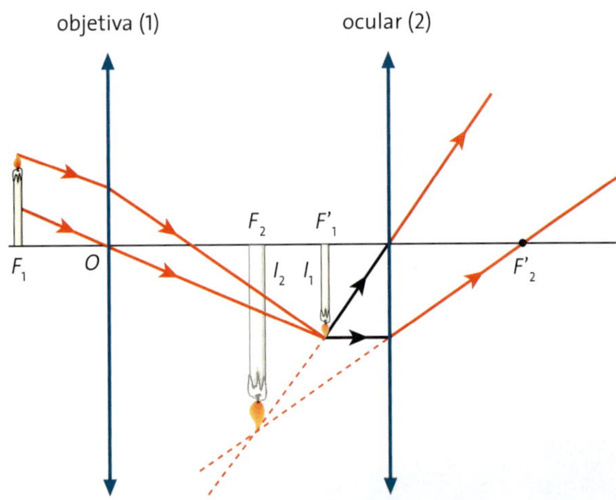

Ilustrações: Formato/Arquivo da editora

Nessa luneta, a imagem final de um objeto distante se formará a:

a) 30 cm da objetiva.

b) 30 cm da ocular.

c) 40 cm da objetiva.

d) 60 cm da objetiva.

e) 60 cm da ocular.

4 Óptica do olho humano

O olho humano é um instrumento óptico altamente sofisticado. O seu funcionamento pode ser comparado ao de uma câmera fotográfica convencional: o cristalino é a lente, a pupila é o diafragma e a retina é o filme fotográfico em cores.

A função da pupila, assim como a do diafragma da máquina fotográfica, é restringir a passagem dos raios luminosos na região próxima ao eixo óptico, para melhorar a nitidez. Se a quantidade de luz no ambiente é pequena, a pupila se dilata, permitindo a passagem de mais luminosidade, embora com algum sacrifício da nitidez. É por isso que temos dificuldade de ler em ambientes pouco iluminados.

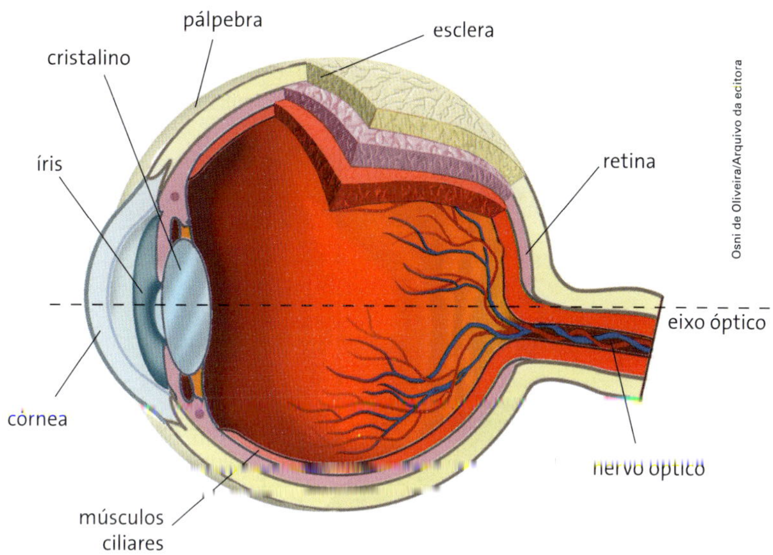

Figura 12.31 Representação do olho humano em corte lateral.

Na figura 12.31 vemos a representação do olho humano com suas principais estruturas.

Na retina, rica em células fotossensíveis, é conjugada a imagem final. Para que isso ocorra, os músculos ciliares enlaçam a lente, mudando sua convergência em função das diferentes posições dos objetos focalizados. Esse mecanismo chama-se **acomodação visual**. Na máquina fotográfica, fazemos isso avançando ou recuando a lente à medida que a distância do objeto se altera.

Para simplificar nosso estudo, utilizaremos um esquema que chamamos de **olho reduzido** (figura 12.32). Ele é constituído de uma lente convergente (de vergência variável) e de um anteparo posicionado a uma distância constante em relação à lente (aproximadamente 2 cm).

Em um olho normal, o ponto mais distante de visão nítida, denominado **ponto remoto**, situa-se no infinito. Nessa situação, a lente está completamente relaxada e a visão ocorre sem esforço de acomodação.

Ainda no olho normal, sob máximo esforço de acomodação, ou seja, com os músculos ciliares totalmente contraídos, o ponto mais próximo de visão nítida, chamado **ponto próximo**, fica a 25 cm da lente, aproximadamente.

A diferença entre a convergência máxima e a mínima do olho humano é conhecida como **amplitude de acomodação visual** e vale, para um olho normal, **4 di**.

Ametropia – Erro da refração ocular que dificulta a nitidez da imagem na retina.

O olho humano pode ser acometido de anomalias, também chamadas de **ametropias**.

As principais anomalias da visão são: miopia, hipermetropia, presbiopia, astigmatismo, estrabismo e daltonismo. Vejamos cada uma delas.

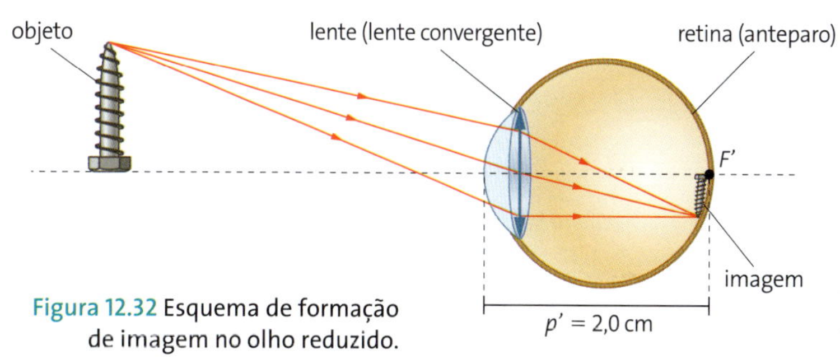

Figura 12.32 Esquema de formação de imagem no olho reduzido.

Miopia

Geralmente a razão dessa anomalia, também conhecida como "vista curta", é um alongamento do globo ocular, assim, mesmo com a lente completamente relaxada, a imagem se forma antes da retina (**figura 12.33**). Por isso, o míope não consegue acomodação visual para um objeto no infinito.

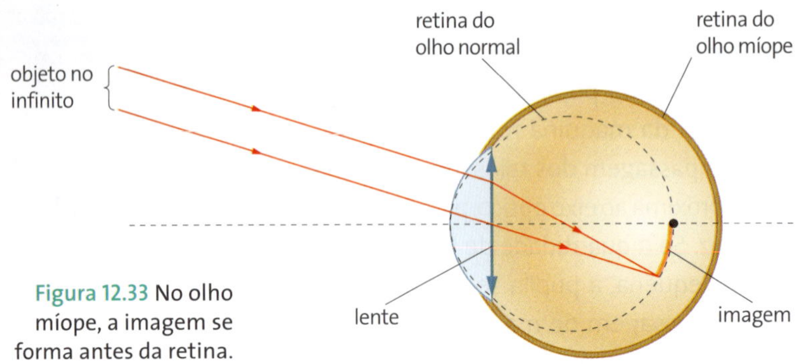

Figura 12.33 No olho míope, a imagem se forma antes da retina.

Figura 12.34 É necessário usar uma lente para o olho míope focalizar a imagem corretamente.

A lente fica completamente relaxada quando o míope está visualizando um objeto a uma distância finita (**figura 12.33**). Para o míope, o ponto remoto é essa distância finita.

Para "corrigir" a miopia de um olho, utiliza-se uma lente (**figura 12.34**). A função dela é conjugar, de um objeto finito, uma imagem no ponto remoto. A função das lentes "corretoras" não é corrigir uma ametropia, mas produzir as imagens em uma região onde o usuário tenha acomodação visual. No caso da miopia, essa tarefa é desempenhada por uma lente divergente, uma vez que o olho míope apresenta excesso de convergência (**figura 12.35**).

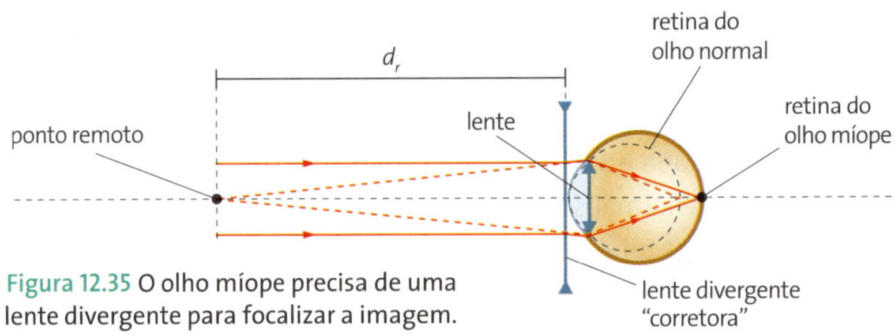

Figura 12.35 O olho míope precisa de uma lente divergente para focalizar a imagem.

Ilustrações: Adilson Secco/Arquivo da editora

A distância focal (f) da lente corretora da miopia é, em módulo, igual à distância máxima (d_r) de visão nítida, mas é negativa, já que a lente é divergente: $f = -d_r$.

A convergência da lente corretora é dada por:

$$C = \frac{1}{f} \Rightarrow C = -\frac{1}{d_r}$$

Pelo fato de o olho míope ser alongado, resta uma pequena compensação: o ponto próximo fica antes dos 25 cm. É por isso que o míope sem óculos coloca os objetos bem perto dos olhos, a fim de visualizá-los com mais detalhes. Uma pessoa de visão normal não conseguiria aproximar tanto o objeto sem perda de nitidez.

Hipermetropia

O olho hipermetrope é mais "curto" que o olho normal. Essa diferença, embora milimétrica, não permite que ele consiga acomodação visual para objetos muito próximos, pois lhe falta convergência. O ponto próximo do olho hipermetrope situa-se mais distante que os 25 cm usuais.

A **figura 12.36** ilustra o cristalino em sua contração máxima sem que o olho hipermetrope consiga acomodação visual. Como recurso, o hipermetrope tenta afastar os textos na hora de ler, mas isso acarreta perda de definição, já que as letras de um texto comum não são dimensionadas para observação além de certa distância.

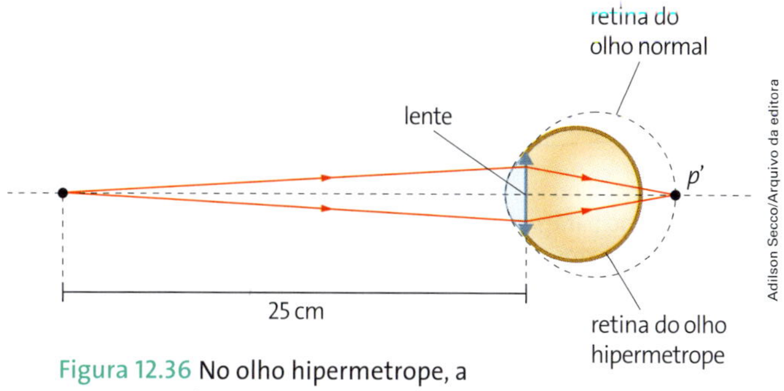

Figura 12.36 No olho hipermetrope, a imagem se forma depois da retina.

A solução para o hipermetrope é uma lente convergente que conjugue, para um objeto a 25 cm do olho, uma imagem no ponto mais próximo de visão nítida, como ilustra a **figura 12.37**.

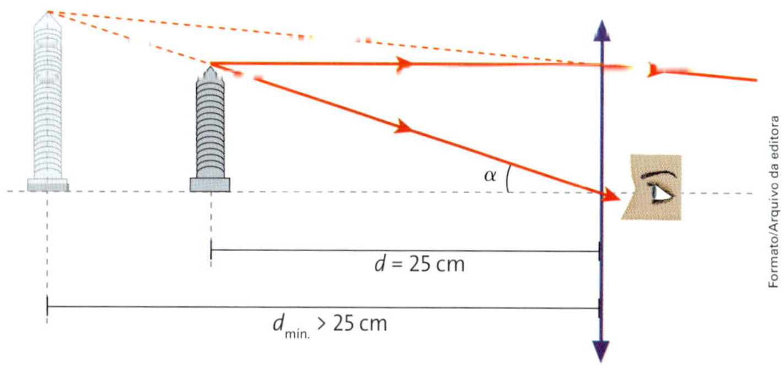

Figura 12.37 O olho hipermetrope precisa de uma lente convergente para focalizar a imagem.

Sendo assim, obtemos: $\begin{cases} p = 25 \text{ cm} = 0{,}25 \text{ m} \\ p' = d_{mín.} \end{cases}$

Como $C = \dfrac{1}{f} = \dfrac{1}{p} + \dfrac{1}{p'}$, temos:

$$C = \frac{1}{0{,}25} - \frac{1}{d_{mín.}} \Rightarrow C = 4 - \frac{1}{d_{mín.}}$$

Essa expressão nos fornece a convergência (em dioptrias) de uma lente que corrige a hipermetropia, sendo $d_{mín.}$ dado em metros e maior do que 0,25 m.

Vale a pena observar que, embora esteja a mais de 25 cm, a imagem é vista sob o mesmo ângulo visual e com a mesma definição que teria para uma pessoa de visão normal a essa mesma distância.

Mas ainda podemos nos perguntar: corrigimos o ponto próximo ($d_{mín.}$), mas o que acontece com o ponto remoto? Como consequência do globo ocular mais curto, ao visualizar objetos no infinito, o cristalino do hipermetrope não fica completamente relaxado; só o ficará com o uso da lente corretora. Esta desloca o intervalo de acomodação para aquele que teria um olho normal, tal como acontece na correção da miopia.

Um fato curioso ocorre quando o hipermetrope necessita de uma lente corretora com convergência maior que 4 di. Para $C > 4$ di, temos:

$$4 - \frac{1}{d_{mín.}} > 4 \Rightarrow d_{mín.} < 0$$

Nesse caso, o grau de hipermetropia é tão grande que o ponto mais próximo de visão nítida está "além do infinito", ou seja, é virtual. Isso significa que, sem o uso de óculos, essa pessoa não verá nitidamente nenhum objeto real, por mais afastado que esteja.

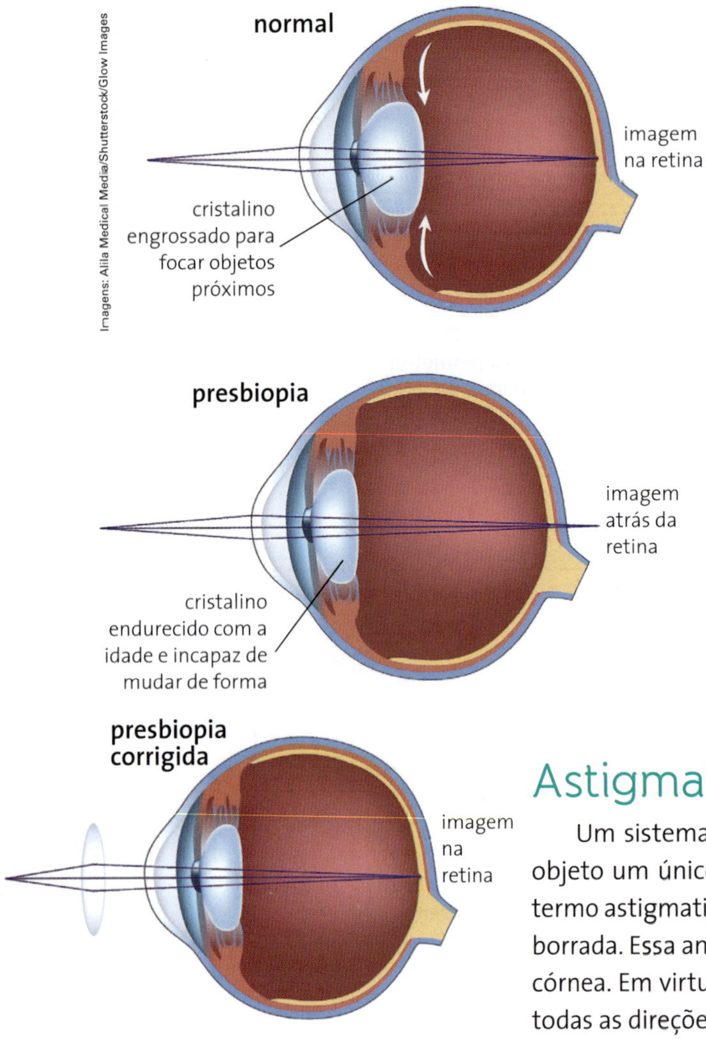

Figura 12.38 Correção da presbiopia.

Presbiopia

Com o passar dos anos, o cristalino sofre um enrijecimento, perdendo sua amplitude de acomodação. É a chamada "vista cansada".

É comum pessoas com mais de 40 anos de idade não conseguirem a necessária contração do cristalino para visualizar objetos a 25 cm de distância, mesmo que anteriormente não tenham tido anomalia visual nenhuma. Nesses casos, é preciso corrigir apenas o ponto próximo, visto que o problema está na lente e não na geometria do globo ocular.

O procedimento para corrigir a formação de imagem no olho com problema de presbiopia é idêntico ao usado para a correção da hipermetropia (figura 12.38), com a ressalva de que a visão do ponto remoto não pode ser prejudicada. Uma solução é o presbita usar óculos somente para visão próxima, retirando-os para visão distante. Outra solução é o uso das lentes bifocais, que podem servir apenas para a correção da presbiopia ou para a correção simultânea da miopia e da presbiopia.

Astigmatismo

Um sistema óptico é dito **estigmático** quando associa a um ponto objeto um único ponto imagem. Em outras palavras, possui nitidez. O termo astigmatismo significa, portanto, 'ausência de nitidez'. A imagem é borrada. Essa anomalia geralmente se deve à falta de simetria esférica na córnea. Em virtude dessa assimetria, a córnea não tem o mesmo raio em todas as direções. Se uma direção está focalizada, uma outra, que corresponde a um raio diferente, não está.

A figura 12.39 ilustra várias retas com direções diferentes. O olho astigmático terá dificuldade em focalizar o ponto de encontro de todas elas, já que ele pertence a várias direções diferentes.

Para compensar a assimetria da córnea usa-se uma lente que também seja assimétrica, como a esquematizada na figura 12.40.

Uma lente muito utilizada para corrigir o astigmatismo é a tórica, retirada do toro (câmara de ar), que não possui o mesmo raio em todas as direções. Os raios e o eixo dessa lente variam de acordo com o "grau" do astigmatismo. A direção do eixo é especificada na receita médica.

Figura 12.39 Uma ilustração que o astigmático tem dificuldade de enxergar.

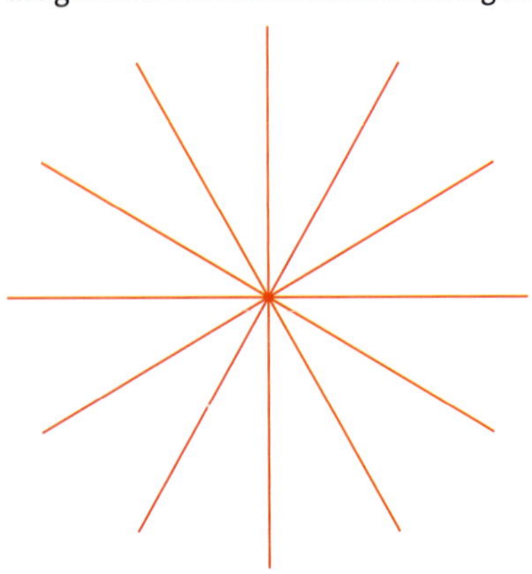

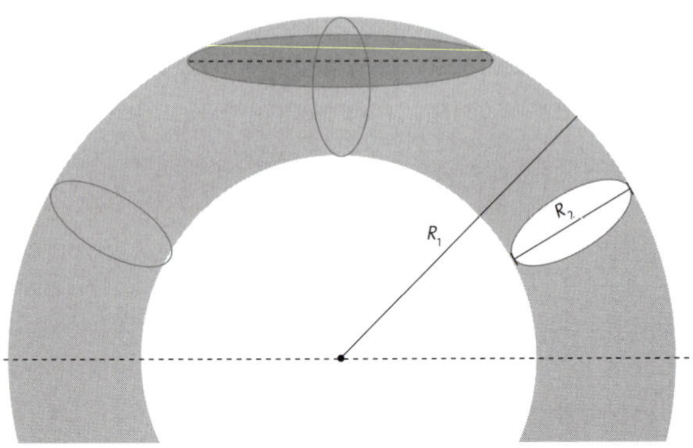

Figura 12.40 Representação de uma lente assimétrica.

Estrabismo

Para uma pessoa de visão normal, ambos os eixos ópticos estão alinhados quando visam um objeto muito distante. À medida que nos aproximamos do objeto, cada olho tem um ponto de vista ligeiramente diferente sobre o elemento observado, possibilitando ao cérebro a computação do espaço tridimensional. Essa é uma característica geral dos predadores, que precisam da noção de distância para caçar.

No caso da visão estrábica, os eixos ópticos não estão alinhados para a visão no infinito. Em decorrência disso, o estrábico focaliza duas regiões distintas. O resultado não é um efeito tridimensional, mas sim uma visão dupla, sem que o cérebro consiga a composição. Com o poder de adaptação da mente humana, o problema é diminuído, pois uma das imagens é descartada.

Resta, entretanto, a ausência da visão tridimensional e o fato de vez ou outra ocorrer visão dupla. Mesmo assim é possível usar um prisma delgado como lente corretora, com a intenção de manter a visão binocular. A figura 12.41 ilustra essa correção, tomando como exemplo um caso menos comum de estrabismo, chamado de **estrabismo divergente**.

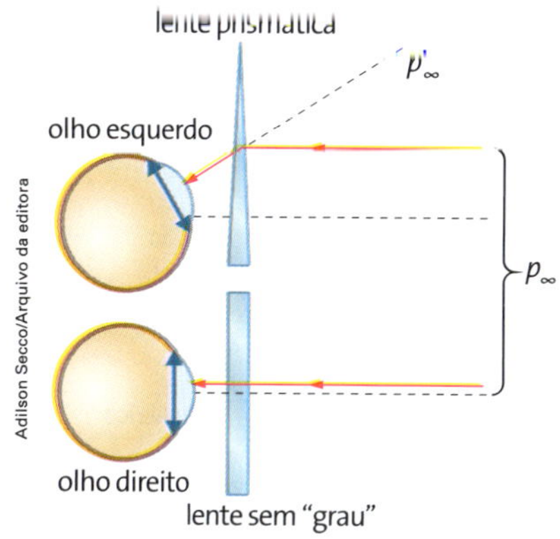

Figura 12.41 Representação do método de correção do estrabismo.

Daltonismo

A retina humana dispõe de células fotossensíveis, os **cones** e os **bastonetes** (figura 12.42). Os cones são responsáveis por nossa visão em cores; já os bastonetes são mais sensíveis à luz, embora não às cores. Pelo fato de os bastonetes serem mais abundantes na região periférica da retina, eles se prestam mais à percepção de vultos e figuras pouco iluminadas, fora de nosso foco central de visão.

A ausência de certos tipos de cones, determinada por características genéticas, acarreta o **daltonismo**, que é a falta de percepção de algumas cores, às vezes de todas. A cor para o qual o daltônico não possui percepção é interpretada por ele como apenas mais um tom de cinza.

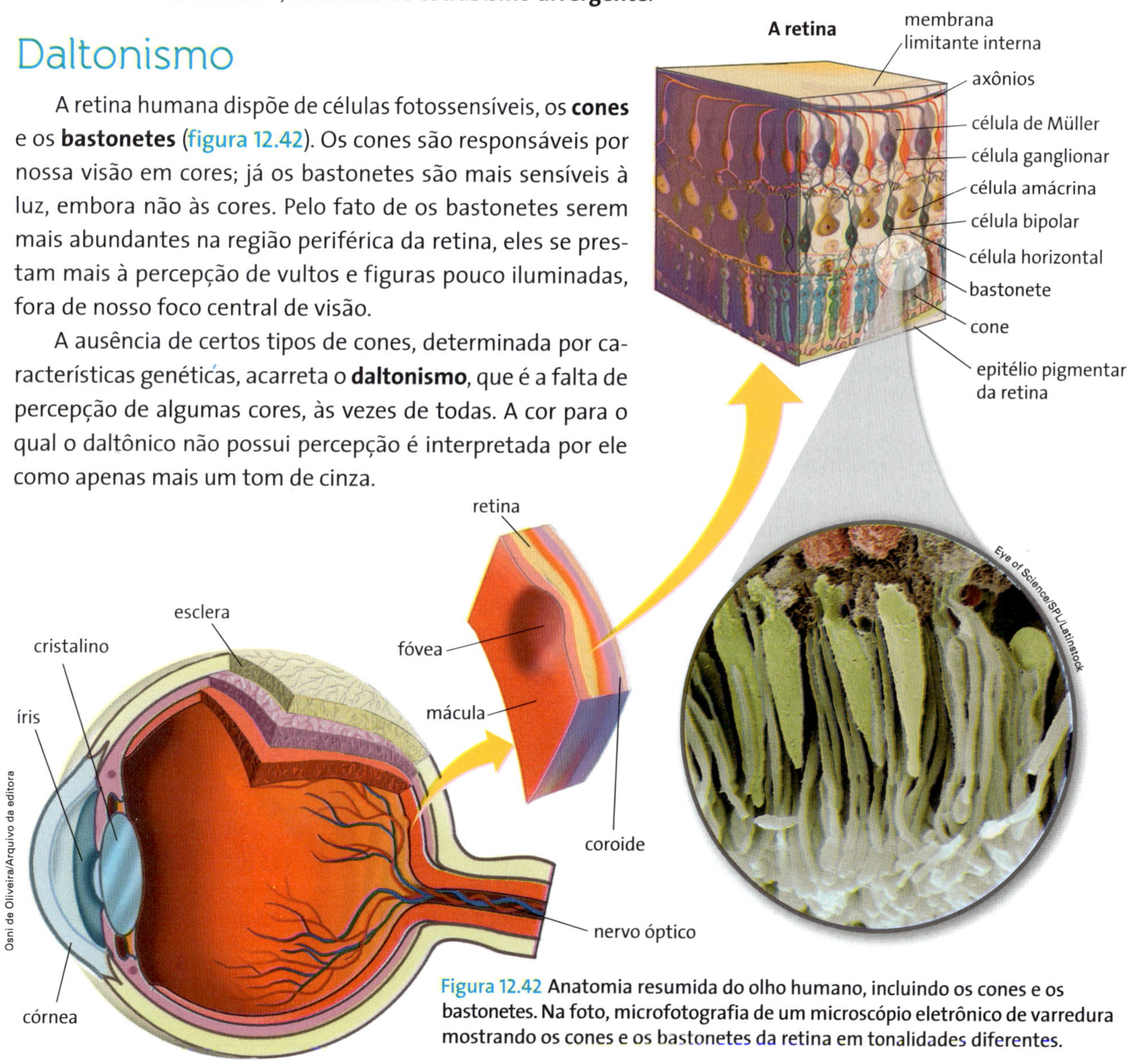

Figura 12.42 Anatomia resumida do olho humano, incluindo os cones e os bastonetes. Na foto, microfotografia de um microscópio eletrônico de varredura mostrando os cones e os bastonetes da retina em tonalidades diferentes.

Exercício resolvido

3. Um oftalmologista, após um exame em uma pessoa de 25 anos, prescreveu a receita mostrada a seguir.

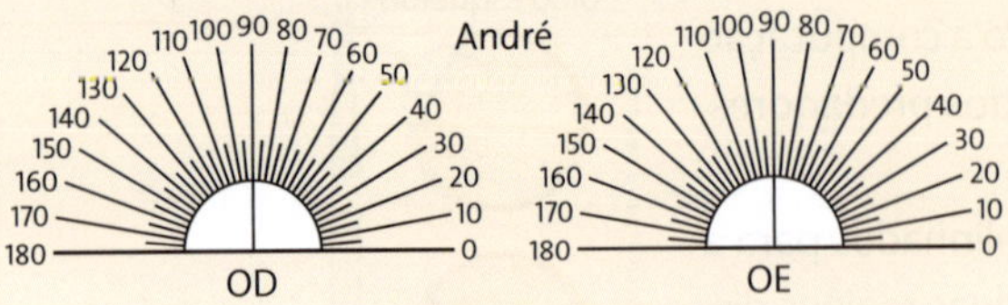

		Esférica	Cilíndrica	Eixo
Para longe	OD	−4,00 di	−1,25 di	90°
	OE	−2,50 di	−1,75 di	100°
Para perto	OD			
	OE			

a) Com base na receita prescrita pelo médico, qual(is) o(s) defeito(s) de visão que essa pessoa apresenta?

b) Calcule a distância focal das lentes esféricas receitadas.

Resolução

a) Como a receita indica lentes esféricas com convergência negativa para ambos os olhos, essa pessoa apresenta miopia em ambas as vistas. Por outro lado, a indicação de lentes cilíndricas implica a existência de astigmatismo.

b) Para o olho direito, a lente receitada apresenta uma convergência de −4,00 di.

Assim, a distância focal correspondente vale:

$$C = \frac{1}{f} \Rightarrow -4{,}00 = \frac{1}{f} \Rightarrow f = -0{,}25 \text{ m} = -25 \text{ cm}$$

E, para o olho esquerdo, temos −2,50 di.

Assim:

$$C = \frac{1}{f} \Rightarrow -2{,}50 = \frac{1}{f} \Rightarrow f = -0{,}40 \text{ m} = -40 \text{ cm}$$

Exercícios

17. Em relação ao olho humano, assinale certo ou errado em cada afirmativa.

I. Quando uma pessoa olha para um objeto distante, não há necessidade de nenhum esforço de acomodação visual.

II. O cristalino é uma lente biconvexa e flexível que projeta na retina uma imagem real e direita do objeto visualizado.

III. A função da pupila é controlar a entrada de luz, dilatando-se quando o ambiente externo tem pouca luz e contraindo-se na presença de muita luz.

18. Após examinar Rafael, um oftalmologista prescreveu a seguinte receita:

		Esférica	Cilíndrica	Eixo
Para longe	OD			
	OE			
Para perto	OD	+5,50 di	−3,75 di	0°
	OE	+5,00 di	−2,75 di	0°

Supondo que Rafael não apresente presbiopia, responda:

a) Quais as anomalias que afetam os olhos de Rafael?

b) Qual das duas lentes esféricas, para o olho esquerdo ou para o direito, possui maior distância focal? Justifique.

19. No olho de uma pessoa, a distância da córnea à retina é aproximadamente 2,5 cm. Para que a focalização da vista passe do infinito para um ponto a 25 cm do olho dessa pessoa, a distância focal do cristalino deve aumentar, diminuir ou permanecer a mesma? Justifique.

20. Uma pessoa idosa apresenta hipermetropia e presbiopia iguais em ambas as vistas. Um oftalmologista prescreveu para ela dois óculos: um para perto e outro para longe. Dentre as alternativas apresentadas a seguir, assinale aquela que pode estar de acordo com a receita.

	Para longe	Para perto
a)	−1,5 di	+4,5 di
b)	−1,5 di	−4,5 di
c)	+4,5 di	+1,5 di
d)	+1,5 di	−4,5 di
e)	+1,5 di	+4,5 di

EM CONSTRUÇÃO

Edmond Halley

Edmond Halley (1656-1742).

Edmond Halley, matemático, físico e astrônomo inglês, nasceu em 1656 e faleceu em 1742. Filho de uma família rica, Halley iniciou seus estudos em Londres, no St. Paul's School, e em 1673 foi para o Queen's College, em Oxford.

Em 1675, foi construído o Observatório Real de Greenwich, patrocinado pelo rei Carlos II (1630-1685) da Inglaterra, e o astrônomo inglês John Flamsteed (1646-1719) foi seu primeiro diretor. O projeto de Flamsteed era o de catalogar com um telescópio os astros e as estrelas do hemisfério norte para auxiliar a navegação. Influenciado pelo projeto, Halley estudou Astronomia e, em 1676, sem terminar o curso, partiu para a ilha de Santa Helena, no Atlântico Sul, onde catalogou (latitude e longitude) 341 estrelas e observou o trânsito do planeta Mercúrio pelo disco solar.

Halley retornou à Inglaterra em 1678, publicou seu catálogo contendo as determinações telescópicas das estrelas do hemisfério sul e estabeleceu sua reputação como astrônomo. Nesse ano, foi eleito membro da Royal Society e formou-se na Universidade de Oxford.

Nos anos seguintes, Halley, com o físico Robert Hooke (1635-1703) e o matemático e arquiteto Sir Christopher Wren (1632-1723), ambos ingleses, dedicou-se a aplicar a lei do inverso do quadrado da distância à força que mantém os planetas em órbita em torno do Sol, com base nas leis do astrônomo alemão Johannes Kepler (1571-1630). Em 1682, a observação de um cometa levou Halley à previsão de que o fenômeno se repetiria a cada 76 anos. Halley não viveu para ver o reaparecimento do cometa, que de fato ocorreu 76 anos depois, em 1758. Em sua homenagem, esse cometa passou a ser conhecido como **cometa de Halley**.

Em 1684, Halley fez sua primeira visita a Isaac Newton (1643-1727) em Cambridge e tomou conhecimento da teoria da gravitação desenvolvida por ele. Halley não só incentivou como ajudou financeiramente Newton a publicar a obra *Princípios matemáticos da filosofia natural*, em 1687.

Em 1704, Halley foi nomeado professor de Geometria em Oxford e deu prosseguimento a seu trabalho pioneiro de observações astronômicas. Em 1705, publicou o livro *Uma sinopse da Astronomia dos cometas*, no qual descreve as órbitas parabólicas de 24 cometas observados entre 1337 e 1698. Ele mostrou que os três históricos cometas de 1531, 1607 e 1682 eram, na realidade, o mesmo: o cometa de Halley. Em 1720, Halley sucedeu John Flamsteed como astrônomo real de Greenwich.

A contribuição de Halley à ciência não se restringe à observação de estrelas e cometas. É dele a primeira carta meteorológica, um mapa-múndi mostrando a distribuição dos ventos sobre os oceanos, publicada em 1686. Em 1701, publicou o primeiro mapa magnético das áreas do Atlântico e do Pacífico, que muito contribuiu para as navegações.

Halley é responsável, também, pelas primeiras descrições do ciclo de evaporação, formação de nuvens e precipitação. Data de 1716 o desenvolvimento do método para a determinação da distância da Terra ao Sol usando o movimento do planeta Vênus por meio do disco do Sol. Finalmente, devemos a Halley a fórmula conhecida como equação dos fabricantes de lentes, muito utilizada para a determinação da distância focal e da convergência de uma lente.

Em *O livro de ouro do Universo*, do físico e astrônomo Ronaldo Rogério de Freitas Mourão, publicado pela Ediouro, Rio de Janeiro (páginas 256 a 271), você encontrará um excelente material sobre Edmond Halley, sobre os cometas em geral e, em particular, sobre o cometa Halley e sua passagem pela Terra em 1910. A última aparição desse cometa foi em 1986, e a próxima será em 2061.

EXPERIMENTO

Lentes esféricas

Esta atividade consiste em determinar a distância focal de uma lente convergente. Para isso, você vai precisar dos seguintes materiais: uma lâmpada, de 15 W ou 20 W/120 V; um suporte para a lâmpada; uma lente convergente; um suporte para a lente; uma tela que sirva de anteparo e uma régua, ou trena.

A atividade consiste em obter no anteparo a melhor imagem do filamento da lâmpada (objeto), conforme mostra a figura.

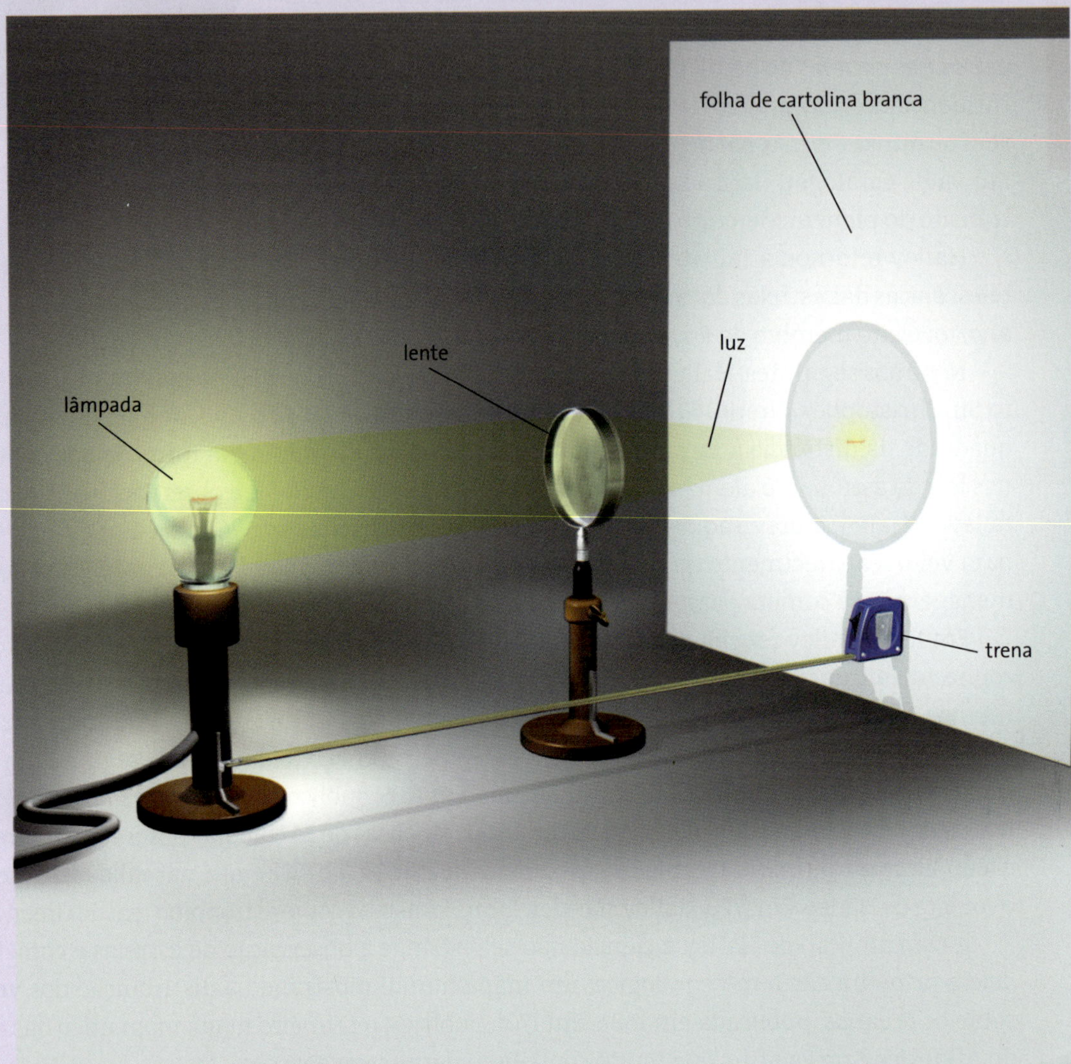

Antonio Robson/Arquivo da editora

Com uma régua, ou uma trena, é preciso medir a distância da lâmpada à lente, que representa a abscissa do objeto (p), e a distância da lente à tela, que representa a abscissa da imagem (p).

1. Com os dados obtidos no experimento, determine a distância focal da lente convergente.

2. Quais as características das imagens obtidas no anteparo?

3. Como você procederia para determinar, experimentalmente, a distância focal de uma lente divergente? Faça uma pesquisa, elabore um procedimento e converse com o professor.

Vestibulares de Norte a Sul

1. **S** (UFPR) Um estudante possui uma lente convergente cujos raios de curvatura de ambas as superfícies são iguais a 30 cm. Ele determinou experimentalmente a distância focal da lente no ar e obteve o valor de 10 cm. Com essas informações, é possível determinar o índice de refração da lente e assim saber de qual material ela foi feita.
   a) Com base nessas informações, calcule o índice de refração da lente.
   b) Se o estudante determinasse a distância focal com a lente imersa na água, ele obteria o mesmo valor descrito no enunciado? Justifique sua resposta.

2. **CO** (UFG-GO) Uma lente convergente de vidro possui distância focal *f* quando imersa no ar. Essa lente é mergulhada em glicerina, um tipo de álcool com índice de refração maior que o do ar. Considerando-se que o índice de refração do vidro é o mesmo da glicerina (iguais a 1,5), conclui-se que o diagrama que representa o comportamento de um feixe de luz incidindo sobre a lente imersa na glicerina é o seguinte:

a)
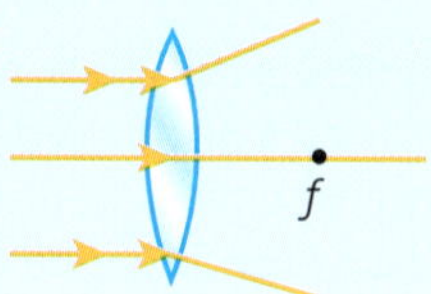

d)
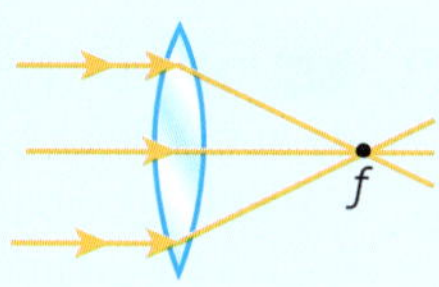

b)
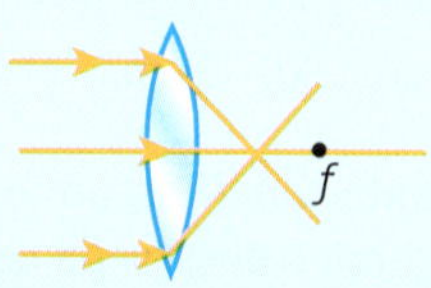

e)
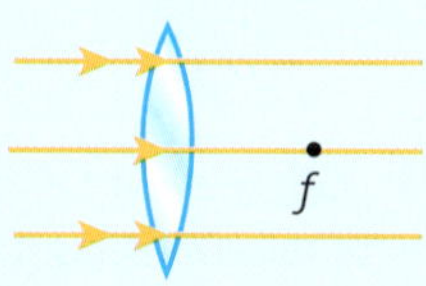

c)
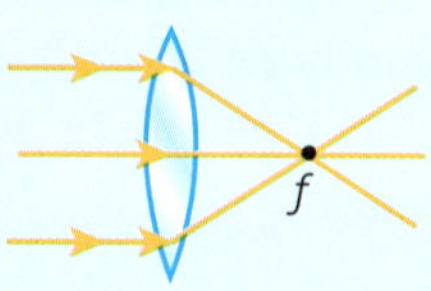

3. **NE** (UPE) Uma lente plano-côncava, mostrada na figura, possui um raio de curvatura *R* igual a 30 cm. Quando imersa no ar ($n_1 = 1$), a lente comporta-se como uma lente divergente de distância focal *f* igual a -60 cm. Assinale a alternativa que corresponde ao índice de refração n_2 dessa lente.

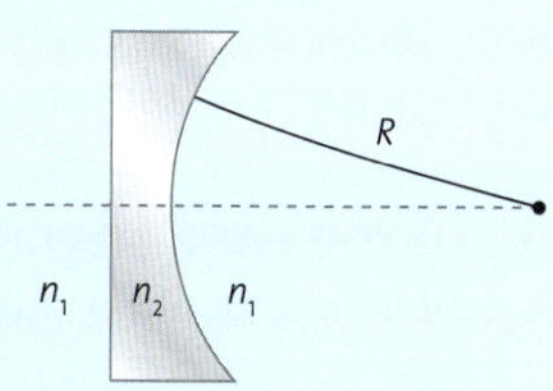

a) 0,5
b) 1
c) 1,5
d) 2
e) 2,5

4. **S** (UFSC-adaptado) Os diagramas a seguir representam os objetos indicados por *O*, e as imagens formadas por lentes, indicadas por *I*. Assinale as proposições que contêm os diagramas corretos de formação de imagem. Considere $n_{lente} > n_{meio}$.

(01)
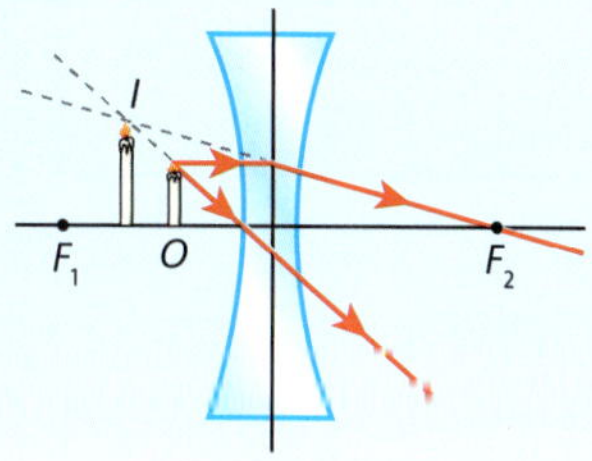

(02)
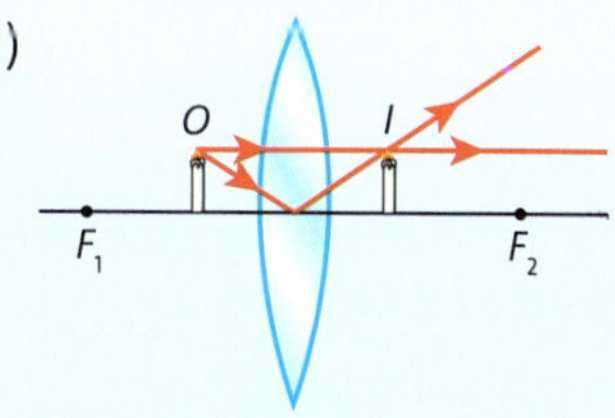

(04)
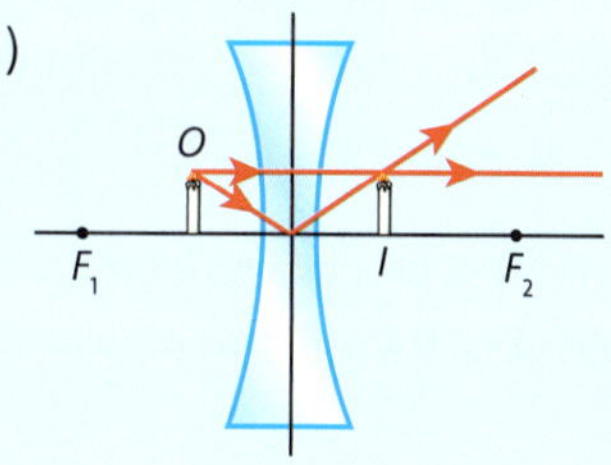

(08)
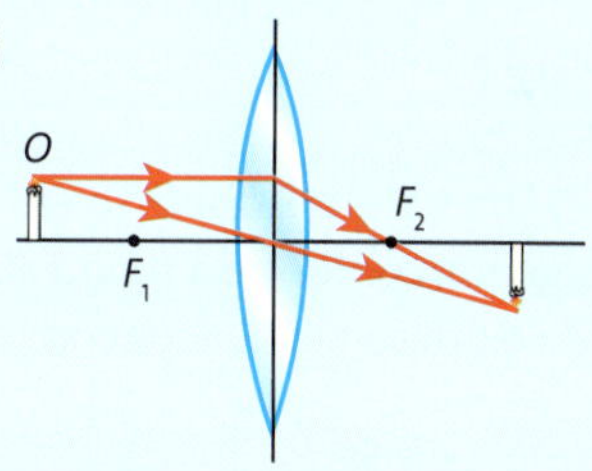

5. **SE** (PUCC-SP) Em um velho projetor de cinema, assim como no de um *slide*, o elemento principal é a lente. Em um projetor de *slides*, uma fonte de luz intensa ilumina o *slide* situado entre a fonte e a lente do projetor. Dispondo o projetor de forma que a distância entre o *slide* e a tela de projeção seja de 8,0 metros, obtém-se uma imagem nítida projetada na tela e ampliada 15 vezes.

Nestas condições, é correto afirmar que a lente do projetor tem distância focal de, aproximadamente:

a) 50 cm e é divergente.
b) 50 cm e é convergente.
c) 75 cm e é divergente.
d) 75 cm e é convergente.
e) 90 cm e é divergente.

6. SE (Fuvest-SP) A extremidade de uma fibra óptica adquire o formato arredondado de uma microlente ao ser aquecida por um *laser*, acima da temperatura de fusão. A figura abaixo ilustra o formato da microlente para tempos de aquecimento crescentes ($t_1 < t_2 < t_3$).

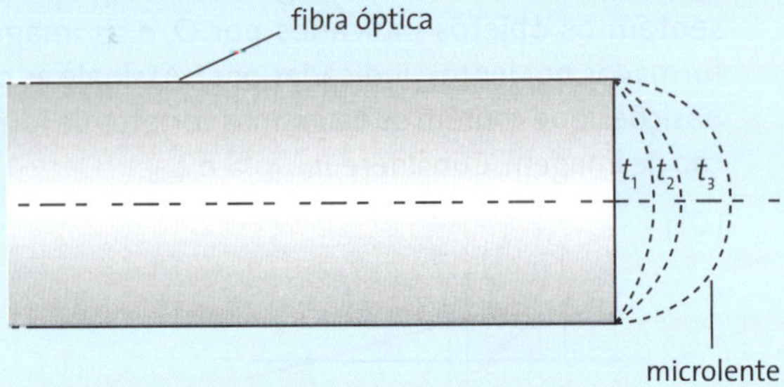

Considere as afirmações:

I. O raio de curvatura da microlente aumenta com tempos crescentes de aquecimento.

II. A distância focal da microlente diminui com tempos crescentes de aquecimento.

III. Para os tempos de aquecimento apresentados na figura, a microlente é convergente.

Está correto apenas o que se afirma em:

a) I.
b) II.
c) III.
d) I e III.
e) II e III.

> Note e adote: A luz se propaga no interior da fibra óptica, da esquerda para a direita, paralelamente ao seu eixo.
> A fibra está imersa no ar e o índice de refração do seu material é 1,5.

7. SE (Unicamp-SP) Um objeto é disposto em frente a uma lente convergente, conforme a figura abaixo. Os focos principais da lente são indicados com a letra *F*.

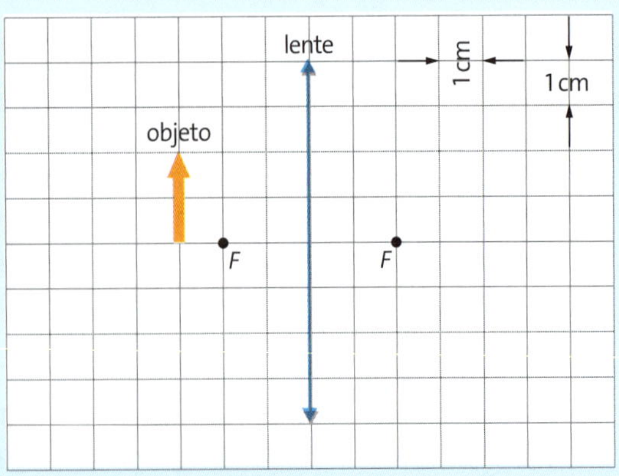

Pode-se afirmar que a imagem formada pela lente:

a) é real, invertida e mede 4 cm.
b) é virtual, direita e fica a 6 cm da lente.
c) é real, direita e mede 2 cm.
d) é real, invertida e fica a 3 cm da lente.

8. S (UEPG-PR) Têm-se duas lentes, uma plano côncava e outra plano convexa, conforme é mostrado ao lado e designadas por lente *A* e lente *B*. Sobre a associação dessas lentes, assinale o que for correto.

(01) Se a lente *B* for associada à lente *A* pelas partes planas, estando essas imersas no ar, a associação será convergente.

(02) A convergência da associação é dada em dioptrias e é igual à soma dos inversos das distâncias focais das lentes tomadas em metros.

(04) Se os raios das lentes forem de valores diferentes, a associação funcionará como se fosse uma lâmina de faces paralelas.

(08) Associadas as lentes de forma a torná-las divergentes, tanto o foco como a imagem serão reais.

(16) Se a lente *A* for associada à lente *B* de tal maneira que as curvaturas se encaixem perfeitamente, nelas incidindo um raio luminoso formando um ângulo qualquer com a normal e que não seja perpendicular à face e não exceda o ângulo limite, o raio emergente sofrerá um desvio e o ângulo com que o raio luminoso emerge será igual ao ângulo com que o raio incide.

9. SE (UPM-SP) Em uma experiência de óptica, na sala de aula, coloca-se um objeto real à distância de 6 cm do centro óptico de uma lente biconvexa de distância focal 4 cm. Sendo observadas as condições de Gauss, a distância entre esse objeto e sua imagem será de:

a) 6 cm. b) 9 cm. c) 12 cm. d) 15 cm. e) 18 cm.

10. SE (Fuvest-SP) Um estudante construiu um microscópio ótico digital usando uma *webcam*, da qual ele removeu a lente original. Ele preparou um tubo adaptador e fixou uma lente convergente, de distância focal $f = 50$ mm, a uma distância $d = 175$ mm do sensor de imagem da *webcam*, como visto na figura ao lado.

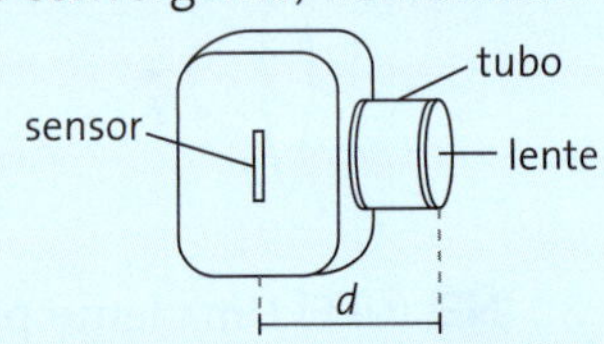

No manual da *webcam*, ele descobriu que seu sensor de imagem tem dimensão total útil de 6×6 mm^2 com 500×500 *pixels*. Com estas informações, determine

a) as dimensões do espaço ocupado por cada *pixel*;

b) a distância *L* entre a lente e um objeto, para que este fique focalizado no sensor;

c) o diâmetro máximo *D* que uma pequena esfera pode ter, para que esteja integralmente dentro do campo visual do microscópio, quando focalizada.

> Note e adote:
> *Pixel* é o menor componente de uma imagem digital.
> Para todos os cálculos, desconsidere a espessura da lente.

11. **S** (UFPR) Um objeto movimenta-se com velocidade constante ao longo do eixo óptico de uma lente delgada positiva de distância focal $f = 10$ cm. Num intervalo de 1 s, o objeto se aproxima da lente, indo da posição 30 cm para 20 cm em relação ao centro óptico da lente, v_0 e v_1 são as velocidades médias do objeto e da imagem, respectivamente, medidas em relação ao centro óptico da lente. Desprezando-se o tempo de propagação dos raios de luz, é correto concluir que o módulo da razão $\frac{v_0}{v_1}$ é:

a) $\frac{2}{3}$. b) $\frac{3}{2}$. c) 1. d) 3. e) 2.

12. **S** (UFPR) A figura a seguir é a representação esquemática de um sistema óptico formado por duas lentes convergentes separadas por 50 cm. As distâncias focais das lentes 1 e 2 são, respectivamente, 10 cm e 15 cm. Usa-se um lápis com 4 cm de comprimento como objeto, o qual é posicionado a 15 cm da lente 1. Com base nesses dados:

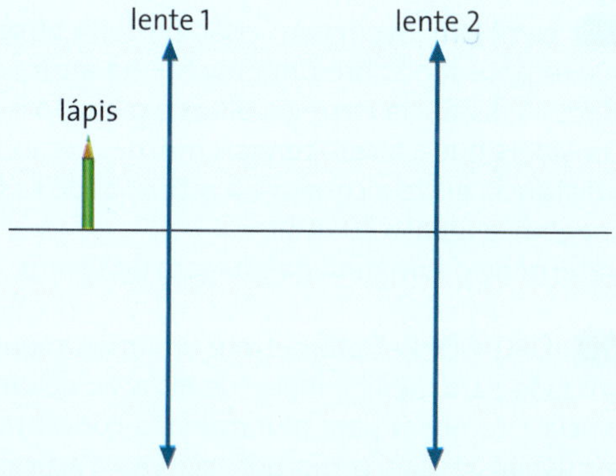

a) Determine a posição da imagem formada pelo sistema de lentes.

b) Determine o tamanho da imagem formada pelo sistema. Ela é direita ou invertida, em relação ao objeto?

c) Empregando a representação de raios, faça um desenho em escala, mostrando a localização e o tamanho da imagem formada pelo sistema.

13. **SE** (Unicid-SP) Uma lente convergente pode funcionar como uma lupa, ou seja, uma lente de aumento. Se a vergência dessa lente for de 2,0 di (dioptrias), para que funcione como uma lupa, um objeto deverá ser colocado próximo ao eixo óptico principal dela a uma distância de seu centro óptico:

a) exatamente igual a 1,0 m.

b) compreendida entre 0,51 m e 0,99 m.

c) menor que 0,50 m.

d) maior que 1,0 m.

e) exatamente igual a 0,50 m.

14. **SE** (UFTM-MG) Um objeto real linear é colocado diante de uma lente esférica delgada convergente, perpendicularmente a seu eixo principal. À medida que o objeto é movido ao longo desse eixo, a altura (i) da imagem conjugada pela lente varia, em função da distância do objeto a ela (p), conforme o gráfico a seguir.

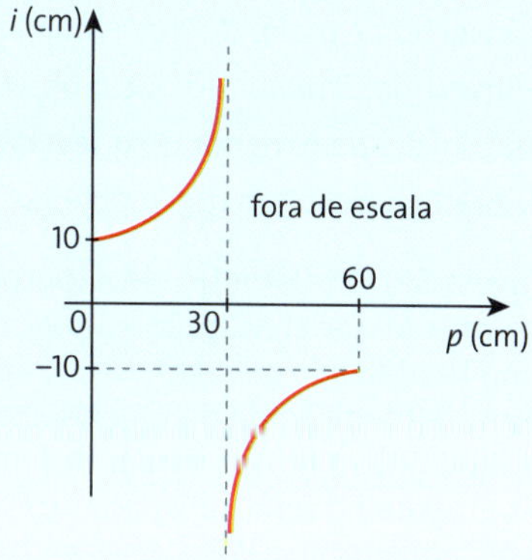

Se o objeto for colocado a 20 cm da lente, a altura da imagem conjugada por ela, em cm, e o módulo da distância da imagem à lente, também em cm, serão respectivamente iguais a:

a) 30 e 30.

b) 15 e 25.

c) 30 e 60.

d) 20 e 30.

e) 20 e 60.

15. **SE** (Ufscar-SP) Em um consultório, um oftalmologista solicita ao paciente que leia as letras escritas no quadro à sua frente utilizando um jogo de lentes para, com exatidão, ajustar o foco visual de quem tem dificuldade para enxergar objetos distantes.
Nesse caso, será prescrita uma lente:

a) divergente, pois o paciente é míope.

b) convergente, pois o paciente é míope.

c) convergente, pois o paciente é estrábico.

d) divergente, pois o paciente é hipermetrope.

e) convergente, pois o paciente é hipermetrope.

16. **SE** (UEMG) Ao pegar os óculos de Gustavo, Fabiana percebeu que estes forneciam uma imagem ampliada de objetos que estavam próximos. Em vista disso, ela afirmou corretamente que:

a) Gustavo era míope.

b) os óculos de Gustavo jamais forneceriam uma imagem invertida de um objeto.

c) as lentes dos óculos de Gustavo seriam mais finas nas bordas e espessas no meio.

d) as lentes dos óculos de Gustavo seriam divergentes.

17. **SE** (Unicastelo-SP) Um astrônomo amador aponta seu telescópio, cuja objetiva é um espelho côncavo, para o planeta Marte. Devido às dimensões envolvidas nessa situação, pode-se considerar que Marte está a uma distância infinita do telescópio. Dessa forma, a imagem de Marte conjugada pelo espelho do telescópio será:

a) virtual, direita e maior do que o objeto.

b) real, invertida e maior do que o objeto.

c) real, invertida e menor do que o objeto.

d) virtual, invertida e menor do que o objeto.

e) real, direita e maior do que o objeto.

18. **SE** (Fuvest-SP) O telêmetro de superposição é um instrumento ótico de concepção simples, que no passado foi muito utilizado em câmeras fotográficas e em aparelhos de medição de distâncias. Uma representação esquemática de um desses instrumentos está a seguir. O aparelho semitransparente E_1 está posicionado a 45° em relação à linha de visão, horizontal, AB. O espelho E_2 pode ser girado, com precisão, em torno de um eixo perpendicular à figura, passando por C, variando-se assim o ângulo β entre o plano de E_2 e a linha horizontal. Deseja-se determinar a distância AB do objeto que está no ponto B ao instrumento.

a) Desenhe na figura, com linhas cheias, os raios de luz que, partindo do objeto que está em B, atingem o olho do observador – um atravessa o espelho E_1 e o outro é refletido E_2 no ponto C. Suponha que ambos cheguem ao olho do observador paralelos e superpostos.

b) Desenhe, com linhas tracejadas, o trajeto aproximado de um raio de luz que parte do objeto em B', incide em C e é refletido por E_2.

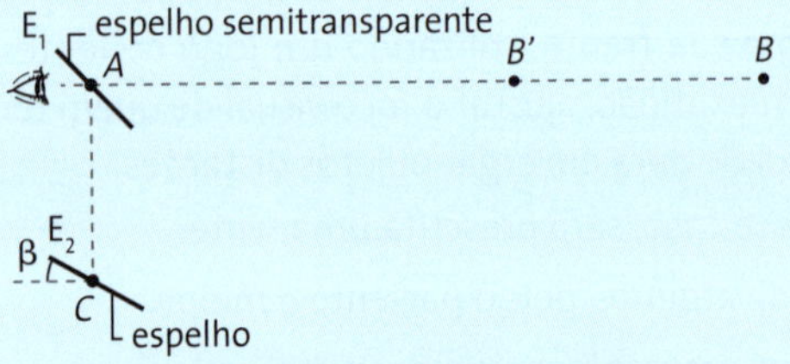

Com o objeto em um ponto B específico, o ângulo β foi ajustado em 44°, para que os raios cheguem ao olho do observador paralelos e superpostos. Nessa condição,

c) determine o valor do ângulo γ entre as linhas AB e BC;

d) com $AC = 10$ cm, determine o valor de AB.

> Note e adote:
> sen (22°) = 0,37; cos (22°) = 0,93
> sen (44°) = 0,70; cos (44°) = 0,72
> sen (88°) = 0,99; cos (88°) = 0,03
> As direções AB e AC são perpendiculares entre si.

19. **SE** (Unifesp) Um telescópio refrator trabalha com a propriedade de refração da luz. Este instrumento possui uma lente objetiva, que capta a luz dos objetos e forma a imagem. Outra lente convergente, a ocular, funciona como uma lupa, aumentando o tamanho da imagem formada pela lente objetiva. O maior telescópio refrator do mundo em utilização, com 19,2 m de comprimento, é o telescópio Yerkes, que teve sua construção finalizada em 1897 e localiza-se na Universidade de Chicago, nos EUA. O telescópio Yerkes possui uma objetiva com 101 cm de diâmetro e com razão focal (definida como a razão entre a distância focal e o diâmetro de abertura da lente) igual a 19,0.

<www.cdcc.usp.br>

a) Qual a distância focal da objetiva do telescópio refrator descrito e quanto vale a soma das distâncias focais da objetiva e da ocular?

b) Qual é o aumento visual (ampliação angular) do telescópio?

20. **SE** (Uerj) Um jovem com visão perfeita observa um inseto pousado sobre uma parede na altura de seus olhos. A distância entre os olhos e o inseto é de 3 m. Considere que o inseto tenha 3 mm de tamanho e que a distância entre a córnea e a retina, onde se forma a imagem, é igual a 20 mm.
Determine o tamanho da imagem do inseto.

21. **CO** (UFG-GO) Refratômetro é um instrumento ótico utilizado para medir o índice de refração de uma substância e também para determinar a concentração de certas substâncias, como, por exemplo, o açúcar em um fluido qualquer. A figura ilustra o protótipo de um refratômetro construído por um prisma de índice de refração 1,6, um orifício no qual entra a luz de análise e uma cavidade para colocar o material líquido a ser analisado. Nessas condições, um feixe de luz monocromático, ao entrar pelo orifício, refrata na interface prisma-líquido e atinge a escala graduada em um ponto a 4 cm da origem.

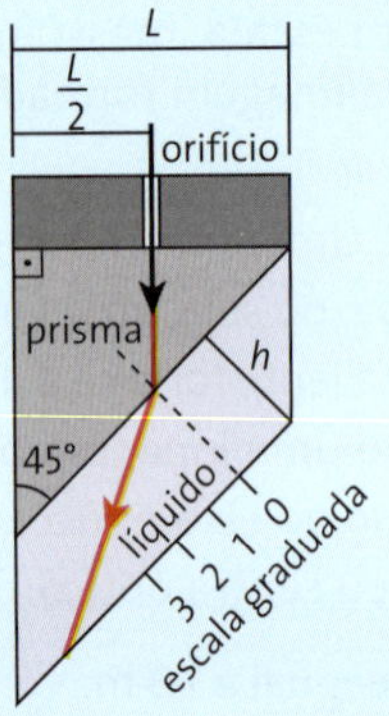

Considerando-se que $L = 12$ cm e $h = \sqrt{2}$, calcule:

a) o índice de refração do líquido sob análise;

b) o menor índice de refração que esse instrumento permite medir.

22. SF (UFTM MG) Uma pessoa apresenta, nos dois olhos, determinada ametropia ou defeito de visão. Em uma consulta oftalmológica, o médico mostrou-lhe duas imagens. A imagem 1 representando como uma pessoa com o mesmo defeito de visão veria determinada cena. A imagem 2 mostrando como uma pessoa com visão normal enxergaria a mesma cena.

Imagem 1 Imagem 2

http://www.cdcc.usp.br/

Note que a pessoa com o defeito de visão consegue ver nitidamente objetos próximos de si, como a bola laranja da figura, por exemplo. Porém, enxerga com dificuldade as faces dos garotos da cena, mais afastadas, bem como objetos distantes. Sabendo que esse problema pode ser corrigido utilizando uma lente esférica, responda:

a) qual o nome do defeito visual dessa pessoa e que comportamento óptico deve ter a lente esférica adequada para corrigi-lo?

b) se essa pessoa só enxerga nitidamente, sem lentes corretivas, objetos até 40 cm de seus olhos, qual a vergência, em dioptrias, das lentes corretivas de seu defeito visual?

23. N (Ufam) Os óculos são dispositivos ópticos utilizados, principalmente, para a correção de ametropias. A palavra óculo surgiu a partir do termo 'ocularium' que era utilizado na antiguidade clássica para designar os orifícios das armaduras dos soldados da época. Estes orifícios permitiam que os soldados enxergassem. Hoje, quando se referem ao tipo de óculos que precisam usar para corrigir determinada ametropia, as pessoas usam o termo "grau". Na realidade, em optometria, o "grau" representa a convergência da lente dada em dioptria, onde $1di = 1m^{-1}$. Considere a seguinte receita prescrita por um oftalmologista.

		Lente esférica	Lente cilíndrica	Eixo
Longe	OD	−1,00		
	OE	−1,00		
Perto	OD	2,00		
	OE	2,00		

Pode-se afirmar que o dono da receita apresenta:

a) dois "graus" de miopia e, devido ao envelhecimento, já está com um "grau" de presbiopia.

b) um "grau" de hipermetropia e, devido ao envelhecimento, já está com dois "graus" de presbiopia.

c) um "grau" de miopia e, devido ao envelhecimento, já está com dois "graus" de presbiopia.

d) dois "graus" de hipermetropia e, devido ao envelhecimento, já está com um "grau" de presbiopia.

e) um "grau" de miopia e, devido ao envelhecimento, já está com dois "graus" de hipermetropia.

24. S (UFSC) Fazendo uma análise simplificada do olho humano, pode-se compará-lo a uma câmara escura. Fazendo uma análise cuidadosa, ele é mais sofisticado que uma câmera fotográfica ou filmadora. A maneira como o olho controla a entrada de luz e trabalha para focalizar a imagem para que ela seja formada com nitidez na retina é algo espetacular. A figura abaixo representa, de maneira esquemática, a estrutura do olho humano e a forma pela qual a luz que parte de um objeto chega à retina para ter a sua imagem formada. Na tabela abaixo, é apresentado o índice de refração de cada uma das partes do olho.

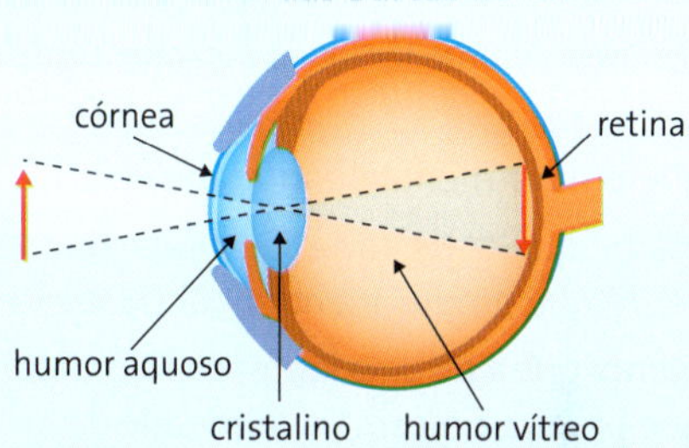

Formato/Arquivo da editora

Parte do olho	Índice de refração
Córnea	1,37 a 1,38
Humor aquoso	1,33
Cristalino	1,38 a 1,41
Humor vítreo	1,33

Disponível em: <http://adventista.forumbrasil.net/t1533-sistema-optico-olho--humano-novo-olhar-sobre-a-visao-mais-complexidade>. [Adaptado] Acesso em: 18 jul. 2012.

Com base no exposto, assinale a(s) proposição(ões) **correta(s)**.

01. A imagem do objeto formada na retina é real, invertida e menor, o que nos leva a afirmar que o cristalino é uma lente de comportamento convergente.

02. A velocidade da luz, ao passar pelas partes do olho, é maior no humor aquoso e no humor vítreo.

04. O fenômeno da refração da luz é garantido pelo desvio da trajetória da luz, sendo mantidas constantes todas as outras características da luz.

08. A refração da luz só ocorre no cristalino, cujo índice de refração é diferente do índice de refração do humor aquoso e do humor vítreo.

16. A miopia é um problema de visão caracterizado pela formação da imagem antes da retina, sendo corrigido com uma lente de comportamento divergente.

32. A presbiopia, popularmente chamada de "vista cansada", é um problema de visão similar à hipermetropia, sendo corrigido com uma lente de comportamento convergente.

64. A hipermetropia é um problema de visão caracterizado pela formação da imagem depois da retina, sendo corrigido com uma lente de comportamento divergente.

Caiu no Enem

1. A eficiência das lâmpadas pode ser comparada utilizando a razão, considerada linear, entre a quantidade de luz produzida e o consumo. A quantidade de luz é medida pelo fluxo luminoso, cuja unidade é o lúmen (lm). O consumo está relacionado à potência elétrica da lâmpada, que é medida em watt (W). Por exemplo, uma lâmpada incandescente de 40 W emite cerca de 600 lm, enquanto uma lâmpada fluorescente de 40 W emite cerca de 3 000 lm.

Disponível em: <http://tecnologia.terra.com.br>. Acesso em: 29 fev. 2012 (adaptado).

A eficiência de uma lâmpada incandescente de 40 W é:

a) maior que a de uma lâmpada fluorescente de 8 W, que produz menor quantidade de luz.
b) maior que a de uma lâmpada fluorescente de 40 W, que produz menor quantidade de luz.
c) menor que a de uma lâmpada fluorescente de 8 W, que produz a mesma quantidade de luz.
d) menor que a de uma lâmpada fluorescente de 40 W, pois consome maior quantidade de energia.
e) igual a de uma lâmpada fluorescente de 40 W, que consome a mesma quantidade de energia.

2. Ao contrário dos rádios comuns (AM ou FM), em que uma única antena transmissora é capaz de alcançar toda a cidade, os celulares necessitam de várias antenas para cobrir um vasto território. No caso dos rádios FM, a frequência de transmissão está na faixa dos MHz (ondas de rádio), enquanto, para os celulares, a frequência está na casa dos GHz (micro-ondas). Quando comparado aos rádios comuns, o alcance de um celular é muito menor.

Considerando-se as informações do texto, o fator que possibilita essa diferença entre propagação das ondas de rádio e as de micro-ondas é que as ondas de rádio são:

a) facilmente absorvidas na camada da atmosfera superior conhecida como ionosfera.
b) capazes de contornar uma diversidade de obstáculos como árvores, edifícios e pequenas elevações.
c) mais refratadas pela atmosfera terrestre, que apresenta maior índice de refração para as ondas de rádio.
d) menos atenuadas por interferência, pois o número de aparelhos que utilizam ondas de rádio é menor.
e) constituídas por pequenos comprimentos de onda que lhes conferem um alto poder de penetração em materiais de baixa densidade.

3. Em um experimento, coloca-se glicerina dentro de um tubo de vidro liso. Em seguida, parte do tubo é colocada em um copo de vidro que contém glicerina e a parte do tubo imersa fica invisível.

Esse fenômeno ocorre porque a:

a) intensidade da luz é praticamente constante no vidro.
b) parcela de luz refletida pelo vidro é praticamente nula.
c) luz que incide no copo não é transmitida para o tubo de vidro.
d) velocidade da luz é a mesma no vidro e na glicerina.
e) trajetória da luz é alterada quando ela passa da glicerina para o vidro.

4. Para afinar um violão, um músico necessita de uma nota para referência; por exemplo, a nota lá em um piano. Dessa forma, ele ajusta as cordas do violão até que ambos os instrumentos toquem a mesma nota. Mesmo ouvindo a mesma nota, é possível diferenciar o som emitido pelo piano e pelo violão.

Essa diferenciação é possível, porque:

a) a ressonância do som emitido pelo piano é maior.
b) a potência do som emitido pelo piano é maior.
c) a intensidade do som emitido por cada instrumento é diferente.
d) o timbre do som produzido por cada instrumento é diferente.
e) a amplitude do som emitido por cada instrumento é diferente.

5. Nossa pele possui células que reagem à incidência de luz ultravioleta e produzem uma substância chamada melanina, responsável pela pigmentação da pele. Pensando em se bronzear, uma garota vestiu um biquíni, acendeu a luz de seu quarto e deitou-se exatamente abaixo da lâmpada incandescente. Após várias horas ela percebeu que não conseguiu resultado algum.

O bronzeamento não ocorreu porque a luz emitida pela lâmpada incandescente é de:

a) baixa intensidade.
b) baixa frequência.
c) um espectro contínuo.
d) amplitude inadequada.
e) curto comprimento de onda.

6. A terapia fotodinâmica é um tratamento que utiliza luz para cura de câncer através da excitação de moléculas medicamentosas, que promovem a desestruturação das células tumorais. Para a eficácia do tratamento, é necessária a iluminação na região do tecido a ser tratado. Em geral, as moléculas medicamentosas absorvem as frequências mais altas. Por isso, as intervenções cutâneas são limitadas pela penetração da luz visível, conforme a figura:

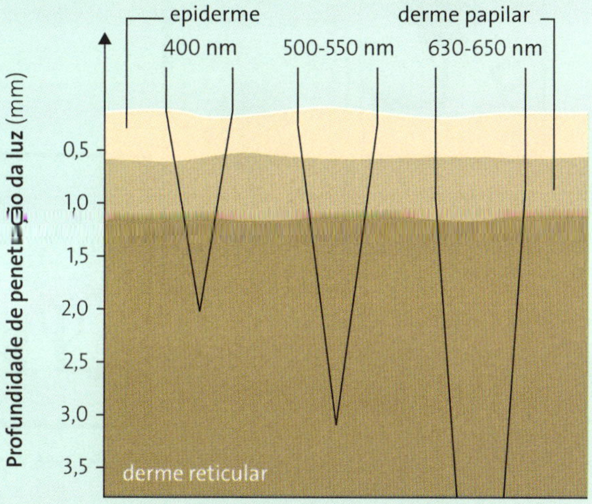

LANE, N. Profundidade de penetração de feixes de luz de diferentes comprimentos de onda da luz incidente. *Scientific American Brasil*, fev. 2003 (adaptado).

A profundidade de até 2 mm em que o tratamento cutâneo é eficiente se justifica porque a luz de:

a) curto comprimento de onda é mais refletida pela pele.
b) maior energia é mais absorvida pelo tecido orgânico.
c) menor energia é absorvida nas regiões mais profundas.
d) todos os comprimentos de onda terão alta intensidade.
e) cada comprimento de onda percebe um índice de refração diferente.

7. As ondas eletromagnéticas, como a luz visível e as ondas de rádio, viajam em linha reta em um meio homogêneo. Então, as ondas de rádio emitidas na região litorânea do Brasil não alcançariam a região amazônica do Brasil por causa da curvatura da Terra. Entretanto, sabemos que é possível transmitir ondas de rádio entre essas localidades devido à ionosfera.

Com ajuda da ionosfera, a transmissão de ondas planas entre o litoral do Brasil e a região amazônica é possível por meio da:

a) reflexão.
b) refração.
c) difração.
d) polarização.
e) interferência.

8. Para que uma substância seja colorida, ela deve absorver luz na região do visível. Quando uma amostra absorve luz visível, a cor que percebemos é a soma das cores restantes que são refletidas ou transmitidas pelo objeto. A figura 1 mostra o espectro de absorção para uma substância e é possível observar que há um comprimento de onda em que a intensidade de absorção é máxima. Um observador pode prever a cor dessa substância pelo uso da roda de cores (figura 2): o comprimento de onda correspondente à cor do objeto é encontrado no lado oposto ao comprimento de onda da absorção máxima.

Figura 1

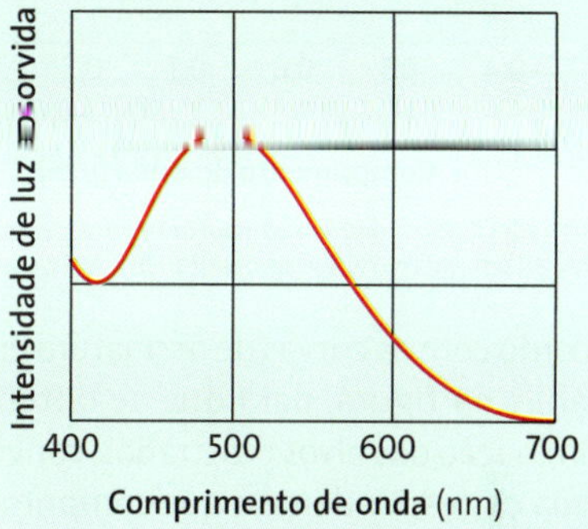

Figura 2

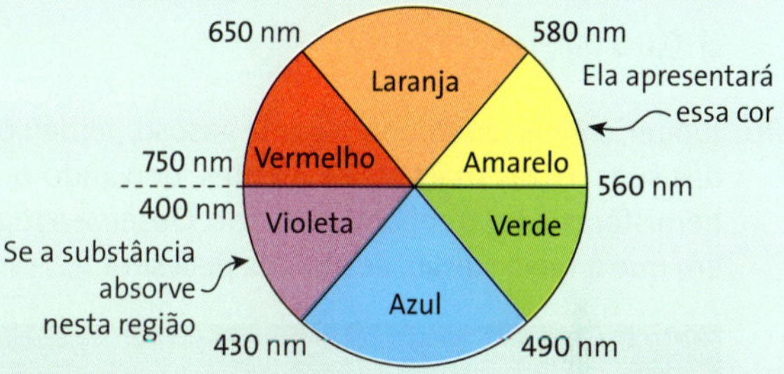

Brown, T. *Química – A Ciência central*. 2005 (adaptado).

Qual a cor da substância que deu origem ao espectro da figura 1?

a) Azul.
b) Verde.
c) Violeta.
d) Laranja.
e) Vermelho.

9. O processo de interpretação de imagens capturadas por sensores instalados a bordo de satélites que imageiam determinadas faixas ou bandas do espectro de radiação eletromagnética (REM) baseia-se na interação dessa radiação com os objetos presentes sobre a superfície terrestre. Uma das formas de avaliar essa interação é por meio da quantidade de energia refletida pelos objetos. A relação entre a refletância de um dado objeto e o comprimento de onda da REM é

conhecida como curva de comportamento espectral ou assinatura espectral do objeto, como mostrado na figura, para objetos comuns na superfície terrestre.

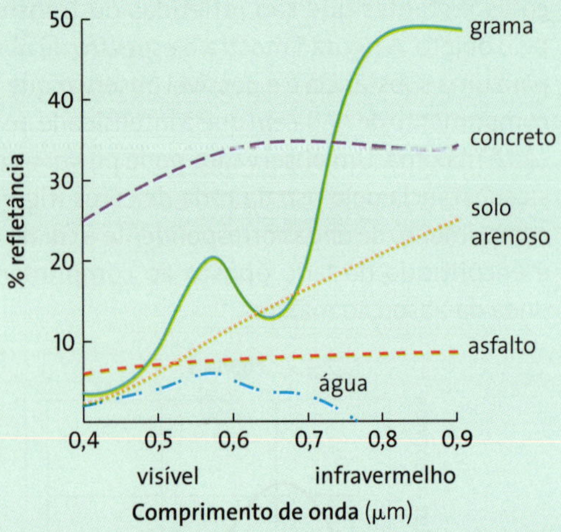

D'ARCO, E. *Radiometria e comportamento espectral de alvos.* INPE. Disponível em: <http://www.agro.unitau.br>. Acesso em: 3 maio 2009.

De acordo com as curvas de assinatura espectral apresentadas na figura, para que se obtenha a melhor discriminação dos alvos mostrados, convém selecionar a banda correspondente a que comprimento de onda em micrômetros (μm)?

a) 0,4 a 0,5.
b) 0,5 a 0,6.
c) 0,6 a 0,7.
d) 0,7 a 0,8.
e) 0,8 a 0,9.

10. Júpiter, conhecido como o gigante gasoso, perdeu uma das suas listras mais proeminentes, deixando o seu hemisfério sul estranhamente vazio. Observe a região em que a faixa sumiu, destacada pela seta.

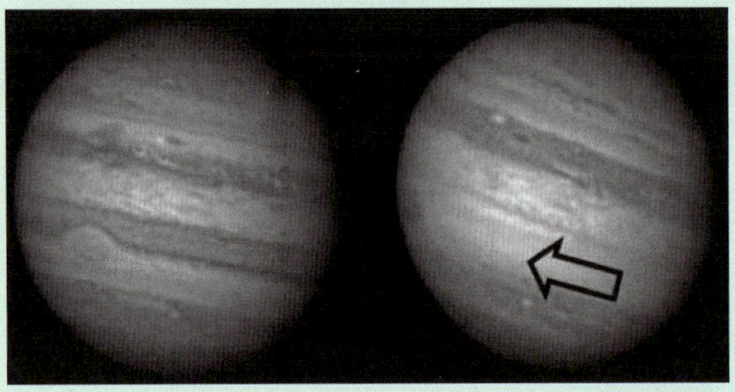

Disponível em: <http://www.inovacaotecnologica.com.br>. Acesso em: 12 maio 2010 (adaptado).

A aparência de Júpiter é tipicamente marcada por duas faixas escuras em sua atmosfera – uma no hemisfério norte e outra no hemisfério sul. Como o gás está constantemente em movimento, o desaparecimento da faixa no planeta relaciona-se ao movimento das diversas camadas de nuvens em sua atmosfera. A luz do Sol, refletida nessas nuvens, gera a imagem que é captada pelos telescópios, no espaço ou na Terra.

O desaparecimento da faixa sul pode ter sido determinado por uma alteração:

a) na temperatura da superfície do planeta.
b) no formato da camada gasosa do planeta.
c) no campo gravitacional gerado pelo planeta.
d) na composição química das nuvens do planeta.
e) na densidade das nuvens que compõem o planeta.

11.

Ciência Hoje, v. 5, n. 27, dez. 1986. Encarte.

Os quadrinhos mostram, por meio da projeção da sombra da árvore e do menino, a sequência de períodos do dia: matutino, meio-dia e vespertino, que é determinada:

a) pela posição vertical da árvore e do menino.
b) pela posição do menino em relação à árvore.
c) pelo movimento aparente do Sol em torno da Terra.
d) pelo fuso horário específico de cada ponto da superfície da Terra.
e) pela estação do ano, sendo que no inverno os dias são mais curtos que no verão.

12. *O efeito Tyndall é um efeito óptico de turbidez provocado pelas partículas de uma dispersão coloidal. Foi observado pela primeira vez por Michael Faraday em 1857 e, posteriormente, investigado pelo físico inglês John Tyndall. Este efeito é o que torna possível, por exemplo, observar as partículas de poeira suspensas no ar por meio de uma réstia de luz, observar gotículas de água que formam a neblina por meio do farol do carro ou, ainda, observar o feixe luminoso de uma lanterna por meio de um recipiente contendo gelatina.*

REIS, M. *Completamente Química:* Físico-Química. São Paulo: FTD, 2001 (adaptado).

Ao passar por um meio contendo partículas dispersas, um feixe de luz sofre o efeito Tyndall devido:

a) à absorção do feixe de luz por este meio.
b) à interferência do feixe de luz neste meio.
c) à transmissão do feixe de luz neste meio.
d) à polarização do feixe de luz por este meio.
e) ao espalhamento do feixe de luz neste meio.

Respostas

Capítulo 7 • Movimento harmônico simples

1. a) $\frac{1}{\pi}$ HZ; 2 rad/s; 4 m; $\frac{3\pi}{2}$ rad
   b) $x = 4 \cdot \cos\left(\frac{3\pi}{2} + 2t\right)$;
   $v = -8 \cdot \text{sen}\left(\frac{3\pi}{2} + 2t\right)$;
   $a = -16 \cdot \cos\left(\frac{3\pi}{2} + 2t\right)$.
2. a) 4,0 s
   b) $v_{máx.} = 3\pi$ m/s
3. a) 4,0 s; $\frac{\pi}{2}$ rad/s; 4,0 m; $\frac{2\pi}{3}$ rad.
   b) $x = 4\cos\left(\frac{2\pi}{3} + \frac{\pi}{2}t\right)$ SI; $t \simeq 2{,}67$ s
4. $\frac{\pi}{2}$ rad/s
5. a) $\frac{\pi}{2}$ rad; 2,0 m/s; 4,0 m/s^2
   b) $v = -2 \cdot \text{sen}\left(\frac{\pi}{2} + 2t\right)$;
   $a = -4 \cdot \cos\left(\frac{\pi}{2} + 2t\right)$.
   c) $v = 4\sqrt{(1 - x^2)}$
6. b
7. F, V, V, F.
8. 4 N/m
9. a) 0,5 kg; b) Não. c) Não.
10. 1 kg
11. a
12. c
13. a) Diminuirá.
    b) Não se altera.
    c) Diminuirá.
15. e
16. F, F, F, F.
17. a
18. a
19. I, III e IV.
20. a) 2 m; 0,628 s.
21. 6 m/s
22. c
23. a
24. 14

Vestibulares de Norte a Sul

1. $A = 2$ m; $\omega = \pi/2$ rad/s; $\Phi = \pi/2$ rad
2. c
3. c
4. c
5. F, V, V, V, V.
6. c
7. c
8. e
9. a
10. b
11. I. 0,05 N/m II. $5 \cdot 10^3$ m/s
12. d
13. c
14. a
15. e
16. d
17. a) 16 s b) Não se altera.
18. c
19. d

Capítulo 8 • Ondas mecânicas

1. d
2. a) $A = 10$ cm; $\lambda = 40$ cm
   b) $f = 2{,}0$ Hz; $v = 0{,}80$ m/s
3. b
4. F, F, F, V, V.
5. a) 10 Hz; 10 Hz b) 0,1 s
6. 75 batimentos/minuto.
7. a) 0,1 m/s ou 10 cm/s.
8. a) 280 m/s b) 0,039 s
9. a) 100 m/s b) 400 N c) 40 g/m
10. a) 148 m b) 5,7 m
11. a) $v_2 > v_1$ b) $f_1 = f_2$
12. b
13. c
14. e
15. Esse fato é explicado pelo fenômeno da difração.
16. I. Errada. II. Correta. III. Errada.
17. Construtiva.
18. b
19. d
20. III
21. a) 24 cm b) 24 m/s
23. d

Vestibulares de Norte a Sul

1. 1540 m/s
2. a
3. b
4. d
5. c
6. a
7. d
8. c
9. d
10. b
11. a
12. a) 200 m/s; 10 m/s b) 4,5 m
13. a) 1,5 m
    b) 0 m; 0,75 m; 1,5 m; 2,25 m; 3,0 m; 3,75 m; 4,5 m; 5,25 m; 6,0 m
14. b
15. c
16. b
17. 26

Capítulo 9 • Acústica

1. I. Correta. II. Correta. III. Errada. IV. Correta.
2. A atitude do índio é correta, porque a velocidade do som no ferro (5130 m/s) é superior à sua velocidade no ar (340 m/s).
3. d
4. 5 mm
6. 70 m
7. a) Não. b) 340 m
8. a) 20 dB b) Não.
9. a) 1000 Hz b) 55 dB
   c) 10^0 W/m^2
10. 10000
11. I. Timbre. II. Intensidade. III. Altura. IV. Altura. V. Timbre.
12. 1,0 m; 0,67 m e 0,50 m.
13. 395 Hz
16. 0,57 m
17. c
18. a) 0,2 m; 0,6 m; 1,0 m.
    b) 0,4 m; 1,2 m.
19. 3542 Hz; 0,096 m. O som é audível.
20. 500 Hz; 1500 Hz e 2500 Hz.
22. a
23. Menor.
24. 765 Hz
25. 60 m/s
26. c

Vestibulares de Norte a Sul

1. d
2. d
3. d
4. c
5. b
6. a
7. 17
8. a
9. e
10. b
11. b
12. Mais longa.
13. b
14. c
15. a
16. 1. a) 440 Hz b) 0,64 m
    2. a) 440 Hz b) 0,77 m
17. a) $v = \frac{2}{d} \cdot \sqrt{\frac{F}{\rho \cdot \pi}}$
    b) 2v
    c) 840 Hz
18. d
19. b
20. a) 85 Hz b) 92,5 N
21. c
22. b
23. c
24. a) 0,1 m/s
    b) 425 Hz
25. c
26. b
27. d

Capítulo 10 • Luz e reflexão luminosa

1. A resposta de Luciana.
2. I. Certa. II. Errada. III. Certa.
3. a) A lâmina de vidro é iluminada pela luz branca da lâmpada e reflete difusamente apenas a cor verde. Assim, o observador vê a lâmina de vidro na cor verde.
   b) A reflexão difusa da componente verde da luz branca.
4. *A*: branca; *B*: azul; *C*: verde; *D*: vermelha.
5. Não; sim.

6. Lua nova.

7. a) Eclipse do Sol.
b) Total.

8. a) 6,0 m
b) Não se altera.

9. 1,80 m
10. c
11. Direita.
12. b
13. 60°
14. 12 pessoas.

15. a) Côncavo.
b) Sobre o foco.

16. I e II
17. 12 cm; 36 cm

18. a) Real, invertida e menor que o objeto *AB*.

19. a) Côncavo.
b) Ligeiramente menor que 40 cm.

20. 100 m

21. a) No foco principal.
b) No centro de curvatura.

22. A imagem possui uma altura de 0,85 m (85 cm) e é direita.

23. a) 50 cm
b) 20 cm

24. c
25. b
26. b

Vestibulares de Norte a Sul

1. c	2. 22	3. b
4. d	5. e	6. b
7. d	8. d	9. c

10. a
11. b) $375 \cdot 10^3$ km
12. a
13. e
14. $1,35 \cdot 10^9$ m
15. b
16. e
17. 30
18. e
19. b
20. 17 cm
21. d
22. a

Capítulo 11 • Refração luminosa

1. a) *A*: mais refringente; *C*: menos refringente.
b) De acordo com o item **a**, os índices de refração absolutos dos meios obedecem à relação: $n_A > n_B > n_C$.

2. d

3. b) $n_{líquido} = 1,3$

4. a) Ponto I: reflexão total. Ponto II: refração.
b) Maior.

5. d

6. a) *A*
b) *B*

7. a) Virtual.
b) Mais próxima da lâmina.

8. Não.

9. 2,0 m e 1,5 m

10. 1,6 m

11. a) 42°
b) 30°
c) 0,522 m

12. b) $\sqrt{2}$
13. b) $\sqrt{2}$
14. 5,0 cm
15. 1,4
16. 60°
17. $\sqrt{2}$

18. Certa.

19. I. Certa. II. Certa. III. Certa.

20. a) $r_{vermelha} = 45°$; $r_{azul} = 30°$
b) 15°

21. I. Errada. II. Certa. III. Certa.

22. d

23. a

Vestibulares de Norte a Sul

1. c	2. c	3. a
4. d	5. 2,5°	6. d
7. b) 1,7 cm	8. 20%	9. e

Capítulo 12 • Instrumentos ópticos

1. a) Convexa.
b) No foco imagem da lente.

2. a) A lente utilizada para o olho direito.
b) A lente utilizada para o olho direito.

3. b) Real, pois é determinada pelo cruzamento efetivo dos raios refratados pela lente.

4. d

6. a) Real e invertida.
b) 15 cm

7. a) Real e invertida.
b) $p' = 12$ cm; $y' = 4$ cm

8. d

9. e

10. A imagem é virtual, menor e direita. O aumento linear é de 0,6.

11. 40 di

12. a) Convergentes.
b) L_1: ocular; L_2: objetiva

13. a) A lente 1 funciona como objetiva e a lente 2 como ocular.
b) A imagem I_2.

14. 52,6 mm

15. a) Maior.
b) 4,5 cm

16. e

17. I. Certo.
II. Errada.
III. Certo.

18. a) Hipermetropia e astigmatismo.
b) O olho esquerdo.

19. Diminuir.

20. e

Vestibulares de Norte a Sul

1. a) 2,5	2. e	3. c
4. 8	5. b	6. e
7. a	8. 18	9. e

10. a) $1,44 \cdot 10^{-4}$ mm^2
b) 70 mm
c) 2,4 mm

11. e

12. a) 60 cm da lente 2.
b) 24 cm; direita em relação ao objeto.

13. c
14. c
15. a
16. c
17. c

18. c) 2°
d) 330 cm

19. a) 19,19 m; 19,2 cm
b) 1919

20. 0,02 mm

21. a) 1,2
b) 1,14

22. a) Míope; divergente.
b) −2,5 di

23. c
24. 51

Caiu no Enem

1. c	2. b	3. d
4. d	5. b	6. b
7. a	8. e	9. e
10. e	11. c	12. e

Sugestões de leituras e sites

A lista apresentada a seguir é sugerida para tentar ampliar seus conhecimentos e incentivá-lo a fazer outras leituras além do livro didático. Boa leitura!

Livros

- ***Arco-íris, flocos de neve, quarks:* a Física e o mundo que nos rodeia**
  Hans Christian von Baeyer. Rio de Janeiro: Campus, 1994.
  Um físico expõe com elegância a forma pela qual fenômenos corriqueiros revelam a complexa e profunda beleza do mundo natural.

- ***Bilhões e bilhões:* reflexões sobre a vida e a morte na virada do milênio**
  Carl Sagan. São Paulo: Companhia de Bolso, 2008.
  O autor descreve, de maneira muito atraente, a necessidade de se utilizar números para entender o mundo. Além disso, trata de questões relativas à vida no planeta de maneira responsável e mostra como estudá-las mediante argumentação científica.

- ***Laboratório do mundo:* ideias e saberes do século XVIII**
  Artur Soares Alves. São Paulo: Pinacoteca/Imprensa Oficial, 2004.
  Trata-se de um catálogo ilustrado de uma exposição realizada na Pinacoteca do estado de São Paulo, em 2004, contendo peças do acervo dos principais polos de ciência de Portugal, no século XVIII. As grandes realizações científicas da época, sementes do desenvolvimento tecnológico e científico atual, estão explicadas e contextualizadas historicamente.

- ***Longitude***
  Dava Sobel. 2. ed. Rio de Janeiro: Companhia de Bolso, 2008.
  O livro descreve a história de John Harrison na sua luta para resolver o maior problema das explorações marítimas do século XVIII: a determinação da longitude.

- ***Meio Ambiente no século 21:* 21 especialistas falam da questão ambiental nas suas áreas de conhecimento**
  André Trigueiro (Coord.). Rio de Janeiro: Armazém do Ipê, 2008.
  Entre as 21 áreas de conhecimento apresentadas neste livro, encontramos: Educação, Opinião Pública, Negócios, Ciência e Tecnologia, Energia, Agricultura, Poderes Executivo, Legislativo e Judiciário e Agenda 21.

- ***O azul do planeta:* um retrato da atmosfera terrestre**
  Mario Tolentino; Romeu C. Rocha-Filho; Roberto Ribeiro da Silva. São Paulo: Moderna, 1995.
  O livro apresenta um retrato da atmosfera terrestre: estrutura, composição, importância, alterações e sua participação a serviço do homem.

- ***O pêndulo:* Léon Foucault e o triunfo da ciência**
  Amir D. Aczel. Rio de Janeiro: Elsevier, 2003.
  O livro apresenta a vida do físico francês Léon Foucault, que, em 1851, demonstrou a rotação da Terra por meio da oscilação de um pêndulo.

- ***Os grandes experimentos científicos***
  Michel Rival. Rio de Janeiro: Jorge Zahar, 1997.
  O autor apresenta 41 experimentos científicos; entre eles, a medição do raio da Terra por Eratóstenes, no século III a.C., a medida da velocidade da luz, em 1676, e a caça às ondas gravitacionais, em 1958.

- ***Poluição do ar***
  Samuel Murgel Branco; Eduardo Murgel. São Paulo: Moderna, 1995.
  O livro discute a poluição do ar: fontes de poluição, os efeitos, os padrões de qualidade do ar, os poluentes, o efeito estufa, as indústrias e os veículos, o controle da poluição, o papel da natureza e o papel de cada um de nós.

- ***Retalhos cósmicos***
  Marcelo Gleiser. São Paulo: Companhia das Letras, 1999.
  O livro apresenta cinquenta textos, publicados originalmente no jornal *Folha de S.Paulo* e reelaborados para edição em livro, que refletem uma convicção forte do autor: a livre circulação das informações é condição para o exercício da cidadania.

Revista

- **Aquecimento global**
  Scientific American Brasil. Edição especial n. 19.
  Como deter o aquecimento global: o que os governos, empresas e cidadãos podem fazer.

Sites

- A Física na escola: <http://www.sbfisica.org.br/fne/>
- Associação Brasileira de Energia Nuclear (Aben): <www.aben.com.br/>
- Caderno Brasileiro de Ensino de Física (CBEF): <www.periodicos.ufsc.br/index.php/fisica>
- Ciência Hoje: <http://cienciahoje.uol.com.br/>
- Comissão Nacional de Energia Nuclear (CNEN): <www.cnen.gov.br>
- Conselho Nacional de Desenvolvimento Científico e Tecnológico (CNPq): <www.cnpq.br>
- Estação Ciência: <www.eciencia.usp.br>
- Instituto de Pesquisas Energéticas e Nucleares (Ipen): <www.ipen.br>
- Ministério da Educação (MEC): <www.mec.gov.br>
- Revista Brasileira de Ensino de Física (RBEF): <www.scielo.br/rbef>
- Scientific American Brasil: <www.sciam.com.br>
- Sociedade Brasileira de Física (SBF): <www.sbfisica.org.br>
- Sociedade Brasileira para o Progresso da Ciência (SBPC): <www.sbpcnet.org.br>

Bibliografia

BASSALO, J. M. F. *Nascimentos da Física*. Belém: EDUFPA, [s.d.]. 3 v.

CHESMAN, C.; ANDRÉ, C.; MACÊDO, A. *Física Moderna:* experimental e aplicada. 2. ed. São Paulo: Livraria da Física, 2004.

EINSTEIN, A.; INFELD, L. *Evolução da Física*. Rio de Janeiro: Guanabara Koogan, 1998.

FEYNMANN, R.; LEIGHTON, R.; SANDS, M. *Lições de Física de Feynman*. São Paulo: Artmed, 2008. 3 v.

HALLIDAY, D.; RESNICK, R. *Fundamentos de Física*. 3. ed. Rio de Janeiro: Livros Técnicos e Científicos, 1994. 4 v.

HINRICHS, R. A.; KLEINBACH, M. *Energia e meio ambiente*. São Paulo: Pioneira Thomson Learning, 2003.

KAPLAN, I. *Física nuclear*. 2. ed. Rio de Janeiro: Guanabara Dois, 1978.

MARTINS, J. B. *A História do átomo:* de Demócrito aos *quarks*. Rio de Janeiro: Ciência Moderna, 2001.

MARTINS, R. A. *Universo:* teorias sobre sua origem e evolução. São Paulo: Moderna, 1994.

NUSSENZVEIG, H. M. *Curso de Física básica*. São Paulo: Edgard Blücher, 1988. 3 v.

OKUNO, E. et al. *Física para Ciências Biológicas e Biomédicas*. São Paulo: Harbra, 1982.

OREAR, J. *Física*. Rio de Janeiro: Livros Técnicos e Científicos, 1975.

PIRES, A. S. T. *Evolução das ideias da Física*. São Paulo: Livraria da Física, 2008.

RESNICK, R.; HALLIDAY, D. *Física*. Rio de Janeiro: Ao Livro Técnico, 1971. 2 v.

ROCHA, J. F. M. (Org.). *Origens e evolução das ideias da Física*. Salvador: EDUFBA, 2002.

RONAN, C. A. *História ilustrada da ciência da Universidade de Cambridge*. Rio de Janeiro: Jorge Zahar, 1997. 4 v.

SALMERON, R. A. *Introdução à Eletricidade e ao Magnetismo*. São Paulo: Nobel, 1963.

SERWAY, R. A.; JEWETT JR., J. W. *Princípios de Física*. 3. ed. São Paulo: Pioneira Thomson Learning, 2004. 4 v.

TIPLER, P. A. *Física*. 4. ed. Rio de Janeiro: Livros Técnicos e Científicos, 2000. 3 v.

YOUNG, H. D.; FREEDMAN, R. A. *Física*. 12. ed. São Paulo: Addison Wesley, 2008. 4 v.

PROJETO
MÚLTIPLO

Caderno de Estudo

Ensino Médio

Wilson Carron

Mestre em Energia Nuclear aplicada à agricultura pela Escola Superior de Agricultura Luiz de Queiroz (Esalq) da Universidade de São Paulo (USP), Piracicaba.
Especializado em Eletricidade pelo Instituto Tecnológico da Aeronáutica (ITA), São Paulo.
Licenciado em Física pela FFCL da Universidade de São Paulo (USP).
Professor e gestor aposentado da rede pública de ensino.

Osvaldo Guimarães

Doutor em Engenharia Elétrica pela Escola Politécnica da USP.
Mestre em História da Ciência pela Pontifícia Universidade Católica de São Paulo (PUC-SP).
Pós-graduado pela Escola Politécnica da USP, em Ciência Cognitiva.
Pós-graduado em Teoria de Campos e Mecânica Quântica pelo Instituto de Física Teórica (IFT-SP).
Bacharel em Física pela PUC-SP.
Diretor educacional do Catavento Cultural e Educacional.

José Roberto Piqueira

Livre-docente em Controle e Automação pela Escola Politécnica da USP.
Doutor em Engenharia Elétrica pela Escola Politécnica da USP.
Mestre em Engenharia Elétrica pela Escola de Engenharia de São Carlos da USP.
Engenheiro eletricista pela Escola de Engenharia de São Carlos da USP.
Professor titular e diretor da Escola Politécnica da USP.

editora ática

editora ática

Diretoria editorial: Lidiane Vivaldini Olo
Editoria de Ciências Exatas: Cármen Matricardi
Editores: Alterson Cação e Danilo Claro Zanardi
Supervisor de arte e produção: Sérgio Yutaka
Supervisor de arte e criação: Didier Moraes
Editora de arte e criação: Andréa Dellamagna
Editor de arte: Edson Haruo Toyota
Diagramação: Formato
Design gráfico: Ulhôa Cintra Comunicação Visual e Arquitetura (miolo e capa)
Gerente de revisão: Hélia de Jesus Gonsaga
Equipe de revisão: Rosângela Muricy (coord.), Ana Carolina Nitto, Ana Curci e Ana Paula Chabaribery; Flávia Venézio dos Santos e Gabriela Macedo de Andrade (estags.)
Supervisor de iconografia: Sílvio Kligin
Pesquisadora iconográfica: Claudia Bertolazzi
Tratamento de imagem: Cesar Wolf e Fernanda Crevin
Fotos da capa: Furtseff/Shutterstock/Glow Images
Grafismos: Shutterstock/Glow Images (utilizados na capa e aberturas de capítulos e seções)
Cartografia: Portal de Mapas
Ilustrações: Adilson Secco, Antonio Robson, Formato, João Xavier de Campos, Moisés Gonçalves, Osni de Oliveira, Paula Belluomini e Paulo Manzi

Direitos desta edição cedidos à Editora Ática S.A.
Av. das Nações Unidas, 7221, 3º andar, setor C –
Pinheiros – São Paulo – SP – CEP 05425-902
Tel.: 4003-3061
www.atica.com.br/editora@atica.com.br

Dados Internacionais de Catalogação na Publicação (CIP)
(Câmara Brasileira do Livro, SP, Brasil)

Guimarães, Osvaldo
Projeto Múltiplo: Física / Osvaldo Guimarães, José Roberto Piqueira, Wilson Carron. – 1. ed. – São Paulo : Ática, 2014.

Obra em 3 v.
Bibliografia.

1. Física (Ensino Médio) I. Piqueira, José Roberto. II. Carron, Wilson. III. Título.

14-00569 CDD-530.07

Índice para catálogo sistemático:
1. Projeto Múltiplo: Física : Ensino Médio 530.07

2021
ISBN 978 85 08 16676-3 (AL)
ISBN 978 85 08 16677-0 (PR)
Código da obra CL 737767
CAE 501460 (AL)
CAE 501461 (PR)
1ª edição
8ª impressão

Impressão e acabamento: Vox Gráfica

Uma publicação Abril EDUCAÇÃO

Apresentação

O Ensino Médio é a época na qual a maioria dos adolescentes faz uma escolha que os acompanhará por toda a vida: a da profissão que desejam seguir.

Além da profissão, a escolha da universidade também é um fator decisivo para o seu futuro sucesso profissional. E para que você tenha um bom desempenho no exame vestibular da universidade que escolher, além de conhecer muito bem todo o conteúdo do Ensino Médio, você deve ter uma ótima habilidade em resolver exercícios. Por esse motivo, este caderno reúne mais de 200 questões das mais renomadas universidades do país, questões de níveis complexos, que, no todo, representam um momento único de preparação para o vestibular. Para auxiliá-lo com as resoluções, cada sequência de exercícios de um mesmo tema é precedida por quadros-resumos que sintetizam os principais tópicos do conteúdo.

Encare o período de estudo com este caderno como oportunidade de aperfeiçoar sua capacidade de resolver exercícios de forma rápida e segura.

Utilize este caderno como um instrumento de aperfeiçoamento de suas habilidades e não desista dos seus sonhos.

Boa sorte!

Sumário

Vestibular em foco

Theo Szczepanski/Arquivo da Editora

TEMPERATURA E DILATAÇÃO TÉRMICA

Temperatura

Grandeza escalar relacionada à agitação térmica das partículas constituintes de um corpo ou de um sistema.

Escala Celsius (θ_C)

- Ponto de fusão da água sob pressão normal: 0 °C.
- Ponto de ebulição da água sob pressão normal: 100 °C.
- Escala utilizada na maioria dos países, inclusive no Brasil.

Escala Fahrenheit (θ_F)

- Ponto de fusão da água sob pressão normal: 32 °F.
- Ponto de ebulição da água sob pressão normal: 212 °F.
- Seu uso é mais frequente em países de língua inglesa.

Escala Kelvin (T)

- Ponto de fusão da água sob pressão normal: 273 K.
- Ponto de ebulição da água sob pressão normal: 373 K.
- Unidade padrão de temperatura do SI.

Zero absoluto

Temperatura mínima para qualquer corpo do Universo e, de acordo com as leis da Termodinâmica, inatingível por qualquer processo físico.

- Na escala Kelvin: 0 K.
- Na escala Celsius: −273 °C.
- Na escala Fahrenheit: −459,4 °F.

Termômetro

Instrumento que mede a temperatura do corpo ou do sistema com o qual está em contato.

Substância termométrica

Substância em que pelo menos uma de suas propriedades físicas varia de forma mensurável com a temperatura.

Grandeza termométrica

Propriedade física da substância termométrica que varia de forma mensurável com a temperatura (comprimento, pressão, resistência elétrica, etc.).

Conversão entre escalas

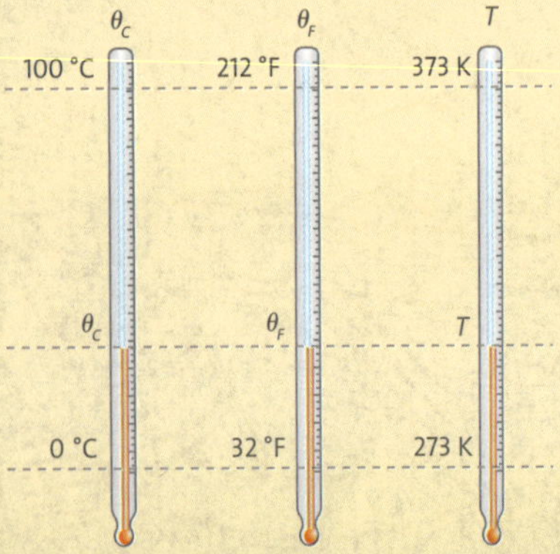

Celsius e Fahrenheit

$$\frac{\theta_C}{5} = \frac{\theta_F - 32}{9}$$

Celsius e Kelvin

$$T = \theta_C + 273$$

Variações de temperatura

- $\frac{\Delta\theta_C}{5} = \frac{\Delta\theta_F}{9}$
- $\Delta\theta_C = \Delta T$

Dilatação térmica

Aumento das dimensões espaciais de um corpo em resposta ao aumento de sua temperatura.

Origem

O aumento da temperatura (e respectiva intensificação da agitação térmica) é acompanhado por um afastamento entre as posições de equilíbrio das partículas que constituem o corpo.

No dia a dia

- A coluna líquida de um termômetro se dilata ao ser aquecida.
- O trilho de uma estrada de ferro é composto de vários trechos com pequenos espaçamentos de dilatação entre eles.
- Pontes e viadutos apresentam fendas de dilatação para permitir a expansão da estrutura de concreto.
- Lâminas bimetálicas se encurvam com a dilatação desigual de suas partes e, ao encurvar, abrem ou fecham circuitos automáticos.

Dilatação linear (ΔL)

Leva em conta a variação de comprimento em uma das dimensões do sólido.

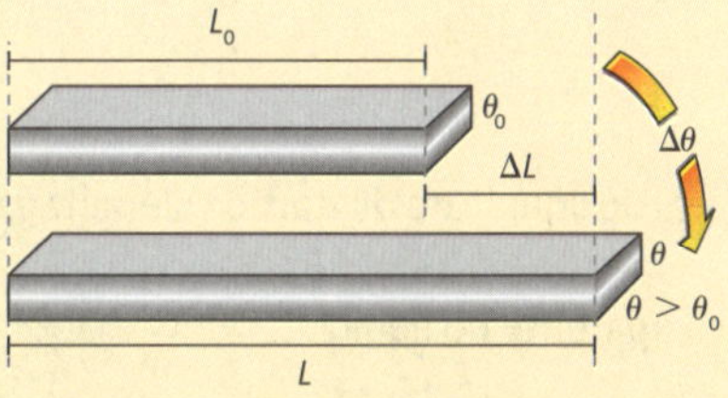

Cálculos

$\Delta L = L_0 \cdot \alpha \cdot \Delta\theta$

$L = L_0 + \Delta L$

L_0: comprimento inicial

L: comprimento final

α: coeficiente de dilatação linear

Dilatação linear percentual (ou dilatação relativa)

$\frac{\Delta L}{L_0}$ = variação percentual (%) no comprimento $= \alpha \cdot \Delta\theta$

Dilatação superficial (ΔA)

Leva em conta a variação de área de uma das superfícies (duas dimensões) do sólido.

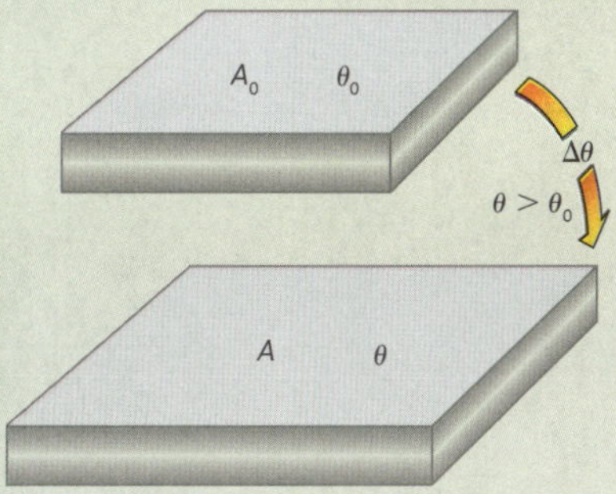

Cálculos

$\Delta A = A_0 \cdot \beta \cdot \Delta\theta$

$A = A_0 + \Delta A$

$\beta = 2\alpha$

A_0: área inicial

A: área final

β: coeficiente de dilatação superficial

Dilatação superficial percentual (ou dilatação relativa)

$\frac{\Delta A}{A_0}$ = variação percentual (%) na área $= \beta \cdot \Delta\theta$

Dilatação de furos

O furo de uma superfície se dilata com o aumento de temperatura; o valor da dilatação pode ser calculado supondo que o furo é constituído do mesmo material da superfície.

Dilatação volumétrica (ΔV)

Leva em conta a variação de volume espacial (três dimensões) do sólido.

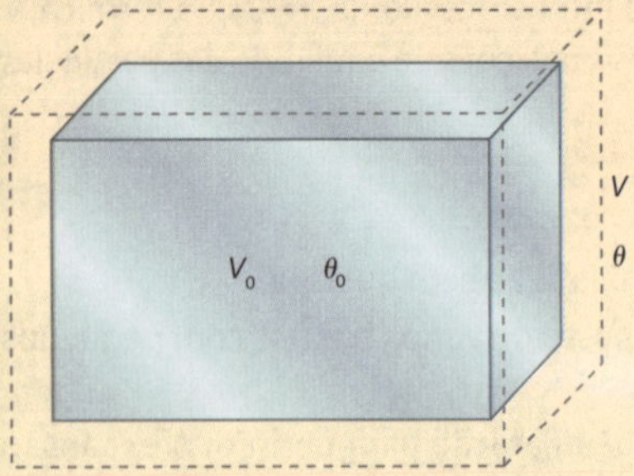

Cálculos

$\Delta V = V_0 \cdot \gamma \cdot \Delta\theta$

$V = V_0 + \Delta V$

$\gamma = 3\alpha$

V_0: volume inicial

V: volume final

γ: coeficiente de dilatação volumétrica

Dilatação volumétrica percentual (ou dilatação relativa)

$\frac{\Delta V}{V_0}$ = variação percentual (%) no volume = $\gamma \cdot \Delta\theta$

Dilatação de líquidos dentro de um recipiente

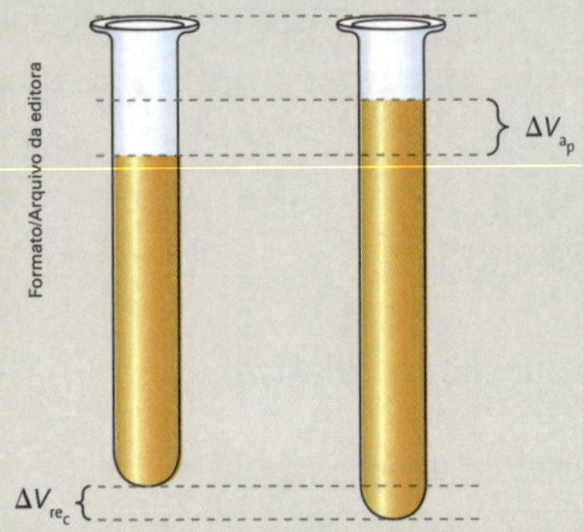

Formato/Arquivo da editora

Dilatação real do líquido (ΔV_{real})

- γ_{real}: coeficiente de dilatação volumétrica real do líquido
- $\Delta V_{real} = V_0 \cdot \gamma_{real} \cdot \Delta\theta$

Dilatação do recipiente ($\Delta V_{rec.}$)

- γ_{re_c}: coeficiente de dilatação volumétrica do material de que é feito o recipiente
- $\Delta V_{re_c} = V_0 \cdot \gamma_{re_c} \cdot \Delta\theta$

Dilatação aparente do líquido ($\Delta V_{ap.}$)

- Diferença entre a dilatação volumétrica real do líquido e a dilatação volumétrica do recipiente.
- $\gamma_{ap.}$: coeficiente de dilatação volumétrica aparente do líquido
- $\Delta V_{ap.} = V_0 \cdot \gamma_{ap.} \cdot \Delta\theta$
- $\Delta V_{ap.} = \Delta V_{real} - \Delta V_{rec.}$

Observações

- Se o líquido se dilata mais do que o recipiente, o seu volume parece aumentar.
- Se o líquido se dilata menos do que o recipiente, o seu volume parece diminuir.
- Se o líquido se dilata tanto quanto o recipiente, o seu volume parece não mudar.
- No caso em que o líquido preenche todo o recipiente antes de ser aquecido, o seu volume inicial é o mesmo que o do recipiente ($V_{0,\,liq.} = V_{0,\,rec.}$); nesta situação, a dilatação aparente ($\Delta V_{ap.}$) é igual ao volume de líquido transbordado.

Exercícios

1. (Facisb-SP) A temperatura de 40 °C no ser humano é considerada como aquela que anuncia o início da hipertermia ou excesso de calor. Considerando uma escala termométrica arbitrária *E*, cujos pontos fixos são –10 °E para o ponto do gelo e 80 °E para o ponto de vapor, sua indicação numérica para o estado inicial de hipertermia é:

   a) 62.

   b) 26.

   c) –13.

   d) 32.

   e) 40.

---

2. (UEM-PR) Sabe-se que entre as escalas termométricas Celsius (°C), Fahrenheit (°F) e Kelvin (K) há as seguintes igualdades:

   - 0 °C = 32 °F = 273 K;
   - 100 °C = 212 °F = 373 K.

   Com relação ao exposto acima e seus conhecimentos sobre o assunto, a soma do que for **correto** é:

   (01) O valor numérico da temperatura na escala Fahrenheit é sempre maior do que o valor numérico da temperatura na escala Celsius.

   (02) Uma temperatura de 27 °C corresponde a 300 K.

   (04) O gráfico da função que relaciona a temperatura na escala Celsius (abscissa) e a temperatura na escala Kelvin (ordenada) é uma reta com coeficiente angular igual a 1.

   (08) Existe um único valor numérico para o qual a temperatura na escala Celsius é a mesma na escala Fahrenheit.

   (16) Uma variação de x graus na escala Celsius corresponde a uma variação de $x + 273$ na escala Kelvin.

3. (UFGD-MS) Um turista americano, ao se preparar para visitar o Brasil, faz sua mala incluindo muitos casacos, pois foi informado que a temperatura média no país a ser visitado seria de 41 graus. Considerando que nos EUA a temperatura é medida em Fahrenheit, qual temperatura em graus Celsius o turista esperava se deparar no Brasil?

a) −10 °C
b) −5 °C
c) 0 °C
d) 5 °C
e) 10 °C

4. (Unicamp-SP) Em uma determinada região do planeta, a temperatura média anual subiu de 13,35 °C em 1995 para 13,8 °C em 2010. Seguindo a tendência de aumento linear observada entre 1995 e 2010, a temperatura média em 2012 deverá ser de:

a) 13,83 °C.
b) 13,86 °C.
c) 13,92 °C.
d) 13,89 °C.

5. (UEFS-BA) Pesquisadores sugerem a possibilidade de computação quântica baseada em tecnologias padronizadas de fabricação de microeletrônicos, utilizando um material semicondutor, rênio ou nióbio, sobre uma superfície semicondutora que, quando resfriada próximo do zero absoluto, exibe comportamento quântico. Dentre os valores, o mais próximo do zero absoluto é:

a) 1 °C.
b) 31 °F.
c) −4K.
d) 274K.
e) −270 °C.

6. (Uespi) Um estudante está lendo o romance de ficção científica *Fahrenheit 451*, de Ray Bradbury. Em um certo trecho, uma das personagens afirma que 451 °F é a temperatura na escala Fahrenheit em que o papel de que são feitos os livros entra em combustão. O estudante sabe que, nesta escala, as temperaturas de fusão e ebulição da água são respectivamente iguais a 32 °F e 212 °F. Ele conclui, acertadamente, que 451 °F é aproximadamente equivalente a:

a) 100 °C.
b) 205 °C.
c) 233 °C.
d) 305 °C.
e) 316 °C.

7. (UPM-SP) Um termômetro graduado na escala Celsius (°C) é colocado juntamente com dois outros, graduados nas escalas arbitrárias *A* (°A) e *B* (°B), em uma vasilha contendo gelo (água no estado sólido) em ponto de fusão, ao nível do mar. Em seguida, ainda ao nível do mar, os mesmos termômetros são colocados em uma outra vasilha, contendo água em ebulição, até atingirem o equilíbrio térmico. As medidas das temperaturas, em cada uma das experiências, estão indicadas nas figuras 1 e 2, respectivamente.

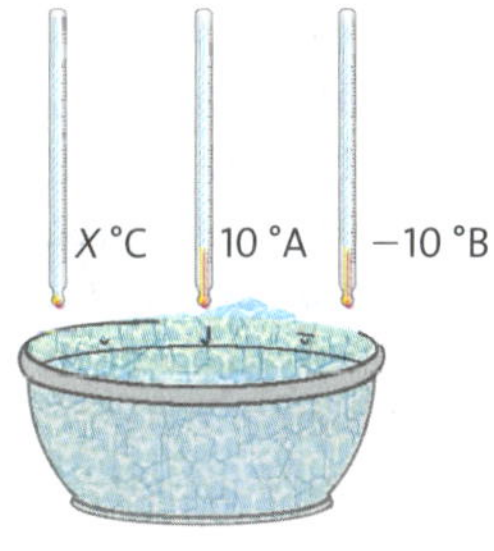

Figura 1

Figura 2

Ilustrações Formato/Arquivo da editora

Para uma outra situação, na qual o termômetro graduado na escala *A* indica 17 °A, o termômetro graduado na escala *B* e o graduado na escala Celsius indicarão, respectivamente:

a) 0 °B e 7 °C.
b) 0 °B e 10 °C.
c) 10 °B e 17 °C.
d) 10 °B e 27 °C.
e) 17 °B e 10 °C.

8. (PUC-RJ) Temperaturas podem ser medidas em graus Celsius (°C) ou Fahrenheit (°F). Elas têm uma proporção linear entre si. Temos: 32 °F = 0 °C; 20 °C = 68 °F. Qual a temperatura em que ambos os valores são iguais?

a) 40
b) −20
c) 100
d) −40
e) 0

9. (Uncisal) Em um certo dia, a temperatura ambiente em Porto Alegre (RS) era de 10 °C. No mesmo instante, em Maceió (AL) os termômetros registravam 30 °C. Essa variação de temperatura, se registrada em termômetros graduados na escala Fahrenheit, seria de:

a) 18 °F.
b) 24 °F.
c) 32 °F.
d) 36 °F.
e) 42 °F.

10. (UFPB) Durante uma temporada de férias na casa de praia, em certa noite, o filho caçula começa a apresentar um quadro febril preocupante. A mãe, para saber, com exatidão, a temperatura dele, usa um velho termômetro de mercúrio, que não mais apresenta com nitidez os números referentes à escala de temperatura em graus Celsius. Para resolver esse problema e aferir com precisão a temperatura do filho, a mãe decide graduar novamente a escala do termômetro usando como pontos fixos as temperaturas do gelo e do vapor da água. Os valores que ela obtém são: 5 cm para o gelo e 25 cm para o vapor. Com essas aferições em mãos, a mãe coloca o termômetro no filho e observa que a coluna de mercúrio para de crescer quando atinge a marca de 13 cm. Com base nesse dado, a mãe conclui que a temperatura do filho é de:

a) 40,0 °C. b) 39,5 °C. c) 39,0 °C. d) 38,5 °C. e) 38,0 °C.

---

11. (UFABC-SP)

Calor faz quantidade de raios na capital de SP subir 60%

Um estudo do INPE (Instituto Nacional de Pesquisas Espaciais) apontou que a incidência de raios em São Paulo aumentou cerca de 60% nos últimos 50 anos e que isto está relacionado à elevação da temperatura média na cidade no período, que, segundo o trabalho, subiu 2 °C nessas cinco décadas.

Não é apenas o aumento de carbono na atmosfera (aquecimento global) o responsável pela subida dos termômetros. A urbanização, a falta de vegetação e a poluição também são responsáveis, sem contar o aquecimento natural da superfície do Atlântico.

Os raios são responsáveis por cerca de R$ 1 bilhão em prejuízos por ano no Brasil. O setor elétrico, segundo estimativa, responde por 60% desse valor.

(Folha Online – Ambiente. 25.07.2008. Adaptado.)

Na imprensa americana, certamente a informação inicial de que a temperatura na cidade de São Paulo aumentou em 2 °C teria a seguinte citação, em graus Fahrenheit:

a) 0,9. b) 1,8. d) c) 2,4. d) 3,6. e) 4,5.

12. (UPM-SP) Um turista, ao descer no aeroporto de Londres, observa que o valor da temperatura indicada por um termômetro graduado na escala Fahrenheit supera em 40 o valor da indicação de outro termômetro graduado na escala Celsius. A temperatura em Londres era de:

a) 10 °C.   b) 14 °C.   c) 20 °C.   d) 24 °C.   e) 28 °C.

13. (ESCS-DF) A sensação de um paciente ao ter a campânula de um estetoscópio encostada nele é de que a peça está fria; aos poucos, essa sensação diminui. Considere que essa campânula tenha a forma cilíndrica e seja constituída de uma liga metálica isotrópica com coeficiente de dilatação volumétrico igual $60 \cdot 10^{-6}$ °C^{-1}. Considere, ainda, que a peça esteja à temperatura ambiente de 20 °C, tenha diâmetro de 6 cm e espessura de 1 cm, conforme ilustrado na figura abaixo.

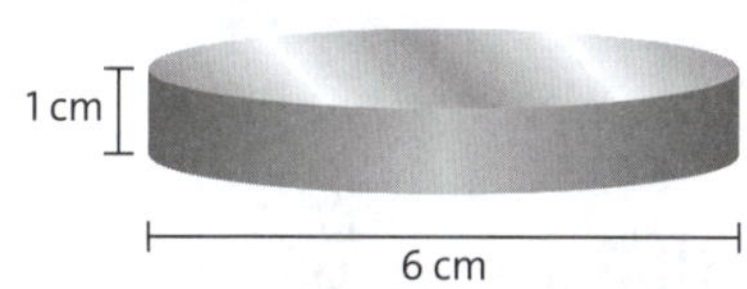

Sabendo que o paciente se encontra à temperatura de 38 °C, assinale a opção que apresenta corretamente o acréscimo sofrido pelo raio da peça, em micrômetros, ao entrar em equilíbrio térmico com o paciente.

a) 10,8   b) 16,2   c) 21,6   d) 5,4   e) 8,1

14. (UEPG-PR) Aquecendo uma determinada substância, suas dimensões sofrem alterações conhecidas por dilatação térmica. Sobre esse fenômeno, dê como resposta a soma das alternativas corretas.

(01) Quando se aquece uma placa que contém um orifício, as dimensões do orifício se contraem.

(02) Um recipiente tem sua capacidade volumétrica diminuída quando a sua temperatura aumenta.

(04) Uma lâmina bimetálica, constituída por dois materiais de coeficientes de dilatação diferentes e sendo um o dobro do outro, se curva para o lado daquela que tem maior coeficiente de dilatação; e se esfriada, se curva para o lado daquela de menor coeficiente de dilatação.

(08) A variação de volume de uma substância é proporcional ao produto do seu volume inicial e à variação de temperatura a que é submetida.

(16) É impossível determinar o coeficiente de dilatação real de um líquido sem levar em conta o coeficiente de dilatação do recipiente que o contém.

---

15. (UFRN) Em uma oficina mecânica, o mecânico recebeu um mancal "engripado", isto é, o eixo de aço está colado à bucha de bronze, conforme mostra a figura abaixo. Nessa situação, como o eixo de aço está colado à bucha de bronze devido à falta de uso e à oxidação entre as peças, faz-se necessário separar essas peças com o mínimo de impacto de modo que elas possam voltar a funcionar normalmente.

Formato/Arquivo da editora

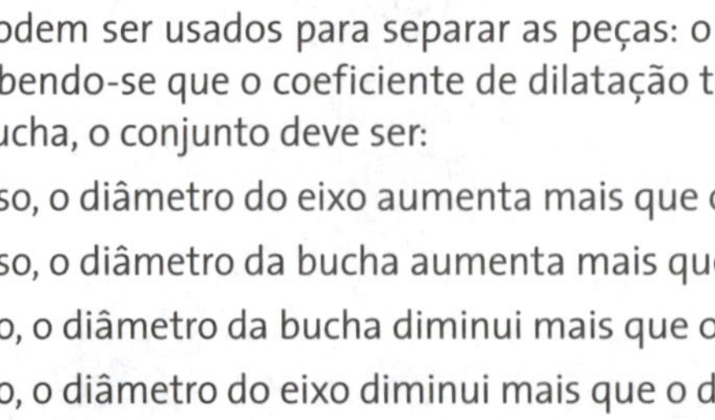

Existem dois procedimentos que podem ser usados para separar as peças: o aquecimento ou o resfriamento do mancal (conjunto eixo e bucha). Sabendo-se que o coeficiente de dilatação térmica linear do aço é menor que o do bronze, para separar o eixo da bucha, o conjunto deve ser:

a) aquecido, uma vez que, nesse caso, o diâmetro do eixo aumenta mais que o da bucha.

b) aquecido, uma vez que, nesse caso, o diâmetro da bucha aumenta mais que o do eixo.

c) esfriado, uma vez que, nesse caso, o diâmetro da bucha diminui mais que o do eixo.

d) esfriado, uma vez que, nesse caso, o diâmetro do eixo diminui mais que o da bucha.

16. (UFTM-MG) Uma garrafa aberta está quase cheia de um determinado líquido. Sabe-se que se esse líquido sofrer uma dilatação térmica correspondente a 3% de seu volume inicial, a garrafa ficará completamente cheia, sem que tenha havido transbordamento do líquido. Desconsiderando a dilatação térmica da garrafa e a vaporização do líquido, e sabendo que o coeficiente de dilatação volumétrica do líquido é igual a $6 \cdot 10^{-4}$ °C^{-1}, a maior variação de temperatura, em °C, que o líquido pode sofrer, sem que haja transbordamento, é igual a:

a) 35.
b) 45.
c) 50.
d) 30.
e) 40.

Formato/Arquivo da editora

fora de escala

17. (FGV–SP) Em uma aula de laboratório, para executar um projeto de construção de um termostato que controle a temperatura de um ferro elétrico de passar roupa, os estudantes dispunham de lâminas de cobre e de alumínio de dimensões idênticas. O termostato em questão é formado por duas lâminas metálicas soldadas e, quando a temperatura do ferro aumenta e atinge determinado valor, o par de lâminas se curva como ilustra a figura, abrindo o circuito e interrompendo a passagem da corrente elétrica.

Dados:
Coeficiente de dilatação linear do cobre = $1{,}7 \cdot 10^{-5}$ °C^{-1}
Coeficiente de dilatação linear do alumínio = $2{,}4 \cdot 10^{-5}$ °C^{-1}

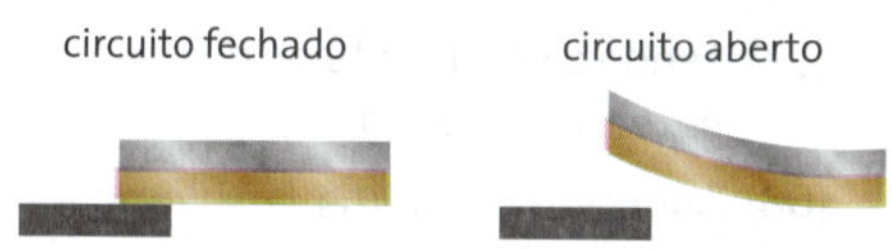

Para que o termostato possa funcionar adequadamente:

a) a lâmina de cima deve ser de cobre e a de baixo de alumínio.
b) a lâmina de cima deve ser de alumínio e a de baixo de cobre.
c) ambas as lâminas devem ser de cobre.
d) ambas as lâminas devem ser de alumínio.
e) as lâminas não podem ser do mesmo material e é indiferente qual delas está em cima.

18. (FGV-SP) As linhas de metrô são construídas tanto sob o solo quanto sobre este. Pensando nas variações de temperatura máxima no verão e mínima no inverno, ambas na parte de cima do solo, os projetistas devem deixar folgas de dilatação entre os trilhos, feitos de aço de coeficiente de dilatação linear $1,5 \cdot 10^{-5}\ °C^{-1}$. Em determinada cidade britânica, a temperatura máxima costuma ser de 104 °F e a mínima de −4 °F. Se cada trilho mede 50,0 m nos dias mais frios, quando é feita sua instalação, a folga mínima que se deve deixar entre dois trilhos consecutivos, para que eles não se sobreponham nos dias mais quentes, deve ser, em centímetros, de:

a) 1,5. b) 2,0. c) 3,0. d) 4,5. e) 6,0.

---

19. (UEPG-PR) Considere uma garrafa de vidro totalmente cheia com água, hermeticamente fechada, submetida a alterações de temperatura. Nesse contexto, assinale o que for correto.

(01) Diminuindo a temperatura do sistema, desde que a água permaneça líquida, o volume da água diminui em relação ao volume da garrafa, criando um espaço vazio no seu interior.

(02) Se a variação de temperatura for de 15 °C para −5 °C a garrafa não se romperá.

(04) Sendo o coeficiente de dilatação da água menor que o coeficiente de dilatação do vidro, a dilatação observada na água não é real.

(08) Aquecido o sistema, o volume interno da garrafa aumenta, enquanto que o volume de água permanece o mesmo.

20. (PUC-RS) As variações de volume de certa quantidade de água e do volume interno de um recipiente em função da temperatura foram medidas separadamente e estão representadas no gráfico abaixo, respectivamente, pela linha contínua (água) e pela linha tracejada (recipiente).

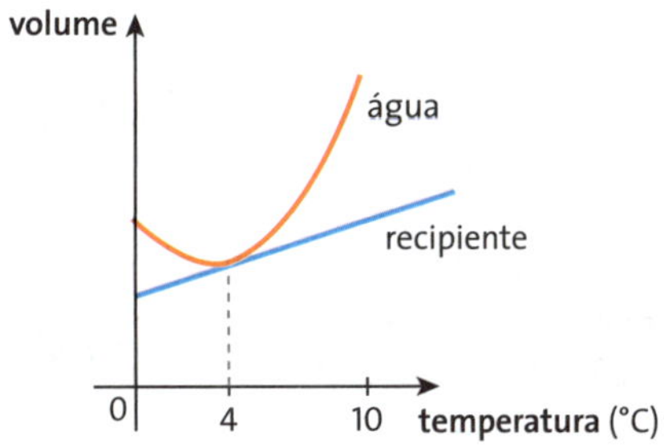

Estudantes, analisando os dados apresentados no gráfico, e supondo que a água seja colocada dentro do recipiente, fizeram as seguintes previsões:

I. O recipiente estará completamente cheio de água, sem haver derramamento, apenas quando a temperatura for 4 °C.

II. A água transbordará apenas se sua temperatura e a do recipiente assumirem simultaneamente valores acima de 4 °C.

III. A água transbordará se sua temperatura e a do recipiente assumirem simultaneamente valores acima de 4 °C ou se assumirem simultaneamente valores abaixo de 4 °C.

A(s) afirmativa(s) correta(s) é/são:

a) I, apenas.
b) I e II, apenas.
c) I e III, apenas.
d) II e III, apenas.
e) I, II e III.

CALOR E PROPAGAÇÃO DO CALOR

Energia térmica	**Definição** Somatório da energia cinética de agitação de todas as partículas de um corpo com a energia potencial de agregação que mantém o corpo em um determinado estado físico (sólido, líquido ou gasoso). Depende da temperatura do corpo e da quantidade de partículas de que é constituído.

Calor	**Definição** Energia térmica que passa, espontaneamente, de um corpo de maior temperatura para outro de menor temperatura.

Caloria	**Definição** Quantidade de calor que 1 grama de água pura deve receber (sob pressão normal) para que sua temperatura se eleve de 14,5 °C para 15,5 °C.
	Conversões • 1 cal = 4,186 J • 1 Cal = 1 kcal

Capacidade térmica de um corpo (*C*)	**Definição** Quantidade de calor que um corpo deve receber (ou ceder) para que a sua temperatura se eleve (ou diminua) em uma unidade.
	Cálculo $C = \frac{Q}{\Delta\theta}$

Calor específico de uma substância (*c*)	**Definição** Quantidade de calor que uma unidade de massa de uma substância deve receber (ou ceder) para que sua temperatura se eleve (ou diminua) em uma unidade.
	Observação O seu valor é característico da substância e do estado da matéria (sólido, líquido ou gasoso) em que ela se encontra.

Quantidade de calor sensível (*Q*)	**Definição** Quantidade de calor recebida por um corpo (ou cedida por ele) e que provoca nele uma variação de temperatura.
	Cálculo $Q = m \cdot c \cdot \Delta\theta = C \cdot \Delta\theta$

Calor latente de mudança de estado de uma substância pura (L)

Quando uma substância pura muda de estado sob pressão constante, a sua temperatura não se altera.

Definição

Quantidade de calor que uma unidade de massa de uma substância (que já se encontra na temperatura de mudança de estado) precisa receber (ou ceder) para que mude de estado.

Observações

- O seu valor é característico da substância.
- O seu valor depende da temperatura em que a mudança ocorre e essa, por sua vez, depende da pressão.

Relações

- $L_{solidificação} = -L_{fusão}$
- $L_{liquefação} = -L_{vaporização}$

Quantidade de calor latente (Q)

Definição

Quantidade de calor recebida por um corpo (ou cedida por ele) e que provoca nele a mudança de estado.

Cálculo

$Q = m \cdot L$

Observação

Na expressão acima, m é a massa da parte do corpo que sofre a mudança de estado.

Curva de aquecimento e resfriamento de uma substância pura

Indica a temperatura do corpo em função da quantidade de calor recebida ou cedida.

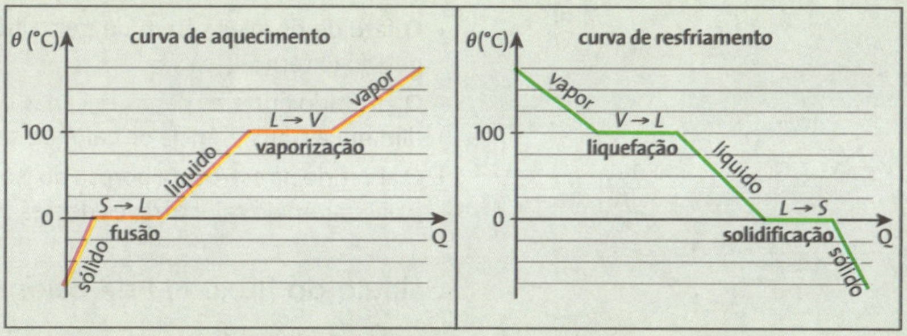

Sistema termicamente isolado

Os corpos do sistema trocam calor entre eles, mas não trocam calor com o meio externo.

Calorímetro

- Recipiente em que são colocados os corpos do sistema.
- Um calorímetro real participa das trocas de calor, constituindo-se, portanto, em um dos corpos do sistema.
- Calorímetro ideal é aquele que, além de impedir trocas de calor com o meio externo, tem capacidade térmica (C) nula ou desprezível e, portanto, não troca calor com os corpos em seu interior.

Equilíbrio térmico

Condição alcançada pelos corpos integrantes do sistema isolado depois que já trocaram calor por tempo suficiente. No equilíbrio térmico, todos os corpos do sistema se encontram a uma mesma temperatura, denominada temperatura final de equilíbrio.

Trocas de calor

A quantidade de calor cedida pelos corpos de temperaturas mais elevadas é integralmente recebida pelos corpos de temperaturas mais baixas, o que torna nula a soma das duas:

$$\underbrace{Q_{\text{recebido}}}_{Q>0} + \underbrace{Q_{\text{cedido}}}_{Q<0} = 0$$

Condução de calor

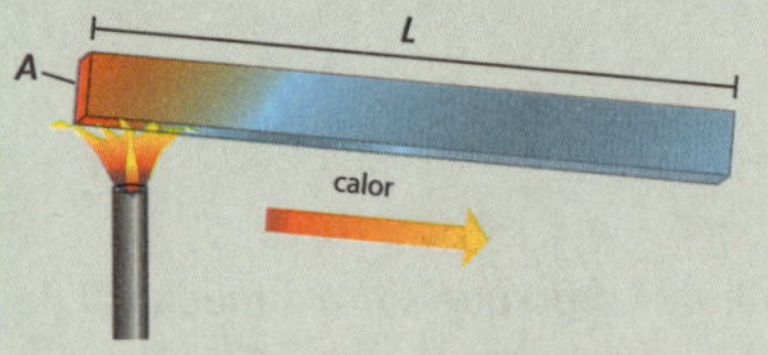

Formato/Arquivo da editora

Características

- Propagação em que a energia térmica passa de partícula para partícula de um meio material.
- Ocorre com mais facilidade nos bons condutores de calor, como os metais, e mais lentamente nos isolantes térmicos, como a lã de vidro, o vidro, a madeira, o isopor, o gelo e os gases.

No dia a dia

- O nosso corpo perde calor mais rapidamente quando em contato com os objetos metálicos, o que nos causa a sensação de que tais objetos são mais frios do que os demais.
- O fato de os iglus serem de gelo dificulta a perda de calor para o ambiente gelado externo.
- O ar retido entre as penas eriçadas ou entre os pelos arrepiados dos animais diminui a transferência de calor de seus corpos para o ambiente.
- O ar retido na estrutura porosa do isopor ou nas tramas de um tecido dificulta a passagem de calor através desses materiais.

Cálculo do fluxo (ϕ) de calor

$$\phi = \frac{Q}{\Delta t} = \frac{k \cdot A \cdot \Delta\theta}{L}$$

Q: quantidade de calor que atravessa a superfície de área 'A' no intervalo de tempo Δt

k: condutividade térmica, grandeza que depende da natureza do material

$\Delta\theta$: diferença entre as temperaturas nos extremos do condutor

L: distância entre os extremos do condutor

Convecção de calor

Ilustrações Formato/Arquivo da editora

Características

- Ocorre somente com os fluidos (líquidos e gases).
- Se estabelece pelas correntes de convecção: o fluido aquecido se torna menos denso e sobe para regiões de menor temperatura; isso ocorre ao mesmo tempo em que o fluido mais frio e mais denso desce para as regiões aquecidas.

No dia a dia

- O refrigerador deve ser posicionado na parte superior do ambiente a ser refrigerado, pois o ar frio tende a descer.
- O aquecedor deve ser posicionado na parte mais baixa, pois o ar aquecido tende a subir.
- Por apresentar calor específico menor do que o da água, a areia da praia esquenta mais rapidamente quando ambas (areia e água do mar) recebem a mesma quantidade de calor do Sol. Com isso, o ar acima da areia se aquece e sobe, diminuindo a pressão nesse local; a diferença de pressão mar-praia causa o movimento do ar acima do mar em direção à praia, ou seja, se estabelecem as brisas litorâneas marítimas. À noite, pelo fato de a areia perder calor mais rapidamente do que a água, o processo se inverte e a brisa sopra na direção oposta.

Irradiação de calor

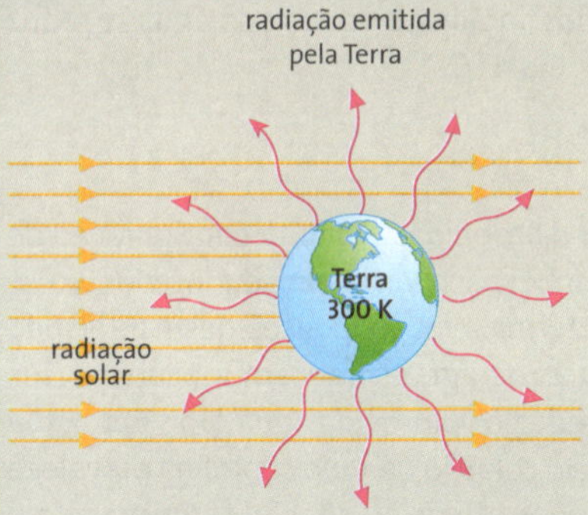

Características

- Energia térmica proveniente da energia radiante das ondas eletromagnéticas, principalmente da faixa do infravermelho (chamadas de ondas de calor).
- Por se tratar de energia transportada por ondas eletromagnéticas, sua transmissão de um ponto a outro pode ocorrer no vácuo.

No dia a dia

- A transmissão de energia térmica do Sol para a Terra se dá por irradiação.
- A sensação de calor experimentada quando nos aproximamos de chamas ou fornos aquecidos se deve, em parte, pela transmissão de calor por irradiação.

Efeito estufa

O vidro que recobre as paredes de uma estufa tem a mesma propriedade que a atmosfera que envolve o nosso planeta: ambos são transparentes à luz visível e parcialmente opacos à radiação infravermelha. A energia radiante da luz visível proveniente do Sol é absorvida pelo solo do planeta e pelas plantas da estufa e, então, reemitida como infravermelho. Essa faixa do espectro, como dito acima, não é capaz de atravessar o vidro nem a atmosfera; ao contrário, fica aprisionada e ajuda a manter estável a temperatura interna da estufa e da superfície do planeta.

Observação

O efeito estufa é essencial à manutenção da vida na Terra. Contudo, a sua intensificação, decorrente da emissão desenfreada dos gases estufa, pode estar provocando uma elevação exagerada na temperatura do planeta, resultando no aquecimento global.

Garrafa térmica

Funcionamento

- A parede interna espelhada dificulta a passagem de calor por irradiação.
- O vácuo entre as paredes interna e externa dificulta a passagem de calor por condução.
- A tampa impede a passagem de calor por convecção.

Observação

A garrafa térmica não esquenta o líquido em seu interior, mas dificulta a passagem de calor. Assim, um líquido quente em seu interior demora a se resfriar, enquanto um líquido gelado, demora para esquentar.

Inversão térmica

Hélvio Romero/Agência Estado

Vista de São Paulo a partir da Pedra Grande, no Parque Estadual da Cantareira.

Origem

No dia a dia, o solo dos grandes centros urbanos esquenta rapidamente e aquece o ar sobre ele. O ar quente, menos denso, tende a subir por convecção e carregar, junto com ele, os poluentes típicos de regiões urbanas. Em dias de frio rigoroso, o resfriamento repentino do ar sobre o solo pode impedir o processo de dispersão dos poluentes que, aprisionados na camada de ar frio, geram a paisagem característica deste fenômeno: uma névoa cinza e densa associada com problemas respiratórios.

Comportamento anômalo da água

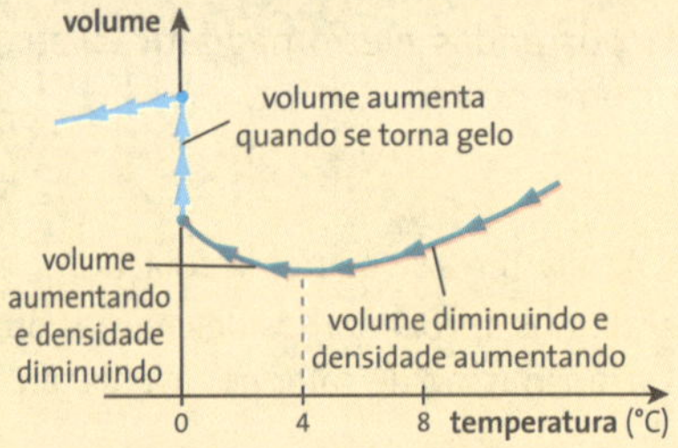

Do que se trata

Ao contrário do que ocorre com a maioria dos líquidos, o volume da água se reduz quando a sua temperatura aumenta de 0 °C a 4 °C.

Origem

Na fase sólida, as moléculas de água estão distribuídas em uma configuração de "anéis" hexagonais. Cada anel apresenta um espaço vazio em seu interior. Ao se fundir e ser aquecida de 0 °C a 4 °C, a agitação térmica vai, aos poucos, desmantelando a estrutura cristalina do gelo e as moléculas de água começam a ocupar esses espaços, até então, vazios. Essa dinâmica reduz o volume da água, pois aproxima as suas moléculas. A redução de volume pelo colapso da rede cristalina prevalece até 4 °C, quando o aumento de volume provocado pela agitação térmica volta a determinar a expansão da água.

Consequências

- Garrafas de vidro cheias de água (ou de refrigerante) se rompem quando congeladas.
- O fato de a densidade da água diminuir quando ela é resfriada de 4 °C para 0 °C, e de diminuir ainda mais quando se torna gelo, faz com que um lago, durante invernos rigorosos, se congele apenas em sua superfície, mantendo a água sob ele a 4 °C. Desta forma, toda espécie de vida aquática que habita o lago é preservada ao longo dos dias frios de inverno.

Exercícios

1. (Acafe-SC) Em clínicas de reabilitação realiza-se tratamento com pacientes em piscinas aquecidas. Uma determinada piscina contém 60 m^3 de água, a uma temperatura de 10 °C, cuja densidade é 1,0 g/cm^3. Desprezando as perdas de calor para o meio ambiente, deseja-se aquecer a água da piscina até atingir uma temperatura de 25 °C. A alternativa **correta** que apresenta a quantidade de calor, em cal, para realizar tal intento é:
(Dado: calor específico da água = 1,0 cal/g °C.)

a) $1{,}5 \cdot 10^6$.
b) $2{,}0 \cdot 10^5$.
c) $1{,}0 \cdot 10^7$.
d) $3{,}0 \cdot 10^6$.
e) $9{,}0 \cdot 10^8$.

2. (FASM-SP) O metabolismo basal é entendido como a potência mínima gasta para o organismo manter as funções vitais durante o repouso. No quadro estão representados valores aproximados do metabolismo basal médio de alguns animais. Para uma situação em que todos esses animais estão na fase adulta, a ordem crescente de perda de energia total em 1 hora de repouso é:

Animal	**Metabolismo basal** (watt/quilograma)
Pombo	5,0
Cachorro	1,3
Homem	1,2
Boi	1,0

a) boi, homem, cachorro, pombo.
b) boi, pombo, homem, cachorro.
c) pombo, boi, cachorro, homem.
d) pombo, cachorro, homem, boi.
e) boi, cachorro, homem, pombo.

3. (Uerj) Considere duas amostras, *X* e *Y*, de materiais distintos, sendo a massa de *X* igual a quatro vezes a massa de *Y*. As amostras foram colocadas em um calorímetro e, após o sistema atingir o equilíbrio térmico, determinou-se que a capacidade térmica de *X* corresponde ao dobro da capacidade térmica de *Y*. Admita que c_X e c_Y sejam os calores específicos, respectivamente, de *X* e *Y*. A razão $\frac{c_X}{c_Y}$ é dada por:

a) $\frac{1}{4}$.
b) $\frac{1}{2}$.
c) 1.
d) 2.
e) 5.

4. (PUC-RJ) Um líquido é aquecido através de uma fonte térmica que provê 50,0 cal por minuto. Observa-se que 200 g deste líquido se aquecem de 20,0 °C em 20 min. Qual é o calor específico do líquido, medido em cal/g · °C?

a) 0,0125
b) 0,25
c) 5,0
d) 2,5
e) 4,0

5. (UPM-SP) Um estudante no laboratório de física, por descuido, colocou 200 g de água líquida (calor específico 1 cal/g °C) a 100 °C no interior de um calorímetro de capacidade térmica 5 cal/°C, que contém 100 g de água a 20 °C. A massa de água líquida a 0 °C, que esse aluno deverá adicionar no calorímetro, para que a temperatura de equilíbrio térmico volte a ser 20 °C, é:

a) 900 g.
b) 800 g.
c) 700 g.
d) 600 g.
e) 500 g.

6. (UFPR) O gráfico abaixo, obtido experimentalmente, mostra a curva de aquecimento que relaciona a temperatura de uma certa massa de um líquido em função da quantidade de calor a ele fornecido.

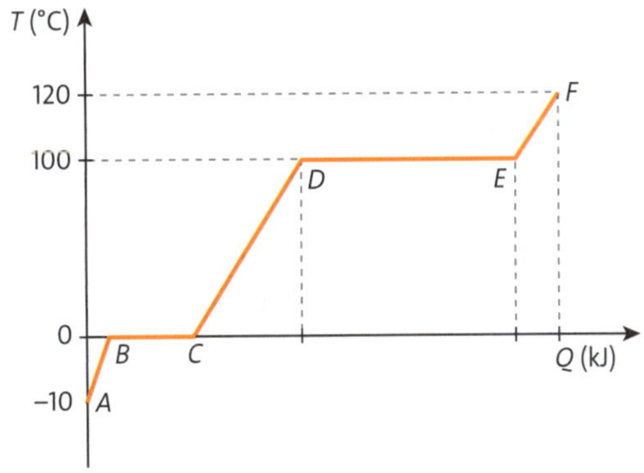

Sabemos que, por meio de gráficos desse tipo, é possível obter os valores do calor específico e do calor latente das substâncias estudadas. Assinale a alternativa que fornece corretamente o intervalo em que se pode obter o valor do calor latente de vaporização desse líquido.

a) *AB* b) *BD* c) *DE* d) *CD* e) *EF*

7. (Uerj) Uma pessoa, com temperatura corporal igual a 36,7 °C, bebe $\frac{1}{2}$ litro de água a 15 °C. Admitindo que a temperatura do corpo não se altere até que o sistema atinja o equilíbrio térmico, determine a quantidade de calor, em calorias, que a água ingerida absorve do corpo dessa pessoa. Para seus cálculos, sempre que necessário, utilize os seguintes valores para as constantes físicas:

Calor específico da água	1,0 cal/g · °C
Massa específica da água	1 g/cm^3
1 cal	4,2 J

8. (UFF-RJ) Quando se retira uma garrafa de vidro com água de uma geladeira, depois de ela ter ficado lá por algum tempo, veem-se gotas d'água se formando na superfície externa da garrafa. Isso acontece graças, principalmente, à:

a) condensação do vapor de água dissolvido no ar ao encontrar uma superfície à temperatura mais baixa.
b) diferença de pressão, que é maior no interior da garrafa e que empurra a água para seu exterior.
c) porosidade do vidro, que permite a passagem de água do interior da garrafa para sua superfície externa.
d) diferença de densidade entre a água no interior da garrafa e a água dissolvida no ar, que é provocada pela diferença de temperaturas.
e) condução de calor através do vidro, facilitada por sua porosidade.

9. (UFRN) O Meio Ambiente é repleto de situações nas quais a variação de temperatura pode provocar belas mudanças na paisagem. Por exemplo, a placidez da superfície da água de um lago muda completamente para a rigidez da superfície de gelo quando uma frente fria provoca o congelamento da água. Nessa situação, algo ainda mais curioso acontece: a água fica congelada na superfície formando uma camada de gelo, mas continua no estado líquido abaixo dessa camada, permitindo assim a preservação da vida aquática. Tal fenômeno deve-se ao comportamento anômalo da densidade desse precioso líquido, mostrado no gráfico ao lado. O processo de troca de calor no interior do lago, entre as temperaturas inicial de 10 °C e final de 0 °C, permite entender o motivo pelo qual se forma uma camada de gelo na superfície enquanto, abaixo dela, a água permanece em estado líquido. Destas informações, é correto concluir que:

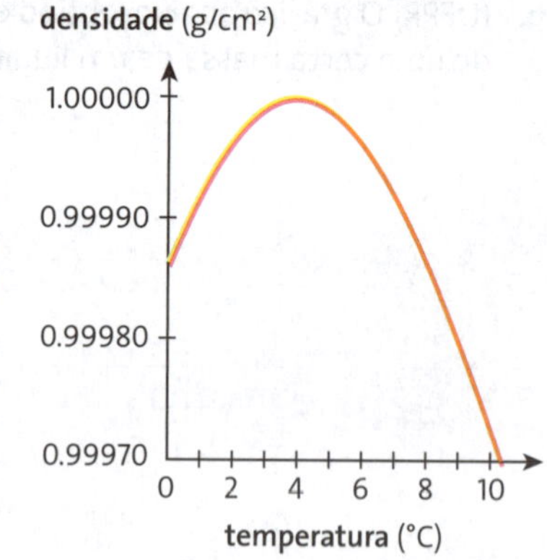

a) entre 4 °C e 0 °C, à medida que a temperatura diminui, a densidade da água diminui também, impedindo a troca de calor por convecção e permitindo o resfriamento da água por condução.

b) entre 4 °C e 0 °C, à medida que a temperatura diminui, a densidade da água aumenta, permitindo a troca de calor por convecção e impedindo o resfriamento da água por condução.

c) entre 10 °C e 4 °C, à medida que a temperatura diminui, a densidade da água diminui também, impedindo a troca de calor por condução e permitindo o resfriamento da água por convecção.

d) entre 10 °C e 4 °C, à medida que a temperatura diminui, a densidade da água aumenta, permitindo a troca de calor por condução e impedindo o resfriamento da água por convecção.

10. (PUCC-SP) A radiação solar incidente na superfície da Terra provoca a evaporação da água, formando as **nuvens**. Esse processo ocorre rapidamente com a água contida em uma panela, aberta à pressão atmosférica normal, ao receber o calor produzido pela combustão do gás de cozinha. Considere uma porção de 0,50 kg de água, inicialmente a 20 °C, sendo totalmente vaporizada a 100 °C.

Seja: $c_{água} = 4,2 \cdot 10^3$ J/kg °C e $L_{vaporização} = 2,26 \cdot 10^6$ J/kg.

A energia recebida por essa porção de água até a sua vaporização total é, em joules, de:

a) $1,68 \cdot 10^3$. b) $2,81 \cdot 10^3$. c) $1,13 \cdot 10^6$. d) $1,30 \cdot 10^6$. e) $2,60 \cdot 10^6$.

11. (FASM-SP) Nos ambientes climatizados artificialmente, os aparelhos de ar condicionado são colocados na parte superior do ambiente, assim como os aquecedores são colocados na parte inferior. Esses posicionamentos são explicados porque, dessa forma,

a) a condução do calor é mais rápida.

b) há formação das correntes de convecção.

c) a condução do calor é facilitada para todos os lados.

d) as correntes de convecção ficam mais rápidas.

e) a radiação do calor se faz uniformemente.

12. (UEL-PR) O *cooler*, encontrado em computadores e em aparelhos eletroeletrônicos, é responsável pelo resfriamento do microprocessador e de outros componentes. Ele contém um ventilador que faz circular ar entre placas difusoras de calor. No caso de computadores, as placas difusoras ficam em contato direto com o processador, conforme a figura 1, ao lado.
Sobre o processo de resfriamento desse processador, assinale a alternativa correta.

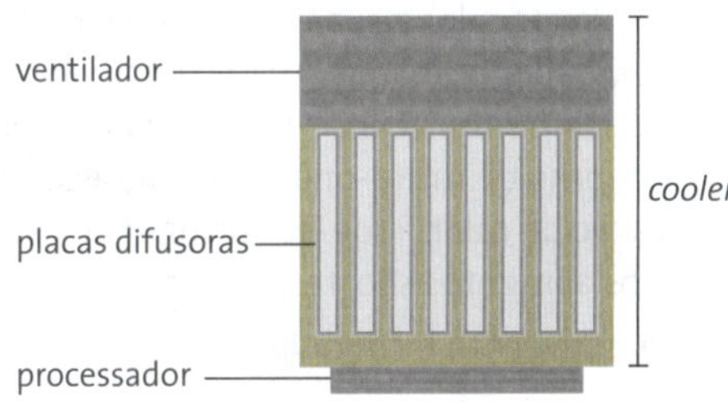

Figura 1: Vista lateral do *cooler* e do processador.

a) O calor é transmitido das placas difusoras para o processador e para o ar através do fenômeno de radiação.

b) O calor é transmitido do ar para as placas difusoras e das placas para o processador através do fenômeno de convecção.

c) O calor é transmitido do processador para as placas difusoras através do fenômeno de condução.

d) O frio é transmitido do processador para as placas difusoras e das placas para o ar através do fenômeno de radiação.

e) O frio é transmitido das placas difusoras para o ar através do fenômeno de radiação.

13. (UFRN) O uso de tecnologias associadas às energias renováveis tem feito ressurgir, em Zonas Rurais, técnicas mais eficientes e adequadas ao manejo de biomassa para produção de energia. Entre essas tecnologias, está o uso do fogão a lenha, de forma sustentável, para o aquecimento de água residencial. Tal processo é feito por meio de uma serpentina instalada no fogão e conectada, através de tubulação, à caixa d'água, conforme o esquema mostrado na figura ao lado.
Na serpentina, a água aquecida pelo fogão sobe para a caixa d'água ao mesmo tempo em que a água fria desce através da tubulação em direção à serpentina, onde novamente é realizada a troca de calor.
Considerando o processo de aquecimento da água contida na caixa d'água, é correto afirmar que este se dá, principalmente, devido ao processo de:

a) condução causada pela diminuição da densidade da água na serpentina.
b) convecção causada pelo aumento da densidade da água na serpentina.
c) convecção causada pela diminuição da densidade da água na serpentina.
d) condução causada pelo aumento da densidade da água na serpentina.

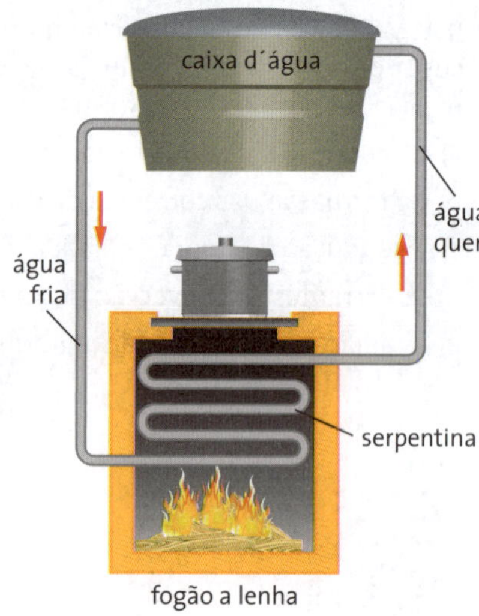

Formato/Arquivo da editora

14. (UFRN) O calor e suas formas de propagação se manifestam em diversas situações tanto na Natureza quanto nas atividades humanas. Assim, fenômenos aparentemente muito diferentes são semelhantes, quando analisados mais detidamente. Veja-se, por exemplo: A energia do Sol que aquece nosso Planeta e a energia emitida pelo magnetron do forno de micro-ondas, que aquece os alimentos colocados em seu interior, são fenômenos que envolvem propagação de calor. Pode-se afirmar que as formas de propagação de energia entre o Sol e a Terra e entre o magnetron e os alimentos são, respectivamente:

a) convecção e condução.
b) convecção e convecção.
c) condução e radiação.
d) radiação e radiação.

15. (Acafe-SC) No verão, é comum o uso de ventiladores para atenuar a sensação de "calor". Perguntado por um professor a explicação para este fenômeno, vários alunos dão diferentes respostas. Apenas um aluno responde corretamente. Ele diz que o ventilador:

a) diminui a concentração de vapor de água rente à pele, aumentando a evaporação do suor.

b) aumenta a concentração de vapor de água rente à pele, resfriando-a.

c) diminui a evaporação do suor, de forma que, com mais tempo em contato com a pele, esta se resfrie.

d) aumenta a temperatura do ambiente, fazendo aumentar a evaporação do suor.

16. (UFV-MG) O fluxo de calor H, através de uma placa de seção reta de área A, submetido a uma diferença de temperatura $\Delta\theta = \theta_2 - \theta_1$ entre duas faces opostas, distanciadas de L, e dado por: $H = k \cdot A \cdot \frac{\theta_2 - \theta_1}{L}$, sendo k a condutividade térmica do material que compõe a placa. A tabela mostra dados de algumas placas de mesma área A que podem ser encontradas no mercado para isolamento térmico de residências.

Material da placa	***k*** (w/(m · K))	**Espessura da placa** (cm)
Isopor	0,012	2,4
Poliuretano	0,020	5,0
Madeira	0,120	6,0
Cortiça	0,010	1,0

A placa que proporciona o MAIOR isolamento térmico, para uma mesma diferença de temperatura $\theta_2 - \theta_1$, é a feita de:

a) poliuretano.

b) madeira.

c) cortiça.

d) isopor.

17. (PUC-MG) Ainda nos dias atuais, povos que vivem no deserto usam roupas de lã branca como parte de seu vestuário para se protegerem do intenso calor, já que a temperatura ambiente pode chegar a 50 °C durante o dia. Para nós, brasileiros, que utilizamos a lã principalmente no inverno, a atitude dos povos do deserto pode parecer estranha ou equivocada, contudo ela pode ser explicada pelo fato de que:

a) a lã é um excelente isolante térmico, impedindo que o calor externo chegue aos corpos das pessoas e a cor branca absorve toda a luz evitando que ela aqueça ainda mais as pessoas.

b) a lã é naturalmente quente e, num ambiente a 50 °C, ela contribui para resfriar um pouco os corpos das pessoas.

c) a lã é um excelente isolante térmico, impedindo que o calor externo chegue aos corpos das pessoas e a cor branca reflete toda a luz diminuindo assim o aquecimento da própria lã.

d) a lã é naturalmente quente, e o branco é uma "cor fria." Esses fatos combinados contribuem para o resfriamento dos corpos daquelas pessoas.

18. (UFSC) O tipo de panela mais recomendado, por questões de saúde, é a panela de aço inox. Entretanto, o aço inox tem uma baixa condutividade térmica. Para solucionar este problema, os fabricantes fazem uso de um difusor de calor, geralmente de alumínio, cujo objetivo é melhorar a condutividade e homogeneizar a transferência de calor no fundo da panela.

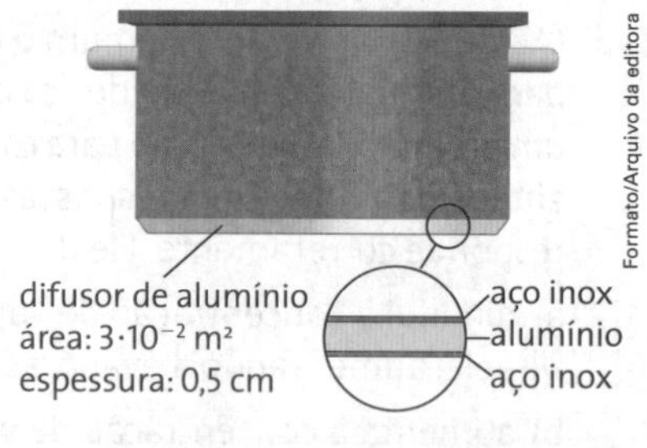

Dados:

- condutividade térmica do alumínio = 60 cal/s · m · °C
- calor latente de vaporização da água = 540 cal/g
- calor latente de fusão do gelo = 80 cal/g
- calor específico da água = 1 cal/g · °C
- calor específico do gelo = 0,5 cal/g · °C

Em relação ao exposto, assinale a(s) proposição(ões) CORRETA(S).

(01) O fluxo de calor através do difusor depende da sua geometria, do material e da diferença de temperatura entre as faces inferior e superior.

(02) Supondo que a face inferior do difusor está a 105 °C e a face superior está a 100 °C, o fluxo de calor através do difusor é 1,8 cal/s.

(04) O calor recebido por uma substância dentro da panela pode causar mudança de temperatura, mudança de fase ou ambas.

(08) O fundo da panela aquece a água colocada no seu interior unicamente por convecção, que envolve o transporte de matéria de uma região quente para uma região fria e vice-versa.

(16) Supondo um fluxo de calor através do fundo da panela de 2,0 kcal/s, e que dentro dela foi colocado 150 g de gelo a −10 °C, serão necessários aproximadamente 6,4 segundos para fundir 2/3 do gelo.

(32) O difusor de alumínio é aquecido por radiação proveniente da chama da boca do fogão.

19. (UPE) Uma das extremidades de uma barra metálica isolada é mantida a 100 °C, e a outra extremidade é mantida a 0 °C por uma mistura de gelo e água. A barra tem 60,0 cm de comprimento e uma seção reta com área igual a 1,5 cm^2. O calor conduzido pela barra produz a fusão de 9,0 g de gelo em 10 minutos. A condutividade térmica do metal vale em W/m · K:

(Dado: calor latente de fusão da água = $3,5 \cdot 10^5$ J/kg.)

a) 100. b) 180. c) 240. d) Zero. e) 210.

20. (UCS-RS) *A Terra está ficando mais quente. Um dos fatores pode ser a poluição gerada pelo homem. Mas novos estudos revelam que o problema também vem de onde menos se espera: o mar, as nuvens e até as plantas podem estar contribuindo para piorar os efeitos do CO_2.*

(Superinteressante, set. 2010. p. 79 – Texto adaptado.)

Sobre essa situação é correto afirmar que

( ) quanto mais o planeta esquenta, mais água passa ao estado gasoso, indo para a atmosfera. Esse vapor d'água forma uma barreira, que ajuda a reter o calor na Terra.

( ) a queima de combustíveis fósseis gera CO_2 e aquece o planeta. Mas certos tipos de poluição, como a do dióxido de enxofre liberado pelos vulcões, refletem radiação solar, ajudando a diminuir o aquecimento da Terra.

( ) o aumento da concentração de CO_2 na atmosfera, num primeiro momento, é bom para as plantas, que utilizam esse gás para a fotossíntese.

Assinale a alternativa que preenche corretamente os parênteses, de cima para baixo.

a) V – V – V b) F – F – F c) V – F – F d) V – F – V e) F – V – F

ESTUDO DOS GASES

Gás
Estado de agregação da matéria em que as moléculas estão fracamente ligadas umas as outras, razão pela qual um gás varia notoriamente o seu volume mesmo para pequenas variações de pressão.

Gás ideal (ou gás perfeito)
Modelo de gás hipotético, baseado em pressupostos que simplificam as equações.

Pressupostos do gás ideal
- O gás ideal não sofre mudança de estado.
- O comportamento de um gás real será tão mais próximo daquele de um gás ideal, quanto menor for a sua pressão e maior a sua temperatura.

Mol
1 mol de alguma substância contém $6{,}02 \cdot 10^{23}$ partículas elementares desta substância, quantidade conhecida como número de Avogadro (N_A).

Cálculo do número de mols (n) de uma amostra de gás

$$n = \frac{m}{M} = \frac{N}{N_A}$$

m: massa da amostra de gás

M: massa molecular do gás

N: número total de moléculas na amostra

N_A: $6{,}02 \cdot 10^{23}$

Grandezas físicas (ou variáveis de estado) de um gás ideal
Seus valores determinam o estado termodinâmico de um gás ideal.

Pressão (p)
- Força por unidade de área que o gás exerce nas paredes do recipiente que o contém.
- Tem origem nas colisões das moléculas do gás com as paredes do recipiente.

Volume (V)
Igual ao volume interno do recipiente em que está contido.

Temperatura absoluta (T)
Em um gás ideal monoatômico, a temperatura absoluta é proporcional à energia cinética de translação das moléculas.

Transformação de estado
Mudança de duas ou três variáveis (p, V, T) de uma amostra de gás ideal.

Lei geral dos gases perfeitos

$$\frac{p_1 \cdot V_1}{T_1} = \frac{p_2 \cdot V_2}{T_2}$$

Equação de Clapeyron
Relaciona as variáveis de estado de um gás ideal.

Equação

$$p \cdot V = n \cdot R \cdot T$$

Valores da constante universal dos gases perfeitos (R)

$$R = 0{,}082 \, \frac{\text{atm} \cdot \text{L}}{\text{mol} \cdot \text{K}} = 8{,}31 \, \frac{\text{J}}{\text{mol} \cdot \text{K}} \simeq 2 \, \frac{\text{cal}}{\text{mol} \cdot \text{K}}$$

Condições normais de temperatura e pressão (CNTP)

Valores

- $p = 1\ \text{atm}$
- $T = 0\ °\text{C}$
- Para $n = 1 \rightarrow V = 22{,}4\ \text{L}$

Transformação isobárica

O volume (V) e a temperatura (T) variam a pressão (p) constante.

Equações

- $\dfrac{\cancel{p_1} \cdot V_1}{T_1} = \dfrac{\cancel{p_2} \cdot V_2}{T_2} \Rightarrow \dfrac{V_1}{T_1} = \dfrac{V_2}{T_2} \Rightarrow \dfrac{V}{T} = \text{constante} \Rightarrow V = \text{constante} \cdot T$
- $\text{constante} = \dfrac{n \cdot R}{p}$

Gráficos

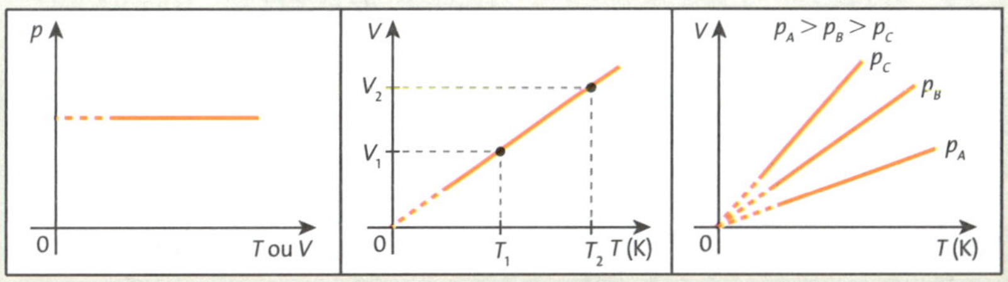

Transformação isométrica

A pressão (p) e a temperatura (T) variam o volume (V) constante.

Equações

- $\dfrac{p_1 \cdot \cancel{V_1}}{T_1} = \dfrac{p_2 \cdot \cancel{V_2}}{T_2} \Rightarrow \dfrac{p_1}{T_1} = \dfrac{p_2}{T_2} \Rightarrow \dfrac{p}{T} = \text{constante} \Rightarrow p = \text{constante} \cdot T$
- $\text{constante} = \dfrac{n \cdot R}{V}$

Gráficos

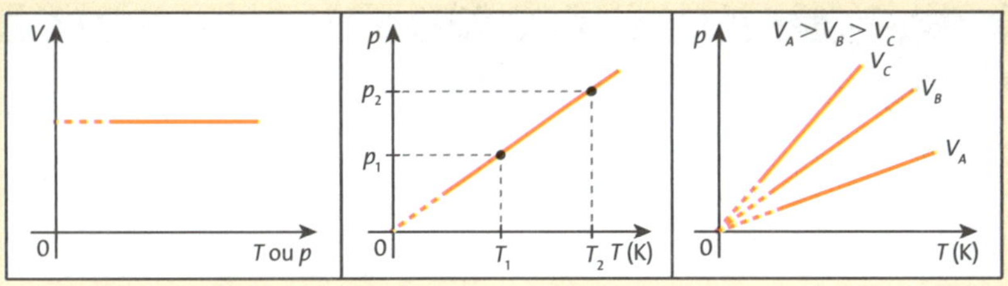

Transformação isotérmica

A pressão (p) e o volume (V) variam a temperatura (T) constante.

Equações

- $\dfrac{p_1 \cdot V_1}{\cancel{T_1}} = \dfrac{p_2 \cdot V_2}{\cancel{T_2}} \Rightarrow p_1 \cdot V_1 = p_2 \cdot V_2 \Rightarrow p \cdot V = \text{constante} \Rightarrow p = \dfrac{\text{constante}}{V}$
- $\text{constante} = n \cdot R \cdot T$

Gráficos

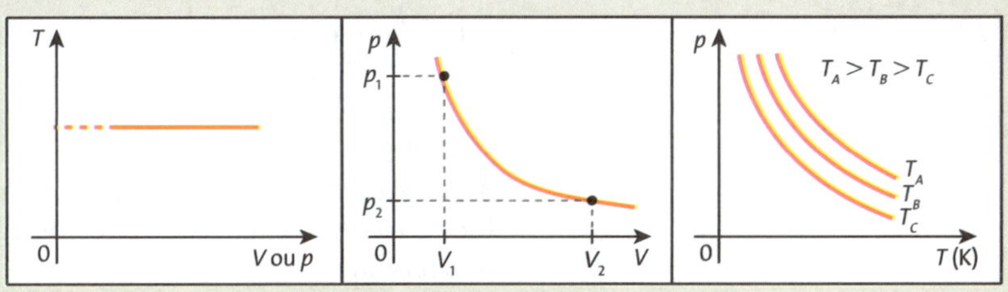

Teoria cinética do gás ideal

Modelo microscópico que explica o comportamento macroscópico do gás ideal.

Hipóteses microscópicas

- As moléculas do gás se encontram em movimento rápido e desordenado.
- As moléculas não apresentam volume próprio.
- As moléculas interagem somente no ato da colisão.
- Entre duas colisões, a molécula está em MRU.
- Todas as colisões são perfeitamente elásticas e de duração desprezível.

Velocidade média quadrática (v)

Definição

$$v = \sqrt{\frac{v_1^2 + v_2^2 + ... + v_N^2}{N}}$$

- v_i: velocidade individual da molécula 'i'
- N: número total de moléculas

Relação com a temperatura absoluta (T) e a massa molecular (M) do gás ideal

$$v = \sqrt{\frac{3 \cdot R \cdot T}{M}}$$

Consequências

- A velocidade média quadrática das moléculas de um gás depende da natureza do gás, expressa, na equação, por sua massa molecular.
- Para um dado gás, a temperatura aumenta com o aumento da velocidade das moléculas, e vice-versa.

Pressão (p) exercida por uma amostra de massa (m) de gás ideal

Cálculo

$$p = \frac{1}{3} \cdot \frac{m}{V} \cdot v^2$$

Energia cinética total de translação (E_c) de uma amostra de massa (m) de gás ideal

Cálculo

$$E_c = \frac{m \cdot v^2}{2} = \frac{3}{2} \cdot p \cdot V = \frac{3}{2} \cdot n \cdot R \cdot T$$

Observação

No caso particular de um gás ideal e monoatômico, a energia cinética de translação tem o mesmo valor de sua energia interna (U).

Energia cinética média por molécula (e_c)

Cálculos

- $e_c = \frac{E_C}{N} = \frac{3}{2} \cdot \frac{n \cdot R \cdot T}{N} = \frac{3}{2} \cdot \frac{\cancel{n} \cdot R \cdot T}{\cancel{n} \cdot N_A} = \frac{3}{2} \cdot \frac{R}{N_A} \cdot T = \frac{3}{2} \cdot k \cdot T$
- $k = \frac{R}{N_A} = 1{,}38 \cdot 10^{-23} \frac{J}{K}$ = constante de Boltzmann

Consequência

A energia cinética média por molécula não depende da natureza do gás, ou seja, tem o mesmo valor para todos os gases que se encontram a uma mesma temperatura.

Exercícios

1. (FPS-PE) Um balão contendo gás hélio está na temperatura ambiente ($t = 20\ °C = 293\ K$) e na pressão atmosférica ($p = 1{,}0\ atm = 10^5$ Pascal). O balão contém 2 mols deste gás nobre. Assuma que o gás hélio comporta-se como um gás ideal e que a constante universal dos gases perfeitos vale: $R = 8{,}31\ (J/mol \cdot K)$. Determine o volume aproximado ocupado pelo gás no interior do balão.

   a) $0{,}50\ m^3$
   b) $5{,}00\ m^3$
   c) $2{,}50\ m^3$
   d) $10{,}00\ m^3$
   e) $0{,}05\ m^3$

2. (UFPE) Um gás ideal passa por uma transformação termodinâmica em que sua pressão dobra, seu número de moléculas triplica, e seu volume é multiplicado por um fator de 12. Nessa transformação, qual a razão entre as temperaturas absolutas final e inicial do gás?

3. (Acafe-SC) No estudo da termodinâmica é apresentado um gráfico do comportamento de certa massa de gás (considerado ideal) que é levada isotermicamente do estado *A* para o estado *B*.

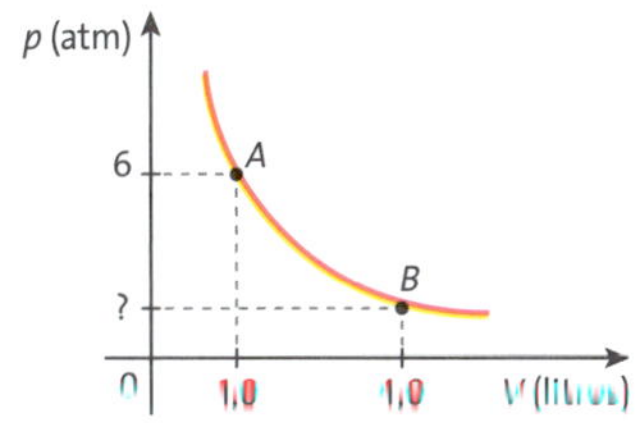

A pressão do gás, em atm, no estado *B* é:

a) 1,0.　b) 4,0.　c) 2,5.　d) 1,5.

4. (Uerj) Sabe-se que a pressão que um gás exerce sobre um recipiente é decorrente dos choques de suas moléculas contra as paredes do recipiente. Diminuindo em 50% o volume do recipiente que contém um gás ideal, sem alterar sua temperatura, estabeleça a razão entre a pressão final e a pressão inicial.

5. (Fameca-SP) Um gás perfeito, confinado em um recipiente de volume *V*, exerce sobre as paredes do mesmo uma pressão *p*, quando seus *n* mols se apresentam a uma temperatura *T*. A lei que rege a dependência entre essas variáveis de estado é conhecida como equação de Clapeyron: $p \cdot V = n \cdot R \cdot T$, em que *R* é uma constante que depende do sistema de unidades. Se uma massa de gás passar por uma transformação adiabática, uma brusca compressão, por exemplo, o gráfico que melhor representa o comportamento de sua pressão em função de seu volume é:

a) 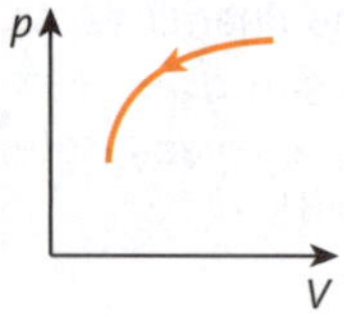

b) 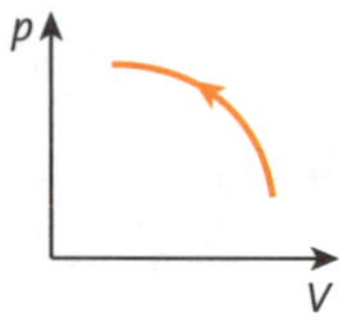

c) 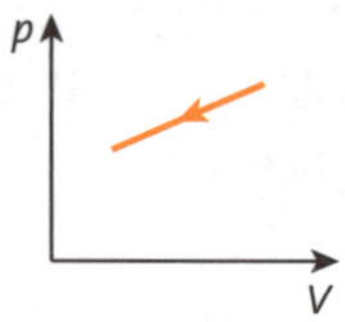

d) 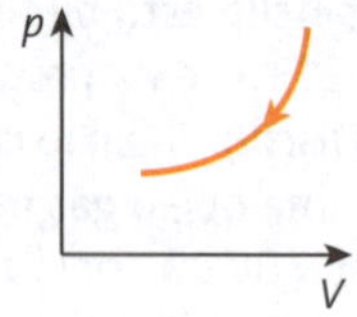

e) 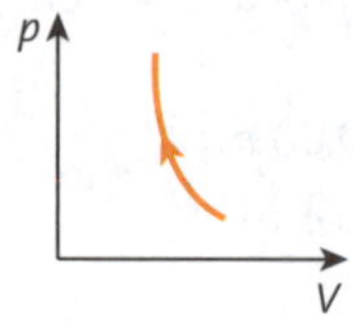

6. (FGV-SP) Certa massa gasosa ideal, confinada em um recipiente inicialmente a 300 K, sofre a compressão I → F indicada no diagrama da pressão *versus* volume da figura. É correto afirmar que se trata de uma transformação:

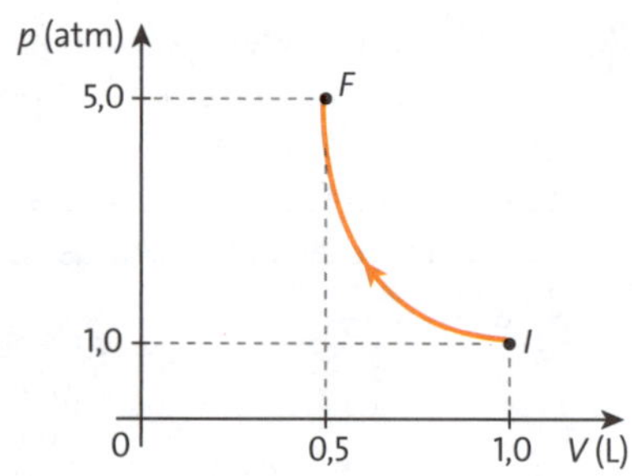

a) isotérmica, sem alteração de temperatura.
b) adiabática, com temperatura final do gás igual a 600 K.
c) adiabática, com temperatura final do gás igual a 750 K.
d) geral, com temperatura final do gás igual a 300 K.
e) geral, com temperatura final do gás igual a 600 K.

7. (Unifor-CE) Em um sistema termodinâmico, um gás considerado perfeito encontra-se no estado A com pressão p_A, volume V_A e temperatura T_A, conforme diagrama pressão × volume mostrado ao lado. É então levado para o estado indicado pelo ponto B (p_B, V_B, T_B) e em seguida para o estado C (p_C, V_C, T_C).

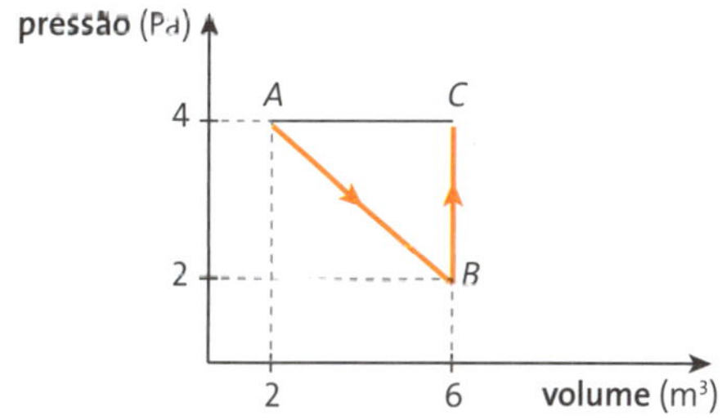

Leia e analise os itens que se seguem:

I. A temperatura do gás no ponto B é 50% maior que a temperatura no ponto A.

II. A temperatura do gás no ponto C é três vezes maior que a temperatura no ponto A.

III. A temperatura do gás no ponto B é metade da temperatura do gás no ponto C.

IV. A temperatura do gás no ponto A é igual a temperatura no ponto B.

É verdadeiro o que se afirma em:

a) I e II apenas. b) II e III apenas. c) I, II e IV. d) II, III e IV. e) I, II e III.

8. (Unisa-SP) Um sistema é constituído por três balões de vidro, tubos de conexão que permitem a passagem de gases entre os balões e duas válvulas representadas na ilustração por X. Os volumes dos balões estão indicados, sendo os volumes dos tubos de conexão desprezíveis. Inicialmente, o balão central está evacuado, as válvulas fechadas. A temperatura é mantida constante em todo o processo. O balão A contém n mols de um gás ideal, enquanto o balão B contém gás de mesma substância que o de A, mas com o dobro de mols.

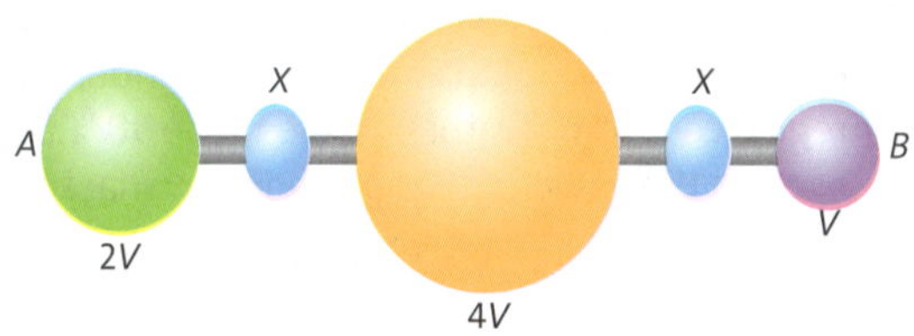

Após a abertura das válvulas, a pressão final do gás no sistema, em função da pressão inicial p no balão A, será igual a:

a) $2p$. b) $\frac{3p}{7}$. c) $\frac{6p}{7}$. d) $\frac{p}{2}$. e) p.

9. (Udesc/adaptado) Uma dada massa gasosa, que está limitada em um cilindro por um êmbolo móvel, sofre as transformações representadas pelos seguintes gráficos:

I

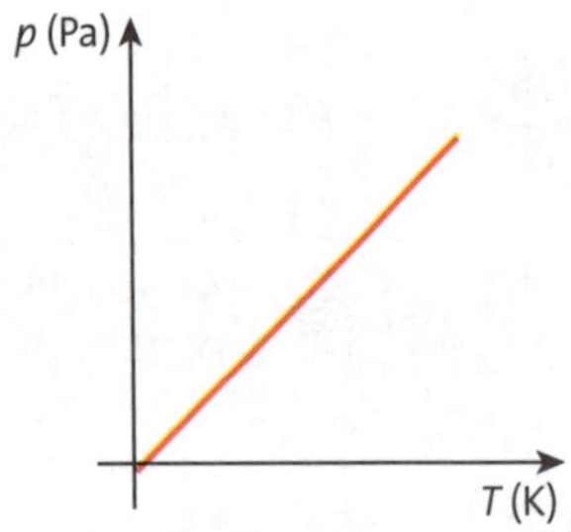

II

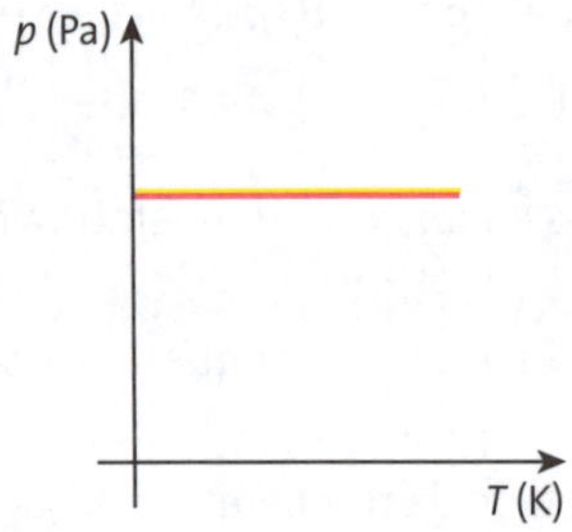

III

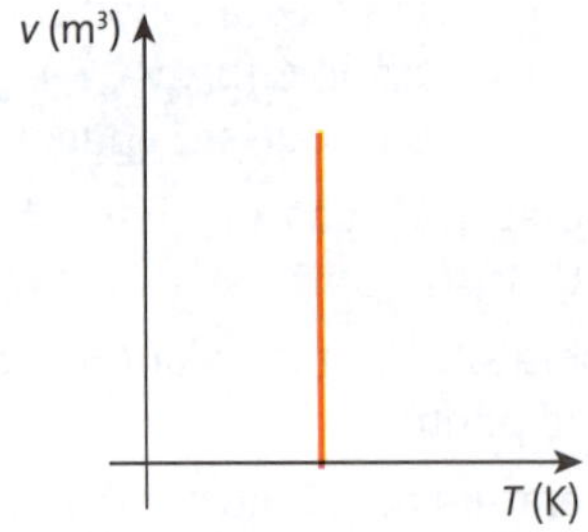

Assinale a alternativa que contém a correta classificação das três transformações apresentadas acima.

a) I. isovolumétrica / II. isobárica / III. isotérmica.

b) I. isotérmica / II. isobárica / III. isovolumétrica.

c) I. isobárica / II. isovolumétrica / III. isotérmica.

d) I. isovolumétrica / II. isotérmica / III. isobárica.

e) I. isobárica / II. isotérmica / III. isovolumétrica.

10. (UFG-GO) Nos manuais de utilização de um automóvel, recomenda-se que os pneus sejam calibrados a cada 15 dias e à temperatura ambiente, apresentando, inclusive, sugestão de intervalos de pressão para cada carga. Em uma região com temperatura ambiente de 30 °C, os pneus atingem 120 °C após duas horas de viagem. Considerando o ar como um gás ideal e desprezando a variação de volume do pneu, o aumento percentual de pressão será da ordem de:

a) 20%. b) 30%. c) 40%. d) 200%. e) 300%.

11. (UFPE) Um recipiente, feito de um material isolante térmico, consiste de duas partições iguais separadas por uma divisória D (ver figura). No lado direito do recipiente, faz-se vácuo e, na partição da esquerda, se introduz um mol de um gás ideal. Quando a divisória é removida, o gás se expande livremente (isto é, sem realizar trabalho) e atinge um novo estado de equilíbrio termodinâmico. Determine a razão (p_{antes}/p_{depois}) entre as pressões antes e depois da remoção da divisória.

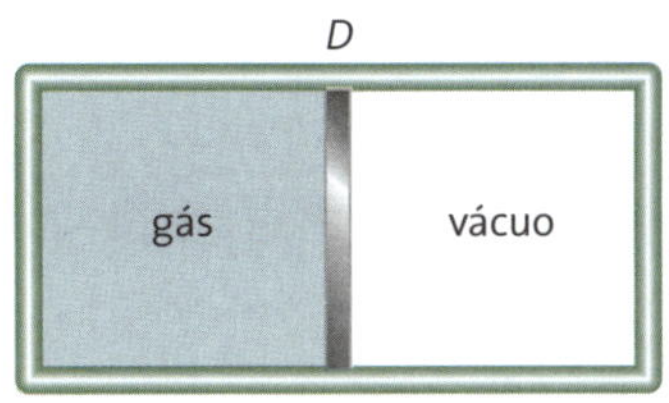

12. (Uespi) Um gás ideal confinado em um recipiente fechado de volume constante sofre uma transformação termodinâmica em que a sua pressão diminui. Assinale a seguir o diagrama pressão (p) *versus* temperatura absoluta (T) compatível com essa transformação.

a) 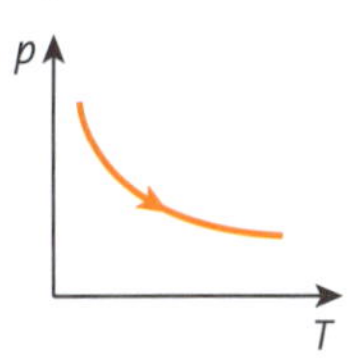

b) 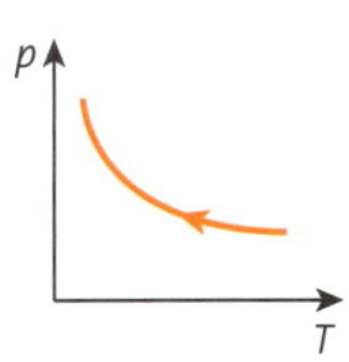

c) 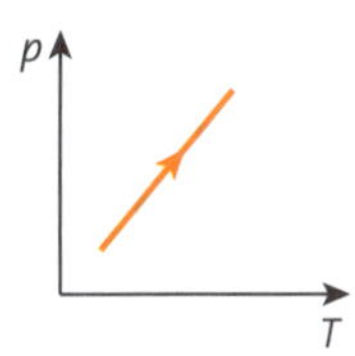

d) 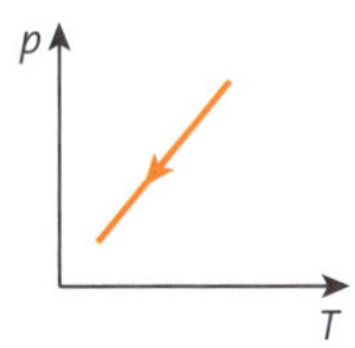

e) 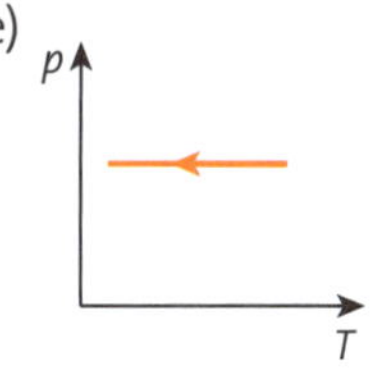

13. (Fatec-SP) A pressão total sobre uma bolha de ar, no fundo de um lago, é de 3 atm. Essa bolha sobe para a superfície do lago, cuja temperatura é de 27 °C, e tem seu volume quadruplicado. Considerando a pressão atmosférica no local de 0,8 atm, a temperatura no fundo do lago será de, aproximadamente, em °C:

a) 2.
b) 4.
c) 8.
d) 12.
e) 20.

14. (UFTM-MG) Considere os processos termodinâmicos isobárico, isotérmico, isocórico e adiabático em um gás ideal. É correto afirmar que, nos processos:

a) isotérmicos, a densidade do gás permanece constante.
b) isocóricos, a pressão diminui e a temperatura aumenta.
c) adiabáticos, ocorrem trocas de calor com o meio exterior.
d) isobáricos, a razão entre volume e temperatura é constante.
e) isobáricos, a pressão é proporcional ao volume.

15. (Uerj) A bola utilizada em uma partida de futebol é uma esfera de diâmetro interno igual a 20 cm. Quando cheia, a bola apresenta, em seu interior, ar sob pressão de 1,0 atm e temperatura de 27 °C.
Considere $\pi = 3$, $R = 0{,}080$ atm · L · mol^{-1} · K^{-1} e, para o ar, comportamento de gás ideal e massa molar igual a 30 g · mol^{-1}.
No interior da bola cheia, a massa de ar, em gramas, corresponde a:

a) 2,5.
b) 5,0.
c) 7,5.
d) 10,0.

16. (Uerj) Um professor realizou com seus alunos o seguinte experimento para observar fenômenos térmicos:

- colocou, inicialmente, uma quantidade de gás ideal em um recipiente adiabático;
- comprimiu isotermicamente o gás à temperatura de 27 °C, até a pressão de 2,0 atm;
- liberou, em seguida, a metade do gás do recipiente;
- verificou, mantendo o volume constante, a nova temperatura de equilíbrio, igual a 7 °C.

Calcule a pressão do gás no recipiente ao final do experimento.

17. (Fatec-SP) Uma das atrações de um parque de diversões é a barraca de tiro ao alvo, onde espingardas de ar comprimido lançam rolhas contra alvos, que podem ser derrubados. Ao carregar uma dessas espingardas, um êmbolo comprime 120 mL de ar atmosférico sob pressão de 1 atm, reduzindo seu volume para 15 mL. A pressão do ar após a compressão será, em atm:
(Admita que o ar se comporte como um gás ideal e que o processo seja isotérmico.)

a) 0,2. b) 0,4. c) 4,0. d) 6,0. e) 8,0.

18. (UCS-RS) Os motores a combustão, como o dos automóveis movidos a gasolina ou a álcool, são classificados como máquinas térmicas que, operando em ciclos, entre fontes de calor quentes e frias, e recebendo e liberando fluídos operantes, produzem trabalho. Suponha um motor a combustão hipotético que possua um gás ideal como fluído operante e que nunca o troque. As transformações de estado desse gás ideal, durante um ciclo de operação do motor, estão representadas no gráfico p × V. Conclui-se que o gás ideal:

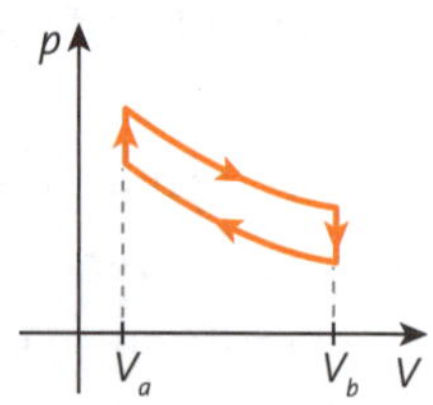

a) tem, durante todo o ciclo, a mesma temperatura.
b) tem, durante todo o ciclo, o mesmo volume.
c) gera quantidade de calor liberado mais trabalho executado maior do que a quantidade de calor recebido.
d) tem, durante todo o ciclo, sua pressão variando.
e) mantém o produto da sua pressão pelo seu volume constante durante todo o ciclo, de modo que sua temperatura sempre varie.

19. (UEM-PR) Com relação ao comportamento térmico dos gases ideais, assinale o que for **correto**. Dê como resposta a soma das alternativas corretas.

(01) Mantendo-se a temperatura de uma amostra de gás ideal constante, a pressão dessa amostra é inversamente proporcional ao seu volume.

(02) Mantendo-se a pressão de uma amostra de gás ideal constante, a temperatura da amostra é inversamente proporcional ao volume dessa amostra.

(04) Em condições idênticas de temperatura e pressão, gases que ocupam volumes idênticos possuem o mesmo número de moléculas.

(08) A energia cinética média das moléculas de uma amostra de gás ideal é diretamente proporcional à temperatura da amostra.

(16) Mantendo-se o volume constante, a pressão de uma amostra de gás ideal é diretamente proporcional à velocidade média das moléculas desse gás elevada ao quadrado.

20. (UEM-PR) Antes de viajar, um motorista "calibra" os pneus de seu automóvel com 30 psi (libra-força/polegada^2), utilizando gás nitrogênio. Considerando que a temperatura dos pneus, no momento em que foram "calibrados", era de 23 °C, que o volume interno de cada pneu é de 50 L e adotando 1 libra-força = 5,0 N; 1 polegada = 2,5 cm; $k = 1{,}4 \cdot 10^{-23}$ J/K e $R = 8{,}31$ J/(mol · K), analise as alternativas abaixo e assinale o que for **correto**. Dê como resposta a soma das alternativas corretas.

(01) No Sistema Internacional de Unidades, o valor dessa pressão é de aproximadamente $2{,}4 \cdot 10^5$ N/m^2.

(02) O número de mols de nitrogênio contido em cada pneu é de aproximadamente 5 mols.

(04) Ao trafegar com o automóvel em uma rodovia, a temperatura dos pneus atinge 53 °C. A essa temperatura, assumindo que o volume interno desses pneus não se altera, a pressão no interior deles é de aproximadamente $4{,}8 \cdot 10^5$ N/m^2.

(08) Se o motorista tivesse utilizado gás hélio, o número de mols de hélio, contido em cada pneu, seria de aproximadamente 2 mols.

(16) Se o motorista tivesse utilizado gás hélio, a energia cinética média dos átomos de hélio, quando o motorista "calibrou" os pneus, seria de aproximadamente $8 \cdot 10^{-20}$ J.

TERMODINÂMICA

Energia interna (U) de uma amostra de gás ideal

Energia cinética total de translação das moléculas.

Cálculos

- $U = \frac{3}{2} \cdot n \cdot R \cdot T$
- $\Delta U = \frac{3}{2} \cdot n \cdot R \cdot \Delta T$

Aquecimento

$T_{final} > T_{inicial} \rightarrow \Delta T > 0 \rightarrow \Delta U > 0 \rightarrow U_{final} > U_{inicial}$

Resfriamento

$T_{final} < T_{inicial} \rightarrow \Delta T < 0 \rightarrow \Delta U < 0 \rightarrow U_{final} < U_{inicial}$

Temperatura final coincide com a temperatura inicial

$T_{final} = T_{inicial} \rightarrow \Delta T = 0 \rightarrow \Delta U = 0 \rightarrow U_{final} = U_{inicial}$

Trabalho (τ)

Quantidade de energia mecânica trocada pelo sistema durante sua expansão ou compressão.

Cálculo para pressão (p) constante

$\tau = p \cdot \Delta V$

Cálculo pelo diagrama $P \times V$

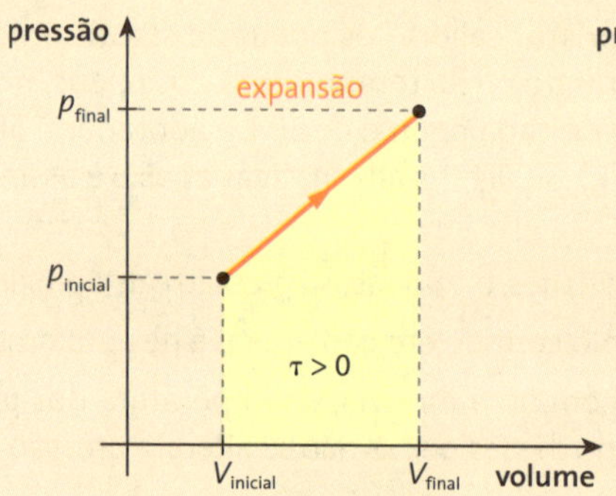

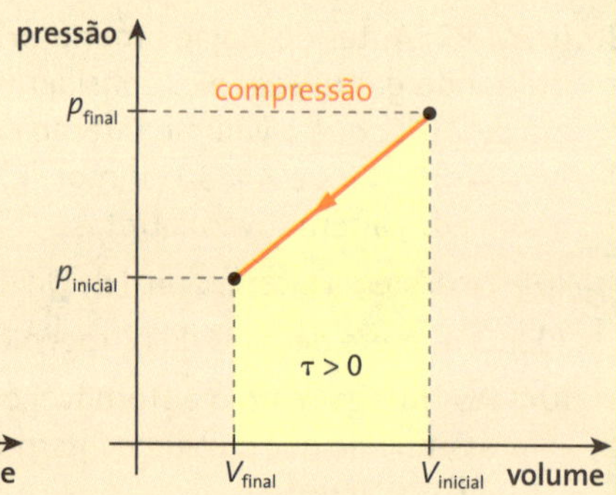

O módulo do trabalho $|\tau|$ corresponde, numericamente, à área delimitada entre a linha do gráfico e o eixo do volume.

Expansão

$V_{final} > V_{inicial} \rightarrow \Delta V > 0 \rightarrow \tau > 0 \rightarrow$ o gás realizou trabalho sobre o meio

Compressão

$V_{final} < V_{inicial} \rightarrow \Delta V < 0 \rightarrow \tau < 0 \rightarrow$ o meio realizou trabalho sobre o gás

Volume permanece constante

$\Delta V = 0 \rightarrow \tau = 0 \rightarrow$ não há realização de trabalho

Calor (Q)

Quantidade de energia térmica trocada pelo sistema com o meio externo.

Cálculo a pressão constante

$Q = m \cdot c_p \cdot \Delta T = n \cdot M \cdot c_p \cdot \Delta T = n \cdot C_p \cdot \Delta T$

c_p: calor específico a pressão constante;

C_p: calor específico molar a pressão constante.

Cálculo a volume constante

$Q = m \cdot c_v \cdot \Delta T = n \cdot M \cdot c_v \cdot \Delta T = n \cdot C_v \cdot \Delta T$

c_v: calor específico a volume constante;

C_v: calor específico molar a volume constante.

Regra de sinais

$Q > 0$: o gás recebe calor do meio

$Q < 0$: o gás cede calor ao meio

Relação de Mayer

$R = M \cdot c_p - M \cdot c_v = C_p - C_v$

Primeira lei da Termodinâmica

Princípio da conservação de energia aplicado às trocas de energia térmica e mecânica de um sistema com a sua vizinhança.

Expressão

$\Delta U = Q - \tau$

Significado

A variação da energia interna de um sistema termodinâmico é fruto das trocas de calor e trabalho do sistema com o meio externo.

Transformação isobárica (pressão constante)

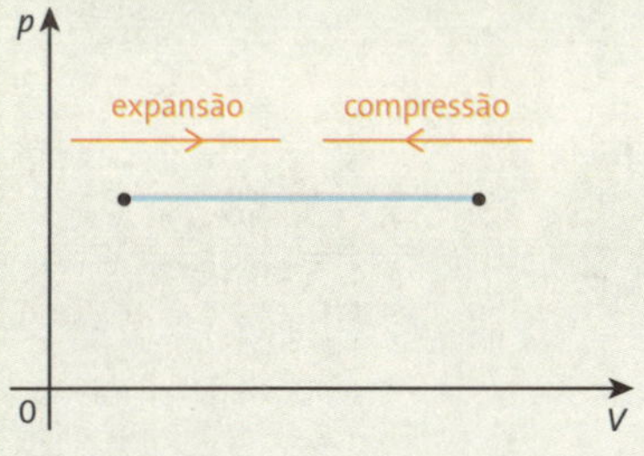

Cálculos

- $\tau = p \cdot \Delta V = n \cdot R \cdot \Delta T$
- $\Delta U = Q - \tau$
- $C_p = \frac{5}{2} \cdot R$

Expansão isobárica

- Gás recebe calor, realiza trabalho e a sua energia interna aumenta.
- $\Delta V > 0 \rightarrow \tau > 0$
- $\Delta T > 0 \rightarrow \Delta U > 0 \rightarrow Q > \tau$

Compressão isobárica

- Gás cede calor, o trabalho é realizado sobre ele e a sua energia interna diminui.
- $\Delta V < 0 \rightarrow \tau < 0$
- $\Delta T < 0 \rightarrow \Delta U < 0 \rightarrow Q < \tau$

Transformação isométrica (volume constante)

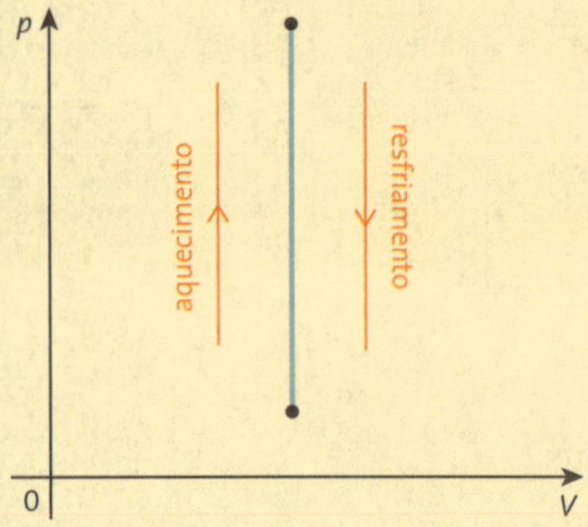

Cálculos

- $\tau = 0$
- $\Delta U = Q$
- $C_v = \frac{3}{2} \cdot R$

Aquecimento isométrico

- Gás recebe calor, que é integralmente armazenado em sua energia interna.
- $Q > 0 \rightarrow \Delta U > 0 \rightarrow \Delta T > 0 \rightarrow p_{final} > p_{inicial}$

Resfriamento isométrico

- Gás cede calor à custa da diminuição de sua energia interna.
- $Q < 0 \rightarrow \Delta U < 0 \rightarrow \Delta T < 0 \rightarrow p_{final} < p_{inicial}$

Transformação isotérmica (temperatura constante)

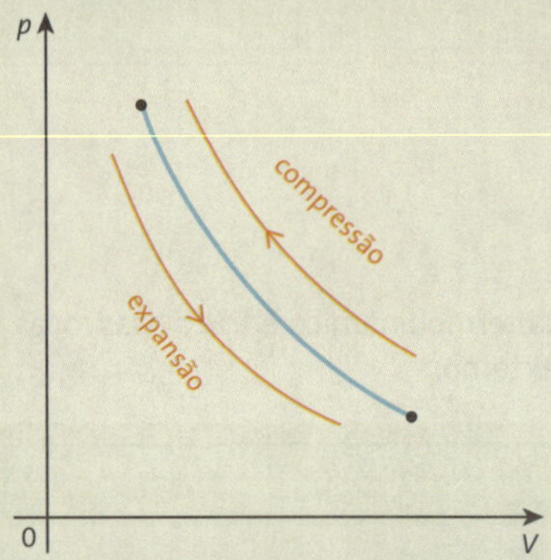

Cálculos

- $\Delta T = 0$
- $\Delta U = 0$
- $Q = \tau$

Expansão isotérmica

- Gás recebe calor, que é integralmente utilizado para realizar trabalho.
- $\Delta V > 0 \rightarrow \tau > 0 \rightarrow Q > 0$

Compressão isotérmica

- Todo o trabalho realizado sobre o gás é por ele cedido na forma de calor.
- $\Delta V < 0 \rightarrow \tau < 0 \rightarrow Q < 0$

Transformação adiabática

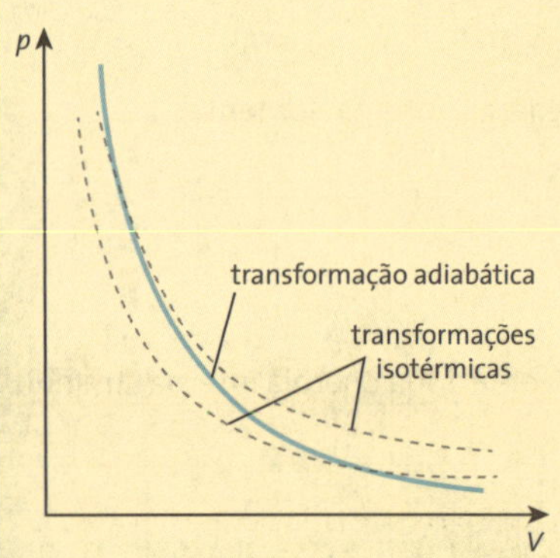

Cálculos

- $Q = 0 \rightarrow \Delta U = -\tau$
- $p \cdot V^{\gamma} = \text{constante}$
- $\gamma = \frac{C_p}{C_v}$ (expoente de Poisson)

Expansão adiabática

- Todo trabalho realizado pelo gás é feito à custa de sua energia interna, o que provoca diminuição de sua temperatura e queda da pressão.
- $\Delta V > 0 \rightarrow \tau > 0 \rightarrow \Delta U < 0 \rightarrow \Delta T < 0 \rightarrow$ resfriamento sem perda de calor

Compressão adiabática

- Todo trabalho realizado sobre o gás é armazenado na forma de sua energia interna, o que provoca aumento de sua temperatura e elevação da pressão.
- $\Delta V < 0 \rightarrow \tau < 0 \rightarrow \Delta U > 0 \rightarrow \Delta T > 0 \rightarrow$ aquecimento sem ganho de calor

Transformação cíclica genérica

O gás retorna ao estado termodinâmico inicial.

Cálculos

- $T_{final} = T_{inicial} \rightarrow \Delta T = 0 \rightarrow \Delta U = 0 \rightarrow Q = \tau$

Diagrama $P \times V$

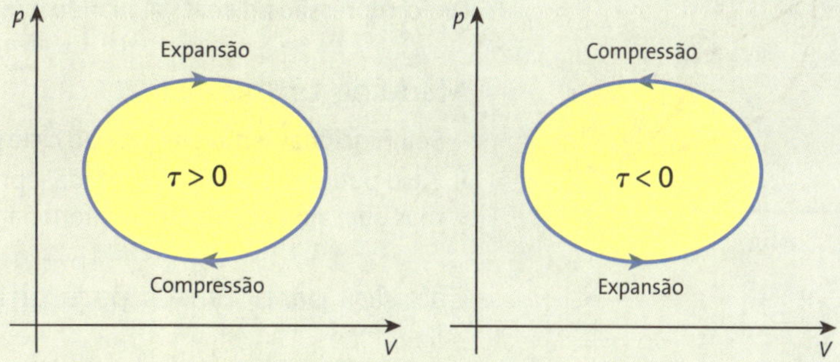

O módulo do trabalho $|\tau|$ corresponde, numericamente, à área do ciclo.

Transformação aberta genérica

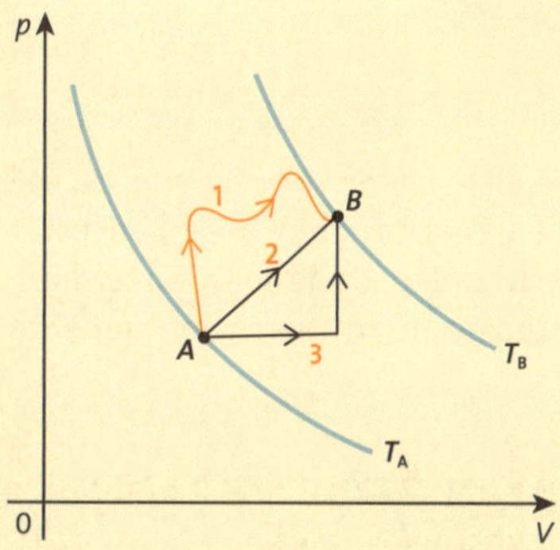

Expansão de A para B

- Variação da energia interna não depende do caminho:

$$\Delta U_1 = \Delta U_2 = \Delta U_3 = \frac{3}{2} \cdot n \cdot R \cdot (T_B - T_A)$$

- Trabalho depende do caminho: $\tau_1 > \tau_2 > \tau_3$
- Quantidade de calor depende do caminho: $Q_1 > Q_2 > Q_3$

Máquina térmica

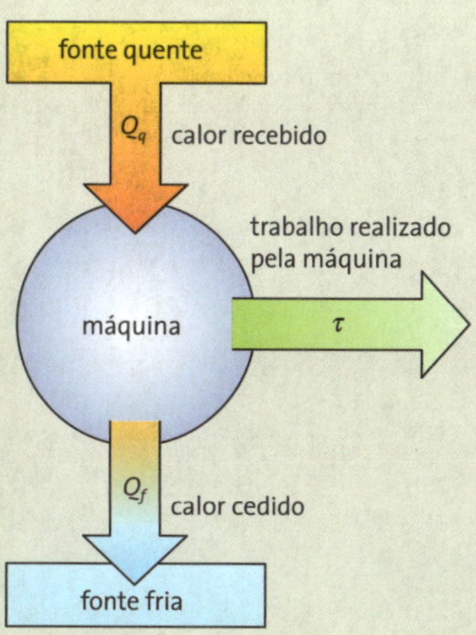

Aplicações

- Motores de combustão.
- Chaleiras de usinas.
- Locomotivas a vapor.

Cálculos e conceitos

- Máquina recebe calor e realiza trabalho: $\tau > 0$
- Operação ocorre em ciclos: $\Delta U = 0 \rightarrow Q = \tau$
- Conservação de energia: $|Q_q| = |Q_f| + \tau$
- Quantidade líquida de calor se transforma em trabalho: $Q = |Q_q| - |Q_f| = \tau$
- Rendimento: $\eta = \frac{\tau}{|Q_q|} = \frac{|Q_q| - |Q_f|}{|Q_q|} = 1 - \frac{|Q_f|}{|Q_q|}$

Ciclo de Carnot

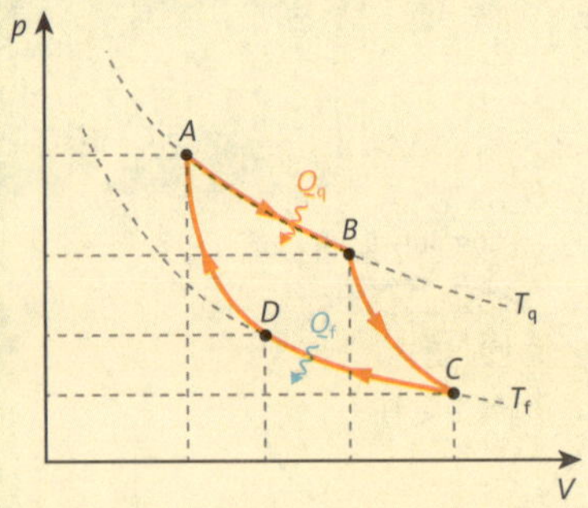

Transformações do ciclo

AB: expansão isotérmica com o ingresso de calor da fonte quente;

BC: expansão adiabática quando a máquina perde contato com a fonte quente;

CD: compressão isotérmica com rejeição de calor para a fonte fria;

DA: compressão adiabática quando a máquina perde contato com a fonte fria.

Máquina térmica ideal

- Seu funcionamento obedece ao ciclo de Carnot.
- Caso pudesse ser implementada, apresentaria o maior rendimento possível, mas que, ainda assim, seria inferior a 100%.

Cálculos particulares para uma máquina térmica ideal

- $\frac{|Q_f|}{|Q_q|} = \frac{T_f}{T_q}$
- $\eta_{Carnot} = \eta_{máx.} = 1 - \frac{T_f}{T_q} < 100\%$

Segunda lei da Termodinâmica ou princípio da degradação da energia

É impossível construir uma máquina que, operando em ciclos, tenha como único efeito o de transformar em trabalho toda a energia térmica que recebe de uma fonte quente.

Entropia

Grandeza física que mede a desordem de um sistema.

Degradação da energia

À medida que o universo evolui, diminui a possibilidade de se obter energia útil de um sistema, pois todas as formas de energia tendem a se converter espontaneamente e integralmente em energia desordenada de agitação térmica; isso equivale a dizer que as transformações naturais sempre levam a um aumento da entropia do Universo.

Cálculo da variação de entropia de um sistema durante uma transformação isotérmica reversível

$\Delta S = \frac{Q}{T}$

Exercícios

1. (UFPR) Segundo a teoria cinética, um gás é constituído por moléculas que se movimentam desordenadamente no espaço do reservatório onde o gás está armazenado. As colisões das moléculas entre si e com as paredes do reservatório são perfeitamente elásticas. Entre duas colisões sucessivas, as moléculas descrevem um MRU. A energia cinética de translação das moléculas é diretamente proporcional à temperatura do gás. Com base nessas informações, considere as seguintes afirmativas:

   I. As moléculas se deslocam todas em trajetórias paralelas entre si.

   II. Ao colidir com as paredes do reservatório, a energia cinética das moléculas é conservada.

   III. A velocidade de deslocamento das moléculas aumenta se a temperatura do gás for aumentada.

   Assinale a alternativa correta.

   a) Somente a afirmativa I é verdadeira.
   b) Somente a afirmativa II é verdadeira.
   c) Somente a afirmativa III é verdadeira.
   d) Somente as afirmativas I e II são verdadeiras.
   e) Somente as afirmativas II e III são verdadeiras.

2. (UEM-PR) Sobre as transformações termodinâmicas que podem ocorrer com um gás ideal confinado em um cilindro com pistão, assinale o que for **correto**. Dê como resposta a soma das alternativas corretas.

   (01) Um gás ideal realiza trabalho ao se expandir, empurrando o pistão contra uma pressão externa.
   (02) Em uma transformação adiabática ocorre troca de calor com a vizinhança.
   (04) A energia interna de uma amostra de gás ideal não varia, quando este sofre uma transformação isovolumétrica.
   (08) Quando o gás ideal sofre uma compressão, o trabalho é realizado por um agente externo sobre o gás ideal.
   (16) O gás ideal não realiza trabalho em uma transformação isovolumétrica.

3. (UFCG-PB) Encontrou-se um projeto muito antigo de uma máquina térmica. Segundo suas especificações, após a "tradução" para a linguagem contemporânea da Física, a energia fornecida à máquina, por calor, era de 7,0 kJ vinda de uma fonte a 400 K e a energia rejeitada para uma fonte fria a 300 K era de 4,2 kJ.
Em relação ao projeto foram feitas três afirmações:

I. O rendimento da máquina é de 60%.

II. A máquina pode ser construída, pois a quantidade de energia transferida para a fonte fria é menor do que a energia recebida da fonte quente.

III. A máquina não pode ser construída, pois viola o segundo princípio da Termodinâmica.

Em relação ao valor de verdade das afirmativas, a opção correta é:

a) todas as afirmativas estão corretas.
b) as afirmativas II e III são falsas.
c) a afirmativa III está correta.
d) as afirmativas I e II estão corretas.
e) todas as afirmativas são falsas.

4. (FPS-PE) Uma amostra de um gás ideal absorve uma quantidade de calor $Q = 6\,000$ J de uma fonte térmica e realiza um trabalho, expandindo-se a pressão constante ($p = 1000$ Pascal) de um volume inicial $V_i = 1{,}0\ m^3$ até um volume final $V_f = 3{,}0\ m^3$. A variação da energia interna $\Delta U_{int.}$ do gás no processo de expansão isobárica será dada por:

a) 400 J.
b) 100 J.
c) 4 000 J.
d) 10 J.
e) 1000 J.

5. (Udesc) A figura a seguir apresenta um ciclo termodinâmico descrito por um gás. Assinale a alternativa que apresenta, para este ciclo, a variação de energia interna do gás e o trabalho por ele realizado, respectivamente.

a) 0,0 J e $1{,}5 \cdot 10^5$ J
b) 1,0 J e $2{,}0 \cdot 10^5$ J
c) 0,0 J e $0{,}0 \cdot 10^5$ J
d) 0,0 J e $1{,}0 \cdot 10^5$ J
e) 0,5 J e $0{,}5 \cdot 10^5$ J

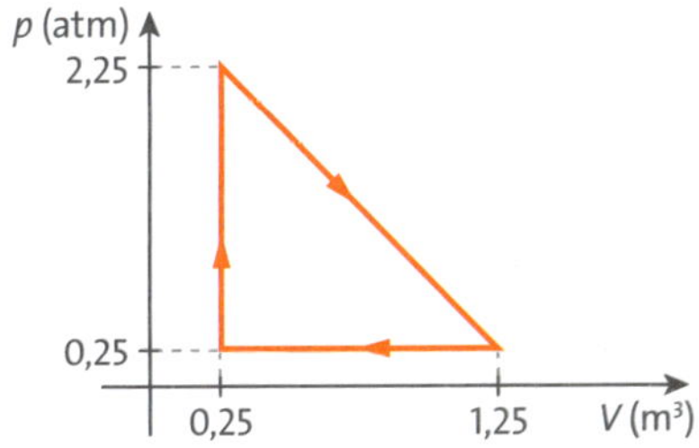

6. (ESCS-DF) O diagrama $p \times V$ abaixo mostra dois processos termodinâmicos realizados por 1 mol de um gás ideal: um processo adiabático que conecta os estados *A* e *B* e um processo isocórico que conecta os estados *A* e *C*. Os pontos *B* e *C* se encontram em uma isoterma.

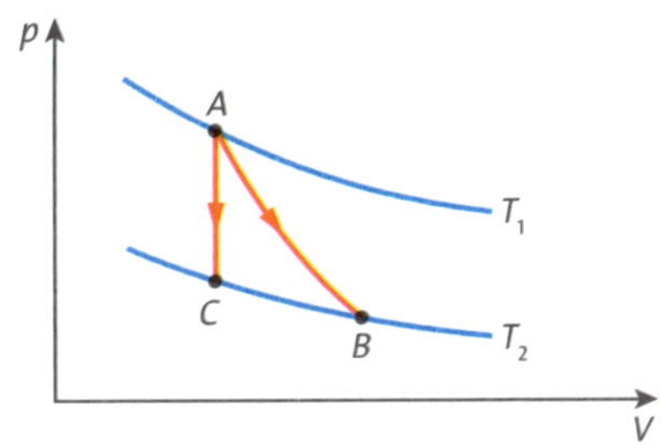

Sabendo-se que a variação de energia interna no processo isocórico foi de −40,0 J, então o trabalho realizado pelo gás no processo adiabático foi de:

a) −40,0 J.
b) 40,0 J.
c) 20,0 J.
d) −20,0 J.
e) 80,0 J.

7. (Vunesp-SP) Determinada massa de gás ideal sofre a transformação cíclica *ABCDA* mostrada no gráfico. As transformações *AB* e *CD* são isobáricas, *BC* é isotérmica e *DA* é adiabática. Considere que, na transformação *AB*, 400 kJ de calor tenham sido fornecidos ao gás e que, na transformação *CD*, ele tenha perdido 440 kJ de calor para o meio externo.

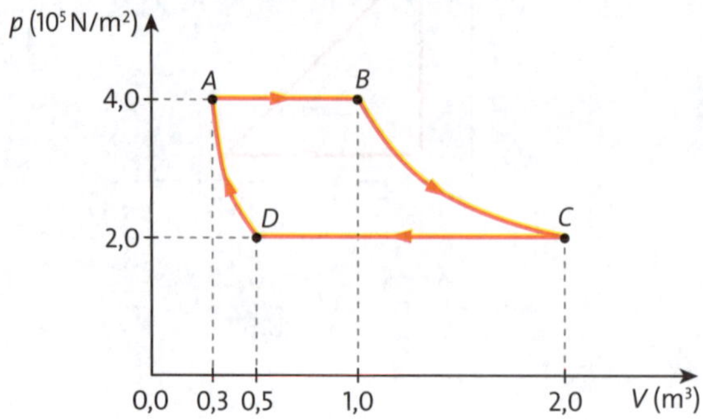

Calcule o trabalho realizado pelas forças de pressão do gás na expansão *AB* e a variação de energia interna sofrida pelo gás na transformação adiabática *DA*.

8. (FMABC-SP) Determinada máquina térmica foi projetada para operar realizando o ciclo de Carnot. Quando em operação, o trabalho útil fornecido pela máquina, a cada ciclo, é de 3 200 J. As temperaturas das fontes térmicas são 427 °C e 77 °C, respectivamente. Nestas condições, a quantidade de calor retirada da fonte quente, a quantidade de calor rejeitada para a fonte fria e o rendimento da máquina térmica são, respectivamente, iguais a:
(Adote 4 J = 1 cal.)

a) 3 900 J, 700 J, 82%.
b) 6 400 J, 3 200 J, 50%.
c) 3 200 J, 6 400 J, 50%.
d) 700 J, 3 900 J, 82%.
e) 1 600 J, 3 200 J, 50%.

9. (UEM-PR) Com relação aos conceitos de termodinâmica, assinale o que for correto. Dê como resposta a soma das alternativas corretas.

(01) A energia total de um sistema isolado se mantém constante.
(02) Quando uma máquina térmica opera em ciclos, toda a quantidade de calor retirada de uma fonte quente pode ser integralmente transformada em trabalho.
(04) Quando todas as etapas de operação de uma máquina térmica forem transformações reversíveis, o rendimento dessa máquina será o máximo possível.
(08) Em uma transformação adiabática, o sistema termodinâmico "troca" calor com o meio externo.
(16) Em uma transformação isotérmica, a energia interna de um sistema termodinâmico permanece constante.

10. (UEPG-PR) Considerando o diagrama $p \times V$, no qual estão representadas quatro transformações sucessivas (*ab*, *bc*, *cd*, *da*), sofridas por um sistema constituído por uma determinada massa de gás, analise o diagrama ao lado e assinale o que for correto. Dê como resposta a soma das alternativas corretas.

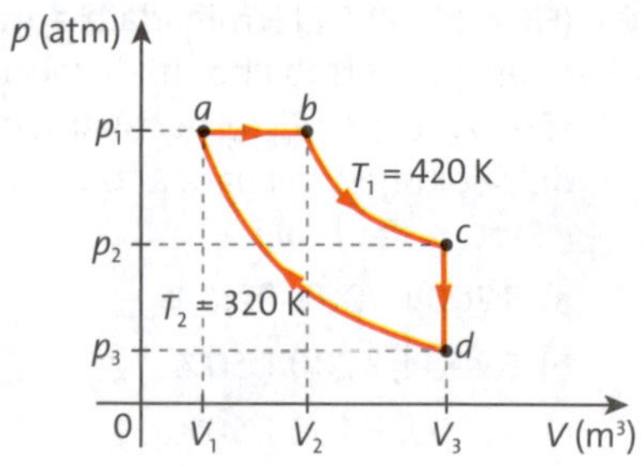

(01) Na transformação *ab* o sistema recebeu calor do meio exterior.

(02) Na transformação *da* o sistema recebeu calor do meio exterior.

(04) Na transformação *cd* a energia interna do sistema foi reduzida e foi nulo o trabalho realizado.

(08) Na transformação *bc* a energia interna do sistema permaneceu constante.

(16) Considerando o ciclo total, isto é, as quatro transformações, a energia interna do sistema diminuiu.

11. (UFGD-MS) Considerando a Segunda Lei da Termodinâmica e que o rendimento para uma máquina de Carnot, operando em ciclos, é dado por $\eta = 1 - \frac{T_1}{T}$, assinale a alternativa correta.

a) Para uma máquina de Carnot, operando em ciclos, ter rendimento de 100%, é preciso $T = T_1$ durante todo o ciclo.

b) Uma máquina real, operando nas mesmas condições que uma máquina de Carnot, terá rendimento maior.

c) Todas as máquinas de Carnot terão o mesmo rendimento se estiverem operando nas mesmas temperaturas.

d) Uma máquina de Carnot é uma máquina real que opera em ciclos por meio de processos reversíveis.

e) Um motor operando em um ciclo de Carnot é uma opção válida para substituir o motor a combustão interna de um automóvel.

12. (UFRN) A biomassa é uma das principais fontes de energia renovável e, portanto, máquinas que a utilizam como combustível para geração de energia são importantes do ponto de vista ambiental. Um exemplo bastante comum é o uso da biomassa com o objetivo de acionar uma turbina a vapor para gerar trabalho. A figura ao lado mostra, esquematicamente, uma usina termoelétrica simplificada.

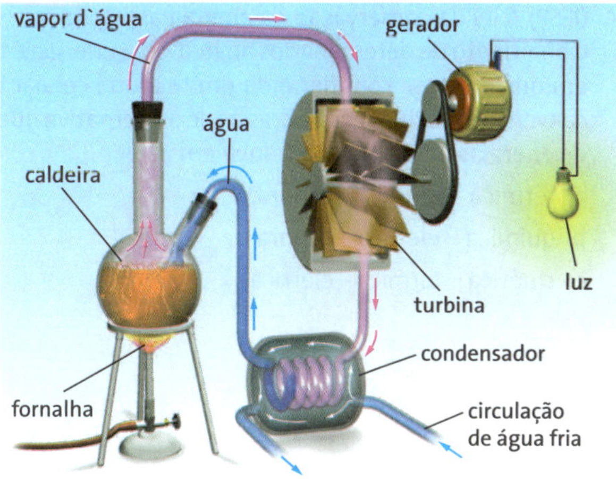

Antonio Robson/Arquivo da editora

Nessa termoelétrica, a queima da biomassa na fornalha produz calor, que aquece a água da caldeira e gera vapor a alta pressão. O vapor, por sua vez, é conduzido por tubulações até a turbina que, sob a ação deste, passa a girar suas pás.

Considere desprezíveis as perdas de calor devido às diferenças de temperatura entre as partes dessa máquina térmica e o ambiente. Nesse contexto, a variação da energia interna da água da caldeira:

a) é maior que a soma do calor a ela fornecido pela queima da biomassa com o trabalho realizado sobre a turbina.

b) é igual à soma do calor a ela fornecido pela queima da biomassa com o trabalho realizado sobre a turbina.

c) é igual à diferença entre o calor a ela fornecido pela queima da biomassa e o trabalho realizado sobre a turbina.

d) é maior que a diferença entre o calor a ela fornecido pela queima da biomassa e o trabalho realizado sobre a turbina.

13. (UPE) Num refrigerador, para 90 J retirados, em cada ciclo da máquina, 100 J são enviados do congelador para o meio ambiente. Sobre isso, analise as seguintes alternativas:

I. A variação de calor entre as fontes quente e fria é 10 J.

II. O trabalho do compressor em cada ciclo é 10 J.

III. A eficiência desse refrigerador é 9.

Está **CORRETO** o que se afirma em:

a) I, apenas. b) I e II, apenas. c) I e III, apenas. d) II e III, apenas. e) I, II e III.

14. (IFSP) A lei da conservação da energia assegura que não é possível criar energia nem a fazer desaparecer. No funcionamento de determinados aparelhos, a energia é conservada por meio da transformação de um tipo de energia em outro. Em se considerando um telefone celular com a bateria carregada e em funcionamento, durante uma conversa entre duas pessoas, assinale a alternativa que corresponde à sequência correta das possíveis transformações de energias envolvidas no celular em uso.

a) térmica – cinética – sonora.
b) química – elétrica – sonora.
c) cinética – térmica – elétrica.
d) luminosa – elétrica – térmica.
e) química – sonora – cinética.

15. (UEPG-PR) Certa massa de gás é confinada por um êmbolo no interior de um recipiente a uma temperatura θ, conforme é mostrado ao lado. Nesse contexto, assinale o que for correto. Dê como resposta a soma das alternativas corretas.

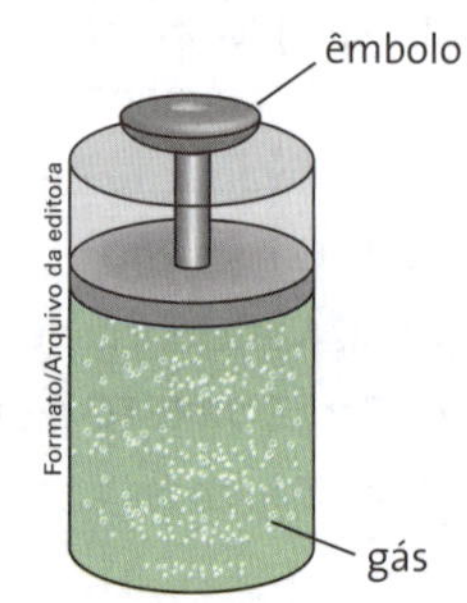

(01) Se os coeficientes de dilatação do êmbolo e do cilindro forem iguais e todo sistema receber uma quantidade de calor, o gás se expande e realizará trabalho sobre o êmbolo.

(02) Sendo o êmbolo e o cilindro metálicos e seus coeficientes de dilatação o dobro um do outro, respectivamente, e estando perfeitamente ajustados, e ocorrendo o aquecimento de todo sistema, o gás não se dilata, porém haverá aumento da pressão.

(04) O gás cedendo calor quando o sistema receber trabalho, sua energia interna diminui.

(08) O estudo dos gases é realizado com base em três grandezas: o volume, a temperatura e a pressão. Na sua dilatação apresentam o mesmo valor para o coeficiente de dilatação.

(16) Ao aplicar uma força no êmbolo, puxando-o para cima, o volume do gás aumenta permanecendo constante as demais variáveis.

16. (PUCC-SP) Na superfície de Marte, o gás predominante é o metano, CH_4. Cada metro cúbico desse gás, nas condições ambientais do planeta Marte, contém 0,35 mol de moléculas, o que corresponde a um número de moléculas igual a: (Dado: constante de Avogadro = $6{,}0 \cdot 10^{23}$ mol^{1}.)

a) $1{,}2 \cdot 10^{23}$.

b) $2{,}1 \cdot 10^{23}$.

c) $1{,}2 \cdot 10^{24}$.

d) $6{,}0 \cdot 10^{24}$.

e) $1{,}2 \cdot 10^{25}$.

---

17. (Unifor-CE) A primeira lei da termodinâmica trata da conservação de energia; a segunda lei da termodinâmica trata da impossibilidade de transferência de calor de uma fonte mais fria para uma fonte mais quente sem a realização de trabalho. Podemos verificar a aplicação dessas leis, hoje em dia, na produção de energia por meio de fontes alternativas sem ocasionar danos ao meio ambiente. Esta busca por fontes alternativas de energia deve-se à escassez das fontes de energia não renováveis. São exemplos de energia não renováveis:

a) petróleo, solar, carvão, nuclear e biogás.

b) petróleo, gás natural, nuclear, biomassa e geotérmica.

c) petróleo, carvão, nuclear, bicombustíveis e solar.

d) petróleo, carvão, nuclear, gás natural e óleo de xisto.

e) petróleo, carvão, geotérmica, óleo de xisto e biomassa.

18. (UCS-RS) Um recente filme que no Brasil recebeu o nome de "O curioso caso de Benjamin Button", protagonizado pelo ator Brad Pitt, conta a história curiosa de um personagem que nasce velho e, à medida que o tempo passa, vai rejuvenescendo. Se pensarmos no envelhecimento humano como um processo energeticamente irreversível, qual título alternativo do filme ficaria coerente com as leis da Física?

a) A curiosa obediência à equação de Clapeyron.
b) O extraordinário caso da violação da segunda lei de newton.
c) O estranho caso de violação da segunda lei da termodinâmica.
d) O incomum caso de confirmação da primeira lei da termodinâmica.
e) O intrigante caso de violação da terceira lei de newton.

---

19. (UFV-MG) Com relação à variação de entropia ΔS de um sistema isolado, é **correto** afirmar que:

a) se o processo for irreversível, então, $\Delta S = 0$.
b) se o processo for reversível, então, $\Delta S = 0$.
c) se o processo for reversível, então, $\Delta S > 0$.
d) se o processo for irreversível, então, $\Delta S < 0$.

20. (UFMS) A figura da esquerda mostra um êmbolo no interior de um cilindro que está contido no interior de uma câmara. O cilindro está imerso em água com gelo, e a câmara isola termicamente todo o sistema das vizinhanças. O ar contido no interior do cilindro está em equilíbrio térmico com todo o sistema a 0 °C e sua pressão é igual à pressão atmosférica externa. O cilindro pode trocar calor apenas com a água, o ar e o gelo. Em seguida, é colocado um tijolo bruscamente sobre o êmbolo, comprimindo rapidamente o ar no interior do cilindro. Após um certo tempo, todo o sistema água e gelo volta novamente ao equilíbrio térmico de 0° C, mas a pressão do ar, no interior do cilindro, fica maior que a pressão atmosférica.

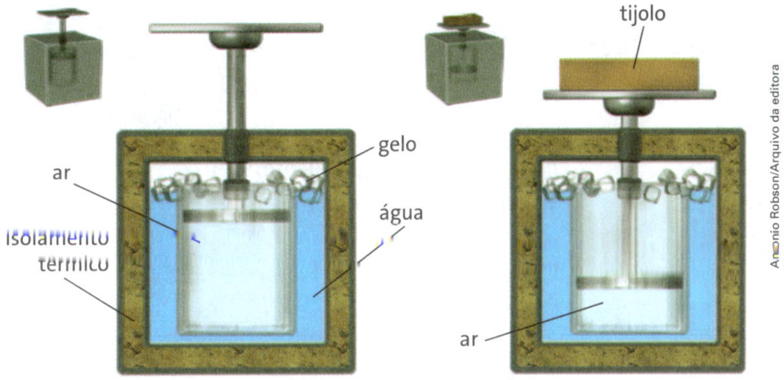

Com fundamentos na termodinâmica, e considerando que o ar é um gás ideal e que não há vazamentos, é correto afirmar:

(01) O produto da pressão do ar pelo volume que ele ocupa é igual nas duas situações de equilíbrio.

(02) Na situação representada pela figura da direita, existe menos massa de gelo que na situação representada pela figura da esquerda.

(04) A partir da situação representada pela figura da esquerda, até a situação representada pela figura da direita, a transformação sofrida pelo ar pode ser compreendida por dois processos termodinâmicos, o primeiro adiabático e o segundo isobárico.

(08) A partir da situação representada pela figura da esquerda até a situação representada pela figura da direita, a temperatura do ar permaneceu sempre constante.

(16) Não haverá troca de calor entre o cilindro e a água, mesmo depois de jogar o tijolo e esperar atingir o novo equilíbrio.

Dê como resposta a soma das alternativas corretas.

ONDULATÓRIA

Movimento harmônico simples (M.H.S.)

- Movimento periódico de trajetória retilínea;
- Ocorre em torno de uma posição de equilíbrio central e sob a ação de uma força restauradora.

Força restauradora

Orientada para o ponto de equilíbrio e de intensidade proporcional à distância entre esse ponto e o objeto.

Período (T) do M.H.S. de um sistema massa-mola

$$T = 2 \cdot \pi \cdot \sqrt{\frac{m}{k}}$$

m: massa do objeto oscilante;
k: constante elástica da mola.

Período (T) do M.H.S. de um pêndulo de pequenas oscilações

$$T = 2 \cdot \pi \cdot \sqrt{\frac{l}{g}}$$

l: comprimento do pêndulo;
g: módulo do campo gravitacional.

Relação do M.H.S. com o M.C.U.

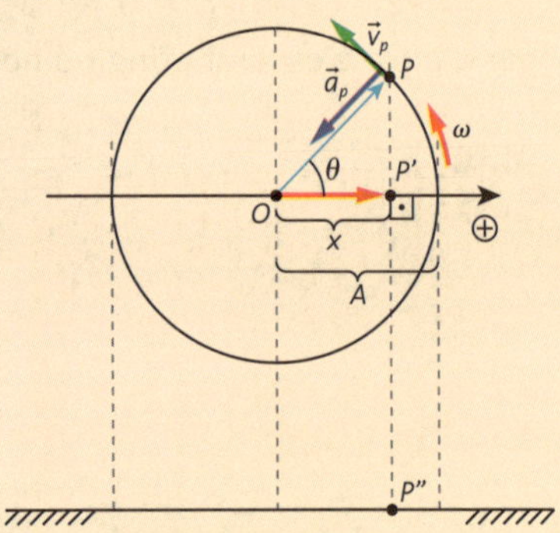

Grandezas cinemáticas do M.H.S.

P' executa um M.H.S. cujos vetores posição, velocidade e aceleração são as projeções horizontais desses vetores para o M.C.U. executado por P.

Pulsação (ω) do M.H.S. executado por P'

- Tem o valor da velocidade angular do M.C.U. executado por P.
- Cálculo: $\omega = \frac{2\pi}{T}$

Fase inicial (θ_0) do M.H.S. executado por P'

Tem o valor do ângulo central assumido por P no instante $t = 0$.

Funções horárias do M.H.S.

Estabelecem a relação da posição (elongação), velocidade e aceleração, com o tempo.

Função horária da elongação: $x\ (t)$

$x = A \cdot \cos(\omega \cdot t + \theta_0)$

Função horária da velocidade escalar instantânea: $v\ (t)$

$v = -\omega \cdot A \cdot \text{sen}\ (\omega \cdot t + \theta_0)$

Função horária da aceleração escalar instantânea: $\alpha\ (t)$

$a = -\omega^2 \cdot A \cdot \cos(\omega \cdot t + \theta_0)$

Outras equações do M.H.S.

Velocidade escalar em função da elongação

$v^2 = \omega^2 \cdot (A^2 - x^2)$

Aceleração escalar em função da elongação

$a = -\omega^2 \cdot x$

Força resultante

$F = m \cdot a = -m \cdot \omega^2 \cdot A \cdot \cos(\omega \cdot t + \theta_0) = -m \cdot \omega^2 \cdot x$

Pontos de inversão

Em $x = +A$:
- $v = 0$
- $a_{mín.} = -\omega^2 \cdot A$
- $F_{mín.} = -m \cdot \omega^2 \cdot A$

Em $x = -A$:
- $v = 0$
- $a_{máx.} = +\omega^2 \cdot A$
- $F_{máx.} = +m \cdot \omega^2 \cdot A$

Ponto de equilíbrio

- $x = 0$
- $v_{máx.} = +\omega \cdot A$ (movimento a favor da trajetória)
- $v_{mín.} = -\omega \cdot A$ (movimento contra a trajetória)
- $a = 0 \rightarrow F = 0$

Energia do M.H.S. de um sistema massa-mola horizontal (sistema conservativo)

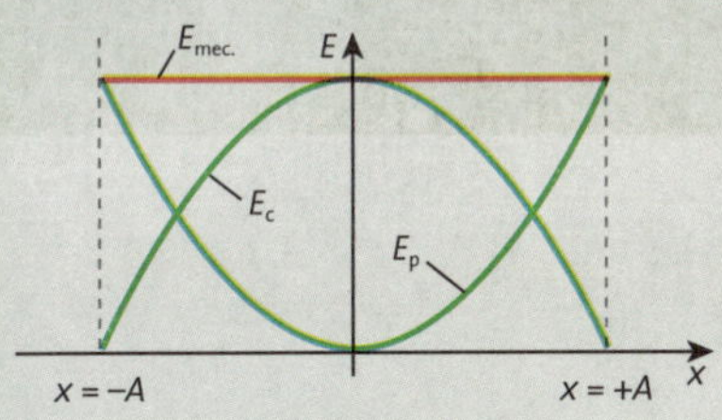

Energia cinética (E_c)

$$E_c = \frac{m \cdot v^2}{2} = \frac{m}{2} \cdot \omega^2 \cdot (A^2 - x^2) = \frac{k}{2} \cdot (A^2 - x^2)$$

Energia potencial (E_p)

$$E_p = \frac{k \cdot x^2}{2}$$

Energia mecânica (E_M)

$$E_M = E_c + E_p = \frac{k \cdot A^2}{2} = \text{constante}$$

Onda periódica

Perturbação periódica que se propaga transmitindo energia sem transportar matéria.

Natureza mecânica

- Precisam de um suporte material para se propagar.
- Exemplos: ondas em cordas, ondas do mar, ondas sonoras, etc.

Natureza eletromagnética

- Podem se propagar na matéria ou no vácuo.
- Exemplos: ondas luminosas, raios X, micro-ondas, etc.

Direção de vibração e propagação

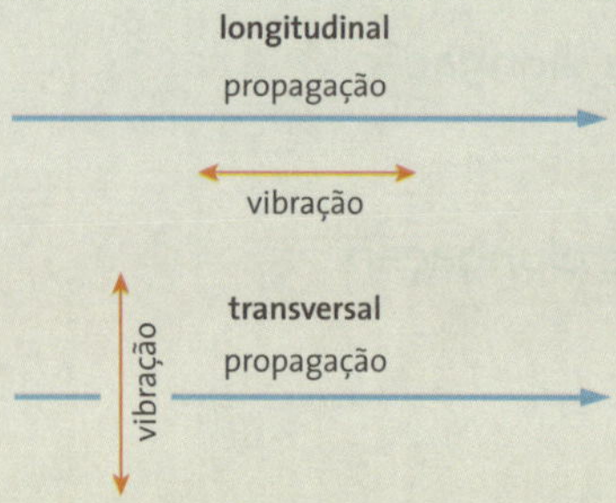

Ondas longitudinais

- A direção de oscilação é a mesma direção de propagação.
- Exemplos: ondas sonoras no ar e na água.

Ondas transversais

- A direção de oscilação é perpendicular à direção de propagação.
- Exemplos: ondas eletromagnéticas, ondas em uma corda vibrante, etc.

Grandezas relacionadas a uma onda

Comprimento de onda (λ)

Distância entre duas cristas sucessivas, dois vales sucessivos, três pontos de equilíbrio sucessivos ou ainda a distância que a onda avança no intervalo de tempo de um período.

Amplitude (A)

Distância entre a linha onde se encontram as posições de equilíbrio e uma crista (ou um vale).

Período (T)

Intervalo de tempo gasto em uma oscilação completa.

Frequência (f)

Número de oscilações completas em uma unidade de tempo.

Cálculos básicos

$$f = \frac{\text{número de oscilações}}{\Delta t} = \frac{1}{T}$$

Velocidade (v) de propagação de uma onda

Depende da natureza da onda e das características físicas do meio em que se propaga.

Cálculo

$$v = \frac{\Delta S}{\Delta t} = \frac{\lambda}{T} = \lambda \cdot f$$

Reflexão

Retorno da onda ao meio de origem após incidir na superfície de separação entre dois meios.

Propriedades

- A velocidade, o comprimento de onda e a frequência não se alteram.
- O raio incidente, o raio refletido e a normal são coplanares.
- Os ângulos de reflexão e de incidência têm o mesmo valor.

Reflexão de ondas transversais em cordas

Dois tipos de reflexão em cordas

com inversão de fase

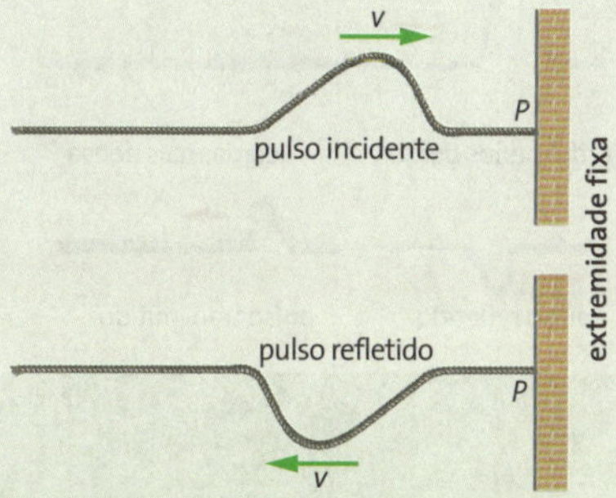

sem inversão de fase

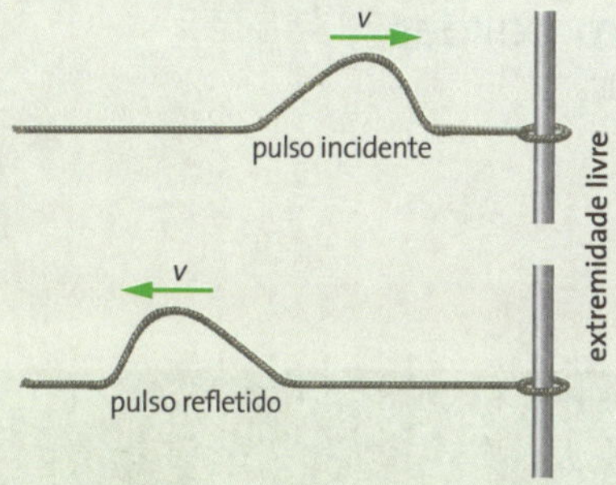

Reflexão de ondas na superfície de líquidos

Dois tipos de reflexão na superfície de líquidos

frente de onda circular

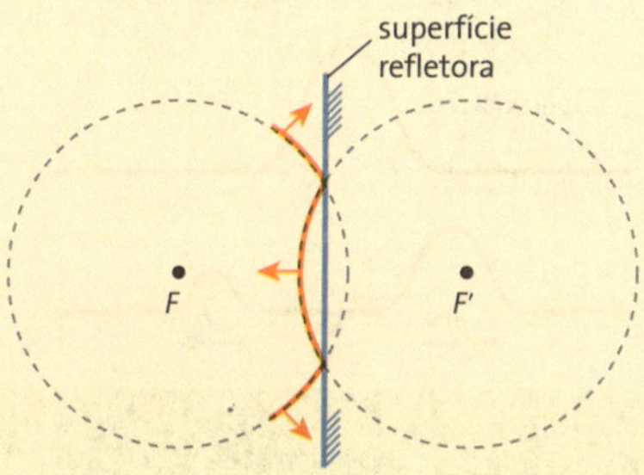

frente de onda retilínea

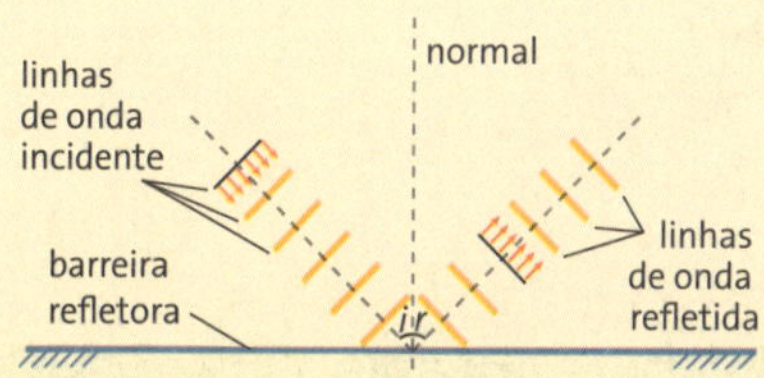

Refração

Passagem de uma onda de um meio para outro.

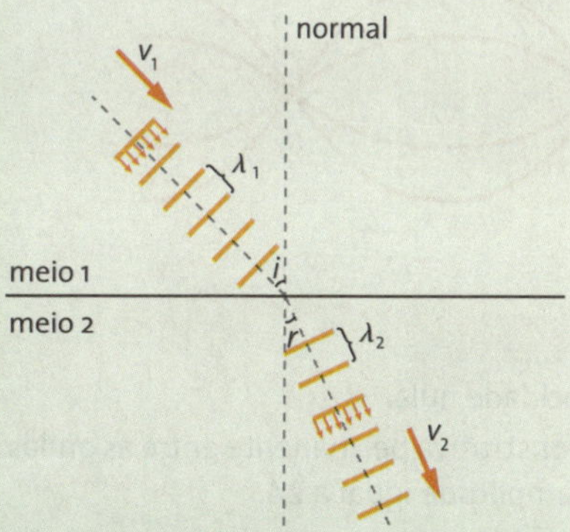

Lei de Snell

$$\frac{\text{sen } i}{\text{sen } r} = \frac{v_1}{v_2} = \frac{\lambda_1}{\lambda_2}$$

Propriedades

- A frequência e a fase não se alteram.
- Se $r < i$ (aproxima da normal) $\rightarrow \lambda_2 < \lambda_1$ e $v_2 < v_1$ (velocidade diminui)
- Se $r > i$ (afasta da normal) $\rightarrow \lambda_2 > \lambda_1$ e $v_2 > v_1$ (velocidade aumenta)

Observação

Uma onda na superfície de um líquido sofre refração quando muda a profundidade de líquido sob ela: quanto menor a profundidade, menor a velocidade da onda.

Reflexão e refração de ondas transversais em cordas

Cordas de densidades distintas

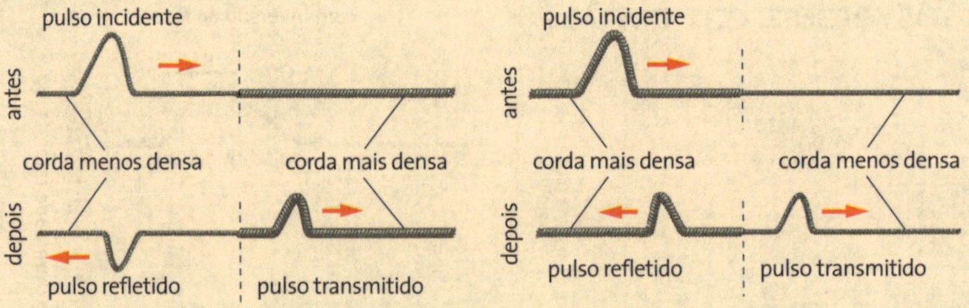

Superposição de pulsos em cordas

Depois da superposição, cada pulso continua se propagando com as características que apresentava antes de se superpor.

Os dois tipos de superposição de pulsos em cordas

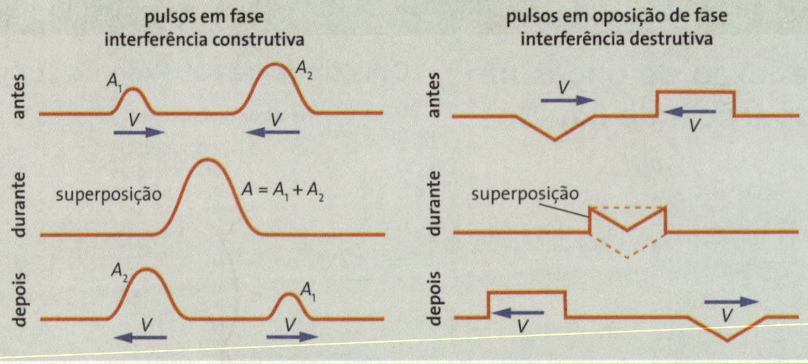

Onda estacionária

Resultado da superposição de ondas idênticas de amplitude A e comprimento de onda λ e que se propagam em sentidos opostos.

Representação

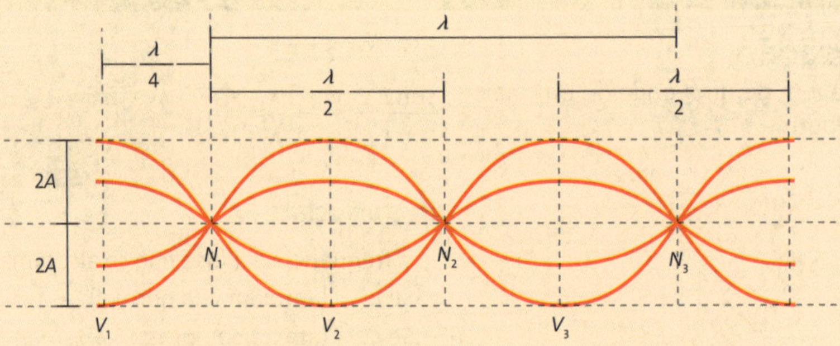

Características

- Não se propaga, ou seja, apresenta velocidade nula.
- Nos ventres (V) acontece interferência construtiva permanente entre as ondas originais e, portanto, eles oscilam com amplitude igual a $2A$.
- Nos nós (N) acontece interferência destrutiva permanente e, portanto, não oscilam, ou seja, apresentam amplitude nula.
- A distância entre dois nós ou dois ventres consecutivos tem metade do valor do comprimento de onda das ondas originais.
- O período tem o valor do período das ondas originais.

Interferência de ondas bidimensionais e tridimensionais

Superposição de ondas de mesma natureza que se propagam em um mesmo meio.

Cálculo para fontes de mesma frequência e em concordância de fase (fontes coerentes)

- Interferência construtiva: $|d_1 - d_2| = n \cdot \frac{\lambda}{2}$ $(n = 0, 2, 4, ...)$
- Interferência destrutiva: $|d_1 - d_2| = n \cdot \frac{\lambda}{2}$ $(n = 1, 3, 5, ...)$
- $|d_1 - d_2|$: diferença do caminho percorrido pelas ondas emitidas por fonte até o ponto onde se deseja saber o tipo de interferência

Ressonância

- Transmissão de energia de um agente excitador externo para um sistema físico oscilante.
- Ocorre quando o agente externo executa excitações periódicas em uma frequência igual a uma das frequências naturais do sistema oscilante.

Exemplos

- Desabamento da ponte Tacoma Narrows por causa da ressonância com as rajadas de vento.
- Elevação da temperatura do alimento em decorrência da ressonância das micro-ondas com as moléculas de água.
- Ao sintonizar uma emissora de rádio, fazemos com que o circuito do aparelho entre em ressonância com a frequência das ondas geradas na estação emissora.

Polarização

- Seleção de um dos planos de vibração de uma onda transversal.
- A polarização de uma onda transversal já polarizada poderá analisar (anular) a onda.

Luz não polarizada passando por um polarizador e por um analisador

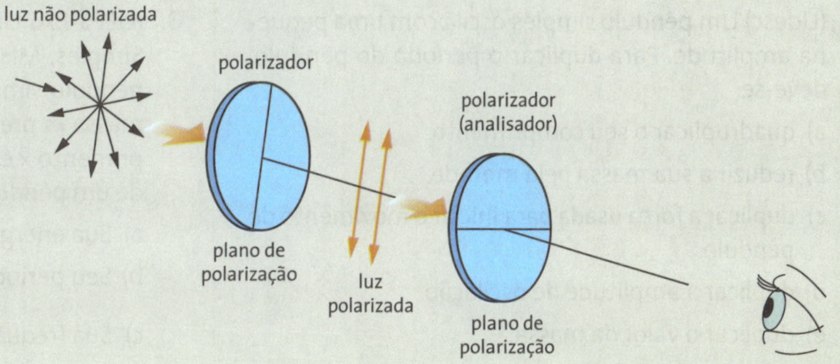

Difração

- Propriedade pela qual uma onda bidimensional ou tridimensional se abre ao passar por uma fenda ou contorna um obstáculo ao atravessá-lo.
- Torna-se evidente quando a fenda ou obstáculo tem dimensões comparáveis ao comprimento de onda.
- É reforçada pelo aumento do comprimento de onda em relação às dimensões da fenda ou do obstáculo.

Esquema

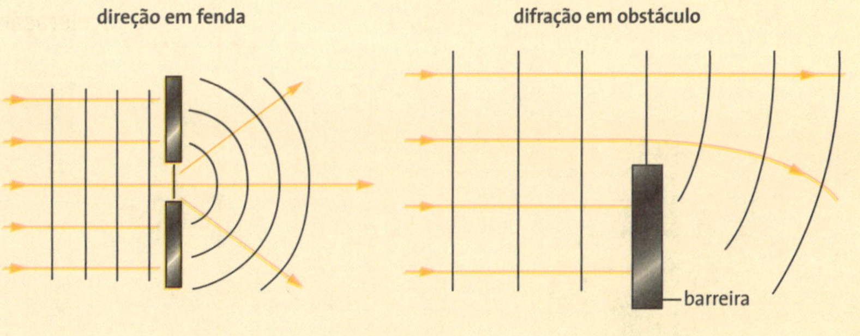

Exercícios

1. (UEPG-PR) Pêndulo simples é um sistema físico constituído por uma partícula material, presa na extremidade de um fio ideal capaz de se mover, sem atrito, em torno de um eixo que passa pela outra extremidade. Sobre esse sistema físico, assinale o que for correto. Dê como resposta a soma das alternativas corretas.

(01) O período de um pêndulo simples é proporcional à aceleração da gravidade local.

(02) Quadruplicando o comprimento de um pêndulo simples seu período também quadruplica.

(04) A energia mecânica total de um pêndulo simples é constante e inversamente proporcional ao quadrado da amplitude.

(08) Quando afastado de sua posição de equilíbrio e abandonado, o pêndulo simples oscila em um plano vertical por influência da gravidade.

(16) O pêndulo fornece um método muito cômodo para medir a aceleração da gravidade de um lugar qualquer.

2. (Udesc) Um pêndulo simples oscila com uma pequena amplitude. Para duplicar o período do pêndulo, deve-se:

a) quadruplicar o seu comprimento.
b) reduzir a sua massa pela metade.
c) duplicar a força usada para iniciar o movimento do pêndulo.
d) duplicar a amplitude de oscilação.
e) duplicar o valor da massa.

3. (UEFS-BA) Um exemplo de Movimento Harmônico Simples, MHS, é o movimento de um pêndulo. Um pêndulo simples é definido como uma partícula de massa *m* presa, em um ponto *O*, por um fio de comprimento *x* e massa desprezível. Sobre o movimento de um pêndulo simples, é correto afirmar:

a) Sua energia varia linearmente com a amplitude.
b) Seu período depende apenas do comprimento *x*.
c) Sua frequência angular é dada por $\omega^2 = \frac{g}{x}$, em que *g* é a aceleração da gravidade.
d) Sua trajetória retilínea é realizada em torno do ponto de suspensão *O*.
e) Seu período é dado por $T = 2\pi \cdot \sqrt{\frac{g}{x}}$, em que *g* é a aceleração da gravidade para pequenas amplitudes.

4. (UEPG-PR) O som é uma onda mecânica que se propaga num meio material. Sobre as ondas sonoras, assinale o que for correto. Dê como resposta a soma das alternativas corretas.

(01) O som se propaga melhor em lugares onde a atmosfera é mais densa, isto é, onde a pressão atmosférica é maior, tornando-o bem mais perceptível ao sentido auditivo.

(02) A interferência sonora faz com que um corpo vibrante em contato com outro, que o segundo vibre na mesma frequência do primeiro.

(04) A refração de uma onda consiste na passagem dessa onda de um meio para outro com a mudança de sua frequência.

(08) As ondas sonoras se propagam somente em linha reta, portanto, quando é colocado um anteparo entre a fonte sonora e nosso ouvido, elas em parte, são barradas e o som é enfraquecido.

(16) O encontro do som com as paredes que produzem reflexões múltiplas e se prolonga depois de cessada a sua emissão é o fenômeno conhecido como reverberação.

5. (Udesc) Analise as proposições em relação ao efeito de polarização das ondas eletromagnéticas.

I. A polarização é uma característica das ondas transversais.

II. A polarização é uma característica das ondas longitudinais.

III. Os óculos de sol são exemplos de filtros polarizadores e aumentam a intensidade da radiação incidente.

IV. Os óculos de sol são exemplos de filtros polarizadores e reduzem a intensidade da radiação incidente.

Assinale a alternativa **correta**.

a) Somente as afirmativas I e III são verdadeiras.

b) Somente as afirmativas I e IV são verdadeiras.

c) Somente as afirmativas II e III são verdadeiras.

d) Somente as afirmativas II e IV são verdadeiras.

e) Somente a afirmativa III é verdadeira.

6. (UEPG-PR) A luz natural apresenta várias propriedades, entre elas a polarização. Sobre polarização da luz, assinale o que for correto. Dê como resposta a soma das alternativas corretas.

(01) Se a luz não polarizada tornar-se polarizada, a intensidade luminosa é reduzida pela metade.

(02) Todo ponto de uma luz polarizada corresponde a um mesmo plano de vibração, em qualquer instante.

(04) A luz natural pode ser polarizada por reflexão ou por refração.

(08) Só é possível obter-se a luz polarizada por meio de uma lâmpada especial.

(16) O olho humano não consegue distinguir se um feixe luminoso é ou não polarizado.

7. (UEPG-PR) Sobre o fenômeno de difração, assinale o que for correto. Dê como resposta a soma das alternativas corretas.

(01) A difração só é observável quando as dimensões do obstáculo ou da fenda são da mesma ordem de grandeza do comprimento de onda da onda incidente.

(02) A ocorrência da difração da luz visível está restrita a fendas estreitas.

(04) As ondas mecânicas não sofrem difração.

(08) O grau de difração de uma onda independe da sua frequência.

(16) O fenômeno da difração ocorre somente para alguns tipos de ondas.

8. (Uema) Técnicos em acústica utilizam o caráter ondulatório do som para eliminação, total ou parcial, de ruídos indesejáveis. Para isso, microfones captam o ruído do ambiente e o enviam a um computador, programado para analisá-lo e para emitir um sinal ondulatório que anule o ruído original indesejável. Em qual fenômeno ondulatório se fundamenta essa tecnologia?

a) Interferência

b) Polarização

c) Difração

d) Reverberação

e) Reflexão

9. (FGV-SP) A figura mostra dois pulsos que se movimentam em sentidos contrários, um em direção ao outro sobre a mesma corda, que pode ser considerada ideal.

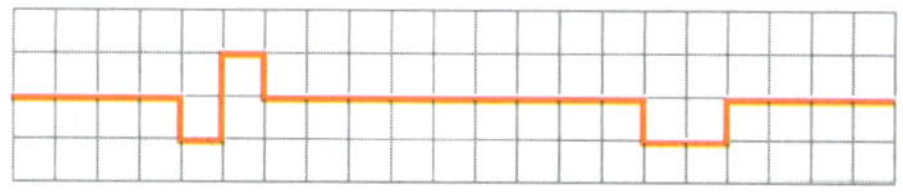

No momento em que houver sobreposição total, a disposição esperada para os pontos da corda estará melhor indicada por:

a) 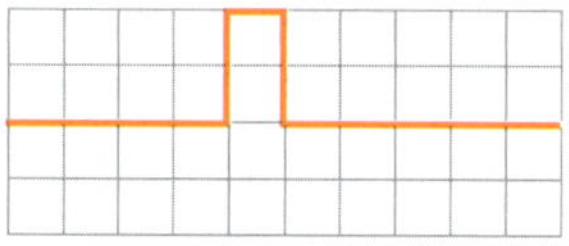

b) 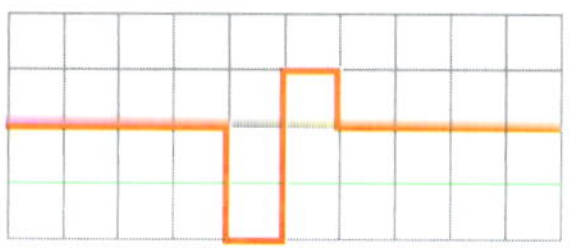

c) 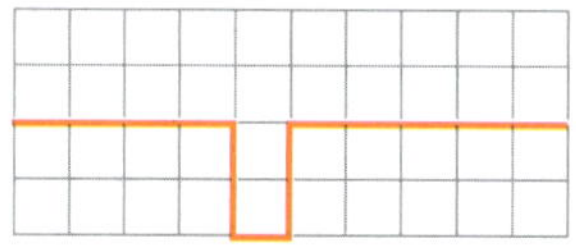

d) 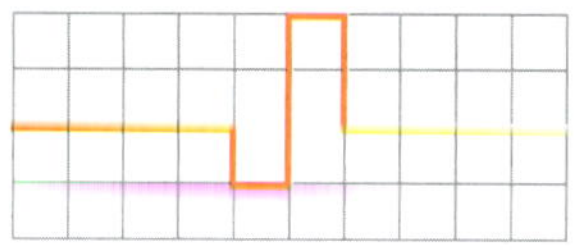

e) 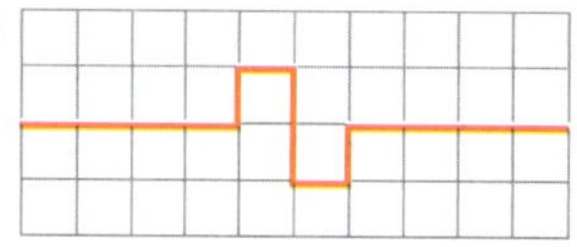

10. (UEPG-PR) Um pequeno bloco de massa *m* executa um movimento harmônico simples (MHS) de amplitude *A* em relação a um dado referencial. Sobre esse sistema físico, o movimento descrito e suas relações com a energia mecânica, assinale o que for correto. Dê como resposta a soma das alternativas corretas.

(01) Um MHS é caracterizado pela oscilação periódica de um ponto material em torno de uma posição de equilíbrio, sob a ação de uma força restauradora.

(02) O período e a frequência de um MHS independem da amplitude do movimento.

(04) Quando o bloco se afasta da posição de equilíbrio, sua energia cinética diminui enquanto sua energia potencial aumenta.

(08) No MHS quando o deslocamento é máximo, em qualquer sentido, a velocidade é nula, o módulo da aceleração é máximo, a energia cinética é nula e a energia potencial é máxima.

11. (Uece) Um corpo oscila com movimento harmônico simples. Sua posição, com o tempo, varia conforme a equação $x(t) = 0{,}30 \cdot \cos(2\pi \cdot t + \pi)$ onde x está em metros, t em segundos e a fase está em radianos. Assim, a frequência, o período e a frequência angular são, respectivamente:

a) 1 Hz, 1 s e 2π rad/s.

b) π Hz, $\dfrac{1}{\pi}$ s e π rad/s.

c) 0,30 Hz, 2π s e $(2\pi t + \pi)$ rad/s.

d) 2π Hz, $\dfrac{1}{2\pi}$ s e $0{,}60\pi$ rad/s.

12. (UPE) Dada a equação horária da elongação de um MHS $x(t) = 4 \cdot \cos\left(\dfrac{\pi}{2}t + \pi\right)$, onde $x(t)$ é dado em metros e t em segundos, analise as seguintes afirmativas:

I. A amplitude é 4 m.

II. O período é 4 s.

III. A frequência do movimento oscilatório é 0,25 Hz.

Está **correto** o que se afirma em:

a) I apenas.

b) I e II apenas.

c) I e III apenas.

d) II e III apenas.

e) I, II e III.

13. (UEPG-PR) O gráfico ao lado representa a energia potencial $U(x)$, a energia cinética $K(x)$ e a energia mecânica total E_m, em função do deslocamento de um sistema massa-mola que executa um movimento harmônico simples. A respeito deste evento, assinale o que for correto. Dê como resposta a soma das alternativas corretas.

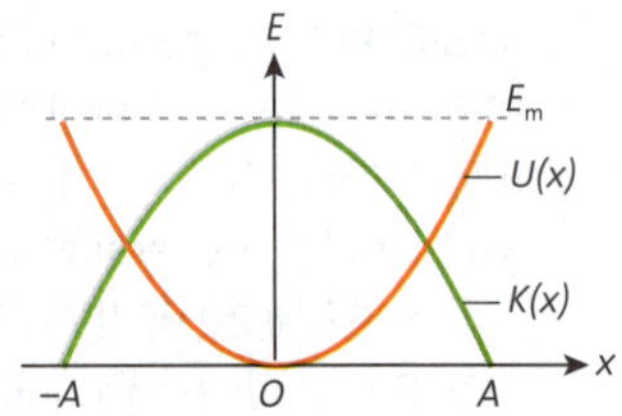

(01) Na posição $x = A$, $U(x)$ é máxima e $K(x)$ é mínima.

(02) Na posição $x = 0$, $U(x)$ é nula e $v(x)$ é máxima.

(04) Em qualquer posição no intervalo $[-A, A]$, E_m é nula.

(08) Na posição $x = 0$, $U(x)$ é máxima e $K(x)$ é mínima.

(16) Na posição $x = -A$, $U(x)$ é máxima e $v(x)$ é mínima.

14. (Uesc-BA) Uma partícula presa na extremidade livre de uma mola, considerada ideal, oscila de modo que a sua energia cinética, E_c, varia conforme o gráfico. Desprezando-se os efeitos de forças dissipativas, marque com V as proposições verdadeiras e com F, as falsas.

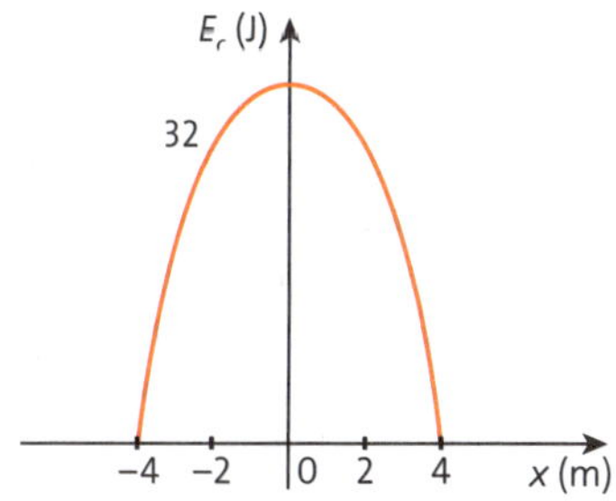

( ) A energia mecânica do sistema é igual a 64,0 joules.

( ) A partícula inverte o sentido do movimento na posição $x = 0$.

( ) A constante elástica da mola é igual a 4,0 N/m.

( ) O valor da energia potencial elástica a 3,0 m do centro da oscilação é igual a 18,0 joules.

A alternativa que indica a sequência correta, de cima para baixo, é a:

a) F – V – V – F. b) F – F – V – F. c) F – F – V – V. d) F – F – F – V. e) V – V – F – F.

15. (PUC-RJ) Uma corda é fixa em uma das extremidades, enquanto a outra é vibrada por um menino. Depois de algum tempo vibrando a corda, o menino observa um padrão de ondas estacionário. Ele verifica que a distância entre dois nós consecutivos deste padrão é de 0,50 m.

Formato/Arquivo da editora

Determine em metros o comprimento de onda da vibração imposta à corda.

a) 0,25 b) 0,50 c) 1,00 d) 1,25 e) 1,50

16. (PUC-SP) Considere uma corda longa e homogênea, com uma de suas extremidades fixa e a outra livre. Na extremidade livre da corda é produzido um pulso ondulatório senoidal transversal que se propaga por toda a sua extensão. A onda possui um período de 0,05 s e comprimento de onda 0,2 m.

Calcule o tempo, em unidades do Sistema Internacional, que a onda leva para percorrer uma distância de 5 m na corda.

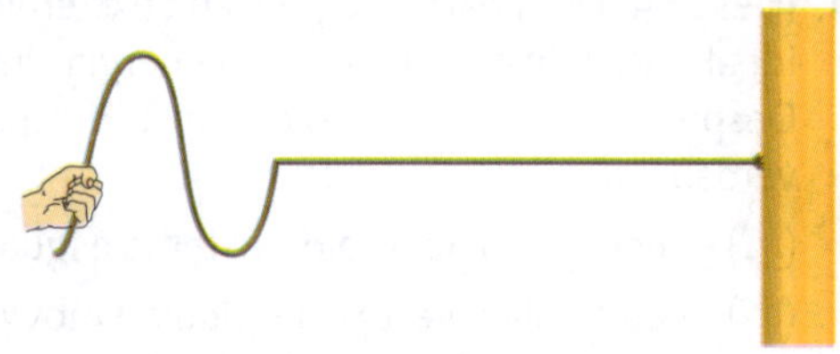

a) 1,25 b) 12,5 c) 2,5 d) 25 e) 100

17. (UENP-PR) A Luz, do ponto de vista da ondulatória, é formada por um campo elétrico e outro magnético que são perpendiculares entre si e que se deslocam em uma direção perpendicular às duas primeiras. Sobre a natureza ondulatória da luz, assinale a alternativa correta.

a) Mecânica, longitudinal e tridimensional
b) Mecânica, transversal e unidimensional
c) Eletromagnética, transversal e bidimensional
d) Eletromagnética, longitudinal e bidimensional
e) Eletromagnética, transversal e tridimensional

18. (Unisinos-RS) Em nosso dia a dia, usamos ondas para as mais diversas finalidades. São exemplos as ondas de luz, as ondas de rádio, as ondas sonoras, os raios X e os raios gama. Dos cinco tipos citados, cada onda difere, de algum modo, das outras.

Dentre as alternativas, qual apresenta uma afirmação correta quanto à diferença entre tipos de ondas?

a) Os raios gama são as únicas ondas que não são visíveis.
b) As ondas de rádio são as únicas ondas que se propagam no ar.
c) As ondas de luz são as únicas ondas que se propagam no vácuo com velocidade de $3 \cdot 10^8$ m/s.
d) As ondas sonoras são as únicas ondas longitudinais.
e) Os raios X são as únicas ondas transversais.

19. (UFRS) Mediante uma engenhosa montagem experimental, Thomas Young (1773-1829) fez a luz de uma única fonte passar por duas pequenas fendas paralelas, dando origem a um par de fontes luminosas coerentes idênticas, que produziram sobre um anteparo uma figura como a registrada na fotografia ao lado. A figura observada no anteparo é típica do fenômeno físico denominado:

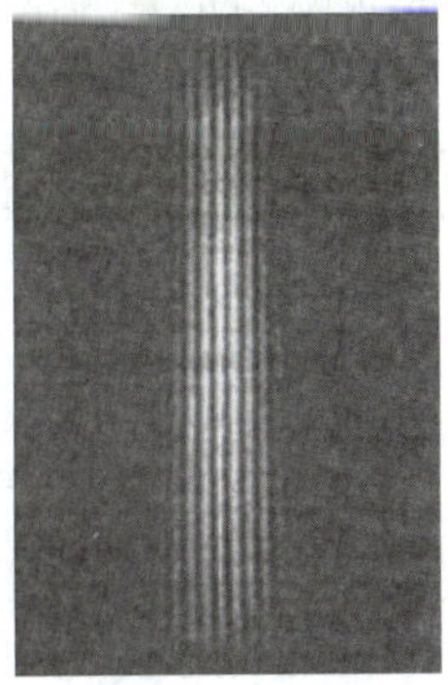

a) interferência.
b) dispersão.
c) difração.
d) reflexão.
e) refração.

20. (Uece) Na figura a seguir, C é um anteparo e S_0, S_1 e S_2 são fendas nos obstáculos A e B.

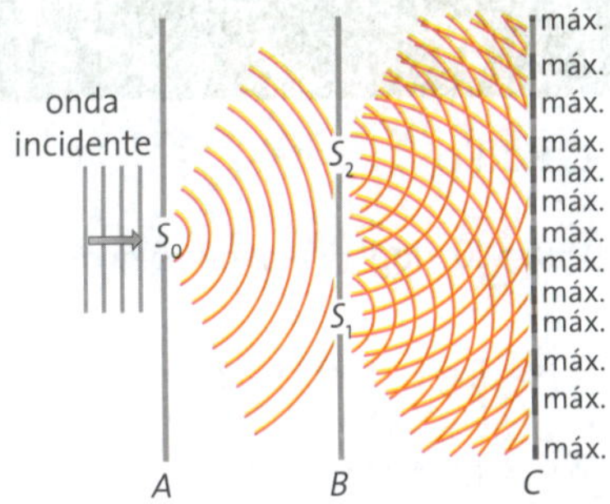

Assinale a alternativa que contém os fenômenos ópticos esquematizados na figura.

a) Reflexão e difração
b) Difração e interferência
c) Polarização e interferência
d) Reflexão e interferência

ACÚSTICA

Onda sonora

- Onda sonora é uma onda mecânica longitudinal composta de regiões de compressão e rarefação do meio fluido em que se propaga.
- A velocidade de propagação das ondas sonoras é maior nos sólidos que nos líquidos; e maior nos líquidos que nos gases.
- A velocidade de propagação das ondas sonoras não depende da velocidade de propagação da fonte nem de sua frequência ou intensidade, mas somente das características do meio no qual se propaga.

Som

- Ondas sonoras capazes de sensibilizar o sistema auditivo humano.
- A sensibilidade auditiva depende do ouvinte e varia conforme a idade.
- Faixa audível para o ser humano: 20 Hz e 20 000 Hz.

Infrassom

Ondas sonoras com frequências inferiores a 20 Hz.

Ultrassom

Ondas sonoras com frequências superiores a 20 000 Hz.

Intensidade da onda sonora (I)

Energia, por unidade de tempo, que atravessa a unidade de área de uma superfície perpendicular à direção de propagação.

Conceitos

- É proporcional à amplitude da onda sonora.
- Para fonte puntiforme e que emite som em todas as direções, a intensidade é inversamente proporcional ao quadrado da distância à fonte: quando a distância dobra de valor, a intensidade torna-se quatro vezes menor.

Nível sonoro (β)

Grandeza que relaciona a intensidade da onda sonora com a sensação de som forte ou fraco percebida pelo ser humano.

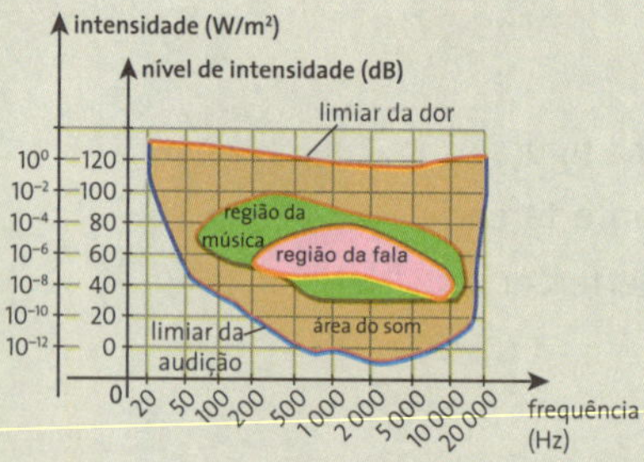

Cálculo

- $\beta = 10 \cdot \log \dfrac{I}{I_0}$ (em decibel: dB)
- $\beta = \log \dfrac{I}{I_0}$ (em bel: B)
- $I_0 = 10^{-12}\ W/m^2$ (intensidade mínima captada pelo ser humano)

Conceitos

- Aumentar o volume do aparelho de som implica aumentar a intensidade da onda sonora e, consequentemente, o nível sonoro.
- O nível sonoro não depende somente da intensidade da onda sonora, mas também de sua frequência.
- O intervalo de 2000 Hz a 4000 Hz corresponde à máxima sensibilidade do aparelho auditivo, ou seja, são as frequências que conseguimos detectar com as menores intensidades (aproximadamente $10^{-12}\ W/m^2$).

Altura

Sensação de grave ou agudo provocada pelo som.

Conceitos

- É uma característica da sensação auditiva, mas que está relacionada com a frequência da onda sonora.
- Um som alto é aquele que causa a sensação de agudo e está associado a altas frequências.
- Um som baixo é aquele que causa a sensação de grave e está associado a baixas frequências.
- As notas musicais, por apresentarem frequências distintas, são percebidas com alturas também distintas.

Observação

Um equívoco comum é confundir um som alto com um som forte.

Exemplo

Um som percebido com um nível sonoro de $\beta = 120$ dB é um som forte, próximo ao limiar da dor, mas que poderá ser baixo (sensação de grave) ou alto (sensação de agudo), dependendo de sua frequência.

Timbre

Sensação auditiva que nos permite diferenciar sons de mesma altura (mesma nota musical), mas provenientes de instrumentos musicais distintos, ainda que tenham a mesma intensidade.

Origem

Cada instrumento, além da frequência fundamental que estabelece a nota emitida, também emite harmônicos que se superpõem ao som fundamental e determinam o formato final da onda sonora: formatos distintos são percebidos pelo aparelho auditivo por timbres também distintos.

Remanescência (ou persistência auditiva)

Intervalo de tempo (próximo de 0,1 segundo para audição humana) que uma sensação sonora permanece em nosso sistema auditivo.

Eco

O intervalo de tempo entre a captação direta do som e a captação do som refletido supera 0,1 segundo: a sensação do som direto já se extinguiu e o sistema auditivo já é capaz de perceber o som refletido (eco).

Distância da barreira refletora para ocorrência do eco

Para $v_{som} = 340$ m/s e remanescência = 0,1 s: $d_{barreira} > 17$ m.

Reverberação

O intervalo de tempo entre a captação direta do som e a captação do som refletido é inferior a 0,1 segundo: o sistema auditivo ainda está com a sensação do som direto e o som refletido causa um prolongamento dessa sensação (reverberação).

Harmônicos de uma corda vibrante

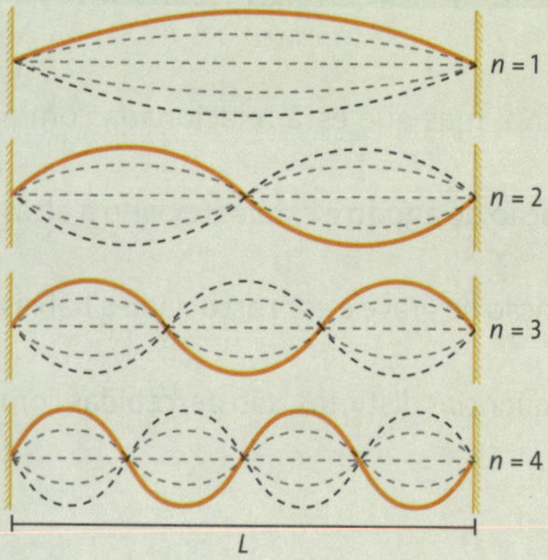

Conceitos

- Cada harmônico (ou modo de vibração) é representado por uma ordem: n.
- Cada harmônico representa uma onda estacionária.
- Nas duas extremidades fixas ocorre sempre a formação de nós.
- A distância entre dois nós consecutivos é igual à metade do comprimento de onda.
- O número de ventres é igual ao número n do harmônico.

Cálculos

- A velocidade propagação (v) das ondas que deram origem à onda estacionária pode ser calculada por: $v = \lambda \cdot f$.
- Frequência do primeiro harmônico (ou fundamental): $f_1 = \frac{v}{2L}$.
- As frequências dos demais harmônicos: $f_n = n \cdot f_1 = n \cdot \frac{v}{2L}$.
- O comprimento L da corda não esticada corresponde a: $L = n \cdot \frac{\lambda}{2L}$.

λ: comprimento de onda das ondas que deram origem à onda estacionária;

n: número do harmônico = 1, 2, 3, 4, ...

Velocidade de propagação (v) da onda em uma corda

$v = \sqrt{\frac{T}{\mu}}$ em que: $\mu = \frac{m}{L}$

T: módulo da força tensora na corda;

m: massa da corda;

μ: densidade linear da corda.

Dependência da frequência com a força tensora e a densidade linear

$$f_n = n \cdot \frac{v}{2L} = \frac{n}{2L} \cdot \sqrt{\frac{T}{\mu}}$$

Consequências

Como obter sons mais agudos (altas frequências):

- aumentando o módulo da força tensora;
- escolhendo cordas de menor densidade linear;
- escolhendo um instrumento que tenha cordas mais curtas.

Como obter sons mais graves (baixas frequências):

- reduzindo o módulo da força tensora;
- escolhendo cordas de maior densidade linear;
- escolhendo um instrumento que tenha cordas mais longas.

Velocidade (v) de propagação do som em um gás ideal

$$v = \sqrt{\frac{\gamma \cdot R \cdot T}{M}}$$

γ: expoente de Poisson;

R: constante universal dos gases perfeitos;

T: temperatura absoluta do gás;

M: massa molecular do gás.

Consequências

- A velocidade de propagação do som não depende da pressão ou da densidade do gás.
- O módulo da velocidade de propagação do som cresce com o aumento da temperatura absoluta do gás.

Observação

O expoente de Poisson depende da atomicidade do gás: aproximadamente 1,7 para gases monoatômicos; aproximadamente 1,4 para gases diatômicos e aproximadamente 1,3 para gases poliatômicos.

Harmônicos em tubos sonoros abertos

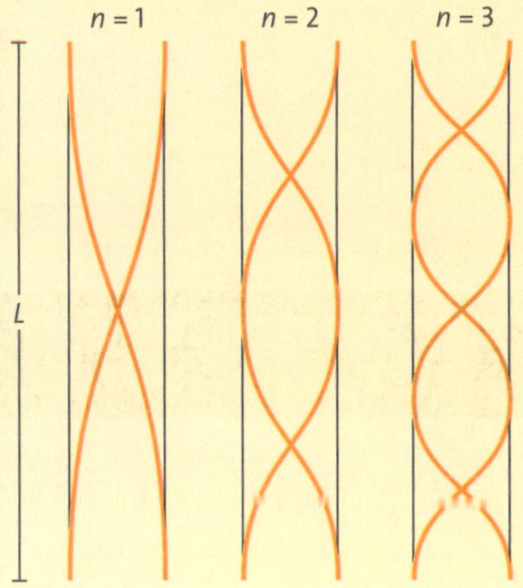

Conceitos

- São formadas ondas estacionárias cujas frequências coincidem com as frequências naturais de vibração da coluna gasosa.
- Nas extremidades abertas sempre existem ventres.
- Apesar de as representações serem transversais, as ondas que geram as ondas estacionárias são longitudinais.
- A distância entre dois nós consecutivos é igual à metade do comprimento de onda.
- O número de nós é igual ao número n do harmônico.

Cálculos

- A velocidade da propagação (v) das ondas que deram origem à onda estacionária pode ser calculada por: $v = \lambda \cdot f$.
- Frequência do primeiro harmônico (ou fundamental): $f_1 = \frac{v}{2L}$.
- As frequências dos demais harmônicos: $f_n = n \cdot f_1 = n \cdot \frac{v}{2L}$.
- O comprimento L do tubo corresponde a: $L = n \cdot \frac{\lambda}{2}$.

λ: comprimento de onda das ondas que deram origem à onda estacionária;
n: número do harmônico = 1, 2, 3, 4, ...

Harmônicos em tubos sonoros fechados

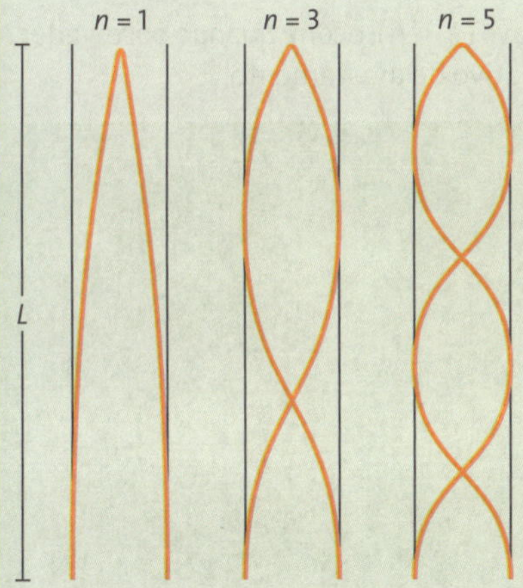

Conceitos

- São formadas ondas estacionárias cujas frequências coincidem com as frequências naturais de vibração da coluna gasosa.
- Na extremidade aberta sempre existe um ventre e na fechada sempre existe um nó.
- Apesar de as representações serem transversais, as ondas que geram as ondas estacionárias são longitudinais.
- A distância entre dois nós consecutivos é igual à metade do comprimento de onda.
- O número de nós é igual ao número n do harmônico.

Cálculos

- A velocidade da propagação (v) das ondas que deram origem à onda estacionária pode ser calculada por: $v = \lambda \cdot f$.
- Frequência do primeiro harmônico (ou fundamental): $f_1 = \frac{v}{4L}$.
- As frequências dos demais harmônicos: $f_n = n \cdot f_1 = n \cdot \frac{v}{4L}$.
- O comprimento L do tubo corresponde a: $L = n \cdot \frac{\lambda}{4}$.

λ: comprimento de onda das ondas que deram origem à onda estacionária;
n: número do harmônico, sempre um número ímpar = 1, 3, 5, ...

Batimento	
Som de intensidade oscilante, resultado da interferência (ora construtiva, ora destrutiva) de dois sons de frequências (f_a e f_b) próximas.	**Condições de ocorrência** O módulo da diferença entre as frequências sonoras ($\|f_a - f_b\|$) não pode exceder 10 Hz.
	Cálculos • Frequência da onda sonora resultante: $f_R = \frac{f_a + f_b}{2}$. • Frequência do batimento (para $f_a > f_b$): $f_{bat.} = f_a - f_b$.

Efeito Doppler	
Alteração da frequência percebida pelo observador, decorrente do movimento relativo (de afastamento ou de aproximação) entre fonte e observador.	**Cálculo** $\frac{f_o}{v_{som} \pm v_o} = \frac{f_F}{v_{som} \pm v_F}$ f_o: frequência percebida pelo observador; f_F: frequência emitida pela fonte; v_o: velocidade do observador em relação à Terra; v_F: velocidade da fonte em relação à Terra; v_{som}: velocidade do som no ar (supondo esse último parado em relação à Terra). **Observação** Na equação, o sinal positivo é utilizado quando o movimento (do observador ou da fonte) está orientado no sentido do observador para a fonte.
	Mudanças na frequência • Som percebido pelo observador é mais agudo ($f_o > f_F$): ocorre quando observador e fontes apresentam um movimento relativo de aproximação. • Som percebido pelo observador é mais grave ($f_o < f_F$): ocorre quando observador e fontes apresentam um movimento relativo de afastamento.

Exercícios

1. (Facisb-SP) Uma fonte sonora, adaptada a um tubo aberto nas duas extremidades, produz ondas estacionárias no ar presente em seu interior, no padrão 3º harmônico. Se o tubo possui extensão de 30 cm, o comprimento de onda das ondas estacionárias, em centímetros, é:

   a) 12. b) 10. c) 5. d) 20. e) 15.

2. (IME-RJ) Quando uma corda de violão é tocada, o comprimento de onda da onda sonora produzida pela corda:

   a) é maior que o comprimento de onda da onda produzida na corda, já que a distância entre as moléculas do ar é maior que a distância entre os átomos da corda.
   b) é menor que o comprimento de onda da onda produzida na corda, já que a massa específica do ar é menor que a massa específica da corda.
   c) é igual ao comprimento de onda da onda produzida na corda, já que as frequências das duas ondas são iguais.
   d) pode ser maior ou menor que o comprimento de onda da onda produzida na corda, dependendo das velocidades de propagação da onda sonora e da onda produzida na corda.
   e) pode ser maior ou menor que o comprimento de onda da onda produzida na corda, dependendo das frequências da onda sonora e da onda produzida na corda.

3. (UFRN) O violão, instrumento musical bastante popular, possui seis cordas com espessuras e massas diferentes, resultando em diferentes densidades lineares. As extremidades de cada corda são fixadas como mostra a figura ao lado.

Para produzir sons mais agudos ou mais graves, o violonista dispõe de duas alternativas: aumentar ou diminuir a tensão sobre a corda; e reduzir ou aumentar seu comprimento efetivo ao pressioná-la em determinados pontos ao longo do braço do instrumento. Para uma dada tensão, *T*, e um dado comprimento, *L*, a frequência de vibração, *f*, de uma corda de densidade linear μ é determinada pela expressão:

$$f = \frac{1}{2L} \cdot \sqrt{\frac{T}{\mu}}$$

Levando em consideração as características descritas acima, para tocar uma determinada corda de violão visando produzir um som mais agudo, o violonista deverá:

a) diminuir o comprimento efetivo da corda, ou aumentar sua tensão.

b) aumentar o comprimento efetivo da corda, ou diminuir sua tensão.

c) diminuir o comprimento efetivo da corda, ou diminuir sua tensão.

d) aumentar o comprimento efetivo da corda, ou aumentar sua tensão.

4. (UEG-GO) Nos filmes de ficção científica, tal como *Guerra nas estrelas*, pode-se ouvir, nas disputas espaciais dos rebeldes contra o Império, zunidos de naves, roncos de motores e explosões estrondosas no espaço interestelar. Esse fenômeno constitui apenas efeitos da ficção e, na realidade, não seria possível ouvir o som no espaço interestelar devido ao fato de que as ondas sonoras:

a) possuem índice de refração dependentes do meio.

b) se propagam apenas no éter, invisível a olho nu.

c) necessitam de um meio para se propagarem.

d) têm amplitude de frequência modulada.

5. (UFRN) Duas pessoas, que estão em um ponto de ônibus, observam uma ambulância que delas se aproxima com a sirene de advertência ligada. Percebem que, ao passar por elas, o som emitido pela sirene se torna diferente daquele percebido durante a aproximação. Por outro lado, comentando esse fato, elas concordam que o som mudou de uma tonalidade aguda para uma mais grave à medida que a ambulância se distanciava. Tal mudança é explicada pelo efeito Doppler, segundo o qual, para essa situação, a:

a) amplitude do som diminuiu.

b) frequência do som diminuiu.

c) frequência do som aumentou.

d) amplitude do som aumentou.

6. (UFT-TO) Dois amigos estão dirigindo em uma cidade. De repente, ambos ouvem a sirene de uma ambulância. O amigo 1 ouve o som mais agudo e o amigo 2 ouve o som mais grave.
Assinale a alternativa **correta**.

a) Ambos os amigos estão se afastando da ambulância.
b) O amigo 1 está se afastando e o amigo 2 se aproximando da ambulância.
c) Ambos os amigos estão se aproximando da ambulância.
d) O amigo 1 está se aproximando e o amigo 2 se afastando da ambulância.
e) Nenhuma das alternativas está correta.

7. (UEM-PR) Em exames de ultrassonografia, ondas sonoras com frequências da ordem de 10^6 Hz se propagam no corpo humano e são refletidas nos diferentes tecidos de seus órgãos internos. O som refletido é interpretado eletronicamente para formar imagens que são utilizadas em análise e diagnóstico médico e, também, no acompanhamento do desenvolvimento do feto. Com relação às ondas sonoras, assinale o que for **correto**. Dê como resposta a soma das alternativas corretas.

(01) Ondas ultrassônicas são ondas transversais polarizáveis, que podem se propagar em meios materiais.
(02) A velocidade de propagação e o comprimento de onda das ondas sonoras independem do meio em que essas ondas se propagam.
(04) As ondas sonoras, ao se propagarem de um meio material a outro, sofrem refração.
(08) Em sólidos com módulos de elasticidade volumar similares, a velocidade de propagação do som será maior para os sólidos de menor densidade.
(16) A difração de ondas sonoras reflete a habilidade dessas ondas em contornar obstáculos.

8. (PUC-PR) Numa certa guitarra, o comprimento das cordas (entre suas extremidades fixas) é de 0,6 m. Ao ser dedilhada, uma das cordas emite um som de frequência fundamental igual a 220 Hz.
Marque a proposição verdadeira.

a) Se somente a tensão aplicada na corda for alterada, a frequência fundamental não se altera.
b) A distância entre dois nós consecutivos é igual ao comprimento de onda.
c) O comprimento de onda do primeiro harmônico é de 0,6 m.
d) A velocidade das ondas transversais na corda é de 264 m/s.
e) As ondas que se formam na corda não são ondas estacionárias.

9. (UEM-PR) Com base nos conceitos relacionados a ondas e à formação de ondas em meios materiais, analise as alternativas abaixo e assinale o que for **correto**. Dê como resposta a soma das alternativas corretas.

(01) Todos os pontos de uma corda que é percorrida por uma onda estacionária realizam um movimento circular e uniforme com amplitudes dependentes da posição do ponto na corda.
(02) Todos os pontos de uma corda que é percorrida por uma onda progressiva perfazem um movimento harmônico simples com a mesma amplitude.
(04) As notas musicais em instrumentos de sopro, que possuem uma extremidade aberta, são formadas pela superposição e pela polarização de ondas estacionárias no interior desses instrumentos.
(08) Os ventres de uma onda estacionária em uma corda esticada são o resultado da interferência construtiva de ondas progressivas idênticas que percorrem essa corda com uma defasagem de 180°.
(16) Quando a experiência de Young é conduzida com luz visível, os pontos claros e escuros observados em um anteparo, denominados franjas de interferência, são devidos à interferência que ocorre entre as frentes de onda que emergem da fenda dupla.

10. (UFPE) Uma onda estacionária se forma em um fio fixado por seus extremos entre duas paredes, como mostrado na figura. Calcule o comprimento de onda desta onda estacionária, em metros.

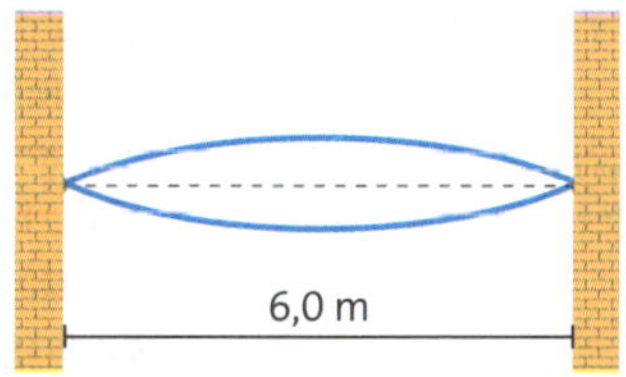

11. (Uece) Uma corda de 90 cm é presa por suas extremidades, em suportes fixos, como mostra a figura.
Assinale a alternativa que contém os três comprimentos de onda mais longos possíveis para as ondas estacionárias nesta corda, em centímetros.

a) 90, 60 e 30
b) 180, 90 e 60
c) 120, 90 e 60
d) 120, 60 e 30

12. (UFPB) Uma das cordas de uma harpa tem comprimento igual a 50 cm. O maior comprimento de onda estacionária que um músico pode estabelecer nessa corda, em cm, é:

a) 12,5.
b) 25.
c) 50.
d) 100.
e) 200.

13. (UFPA) No trabalho de restauração de um antigo piano, um músico observa que se faz necessário substituir uma de suas cordas. Ao efetuar a troca, fixando rigidamente a corda pelas duas extremidades ao piano, ele verifica que as frequências de 840 Hz, 1050 Hz e 1260 Hz são três frequências de ressonâncias sucessivas dos harmônicos gerados na corda. Se a velocidade de propagação de uma onda transversal na corda for 210 m/s, pode-se afirmar que o comprimento da corda, colocada no piano, em cm, é:

a) 100.
b) 90.
c) 30.
d) 50.
e) 30.

14. (Uece) Na figura as cordas *A* e *B*, de mesmo comprimento, têm densidades m_A e m_B, respectivamente, ($m_A < m_B$) e estão presas a um bloco como mostra a figura.
As duas cordas são perturbadas de tal modo que cada uma vibra em sua respectiva frequência fundamental. Em relação às velocidades e frequências nas cordas (v é a velocidade de propagação da onda e f é a frequência fundamental), podemos afirmar, corretamente:

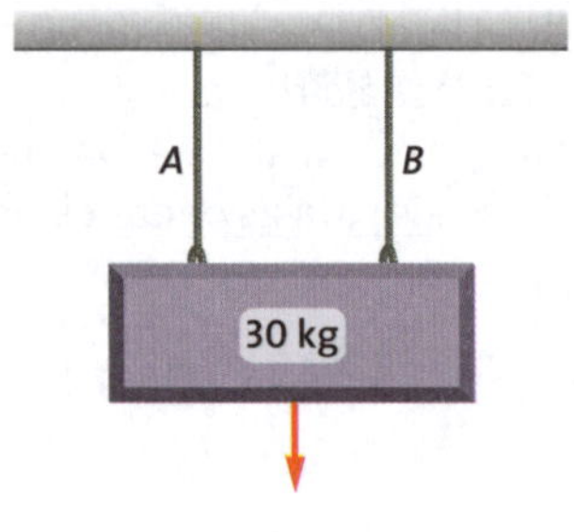

a) $v_A > v_B$ e $f_A < f_B$.
b) $v_A > v_B$ e $f_A < f_B$.
c) $v_A > v_B$ e $f_A > f_B$.
d) $v_A < v_B$ e $f_A > f_B$.
e) $v_A = v_B$ e $f_A = f_B$.

15. (Udesc) Dois tubos sonoros de um órgão têm o mesmo comprimento, um deles é aberto e o outro fechado. O tubo fechado emite o som fundamental de 500 Hz à temperatura de 20 °C e à pressão atmosférica. Dentre as frequências abaixo, indique a que esse tubo não é capaz de emitir.

a) 1 500 Hz
b) 4 500 Hz
c) 1 000 Hz
d) 2 500 Hz
e) 3 500 Hz

16. (UFRGS-RS) A menor intensidade do som que um ser humano pode ouvir é da ordem de 10^{-16} W/cm^2. Já a maior intensidade suportável (limiar da dor) situa-se em torno de 10^{-3} W/cm^2. Usa-se uma unidade especial para expressar essa grande variação de intensidades percebidas pelo ouvido humano; o bel (B). O significado dessa unidade é o seguinte: Dois sons diferem de 1 B quando a intensidade de um deles é 10 vezes maior (ou menor) que a do outro, diferem de 2 B quando a intensidade de um deles é 100 vezes maior (ou menor) que a do outro, diferem de 3 B quando a intensidade de um deles é 1 000 vezes maior (ou menor) que a do outro, e assim por diante. Na prática, usa-se o decibel (dB), que corresponde a 1/10 do bel. Quantas vezes maior é, então, a intensidade dos sons produzidos em concertos de *rock* (110 dB) quando comparada com a intensidade do som produzida por uma buzina de automóvel (90 dB)?

a) 1,22
b) 10
c) 20
d) 100
e) 200

17. (UEPB) Em relação às ondas e aos fenômenos ondulatórios, analise as proposições abaixo, escrevendo V ou F, conforme sejam verdadeiras ou falsas, respectivamente.

( ) A forma da onda sonora de um violino é diferente da forma da onda de um piano. Por isso, os sons desses instrumentos apresentam timbres diferentes.

( ) O efeito Doppler explica a variação da frequência das ondas percebidas por um observador, causado pelo movimento relativo entre este e a fonte geradora das ondas.

( ) Quando dois instrumentos musicais emitem a mesma nota musical, são diferenciados um do outro pela altura do som.

( ) A velocidade de propagação de uma onda depende do meio no qual ela está se propagando e isto ocorre também com o som.

Após a análise feita, assinale a alternativa que corresponde à sequência correta.

a) V – V – F – V
b) F – V – V – F
c) F – F – V – V
d) V – V – F – F
e) F – V – F – V

18. (UFSM-RS) Um concertista, ao tocar seu violão, executa as notas musicais com as durações e frequências que caracterizam a música tocada. As pessoas que estão na plateia, tanto as mais próximas quanto as mais distantes, escutam as mesmas notas, com as mesmas durações e frequências, ou seja, a mesma música.
Esse fato pode ser atribuído:

a) à qualidade acústica da sala de concertos.
b) à afinação do instrumento.
c) ao fato de a velocidade do som ter o mesmo módulo para todas as frequências sonoras.
d) ao fenômeno da reverberação.
e) ao fenômeno da ressonância.

19. (UFSM-RS) Um dos instrumentos de corda mais conhecido e utilizado é o violão. Nos modelos populares, o corpo do instrumento é feito de madeira e as cordas podem ser de náilon ou de aço. Considerando essa informação, preencha corretamente as lacunas.

Num violão com cordas de aço, a afinação ________ da temperatura ambiente, porque o aço e a madeira têm ________ coeficientes de dilatação. Em outras palavras, com a mudança de temperatura, muda ________ do som emitido pelo instrumento.

a) independe – mesmos – o timbre
b) independe – mesmos – a altura
c) independe – diferentes – o timbre
d) depende – diferentes – a altura
e) depende – mesmos – o timbre

20. (PUC-SP) Patrícia ouve o eco de sua voz direta, refletida por um grande espelho plano, no exato tempo de uma piscada de olhos, após a emissão. Adotando a velocidade do som no ar como 340 m/s e o tempo médio de uma piscada igual a 0,4 s, podemos afirmar que a distância *d* entre a menina e o espelho vale:

a) 68 m.
b) 136 m.
c) 850 m.
d) 1700 m.
e) 8160 m.

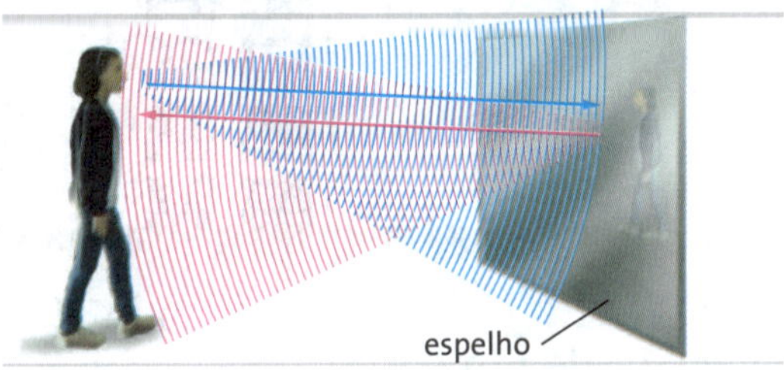

Antônio Robson/Arquivo da editora

INTRODUÇÃO À ÓPTICA E ESPELHOS PLANOS

Introdução à Óptica geométrica

- Luz é uma onda eletromagnética que se propaga tanto em meios materiais quanto no vácuo.
- Raio de luz é a representação da direção e sentido da propagação da luz.

Urciser/Shutterstock/Glow Images

Fontes de luz

- Fonte de luz primária: corpo que emite luz própria (corpo luminoso). Ex.: Sol, lâmpada acesa.
- Fonte de luz secundária: corpo que não emite luz própria (corpo iluminado). Ex.: Lua, planetas, objetos, pessoas.

Meios de propagação da luz

- Meio transparente: permite a passagem da luz de forma regular.
- Meio translúcido: permite a passagem da luz de forma irregular.
- Meio opaco: não permite a passagem da luz.

Princípios da Óptica geométrica

Meio homogêneo: apresenta as mesmas propriedades em todos os seus pontos:

- Princípio da independência dos raios luminosos: quando vários feixes luminosos se cruzam, cada um deles se comporta como se os outros não existissem.
- Princípio da reversibilidade dos raios luminosos: a trajetória de um raio de luz não muda quando se inverte o sentido de propagação.
- Princípio da propagação retilínea da luz: num meio homogêneo e transparente, a luz se propaga em linha reta.

A luz se propaga em linha reta.

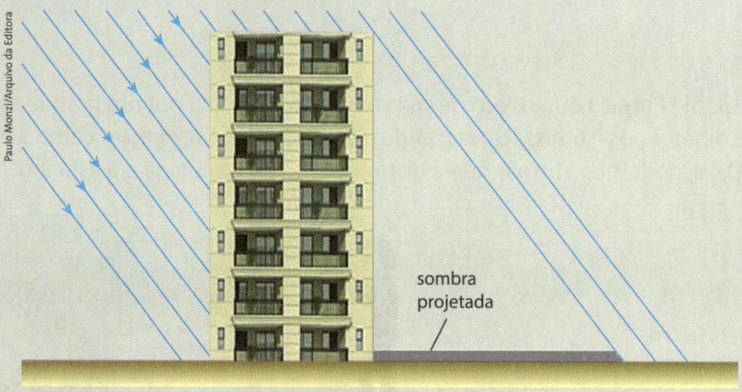

Paulo Monzi/Arquivo da Editora

A cor de um corpo

- Luz branca: soma de todas as cores.
- A cor com que um objeto é visto corresponde à radiação que ele reflete difusamente.

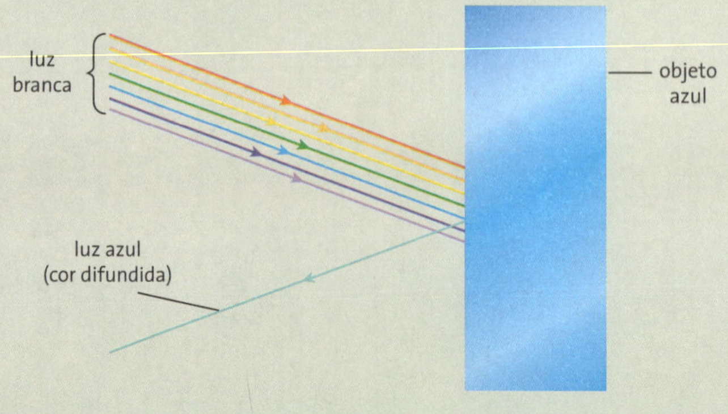

Sombra e penumbra

- Sombra: região não iluminada devido à interposição de um objeto opaco na frente de uma fonte de luz.

  A sombra só existe devido à propagação retilínea da luz.
- Penumbra: região parcialmente iluminada devido à interposição de um objeto opaco na frente de uma ou mais fontes de luz.

  A penumbra existe quando há várias fontes de luz ou uma fonte extensa.

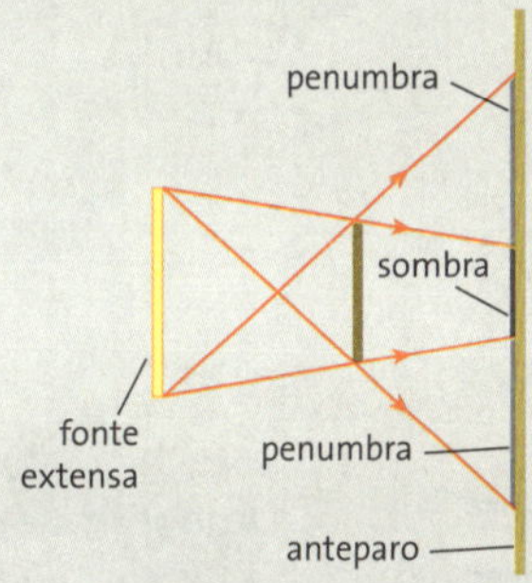

Eclipse do Sol

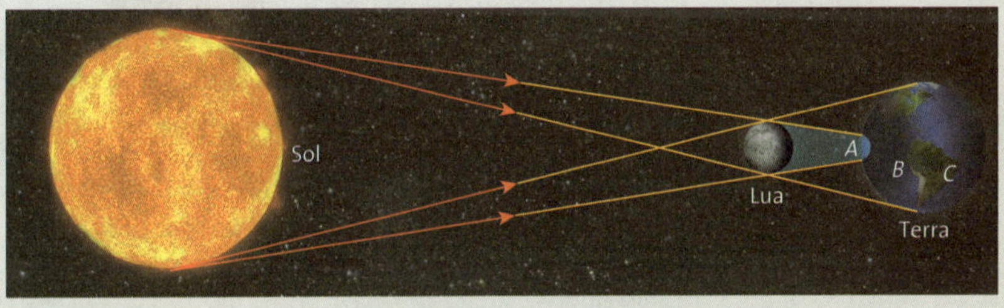

Eclipse da Lua

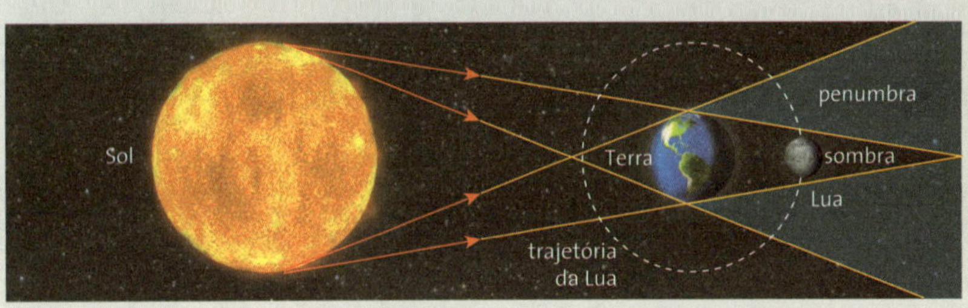

Fases da Lua

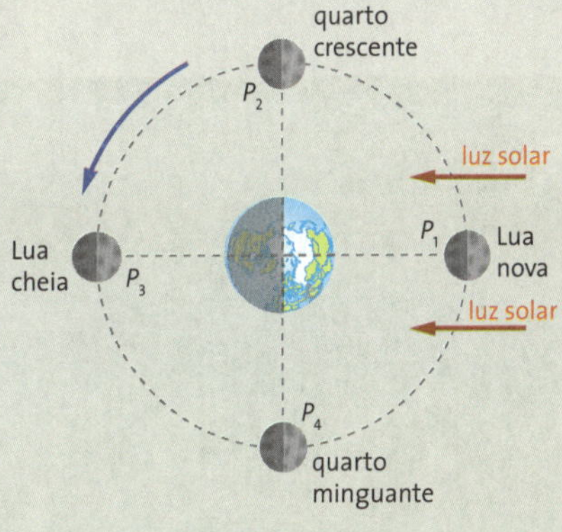

Reflexão luminosa e espelhos planos

- Leis da reflexão:

  1ª Lei da reflexão: o raio incidente, o raio refletido e a normal à superfície no ponto de incidência estão no mesmo plano.

  2ª Lei da reflexão: a medida do ângulo de incidência é a mesma do ângulo de reflexão.

  i: ângulo de incidência;

  r: ângulo de refração
- $i = r$

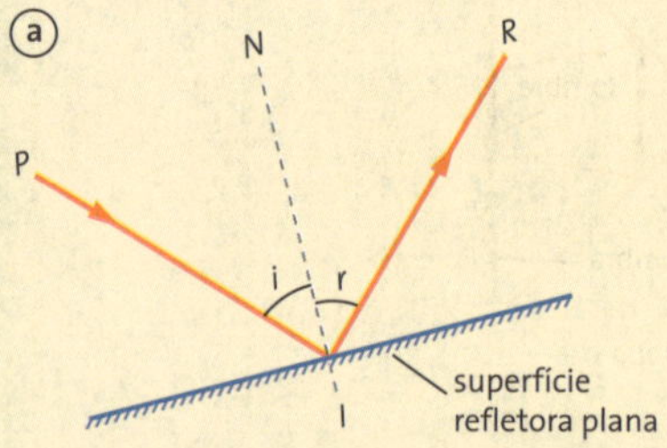

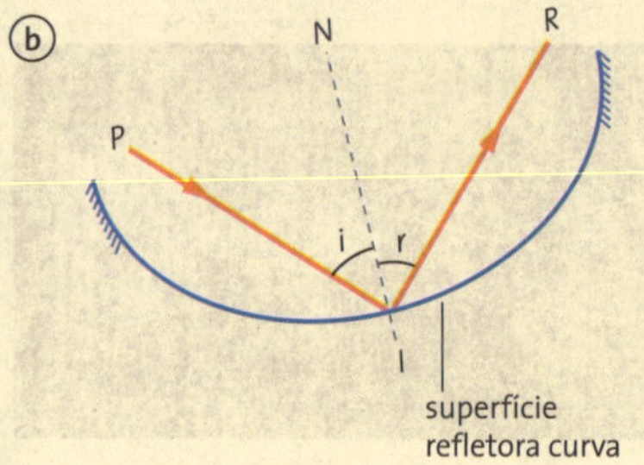

- Espelho plano: superfície refletora plana.

Imagem formada por um espelho plano

- A imagem é virtual, do mesmo tamanho que o objeto.
- A distância entre o objeto e o espelho é a mesma que existe entre a imagem e o espelho.

Imagem de um ponto

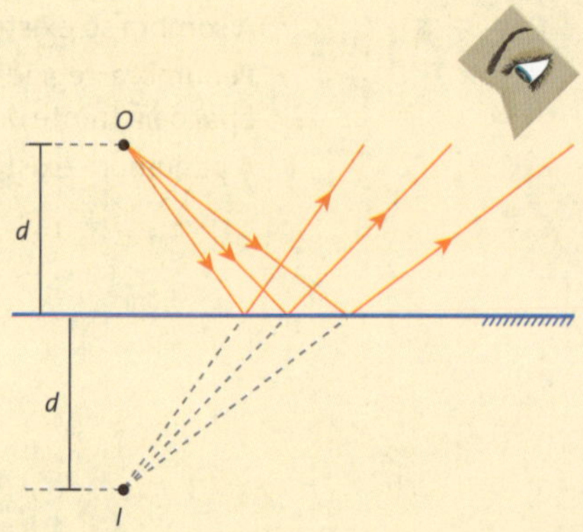

Imagem de um objeto extenso

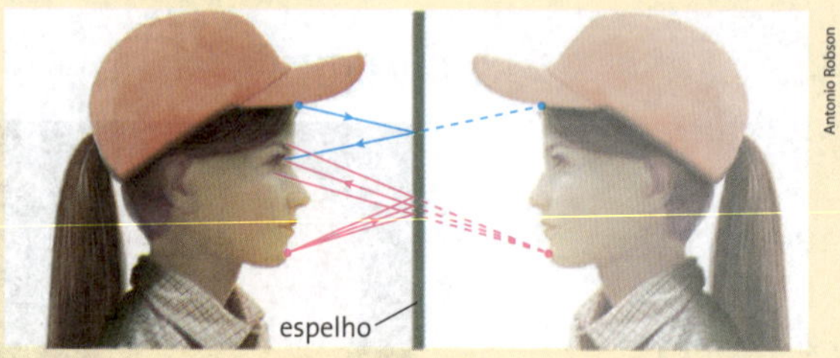

Campo visual

- Região visualizada por um observador através de um espelho.

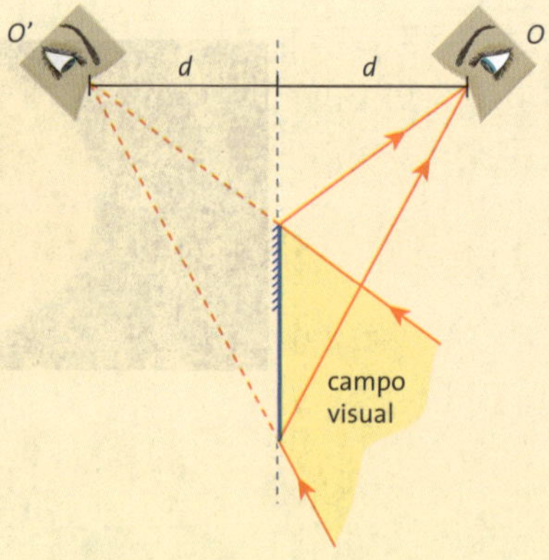

Exercícios

1. (IFSP) Leia atentamente o texto a seguir.

Mecanismos do eclipse

A condição para que ocorra um eclipse é que haja um alinhamento total ou parcial entre Sol, Terra e Lua. A inclinação da órbita da Lua com relação ao equador da Terra provoca o fenômeno de a Lua nascer em pontos diferentes no horizonte a cada dia. Se não houvesse essa inclinação, todos os meses teríamos um eclipse da Lua (na Lua cheia) e um eclipse do Sol (na Lua nova).

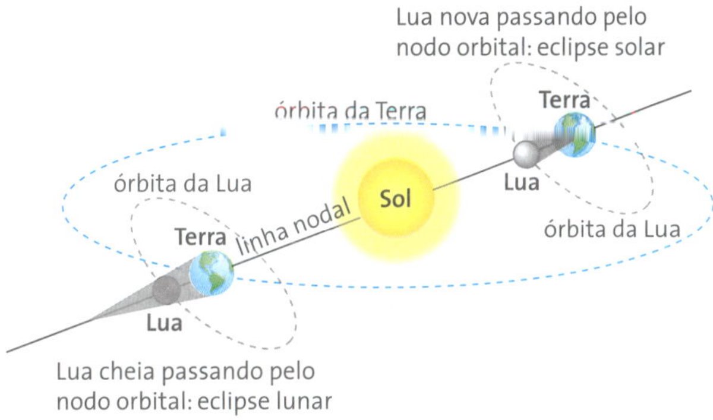

Disponível em: <www.seara.ufc.br/astronomia/fenomenos/eclipses.htm>. Acesso em: 3 out. 2012.

Abaixo vemos a Lua representada, na figura, nas posições 1, 2, 3 e 4, correspondentes a instantes diferentes de um eclipse.

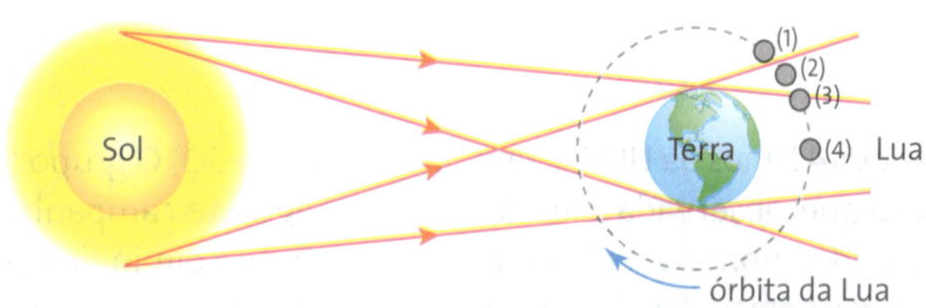

As figuras a seguir mostram como um observador, da Terra, pode ver a Lua. Numa noite de Lua Cheia, ele vê como na figura I.

Antonio Robson/ Arquivo da editora

Assinale a alternativa em que haja correta correspondência entre a posição da Lua, a figura observada e o tipo de eclipse.

	Lua na posição	Figura observada	Tipo de eclipse
a)	1	III	Solar parcial
b)	2	II	Lunar parcial
c)	3	I	Solar total
d)	4	IV	Lunar total
e)	3	V	Lunar parcial

2. (UEPG-PR) A óptica geométrica estuda, em geral, os fenômenos relacionados à propagação da luz e considera o raio luminoso como um ente geométrico. Sobre os princípios da ótica geométrica, assinale o que for correto. Dê como resposta a soma das alternativas corretas.

01. Raios de luz são segmentos de reta orientados que representam, graficamente, a direção e o sentido de propagação da luz.
02. Nos meios homogêneos e transparentes, a luz se propaga em linha reta.
04. A trajetória dos raios luminosos depende do sentido do percurso.
08. Quando raios de luz se cruzam, ocorre o fenômeno da polarização da luz.

3. (UFMA) Nas comemorações dos 42 anos da UFMA, um estudante usa uma camiseta que, observada à luz do sol, apresenta-se amarela, tendo impressa no peito a palavra UFMA-42 em letras vermelhas. À noite, num recinto iluminado apenas com luz monocromática vermelha, essa camiseta será vista como sendo:

a) preta com letras vermelhas.
b) amarela com letras pretas.
c) vermelha com letras amarelas.
d) preta com letras amarelas.
e) amarela com letras vermelhas.

4. (UEG-GO) O grupo *One Degree Less* tem promovido a seguinte campanha: "Pinte seu telhado de branco e ajude a diminuir a temperatura de 'ilhas de calor' nos grandes centros urbanos". Baseada no fato de o telhado de cor branca reduzir a temperatura local, a hipótese contida nessa frase é fundamentada na característica da cor branca de:

a) refletir grande parte da luz.
b) conter todas as outras cores.
c) absorver grande parte da luz.
d) ser polarizável e sofrer interferência.

5. (Facisb-SP) Um objeto *O* está parado entre dois espelhos planos, E_1 e E_2, a uma distância *x* do primeiro e *y* do segundo, como mostra a ilustração.

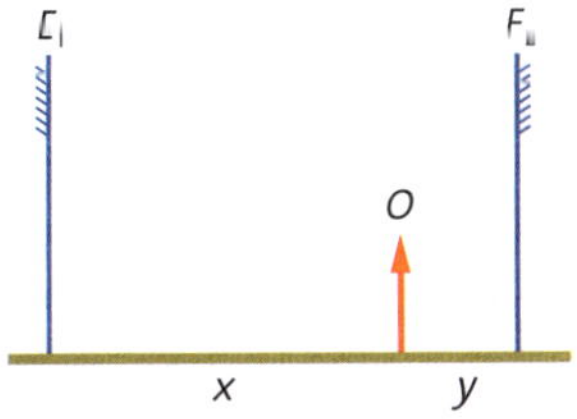

Com o objeto mantido parado, aumentou-se de 2 m a distância de cada espelho em relação ao objeto, de modo que a distância entre as imagens dobrou. A distância inicial em metros entre os espelhos é:

a) 6.
b) 3.
c) 2.
d) 5.
e) 4.

6. (UEPG-PR) Toda superfície lisa e plana que reflete a luz é denominada de espelho plano. Sobre espelho plano assinale o que for correto. Dê como resposta a soma das alternativas corretas.

01. Um espelho plano apresenta imagem real, tem o mesmo tamanho do objeto e não apresenta inversão; o que é direita continua direita.

02. A luz emitida por um objeto e refletida em um espelho chega aos olhos do observador como se estivesse vindo do ponto de encontro dos prolongamentos dos raios refletidos.

04. A região do espaço em que os objetos nela situados podem ser observados é chamada de campo visual do espelho; este depende do tamanho do espelho e da posição do observador em relação a ele.

08. Se dois espelhos forem postos paralelamente um de frente para o outro e um objeto for colocado entre eles, o número de imagens apresentadas será infinito, isso porque cada imagem se comporta como objeto para o outro espelho.

16. O número de imagens formadas por dois espelhos planos depende do ângulo que formam entre si; quanto menor é o ângulo, maior o número de imagens.

7. (Fuvest-SP) Um rapaz com chapéu observa sua imagem em um espelho plano e vertical. O espelho tem o tamanho mínimo necessário, $y = 1{,}0$ m, para que o rapaz, a uma distância $d = 0{,}5$ m, veja a sua imagem do topo do chapéu à ponta dos pés. A distância de seus olhos ao piso horizontal é $h = 1{,}60$ m. A figura da questão **a** ilustra essa situação e, em linha tracejada, mostra o percurso do raio de luz relativo à formação da imagem do ponto mais alto do chapéu.

a) Desenhe, na figura ao lado, o percurso do raio de luz relativo à formação da imagem da ponta dos pés do rapaz.

b) Determine a altura H do topo do chapéu ao chão.

c) Determine a distância Y da base do espelho ao chão.

d) Quais os novos valores do tamanho mínimo do espelho (y') e da distância da base do espelho ao chão (Y') para que o rapaz veja sua imagem do topo do chapéu à ponta dos pés, quando se afasta para uma distância d' igual a 1 m do espelho?

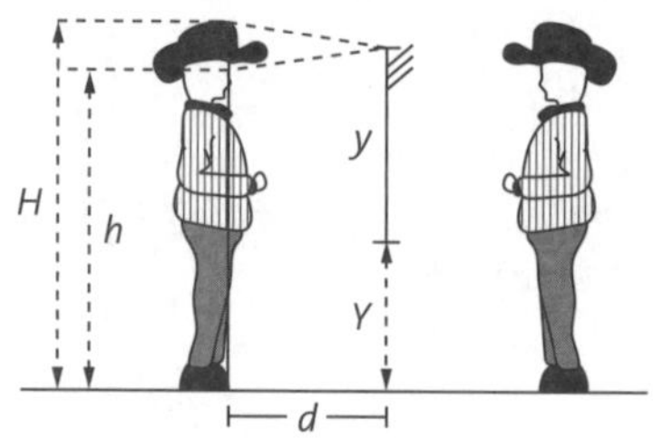

NOTE E ADOTE

O topo do chapéu, os olhos e a ponta dos pés do rapaz estão em uma mesma linha vertical.

8. (Unicamp-SP) A figura abaixo mostra um espelho retrovisor plano na lateral esquerda de um carro. O espelho está disposto verticalmente e a altura do seu centro coincide com a altura dos olhos do motorista. Os pontos da figura pertencem a um plano horizontal que passa pelo centro do espelho. Nesse caso, os pontos que podem ser vistos pelo motorista são:

a) 1, 4, 5 e 9.
b) 4, 7, 8 e 9.
c) 1, 2, 5 e 9.
d) 2, 5, 6 e 9.

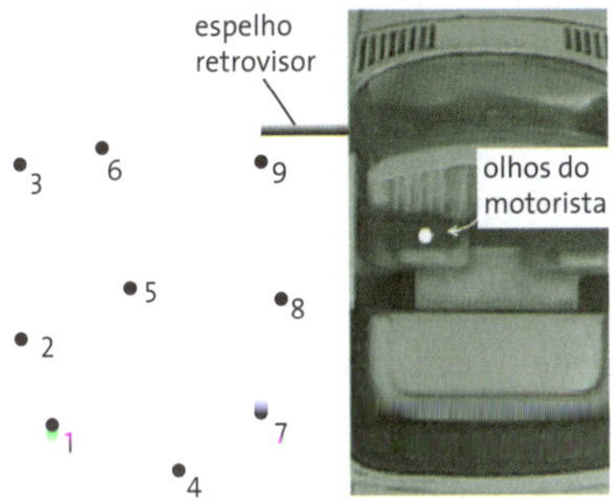

9. (Unifacs-BA) Considerem-se dois espelhos planos, E_1 e E_2, dispostos perpendicularmente e um feixe de luz que incide no espelho E_1, com ângulo de incidência igual a θ, conforme a figura. Com base nessa informação, pode-se concluir que o feixe que será refletido pelo espelho E_2 formará com a normal um ângulo igual a:

01) θ.
02) 2θ.
03) $90° + \theta$.
04) $90° - \theta$.
05) 180°.

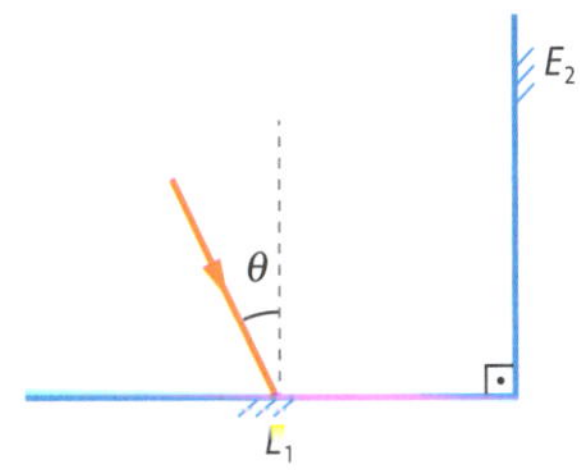

10. (Ufal) Duas moedas, de 10 e 50 centavos, encontram-se sobre o tampo de uma mesa horizontal, em cuja extremidade existe um espelho vertical (ver figura). Para efeito de cálculo, considere as moedas como objetos pontuais localizados nos centros das circunferências mostradas. De acordo com os comprimentos dos segmentos indicados na figura, pode-se afirmar que a distância da moeda de 50 centavos à imagem da moeda de 10 centavos é igual a:

a) 4 cm.
b) 24 cm.
c) 28 cm.
d) 40 cm.
e) 48 cm.

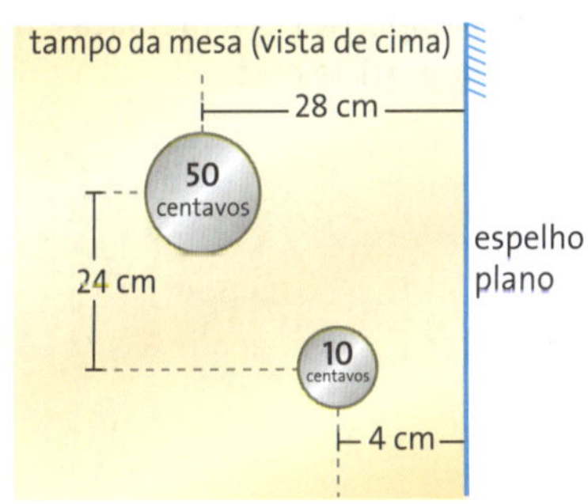

11. (Unifor-CE) Fisicamente a luz é uma forma de energia radiante que se propaga por meio de ondas eletromagnéticas. A luz é o agente físico responsável pela sensação visual. Quando a luz incide em uma superfície podem ocorrer vários fenômenos: reflexão regular, reflexão difusa, refração ou absorção dos raios luminosos.

Um feixe de raios de luz paralelos entre si incide sobre quatro superfícies, como mostram as figuras abaixo, e grande parte destes raios sofrem os seguintes fenômenos ópticos:

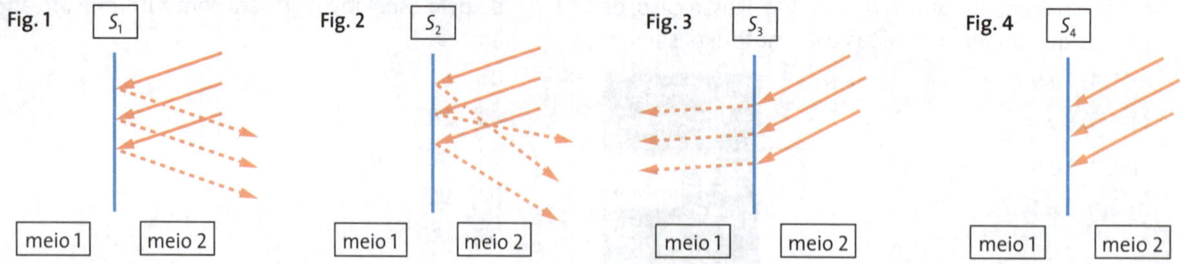

(Fig. 1) Na superfície S_1, os raios da luz incidentes voltam ao meio com raios que continuam paralelos.

(Fig. 2) Na superfície S_2, os raios da luz incidentes não são mais refletidos paralelos entre si.

(Fig. 3) Na superfície S_3, os raios da luz incidentes atravessam a superfície e ainda seguem paralelos.

(Fig. 4) Na superfície S_4, os raios de luz incidentes são absorvidos.

Com base nos fenômenos ocorridos pode-se concluir que:

a) A superfície S_1 é rugosa, S_2 separa dois meios transparentes, S_3 é metálica e muito bem polida e S_4 é um corpo de superfície preta.

b) A superfície S_1 é metálica e muito bem polida, S_2 é um corpo de superfície preta, S_3 separa dois meios transparentes e S_4 é rugosa.

c) A superfície S_1 é metálica e muito bem polida, S_2 é rugosa, S_3 separa dois meios transparentes e S_4 é um corpo de superfície preta.

d) A superfície S_1 separa dois meios transparentes, S_2 é rugosa, S_3 é metálica e muito bem polida e S_4 é um corpo de superfície preta.

e) A superfície S_1 é metálica e muito bem polida, S_2 separa dois meios transparentes, S_3 é rugosa e S_4 é um corpo de superfície preta.

12. (Udesc) Considere as proposições sobre a luz e assinale a alternativa **incorreta**.

a) A luz se propaga em linha reta nos meios homogêneos e, ao incidir sobre a superfície de um espelho côncavo, é refletida.

b) Quando um raio de luz segue uma trajetória num sentido qualquer e é refletido por um espelho plano, o raio refletido seguirá a mesma trajetória do raio incidente.

c) Em um meio homogêneo, a luz que incide sobre uma lente pode seguir direções diferentes após atravessar essa lente, mas ainda em linha reta.

d) Os raios luminosos são independentes entre si, por isso, podem cruzar-se sem que suas trajetórias sejam alteradas.

e) No vácuo, a luz propaga-se em linha reta.

13. (PUC-RJ) A uma certa hora da manhã, a inclinação dos raios solares é tal que um muro de 4,0 m de altura projeta, no chão horizontal, uma sombra de comprimento 6,0 m. Uma senhora de 1,6 m de altura, caminhando na direção do muro, é totalmente coberta pela sombra quando se encontra a quantos metros do muro?

a) 2,0 b) 2,4 c) 1,5 d) 3,6 e) 1,1

14. (UEM-PR) Analise as alternativas abaixo e assinale o que for **correto**. Dê como resposta a soma das alternativas corretas.

01. Quando um feixe de raios de luz paralelos incide sobre uma superfície e é refletido em todas as direções, com perda do paralelismo dos raios refletidos, ocorre reflexão regular.

02. A reflexão difusa é a maior responsável pela visão dos objetos iluminados que nos cercam.

04. A luz visível branca é composta por infinitas luzes monocromáticas, situadas na região das cores do arco-íris.

08. Um corpo branco, iluminado com luz branca, absorve as luzes de todas as cores.

16. Considerando que não há refração da luz, um corpo vermelho, iluminado com luz branca, reflete a luz vermelha e absorve a maior parte da luz das demais cores.

15. (ESCS-DF) Um homem tem 1,80 m de altura. A relação entre os tamanhos das imagens formadas numa câmara escura através de um orifício, quando o indivíduo se encontra, respectivamente, às distâncias de 48 m e 72 m será de:

a) 3,5.
b) 3,0.
c) 2,5.
d) 2,0.
e) 1,5.

16. (UCS-RS) O protetor solar é uma das formas mais eficientes de defesa contra as radiações ultravioleta provenientes do Sol. Ele é constituído por substâncias químicas e físicas. As físicas são inorgânicas, como o dióxido de titânio e o óxido de zinco, que apresentam um alto índice de refração. Pensando no comportamento da radiação eletromagnética, quando incide na superfície de separação de um meio em que ela está com outro meio com índice de refração menor, pode-se afirmar que o objetivo de se incluir substâncias físicas no protetor solar é que, ao chegar à pele, as radiações ultravioleta

a) sejam totalmente refletidas.
b) sejam totalmente aniquiladas por interferência construtiva.
c) sejam totalmente aniquiladas por interferência destrutiva.
d) atravessem o corpo sem serem absorvidas.
e) se convertam em ondas de rádio.

17. (FMTM-MG) O princípio da reversibilidade da luz fica bem exemplificado quando:

a) holofotes iluminam os atores em um teatro.

b) se observa um eclipse lunar.

c) um feixe de luz passa pela janela entreaberta.

d) a luz polarizada atinge o filme fotográfico.

e) duas pessoas se entreolham por meio de um espelho.

18. (Udesc) João e Maria estão a 3 m de distância de um espelho plano. João está 8 m à esquerda de Maria. Analise as proposições em relação à informação acima.

I. A distância de João até a imagem de Maria, refletida pelo espelho, é de 10 m.

II. A distância de João e Maria até suas próprias imagens é 6 m.

III. A distância de João até a imagem de Maria, refletida pelo espelho, é de 11 m.

Assinale a alternativa **correta**.

a) Somente as afirmativas II e III são verdadeiras.

b) Somente as afirmativas I e II são verdadeiras.

c) Somente a afirmativa I é verdadeira.

d) Somente a afirmativa II é verdadeira.

e) Somente a afirmativa III é verdadeira.

19. (UFG-GO) Um estudante de física está posicionado a uma distância de 12 m de um espelho plano. Se ele se deslocar a uma velocidade de 2,0 m/s em direção ao espelho, em quanto tempo estará a um metro de distância da sua imagem?

20. (PUC-SP) Um aluno colocou um objeto "*O*" entre as superfícies refletoras de dois espelhos planos associados e que formavam entre si um ângulo θ, obtendo n imagens. Quando reduziu o ângulo entre os espelhos para $\frac{\theta}{4}$, passou a obter m imagens. A relação entre m e n é:

a) $m = 4n + 3$.

b) $m = 4n - 3$.

c) $m = 4(n + 1)$.

d) $m = 4(n - 1)$.

e) $m = 4n$.

ESPELHOS ESFÉRICOS

Tipos de espelhos esféricos

- Côncavo: o espelhamento é feito na superfície interna.

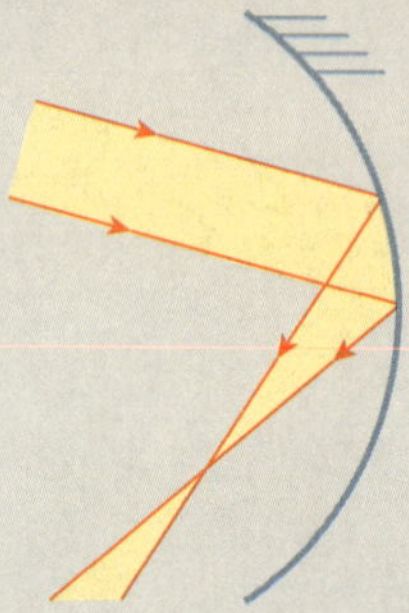

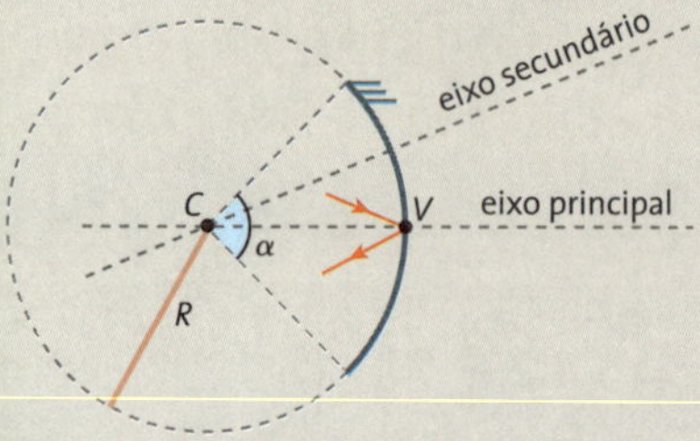

- Convexo: o espelhamento é feito na superfície externa.

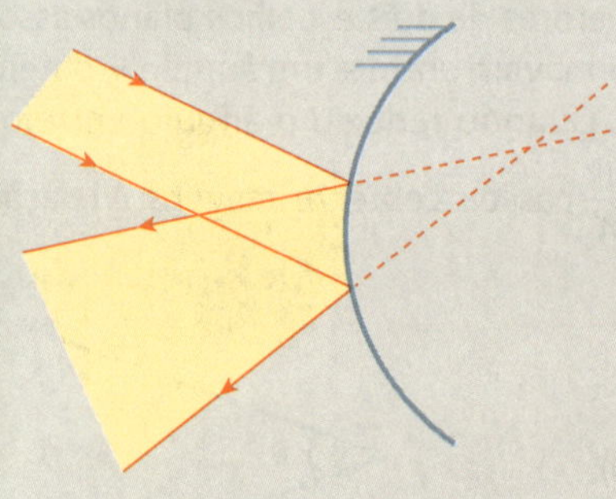

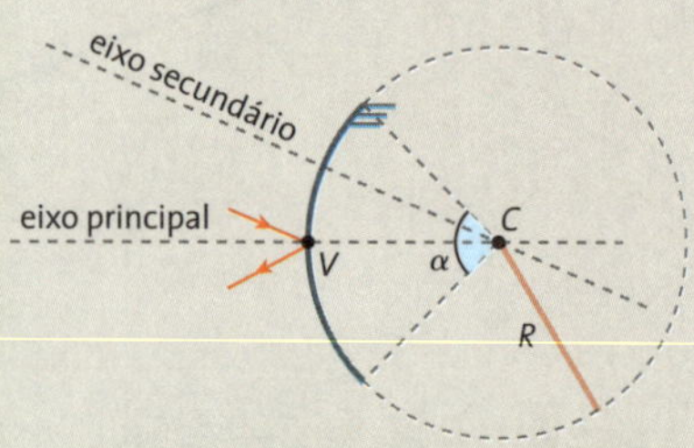

Elementos de um espelho esférico

C: centro de curvatura

V: vértice

R: raio de curvatura

α: ângulo de abertura

CV: eixo principal

F: foco principal

f: distância focal

- $f = \frac{R}{2}$

Raios de luz notáveis

Raio paralelo ao eixo principal

- Incide no espelho e passa pelo foco (espelho côncavo) ou seu prolongamento passa pelo foco (espelho convexo).

Espelho côncavo

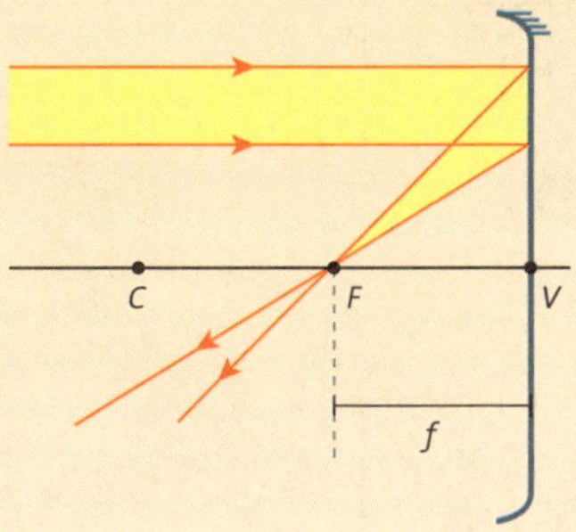

Espelho convexo

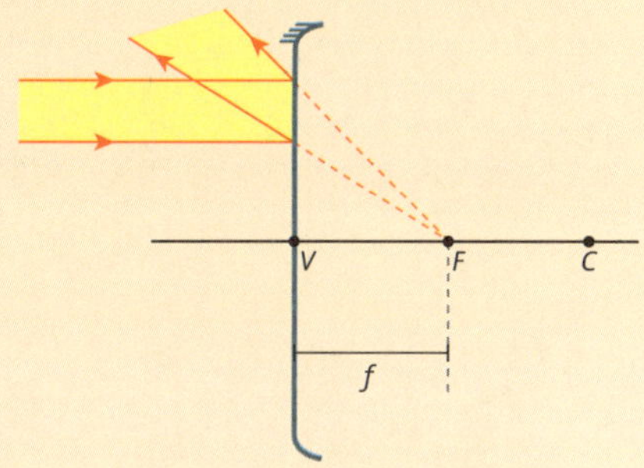

Raio que passa (ou o seu prolongamento) pelo foco

- Ele sai paralelo ao eixo principal.

Espelho côncavo

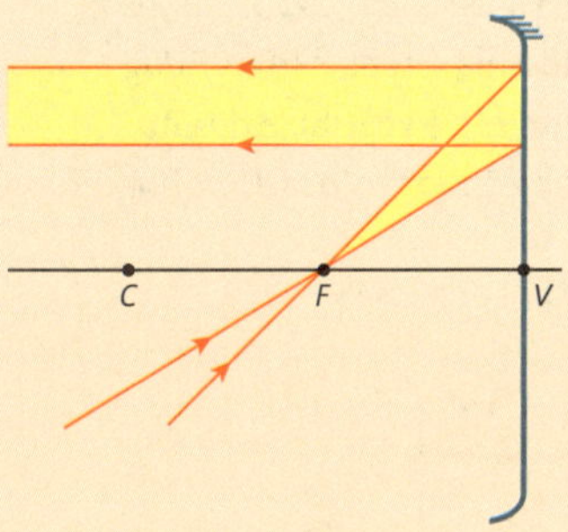

Espelho convexo

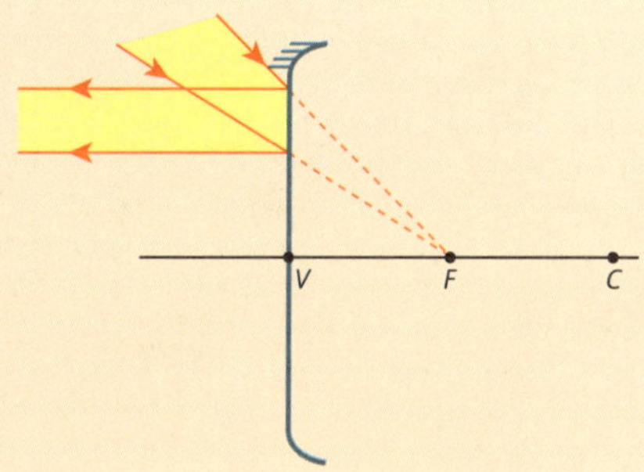

Raio que passa (ou o seu prolongamento) pelo centro de curvatura

- Volta pelo mesmo caminho.

Espelho côncavo

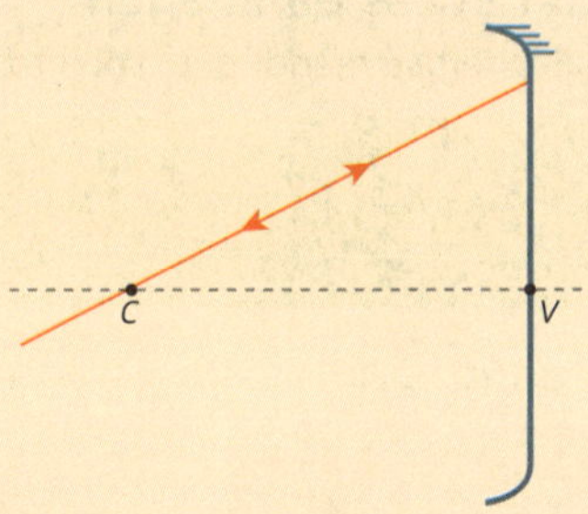

Espelho convexo

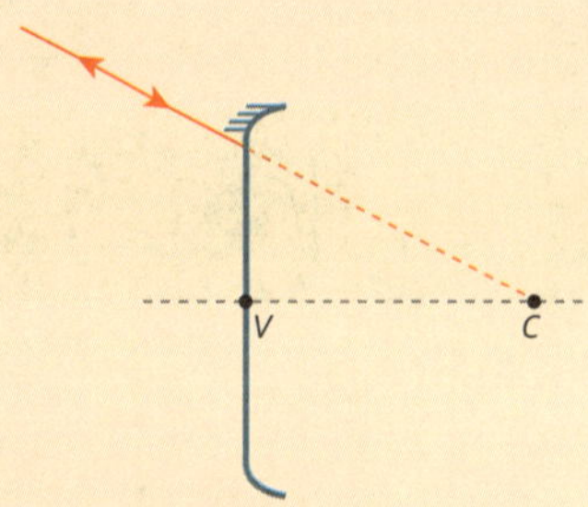

Raio que passa pelo vértice

- Volta com o mesmo ângulo.

Espelho côncavo

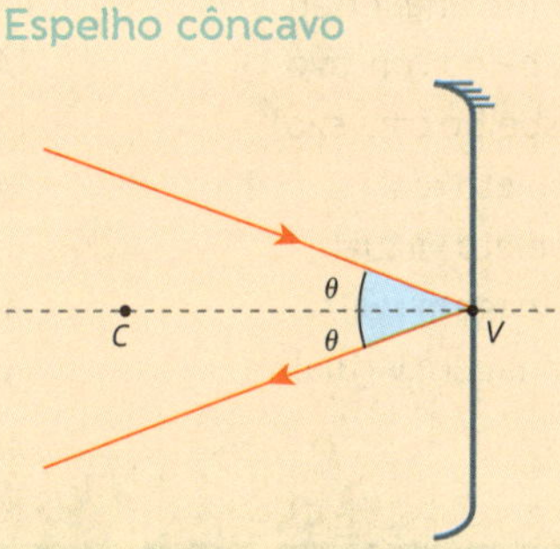

Espelho convexo

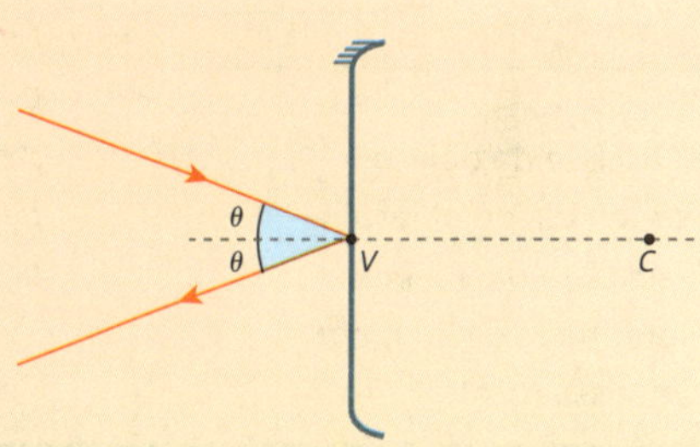

Formação de imagens

Espelho côncavo

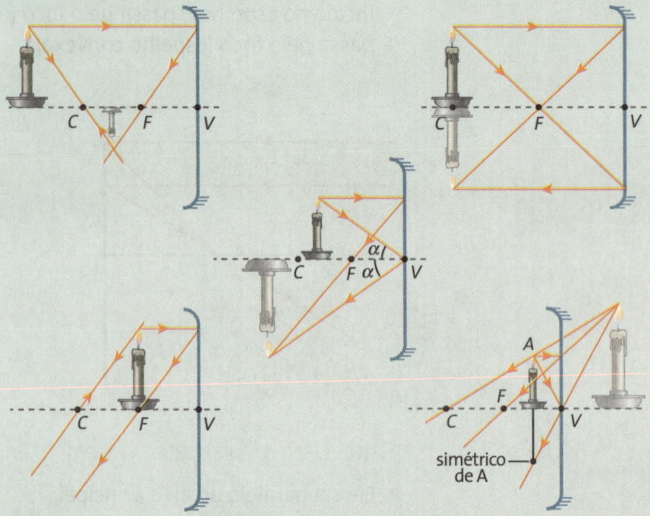

Características da imagem

- Quando ela é real, é invertida.
- Quando ela é virtual, é direita.
- Se o objeto for colocado sobre o foco, não se obtém imagem.

Espelho convexo

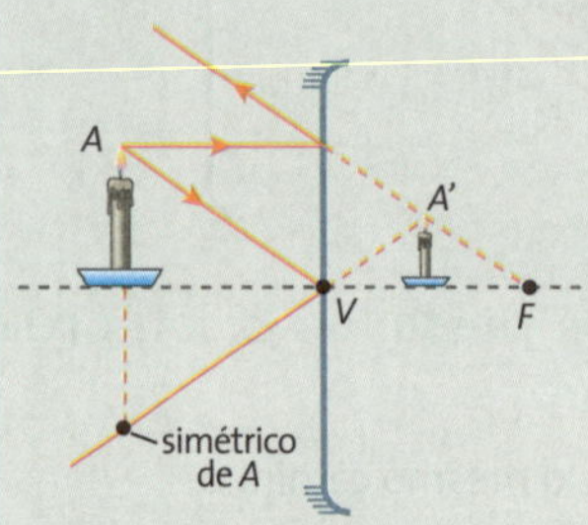

Características da imagem

- Virtual, direita e menor que o objeto.

Estudo analítico

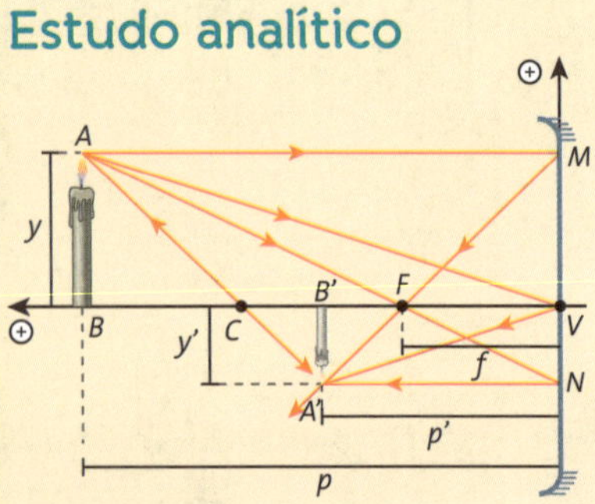

p: abscissa do objeto
y: ordenada do objeto
p': abscissa da imagem
y': ordenada da imagem
f: abscissa focal

Equação dos pontos conjugados

- $\frac{1}{f} = \frac{1}{p} + \frac{1}{p'}$
- $A = \frac{y'}{y} = \frac{-p'}{p}$

A: Aumento linear transversal.

$f > 0$: espelho côncavo
$f < 0$: espelho convexo
$p > 0$: objeto real
$p < 0$: objeto virtual
$p' > 0$: imagem real
$p' < 0$: imagem virtual

$|A| > 1$: imagem maior que objeto
$|A| < 1$: imagem menor que objeto
$|A| = 1$: tamanho da imagem igual ao tamanho do objeto
$A > 0$: imagem direita
$A < 0$: imagem invertida

Exercícios

1. (PUC-SP) Um objeto é inicialmente posicionado entre o foco e o vértice de um espelho esférico côncavo, de raio de curvatura igual a 30 cm, e distante 10 cm do foco. Quando o objeto for reposicionado para a posição correspondente ao centro de curvatura do espelho, qual será a distância entre as posições das imagens formadas nessas duas situações?
   a) 37,5 cm
   b) 22,5 cm
   c) 7,5 cm
   d) 60 cm
   e) Zero

2. (Acafe-SC) Acoplados nos espelhos de alguns carros são colocados espelhos esféricos convexos para o motorista observar os carros detrás.
   A alternativa **correta** que mostra a vantagem de se usar um espelho desse tipo em relação a um espelho plano está no fato de que:
   a) o campo visual é maior.
   b) as imagens dos carros ficam maiores.
   c) as imagens dos carros são reais.
   d) as distâncias das imagens ao espelho são maiores do que as distâncias dos carros ao espelho.

3. (UPM-SP) Um pequeno objeto foi colocado sobre o eixo principal de um espelho esférico côncavo, que obedece às condições de Gauss, conforme ilustra a figura. O raio da esfera, da qual foi retirada a calota que constitui o espelho, mede 1,00 m. Nessas condições, a distância entre esse objeto e sua respectiva imagem conjugada é de:
   a) 240 cm.
   b) 150 cm.
   c) 75 cm.
   d) 60 cm.
   e) 50 cm.

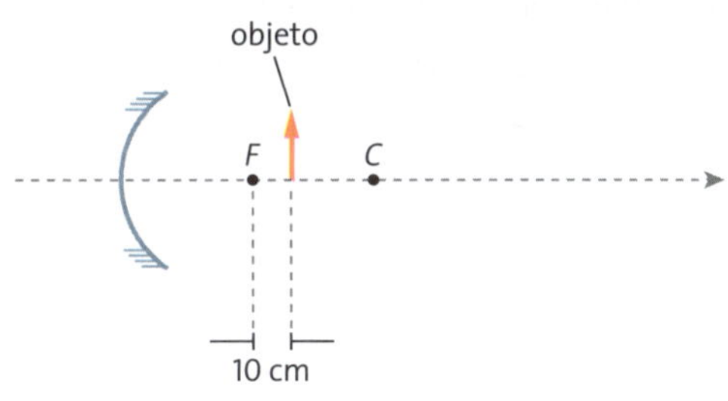

4. (Udesc) Consultando o manual de um automóvel, na seção de retrovisores laterais, você se depara com a seguinte afirmação: "Os espelhos dos retrovisores laterais são convexos a fim de ampliar o ângulo de visão. Assim, os objetos observados nos espelhos retrovisores estão, na realidade, mais próximos do que parecem".
Suponha que você esteja dirigindo e observe dois carros alinhados atrás do seu; o primeiro (carro 1) a uma distância de 5,0 m do espelho retrovisor lateral do motorista, e o segundo (carro 2) a uma distância de 10,0 m do mesmo espelho retrovisor. Considerando o retrovisor lateral como um espelho esférico convexo de raio de curvatura igual a 5,0 m, e que os carros 1 e 2 possuem a mesma altura real, a razão entre as alturas das imagens do carro 1 (y'_1) e do carro 2 (y'_2), formadas no espelho retrovisor lateral do carro, é:

a) $\frac{y'_1}{y'_2} = 1$.
b) $\frac{y'_1}{y'_2} = \frac{2}{3}$.
c) $\frac{y'_1}{y'_2} = \frac{3}{2}$.
d) $\frac{y'_1}{y'_2} = 3$.
e) $\frac{y'_1}{y'_2} = \frac{5}{3}$.

---

5. (Fatec-SP) As superfícies esféricas e refletoras têm inúmeras aplicações práticas no dia a dia. Os espelhos convexos, que são usados em retrovisores de moto, ônibus e entradas de lojas comerciais, prédios e elevadores, têm como finalidade:

a) aumentar o campo visual e formar imagens reais e maiores.
b) aumentar o campo visual e formar imagens virtuais e maiores.
c) aumentar o campo visual e formar imagens virtuais e menores.
d) diminuir o campo visual e formar imagens reais e maiores.
e) diminuir o campo visual e formar imagens virtuais e menores.

6. (UFTM-MG) Sobre o comportamento dos espelhos esféricos, assinale a alternativa correta.

a) Se um objeto real estiver no centro de curvatura de um espelho esférico sua imagem será real, direita e de mesmo tamanho que a do objeto.

b) Os raios de luz que incidem, fora do eixo principal, sobre o vértice de um espelho esférico refletem-se passando pelo foco desse espelho.

c) Os espelhos esféricos côncavos só formam imagens virtuais, sendo utilizados, por exemplo, em portas de garagens para aumentar o campo visual.

d) Os espelhos convexos, por produzirem imagens ampliadas e reais, são bastante utilizados por dentistas em seu trabalho de inspeção dental.

e) Os espelhos utilizados em telescópios são côncavos e as imagens por eles formadas são reais e se localizam, aproximadamente, no foco desses espelhos.

7. (Vunesp-SP) Observe o adesivo plástico apresentado no espelho côncavo de raio de curvatura igual a 1,0 m, na figura 1. Essa informação indica que o espelho produz imagens nítidas com dimensões até cinco vezes maiores do que as de um objeto colocado diante dele.

Antonio Robson/ Arquivo da editora

figura 1

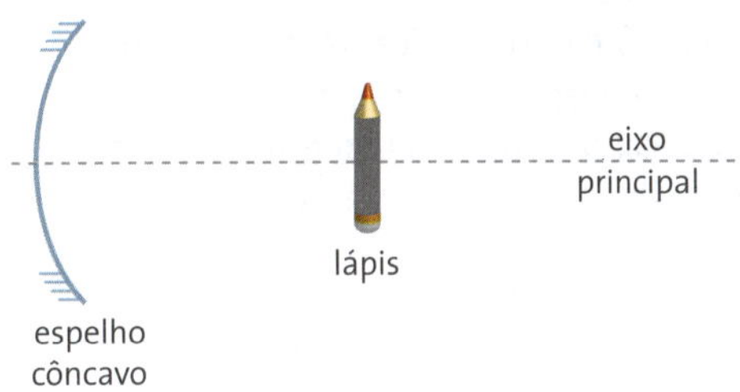

figura 2

Considerando válidas as condições de nitidez de Gauss para esse espelho, calcule o aumento linear conseguido quando o lápis estiver a 10 cm do vértice do espelho, perpendicularmente ao seu eixo principal, e a distância em que o lápis deveria estar do vértice do espelho, para que sua imagem fosse direita e ampliada cinco vezes.

8. (UEPG-PR) A figura ao lado representa um espelho esférico convexo com um objeto à sua frente. A distância do objeto ao espelho é igual a três vezes a distância focal do espelho. Com relação à imagem conjugada pelo espelho, assinale o que for correto. Dê como resposta a soma das alternativas corretas.

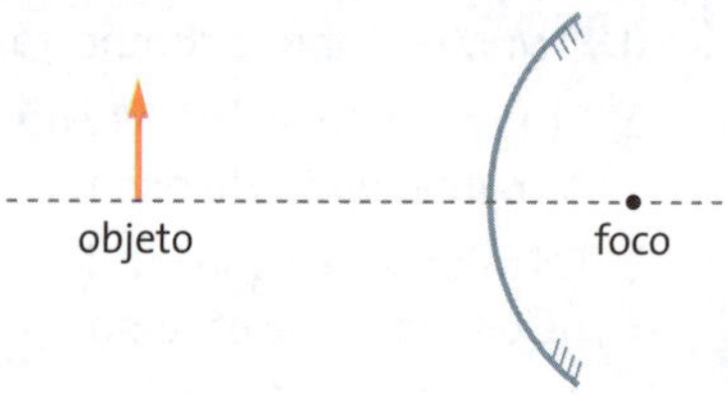

01. A imagem conjugada é virtual, direta e reduzida.

02. A altura da imagem corresponde a $\frac{1}{4}$ da altura do objeto.

04. A distância do objeto à imagem é $\frac{9}{2}f$.

08. A imagem está situada à direita do foco do espelho.

16. Sem conhecer o valor da distância focal do espelho, nada se pode afirmar sobre a imagem conjugada.

9. (UEFS-BA) Espelhos esféricos podem ser utilizados para diversos fins: por exemplo, ampliar o campo visual para facilitar a segurança dos estabelecimentos ou para ampliar as dimensões das imagens. Diante de um espelho esférico, um homem fica situado a 2,0 m do vértice e visa a sua imagem direita e ampliada três vezes. A distância focal do espelho, em metros, e a sua natureza correspondem, respectivamente, a:

a) 3,0 e convexo.
b) 6,0 e côncavo.
c) 3,0 e côncavo.
d) 1,5 e convexo.
e) 1,5 e côncavo.

10. (PUC-RJ Para o espelho côncavo esférico da figura, onde $r = 10$ cm, $s = 30$ cm, determine a distância s' em cm da imagem ao vértice do espelho.

a) 3
b) 5
c) 6
d) 10
e) 12

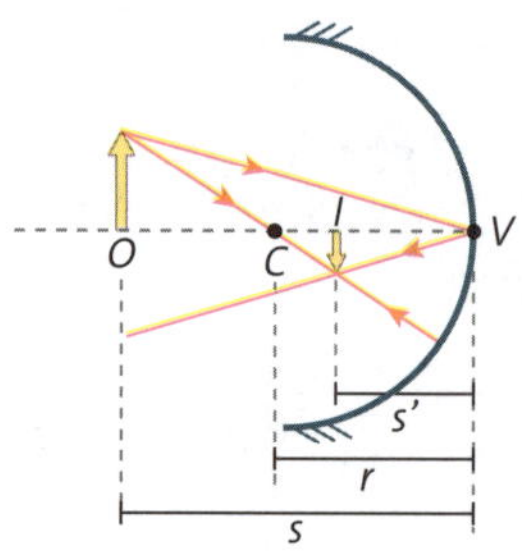

11. (UPE-PF) No esquema a seguir, E_1 é um espelho plano, e E_2 é um espelho esférico côncavo cujo raio de curvatura é 60 cm. Considere relativo ao espelho E_2, C como sendo o centro de curvatura, F, o foco e V, o vértice. Em F, é colocada uma fonte pontual de luz.
Considere que a luz sofre dupla reflexão, primeiramente no espelho E_1 e, posteriormente, no espelho E_2.
Analise as afirmações a seguir e conclua.

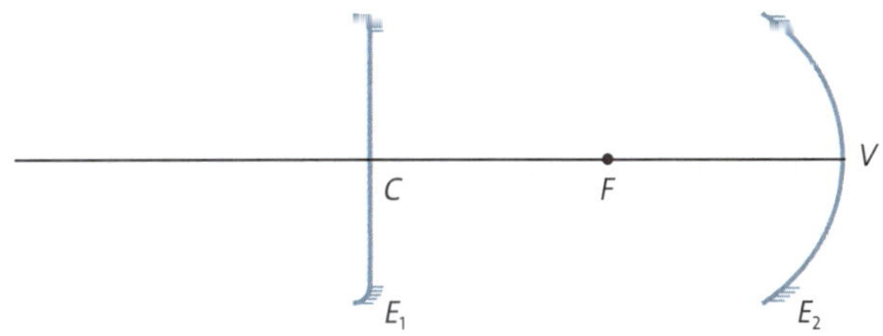

00. A distância focal do espelho esférico é de 30 cm.
01 . Considerando a primeira reflexão, pode-se afirmar que a distância da imagem ao vértice do espelho E_2 é de 90 cm.
02. Após a segunda reflexão, pode-se afirmar que a nova imagem está a uma distância em relação à primeira imagem igual a 30 cm.
03. Após a segunda reflexão, pode-se afirmar que a distância da fonte pontual de luz à sua imagem é igual a 15 cm.
04. Após a segunda reflexão, observa-se que a imagem formada no espelho E_2 é virtual e está posicionada a 45 cm à direita do vértice.

12. (Uespi) Um palito é fixado perpendicularmente ao eixo central de um espelho esférico côncavo. Ambos, o palito e a sua imagem real, encontram-se à distância de 30 cm do espelho. Pode-se concluir que tal espelho possui distância focal de:

a) 15 cm.
b) 30 cm.
c) 45 cm.
d) 60 cm.
e) 75 cm.

13. (UFMG) Uma pequena lâmpada está na frente de um espelho esférico, convexo, como mostrado na figura. O centro de curvatura do espelho está no ponto *O*.

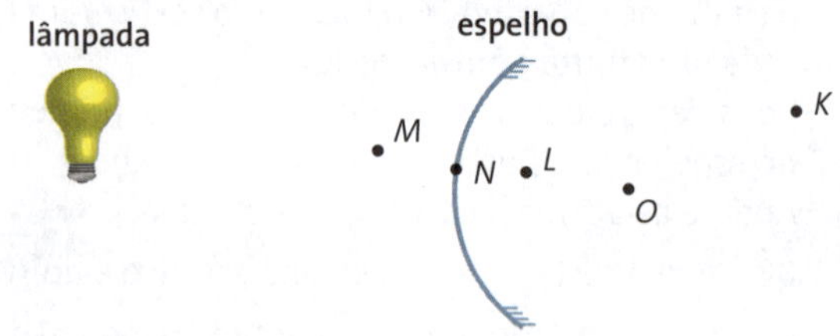

Nesse caso, o ponto em que, mais provavelmente, a imagem da lâmpada será formada é o:

a) *K*.
b) *L*.
c) *M*.
d) *N*.

14. (UFRN) Mary Scondy, uma ilusionista amadora, fez a mágica conhecida como lâmpada fantasma. Instalou uma lâmpada incandescente no interior de uma caixa, aberta em um dos lados. A parte aberta da caixa estava voltada para a frente de um espelho côncavo, habilmente colocado para que a imagem da lâmpada pudesse ser formada na parte superior da caixa, conforme representado esquematicamente na figura abaixo. A lâmpada tinha uma potência de 40 W e inicialmente estava desligada. Quando Mary ligou o interruptor escondido, a lâmpada acendeu, e Josué, um dos espectadores, tomou um susto, pois viu uma lâmpada aparecer magicamente sobre a caixa.

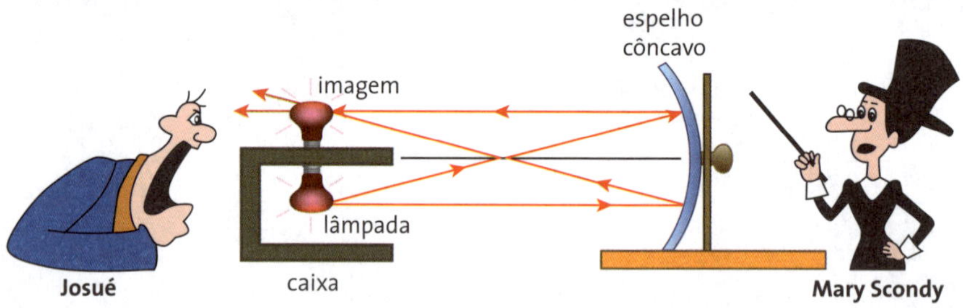

Com base na figura e no que foi descrito, pode-se concluir que, ao ser ligada a lâmpada, ocorreu a formação de:

a) uma imagem real, e a potência irradiada era de 40 W.
b) uma imagem real, e a potência irradiada era de 80 W.
c) uma imagem virtual, e a potência irradiada era de 40 W.
d) uma imagem virtual, e a potência irradiada era de 80 W.

15. (UFC CE) A figura abaixo mostra um espelho esférico côncavo de raio de curvatura R, apoiado sobre a horizontal, com a face refletora voltada para cima. A reta tracejada vertical $\overline{OP}$ passa sobre o ponto correspondente ao centro do espelho esférico. Determine a distância y, acima do ponto O e ao longo da reta $\overline{OP}$, para a qual ocorrerá maior incidência de luz solar refletida no espelho, suposta de incidência vertical. Considere o espelho esférico com pequeno ângulo de abertura, de modo que os raios incidentes são paralelos e próximos ao seu eixo principal.

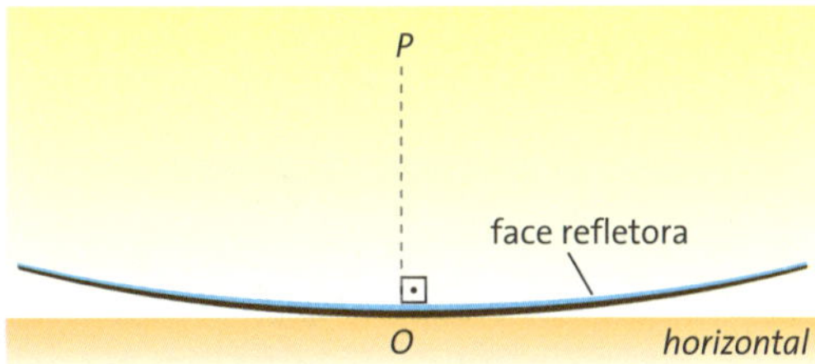

Assinale a alternativa que apresenta corretamente essa distância.

a) $R/2$ b) $3R/4$ c) R d) $3R/2$ e) $2R$

16. (UFF-RJ) A figura mostra um objeto e sua imagem produzida por um espelho esférico.
Escolha a opção que identifica corretamente o tipo do espelho que produziu a imagem e a posição do objeto em relação a esse espelho.

UFF/2010

a) O espelho é convexo e o objeto está a uma distância maior que o raio do espelho.
b) O espelho é côncavo e o objeto está posicionado entre o foco e o vértice do espelho.
c) O espelho é côncavo e o objeto está posicionado a uma distância maior que o raio do espelho.
d) O espelho é côncavo e o objeto está posicionado entre o centro e o foco do espelho.
e) O espelho é convexo e o objeto está posicionado a uma distância menor que o raio do espelho.

17. (Ufal) Um espelho esférico côncavo possui diâmetro *d* e distância focal *f*, associados através da expressão:

a) $d = f$.

b) $d = 2f$.

c) $d = \frac{f}{2}$.

d) $d = 4f$.

e) $d = \frac{f}{4}$.

18. (Ufscar-SP) Uma mocinha possuía um grande espelho esférico côncavo que obedecia às condições de estigmatismo de Gauss. Com seu espelho, de raio de curvatura 3,0 m, estava acostumada a observar recentes cravos e espinhas. Certo dia, sem que nada se interpusesse entre ela e seu espelho, observando-o diretamente, a uma distância de 2,0 m da superfície refletora e sobre o eixo principal:

a) não pôde observar a imagem de seu rosto, que é de tamanho menor e em posição invertida.

b) não pôde observar a imagem de seu rosto, que é de tamanho maior e em posição invertida.

c) pôde observar a imagem de seu rosto em tamanho reduzido e disposta em posição direita.

d) pôde observar a imagem de seu rosto em tamanho ampliado e disposta em posição direita.

e) pôde observar a imagem de seu rosto em tamanho ampliado e disposta em posição invertida.

19. (UFPE) Um espelho côncavo tem um raio de curvatura $R = 2{,}0$ m. A que distância do centro do espelho, em centímetros, o rosto de uma pessoa deve se posicionar sobre o eixo do espelho para que a ampliação de sua imagem seja $A = +2$?

20. (FGV-SP) Ao estacionar seu carro, o motorista percebeu a projeção da imagem da pequena lâmpada acesa de um dos faroletes, ampliada em 5 vezes, sobre a parede vertical adiante do carro. Em princípio, o farolete deveria projetar raios de luz paralelos, já que se tratava de um farol de longo alcance. Percebeu, então, que o conjunto lâmpada-soquete tinha se deslocado da posição original, que mantinha a lâmpada a 10,0 cm da superfície espelhada do espelho esférico côncavo existente no farol. Considerando que o foco ocupa uma posição adiante do vértice do espelho sobre o eixo principal, é possível concluir que, agora, a lâmpada se encontra a:

a) 2,0 cm atrás do foco.
b) 1,0 cm atrás do foco.
c) 0,5 cm atrás do foco.
d) 0,5 cm adiante do foco.
e) 2,0 cm adiante do foco.

REFRAÇÃO LUMINOSA

Fenômenos

- A refração acontece quando a luz passa de um meio para outro.

Sérgio Dotta Jr./Arquivo da Editora

Índice de refração (*n*)

- Índice de refração (n) é a razão entre a velocidade da luz num meio (v) e a velocidade da luz no vácuo (c): $n = \frac{c}{v}$.

  $c = 3 \cdot 10^8$ m/s

  $n_{vácuo} = 1$

  $n_{ar} \simeq 1$

- Cada cor tem um índice de refração diferente, exceto no vácuo, em que $n = 1$ para todas as ondas eletromagnéticas.

Leis da refração

- O raio incidente, o raio refratado e a normal à superfície são coplanares.
- Lei de Snell-Descartes: $n_1 \cdot \text{sen } i = n_2 \cdot \text{sen } r$.

  n_1 = índice de refração do meio incidente

  n_2 = índice de refração do meio refratado

  i = ângulo de incidência

  r = ângulo de refração

$n_1 > n_2$

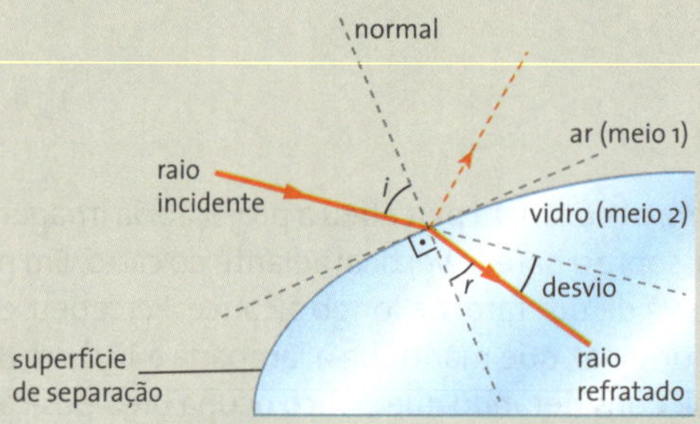

$n_1 < n_2$

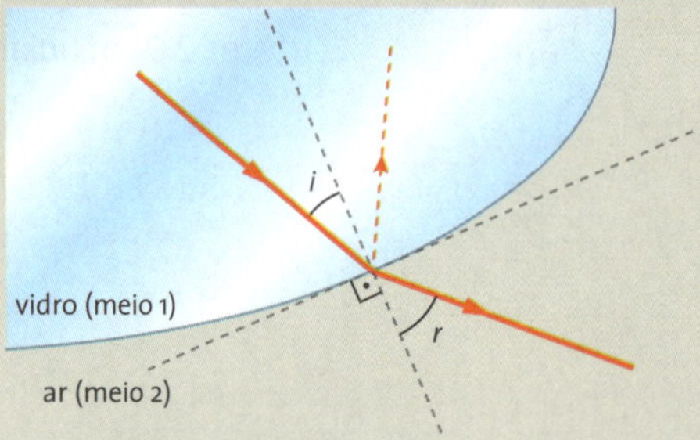

$n_1 = n_2$

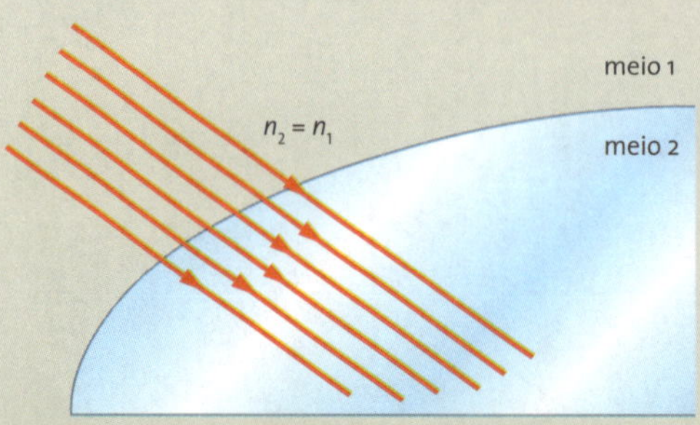

Ângulo limite (i_L) e reflexão total

- Para ocorrer a reflexão total a luz deve vir de um meio com índice de refração maior para um meio de índice de refração menor ($n_1 > n_2$).

  $i_1 > i_2$
- Ângulo limite (i_L) é o ângulo de incidência para um ângulo de refração de 90°. O raio refratado sai tangenciando a superfície de separação dos dois meios.

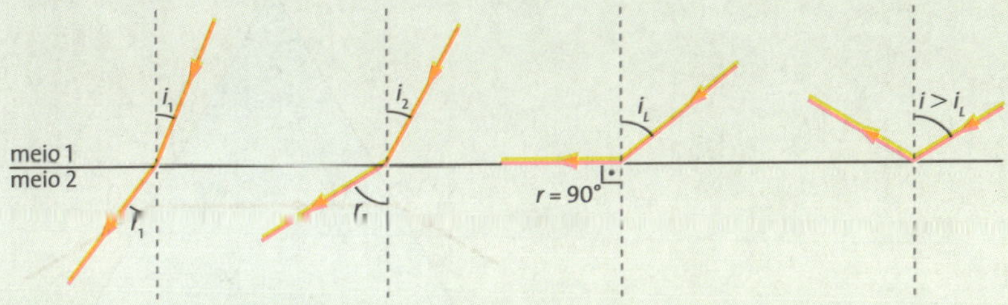

Aplicações

Dióptros planos

- Um objeto que está num meio é visto por um observador em outro meio numa posição diferente.

  d_i: distância da imagem à superfície de separação dos dois meios

  d_o: distância do objeto à superfície de separação dos dois meios
- $\dfrac{d_i}{d_o} = \dfrac{n_2}{n_1}$

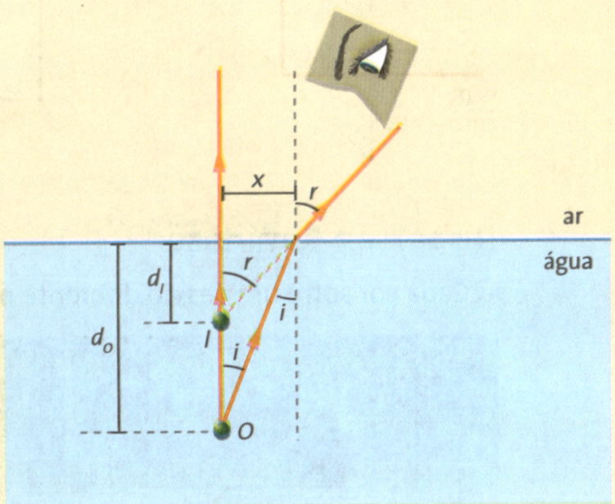

Lâminas de faces paralelas

- Três meios transparentes e homogêneos separados por duas superfícies planas e paralelas.

  d_L: desvio que a luz sofre

  e: espessura da lâmina

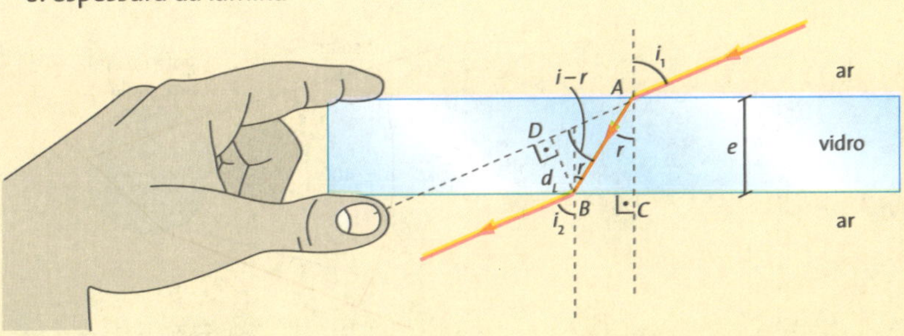

Prismas

- Conjunto de três meios homogêneos e transparentes separados por duas superfícies planas não paralelas.
  A: ângulo de refringência
  δ: desvio
- $A = r_1 + r_2$
- $\delta = \delta_1 + \delta_2$
- $\delta = i_1 + i_2 - A$

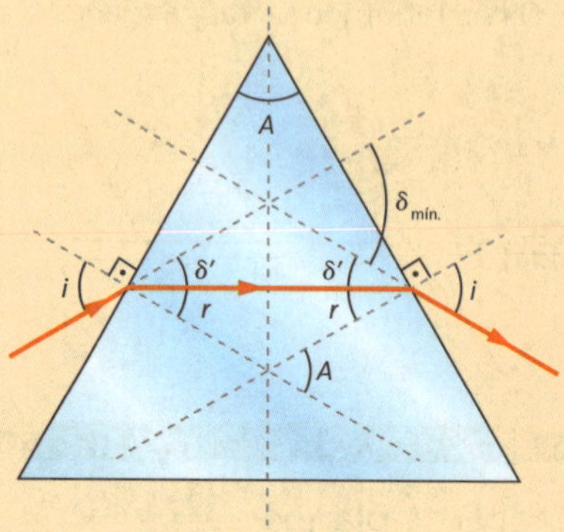

Prisma de reflexão total

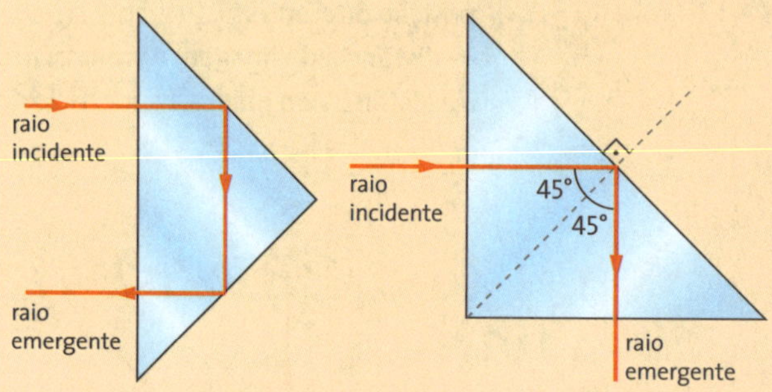

Dispersão luminosa

- Cada cor sofre um desvio diferente na refração.

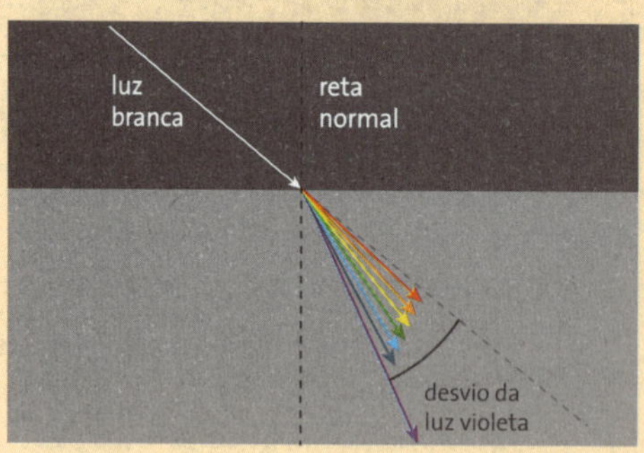

Arco-íris

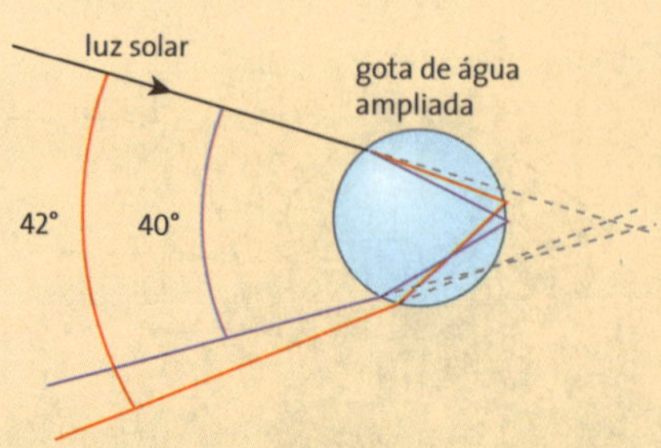

Exercícios

1. (Fuvest-SP) Um jovem pesca em uma lagoa de água transparente, utilizando, para isto, uma lança. Ao enxergar um peixe, ele atira sua lança na direção em que o observa. O jovem está fora da água e o peixe está 1 m abaixo da superfície. A lança atinge a água a uma distância $x = 90$ cm da direção vertical em que o peixe se encontra, como ilustra a figura ao lado.

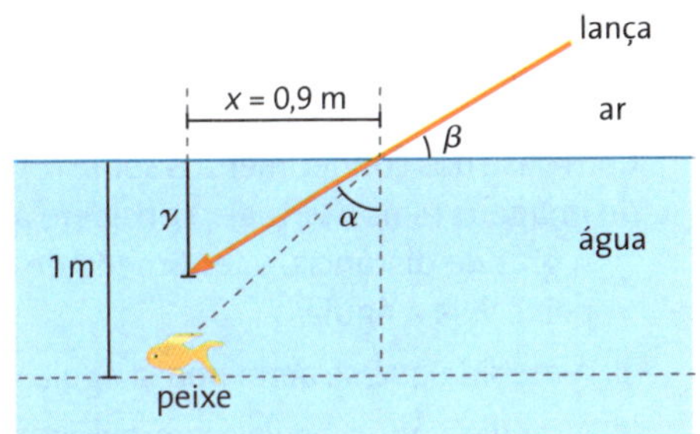

Para essas condições, determine:

a) o ângulo α, de incidência na superfície da água, da luz refletida pelo peixe;

b) o ângulo β que a lança faz com a superfície da água;

c) a distância y, da superfície da água, em que o jovem enxerga o peixe.

Note e adote:
Índice de refração do ar = 1
Índice de refração da água = 1,3
Lei de Snell: $v_1/v_2 = \text{sen } \theta_1/\text{sen } \theta_2$

ângulo θ	**sen θ**	**tan θ**
30°	0,50	0,58
40°	0,64	0,84
42°	0,67	0,90
53°	0,80	1,33
60°	0,87	1,73

2. (Fuvest-SP) A águia-de-cabeça-branca (*Haliaeetus leucocephalus*) é uma águia nativa da América do Norte que se alimenta principalmente de peixes. Sua estratégia de pesca é a seguinte: a águia faz um voo horizontal ligeiramente acima da superfície da água. Quando está próxima, ela se inclina apontando suas garras para a sua presa e, com uma precisão quase infalível, afunda suas garras na água arrebatando sua refeição.

Disponível em: <http://airportshotelsandparking.files.wordpress.com/2008/08/bald_eagle.jpg>. Acesso em: 15 set. 2010.

Disponível em: <http://airportshotelsandparking.files.wordpress.com/2008/08/bald_eagle.jpg>. Acesso em: 15 set. 2010.

Com base nos conhecimentos sobre reflexão e refração da luz e de formação de imagens reais e virtuais, considere as afirmativas a seguir.

I. A grande distância, o fenômeno de reflexão interna total impede que o peixe veja a águia.

II. À medida que se aproxima, a águia vê a profundidade aparente do peixe aumentar.

III. À medida que a águia se aproxima, o peixe vê a altura aparente da águia diminuir.

IV. Durante a aproximação, as imagens vistas pela águia e pelo peixe são reais.

Assinale a alternativa correta.

a) Somente as afirmativas I e III são corretas.
b) Somente as afirmativas I e IV são corretas.
c) Somente as afirmativas II e III são corretas.
d) Somente as afirmativas I, II e IV são corretas.
e) Somente as afirmativas II, III e IV são corretas.

3. (PUC-RS) Um raio de luz monocromática atravessa três materiais distintos sobrepostos, como mostrado no esquema abaixo.

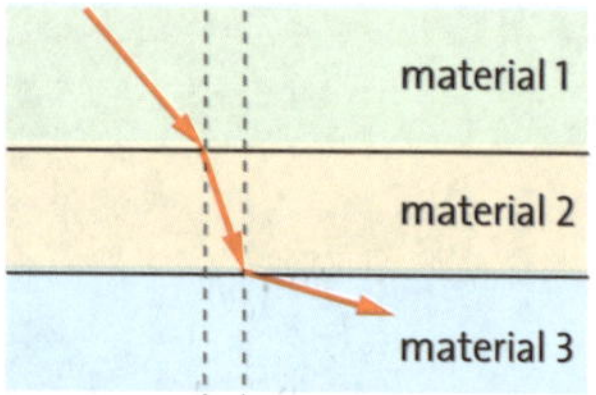

A partir desta representação, considerando os índices de refração absolutos (em relação ao vácuo, $n = 1$) desses materiais, é correto afirmar que:

a) $n_1 > n_2 > n_3$.
b) $n_2 > n_1 > n_3$.
c) $n_3 > n_2 > n_1$.
d) $n_3 > n_1 > n_2$.
e) $n_1 > n_3 > n_2$.

4. (PUC-RJ) Uma onda luminosa se propaga em um meio cujo índice de refração é 1,5. Determine a velocidade de propagação dessa onda luminosa no meio, em m/s. Considere a velocidade da luz no vácuo igual a $3,0 \cdot 10^8$ m/s.

a) $0,5 \cdot 10^8$
b) $1,5 \cdot 10^8$
c) $2,0 \cdot 10^8$
d) $2,3 \cdot 10^8$
e) $3,0 \cdot 10^8$

5. (Uneb-BA) *Para nossos olhos, o mundo é organizado em esplendor aparentemente infinito de cores, do amarelo intenso do girassol ao cinza-escuro de uma nuvem de chuva, do azul-claro do céu de inverno ao verde sedutor de uma esmeralda. Por isso, a maioria das pessoas se impressiona com qualquer cor capaz de ser reproduzida pela mistura de apenas três comprimentos de ondas luminosas. Essa propriedade da visão humana, chamada tricromacia, surge porque a retina – camada do olho formada por células nervosas que captam a luz e transmitem a informação visual para o cérebro – usa somente três tipos de pigmentos para a visão em cores.*

(JACOBS; NATHANS, 2009, p. 52).

As radiações visíveis de cores vermelha, verde e azul podem ser obtidas por meio de luz branca solar que incide obliquamente na fronteira de um dioptro ar-vidro.

Admitindo-se que a velocidade de propagação da luz no ar é igual a $3{,}0 \cdot 10^8$ m/s, uma análise da dispersão luminosa permite afirmar:

01. Os diferentes componentes da luz branca propagam-se em um meio homogêneo com velocidade de mesmo módulo.
02. O comprimento de onda da luz verde, de frequência igual a $5{,}6 \cdot 10^{14}$ Hz, que se propaga no vidro, de índice de refração igual a 1,32, é, aproximadamente, igual a 0,4 μm
03. O desvio da luz azul é maior do que o da luz vermelha, consequentemente a velocidade da luz azul, no vidro, é maior do que a da luz vermelha.
04. A velocidade de propagação da luz vermelha no vidro é igual a $3{,}0 \cdot 10^5$ km/s.
05. O desvio da luz vermelha em relação ao feixe de luz branca que incide na fronteira ar-vidro, com o ângulo de incidência de 45°, é igual a 15°, sendo o índice de refração do vidro para a luz vermelha igual a 1,51 e sen 28° igual a 0,47.

6. (UPE-PE) Um raio de luz monocromática propaga-se num vidro de índice de refração igual a $\sqrt{2}$ e incide num dioptro plano vidro-ar, sob ângulo de incidência igual a 60°. Considerando o índice de refração do ar igual a 1, a respeito desse fenômeno, pode-se concluir que ocorrerá:

a) reflexão total.
b) apenas reflexão.
c) reflexão e refração.
d) apenas refração.
e) refração e reflexão total.

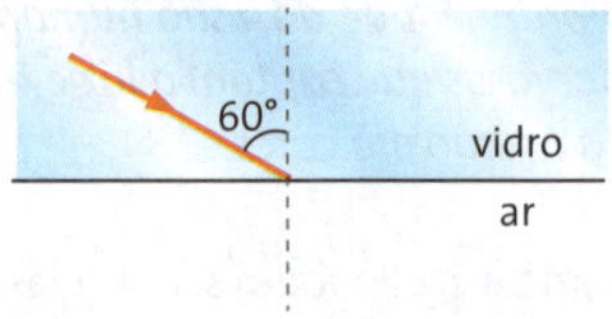

7. (FGV–SP) Em três experimentos distintos, um feixe de luz monocromática atinge a superfície de separação entre dois meios, segundo o mesmo ângulo θ.

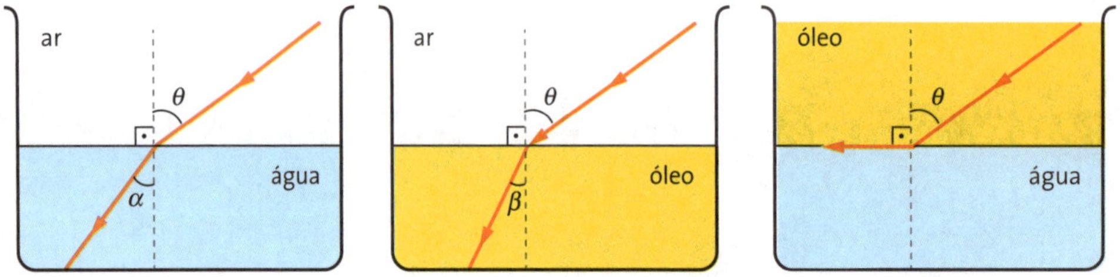

Sabendo que o índice de refração da luz desse feixe para o ar tem valor 1, e considerando que a reta tracejada é a normal à superfície de separação dos meios no ponto de incidência, pode-se concluir que:

a) $\text{sen}\ \alpha = \text{sen}^2\ \beta$.
b) $\text{sen}\ \beta = \text{sen}^2\ \alpha$.
c) $\text{sen}\ \alpha = \text{sen}\ \beta \cdot \text{sen}\ \theta$.
d) $\text{sen}\ \beta = \text{sen}\ \alpha \cdot \text{sen}\ \theta$.
e) $\text{sen}\ \theta = \text{sen}\ \alpha \cdot \text{sen}\ \beta$.

8. (Unimontes-MG) Um raio de luz propagando-se em um meio transparente 1, cujo índice de refração é 1,5, atinge a superfície de um meio transparente 2, sofrendo reflexão e refração, como mostra a figura ao lado.

Dados: sen 30° = cos 60° = 0,5; sen 60° = cos 30° = 0,87; sen 45° = cos 45° = 0,71; velocidade da luz no meio 1: $c_1 = 2{,}00 \cdot 10^8$ m/s.

A velocidade da luz, em m/s, no meio transparente 2, é, aproximadamente,

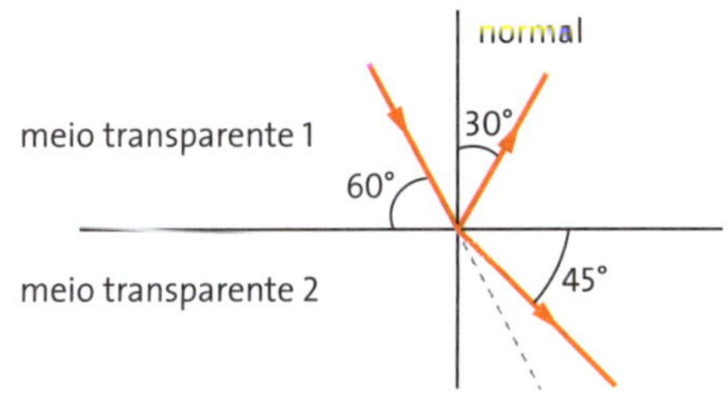

a) $2{,}00 \cdot 10^8$.

b) $2{,}84 \cdot 10^8$.

c) $3{,}00 \cdot 10^8$.

d) $1{,}50 \cdot 10^8$.

---

9. (UFF-RJ) O fenômeno da miragem, comum em desertos, ocorre em locais onde a temperatura do solo é alta. Raios luminosos chegam aos olhos de um observador por dois caminhos distintos, um dos quais parece proveniente de uma imagem especular do objeto observado, como se esse estivesse ao lado de um espelho de água (semelhante ao da superfície de um lago).

Um modelo simplificado para a explicação desse fenômeno é mostrado na figura ao lado.

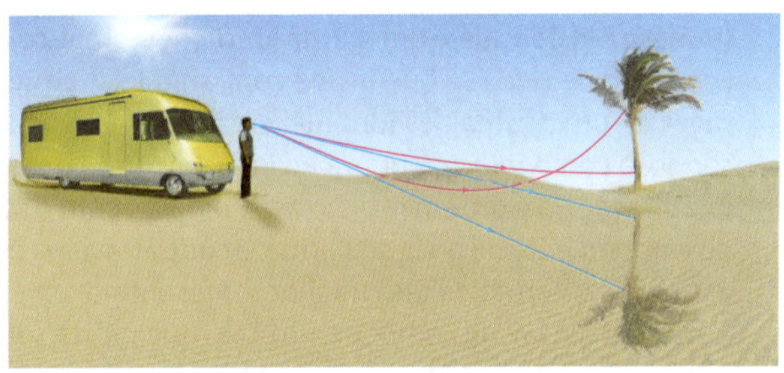

Antonio Robson/Arquivo da editora

O raio que parece provir da imagem especular sofre refrações sucessivas em diferentes camadas de ar próximas ao solo. Esse modelo reflete um raciocínio que envolve a temperatura, densidade e índice de refração de cada uma das camadas.

O texto abaixo, preenchidas suas lacunas, expõe esse raciocínio.

"A temperatura do ar ______ com a altura da camada, provocando ______ da densidade e ______ do índice de refração; por isso, as refrações sucessivas do raio descendente fazem o ângulo de refração ______ até que o raio sofra reflexão total, acontecendo o inverso em sua trajetória ascendente até o olho do observador."

Assinale a alternativa que completa corretamente as lacunas.

a) aumenta – diminuição – aumento – diminuir

b) aumenta – diminuição – diminuição – diminuir

c) diminui – aumento – aumento – aumentar

d) diminui – aumento – diminuição – aumentar

e) não varia – diminuição – diminuição – aumentar

10. (UEPG-PR) Uma lâmina de faces paralelas de índice de refração *n* é completamente imersa em um meio líquido com índice de refração *n*. Com relação a esse evento físico, assinale o que for correto. Dê como resposta a soma das alternativas corretas.

01. Ao passar do líquido para a lâmina, a luz não sofre refração.
02. Ao passar da lâmina para o líquido, a luz não sofre refração.
04. A velocidade de propagação da luz nos dois meios é a mesma.
08. A luz incidente do meio líquido não sofre reflexão ao incidir sobre a lâmina.
16. Por terem o líquido e a lâmina o mesmo índice de refração, a luz não sofre nenhuma alteração ao passar através deles.

11. (Vunesp-SP) Considere um raio de luz monocromático de comprimento de onda λ, que incide com ângulo θ_i em uma das faces de um prisma de vidro que está imerso no ar, atravessando-o como indica a figura ao lado. Sabendo que o índice de refração do vidro em relação ao ar diminui com o aumento do comprimento de onda do raio de luz que atravessa o prisma, assinale a alternativa que melhor representa a trajetória de outro raio de luz de comprimento $1{,}5\lambda$, que incide sobre esse mesmo prisma de vidro.

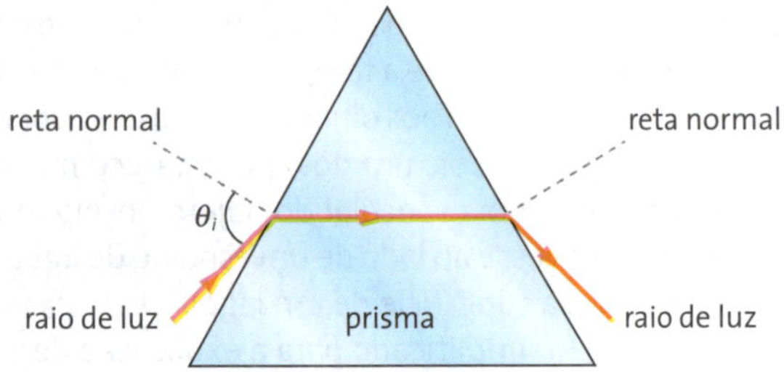

a)

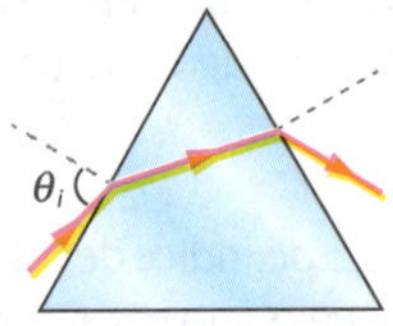

b)

c)

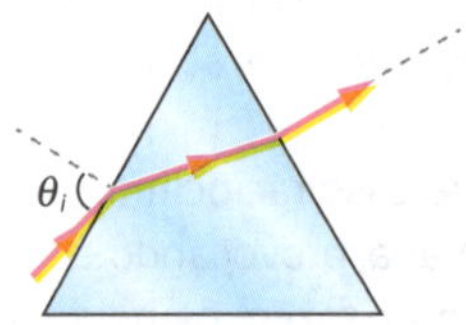

d)

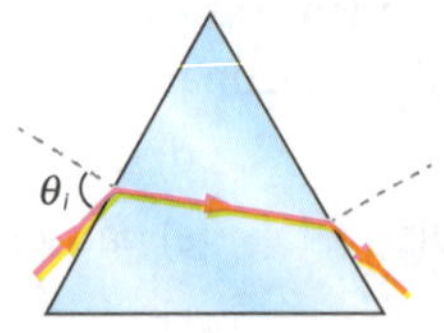

e)

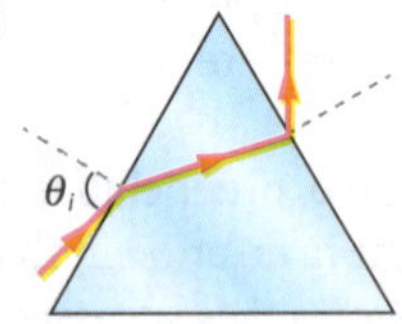

12. (Unioeste-PR) A figura ao lado mostra um feixe de luz de comprimento de onda $\lambda = 632$ nm incidindo sobre um prisma cujo índice de refração é $n_2 = 1{,}0$. O prisma encontra-se num ambiente cujo índice de refração é $n_1 = 3{,}0$. O ângulo X de saída do feixe será:

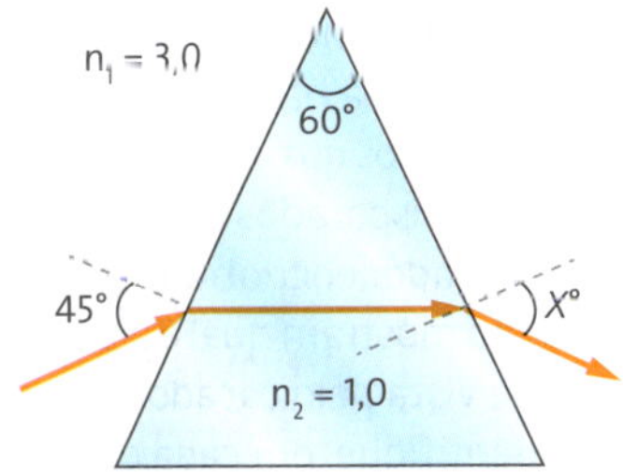

a) 51°.

b) o ângulo X não existe, pois ocorre refração apenas do meio 1 para o meio 2. Não há feixe refratado do meio 2 para o meio 1.

c) 48°.

d) o ângulo X não existe, pois não ocorre refração do meio 1 para o meio 2. O feixe é totalmente refletido pela superfície para esse ângulo de incidência.

e) o ângulo X não existe, pois um feixe de luz não pode se propagar de um meio com índice de refração maior para outro com índice de refração menor.

13. (UEPG-PR) O fenômeno da refração se caracteriza pelo fato de a luz passar de um meio para outro. Sobre esse fenômeno, assinale o que for correto. Dê como resposta a soma das alternativas corretas.

01. O desvio que um raio luminoso sofre ao passar de um meio para outro depende da frequência da luz.

02. Um raio luminoso refratado aproxima-se da normal para qualquer par de meios que se propague.

04. A luz se refrata integralmente quando atinge uma superfície de separação de dois meios transparentes.

08. Para qualquer ângulo de incidência um raio de luz monocromática tem propagação retilínea ao incidir sobre uma superfície de separação de dois meios transparentes.

16. A luz não sofre refração ao passar de um meio para outro se os meios tiverem as mesmas propriedades físicas.

14. (UFPA) Os índios amazônicos comumente pescam com arco e flecha. Já na Ásia e na Austrália, o peixe arqueiro captura insetos, os quais ele derruba sobre a água, acertando-os com jatos disparados de sua boca. Em ambos os casos a presa e o caçador encontram-se em meios diferentes. As figuras ao lado mostram qual é a posição da imagem da presa, conforme vista pelo caçador, em cada situação.
Identifique, em cada caso, em qual dos pontos mostrados, o caçador deve fazer pontaria para maximizar suas chances de acertar a presa.

a) Homem em *A*; peixe arqueiro em 1.
b) Homem em *A*; peixe arqueiro em 3.
c) Homem em *B*; peixe arqueiro em 2.
d) Homem em *C*; peixe arqueiro em 1.
e) Homem em *C*; peixe arqueiro em 3.

15. (UFV-MG) Analise as afirmativas abaixo:

I. Em virtude da refração na atmosfera terrestre, um observador na Terra pode ver o Sol mesmo quando esse está totalmente abaixo da linha do horizonte.
II. Quando a luz passa do ar para a água, existe um ângulo de incidência para o qual ocorre a reflexão total.
III. Quando uma onda sonora de frequência *f* passa do ar para a água, a sua frequência se altera.

Está **correto** o que se afirma em:

a) I, II e III.
b) II, apenas.
c) II e III, apenas.
d) I, apenas.

16. (Unifesp) Na figura, *P* representa um peixinho no interior de um aquário a 13 cm de profundidade em relação à superfície da água. Um garoto vê esse peixinho através da superfície livre do aquário, olhando de duas posições: O_1 e O_2.
Sendo $n_{\text{água}} = 1{,}3$ o índice de refração da água, pode-se afirmar que o garoto vê o peixinho a uma profundidade de

Antonio Robson/Arquivo da editora

a) 10 cm, de ambas as posições.
b) 17 cm, de ambas as posições.
c) 10 cm em O_1 e 17 cm em O_2.
d) 10 cm em O_1 e a uma profundidade maior que 10 cm em O_2.
e) 10 cm em O_1 e a uma profundidade menor que 10 cm em O_2.

---

17. (Uesc-BA) Com base nos conhecimentos sobre o fenômeno de refração da luz, analise as seguintes proposições.

I. O feixe de luz que incide normalmente à superfície de separação entre dois meios homogêneos e transparentes é refletido integralmente para o mesmo meio.
II. O fenômeno de refração luminosa é sempre caracterizado pelo desvio do feixe de luz.
III. O índice de refração de um meio material depende da frequência de luz monocromática que nele se propaga.
IV. O gráfico do índice de refração *n*, em função da velocidade de propagação *v*, é representado por uma hipérbole equilátera.

A alternativa em que todas as proposições são verdadeiras é a

01. III e IV.
02. IV e I.
03. II e III.
04. II e IV.
05. I e II.

18. (UFMG) Um feixe de luz, vindo do ar, incide sobre um aquário de vidro com água.
Sabe-se que a velocidade da luz é menor na água e no vidro que no ar.
Com base nessas informações, assinale a alternativa em que **melhor** se representa a trajetória do feixe de luz entrando e saindo do aquário.

a)

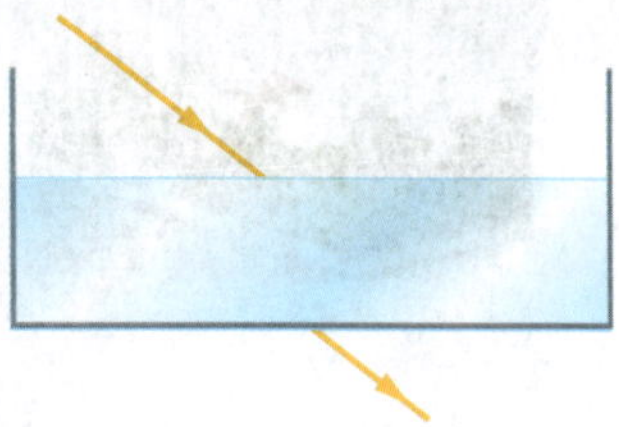

b)

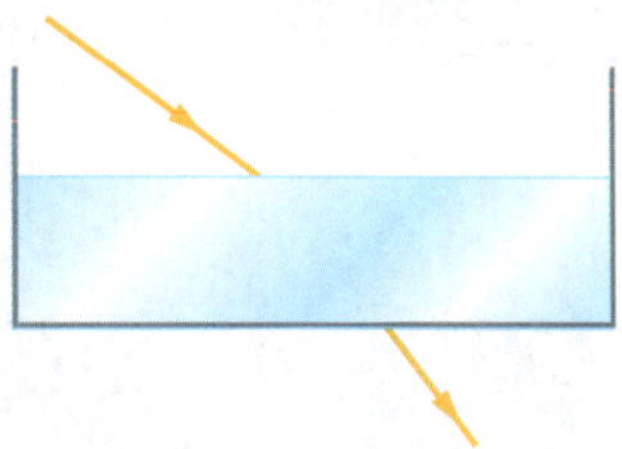

c)

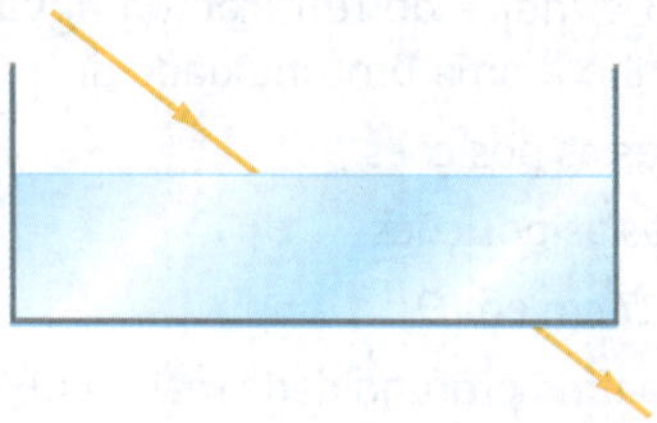

d)

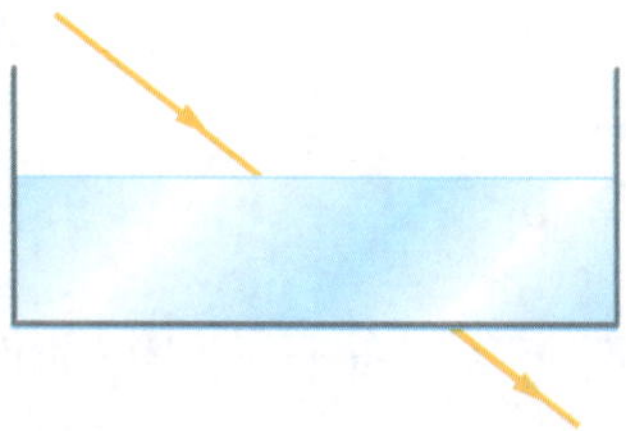

19. (Ufla-MG) A figura abaixo mostra um raio de luz monocromática que passa do meio 1 para o meio 2 e sofre uma refração.

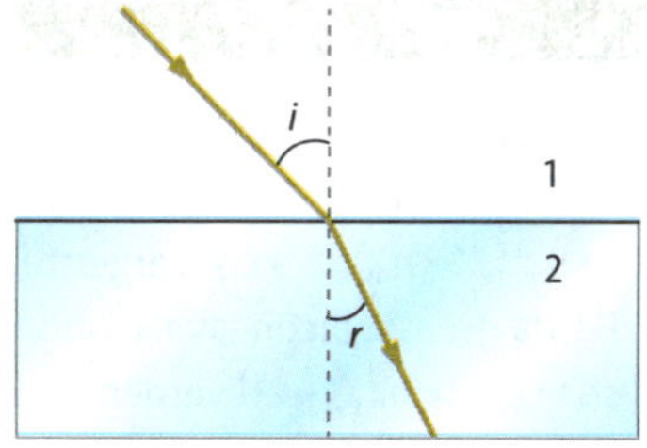

Considerando *i* o ângulo de incidência e *r* o de refração, pode-se afirmar que:

a) o meio 2 é mais refringente do que o meio 1.

b) o meio 1 é mais refringente do que o meio 2.

c) a velocidade da luz no meio 2 é maior do que no meio 1.

d) a velocidade da luz é igual em ambos os meios.

e) o índice de refração n_1 do meio 1 é maior do que o do meio 2 n_2.

20. (UEM-PR) Um feixe monocromático de luz verde, propagando-se no ar, passa a se propagar na água. Quando ocorre essa passagem de um meio para outro, é correto afirmar que:

01. a frequência do feixe aumenta.
02. a velocidade do feixe diminui.
04. o comprimento de onda do feixe não se altera.
08. a cor do feixe não se modifica.
16. é mais adequado caracterizar a cor do feixe luminoso por seu comprimento de onda.
32. a velocidade da luz na água será sempre a mesma, independentemente da cor do feixe de luz monocromática.

Dê como resposta a soma das alternativas corretas.

LENTES ESFÉRICAS

Lentes esféricas

- Elementos de uma lente esférica:
  C_1 e C_2: centro de curvatura
  r_1 e r_2: raios de curvatura
  e: espessura
  eixo principal: reta que contém C_1 e C_2

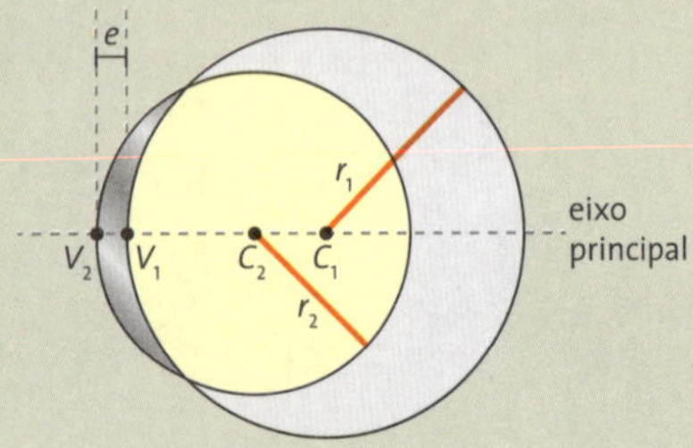

Classificação

- Borda fina: biconvexa, plano-convexa e côncavo-convexa.
  se $n_{\text{lente}} > n_{\text{meio}} \rightarrow$ convergente
- Borda grossa: bicôncava, plano-côncava, convexo-côncava.
  se $n_{\text{lente}} > n_{\text{meio}} \rightarrow$ divergente

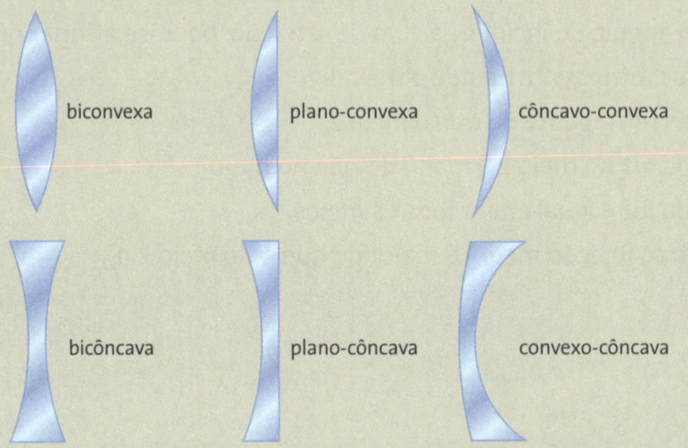

- Lente convergente

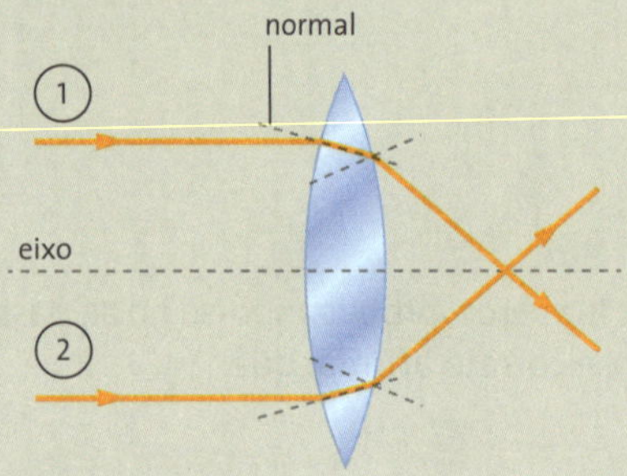

- Lente divergente

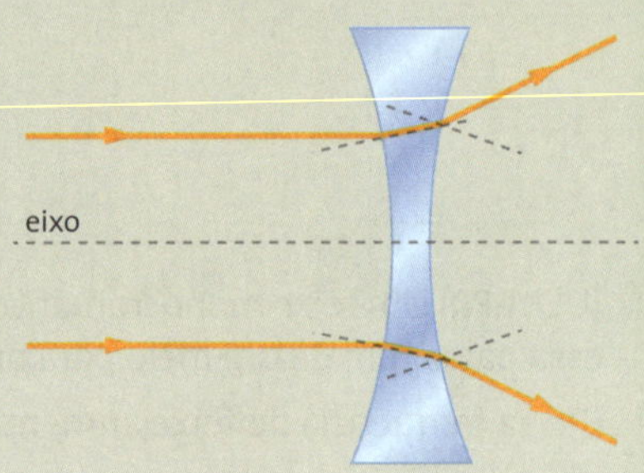

Pontos notáveis

O: centro óptico
F_o: foco principal objeto
F_i: foco principal imagem
f: distância focal

- Fórmula dos fabricantes de lentes: $\dfrac{1}{f} = \left(\dfrac{n_{\text{lente}}}{n_{\text{meio}}} - 1\right)\left(\dfrac{1}{r_1} + \dfrac{1}{r_2}\right)$;
  Face côncava: $r < 0$;
  Face convexa: $r > 0$.
- Convergência da lente (C): $C = \dfrac{1}{f}$

Lente convergente

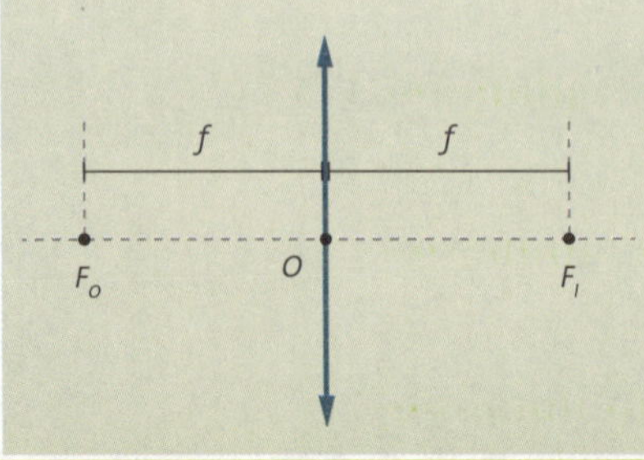

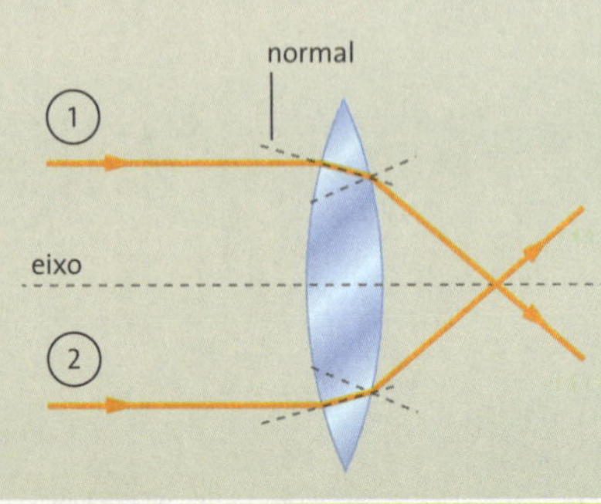

Lente divergente

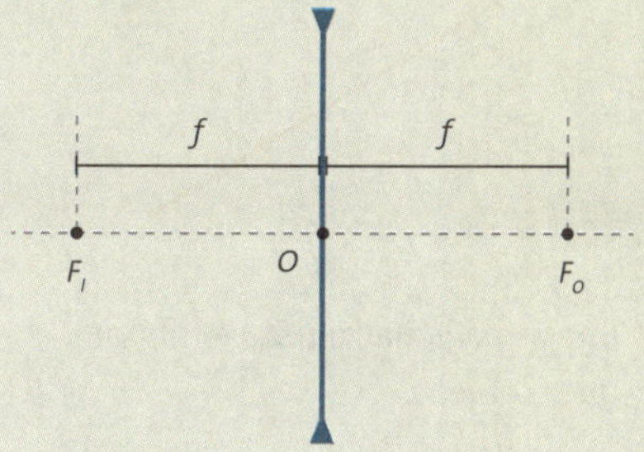

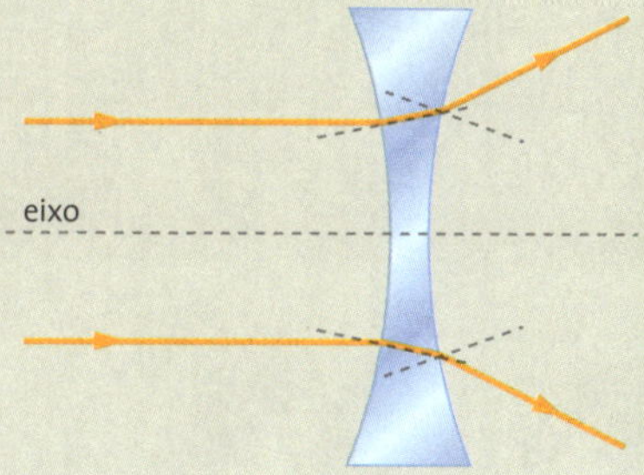

Raios de luz notáveis

- Um raio de luz que passa pelo centro óptico não sofre desvio.
- Um raio de luz ou seu prolongamento que passa pelo foco principal do objeto emerge paralelamente ao eixo principal.
- Um raio de luz ou seu prolongamento que incide paralelamente ao eixo principal emerge passando pelo foco principal imagem.

Lente convergente

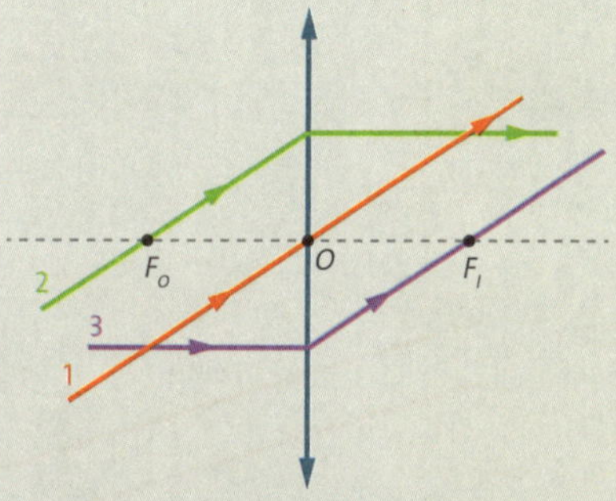

Lente divergente

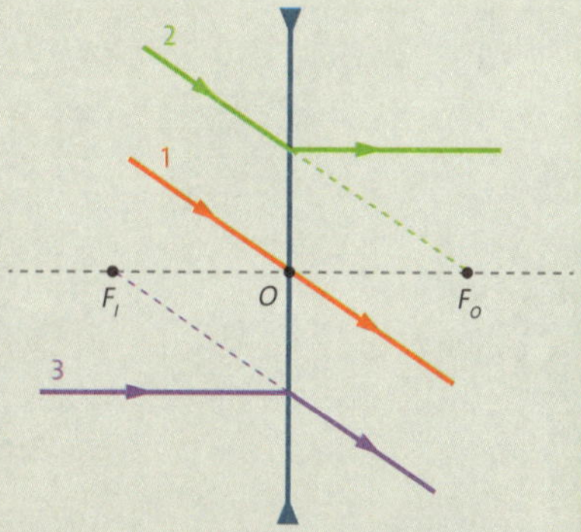

Construção de imagens

- Lente convergente

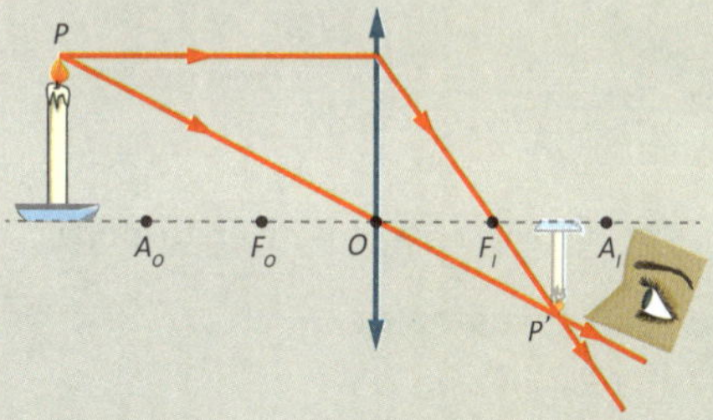

Imagem real, invertida e menor que o objeto;

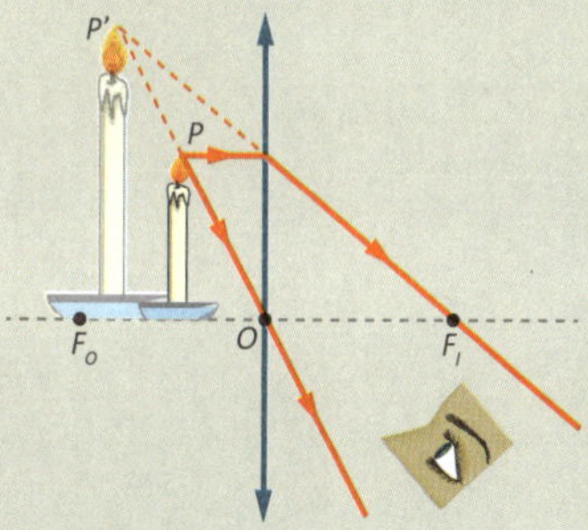

Imagem virtual, direita e maior que o objeto.

- Lente divergente

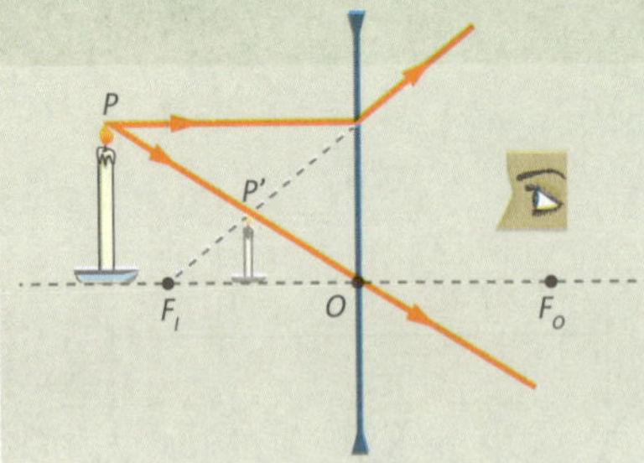

Imagem virtual, direita e menor que o objeto.

Estudo analítico

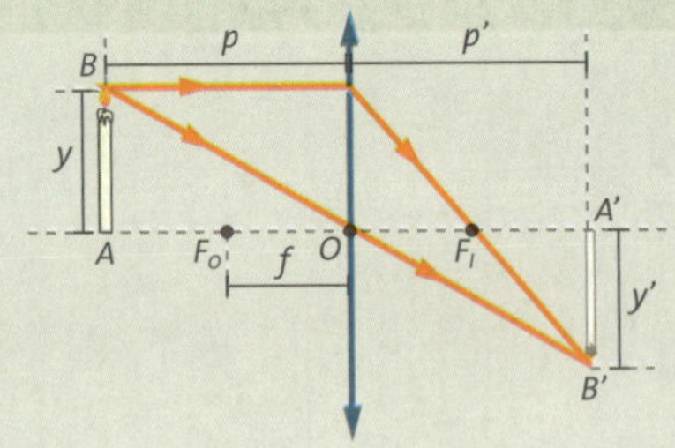

- $\frac{1}{f} = \frac{1}{p} + \frac{1}{p'}$
- $A = \frac{y'}{y} = -\frac{p'}{p}$

Olho humano

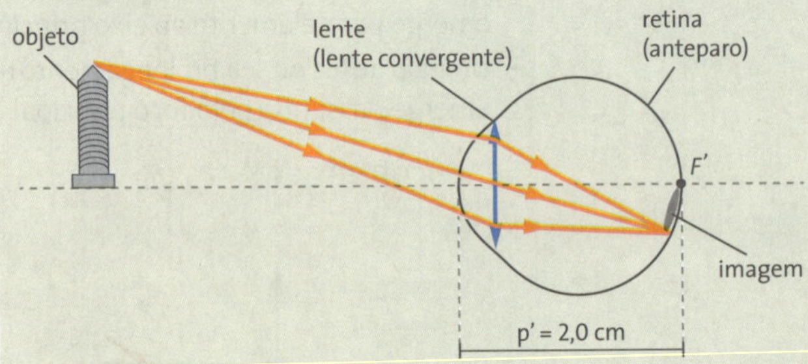

Miopia

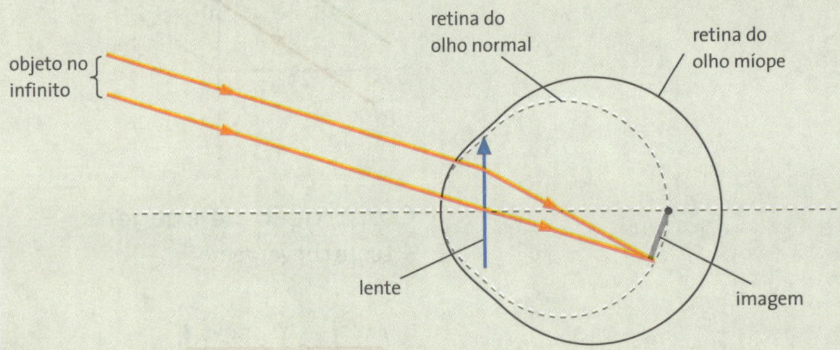

$$C = \frac{-1}{df}$$

df: distância máxima de visão nítida.

Hipermetropia

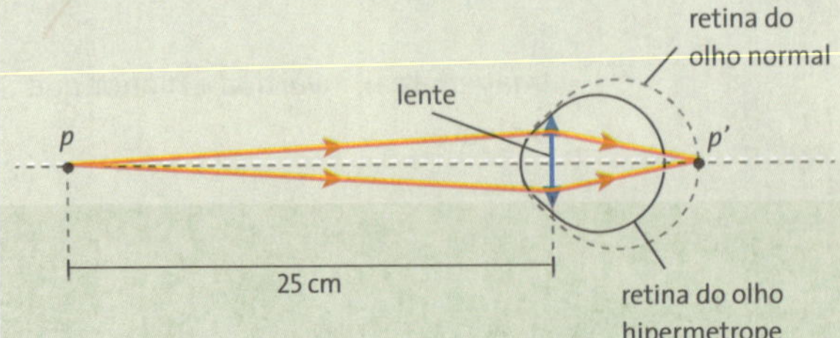

$$C = 4 - \frac{1}{d_{min}}$$

d_{min}: distância mínima de visão nítida.

Exercícios

1. (UPM-SP) Em uma experiência de óptica, na sala de aula, coloca-se um objeto real à distância de 6 cm do centro óptico de uma lente biconvexa de distância focal 4 cm. Sendo observadas as condições de Gauss, a distância entre esse objeto e sua imagem será de:

   a) 6 cm.
   b) 9 cm.
   c) 12 cm.
   d) 15 cm.
   e) 18 cm.

2. (Uerj) Um jovem com visão perfeita observa um inseto pousado sobre uma parede na altura de seus olhos. A distância entre os olhos e o inseto é de 3 metros. Considere que o inseto tenha 3 mm de tamanho e que a distância entre a córnea e a retina, onde se forma a imagem, é igual a 20 mm. Determine o tamanho da imagem do inseto.

3. (PUCC-SP) Em um velho projetor de cinema, assim como no de um *slide*, o elemento principal é a lente. Em um projetor de *slides*, uma fonte de luz intensa ilumina o *slide* situado entre a fonte e a lente do projetor. Dispondo o projetor de forma que a distância entre o *slide* e a tela de projeção seja de 8,0 metros, obtém-se uma imagem nítida projetada na tela e ampliada 15 vezes. Nestas condições, é correto afirmar que a lente do projetor tem distância focal de, aproximadamente:

   a) 50 cm e é divergente.
   b) 50 cm e é convergente.
   c) 75 cm e é divergente.
   d) 75 cm e é convergente.
   e) 90 cm e é divergente.

4. (UFG-GO) Uma lente convergente de vidro possui distância focal f quando imersa no ar. Essa lente é mergulhada em glicerina, um tipo de álcool com índice de refração maior que o do ar. Considerando-se que o índice de refração do vidro é o mesmo da glicerina (iguais a 1,5), conclui-se que o diagrama que representa o comportamento de um feixe de luz incidindo sobre a lente imersa na glicerina é o seguinte:

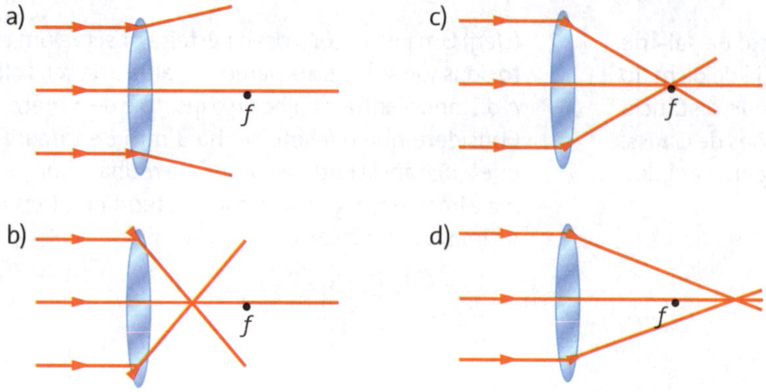

5. (UFTM-MG) Um objeto real linear é colocado diante de uma lente esférica delgada convergente, perpendicularmente a seu eixo principal. À medida que o objeto é movido ao longo desse eixo, a altura (i) da imagem conjugada pela lente varia, em função da distância do objeto a ela (p), conforme o gráfico ao lado. Se o objeto for colocado a 20 cm da lente, a altura da imagem conjugada por ela, em cm, e o módulo da distância da imagem à lente, também em cm, serão respectivamente iguais a:

a) 30 e 30.
b) 15 e 25.
c) 30 e 60.
d) 20 e 30.
e) 20 e 60.

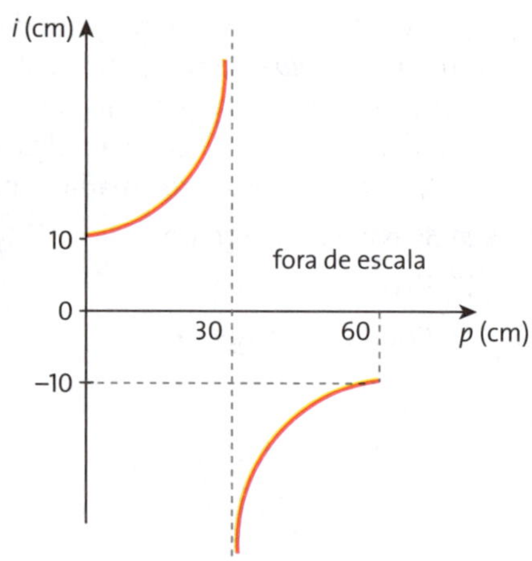

6. (Unicamp-SP) Um objeto é disposto em frente a uma lente convergente, conforme a figura abaixo. Os focos principais da lente são indicados com a letra *F*. Pode-se afirmar que a imagem formada pela lente:

a) é real, invertida e mede 4 cm.

b) é virtual, direta e fica a 6 cm da lente.

c) é real, direta e mede 2 cm.

d) é real, invertida e fica a 3 cm da lente.

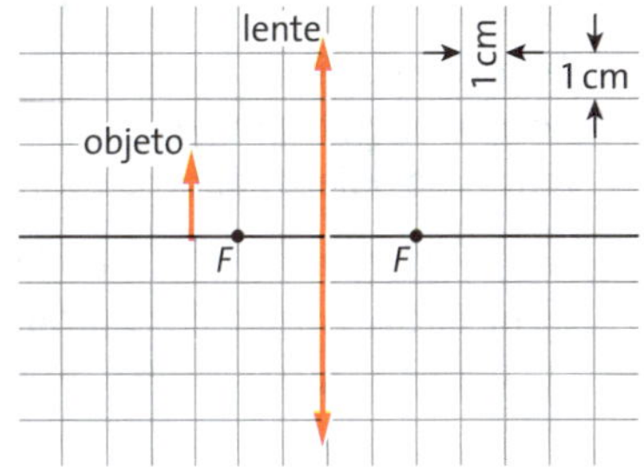

7. (UEM-PR) Com base nos conceitos relacionados à óptica geométrica, analise as alternativas abaixo e assinale o que for correto. Dê como resposta a soma das alternativas corretas.

01. Quanto maior for o índice de refração de um meio refringente, menor será sua refringência e maior será a velocidade de propagação da luz visível nesse meio.

02. Segundo a 1ª lei da refração, o raio luminoso incidente *I*, o raio refratado *R* e a normal *N* à superfície de separação *S* entre dois meios refringentes pertencem ao mesmo plano.

04. Quando um raio de luz monocromática passa de um meio mais refringente para um meio menos refringente, o raio luminoso se aproxima da normal.

08. O índice de refração de um meio material depende das características físicas da luz que se propaga nesse meio.

16. Para qualquer par de meios materiais onde a luz visível possa se propagar, a razão entre o maior e o menor índice de refração desses meios fornece o ângulo limite para que o fenômeno da reflexão interna total possa ser observado.

8. (CPS-SP) Nas plantações de verduras, em momentos de grande insolação, não é conveniente molhar as folhas, pois elas podem "queimar", a não ser que se faça uma irrigação contínua.

Observando as figuras, conclui-se que a "queima" das verduras ocorre porque as gotas depositadas sobre as folhas planas assumem formatos de objetos ópticos conhecidos como lentes:

a) biconvexas, que têm a propriedade de dispersar a radiação solar.

b) bicôncavas, que têm a propriedade de dispersar a radiação solar.

c) plano-convexas, que têm a propriedade de concentrar a radiação solar.

d) plano-côncavas, que têm a propriedade de concentrar a radiação solar.

e) convexo-côncavas, que têm a propriedade de concentrar a radiação solar.

(http://farm2.static.flickr.com/1065/873281869_3e6d00a0a0.jpg. Acesso em: 03.09.2011)

Pingos na folha de verdura.

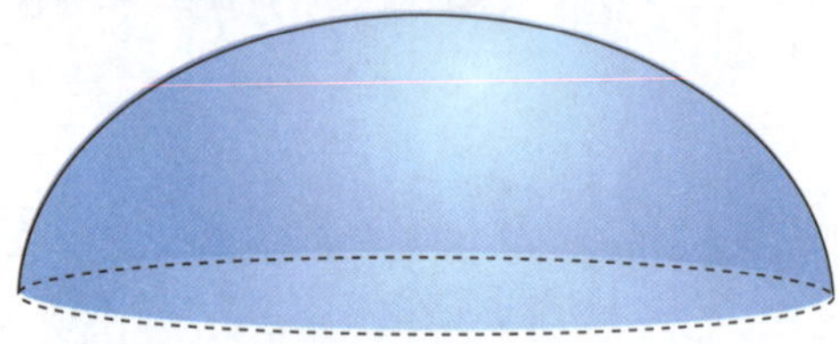

Formato ampliado de uma gota.

9. (UFMG-MG) Na figura está representado o perfil de três lentes de vidro. Rafael quer usar essas lentes para queimar uma folha de papel com a luz do Sol. Para isso, ele pode usar apenas:

a) a lente I.

b) a lente II.

c) as lentes I e III.

d) as lentes II e III.

e) as lentes I, II e III.

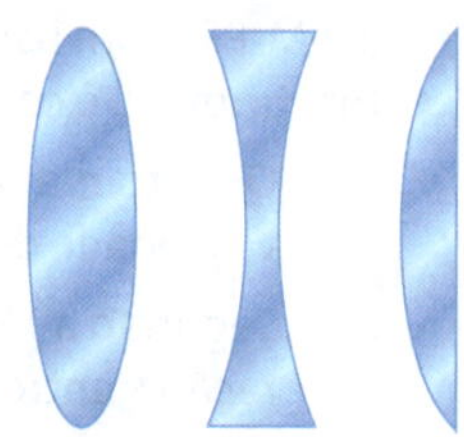

10. (PUC-RS) Quando um raio de luz monocromática passa obliquamente pela superfície de separação de um meio para outro mais refringente, o raio aproxima-se da normal à superfície. Por essa razão, uma lente pode ser convergente ou divergente, dependendo do índice de refração do meio em que se encontra. As figuras 1 e 2 representam lentes com índice de refração n_1 imersas em meios de índice de refração n_2, sendo N a normal à superfície curva das lentes. Considerando essas informações, conclui-se que:

a) a lente 1 é convergente se $n_2 < n_1$.

b) a lente 1 é convergente se $n_2 > n_1$.

c) a lente 2 é divergente se $n_2 > n_1$.

d) a lente 2 é convergente se $n_2 < n_1$.

e) as lentes 1 e 2 são convergentes se $n_1 = n_2$.

figura 1

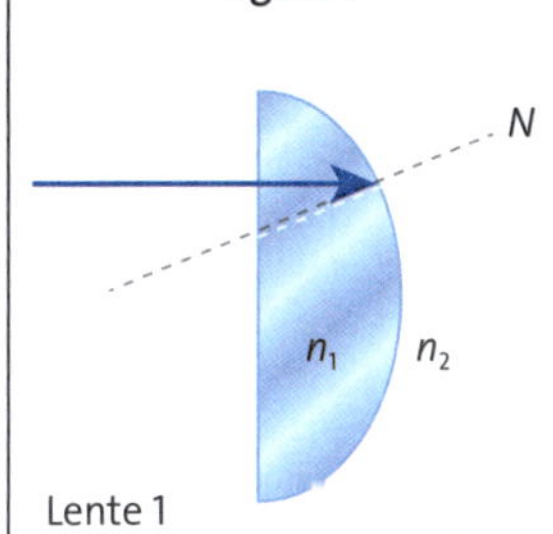

Lente 1

figura 2

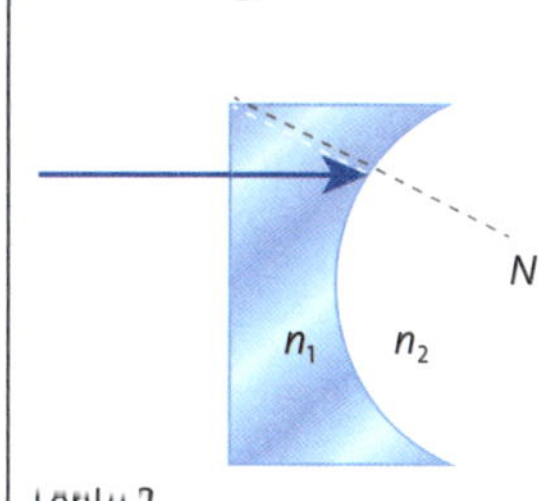

Lente 2

11. (UFPR) Uma certa lupa tem uma convergência de 5 di. Observando um pequeno objeto com essa lupa, só veremos uma imagem ampliada e direita (não invertida) se a lupa for mantida a uma distância d do objeto, tal que:

a) $0\text{ cm} < d < 5\text{ cm}$.

b) $0\text{ cm} < d < 10\text{ cm}$.

c) $0\text{ cm} < d < 20\text{ cm}$.

d) $10\text{ cm} < d < 40\text{ cm}$.

e) $20\text{ cm} < d < 40\text{ cm}$.

12. (Udesc) Uma lente convergente de distância focal *d* é colocada entre um objeto e uma parede. Para que a imagem do objeto seja projetada na parede com uma ampliação de 20 vezes, a distância entre a lente e a parede deve ser igual a:

a) $\frac{20}{d}$.
b) 20*d*.
c) 19*d*.
d) 21*d*.
e) $\frac{21}{d}$.

13. (UEPG-PR) Lente é qualquer meio transparente e isotrópico limitado por dois dioptros esféricos ou cilíndricos, podendo um deles ser plano. A luz ao atravessar uma lente esférica pode sofrer refração. Sobre lentes esféricas, assinale o que for correto. Dê como resposta a soma das alternativas corretas.

01. Quando o índice de refração do material que constitui a lente é maior que o índice de refração do meio envolvente, todas as lentes esféricas delgadas são convergentes.
02. Um sistema de lentes esféricas delgadas justapostas se comporta como se fosse uma única lente, cuja convergência é igual à soma algébrica das convergências das lentes componentes do sistema.
04. Lentes divergentes têm convergência negativa.
08. Lentes esféricas podem gerar imagens reais ou virtuais de um objeto.
16. Um raio luminoso que passa pelo centro óptico de uma lente esférica delgada não sofre nem desvio angular nem desvio linear.

14. (PUC-PR) David Hockney, pintor pop inglês, um dos mais importantes artistas da atualidade, defende a ideia de que alguns grandes mestres da pintura no passado teriam recorrido a dispositivos ópticos para projetar sobre as telas as imagens que pintavam. Hockney procurou saber que recurso óptico eles poderiam ter usado e descobriu a câmara lúcida, invenção patenteada, em 1807, pelo físico inglês William Hyde Wollaston. A câmara lúcida é um pequeno prisma com quatro ou cinco faces, uma semiespelhada e outra espelhada, que permite ao pintor ver sobre a tela ou papel onde faz o esboço a imagem do objeto que pinta, à sua frente.

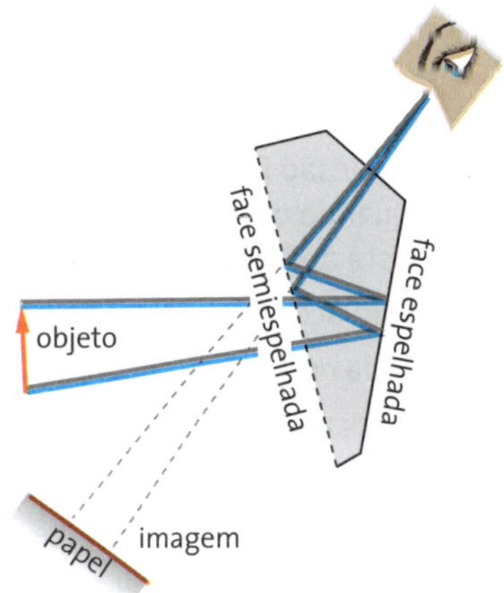

Outros recursos ópticos também eram utilizados, tais como: lentes, espelhos côncavos e câmara escura, já com implementos de lentes e espelhos. A câmara escura era usada por artistas no século XVI, como um auxílio para os esboços nas pinturas, conforme ilustrado a seguir:

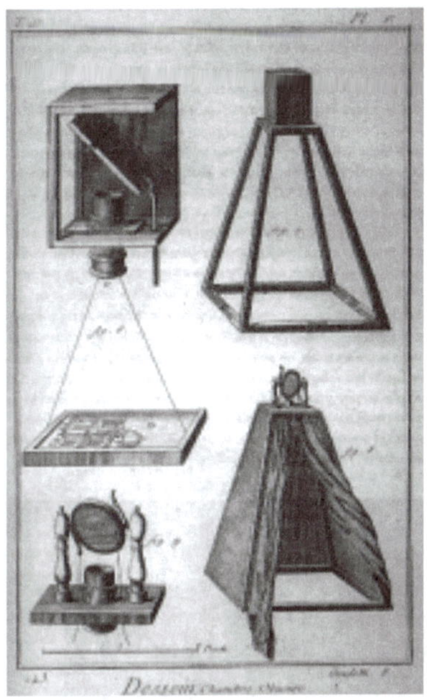

PUC/2009

Sobre lentes, espelhos e câmara escura é correto afirmar:

a) A lente utilizada para projetar a imagem sobre a tela é a mesma que se utiliza para a correção da miopia.

b) O espelho côncavo utilizado produz uma imagem virtual direita e maior que o objeto.

c) O espelho côncavo era utilizado para projetar uma imagem real invertida e menor que o objeto. A função da lente convergente era ampliar a imagem.

d) Na câmara lúcida a imagem vista pelo observador é real invertida e menor que o objeto.

e) A lente utilizada na câmara escura produz uma imagem com as mesmas características de uma lupa.

15. (IFSP) Os fenômenos luminosos são estudados há muito tempo. A luz, como qualquer onda eletromagnética, tem grandes aplicações na engenharia e na medicina, entre outras áreas. Quando a luz atinge uma superfície, um ou mais fenômenos podem ocorrer, como a reflexão, refração, difusão e absorção.
A seguir são feitas as seguintes afirmativas:

I. Quando olhamos uma moeda dentro de um recipiente com água, sabemos que ela não se encontra na posição vista aparentemente, por causa do fenômeno da reflexão, que desvia os raios luminosos.

II. Para acendermos um palito de fósforo por meio de raios solares, podemos usar lentes do tipo convergentes.

III. Toda onda eletromagnética, como a luz, pode se propagar no vácuo.

IV. Colocando-se um objeto entre dois espelhos planos e paralelos, obtém-se um número infinito de imagens.

São corretas apenas:

a) I e II. b) II e IV. c) I, II e III. d) I, II e IV. e) II, III e IV.

16. (Cesgranrio-RJ) Para determinar experimentalmente a distância focal de uma lente convergente, você dispõe de um banco óptico, da lente, de um espelho plano e de uma fonte pontual. Na montagem você observa que a imagem da fonte se forma junto desta sobre o anteparo que contém a fonte.
Qual a distância focal da lente?

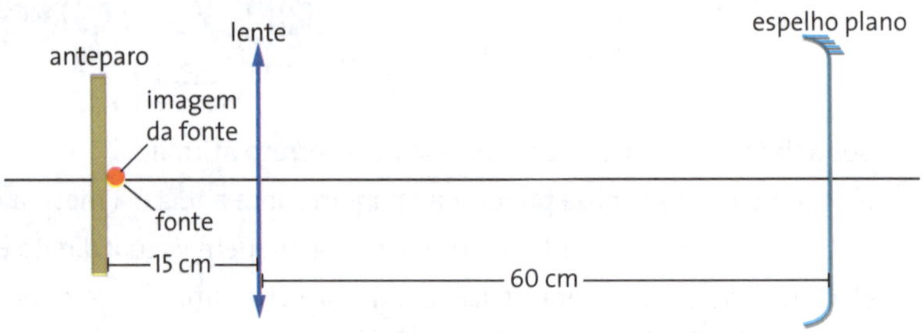

17. (Vunesp-SP) Escolhido como o Ano Internacional da Astronomia, 2009 marcou os 400 anos do telescópio desenvolvido pelo físico e astrônomo italiano Galileu Galilei. Tal instrumento óptico é constituído de duas lentes: uma convergente (objetiva) e outra divergente (ocular). A tabela indica o perfil de 4 lentes I, II, III e IV que um aluno dispõe para montar um telescópio como o de Galileu.

Lente	I	II	III	IV
Perfil	Biconvexa	Plano-côncova	Convexo-côncava	Plano-convexa

Para que o telescópio montado pelo aluno represente adequadamente um telescópio semelhante ao desenvolvido por Galileu, ele deve utilizar a lente:

a) I como objetiva e a lente II como ocular.

b) II como objetiva e a lente I como ocular.

c) I como objetiva e a lente IV como ocular.

d) III como objetiva e a lente I como ocular.

e) III como objetiva e a lente IV como ocular.

18. (PUC-SP) Um objeto real está situado a 10 cm de uma lente delgada divergente de 10 cm de distância focal. A imagem desse objeto, conjugada por essa lente, é:

a) virtual, localizada a 5,0 cm da lente.

b) real, localizada a 10 cm da lente.

c) imprópria, localizada no infinito.

d) real, localizada a 20 cm da lente.

e) virtual, localizada a 10 cm da lente.

19. (Unifesp) Uma lente convergente tem uma distância focal $f = 20,0$ cm quando o meio ambiente onde ela é utilizada é o ar. Ao colocarmos um objeto a uma distância $p = 40,0$ cm da lente, uma imagem real e de mesmo tamanho que o objeto é formada a uma distância $p' = 40,0$ cm da lente. Quando essa lente passa a ser utilizada na água, sua distância focal é modificada e passa a ser 65,0 cm. Se mantivermos o mesmo objeto à mesma distância da lente, agora no meio aquoso, é correto afirmar que a imagem será:

a) virtual, direita e maior.
b) virtual, invertida e maior.
c) real, direita e maior.
d) real, invertida e menor.
e) real, direita e menor.

---

20. (Vunesp-SP) Uma lupa utilizada para leitura é confeccionada com uma lente delgada convergente, caracterizada por uma distância focal f. Um objeto é colocado a uma distância $0,8\,f$, medida a partir da lente. Se uma letra de um texto tem altura 1,6 mm, determine o tamanho da letra observado pelo leitor.

Desafio

Theo Szczepanski/Arquivo da editora

Olimpíada Brasileira de Física (OBF)

1. "A catarata é uma patologia dos olhos que consiste na opacidade parcial ou total do cristalino ou de sua cápsula. Pode ser desencadeada por vários fatores, como traumatismo, idade, Diabetes mellitus, uveítes, uso de medicamentos, etc. Tipicamente apresenta-se como embaçamento visual progressivo que pode levar à cegueira ou visão subnormal."

<http://pt.wikipedia.org/wiki/Catarata>.

É muito comum o desenvolvimento de catarata em idosos, sendo necessária intervenção cirúrgica. No desenvolvimento inicial da catarata relacionada à idade, a magnificação das lentes (cristalino) pode ser aumentada causando miopia; o gradual amarelamento e o aumento de opacidade da lente podem ocasionar redução da percepção do azul. De acordo com o texto e seus conhecimentos sobre óptica geométrica, é correto afirmar que:

a) a catarata implica diminuição da intensidade de luz detectada na retina.

b) o indivíduo com catarata enxerga apenas algumas cores devido à lesão no cristalino.

c) o amarelamento do cristalino se deve ao fato de ocorrer maior absorção do amarelo.

d) a catarata implica o aumento da intensidade de luz detectada na retina.

e) em alguns casos, a catarata ocasiona aumento da distância focal do olho afetado.

As questões de 2 a 4 referem-se ao texto abaixo.
O ser humano possui a capacidade de manter uma temperatura média de 36 °C. O estado febril é caracterizado para temperaturas entre 37,5 °C e 38 °C. Para temperaturas superiores é diagnosticada febre. Os médicos recomendam medicação adequada e banho para baixar a temperatura. A água do banho deve estar a uma temperatura de 30 °C aproximadamente.

2. Contando apenas com um termômetro graduado na escala Fahrenheit uma mãe verificou que seu bebê estava a uma temperatura de 100,4 °F. A temperatura do bebê em Celsius é:

a) 37,5 °C.

b) 38,0 °C.

c) 38,5 °C.

d) 39,0 °C.

e) 39,5 °C.

Observação: 0 °C = 32 °F e 100 °C = 212 °F.

3. De acordo com o texto e seus conhecimentos sobre calorimetria, é correto afirmar que:

a) A água do banho baixa a capacidade térmica do corpo humano.

b) A água do banho aumenta a capacidade térmica do corpo humano.

c) A água do banho não altera a capacidade térmica do corpo humano.

d) A capacidade térmica da água é negativa.

e) A temperatura de equilíbrio é definida como a média das temperaturas iniciais.

---

4. O volume mínimo de água necessário para que um bebê de 3 kg tenha sua temperatura de 39 °C baixada de 1 °C é aproximadamente:

a) 0,30 litro. b) 0,50 litro. c) 0,60 litro. d) 0,80 litro. e) 1,00 litro.

O calor específico do ser humano é 0,85 cal/g °C.
A densidade da água é 1 g/cm^3.

As questões 5 e 6 referem-se ao texto e à figura abaixo.

Para fazer lentes de contato é necessário medir a curvatura da córnea. O método consiste em analisar a imagem refletida pela córnea (ver figura a seguir).

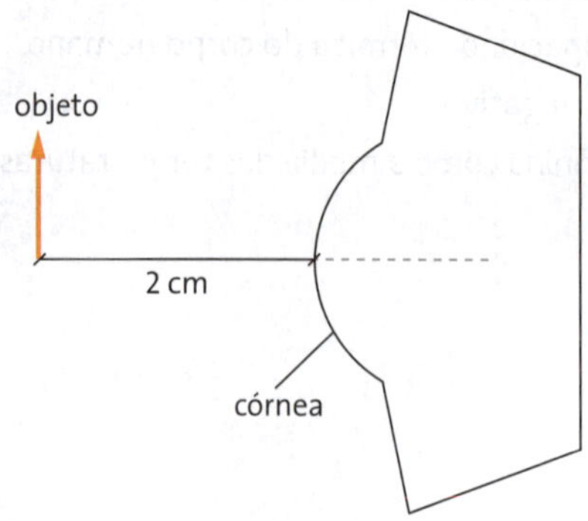

5. A imagem formada é:

a) real, maior e invertida.
b) virtual, menor e direita.
c) real, menor e direita.
d) virtual, maior e invertida.
e) real, maior e direita.

6. Sabendo que o aumento da imagem é igual a $\frac{1}{6}$, qual o raio da córnea?

a) 0,40 cm
b) 0,50 cm
c) 0,60 cm
d) 0,70 cm
e) 0,80 cm

As questões de 7 a 9 referem-se ao texto abaixo:

Scanners ultrassônicos são utilizados para investigar o interior do corpo humano. A base do funcionamento consiste em enviar pulsos de ultrassom e esperar por ecos. Reflexões do som ocorrem nas interfaces de diferentes tecidos. O analisador é passado através da região de interesse e a figura é construída eletronicamente por meio do eco, que informa a posição. Ultrassons são frequentemente utilizados em aplicações obstétricas. Submarinos, golfinhos e morcegos utilizam ultrassom num intervalo de frequência de 30–100 kHz, enquanto que em diagnósticos médicos o intervalo de frequência utilizado é 1–20 MHz. Apesar da maior parte da energia do ultrassom ser convertida em energia térmica e diferente dos raios x que sempre causam algum dano ao tecido, o ultrassom não é prejudicial à saúde devido à baixa intensidade utilizada nos diagnósticos médicos.

7. Ao atravessar o tecido humano ultrassons se propagam a 1 500 m/s. Para um aparelho de ultrassom que produz ondas de 3 MHz, calcule a menor distância (resolução em milímetros – mm) que conseguimos distinguir durante um exame.

a) 0,15 mm
b) 0,25 mm
c) 0,30 mm
d) 0,50 mm
e) 0,75 mm

8. A profundidade efetiva é definida em termos do comprimento de onda (λ) do ultrassom. Calcule a profundidade efetiva para que o ultrassom penetre 10 cm no corpo humano.

a) 300λ
b) 200λ
c) 150λ
d) 100λ
e) 50λ

9. A intensidade do ultrassom utilizado em diagnósticos médicos é da ordem de 10^{-2} W/m^2. Calcule a taxa temporal por unidade de área de variação da temperatura de um adulto de 80 kg submetido ao diagnóstico.
O calor específico do tecido humano é aproximadamente 0,85 cal/g °C. Considere que 80% da energia carregada pelo ultrassom é transformada em calor e que este é uniformemente distribuído pela superfície da área investigada.

a) $2,8 \cdot 10^{-9}$ mK/cm$^2 \cdot$ s
b) $5,2 \cdot 10^{-8}$ mK/cm$^2 \cdot$ s
c) $7,3 \cdot 10^{-7}$ mK/cm$^2 \cdot$ s
d) $8,5 \cdot 10^{-6}$ mK/cm$^2 \cdot$ s
e) $1,2 \cdot 10^{-5}$ mK/cm$^2 \cdot$ s

Ludwig Eduard Boltzmann (1844-1906)

Físico austríaco, conhecido pelo seu trabalho nos campos da Termodinâmica e da Física estatística. É considerado junto com Josiah Willard Gibbs e James Clerk Maxwell os fundadores da mecânica estatística. Foi defensor da teoria atômica, numa época em que esta era bem controversa. Em 1863 iniciou seus estudos em Física na Universidade de Viena e em 1866 terminou o seu doutoramento na mesma universidade com uma tese sobre teoria cinética de gases, sob a supervisão de Joseph Stefan. Ele foi enterrado em Viena e na sua tumba está escrita a famosa equação da física estatística $S = K \cdot \ln \Omega$. S é a entropia do sistema, K a constante de Boltzmann e Ω o número de microestados possíveis para o sistema.

Adaptado de <http://pt.wikipedia.org/wiki/Boltzmann>.

10. No laboratório, duas quantidades do mesmo líquido são misturadas. A massa do líquido mais quente m_1 é o dobro da massa do líquido mais frio m_2. Da mesma forma, a temperatura do líquido mais quente θ_1 é o dobro da temperatura do líquido mais frio $\theta_2 = 30$ °C. Determine a temperatura de equilíbrio da mistura.

a) 40 °C b) 45 °C c) 50 °C d) 55 °C e) 35 °C

11. Dois corpos A e B são aquecidos. Nos gráficos abaixo, θ (°C) representa a temperatura dos corpos e Q (kJ) a quantidade de calor absorvida.

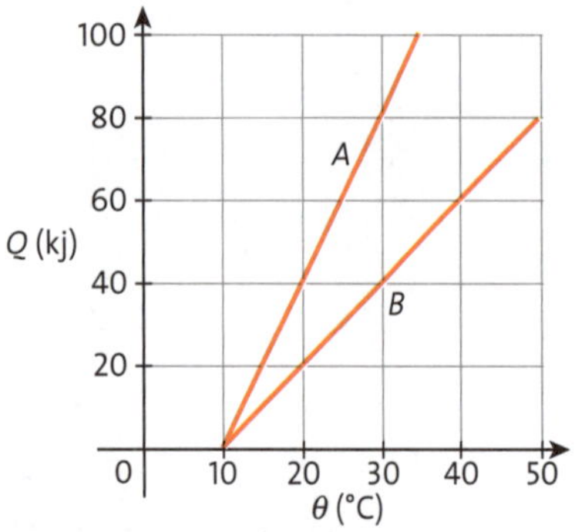

Qual é a capacidade calorífica de cada corpo A e B (respectivamente, em kJ/°C)?

a) 2,0 e 4,0
b) 2,0 e 3,0
c) 3,0 e 2,0
d) 5,0 e 2,0
e) 4,0 e 2,0

12. Um termômetro com escala linear, porém arbitrária (indicada como X), marca 10 °X no ponto de fusão do gelo e 200 °X no ponto de ebulição da água. Qual é a leitura desse termômetro no ponto de ebulição do álcool etílico $\theta_e = 78$ °C?

a) 100 °X
b) 158 °X
c) 165 °X
d) 175 °X
e) 190 °X

13. O diagrama de estado abaixo pertence à água. Sob a pressão de 7,0 Torr (1 Torr = 1 mmHg), qual a temperatura que a água ferve?

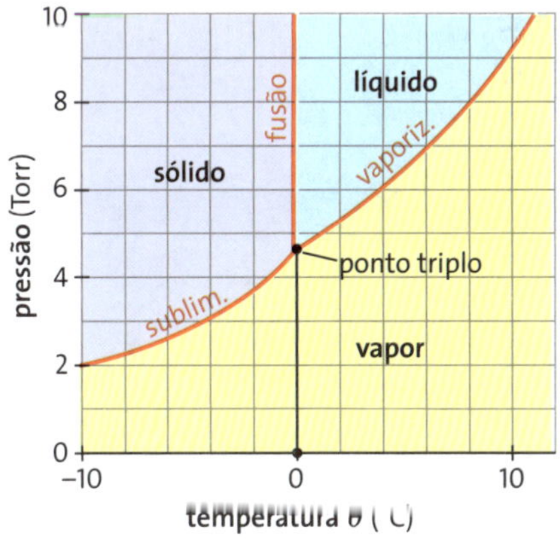

a) −10 °C
b) +10 °C
c) −6 °C
d) +6 °C
e) 100 °C

14. Considere uma flecha impulsionada com a ajuda de um fio, que tem densidade linear de massa igual a 5 g/m e um comprimento de cerca de 80 cm. O arqueiro produz uma tensão no fio de cerca de 200 N após o lançamento da flecha. Sabendo que o fio oscila no seu primeiro harmônico, sua frequência de vibração, em Hz, é dada por:

a) 125.
b) 250.
c) 400.
d) 500.
e) 625.

15. Uma câmera fotográfica pode ser construída usando uma caixa com um orifício (câmera de orifício). Para se obter uma imagem com a máxima fidelidade possível é necessário que o objeto seja iluminado com uma luz monocromática de comprimento de onda λ. Assuma D = distância do orifício ao objeto e d o diâmetro do orifício ($D >> d$). Obtenha uma boa aproximação para o valor de d nas condições em que a imagem possa ser a mais nítida possível para este comprimento de onda.

a) $2D^2/\lambda$
b) λ^2/D
c) $2\lambda^2/D$
d) D^2/λ
e) $\sqrt{\lambda \cdot D}$

16. Após ser atirada, a flecha, de densidade linear de massa igual a 50 g/m e 100 cm de comprimento, também executa um movimento oscilatório. A tensão à qual está submetida é de 500 N. Supondo que ela oscila no segundo modo fundamental, a frequência de vibração da flecha é:

a) 100 Hz.
b) 200 Hz.
c) 300 Hz.
d) 400 Hz.
e) 500 Hz.

17. A força com que o arqueiro deve tencionar o fio é muito grande. Caso o atleta solte o fio sem que a flecha seja colocada na posição correta, a vibração pode fazer com que o arco seja rompido. Isso ocorre devido:

a) à conservação da energia.
b) ao princípio de Fourier.
c) à ressonância.
d) ao princípio do impulso e quantidade de movimento.
e) à 1ª lei da termodinâmica.

18. Mesmo que pareça estranho, vários atletas olímpicos precisam de lentes corretoras, esse é o caso, por exemplo, de Cesar Cielo, medalhista olímpico brasileiro dos 50 m de nado livre. Supondo que um atleta com problemas de visão tenha o ponto próximo a 20 cm e o ponto distante a 5 m, qual tipo de lente deve ser utilizado e qual o módulo de sua potência?

a) Convergente, 0,1 di.

b) Convergente, 0,2 di.

c) Convergente, 5,0 di.

d) Divergente, 0,1 di.

e) Divergente, 0,2 di.

19. Nos jogos olímpicos de Londres foi projetado um centro energético que vai produzir energia e aquecimento aos atletas durante a competição. Supondo que a estação energética funcione como uma máquina termodinâmica ideal, qual o rendimento máximo que a máquina pode ter se ela opera entre as temperaturas −33 °C e 27 °C?

a) 100%

b) 80%

c) 60%

d) 40%

e) 20%

20. Num dia nublado em Londres, a temperatura era de 12 °C. Qual era a temperatura em Fahrenheit, que é a escala termométrica utilizada na Inglaterra?

a) 53,6 °F
b) 21,6 °F
c) 12,4 °F
d) 17,6 °F
e) 32 °F

21. Ao se dirigir para a piscina, um nadador desastrado derruba 100 mL da água que ele tomava dentro dela. Sabendo que uma piscina olímpica tem cerca de 2500000 litros de água, se depois ele retirar 100 mL da piscina com o mesmo copo, qual o percentual de água no copo vai corresponder à água que ele derrubou na piscina? (1 mL = 10^{-3} L)

a) 0,000032%
b) 0,00032%
c) 0,000004%
d) 0,00004%
e) 0,000523%

22. Uma cozinheira sabe que, ao utilizar uma panela de pressão, o tempo de cozimento de alimentos como feijão e batata diminui muito. Qual das afirmativas abaixo é correta com relação ao processo de cozimento de alimentos em uma panela de pressão?

a) Tamanho da panela.
b) Quantidade de calor absorvida pela panela.
c) Quantidade de água no seu interior.
d) A panela fechada diminui a taxa de evaporação de água.
e) O aumento da pressão no interior da panela eleva a temperatura de ebulição da água.

23. Qual é o total de energia que um ser humano consome durante a sua vida em Joules? (1 cal = 4,2 J)

a) 4 000 J

b) 10 kJ

c) $4 \cdot 10^4$ J

d) $5 \cdot 10^{15}$ J

e) $2 \cdot 10^8$ J

24. O mundo tem hoje, aproximadamente, 6 bilhões de habitantes. Quantos litros de água estão armazenados na população humana?

a) $6 \cdot 10^9$

b) $6 \cdot 10^8$

c) $2,5 \cdot 10^{11}$

d) $2,5 \cdot 10^9$

e) $5 \cdot 10^9$

25. É possível encontrar em caminhões dois espelhos retrovisores dispostos do lado do motorista. Na foto ao lado, o espelho inferior é plano. Em relação ao de cima, podemos dizer que:

OBF/2007

I. como o do inferior, observamos a imagem atrás do espelho e é, portanto, uma imagem real.

II. a área refletida para o olho do motorista é maior que a refletida pelo espelho inferior, portanto é uma parte de um espelho côncavo.

III. os raios de luz que incidem paralelamente ao eixo principal são desviados, afastando-se do eixo principal, e seu foco é obtido a partir do prolongamento desses raios.

a) Apenas a afirmação III está correta.

b) As afirmações I e II estão corretas.

c) As afirmações II e III estão corretas.

d) Todas as afirmações estão corretas.

e) Apenas a afirmação II está sempre correta.

---

26. Na figura ao lado vê-se a luz emitida por um dos faróis dianteiros de um automóvel. Considerando a lâmpada um ponto no foco, que tipo de espelho é o mais conveniente para refletir as luzes da lâmpada e produzir o feixe de luz da ilustração?

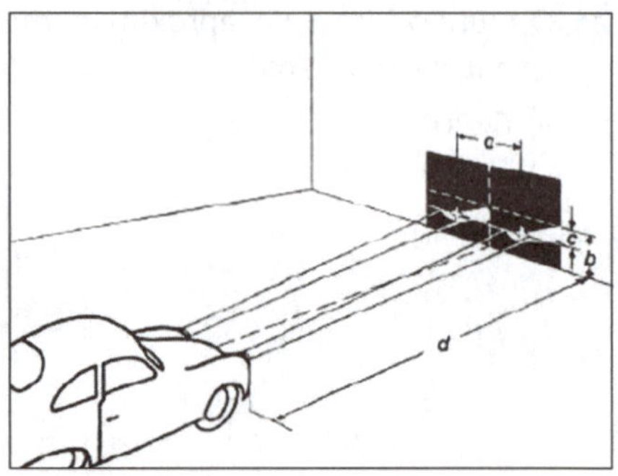

Antonio Robson/Arquivo da editora

a) Parabólico.

b) Convexo.

c) Côncavo.

d) Os três anteriores.

e) Plano.

27. Na figura ao lado vê-se um objeto movendo-se da esquerda para a direita, ao mesmo tempo em que produz ondas superficiais circulares na água. Esta imagem pode representar uma ambulância com a sirene funcionando. Em relação a esse fenômeno, qual das afirmações abaixo está **incorreta**?

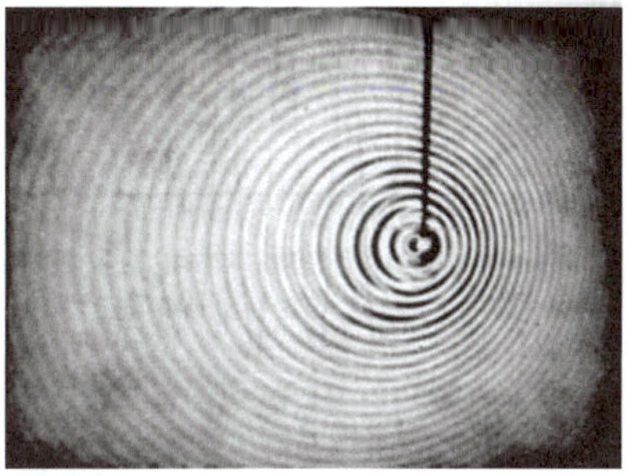

Antonio Robson/Arquivo da editora

a) Chama-se efeito Doppler.

b) O som da sirene fica mais grave do lado esquerdo e mais agudo do lado direito.

c) As duas ondas propagam-se, necessariamente, em meios materiais.

d) A velocidade do som na água e no ar são iguais.

e) A sirene, ao funcionar com o veículo parado, gera ondas esféricas sonoras.

28. Um desafio prático e muito comum nas residências é a obtenção de uma pressão maior da água nos pontos onde serão instaladas as torneiras, chuveiros, etc. Para aumentar a pressão hidrostática (quando a água ainda não está saindo da torneira) muitas sugestões são dadas. Algumas delas estão listadas a seguir. Examine-as:

I. Substitua a caixa-d'água por uma maior, não importando a forma ou as dimensões da caixa, desde que possa conter um volume maior de água que antes. O peso adicional da água dará uma pressão maior em toda a tubulação hidráulica.

II. Aumente o comprimento da tubulação, colocando a caixa-d'água o mais longe possível da saída de água em que se deseja aumentar a pressão. Desta maneira, os canos reterão uma maior massa de água e então, ao abrir uma torneira, a sua energia de movimento fará a pressão aumentar.

III. Pode até usar uma caixa-d'água menor, mas erga-a colocando-a o mais alto possível em relação ao ponto em que se deseja aumentar a pressão. Desta forma, a pressão hidrostática aumentará.

Das sugestões fornecidas, está(estão) correta(s):

a) todas elas. b) apenas I e II c) apenas a III. d) apenas II e III. e) apenas a II.

29. No gráfico $p \times V$, em que p é a pressão sobre um gás ideal e V o volume desta massa gasosa, está representada uma transformação gasosa, desde o estado A até o estado B. Sobre a transformação representada, é correto afirmar que:

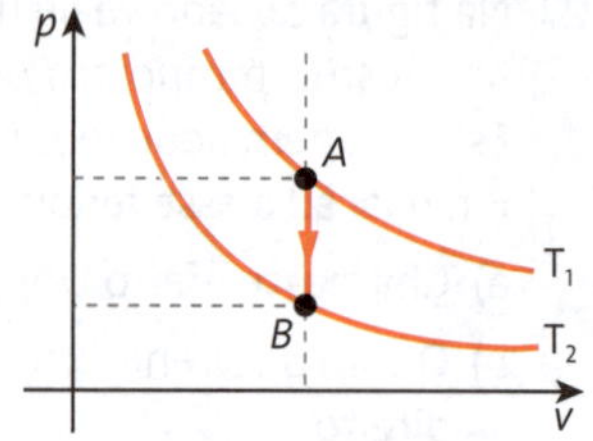

a) o sistema recebe calor do exterior.

b) a energia interna do sistema aumenta.

c) a transformação de A para B é necessariamente adiabática.

d) a expressão algébrica que relaciona p e V é dada por $p \cdot V =$ constante.

e) o trabalho realizado pelo gás é nulo.

30. Complete as lacunas do texto abaixo para que ele fique conceitualmente correto:

Dirigindo um automóvel em dias ensolarados é possível observar, em trechos retos e relativamente longos de uma estrada asfaltada, o fenômeno da miragem. A estrada parece ter poças d'água. Para explicar esse fenômeno é necessário lembrar que o ar próximo do pavimento asfáltico está muito mais aquecido que o ar mais acima dele. A luz proveniente do céu imediatamente à frente do prolongamento da estrada aproxima-se do piso asfáltico percorrendo, inicialmente, as camadas superiores, de ar menos quente, para então penetrar nas camadas mais baixas e quentes. Nesse deslocamento, a velocidade das ondas vai ________ à medida que a luz vai se aproximando do asfalto, pois o ar mais quente e mais rarefeito oferece menor dificuldade para a propagação da luz. Como a frequência da radiação luminosa ________, a mudança de sua velocidade de propagação faz com que seu comprimento de onda seja ________ nas partes próximas à estrada. Como consequência disso, a direção da propagação muda continuamente curvando-se sem tocar o piso e, ao chegar ao observador, parece ter sido refletida pelo asfalto da estrada.

A alternativa que completa corretamente as lacunas é:

a) aumentando; sofre alteração; maior.

b) aumentando; não sofre alteração; maior.

c) diminuindo; não sofre alteração; menor.

d) diminuindo; aumenta; maior.

e) aumentando; diminui; menor.

31. O diagrama bidimensional que tem como ordenadas o produto $p \cdot V$, sendo p a pressão suportada por uma massa de gás perfeito e V o volume ocupado por essa massa, e como abscissas a temperatura absoluta T, é representado por uma reta que forma um determinado ângulo com o eixo das abscissas e cujo prolongamento passa pela origem das coordenadas. A inclinação desta reta representativa da relação entre tais grandezas depende:

a) do número de partículas do gás.

b) da natureza do gás.

c) da temperatura do gás.

d) da pressão exercida pelo gás.

e) do volume ocupado pelo gás.

32. Considere os três fenômenos ópticos citados a seguir:

I. Decomposição da luz branca num prisma de vidro.

II. Arco-íris.

III. Colorações observadas num CD que recebe incidência de luz.

IV. Ampliação da imagem de um objeto através de uma lupa.

Não está(estão) relacionado(s) com a refração da luz apenas o(s) fenômeno(s) citado(s) em:

a) II e IV.

b) I.

c) II e III.

d) III e IV.

e) III.

33. Das grandezas físicas indicadas a seguir, quando referidas a um corpo, apenas uma delas depende da massa desse corpo. Estamos nos referindo:

a) à pressão atmosférica a que o corpo fica submetido.

b) à quantidade de movimento do corpo.

c) ao impulso de uma força aplicada sobre o corpo.

d) ao volume do corpo.

e) à densidade do corpo.

34. Complete os espaços entre parênteses com as letras "E" ou "V" para identificar, respectivamente, as grandezas físicas escalares e as vetoriais.

( ) velocidade

( ) comprimento

( ) volume

( ) capacidade térmica

( ) impulso de uma força

A sequência correta é a representada por:

a) V – E – E – E – V

b) V – E – V – E – V

c) E – E – E – E – V

d) E – V – V – V – E

e) V – V – V – E – E

35. O par de valores *temperatura* e *pressão* (374 °C; 218 atm) corresponde ao chamado ponto crítico da água. Analise as afirmações a seguir:

I. Em temperaturas inferiores a 374 °C, é possível obter água no estado líquido se a pressão for adequada.

II. Em temperaturas superiores a 374 °C, a água existe apenas como um vapor ou como um gás.

III. É impossível liquefazer uma massa de água se a sua temperatura estiver compreendida entre 374 °C e 100 °C.

IV. Em pressões superiores a 218 atm, a água só pode existir num único estado físico.

Está correto o que se afirma apenas em:

a) I e IV.
b) I.
c) II e IV.
d) II e III.
e) III.

---

36. Um homem de 55 anos de idade tem um ponto próximo de aproximadamente 100 cm. Qual lente ele necessita utilizar para que consiga enxergar um objeto com nitidez a 25 cm? (Determine o foco dessa lente.)

a) +20 cm
b) −33,3 cm
c) +33,3 cm
d) −25 cm
e) +100 cm

37. A figura representa três sistemas ópticos transparentes S_1, S_2 e S_3 atravessados pela luz emitida por uma fonte puntual *O* e as frentes de ondas (representadas por linhas) que emanam desta fonte. A luz que penetra em S_1 emerge em S_3.

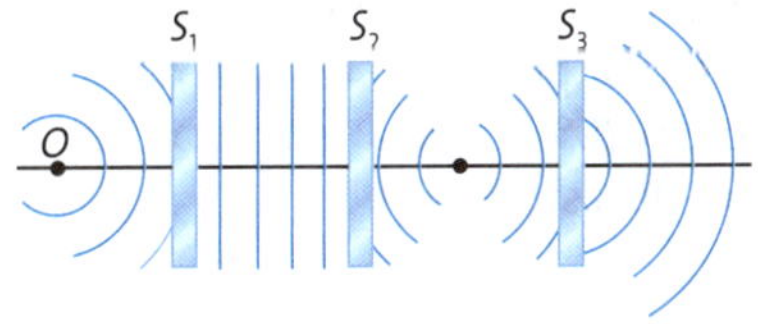

Podemos afirmar que são sistemas ópticos convergentes:

a) apenas S_3.

b) apenas S_1 e S_3.

c) todos os três.

d) apenas S_2.

e) apenas S_1 e S_2.

38. Um aluno interessado em estudar a física do corpo humano elaborou o experimento ao lado para simular o funcionamento do pulmão humano. Para isso, utilizou uma garrafa PET (sem fundo), canudos de refrigerante e bexigas. A bexiga presa ao fundo da garrafa faz o papel do diafragma, que varia a pressão interna do sistema ao ser esticada. Assim o ar externo entra pelo canudo (nariz) e infla a bexiga interna (pulmões). Considerando que ao esticar a bexiga o sistema tem seu volume aumentado em 20% e que a temperatura se manteve constante no processo, a variação de pressão dentro do sistema é:

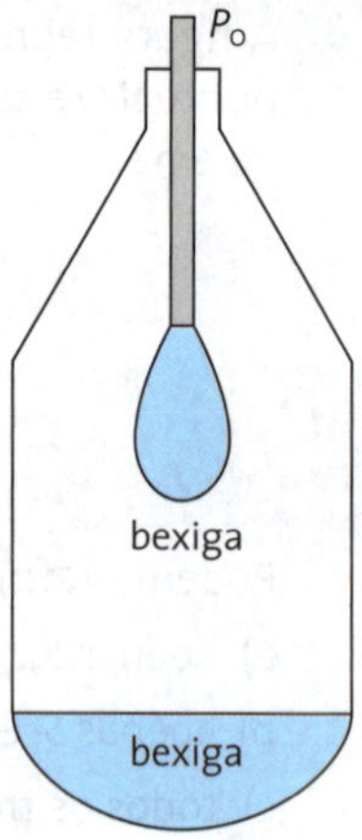

a) $\frac{p_0}{5}$.

b) $\frac{2p_0}{5}$.

c) $\frac{p_0}{3}$.

d) $\frac{5p_0}{6}$.

e) $\frac{p_0}{6}$.

39. Em uma inspiração/expiração forçada trocamos 4,5 litros de ar com o ambiente. Porém o pulmão nunca está completamente vazio. Há sempre um volume de ar residual, de aproximadamente 1,5 litro. Se a bexiga pudesse expandir seu volume na mesma proporção que o pulmão humano, o aumento percentual da quantidade de ar dentro da bexiga seria:

a) 100%.
b) 150%.
c) 180%.
d) 200%.
e) 230%.

Respostas

Vestibular em foco

Temperatura e dilatação térmica

1. b
2. 14
3. d
4. b
5. e
6. c
7. b
8. d
9. d
10. a
11. d
12. a
13. a
14. 24
15. b
16. c
17. a
18. d
19. 05
20. c

Calor e propagação do calor

1. e
2. d
3. b
4. b
5. b
6. c
7. 10 850 cal
8. a
9. a
10. d
11. b
12. c
13. c
14. d
15. a
16. a
17. c
18. 05
19. e
20. a

Estudo dos gases

1. e
2. 8
3. d
4. 2
5. e
6. c
7. e
8. c
9. a
10. b
11. 2
12. d
13. c
14. d
15. b
16. 0,11 atm
17. e
18. d
19. 29
20. 03

Termodinâmica

1. e
2. 25
3. c
4. c
5. d
6. b
7. $\tau_{AB} = 2{,}8 \cdot 10^5$ J; $\Delta U_{DA} = 2 \cdot 10^4$ J
8. b
9. 21
10. 13
11. c
12. c
13. e
14. b
15. 11
16. b
17. d
18. c
19. b
20. 07

Ondulatória

1. 24
2. a
3. c
4. 17
5. b
6. 23
7. 03
8. a
9. c
10. 15
11. a
12. e
13. 19
14. c

15. c
16. a
17. e
18. d
19. a
20. b

Acústica

1. d
2. d
3. a
4. c
5. b
6. d
7. 28
8. d
9. 16
10. 12 m
11. b
12. d
13. d
14. c
15. c
16. d
17. a
18. c
19. d
20. a

Introdução à Óptica e espelhos planos

1. d
2. 03
3. a
4. a
5. e
6. 30
7. b) $H = 2$ m
   c) $Y = 0,8$ m
   d) $y' = y = 1$ m; $Y' = Y = 0,8$ m
8. c
9. 04
10. d
11. c
12. b
13. d
14. 22
15. e
16. a
17. e
18. b
19. 5,75 s
20. a

Espelhos esféricos

1. a
2. a
3. a
4. e
5. c
6. e
7. $A = 1,25$; $p = 40$ cm
8. 03
9. c
10. c
11. V – V – F – V – F
12. a
13. b
14. a
15. a
16. d
17. d
18. b
19. 50 cm
20. e

Refração luminosa

1. a) $\alpha = 42°$
   b) $\beta = 30°$
   c) $y = 0,52$ m
2. c
3. b
4. c
5. 02
6. a
7. d
8. b
9. c
10. 31
11. a
12. d
13. 25
14. e
15. d
16. e
17. 01
18. a
19. a
20. 10

Lentes esféricas

1. e
2. 20 μm
3. b
4. e
5. c
6. a
7. 10
8. c
9. c
10. a
11. c
12. d
13. 30
14. c
15. e

16. 15 cm
17. a
18. a
19. a
20. 8 mm

Desafio

1. a
2. b
3. c
4. a
5. b
6. a
7. d
8. b
9. a
10. c
11. e
12. b
13. d
14. a
15. e
16. a
17. c
18. e
19. e
20. a
21. c
22. e
23. e
24. c
25. a
26. c
27. d
28. c
29. e
30. b
31. a
32. e
33. b
34. a
35. b
36. e
37. c
38. e
39. d

Significado das siglas

Acafe-SC	Associação Catarinense das Fundações Educacionais (Santa Catarina)
Cesgranrio-RJ	Centro de Seleção de Candidatos ao Ensino Superior do Grande Rio (Rio de Janeiro)
CPS-SP	Centro Paula Souza (São Paulo)
ESCS-DF	Escola Superior de Ciências da Saúde (Distrito Federal)
Facisb-SP	Faculdade de Ciências da Saúde de Barretos Dr. Paulo Prata (São Paulo)
Fameca-SP	Faculdade de Medicina de Catanduva (São Paulo)
FASM-SP	Faculdade Santa Marcelina (São Paulo)
Fatec-SP	Faculdade de Tecnologia (São Paulo)
FGV-SP	Fundação Getúlio Vargas (São Paulo)
FMABC-SP	Faculdade de Medicina do ABC (São Paulo)
FMTM-MG	Faculdade de Medicina do Triângulo Mineiro (Minas Gerais)
FPS-PE	Faculdade Pernambucana de Saúde (Pernambuco)
Fuvest-SP	Fundação Universitária para o Vestibular (São Paulo)
IFSP	Instituto Federal de Educação, Ciência e Tecnologia de São Paulo
IME-RJ	Instituto Militar de Engenharia (Rio de Janeiro)
OBF	Olímpiada Brasileira de Física
PUCC-SP	Pontifícia Universidade Católica de Campinas (São Paulo)
PUC-MG	Pontifícia Universidade Católica de Minas Gerais
PUC-PR	Pontifícia Universidade Católica do Paraná
PUC-RJ	Pontifícia Universidade Católica do Rio de Janeiro
PUC-RS	Pontifícia Universidade Católica do Rio Grande do Sul
PUC-SP	Pontifícia Universidade Católica de São Paulo
UCS-RS	Universidade de Caxias do Sul (Rio Grande do Sul)
Udesc	Universidade do Estado de Santa Catarina
Uece	Universidade Estadual do Ceará
UEFS-BA	Universidade Estadual de Feira de Santana (Bahia)
UEG-GO	Universidade Estadual de Goiás
UEL-PR	Universidade Estadual de Londrina (Paraná)
Uema	Universidade Estadual do Maranhão
UEM-PR	Universidade Estadual de Maringá (Paraná)
UENP-PR	Universidade Estadual do Norte do Paraná
UEPB	Universidade Estadual da Paraíba
UEPG-PR	Universidade Estadual de Ponta Grossa (Paraná)
Uerj	Universidade do Estado do Rio de Janeiro
Uesc-BA	Universidade Estadual de Santa Cruz (Bahia)
Uespi	Universidade Estadual do Piauí
UFABC-SP	Universidade Federal do ABC (São Paulo)
Ufal	Universidade Federal de Alagoas
UFC-CE	Universidade Federal do Ceará
UFCG-PB	Universidade Federal de Campina Grande (Paraíba)
UFF-RJ	Universidade Federal Fluminense (Rio de Janeiro)
UFGD-MS	Universidade Federal de Grande Dourados (Mato Grosso do Sul)
UFG-GO	Universidade Federal de Goiás
Ufla-MG	Universidade Federal de Lavras (Minas Gerais)
UFMA	Universidade Federal do Maranhão
UFMG	Universidade Federal de Minas Gerais
UFMS	Universidade Federal de Mato Grosso do Sul
UFPA	Universidade Federal do Pará
UFPB	Universidade Federal da Paraíba
UFPE	Universidade Federal de Pernambuco
UFPR	Universidade Federal do Paraná
UFRGS-RS	Universidade Federal do Rio Grande do Sul
UFRN	Universidade Federal do Rio Grande do Norte
UFSC	Universidade Federal de Santa Catarina
Ufscar-SP	Universidade Federal de São Carlos (São Paulo)
UFTM-MG	Universidade Federal do Triângulo Mineiro (Minas Gerais) [antiga FMTM-MG]
UFT-TO	Universidade Federal do Tocantins
UFV-MG	Universidade Federal de Viçosa (Minas Gerais)
Uncisal	Universidade Estadual de Ciências da Saúde de Alagoas
Uneb-BA	Universidade do Estado da Bahia
Unicamp-SP	Universidade Estadual de Campinas (São Paulo)
Unifacs-BA	Universidade Salvador (Bahia)
Unifesp	Universidade Federal de São Paulo
Unifor-CE	Fundação Edson Queiroz Universidade de Fortaleza (Ceará)
Unimontes-MG	Universidade de Montes Claros (Minas Gerais)
Unioeste-PR	Universidade Estadual do Oeste do Paraná
Unisa-SP	Universidade de Santo Amaro (São Paulo) [antiga Osec-SP]
Unisinos-RS	Universidade do Vale do Rio dos Sinos (Rio Grande do Sul)
UPE	Universidade de Pernambuco
UPM-SP	Universidade Presbiteriana Mackenzie (São Paulo)
Vunesp-SP	Fundação para o Vestibular da Unesp (São Paulo)